Statistische Thermodynamik

Wolfgang Göpel und Hans-Dieter Wiemhöfer

Statistische Thermodynamik

Spektrum Akademischer Verlag   Heidelberg · Berlin

Prof. Dr. Hans-Dieter Wiemhöfer
Westfälische Wilhelms-Universität
Münster
Anorganisch-Chemisches Institut
Wilhelm-Klemm-Straße 8
48149 Münster

e-mail: hdw@uni-muenster.de

Die Deutsche Bibliothek – CIP-Einheitsaufnahme

Göpel, Wolfgang:
Statistische Thermodynamik / Wolfgang Göpel und Hans-Dieter Wiemhöfer.
– Heidelberg ; Berlin : Spektrum, Akad. Verl. 2000
　ISBN 3-86025-278-X

© 2000 Spektrum Akademischer Verlag GmbH　Heidelberg · Berlin

Der Verlag und die Autoren haben alle Sorgfalt walten lassen, um vollständige und akkurate Informationen in diesem Buch zu publizieren. Der Verlag übernimmt weder Garantie noch die juristische Verantwortung oder irgendeine Haftung für die Nutzung dieser Informationen, für deren Wirtschaftlichkeit oder fehlerfreie Funktion für einen bestimmten Zweck.

Alle Rechte, insbesondere die der Übersetzung in fremde Sprachen, sind vorbehalten. Kein Teil des Buches darf ohne schriftliche Genehmigung des Verlages photokopiert oder in irgendeiner anderen Form reproduziert oder in eine von Maschinen verwendbare Form übertragen oder übersetzt werden.

Lektorat: Björn Gondesen, Frank Wigger, Martina Mechler
Umschlaggestaltung: Eta Friedrich, Berlin

Vorwort

Systeme mit großen Teilchenzahlen, die mit der Umgebung in einem ständigen Austausch von Energie, Teilchen usw. stehen, sind typisch für Chemie, Physik, Ingenieurwissenschaften und Biologie. Bei der Verknüpfung der mikroskopischen Teilcheneigenschaften mit den makroskopisch-phänomenologischen Meßgrößen solcher Systeme nimmt die statistische Thermodynamik (oft auch statistische Mechanik genannt) eine zentrale Stellung ein. Sie bietet ein geschlossenes Konzept für ein Verständnis beispielsweise der Temperatur, Entropie und Richtung chemischer Reaktionen.

Die statistische Thermodynamik steht in der Regel am Schluß der physikalisch-chemischen Ausbildung für Chemiker oder Physiker. Das hat seinen Grund darin, daß die Voraussetzungen sowohl quantenmechanische Grundlagen wie auch Spektroskopie und Thermodynamik umfassen. Der Reiz der statistischen Thermodynamik liegt darin, ein zusammenhängendes Konzept zur Berechnung phänomenologischer Größen chemischer Systeme aus mikroskopischen Eigenschaften der Teilchen bereitzustellen. Die statistische Thermodynamik oder allgemeiner die statistische Mechanik wird mit unterschiedlicher Stoffauswahl gelehrt, je nachdem, ob sie sich an Chemiker, Materialwissenschaftler und Ingenieure oder an Physiker und Informatiker richtet. Unser Lehrbuch richtet sich an Studierende naturwissenschaftlicher Fächer (etwa Chemie) und an Naturwissenschaftler, deren Hauptinteresse im Bereich der Materialwissenschaften mit dem Schwerpunkt auf der Beschreibung chemischer Systeme wie Gase, Flüssigkeiten, festen Stoffen und ihren chemischen Reaktionen liegt. Von besonderer Bedeutung sind dabei die Grundlagen und Anwendungen der statistischen Thermodynamik zur Beschreibung von Gleichgewichtseigenschaften. Teilweise werden auch weiterführende Fragestellungen behandelt. Dies betrifft insbesondere die statistische Mechanik der Nichtgleichgewichte.

Die Anregung zu dem vorliegenden Lehrbuch kam vor allem aus Vorlesungen, Übungen, Seminaren und dazu entstandenen Aufzeichnungen und Skripten der Autoren an den Universitäten Hannover, Bozeman (MT, USA), Bochum, Dortmund und insbesondere in den Jahren 1987 bis 1998 in Tübingen und Münster. In Tübingen wurde über viele Jahre ein Teil des Stoffes als Pflichtvorlesung für Chemiestudenten im vierten Fachsemester vor dem Vorexamen angeboten. Daraus enthält das einführende Kapitel unter anderem eine kurze Zusammenfassung der wichtigsten Voraussetzungen aus Mechanik und Quantenmechanik für die statistische Thermodynamik, die in entsprechenden Lehrbüchern für fortgeschrittene Studenten üblicherweise nicht mehr gesondert aufgeführt werden. Zusätzlich haben wir wichtige Beziehungen und Voraussetzungen zum Inhalt des Buches aus der phänomenologischen Thermodynamik, der Mathematik und der klassischen Mechanik im Anhang in kurzen Übersichten aufgeführt. Es hat sich gezeigt, daß diese Redundanz und Wiederholung von Inhalten aus anderen Grundvorlesungen bei den Studenten gut ankommt.

Das vorliegende Buch wäre ohne den besonderen Einsatz einiger Kollegen und Mitarbeiter nicht entstanden. Ein besonderer Dank gilt Herrn Dr. U. Löffler, Herrn Dr. U.

Vohrer und Frau Priv.-Doz. Dr. Ch. Ziegler. Sie haben – noch während ihres Studiums und in den folgenden Jahren – mit großem Engagement ein erstes Skript zur Vorlesung mit uns erarbeitet. Diese Anfangserfahrungen und der Zuspruch der Studenten waren ein wesentlicher Anlaß, die Ausarbeitung zu einem Lehrbuch zu beginnen. Vor allem Dr. Vohrer hat in der ersten Phase sowohl die grundlegende Buchgestaltung als auch die Koordination der zahlreichen Anregungen und Beiträge der Mitarbeiter, Studenten und der Autoren selbst übernommen. Desweiteren danken wir besonders Herrn Dr. G. Reinhardt für viele inhaltliche Anregungen, für seine akribische, äußerst nützliche Kritik besonders in der letzten Phase und bei den Korrekturen. Den Herren B. Gondesen und F. Wigger vom Spektrum Akademischer Verlag gebührt unser Dank für die exzellente Betreuung und zahlreiche Tips und Hinweise in den letzten Jahren. Frau Christine Stadler danken wir für die kompetente Arbeit beim Textlayout und ihre jahrelangen Mühen beim Entziffern und Übertragen der vielen Korrekturen. Ebenso sei Herr T. Hermle genannt, der eine beträchtliche Arbeit in die Erstentwürfe zahlreicher Abbildungen investiert hat. Für die abschließende Gestaltung der Endversion, bei der noch viele Geheimnisse des TEX-Systems zu lösen waren, danken wir vor allem Herrn Dr. F. Rocholl. Zahlreiche weitere Namen von Studenten und Mitarbeitern in Tübingen und Münster wären noch aufzuführen, die in der einen oder anderen Phase an Textkorrekturen und Zeichnungen mitgewirkt haben. Ihnen allen ein ganz herzliches Dankeschön, auch für ihre Geduld gegenüber den Autoren.

Viele weitere Kollegen haben insbesondere in der letzten Phase der Überarbeitung mit nützlicher Kritik und wichtigen Anregungen zu diesem Buch beigetragen. Vor allem den folgenden Kollegen möchten wir in diesem Zusammenhang herzlich danken: Priv.-Doz. Dr. G. Baier, Dr. H. Bouwmeester, Prof. Dr. A. Bunde, Priv.-Doz. Dr. C. Cramer-Kellers, Prof. Dr. U. Deiters, Prof. Dr. K. Funke, Prof. Dr. F. Hensel, Prof. Dr. A. Heuer, Prof. Dr. J. Janek, Prof. Dr. J. Maier, Priv.-Doz. Dr. W. Nadler, Prof. Dr. R. Waser und Prof. Dr. H. Züchner.

Unser Ziel war es, mit diesem Lehrbuch einen verständlichen und stimulierenden Einstieg in die statistische Thermodynamik und ihre Anwendung auf chemische Systeme zu ermöglichen. Kein Lehrbuch ist auf Anhieb perfekt: Wir sind deshalb dankbar für jede Hilfe, Kritik, Anregung und Korrektur zu allen Punkten, die dem interessierten Leser beim Durchsehen und Arbeiten mit dem vorliegenden Buch auffallen.

Tübingen und Münster, Mai 1999

Wolfgang Göpel
Hans-Dieter Wiemhöfer

Prof. Dr. W. Göpel starb unerwartet im Juni 1999 kurz vor der Drucklegung.

Konzeption des Lehrbuchs

Zahlreiche illustrierende Beispiele, weiterführende Betrachtungen und Ableitungen sind als eingefügte Passagen im Kleindruck unter dem Stichwort **Exkurs** kenntlich gemacht und vorzugsweise an Abschnittsenden eingefügt. Einige Exkurse bieten mögliche Zusatzthemen an oder gehen vor allem auf neuere Ansätze der statistischen Theorien ein. Der Haupttext kann prinzipiell und mindestens im ersten Durchgang ohne diese Ergänzungen erarbeitet werden.

Zusammenfassende Übersichten wichtiger Gleichungen, Begriffe und Theoreme sind durch Umrahmung vom Text abgesetzt. Der Tabellenteil in Anhang D und E liefert Daten zu möglichen Übungsaufgaben und zu Berechnungen im Selbststudium.

- Vor der Einführung der eigentlichen statistisch-thermodynamischen Konzepte werden in **Kapitel 1** zunächst wichtige Definitionen und *Voraussetzungen* aus der *Quantenmechanik* und der *klassischen Mechanik* sowie eine kurze Übersicht über Probleme von Vielteilchensystemen vorgestellt. Das Kapitel kann natürlich bei ausreichenden Vorkenntnissen zu diesen Themen überschlagen werden bzw. als Formelsammlung genutzt werden.

  Ebenso sind die Anhänge A und B als Zusammenstellung weiterer wichtiger Vorkenntnisse und Gleichungen der phänomenologischen Thermodynamik und der mathematischen Gesichtspunkte gedacht. Anhang C bietet eine kurze Übersicht zu dem Aspekt der Normalkoordinatenanalyse, der in mehreren Kapiteln des Buches vorkommt.

- Die **Kapitel 2** und **3** stellen den zentralen Einstieg in die Begriffe und Vorgehensweise der statistischen Thermodynamik einfacher Teilchensysteme dar. Sie sind eine essentielle Voraussetzung für alle folgenden Kapitel. In **Kapitel 2** geht es um die *statistische Deutung und allgemeine Berechnung der thermodynamischen Funktionen und Zustandsgrößen*, in **Kapitel 3** um die Anwendung auf wechselwirkungsfreie Vielteilchensysteme unter Berücksichtigung der Quantenstatistiken.

- Die **Kapitel 4** und **5** beschäftigen sich mit der Behandlung *idealer molekularer Gase* unter Berücksichtigung der *inneren Freiheitsgrade der Moleküle* und mit *Gleichgewichten und Reaktionen in idealen Gasmischungen*.

- **Kapitel 6** behandelt ausführlich die statistischen Grundmodelle zur Behandlung *kristalliner Feststoffe*, insbesondere *Schwingungen, Elektronen und Löcher* und *Kristalldefekte*.

- Die **Kapitel 7** und **8** beschäftigen sich mit *zweidimensionalen Systemen und Grenzflächen*. Themen sind unter anderem Oberflächen, Adsorptionsisothermen, Raumladungsrandschichten von Elektronenleitern, Elektrode/Elektrolyt-Grenzflächen. **Kapitel 8** setzt die Kenntnisse aus **Kapitel 6** über Eigenschaften von Elektronen und Defekten im Festkörper voraus.

- **Kapitel 9** bildet den Einstieg in die explizite Behandlung von Wechselwirkungen in Vielteilchensystemen am Beispiel *realer Gase*. Die intermolekulare Wechselwirkung läßt sich dabei klassisch-mechanisch beschreiben. Im nächsten Schritt geht **Kapitel**

10 auf fluide Systeme höherer Dichte ein, in denen die abstoßenden Wechselwirkungen dominierend werden. Hier müssen die statistischen Ansätze und das Methodenspektrum erweitert werden, um auf die Besonderheiten der Fluidstruktur eingehen zu können. Zu nennen sind insbesondere die Beschreibung der Fluidstruktur über *Korrelationsfunktionen* und die rechnergestützten statistischen Methoden für Vielteilchensysteme (*Molekulardynamik-, Monte-Carlo-Methoden*). Kapitel **10** enthält auch die wesentlichen Voraussetzungen für ein Verständnis der Behandlung von *Mischungen und Lösungen* in **Kapitel 11** und von *Polymeren* in **Kapitel 12**.

- Die folgenden Kapitel des Buches gehen auf die Beschreibung von Nichtgleichgewichtsgrößen ein. **Kapitel 13** beschreibt zunächst einfache Konzepte der kinetischen Theorie der Gase und liefert Relationen zwischen phänomenologischen Transportgrößen und mikroskopischen Eigenschaften der Gase. **Kapitel 14** behandelt im Rahmen der *irreversiblen Thermodynamik* die phänomenologische Beschreibung von Nichtgleichgewichtszuständen, die noch als nah dem Gleichgewicht eingestuft werden können. In **Kapitel 15** zeigen wir den Übergang von einer phänomenologischen zu einer mikroskopischen Beschreibung der Transportvorgänge. Zentrale Begriffe sind dabei *Fluktuation* und *Korrelationsfunktionen*.

- Im letzten **Kapitel 16** geben wir einen Ausblick auf Konzepte und Begriffe zur Behandlung von Systemen und nichtlinearen Vorgängen weitab vom Gleichgewicht, ein Gebiet das in den letzten Jahren stark zunehmende Beachtung findet.

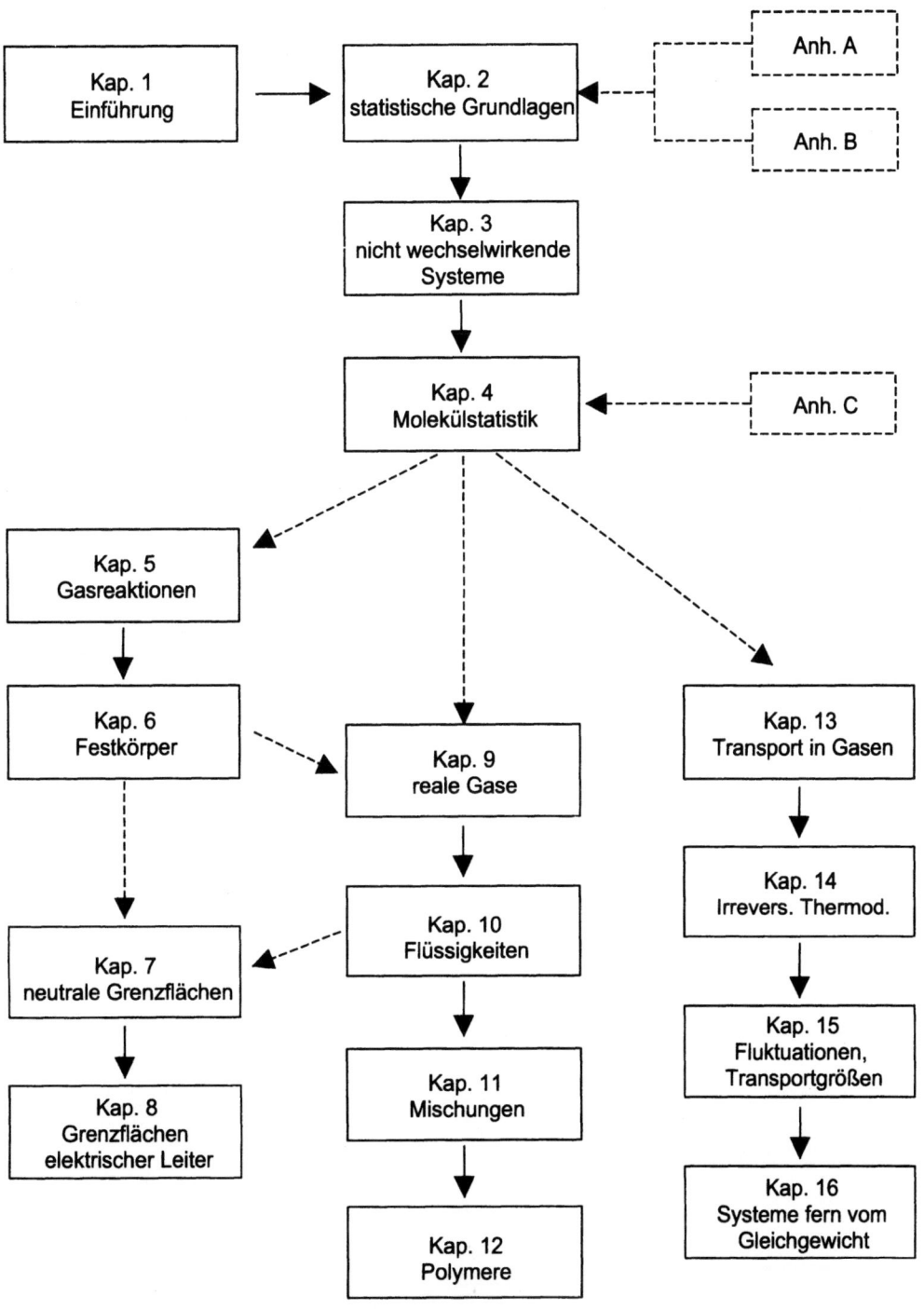

Übersicht: Aufbau des Buches und inhaltliche Beziehungen der Kapitel untereinander

Inhaltsverzeichnis

Vorwort	V
Konzeption des Lehrbuchs	VII
Liste der wichtigsten verwendeten Symbole	XV

1 Einführung ... 1
   1.1 Zielsetzung der statistischen Thermodynamik 1
   1.2 Klassische Mechanik und Vielteilchensysteme 4
   1.3 Quantenmechanik chemischer Systeme 12
       1.3.1 Unschärferelation und Schrödinger-Gleichung 12
       1.3.2 Freie Teilchen und Modell des Teilchens im Kasten 16
       1.3.3 Zustandsdichte im Phasenraum 21
       1.3.4 Elektronische Energieniveaus freier Atome 28
       1.3.5 Elektronische Energieniveaus freier Moleküle 30
       1.3.6 Elektronenzustände im kristallinen Festkörper 32
       1.3.7 Rotationsenergie einfacher Moleküle 36
       1.3.8 Schwingungsenergie von Molekülen 40
   1.4 Komplexe chemische Systeme 43
       1.4.1 Ideale Gase 44
       1.4.2 Fermionen und Bosonen 45
       1.4.3 Festkörper und fluide Systeme 48

2 Zustandssumme und Berechnung thermodynamischer Funktionen ... 51
   2.1 Mikrokanonische Gesamtheit: Verteilungen bei konstanter Energie .. 51
   2.2 Kanonische Gesamtheiten: Verteilungen bei variabler Energie 61
       2.2.1 Kanonische Zustandssumme 68
       2.2.2 Statistische Deutung der Entropie 73
       2.2.3 Thermodynamische Funktionen aus der Zustandssumme ... 78
       2.2.4 Energieverteilungen in der kanonischen Gesamtheit 80
   2.3 Mikrokanonische Gesamtheit als Grenzfall der kanonischen 81
   2.4 Statistische Formulierung des dritten Hauptsatzes 84
   2.5 Makrokanonische Gesamtheit: Verteilungen bei variabler Teilchenzahl 86
   2.6 Vergleich der unterschiedlichen Gesamtheiten 93

3 Wechselwirkungsfreie Systeme ... 97
   3.1 Nicht wechselwirkende Teilchen und Ununterscheidbarkeit 97
   3.2 Zustandssumme nichtwechselwirkender Teilchen 101
   3.3 Zustandssumme des einatomigen idealen Gases 105
   3.4 Ideale Mischungen und chemisches Potential 108
   3.5 Verteilungsfunktionen 112
   3.6 Energie- und Geschwindigkeitsverteilung in idealen Gasen 119
   3.7 Fermi-Dirac-Statistik: Elektronengas 126
   3.8 Bose-Einstein-Statistik: Photonengas 130

4 Ideale Gase mit inneren Freiheitsgraden — 140
4.1 Innere Freiheitsgrade und Teilchenzustandssumme 140
4.2 Beiträge der Elektronen und Kerne zur Zustandssumme 142
4.3 Beitrag der Molekülschwingung zur Zustandssumme 145
4.4 Beitrag der Molekülrotation zur Zustandssumme 150
4.5 Gleichverteilungssatz 160
4.6 Innere Rotation in großen Molekülen 166
4.7 Nullpunktsentropie 168

5 Gleichgewichte und Reaktionen in idealen Gasen — 171
5.1 Gleichgewichtskonstante für homogene Gasreaktionen 171
5.2 Weitere Beispiele für Gasgleichgewichte 177
5.3 Geschwindigkeit von Gasreaktionen 181

6 Kristalline Festkörper — 191
6.1 Energieeigenwerte des Festkörpers 191
6.2 Gitterschwingungen und Frequenzverteilung in geordneten Kristallen 194
6.3 Einstein-Modell der Gitterschwingungen 200
6.4 Debye-Modell der Gitterschwingungen 204
6.5 Zustandsgleichung eines kristallinen Festkörpers 210
6.6 Elektronen in Halbleitern 212
6.7 Leitungselektronen in Metallen 223
6.8 Punktdefekte in Kristallen 225

7 Oberflächen und Grenzflächen — 245
7.1 Berücksichtigung der Oberflächenenergie 245
7.2 Druck und Grenzflächenspannung 247
7.3 Thermodynamik ebener Grenzflächen 251
7.4 Adsorptionsisothermen 258
7.5 Adsorptionsisothermen aus der kanonischen Zustandssumme 268
7.6 Langmuir-Isotherme über die große Zustandssumme 271
7.7 BET-Isotherme aus der kanonischen Zustandssumme 275

8 Grenzflächen von Elektronen- und Ionenleitern — 279
8.1 Oberflächen elektrisch leitender Feststoffe 279
8.2 Halbleiteroberflächen 285
8.3 Chemisorption und Ladungsaustausch an Elektronenleitern 292
8.4 Grenzflächen zweier Elektronenleiter 296
8.5 Elektrodengrenzflächen 303
8.6 Potentialverlauf an Elektrodengrenzflächen 313

9 Reale Gase — 319
9.1 Kanonische Zustandssumme in der klassischen Näherung 319
9.2 Intermolekulare Kräfte und Paarpotentiale 322
9.3 Molekularfeldnäherung und van-der-Waals-Gleichung 330
9.4 Virialgleichung für reale Gase 334
9.5 Reale Gase bei höherer Dichte 344

10 Dichte Fluide **349**
  10.1 Einfache Zustandsgleichungen für Fluide 349
  10.2 Radiale Paarverteilungsfunktion 353
  10.3 Thermodynamische Größen aus der Paarverteilungsfunktion 362
  10.4 Verallgemeinerte Verteilungsfunktionen 369
  10.5 Thermodynamische Störungstheorie 375
  10.6 Computersimulationen an fluiden Systemen 378

11 Mischungen und Lösungen **389**
  11.1 Ideale Mischungen als Ausgangspunkt 389
  11.2 Verdünnte Lösungen 393
  11.3 Verdünnte Elektrolytlösungen 400
  11.4 Mischungsregeln für einfache Fluide 403
  11.5 Reale kristalline Mischungen 405
  11.6 Quasichemische und Bragg-Williams-Näherung 408

12 Makromoleküle **413**
  12.1 Molekülstruktur und Konformation 413
  12.2 Flory-Huggins-Modell der Polymerlösungen 415
  12.3 Modell des statistischen Knäuels 420
  12.4 Reale Polymermoleküle 424
  12.5 Polymerelastizität und Entropie 428

13 Transportvorgänge in Gasen **435**
  13.1 Freie Weglänge und Stoßraten in Gasen 435
  13.2 Transportkoeffizienten in Gasen 442

14 Entropieerzeugung und irreversible Prozesse **452**
  14.1 Entropieerzeugung im Nichtgleichgewicht 452
  14.2 Transportkoeffizienten und Kopplungseffekte 458
  14.3 Stationäre innere Entropieerzeugung 464

15 Fluktuationen und Transportvorgänge **468**
  15.1 Fluktuationen im Gleichgewicht 468
  15.2 Korrelationsfunktionen und Onsager-Relationen 476
  15.3 Von den Geschwindigkeitsfluktuationen zum Diffusionskoeffizient . . 480
  15.4 Langevin-Gleichung und atomistische Beweglichkeit 488
  15.5 Fluktuations-Dissipations-Theorem 492
  15.6 Theorie der linearen Antwort 497

16 Systeme fern vom Gleichgewicht **504**
  16.1 Nichtlinearität und dissipative Strukturen 504
  16.2 Autokatalyse und Rückkopplung bei chemischen Reaktionen 512
  16.3 Strukturbildung bei chemischen Reaktionen 517

Anhang

A Begriffe der phänomenologischen Thermodynamik **526**
  A.1 Definitionen 526
  A.2 Zustandsfunktionen 527

	A.3 Hauptsätze der Thermodynamik	529
	A.4 Gibbs'sche Fundamentalgleichungen	531
	A.5 Gleichgewichtsbedingungen	535
	A.6 Chemische Gleichgewichte	538
	A.7 Mischphasenthermodynamik	541
B	**Mathematischer Anhang**	**546**
	B.1 Mathematische Begriffe der Statistik	546
	B.2 Reihen und Reihenentwicklungen	558
	B.3 Integrale	559
	B.4 Koordinatentransformationen	561
	B.5 Fourier-Transformation	562
C	**Bewegungsgleichungen und Normalkoordinatenanalyse**	**565**
D	**Tabellen**	**575**
E	**Konstanten**	**584**
F	**Literatur**	**586**
Sachverzeichnis		**588**

Liste der wichtigsten verwendeten Symbole

A	Arrhenius-Faktor, präexponentieller Faktor
A	Helmholtz-Energie, freie Energie
A	chemische Affinität einer Reaktion
$A, A_\square$	Fläche (Index $\square$, falls Unterscheidung von der Helmholtz-Energie nötig)
a_i	Aktivität einer Komponente i
B	Rotationskonstante
$B_i(T)$	i-ter Virialkoeffizient
C_V, C_p	Wärmekapazität bei konstantem Volumen, konstantem Druck
c	Lichtgeschwindigkeit
c_i	Konzentration des Stoffes i
c_s	mittlere Schallgeschwindigkeit (c_s^L - longitudinale, c_s^T - transversale)
$c(r)$	direkte Paarkorrelationsfunktion
D_i	Diffusionskoeffizient der Teilchensorte i
D_e	spektroskopische Dissoziationsenergie eines Moleküls
$D(T/\Theta_D)$	Debye-Funktion
$D_i(\varepsilon)$	Zustandsdichte der Teilchensorte i (für Elektronen: $D_e(\varepsilon)$)
E	Energie (vorzugsweise für ein Vielteilchensystem benutzt, für Einzelteilchen ε)
E	elektrische Feldstärke
E	Elastizitätsmodul
E_A	Aktivierungsenergie
e	Elektronenladung, Elementarladung
F	Faraday-Konstante
F	Kraft
$F(\varepsilon), F(v)$	Verteilungsfunktionen
f	Anzahl mechanischer Freiheitsgrade eines Systems von Massepunkten
f	Kraftkonstante (statt k, falls Verwechslung mit anderen Größen möglich)
f_i	Aktivitätskoeffizient der Komponente i
$f(\varepsilon)$	Besetzungsgrad, Besetzungswahrscheinlichkeit bei der Energie ε
$f(R)$	Ortsverteilungsfunktion (Verteilungsdichtefunktion)
$f_{FD}(\varepsilon)$	Fermi-Dirac-Verteilungsfunktion
G	Gibbs-Energie, freie Enthalpie, Gibbs'sche freie Enthalpie
g_i	Entartungsgrad
$g(r)$	radiale Verteilungsfunktion (auch: Paarverteilungsfunktion)
H	Enthalpie
H	Hamilton-Funktion
$\widehat{H}$	Hamilton-Operator
$h(r)$	Paarkorrelationsfunktion ($= g(r) - 1$)
I	Intensität (elektromagnetischer Strahlung)
I	Kernspinquantenzahl
I	Stromstärke
I	Trägheitsmoment
J	Drehimpulsquantenzahl
j	Stromdichte (transportierte Größe wird als Index angegeben)

K	Gleichgewichtskonstante
k	Geschwindigkeitskonstante
k	Kraftkonstante
k	Wellenzahl(-vektor)
L	Bahndrehimpuls, Bahndrehimpulsquantenzahl
m	Masse
m_J	Richtungsquantenzahl (zum Drehimpuls J)
m_e^*, m_h^*	effektive Masse von Elektronen (e) bzw. Löchern (h) in Kristallen
N	Teilchenzahl
N_A	Avogadro-Zahl (vereinzelt auch: Loschmidt-Zahl)
$N_{(V)}$	Teilchenkonzentration
n	Stoffmenge, Molzahl
n	Hauptquantenzahl (Teilchen im Kasten, Elektronen in Atomen)
n_r	Brechungsindex
P	Wahrscheinlichkeit
p	Druck
p	Impuls
Q_{konfig}	Konfigurationsintegral
Q	Wärme
Q	Ladung
q	Streu-, Stoßquerschnitt
R	Trägheitsradius von freien Polymermolekülen
r_{0N}	mittlerer Kettenendenabstand linearer Polymermoleküle
S	Entropie
S	Spin, Spinquantenzahl
T	absolute Temperatur
t	Zeit
U	innere Energie
U	elektrische Spannung
u_i	elektrische Beweglichkeit der Teilchensorte i
$u_{(V)}(v,T)$	spektrale Energiedichte elektromagnetischer Strahlung
V	Volumen
V_M	Leerstelle, unbesetzter Gitterplatz eines Teilchens M in einem Kristall
$\mathcal{V}$	Energieverteilung in einer Gesamtheit ($\mathcal{V}_{max}$ wahrscheinlichste Verteilung)
v	Schwingungsquantenzahl
v	Geschwindigkeit
W	Arbeit
x	Stoffmengenanteil, Molenbruch
Z	kanonische Zustandssumme
z	Teilchenzustandssumme, Molekülzustandssumme
z_i	Ladung, Wertigkeit eines Ions
$Z_{(S)}$	Wandstoßzahl, Stoßzahl auf eine Oberfläche

α	Polarisierbarkeit
α	Lagrange-Multiplikator ($= \ln[Z/n_{\text{tot}}]$)
β	Lagrange-Multiplikator ($=1/kT$)
γ	Lagrange-Multiplikator ($=\mu/kT$)
γ	Oberflächenspannung
Γ_i^σ	Oberflächenexzeßkonzentration
γ_i	Fugazitätskoeffizient der Komponente i
ϵ	relative Dehnung
ϵ_0	elektrische Feldkonstante
ϵ_{rel}	relative Dielektrizitätskonstante
ε	Energie (vorwiegend für Einzelteilchen in Vielteilchensystemen)
ε_F	Fermi-Energie, -Potential, -Niveau, -Kante
$\varepsilon_{\text{vac},i}$	Energie eines ruhenden Teilchens i im Vakuum (z.B. Elektron, $i =$ e)
η	Viskositätskoeffizient
Θ	Bedeckungsgrad einer Oberfläche
$\Theta_{\text{vib}}, \Theta_{\text{rot}}$	charakteristische Temperatur der Schwingung, der Rotation
Θ_E, Θ_D	Einstein-, Debye-Temperatur
Λ	mittlere freie Weglänge
λ_Q	Wärmeleitfähigkeit
λ	a) Wellenlänge (allgemein), b) thermische de-Broglie-Wellenlänge
μ	reduzierte Masse
$\boldsymbol{\mu}$	Dipolmoment (Vektor)
μ_i	chemisches Potential der Komponente i
$\tilde{\mu}_i$	elektrochemisches Potential der Komponente i
ν	Frequenz
ν_i	stöchiometrischer Faktor in Reaktionsgleichungen
ν_E, ν_D	Einstein-, Debyefrequenz
ξ	Reaktionslaufzahl
Ξ	großkanonische (auch: große oder makrokanonische) Zustandssumme
ϱ	Massendichte
σ	Symmetriezahl ($\to$ Molekülrotation)
σ	Stefan-Boltzmann-Konstante
σ_i	elektrische Teilleitfähigkeit der Teilchensorte i
$\dot{\sigma}$	lokale Änderung der Entropiedichte pro Zeit
$\dot{\sigma}_{\text{int}}$	Entropieerzeugung, –produktion pro Zeit und Volumen
$\dot{\sigma}_{\text{ext}}$	Änderung der Entropiedichte pro Zeit durch Austausch mit Umgebung
Φ_e	Austrittsarbeit von Elektronen
φ	elektrisches Potential, inneres Potential, Galvani-Potential
φ_i	Fugazität
χ	Mischungsparameter
χ, χ_e	allgemeine / dielektrische Suszeptibilität
Ψ, ψ	Wellenfunktion
Ω	Zahl der Mikrozustände eines Systems
ω	Winkelgeschwindigkeit, Kreisfrequenz ($=2\pi\nu$)

Symbole zur Kennzeichnung von Größen:

$\overline{X}$	zeitlicher Mittelwert von X	$\widehat{X}$	Operator
$\langle X \rangle$	Scharmittelwert von X	$X^{\neq}$	Größe des aktivierten Komplexes
X	a) vektorielle Größe		(Übergangszustand)
	b) Tensor, Matrix	$X°$	Standardwert von X

Indizes zur Kennzeichnung von Größen:

X', X''	Real- bzw. Imaginärteil der komplexen Größe X
X_0	Nullpunkts-
$X_{(ad)}$	Adsorptions-
X_{attr}	Anziehungs-
X_{BE}	Bose-Einstein-
X_C	Leitungsband-
X_{konfig}	Konfigurations-, lagenstatistischer Beitrag
X_{des}	Desorptions-
X_e	Elektronen-
X_{eq}	Gleichgewichts-
X_E	Exzeßgröße (z.B. Mischungen, Oberflächen ...)
X_{ext}	extern, Änderung durch Austausch mit Umgebung
X_F	a) Fermi- (nur bei ε_F) b) Frenkel-Defekte betreffend
X_{FD}	Fermi-Dirac-
$X_{(g)}$	in der Gasphase
X_h	Löcher-, Defektelektronen-
X_i	auf einem Zwischengitterplatz
X_{int}	innere Freiheitsgrade (Moleküle, Atome), Änderung im Systeminneren
X_{kin}	kinetisch
$X_{(l)}$	in der flüssigen Phase
X_m	molare Größe
X_{max}	maximal
X_{MB}	Maxwell-Boltzmann-
X_n	Kern-
$X_{(N)}$	Größe pro Teilchen
X_{phonon}	Phononen-
X_{pot}	potentielle
X_{rep}	Abstoßungs-
X_{rot}	Rotations-
$X_{(s)}$	im festen Zustand
$X_{(S)}$	Größe X pro Fläche
X_S	thermodynamische Größe für Schottky-Defekte
X_{tot}	Gesamt-, total
X_{trans}	Translation
$X_{(V)}$	Größe X pro Volumen, auf das Volumen bezogen
X_{vib}	Schwingungs-
X^{σ}	Oberflächenexzeßgröße

1 Einführung

Das makroskopische Verhalten einfacher thermodynamischer Systeme wie Gase, Flüssigkeiten oder Festkörper läßt sich prinzipiell zurückführen auf die Bewegungen und Wechselwirkungen mikroskopischer Teilchen wie Atome, Moleküle, Ionen, Elektronen ... Für einfache Vielteilchensysteme kann man im Prinzip die zeitliche Entwicklung des Gesamtsystems mit Methoden der klassischen Mechanik berechnen. Bei tiefen Temperaturen oder sehr hoher Teilchendichte muß dieses Konzept unter Berücksichtigung der Quantenmechanik verfeinert werden. Jedes abgeschlossene System zeigt demnach gequantelte Energiezustände. Dies gilt auch für die Energien der Einzelteilchen, soweit sie isoliert betrachtet werden dürfen. Die Kenntnis dieser Energiezustände ist eine wesentliche Voraussetzung für die statistisch-thermodynamische Berechnung einfacher chemischer Systeme. Die Lage und Anzahl der gequantelten Energiezustände ist abzählbar und für einfache Fälle quantenmechanisch zu berechnen. Nützliche einfache Modelle sind beispielsweise die Behandlung von punktförmigen Masseteilchen im ein-, zwei- und dreidimensionalen Kasten, der harmonische Oszillator oder der starre Rotator.

Die Quantenmechanik schreibt außerdem für Vielteilchensysteme vor, daß gleichartige Teilchen nicht unterscheidbar sind, wobei zwei klar getrennte Gruppen von Elementarteilchen zu beachten sind: Telchen mit halbzahligem Spin (Fermionen) und solche mit ganzzahligem Spin (Bosonen). Ihre Unterscheidung hat in der statistischen Thermodynamik erhebliche Konsequenzen.

Wegen der Bedeutung der genannten Voraussetzungen behandelt das vorliegende Kapitel zunächst die wichtigsten Beziehungen und Modelle zur Beschreibung der Mikrozustände und Energieniveaus von Atomen, Molekülen und daraus zusammengesetzten Vielteilchensystemen. im Rahmen der klassischen Mechanik und der Quantenmechanik.

1.1 Zielsetzung der statistischen Thermodynamik

Die Systeme der Chemie, Physik, Materialwissenschaften und Biologie begegnen uns in recht vielseitiger, zum Teil sehr komplexer Form: als Festkörper, Gase, Flüssigkeiten, Gläser, strukturierte Halbleiter, Polymere, Membranen, Zellen, Organismen usw. In vielen Fällen betrachten wir sie als Systeme mit makroskopischen Dimensionen, die groß sind gegenüber der Ausdehnung ihrer Bausteine (Atome mit ihren Elektronen und Kernen).

Wir sind dabei gewohnt, einfache Systeme mit wenigen phänomenologischen Parametern befriedigend zu beschreiben. Insbesondere die makroskopisch erfaßbaren Gleichgewichtszustände in Vielteilchensystemen können umfassend durch die Formalismen der **phänomenologischen Thermodynamik** mit einem minimalen Satz meßbarer Größen beschrieben werden. Für technische Anwendungen ist die Kenntnis solcher Zusammenhänge unerläßlich. Ein Ausgangspunkt sind die Zustandsgleichungen chemischer Systeme, die beispielsweise Druck p, Volumen V, Temperatur T

und Teilchenzahlen N_i oder Molzahlen n_i der einzelnen Komponenten i als wesentliche Systemvariablen miteinander verknüpfen. Das ideale Gasgesetz $pV = NkT$ ist das einfachste Beispiel für eine Zustandsgleichung. Dabei ist k die Boltzmann- beziehungsweise R die ideale Gas-Konstante.

Auf der anderen Seite haben uns die Fortschritte der Naturwissenschaften in diesem Jahrhundert vertiefte Kenntnisse über das Verhalten und die Beschreibung der Atome, Moleküle, Elektronen, Kerne usw. geliefert. Über die **Quantenmechanik** und über den Grenzfall der klassischen Mechanik können wir Gesetze und Wechselwirkungen beschreiben, aus denen beispielsweise Energien von Elektronen in Atomen und Molekülen, aber auch von Atomen und Molekülen in Gasen, Flüssigkeiten und Festkörpern mit teilweise hoher Präzision berechnet werden können.

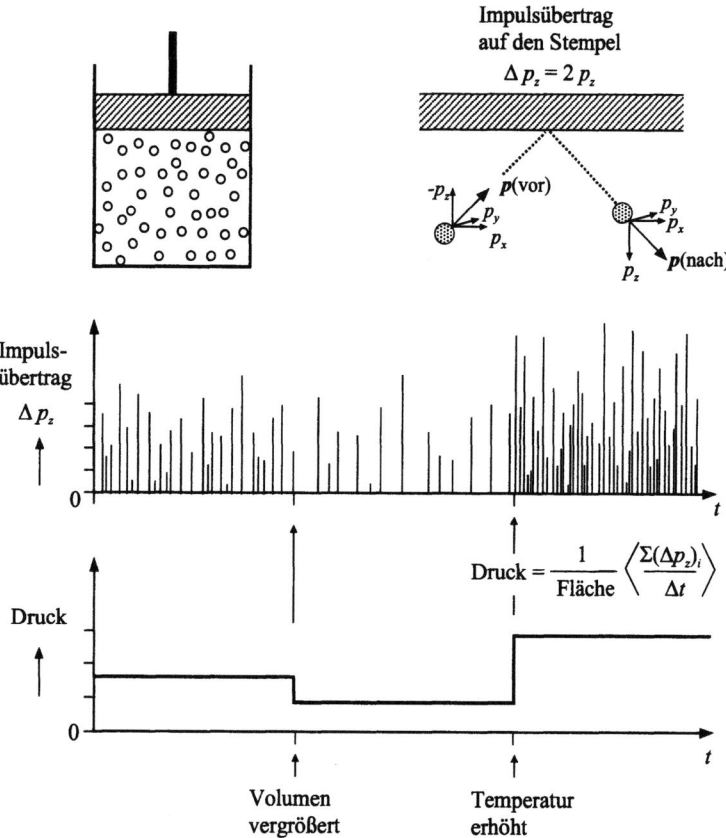

Abbildung 1.1 Die ständigen Stöße der Atome eines Gases auf eine Behälterwand erzeugen einen makroskopisch meßbaren **Druck** (= Kraft F pro Fläche A), der bei üblichen Gasdichten einem wohldefinierten, scharfen Mittelwert für den Impulsaustausch pro Zeit und Fläche entspricht (entspricht dem zeitlichen Mittelwert des Quotienten $\sum_i (\Delta p_z)_i / \Delta t$ dividiert durch die betrachtete Fläche; $(\Delta p_z)_i$ bezeichnet den Impulsübertrag während eines Einzelstoßes i in der Stoßzeit τ. Siehe auch die kinetische Betrachtung in Kapitel 3.6, Exkurs 3.10). Volumen- und Temperaturabhängigkeit des Drucks lassen sich ebenfalls auf mikroskopischer Ebene verstehen. Die Fluktuationen durch die Einzelstöße sind extrem klein und im Normalfall nicht erkennbar.

1.1 Zielsetzung der statistischen Thermodynamik

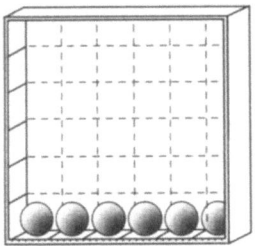
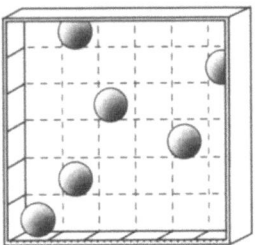

$T \to 0\,\text{K}: \quad \Omega = 1$
$\qquad\qquad\quad S_{min} = 0$

$T \to \infty\,\text{K}: \quad \Omega \cong 1{,}9 \cdot 10^6$
$\qquad\qquad\quad S_{max} = 14\,k$

Abbildung 1.2 Illustration zum Entropiebegriff der statistischen Thermodynamik: Entropiezunahme als Zunahme der Zahl Ω der zugänglichen Mikrozustände bei Temperaturerhöhung (= Energiezunahme), dargestellt anhand der Zahl der Anordnungsmöglichkeiten der Teilchen in einem zweidimensionalen geschlossenen Volumen mit nach oben zunehmender Energie (der Einfachheit halber ist nur eine endliche Zahl möglicher Positionen betrachtet). a) Kondensation zu einem idealen eindimensionalen Kristall bei $T = 0\,\text{K}$: nur der energetisch tiefste Zustand ist möglich, daher $\Omega = 1$; b) frei bewegliche Teilchen eines zweidimensionalen Gittergases bei unendlich hoher Temperatur: alle energetisch höheren Zustände sind gleich wahrscheinlich. Die Zahl der möglichen Anordnungen ist $\Omega = 36!/(6!\,30!) \approx 1{,}9 \cdot 10^6$ (vergleiche dazu Kapitel 2 und Anhang B).

Wir wissen, daß die phänomenologisch erfaßbare makroskopische Welt auf den Gesetzmäßigkeiten der Bewegungen und Wechselwirkungen solcher mikroskopischer Teilchen beruht. Es sind verschiedene Konzepte entwickelt worden, um experimentell erfaßbare Meßgrößen makroskopischer Systeme aus ihren **Mikrozuständen** abzuleiten, das heißt auf mikroskopische Größen wie z. B. Ort und Impuls von Atomen, Schwingungen und Rotationen von Molekülen zurückzuführen. Ziel solcher Konzepte ist es unter anderem, befriedigende und möglichst klare Antworten auf so prinzipielle Verständnisfragen zu geben wie beispielsweise:

- Was ist **Temperatur**?

- Was ist **Druck**?

- Was ist **Entropie**?

- Was ist ein **chemisches Gleichgewicht**? Warum verschieben sich chemische Gleichgewichte mit der Temperatur?

- Macht es einen Sinn, makroskopisch definierte Begriffe wie Temperatur und Druck auch auf kleine Systeme mit nur wenigen Teilchen auszudehnen? Kann beispielsweise einem einzigen bewegten Teilchen im Kasten eine bestimmte Temperatur oder Entropie sinnvoll zugeordnet werden?

Die **statistische Thermodynamik** liefert auf diese Fragen quantitative Antworten. Sie vermittelt dabei zwischen der phänomenologisch-thermodynamischen Beschreibung eines Vielteilchensystems. Sie zeigt, wie aus einer ausführlichen mikroskopischen Beschreibung seines Vielteilchensystems über Wellenfunktionen (**Quantenme-**

chanik) beziehungsweise über die Angabe der Orts- und Impulskoordinaten der Einzelteilchen (**klassische Mechanik**) eine Charakterisierung mit wenigen **phänomenologischen Zustandsvariablen** einerseits (Druck, Temperatur, Volumen, Teilchenzahl, innere Energie, Entropie, ... vergleiche Anhang A) resultiert. Die statistisch-thermodynamische Deutung der **Entropie** spielt dabei eine besonders wichtige Rolle für das Verständnis des Zusammenhangs zwischen den thermodynamischen Zustandsfunktionen und den möglichen Energien und mikroskopischen Zuständen eines Systems einschließlich seiner Teilchen.

Die statistische Betrachtungsweise kann auf die Beschreibung von Nichtgleichgewichtseigenschaften mit zeitlich veränderlichen Mittelwerten ausgeweitet werden. Häufig wird dann von **statistischer Mechanik** oder **kinetischer Theorie der Materie** gesprochen; der Begriff *statistische Thermodynamik* im engeren Sinne beschränkt sich dann auf die Beschreibung von Gleichgewichtseigenschaften mit zeitlich konstanten Mittelwerten.

Die gegenwärtige Entwicklung in der allgemeinen **statistischen Theorie der Materie** ist durch ein steigendes Interesse an der Dynamik und an den Nichtgleichgewichtsphänomenen von Vielteilchensystemen gekennzeichnet. Zu letzteren gehören Flüssigkeiten, Festkörper, aber auch Makromoleküle und komplexe biochemische und biologische Systeme. Von besonderer Bedeutung sind dabei Modelle zur quantitativen Beschreibung von Schwankungserscheinungen, Phasenübergängen, Transportvorgängen, Strukturbildung, Wachstumsprozessen sowie von chaotischem oder periodischem Verhalten weitab vom Gleichgewicht. Diese allgemeinen statistischen Theorien für Systeme fern vom Gleichgewicht können im letzten Kapitel nur angedeutet werden (siehe zitierte Literatur zu Kapitel 16 in Anhang F).

1.2 Klassische Mechanik und Vielteilchensysteme

Alle chemischen Systeme besitzen eine *mikroskopische Struktur* mit diskreten Teilchen (Atomen) und sind daher prinzipiell als **Vielteilchensysteme** beschreibbar. Betrachten wir als einfachsten Fall ein verdünntes Gas in einem geschlossenen Behälter: es besteht aus einer extrem großen Zahl von Molekülen, die sich regellos im Behälter bewegen und dabei Stöße untereinander und mit der Behälterwand erfahren. Unsere Frage ist: wie kann der mikroskopische Zustand oder kurz **Mikrozustand** eines solchen chemischen Systems quantitativ beschrieben werden und wieviele unterscheidbare Mikrozustände stehen dem System zur Verfügung? Im nächsten Schritt (in Kapitel 2) wird die Berechnung von Mittelwerten und thermodynamischen Größen daraus erfolgen.

Wir wollen zunächst von den Vorstellungen der **klassischen Mechanik** ausgehen[1]. Diese Vorstellungen sind als Grenzfall der exakten quantenmechanischen Behandlung anwendbar bei genügend hohen Energien der Atome und Moleküle (Korrespondenzprinzip). Im Kapitel 1.3 werden wir dann die Einschränkungen und Bedingungen der Quantenmechanik und ihre Auswirkung auf die Beschreibung von Systemmikrozuständen behandeln.

---
[1] Zu ausführlichen Darstellungen der klassischen Mechanik sei verwiesen auf die Zitate [Gre 89, Kuy 93, She 96, Sym 71].

1.2 Klassische Mechanik und Vielteilchensysteme

Nehmen wir als Beispiel ein einzelnes Atom. Vernachlässigt man in erster Näherung die Ausdehnung des Atoms und seine innere Struktur bestehend aus Atomkern und Elektronen, so kann man es als Massepunkt behandeln. Der Mikrozustand eines Atoms zu einem bestimmten Zeitpunkt t läßt sich dann durch seine Ortskoordinaten $r = (x,y,z)$ und Impulskoordinaten $p = (p_x, p_y, p_z)$ vollständig charakterisieren.

Wenn das Atom sich ohne Wechselwirkung mit der Umgebung frei bewegen kann, wird seine Energie und sein Impuls zeitlich konstant bleiben. Wirken jedoch äußere Kräfte und Felder auf das Atom, so werden Energie und Impuls zeitabhängig. Seine Orts- und Impulskoordinaten können durch die Lösung von sechs Differentialgleichungen erster Ordnung vorhergesagt werden. Für die x-Komponenten von Ort und Impuls gilt (F_x = Kraft auf das Atom, m = Masse des Atoms):

$$\frac{dp_x}{dt} = F_x \quad \text{und} \quad \frac{dx}{dt} = \frac{p_x}{m} \quad \text{(analog für } y, p_y \text{ und } z, p_z\text{)} \quad (1.1)$$

Durch Integration der insgesamt sechs Bewegungsgleichungen läßt sich sein Mikrozustand für alle folgenden Zeiten berechnen, wenn man neben der Kraft auf das Atom auch seine Position $r = (x,y,z)$ und seinen Impuls $p = (p_x, p_y, p_z)$ zu einem Anfangszeitpunkt t_0 kennt.

Die insgesamt sechs Orts- und Impulskoordinaten definieren den sogenannten **Phasenraum** oder **Γ-Raum** dieses Einteilchensystems. Jeder Mikrozustand entspricht einem Punkt (x,y,z,p_x,p_y,p_z) im Phasenraum. Klassisch-mechanisch gibt es beliebig viele mögliche Mikrozustände in jedem noch so kleinen Teilvolumen des Phasenraums. Die zeitliche Entwicklung des Systems entspricht einer Bewegung des Systempunktes (=kontinuierliche zeitliche Änderung des Mikrozustands) im Phasenraum. Die zugehörige durchgehende Linie im Phasenraum bezeichnet man als **Trajektorie**.

Für ein verdünntes Gas aus N solchen Einzelatomen läßt sich der Mikrozustand dementsprechend durch $3N$ Orts- und $3N$ Impulskoordinaten vollständig beschreiben. In der klassischen Mechanik spricht man bei diesem Gas von einem System mit $f = 3N$ **Freiheitsgraden**. Der entsprechende Phasenraum hat in diesem Fall $2f$ Dimensionen oder Koordinaten. Wiederum entspricht jedem Mikrozustand des Systems ein Punkt und der zeitlichen Entwicklung des Systemzustands eine Trajektorie im Phasenraum. Wenn die Wechselwirkungskräfte der Atome untereinander bekannt sind, läßt sich die zeitliche Entwicklung des Mikrozustands aus insgesamt $2f$ Koordinaten durch Integration der Bewegungsgleichungen eindeutig berechnen.

Die klassische Mechanik beschreibt in einer verallgemeinerten Form diese Bewegungsabläufe in geschlossenen Vielteilchensystemen über die sogenannte **Hamilton-Funktion** $H(r_i, p_i, t)_{i=1...N}$ (vergleiche Anhang C zu den Größen der klassischen Mechanik, sowie z.B. [Gre 89, Kuy 93]). Der Index i kennzeichnet ein einzelnes Teilchen. Für ein abgeschlossenes System ohne Wechselwirkung mit der Umgebung ist die Hamilton-Funktion eine Konstante und identisch mit der Gesamtenergie des Systems

$$H(r_i, p_i)_{i=1...N} = E_{\text{tot}} = \sum_{i=1}^{N} \varepsilon_{\text{kin}}(p_i) + E_{\text{pot}}(r_1, ..r_i, ..r_N) = \text{const.} \quad (1.2)$$

Sie ist dann als Summe aus kinetischer und potentieller Energie darstellbar. Hier wie im folgenden sollen Einteilchenenergien mit ε, Systemenergien mit vielen Teilchen mit E bezeichnet werden. Die Dynamik des Systems ergibt sich aus der Lösung der folgenden **Hamiltonschen Bewegungsgleichungen** (siehe auch Anhang C), die für alle „konjugierten Koordinatenpaare $(x_i, p_{x,i})$" aus Orts- und Impulskoordinaten gelten:

$$\frac{\partial x_i}{\partial t} = \frac{\partial H}{\partial p_{x,i}} \quad \text{und} \quad \frac{\partial p_{x,i}}{\partial t} = -\frac{\partial H}{\partial x_i} \tag{1.3}$$

analog gilt dies für $y_i, p_{y,i}$ und $z_i, p_{z,i}$ mit $i = 1 \ldots N$. Die Gleichungen (1.3) stellen eine verallgemeinerte Formulierung der Newtonschen Bewegungsgleichungen dar. Statt kartesische Koordinaten zu nehmen, ist es häufig zweckmäßig, zu **verallgemeinerten Koordinaten** $(q_k(t), p_k(t))$ mit $k = 1, \ldots, f$ überzugehen. Hier numeriert der Index k die einzelnen konjugierten Koordinatenpaare aller Teilchen: beispielsweise $(x_1, p_{x,1}) \rightarrow (q_1, p_1)$, $(y_1, p_{y,1}) \rightarrow (q_2, p_2)$, $(z_1, p_{z,1}) \rightarrow (q_3, p_3)$, $(x_2, p_{x,2}) \rightarrow (q_4, p_4)$, und so weiter: k läuft also von 1 bis $f = 3N$ und es gibt $f = 3N$ konjugierte Paare (q_k, p_k) aus Orts- und Impulskoordinaten mit den Bewegungsgleichungen:

$$\frac{\partial q_k}{\partial t} = \frac{\partial H}{\partial p_k} \quad \text{und} \quad \frac{\partial p_k}{\partial t} = -\frac{\partial H}{\partial q_k} \quad \text{für} \quad k = 1 \ldots f \tag{1.4}$$

Die kartesischen Koordinaten sind nur ein spezieller Fall der Koordinatenwahl. Die Koordinaten q_k können durch geeignete Linearkombinationen von kartesischen Koordinaten definiert werden, darunter können aber auch Winkel sein, die Drehungen oder Torsionen eines Massepunktsystems beschreiben. Drehimpulse sind die zu Winkeln konjugierten Impulskoordinaten (beispielsweise ein Drehwinkel φ_x für Drehungen eines Moleküls um die x-Achse und die zugehörige Drehimpulskomponente L_x).

Die Hamiltonschen Gleichungen reichen für ein klassisch-mechanisch beschreibbares System von Massepunkten aus, um die zeitliche Entwicklung des Systemmikrozustands exakt zu berechnen (**klassisch-deterministische Welt**), wenn neben der Hamilton-Funktion die Anfangswerte der Koordinaten $[q_k(0), p_k(0)]_{k=1\ldots f}$ bekannt sind.

Die Beschreibung von Atomen als Massepunkte stellt bereits eine einschneidende **Näherung** dar, die nicht alle Systemeigenschaften befriedigend beschreiben kann, da der innere Aufbau aus Protonen, Neutronen und Elektronen nicht berücksichtigt wird. Es ist daher dringend erforderlich, für ein Vielteilchensystem aus Molekülen über geeignete Definitionen beziehungsweise Näherungen des **Teilchenbegriffs** nachzudenken (vergleiche dazu Exkurs 1.3 und Abbildung 1.5), um dann mit geeigneten **Wechselwirkungsmodellen** die zugehörige klassische Hamilton-Funktion für ein solches Vielteilchensystem vereinfacht aufzustellen. Tatsächlich ist eine wesentliche Aufgabe der statistischen Thermodynamik, mit geeigneten Modellannahmen die zu betrachtenden **Teilchen** oder **Quasiteilchen** zu definieren und statistisch zu beschreiben. Anhand der Ergebnisse solcher Modelle hat man daraufhin zu überprüfen, ob sie die im speziellen Fall betrachteten makroskopischen Eigenschaften eines Systems befriedigend beschreiben.

Um beispielsweise den Mikrozustand eines molekularen Gases klassisch-mechanisch anzugeben, können wir alle n Atome in einem Einzelmolekül wiederum als einzelne Massepunkte annähern. Der Mikrozustand eines einzelnen n-atomigen Moleküls wird dann durch die $3n$ Orts- und die $3n$ Impulskoordinaten der Atome im

1.2 Klassische Mechanik und Vielteilchensysteme

Molekül beschrieben. Für ein Gas aus N Molekülen folgt, daß insgesamt $3nN$ Orts- und $3nN$ Impulskoordinaten zur Angabe des Mikrozustands im entsprechenden Phasenraum benötigt werden. Ein solches molekulares Gas hat nach diesem klassisch-mechanischen Modell $f = 3nN$ Freiheitsgrade.

Eine gleichzeitige genaue Angabe von Orts- und Impulskoordinaten ist allerdings nur im Rahmen der Gültigkeit der klassischen Mechanik exakt möglich (und dort sogar nötig, um die Bewegungsgleichungen (1.3) zu lösen, also Ort und Impuls für einen späteren Zeitpunkt zu berechnen).

Im nächsten Abschnitt werden wir sehen, daß die Quantenmechanik bei kleinen Massen und Energien zur Änderung dieser Vorstellung zwingt. Aufgrund der quantenmechanischen Unschärferelationen ist eine Beschreibung des Systemmikrozustands durch exakte Angabe eines Punkts im Phasenraum prinzipiell nicht möglich. Vielmehr beschränkt die Quantenmechanik diese Angabe auf ein kleinstes Volumenelement im Phasenraum von der Größe h^f mit f als Zahl der Freiheitsgrade des Systems und h als Plancksche Konstante. Eine weitergehende Präzisierung des Systemmikrozustands läßt die Quantenmechanik nicht zu. Die Konsequenzen daraus sollen nach einem kurzen Exkurs in die Grundlagen der Quantenmechanik im folgenden vertieft werden.

Exkurs 1.1 Bewegung eines freien Teilchens

Zur Veranschaulichung der raum-zeitlichen Entwicklung von Teilchensystemen im **Phasenraum** betrachten wir zunächst den einfachsten Fall: das zu untersuchende System besteht aus einem einzelnen Teilchen, das sich in einer Dimension frei bewegen kann. Wenn es als Massepunkt behandelt werden darf, erfordert eine vollständige Beschreibung nach klassisch-mechanischen Vorstellungen nur die Angabe der Ortskoordinate x und der Impulskoordinate p_x. Das Wertepaar (x, p_x) bestimmt einen Punkt im zweidimensionalen Phasenraum dieses Einteilchensystems. Falls keine Kräfte auf das Teilchen wirken, gilt für die Hamilton-Funktion

$$H(x, p_x) = \frac{p_x^2}{2m} = \varepsilon_{\text{tot}} = \text{const.} \tag{1.5}$$

Daraus folgt mit den allgemeinen Bewegungsgleichungen (1.3)

$$\frac{\partial p_x}{\partial t} = 0 \, , \quad \frac{\partial x}{\partial t} = \frac{p_x}{m} = v_x = \text{const.} \, , \quad x = v_x \cdot t + x(t=0) \tag{1.6}$$

Ein solcher Massepunkt wird sich mit dem einmal eingestellten Anfangsimpuls $p_x(t=0)$ in einer Richtung entlang der x-Achse bewegen. Im Phasenraum bewegt sich der Mikrozustand – gegeben durch den Phasenraumpunkt $x(t), p_x(t)$ – entlang der Linie $p_x = \text{const.}$ parallel zur x-Achse.

Eine Beschränkung des Systems auf den Bereich $x = 0$ bis $x = a$ kann man durch Vorgabe eines „Kastenpotentials" einführen mit

$$\varepsilon_{\text{pot}} = \begin{cases} 0 & \text{für} \quad 0 \leq x \leq a \\ \infty & \text{für} \quad x < 0 \text{ und } x > a \end{cases}$$

In $H(x, p_x)$ tritt dann für $x < 0$ und $x > a$ eine unendlich hohe potentielle Energie auf. Dadurch wird das Teilchen bei Erreichen der Potentialwände an den Orten $x = 0$ und $x = a$ jeweils elastisch reflektiert.

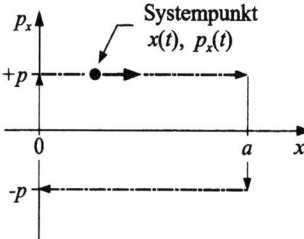

Abbildung 1.3 Zweidimensionaler Phasenraum für ein einzelnes Teilchen im Kastenpotential: gezeigt ist die zeitabhängige Bahn des Systempunktes, wenn eine konstante Translationsenergie $\varepsilon_{\text{trans}} = p_x^2/2m$ angenommen wird. Es werden nur die Mikrozustände des Phasenraums mit der Zeit durchlaufen, die kompatibel zur Randbedingung $\varepsilon_{\text{tot}} = \varepsilon_{\text{trans}} = \text{const.}$ sind.

Abbildung 1.3 zeigt die resultierende Bewegung des Systempunktes $x(t)$, $p_x(t)$ im Phasenraum. Das Teilchen bewegt sich bei fehlenden Wechselwirkungen mit einmal festgelegtem Impulsbetrag $|p|$ gleichförmig zwischen den zwei Wänden hin und her. Die Lösung der Bewegungsgleichungen ist hier trivial. Die zeitliche Bewegung des Systempunktes besteht aus zwei Parallelen zur x-Achse im Abstand $+p_x$ beziehungsweise $-p_x$, zwischen denen das System an den Umkehrpunkten $x = 0$ und $x = a$ springt. Man bezeichnet die durch $x(t)$, $p_x(t)$ definierte Bahn des Systemmikrozustands auch als Trajektorie.

Exkurs 1.2 Harmonischer und gedämpfter Oszillator

Ein weiteres Beispiel ist der Phasenraum für ein einzelnes Teilchen, das in x-Richtung um die Gleichgewichtsposition $x = 0$ schwingt (Abbildung 1.4). Ein solches System wird auch als **harmonischer Oszillator** bezeichnet. Wenn keine Energie von außen zugeführt wird und die Schwingung ungedämpft ist, gilt für die Gesamtenergie beziehungsweise Hamiltonfunktion

$$H(x,p_x) = \varepsilon_{\text{tot}} = \varepsilon_{\text{kin}} + \varepsilon_{\text{pot}} = \frac{p_x^2}{2m} + \frac{1}{2}kx^2 = \text{const.} \tag{1.7}$$

Dabei ist k die Kraftkonstante für die Rückstellkraft $F = -kx$. Im p_x-x-Raum beschreibt diese Gleichung eine Ellipse, auf der die möglichen Mikrozustände des Systems für $\varepsilon_{\text{tot}} = \text{const.}$ liegen (siehe Abbildung 1.4). Durch Umformen ergibt sich aus (1.7)

$$1 = \frac{p_x^2}{2m\varepsilon_{\text{tot}}} + \frac{kx^2}{2\varepsilon_{\text{tot}}} = \frac{p_x^2}{b^2} + \frac{x^2}{a^2} \tag{1.8}$$

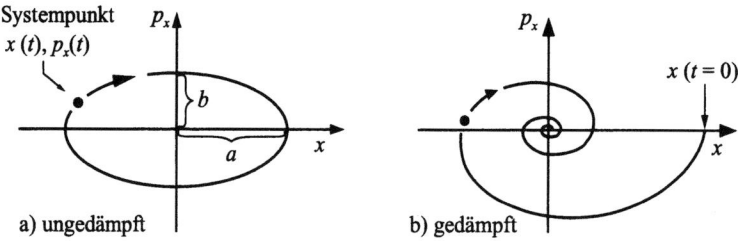

Abbildung 1.4 Zweidimensionaler Phasenraum für einen Oszillator: a) isoliertes System mit konstanter Energie, b) gedämpfter Oszillator, der seine Energie an die Umgebung („Wärmebad") abgibt.

1.2 Klassische Mechanik und Vielteilchensysteme

Daraus folgen die in der Abbildung 1.4 gezeigten Achsenabschnitte a und b. Die Bewegungsgleichungen sind leicht aus (1.7) ableitbar:

$$\frac{\partial x}{\partial t} = \frac{\partial H}{\partial p_x} = \frac{p_x}{m} \quad \text{und} \quad \frac{\partial p_x}{\partial t} = -\frac{\partial H}{\partial x} = -kx \qquad (1.9)$$

Nochmaliges Differenzieren nach der Zeit und Substitution von $\partial x/\partial t$ und $\partial p_x/\partial t$ mit (1.9) ergibt

$$\frac{\partial^2 x}{\partial t^2} = -\frac{k}{m}x \quad \text{und} \quad \frac{\partial^2 p_x}{\partial t^2} = -\frac{k}{m}p_x \qquad (1.10)$$

Mit den Anfangsbedingungen $x(t=0) = x_0$ und $p_x(t=0) = 0$ folgt sofort, daß im Phasenraum eine periodische Bewegung des Systems entlang einer Ellipse vorliegt.

$$x = x_0 \cos\left(\sqrt{\frac{k}{m}} \cdot t\right) \quad , \quad p_x = \sqrt{k \cdot m} \cdot x_0 \cdot \sin\left(\sqrt{\frac{k}{m}} \cdot t\right) \qquad (1.11)$$

Für einen **gedämpften Oszillator** nimmt die Energie mit der Zeit ab und das System durchläuft Mikrozustände entlang einer Spirallinie, wie in Abbildung 1.4b schematisch dargestellt. Diese Dämpfung ist zwar makroskopisch anschaulich bekannt, kommt im atomaren Bereich jedoch nur bei Energieaustausch mit der Umgebung, also in einem Vielteilchensystem vor. Dämpfung erfordert die Umwandlung verschiedener Energieformen (hier Schwingungsenergie eines Einzelteilchens) in „Wärme". Der Begriff Wärme findet aber seine Anwendung erst bei Systemen mit vielen Freiheitsgraden beziehungsweise mit vielen Teilchen. Dämpfung würde formal in Gleichung (1.2) über zusätzliche impuls- oder geschwindigkeitsabhängige Energien $\varepsilon(p_i)$ für sogenannte „nichtkonservative Systeme" beschrieben.

Exkurs 1.3 „Teilchenbegriff" in der klassischen Betrachtung chemischer Systeme

Die folgende Abbildung 1.5 für zweidimensional dargestellte Systeme soll einige Möglichkeiten illustrieren, „Teilchen" in verschiedenen Stadien der Verfeinerung zu definieren.

- In Abbildung 1.5a sind zweiatomige Moleküle als „Einzelteilchen" (punktiert) in der Gasphase über die Angabe zweier Orts- und zweier Impulskoordinaten (x_A, y_A) beziehungsweise $(p_{x_A} = mv_{x_A}, p_{y_A} = mv_{y_A})$ gekennzeichnet. Dabei wird nur der Schwerpunkt des jeweiligen Moleküls betrachtet (S_A beziehungsweise S_B). Bei Idealgasbedingungen (hohe Temperaturen, niedrige Teilchendichten) können zwischenmolekulare Anziehungskräfte und Eigenvolumina der Moleküle vernachlässigt werden. Die Teilchen werden dann als punktförmig angesehen und daraus das ideale Gasgesetz hergeleitet. Zur Berechnung der Energie müssen aber auch in diesem Fall die inneren Freiheitsgrade berücksichtigt werden.

- Wenn man die inneren Freiheitsgrade der Rotation und Schwingung behandeln will, ist es erforderlich, den Einzelatomen im Molekül separate Orts- und Impulskoordinaten zuzuordnen, wie es in Abbildung 1.5b gezeigt ist. Dabei wird die Beschreibung einfacher, wenn man die Schwerpunktsbewegung durch eine Koordinatentransformation separiert. Dabei wird der Koordinatenursprung in den jeweiligen Schwerpunkt des Moleküls gelegt (hier nicht gezeigt).

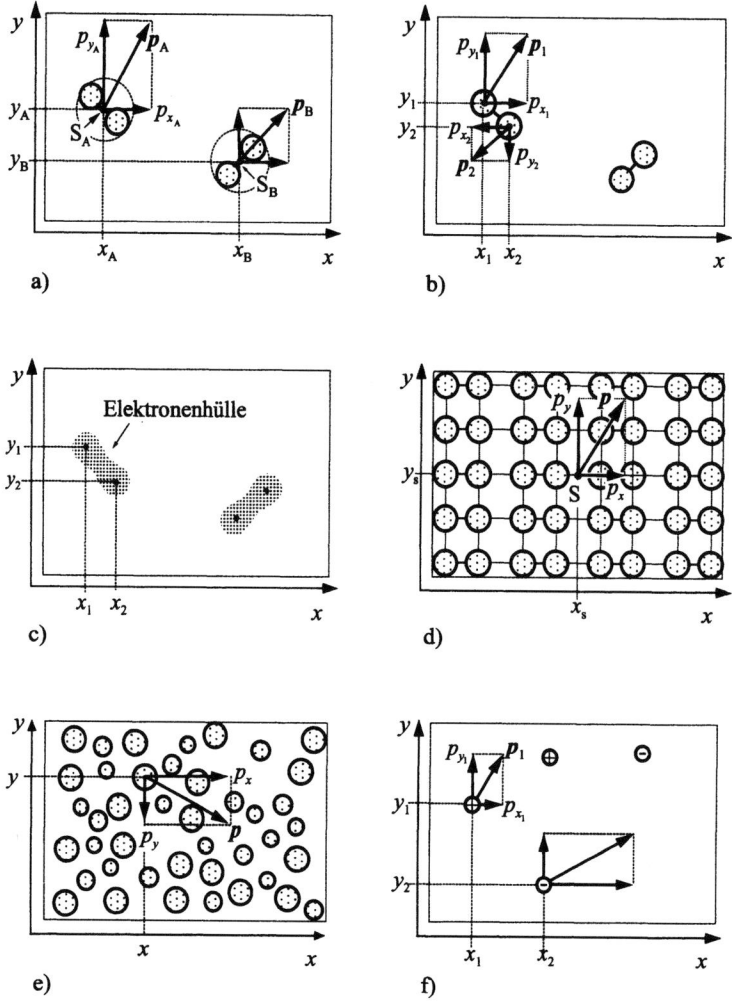

Abbildung 1.5 Illustration des Teilchenbegriffs für Vielteilchensysteme in der Chemie.

- Der Versuch, nicht nur die Atomkernpositionen, sondern auch die Elektronenpositionen (zur Vereinfachung nehmen wir zwei Elektronen wie im H_2 Molekül, siehe Abbildung 1.5c) durch die Angabe von Elektronenkoordinaten im Molekül festzulegen, scheitert, da Elektronen in Atomen und Molekülen aufgrund des Teilchen-Welle-Dualismus delokalisiert und grundsätzlich quantenmechanisch zu beschreiben sind (vergleiche dazu Kapitel 1.3).

- Betrachtet man einen Festkörper bestehend aus verschiedenen Einzelmolekülen als Ganzes (Abbildung 1.5d) so wird dessen Schwerpunkt S wieder über Ortskoordinaten (x_S, y_S) und Impulskoordinaten (mv_x, mv_y) gekennzeichnet. Die Berücksichtigung der Schwingungen zwischen den Atomen in den Molekülen einerseits und zwischen den verschiedenen Molekülbausteinen andererseits durch auf Gleichgewichtspositionen bezogene Koordinaten der Atome ermöglicht dann die Beschreibung von Gitterschwingungen (Phononen).

1.2 Klassische Mechanik und Vielteilchensysteme

- Das nächste Beispiel (Abbildung 1.5e) soll stark korrelierte Wechselwirkungen zwischen gleichartigen und verschiedenen Atomen in Flüssigkeiten oder Polymeren andeuten, deren Struktur und dynamisches Verhalten die Beschreibung der Bewegung aller Einzelteilchen erfordert. Da dies in makroskopischen Systemen nicht möglich ist, kann es nur mit sehr groben Näherungen theoretisch erfaßt werden.

- Bei sehr hohen Temperaturen wird allen Atomkernen und Elektronen soviel Energie zugeführt, daß diese als Einzelteilchen in einem sogenannten Plasma vorliegen (Abbildung 1.5f). Aufgrund der hohen Geschwindigkeiten können nun auch Elektronen örtlich lokalisiert werden, da deren Materiewellenlänge entsprechend klein wird und sie daher ausgeprägten Teilchencharakter haben. Die Beschreibung eines Plasmazustandes über die Angabe von Orts- und Impulskoordinaten ist deshalb für alle geladenen Teilchen sinnvoll.

Zusammenfassend ergibt sich aus den einfachen Beispielen in Abbildung 1.5, daß je nach System verschiedene „Teilchen" definiert werden können, zwischen denen sehr unterschiedliche Wechselwirkungen auftreten, interatomare Wechselwirkungen der chemischen Bindung innerhalb des Moleküls oder Atomverbandes wie in Abbildung 1.5a, b und c, intermolekulare Wechselwirkungen zwischen Molekülen wie in Abbildung 1.5b oder d, Coulomb-Wechselwirkungen zwischen den elektrischen Ladungen wie in Abbildung 1.5f beziehungsweise ein Spektrum unterschiedlicher Wechselwirkungen (Abbildung 1.5e; hier sind chemische Bindung und intermolekulare Wechselwirkungen die beiden Extremfälle).

- Im einfachsten Fall berücksichtigen wir die Wechselwirkung der Teilchen miteinander, vernachlässigen jedoch deren innere Struktur. Dazu müssen wir wissen, welche kurzreichweitigen Abstoßungskräfte beim Stoß und welche langreichweitigeren Anziehungskräfte vor dem Stoß bei größerer Entfernung aller Teilchen am Ort eines beliebig herausgegriffenen Teilchens wirken.

- Die nächste Verfeinerung des Modells besteht darin, auch die inneren Kräfte im Molekül über die Abstände der Atome untereinander auszudrücken und diese beim Stoß der Moleküle zu berücksichtigen. Dabei können dann beispielsweise Wechselwirkungen zwischen der Translation der Moleküle und inneren Schwingungen oder Rotationen auftreten.

- Bei der weiteren Verfeinerung des Modells muß man berücksichtigen, daß auch Moleküle insbesondere bei höheren Temperaturen durch Stöße zerfallen oder durch Reaktionen neue Moleküle bilden können, so daß zur Beschreibung dieser Phänomene die Anziehungs- und Abstoßungskräfte aller Elektronen und Kerne der Atome des Gesamtsystems separat berücksichtigt werden müssen. Darin ist dann auch der bei noch höheren Temperaturen auftretende Fall enthalten, daß sogar geladene Teilchen in der Gasphase auftreten können (Plasmazustand). Das Verhalten bei extrem hohen Temperaturen ($T > 10^6$ K) mit möglichen Kernspaltungen oder -fusionen wird noch komplizierter und machen eine prinzipiell erweiterte Beschreibung erforderlich.

Zusammenfassend gilt, daß vereinfachte Teilchenmodelle sinnvoll sind, wenn mit ihnen Experimente befriedigend beschrieben werden können. Dabei spielt die Temperatur im Verhältnis zur Wechselwirkung der Teilchen untereinander eine entscheidende Rolle für die verwendeten Teilchenmodelle. Mit steigender Temperatur beobachtet man Festkörper, Flüssigkeiten, reale und danach ideale Gase sowie Plasmen, was ganz unterschiedliche theoretische Modellansätze erfordert.

1.3 Quantenmechanik chemischer Systeme

Eine vollständige Beschreibung des Mikrozustands eines chemischen Systems ist nur im Rahmen der Quantenmechanik des Gesamtsystems möglich. Zwar beschäftigen sich sowohl die klassische („Newtonsche") Mechanik als auch die Quantenmechanik mit den Beziehungen zwischen beobachtbaren physikalischen Größen, die aus der Bewegung von Teilchen und Teilchensystemen unter dem Einfluß von Kräften resultieren. Die klassische Mechanik ergibt sich jedoch lediglich als Grenzfall der Quantenmechanik für hohe Energien (**Korrespondenzprinzip**).

Die Besonderheiten der Quantenmechanik gegenüber der anschaulichen klassischen Mechanik machen sich vor allem bemerkbar für Teilchen mit kleiner Masse, kleinem Impuls und kleiner Energie und dabei insbesondere bei Systemen, die auf kleine Volumina beschränkt sind beziehungsweise hohe Teilchendichten haben. Eine wesentliche Konsequenz der Quantenmechanik ist, daß in diesen Fällen **Systemzustände mit abzählbaren diskreten Energieniveaus** auftreten. Dadurch wird es möglich, experimentell beobachtete Abweichungen im Systemverhalten bei tiefen Temperaturen oder niedrigen Energien von den Vorhersagen der klassischen Mechanik und im Rahmen der statistischen Thermodynamik zu erklären.

1.3.1 Unschärferelation und Schrödinger-Gleichung

Eine wichtige Konsequenz der Quantenmechanik ist, daß Paare von (zueinander konjugierten) klassischen Variablen q_k, p_k nicht gleichzeitig mit beliebiger Präzision meßbar sind. **Konjugierte Variablen** im Sinne der klassischen Mechanik (siehe auch Gleichung (1.4)) sind zum Beispiel entsprechende Komponenten von Orts- und Impulskoordinaten einzelner Teilchen (z. B. Ort x und Impuls p_x in x-Richtung) sowie Energie und Zeit. Die Einschränkungen in der Meßgenauigkeit werden quantitativ durch die **Heisenbergschen Unschärferelationen** beschrieben.

Die **Unschärfe** einer Meßgröße ist dabei definiert als Wurzel aus der mittleren quadratischen Abweichung des beobachteten Wertes von ihrem Mittelwert[2]. Für die Mittelwerte der Impulskomponente p_x beispielsweise, die man aus Messungen zu verschiedenen Zeiten oder aus mehreren unabhängigen Messungen in ansonsten identischen Systemen ermittelt, gilt

$$\Delta p_x = \sqrt{\overline{(p_x - \overline{p_x})^2}} = \sqrt{\overline{p_x^2} - \overline{p_x}^2} \quad \left[\text{oder:} = \sqrt{\langle p_x^2 \rangle - \langle p_x \rangle^2}\right] \quad (1.12)$$

Für Δx und Δp_x als Unschärfen der Orts- und Impulsmessung in x-Richtung gilt

$$\Delta x \cdot \Delta p_x \geq \frac{\hbar}{2} \quad (1.13)$$

mit $\hbar = h/2\pi$ und h als Planckschem Wirkungsquantum. Dies gilt analog für die anderen konjugierten Koordinaten y, p_y und z, p_z eines Teilchens.

---

[2] Im Buch werden Zeitmittelwerte einer Größe x mit einem Oberstrich, also $\overline{x}$, und Mittelwerte über Einzelmessungen, Stichproben ... (im weiteren auch Scharmittelwerte genannt) durch Dreieckklammern, also $\langle x \rangle$, bezeichnet.

1.3 Quantenmechanik chemischer Systeme

Die Unschärferelationen haben eine direkte Konsequenz für die Beschreibung von Mikrozuständen in der statistischen Thermodynamik. Eine gleichzeitige exakte Angabe von Paaren konjugierter Ortskoordinaten q_k und Impulskoordinaten p_k ist unmöglich. Die Quantenmechanik sagt demnach aus, daß der Mikrozustand eines N-Teilchen-Systems nicht wie in der klassischen Mechanik vorausgesetzt als scharfer Punkt $q_{1...3N}$, $p_{1...3N}$ im Phasenraum angegeben werden kann. Allerdings gibt es fließende Übergänge zwischen exakter Angabe des Ortes (ohne Information zum Impuls) oder des Impulses (dann ohne Information über den Ort) als den beiden Extremfällen: Wenn wir von einem Einzelteilchen wissen, daß es sich entlang der x-Achse zwischen $x = 0$ und $x = a$ aufhalten kann und außerhalb dieses Bereiches gar nicht, so können wir seine Impulswerte innerhalb gewisser Grenzen festlegen (über Gleichung (1.13) mit der Ortsunschärfe $\Delta x = a$ berechenbar).

Diese begrenzte Information über ein System wird durch den Übergang zu einem Wellenbild ausgedrückt. Nach der Quantenmechanik wird der mikroskopische Zustand eines Systems in der **Ortsdarstellung** durch eine **Wellenfunktion** $\Psi(q_{1...3N}, t)$ beschrieben. Alternativ läßt sich auch eine **Impulsdarstellung** $\Psi(p_{1...3N}, t)$ der Wellenfunktion formulieren. Die beiden Darstellungen sind äquivalent, sie lassen sich eindeutig über eine Fourier-Transformation ineinander umrechnen. Physikalisch sinnvolle Wellenfunktionen müssen eine Reihe von formalen Bedingungen wie beispielsweise Normierbarkeit und Stetigkeit erfüllen [siehe z.B. Atk 93, Göp 94, Han 76, Kut 92, See 74]. Das Quadrat der Amplitude der Wellenfunktion in der Ortsdarstellung kann als Aufenthaltswahrscheinlichkeit bezüglich des Ortes interpretiert werden (siehe Exkurs 1.4).

Die Wellenfunktion ist eine Lösung der **Schrödinger-Gleichung**, einer Differentialgleichung zweiter Ordnung. Sie enthält den sogenannten **Hamilton-Operator** $\widehat{H}$ als das quantenmechanische Analogon zur Hamilton-Funktion $H(q_{1...3N}, p_{1...3N})$ der klassischen Mechanik (siehe Exkurs 1.4):

$$\widehat{H}\Psi_n = i\hbar \frac{\partial \Psi_n}{\partial t} \tag{1.14}$$

Der Index n soll verdeutlichen, daß sich die Lösungen für ein abgeschlossenes, endliches System durchnumerieren lassen oder – mit anderen Worten – abzählbar sind. Die Lösungen Ψ_n der Schrödinger-Gleichung und ihre Linearkombinationen beschreiben die möglichen quantenmechanischen Mikrozustände eines Systems, dessen kinetische und potentielle Energien durch den Hamilton-Operator $\widehat{H}$ charakterisiert werden. Die Wellenfunktion enthält die maximale Information über ein System, die sich durch Messungen erzielen läßt.

Ist der Hamilton-Operator nicht explizit zeitabhängig, wie es beispielsweise für isolierte Atome oder Moleküle im Grundzustand gilt, so kann die Schrödinger-Gleichung (1.14) durch den folgenden Separationsansatz vereinfacht werden:

$$\Psi_n(t) = \psi_n \cdot \exp\left(-\frac{i}{\hbar} E_n t\right) \tag{1.15}$$

Es ergibt sich die folgende **stationäre Schrödinger-Gleichung** mit der explizit zeitunabhängigen Wellenfunktion ψ_n:

$$\widehat{H}\psi_n = E_n \psi_n \tag{1.16}$$

Für den Spezialfall eines Einteilchensystems lautet der Hamilton-Operator in der Ortsdarstellung

$$\widehat{H} = -\frac{\hbar^2}{2m}\Delta + \widehat{E}_{\text{pot}}(x,y,z) \tag{1.17}$$

Der erste Term auf der rechten Seite ist der Operator der kinetischen Energie, wobei die Abkürzung Δ als *Laplace-Operator* bezeichnet wird:

$$\widehat{E}_{\text{kin}} = -\frac{\hbar^2}{2m}\Delta = -\frac{\hbar^2}{2m}\left(\frac{\partial^2}{\partial x^2} + \frac{\partial^2}{\partial y^2} + \frac{\partial^2}{\partial z^2}\right) \tag{1.18}$$

Der Ausdruck für den Operator $\widehat{E}_{\text{pot}}$ hat dieselbe Form wie die klassische potentielle Energie des Systems (die Ortskoordinaten bekommen die Funktion von Ortsoperatoren). Die zeitunabhängige Schrödinger-Gleichung für die Wellenfunktion $\psi(x,y,z)$ eines einzelnen Teilchens der Masse m ist dann

$$-\frac{\hbar^2}{2m}\Delta\psi_n + \widehat{E}_{\text{pot}}\psi_n = \varepsilon_n \psi_n \tag{1.19}$$

Die Wellenfunktion ψ_n ist gewöhnlich komplex. Der Wert ε_n gibt den **Energieeigenwert** oder das **Energieniveau** des Systems im **Quantenzustand** n mit der *Wellenfunktion* ψ_n an. Wenn sich für k verschiedene Quantenzustände $n = 1, 2, \ldots, k$ (mit verschiedenen Wellenfunktionen ψ_n) derselbe Energieeigenwert $\varepsilon_1 = \varepsilon_2 = \ldots = \varepsilon_k$ ergibt, spricht man von **k-facher Entartung**.

Die Einschränkung möglicher Energien von chemischen Systemen auf diskrete, mit Quantenzahlen abzählbare Energiewerte ist ein wesentliches Ergebnis der Schrödinger-Gleichung. Es gilt generell für Systeme, die geschlossen und damit auf ein bestimmtes Volumen beschränkt sind. Lediglich für völlig freie Teilchen in unendlich ausgedehnten Systemen (hypothetisch) tritt ein kontinuierliches Spektrum erlaubter Energien auf (keine Quantelung!).

Für Systeme mit sehr vielen Teilchen ist allerdings die Energiequantelung häufig nicht mehr makroskopisch nachweisbar. Bei Gasen unter Normalbedingungen beispielsweise liegen die gequantelten Translationsenergieniveaus so dicht (vergleiche Exkurs 1.6 und Abbildung 1.24 in den folgenden Abschnitten), daß die Meßgenauigkeit bei weitem nicht zur Unterscheidung benachbarter erlaubter Energiewerte ausreicht. Trotzdem müssen Quantelungseffekte bei allen statistisch-thermodynamischen Berechnungen berücksichtigt werden. Sie führen zu einer **Begrenzung der Zahl von Mikrozuständen** eines Systems auf eine abzählbare Anzahl. Es gibt Beispiele, bei denen die Energiequantelung auch makroskopisch direkt nachweisbare Konsequenzen auf das thermodynamische Verhalten hat. Dazu gehören die Temperaturabhängigkeiten der Wärmekapazität von Festkörpern, von Elektronen in Metallen oder von mehratomigen Gasen bei tiefen Temperaturen. Ein Verständnis für die wichtigsten Ergebnisse aus der Quantenmechanik, insbesondere für die Energien und Quantenzustände einfacher chemischer Teilchen und Systeme, ist deshalb für die folgenden Kapitel zwingend notwendig.

Exkurs 1.4 Klassische und quantenmechanische Beschreibung von Systemzuständen

Die Hamilton-Funktion eines klassischen Systems aus N Massepunkten ist

$$H(p_{1...3N}, q_{1...3N}) = \sum_{k=1}^{3N} \frac{p_k^2}{2m_k} + E_{\text{pot}}(q_1, \ldots q_{3N}) \tag{1.20}$$

Gemäß (1.3) beziehungsweise (1.4) lassen sich die Orts- und Impulskoordinaten bereits in der klassischen Mechanik zu Paaren (q_k, p_k) von konjugierten Koordinaten gruppieren. In der Quantenmechanik sind Orts- und Impulskoordinaten als Operatoren zu behandeln. Für die analogen konjugierten Operatorenpaare $\hat{q}_k, \hat{p}_k$ gilt die Unschärferelation in der folgenden Form

$$\hat{q}_k \hat{p}_k - \hat{p}_k \hat{q}_k = i\hbar \tag{1.21}$$

Die Unschärferelation zeigt, daß die konjugierten Orts- und Impulsoperatoren nicht unabhängige Größen sind wie die Orts- und Impulskoordinaten in der klassischen Mechanik. Insbesondere erlaubt (1.21), die Ortsoperatoren eindeutig durch ihre konjugierten Impulsoperatoren (oder umgekehrt) auszudrücken (Grundlage für die Orts- oder Impulsdarstellung quantenmechanischer Operatoren und Wellenfunktionen, zu Details sei auf die Literatur verwiesen, z.B. [Atk 93, Kut 92, See 74]). Es gelten die folgenden Beziehungen ($\times$ steht für Multiplikation)

$$\text{Ortsdarstellung:} \quad \hat{q}_k \stackrel{\wedge}{=} q_k \times, \quad \hat{p}_k = \frac{\hbar}{i} \frac{\partial}{\partial \hat{q}_k} \stackrel{\wedge}{=} \frac{\hbar}{i} \frac{\partial}{\partial q_k} \tag{1.22a}$$

$$\text{Impulsdarstellung:} \quad \hat{p}_k \stackrel{\wedge}{=} p_k \times, \quad \hat{q}_k = -\frac{\hbar}{i} \frac{\partial}{\partial \hat{p}_k} \stackrel{\wedge}{=} -\frac{\hbar}{i} \frac{\partial}{\partial p_k} \tag{1.22b}$$

Der **Hamilton-Operator** ergibt sich aus der allgemeinen klassischen Hamilton-Funktion (1.20), indem Orts- und Impulskoordinaten durch die entsprechenden Orts- und Impulsoperatoren ersetzt werden. Substituiert man darüber hinaus mit (1.22a) die Impulsoperatoren, so ergibt sich für die **Ortsdarstellung des Hamilton-Operators** in verallgemeinerten Koordinaten[3]

$$\hat{H} = \sum_{k=1}^{3N} -\frac{\hbar^2}{2m_k} \frac{\partial^2}{\partial q_k^2} + \hat{E}_{\text{pot}}(q_1, \ldots q_{3N}) \tag{1.23}$$

Ebenso wie der Hamilton-Operator lassen sich auch die Wellenfunktionen selbst wahlweise in Ortsdarstellung $\psi_n(q_1, \ldots q_{3N})$ oder Impulsdarstellung $\psi_n(p_1, \ldots p_{3N})$ beschreiben. Zwar erlauben beide Darstellungen der Wellenfunktion ψ_n eines Teilchens zunächst keine anschauliche Deutung, jedoch kann in der Ortsdarstellung eine für chemische Probleme nützliche Veranschaulichung für das Produkt aus $\psi_n(q_1, \ldots q_{3N})$ und der konjugiert komplexen Funktion $\psi_n^*(q_1, \ldots q_{3N})$ angegeben werden. $\psi_n \psi_n^* = |\psi_n^2|$ ist proportional zur Wahrscheinlichkeitsdichte („Wahrscheinlichkeit pro Volumeneinheit"), mit der bei einer Messung das System mit dem Quantenzustand n an einem bestimmten Ort im Phasenraum anzutreffen ist. Die **Aufenthaltswahrscheinlichkeit** dP eines Teilchens mit der Wellenfunktion $\psi_n(x,y,z)$ in einem infinitesimal kleinen Volumen dV ist beispielsweise gegeben durch

$$dP \sim \psi_n \psi_n^* dV \tag{1.24}$$

---

[3]Zur Vereinfachung behandeln wir nur den Fall von Systemen, bei denen die klassische potentielle Energie ausschließlich von den Ortskoordinaten abhängt. Zu allgemeineren Formulierungen sei auf die Literaturzitate am Kapitelende verwiesen.

Man wählt den zunächst frei wählbaren konstanten Vorfaktor der Wellenfunktion ψ_n so, daß die Integration von $\psi_n \psi_n^*$ über das gesamte dem Teilchen zur Verfügung stehende Volumen den Wert 1 ergibt. Anders ausgedrückt: Die Wahrscheinlichkeit dafür, das Teilchen irgendwo im gesamten zugänglichen (aber endlichen!) Volumen zu finden, ist 1:

$$P = \int_{\text{gesamter Raum}} \psi_n \psi_n^* \, dV = 1 \tag{1.25}$$

Diese **Normierung** der Wellenfunktion auf Eins läßt demnach nur Wellenfunktionen zu, deren Normierungsintegral endlich bleibt (Bedingung der Normierbarkeit)[4]. Die Wahrscheinlichkeit $P(\Delta V)$, das Teilchen in einem Teilvolumen ΔV zu finden, ist dann

$$P(\Delta V) = \int_{\Delta V} \psi_n \psi_n^* \, dV < 1 \tag{1.26}$$

1.3.2 Freie Teilchen und Modell des Teilchens im Kasten

Das einfachste quantenmechanische Problem ist die Berechnung der Wellenfunktion, der Energie und des Impulses eines einzelnen kräftefreien Teilchens der Masse m, das einen unendlich ausgedehnten kräftefreien Raum zur Verfügung hat. Es gilt also $\widehat{E}_{\text{pot}} = 0$ in Gleichung (1.19). Die Schrödinger-Gleichung lautet in diesem Fall

$$-\frac{\hbar^2}{2m}\left(\frac{\partial^2}{\partial x^2} + \frac{\partial^2}{\partial y^2} + \frac{\partial^2}{\partial z^2}\right)\psi = \varepsilon \cdot \psi \tag{1.27}$$

Eine mögliche Lösung dieser Differentialgleichung ist beispielsweise $A \exp(i\mathbf{k}\,\mathbf{r}) + B \exp(-i\mathbf{k}\,\mathbf{r})$. Alternative Darstellungen sind möglich mit den Funktionen $\sin(\mathbf{k}\,\mathbf{r})$, $\cos(\mathbf{k}\,\mathbf{r})$. $\mathbf{r} = (x,y,z)$ ist dabei der Ortsvektor und $\mathbf{k} = (k_x, k_y, k_z)$ der Wellenzahlvektor. Alle diese Funktionen beschreiben stationäre Wellen mit konstanter Energie und konstantem Impulsbetrag. Ihre Wellenlänge ergibt sich aus dem Betrag k der Wellenzahl gemäß $\lambda = 2\pi/k$. Für die Energie ε des Teilchens erhält man aus (1.27) mit einer der oben genannten Funktionen

$$\varepsilon = \frac{\hbar^2 k^2}{2m} = \frac{h^2}{2m\lambda^2} \tag{1.28}$$

Der Vergleich mit dem klassischen Ausdruck $\varepsilon = p^2/2m$ für die kinetische Energie ergibt für den Betrag p des Impulses

$$p = \pm \hbar k = \pm \frac{h}{\lambda} \tag{1.29}$$

Der scharf definierte Impulses führt hier auf Grund der Unschärferelation dazu, daß der Aufenthaltsort des Teilchens nicht definiert ist. Die Wellenfunktion des freien Teilchens erstreckt sich dann gleichmäßig über den ganzen Raum. Jeder beliebige Anfangswert für Energie und Impuls ist erlaubt. Eine Quantisierung – die ja der Quantenmechanik den Namen gegeben hat – tritt nur bei Beschränkung des Teilchens auf ein Teilvolumen des Raumes ein.

---
[4]Eine solche Normierung für freie Teilchen, deren Bewegung nicht auf ein bestimmtes Volumen eingeschränkt ist, ist also nicht möglich. In solchen Fällen ist häufig eine Impulsdarstellung angebracht.

1.3 Quantenmechanik chemischer Systeme

Tabelle 1.1: de-Broglie-Wellenlänge verschiedener Materieteilchen

Teilchensorte	Masse m (kg)	Geschwindigkeit v (m s^{-1})	Wellenlänge λ (nm)
Elektron, 1 eV	$9{,}1 \cdot 10^{-31}$	$5{,}9 \cdot 10^5$	$1{,}2$
Elektron, 100 eV	$9{,}1 \cdot 10^{-31}$	$5{,}9 \cdot 10^6$	$0{,}12$
Proton, 100 eV	$1{,}7 \cdot 10^{-27}$	$1{,}4 \cdot 10^5$	$2{,}9 \cdot 10^{-3}$
H$_2$-Molekül bei 200°C	$3{,}3 \cdot 10^{-27}$	$2{,}4 \cdot 10^3$	$8{,}2 \cdot 10^{-2}$
Golfball	$4{,}5 \cdot 10^{-2}$	$3{,}0 \cdot 10^1$	$4{,}9 \cdot 10^{-25}$
Schnecke	$1{,}0 \cdot 10^{-2}$	$1{,}0 \cdot 10^{-3}$	$6{,}6 \cdot 10^{-20}$

Wie die Gleichungen (1.28) und (1.29) zeigen, läßt sich im Wellenbild dem Teilchen eine Wellenlänge λ, die sogenannte **de-Broglie-Wellenlänge**, zuordnen

$$\lambda = \frac{2\pi}{k} = \frac{h}{p} = \frac{h}{\sqrt{2m\varepsilon}} \tag{1.30}$$

Ihr Wert hängt von der Energie und der Masse des Teilchens ab. Für relativistische Teilchen wie Photonen gilt allerdings eine andere Relation (siehe Gleichung 1.41). Tabelle 1.1 zeigt einige typische Werte von λ für verschiedene Systeme (als freie Materieteilchen betrachtet). Man erkennt, daß mit Ausnahme der Elektronen die de-Broglie-Wellenlängen der übrigen Teilchensorten in der Größe eines Atomdurchmessers oder deutlich kleiner sind. Unter solchen Bedingungen ist das Teilchenbild angemessen und nicht das Wellenbild. Ausnahmen sind nur bei sehr kleinen Energien in Gleichung (1.30) zu erwarten. Das einfachste quantenmechanische Problem zur Charakterisierung von räumlich begrenzten Systemen ist die Berechnung erlaubter Energieniveaus eines Teilchens im „Potentialtopf" („**Teilchen im Kasten**"). Betrachten wir zunächst einen *eindimensionalen Kasten* definiert durch

$$\varepsilon_{\text{pot}} \begin{cases} = 0 & \text{für } 0 < x < a \\ = \infty & \text{für alle anderen } x\text{-Werte} \end{cases} \tag{1.31}$$

Wegen der unendlich hohen Potentialwände bei $x = 0$ und $x = a$ kann sich das Teilchen ausschließlich im Innern des Kastens aufhalten. Die Energie des Teilchens besteht nur aus kinetischer Energie ε_{kin} (in diesem Kapitel lassen wir ab jetzt zur Vereinfachung den Index „kin" weg). Die Schrödinger-Gleichung lautet für den Bereich $0 < x < a$

$$-\frac{\hbar^2}{2m}\frac{\partial^2 \psi(x)}{\partial x^2} = \varepsilon \cdot \psi(x) \tag{1.32}$$

Die ortsabhängigen Wellenfunktionen ψ außerhalb des Kastens und speziell an seinen Begrenzungen $x = 0$ und $x = a$ müssen den Wert Null haben. Die Berücksichtigung dieser Randbedingungen erlaubt nur bestimmte Werte der Wellenzahl, die durch die Quantenzahl n_x charakterisiert sind. Eine mögliche Lösung von (1.32) ist

$$\psi_{n_x}(x) = A \cdot \sin(k_x x) = A \cdot \sin\left(\frac{n_x \pi x}{a}\right) \tag{1.33}$$

mit $n_x = 1, 2, 3, \ldots$ und $0 \leq x \leq a$. A ist eine Konstante, die so gewählt wird, daß die Aufenthaltswahrscheinlichkeit für das Teilchen summiert über den gesamten Kasten $\int_0^a \psi_{n_x}^* \psi_{n_x} \, dx = 1$ ist. Für die Energieniveaus ε_{n_x} ergibt sich durch Einsetzen von ψ_{n_x} in die Schrödinger-Gleichung (1.32)

$$\varepsilon_{n_x} = \frac{h^2 n_x^2}{8ma^2} = \frac{\hbar^2 k_x^2}{2m} = \frac{p_x^2}{2m} \qquad n_x = 1, 2, 3, \ldots \qquad (1.34)$$

Entsprechend den beiden möglichen Raumrichtungen sind zwei Impulswerte für jede Quantenzahl n_x möglich. Mit (1.30) ergibt sich:

$$p_x = \hbar k_x = \pm \frac{h}{\lambda} = \pm \frac{h n_x}{2a} \qquad (1.35)$$

Abbildung 1.6 zeigt die niedrigsten vier erlaubten Energieniveaus und Wellenfunktionen für die Quantenzahlen $n_x = 1, 2, 3, 4$ des Teilchens im eindimensionalen Kasten. Der Vorfaktor A wird durch Normierung nach Gleichung (1.25) festgelegt. Der Wert $n_x = 0$ wäre von den Randbedingungen her möglich, ergibt aber unabhängig vom Ort $\psi_0(x) = 0$, und die Wahrscheinlichkeitsdichte nach Gleichung (1.25) wäre deshalb gleich Null. Also ist $n_x = 0$ kein möglicher Zustand des Teilchens im Kasten. Im Grundzustand mit $n = 1$ hat das Teilchen eine „Nullpunktsenergie" $\varepsilon_1 = h^2/8ma^2 > 0$, wiederum eine Konsequenz der Unschärferelation und des Wellenbildes.

Das Ergebnis der klassischen Mechanik für das Teilchen im Kasten unterscheidet sich davon deutlich: Es kann im betrachteten Kasten alle möglichen Werte für Impuls p und kinetische Energie $\varepsilon_{\text{trans}}$ annehmen. Bei gegebenem Anfangswert des Impulses wird sich das Teilchen ständig zwischen den beiden Wänden des Kastens bei $x = 0$ und $x = a$ hin und her bewegen. Da die Bewegung gleichförmig ist, wird die klassische Aufenthaltswahrscheinlichkeit P des Teilchens im Bereich $0 < x < a$ überall gleich sein.

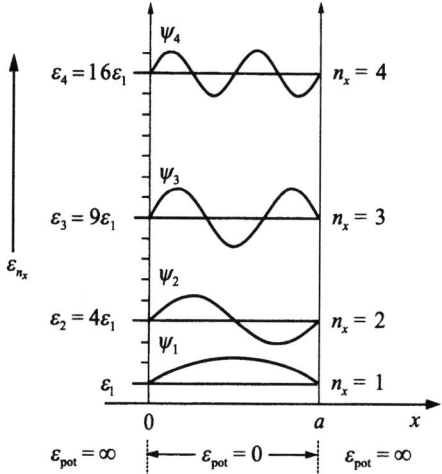

Abbildung 1.6 Energieniveaus und Wellenfunktionen eines Teilchens im eindimensionalen Potentialtopf: Das Modell des Teilchens im eindimensionalen Kasten läßt wesentliche Kriterien für Quanteneffekte in physikalischen Systemen erkennen: Die Abstände zwischen den Energieniveaus werden um so größers, je kleiner die Masse des Teilchens oder je kleiner der Kasten ist. Für ε_1 gilt nach Gleichung (1.34) $\varepsilon_1 = h^2/8ma^2$.

1.3 Quantenmechanik chemischer Systeme

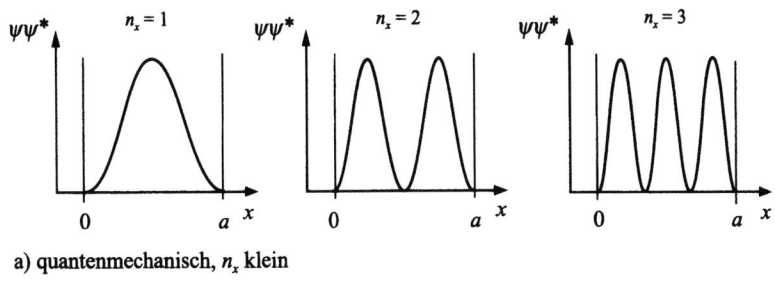

a) quantenmechanisch, n_x klein

b) quantenmechanisch, n_x groß   c) klassisch

Abbildung 1.7 In a) und b) sind die quantenmechanische und in c) die klassische Aufenthaltswahrscheinlichkeitsdichte $\psi\psi^*$ beziehungsweise dP/dx des Teilchens im eindimensionalen Kasten mit unendlich hohen Potentialwänden gezeigt. Zwischen a) und dem klassischen Ergebnis c) ist ein deutlicher Unterschied. Für große Quantenzahlen ist allerdings eine immer bessere Annäherung an das klassische Ergebnis festzustellen: dP/dx ergibt sich für $n_x \gg 1$ in b) als Mittelwert (halber Maximalwert) von $\psi\psi^*$.

Abbildung 1.7 zeigt die Aufenthaltswahrscheinlichkeit für klassische und quantenmechanische Behandlung im Vergleich. $\psi_n\psi_n^*$ ist für $n_x = 1, 2, 3$ und für einen großen Wert von n_x aufgetragen. Für zunehmende Werte der Quantenzahlen n_x nimmt die Zahl der Nullstellen entsprechend zu und der Abstand der Orte, an denen Maxima der Aufenthaltswahrscheinlichkeit auftreten, nimmt ab. Bei sehr großen Werten der Quantenzahlen n_x bilden die „erlaubten" Aufenthaltsorte des Teilchens (für die $\psi_n\psi_n^* > 0$ ist) ein Quasikontinuum entlang der x-Achse. Der „klassische Grenzfall" wird für große Quantenzahlen n_x erreicht („**Korrespondenzprinzip**"). Das Ergebnis für das Teilchen im eindimensionalen Kasten läßt sich leicht auf den dreidimensionalen Fall durch Lösung der entsprechenden Schrödinger-Gleichung übertragen. Ein quaderförmiger Potentialkasten mit den Kantenlängen a, b, c ist dann definiert durch

$$\varepsilon_{\text{pot}} = \begin{cases} 0 & \text{für } 0 < x < a, \, 0 < y < b, \, 0 < z < c \\ \infty & \text{für alle anderen } x, y, z\text{-Werte} \end{cases} \quad (1.36)$$

Im Innern des Kastens, wo $\varepsilon_{\text{pot}} = 0$ ist, gilt die Schrödinger-Gleichung in der Form

$$-\frac{\hbar^2}{2m}\left(\frac{\partial^2}{\partial x^2} + \frac{\partial^2}{\partial y^2} + \frac{\partial^2}{\partial z^2}\right)\psi_{\mathbf{n}}(x,y,z) = \varepsilon_{\mathbf{n}}\psi_{\mathbf{n}}(x,y,z) \quad (1.37)$$

Dabei wurde die Abkürzung $\mathbf{n} = (n_x, n_y, n_z)$ für das Tripel der Quantenzahlen eingeführt. Die Gleichung läßt sich über den folgenden *Separationsansatz* lösen

$$\psi_{\mathbf{n}}(x,y,z) = \psi_{n_x}(x) \cdot \psi_{n_y}(y) \cdot \psi_{n_z}(z) \quad (1.38)$$

Als Lösung erhält man für die Energieniveaus des Teilchens im dreidimensionalen Kasten

$$\varepsilon_{\mathbf{n}} = \frac{h^2}{8m} \left(\frac{n_x^2}{a^2} + \frac{n_y^2}{b^2} + \frac{n_z^2}{c^2} \right) \tag{1.39}$$

Ein Sonderfall ist der würfelförmige Kasten mit drei gleich langen Seiten $a = b = c$. Mit dem Volumen $V = a^3$ folgt dann:

$$\varepsilon_{\mathbf{n}} = \frac{h^2}{8m V^{2/3}} (n_x^2 + n_y^2 + n_z^2) \tag{1.40}$$

Im Fall des Würfels tritt anders als beim eindimensionalen Problem **Entartung** auf. Jeder quantenmechanische Zustand des Teilchens im würfelförmigen Kasten ist zwar eindeutig durch einen Satz von drei Quantenzahlen $\mathbf{n} = (n_x, n_y, n_z)$ charakterisiert, zu verschiedenen Quantenzuständen kann es aber den gleichen Energiewert geben. Ein Beispiel sind die drei entarteten Quantenzustände $\mathbf{n}$ = (2,1,1), (1,2,1), (1,1,2) des ersten „angeregten" Energieniveaus mit $n^2 = 2^2 + 1^2 + 1^2 = 6$ und der Energie $\varepsilon = 6h^2/(8m V^{2/3})$.

Die bisherigen Überlegungen für ein Teilchen im Kasten gelten für nichtrelativistische Masseteilchen. Für die statistische Behandlung elektromagnetischer Strahlung sind jedoch auch Energieniveaus und Zustandsdichte von Photonen in einem geschlossenen Volumen interessant. Für elektromagnetische Strahlung kann wie für Materieteilchen je nach experimentellen Randbedingungen sowohl Teilchen- wie auch Wellencharakter nachgewiesen werden. Dementsprechend ist die Energie elektromagnetischer Strahlung ebenfalls quantisiert (bei Betrachtung beschränkter Volumina). Im Teilchenbild entsprechen dieser Quantisierung die **Lichtquanten** oder **Photonen**.

Da die Photonen sich immer mit Lichtgeschwindigkeit bewegen und keine Ruhemasse besitzen, gelten andere Beziehungen für Energie und Impuls als bei Materieteilchen. Für die Energie und Impuls eines Photons gilt mit c als Lichtgeschwindigkeit

$$\varepsilon_{\text{photon}} = c\, p_{\text{photon}} \quad, \quad p_{\text{photon}} = \hbar k = \frac{h}{\lambda} \tag{1.41}$$

Zwischen Wellenlänge λ und Frequenz ν elektromagnetischer Strahlung gilt die **Dispersionsbeziehung**:

$$c = \lambda \cdot \nu \tag{1.42}$$

Die drei vorhergehenden Gleichungen implizieren, daß Energie und Impuls des Photons zur Frequenz der elektromagnetischen Strahlung proportional sind:

$$\varepsilon_{\text{photon}} = h\nu \quad, \quad p_{\text{photon}} = \frac{h\nu}{c} \tag{1.43}$$

Elektromagnetische Strahlung in einem geschlossenen Hohlraum läßt sich im Teilchenbild als Photonengas im Kasten behandeln. Für ein einzelnes Photon läßt sich eine zu Gleichung (1.39) beziehungsweise (1.40) analoge Beziehung ableiten (siehe auch Exkurs): Es gilt nämlich

$$\varepsilon_{\text{photon},\mathbf{n}} = \frac{h^2 c^2}{4}\left(\frac{n_x^2}{a^2} + \frac{n_y^2}{b^2} + \frac{n_z^2}{c^2}\right) = \frac{h^2}{4V^{2/3}}(n_x^2 + n_y^2 + n_z^2) \quad (1.44)$$

Die dabei auftretenden Quantenzahlen $\mathbf{n} = n_x, n_y, n_z$ sind zum Problem des Teilchens im Kasten völlig analog.

1.3.3 Zustandsdichte im Phasenraum

Mit dem einfachen quantenmechanischen Modell des Teilchens im Kasten sind wir nun in der Lage, die klassisch-mechanische Vorstellung von der unbegrenzten Zahl möglicher Zustände eines Systems im Phasenraum zu korrigieren beziehungsweise zu ergänzen. Die Einschränkung durch die Unschärferelation der Quantenmechanik führt grundsätzlich zu einer Begrenzung der Anzahl möglicher unterscheidbarer Zustände im Phasenraum, wonach ein quantenmechanisch unterscheidbarer Zustand ein bestimmtes Volumen im Phasenraum einnimmt und nicht als Punkt spezifiziert werden kann.

Nehmen wir als einfaches Beispiel zunächst ein Teilchen, das sich im eindimensionalen Kasten frei bewegen kann. Der entsprechende Phasenraum ist zweidimensional als p_x-x-Diagramm graphisch darstellbar. In der klassischen Mechanik ergibt die Beschränkung des Teilchens auf den Potentialkasten $0 < x < a$ lediglich eine Begrenzung der möglichen x-Werte, jedoch keine Bedingung an die Impulswerte. In unserem Beispiel seien die möglichen Impulswerte p_x durch Vorgabe einer maximalen Energie festgelegt. Im Intervall $[0, p_{x,\max} \leq \sqrt{2m\varepsilon_{\max}}]$ sind nach der klassischen Mechanik zunächst beliebige Zahlenwerte des Impulses erlaubt. Der Übergang zur Quantenmechanik führt jedoch mit der Unschärferelation eine Bedingung ein, die die möglichen Werte des Impulses mit den möglichen Werten der Ortskoordinate verknüpft und beliebig scharf definierte Angaben (x, p_x) für einen Systemzustand verbietet. Gemäß Abbildung 1.8a und Gleichung (1.35) kann der Teilchenimpuls im Grundzustand mit $n_x = 1$ nur die folgenden zwei Werte annehmen

$$p_x(n_x = 1) = \pm \frac{h}{2a}$$

Im rechteckigen Phasenraumelement, das durch die Werte $x = 0$ und $x = a$ der Ortskoordinate sowie $p_x = -h/2a$ und $p_x = +h/2a$ der Impulskoordinate begrenzt wird (vergleiche Abbildung 1.8a), kann nur ein einziger Systemzustand liegen. Dem Grundzustand $n_x = 1$ ist also ein **kleinstes Phasenraumvolumen** $dx \cdot dp_x$ (hier ein Rechteck in der zweidimensionalen Darstellung) zugeordnet, für das die geometrische Betrachtung anhand von Abbildung 1.8a (unter Berücksichtigung von Gleichung (1.35)) ergibt

$$dx \cdot dp_x = a \cdot 2 \cdot \frac{h}{2a} = h \quad (1.45)$$

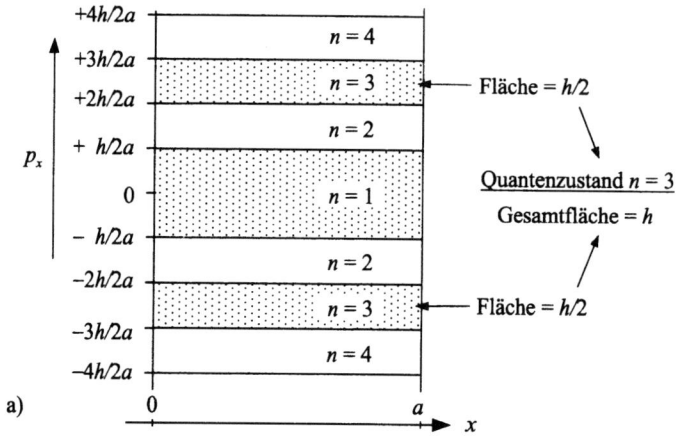

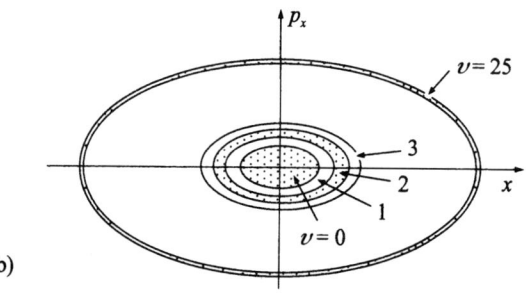

Abbildung 1.8 Quantisierung im Phasenraum.
a) Teilchen im eindimensionalen Kasten: die Unschärferelation definiert die kleinstmöglichen experimentell unterscheidbaren Volumina $dx\,dp_x$ im Phasenraum, die einem einzelnen Quantenzustand entsprechen. Mit dem Ergebnis aus Gleichung (1.45) kann man die in der Abbildung gezeigte Aufteilung und Zuordnung von Quantenzahlen vornehmen. Für den Grundzustand $n = 1$ ist die Fläche (=Volumenelement im zweidimensionalen Phasenraum) zusammenhängend: schraffierter Bereich um $p_x = 0$. Zu den höheren Quantenzuständen $n > 1$ gehören entsprechend den beiden Vorzeichen des klassischen Impulses zwei getrennte Flächenelemente. Im Bild sind als Beispiel die beiden Flächenelemente hervorgehoben, die zum Quantenzustand mit der Quantenzahl $n = 3$ gehören. Die zugehörigen Impulswerte umfassen einen Bereich von insgesamt $dp_x = h/a$, während die Ortskoordinate den Bereich $dx = a$ erfaßt. Es folgt deshalb für das „Volumen" des kleinstmöglichen Phasenraumelements $dx\,dp_x = h$. Die relative Unschärfe $\Delta p_x/p_x = 2/n_x$ wird mit zunehmender Quantenzahl n_x immer kleiner (→ „Korrespondenzprinzip").
b) Eindimensionaler harmonischer Oszillator: die Linien konstanter Energie sind hier gemäß Gleichung (1.7) Ellipsen. Zu den einzelnen Schwingungsquantenzahlen $v = 0, 1, 2, ..$ gehören aufeinanderfolgende Ellipsen im Phasenraum. Die Elementarzellen sind deshalb die durch aufeinanderfolgende Ellipsen begrenzten Bereiche. Sie haben immer die gleiche Fläche ($= h$). Die innere Ellipse ist dem Quantenzustand $v = 0$ zuzuordnen. Für sehr große Schwingungsquantenzahlen v verteilt sich die konstante Fläche der Phasenraumelemente auf immer größere Ellipsenschalen mit entsprechend kleinerem Abstand der aufeinanderfolgenden Ellipsen. Auch hier werden also die relativen Unschärfen dp_x/p_x und dx/x immer kleiner (⇒ „Korrespondenzprinzip").

1.3 Quantenmechanik chemischer Systeme

Die kleinstmöglichen Werte für dx und dp_x sind die Bereiche erlaubter x- und p_x-Werte, die dem einzelnen Quantenzustand – hier für $n_x = 1$ – zuzuordnen sind. Aus der scharfen Linie bei $+p$ beziehungsweise $-p$, die einen klassischen Mikrozustand mit scharf definiertem Impuls in Abbildung 1.3 bezeichnet, wird ein Streifen mit der Breite h/a in Abbildung 1.8a. Wir bezeichnen $dx \cdot dp_x = h$ als **Elementarvolumen**, **Phasenraumelement** oder **Elementarzelle** des Phasenraumes. Betrachtet man in Abbildung 1.8a die Quantenzustände mit $n_x = 2, 3, \ldots$, so erkennt man, daß auch jedem anderen Quantenzustand im Phasenraum ein Elementarvolumen der Größe $dx\, dp_x = h$ zuzuordnen ist.

Die Folge ist, daß es in jedem Teilvolumen des Phasenraums nur eine begrenzte abzählbare Anzahl möglicher Systemzustände gibt. Als direkte Folge der Unschärferelation ist also der gesamte zweidimensionale Phasenraum in Zellen der Größe $dx\, dp_x = h$ eingeteilt.

Ein größeres Teilvolumen $\Delta x\, \Delta p_x$ eines zweidimensionalen Phasenraums enthält deshalb eine endliche Zahl $\Omega = \Delta x\, \Delta p_x / h$ von **Quantenzuständen** oder **Elementarzellen**. In der statistischen Thermodynamik benutzt man in diesem Zusammenhang häufig den Begriff **Mikrozustand** statt Quantenzustand.

Die Einteilung des Phasenraums in Elementarzellen erlaubt nun, die Anzahl von Quantenzuständen oder Mikrozuständen für beliebige Phasenräume und Phasenraumvolumina anzugeben. Hier wie in den folgenden Kapiteln soll die Zahl von Mikro- oder Quantenzuständen durch das Symbol Ω bezeichnet werden.

Im obigen Beispiel eines Teilchens im eindimensionalen Kasten $0 \leq x \leq a$, dessen Impuls beschränkt ist auf $-p_{max} \leq p_x \leq p_{max}$, ergibt sich für Ω_{1D} (der Index 1D kennzeichnet die eindimensionale Bewegung zur Unterscheidung von den nachfolgenden weiteren Ergebnissen)

$$\Omega_{1D} = \int_0^a \int_{-p_{max}}^{+p_{max}} \frac{dx\, dp_x}{h} = \frac{1}{h} \int_0^a dx \cdot 2 \int_0^{+p_{max}} dp_x = \frac{a}{h} \cdot 2 p_{max} = n_{max} \quad (1.46)$$

Dabei wurde $p_{max} = n_{max} h / 2a$ gemäß Gleichung (1.35) benutzt.

Die Beschränkung des Impulses p_x auf Beträge kleiner oder gleich p_{max} bedeutet, daß $\Omega(p_{max})$ die Anzahl der Quantenzustände des Teilchens im Kasten für Energien zwischen $\varepsilon = 0$ und $\varepsilon_{max} = p_{max}^2 / 2m = h^2 n_{max}^2 / 8ma^2$ beschreibt. Die Integration nach Gleichung (1.46) über einen Bereich des Phasenraums wird auch als **Phasenraumintegral** bezeichnet. Das Resultat für die eindimensionale Bewegung kann leicht auf eine zwei- oder dreidimensionale Bewegung eines Teilchens erweitert werden. Die Ergebnisse sind in Übersicht 1.1 zusammengestellt (zur Ableitung siehe Exkurs 1.5).

Für die meisten Anwendungen ist es zweckmäßig, die Ergebnisse als Funktion des maximalen Impulses beziehungsweise der maximalen kinetischen Energie des Teilchens auszudrücken. Die Umformung ist mit den folgenden Beziehungen zwischen n_{max}, der Energie und dem Impuls möglich und liefert die Ausdrücke für $\Omega(p_{max})$ und $\Omega(\varepsilon_{max})$ in Übersicht 1.1

$$p_{max} = \frac{h}{2a} \cdot n_{max} \quad , \quad \varepsilon_{max} = \frac{h^2}{8ma^2} \cdot n_{max}^2 \quad (1.47)$$

Häufiger als Ω wird uns in der statistischen Thermodynamik der Begriff der **Zustandsdichte** begegnen. Die Zustandsdichte $D(\varepsilon)$ beispielsweise gibt die Zahl der

Quanten- oder Mikrozustände pro Energieintervall bei der Energie ε an (und hat deshalb die Dimension einer reziproken Energie). Sie steht in einem einfachen Zusammenhang mit der zuvor diskutierten Zahl Ω der Quantenzustände. Je nach Art der betrachteten Variablen kann man drei Zustandsdichten unterscheiden.

$$D(\varepsilon) = \frac{\mathrm{d}\Omega(\varepsilon)}{\mathrm{d}\varepsilon} \quad , \quad D(p) = \frac{\mathrm{d}\Omega(p)}{\mathrm{d}p} \quad , \quad D(n) = \frac{\mathrm{d}\Omega(n)}{\mathrm{d}n} \quad (1.48)$$

Die Größen n, ε und p sind hier als Variablen aufzufassen, deshalb ist der Index max weggelassen. Die aus Gleichung (1.48) und den Ausdrücken für $\Omega(\varepsilon)$ und $\Omega(p)$ folgenden expliziten Beziehungen für $D(\varepsilon)$ und $D(p)$ sind ebenfalls in Übersicht 1.1 für ein Teilchen im Kasten angegeben.

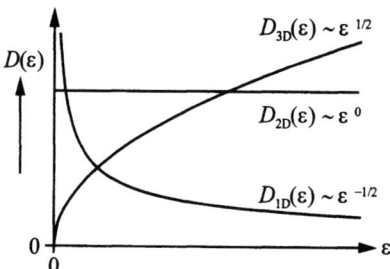

Abbildung 1.9 Graphische Darstellung der Zustandsdichte $D(\varepsilon)$ als Funktion der Energie für ein Teilchen im Kasten: a) eindimensional, b) zweidimensional, c) dreidimensional.

Übersicht 1.1: Zustandsdichten und Anzahl der Quantenzustände für die Translation eines Masseteilchens im Potentialkasten

1-dimensional

$$\Omega_{1D}(p \leq p_{max}) = \frac{2a}{h} \cdot p_{max} \qquad D_{1D}(p) = \frac{2a}{h}$$

$$\Omega_{1D}(\varepsilon \leq \varepsilon_{max}) = \frac{a(8m)^{1/2}}{h} \cdot \varepsilon_{max}^{1/2} \qquad D_{1D}(\varepsilon) = \frac{(2m)^{1/2}a}{h} \cdot \varepsilon^{-1/2}$$

2-dimensional

$$\Omega_{2D}(p \leq p_{max}) = \frac{a^2\pi}{h^2} \cdot p_{max}^2 \qquad D_{2D}(p) = \frac{2\pi a^2}{h^2} \cdot p$$

$$\Omega_{2D}(\varepsilon \leq \varepsilon_{max}) = \frac{2ma^2\pi}{h^2} \cdot \varepsilon_{max} \qquad D_{2D}(\varepsilon) = \frac{2\pi a^2 m}{h^2}$$

3-dimensional

$$\Omega_{3D}(p \leq p_{max}) = \frac{4\pi a^3}{3h^3} \cdot p_{max}^3 \qquad D_{3D}(p) = \frac{4\pi a^3}{h^3} \cdot p^2$$

$$\Omega_{3D}(\varepsilon \leq \varepsilon_{max}) = \frac{4\pi(2m)^{3/2}a^3}{3h^3} \cdot \varepsilon_{max}^{3/2} \qquad D_{3D}(\varepsilon) = \frac{2\pi(2m)^{3/2}a^3}{h^3} \cdot \varepsilon^{1/2}$$

1.3 Quantenmechanik chemischer Systeme

Die Form der Zustandsdichten im zwei- und dreidimensionalen Fall hängt nicht von der Geometrie des Kastens oder Volumens ab, in dem sich das Teilchen befindet. Allgemein gilt mit A als Fläche des zweidimensionalen Kastens beziehungsweise V als Volumen im dreidimensionalen Fall

$$D_{2D}(\varepsilon) = \frac{2\pi A m}{h^2} \tag{1.49a}$$

$$D_{3D}(\varepsilon) = \frac{2\pi V}{h^3} \cdot (2m)^{3/2} \cdot \varepsilon^{1/2} \tag{1.49b}$$

Exkurs 1.5 Berechnung des Phasenraumintegrals

Im zweidimensionalen Fall ist das zu Gleichung (1.46) analoge Phasenraumintegral

$$\Omega_{2D} = \int_0^a \int_0^a \int \int_{(p_x^2+p_y^2)^{1/2} \le p_{max}} \frac{1}{h^2} \, dx \, dy \, dp_x \, dp_y = \left(\frac{a}{h}\right)^2 \int \int_{(p_x^2+p_y^2)^{1/2} \le p_{max}} dp_x \, dp_y \tag{1.50}$$

Dabei sind die Ortskoordinaten auf einen quadratischen Bereich $0 \le x \le a$, $0 \le y \le a$ begrenzt und der Gesamtimpuls soll den Maximalwert p_{max} nicht überschreiten, also $p_{max} \ge [p_x^2 + p_y^2]^{1/2}$.

Die Impulskomponenten im Integral (1.50) lassen sich gemäß Gleichung (1.35) für das Teilchen im Kasten substituieren durch

$$\begin{aligned} p_x &= \pm \frac{h}{2a} \cdot n_x \longrightarrow dp_x = 2 \cdot \frac{h}{2a} \cdot dn_x \\ p_y &= \pm \frac{h}{2a} \cdot n_y \longrightarrow dp_y = 2 \cdot \frac{h}{2a} \cdot dn_y \end{aligned} \tag{1.51}$$

Die Quantenzahlen sind im Gegensatz zu den Impulskomponenten immer positiv. Zu jeder Quantenzahl n_x und n_y gibt es also zwei Werte der betreffenden Impulskomponente (positive und negative Richtung der Impulskomponente). Dies wird durch den zusätzlichen Faktor 2 bei den Differentialen in (1.51) berücksichtigt.

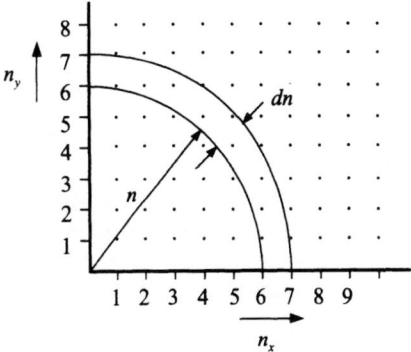

Abbildung 1.10 Zur Ableitung der Zahl der Quantenzustände im zweidimensionalen „n-Raum": da die Quantenzahlen nur positive Werte annehmen dürfen, wird nur der Quadrant mit positiven n_x, n_y-Werten betrachtet. Die Zahl der Zustände Ω ist gleich der Fläche des Viertelkreises mit dem Radius $n = (n_x^2 + n_y^2)^{1/2}$.

Die Substitution von dp_x und dp_y mit (1.51) liefert dann das folgende Integral über die beiden Quantenzahlen

$$\Omega_{2D} = \iint\limits_{(n_x^2+n_y^2)^{1/2} \leq n_{max}} dn_x \, dn_y = \frac{1}{4}\pi n_{max}^2 \tag{1.52}$$

Abbildung 1.10 zeigt die Auswertung dieses Integrals im zweidimensionalen „n-Raum". Der Integrationsbereich wird durch den Kreis $n_{max}^2 = n_x^2 + n_y^2 = $ const. sowie die beiden positiven Koordinatenachsen n_x und n_y begrenzt, so daß das Integral gleich 1/4 der Kreisfläche des Kreises mit dem Radius n_{max} ist. n_{max} ist dabei keine Quantenzahl, sondern eine nützliche Abkürzung (vergleiche Text zu Abbildung 1.10), da der Gesamtimpuls und die Gesamtenergie als Funktion von n_{max} ausgedrückt werden können (siehe Gleichung (1.47)).

Für eine dreidimensionale Bewegung des Teilchens ist der Phasenraum bereits sechsdimensional. Für einen würfelförmigen Kasten mit dem Volumen $V = a^3$ und $p_{max} \geq (p_x^2+p_y^2+p_z^2)^{1/2}$ als Maximalwert des Gesamtimpulses erhält man mit $n_{max} \geq (n_x^2+n_y^2+n_z^2)^{1/2}$

$$\Omega_{3D} = \int_0^a \int_0^a \int_0^a \iiint\limits_{(p_x^2+p_y^2+p_z^2)^{1/2} \leq p} \frac{1}{h^3} dx \, dy \, dz \, dp_x \, dp_y \, dp_z$$

$$= \iiint\limits_{(n_x^2+n_y^2+n_z^2)^{1/2} \leq n_{max}} dn_x \, dn_y \, dn_z = \frac{1}{8} \cdot \frac{4}{3}\pi n_{max}^3 \tag{1.53}$$

Die Integration in der zweiten Zeile erstreckt sich über das Volumen des positiven Oktanten des n_x, n_y, n_z-Raums, das von der Kugel mit dem Radius $n = n_{max}$ begrenzt wird. Das Ergebnis aus Gleichung (1.53) kann man auf ein System mit N nicht wechselwirkenden Teilchen verallgemeinern. Allerdings führt die quantenmechanische Forderung, daß gleichartige Teilchen ununterscheidbar sind, zu einem zusätzlichen Korrekturfaktor $1/N!$ (zu Einzelheiten, siehe Kapitel 3.1). Mit den Abkürzungen $d\boldsymbol{r}_i = dx_i \, dy_i \, dz_i$ und $d\boldsymbol{p}_i = dp_{x,i} \, dp_{y,i} \, dp_{z,i}$ für die Orts- und Impulskoordinaten eines einzelnen Teilchens i folgt

$$\begin{array}{c}\text{Zahl der}\\\text{Quantenzustände}\end{array} = \frac{1}{N!} \underbrace{\int \cdots \int}_{6N \text{ Integrale}} \frac{1}{h^{3N}} d\boldsymbol{r}_1 \ldots d\boldsymbol{r}_N \, d\boldsymbol{p}_1 \ldots d\boldsymbol{p}_N \tag{1.54}$$

Gleichung (1.54) wird uns in Kapitel 3.3 wieder begegnen als Näherungsausdruck für die Translationszustandssumme eines idealen Gases.

Exkurs 1.6 Anzahl der Mikrozustände eines idealen Gases

Eine der wichtigsten Anwendungen der dreidimensionalen Zustandsdichte für Teilchen im Kasten ist die statistische Behandlung der Translationszustände von Gasteilchen, die sich in einem gegebenen Volumen befinden (Abschnitt 3.3). Teilchen in einem idealen Gas haben im Mittel eine Translationsenergie $\langle\varepsilon\rangle_{trans} = 3kT/2$, für den Anteil der Bewegung in x-Richtung also $\langle\varepsilon_x\rangle = kT/2$ (siehe Kapitel 3). Daraus ergibt sich für das Einzelteilchen bei Raumtemperatur ($T = 298$ K)

$$\langle\varepsilon_x\rangle = 2.06 \cdot 10^{-21} \text{ J}$$

1.3 Quantenmechanik chemischer Systeme

Für ein Heliumatom mit dieser Energie und der Masse $m(\text{He}) = 6{,}65 \cdot 10^{-27}$ kg sowie eine Kastenlänge von $a = 10$ cm ergibt sich für die Zahl $\Omega_{1D}(\varepsilon_x)$ der Quantenzustände

$$\Omega_{1D}(\varepsilon_x) = 1{,}58 \cdot 10^9$$

Dieser Zahlenwert für Ω ist identisch mit einer Quantenzahl n_x, die man mit Gleichung (1.34) aus $\langle \varepsilon \rangle_x$ berechnen kann. Auf der Energieskala existieren also zwischen $\varepsilon_x = 0$ und $\varepsilon_x = 2{.}06 \cdot 10^{-21}$ J etwa 10^9 mögliche diskrete Energiewerte. Die große Zahl hat zur Konsequenz, daß wir die Energiewerte als quasikontinuierlich annehmen dürfen. Aus diesem Grund ist auch das Integral in Gleichung (1.46) gerechtfertigt, wenn p groß gegen den Abstand dp_x der quantisierten Impulswerte ist. Eine exakte Auswertung für Ω müßte von einer diskreten Summe in (1.46) entlang der p_x-Achse ausgehen. Die Beschreibung über Zustandsdichten ist also als Näherung zu betrachten und generell dann sinnvoll, wenn der Abstand diskreter Zustände klein gegen das betrachtete Intervall ist. Für die eindimensionale Zustandsdichte des betrachteten Heliumatoms erhält man allgemein

$$D_{1D}(\varepsilon) = \frac{1{,}74 \cdot 10^{19}\,\text{J}^{-1/2}}{\varepsilon^{1/2}}$$

Mit $\langle \varepsilon \rangle = kT/2 = 2{,}057 \cdot 10^{-21}$ J für $T = 298$ K ergibt sich beispielsweise der Zahlenwert $D_{1D}(kT/2) = 3{,}84 \cdot 10^{29}$ J^{-1}.

Die Zustandsdichte, die aus dem quantenmechanischen Modell des Teilchens im Kasten resultiert, ist auf viele weitere physikalische Probleme anwendbar. Man kann beispielsweise die Zustandsdichten von Leitungselektronen im Festkörper unter bestimmten Voraussetzungen näherungsweise mit diesem Modell berechnen. Dabei werden die Leitungselektronen als ideales Gas freier Teilchen behandelt, und der Potentialkasten wird vom kristallinen Feststoff repräsentiert, in dem sich die Elektronen befinden (Abschnitt 3.7). Die Zustandsdichte gibt dann die bei einer Energie besetzbaren Zustände pro Energieintervall an (und sollte nicht mit der Elektronendichte bei der betreffenden Energie verwechselt werden; letztere entspricht dem Produkt aus Zustandsdichte und Besetzungswahrscheinlichkeit der Elektronenzustände).

Auch die Zustandsdichten für Teilchen im ein- und zweidimensionalen Potentialkasten lassen sich für bestimmte Anwendungen als gute Näherungen einsetzen. Beispiele sind zweidimensionale Zustandsdichten der Elektronen an Oberflächen und in dünnen Schichten, zweidimensionale Zustandsdichten von adsorbierten Molekülen oder Atomen an Oberflächen und eindimensionale Zustandsdichten von Elektronen entlang leitender Polymerketten.

Allerdings ist das Modell des Teilchens im Kasten zur Berechnung von Zustandsdichten nur für Teilchengase anwendbar, deren Teilchen sich annähernd frei über das gegebene Volumen bewegen können. Für verdichtete Gase oder Flüssigkeiten ist nicht mehr das Volumen des Potentialkastens (Volumen des Gesamtsystems) entscheidend, sondern das viel kleinere Volumen $V \sim \lambda^3$, das sich über etwa eine freie Weglänge λ der Teilchen zwischen zwei Stößen mit Nachbarteilchen erstreckt. Dies führt zu einer Erhöhung des Abstands der Energieniveaus und somit zu einer Verringerung der Zustandsdichte.

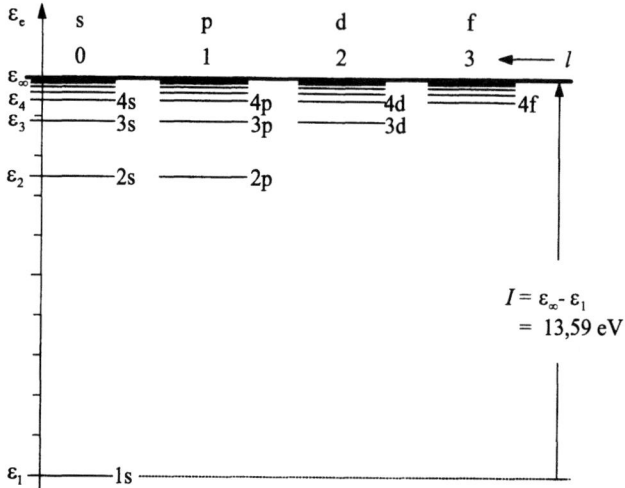

Abbildung 1.11 Elektronenenergieniveaus des Wasserstoffatoms: der Nullpunkt entspricht der Energie, bei der Proton und Elektron im unendlichen Abstand voneinander ruhen (Vakuumniveau $\varepsilon_\infty = 0$). Die Energieniveaus konvergieren für $n \to \infty$ gegen $\varepsilon_\infty = 0$. I ist die Ionisierungsenergie des H-Atoms. Die Entartung der Orbitale ist im Bild nicht dargestellt.

1.3.4 Elektronische Energieniveaus freier Atome

Das einfachste Atom ist das *Wasserstoffatom*. Das Elektron befindet sich dabei in einem kugelsymmetrischen Potentialkasten um das Proton mit abstandsabhängiger Coulomb-Energie $\varepsilon_{\text{pot}} = -e^2/4\pi\epsilon_0 r$ (e = Elementarladung). Die Lösung der Schrödinger-Gleichung (unter Berücksichtigung des Elektronenspins) ergibt Quantenzustände, die durch einen Satz von vier Quantenzahlen charakterisiert sind:

Hauptquantenzahl n = 1,2,...,
Drehimpuls-Quantenzahl l = 0, 1, 2, ..., $n-1$,
magnetische Quantenzahl m_l = $l, l-1, ..., -l$,
z-Komponente des Spins s_z = $+1/2, -1/2$.

Die Energieniveaus zu einer Hauptquantenzahl n sind $2n^2$-fach entartet. Der Faktor 2 berücksichtigt die jeweils möglichen zwei Orientierungen des Elektronenspins. Zu jedem Wert der Hauptquantenzahl n gibt es $2n^2$ Quantenzustände, die sich in den zusätzlichen Quantenzahlen l, m_l, s_z unterscheiden. Für Wasserstoffatome (Kernladungszahl $Z = 1$) oder wasserstoffähnliche Ionen (mit einem einzelnen Elektron und $Z > 1$, beispielsweise He^+, Li^{2+}, Mg^{3+}) hängen die Energien der Quantenzustände nur vom Quadrat der Hauptquantenzahl n ab. Für diese Energieniveaus, die demnach $2n^2$-fach entartet sind, gilt (m_p = Masse des Protons, m_e = Masse des Elektrons)

$$\varepsilon_n(\text{H}) = -\frac{Z^2 \mu e^4}{32 \pi^2 \epsilon_0^2 \hbar^2} \cdot \frac{1}{n^2} \qquad \mu = \frac{m_e \cdot m_p}{m_e + m_p} \stackrel{\wedge}{=} \text{reduzierte Masse} \qquad (1.55)$$

Für die reduzierte Masse μ kann man wegen $m_e \ll m_p$ in guter Näherung die Elektronenmasse m_e ansetzen. Abbildung 1.11 zeigt die mit zunehmendem n immer dichter liegenden Energieniveaus des H-Atoms.

1.3 Quantenmechanik chemischer Systeme

Für Atome mit höherer Kernladungszahl $Z > 1$ und entsprechender Zahl von Elektronen muß die Wechselwirkung der Elektronen untereinander berücksichtigt werden. Dadurch wird gegenüber dem Wasserstoffatom die Entartung der Quantenzustände gleicher Hauptquantenzahl aufgehoben (Anhebung der mit p, d und f bezeichneten Quantenzustände relativ zu den s-Niveaus, siehe Abbildung 1.11). Zur Berechnung sind quantenmechanische Näherungsverfahren notwendig. Das wesentliche Resultat ist aber wie beim Wasserstoffatom eine Quantisierung der elektronischen Energien des Atoms.

Exkurs 1.7 Termsymbole für atomare Energieniveaus

Zur Klassifizierung der Energieniveaus von Atomen oder Ionen mit $Z > 1$ benutzt man **Termsymbole**, die eine Kurzangabe des Gesamt- und Bahndrehimpulses sowie des Gesamtspins der Elektronen im Atom darstellen. Grundlage der **Termsymbolik** bei leichten Atomen ist die **Russel-Saunders-Kopplung** von Spin und Bahndrehimpuls der Elektronen zu einem Gesamtdrehimpuls J (Wechselwirkung der magnetischen Dipolmomente von Spin und Bahndrehimpuls der Elektronen). Die Spins der Einzelelektronen s ergeben vektoriell addiert den Gesamtspinvektor S, analog alle Bahndrehimpulse l einen Gesamtbahndrehimpuls L. L und S koppeln ihrerseits durch vektorielle Addition zum Gesamtdrehimpuls J. Der resultierende Gesamtdrehimpuls J ist – wie in guter Näherung auch die Spins und Bahndrehimpulse – gequantelt. Für die Vektoren und die zugehörigen Quantenzahlen gilt

$$J = L + S \; ; \quad S = \sum s \; ; \quad L = \sum l \tag{1.56a}$$

$$|J| = \sqrt{J(J+1)}\hbar \; ; \quad |L| = \sqrt{L(L+1)}\hbar \; ; \quad |S| = \sqrt{S(S+1)}\hbar \tag{1.56b}$$

L nimmt nur ganzzahlige Werte $0, 1, 2, \ldots$ an. S und J können, da die Spinquantenzahl s eines einzelnen Elektrons gleich 1/2 ist, ganz- oder halbzahlige Werte annehmen. J ist auf positive Werte von $L + S$ bis $|L - S|$ in ganzzahligen Schritten beschränkt. Terme mit verschiedenen J-Werten besitzen aufgrund der Spin-Bahn-Kopplung (= Wechselwirkung) unterschiedliche Energien. Ein einzelner Term mit einem bestimmtem Wert für J wird in den meisten Fällen nach folgendem Schema angegeben:

$$^{2S+1}L_J \qquad L = \begin{cases} 0 & 1 & 2 & 3 & \ldots \\ S & P & D & F & \ldots \end{cases} \tag{1.57}$$

$2S + 1$ ist die **Spinmultiplizität**. Die Großbuchstaben S, P, D, F, ... werden zur Bezeichnung der Zahlenwerte der **Bahndrehimpulsquantenzahl** L in den Termsymbolen verwendet. Die Entartung eines elektronischen Terms mit der **Gesamtdrehimpulsquantenzahl** J ist

$$g_{\text{el},J} = 2J + 1$$

Beispiele für elektronische Zustände isolierter Atome sind in Tabelle D.1 zusammengestellt. Grundlage der Termsymbolik für schwere Atome ist die jj-Kopplung. Gesamtbahndrehimpuls und Gesamtspin verlieren ihre Bedeutung, da die Spin-Bahn-Kopplung für ein einzelnes Elektron dominiert. Entscheidende Größen sind dann der resultierende Drehimpuls $j_i = l_i + s_i$ eines einzelnen Elektrons und der Gesamtdrehimpuls aller Elektronen J aus der vektoriellen Addition gemäß $J = \sum_i j_i$.

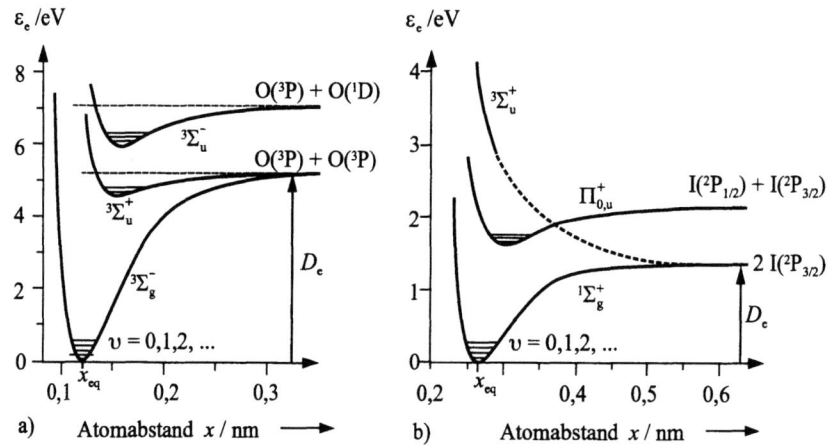

Abbildung 1.12 Potentialkurven für das a) O_2- und b) I_2-Molekül mit den zur Klassifizierung der Elektronenenergieniveaus verwendeten Termsymbolen. Gezeigt sind auch die für große Kernabstände vorliegenden Elektronenzustände der getrennten Atome. v steht für die Schwingungsquantenzahlen (siehe Abschnitt 1.3.8). Jedem einzelnen Schwingungszustand sind verschiedene Rotationszustände zugeordnet (nicht eingezeichnet, vergleiche dazu Abbildung 1.24 unten).

1.3.5 Elektronische Energieniveaus freier Moleküle

Während bei den Atomen zumindest für das einfache H-Atom noch exakte Lösungen für die Energieniveaus aus der Quantenmechanik berechenbar sind, muß man im Fall der Moleküle bereits für das einfachste System, das H_2-Molekül, Näherungsmethoden verwenden. Die wichtigste Näherung für diese Berechnungen ist die **Born-Oppenheimer-Näherung**, nach der die Kernbewegungen von der schnellen Elektronenbewegung wegen der relativ großen Masse der Atomkerne separiert werden können.

Die Quantzustände der Elektronen im Coulombfeld der Kerne können demnach für jede Kernanordnung und jeden Kernabstand unabhängig berechnet und angegeben werden. Die so berechnete Elektronenenergie als Funktion des Kernabstands ist für Sauerstoff- und Iodmoleküle in Abbildung 1.12 dargestellt. Für jeden elektronischen Zustand des betreffenden Moleküls ergibt sich eine spezielle Potentialkurve. Bindende Elektronenzustände weisen ein Potentialminimum auf.

Die erhaltenen Potentialkurven für jeden Elektronenzustand sind die Grundlage zur Beschreibung von inneren Molekülschwingungen. Man bezeichnet das Minimum der Elektronenenergie, das dem Gleichgewichtswert x_{eq} des Kernabstands (bei größeren Molekülen: aller Kernabstände und Bindungswinkel) entspricht, als **elektronische Energie** ε_e^n des betrachteten Elektronenzustands n.

Die tatsächliche Elektronenenergie ε_e enthält noch Schwingungs- und Rotationsenergien als zusätzliche Beiträge und liegt daher über dem Minimum der Potentialkurve. Die Krümmung der Potentialkurve am Minimum (zweite Ableitung nach dem Ort) korreliert dabei mit der Größe der Schwingungsfrequenz. Die Relativbewegung der Kerne zueinander bei festgehaltenem Schwerpunkt ergibt die **Schwingungsenergie** (siehe Abschnitt 1.3.8). Die Bewegung des gemeinsamen Schwerpunktes der Kerne definiert die **Translationsenergie** des Moleküls (siehe Abschnitt 1.3.3 oben), und die Bewegung der Kerne relativ zum Schwerpunkt bei Festhalten der Relativabstände definiert schließlich die **Rotationsenergie** (siehe Abschnitt 1.3.7).

Exkurs 1.8 Elektronenzustände in Molekülen

Für die Klassifizierung der Elektronenzustände einfacher Moleküle gibt es ähnliche Termsymbole wie bei Atomen. Für zweiatomige Moleküle dient insbesondere der Bahndrehimpuls der Elektronen in Richtung der Kern-Kern-Verbindungsachse zur Klassifizierung. Die zugehörige Quantenzahl wird mit Λ bezeichnet. Die Spin-Multiplizität $2S+1$ des Elektronenzustands ist wiederum als hochgestellter Index links oben am Termsymbol angegeben. Sie gibt die Entartung des elektronischen Zustands an. Rechts oben wird die Symmetrie $(+,-)$ der elektronischen Wellenfunktion gegenüber einer Spiegelung an der Ebene durch die Molekülachse und bei symmetrischen A_2-Molekülen rechts unten die Symmetrie gegenüber einer Punktspiegelung am Inversionszentrum (g,u) angegeben.

$$^{2S+1}\Lambda^{+,-}_{(g,u)} \quad \text{mit} \quad \Lambda = \begin{cases} 0 & 1 & 2 & \dots \\ \Sigma & \Pi & \Delta & \dots \end{cases}$$

Tabelle D.2 im Anhang gibt einige Beispiele dazu[5]. Zusätzlich sind dort auch einige dreiatomige Moleküle aufgenommen. Bei linearen dreiatomigen Molekülen entspricht die Termsymbolik der für zweiatomige. Bei gewinkelten symmetrischen Molekülen kennzeichnen die Symbole die Symmetrie der Elektronenwellenfunktion. Wegen der großen Energiedifferenzen zwischen elektronischem Grundzustand und angeregten Zuständen spielt in der statistischen Thermodynamik einfacher Systeme häufig nur der elektronische Grundzustand der Atome, Ionen, Moleküle und seine Entartung eine Rolle. Bei chemischen Reaktionen ändern sich die elektronischen Grundzustände drastisch und müssen entsprechend berücksichtigt werden.

In vielatomigen Molekülen ist die Elektronenbewegung wegen der kleinen Masse viel schneller als die Kernbewegung, das heißt, elektronischer und Schwingungsanteil sind auf der Zeitskala und damit energetisch entkoppelbar (Born-Oppenheimer-Näherung). Der nach dieser Näherung separierte **Elektronenanteil** zur Gesamtwellenfunktion wird über geeignete Näherungsansätze für die Molekülwellenfunktionen und die Elektron/Elektron-Wechselwirkung berechnet (beispielsweise über Linearkombinationen der Atomwellenfunktionen = LCAO). Die Parameter der Molekülwellenfunktionen werden dabei durch die Forderung festgelegt, daß die Gesamtenergie des berechneten Moleküls ein Minimum annimmt (**Variationsprinzip**).

Üblicherweise charakterisiert man die elektronischen Zustände von Molekülen lediglich über die Elektronenenergie der Gleichgewichtskernanordnung (x_{eq} in Abbildung 1.12). Dies liefert dann Molekülorbitale (MO-Termschemata) wie sie beispielsweise in Abbildung 1.24 am Beispiel des CO-Moleküls für die Beschreibung von Energieniveaus von Molekülen gezeigt werden. Derartige MO-Schemata werden für vielatomare Moleküle entsprechend komplizierter. Sie lassen sich nur in einfacheren Fällen noch exakt berechnen, erfordern im allgemeinen Näherungsverfahren in der mathematischen Behandlung und sind für die statistisch-thermodynamische Berechnung von Mittelwerten dann sinnvoll verwertbar, wenn sie als

---
[5]zur Vertiefung siehe z.B. [Atk 97, Kut 92, Göp 94, Lev 75, Eng 96, Pau 68].

Gleichgewichtswerte keinen großen statistischen Schwankungen in der Geometrie unterworfen sind. Dies ist zum Beispiel häufig für die lokalen Bindungstaschen von Makromolekülen der supramolekularen Chemie oder Enzymen der Biochemie in erster Näherung erfüllt.

Bei genauer Betrachtung bewirken zeitliche Fluktuationen in der Atomkonfiguration entsprechende Änderungen in den elektronischen Energien, die sich in einfachen Fällen über Korrekturterme berücksichtigen lassen (so zum Beispiel Elektron-Phonon-Kopplung bei der Wechselwirkung zwischen elektronischen und Schwingungsenergien). Im allgemeinen Fall sind auch diese Näherungen nicht mehr ausreichend genau, um reale Energieverhältnisse zu beschreiben.

1.3.6 Elektronenzustände im kristallinen Festkörper

Im Festkörper führt der geringe Abstand der Atome zu einer starken Wechselwirkung der Valenzelektronen. „Ideale Kristalle" sind durch eine hohe Zahl von Atomen oder Molekülen mit dreidimensionaler periodischer Anordnung charakterisiert. Für sie ist typisch, daß die bei kleinen Molekülen noch scharfen Niveaus der äußeren Elektronen (**Valenzelektronenniveaus**) zu breiten Energiebändern werden. Das Zustandekommen von Energiebändern läßt sich bereits für das Teilchen im Kasten demonstrieren, wenn man statt einem konstanten ein periodisches Potential benutzt (Abbildung 1.14).

Unter Berücksichtigung der Kristallstruktur und der spezifischen Elektronenwechselwirkung ergibt sich für kristalline Feststoffe eine charakteristische **Bandstruktur**, die durch die Angabe erlaubter elektronischer Energieniveaus als Funktion des Wellenzahlvektors k der Elektronen beziehungsweise der daraus sich ergebenden Zustandsdichte $D_e(\varepsilon)$ spezifiziert wird. Jede lokale Abweichung von einer ideal periodischen Anordnung der Atome wie auch der Einbau von Fremdatomen führt zu lokalisierten elektronischen Zuständen in diesen Festkörpern.

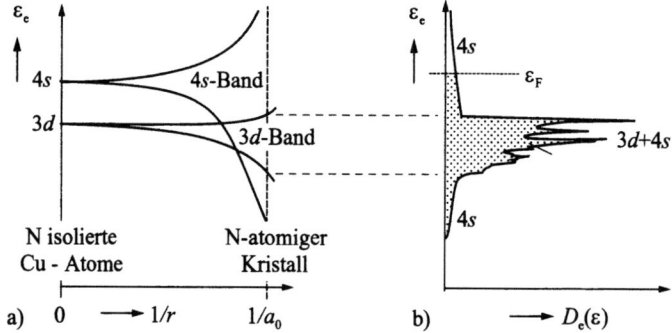

Abbildung 1.13 Valenzbandbereich von metallischem Kupfer: a) Aufspaltung der 4s- und 3d-Atomorbitale bei Annäherung der Cu-Atome. b) Zustandsdichte im Leitungsband des Kupfers und Besetzung mit Elektronen: Die 3d-Orbitale überlappen viel weniger stark. Die entsprechenden Elektronen bleiben dadurch stärker lokalisiert und die Breite des 3d-Bandes, das dem 4s-Band überlagert ist, bleibt recht gering verglichen mit dem 4s-Band.

1.3 Quantenmechanik chemischer Systeme

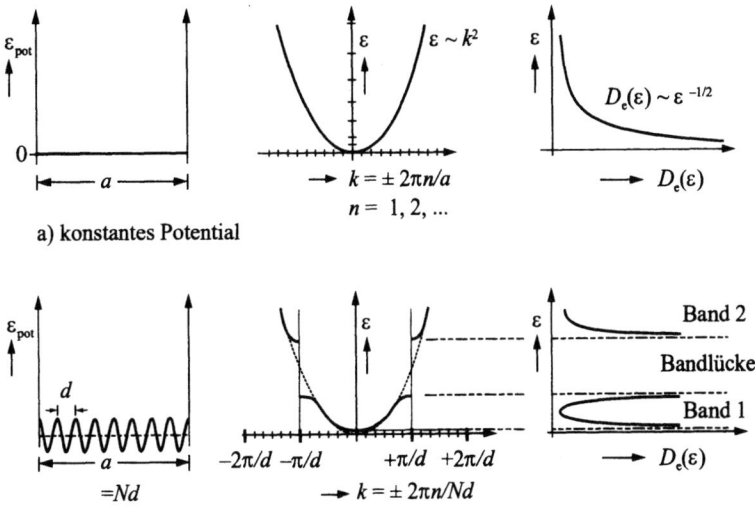

Abbildung 1.14 Eindimensionaler Kasten als einfaches Modell für Valenz- und Leitungselektronen im idealen Kristall: Vergleich der Dispersionsrelation $\varepsilon(k)$ und Zustandsdichte $D_e(\varepsilon)$ für konstantes und periodisches Potential. a) Konstantes Potential über einen makroskopisch großen Abstand a (quasifreie Elektronen, vergleiche Übersicht 1.1). $D_e(\varepsilon)$ ist hier kontinuierlich. b) Periodisches Potential mit Periodenlänge $d = a/N$ im Bereich atomarer Abstände (Modulation des Kastenpotentials): es entstehen verbotene und erlaubte Energiebereiche (Bandlücken und Bänder). Die Zustandsdichten an den jeweiligen Bandkanten haben dann näherungsweise die gleiche Energieabhängigkeit wie für das Teilchen im konstanten Potential (allerdings mit der effektiven Masse als Parameter).

Die Breite des Energiebereichs (Aufspaltung), über den die Molekülorbitalniveaus verteilt sind, hängt vom Grad der Orbitalwechselwirkung und damit vom Abstand der Atome und der Reichweite sowie Symmetrie der Orbitale ab (Abbildung 1.13). Die äußeren Orbitale der Valenzelektronen zeigen wegen der günstigen Überlappung eine stärkere Wechselwirkung als die inneren Elektronen und aus diesem Grund eine deutliche Aufspaltung der Orbitalenergien. Sie bilden mehr oder weniger breite Valenzbänder. Die Breite der **Valenzbänder** kann bis zu mehreren Elektronenvolt betragen. Für typische Teilchenzahlen N in der Größenordnung 10^{20} ist dann der Abstand der einzelnen Elektronenenergieniveaus in der Größenordnung von 10^{-20} eV, so daß verglichen mit typischen thermischen Energien von 0.02 - 0.1 eV die Vorstellung kontinuierlicher Elektronenenergien in den Bändern sinnvoll ist.

Die Besetzung der Bänder erfolgt wie bei den isolierten Atomen nach dem Pauli-Prinzip. Das oberste vollständig besetzte Band im Kristall wird als **Valenzband** bezeichnet. Das darüberliegende leere oder teilbesetzte Band bezeichnet man als **Leitungsband**, da Elektronen im Leitungsband Anlaß zu elektronischer Leitfähigkeit kristalliner Festkörper sind. Die Teilbesetzung des Leitungsbandes hat zur Folge, daß Elektronen aus den obersten besetzten Zuständen mit geringer Energie in benachbarte Niveaus anregbar sind. Solche thermisch anregbaren Elektronen verhalten sich näherungsweise wie ein **(quasi-) freies Elektronengas**, in dem die Elektronen nicht mehr an bestimmte Atomrümpfe gebunden sind („**delokalisiert**"), sondern sich „quasifrei" durch den Kristall bewegen und so Ladung und Energie transportieren können (vergleiche auch Kapitel 3). Für ein **freies Elektron** im Kasten mit konstantem Potential gilt die folgende Dispersionsrelation

$$\varepsilon = \frac{p^2}{2m_e} = \frac{\hbar^2 k^2}{2m_e} \tag{1.58}$$

wobei p und k quantisiert sind (siehe Kapitel 1.3). Für ein Modell mit periodischem Potential läßt sich eine solche quadratische Abhängigkeit der Energie von der Wellenzahl in der Nähe der Bandkanten wiederfinden (siehe Abbildung 1.14). Allerdings führt gegenüber Gleichung (1.58) die Wechselwirkung eines delokalisierten Elektrons im Kristall (**quasi-freies Elektron**) zu einem anderen Wert der Elektronenmasse, wenn man die Form des Ausdrucks (1.58) beibehält. Die **effektive Masse** m_e^* des Elektrons ist also über den Vergleich mit (1.58) definiert als[6]

$$m_e^* = \hbar^2 \cdot \left[\frac{\partial^2 \varepsilon(k)}{\partial k^2}\right]^{-1} \tag{1.59}$$

Die effektive Masse ist proportional zur Krümmung der $\varepsilon(k)$-Kurve in Abbildung 1.14. Sie hängt darüber hinaus innerhalb eines Bandes stark von der Energie ab. Ein Modell mit konstantem m_e^* kann also nur für praktisch konstante Elektronenenergie benutzt werden (beispielsweise, wenn nur Energien in der Nähe einer Bandkante oder in der Nähe der Fermi-Energie relevant sind). An der Oberkante der Bänder wird die effektive Masse eines Elektrons zwangsläufig sogar negativ ($m_{e,o}^* < 0$, da die Zustandsdichte dort mit steigender Energie gegen Null geht!). Innerhalb eines Bandes gibt es also mindestens eine Energie, für die die effektive Masse Null wird.

$$m_{e,o}^* = \hbar^2 \cdot \left[\frac{\partial^2 \varepsilon(k)}{\partial k^2}\right]^{-1} < 0 \tag{1.60}$$

Den Elektronen an der Oberkante eines Bandes müßte also im klassisch-mechanischen Bild eine negative Masse und wegen (1.58) auch eine negative kinetische Energie zukommen. Diese Schwierigkeit im klassischen Bild läßt sich umgehen, wenn man die unbesetzten Elektronenzustände als Quasiteilchen definiert (= fehlende Elektronen). Sie werden in der Halbleiterphysik üblicherweise als **Defektelektronen**, **Elektronenlöcher** oder einfach **Löcher** im Valenzband bezeichnet. Die Löcher sind komplementär zu den entsprechenden besetzten Elektronenzuständen und stellen in dieser Definition positiv geladene Teilchen mit positiver Masse $m_h^* = -m_{e,o}^*$ dar.

Es sei aber darauf hingewiesen, daß bei Betrachtungen der Massebilanz in Reaktionen und Gleichgewichten zwischen Elektronen und Löchern die tatsächliche Elektronenmasse eingeht (m_e für das Elektron und $-m_e$ für ein Loch). Die effektive Elektronenmasse ist dagegen überall da zu verwenden, wo der Teilchentransport von Elektronen und Löchern auf Grund von inneren und äußeren Kräften und Feldern beschrieben werden soll. m_e^* und m_h^* berücksichtigen also generell die Wechselwirkung mit dem starren Kristallgitter der positiven Atomrümpfe.

---

[6]Man spricht bei Anwendung dieses Modells auf reale Kristallelektronen wegen der quadratischen Impulsabhängigkeit der Energie ε_{kin} vom **parabolischen Bändermodell**. Gewöhnlich hängt die effektive Masse auch von der Richtung im Kristall ab.

1.3 Quantenmechanik chemischer Systeme

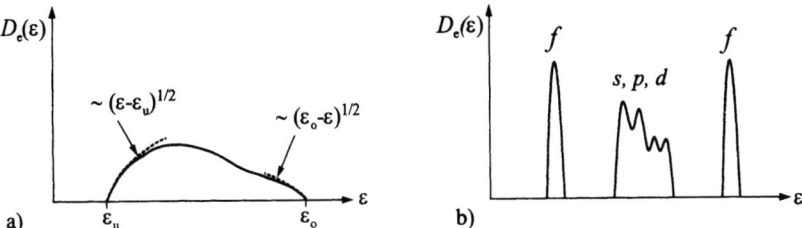

Abbildung 1.15 Zustandsdichten von Einelektronenzuständen im Festkörper mit dreidimensionaler Bandstruktur (schematisch): a) $D_e(\varepsilon)$ und Näherung (parabolisches Bändermodell) an den Bandkanten, b) Zustandsdichte für ein Seltenerd-Metall im Valenzbandbereich (beispielsweise aus quantenmechanischen Rechnungen). Die Energieabhängigkeit der Zustandsdichte innerhalb eines Bandes kann recht kompliziert sein, sie hängt unter anderem von der dreidimensionalen Struktur des Kristalls ab und kann nur mit Methoden der Quantenmechanik detaillierter behandelt werden.

Die Löcher oder Defektelektronen werden im weiteren Text mit dem üblichen Symbol h· bezeichnet (englisch „hole"; der hochgestellte Punkt · steht für die positive Ladung, die das fehlende Elektron gegenüber dem neutralen Kristall mit vollbesetztem Band zurückläßt).

Die effektiven Massen m_e^* und m_h^* hängen allgemein vom betrachteten Band, von der Energie und darüber hinaus von der Kristallrichtung ab, sind also Tensoren. In typischen Halbleitern kommen die zur Leitung beitragenden Elektronen und Löcher praktisch nur in der Nähe der Bandkanten vor (Leitungsbandunterkante und Valenzbandoberkante, siehe Kapitel 6.6). In diesem Bereich ist die Näherung quasi-freier Elektronen beziehungsweise Löcher in der Regel eine vernünftige Näherung. Das heißt, die Energie der Elektronen und Löcher ist quadratisch von der Wellenzahl abhängig. Unter Verwendung der effektiven Massen können die Ergebnisse für die Zustandsdichte eines Teilchens im Kasten verwendet werden. Für quasi-freie Elektronen nahe einer Bandunterkante mit der Energie ε_u gilt dann annähernd

$$D(\varepsilon - \varepsilon_u) \cong 4\sqrt{2}\pi \frac{V}{h^3} (m_e^*)^{3/2} (\varepsilon - \varepsilon_u)^{1/2} \quad [\text{mit: } \varepsilon_{\text{trans}} = \varepsilon - \varepsilon_u] \quad (1.61)$$

Für kinetische Energie und Zustandsdichte der Löcher (als quasi-freie Teilchen) an der Oberkante eines Bandes kann man ansetzen

$$\varepsilon_o - \varepsilon = \varepsilon_{\text{trans}}(h) = \frac{p^2}{2m_h^*} = -\frac{p^2}{2m_{e,o}^*} = -\varepsilon_{\text{trans}}(e)$$

$$D(\varepsilon - \varepsilon_o) \cong 4\sqrt{2}\pi \frac{V}{h^3} (m_h^*)^{3/2} (\varepsilon_o - \varepsilon)^{1/2} \quad (1.62)$$

Abbildung 1.15a zeigt den Verlauf von $D_e(\varepsilon)$ im Bereich eines Bandes von Einelektronenzuständen schematisch. In diesem Zusammenhang ist allerdings zu beachten, daß die Energie eines Loches gewöhnlich im Energiediagramm der Elektronen (Bänderdiagramm oder Bandschema) dargestellt wird. Für Löcher steigt deshalb die Energie in solchen Diagrammen von oben nach unten. An der oberen Bandkante haben die Löcher also die geringste Energie. Anwendungen dazu im Zusammenhang mit Halbleitern sind in Kapitel 6.6 ausgeführt [siehe auch Göp 94].

1.3.7 Rotationsenergie einfacher Moleküle

Die Rotationsbewegung eines starren Moleküls ist wie die Rotationsbewegung eines starren Körpers in der klassischen Mechanik behandelbar. Danach läßt sich jede Rotationsbewegung eines starren Körpers in drei unabhängige Rotationsbewegungen um zueinander senkrechte Achsen zerlegen (ganz analog zur Translationsbewegung). Wählt man für die Zerlegung die drei **Hauptträgheitsachsen** des starren Körpers als Rotationsachsen, so ist die Rotationsenergie für beliebige Rotationen besonders einfach als Summe von drei Termen mit den drei **Hauptträgheitsmomenten** I_A, I_B, I_C darstellbar[7]:

$$\varepsilon_{\text{rot}} = \frac{1}{2}I_A\omega_A^2 + \frac{1}{2}I_B\omega_B^2 + \frac{1}{2}I_C\omega_C^2 \qquad (1.63)$$

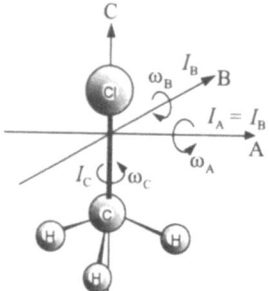

Abbildung 1.16 Hauptträgheitsachsen am Beispiel des Methylchlorids: I_A, I_B und I_C bezeichnen die Hauptträgheitsmomente bezüglich der drei Achsen A, B und C.

$\omega_A, \omega_B, \omega_C$ sind die Komponenten des Vektors der Winkelgeschwindigkeit in Richtung der drei Hauptträgheitsachsen (siehe Abbildung 1.16). Behandelt man ein Molekül als System von Massepunkten (an den Kernpositionen), so läßt sich das Trägheitsmoment bezüglich einer der Hauptachsen (und allgemein für eine beliebige Lage der Rotationsachse durch den Schwerpunkt des Moleküls) mit den Massen m_i der Kerne i und ihrem senkrechten Abstand r_i von der jeweiligen Rotationsachse ausdrücken als (siehe Abbildung 1.16):

$$I = \sum_{\text{alle Kerne } i} m_i r_i^2 \qquad (1.64)$$

Abbildung 1.19 zeigt Beispiele entsprechender Ausdrücke für Hauptträgheitsmomente einiger symmetrischer Molekülsorten. Lineare zwei- und mehratomige Moleküle stellen einen Sonderfall dar. Das Trägheitsmoment für Rotationen um die Molekülachse ist praktisch gleich Null, da die wesentliche Masse der Atome in den Kernen auf der Drehachse liegt ($r_C = 0$). Dabei vernachlässigt man den Beitrag der Elektronen zum Trägheitsmoment (für die $r_C \neq 0$ wäre). Es bleiben zwei Hauptträgheitsachsen A, B

---
[7]Der Vektor der Winkelgeschwindigkeit hat die Richtung der eigentlichen Drehachse, um die die Drehung erfolgt. In der allgemeinen Darstellung ist die Rotationsenergie ein Produkt aus dem Trägheitstensor I und der Winkelgeschwindigkeit. Der Trägheitstensor, eine 3×3-Matrix läßt sich über eine Hauptachsentransformation diagonalisieren (siehe auch Exkurs C.1 im Anhang). Die Hauptträgheitsmomente I_A, I_B, I_C bilden die drei Diagonalelemente der diagonalisierten Matrix.

senkrecht zur Molekülachse übrig, so daß die Rotationsbewegung nur zwei Freiheitsgrade besitzt. Die beiden zugehörigen Trägheitsmomente sind gleich, so daß mit μ als **reduzierte Masse** und R als Kernabstand für zweiatomige Moleküle folgt (vergleiche Exkurs 1.9 und Abbildung 1.19)

$$I_A = I_B = I = \mu R^2 \quad , \quad I_C = 0 \quad \left(\mu = \frac{m_1 m_2}{m_1 + m_2}\right) \quad (1.65)$$

Drückt man die Rotationsenergie als Funktion der entsprechenden Drehimpulskomponenten aus, so gilt

$$\varepsilon_{\text{rot}} = \frac{L_A^2}{2I_A} + \frac{L_B^2}{2I_B} + \frac{L_C^2}{2I_C} \quad \text{mit} \quad L_i = I_i \omega_i \quad (i = A, B, C) \quad (1.66)$$

Für ein zweiatomiges Molekül gilt dann klassisch wegen $I_C = 0$, $I_A = I_B = I$ und mit der Abkürzung $L^2 = L_A^2 + L_B^2$:

$$\varepsilon_{\text{rot}} = \frac{L^2}{2I} \quad \text{(Analogie zur Translationsenergie: } E_{\text{kin}} = \frac{p^2}{2m}) \quad (1.67)$$

Exkurs 1.9 Reduzierte Massen

r_1 und r_2 sind die Abstände der beiden Kerne vom Schwerpunkt des Moleküls, der in Abbildung 1.17 mit S bezeichnet ist. Das Trägheitsmoment für eine Drehbewegung um eine Achse senkrecht zur Kernverbindungslinie ist

$$I_A = I_B = m_1 r_1^2 + m_2 r_2^2$$

Für die beiden Abstände zum Schwerpunkt muß desweiteren gelten

$$m_1 r_1 = m_2 r_2$$

Eliminiert man mit der letzten Gleichung und dem Kernabstand $R = r_1 + r_2$ die Schwerpunktskoordinaten r_1 und r_2, erhält man für $I_A = I_B$:

$$I = I_A = I_B = \frac{m_1 m_2}{m_1 + m_2} R^2 = \mu R^2$$

Der Vorfaktor vor R^2 wird als reduzierte Masse μ definiert. Das zweiatomige Molekül verhält sich bei der Rotation wie ein Massepunkt der Masse μ, der im festen Abstand R um eine Achse rotiert. In der Mechanik spricht man dabei von einem starren Rotator.

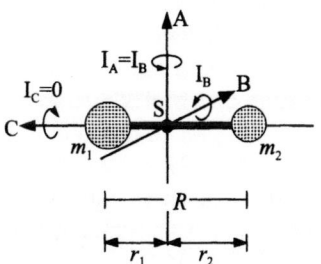

Abbildung 1.17 Zur Herleitung der *reduzierten Masse* μ für ein zweiatomiges Molekül (A,B,C sind die Hauptträgheitsachsen).

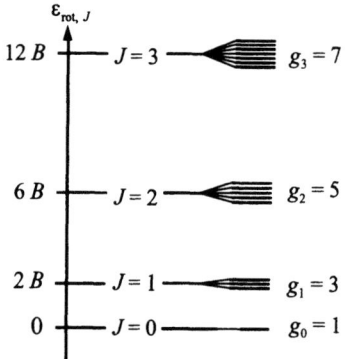

Abbildung 1.18 Energieniveaus des starren Rotators als Modell für die Rotationsenergien eines heteronuklearen zweiatomigen oder allgemein linearen Moleküls ($B = \hbar^2/2I$).

Die Lösung der Schrödinger-Gleichung für den starren Rotator liefert im Gegensatz zum klassischen Ergebnis eine Quantisierung von Moleküldrehimpulsbetrag $|L|$ und der z-Komponente L_z und somit auch der Rotationsenergie gemäß

$$
\begin{aligned}
|L| &= \sqrt{J(J+1)}\,\hbar & J &= 0,1,2,\ldots \\
L_z &= m_J \hbar & m_J &= -J,\ldots,0,\ldots,+J \\
\varepsilon_{\text{rot},J} &= J(J+1)\frac{\hbar^2}{2I} = J(J+1)B
\end{aligned}
\qquad (1.68)
$$

J ist die **Drehimpulsquantenzahl**. , und m_J die magnetische Quantenzahl zur z-Komponente. Die Abkürzung B wird als **Rotationskonstante** bezeichnet. In der Spektroskopie wird sie häufig in Wellenzahleinheiten angegeben und mit $\tilde{B} = B/hc = h/8\pi^2 cI$ definiert. Die **Rotationsenergieniveaus** sind bis auf den Grundzustand entartet. Es gilt für den **Entartungsfaktor** g_J

$$
g_J = 2J + 1 \qquad (1.69)
$$

In Gegenwart eines Magnetfeldes wird die Entartung der Rotationszustände aufgehoben (siehe Abbildung 1.18, rechte Hälfte). Es existiert dann durch das Magnetfeld eine raumfeste Vorzugsrichtung z (Feldrichtung = Richtung der z-Komponente L_z). Ursache ist die Wechselwirkung des magnetischen Dipolmoments, das mit der z-Komponente des Drehimpulses verknüpft ist, mit dem magnetischen Feld.

Die einfachsten nichtlinearen Moleküle sind solche mit mindestens einer Symmetrieachse (Kreiselmoleküle: Trägheitsmomente und Molekülgeometrien sind in Abbildung 1.19 erläutert). Für diese Molekülsorten gibt es neben J eine zweite Quantenzahl K. Zu jedem der möglichen J-Werte gibt es $2J + 1$ mögliche Orientierungen (charakterisiert über die Nebenquantenzahl m_J); unabhängig davon kann die zweite Quantenzahl K zu bei gegebenem J-Wert $2J + 1$ verschiedene Werte annehmen. Daher existieren für jeden J-Wert insgesamt $(2J + 1)^2$ Rotationszustände.

1.3 Quantenmechanik chemischer Systeme

1. Lineare Moleküle $\quad I_A = I_B = I, \quad I_C = 0$

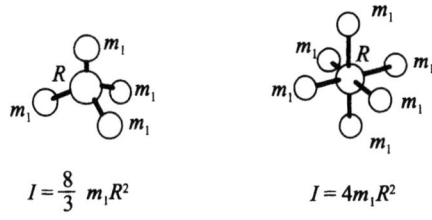

$I = \mu R^2$ $\qquad I = 2m_1 R^2 \qquad I = \dfrac{m_1 m_3}{m}(R+R')^2 + \dfrac{m_2}{m}(m_1 R^2 + m_3 R'^2)$

$\mu = \dfrac{m_1 m_2}{m_1 + m_2}$ $\qquad\qquad\qquad\qquad m = m_1 + m_2 + m_3$

2. Sphärische Kreisel $\quad I_A = I_B = I_C = I$

$I = \dfrac{8}{3} m_1 R^2$ $\qquad\qquad I = 4 m_1 R^2$

3. Symmetrische Kreisel $\quad I_A = I_B \neq I_C$

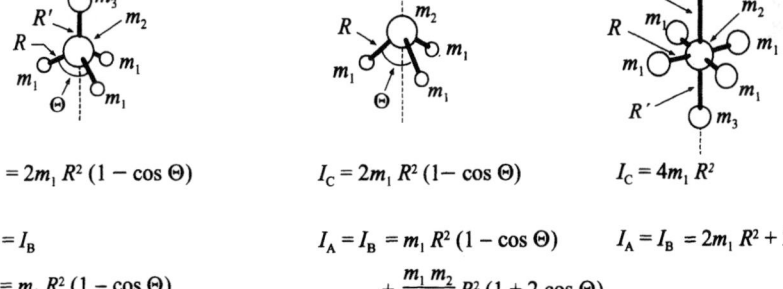

$I_C = 2m_1 R^2 (1 - \cos\Theta)$ $\qquad I_C = 2m_1 R^2 (1 - \cos\Theta)$ $\qquad I_C = 4m_1 R^2$

$I_A = I_B$ $\qquad\qquad\qquad\qquad I_A = I_B = m_1 R^2 (1 - \cos\Theta)$ $\qquad I_A = I_B = 2m_1 R^2 + 2m_3 R'^2$

$= m_1 R^2 (1 - \cos\Theta)$ $\qquad\qquad + \dfrac{m_1 m_2}{m} R^2 (1 + 2\cos\Theta)$

$+ \dfrac{m_1 (m_2 + m_3)}{m} R^2 (1 + 2\cos\Theta)$

$\qquad\qquad\qquad\qquad\qquad m = 3m_1 + m_2$

$+ \dfrac{m_3 R'}{m}\left[(3m_1 + m_2) R' + 6 m_1 R \left(\dfrac{1 + 2\cos\Theta}{3}\right)^{1/2}\right]$

$m = 3m_1 + m_2 + m_3$

Abbildung 1.19 Trägheitsmomente einiger symmetrischer (als starr angenommener) Molekültypen mit A, B, C = Hauptachsen (nach [Atk 93]).

Für ein sphärisches Kreiselmolekül (z.B. CH$_4$, SF$_6$) zeigt Gleichung (1.70) Entartung der Rotationsenergieniveaus bezüglich der Nebenquantenzahl K. Die $g_J = (2J+1)^2$ Rotationszustände zu jedem J sind dann entartet. Bei symmetrischen Kreiselmolekülen ist, wie Gleichung (1.71) zeigt, die Entartung der Zustände mit verschiedenen K-Werten (bei gleichem J) aufgehoben. Zu jedem Wertepaar J,K gibt es dann $g_{J,K} = 2J + 1$ entartete Rotationszustände.

Sphärische Kreisel

$$\varepsilon_{\text{rot}}(J) = BJ(J+1) \quad \text{mit} \quad B = \frac{\hbar^2}{2I} \tag{1.70}$$

$$J = 0, 1, 2, 3, \ldots \qquad K = -J, -J+1, \ldots, J-1, J$$
$$g_J = (2J+1)^2 \qquad m_J = -J, -J+1, \ldots, J-1, J$$

Symmetrische Kreisel

$$\varepsilon_{\text{rot}}(J,K) = BJ(J+1) + (A-B)K^2 \quad \text{mit} \quad B = \frac{\hbar^2}{2I_C}, \ A = \frac{\hbar^2}{2I_A} \tag{1.71}$$

$$J = 0, 1, 2, 3, \ldots \qquad K = -J, -J+1, \ldots, J-1, J$$
$$g_{J,K} = 2J+1 \qquad m_J = -J, -J+1, \ldots, J-1, J$$

1.3.8 Schwingungsenergie von Molekülen

Den einfachsten Fall für die Behandlung von Schwingungen in Molekülen stellen zweiatomige Moleküle dar. Drückt man die mechanische Bewegungsgleichung für ein solches Molekül mit zwei punktförmigen Massen m_1 und m_2 im Schwerpunktskoordinatensystem aus, so kann man wie beim starren Rotator die reduzierte Masse μ und den Kernabstand R einführen (Gleichung (1.65)). Das Zweiteilchenproblem wird dann reduziert auf ein Einteilchenproblem, bei dem ein gebundenes punktförmiges Teilchen der Masse μ in einem parabolischen Potential lineare Schwingungen um seine Gleichgewichtslage x_{eq} ausführt. Man spricht auch von einem **harmonischen Oszillator**.

Mit k als **Kraftkonstante** der Bindung gilt für die potentielle Energie ε_{pot} und die Kraft F (Rückstellkraft) auf das Teilchen

$$\varepsilon_{\text{pot}} = \frac{1}{2} k (x - x_{\text{eq}})^2 \quad , \quad F = -\frac{d\varepsilon_{\text{pot}}}{dx} = -k(x - x_{\text{eq}}) \tag{1.72}$$

Die **Eigenfrequenz** ν_0 ergibt sich quantenmechanisch wie klassisch zu:

$$\nu_0 = \frac{\omega_0}{2\pi} = \frac{1}{2\pi} \sqrt{\frac{k}{\mu}} \tag{1.73}$$

Nach der klassischen Behandlung gibt es keine Einschränkungen für die möglichen Werte der Schwingungsenergien ε_{vib} des harmonischen Oszillators. Die Lösung der entsprechenden Schrödinger-Gleichung hingegen führt zu einer Quantisierung der

1.3 Quantenmechanik chemischer Systeme

Schwingungsenergien, wobei die charakteristische **Schwingungsquantenzahl** v auftritt:

$$\varepsilon_{\text{vib},v} = \left(v + \frac{1}{2}\right) h \nu_0 \qquad v = 0, 1, 2, \ldots \qquad (1.74)$$

Die Energieniveaus des quantenmechanischen harmonischen Oszillators sind für das in Gleichung (1.72) gegebene parabolische Potential äquidistant. Die Schwingungsenergieniveaus sind nicht entartet: $g_v = 1$ für alle v.

Man muß im allgemeinen aber berücksichtigen, daß das verwendete Potential nach Gleichung (1.72) die Abhängigkeit der Elektronenenergien vom Abstand x der Atome in zweiatomigen Molekülen nur in der Nähe des Minimums gut annähert. Außerhalb dieses Bereiches, das heißt für höher angeregte Schwingungen, gibt es mehr oder weniger große Abweichungen durch anharmonisches Verhalten. Es resultiert aus der Abweichung der tatsächlichen Potentialkurve von einem parabelförmigen Verlauf.

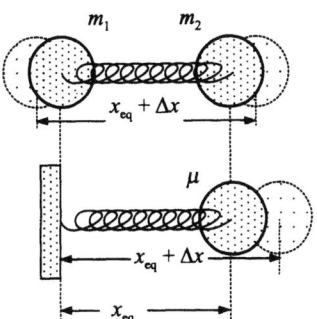

Abbildung 1.20 Schematische Darstellung der Schwingungen in einem zweiatomigen Molekül um den Gleichgewichtsabstand x_{eq}.

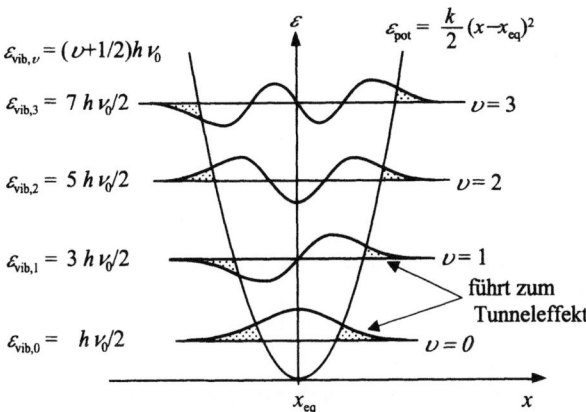

Abbildung 1.21 Energieniveaus $\varepsilon_{\text{vib},v}$ und Verlauf der Wellenfunktionen ψ_v (in willkürlichen Einheiten) des harmonischen Oszillators. x_{eq} ist der Gleichgewichtspunkt des Oszillators (Minimum der potentiellen Energie. Die potentielle Energie des klassischen harmonischen Oszillators entspricht der eingezeichneten Parabel, für die $\varepsilon_{\text{pot}} = \frac{1}{2} k (x - x_{\text{eq}})^2$ gilt.

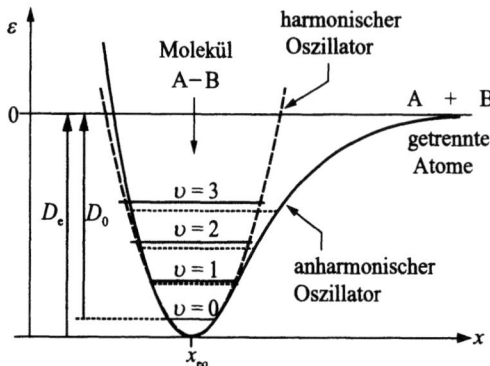

Abbildung 1.22 Vergleich der Potentialkurven und Schwingungsniveaus für einen harmonischen Oszillator und ein zweiatomiges Molekül (= anharmonischer Oszillator).
D_e = spektroskopische Dissoziationsenergie, bezogen auf das Minimum ε_0 der Potentialkurve, D_0 = chemische Dissoziationsenergie, bezogen auf die Energie der Grundschwingung. x ist der Abstand der Atome zueinander und $x - x_{eq}$ die Auslenkung des Oszillators.

Abbildung 1.22 zeigt dies schematisch (siehe auch Abbildung 1.12). Für übliche Temperaturen ist im thermischen Gleichgewicht allerdings die Zahl der Moleküle in hochangeregten Schwingungszuständen meist vernachlässigbar. Deshalb ist das Modell des harmonischen Oszillators für nicht zu hohe Temperaturen in der Regel eine gute Näherung.

Für Moleküle mit drei und mehr Atomen läßt sich die Schwingungsenergie näherungsweise (bei Vernachlässigung anharmonischer Potentialeinflüsse = harmonische Näherung) durch eine Summe von Termen darstellen, die jeweils die gleiche Form wie für die Schwingungsenergie eines zweiatomigen Molekül haben, also insbesondere eine charakteristische Schwingungsfrequenz wie im Modell des harmonischen Oszillators. Man spricht auch von Normalschwingungen, da die komplizierte Schwingungsbewegung der Atome im Molekül in jedem Fall als Superposition solcher Normalschwingungen beschrieben werden kann. Die Herleitung dazu ist in Anhang C diskutiert. Die entsprechenden Molekülkoordinaten, in denen die Aufspaltung möglich ist, bezeichnet man als **Normalkoordinaten**. Für jede Normalkoordinate ergibt sich eine charakteristische Eigenfrequenz, auch Normalfrequenz der entsprechenden Normalschwingung genannt.

Für ein lineares Molekül mit N Atomen ergeben sich $3N - 5$, für nichtlineare Moleküle $3N - 6$ **Normalschwingungen**. Die Schwingungsenergie von N-atomigen Molekülen läßt sich also als Summe über unabhängige Beiträge der einzelnen Normalschwingungen schreiben (vergleiche Anhang C)

$$\varepsilon_{\text{vib},v} = \sum_{i=1}^{3N-5 \text{ bzw. } 3N-6} \left(v_i + \frac{1}{2}\right) h\nu_i \tag{1.75}$$

Dieser Ausdruck gilt auch für Festkörper. Ein Festkörper mit N Atomen hat $3N - 6$ Normalschwingungen. Da N im allgemeinen eine extrem große Zahl verglichen mit 6 Freiheitsgraden der Translation und Rotation des gesamten Festkörpers ist, kann man von $3N$ Normalschwingungen bei Festkörpern sprechen.

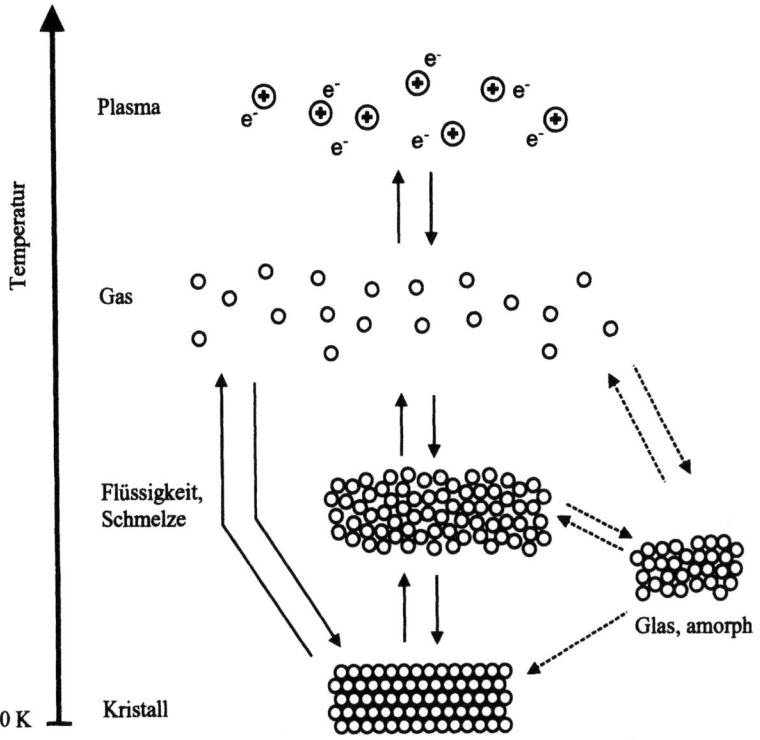

Abbildung 1.23 Aggregatzustände [schematisch nach Cot 85].

1.4 Komplexe chemische Systeme

Für die statistische Thermodynamik realer chemischer Systeme ist der Übergang von den einzelnen Teilchen beziehungsweise den einzelnen separierbaren Energiebeiträgen und ihren Eigenschaften zu den Vielteilchensystemen ein entscheidender Schritt.

Auch für komplexere abgeschlossene Vielteilchensysteme ist es nach der klassischen Mechanik „im Prinzip" möglich, das gesamte Geschehen im System bei bekannter Hamilton-Funktion $H(q_k, p_k)$ und damit bekannten Wechselwirkungsenergien $E_{pot}(q_k)$ als zeitliche Entwicklung im $2f$-dimensionalen Phasenraum darzustellen. Bei der praktischen Durchführung der Integration der mechanischen Bewegungsgleichungen (1.3) gibt es im allgemeinen jedoch erhebliche Schwierigkeiten. Schon die Bewegungsgleichungen eines Systems aus drei Massenpunkten lassen sich nicht mehr geschlossen lösen. Bei entsprechend größerer Anzahl von Teilchen müssen deshalb **Näherungsverfahren** zur Lösung der Differentialgleichungen herangezogen werden. Auf noch größere Schwierigkeiten stößt man, wenn die Schrödinger-Gleichung für ein Vielteilchensystem zu lösen ist.

Im realen Fall erfordert deshalb die Behandlung chemischer Systeme in der klassisch-mechanischen wie auch in der quantenmechanischen Vorgehensweise vereinfachende Annahmen und Modellvorstellungen. Der Grad der Vereinfachung in der Beschreibung der Hamilton-Funktion oder des Hamilton-Operators eines chemischen Systems hängt offensichtlich vor allem von der Temperatur ab (siehe Abbildung 1.23).

Verdünnte Gase bei hohen Temperaturen erlauben eine Vernachlässigung der intermolekularen Wechselwirkungen. Auf der anderen Seite spielen für **reale Gase** und besonders für **Festkörper** und **Flüssigkeiten** als kondensierte Systeme die Wechselwirkungen der Teilchen untereinander eine wesentliche Rolle.

Für reale Gase bei nicht zu hohen Dichten lassen sich die Wechselwirkungen wegen des großen mittleren Abstands der Moleküle noch als Störung behandeln, so daß quantenmechanische Ergebnisse für Einzelteilchen unter Berücksichtigung von Zweieraggregaten benutzt werden können (siehe Kapitel 9). Wir wollen deshalb im folgenden kurz Besonderheiten und Ansätze für chemische Vielteilchensysteme ansprechen, die in den Kapiteln 3 bis 12 ausführlicher diskutiert werden.

1.4.1 Ideale Gase

Die Quantenmechanik der Vielteilchensysteme ist vergleichsweise übersichtlich, wenn man die Wechselwirkungen zwischen den Teilchen vernachlässigen kann. Der Hamilton-Operator eines Gases aus nichtwechselwirkenden Teilchen läßt sich unter diesen Voraussetzungen zerlegen in eine Summe von Einteilchenoperatoren und die Gesamtenergie in eine Summe von **Einteilchenenergien**.

$$\widehat{H}_{\text{System}} = \sum_{i=1}^{N} \widehat{H}_i \tag{1.76}$$

Diese Vereinfachung macht beispielsweise die Attraktivität der Behandlung von **idealen Gasen** als Modellsysteme aus. Als Folge davon läßt sich auch die Systemenergie für einen bestimmten Mikrozustand n des Gesamtsystems als Summe über Eigenwerte der Atom- beziehungsweise Molekülenergien schreiben (n steht für die Gesamtheit der Quantenzahlen zur Bezeichnung des jeweiligen Mikrozustands):

$$E_n = \left(\sum_{i=1}^{N} \varepsilon_i \right)_n \tag{1.77}$$

Die Energie von **freien Atomen und Molekülen** ohne Wechselwirkung untereinander läßt sich grundsätzlich als Summe aus Translationsenergie $\varepsilon_{\text{trans}}$ und Energiebeiträgen ε_{int} der inneren Freiheitsgrade schreiben:

$$\varepsilon_{\text{tot}} = \varepsilon_{\text{trans}} + \varepsilon_{\text{int}} \tag{1.78}$$

Weitere Energieterme können in (1.78) auftreten, wenn sich das Atom beziehungsweise Molekül in äußeren elektrischen oder magnetischen Feldern befindet (beispielsweise durch Wechselwirkung der Kernspins mit einem Magnetfeld).

Für die kinetische Energie der Translation setzt man die Lösung für das Teilchen im Kasten mit der Masse des Atoms oder Moleküls ein (Gleichung (1.39) und (1.40)). ε_{int} enthält dann die inneren Energieformen des Atoms oder Moleküls, bei Molekülen beispielsweise neben den Energiebeiträgen aus der Elektronenanregung die inneren Bewegungsformen mit festgehaltenem Masseschwerpunkt, also Rotation und Schwingungen.

1.4 Komplexe chemische Systeme

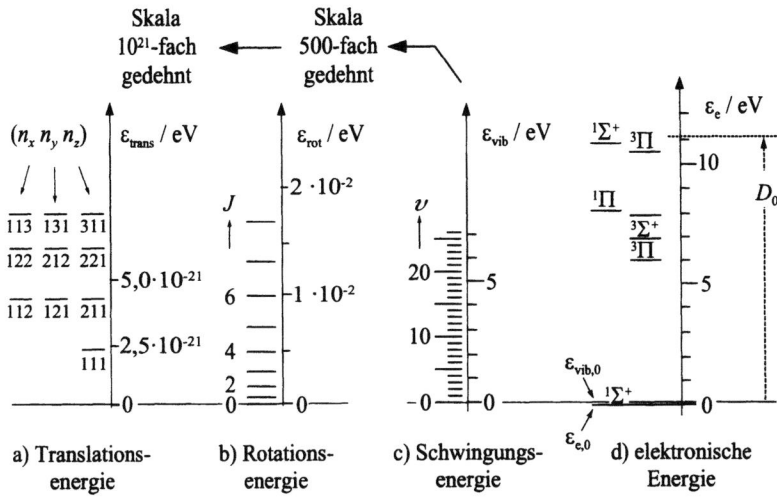

Abbildung 1.24 Energiebeiträge im Molekül und ihre relative Größenordnung am Beispiel des CO-Moleküls: waagerechte Striche links neben der Energieskala kennzeichnen bei a) – c) die berechneten bei d) die gemessenen Energieeigenwerte der verschiedenen Energieformen. a) - teilweise entartete - Translationsniveaus für freie CO-Moleküle nach dem Modell des Teilchens im Kasten (würfelförmiges Volumen von 1 dm^3), b) Rotationsniveaus (starrer Rotator), c) Schwingungsniveaus für das elektronische Grundniveau des CO (harmonischer Oszillator), d) elektronische Niveaus des CO-Moleküls. Der Nullpunkt der Energieskala entspricht der Energie des niedrigsten Schwingungsniveaus im elektronischen Grundzustand $^1\Sigma^+$. In den höher angeregten elektronischen Zuständen existieren analoge Schwingungs- und Rotationsniveaus (mit geänderten Werten und Abständen), die hier nicht dargestellt sind. Bei Zufuhr der Dissoziationsenergie von $D_0 = 11{,}09$ eV zerfällt das Molekül in ein C- und ein O-Atom. Zum Vergleich: mittlere thermische Energie eines CO-Moleküls 300 K: $kT \approx 0{,}025$ eV. Zwischen 0 und 0,025 eV liegen etwa $\Omega_{3D} \approx 10^{29}$ Translations-Energieniveaus.

Bei Atomen enthält ε_{int} lediglich die Energien der Elektronen (Index e) und inneren Kernfreiheitsgrade (Index n). Bei Vernachlässigung von Kopplungen lassen sich die inneren Energieformen weiter separieren. Es gilt dann:

$$\varepsilon_{int}(\text{Atom}) = \varepsilon_e + \varepsilon_n \quad \text{bzw.} \quad \varepsilon_{int}(\text{Molekül}) = \varepsilon_{vib} + \varepsilon_{rot} + \varepsilon_e + \varepsilon_n \quad (1.79)$$

Vergleicht man die zur Anregung der Translation, Rotation, Schwingung und der Elektronenübergänge in Molekülen benötigten Energiequanten, so ergibt sich der in Abbildung 1.24 für das Beispiel des CO-Moleküls dargestellte Zusammenhang. Man beachte die extrem unterschiedlichen Energieskalen.

1.4.2 Fermionen und Bosonen

Die Quantenmechanik von Vielteilchensystemen hat Konsequenzen, die für die statistisch-thermodynamische Behandlung grundlegend sind. Zum einen gilt im Gegensatz zur klassischen Mechanik, daß in einem System mit N identischen Teilchen die einzelnen Teilchen **nicht unterscheidbar** sind. Desweiteren aber führt der Spin als innerer Drehimpuls der Elementarteilchen zu einer weiteren wichtigen Konsequenz. Ob nämlich die Spinquantenzahl S ganz- oder halbzahlig ist, hat für Vielteilchensysteme in der Chemie weitreichende Konsequenzen.

Tabelle 1.2: Eigenschaften von Fermionen und Bosonen im Vergleich

	Bosonen	Fermionen
Spinquantenzahl S	ganzzahlig $S = 0,1,2,\ldots$	halbzahlig $S = \frac{1}{2}, \frac{3}{2}, \frac{5}{2}, \ldots$
Systemwellenfunktion bei Teilchenvertauschung	symmetrisch	antisymmetrisch
Besetzung pro Einteilchenquantenzustand	beliebig viele Bosonen	maximal 1 Fermion

Tabelle 1.3: Beispiele für Fermionen und Bosonen in Vielteilchensystemen

Teilchenart	Bosonen		Fermionen	
	Spin	Teilchen	Spin	Teilchen
Elementarteilchen	1	Photon, Phonon, Elektronenpaar	1/2	e^-, p^+, n
Atomkerne	0	^{4}He, ^{12}C, ^{16}O, ^{40}Ca, $\ldots$	1/2	^{1}H, ^{3}H, ^{3}He, ^{13}C, ^{57}Fe, $\ldots$
	1	D ($=^2$H), ^{14}N	3/2	^{7}Li, ^{21}Na, $\ldots$
			5/2	^{17}O, ^{27}Al, $\ldots$
Atome, Moleküle, Ionen (= Kerne + Elektronen)	ganzzahlig	^{4}He, ^{3}He$^+$, ^{16}O, H_2O, $NH_3 \ldots$	halbzahlig	^{3}He, ^{4}He$^+$, ^{14}N, ^{15}O, $H_3^{16}O^+$, $^{14}NH_4^+ \ldots$

Die Spinquantenzahl S charakterisiert in Einheiten von $\hbar$ die experimentell erfaßbare Größe von Betrag und z-Komponente des Spinvektors. Es gilt

$$|S| = \hbar\sqrt{S(S+1)} \ , \quad |S|_z = s_z \hbar \ , \quad s_z = +S, S-1, \ldots, -S$$

Sei $\psi_n(r_1, r_2, \ldots, r_N)$ als Wellenfunktion eines Systems aus N gleichartigen Teilchen Lösung der entsprechenden Schrödinger-Gleichung, wobei r_i jeweils die Ortskoordinaten des Teilchens i bezeichnet.

Die Forderung nach Ununterscheidbarkeit der gleichartigen Teilchen in einem Vielteilchensystem bedeutet, daß die Wellenfunktion des Systems bis auf ihr Vorzeichen unverändert bleiben muß, wenn man je zwei dieser Teilchen miteinander vertauscht oder – genauer gesagt – die Ortskoordinaten r_i und r_j jeweils zweier beliebiger Teilchen i und j gegeneinander austauscht. An dieser Stelle spielt der Spin als innere Teilcheneigenschaft eine entscheidende Rolle. Teilchen mit ganzzahliger Spinquantenzahl oder kürzer mit **ganzzahligem Spin** erfordern nämlich immer eine **symmetrische Wellenfunktion** $\psi_n(r_1, r_2, \ldots, r_N)$ des Vielteilchensystems, die bei der erwähnten Vertauschung zweier Teilchen ihr Vorzeichen nicht ändert.

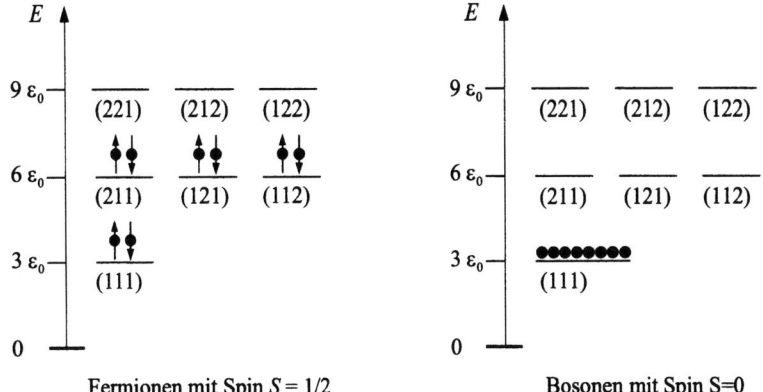

Abbildung 1.25 Grundzustände von acht *nicht wechselwirkenden, ununterscheidbaren* Teilchen in einem würfelförmigen Kasten für a) Fermionen mit Spin $S = 1/2$ (unter Berücksichtigung der Spinorientierung), b) Bosonen mit $S = 0$. Die Zahlenfolge in Klammern steht für die Translationsquantenzahlen n_x, n_y, n_z.

Teilchen mit ganzzahligem Spin ($S = 0, 1, 2, \ldots$) werden als **Bosonen** bezeichnet. Dagegen können Teilchen mit **halbzahligem Spin** ($S = 1/2, 3/2, \ldots$), die als **Fermionen** bezeichnet werden, nur über eine **antisymmetrische Wellenfunktion** des Vielteilchensystems beschrieben werden. Es gilt also bei Vertauschung der Teilchenkoordinaten r_1 und r_2

$$\psi_n(r_1, r_2, \ldots, r_N) = \begin{cases} +\psi_n(r_2, r_1, \ldots, r_N) & \text{Bosonen} \\ -\psi_n(r_2, r_1, \ldots, r_N) & \text{Fermionen} \end{cases} \quad (1.80)$$

Entscheidend ist für die statistische Thermodynamik die folgende Konsequenz daraus: für Bosonen gibt es bei der Besetzung eines bestimmten **Einteilchen-Quantenzustands** keinerlei Einschränkungen an die Zahl der Bosonen, die diesen Quantenzustand besetzen (Besetzungszahl beliebig).

Für Fermionen auf der anderen Seite gilt, daß ein bestimmter Einteilchen-Quantenzustand (definiert über die entsprechenden Quantenzahlen, beim H-Atom zum Beispiel n, l, m_l, s_z) immer nur von maximal einem Fermion besetzt werden kann (Besetzungsgrad ≤ 1). Eine Mehrfachbesetzung ist ausgeschlossen. Dies ist das bekannte Pauli-Prinzip, das unter anderem beim Aufbau des Periodensystems grundlegend ist. Es gilt auch dann noch streng, wenn Wechselwirkungen zwischen den Bosonen oder Fermionen vorliegen.

Zu den Fermionen mit *halbzahligem Spin* gehören insbesondere die Elementarteilchen wie Elektronen, Protonen und Neutronen. Tabelle 1.2 zeigt einen Vergleich von Bosonen und Fermionen. Die Symmetriebedingung gegenüber der Teilchenvertauschung muß bei jeder Wellenfunktion eines Systems mit gleichartigen Teilchen erfüllt sein (Elektronen in einem einzelnen Atom oder Molekül, Neutronen im Atomkern gleichartige Kernen in einem Molekül, Moleküle in einem idealen Gas). Ein Anwendungsbeispiel behandeln wir in Kapitel 3 mit der Wärmekapazität des gasförmigen molekularen Wasserstoffs mit ^{1}H Kernen, bei dem sich die Fermioneneigenschaft bei sehr tiefen Temperaturen experimentell bemerkbar macht.

1.4.3 Festkörper und fluide Systeme

Kondensierte Vielteilchensysteme mit kleinem Teilchenabstand sind durch ausgeprägte Wechselwirkungen der Teilchen untereinander charakterisiert. Sie erfordern daher eine grundlegend andere Behandlung im Vergleich zu idealen Gasen mit nicht wechselwirkenden Teilchen. **Kristalline Feststoffe** lassen sich noch relativ gut mit quantenmechanischen Näherungsverfahren behandeln, wenn man die Periodizität ideal kristalliner (unendlich ausgedehnter) Festkörper zugrunde legen kann. Die Berechnung von Elektronenzuständen des Gesamtkristalls, ihrer Energie und Zustandsdichte ist unter solchen Bedingungen für festgehaltene Atompositionen (**Born-Oppenheimer-Näherung**) möglich. Man erhält so ortsperiodische Wellenfunktionen mit charakteristischen Energiewerten, Wellenlängen und Energielücken. In nächster Näherung werden Bewegungen der Atome um ihre Gleichgewichtspositionen zugelassen. Betrachtet man den Festkörper als sehr großes Molekül, gilt – wie im vorhergehenden Abschnitt diskutiert – für die dabei auftretenden Festkörperschwingungen das gleiche wie für Molekülschwingungen: bei nicht zu hoher Schwingungsanregung (geringe Temperatur) kann man sie näherungsweise als System von schwach gekoppelten harmonischen Oszillatoren mit definierten Eigenfrequenzen betrachten. Wegen der großen Zahl der möglichen Eigenschwingungen ($3N$ für einen N-atomigen Festkörper) beschreibt man die Schwingungsfrequenzen mit Hilfe von quasi-kontinuierlichen Schwingungs-Zustandsdichten. Der Hamilton-Operator für einen kristallinen Festkörper läßt sich dementsprechend in erster Näherung aufspalten

$$\widehat{H} = \widehat{H}_e + \widehat{H}_{vib} \ldots \tag{1.81}$$

Ganz analog erhält man dann für die Gesamtenergie des Kristalls eine Aufspaltung in eine Summe von Termen, von denen der erste die Elektronen, der nächste die Kristallschwingungen (Phononen) und gegebenenfalls . die weiteren möglichen elementaren Anregungen, sogenannte „Quasiteilchen" (wie Plasmonen, Excitonen, Magnonen und andere, vergleiche Kapitel 6.1), beschreibt.

$$E_n = (E_e + E_{vib} + \ldots)_n \tag{1.82}$$

Diese Aufspaltung der Energie in additive Anteile läßt sich formal noch weiter treiben, wenn man in nächster Näherung die gesamte Energie der Valenz- und Leitungselektronen eines Kristalls als Summe von Einelektronenenergien schreiben kann.

$$E_e \cong \sum_{k=1}^{N_e} \varepsilon_{e,k} \tag{1.83}$$

In dieser Näherung wird die Wechselwirkung der Elektronen untereinander vernachlässigt beziehungsweise durch eine mittlere Wechselwirkungsenergie ersetzt.

In amorphen Feststoffen (Gläsern), Polymeren und in **fluiden Systemen** (= Flüssigkeiten, verdichtete Gase, überkritische Fluide) ist die Berechnung der stationären Eigenwerte der Gesamtenergie bei festgehaltenen Atompositionen nur als Momentaufnahme für einen herausgegriffenen Zeitpunkt gültig. Durch die räumlichen und zeitlichen Fluktuationen der Struktur liegt keine stationäre räumlich-periodische Elektronendichteverteilung wie in kristallinen Festkörpern vor. Eine befriedigende Darstellung der Lösungen der Schrödinger-Gleichung für eine Flüssigkeit, für ein Glas oder

1.4 Komplexe chemische Systeme

für ein Polymer als Vielteilchensystem ist ohne sehr einschneidende Näherungen nicht mehr möglich. Somit ist auch eine einfache quantenmechanische Näherungsberechnung von Mikrozuständen bei gegebener Gesamtenergie des Systems nicht möglich.

In diesen Fällen geht man zu einer klassisch-mechanischen statistischen Beschreibung über, bei der man den Begriff „Struktur" auf die räumliche und zeitliche Abhängigkeit erweitert. Zeitlich und räumliche Mittelwerte der strukturellen Eigenschaften werden über **Korrelationsfunktionen** beschrieben (siehe Kapitel 10 und 13). Die Lösung der klassisch-mechanischen Bewegungsgleichungen im Rahmen von **Molekulardyamikrechnungen** liefert dann typische mit der Zeit fluktuierende Konfigurationen des Vielteilchensystems, aus denen durch geeignete Mittelwertbildung makroskopische Systemeigenschaften ableitbar sind. Dies funktioniert für einfache Flüssigkeiten aus kugelförmigen Teilchen wie flüssigem Argon recht befriedigend. Bereits für Flüssigkeiten wie Wasser wird jedoch der Rechenaufwand enorm hoch und die Vernachlässigung der inneren Molekülstruktur, insbesondere der Elektronenhülle, macht sich bemerkbar und beschränkt die Aussagemöglichkeiten.

Im Rahmen der näherungsweisen klassisch-mechanischen Beschreibung eines fluiden Systems spaltet man zunächst die Gesamtenergie für jede mögliche Verteilung von Orts- und Impulskoordinaten der Teilchen in kinetische und potentielle Energie auf:

$$\langle H_{\text{klass}} \rangle = E_{\text{tot}} = E_{\text{kin}} + E_{\text{pot}} \tag{1.84}$$

Die potentielle Energie enthält die Teilchenwechselwirkungen. Die Berücksichtigung dieser Wechselwirkungen der Teilchen beziehungsweise Molekülgruppen untereinander ist die entscheidende Aufgabe einer quantitativen Berechnung. Eine brauchbare Näherung für den einfachen Fall eines fluiden Systems schwach wechselwirkender kugelförmiger Teilchen (also nur kurzreichweitige Kräfte!) geht davon aus, daß die potentielle Energie als Summe aller möglichen Paarwechselwirkungen zwischen jeweils zwei Teilchen angesetzt werden darf (siehe Kapitel 9 und 10):

$$E_{\text{pot}} \approx \sum_{i=1}^{N} \sum_{j>i}^{N} \varepsilon_{\text{pot}}(r_{ij}) \qquad r_{ij} = |\mathbf{r}_i - \mathbf{r}_j| \tag{1.85}$$

Übersicht 9.1 in Kapitel 9 zeigt Beispiele für Potentialansätze von Zweiteilchen-Wechselwirkungen. Bei hoher Dichte und starken, langreichweitigen Wechselwirkungen, beispielsweise in Flüssigkeiten mit polaren Molekülen oder Elektrolytlösungen, reicht die Summation über Paarwechselwirkungen zur näherungsweisen Beschreibung der gesamten potentiellen Energie nicht mehr aus. Man muß dann Korrekturen höherer Ordnung zur Wechselwirkungsenergie durch die zusätzlichen Beiträge von Teilchenclustern mit drei, vier oder mehr Teilchen einbeziehen (siehe Kapitel 10).

Zur Beschreibung von Flüssigkeiten und allgemein fluiden Systemen greift man also auf Konzepte der klassischen Mechanik der Vielteilchensysteme zurück. Wesentliche Prinzipien der Quantenmechanik müssen allerdings dabei berücksichtigt werden, insbesondere die Ununterscheidbarkeit gleichartiger Teilchen. Bei der Kombination solcher quantenmechanischer Prinzipien mit der klassisch-mechanischen Behandlung spricht man von einer halbklassischen Beschreibung. Darauf werden wir in den Kapiteln 9 und 10 zurückkommen.

Literaturzitate

[Atk 93] P.W. Atkins, *Quanten*, VCH, Weinheim 1993.
[Atk 97] P.W. Atkins, R.S. Friedman, *Molecular Quantum Mechanics*, Oxford University Press, 3. Aufl. 1997.
[Com 95] P. Comba, T.W. Hambley, *Molecular Modeling of Inorganic Compounds*, VCH, Weinheim 1995.
[Cot 85] R. Cotterill, *The Cambridge Guide to the Material World*, Cambridge University press, Cambridge 1985.
[Eng 96] F. Engelke, *Aufbau der Moleküle*, Teubner, Stuttgart 1996.
[Göp 94] W. Göpel, Ch. Ziegler, *Struktur der Materie: Grundlagen, Mikroskopie und Spektroskopie*, Teubner, Leipzig 1994.
[Gre 89] W. Greiner, *Theoretische Physik*, Band 1 und 2: Mechanik, Verlag H. Deutsch, 5. Aufl. Frankfurt 1989.
[Han 76] M.W. Hannah, *Quantenmechanik in der Chemie*, Steinkopff, Darmstadt 1976.
[Kut 92] W. Kutzelnigg, *Einführung in die theoretische Chemie*, Bände 1 (2. Aufl.) und 2, VCH, Weinheim 1992 bzw. 1978.
[Kuy 93] F. Kuypers, *Klassische Mechanik*, VCH, Weinheim 4. Aufl. 1993.
[Lev 75] I.N. Levine, *Molecular Spectroscopy*, Wiley, New York 1975.
[Pau 68] L. Pauling, *Die Natur der chemischen Bindung*, VCH, Weinheim 3. Aufl. 1968.
[See 74] F.F. Seelig, *Quantentheorie der Moleküle*, Thieme Verlag, Stuttgart 1974.
[She 96] F. Scheck, *Mechanik*, Springer, Berlin 5. Aufl. 1996.
[Sym 71] K.R. Symon, *Mechanics*, Addison-Wesley, Reading (Massachussetts) 1971.

2 Zustandssumme und Berechnung thermodynamischer Funktionen

In diesem Kapitel werden die grundlegenden Beziehungen der statistischen Thermodynamik hergeleitet, mit denen Gleichgewichtseigenschaften von Vielteilchensystemen berechenbar sind. Ein zentrales Ergebnis ist die Wahrscheinlichkeit für das Auftreten verschiedener quantenmechanischer Zustände (= Mikrozustände) innerhalb eines makroskopisch definierten Systemzustands (= Makrozustand). Danach fallen Wahrscheinlichkeiten für die Besetzung von Energieniveaus exponentiell mit der Temperatur („Boltzmann-Verteilung").

Es wird zunächst von einem System mit konstanter Teilchenzahl und konstantem Volumen ausgegangen, das Energie mit seiner Umgebung austauschen kann. Mit der Definition der kanonischen Zustandssumme lassen sich thermodynamische Funktionen thermodynamischer Systeme berechnen. Sie enthält die spezifischen System- und Teilcheneigenschaften als Energieeigenwerte der Systemmikrozustände und steht in einem einfachen Zusammenhang mit der Helmholtz-Energie der phänomenologischen Thermodynamik. Scharf definierte thermodynamische Zustandsfunktionen ergeben sich dabei durch statistische Mittelwertbildung für Systeme mit genügend großen Teilchenzahlen.

2.1 Mikrokanonische Gesamtheit: Verteilungen bei konstanter Energie

Eines der wichtigsten Ergebnisse der Quantenmechanik besagt, daß die Energie eines Systems im Gleichgewicht bei endlichem Volumen V und gegebener Teilchenzahl N nur bestimmte quantisierte Energien E_i annehmen kann (siehe Kapitel 1.3.1). Die Energiewerte E_i sind Eigenwerte des Hamilton-Operators des Systems. Die Angabe eines Quantenzustands i mit dem Energieeigenwert E_i und der Wellenfunktion ψ_i stellt die größtmögliche Präzisierung in der Beschreibung eines Systemzustands dar. Entartung eines Systems tritt dann auf, wenn zwei oder mehr Mikrozustände zum gleichen Energieeigenwert führen.

Wir wollen im folgenden zunächst den allgemeinen Fall eines **isolierten** oder **abgeschlossenen Vielteilchensystems** mit konstanten Werten für die Teilchenzahl N, das Volumen V und die Energie E eingehender diskutieren und dabei den Begriff der **mikrokanonischen Gesamtheit** einführen. Ein Vielteilchensystem mit solchen Randbedingungen hat normalerweise eine astronomisch große Zahl von verschiedenen, aber entarteten **Mikrozuständen** mit der Energie E als Energieeigenwert zur Verfügung. Die „gröbere" Festlegung des Systemzustands durch Angabe von N, V, E definiert einen **Makrozustand** des Systems. Die Anzahl der möglichen Mikrozustände eines abgeschlossenen thermodynamischen Systems mit konstanter Energie E wollen wir im folgenden mit Ω bezeichnen („Entartungsgrad der Systemenergie E").

Viele andere Definitionen des Makrozustands eines Systems sind denkbar, wenn man an die vielen Möglichkeiten zur thermodynamischen oder makroskopisch-phänomenologischen Definition eines Systemzustands über Randbedingungen an die Zustandsgrößen denkt (siehe Anhang A). Im Sinne der Quantenmechanik ist ein solcher Makrozustand immer unscharf definiert, da er ein mehr oder weniger großes „Bündel" von Mikrozuständen umfaßt (siehe Beispiel in Exkurs 2.1).

Als **Mikrozustände** eines Systems werden dessen mögliche stationäre Quantenzustände i mit den zugehörigen Wellenfunktionen ψ_i und Energieeigenwerten (Energieniveaus) E_i bezeichnet.

Demgegenüber versteht man unter einem **Makrozustand** eines Vielteilchensystems gewöhnlich einen über Randbedingungen definierten Systemzustand, der durch eine mehr oder weniger große Zahl von Mikrozuständen realisierbar ist.

Bereits die Angabe einer scharf definierten Systemenergie ist jedoch quantenmechanisch wegen begrenzter Meß- oder Lebensdauer der zugehörigen Zustände nicht exakt möglich. Eine häufig gewählte alternative Formulierung ist deshalb: mit der Angabe N, V, E erfaßt man ein System, dessen Energie in einem infinitesimal kleinen Intervall zwischen E und $E + \mathrm{d}E$ liegt. Das Differential $\mathrm{d}\Omega(N, V, E)$ der **Entartungsfunktion** bezeichnet dann die Zahl der in diesem Intervall befindlichen Mikrozustände, die wegen des kleinen Intervalls praktisch entartet sind. Zur Beschreibung eignet sich die im vorhergehenden Kapitel mit Gleichung (1.48) eingeführte **Zustandsdichte** $D(E)$, die die Zahl der Zustände pro Energieintervall als Funktion von E angibt. Es gilt

$$\mathrm{d}\Omega(N, V, E) = D(N, V, E)\, \mathrm{d}E \qquad (2.1)$$

Ein Vielteilchensystem mit konstanten Werten für N, V und E, ein eindeutiger (Makro-)Zustand im Sinne der Thermodynamik wird in der Regel mit der Zeit sehr schnell zahlreiche mögliche Mikrozustände gleicher Energie oder innerhalb des Energieintervalls dE durchlaufen. Wenn wir das System über die Zeit verfolgen könnten, würde sich zeigen, daß die Zahl der zwischendurch realisierten Mikrozustände einen mit zunehmender Zeit immer größeren Teil aus der Gesamtzahl Ω der Systemmikrozustände ausmacht. Dies ist die Aussage des ersten Postulats der statistischen Thermodynamik, auch als **Quasi-Ergodenhypothese** bezeichnet.

---

1. Postulat

Für ein abgeschlossenes System im Gleichgewicht werden bei genügend langer Beobachtungszeit alle erlaubten Ω Mikrozustände eines Systems durchlaufen (Ergodenhypothese),

oder: die Zahl der mit der Zeit durchlaufenen verschiedenen Mikrozustände kommt der Gesamtzahl Ω mit zunehmender Beobachtungszeit beliebig nahe (Quasi-Ergodenhypothese),

oder: **Zeitmittel** und **Scharmittel** sind für thermodynamische Systeme identisch.

2.1 Mikrokanonische Gesamtheit: Verteilungen bei konstanter Energie

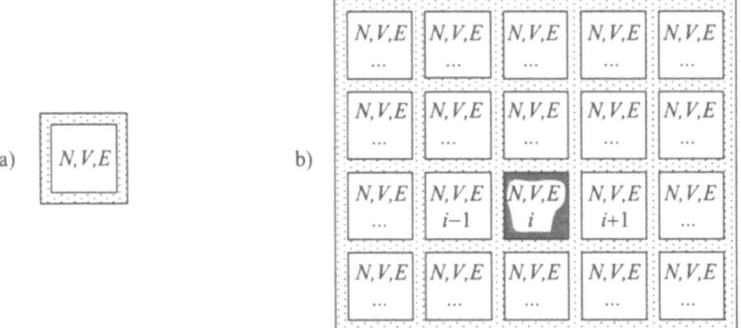

Abbildung 2.1 Übergang von einer zeitabhängigen Beobachtung der statistisch fluktuierenden Mikrozustände eines isolierten Einzelsystems zu einer zeitunabhängigen Betrachtung der gesamten möglichen Mikrozustände. Letztere werden in der Abbildung repräsentiert durch die mikrokanonische Gesamtheit, das heißt eine sehr große Zahl ($n_{tot} \gg \Omega(N,V,E)$) von Kopien des isolierten Einzelsystems in statistisch verteilten, unterschiedlichen Mikrozuständen, jedoch mit jeweils identischen Werten für N, V, E (gleicher Makrozustand).

In Exkurs 2.1 ist dies an einem System aus fünf Kernspins veranschaulicht: der ständige Energieaustausch zwischen den einzelnen Spins führt zu statistischen Spinumklappprozessen. Dies entspricht ständigen Übergängen des Systems zwischen seinen verschiedenen Systemmikrozuständen (gleicher Gesamtenergie) Wenn man das System während einer Zeit beobachtet, die groß gegen die typische Zeit aufeinanderfolgender Spinumklappprozesse ist, wird man mit hoher Wahrscheinlichkeit praktisch alle fünf möglichen Mikrozustände angetroffen haben.

Für die Praxis bedeuten die ersten beiden Formulierungen zunächst, daß man für Beobachtungszeiten, die groß gegen die Lebensdauer der Mikrozustände sind, einen ausreichend großen und damit repräsentativen Teil der Systemmikrozustände erfaßt und damit ein zeitunabhängiges Bild „typischer Systemparameter" und „typischen Systemverhaltens" bei einer Messung erhält. Die dritte Variante der Formulierung des obigen Postulats besagt: daß unter den genannten Voraussetzungen gemessene **Zeitmittelwerte** von Systemgrößen auch aus Mittelwerten erhalten werden können, die sich aus einer statistischen Auflistung der Systemmikrozustände ergeben (falls alle Mikrozustände bekannt sind). Solch eine Aufstellung der möglichen Mikrozustände nennt man auch **Schar**, **Gesamtheit** oder **Ensemble**. Dieses Konzept, das eine wichtige Rolle in den folgenden Abschnitten spielt, wurde von Gibbs entwickelt und bildet eine wesentliche Grundlage der statistischen Thermodynamik des Gleichgewichts. Im vorliegenden Fall eines Systems mit konstanten Werten für N, V, E spricht man von einer **mikrokanonischen Gesamtheit**. Abbildung 2.1 veranschaulicht die Überlegung schematisch.

Wenn man das erste Postulat als asymptotische Näherung für genügend lange Beobachtungszeiten akzeptiert, stellt sich die Frage, wie häufig oder – gleichbedeutend – mit welcher Wahrscheinlichkeit sich ein *einzelner Systemmikrozustand* im Lauf der Zeit einstellen wird. Für sehr kleine Meßzeiten kann das von der Vorgeschichte des Systems abhängen, da zeitlich aufeinanderfolgende Systemmikrozustände gewöhnlich korreliert sind. Klassische Teilchenbewegungen sind beispielsweise für sehr kurze Zeiten immer korreliert, da sich die Teilchenbahn dann aus den wirkenden Kräften in der unmittelbaren Vergangenheit relativ genau rekonstruieren läßt. Für längere Zeiten ist diese Vorhersagbarkeit nicht nur wegen der experimentellen Ungenauigkeit, sondern auch nach klassisch-mechanischen Verständnis wegen des chaotischen Verhaltens von Vielteilchensystemen prinzipiell unmöglich[1]). Als längere Zeiten in Gasen sind beispielsweise Zeitintervalle zu verstehen, die groß gegen die Zeit zwischen aufeinanderfolgenden Stößen eines Teilchens sind.

Geht man zu genügend langen Zeiten über, so liegt die Annahme nahe, daß bei konstanter Systemenergie jeder Systemmikrozustand während der Beobachtungszeit (groß gegen die typischen Korrelationszeiten im System!) mit der gleichen Wahrscheinlichkeit auftreten kann. Diese Hypothese bildet die Grundlage für das zweite Postulat der statistischen Thermodynamik.

---

2. Postulat

Für **abgeschlossene Systeme** mit konstanter Energie beziehungsweise ein Einzelsystem in einer **mikrokanonischen Gesamtheit** gilt, daß alle (erreichbaren) Mikrozustände gleich wahrscheinlich sind. Die Wahrscheinlichkeit, ein solches System in einem bestimmten Mikrozustand i aus insgesamt $\Omega(N,V,E)$ möglichen Mikrozuständen anzutreffen, ist dann

$$P_i = \frac{1}{\Omega} \tag{2.2}$$

Eine Konsequenz aus dem 2. Postulat ist: wenn verschiedene Energieverteilungen in einem System mit konstanter Gesamtenergie möglich sind, dann ist die wahrscheinlichste Energieverteilung diejenige, für die es die meisten Mikrozustände gibt.

Im folgenden wollen wir die eingeführten Konzepte und Begriffe anhand von Beispielen vertiefen. In Exkurs 2.1 bis 2.3 betrachten wir einfache Spinsysteme, auf die die Anwendung der beiden Postulate plausibel und einfach zu überblicken ist. In weiteren Beispielen, Exkurs 2.4 bis 2.5, wenden wir die Überlegungen auf Systeme mit sehr großen Zahlen von Teilchen beziehungsweise Mikrozuständen an. Auf der Basis der beiden Postulate zeigen Verteilungen ein ganz charakteristisches und besonderes Verhalten, wenn große Zahlen von Teilchen oder Mikrozuständen auftreten. Letzteres entspricht natürlich gerade dem Anwendungsfeld der phänomenologischen Thermodynamik, denn die praktischen chemischen Systeme wie Gase, Festkörper und Flüssigkeiten bestehen aus sehr vielen Einzelteilchen mit entsprechend großen Zahlen von Mikrozuständen im System.

Wir werden sehen, daß für sehr große Systeme die meisten beobachteten Mikrozustände sich auf einen kleinen Bereich um die jeweilige wahrscheinlichste Verteilung (mit den meisten Mikrozuständen) konzentrieren. Die Konsequenz ist, daß mit zunehmender Systemgröße die Schärfe der Verteilung um ihren wahrscheinlichsten Wert

---

[1] Auf solche Aspekte wird in Kapitel 16 eingegangen. Eine weitere prinzipielle Begrenzung der Vorhersagbarkeit stellt die Heisenbergsche Unschärferelation der Quantenmechanik dar.

immer mehr zunimmt und die Bedeutung abweichender (Energie-)Verteilungen stark abnimmt. Nach dem ersten und zweiten Postulat werden die Energieverteilungen, zu denen es eine hohe Zahl an Mikrozuständen gibt, im betrachteten System entsprechend häufiger auftreten und damit ein Meßergebnis mit hoher Wahrscheinlichkeit dominieren. Dieses Verhalten großer Systeme liefert eine Begründung für die beobachteten wohldefinierten und scharfen Mittelwerte der Energie und anderer Größen in der phänomenologischen Thermodynamik.

Exkurs 2.1 Mikro- und Makrozustände eines abgeschlossenen Spin-Systems

Betrachten wir ein System aus fünf nicht miteinander wechselwirkenden Kernspins der Kernspinquantenzahl $I = 1/2$ in einem Magnetfeld B, das in z-Richtung weist. Ein einzelner Kernspin hat zwei Orientierungsmöglichkeiten relativ zum Magnetfeld. Für die z-Komponente des magnetischen Moments kann man die Werte $\mu_z = \pm \gamma \hbar |m_I|$ (γ = gyromagnetisches Verhältnis des Kernspins, $m_I = \pm 1/2$ = magnetische Kernspinquantenzahl für $I = 1/2$) annehmen, je nachdem ob μ_z parallel oder antiparallel zum Magnetfeld B orientiert ist. Die potentielle Energie des Einzelspins hat dementsprechend zwei mögliche Werte $E_{\text{pot}} = \pm |\mu_z| B/2$.

Nehmen wir nun an, die gesamte potentielle Energie des Systems aus fünf Kernspins sei konstant mit $E_{\text{pot}} = -3 \cdot |\mu_z| B/2$. Die Angabe dieser Gesamtenergie spezifiziert zusammen mit der Teilchenzahl einen *Makrozustand*, bei dem vier Spinmomente parallel und ein Spinmoment antiparallel zum Magnetfeld sein müssen. Die Spins sollen ortsfest und deshalb unterscheidbar sein. Es gibt dann insgesamt $\Omega = 5$ mögliche *Mikrozustände* des Systems mit dieser Gesamtenergie, je nachdem, welcher der fünf Spins gegen die Feldrichtung ausgerichtet ist.

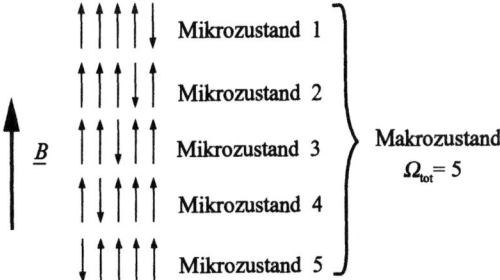

Abbildung 2.2 Makrozustand und zugehörige Mikrozustände eines Systems aus fünf nicht untereinander wechselwirkenden Kernspins mit der Spinquantenzahl $I = 1/2$ im Magnetfeld B. Die Pfeile kennzeichnen die möglichen Orientierungen der z-Komponente der Einzelspinmomente zum Magnetfeld (parallel oder antiparallel) für fünf Momentaufnahmen mit den Mikrozuständen 1–5.

Exkurs 2.2 „Mittelwerte beim Würfeln" – Zeitmittel oder Scharmittel

Würfelt man mit einem Würfel n_{tot}-mal hintereinander, so kann man aus den n_{tot} Einzelergebnissen einen Mittelwert der Augenzahl berechnen. Je öfter man würfelt, desto genauer wird sich der Mittelwert an den theoretisch erwarteten Mittelwert annähern. Unser System besteht dabei aus einem Würfel mit seinen 6 Mikrozuständen (Zahlen 1 bis 6, Mittelwert der Zahlen ist 3,5). Jeder Mikrozustand soll einem Wurf mit einer bestimmten Augenzahl des Würfels entsprechen. Der Mittelwert kann so über eine zeitliche Abfolge verschiedener Mikrozustände erhalten werden (**Zeitmittel**).

Wenn man sehr viele Würfel hat und einen entsprechend großen Knobelbecher, kann man auch einen Mittelwert aus einem Wurf mit n_{tot} Würfeln gleichzeitig berechnen (**Scharmittel, Ensemblemittelwert** oder **Gesamtheitsmittelwert**).

Man erwartet für dieses Beispiel, daß bei genügend häufigem Würfeln beziehungsweise bei genügend großer Zahl an Würfeln das *Zeitmittel* gleich dem *Scharmittel* (= 3,5) ist. Diese Überlegung ist die Grundlage des ersten Postulats der statistischen Thermodynamik.

| **Exkurs 2.3 Mikrozustände eines Kernspinsystems** |

Als Beispiel für ein Vielteilchensystem mit konstanter Energie definieren wir wieder ein System mit N gleichen, jetzt aber unterscheidbaren Kernspins mit der Kernspinquantenzahl $I = 1/2$ analog zu Exkurs 2.1. Im Gegensatz dazu soll aber das äußere Magnetfeld verschwinden, also $B = 0$. Dann gehören zu jedem Kernspin zwei entartete Quantenzustände, die man durch zwei mögliche Orientierungen eines Spinvektors („spin up" und „spin down") in einem Diagramm darstellen kann (Abbildung 2.3).

Die Energie E des N-Spinsystems ist unter diesen Voraussetzungen konstant und unabhängig von den Orientierungen der einzelnen Kernspins. Es gibt aber eine mehr oder weniger große Zahl von Mikrozuständen des Systems, die sich in der Orientierung der Einzelspins unterscheiden. Für ein System mit einem einzelnen Kernspin sind die Zahl der Quantenzustände des Kernspins und der Mikrozustände des Systems identisch, nämlich $\Omega = 2$. Wenn ein zweiter Kernspin hinzukommt, gibt es zu jeder Orientierung des ersten Spins zwei Orientierungen des zweiten Spins, es folgt also $\Omega = 2^2 = 4$. Übertragen auf ein System mit N Spins folgt

$$\Omega = 2^N, \qquad \text{Zahlenbeispiel:} \quad N = 10^{23} \longrightarrow \Omega = 2^{10^{23}}$$

Das Zahlenbeispiel entspricht einer Stoffmenge von einem Mol, also einer typischen Teilchenzahl in chemischen Systemen. Diese Menge ergibt bereits eine unvorstellbar große Zahl von Mikrozuständen.

Die einzelnen Mikrozustände lassen sich aber in Gruppen (= Verteilungen) zusammenfassen, indem man die Anzahl der verschieden orientierten Kernspins als Ordnungsparameter einführt. Da es zwei mögliche Orientierungen für jeden Kernspin gibt, reicht es, die Anzahl n der „spin-up"-orientierten Spins als Ordnungsparameter zu benutzen. Die Anzahl der entgegengesetzt orientierten Spins („spin-down") ist dann einfach gegeben durch $N - n$. Eine einzelne Verteilung $(n, N - n)$ definiert so einen *Makrozustand*. Es handelt sich also um eine Gruppe von Mikrozuständen mit gleichem Verteilungsparameter n. Der Begriff der *Verteilung* spielt in der statistischen Thermodynamik eine zentrale Rolle und wird in diesem Kapitel bei der Ableitung weiterer Beziehungen noch mehrfach auftauchen. Abbildung 2.3 zeigt die 2^3 möglichen Mikrozustände eines Systems aus 3 unterscheidbaren Kernspins mit der Spinquantenzahl $I = 1/2$ und die dazugehörigen vier unterschiedlichen *Verteilungen* A, B, C und D. Es ergibt sich:

$$\begin{aligned}
&\text{Verteilung A}: &n &= 3, &N - n &= 0, &\Omega_A &= 1 \\
&\text{Verteilung B}: &n &= 2, &N - n &= 1, &\Omega_B &= 3 \\
&\text{Verteilung C}: &n &= 1, &N - n &= 2, &\Omega_C &= 3 \\
&\text{Verteilung D}: &n &= 0, &N - n &= 3, &\Omega_D &= 1
\end{aligned}$$

2.1 Mikrokanonische Gesamtheit: Verteilungen bei konstanter Energie

Unser Problem der Verteilung zweier Zustände (hier: spin-up, spin-down) über N Teilchen ist prinzipiell identisch mit der Behandlung einer Binomialverteilung in der mathematischen Statistik (zur Definition siehe Anhang B). Anhand der allgemeinen Beziehungen für eine Binomialverteilung kann man besonders gut den Übergang zu großen Teilchenzahlen studieren. Das dabei auftretende besondere Verhalten stellt einen Ausgangspunkt der statistischen Thermodynamik dar. Es wird zunächst anhand des folgenden Beispiels diskutiert.

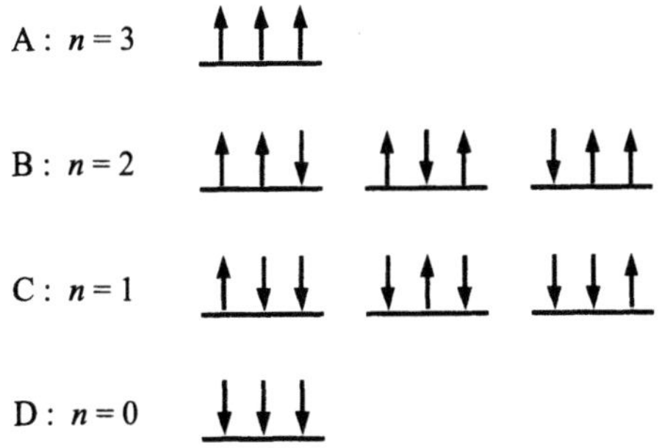

A: $n = 3$ ↑↑↑

B: $n = 2$ ↑↑↓ ↑↓↑ ↓↑↑

C: $n = 1$ ↑↓↓ ↓↑↓ ↓↓↑

D: $n = 0$ ↓↓↓

Abbildung 2.3 Mikrozustände eines Systems aus drei unabhängigen Kernspins mit zwei Orientierungsmöglichkeiten pro Kernspin.

Exkurs 2.4 Übergang zu großen Zahlen

Es soll weiterhin die mikrokanonische Gesamtheit (Gesamtheit von Mikrozuständen gleicher Energie) von N Kernspins mit $I = 1/2$ betrachtet werden. Die statistische Betrachtung entspricht der eines einfachen Modells mit n_{tot} Münzen, wenn die Wahrscheinlichkeiten p und q, daß eine einzelne Münze Kopf (K) oder Zahl (Z) anzeigt, gleich sind und den Wert $p = q = 1/2$ haben.

Zu jeder Verteilung mit speziellem Wert für n (z.B. Anzahl Münzen „mit Kopf") ergibt sich eine bestimmte Anzahl Ω_n verschiedener Anordnungsmöglichkeiten (unterscheidbare Reihenfolgen von Kopf und Zahl bei gleichem n). Für Ω_n gilt (Binomialverteilung)

$$\Omega_n = \frac{n_{\text{tot}}!}{n!(n_{\text{tot}} - n)!} = \binom{n_{\text{tot}}}{n} \tag{2.3}$$

Die Wahrscheinlichkeit P_n für eine spezielle Verteilung ist proportional zur Anzahl der Mikrozustände Ω_n dieser Verteilung. Es gilt aufgrund des 2. Postulats

$$P_n = \frac{\Omega_n}{\Omega_{\text{tot}}} = \Omega_n \cdot \left(\frac{1}{2}\right)^{n_{\text{tot}}} \tag{2.4}$$

Für die Summe über die Wahrscheinlichkeiten P_n für die einzelnen Verteilungen (sie muß gleich 1 sein) ergibt sich aus der Binomialformel

$$1 = \sum_{n=1}^{n_{\text{tot}}} P_n = (p+q)^{n_{\text{tot}}} = \sum_{n=1}^{n_{\text{tot}}} \Omega_n p^n q^{n_{\text{tot}}-n} = \sum_{n=1}^{n_{\text{tot}}} \frac{n_{\text{tot}}!}{n!(n_{\text{tot}}-n)!} \cdot \left(\frac{1}{2}\right)^{n_{\text{tot}}} \tag{2.5}$$

Mit $p = q = 1/2$ folgt sofort, daß die Summe der Mikrozustände über alle Verteilungen gegeben ist durch

$$\Omega_{\text{tot}} = \sum_{n=1}^{n_{\text{tot}}} \Omega_n = 2^{n_{\text{tot}}} \tag{2.6}$$

Tabelle 2.1: Mögliche Verteilungen von 5 unterscheidbaren Münzen über die beiden Zustände „Kopf" (K) oder „Zahl" (Z)

n	Verteilung ($n_{\text{tot}} = 5$)	$\Omega_n = \binom{n_{\text{tot}}}{n}$	$P_n = \Omega_n/\Omega_{\text{tot}}$ ($\Omega_{\text{tot}} = 2^5 = 32$)
0	0 K, 5 Z	$\frac{5!}{0!5!} = 1$	1/32 = 0,031
1	1 K, 4 Z	$\frac{5!}{1!4!} = 5$	5/32 = 0,156
2	2 K, 3 Z	$\frac{5!}{2!3!} = 10$	10/32 = 0,313
3	3 K, 2 Z	$\frac{5!}{3!2!} = 10$	10/32 = 0,313
4	4 K, 1 Z	$\frac{5!}{4!1!} = 5$	5/32 = 0,156
5	5 K, 0 Z	$\frac{5!}{5!0!} = 1$	1/32 = 0,031

In Tabelle 2.1 sind die entsprechenden Werte für dieses Beispiel mit $n_{\text{tot}} = 5$ zusammengestellt und Abbildung 2.4 a zeigt die Binomialverteilung für dieses Beispiel als Histogramm. Wenn die Anzahl n_{tot} der Münzen stark zunimmt, ändert sich die Gestalt der Verteilung in charakteristischer Weise. Dies ist in Abbildung 2.4 b-d für $n_{\text{tot}} = 25$, 1000 und 10^{20} verdeutlicht. Der Bereich $[0, n_{\text{tot}}]$ auf der x-Achse ist jeweils auf die gleiche Gesamtlänge normiert. Ebenso ist die Höhe Ω_{max} des Maximums bei allen Auftragungen auf die gleiche Höhe normiert. Man sieht, daß die Halbwertsbreite der Verteilungskurve relativ zur Gesamtstrecke $[0, n_{\text{tot}}]$ auf der x-Achse für große n_{tot} deutlich abnimmt. Die Fläche unter der Kurve ist ein Maß für die Zahl $\Omega_{\text{tot}} = 2^{n_{\text{tot}}}$ aller Mikrozustände. Sie konzentriert sich bei wachsender Zahl n_{tot} auf einen immer engeren Bereich um das Maximum n_{max} relativ zur Gesamtskala $[0, n_{\text{tot}}]$. Mit anderen Worten: der größte Beitrag zu den möglichen Verteilungen stammt aus einem engen Bereich um das Maximum.

Hieraus kann man folgern, daß es für genügend große n_{tot} ausreicht, wenn man bei Berechnungen von Mittelwerten nur die Verteilungen (= Makrozustände) in unmittelbarer Nähe des Maximums ($n \approx n_{\text{max}}$) berücksichtigt. Es ist sogar eine weitere Vereinfachung möglich: innerhalb des Bereichs um die scharfe Spitze der Funktion Ω_n am Maximum Ω_{max} unterscheiden sich die Verteilungszahlen n (in unserem Beispiel n-mal Kopf und $(n_{\text{tot}} - n)$-mal Zahl) relativ zueinander nur wenig und man kann sie durch die Werte $n \approx n_{\text{max}}$ der wahrscheinlichsten Verteilung am Maximum annähern. Die Konsequenzen für unser Beispiel einer Binomialverteilung werden im folgenden erläutert.

Eine Auftragung des Binomialkoeffizienten Ω_n als Funktion der ganzzahligen n-Werte ($0 \leq n \leq n_{\text{tot}}$) ergibt die Binomialverteilung, wie sie in Abbildung 2.4 dargestellt ist. Für sehr große Werte von n_{tot} kann man n als kontinuierliche Variable auffassen und somit das Maximum der Binomialverteilung durch Nullsetzen der ersten Ableitung von Ω_n nach n erhalten. Weiterhin lassen sich die Binomialkoeffizienten Ω_n für $n_{\text{tot}} \gg 1$ über die kontinuierliche Gauß-Verteilung annähern („Gaußsche Glockenkurve"):

$$\Omega_n = \frac{n_{\text{tot}}!}{(n_{\text{tot}} - n)!n!} \cong 2^{n_{\text{tot}}} \cdot \left(\frac{2}{\pi n_{\text{tot}}}\right)^{1/2} \exp\left(-\frac{2(n - n_{\text{tot}}/2)^2}{n_{\text{tot}}}\right) \quad (2.7)$$

2.1 Mikrokanonische Gesamtheit: Verteilungen bei konstanter Energie

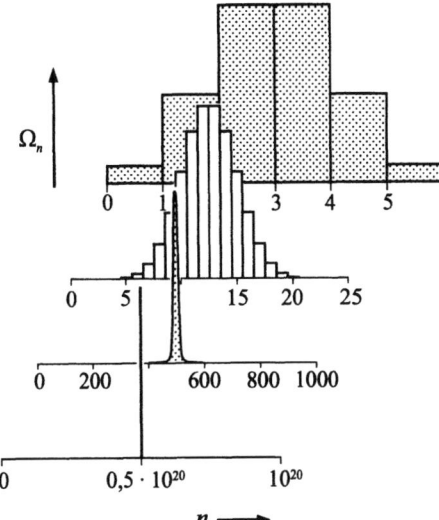

Abbildung 2.4 Binomialverteilung mit $p = q = 1/2$ für zunehmende Teilchenzahl n_{tot}. Es kommt hier auf die relativen Veränderungen an. Deshalb sind die Intervalle $[0, n_{tot}]$ auf die gleiche Länge und die Maxima jeweils auf die gleiche Höhe normiert.

Die wahrscheinlichste Verteilung mit dem Maximalwert $\Omega_n = \Omega_{max}$ ergibt sich für $n = n_{max} = n_{tot}/2$ (Gleichverteilung über die beiden Zustände 1 und 2). Für Ω_{max} folgt mit $\Omega_{tot} = 2^{n_{tot}}$

$$\Omega_{max} = 2^{n_{tot}} \cdot \left(\frac{2}{\pi n_{tot}}\right)^{1/2} = \Omega_{tot} \cdot \left(\frac{2}{\pi n_{tot}}\right)^{1/2} \tag{2.8}$$

Vergleich der Binomialverteilung in Gleichung (2.7) mit der Gaußverteilung (siehe auch Anhang B) zeigt, daß sich der Faktor $(2/\pi n_{tot})^{1/2}$ auch mit der Standardabweichung $\sigma = \sqrt{n_{tot}/4}$ bezüglich der Variablen n ausdrücken läßt. Der Wert σ ist ein Maß für die Breite der Gaußverteilung in Gleichung (2.7).

$$\Omega_{max} = \Omega_{tot} \cdot \frac{1}{\sigma\sqrt{2\pi}} \tag{2.9}$$

Die Gesamtfläche unter der vollständigen Gaußkurve $\Omega(n_{tot}, n)$ ist $\Omega_{tot} = 2^{n_{tot}}$. Dieselbe Fläche ergibt sich, wenn man symmetrisch um das Maximum bei n_{max} ein Rechteck der Höhe Ω_{max} und der Breite $(\pi n_{tot}/2)^{1/2}$ als Näherung einzeichnet (siehe Abbildung 2.5). Die Breite dieses Rechtecks charakterisiert den Bereich von Verteilungen, der den größten Teil zur Fläche unter der Funktion Ω_n und damit zur Zahl Ω_{tot} der Mikrozustände beisteuert. In diesem Bereich darf man in sehr guter Näherung $n \approx n_{max}$ setzen, falls n_{max} sehr groß ist.

Gleichung (2.7) enthält die sogenannte Stirling-Näherung. Sie dient zur Berechnung von Fakultäten großer Zahlen gemäß

$$n! \cong \left(\frac{n}{e}\right)^n \cdot \sqrt{2\pi n} \tag{2.10}$$

Für sehr große n ist häufig die folgende verkürzte Form bereits ausreichend genau:

$$n! \cong \left(\frac{n}{e}\right)^n \quad \text{oder} \quad \ln n! = n \ln n - n \tag{2.11}$$

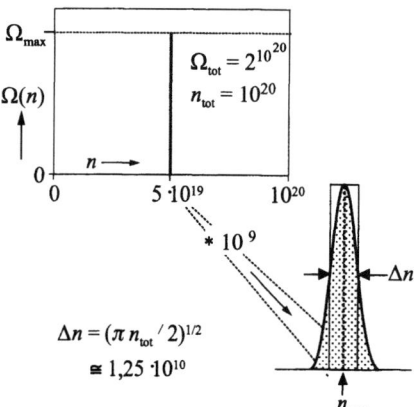

Abbildung 2.5 Binomialverteilung für große Zahlen: für $n_{tot} = 10^{20}$, was in der typischen Größenordnung der Teilchenzahl chemischer Systeme liegt, wird die Binomialverteilung extrem scharf. Über den gesamten Bereich, in dem Ω_n/Ω_{max} signifikant ist, ist die Näherung $n \approx n_{max}$ anwendbar. Die relative Breite der Glockenkurve ist $1/\sqrt{n_{tot}} = 10^{-10}$ und damit gegen die Gesamtlänge der Abszisse $[0, n_{tot}]$ vernachlässigbar.

Auf unser Beispiel der Binomialverteilung in Gleichung (2.7) angewandt, ergibt sich für $\ln \Omega_{max}$ mit der ausführlicheren Näherungsformel:

$$\ln \Omega_{max} \cong n_{tot} \ln 2 - \frac{1}{2} \ln \frac{\pi n_{tot}}{2} = \ln \Omega_{tot} - \frac{1}{2} \ln \frac{\pi n_{tot}}{2}$$

Mit der verkürzten Näherungsformel erhält man dagegen

$$\ln \Omega_{max} \cong n_{tot} \ln 2 = \ln \Omega_{tot} \tag{2.12}$$

In den folgenden statistisch-thermodynamischen Berechnungen wird überwiegend die verkürzte Näherung (Gleichung (2.11)) benutzt. Tatsächlich ist der Unterschied zwischen (2.10) und (2.11) für statistisch-thermodynamische Rechnungen belanglos. Der Fehler zwischen ausführlicher und verkürzter Form der Stirling-Näherung nimmt mit $0{,}5 \cdot \ln(\pi n_{tot}/2)$ einen Zahlenwert an, der bei den sehr großen Werten für n_{tot} gegenüber $\ln \Omega_{tot} = n_{tot} \ln 2$ vernachlässigbar ist. Für die Anwendung der statistischen Thermodynamik auf sehr kleine Systeme, die im Rahmen der (**Nanotechnologie**) zur Zeit immer stärker ins Blickfeld kommen, hat das wichtige Konsequenzen. Da in solchen Fällen die betrachteten Teilchenzahlen klein sind, sind die Mittelwerte thermodynamischer Funktionen nicht mehr scharf definiert. Die obigen Näherungen auf der Basis der Stirling-Fomel gelten nicht mehr und man muß mit erheblichen Fluktuationsbreiten rechnen.

Exkurs 2.5 Binomialverteilung bei großer Teilchenzahl

Das folgende Beispiel demonstriert das Verhalten der Binomialverteilung bei großen Teilchenzahlen für den Fall der räumlichen Verteilung von Gasteilchen über ein Volumen. Gegeben sei ein System aus $N = 2 \cdot 10^7$ Teilchen in einem Volumen V. Wir können uns dabei ein ideales Gas aus $2 \cdot 10^7$ Teilchen in einem Behälter vorstellen. Wir teilen (gedanklich) das Behältervolumen V in insgesamt $2 \cdot 10^4$ Zellen der Größe $V/2 \cdot 10^4$. Nun berechnen wir die Zahl zweier herausgegriffener möglicher Verteilungen der Teilchen über die Zellen, wobei gelten soll:

Anordnung a): in jeder Zelle sollen sich genau $2 \cdot 10^7 / 2 \cdot 10^4 = 1000$ Teilchen befinden. Dies ist die „Gleichverteilung" aller Teilchen im Gesamtvolumen V auf alle Behälter.

Anordnung b): in der einen Hälfte der $2 \cdot 10^4$ Zellen sollen sich jeweils 1001 Teilchen, in der anderen Hälfte je 999 Teilchen pro Zelle befinden. Dies ist eine kleine Abweichung von der Gleichverteilung.

Die Anordnung (a) ist die wahrscheinlichste Verteilung der Teilchen. Als Zahl der möglichen Anordnungen ergibt sich für die beiden Anordnungen

$$\Omega_a = \frac{(2 \cdot 10^7)!}{1000! \cdot 1000! \cdot 1000! \cdots} = \frac{(2 \cdot 10^7)!}{(1000!)^{20000}}$$

$$\Omega_b = \frac{(2 \cdot 10^7)!}{(999!)^{10000}(1001!)^{10000}}$$

Für das Verhältnis der Zahl der Mikrozustände der beiden Verteilungen a) und b) folgt

$$\frac{\Omega_a}{\Omega_b} = \left(\frac{1001! \cdot 999!}{1000! \cdot 1000!}\right)^{10000} = \left(\frac{1000! \cdot 1001 \cdot 999!}{1000! \cdot 1000 \cdot 999!}\right)^{10000} = 2{,}2 \cdot 10^4$$

Danach ist die Verteilung (a) rund 22000-mal wahrscheinlicher als die nur wenig verschiedene Verteilung (b). Dabei beträgt die Zahl der Elemente „nur" $2 \cdot 10^7$ und die Zahl der Volumenzellen $2 \cdot 10^4$. In chemischen Systemen sind die Zahlen Ω wesentlich größer (Teilchenzahlen von 10^{20} und mehr). Der steile Abfall von Ω im Bereich um den Maximalwert Ω_{max} fällt dann noch viel drastischer aus. Für ein ideales Gas beispielsweise schließen wir daraus, daß die Zahl der Mikrozustände Ω bereits bei extrem kleinen Abweichungen von einer Gleichverteilung über das gegebene Volumen viel kleiner ist als Ω_{max} bei Gleichverteilung (also der wahrscheinlichsten Verteilung). Eine Abweichung von der Gleichverteilung ist praktisch nie, das heißt mit vernachlässigbarer Wahrscheinlichkeit, beobachtbar.

2.2 Kanonische Gesamtheiten: Verteilungen bei variabler Energie

Im folgenden wird die Beschränkung auf ein System mit konstanter Energie fallengelassen. Es wird nur noch die Teilchenzahl N und das Volumen V festgelegt, aber Energieaustausch mit der Umgebung zugelassen. Uns interessiert dabei der Mittelwert $\overline{E}$ der Systemenergie über genügend lange Beobachtungszeiten. Das System soll mit seiner Umgebung im thermischen Gleichgewicht sein, wobei die Energie E_{Umg} der Umgebung sehr groß gegen die fluktuierende (also zeitlich zufällig schwankende) Energie $E(t)$ des Systems angenommen wird. Die Umgebung entspricht also im Sinne der phänomenologischen Thermodynamik einem Wärmebad (Abbildung 2.6) (Gesamtenergie $E_{Umg} + E(t) = E_{tot}$ ist konstant).

Im thermischen Gleichgewicht wird ständig Energie zwischen System und Umgebung in beiden Richtungen ausgetauscht. Die Energie des Systems ist auf mikroskopischem Niveau zeitabhängig und zeigt **zufällige Schwankungen** oder **Fluktuationen**. Bei einem System von Gasatomen entstehen diese beispielsweise durch Energieaustausch bei Stößen der Einzelatome auf die Behälterwände oder durch Kopplung über Wärmestrahlung.

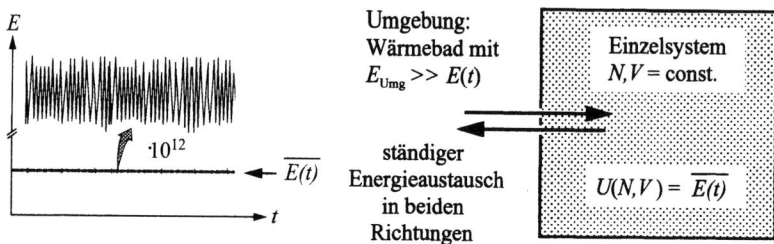

Abbildung 2.6 Fluktuationen und Mittelwertbildung am Beispiel der zeitabhängigen Systemenergie $E(t)$ eines geschlossenen Systems mit konstanten Werten für Teilchenzahl und Volumen. Der Mittelwert der Energie $\overline{E}(t)$ über eine genügend lange Beobachtungszeit ist dann konstant und entspricht der inneren Energie U des Systems.

Der Gleichgewichtszustand zeichnet sich nun dadurch aus, daß der Zeitmittelwert $\overline{E}(t)$ bei genügend großen Beobachtungszeiten konstant ist. Im Gleichgewicht ist die thermodynamische Zustandsfunktion U (innere Energie des Systems) mit diesem Mittelwert identisch:

$$U(N,V,T) = \overline{E}(t) \tag{2.13}$$

Die zeitlichen Fluktuationen der Energie eines Gleichgewichtssystems lassen sich als zufällige Übergänge zwischen verschiedenen Mikrozuständen des Systems mit Energieeigenwerten E_i verstehen (siehe Abbildung 2.6). Eine gute Mittelwertbildung über die zwischenzeitlich auftretenden Mikrozustände erfordert eine Beobachtungszeit, während der das System möglichst viele seiner Mikrozustände durchläuft.

Die Fluktuationen der Systemenergie sind für die meisten chemischen Vielteilchensysteme (Gase, Flüssigkeiten, Festkörper) bei Normaltemperatur sehr schnell, so daß dieses Kriterium bereits bei sehr kurzen Beobachtungszeiten erfüllt ist. Metastabile Systeme stellen ein Gegenbeispiel dar: bei ihnen ist ein Teil der Mikrozustände eben nicht in üblichen Zeiten erreichbar.

Leider ist das 1. Postulat (Gleichwahrscheinlichkeit aller Mikrozustände) auf abgeschlossene Systeme beschränkt. Man kann es nicht direkt auf ein System mit variabler Energie anwenden. Um trotzdem das 1. Postulat zur Berechnung des Mittelwerts der Energie anwenden zu können, hat Gibbs die im folgenden benutzte grundlegende Vorgehensweise entwickelt.

Als Kerngedanke wird das Konzept einer kanonischen Gesamtheit benutzt. Man stellt sich dazu gedanklich das betrachtete Einzelsystem in vielen Kopien nebeneinander vor. Abbildung 2.7 veranschaulicht diese Überlegungen. Jede dieser Systemkopien soll sich in irgendeinem seiner möglichen Mikrozustände (Index i) mit der jeweiligen Energie E_i aber den gleichen Werten für Volumen V und Teilchenzahl N befinden. Die Zahl der gedachten Systemkopien sollte mindestens größer als die Zahl Ω der möglichen Mikrozustände des tatsächlichen Systems sein, damit ein repräsentativer Querschnitt über die möglichen Mikrozustände vorliegt. Alle Systemkopien zusammen seien nun in einem **abgeschlossenen** Obersystem untergebracht. Dieses Obersystem, bestehend aus den Systemkopien, bezeichnen wir als **kanonische Gesamtheit**, oft wird auch der Ausdruck **kanonisches Ensemble** benutzt.

Die zahlreichen Kopien des Einzelsystems können untereinander völlig frei Energie austauschen. Die kanonische Gesamtheit als Ganzes ist jedoch abgeschlossen und

2.2 Kanonische Gesamtheiten: Verteilungen bei variabler Energie

hat somit eine konstante Gesamtenergie. Dies ist der entscheidende Punkt der Überlegung. Auf die Gesamtheit als abgeschlossenes System ist nämlich das 1. Postulat anwendbar: Jeder **Mikrozustand der Gesamtheit**, der durch die Fluktuationen der der Einzelsysteme durchlaufen wird, ist **gleichwahrscheinlich**.

Die Forderung, daß die kanonische Gesamtheit ein abgeschlossenes System mit konstanter Energie E_{tot} darstellt, ist essentiell. Sie ermöglicht, daß die im vorhergehenden Abschnitt eingeführten Postulate für mikrokanonische Gesamtheiten auf die kanonische Gesamtheit anwendbar werden. Die Temperatur wird sich bei der statistischen Betrachtung der Energieverteilungen in der Gesamtheit als statistischer Parameter ergeben.

> Eine Gesamtheit mit konstanter Gesamtenergie, die aus einer großen Anzahl von identischen Systemen mit jeweils gleicher Teilchenzahl N und gleichem Volumen V aber frei variierbaren Einzelsystem-Energien zusammengesetzt ist, bezeichnet man als **kanonische Gesamtheit** oder **kanonisches Ensemble**. Das Ergebnis der Mittelwertbildung über eine solche *Gesamtheit* von Systemkopien bezeichnet man als **Scharmittel** oder **Ensemblemittelwert**.

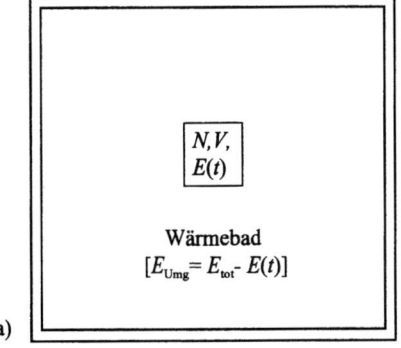

Abbildung 2.7 Zwei Wege zur thermodynamischen Mittelwertbildung: es geht um den Mittelwert der Energie des Einzelsystems mit vorgegebenen Werten für die Teilchenzahl N und das Volumen V (Gesamtenergie in beiden Fällen konstant). a) **Zeitmittelwert**: Ein Einzelsystem steht im thermischen Gleichgewicht mit der Umgebung (Wärmebad der Temperatur T: $E_{Umg} \gg E(t)$). Energie wird ständig zwischen Einzelsystem und Umgebung in beiden Richtungen ausgetauscht, so daß die Systemenergie als Funktion der Zeit sehr viele Mikrozustände $E_i(t)$ durchläuft. Dies führt auf den *Zeitmittelwert* $\overline{E}(t)$.
b) **Ensemble-** oder **Scharmittelwert** in einer **kanonischen Gesamtheit** (auch **kanonisches Ensemble**): Die Zeitabhängigkeit wird ausgeklammert. Dafür wird die kanonische Gesamtheit aus einer sehr großen Zahl n_{tot} von Kopien des Einzelsystems aus a) gebildet (im thermischen Gleichgewicht miteinander). Die kanonische Gesamtheit als „Ober-System" ist abgeschlossen, so daß nach dem zweiten Postulat alle Mikrozustände der kanonischen Gesamtheit (= Verteilungen der Gesamtenergie über die Einzelsysteme) gleich häufig vorkommen. Dies erlaubt die Berechnung des (Schar-)Mittelwerts $\langle E \rangle$ der Energie eines Einzelsystems (siehe folgender Abschnitt 2.6). Für große Zahlen n_{tot} gilt nach dem ersten Postulat: $\langle E \rangle = \overline{E}(t) = U(V,N,T)$.

Im folgenden Abschnitt werden wir auf dieser Basis den Mittelwert der Energie eines Einzelsystems der kanonischen Gesamtheit allgemein berechnen. Zunächst soll auf der Basis des ersten und zweiten Postulats (Seiten 52 und 54) ein allgemeiner Ausdruck für die Wahrscheinlichkeit P_i abgeleitet werden, einen bestimmten Mikrozustand i eines Einzelsystems unserer kanonischen Gesamtheit mit der Energie E_i realisiert zu finden. Aus den Energien E_i gewichtet mit den zugehörigen Wahrscheinlichkeiten P_i kann leicht die mittlere Energie $\langle E \rangle$ eines Einzelsystems der Gesamtheit berechnet werden, wenn man über alle Mikrozustände summiert gemäß

$$U = \langle E \rangle = \sum_{\substack{\text{alle möglichen Mikrozustände } i \\ \text{des Einzelsystems}}} P_i E_i \tag{2.14}$$

Die so aus einer Gesamtheit hergeleiteten Mittelwerte $\langle E \rangle$ entsprechen der inneren Energie der Thermodynamik und werden als **Schar-**, **Gesamtheits-** oder **Ensemblemittelwerte** bezeichnet. Der nachfolgende Exkurs 2.6 führt zunächst an einem überschaubaren Zahlenbeispiel in die Vorgehensweise bei der Scharmittelwertbildung ein.

Exkurs 2.6 Energieverteilung für eine Gesamtheit mit kleiner Teilchenzahl

Bevor wir in den folgenden Abschnitten zu einer allgemeinen Behandlung der kanonischen Gesamtheit übergehen, sollen zunächst die Grundüberlegungen, die zur Betrachtung von Verteilungen und zur Herleitung des Energiemittelwertes einer kanonischen Gesamtheit notwendig sind, an einem stark vereinfachten Modellsystem gezeigt werden. Das Ziel ist, das statistische Ergebnis für die Energieverteilung über die Einzelsysteme einer kanonischen Gesamtheit zu veranschaulichen.

Als Randbedingung müssen die Gesamtenergie E_{tot}, die Gesamtteilchenzahl $n_{\text{tot}} \cdot N$ und das gesamte Volumen $n_{\text{tot}} \cdot V$ konstant sein. Abbildung 2.8 charakterisiert das einfache Modellsystem. Es repräsentiert eine kanonische Gesamtheit mit 5 Einzelsystemen und konstanter Gesamtenergie, wobei jedes fünf mögliche Mikrozustände aufweist. Insgesamt gilt

$$E_0 = 0, \quad E_1 = \varepsilon, \quad E_2 = 2\varepsilon, \quad E_3 = 3\varepsilon, \quad E_4 = 4\varepsilon \ , \quad E_{\text{tot}} = 3\varepsilon$$

Abbildung 2.8 listet die mit dieser Bedingung kompatiblen Verteilungen der Mikrozustände E_0, E_1, E_2, E_3, E_4 über die Einzelsysteme auf. Mit diesen Angaben ergeben sich die dargestellten 35 Möglichkeiten, die wir als Mikrozustände dieser einfachen kanonischen Gesamtheit betrachten können. Nun wollen wir die Frage beantworten, mit welcher Wahrscheinlichkeit man ein Einzelteilchen in einem herausgegriffenen Quantenzustand i mit der Energie E_i findet. Wir beginnen mit der Betrachtung für E_0. Die Wahrscheinlichkeit für die Besetzung des Zustandes mit der Energie E_0 ergibt sich folgendermaßen: man zählt alle Kästchen (oder Kästchenspalten) ab, in denen das unterste Niveau E_0 besetzt ist (Ergebnis: 100 Systeme in E_0) und teilt diese Zahl durch die Gesamtzahl aller Systemmikrozustände und damit aller Kästchenspalten (Ergebnis: 175 Kästchenspalten). Der Quotient entspricht der Wahrscheinlichkeit P_0, irgendeines der fünf Einzelsysteme der Gesamtheit im Quantenzustand mit der Energie E_0 zu finden:

$$P_0 = \frac{100}{175} = 0{,}57$$

Auf gleiche Weise findet man für die Wahrscheinlichkeiten der Einzelsystemzustände mit den Energien E_1, E_2, E_3, E_4:

$$P_1 = 0{,}29 \ ; \quad P_2 = 0{,}11 \ ; \quad P_3 = 0{,}03 \ ; \quad P_4 = 0$$

2.2 Kanonische Gesamtheiten: Verteilungen bei variabler Energie

Bei diesen Überlegungen haben wir das 2. Postulat ausgenutzt und alle Mikrozustände der kanonischen Gesamtheit als gleich wahrscheinlich angenommen. Dies ist möglich, da die kanonische Gesamtheit eine konstante Energie E_{tot} hat. Die Unterschiede in der Besetzung der Einzelsystem-Zustände kommen also durch die verschiedene Häufigkeit zustande, mit der E_0, E_1, E_2, E_3, und E_4 in den 35 möglichen Verteilungen auftreten. Dies ist eine Folge der Einschränkung auf die konstante Gesamtenergie $E_{\text{tot}} = 3\varepsilon$ der Gesamtheit. Abbildung 2.10 zeigt die Auftragung des so berechneten P_i beziehungsweise $\ln P_i$ gegen $E_i (i = 0,1,2,3)$. In der Abbildung ist bereits an diesem einfachen Beispiel ein Trend vorauszusehen, der sich für große Zahlen zunehmend exakter bestätigt: die „Besetzungswahrscheinlichkeiten" P_i hängen exponentiell von der Systemenergie E_i ab:

$$P_i \sim e^{-\text{const.} \cdot E_i}$$

Dieses Ergebnis wird auch als **Boltzmann-Verteilung** oder **Boltzmann-Faktor** bezeichnet. Wegen der geringen Zahl der Einzelsysteme liefert das obige Ergebnis allerdings noch keine exakte Exponentialfunktion. Dies für eine steigende Zahl n_{tot} von Einzelsystemen herzuleiten, wird wegen der erforderlichen Katalogisierung aller möglichen Verteilungen sehr aufwendig und für Zahlen in der Größenordnung der Avogadrozahl völlig unmöglich, da die Zahl der Mikrozustände extrem anwächst. Für große Systeme ist jedoch eine andere Herleitung möglich, die wir hier im Hinblick auf das weitere Vorgehen schon an unserem einfachen Beispiel einführen wollen. Zunächst sortieren wir dazu die Mikrozustände gemäß Abbildung 2.8 zu insgesamt drei Verteilungen, die wir auch als Makrozustände der kanonischen Gesamtheit mit der Energie $E_{\text{tot}} = 3\varepsilon$ bezeichnen können. Sie sind am rechten Rand von Abbildung 2.8 aufgeführt.

Die erste Verteilung, mit A bezeichnet, umfaßt fünf Mikrozustände der kanonischen Gesamtheit. Sie ist durch Angabe der Besetzungszahlen $\boldsymbol{n} = (n_0, n_1, n_2, n_3, n_4)$ charakterisiert. n_0 soll die Zahl der Einzelsysteme mit E_0 bezeichnen, n_1 entsprechend die Zahl der Systeme mit E_1 usw. Insgesamt ergibt sich für die Verteilungen A, B und C

$$\boldsymbol{n}_A = (4,0,0,1,0) \, , \quad \boldsymbol{n}_B = (3,1,1,0,0) \, , \quad \boldsymbol{n}_C = (2,3,0,0,0)$$

Nach dem 2. Postulat tritt jeder der $\Omega_{\text{tot}} = 35$ Mikrozustände der kanonischen Gesamtheit in Abbildung 2.8 auf mit der Wahrscheinlichkeit:

$$P(\text{einzelner Mikrozustand}) = \frac{1}{\Omega_{\text{tot}}} = \frac{1}{35}$$

Abbildung 2.9 veranschaulicht das weitere Vorgehen. Zur Verteilung A gehören 5 Mikrozustände, zu B und C gehören 20 beziehungsweise 10. Die Gewichte P_A, P_B und P_C der drei Verteilungen A, B, C sind also:

$$P_A = \frac{\Omega_A}{\Omega_{\text{tot}}} = \frac{5}{35} = \frac{1}{7} \, ; \quad P_B = \frac{\Omega_B}{\Omega_{\text{tot}}} = \frac{20}{35} = \frac{4}{7} \, ; \quad P_C = \frac{\Omega_C}{\Omega_{\text{tot}}} = \frac{10}{35} = \frac{2}{7} \, .$$

In den fünf Mikrozuständen der Verteilung A tritt die Systemenergie E_0 jeweils viermal auf. Die Wahrscheinlichkeit für das Auftreten der Systemenergie E_0 in der Verteilung A allein ist

$$P_0(A) = \frac{n_0(A)}{n_{\text{tot}}} = \frac{4}{5} \quad \text{analog folgt} \quad P_0(B) = \frac{3}{5} \, , \quad P_0(C) = \frac{2}{5}$$

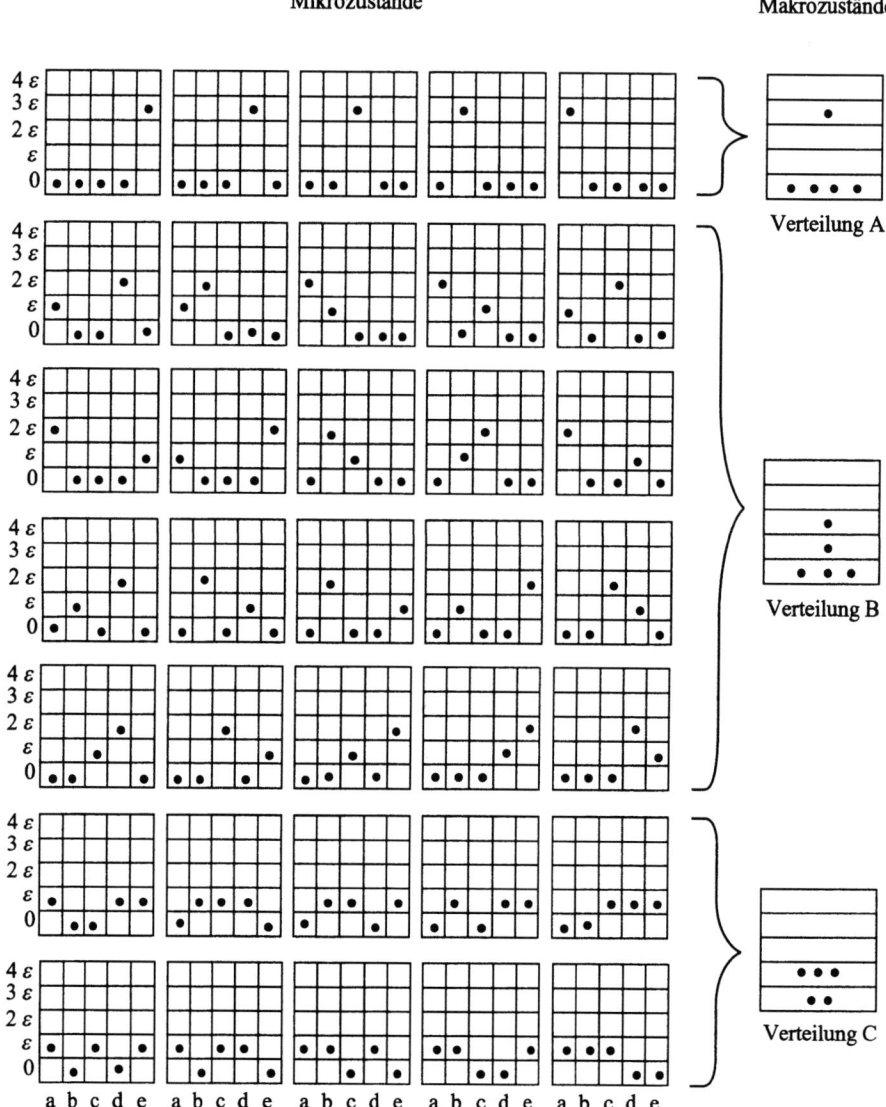

Abbildung 2.8 Mikro- und Makrozustände einer kanonischen Gesamtheit aus $N = 5$ Teilsystemen (bezeichnet mit a,b,c,d,e): Die kanonische Gesamtheit hat eine konstante Gesamtenergie $E_{tot} = 3\varepsilon$. Jedem der fünf Teilsysteme stehen fünf äquivalente Energieniveaus mit den Energien $0, \varepsilon, 2\varepsilon, 3\varepsilon, 4\varepsilon$ zur Verfügung, die nicht entartet sein sollen.

Die Wahrscheinlichkeit P_0 über alle Verteilungen, daß E_0 als Systemenergie auftritt, ergibt sich mit den eben diskutierten Größen als (der sich ergebende Zahlenwert wurde bereits zu Anfang durch Abzählen aller Mikrozustände abgeleitet)

$$P_0 = P_A \cdot P_0(A) + P_B \cdot P_0(B) + P_C \cdot P_0(C) \qquad (2.15)$$
$$= \frac{\Omega_A \cdot n_0(A) + \Omega_B \cdot n_0(B) + \Omega_C \cdot n_0(C)}{\Omega_{tot} \cdot n_{tot}} = 0{,}57$$

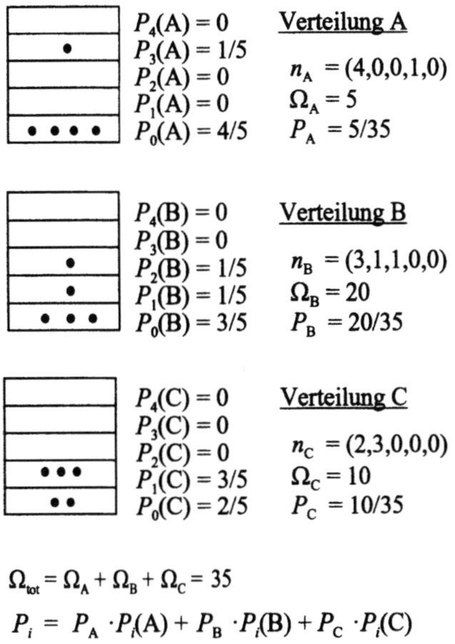

2.2 Kanonische Gesamtheiten: Verteilungen bei variabler Energie

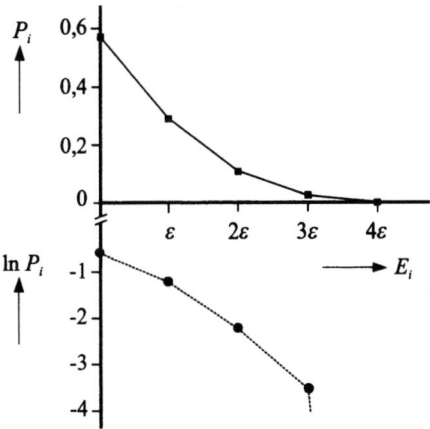

$P_4(A) = 0$
$P_3(A) = 1/5$
$P_2(A) = 0$
$P_1(A) = 0$
$P_0(A) = 4/5$

Verteilung A
$n_A = (4,0,0,1,0)$
$\Omega_A = 5$
$P_A = 5/35$

$P_4(B) = 0$
$P_3(B) = 0$
$P_2(B) = 1/5$
$P_1(B) = 1/5$
$P_0(B) = 3/5$

Verteilung B
$n_B = (3,1,1,0,0)$
$\Omega_B = 20$
$P_B = 20/35$

$P_4(C) = 0$
$P_3(C) = 0$
$P_2(C) = 0$
$P_1(C) = 3/5$
$P_0(C) = 2/5$

Verteilung C
$n_C = (2,3,0,0,0)$
$\Omega_C = 10$
$P_C = 10/35$

$\Omega_{tot} = \Omega_A + \Omega_B + \Omega_C = 35$

$P_i = P_A \cdot P_i(A) + P_B \cdot P_i(B) + P_C \cdot P_i(C)$

Abbildung 2.9 Berechnung der Wahrscheinlichkeiten P_i für die Besetzung des Zustands i mit der Energie $E_i = i \cdot \varepsilon$ durch ein Einzelsystem ($i = 0,1,2,3$). P_A, P_B, P_C sind die statistischen Wahrscheinlichkeiten für das Auftreten eines Mikrozustands aus der Verteilung A, B oder C. Nach dem 2. Postulat ist jeder der 35 Mikrozustände gleich wahrscheinlich. Verteilung A umfaßt 5 mögliche Mikrozustände. Folglich ergibt sich als Wahrscheinlichkeit, daß einer der fünf möglichen Mikrozustände aus A auftritt: $P_A = 5/35$. $P_i(A)$ gibt die Wahrscheinlichkeit für die Besetzung des Zustandes i in Verteilung A an.

Abbildung 2.10 Die Energieverteilungsfunktion des in Abbildung 2.8 dargestellten Modellsystems mit diskreten Energieniveaus. Alle Mikrozustände der kanonischen Gesamtheit sind gemäß dem zweiten Postulat als gleichwahrscheinlich angenommen.

Wie wir in Abschnitt 2.1 an einer Binomialverteilung gesehen haben, kann man bei großen Systemen die Herleitung der Besetzungswahrscheinlichkeiten P_i extrem vereinfachen: Für genügend große Systeme reicht es nämlich aus, nur die „wahrscheinlichste" Energieverteilung mit der größten Anzahl an Mikrozuständen zu berücksichtigen und daraus die Wahrscheinlichkeiten P_i zu berechnen. Der Einfluß der anderen Verteilungen auf die Mittelwertbildung wird vernachlässigt. Unser obiges Beispiel kann diesen Sachverhalt wegen der geringen Systemzahl nur andeutungsweise demonstrieren. Wegen der Überschaubarkeit des Beispiels wollen wir dies trotz der Ungenauigkeit durch die geringe Teilchenzahl zeigen.

Den größten Anteil am exakten Wert von P_0 hat die Verteilung B, da sie mit $P_B = \frac{4}{7}$ mit der größten Wahrscheinlichkeit vorkommt. Bei sehr großer Systemanzahl in der Gesamtheit würde die Zahl der Mikrozustände für die wahrscheinlichste Verteilung relativ zu den anderen Verteilungen noch viel stärker überwiegen und damit auch deren Anteil. Man kann für große Zahlen schließlich in guter Näherung alle anderen Verteilungen außer der wahrscheinlichsten vernachlässigen (siehe Beispiele in Abschnitt 2.1).

Für unser Beispiel würde das bedeuten, daß man nur noch die Mikrozustände der Verteilung B berücksichtigt, so daß sich beispielsweise für P_0 ergibt:

$$P_0 \approx P_0(B) = \frac{n_0(B)}{n_{\text{tot}}}$$

wobei man in der vorhergehenden exakten Gleichung (2.15) $P_B \approx 1$ und $P_A \approx 0, P_C \approx 0$ annähert. Für die kanonische Gesamtheit aus Abbildung 2.8 ergibt sich mit dieser Näherung:

$P_0 \approx 0{,}60$ (exakter Wert: 0,57) $P_3 \approx 0{,}00$ (exakter Wert: 0,03)
$P_1 \approx 0{,}20$ (exakter Wert: 0,29) $P_4 \approx 0{,}00$ (exakter Wert: 0,00)
$P_2 \approx 0{,}20$ (exakter Wert: 0,11)

Die Abweichungen sind in diesem Beispiel noch recht groß, werden aber bei steigender Anzahl von Systemen in der Gesamtheit sehr schnell kleiner. Dies wird uns im nächsten Abschnitt näher beschäftigen.

2.2.1 Kanonische Zustandssumme

Im folgenden wenden wir die Vorüberlegungen der letzten Abschnitte auf den allgemeinen Fall einer kanonischen Gesamtheit an, wobei wir nun die Energie E_{tot} und die Zahl n_{tot} der Systeme als sehr groß annehmen wollen. Es gibt dann extrem viele Möglichkeiten, die Gesamtenergie E_{tot} auf die Einzelsysteme zu *verteilen*. Eine bestimmte **Verteilung** $\mathcal{V}$ der Einzelsysteme auf die möglichen **Einzelsystem-Mikrozustände** wird wie bei den zuvor behandelten kleinen Systemen durch einen Satz von **Verteilungs-** oder **Besetzungszahlen** $\mathcal{V} = (n_0, n_1, \ldots, n_i, \ldots)$ festgelegt. Dies definiert einen möglichen **Makrozustand** der kanonischen Gesamtheit. Der Index i bei n_i numeriert die Quantenzustände des Einzelsystems bei vorgegebenen Werten für N und V. Es sei an dieser Stelle betont, daß die Einzelsystem-Mikrozustände (= Quantenzustände des Einzelsystems) nicht mit den Mikrozuständen der Gesamtheit verwechselt werden dürfen. Für letztere wollen wir deshalb den Begriff **Mikrozustände der Gesamtheit** oder **Ensemblemikrozustände** im folgenden benutzen.

Alle Verteilungen $\mathcal{V}$ der Gesamtheit müssen mit den folgenden **Nebenbedingungen** vereinbar sein: die Energie E_{tot} der Gesamtheit ist konstant, ebenso wie die Gesamtteilchenzahl $n_{\text{tot}} \cdot N$ und das Gesamtvolumen $n_{\text{tot}} \cdot V$.

$$\sum_i n_i \cdot E_i = E_{\text{tot}} = \text{const.} \qquad (2.16a)$$

$$\sum_i n_i \cdot N = n_{\text{tot}} \cdot N = \text{const.} \qquad (2.16b)$$

$$\sum_i n_i \cdot V = n_{\text{tot}} \cdot V = \text{const.} \qquad (2.16c)$$

2.2 Kanonische Gesamtheiten: Verteilungen bei variabler Energie

Die Summen erfassen dabei alle Quantenzustände i eines Einzelsystems der kanonischen Gesamtheit. In den letzten beiden Gleichungen kann man N beziehungsweise V als Konstanten kürzen und man erhält nur noch eine Nebenbedingung

$$\sum_{\text{Mikrozustände } i} n_i = n_{\text{tot}} \tag{2.17}$$

Eine einzelne Verteilung $\mathcal{V}$ (Makrozustand) hat wegen der großen Zahl n_{tot} von Systemen im allgemeinen sehr viele Realisierungsmöglichkeiten (**Ensemblemikrozustände**). Man erhält sie durch Vertauschen (Permutieren) der Einzelsysteme (Systemindizes) untereinander bei gleichbleibenden Verteilungszahlen $(n_0, n_1, \ldots, n_i, \ldots)$. Die Anzahl der so erhältlichen Ensemblemikrozustände einer Verteilung bezeichnen wir mit $\Omega(\mathcal{V})$. Man erhält

$$\Omega(\mathcal{V}) = \frac{(n_0 + n_1 + \ldots + n_i + \ldots)!}{n_0! n_1! \cdots n_i! \cdots} = \frac{n_{\text{tot}}!}{\prod_i n_i!} \tag{2.18}$$

Der Zähler enthält dabei die Zahl der Permutationen aller Einzelsysteme bei gleichbleibenden Verteilungszahlen n_i untereinander. Die Permutationen der Einzelsysteme, die im gleichen Mikrozustand i vorliegen, kann man nicht unterscheiden. Deshalb wird im Nenner für jeden Zustand i durch $n_i!$ dividiert. Gleichung (2.18) stellt die Verallgemeinerung einer Binominalverteilung dar. Man spricht von einer **Multinominalverteilung**. Im Gegensatz zur Binominalverteilung sind nun mehr als zwei Zustände möglich. Trotzdem können wir für das Verhalten der Werte von $\Omega(\mathcal{V})$ bei großen Zahlen n_{tot} ein analoges Verhalten erwarten wie für die Binominalverteilungen. Der Wert $\Omega(\mathcal{V}_{\max})$ der wahrscheinlichsten Verteilung wird bei großen Zahlen überaus stark begünstigt, während die Werte von $\Omega(\mathcal{V})$ für andere Verteilungen relativ zur wahrscheinlichsten immer stärker zurückfallen.

Summiert man die Realisierungsmöglichkeiten $\Omega(\mathcal{V})$ aller möglichen Verteilungen $\mathcal{V}$, die mit den Bedingungen (2.16a) und (2.16b) verträglich sind, so erhält man Ω_{tot} als Gesamtzahl der Ensemblemikrozustände für die kanonische Gesamtheit:

$$\Omega_{\text{tot}} = \sum_{\text{alle } \mathcal{V}} \Omega(\mathcal{V}) \tag{2.19}$$

Nun wenden wir das zweite Postulat an: jeder der Ω_{tot} Mikrozustände der Gesamtheit ist demnach gleich wahrscheinlich. Die Wahrscheinlichkeit $P(\mathcal{V})$, daß eine spezielle Verteilung $\mathcal{V}$ auftritt, ist dann mit der Anzahl $\Omega(\mathcal{V})$ der Mikrozustände der Gesamtheit gewichtet, die diese Verteilung beisteuert. Es ergibt sich:

$$P(\mathcal{V}) = \frac{\Omega(\mathcal{V})}{\sum_{\text{alle } \mathcal{V}} \Omega(\mathcal{V})} = \frac{\Omega(\mathcal{V})}{\Omega_{\text{tot}}} \tag{2.20}$$

Innerhalb einer Verteilung $\mathcal{V}$ tritt ein Mikrozustand i des Einzelsystems mit der Wahrscheinlichkeit $P_i(\mathcal{V}) = n_i/n_{\text{tot}}$ auf. Für die kanonische Gesamtheit ist dann die Wahrscheinlichkeit P_i dafür, daß ein Einzelsystem im Quantenzustand i mit der Energie E_i vorliegt:

$$P_i = \sum_{\text{alle } \mathcal{V}} P_i(\mathcal{V}) \cdot P(\mathcal{V}) = \sum_{\text{alle } \mathcal{V}} \left[\frac{n_i(\mathcal{V})}{n_{\text{tot}}} \cdot \frac{\Omega(\mathcal{V})}{\Omega_{\text{tot}}} \right] \tag{2.21}$$

Wie im vorhergehenden Abschnitt gezeigt, ist $\Omega(\mathcal{V})$ für große Zahlen n_{tot} eine Funktion mit äußerst scharfer Spitze nahe der Verteilung $\mathcal{V}_{max}$ mit der maximalen Zahl Ω_{max} von Realisierungsmöglichkeiten. In dem kleinen Bereich um dieses Maximum sind die Verteilungen $(n_0, n_1, \ldots, n_i, \ldots)$ nur wenig verschieden voneinander. Sie können in guter Näherung alle durch die Besetzungszahlen der wahrscheinlichsten Verteilung $\mathcal{V}_{max}$ ersetzt werden:

$$P_i(\mathcal{V}) = \frac{n_i(\mathcal{V})}{n_{tot}} \approx \frac{n_i(\mathcal{V}_{max})}{n_{tot}} \quad \text{für} \quad \mathcal{V} \approx \mathcal{V}_{max} \tag{2.22}$$

Alle anderen Verteilungen weit weg von $\mathcal{V}_{max}$ sind in der Summe von Gleichung (2.21) vernachlässigbar, da $\Omega(\mathcal{V})/\Omega_{tot}$ dann rasch gegen Null geht. Man darf also P_i aus Gleichung (2.21) annähern durch:

$$P_i \approx P_i(\mathcal{V}_{max}) \cdot \sum_{\text{alle } \mathcal{V}} P(\mathcal{V}) = \frac{n_i(\mathcal{V}_{max})}{n_{tot}} \cdot 1 \tag{2.23}$$

Die Summe über alle $\Omega(\mathcal{V})$ ergibt Ω_{tot}, so daß die Summation über die $P(\mathcal{V})$ auf der rechten Seite den Faktor 1 ergibt. Es folgt aus diesen Überlegungen als wichtiges Ergebnis:

$$P_i \cong \frac{n_i(\mathcal{V}_{max})}{n_{tot}} \tag{2.24}$$

Unsere Aufgabe ist dadurch wesentlich vereinfacht. Es sind jetzt nur noch die Besetzungszahlen n_i der wahrscheinlichsten Verteilung zu ermitteln. Das entspricht der Suche nach dem Maximum von $\Omega(\mathcal{V})$ unter Einhalten der Randbedingungen konstanter Werte für Energie E_{tot}, Teilchenzahl und Volumen der kanonischen Gesamtheit. Da der Übergang zur logarithmierten Funktion $\ln \Omega(\mathcal{V})$ keinen Einfluß auf die Lage des Maximums hat, können wir die Berechnung des Maximums auch (und zwar einfacher) mit der Funktion $\ln \Omega(\mathcal{V})$ durchführen. Es gilt gemäß Gleichung (2.18)

$$\ln \Omega(\mathcal{V}) = \ln[n_{tot}!] - \sum_i \ln[n_i!] \tag{2.25}$$

Tatsächlich ist dieser Übergang von $\Omega(\mathcal{V})$ zu einer Funktion $\ln \Omega(\mathcal{V})$ nicht ganz willkürlich. Wir werden in Abschnitt 2.2.2 sehen, daß „$\ln \Omega(\mathcal{V}_{max})$" mit der Entropie der kanonischen Gesamtheit zusammenhängt, und der Logarithmus garantiert die Additivität der Entropie von Teilsystemen.

Das Maximum von $\ln \Omega(\mathcal{V})$ muß durch Ableiten nach n_i und Nullsetzen der Ableitung gefunden werden unter Berücksichtigung der Nebenbedingungen (2.16a) und (2.17), wonach die einzelnen Verteilungszahlen n_i nicht unabhängig voneinander sind. Um die zwei Nebenbedingungen in der Funktion $\ln \Omega(\mathcal{V})$ von Gleichung (2.25) (bei der Berechnung des Maximums) zu berücksichtigen, führen wir zwei zusätzliche Variablen α und β ein (sogenannte „Lagrangesche Multiplikatoren"). Da nach (2.17) $n_{tot} - \sum_i n_i = 0$ ist, gilt auch für jedes beliebige α

$$\alpha \left(n_{tot} - \sum_i n_i \right) = 0 \tag{2.26}$$

2.2 Kanonische Gesamtheiten: Verteilungen bei variabler Energie

und gemäß (2.16a) mit $E_{tot} - \sum_i n_i E_i = 0$ gilt entsprechend für beliebiges β

$$\beta \left(E_{tot} - \sum_i n_i E_i \right) = 0 \tag{2.27}$$

Den Wert Null kann man zu $\ln \Omega(V)$ addieren oder subtrahieren, ohne etwas am Ergebnis zu ändern. Wir definieren damit eine neue Funktion $f(V)$:

$$f(V) = \ln \Omega(V) + \alpha \left(n_{tot} - \sum_i n_i \right) + \beta \left(E_{tot} - \sum_i n_i E_i \right) \tag{2.28}$$

Jetzt kann Gleichung (2.28) nach n_i abgeleitet und das Ergebnis für jedes n_i gleich Null gesetzt werden. Die zusätzlichen Randbedingungen führen dann im Endergebnis zu Ausdrücken mit den Konstanten α und β. Dabei führt β zur statistischen Definition der Temperatur, α zur sogenannten Zustandssumme.

Bei der Ableitung nach n_i fallen alle Terme weg, die n_i nicht enthalten. Es ergibt sich unter Verwenden von Gleichung (2.25) und mit Hilfe der Stirling-Näherung (B.44):

$$\frac{\partial f(V)}{\partial n_i} = 0 = -\frac{\partial \ln(n_i!)}{\partial n_i} - \alpha \left(\frac{\partial n_i}{\partial n_i} \right) - \beta \left(\frac{\partial n_i E_i}{\partial n_i} \right) = -\ln n_i - \alpha - \beta E_i \tag{2.29}$$

Es folgt für die Besetzungszahlen der kanonischen Verteilung

$$n_i = e^{-\alpha} e^{-\beta E_i} \tag{2.30}$$

Der Lagrange-Faktor α kann durch die folgende Bedingung ersetzt werden

$$\sum_i n_i = e^{-\alpha} \sum_i e^{-\beta E_i} = n_{tot} \tag{2.31}$$

Dividiert man Gleichung (2.30) durch (2.31), erhält man das Verhältnis n_i/n_{tot}, das nach Gleichung (2.24) mit der Wahrscheinlichkeit P_i für das Auftreten eines Quantenzustandes i mit der Energie E_i des Einzelsystems identisch ist:

$$P_i = \frac{n_i}{n_{tot}} = \frac{\exp(-\beta E_i)}{\sum_i \exp(-\beta E_i)} \tag{2.32}$$

Dieses zentrale Ergebnis der statistischen Thermodynamik sagt eine exponentielle Abhängigkeit der Besetzungswahrscheinlichkeit eines Mikrozustandes von seiner Energie E_i voraus. Der Faktor β, der durch die Energie E_{tot} der kanonischen Gesamtheit bestimmt ist, entscheidet zusammen mit der Energie E_i über die Besetzungswahrscheinlichkeit P_i. Die Summe im Nenner auf der rechten Seite von Gleichung (2.32) hängt nur von den Energieeigenwerten E_i des Einzelsystems und vom Lagrange-Faktor β ab. Sie hat eine zentrale Bedeutung für die statistische Thermodynamik des Gleichgewichts und wird als **kanonische Zustandssumme** Z bezeichnet:

$$Z = \sum_i \exp(-\beta E_i) \tag{2.33}$$

Wie im Abschnitt 2.4 gezeigt wird, ist β proportional zum Kehrwert der Temperatur (in Kelvin). Für α ergibt sich aus (2.31) und (2.35)

$$e^\alpha = \frac{Z}{n_{\text{tot}}} \tag{2.34}$$

Die Summation in Gleichung (2.33) erfolgt über alle Mikrozustände. Falls Entartung auftritt – was bei großen Teilchenzahlen praktisch immer der Fall ist – gibt es Mikrozustände gleicher Energie. Wenn beispielsweise der Energiewert E_j in g_j verschiedenen Quanten- oder Mikrozuständen identisch ist (g_j-fache Entartung des Energieniveaus mit der Energie E_j), so gibt es g_j gleiche Summanden $\exp(-\beta E_j)$ in der Zustandssumme. Man kann deshalb die Zustandssumme mit den Entartungsfaktoren auch folgendermaßen schreiben:

$$Z = \sum_j g_j \cdot e^{-\beta E_j} \tag{2.35}$$

wobei die Summe nun über verschiedene *Energieniveaus j* statt über verschiedene *Mikrozustände i* gebildet wird.

Mit der Einführung der Zustandssumme ist ein entscheidender Schritt in die statistische Thermodynamik geschafft. Gleichung (2.32) gibt die Wahrscheinlichkeit für eine bestimmte Systemenergie an. Gleichung (2.33) liefert die Zustandssumme als universelle Funktion, aus der, wie in den folgenden Abschnitten gezeigt wird, alle thermodynamischen Funktionen eines Systems berechnet werden können.

Exkurs 2.7 Zustandssumme bei äquidistanten Energieniveaus

Als ein spezielles Beispiel der Berechnung von Z und zur Veranschaulichung seiner Bedeutung als Indikator für die Zahl der thermisch effektiv zugänglichen Zustände nehmen wir ein einfaches Energieniveauschema mit äquidistanten Energieniveaus an. Das betrachtete thermodynamische System könnte also ein harmonischer Oszillator sein. Die Zustandssumme berechnet sich für ein solches System mit wie folgt:

$$Z = \sum_{i=0}^{\infty} e^{-i\beta E} = 1 + e^{-\beta E} + e^{-2\beta E} + e^{-3\beta E} + \ldots = 1 + (e^{-\beta E}) + (e^{-\beta E})^2 + \ldots$$

Dies ist eine geometrische Reihe, für deren Summe $1 + x + x^2 \ldots = 1/(1-x)$ gilt (siehe Gleichung (B.55) in Anhang B.2). Damit folgt für die Zustandssumme Z:

$$Z = \frac{1}{1 - e^{-\beta E}} \tag{2.36}$$

Aus Gleichung (2.36) folgt, daß die Wahrscheinlichkeit P_i für den Zustand mit der Energie E_i gegeben ist durch

$$P_i = \frac{n_i}{n_{\text{tot}}} = (1 - e^{-\beta E}) e^{-i \cdot \beta E} \tag{2.37}$$

In Abschnitt 2.2.2 wird die Beziehung $\beta = 1/kT$ hergeleitet, und wir können nun durch Einsetzen der Temperatur die Werte für Z und P_i bestimmen. Dies ist in Abbildung 2.11 durchgeführt. Man sieht, daß Z bei kleinen Temperaturen (βE groß) nahezu 1 ist. Wenn man

2.2 Kanonische Gesamtheiten: Verteilungen bei variabler Energie

die Temperatur erhöht, werden auch andere Zustände besetzt, und die Zustandssumme erhöht sich, da mehr Zustände besetzt werden können.

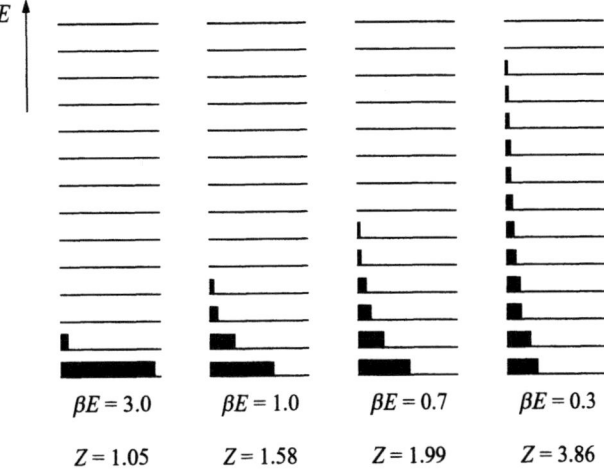

Abbildung 2.11 Spezialfall eines Systems mit äquidistanten, nicht entarteten Energieniveaus und Besetzungsgrade P_i (aus Gleichung (2.37)) der Energieniveaus bei verschiedenen Werten für β (entspricht verschiedenen Temperaturen!). Die Länge der schwarzen Balken gibt die relative Größe der Werte für P_i an.

2.2.2 Statistische Deutung der Entropie

Der Zustandsfunktion innere Energie der phänomenologischen Thermodynamik entspricht in der statistischen Darstellung dem Scharmittelwert der Energie über die Einzelsysteme einer entsprechenden Gesamtheit (nach dem ersten Postulat identisch mit dem Zeitmittelwert). Es gilt also die folgende Gleichung

$$U = \langle E \rangle = \frac{1}{n_{\text{tot}}} \sum_i n_i E_i = \sum_i P_i E_i \tag{2.38}$$

Wir erhalten damit für das Differential der inneren Energie die folgende statistische Darstellung

$$dU = \frac{1}{n_{\text{tot}}} \left[\sum_i n_i \, dE_i + \sum_i E_i \, dn_i \right] = \sum_i P_i \, dE_i + \sum_i E_i \, dP_i \tag{2.39}$$

Die beiden Terme auf der rechten Seite der Gleichung (2.39) zeigen zwei unterschiedliche Beiträge zur Änderung der inneren Energie an: sie kann sich einerseits durch eine Verschiebung dE_i der Energieniveaus des Systems verändern (beispielsweise über eine Volumenänderung), andererseits durch eine Veränderung dn_i in der Besetzung der Energieniveaus (Mikrozustände) (vergleiche Abbildung 2.12).

Gleichung (2.39) kann nun mit dem phänomenologisch-thermodynamischen Ansatz für dU, Gleichungen (A.9) und (A.16) im Anhang, verglichen werden (Änderungen der Teilchenzahlen haben wir für die kanonische Gesamtheit ausgeschlossen, so daß kein Term mit einem chemischen Potential auftritt)

$$dU = \delta W_{\text{rev}} + \delta Q_{\text{rev}} = -p\,dV + T\,dS$$

Wir haben hier zur Vereinfachung nur die Volumenarbeit δW_{rev} berücksichtigt. Schon im einfachen Modell des Teilchens im Kasten ergibt sich bei Änderung des Systemvolumens eine Verschiebung der Energieniveaus der einzelnen Teilchen und damit auch der Energieniveaus E_i des Systems (vergleiche Kapitel 1.3.2). Es ist also plausibel, den ersten Term in der Klammer von Gleichung (2.39) mit der Volumenarbeit $-p\,dV$ gleichzusetzen [2]:

$$\delta W_{\text{rev}} = -p\,dV = \frac{1}{n_{\text{tot}}} \sum_i n_i\, dE_i = \sum_i P_i\, dE_i \qquad (2.40)$$

Der zweite Anteil auf der rechten Seite von Gleichung (2.38), der den Wärmeaustausch δQ_{rev} mit der Umgebung darstellt, muß demnach einer Änderung der Besetzungswahrscheinlichkeiten P_i der Mikrozustände bei konstanter Lage der Energieniveaus entsprechen. Wegen der Gleichheit von Schar- und Zeitmittelwert bedeutet das, daß sich das System nach einem Wärmeaustausch im zeitlichen Mittel auf Zuständen mit höheren ($\delta Q_{\text{rev}} > 0$) beziehungsweise niedrigeren ($\delta Q_{\text{rev}} < 0$) Energieeigenwerten befindet (siehe dazu Abbildung 2.12):

$$\delta Q_{\text{rev}} = T\,dS = \frac{1}{n_{\text{tot}}} \sum_i E_i\, dn_i = \sum_i E_i\, dP_i \qquad (2.41)$$

Die Gleichung (2.41) kann man nun umformen, so daß die Entropie nur noch durch die Wahrscheinlichkeit P_i der Mikrozustände ausgedrückt wird. Gleichung (2.32) wird dazu nach der Energie E_i aufgelöst:

$$E_i = -\frac{1}{\beta}(\ln P_i + \ln Z) \qquad (2.42)$$

Einsetzen in (2.41) ergibt

$$T\,dS = -\frac{1}{\beta}\left(\sum_i \ln P_i \cdot dP_i + \ln Z \cdot \sum_i dP_i\right) \qquad (2.43)$$

Der zweite Summand in der Klammer verschwindet, da die Summe über die Wahrscheinlichkeiten auf Eins normiert ist:

$$\sum_i P_i = 1 \quad \longrightarrow \quad \sum_i dP_i = d\left(\sum_i P_i\right) = 0 \qquad (2.44)$$

---

[2]Hätten wir weitere Formen der Arbeit berücksichtigt, so müßten wir diese zu dem Term $-p\,dV$ in Gleichung (2.40) addieren. Am grundsätzlichen Ergebnis ändert sich aber nichts.

2.2 Kanonische Gesamtheiten: Verteilungen bei variabler Energie

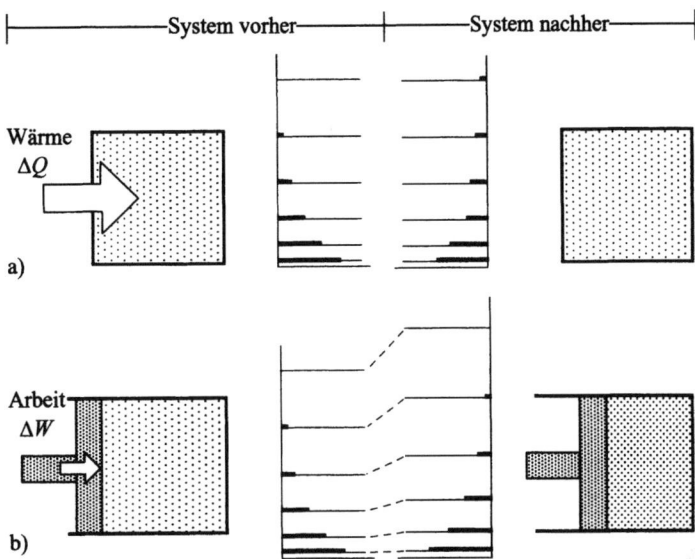

Abbildung 2.12 Statistische Deutung von Wärmeaustausch und Arbeit über die Verschiebung und die Besetzungsänderung von Energieniveaus in einem idealen Gas als Beispiel: das Diagramm gilt hier für ein System mit Teilchen, die sich in einem sehr kleinen eindimensionalen Kasten befinden, keine inneren Freiheitsgrade besitzen und nicht miteinander wechselwirken. a) Wird dieses Gas bei konstantem Volumen erwärmt, so ändert sich die Lage der Energieniveaus des Gesamtsystems nicht, wohl aber ihre mittlere Besetzung. b) Wird an diesem Gas Arbeit geleistet, so wird die Lage der Energieniveaus verändert, wie aus dem Modell des Teilchens im Kasten folgt (Abschnitt 1.3.2). Die Abstände der Energieniveaus vergrößern sich, wenn man das Volumen des Kastens verkleinert [nach G. Harsch, *Vom Würfelspiel zum Naturgesetz*, VCH, Weinheim 1985].

Der erste Summand auf der rechten Seite von Gleichung (2.43) läßt sich umformen gemäß

$$\mathrm{d}\left(\sum_i P_i \cdot \ln P_i\right) = \sum_i \ln P_i \cdot \mathrm{d}P_i + \sum_i P_i \cdot \mathrm{d}\ln P_i$$

$$= \sum_i \ln P_i \cdot \mathrm{d}P_i + \sum_i P_i \cdot \frac{\mathrm{d}P_i}{P_i} = \sum_i \ln P_i \cdot \mathrm{d}P_i \qquad (2.45)$$

Im letzten Schritt wurde wieder Gleichung (2.44) benutzt. Mit den Gleichungen (2.44) und (2.45) erhält man also aus (2.43) für die statistische Darstellung des Differentials der Entropie den einfachen Ausdruck

$$T\,\mathrm{d}S = -\frac{1}{\beta}\mathrm{d}\left(\sum_i P_i \ln P_i\right) \qquad (2.46)$$

Um die Bedeutung des Lagrangefaktors β zu ermitteln, ist eine Überlegung zu den Eigenschaften der Entropie notwendig. Gemäß der phänomenologischen Thermodynamik muß die Entropie bei der Kombination zweier beliebiger Systeme A und B additiv sein, also $S(\mathrm{A}+\mathrm{B}) = S(\mathrm{A}) + S(\mathrm{B})$. Diese Eigenschaft erfüllt der statistische

Ausdruck $\sum_i P_i \ln P_i$ auf der rechten Seite von Gleichung (2.46), wie in Exkurs 2.8 gezeigt ist. β kann also keine Funktion der Wahrscheinlichkeiten P_i sein, da die Entropie dann nicht mehr additiv wäre. Um die Additivität der Entropie zu gewährleisten, muß die Entropie also proportional zu $-\sum_i P_i \ln P_i$ sein. Mit der Proportionalitätskonstanten k gilt dann

$$dS = -k \cdot d\left(\sum_i P_i \ln P_i\right) \quad (2.47)$$

Die Konstante k ist an sich frei festlegbar. Sinnvoll ist aber, den Zahlenwert für k so zu wählen, daß statistisch berechnete Entropiedifferenzen mit kalorimetrisch gemessenen (also Vergleich mit der thermodynamischen Werteskala) übereinstimmen. Der Zahlenwert von k wird gewöhnlich über Messungen und entsprechende statistisch berechnete Werte für verdünnte Gase (also nach dem Modell idealer Gase) festgelegt. Die dazu nötigen Zusammenhänge werden wir in den Kapiteln 3 und 4 kennenlernen. Die so festgelegte universelle Konstante k bezeichnet man als **Boltzmann-Konstante**. Ihr Wert hängt von der gewählten Entropieskala und der absoluten Temperaturskala ab. Aus (2.46) und (2.47) folgt für den Zusammenhang mit β und T

$$k = \frac{1}{\beta T} = 1{,}380662 \cdot 10^{-23} \mathrm{JK}^{-1} \quad (2.48)$$

Integration des Ausdrucks (2.47) für dS ergibt

$$S = -k \sum_i P_i \ln P_i + C$$

wobei C eine Integrationskonstante ist, die nicht von der Temperatur T oder von den Wahrscheinlichkeiten P_i abhängt und lediglich den Nullpunkt der Entropieskala festlegt. Sie enthält also keine Informationen über die Eigenschaften eines Systems und kann deshalb beliebig festgelegt werden. Für den Vergleich mit experimentellen Werten hat dies keinerlei Konsequenzen, da im Experiment nur Zustandsänderungen und damit nur Differenzen der Entropie meßbar sind. Konventionell wird deshalb bei der statistischen Berechnung der Entropie $C = 0$ gesetzt. Man bezeichnet die daraus resultierenden statistisch berechneten Zahlenwerte der Entropie als **statistische Entropie** oder **praktische absolute Entropie**, für die gilt

$$S = -k \sum_i P_i \ln P_i \quad (2.49)$$

Oft findet man speziell in der Molekülstatistik auch den Ausdruck **spektroskopische Entropie**. Damit ist im engeren Sinn eine statistische Entropie (in der Regel für Gase) gemeint, deren Zahlenwert überwiegend aus spektroskopischen Daten von Molekülen berechnet wurde. Da wegen $P_i \leq 1$ immer $\ln P_i \leq 0$ ist, kann die statistische Entropie nur größer oder gleich Null sein.

Die experimentell aus kalorimetrischen Messungen bestimmten Entropieänderungen lassen sich mit statistischen Entropien vergleichen, wenn die experimentellen

2.2 Kanonische Gesamtheiten: Verteilungen bei variabler Energie   77

Messungen der Entropie auf $T = 0$ K extrapoliert werden. Die experimentell bestimmte Differenz $S(T) - S(0\text{ K})$ bezeichnet man deshalb auch als **kalorische Entropie**. In Kapitel 4.7 werden diese Begriffe und ihre Bedeutung anhand von Beispielen ausführlich diskutiert.

Mit den statistischen Ausdrücken für die **kanonische Zustandssumme Z(N,V,T)** (Gleichung (2.33)) und die **Entropie** (Gleichung (2.49)) sind wir nun an einem zentralen Punkt der statistischen Thermodynamik angekommen. Die kanonische Zustandssumme wird uns in den nächsten Kapiteln dazu dienen, die wahrscheinlichsten Besetzungen molekularer Energieniveaus bei unterschiedlichen Temperaturen sowie sämtliche thermodynamischen Zustandsgrößen eines Systems mit bekannten Energieeigenwerten zu berechnen.

Exkurs 2.8 Additivität des statistischen Ausdrucks für die Entropie

Bei der Kombination (Addition) zweier unabhängiger thermodynamischer Systeme A und B ergeben sich die Mikrozustände aus allen möglichen Kombinationen der Mikrozustände der Einzelsysteme. Für die Wahrscheinlichkeit P_{ij}, daß System A im Mikrozustand i und System B im Mikrozustand j ist, ergibt sich nach Gleichung (B.8) in Anhang B.1 (kombinierte Wahrscheinlichkeit unabhängiger Ereignisse)

$$P_{ij}(A+B) = P_i^A \cdot P_j^B \tag{2.50}$$

Für die Entropie des kombinierten Systems gilt nach Gleichung (2.49)

$$S(A+B) = k \cdot \sum_{i,j} \left(P_{ij} \ln P_{ij} \right) \tag{2.51}$$

Wegen der Additivität der Entropie muß ebenso gelten

$$S(A) + S(B) = k \cdot \sum_i (P_i \ln P_i) + k \cdot \sum_j (P_j \ln P_j) \tag{2.52}$$

Gleichung (2.51) kann umgeformt werden unter Verwendung von (2.50)

$$\begin{aligned}
\sum_{i,j} P_{ij} \ln P_{ij} &= \sum_{i,j} P_i P_j \ln [P_i P_j] = \sum_i \sum_j P_i P_j (\ln P_i + \ln P_j) \\
&= \sum_i \sum_j P_i P_j \ln P_i + \sum_i \sum_j P_i P_j \ln P_j \\
&= \sum_j P_j \cdot \sum_i (P_i \ln P_i) + \sum_i P_i \cdot \sum_j (P_j \ln P_j) \rightarrow \sum_j P_j = 1, \sum_i P_i = 1 \\
&= \sum_i (P_i \ln P_i) + \sum_j (P_j \ln P_j)
\end{aligned}$$

Damit ist die Identität der Gleichungen (2.51) und (2.52) und die Additivität des statistischen Ausdrucks auf der rechten Seite von Gleichung (2.49) bewiesen.

2.2.3 Thermodynamische Funktionen aus der Zustandssumme

Im folgenden stellen wir die wesentlichen Beziehungen zwischen den thermodynamischen Variablen, Zustandsfunktionen und der Zustandssumme Z zusammen. Aus den Gleichungen (2.32) und (2.38) erhalten wir für die innere Energie:

$$U = \langle E \rangle = \sum_i P_i E_i = \frac{\sum_i E_i \, e^{-E_i/kT}}{\sum_i e^{-E_i/kT}} = \frac{\sum_i E_i \, e^{-E_i/kT}}{Z} \quad (2.53)$$

Differenziert man die Zustandssumme nach T, so entspricht die resultierende Ableitung bis auf einen Faktor $1/kT^2$ dem Zähler in Gleichung (2.53), und man erhält für die innere Energie U:

$$U = \frac{kT^2}{Z}\left(\frac{\partial Z}{\partial T}\right)_{V,N} = kT^2\left(\frac{\partial \ln Z}{\partial T}\right)_{V,N} = -k\left(\frac{\partial \ln Z}{\partial (1/T)}\right)_{V,N} \quad (2.54)$$

Um nun die Entropie als Funktion der Zustandssumme zu erhalten, gehen wir vom statistischen Ausdruck für die Entropie in Gleichung (2.49) aus

$$S = -k \sum_i P_i \ln P_i$$

P_i und $\ln P_i$ können unter Verwendung von Gleichung (2.32) ersetzt werden gemäß

$$P_i = \frac{e^{-E_i/kT}}{Z} \quad \longrightarrow \quad -\ln P_i = E_i/kT + \ln Z \quad (2.55)$$

Durch Multiplizieren der beiden Ausdrücke für P_i und $-\ln P_i$ aus (2.55) folgt:

$$-P_i \ln P_i = \frac{1}{kT}\frac{E_i \, e^{-E_i/kT}}{Z} + \frac{e^{-E_i/kT}}{Z} \ln Z \quad (2.56)$$

Mit diesem Ergebnis sowie Gleichung (2.49) und Gleichung (2.53) erhält man dann für die Entropie

$$S = \frac{1}{T}\frac{\sum_i E_i \, e^{-E_i/kT}}{Z} + k \ln Z = \frac{1}{T} U + k \ln Z = k\left(\frac{\partial \ln Z}{\partial \ln T}\right)_{V,N} + k \ln Z \quad (2.57)$$

Für die freie Energie oder Helmholtz-Energie A ergibt sich

$$A = U - TS = -kT \ln Z \quad (2.58)$$

Analog lassen sich auch die Enthalpie H, die freie Enthalpie oder Gibbs-Energie G, die Wärmekapazitäten C_V und C_p und weitere thermodynamische Funktionen mittels der kanonischen Zustandssumme Z darstellen. Übersicht 2.1 zeigt die wichtigsten Ausdrücke.

Übersicht 2.1: Thermodynamische Funktionen aus der kanonischen Zustandssumme Z

$$U = \frac{kT^2}{Z}\left(\frac{\partial Z}{\partial T}\right) = kT^2\left(\frac{\partial \ln Z}{\partial T}\right)_{V,N}$$

$$S = k\left[\left(\frac{\partial \ln Z}{\partial \ln T}\right)_{V,N} + \ln Z\right] = k\cdot\left(\frac{\partial(T\ln Z)}{\partial T}\right)_{V,N}$$

$$A = -kT\ln Z$$

$$\mu = -kT\left(\frac{\partial \ln Z}{\partial N}\right)_{T,V} \tag{2.59}$$

$$p = kT\left(\frac{\partial \ln Z}{\partial V}\right)_{T,N} \tag{2.60}$$

$$pV = kT\left(\frac{\partial \ln Z}{\partial \ln V}\right)_{T,N} \tag{2.61}$$

$$G = -kT\left[\ln Z - \left(\frac{\partial \ln Z}{\partial \ln V}\right)_{T,N}\right] \tag{2.62}$$

$$H = kT\left[\left(\frac{\partial \ln Z}{\partial \ln T}\right)_{V,N} + \left(\frac{\partial \ln Z}{\partial \ln V}\right)_{T,N}\right] \tag{2.63}$$

$$C_V = 2kT\left(\frac{\partial \ln Z}{\partial T}\right)_{V,N} + kT^2\left(\frac{\partial^2 \ln Z}{\partial T^2}\right)_{V,N} \tag{2.64}$$

Exkurs 2.9 Verhalten der Zustandssumme bei hohen und tiefen Temperaturen

Wenn sich die Temperatur dem absoluten Nullpunkt nähert, geht der Parameter $\beta = 1/kT$ gegen ∞. Da $\exp(-\infty) = 0$ ist, verschwinden alle Terme bis auf den Term für den Grundzustand mit $E_0 = 0$. Mit $\exp(0) = 1$ gilt:

$$Z(T \to 0) = \sum_j g_j \cdot e^{-E_j/kT} = g_0$$

Wenn $g_0 = 1$ ist, also im Grundzustand mit der Energie E_0 keine Entartung vorliegt, wird $Z(T \to 0) = 1$. Andererseits können wir den Fall betrachten, daß T sehr groß wird und $\beta = 1/kT$ gegen Null geht. Dann trägt jeder Quantenzustand den Summanden 1 zur Zustandssumme bei. Es folgt, daß die Zustandssumme gleich der Zahl aller möglichen Quantenzustände des Systems unter den gegebenen Randbedingungen ist:

$$Z(T \to \infty) = \sum_i (1) = \text{Gesamtzahl der Quantenzustände}$$

Bei Systemen mit endlicher Anzahl von Quantenzuständen, beispielsweise Spinsysteme im Magnetfeld, hat Z für $T \to \infty$ also auch einen endlichen oberen Grenzwert. Ganz allgemein ist die Zustandssumme ein Maß für die effektive Zahl der bei einer bestimmten Temperatur thermisch zugänglichen („besetzbaren") Quantenzustände eines Systems, wenn der Nullpunkt der Energieskala in das niedrigste Energieniveau gelegt wird. Am absoluten Temperaturnullpunkt ist nur der Grundzustand besetzt und Z entspricht der Entartung g_0 des Grundzustandes. Bei extrem hohen Temperaturen sind zunehmend mehr Zustände thermisch anregbar, und Z kann sehr hohe Zahlenwerte erreichen.

2.2.4 Energieverteilungen in der kanonischen Gesamtheit

In den Beispielen der Abschnitte 2.1 und 2.2 war gezeigt worden, daß Verteilungen bei großen Teilchenzahlen generell sehr scharf werden oder mit anderen Worten, daß die mittlere relative Abweichung oder relative Breite einer Verteilungskurve um den Mittelwert für große Teilchenzahl sehr klein wird. Übertragen auf die Einzelsysteme einer kanonischen Gesamtheit heißt das, daß meßbare Abweichungen der Energie eines Einzelsystems vom Mittelwert $\langle E \rangle$ (= innere Energie U) für übliche Teilchenzahlen chemischer Systeme praktisch vernachlässigbar sein sollten. Dies läßt sich quantitativ zeigen, indem mit Hilfe der kanonischen Zustandssumme ein Ausdruck für die mittlere relative Energiefluktuation eines Einzelsystems in der kanonischen Gesamtheit berechnet wird. Die mittlere relative Schwankung der Energie eines Einzelsystems der kanonischen Gesamtheit um den Mittelwert ist gegeben durch (siehe Gleichung (B.22) im Anhang)

$$\frac{\sigma_E}{\langle E \rangle} = \left(\frac{\langle E^2 \rangle - \langle E \rangle^2}{\langle E \rangle^2} \right)^{1/2} \tag{2.65}$$

Wir gehen nun aus vom Ausdruck für die mittlere Energie eines Einzelsystems der kanonischen Gesamtheit (wobei der Übersichtlichkeit halber die Abkürzung $\beta = 1/kT$ benutzt wird)

$$\langle E \rangle = \frac{\sum_i E_i \, e^{-\beta E_i}}{\sum_i e^{-\beta E_i}} = [Z(N,V,\beta)]^{-1} \cdot \sum_i E_i \, e^{-\beta E_i} \tag{2.66}$$

Differentiation nach β ergibt

$$\left(\frac{\partial \langle E \rangle}{\partial \beta} \right)_{N,V} = \frac{\sum_i (-E_i^2) \, e^{-\beta E_i}}{Z} + \frac{\left(\sum_i E_i \, e^{-\beta E_i} \right)^2}{Z^2} = -\langle E^2 \rangle + \langle E \rangle^2 \tag{2.67}$$

Dabei ist die folgende Beziehung für den Mittelwert des Quadrats der Energie benutzt worden

$$\langle E^2 \rangle = \frac{\sum_i E_i^2 \, e^{-\beta E_i}}{\sum_i e^{-\beta E_i}} \tag{2.68}$$

Mit Hilfe der Kettenregel kann man andererseits für die Ableitung der mittleren Energie nach β schreiben (siehe Anhang A.4, Übersicht A.2)

$$\left(\frac{\partial \langle E \rangle}{\partial \beta} \right)_{V,N} = \left(\frac{\partial \langle E \rangle}{\partial T} \right) \left(\frac{\partial T}{\partial \beta} \right) = -kT^2 C_V \tag{2.69}$$

Aus den Gleichungen (2.67) und (2.69) folgt somit

$$\langle E^2 \rangle - \langle E \rangle^2 = kT^2 C_V$$

Dividiert man diesen Ausdruck durch $\langle E \rangle^2$ und zieht daraus die Wurzel, so ergibt sich die mittlere relative Abweichung der Energie eines Einzelsystems vom Mittelwert:

$$\frac{\sigma_E}{\langle E \rangle} = \left(\frac{\langle E^2 \rangle - \langle E \rangle^2}{\langle E \rangle^2} \right)^{1/2} = \left(\frac{kT^2 C_V}{\langle E \rangle^2} \right)^{1/2} = \left(\frac{kT^2 c_V}{\langle \varepsilon \rangle^2} \right)^{1/2} \cdot N^{-1/2} \quad (2.70)$$

Auf der rechten Seite sind die extensiven Größen C_V und E durch $C_V = c_V / N$ und $\langle E \rangle = N \varepsilon$ ersetzt. c_V und ε stehen hier für Wärmekapazität und mittlere Energie pro einzelnes Teilchen im System. Die relativen Fluktuationen der Energie sind demnach proportional zu $N^{-1/2}$. Bei typischen Teilchenzahlen von 10^{20} bedeutet das, daß die mittleren relativen Abweichungen (Fluktuationen) um den Mittelwert $\langle E \rangle$ von der Größenordnung 10^{-10} und damit verschwindend klein sind. Der Vorfaktor vor $N^{-1/2}$ auf der rechten Seite von Gleichung (2.70) ist von der Größenordnung Eins. Man darf also in sehr guter Näherung ein thermodynamisches System mit großer Teilchenzahl als System mit konstanter und scharf definierter Energie $\langle E \rangle = U$ behandeln. Darüber hinaus ergibt sich, daß die statistische Behandlung von Einzelsystemen in der kanonischen Gesamtheit unter der Voraussetzung großer Teilchenzahl auf Einzelsysteme mit der Energie $\langle E \rangle$ beschränkt werden könnte. Das setzt natürlich die Kenntnis des Mittelwerts $\langle E \rangle$ und der zugehörigen Anzahl Ω an Mikrozuständen voraus. Falls das der Fall ist, kann man sich auf die mikrokanonische Gesamtheit beschränken, die im folgenden Abschnitt behandelt wird.

2.3 Mikrokanonische Gesamtheit als Grenzfall der kanonischen Gesamtheit

Wie in Kapitel 2.1 eingeführt, bezeichnet man eine Gesamtheit, in der alle Einzelsysteme die gleiche Energie und die gleichen Werte für Volumen und Teilchenzahl besitzen, als **mikrokanonische Gesamtheit**. Die abgeschlossenen Einzelsysteme mit konstanter Energie lassen sich nur anhand des Mikrozustands unterscheiden, der sich in der Regel aus der speziellen Energieverteilung über die Teilchen des Einzelsystems ergibt.

Statistische Beziehungen, die anhand einer mikrokanonischen Gesamtheit abgeleitet werden, sind in sehr guter Näherung auch dann noch gültig, wenn man damit ein thermodynamisches System mit variabler Energie (also eine kanonische Gesamtheit) beschreibt, vorausgesetzt die Teilchenzahl ist groß. Die folgenden statistischen Beziehungen für mikrokanonische Gesamtheiten ermöglichen einfache und übersichtliche statistische Betrachtungen, falls mittlere Energie und Zahl der zugehörigen Systemmikrozustände bekannt ist.

Nach dem zweiten Postulat (Gleichung 2.1) ist die Wahrscheinlichkeit für alle Mikrozustände eines Systems konstanter Energie identisch (wir haben dieses Postulat bisher nur für die Gesamtheit benutzt, die ja ein abgeschlossenes System darstellt).

Mit Ω als Zahl der Mikrozustände des Einzelsystems (nicht verwechseln mit Ω_{tot} der Gesamtheit!) bei gegebener Energie E gilt

$$P_i = \frac{1}{\Omega} \quad \text{für alle } i$$

Die Anzahl Ω_{tot} der Mikrozustände der mikrokanonischen Gesamtheit ergibt sich aus den möglichen Kombinationen der insgesamt Ω Einzelsystem-Mikrozustände (siehe Anhang B.1, Übersicht B.1; Einzelsysteme unterscheidbar!) :

$$\Omega_{tot} = \Omega^{n_{tot}} \tag{2.71}$$

Faßt man eine mikrokanonische Gesamtheit als Sonderfall einer kanonischen Gesamtheit auf, bei der alle Mikrozustände des Einzelsystems gleiche Energie haben und miteinander entartet sind, so liefert derAusdruck für die Entropie, Gleichung (2.47), angewandt auf ein Einzelsystem einer mikrokanonischen Gesamtheit

$$S = -k \sum_{i=1}^{\Omega} P_i \ln P_i = -k \sum_{i=1}^{\Omega} \left[\frac{\ln(1/\Omega)}{\Omega}\right] = -k\,\Omega \left[\frac{\ln(1/\Omega)}{\Omega}\right] = +k \ln \Omega \tag{2.72}$$

Eine analoge Beziehung ergibt sich aus den Gleichungen (2.71) und (2.72) für die Gesamtentropie S_{tot} einer beliebigen Gesamtheit (kanonisch, mikrokanonisch oder andere Gesamtheiten mit beliebigen Randbedingungen an die Einzelsysteme, da die Gesamtenergie E_{tot} in jedem Fall konstant ist) [3]:

$$S_{tot} = n_{tot}\, S = +k \ln \Omega_{tot} \tag{2.73}$$

Wegen der Schärfe der Energieverteilung einer kanonischen Gesamtheit um den Mittelwert $\langle E \rangle$ kann man für die Entropie eines Einzelsystems einer kanonischen Gesamtheit in sehr guter Näherung schreiben

$$S(T,V,N) \approx k \ln \Omega(\langle E \rangle, V, N) \tag{2.74}$$

$\Omega(\langle E \rangle, V, N)$ ist die Zahl der Mikrozustände eines Einzelsystems der kanonischen Gesamtheit, wenn seine Energie als konstant und gleich dem Mittelwert $\langle E \rangle$ angesetzt wird. Man bezeichnet $\Omega(\langle E \rangle, V, N)$ manchmal auch als **Entartungsfunktion**. Mit anderen Worten: Gleichung (2.74) basiert auf der Näherung, daß die Zahl der Mikrozustände des Einzelsystems der kanonischen Gesamtheit ausreichend angenähert wird durch die Zahl der Mikrozustände bei der mittleren Energie. Eine analoge Näherung haben wir bereits bei der Ableitung der kanonischen Zustandssumme auf die kanonische Gesamtheit selbst angewandt, indem wir dort nur die Mikrozustände der wahrscheinlichsten Verteilung berücksichtigt haben. Gleichung (2.74) geht also noch einen Schritt weiter. Die in Gleichung (2.74) definierte Zahl $\Omega(\langle E \rangle, V, N)$ hängt über die Variable $\langle E \rangle$ von der Temperatur ab (siehe Exkurs 2.10). Wir können sie interpretieren als Zahl der bei gegebener Temperatur (und damit gegebener mittlerer Energie) effektiv zugänglichen Mikrozustände für das System.

Mit der einfachen Gleichung (2.74) für die Entropie können wir eine etwas anschaulichere Bedeutung der kanonischen Zustandssumme ableiten. Aus Gleichung (2.74)

---
[3] Für die Energie der Gesamtheit gilt übrigens analog $E_{tot} = n_{tot} \langle E \rangle$.

2.3 Mikrokanonische Gesamtheit als Grenzfall der kanonischen Gesamtheit 83

und der Gleichung für die freie Energie A, Gleichung (2.58), ergibt sich der folgende Zusammenhang zwischen der Entropie und der Zustandssumme

$$S = k\ln\Omega(\langle E\rangle, V, N) = \frac{U-A}{T} = \frac{\langle E\rangle}{T} + k\ln Z(T, V, N) \tag{2.75}$$

Auflösen nach der Zustandssumme ergibt schließlich die vereinfachte Darstellung

$$Z(T, V, N) = \Omega(\langle E\rangle, V, N) \cdot e^{-\langle E\rangle/kT} \tag{2.76}$$

Gleichung (2.76) stellt die kanonische Zustandssumme näherungsweise durch ihren maximalen Term dar. Sie ist in dieser Darstellung bis auf einen Exponentialterm, der die innere Energie (identisch mit $\langle E\rangle$) und die Temperatur enthält, proportional zur Zahl der insgesamt (beim wahrscheinlichsten Energiewert, also am Maximum von $\Omega(E)$) vorhandenen Mikrozustände. Der Exponentialterm in Gleichung (2.76) gibt dann die mittlere Besetzungswahrscheinlichkeit dieser Mikrozustände an.

Exkurs 2.10 Entropie, mittlere Energie und Temperatur

Der Kehrwert der Temperatur ergibt sich in der Thermodynamik aus einer Ableitung der Entropie nach der inneren Energie, die der mittleren Systemenergie $\langle E\rangle$ entspricht. Durch Einsetzen der Gleichung (2.74) für die Entropie sehen wir, daß die Temperatur die Steigung der Kurve $\ln\Omega$ gegen $\langle E\rangle$ ist.

$$\left(\frac{\partial S}{\partial U}\right)_{V,N} = \frac{1}{T} = k \cdot \left[\frac{\partial \ln\Omega(\langle E\rangle, V, N)}{\partial \langle E\rangle}\right]_{V,N} \tag{2.77}$$

Als Zusammenhang zwischen innerer Energie und Temperatur ergibt sich beispielsweise für ein ideales einatomiges Gas bei Temperaturen $T \gg 0$ K speziell (siehe Kap. 3)

$$\langle E\rangle = \frac{3}{2}NkT$$

Substituiert man mit Hilfe dieser Gleichung die Temperatur in Gleichung (2.77) und integriert, so ergibt sich

$$\Omega(\langle E\rangle, V, N) = \text{const.} \cdot \langle E\rangle^{3N/2}$$

Es folgt, daß $\Omega(\langle E\rangle)$ eine extrem steil mit $\langle E\rangle$ anwachsende Funktion ist, falls die Teilchenzahl N groß ist. Dies war eine wesentliche Annahme bei der Ableitung der Zustandssumme.

Exkurs 2.11 Zustandssumme bei quasi-kontinuierlichen Energieniveaus

Gleichung (2.76) ist natürlich eine Näherung. Der genaue Ausdruck muß eine Summe über alle Terme $\Omega(E)\exp(-E/kT)$ mit unterschiedlichen Energien E erfassen. Die erlaubten Energien E liegen für genügend große Systeme aber sehr dicht, so daß statt der Summation ein Integral über E geschrieben werden kann. Für die Zustandssumme gilt deshalb (der Übersichtlichkeit halber wird $\beta = 1/kT$ benutzt)

$$Z(T, V, N) = \sum_{E=0}^{E_{\max}} \Omega(E) e^{-\beta E} \approx \int_0^\infty \frac{d\Omega(E)}{dE} \cdot e^{-\beta E} dE \tag{2.78}$$

Die Zahl $\Omega(E)$ der Mikrozustände wird hier zu einer kontinuierlichen Funktion der Energie. $D(E) = d\Omega(E)/dE$ stellt hier eine Zustandsdichtefunktion dar. Man kann die rechte Seite durch partielle Integration vereinfachen:

$$\int_0^\infty \frac{d\Omega(E)}{dE} \cdot e^{-\beta E} dE = \left[\Omega(E) e^{-\beta E}\right]_0^\infty + \beta \int_0^\infty \Omega(E) e^{-\beta E} dE \qquad (2.79)$$

Der erste Term auf der rechten Seite hat den Wert Null, da bei $E = 0$ die Funktion $\Omega(E)$ Null wird und für $E \to \infty$ die Exponentialfunktion verschwindet. Somit folgt schließlich mit $\beta = 1/kT$ für die Zustandssumme

$$Z(T,V,N) = \frac{1}{kT} \int_0^\infty \Omega(E) e^{-E/kT} dE \qquad (2.80)$$

Der Ausdruck (2.78) kann als Laplacetransformation der Entartungsfunktion $\Omega(E)$ aufgefaßt werden. Die Laplacetransformation ist vergleichbar mit der Fouriertransformation (siehe Anhang B.5) und ordnet hier der energieabhängigen Entartungsfunktion $\Omega(E)$ die temperaturabhängige Funktion $Z(1/kT) = Z(T,V,N)$ umkehrbar eindeutig zu. Mikrokanonische und kanonische Gesamtheit sind also in der kontinuierlichen Energiedarstellung durch eine Laplacetransformation verknüpft.

2.4 Statistische Formulierung des dritten Hauptsatzes

Für den dritten Hauptsatz findet man in der Literatur verschiedene Formulierungen. In seiner ursprünglichen Form beruht der dritte Hauptsatz auf experimentellen Untersuchungen von W. Nernst und T.W. Richards, die zeigten, daß die Entropieänderung für reversible isotherme Prozesse, bei denen nur reine Phasen im inneren Gleichgewicht beteiligt sind (chemische Reaktionen, Phasenumwandlungen und Zustandsänderungen reiner Stoffe ...) in der Regel dem Grenzwert Null zustrebt, wenn sich die Temperatur dem absoluten Nullpunkt nähert:

$$\lim_{T \to 0} \Delta S = 0 \qquad (2.81)$$

Freiheitsgrade und entsprechende Quantenzustände und Energieniveaus, die bei solchen Prozessen eingefroren sind und sich nicht ändern, tragen nicht zur Entropieänderung bei und brauchen bei der Entropiebestimmung zu Gleichung (2.81) nicht behandelt werden. Letzteres gilt beispielsweise für die inneren Energieniveaus der Atomkerne von Molekülen, wenn eine chemische Reaktion betrachtet wird, da Kernreaktionen unter üblichen Temperaturen nicht ablaufen. Gleiches gilt für den Entropiebeitrag auf Grund der Anwesenheit von Isotopengemischen.

Die Aussage über die Entropie in Gleichung (2.81) kann nicht aus den ersten beiden Hauptsätzen abgeleitet werden, was auch der Grund dafür ist, daß man dabei vom dritten Hauptsatz spricht. Eine alternative Formulierung des dritten Hauptsatzes ist die

2.4 Statistische Formulierung des dritten Hauptsatzes

Aussage, daß es keinen thermodynamischen Prozeß gibt, über den man ein thermodynamisches System in einer endlichen Zahl von Schritten bis zum absoluten Nullpunkt abkühlen kann. Gleichung (2.81) sagt nämlich in diesem Zusammenhang voraus, daß die dem System entziehbaren Wärmemengen (im reversiblen Fall: $\Delta Q = T \Delta S$) in einem solchen Prozeß bei Annäherung an den absoluten Nullpunkt ebenfalls gegen Null gehen.

Setzt man für die Entropie einer reinen Phase den Ausdruck (2.74) an, so lautet der dritte Hauptsatz in der statistischen Formulierung

$$\lim_{T \to 0} \Delta \ln \Omega(T) = 0 \tag{2.82}$$

Dies bedeutet, daß sich die Zahl der Mikrozustände bei isothermen Prozessen am absoluten Nullpunkt nicht mehr ändern sollte. Allerdings findet man bei vielen Reaktionen - auch mit einfachen Molekülen - Abweichungen von dieser Vorhersage. Sie lassen sich mit einer Entartung des Grundzustands beteiligter Moleküle erklären. Am absoluten Nullpunkt befindet sich ein Gleichgewichtssystem im Grundzustand mit der niedrigstmöglichen Energie. Wenn dieser Zustand nicht entartet ist, muß $\Omega = 1$ und damit die Entropie $S = 0$ sein. Ist die Entartung des Grundzustands jedoch größer als Eins, so gilt am absoluten Nullpunkt $S = k \ln g_0$.

Bereits bei einfachen chemischen Reaktionen wie der folgenden beobachtet man aus diesem Grund eine – wenn auch geringe – Abweichung vom dritten Hauptsatz:

$$2 \, CO + O_2 \rightleftharpoons 2 \, CO_2 \tag{2.83}$$

Alle drei beteiligten Moleküle haben zwar einen nicht entarteten elektronischen Grundzustand, jedoch liegen die unsymmetrischen CO-Moleküle im Kristall gewöhnlich in zwei Orientierungen nebeneinander vor, so daß sich daraus pro Mol CO ein Entropiebeitrag von $R \ln 2$ ergibt. Für die Reaktionsentropie der obigen Reaktion (2.83) liefert dies $\Delta S = -2R \ln 2$ als Grenzwert am absoluten Nullpunkt.

Tatsächlich zeigt die Erfahrung, daß der Grundzustand eines reinen Atomkristalls für $T \to 0$ K in der Regel nicht entartet ist, wenn eingefrorene Freiheitsgrade wie die oben erwähnten inneren Kernfreiheitsgrade oder der Mischungsbeitrag durch die anwesenden Isotope aus der Betrachtung herausgelassen werden. Auf dieser Basis hat Planck zu Gleichung (2.81) eine erweiterte Formulierung des dritten Hauptsatzes formuliert: Die Entropie reiner Elemente oder Verbindungen geht am absoluten Nullpunkt gegen Null, wenn sie in ideal kristallisierter Form vorliegen.

Diese Feststellung, die letztendlich eine hinreichende Bedingung für Gleichung (2.82) ist, bedeutet in der statistischen Formulierung (g_0 = Entartung des Grundzustands):

$$\lim_{T \to 0} \Omega(T) = g_0 = 1$$
$$\lim_{T \to 0} S(T) = k \lim_{T \to 0} \ln \Omega(T) = 0 \tag{2.84}$$

Gleichung (2.84) ist die am häufigsten zitierte Formulierung des dritten Hauptsatzes. Sie wird auch als Nernst-Plancksches Wärmetheorem bezeichnet. Wie bereits für CO-Moleküle erwähnt, findet man für unsymmetrische Moleküle bei Annäherung an den absoluten Nullpunkt oft eine eingefrorene statistische Verteilung unterschiedlicher Molekülorientierungen und damit eine Entartung des Grundzustands ($g_0 > 1$) und einen von Null verschiedenen Grenzwert der Entropie. Allerdings ist auch dann die Entropie noch sehr klein. Man kann deshalb sagen, daß die Entropie am absoluten Nullpunkt praktisch Null wird, falls die Entartung des Grundzustands nicht ungewöhnlich groß ist.

Der dritte Hauptsatz, der den Grenzwert $S = 0$ für $T \to 0$ K vorhersagt, gilt also nur für Systeme mit nichtentartetem Grundzustand und, falls die Gleichgewichtseinstellung nahe 0 K kinetisch nicht gehemmt ist. Die aus Messungen abgeleiteten Grenzwerte der Entropien reiner Stoffe am absoluten Nullpunkt werden als Nullpunktsentropien bezeichnet. Sie lassen sich für einfache Molekülkristalle meist aus einer Betrachtung der unterscheidbaren Orientierungen der Einzelmoleküle erklären.

2.5 Makrokanonische Gesamtheit: Verteilungen bei variabler Teilchenzahl

Im zurückliegenden Kapitel haben wir zur Herleitung der **kanonischen Zustandssumme** Systeme mit vorgegebenen Werten für Volumen und Teilchenzahl betrachtet, die lediglich Energie in Form von Wärme mit der Umgebung austauschen. In der Praxis sind aber meistens andere Randbedingungen zweckmäßiger. Zum Beispiel ist es experimentell einfacher, statt des Volumens den Druck konstant zu halten. Bei Phasengleichgewichten oder elektrochemischen Gleichgewichten betrachtet man darüber hinaus Systeme, die Teilchen mit der Umgebung austauschen können, so daß die Annahme konstanter Teilchenzahlen wegfällt[4]. Wir werden zwar weiter unten sehen, daß die Wahl der Randbedingungen für das Einzelsystem in der statistischen Gesamtheit keinen Einfluß auf die berechneten Werte der thermodynamischen Funktionen hat. Trotzdem kann es zweckmäßig sein, in der statistischen Ableitung andere Randbedingungen (und damit letztendlich andere charakteristische Variablen) einzuführen.

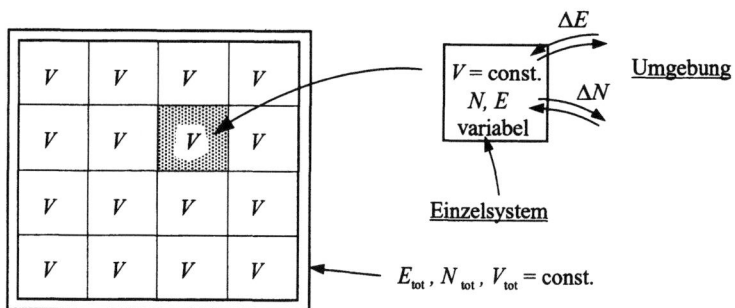

Abbildung 2.13 Definition einer makrokanonischen Gesamtheit: die Einzelsysteme zeigen Wärme- und Teilchenaustausch mit den umgebenden Systemen in der Gesamtheit, so daß Teilchenzahl N und Energie E jeweils variabel sind und zeitliche Fluktuationen zeigen.

---

[4]Wenn Oberflächen- beziehungsweise Grenzflächenenergien, elektrische Energien und andere Energieformen hinzukommen, müssen weitere Variablen berücksichtigt werden.

2.5 Makrokanonische Gesamtheit: Verteilungen bei variabler Teilchenzahl

Die kanonische Gesamtheit ist beispielsweise nicht gut geeignet, wenn man Fluktuationen der Teilchenzahl beschreiben möchte.

Als Beispiel für eine solche Erweiterung betrachten wir im folgenden eine Gesamtheit, deren Einzelsysteme offen sind und neben Wärme auch Teilchen untereinander austauschen können (siehe Abbildung 2.13). Eine solche Gesamtheit wird als **großkanonische** oder **makrokanonische Gesamtheit** (auch: Ensemble) bezeichnet. Sie spielt eine besonders wichtige Rolle bei der Behandlung von realen Gasen und Flüssigkeiten, da sie einen eleganteren Zugang zur statistischen Ableitung thermodynamischer Funktionen solcher Systeme erlaubt. Die formale Behandlung ist im großen und ganzen analog zur Herleitung der kanonischen Zustandssumme und führt in diesem Fall zu der sogenannten **großen** oder **makrokanonischen Zustandssumme** Ξ.

Wie bei der kanonischen Gesamtheit ist auch für die makrokanonische Gesamtheit die Gesamtenergie E_{tot}, die Gesamtteilchenzahl N_{tot} und die Gesamtzahl n_{tot} an Einzelsystemen festgelegt. Die Teilchenzahl N eines Einzelsystems ist aber nicht mehr wie bei der kanonischen Gesamtheit auf einen festen Wert fixiert, der für alle Einzelsysteme gleich ist. Sie kann wegen des freien Teilchenaustausches zwischen den Einzelsystemen prinzipiell Werte zwischen 0 und N_{tot} annehmen. Darüberhinaus haben die Einzelsysteme wie bei der kanonischen Gesamtheit ein konstantes Volumen V und Energiewerte zwischen den beiden Extremen 0 und E_{tot}.

Eine spezielle Verteilung $\mathcal{V}$ der makrokanonischen Gesamtheit ist vollständig charakterisiert, wenn man sowohl die Energieverteilung als auch die Verteilung der N_{tot} Teilchen über die Einzelsysteme eindeutig angibt. Das erfordert eine Angabe von Verteilungszahlen $n_i(N)$ nach dem folgenden Schema. Der Index i kennzeichnet den Quantenzustand des Einzelsystems mit der Teilchenzahl N und der Energie $E_i(N,V)$. Dabei ist zu beachten, daß die Energieeigenwerte $E_i(N)$ im allgemeinen eine Funktion der Teilchenzahl N sind (insbesondere wenn die Teilchen abstandsabhängige Wechselwirkungen zeigen).

Eine spezielle **makrokanonische Verteilung** ist also definiert durch

Systeme mit $N = 0$:	$n_1(0) \ldots$	$[\longrightarrow E = 0\,]$
Systeme mit $N = 1$:	$n_1(1), n_2(1), n_3(1), \ldots$	
Systeme mit $N = 2$:	$n_1(2), n_2(2), n_3(2), \ldots$	
Systeme mit $N = 3$:	$n_1(3), n_2(3), n_3(3), \ldots$	
$\ldots$	$\ldots$	
weitere Systeme mit $N \leq N_{\text{tot}}$:	$n_1(N), n_2(N), n_3(N), \ldots$	

Für ein System mit $N = 0$ ergibt sich natürlich nur ein Quantenzustand. In einer solchen makrokanonischen Verteilung ergibt sich die Zahl der Mikrozustände $\Omega(\mathcal{V})$ aus den Permutationen der Einzelsysteme untereinander in Analogie zu Gleichung (2.16c) für die kanonische Verteilung:

$$\Omega(\mathcal{V}) = \frac{[n_1(0) + n_1(1) + n_2(1) + \ldots + n_1(2) + \ldots]!}{n_1(0)!\, n_1(1)!\, n_2(1)! \cdot \ldots \cdot n_1(2)! \cdot \ldots} = \frac{\left[\sum_N \sum_i n_i(N)\right]!}{\prod_N \prod_i n_i(N)!} \quad (2.85)$$

Das weitere Vorgehen ist wie im Fall der kanonischen Gesamtheit. $\ln \Omega(\mathcal{V})$ wird durch die Zahl $\ln \Omega(\mathcal{V}_{\text{max}})$ der Mikrozustände der wahrscheinlichsten Verteilung $\mathcal{V}_{\text{max}}$ angenähert. Das Maximum von $\Omega(\mathcal{V})$ wird dabei mit den folgenden drei Randbedingungen der makrokanonischen Gesamtheit, das heißt durch Einführung von drei entsprechenden Lagrange-Multiplikatoren α, β und γ gemäß der Anzahl der Nebenbedingungen gesucht:

$$\sum_N \sum_i n_i(N) = n_{\text{tot}} \longrightarrow \alpha \tag{2.86a}$$

$$\sum_N \sum_i n_i(N) \cdot E_i(N,V) = E_{\text{tot}} \longrightarrow \beta \tag{2.86b}$$

$$\sum_N \sum_i n_i(N) \cdot N = N_{tot} \longrightarrow \gamma \tag{2.86c}$$

Für die Wahrscheinlichkeit $P_i(N)$, daß ein Einzelsystem im Quantenzustand i und mit der Teilchenzahl N vorliegt, ergibt die Suche nach dem Maximum von $\Omega(\mathcal{V})$ schließlich:

$$P_i(N) = \frac{n_i(N)}{n_{\text{tot}}} = \frac{e^{-\beta E_i(N,V)} \cdot e^{-\gamma N}}{\Xi} \tag{2.87}$$

Die Herleitung von Gleichung (2.87) ist in Exkurs 2.12 gezeigt. Dabei ist die **makrokanonische, großkanonische** oder kurz **große Zustandssumme** Ξ (= großes griechisches „Xi") folgendermaßen definiert:

$$\Xi = \sum_N \sum_i e^{-\beta E_i} e^{-\gamma N} = \sum_N Z(N,V,\beta) \cdot e^{-\gamma N} \tag{2.88}$$

mit $Z(N,V,\beta) = \sum_i e^{-\beta E_i(N,V)}$. Die rechte Seite der Gleichung steht demnach im Zusammenhang mit der Definition der kanonischen Zustandssumme $Z(N,V,T)$ ($\beta = 1/kT$).

Wiederum in Analogie zur kanonischen Gesamtheit ergeben sich die folgenden Ausdrücke für die Scharmittelwerte der Energie, des Drucks und der Teilchenzahl

$$U = \langle E \rangle = \sum_N \sum_i P_i(N) \cdot E_i(N,V) \tag{2.89}$$

$$\langle p \rangle = \sum_N \sum_i P_i(N) \cdot \left[-\frac{\partial E_i(N,V)}{\partial V}\right] \tag{2.90}$$

$$\langle N \rangle = \sum_N \sum_i P_i(N) \cdot N = \frac{N_{\text{tot}}}{n_{\text{tot}}} \tag{2.91}$$

In derselben Art wie im Fall der kanonischen Gesamtheit findet man durch Vergleich des statistischen Ergebnisses für $dU = d\langle E \rangle$ mit der entsprechenden Gleichung der phänomenologischen Thermodynamik und nach einigen Umformungen für die Entropie und die restlichen Lagrange-Multiplikatoren β und γ (siehe Herleitung in Exkurs 2.13)

$$S = -k \cdot \sum_N \sum_i P_i(N) \cdot \ln P_i(N) \tag{2.92}$$

$$\beta = \frac{1}{kT}, \quad \gamma = -\frac{\mu}{kT} \tag{2.93}$$

2.5 Makrokanonische Gesamtheit: Verteilungen bei variabler Teilchenzahl

Ebenso wie aus der kanonischen Zustandssumme lassen sich aus der makrokanonischen Zustandssumme die Werte der übrigen thermodynamischen Zustandsfunktionen berechnen. Ein besonders einfacher Ausdruck resultiert für die Zustandsfunktion „pV", das Produkt aus Druck und Volumen:

$$pV = kT \ln \Xi = kT \cdot \alpha \tag{2.94}$$

Daher wird die makrokanonische Zustandssumme gern bei der Behandlung von Gasen, insbesondere realer Gasen benutzt. pV ist die passende Zustandsfunktion, wenn als charakteristische Variablen T, V und μ benutzt werden sollen. Die entsprechende Fundamentalgleichung für die Funktion pV ist für ein Einkomponentensystem gegeben durch

$$\mathrm{d}(pV) = +S\mathrm{d}T + p\mathrm{d}V + N\mathrm{d}\mu \tag{2.95}$$

Sie läßt sich aus der Definition der inneren Energie ableiten

$$U = TS - pV + N\mu$$

Auflösen nach pV und Bilden des Differentials ergibt

$$\mathrm{d}(pV) = -\mathrm{d}U + T\mathrm{d}S + S\mathrm{d}T + \mu\mathrm{d}N + N\mathrm{d}\mu$$

Einsetzen der Fundamentalgleichung für $\mathrm{d}U$ (Gleichung (A.16) im Anhang) führt schließlich zu Gleichung (2.95).

Die makrokanonische Zustandssumme kann man auch als Reihenentwicklung in der thermodynamischen Aktivität a der Teilchen des Systems auffassen. Die thermodynamische Definition ist

$$\mu = \mu^\circ + kT \ln a$$

Für $\mathrm{e}^{-\gamma N}$ ergibt sich

$$\mathrm{e}^{-\gamma N} = \mathrm{e}^{N\mu/kT} = \mathrm{e}^{N\mu^\circ/kT} \cdot a^N$$

Somit ist die folgende Schreibweise für den Fall eines Einkomponentensystems völlig äquivalent zu Gleichung (2.88):

$$\begin{aligned}\Xi(\mu,V,T) &= \sum_N Z(N,V,T)\, \mathrm{e}^{N\mu^\circ/kT} \cdot a^N \\ &= 1 + Z(1,V,T)\, \mathrm{e}^{\mu^\circ/kT} a + Z(2,V,T)\, \mathrm{e}^{2\mu^\circ/kT} a^2 + \ldots\end{aligned} \tag{2.96}$$

Dabei wurde im ersten Summanden $Z(0,V,T) = 1$ gesetzt. Der Standardwert μ^0 des chemischen Potentials kann willkürlich festgelegt werden. In der statistischen Thermodynamik wählt man häufig $\mu^\circ = 0$ und bekommt dann den vereinfachten Ausdruck

$$\Xi(\mu,V,T) = \sum_N Z(N,V,T) \cdot a^N \quad \text{mit } \mu^\circ = 0 \tag{2.97}$$

Übersicht 2.2: Zustandsfunktionen aus der makrokanonischen Zustandssumme

$$pV = kT \ln \Xi \qquad (2.98)$$

$$p = kT \left(\frac{\partial \ln \Xi}{\partial V}\right)_{T,\mu_j} \qquad (2.99)$$

$$N_j = kT \left(\frac{\partial \ln \Xi}{\partial \mu_j}\right)_{V,T,\mu_{l\neq j}} = \left(\frac{\partial \ln \Xi}{\partial \ln a_j}\right)_{V,T,\mu_{l\neq j}} \qquad (2.100)$$

$$U = \left(\frac{\partial kT \ln \Xi}{\partial \ln T}\right)_{V,\mu_j} - kT \ln \Xi + \sum_j kT \left(\frac{\partial \ln \Xi}{\partial \ln \mu_j}\right)_{T,V,\mu_{l\neq j}} \qquad (2.101)$$

$$S = \left(\frac{\partial kT \ln \Xi}{\partial T}\right)_{V,\mu_j} = k \ln \Xi + kT \left(\frac{\partial \ln \Xi}{\partial T}\right)_{V,\mu_j} \qquad (2.102)$$

$$H = \left(\frac{\partial kT \ln \Xi}{\partial \ln T}\right)_{V,\mu_j} + \sum_j kT \left(\frac{\partial \ln \Xi}{\partial \ln \mu_j}\right)_{T,V,\mu_{l\neq j}} \qquad (2.103)$$

$$A = -kT \ln \Xi + \sum_j kT \left(\frac{\partial \ln \Xi}{\partial \ln \mu_j}\right)_{V,T,\mu_{l\neq j}} \qquad (2.104)$$

$$G = \sum_j kT \left(\frac{\partial \ln \Xi}{\partial \ln \mu_j}\right)_{V,T,\mu_{l\neq j}} \qquad (2.105)$$

(Die Indizes j und l kennzeichnen unterschiedliche Komponenten in einem Mehrkomponentensystem. Die Angabe von μ_j beziehungsweise $\mu_{l\neq j}$ als konstantgehaltene Variablen steht jeweils für die chemischen Potentiale aller Komponenten j beziehungsweise $l \neq j$.)

Das Ergebnis für die makrokanonische Zustandssumme, das für ein Einkomponentensystem mit der Teilchenzahl N abgeleitet wurde, läßt sich leicht verallgemeinern auf Mehrkomponentensysteme. Für ein Zweikomponentensystem folgt beispielsweise

$$\begin{aligned}\Xi &= \sum_{N_1}\sum_{N_2}\sum_i e^{-\beta E_i(N_1,N_2,V)} e^{-\gamma_1 N_1 - \gamma_2 N_2} \\ &= \sum_{N_1}\sum_{N_2} Z(N_1,N_2,V,T) e^{-\gamma_1 N_1 - \gamma_2 N_2}\end{aligned} \qquad (2.106)$$

mit $\gamma_1 = -\mu_1/kT$ und $\gamma_2 = -\mu_2/kT$. Übersicht 2.2 zeigt eine Reihe von Beziehungen zur Berechnung thermodynamischer Funktionen aus Ξ.

Exkurs 2.12 Herleitung der Gleichungen (2.87, 2.88)

Die Wahrscheinlichkeit $P_i(N)$ muß im Prinzip unter Berücksichtigung aller möglichen makrokanonischen Verteilungen berechnet werden. Für große Zahlen kann man aber wie bei der kanonischen Verteilung die Berechnung von $P_i(N)$ auf die Betrachtung der wahrschein-

2.5 Makrokanonische Gesamtheit: Verteilungen bei variabler Teilchenzahl

sten Verteilung $\Omega(\mathcal{V}_{\max})$ der großkanonischen Gesamtheit beschränken. Man benutzt also die folgende Näherung:

$$P_i(N) = \sum_{\mathcal{V}} P_i^{\mathcal{V}}(N) \cdot P(\mathcal{V}) \approx P_i^{\mathcal{V}_{\max}}(N) = \frac{n_i^*(N)}{n_{\text{tot}}} \qquad (2.107)$$

Die Besetzungszahlen $n_i^*(N)$ der wahrscheinlichsten Verteilung werden also wieder über eine Suche des Maximums der Funktion $\ln \Omega(\mathcal{V})$ aus Gleichung (2.85) bestimmt. Dazu wird $\ln \Omega(\mathcal{V})$ erweitert um die Randbedingungen unter Benutzung von drei Lagrangemultiplikatoren:

$$f(\mathcal{V}) = \ln \Omega(\mathcal{V}) - \alpha \cdot \left[n_{\text{tot}} - \sum_N \sum_i n_i(N) \right] - \beta \cdot \left[E_{\text{tot}} - \sum_N \sum_i n_i(N) \cdot E_i(N, V) \right]$$

$$- \gamma \cdot \left[N_{\text{tot}} - \sum_N \sum_i n_i(N) \cdot N \right] \qquad (2.108)$$

Die Bedingung für das Maximum ist

$$\frac{\partial \ln f(\mathcal{V})}{\partial n_i(N)} = 0 \qquad \text{für} \quad n_i(N) = n_i^*(N)$$

Die Berechnung liefert schließlich für die Verteilungszahlen $n_i^*(N)$ der wahrscheinlichsten Verteilung $\mathcal{V}_{\max}$

$$n_i^*(N) = n_{\text{tot}} \cdot e^{-\alpha} \cdot e^{-\beta \cdot E_i(N, V)} \cdot e^{-\gamma N} \qquad (2.109)$$

$e^{-\alpha}$ läßt sich aus der ersten Randbedingung, Gleichung (2.86a), bestimmen, indem man in Gleichung (2.109) über alle $n_i^*(N)$ summiert:

$$n_{\text{tot}} = \sum_N \sum_i n_i^*(N) = n_{\text{tot}} e^{-\alpha} \cdot \left(\sum_N \sum_i e^{-\beta E_i(N,V)} e^{-\gamma N} \right) \qquad (2.110)$$

Der Ausdruck in Klammern ist die **große Zustandssumme** Ξ. Es gilt

$$\Xi = \sum_N \sum_i e^{-\beta E_i} e^{-\gamma N} = \sum_N Z(N, V, \beta) \cdot e^{-\gamma N} = e^{\alpha} \qquad (2.111)$$

Exkurs 2.13 Herleitung der Gleichungen (2.92- 2.94)

Das Differential des Mittelwerts der Energie entspricht dem Differential dU der inneren Energie und lautet

$$dU = d\langle E \rangle = \sum_N \sum_i E_i(N, V) \cdot dP_i(N) + \sum_N \sum_i P_i(N) \cdot dE_i(N, V) \qquad (2.112)$$

Der zweite Term auf der rechten Seite hängt wegen der Summation über alle N nur noch vom Volumen ab. Man kann daher unter Verwendung der Beziehung (2.90) für den mittleren Druck schreiben

$$\sum_N \sum_i P_i(N) \cdot dE_i(N, V) = \sum_N \sum_i P_i(N) \cdot \left[\frac{\partial E_i(N, V)}{\partial V} \right] \cdot dV = -\langle p \rangle \cdot dV \qquad (2.113)$$

Im ersten Term von Gleichung (2.112) kann man $E_i(N,V)$ mit Hilfe der Gleichung (2.87) für $P_i(N)$ ersetzen durch

$$E_i(N,V) = -\frac{1}{\beta}\left[\gamma N + \ln P_i(N) + \ln \Xi\right] \qquad (2.114)$$

Einsetzen der beiden letzten Beziehungen gibt

$$d\langle E\rangle = -\frac{1}{\beta}\sum_N\sum_i\left[\gamma N + \ln P_i(N) + \ln \Xi\right]dP_i(N) - \langle p\rangle dV \qquad (2.115)$$

Umstellen der Gleichung liefert schließlich unter Verwendung der Gleichung (2.91) für $\langle N\rangle$

$$-\frac{1}{\beta}d\left[\sum_N\sum_i P_i(N)\ln P_i(N)\right] = d\langle E\rangle + \langle p\rangle dV + \frac{\gamma}{\beta}d\langle N\rangle \qquad (2.116)$$

Diese letzte Beziehung ist zu vergleichen mit der Grundgleichung für TdS aus der phänomenologischen Thermodynamik (siehe Anhang A.4, Gleichung (A.16))

$$T\,dS = dU + p\,dV - \mu\,dN$$

Der Vergleich mit (2.116) ergibt, daß γ/β dem negativen chemischen Potential und die linke Seite dem Differential der Entropie multipliziert mit der Temperatur entsprechen (Gleichungen 2.93, 2.93). Für die Entropie ergibt sich dann nach Integration der Ausdruck in Gleichung (2.92):

$$S = -k\sum_N\sum_i P_i(N)\cdot\ln P_i(N)$$

Dieser Ausdruck sichert wie die analoge Beziehung Gleichung (2.49) für die kanonische Gesamtheit die Additivität der Entropie. Dabei ist wie bei der Ableitung von Gleichung (2.49) für die kanonische Gesamtheit die Integrationskonstante gleich Null gesetzt worden. Ersetzt man nun in dem statistischen Ausdruck für die Entropie die Wahrscheinlichkeiten $P_i(N)$ mit Hilfe der Gleichung (2.87), so erhält man

$$\begin{aligned}S &= -k\cdot\sum_N\sum_i\left[\frac{e^{-\beta E_i(N,V)}e^{-\gamma N}}{\Xi}\cdot\left[-\beta E_i(N,V)-\gamma N-\ln\Xi\right]\right]\\ &= k\beta\langle E\rangle + k\gamma\langle N\rangle + k\ln\Xi = \frac{\langle E\rangle}{T} - \frac{\langle N\rangle\mu}{T} + k\ln\Xi\end{aligned}$$

Die entsprechende Gleichung der Thermodynamik ist (siehe (A.24) in Anhang A.4)

$$S = \frac{U}{T} - \frac{N\mu}{T} + \frac{pV}{T}$$

Ein Vergleich der beiden letzten Gleichungen liefert schließlich Gleichung (2.94) für die makrokanonische Zustandssumme:

$$pV = kT\ln\Xi$$

2.6 Vergleich der unterschiedlichen Gesamtheiten

Abschließend soll noch einmal die Frage behandelt werden, inwiefern die Wahl der Randbedingungen für das Einzelsystem in der jeweiligen statistischen Gesamtheit die Anwendung der daraus berechneten statistisch-thermodynamischen Funktionen einschränkt oder beeinflußt. Teilantworten haben wir bereits in den vorhergehenden Abschnitten 2.3 und 2.5 erhalten: für Systeme mit genügend großer Teilchenzahl spielt die Randbedingung bezüglich variabler oder festgehaltener Energie praktisch keine Rolle. Tatsächlich ist für genügend große Systeme der Weg der statistischen Berechnung und die Wahl der speziellen Randbedingungen in der Gesamtheit irrelevant. In allen Fällen werden unter solchen Voraussetzungen die variablen Größen sehr scharfe Verteilungen um ihren jeweiligen Mittelwert zeigen. Es kommt dann nicht darauf an, ob bei der Herleitung einer solchen Größe ein konstanter Wert oder ein freier Austausch mit der Umgebung angenommen wurde. Man kann daher die jeweilige thermodynamische Berechnung nach praktischen Gesichtspunkten wählen.

In den vorhergehenden Abschnitten wurden drei verschiedene Gesamtheiten definiert, die mikrokanonische, die kanonische und die makrokanonische. Ein Vergleich der Gesamtheiten zeigt: läßt man Fluktuationen einer der drei extensiven Größen N, V und E zu, so führt dies in der statistischen Behandlung jeweils zwangsläufig zur Einführung einer neuen intensiven Variablen: Im Fall der kanonischen Gesamtheit ergibt sich auf Grund der fluktuierenden Energie die Temperatur (über den dort eingeführten Lagrangefaktor β), für die makrokanonische Gesamtheit tritt wegen der fluktuierenden Teilchenzahl der zusätzliche Lagrangefaktor $\gamma = -\mu/kT$ und damit das chemische Potential auf.

Wenn man eine Gesamtheit behandelt, deren Einzelsysteme in bezug auf N, V und E fluktuieren können, wird wegen des variablen Volumens noch ein weiterer Lagrangefaktor einzuführen sein, der dann auf den Druck p führt. Fluktuiert also das Volumen, so kommt der Druck als neue charakteristische Variable über den entsprechenden Lagrangefaktor hinzu, während bei fluktuierender Teilchenzahl das chemische Potential als Variable auftritt. Die auf diese Weise zugeordneten Paare von Variablen, also beispielsweise p, V und μ, N entsprechen den zueinander **konjugierten Variablen** der phänomenologischen Thermodynamik. Im Sinne der Thermodynamik sind die Einzelsysteme einer kanonischen Gesamtheit durch den Variablensatz N, V, T und die zugehörige Helmholtz-Funktion $A(N,V,T)$ charakterisiert, die einer makrokanonischen Gesamtheit durch μ, V, T und die zugehörige Funktion pV. Letztere ist gut zur Beschreibung von Gasen geeignet. Man benutzt deshalb gerade die großkanonische Zustandssumme ausgiebig bei der statistischen Behandlung realer Gase.

Wenn man die jeweiligen charakteristischen Funktionen aus der phänomenologischen Thermodynamik und die statistischen Funktionen $\Omega(N,V,E)$, $Z(N,V,T)$ beziehungsweise $\Xi(\mu,V,T)$ für die drei bisher behandelten Gesamtheiten nebeneinanderstellt, kann man ein Bildungsgesetz für die verschiedenen Ausdrücke erkennen:

$$\Omega(N,V,E) = e^{S(N,V,E)/k} \tag{2.117}$$

$$Z(N,V,T) = \sum_E \Omega(N,V,E) \cdot e^{-E/kT}$$

$$= e^{S/k} \cdot e^{-\langle E \rangle/kT} = e^{-A(N,V,T)/kT} \tag{2.118}$$

$$\begin{aligned}
\Xi(\mu,V,T) &= \sum_N \sum_E \Omega(N,V,E) \cdot e^{-E/kT} \cdot e^{N\mu/kT} \\
&= \sum_N Z(N,V,T) \cdot e^{N\mu/kT} \\
&= e^{S/k} \cdot e^{-\langle E \rangle/kT} \cdot e^{\langle N \rangle \mu/kT} = e^{pV(\mu,V,T)/kT}
\end{aligned} \qquad (2.119)$$

Dabei wurden die Beziehungen $A = U - TS$ und $pV = -U + TS + N\mu$ benutzt (siehe Anhang A.4): Die extensiven Größen innere Energie U und Teilchenzahl N der phänomenologischen Thermodynamik sind dabei mit den statistischen Mittelwerten in den fluktuierenden Systemen zu identifizieren

$U = \langle E \rangle$ kanonische und makrokanonische Gesamtheit

$N = \langle N \rangle$ makrokanonische Gesamtheit

Jede der drei bisher behandelten Gesamtheiten ergibt eine charakteristische Funktion, deren Logarithmus sich jeweils bis auf einen Vorfaktor mit einer thermodynamischen Zustandsfunktion identifizieren läßt. In der phänomenologischen Thermodynamik lassen sich sowohl aus $S(N,V,U(= \langle E \rangle))$ wie auch aus $A(N,V,T)$ oder $pV(\mu,V,T)$ alle anderen thermodynamischen Funktionen und Zustandsgrößen ableiten. Wegen der Gleichungen (2.117, 2.118, 2.119) muß das gleiche für statistische Berechnungen thermodynamischer Funktionen eines Systems aus $\Omega(N,V,E)$, $Z(N,V,T)$ oder $\Xi(\mu,V,T)$ gelten. Es ist letztendlich eine Frage der Zweckmäßigkeit und der zur Verfügung stehenden Informationen zum System, welche der Gesamtheiten am vorteilhaftesten benutzt wird.

Nehmen wir beispielsweise ein System, das phänomenologisch durch den Satz von drei Zustandsgrößen V, $N = \langle N \rangle$, $U = \langle E \rangle$ charakterisiert wird. Für die Entropie muß dann gelten

$$\begin{aligned}
S = k \ln \Omega(\langle N \rangle, V, \langle E \rangle) &= k \ln Z + kT \left(\frac{\partial \ln Z}{\partial T} \right)_{V,\langle N \rangle} \\
&= k \ln \Xi + kT \left(\frac{\partial \ln \Xi}{\partial T} \right)_{V,\mu}
\end{aligned} \qquad (2.120)$$

Aus den Beziehungen für Z und Ξ (Gleichungen (2.117, 2.118, 2.119)) folgert man

$$\begin{aligned}
\Omega(\langle N \rangle, V, \langle E \rangle) &= Z(\langle N \rangle, V, T) \cdot e^{\langle E \rangle/kT} \\
&= \Xi(\mu,V,T) \cdot e^{\langle E \rangle/kT} \cdot e^{-\langle N \rangle \mu/kT}
\end{aligned} \qquad (2.121)$$

Diese Gleichsetzung bedeutet offensichtlich, daß die Fluktuationen der Energie und Teilchenzahl um die Mittelwerte vernachlässigbar sind oder mit anderen Worten, daß die Summen über E und N in den Gleichungen (2.118) und (2.119) durch die maximalen Terme mit $E = \langle E \rangle$ und $N = \langle N \rangle$ dominiert werden. Für die Energie war das bereits in Abschnitt 2.3, Gleichung (2.70) gezeigt worden. Für die Fluktuation der Teilchenzahl eines Einzelsystems in der makrokanonischen Gesamtheit ergibt eine analoge Herleitung (siehe Exkurs 2.14)

$$\frac{\sigma_N}{\langle N \rangle} = \left(\frac{\langle N^2 \rangle - \langle N \rangle^2}{\langle N \rangle^2} \right)^{1/2} = \left(\frac{kT\kappa_T}{V} \right)^{1/2} = \left(\frac{kT\kappa_T}{v} \right)^{1/2} \cdot \langle N \rangle^{-1/2} \qquad (2.122)$$

2.6 Vergleich der unterschiedlichen Gesamtheiten

$v = V/N$ steht hier für das *Volumen pro Teilchen*. Wie im Fall der Energie sind auch die relativen Fluktuationen der Teilchenzahl demnach proportional zu $\langle N \rangle^{-1/2}$. Bei typischen Teilchenzahlen von 10^{20} bedeutet das, daß die mittleren Abweichungen von den Mittelwerten $\langle E \rangle$ und $\langle N \rangle$ verschwindend klein sind (für 10^{20} Teilchen ergibt sich als relative Abweichung 10^{-10}!). Man darf also die Beziehungen einer mikrokanonischen Gesamtheit auch zur Beschreibung eines offenen Systems mit fluktuierender Energie und Teilchenzahl nutzen, da die Abweichungen von den Mittelwerten $\langle E \rangle$ und $\langle N \rangle$ bei großer Teilchenzahl vernachlässigbar sind. Die Ergebnisse für die relative Größe der Fluktuationen sind also ein weiteres Argument für die gleichberechtigte Verwendbarkeit von $\Omega(\langle N \rangle, V, \langle E \rangle)$, $Z(\langle N \rangle, V, T)$ oder $\Xi(\mu, V, T)$.

Die obigen drei Definitionen von Einzelsystemen und zugehörigen Gesamtheiten sind nicht die einzig möglichen. Für ein Einzelsystem mit konstanter Energie, konstantem Volumen, aber fluktuierender Teilchenzahl ergibt sich beispielsweise eine statistische Gesamtheit mit der folgenden charakteristischen Funktion

$$\frac{H}{kT} = \frac{S}{k} + \frac{N\mu}{kT} = \ln\left(\sum_N \Omega(N,V,E) \cdot e^{N\mu/kT}\right)$$

Für den Fall eines Einzelsystems mit fluktuierenden Werten für Energie und Volumen sowie konstantgehaltener Teilchenzahl ergibt sich andererseits

$$-\frac{G}{kT} = \frac{S}{k} - \frac{E}{kT} - \frac{pV}{kT} = \ln\left[\sum_V \sum_E \Omega(N,V,E) \cdot e^{-E/kT} e^{-pV/kT}\right]$$

Weitere mögliche Gesamtheiten ergeben sich, wenn weitere Variablen wie beispielsweise die Oberfläche, die elektrische oder magnetische Polarisation usw. in die thermodynamische Betrachtung aufzunehmen sind.

Exkurs 2.14 Herleitung von (2.122)

Für eine makrokanonische Gesamtheit läßt sich der Mittelwert $\langle N \rangle$ der Teilchenzahl ausdrücken durch:

$$\langle N \rangle = \frac{\sum_N \sum_E N\,\Omega(N,V,E)\,e^{-E/kT}\,e^{N\mu/kT}}{\Xi}$$

Differenzieren dieses Ausdrucks nach $\gamma = -\mu/kT$ führt auf

$$\left(\frac{\partial \langle N \rangle}{\partial \gamma}\right)_{V,E} = -\left(\langle N^2 \rangle - \langle N \rangle^2\right) \tag{2.123}$$

Der Rechenweg ist völlig analog zur Herleitung der Energiefluktuation in Abschnitt 2.2.4. Die Ableitung auf der linken Seite von Gleichung (2.123) kann noch vereinfacht werden. Für die Ableitung nach γ gilt

$$\left(\frac{\partial \langle N \rangle}{\partial \mu}\right)\left(\frac{\partial \mu}{\partial \gamma}\right) = kT\left(\frac{\partial \langle N \rangle}{\partial \mu}\right)_{V,E} = -kT \cdot \frac{\langle N \rangle}{V} \cdot \kappa_T$$

Die rechte Seite ergibt sich aus den Fundamentalgleichungen der Thermodynamik (Details zur Herleitung siehe in Kapitel 14, Exkurs 15.2). Für die Teilchenzahlfluktuation folgt also

$$\sigma_N^2 = \langle N^2 \rangle - \langle N \rangle^2 = \frac{kT\kappa_T}{V} \cdot \langle N \rangle^2 \tag{2.124}$$

κ_T ist die isotherme Kompressibilität. Sie ist definiert als (siehe Anhang A.4, Übersicht A.2)

$$\kappa_T = -\frac{1}{V}\left(\frac{\partial V}{\partial p}\right)_{\langle N\rangle,T}$$

Für ein ideales Gas ergibt sich $\kappa_T^{\text{ideal}} = 1/p$. Setzt man dies in (2.124) und beachtet, daß $pV = \langle N\rangle kT$ ist, so folgt für ein ideales Gas aus nicht wechselwirkenden Teilchen, daß das mittlere Schwankungsquadrat der Teilchenzahl gleich der mittleren Teilchenzahl selbst ist:

$$\sigma_N^2 = \langle N^2\rangle - \langle N\rangle^2 = \langle N\rangle \tag{2.125}$$

Literatur zur Vertiefung

Die folgenden Titel bieten eine erweiterte Vertiefung in die Grundlagenaspekte der Statistischen Thermodynamik. Ebenfalls angegeben ist ein Zitat zu den grundlegenden Arbeiten von Gibbs auf diesem Gebiet. Eine umfassendere Zusammenstellung von Lehrbüchern auf dem Gebiet der Statistischen Thermodynamik ist in Anhang D zu finden.

W. Brenig, *Statistische Theorie der Wärme*, Springer, 4. Aufl. Berlin 1996.

H. Ted Davis, *Statistical Mechanics of Phases, Interfaces and Thin Films*, VCH, New York, Weinheim, Cambridge 1996.

B. Diu, C. Guthmann, D. Lederer, B. Roulet, *Grundlagen der Statistischen Physik*, de Gruyter, Berlin 1994.

R.H. Fowler, E.H. Guggenheim, *Statistical Thermodynamics*, Cambridge Univ. Press, Reprint 1965.

C. Garrod, *Statistical Mechanics and Thermodynamics*, Oxford Univ. Press, New York 1995.

J.W. Gibbs, *The Collected Works*, Yale Univ. Press, New Haven 1902, Repr., Dover Press 1960.

L.D. Landau, E.M. Lifschitz, *Lehrbuch der Theoretischen Physik*, Band 5: *Statistische Physik I*, und Band 9: *Statistische Physik II*, Akademie Verlag, Berlin 3. Aufl. 1991.

T.L. Hill, *An Introduction to Statistical Thermodynamics*, Addison-Wesley, London 1962.

P.T. Landsberg, *Thermodynamics and Statistical Mechanics*, Oxford Univ. Press 1978.

3 Wechselwirkungsfreie Systeme

Dieses Kapitel behandelt Systeme mit nichtwechselwirkenden Teilchen, bei denen sich die kanonische Zustandssumme beziehungsweise die Gesamtenergie auf eine Summe unabhängiger Einteilchenenergien zurückführen lassen. Für ideale Gase lassen sich so die thermodynamischen Funktionen aus atomistischen Eigenschaften der Teilchen berechnen.

Viele reale Systeme kann man näherungsweise wie Systeme aus nichtwechselwirkenden Teilchen behandeln, wenn die Wechselwirkungen zwischen den Einzelteilchen klein sind. Deshalb spielen Systeme nichtwechselwirkender Teilchen bei vielen physikalisch-chemischen Modellvorstellungen eine wichtige Rolle. Beispiele sind ideale Gase, ideale Lösungen und ideale Mischungen von Gasen und Flüssigkeiten.

Bei Vernachlässigung der Teilchenwechselwirkung ist die Besetzungswahrscheinlichkeit von Einteilchenenergieniveaus exakt berechenbar. Je nachdem, ob es sich um Fermionen oder Bosonen handelt, ergeben sich dafür unterschiedliche Beziehungen, die zur sogenannten Fermi-Dirac- beziehungsweise Bose-Einstein-Statistik führen (Quantenstatistiken). Der klassische Grenzfall beider Statistiken ist die einfachere Maxwell-Boltzmann-Statistik. Sie gilt, wenn die Teilchenzahl klein gegenüber der Zahl der besetzbaren Einteilchenquantenzustände ist.

3.1 Nicht wechselwirkende Teilchen und Ununterscheidbarkeit

Eine der wichtigsten und häufigsten Näherungen zur Beschreibung von Vielteilchensystemen ist die Vernachlässigung von Wechselwirkungen zwischen den einzelnen Teilchen. Beispiele dazu, die wir in diesem und den folgenden Kapiteln behandeln werden, sind ideale Gase, ideale Mischungen. In vielen Fällen lassen sich auch Teile eines Systems als nichtwechselwirkende Quasiteilchen behandeln, so beispielsweise quasifreie Elektronen (**Elektronengas**, behandelt in Abschnitt 3.7) in Metallen und Halbleitern sowie harmonische Schwingungen in Molekülen und Festkörpern (im Teilchenbild: **Phononengas**, behandelt in Kapitel 6.2 und in Exkurs 6.3).

Die Vernachlässigung der Wechselwirkungen innerhalb eines solchen Vielteilchensystems bedeutet, daß man für die Gesamtenergie des Systems eine Summe aus **Einteilchenenergien** ansetzen kann und die quantenmechanische Behandlung beträchtlich vereinfacht: es ist nur noch die Schrödinger-Gleichung für ein Einteilchensystem zu lösen. Wir setzen nun voraus, daß die Quantenzustände (der Einzelteilchen) mit den dazugehörigen Einteilchenniveaus $\varepsilon_1, \varepsilon_2, \varepsilon_3 \ldots$ für ein System aus N nicht wechselwirkenden Teilchen bekannt sind. Jeder Energieeigenwert des Gesamtsystems E_i (Mikrozustand i des Gesamtsystems!) läßt sich dann als Summe von N Einteilchenenergien schreiben ($\varepsilon(j)$ = Energie des Teilchens j):

$$E_i = [\varepsilon(1) + \varepsilon(2) + \ldots + \varepsilon(j) + \ldots + \varepsilon(N)]_i \qquad (3.1)$$

Die Mikrozustände des Gesamtsystems und damit die Werte von E_i werden durch die möglichen Kombinationen von Einteilchenenergien der N Einzelteilchen nach Gleichung (3.1) repräsentiert. Um also die Zustandssumme aufstellen zu können, müssen alle diese möglichen Kombinationen von Einteilchenenergien bekannt sein. An dieser Stelle kommt jedoch als wichtige Einschränkung die **Ununterscheidbarkeit** gleichartiger Teilchen ins Spiel, die die Quantenmechanik fordert (vergleiche Kapitel 1.4.2).

Zur Veranschaulichung betrachten wir ein einfaches Zweiteilchensystem: wenn eines der Teilchen den Quantenzustand mit der Energie ε_1 und das zweite einen mit der Energie ε_2 besetzt, resultiert daraus bei Ununterscheidbarkeit nur ein einziger Mikrozustand des Gesamtsystems. Wären die beiden Teilchen jedoch als Teilchen a und b unterscheidbar, so könnte man zwei entartete Systemmikrozustände mit den Energien $\varepsilon_1(a) + \varepsilon_2(b)$ und $\varepsilon_1(b) + \varepsilon_2(a)$ unterscheiden. Durch die **Ununterscheidbarkeit** fällt also in Vielteilchensystemen ein Großteil der möglichen Kombinationen von Einteilchenenergien weg.

Darüber hinaus ergibt sich als weitere Einschränkung aus der Quantenmechanik das unterschiedliche Verhalten von **Bosonen** und **Fermionen**, das in Kapitel 1.4.2 beschrieben wurde (zu Beispielen vergleiche Tabelle 1.3). Für die statistische Thermodynamik wirkt sich dabei entscheidend aus, daß in einem Fermionensystem (Beispiel: Leitungselektronen in einem Metall) jeder Einteilchenquantenzustand nur von maximal einem Teilchen besetzt werden darf („Pauli-Prinzip"). Für Bosonensysteme (Beispiel: Photonen, Schwingungen im Festkörper) fehlt diese Einschränkung. Deshalb führt die exakte Behandlung von Fermionen- und Bosonensystemen auf zwei unterschiedliche sogenannte Quantenstatistiken, die **Fermi-Dirac-Statistik** und die **Bose-Einstein-Statistik**.

Die **Quanteneffekte**, die aus dem unterschiedlichen Symmetrieverhalten von Fermionen und Bosonen resultieren, werden vernachlässigbar, wenn die Zahl der Teilchen sehr klein gegen die Zahl der zur Verfügung stehenden Einteilchen-Energieniveaus ist. Eine Mehrfachbesetzung von Einteilchenzuständen ist dann sehr unwahrscheinlich. Allgemein nimmt die Zahl der zur Verfügung stehenden Niveaus mit zunehmender Temperatur zu, so daß Quanteneffekte tendenziell bei tiefen Temperaturen und hohen Dichten zu erwarten sind.

Das folgende Beispiel soll zunächst die Unterschiede in der Behandlung von Fermionen- und Bosonensystemen sowie den zuvor erwähnten Grenzfall veranschaulichen, wenn die quantenmechanisch bedingten Unterschiede von Fermionen- und Bosonensystemen vernachlässigbar werden. Diesen Fall werden wir als **Maxwell-Boltzmann-Statistik** im Kapitel 3.2 und 3.3 kennenlernen. Im Kapitel 3.5 werden wir die Verteilungsfunktionen der Quantenstatistiken ableiten.

Exkurs 3.1 Mikrozustände für Systeme aus Fermionen beziehungsweise Bosonen

Das System bestehe aus $N = 2$ identischen Teilchen. Jedem Teilchen stehen $n = 3$ quantenmechanische Zustände mit der gleichen Energie zur Verfügung (dreifache Entartung bei der Energie ε). Abbildung 3.1 zeigt drei Kästchen für die drei entarteten Einteilchenzustände 1, 2, 3 mit den Wellenfunktionen ψ_1, ψ_2, ψ_3. Die obere Zeile zeigt die möglichen neun Systemzustände für unterscheidbare Teilchen.

3.1 Nicht wechselwirkende Teilchen und Ununterscheidbarkeit

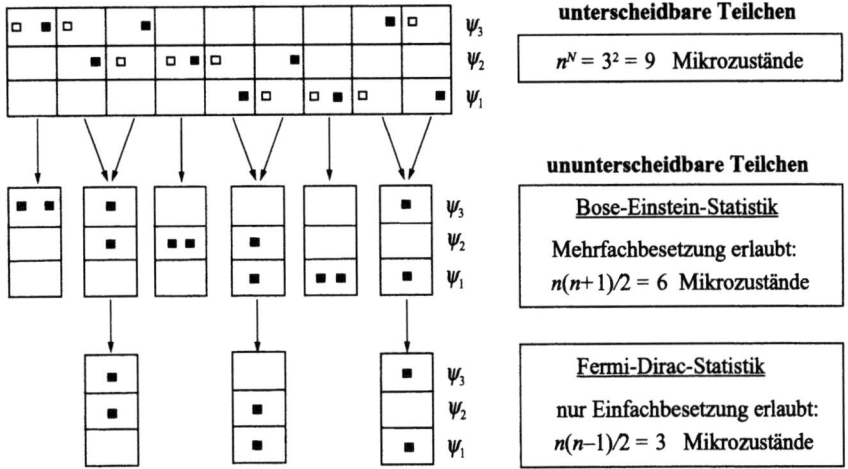

Abbildung 3.1 Zahl der erlaubten Systemzustände (= Ω) im Zweiteilchensystem mit zwei gleichen Teilchen ($N = 2$), bei dem jedem Teilchen $n = 3$ Quantenzustände zur Verfügung stehen.

Geht man zur Quantenstatistik ununterscheidbarer Teilchen über, so reduziert sich die Zahl der möglichen Systemzustände für Bosonen auf sechs Zustände. Für Fermionen reduziert sich diese Zahl wegen des Verbots der Mehrfachbesetzung sogar auf drei Zustände, wie der unteren Zeile der Abbildung 3.1 zu entnehmen ist. Die Zahl Ω der Mikrozustände ist bei unserem Beispiel in Abbildung 3.1 für zwei Fermionen mit $\Omega(\text{Fermi}) = 3$ gerade halb so groß wie für zwei Bosonen.

Betrachten wir nun die zugehörigen Systemmikrozustände, Systemenergien und Zustandssummen. Für den Fall der Unterscheidbarkeit wollen wir die Teilchen mit a und b bezeichnen. Die möglichen neun Systemmikrozustände ergeben sich bei unterscheidbaren Teilchen aus der Matrix in der folgenden Abbildung. $\varepsilon_1(a)$ bedeutet dabei: Teilchen a im Quantenzustand mit der Energie ε_1. Die Zustandssumme lautet dann:

$$Z = \sum_{i=1}^{9} e^{-E_i/kT} = \sum_{j=1}^{3} \sum_{l=1}^{3} e^{-[\varepsilon_j(a)+\varepsilon_l(b)]/kT} = \underbrace{\left[e^{-\varepsilon_1/kT} + e^{-\varepsilon_2/kT} + e^{-\varepsilon_3/kT} \right]^2}_{= z^2} \quad (3.2)$$

Tabelle 3.1: Mikrozustände und Systemenergien eines Systems aus zwei unterscheidbaren Teilchen a und b mit jeweils drei Quantenzuständen

		Teilchen b		
		ε_1	ε_2	ε_3
	ε_1	$\varepsilon_1(a) + \varepsilon_1(b)$	$\varepsilon_1(a) + \varepsilon_2(b)$	$\varepsilon_1(a) + \varepsilon_3(b)$
Teilchen a	ε_2	$\varepsilon_2(a) + \varepsilon_1(b)$	$\varepsilon_2(a) + \varepsilon_2(b)$	$\varepsilon_2(a) + \varepsilon_3(b)$
	ε_3	$\varepsilon_3(a) + \varepsilon_1(b)$	$\varepsilon_3(a) + \varepsilon_2(b)$	$\varepsilon_3(a) + \varepsilon_3(b)$

In der Matrix von Tabelle 3.1 dürfen bei Nichtunterscheidbarkeit der Teilchen im Fall von Fermionen nur Zustände oberhalb oder unterhalb der Diagonalen sowie für Bosonen zusätzlich auch entlang der Diagonalen in der Zustandssumme gezählt werden. Unser Beispiel für ununterscheidbare Teilchen ergibt dann nur noch sechs Mikrozustände des Systems, wenn es sich um **Bosonen** handelt. Für **Fermionen** sind darüberhinaus noch die Zustände entlang der Diagonalen verboten (zwei Fermionen dürfen nicht den gleichen Einteilchenzustand besetzen), und man erhält nur noch drei Systemmikrozustände.

Erweitert man die Überlegung auf ein Zweiteilchensystem mit $n > 3$ Zuständen, ergibt sich nach einem analogen Schema wie in Tabelle 3.1 eine quadratische Matrix mit n Reihen und Spalten, und man erhält als Zahl der Elemente oberhalb der Diagonalen

$$\frac{n^2}{2} - \frac{n}{2} = \frac{n(n-1)}{2}$$

Das entspricht der Zahl der Mikrozustände, wenn es sich um ein System aus zwei *Fermionen* handelt. Addiert man die n Diagonalelemente dazu, ergibt sich die Zahl der Mikrozustände für ein System aus zwei *Bosonen*:

$$\frac{n^2}{2} - \frac{n}{2} + n = \frac{n(n+1)}{2}$$

Wenn die Zahl n der *Einteilchenzustände* groß gegen Eins ist ($n+1 \approx n$), kann man in beiden Ausdrücken die Zahlen der Mikrozustände annähern durch

$$\text{Bosonen:} \quad \Omega = \frac{n(n+1)}{2} \approx \frac{n^2}{2}$$

$$\text{Fermionen:} \quad \Omega = \frac{n(n-1)}{2} \approx \frac{n^2}{2}$$

Für Fermionen wie für Bosonen erhält man dann näherungsweise das gleiche Ergebnis, nämlich $n^2/2$ Mikrozustände. Für ein System mit $N = 3$ Teilchen erhält man als Zahl der Mikrozustände:

$$\text{Bosonen:} \quad \Omega = \frac{n(n+1)(n+2)}{2 \cdot 3} \approx \frac{n^3}{3!}$$

$$\text{Fermionen:} \quad \Omega = \frac{n(n-1)(n-2)}{2 \cdot 3} \approx \frac{n^3}{3!}$$

Die Näherung auf der rechten Seite beider Gleichungen gilt für den Grenzfall $n \gg 3$. Für den allgemeinen Fall eines Systems mit N Teilchen und n besetzbaren Quantenzuständen pro Teilchen folgt für die Zahl der möglichen Mikrozustände des Gesamtsystems, wenn man wiederum den Grenzfall $n \gg N$ einschließt

$$\text{Bosonen:} \quad \Omega = \frac{n(n+1)\ldots(n+N-1)}{N!} = \frac{(n+N-1)!}{N!(n-1)!} \approx \frac{n^N}{N!} \quad (3.3)$$

$$\text{Fermionen:} \quad \Omega = \frac{n(n-1)\ldots(n-(N-1))}{N!} = \frac{n!}{N!(n-N)!} \approx \frac{n^N}{N!} \quad (3.4)$$

n^N ist wieder die Gesamtzahl der möglichen Kombinationen der Einteilchenenergien, wenn die Teilchen unterscheidbar sind. Falls die Teilchen nicht unterscheidbar sind, reduziert sich, wie die obigen Überlegungen zeigen, die Zahl der Zustände näherungsweise um den Faktor

$1/N!$. Die Näherung ist anwendbar, wenn die Zahl n der verfügbaren zugänglichen Einteilchenzustände groß gegen die Teilchenzahl N ist, was für verdünnte Gase bereits bei Temperaturen von einigen Kelvin gilt (vergleiche Exkurs 3.4).

3.2 Zustandssumme nichtwechselwirkender Teilchen

Für den einfachsten Fall, ein System mit der Teilchenzahl $N = 1$, sind Systemenergie E und die Energie ε des Einzelteilchens identisch, und man erhält als Zustandssumme

$$Z(1) = z = \sum_j \exp\left[-\frac{\varepsilon_j}{kT}\right] \tag{3.5}$$

Die Zustandssumme für ein Einteilchensystem kürzen wir im folgenden mit z ab und bezeichnen sie als **Einteilchen-** oder kurz **Teilchenzustandssumme**. Die Besetzungswahrscheinlichkeit eines Quantenzustands j des Einzelteilchens ist dann

$$P(\varepsilon_j) = \frac{\exp\left[-\varepsilon_j/kT\right]}{z} \tag{3.6}$$

Diese Beziehung wird auch als **Boltzmannscher Verteilungssatz** oder kurz **Boltzmann-Verteilung** bezeichnet. Vergrößert man das System auf zwei oder mehr nicht wechselwirkende Teilchen, so verhalten sich die Einzelteilchen völlig unabhängig voneinander.

Wir wollen zunächst die Teilchen als unterscheidbar behandeln. Nach der Quantenmechanik müssen wir eigentlich generell gleichartige Teilchen als nicht unterscheidbar ansehen. Wir werden dies am Ende des Abschnitts durch einen Korrekturfaktor wieder kompensieren (vergleiche Kapitel 1.4.2). Es folgt (siehe Abbildung 3.2), daß ein System mit $N > 1$ Teilchen sich so behandeln läßt, als wenn es aus N unabhängigen Einzelsystemen mit jeweils einem Teilchen bestehen würde.

Die Zustandssumme läßt sich dann als Produkt von Einteilchenzustandssummen schreiben („faktorisieren", zur Herleitung für ein Zweiteilchensystem siehe Gleichung (3.2) sowie Abbildung 3.2). Für ein System aus N **unterscheidbaren** (lokalisierten) Teilchen ergibt sich

$$Z(N) = \left[\sum_j \exp\left(-\frac{\varepsilon_j}{kT}\right)\right]^N = z^N \tag{3.7}$$

Multipliziert man in Gleichung (3.7) die Einzelfaktoren aus, so erhält man eine Summe von Exponentialtermen, die die Systemenergie E in allen Kombinationen der Einteilchenenergien ε_j enthalten.

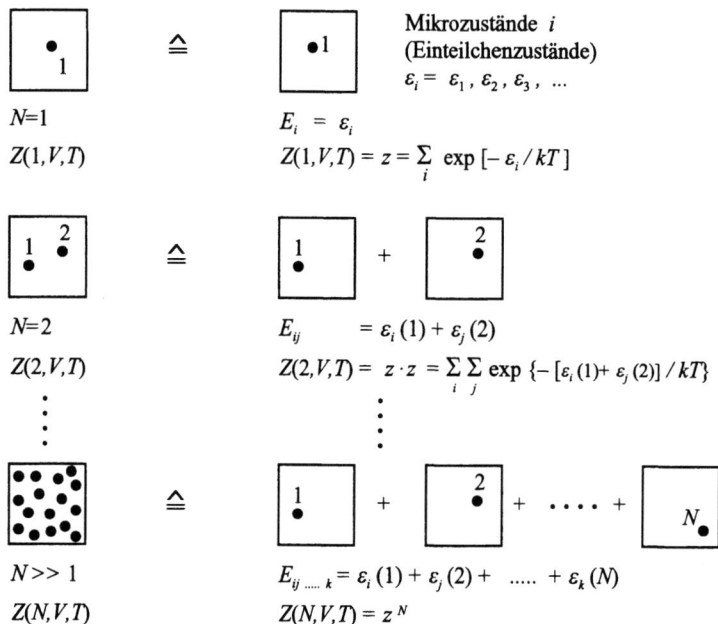

Abbildung 3.2 Zustandssumme eines N-Teilchensystems mit unterscheidbaren nichtwechselwirkenden Teilchen: wegen der fehlenden Wechselwirkungen ist die Energie des Systems gleich der Summe der Einteilchenenergien. Das System läßt sich deshalb als Summe von N unabhängigen Teilsystemen mit jeweils einem Teilchen darstellen. Da die Energien in der Zustandssumme im Exponenten stehen, entspricht dieser Darstellung eine Faktorisierung der Zustandssumme in N gleiche Teilfaktoren, die der Zustandssumme eines Einteilchensystems entsprechen.

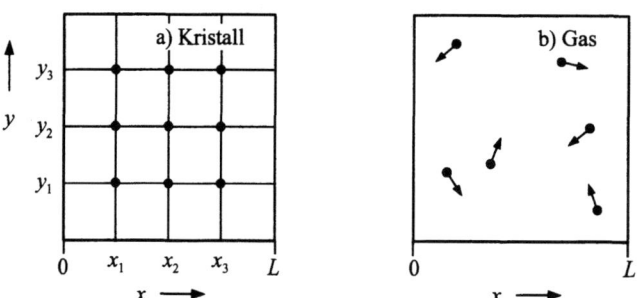

Abbildung 3.3 a) Ortsfeste Teilchen mit lokalisierter Wellenfunktion (Beispiel: Kristall) sind über ihre Ortskoordinaten unterscheidbar. Wenn Wechselwirkungen untereinander vernachlässigt werden, gilt Gleichung (3.7) für die Zustandssumme. b) Wenn die Teilchen sich gemeinsam in demselben Volumen aufhalten und die Wellenfunktion der Teilchen nicht lokalisiert ist (Beispiel: Gase), gibt es keinerlei Möglichkeiten, die Teilchen zu unterscheiden.

3.2 Zustandssumme nichtwechselwirkender Teilchen

Dieses Ergebnis läßt sich anwenden auf streng lokalisierte Teilchen, beispielsweise Kernspins, Atomkerne oder Elektronen in inneren Schalen der Atome im idealen Kristall. Die Wellenfunktionen solcher Teilchen sind lokalisiert, das heißt nur in der näheren Umgebung der jeweiligen Gitterplätze (x_0, y_0, z_0) von Null verschieden. Systemzustände mit anderen Verteilungen (Permutationen) der Teilchen über die Gitterplätze sind aus kinetischen Gründen nicht zugänglich. Die Angabe von Einteilchenzuständen erfolgt in solchen Fällen unter anderem durch Spezifizieren der Ortskoordinaten. Zwei Teilchen können also, auch wenn sie Fermionen sind, im selben Quantenzustand vorkommen, da es sich um örtlich getrennte Raumbereiche handelt (und damit verschiedene Quantenzustände). Die Ununterscheidbarkeit wirkt sich in der Praxis erst dann aus, wenn die gleichartigen Teilchen dasselbe Volumen beanspruchen, wie es beispielsweise für Atome und Moleküle im Gas gilt.

Für **ununterscheidbare** Teilchen werden in Gleichung (3.7) für $Z(N)$ zu viele Terme gezählt, denn es werden auch solche berücksichtigt, die sich nur durch Vertauschungen (Permutationen) der Teilchen unterscheiden (und quantenmechanisch deshalb nur als ein Quanten- oder Mikrozustand des Systems zählen).

Wenn jedes Teilchen einen anderen Quantenzustand besetzt, sind bei N gleichartigen Teilchen $N!$ Vertauschungen oder Permutationen möglich, die nicht unterscheidbar sind. Für sie darf nur ein Systemmikrozustand gezählt werden. Um diese überzähligen Permutationen zu eliminieren, muß gegenüber der Zustandssumme $Z = z^N$ durch $N!$ dividiert werden:

$$Z(\text{ununterscheidbar}) = \frac{1}{N!} Z(\text{unterscheidbar}) = \frac{1}{N!} z^N \tag{3.8}$$

Diese Korrektur für die Ununterscheidbarkeit ergibt einen einfachen Ausdruck für die kanonische Zustandssumme, zu dessen Auswertung nur noch die Kenntnis der Einteilchenzustände und Energien nötig ist. Diese Form der Zustandssumme ist charakteristisch für die Maxwell-Boltzmann-Statistik, stellt allerdings keine in allen Fällen befriedigende Korrektur dar. Eine genauere Analyse und Berücksichtigung der Ununterscheidbarkeit wird uns in Abschnitt 3.5 zu den Quantenstatistiken führen.

Exkurs 3.2 Korrekturfaktor $1/N!$ in Gleichung (3.8)

Die Korrektur mit dem Faktor $1/N!$, die zur Maxwell-Boltzmann-Statistik idealer Gase führt, ist nicht exakt und nur dann eine sehr gute Näherung, wenn die Zahl der durch die Moleküle besetzbaren Quantenzustände sehr viel größer als die Teilchenzahl des Gases ist.

Der ursprüngliche Ausdruck z^N enthält nämlich auch Verteilungen, bei denen zwei oder mehr Teilchen denselben Einteilchenquantenzustand besetzen. Für solche Teilchen kommen in z^N aber keine Permutationen vor. Dividiert man also auch solche Summanden der Zustandssumme durch $N!$, so ergibt sich ein zu kleiner Wert für Z. Das Problem macht sich aber nur bemerkbar, wenn der Anteil solcher Verteilungen mit Teilchen im selben Quantenzustand unter den insgesamt möglichen Verteilungen signifikant ist. Der Fehler läßt sich vernachlässigen, wenn sehr viel mehr Einteilchen-Quantenzustände vorliegen als Teilchen. Unter solchen Umständen stellt die Maxwell-Boltzmann-Statistik mit dem (näherungsweisen) Korrekturfaktor $1/N!$ für die Ununterscheidbarkeit eine exzellente Näherung dar.

> **Exkurs 3.3 Wechselwirkungsfreies Kernspinsystem in einem Kristall**

Das folgende Beispiel zeigt eine Anwendung von Gleichung (3.7) für ortsfeste Kernspins, die über ihre Ortskoordinaten unterscheidbar sind. Als Beispiel betrachten wir das System der ^{19}F-Kernspins (Kernspinquantenzahl $I = 1/2$) in kristallinem SrF_2 bei Anwesenheit eines äußeren Magnetfelds B. Wir wollen näherungsweise die Wechselwirkung zwischen den einzelnen Kernspins vernachlässigen. Jeder Kernspin kann dann zwei verschiedene Orientierungen relativ zum Magnetfeld einnehmen, deren potentielle Energie sich um eine Energiedifferenz $\Delta\varepsilon$ unterscheiden. Die einzelnen Kernspins werden als ortsfest im Kristall angenommen. Sie sind dann über ihre Ortskoordinaten unterscheidbar. Wenn mit μ das magnetische Dipolmoment eines einzelnen Kerns bezeichnet wird, gilt für die Energiedifferenz $\Delta\varepsilon$

$$\Delta\varepsilon = 2\mu \cdot B$$

Wählt man als Nullpunkt die Energie des tiefer gelegenen Niveaus, so ergibt sich für die Teilchenzustandssumme:

$$z = 1 + \exp(-\Delta\varepsilon/kT) = \exp(-\Delta\varepsilon/2kT) \cdot 2\cosh\left(\frac{\Delta\varepsilon}{2kT}\right)$$

Ein System aus N unterscheidbaren ^{19}F-Kernspins hat dann die Systemzustandssumme

$$Z(N) = z^N = \exp\left(-\frac{N\Delta\varepsilon}{2kT}\right) \cdot 2^N \left[\cosh\left(\frac{\Delta\varepsilon}{2kT}\right)\right]^N$$

Für innere Energie U und Wärmekapazität C_V folgt

$$U = kT^2 \left(\frac{\partial \ln Z}{\partial T}\right)_{V,N} = \frac{1}{2} N\Delta\varepsilon \left[1 - \tanh\left(\frac{\Delta\varepsilon}{2kT}\right)\right]$$

$$C_V = \left(\frac{\partial U}{\partial T}\right)_{V,N} = Nk \cdot \left(\frac{\Delta\varepsilon}{kT}\right)^2 \cdot \frac{\exp(\Delta\varepsilon/kT)}{[\exp(\Delta\varepsilon/kT) + 1]^2}$$

Abbildung 3.4 zeigt den Verlauf von $U/N\Delta\varepsilon$ und C_V/Nk als Funktion der Temperatur. Man findet ein Maximum der Wärmekapazität nahe der Temperatur $T = \Delta\varepsilon/2k$.

Das Zweiniveausystem zeigt eine interessante Besonderheit (die analog auch für jedes andere System mit einer endlichen Zahl von Quantenzuständen gilt). Die Zustandssumme hat in unserem Beispiel für $T \to \infty$ den Grenzwert $Z(T \to \infty) = 2^N$. Die Besetzungswahrscheinlichkeit der beiden Niveaus geht dabei gegen den Wert $P_1 = P_2 = 1/2$. Für die Kernresonanzspektroskopie bedeutet das, daß die Absorptionsrate von Photonen, die proportional zum Besetzungsunterschied der beiden Niveaus ist, bei Temperaturen $T \gg \Delta\varepsilon/k$ sehr klein wird. Die charakteristischen Temperaturen für die Kernspins liegen in der Größenordnung von $T = \Delta\varepsilon/k \approx 10^{-2} - 10^{-3}$ K. Wendet man jedoch sehr kurze Pulse elektromagnetischer Strahlung bei der Larmorfrequenz an, so kann man dem Kernspinsystem durch induzierte Übergänge vom niedrigen ins hohe Niveau soviel Energie zuführen, daß bei genügend hoher Feldstärke ($\mu B \gg kT$) eine komplette Besetzungsumkehr eintritt. Das höhere Niveau ist dann stärker besetzt als das niedrigere. Benutzt man auch für diesen Fall die statistisch-thermodynamische Gleichung für das Besetzungsverhältnis N_1/N_0, obwohl kein Gleichgewichtszustand vorliegt, so folgt formal eine *negative Temperatur*

$$\frac{N_1}{N_0} = e^{-\Delta\varepsilon/kT} > 1 \quad \longrightarrow \quad T < 0$$

Die Kernspins in einem solchen System befinden sich aber weder untereinander noch mit der Umgebung im Gleichgewicht. Einen Gleichgewichtszustand mit negativer Temperatur kann es nicht geben. Dies folgt schon aus der Definition der Temperatur über die mikrokanonische Entartungsfunktion $\Omega(N,V,E)$ (mit $S = k \ln \Omega$ für ein System konstanter Energie)[1]:

$$\frac{1}{T} = \left(\frac{\partial S}{\partial U}\right)_{N,V} = k \cdot \left(\frac{\partial \ln \Omega(N,V,\langle E \rangle)}{\partial \langle E \rangle}\right)_{N,V}$$

Weil $\Omega(N,V,E)$ immer eine mit der Energie stark zunehmende Funktion ist, muß die Ableitung nach der Energie positiv sein und damit auch die Temperatur selbst.

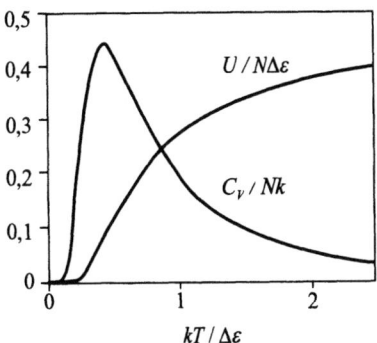

Abbildung 3.4 Energie und Wärmekapazität eines Zweiniveausystems als Funktionen der reduzierten Temperatur $kT/\Delta\varepsilon$. Die Energie U ist in Einheiten von $N\Delta\varepsilon$ und die Wärmekapazität C_V ist in Einheiten von Nk aufgetragen.

3.3 Zustandssumme des einatomigen idealen Gases

Als Anwendungsbeispiel für ein System nicht-wechselwirkender Teilchen, das der Maxwell-Boltzmann-Statistik gehorcht, soll im folgenden ein ideales Gas aus Einzelatomen betrachtet werden. Das Gas soll in einem Behälter des Volumens V eingeschlossen sein. Die potentielle Energie der ruhenden Atome wird gleich Null gesetzt: $\varepsilon_0 = 0$. Andere Energiebeiträge wie beispielsweise eine elektronische Anregung der Atome werden vernachlässigt. Der einzige variable Beitrag zur Einteilchenenergie ist also die Translationsenergie ε_{trans} der Atome. Die quantenmechanische Behandlung der Bewegung eines Teilchens der Masse m in einem quaderförmigen Kasten mit den Kantenlängen a, b und c liefert mit Gleichung (1.39) folgende Energieeigenwerte:

$$\varepsilon_{trans} = \varepsilon_{trans,n_x} + \varepsilon_{trans,n_y} + \varepsilon_{trans,n_z} = \frac{h^2}{8m}\left[\left(\frac{n_x}{a}\right)^2 + \left(\frac{n_y}{b}\right)^2 + \left(\frac{n_z}{c}\right)^2\right] \quad (3.9)$$

Setzt man dies in die Gleichung (3.5) für die Einteilchenzustandssumme ein, so folgt

---

[1] Die verwendete Beziehung $S = k \ln \Omega$ für eine mikrokanonische Gesamtheit kann in den meisten Fällen auch für offene Systeme verwendet werden, da die mittlere Energie $\langle E \rangle = U$ für Systeme mit großen Teilchenzahlen sehr scharf definiert ist und Fluktuationen dagegen vernachlässigbar sind (vergleiche auch Kapitel 2.3).

$$z_{\text{trans}} \overset{!}{=} \sum_{n_x=1}^{\infty} \sum_{n_y=1}^{\infty} \sum_{n_z=1}^{\infty} \exp\left[-\frac{\varepsilon_{\text{trans},n_x} + \varepsilon_{\text{trans},n_y} + \varepsilon_{\text{trans},n_z}}{kT}\right]$$

$$= \sum_{n_x=1}^{\infty} \exp\left[\frac{-n_x^2 h^2}{8ma^2 kT}\right] \cdot \sum_{n_y=1}^{\infty} \exp\left[\frac{-n_y^2 h^2}{8mb^2 kT}\right] \cdot \sum_{n_z=1}^{\infty} \exp\left[\frac{-n_z^2 h^2}{8mc^2 kT}\right] \quad (3.10)$$

Da die Energieniveaus so dicht beieinander liegen, daß sie in guter Näherung als Kontinuum behandelt werden können (siehe Abbildung 1.24), darf man die Summen durch Integrale ersetzen:

$$\sum_{n_x=1}^{\infty} \exp\left(\frac{-n_x^2 h^2}{8ma^2 kT}\right) \approx \int_0^{\infty} \exp\left(\frac{-n_x^2 h^2}{8ma^2 kT}\right) dn_x \quad (3.11)$$

Wir erhalten so ein Produkt von drei Integralen, die dem Integral über die *Gauß-Funktion* entsprechen, für das sich folgende Lösung ergibt (vergleiche (B.63) in Anhang B.3)

$$\int_0^{\infty} e^{-qx^2} dx = \frac{1}{2}\sqrt{\frac{\pi}{q}} \quad \text{mit} \quad x \overset{\wedge}{=} n_x, n_y, n_z; \quad q \overset{\wedge}{=} \frac{h^2}{8m\alpha^2 kT}; \quad \alpha \overset{\wedge}{=} a,b,c$$

Mit der Abkürzung $V = abc$ für das Volumen folgt daraus

$$z_{\text{trans}} = \left(\frac{2\pi mkT}{h^2}\right)^{3/2} V = \frac{V}{\lambda^3} \quad \text{mit} \quad \lambda = \left(\frac{h^2}{2\pi mkT}\right)^{1/2} \quad (3.12)$$

Die Translationszustandsumme eines Moleküls ist also proportional zu $m^{3/2}$, zu $T^{3/2}$ und zum Volumen V des Systems. Bereits bei Temperaturen, die nur geringfügig über dem absoluten Nullpunkt sind, ist unter Normaldruck die Zahl der Translationszustände pro Teilchen in einem idealen Gas sehr groß gegen die Teilchenzahl, so daß die Anwendung der Maxwell-Boltzmann-Statistik gerechtfertigt ist (vergleiche Exkurs 3.4). Für die Zustandsumme aufgrund der Translation eines idealen einatomigen Gases erhält man aus Gleichung (3.8)

$$Z = \frac{1}{N!} (z_{\text{trans}})^N \quad (3.13)$$

Mit Gleichung (3.12) läßt sich $\ln Z$ schreiben als

$$\ln Z = N \ln V - N \ln \lambda^3 - \ln N!$$

Wir können nun aus Z die thermodynamischen Funktionen des idealen einatomigen Gases berechnen. Für die freie Energie (Helmholtz-Energie) erhält man unter Ausnutzung der Stirling-Näherung

$$A = -kT \ln Z = NkT(\ln N - 1) - NkT \ln \frac{V}{\lambda^3} \quad (3.14)$$

3.3 Zustandssumme des einatomigen idealen Gases

Aus der partiellen Ableitung von A nach dem Volumen ergibt sich direkt das ideale Gasgesetz (= Zustandsgleichung des idealen Gases)

$$p = -\left(\frac{\partial A}{\partial V}\right)_{T,N} = \frac{NkT}{V} = \frac{nRT}{V} \tag{3.15}$$

Für die molare innere Energie U_m ($N = N_A$) und für die molare Wärmekapazität bei konstantem Volumen $C_{V,m}$ erhält man

$$U_m = kT^2\left(\frac{\partial \ln Z}{\partial T}\right)_{V,N} = \frac{3}{2}kN_AT = \frac{3}{2}RT \tag{3.16}$$

$$C_{V,m} = \left(\frac{\partial U}{\partial T}\right)_{N,V} = \frac{3}{2}R \tag{3.17}$$

Schließlich kann man auch die Entropie eines einatomigen Gases aus den Ergebnissen für A und U ableiten:

$$\begin{aligned}S &= \frac{U-A}{T} = \frac{3}{2}Nk - Nk(\ln N - 1) + Nk\ln\frac{V}{\lambda^3} \\ &= Nk\left[\ln\left(\frac{V}{N}\right) + \frac{3}{2}\ln T + \frac{5}{2} + \frac{3}{2}\ln\left(\frac{2\pi mk}{h^2}\right)\right] = Nk\ln\frac{V\,e^{5/2}}{\lambda^3 N}\end{aligned} \tag{3.18}$$

Diese Gleichung, die eine Absolutberechnung der Entropie eines idealen einatomigen Gases ermöglicht, wird auch als **Sackur-Tetrode-Gleichung** bezeichnet.

Exkurs 3.4 Gültigkeit der Boltzmann-Statistik bei Gasen

Wegen der geringen Größe der Translationsenergiequanten ist die halbklassische Näherung der Translationszustandssumme nach Gleichung (3.12) für verdünnte Gase bei Normaltemperatur sehr gut erfüllt. z_{trans} ist ein Maß für die effektive Zahl der Translationsquantenzustände, die einem Einzelteilchen im Gas bei gegebenen Werten für Temperatur und Volumen zur Verfügung stehen. Für 1 Liter Helium bei Raumtemperatur ergibt sich mit $\lambda^3_{\text{He}}(298\,\text{K}) = 1{,}28 \cdot 10^{-31}\,\text{m}^3$

$$z_{\text{trans}} = \frac{10^{-3}\,\text{m}^3}{1{,}28 \cdot 10^{-31}\,\text{m}^3} = 7{,}7 \cdot 10^{27}$$

Die Anzahl von He-Atomen in 1 Liter bei einem Druck von $1 \cdot 10^5$ Pa ist

$$N = \frac{pV}{kT} = \frac{10^5\,\text{Pa} \cdot 10^{-3}\,\text{m}^3}{1{,}38 \cdot 10^{-23}\,\text{J K}^{-1} \cdot 298\,\text{K}} = 2{,}4 \cdot 10^{22}$$

Es stehen damit pro Heliumatom im Mittel etwa $3{,}2 \cdot 10^5$ besetzbare Translationszustände zur Verfügung. Zustände mit Doppelbesetzung eines Translationszustands sind dabei sehr unwahrscheinlich. Die Anwendung der Maxwell-Boltzmann-Statistik ist also berechtigt. Erst für Temperaturen, bei denen $N \geq z_{\text{trans}}$ wird, muß man Quanteneffekte berücksichtigen und zwischen Fermionen- und Bosonen-Verhalten unterscheiden. Nimmt man das ideale Gasgesetz auch bei tiefen Temperaturen (und somit relativ hoher Dichte) als gültig an, so ergibt sich aus der Bedingung $N = z_{\text{trans}}$ bei einem Druck von $p = 10^5$ Pa

$$T^{5/2} = \frac{p}{k} \cdot \left(\frac{h^2}{2\pi mk}\right)^{3/2} \implies T = 1{,}87\,\text{K}$$

Allerdings lassen sich Quanteneffekte bei Helium und weiteren einfachen Gasen im Gegensatz zu dieser Abschätzung noch bei erheblich höheren Temperaturen nachweisen (die kritischen Punkte von Wasserstoff, Neon und sogar Methan, letzteres noch bei 100 K, sind noch deutlich durch Quanteneffekte beeinflußt!). Tatsächlich resultiert der Fehler in dieser einfachen Abschätzung vor allem daraus, daß bei dichten Gasen und Flüssigkeiten für die Quantisierung der Translationszustände nicht mehr das Behältervolumen, sondern ein effektives Volumen $V \sim \lambda^3$ entscheidend wird, wobei λ die mittlere Weglänge zwischen zwei Stößen mit Nachbarteilchen darstellt und recht klein werden kann.

Exkurs 3.5 Gibbs'sches Paradoxon

Es ist interessant nachzuvollziehen, was die statistische Herleitung der Entropie S aus der Zustandssumme ohne Berücksichtigung des Faktors $1/N!$, also der Ununterscheidbarkeit der Teilchen, liefern würde. Aus dem Schritt von Gleichung (3.13) nach (3.14) und Vergleich mit (3.18) folgt, daß dann der Summand $-Nk(\ln N - 1)$ fehlt. Statt Gleichung (3.18) erhält man

$$S_1(\text{unterscheidbar}) = \frac{3}{2} Nk + Nk \ln \frac{V}{\lambda^3} \tag{3.19}$$

Gibt man nun 2 mol des gleichen Gases bei gleicher Temperatur und gleichem Druck zusammen, so müssen zur Berechnung der Gesamtentropie in dem letzten Ausdruck N und V durch $2N$ und $2V$ ersetzt werden:

$$S_2(N + N, V + V) = \frac{3}{2} \cdot 2Nk + 2Nk \ln \frac{2V}{\lambda^3} \tag{3.20}$$

Vergleich der beiden letzten Gleichungen ergibt als Entropie S_2 bei Verdopplung der Systemgröße

$$S_2 = 2S_1 + 2Nk \ln 2$$

Dies steht im Widerspruch zur phänomenologischen Thermodynamik, die die Additivität der Entropie bei der Vereinigung der beiden gleich großen Systeme verlangt, also $S_2 = 2S_1$. Addiert man jedoch im Ausdruck (3.19) zu S_1 den Wert $-k \ln N!$ und im Ausdruck (3.20) zu S_2 den Wert $-k \ln(2N)!$, so erhält man nach Einführen der Stirling-Näherung das richtige Ergebnis $S_2 = 2S_1$. Der Faktor $1/N!$ in der Zustandssumme des idealen Gases ist also zwingend erforderlich.

3.4 Ideale Mischungen und chemisches Potential

Wir betrachten im folgenden als Beispiel eine Gasmischung aus Helium und Argon. Die Gesamtenergie des Systems setzt sich additiv aus den Einteilchenenergien zusammen, wenn wir ideales Verhalten der Gase annehmen:

$$E = \sum_{i=1}^{N_{\text{Ar},i}} \varepsilon_{\text{Ar},i} + \sum_{j=1}^{N_{\text{He},j}} \varepsilon_{\text{He},j} = E_{\text{Ar}} + E_{\text{He}} \tag{3.21}$$

In einer Mischung von zwei idealen Gasen gibt es keine Wechselwirkungen zwischen den Teilchen. Daraus folgt sofort, daß beim isothermen Mischen zweier Gase keine

3.4 Ideale Mischungen und chemisches Potential

zusätzlichen energetischen Effekte auftreten. Die **Mischungsenergie** ΔU wie auch die **Mischungsenthalpie** ΔH müssen Null sein. Allerdings führt das Mischen zu einer **Mischungsentropie** ΔS, die wir im folgenden ableiten.

Wir gehen aus von zwei getrennten Systemen vor dem Mischen, die sich jeweils in einem Volumen V_{He} beziehungsweise V_{Ar} bei der Temperatur T und mit den Teilchenzahlen N_{Ar} und N_{He} befinden. Nach dem Mischen soll eine homogene Gasmischung mit dem Volumen $V = V_{Ar} + V_{He}$ bei der gleichen Temperatur vorliegen. Abbildung 3.5a zeigt dies schematisch. Vor dem Mischen hat das zusammengesetzte System die Zustandssumme Z_{vor}:

$$Z_{vor} = Z_{Ar}(T,V_{Ar},N_{Ar}) \cdot Z_{He}(T,V_{He},N_{He})$$
$$= \frac{z_{Ar}^{N_{Ar}}(V_{Ar})}{N_{Ar}!} \cdot \frac{z_{He}^{N_{He}}(V_{He})}{N_{He}!} = \frac{V_{Ar}^{N_{Ar}} V_{He}^{N_{He}}}{N_{Ar}! N_{He}!} (\lambda_{Ar}^{-3})^{N_{Ar}} (\lambda_{He}^{-3})^{N_{He}} \quad (3.22)$$

Nach dem Mischen befinden sich beide Gase im Volumen $V = V_{Ar} + V_{He}$ und es resultiert die Zustandssumme Z_{nach}:

$$Z_{nach}(T,V,N_{Ar},N_{He}) = Z_{Ar}(T,V,N_{Ar}) \cdot Z_{He}(T,V,N_{He})$$
$$= \frac{V^{N_{Ar}+N_{He}}}{N_{Ar}! N_{He}!} \cdot \left(\lambda_{Ar}^{-3}\right)^{N_{Ar}} \left(\lambda_{He}^{-3}\right)^{N_{He}} \quad (3.23)$$

Wegen $\Delta U = 0$ ist die Änderung der Helmholtz-Energie gleich der negativen Mischungsentropie multipliziert mit der Temperatur, so daß man für ΔA und ΔS erhält

$$\Delta A = -T\Delta S = -kT \ln \frac{Z_{nach}}{Z_{vor}} = -kT \ln \frac{V^{N_{Ar}+N_{He}}}{V_{Ar}^{N_{Ar}} \cdot V_{He}^{N_{He}}} \quad (3.24)$$

$$\Delta S = k \ln \frac{V^{N_{Ar}+N_{He}}}{V_{Ar}^{N_{Ar}} \cdot V_{He}^{N_{He}}} = -k \left[N_{Ar} \ln \frac{V_{Ar}}{V} + N_{He} \ln \frac{V_{He}}{V} \right] \quad (3.25)$$

Die Stoffmengenanteile in der Gasmischung sind definiert durch

$$x_{Ar} = \frac{N_{Ar}}{N_{Ar} + N_{He}} = \frac{V_{Ar}}{V} \quad , \quad x_{He} = \frac{N_{He}}{N_{Ar} + N_{He}} = \frac{V_{He}}{V} \quad (3.26)$$

Setzt man dies in der vorhergehenden Gleichung ein, erhält man schließlich den folgenden einfachen Ausdruck für die **Mischungsentropie**

$$\Delta S = (N_{Ar} + N_{He}) k \left[-x_{Ar} \ln x_{Ar} - x_{He} \ln x_{He} \right] \quad (3.27)$$

Ein solcher Ausdruck ergibt sich für die Mischungsentropie beliebiger idealer Mischungen, so beispielsweise auch für ideale feste Mischkristalle (Abbildung 3.5b). Den **Gesamtdruck** p der Gasmischung erhält man durch partielles Ableiten nach dem Volumen aus dem Logarithmus der Systemzustandssumme Z_{nach} (Gleichung (3.23))

$$p = -\left(\frac{\partial A}{\partial V}\right)_{T,N_{Ar},N_{He}} = kT \left(\frac{\partial \ln Z_{nach}}{\partial V}\right)_{T,N_{Ar},N_{He}}$$

$$= kT \cdot \frac{N_{Ar} + N_{He}}{V} = p_{Ar} + p_{He} \quad (3.28)$$

110   3 Wechselwirkungsfreie Systeme

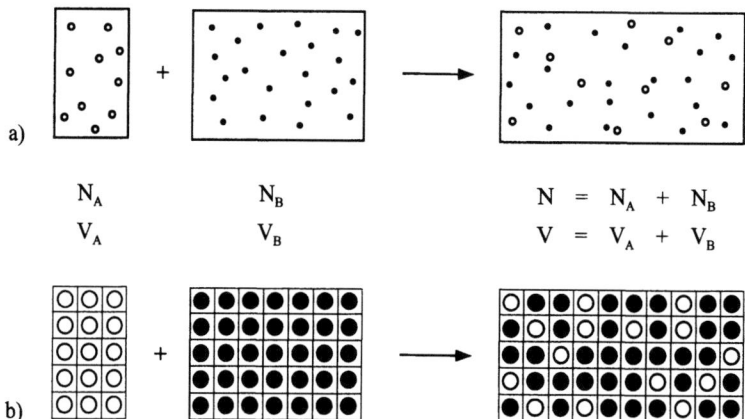

Abbildung 3.5 a) Mischung zweier idealer Gase bei konstanter Temperatur und konstantem Gesamtvolumen: getrennte Gasräume vorher und Mischung nachher; b) Bildung eines festen Mischkristalls aus zwei Komponenten: die beiden Komponenten sind statistisch über die möglichen Gitterplätze verteilt..

Der Gesamtdruck läßt sich als Summe der beiden **Partialdrücke** p_{Ar} und p_{He} schreiben, die definiert sind durch

$$p_{Ar} = \frac{N_{Ar}}{V} \cdot kT \quad , \quad p_{He} = \frac{N_{He}}{V} \cdot kT \tag{3.29}$$

Im folgenden wollen wir noch die chemischen Potentiale der Einzelkomponenten in der Gasmischung ableiten. Die chemischen Potentiale haben eine zentrale Bedeutung für die Behandlung von chemischen Gleichgewichten (siehe folgendes Kapitel 5). Das **chemische Potential** von Argon **bezogen auf ein Teilchen** ergibt sich aus Gleichung (3.23) als partielle Ableitung nach N_{Ar} aus der Zustandssumme der Mischung:

$$\begin{aligned}\mu_{Ar} &= \left(\frac{\partial A}{\partial N_{Ar}}\right)_{T,V,N_{He}} = -kT\left(\frac{\partial \ln Z_{nach}}{\partial N_{Ar}}\right)_{T,V,N_{He}} \\ &= kT \cdot (-\ln z_{Ar} + \ln N_{Ar}) = kT \ln \frac{N_{Ar}}{z_{Ar}}\end{aligned} \tag{3.30}$$

Die entsprechenden molaren Größen, die in praktischen Berechnungen häufiger verwendet werden, unterscheiden sich nur im Vorfaktor RT statt kT. Wir erhalten also einen recht einfachen Ausdruck, der neben Temperatur und Teilchenzahl nur noch die Teilchenzustandssumme der betreffenden Komponente enthält. Beim Vergleich dieser Gleichung mit experimentellen Werten oder Tabellenwerten muß man bedenken, daß die **Energienullpunkte** an die konventionellen **Standardwerte** der chemischen Potentiale angepaßt werden müssen. Es ist prinzipiell möglich, das chemische Potential der statistischen Thermodynamik nach Gleichung (3.30), das auf den Nullpunkt der Einteilchenenergieskala (Grundzustandes des ruhenden Moleküls) bezogen ist, in

3.4 Ideale Mischungen und chemisches Potential

einen Zahlenwert umzurechnen, der auf einen thermodynamisch definierten Standardzustand bezogen ist. Für spätere Anwendungen gehen wir deshalb im folgenden auf die Umrechnung zwischen verschiedenen Energieskalen ein. Wir drücken deshalb die Einteilchenenergien zunächst für einen beliebigen Nullpunkt der Energieskala aus:

$$\varepsilon_i = \varepsilon_0 + \varepsilon_i' \tag{3.31}$$

Dies bedeutet, daß wir die Teilchenzustandssumme z_{Ar} aufspalten in einen frei definierbaren **Nullpunktsterm** $\exp(-\varepsilon_0/kT)$ und z'_{Ar} gemäß

$$z_{Ar} = z'_{Ar}\, e^{-\varepsilon_0/kT} \tag{3.32}$$

z'_{Ar} und ε_0' entsprechen dabei der ursprünglichen statistischen Formulierung, bei der alle Energien relativ zum Grundzustand des ruhenden Teilchens ausgedrückt sind (Energienullpunkt = Energie des Grundzustands). ε_0 ist dann die Energie des Grundzustands des betreffenden Teilchens bezogen auf einen anderen frei wählbaren Nullpunkt der Energieskala. Es folgt aus (3.30) und (3.32), wobei wir den Quotienten im Logarithmus noch mit $1/V$ erweitern,

$$\mu_{Ar} = \varepsilon_0 + kT \ln \frac{N_{Ar}/V}{z'_{Ar}/V}, \quad \text{pro mol: } \mu_{Ar} = N_A \varepsilon_0 + RT \ln \frac{N_{Ar}/V}{z'_{Ar}/V} \tag{3.33}$$

N_{Ar}/V entspricht der Teilchenkonzentration des Argons. z'_{Ar}/V hat ebenfalls die Dimension einer Teilchenkonzentration. Wir vergleichen nun diesen Ausdruck für μ_{Ar} mit der in der phänomenologischen Thermodynamik üblichen Definition

$$\mu_{Ar} = \mu_{Ar}^\circ + kT \ln \frac{p_{Ar}}{p^\circ} \tag{3.34}$$

μ_{Ar}° und p° sind die **Standardwerte** des chemischen Potentials und des Drucks. Um die beiden letzten Gleichungen vergleichbar zu machen, ersetzen wir die Teilchenkonzentration in Gleichung (3.33) gemäß dem idealen Gasgesetz durch

$$\frac{N_{Ar}}{V} = \frac{p_{Ar}}{kT} \tag{3.35}$$

Setzt man nun die Gleichungen (3.33) und (3.34) gleich und löst nach μ_{Ar}° auf, so erhält man als statistisch-thermodynamischen Ausdruck für den Standardwert des chemischen Potentials

$$\mu_{Ar}^\circ = \varepsilon_0 - kT \ln \frac{z'_{Ar}/V}{p^\circ/kT} \tag{3.36}$$

Wählt man den Standardzustand jedoch durch Vorgabe einer konstanten Standardkonzentration, so ist nicht der Druck, sondern der Quotient p°/kT eine Konstante. Wenn wir in Gleichung (3.36) die molare Standardkonzentration als $p^\circ/RT = N_A c^\circ$ einsetzen, bekommen wir statt Gleichung (3.36)

$$\mu_{Ar}^\circ = \varepsilon_0 - kT \ln \frac{z'_{Ar}/V}{N_A c^\circ} \tag{3.37}$$

Diese Formulierung des Standardzustands eignet sich vor allem, wenn das chemische Potential und die Gleichgewichtskonstante als Funktion der molaren Konzentrationen $c_i = N_i/(N_A V)$ ausgedrückt werden, für μ_{Ar} folgt dann aus (3.33) und (3.37)

$$\mu_{Ar} = \mu_{Ar}^\circ + kT \ln \frac{c_{Ar}}{c^\circ} \qquad (3.38)$$

Vergleicht man (3.37) und (3.38), so ergibt sich daraus wieder der Ausdruck (3.33).

Exkurs 3.6 Alternative Wahl des Standardzustandes

In der Chemie sind je nach Zweckmäßigkeit verschiedene Konventionen zur Definition von Standardzuständen üblich. Für Gase ist die häufigste Wahl, den Standardzustand über die Wahl eines Standarddrucks p° festzulegen. Eine andere Möglichkeit ist, von einer Standardkonzentration c° auszugehen. Wählt man zum Beispiel $c^\circ = 1$ mol/l, so wird der Druck im Standardzustand wegen $p^\circ = RT\, c^\circ$ temperaturabhängig sein. Umgekehrt wird bei Definition eines konstanten Standarddrucks von $p^\circ = 1$ bar die entsprechende Konzentration $c^\circ = p^\circ/RT$ temperaturabhängig. Die verschiedenen Standardzustände bringen also grundsätzlich Unterschiede in den Standardwerten der chemischen Potentiale, ihrer Temperaturabhängigkeit und der davon abgeleiteten thermodynamischen Standardgrößen mit sich. Eine sorgfältige Unterscheidung ist also bei konkreten Rechnungen ratsam.

Eine für Mischungen gebräuchliche Darstellung chemischer Potentiale benutzt die Stoffmengenanteile zur Angabe der Zusammensetzung. Wir drücken dazu das chemische Potential der Komponente i als Funktion ihres Stoffmengenanteils (auch: Molenbruchs) x_i aus. Mit p° für den Gesamtdruck gilt dann:

$$\mu_{Ar} = \mu_{Ar,x}^\circ(p^\circ, T) + kT \ln x_{Ar} \qquad \text{mit} \quad x_{Ar} = \frac{p_{Ar}}{p^\circ} \qquad (3.39)$$

Der Vergleich mit dem statistischen Ausdruck in Gleichung (3.33) ergibt

$$\mu_{Ar,x}^\circ = \varepsilon_0 - kT \ln \frac{z'_{Ar}/V}{p^\circ/kT} \qquad (3.40)$$

Ein Vergleich von (3.40) mit Gleichung (3.36) zeigt, daß der Gesamtdruck p° die Rolle des Standarddrucks übernimmt, wenn der Standardzustand in einem Gasgemisch durch $x_{Ar} = 1$ definiert wird.

3.5 Verteilungsfunktionen

Im folgenden soll für ein System nicht-wechselwirkender Teilchen die Berechnung des mittleren Besetzungsgrades von Einteilchenenergieniveaus behandelt werden. Es sollen dabei auch die Besonderheiten der Quantenstatistiken berücksichtigt werden. Berechnet wird die mittlere Zahl von Teilchen in einem Quantenzustand mit der Energie ε_i. Das Ergebnis wird als **mittlerer Besetzungsgrad** oder oft auch als **Verteilungsfunktion** $f(\varepsilon)$ bezeichnet.

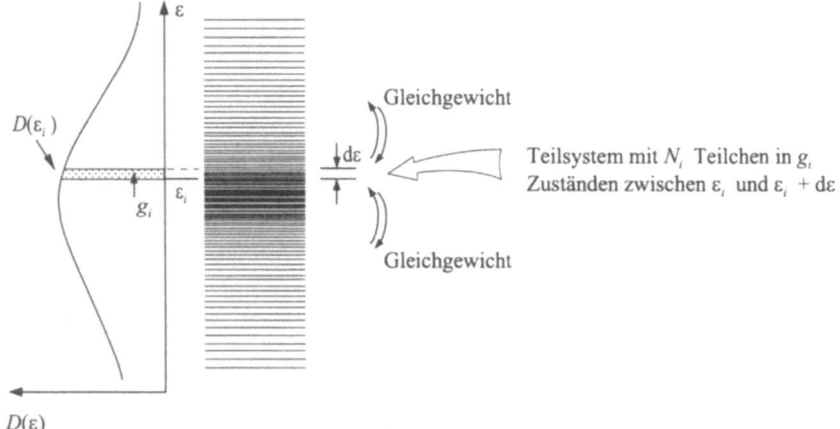

Abbildung 3.6 Spektrum von Einteilchenenergieniveaus und zugehörige Zustandsdichte $D(\varepsilon)$ (schematisch): wir nehmen an, daß die Energieniveaus recht dicht liegen, wie es für die meisten Vielteilchensysteme der Chemie zutrifft. Wir beschränken uns auf einen schmalen „Energiestreifen" zwischen ε_i und $\varepsilon_i + d\varepsilon$ und bezeichnen mit g_i die Zahl der Einteilchenzustände in diesem Energieintervall. Wenn $d\varepsilon$ klein genug ist, liegen in erster Näherung g_i entartete Zustände mit der Energie ε_i vor. Der Zusammenhang zwischen der Zustandsdichte $D(\varepsilon)$ und g_i ist dann, wenn $d\varepsilon$ klein ist, $g_i = D(\varepsilon_i) d\varepsilon$. Die kontinuierliche Dichtefunktion $D(\varepsilon)$ beschreibt die Zahl der Quantenzustände pro Energieintervall entlang der ε-Skala.

Der mittlere Besetzungsgrad $f(\varepsilon_i)$ der Zustände bei einer Energie ε_i ist gleich dem Quotienten aus der Zahl N_i von Teilchen auf solchen Zuständen dividiert durch die Zahl g_i der Zustände:

$$f(\varepsilon_i) = \frac{N_i}{g_i} \tag{3.41}$$

$f(\varepsilon_i)$ ist für Fermionen und Bosonen verschieden. Bei Fermionen darf die Teilchenzahl N_i nie größer als die Zahl der Zustände werden, so daß für Fermionen die Bedingung $0 \leq f(\varepsilon_i) \leq 1$ oder $N_i \leq g_i$ gilt.

Im folgenden sollen die unterschiedlichen Verteilungsfunktionen für Fermionen und Bosonen hergeleitet werden. Dazu betrachten wir die Einteilchen-Energieskala in Abbildung 3.6 und greifen einen genügend schmalen „Energiestreifen" der Breite $d\varepsilon$ um eine Energie ε_i heraus. Der Index i kennzeichnet hier also das herausgegriffene Intervall. Die N_i Teilchen in Zuständen mit Energien ε_i bis $\varepsilon_i + d\varepsilon$ bilden ein offenes thermodynamisches System, das im Gleichgewicht mit allen anderen Teilchen auf unterschiedlichen Niveaus ε_j steht (d.h. „Teilchenaustausch" mit anderen Energieniveaus ist möglich). Die wahrscheinlichste Verteilung $N_i(\varepsilon_i)$ der Einzelteilchen über die Einteilchenenergieniveaus entspricht der Gleichgewichtsverteilung. Im Gleichgewicht gilt, daß das chemische Potential μ der Teilchen und die Temperatur in allen Teilsystemen (verschiedene „Energieintervalle") den gleichen Wert haben, also nicht nur im Intervall i. Deshalb benutzen wir für das chemische Potential und die Temperatur Symbole ohne den Index i.

Bezeichnen wir mit A_i, U_i und S_i die freie Energie, innere Energie und Entropie des Teilsystems, das durch Teilchen im Energieintervall ε_i bis $\varepsilon_i + d\varepsilon$ definiert ist, so gilt für diese Größen die Gibbs-Helmholtz-Gleichung:

$$A_i = U_i - T S_i \tag{3.42}$$

Andererseits ergibt sich das chemische Potential μ aus der Ableitung von A_i nach der Teilchenzahl N_i:

$$\mu = \left(\frac{\partial A_i}{\partial N_i}\right)_{T,V} \tag{3.43}$$

Leitet man die Gibbs-Helmholtz-Gleichung (3.42) nach der Zahl N_i der Teilchen bei der Energie ε_i ab, erhält man:

$$\mu = \left(\frac{\partial U_i}{\partial N_i}\right)_{T,V} - T \cdot \left(\frac{\partial S_i}{\partial N_i}\right)_{T,V} \tag{3.44}$$

Für die innere Energie oder hier besser für die Energie des Teilsystems im Energieintervall um ε_i gilt, wenn das Intervall $d\varepsilon$ sehr klein ist:

$$U_i = N_i \varepsilon_i \tag{3.45}$$

Die Entropie S_i kann man hier mit der Beziehung für eine mikrokanonische Gesamtheit berechnen, da alle Zustände im Energieintervall $\varepsilon_i, \varepsilon_i + d\varepsilon$ praktisch entartet sind (siehe Kap. 2.2.2, Gleichung (2.72) und (2.73)). Mit der Zahl der Mikrozustände Ω_i für die Verteilung von N_i Teilchen auf g_i ergibt sich:

$$S_i = k \ln \Omega_i(g_i, N_i) \tag{3.46}$$

Setzt man die beiden Ausdrücke für U_i und S_i in Gleichung (3.44) ein, erhält man schließlich:

$$\mu = \varepsilon_i - kT \left(\frac{\partial \ln \Omega_i}{\partial N_i}\right)_{T,V} \tag{3.47}$$

Während die beiden Terme auf der rechten Seite vom jeweiligen Intervall abhängen, muß ihre Differenz und damit das resultierende chemische Potential im Gleichgewicht für beliebige Energien i eine Konstante sein. Man kann auch sagen, die Teilchen in den unterschiedlichen Energieniveaus sind im Gleichgewicht.

Nun müssen wir nur noch die Zahl Ω_i der **Mikrozustände** bei der Energie ε_i als Funktion der Zahl der Zustände g_i und der Teilchen N_i ausdrücken, und zwar getrennt für Fermionen und für Bosonen. Der entscheidende Unterschied zwischen der Fermi-Dirac- und der Bose-Einstein-Statistik steckt in der für Bosonen und Fermionen unterschiedlichen Abhängigkeit der Zahl Ω_i von g_i und N_i. Die Betrachtung der Verteilungsmöglichkeiten von N_i Bosonen oder Fermionen auf g_i Quantenzuständen gleicher Energie ergibt (Herleitung siehe Exkurs 3.7)

$$\Omega_i^{\text{FD}} = \frac{g_i!}{N_i!(g_i - N_i)!} \quad \text{(Fermionen)} \tag{3.48}$$

3.5 Verteilungsfunktionen

$$\Omega_i^{BE} = \frac{(N_i + g_i - 1)!}{N_i!(g_i - 1)!} \quad \text{(Bosonen)} \tag{3.49}$$

Unter Verwendung der Stirling-Näherung (siehe Anhang B, Gleichung (B.44)) ergibt die Differentiation von Ω_i nach der Teilchenzahl N_i für Fermionen (FD = Fermi-Dirac-Statistik) beziehungsweise für Bosonen (BE = Bose-Einstein-Statistik):

$$\frac{\partial \ln \Omega_i^{FD}}{\partial N_i} = \ln \frac{g_i - N_i}{N_i} \quad \text{(Fermionen)} \tag{3.50}$$

$$\frac{\partial \ln \Omega_i^{BE}}{\partial N_i} = \ln \frac{N_i + g_i - 1}{N_i} \cong \ln \frac{g_i + N_i}{N_i} \quad \text{(Bosonen)} \tag{3.51}$$

Mit diesen Ergebnissen erhält man für das chemische Potential von Fermionen beziehungsweise Bosonen aus Gleichung (3.47):

$$\mu = \varepsilon_i - kT \ln \frac{g_i - N_i}{N_i} \quad \text{(Fermionen)} \tag{3.52}$$

$$\mu = \varepsilon_i - kT \ln \frac{g_i + N_i}{N_i} \quad \text{(Bosonen)} \tag{3.53}$$

Exkurs 3.7 Berechnung von Ω_i für Fermionen und Bosonen

Wenn es sich um **Fermionen** handelt, gibt es für das erste Teilchen g_i Möglichkeiten, einen der $g_i \leq N_i$ leeren Zustände zu besetzen, für das zweite Teilchen sind es nur noch $g_i - 1$ Möglichkeiten (Ausschluß der Mehrfachbesetzung). Allgemein ergeben sich für das N_i-te Teilchen nur noch $g_i - (N_i - 1)$ Möglichkeiten entsprechend der Zahl der noch freien Zustände. Aus dieser iterativen Herleitung erhält man die Zahl der insgesamt möglichen Mikrozustände als das Produkt von Faktoren der Form $g_i - (k - 1)$ mit $k = 1, 2, \ldots N_i$. Es muß jedoch noch durch $N_i!$ geteilt werden, da die Permutationen (Vertauschungen) der N_i nicht unterscheidbaren Fermionen sonst mitgezählt werden:

$$\Omega_i^{FD}(N_i, g_i) = \frac{g_i(g_i - 1) \cdot \ldots \cdot (g_i - (N_i - 1))}{N_i!} = \frac{g_i!}{N_i!(g_i - N_i)!} \tag{3.54}$$

Um die Zahl der Verteilungsmöglichkeiten von **Bosonen** für den allgemeinen Fall plausibel zu machen, vereinfachen wir die Darstellung des Beispielsystems in Abbildung 3.7a zu der in Abbildung 3.7b. Letztere entsteht durch Weglassen der Kästchenumrahmungen (1 Kästchen = 1 Zustand) bis auf die Trennwände zwischen den Kästchen (= Zuständen). Im allgemeinen Fall haben wir bei einer solchen Darstellung N_i Teilchen und $g_i - 1$ Trennwände, also eine Trennwand weniger als die Zahl der Zustände. Alle möglichen Verteilungen der Bosonen auf die g_i Zustände erhält man, wenn man die Zahl der Kombinationen von $n = (g_i - 1)$ „Trennwänden" und N_i Teilchen auf $(n + N_i) = (N_i + g_i - 1)$ Plätzen berechnet. Mit Übersicht B.1 aus dem Anhang ergibt sich:

$$\Omega_i^{BE}(N_i, g_i) = \frac{(n + N_i)!}{N_i! n!} = \frac{(N_i + g_i - 1)!}{N_i!(g_i - 1)!} \tag{3.55}$$

$(N_i + g_i - 1)!$ ist die Zahl der Permutationen von Teilchen und Trennwänden. Man muß durch $N_i!$ und $(g_i - 1)!$ teilen, da die Teilchen und die Trennwände jeweils nicht unterschieden werden können.

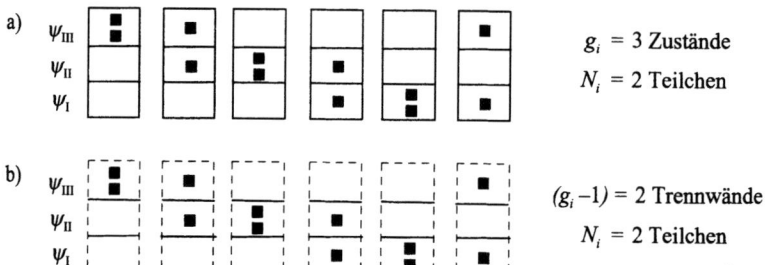

Abbildung 3.7 Herleitung der Zahl der Mikrozustände eines Bosonensystems mit drei entarteten Einteilchenzuständen und zwei Bosonen: a) zeigt die Zustände im Rahmen eines Besetzungsschemas, b) zeigt die möglichen Kombinationen von $g_i - 1 = 2$ Trennwänden und $N_i = 2$ Teilchen, wobei Trennwände und Teilchen für sich jeweils nicht unterscheidbar sind.

Als **Verteilungsfunktion** bezeichnet man den Quotienten N_i/g_i aus Teilchenzahl und Anzahl der Quantenzustände bei einer bestimmten Energie ε_i. Es ergibt sich also durch Umformen der Gleichungen (3.52) und (3.53) für die Verteilungsfunktionen f_{FD} von Fermionen und f_{BE} von Bosonen

$$f_{FD}\left(\frac{\varepsilon_i - \mu}{kT}\right) = \frac{N_i}{g_i} = \frac{1}{e^{(\varepsilon_i - \mu)/kT} + 1} \tag{3.56}$$

$$f_{BE}\left(\frac{\varepsilon_i - \mu}{kT}\right) = \frac{N_i}{g_i} = \frac{1}{e^{(\varepsilon_i - \mu)/kT} - 1} \tag{3.57}$$

Die Verteilungsfunktion der **Bose-Einstein-Statistik** unterscheidet sich also nur durch das Vorzeichen der Eins im Nenner von der **Fermi-Dirac-Verteilungsfunktion**. Bei beiden Statistiken kann man für genügend große Energien $\varepsilon_i \gg \mu$ im Nenner der Verteilungsfunktion $+1$ beziehungsweise -1 gegenüber dem Exponentialterm vernachlässigen. Die sich aus dieser Näherung ergebende Funktion f_{MB} ist die **Maxwell-Boltzmann-Verteilung** für $\varepsilon_i \gg \mu$

$$f_{FD}(\varepsilon_i) \approx f_{BE}(\varepsilon_i) \approx f_{MB}(\varepsilon_i) = e^{-(\varepsilon_i - \mu)/kT} \tag{3.58}$$

Für Fermionen- wie für Bosonensysteme gilt deshalb, daß sich die Besetzung von Niveaus mit hohen Energien, also für $\varepsilon_i \gg \mu$ immer nach der Maxwell-Boltzmann-Statistik durch die Exponentialfunktion in Gleichung (3.58) annähern läßt. Wir sehen an Gleichung (3.58), daß der Besetzungsgrad eines Zustands der Energie ε_i unter diesen Bedingungen sehr klein gegen Eins ist. Dies war aber gerade die Voraussetzung für die Ableitung der Zustandssumme Z nicht wechselwirkender Teilchen in Kapitel 3.2 (Zahl der Zustände g_i sehr groß gegen Zahl der Teilchen N_i), die ja nur für die Maxwell-Boltzmann-Statistik gilt. Abbildung 3.8 zeigt den Verlauf der beiden Verteilungsfunktionen $f_{FD}(\varepsilon_i)$ und $f_{BE}(\varepsilon_i)$ zusammen mit der entsprechenden Näherung f_{MB} der **Maxwell-Boltzmann-Statistik**.

3.5 Verteilungsfunktionen

Tabelle 3.2: Verteilungsfunktionen

	Fermi-Dirac $f_{FD}(\varepsilon)$	Bose-Einstein $f_{BE}(\varepsilon)$	Maxwell-Boltzmann $f_{MB}(\varepsilon)$
	$\left[\exp\left(\dfrac{\varepsilon_i - \mu}{kT}\right) + 1\right]^{-1}$	$\left[\exp\left(\dfrac{\varepsilon_i - \mu}{kT}\right) - 1\right]^{-1}$	$\exp\left(-\dfrac{\varepsilon_i - \mu}{kT}\right)$
$\varepsilon_i \gg \mu$	$\approx \exp\left(-\dfrac{\varepsilon_i - \mu}{kT}\right)$	$\approx \exp\left(-\dfrac{\varepsilon_i - \mu}{kT}\right)$	$\exp\left(-\dfrac{\varepsilon_i - \mu}{kT}\right)$
$\varepsilon_i = \mu$	0,5	$\longrightarrow \infty$	1
$\varepsilon_i \ll \mu$	≈ 1	nicht definiert	nicht anwendbar ($\gg 1$)

Dem chemischen Potential kommt nach den obigen Ergebnissen eine zentrale Bedeutung zu. Erstens ist die Lage des chemischen Potentials μ innerhalb der Einteilchenenergieskala im Gleichgewicht eindeutig festgelegt, zweitens entscheiden die Temperatur und die Lage von μ innerhalb der Energieskala in allen drei Statistiken über den Besetzungsgrad eines Niveaus der Energie ε_i.

Speziell kann das chemische Potential μ auch weit unterhalb der minimalen Einteilchenenergie ε_0 liegen. Dies gilt beispielsweise für verdünnte Gase aus Atomen oder Molekülen bei üblichen Temperaturen. Unter dieser Voraussetzung ist wie bereits erwähnt die Maxwell-Boltzmann-Statistik anwendbar, da für alle $\varepsilon_i \geq \varepsilon_0$ die Bedingung $\varepsilon_i \gg \mu$ erfüllt ist. Wählt man $\varepsilon_0 = 0$ als Nullpunkt der Energieskala, so hat μ einen negativen Zahlenwert.

Ein Ausdruck für das chemische Potential läßt sich im Fall der Maxwell-Boltzmann-Statistik leicht aus Gleichung (3.58) und der Definition $f_{MB} = N_i/g_i$ ableiten. Mit $N = \sum N_i$ für die Gesamtteilchenzahl gilt:

$$N = \sum_{\text{alle } i} N_i = \sum_{\text{alle } i} g_i \exp\left[-\frac{\varepsilon_i - \mu}{kT}\right] = z \cdot e^{\mu/kT} \tag{3.59}$$

Diese Gleichung ergibt nach Umformung wieder die Gleichung (3.30), die wir bereits in Kapitel 3.4 abgeleitet hatten:

$$\mu = -kT \ln \frac{z}{N}$$

Wenn die Zahl der Quantenzustände g_i groß gegen die Teilchenzahl N_i ist, vereinfachen sich die Gleichungen (3.52) und (3.53) zu

$$\mu = \varepsilon_i - kT \ln \frac{g_i}{N_i} \qquad \text{Maxwell-Boltzmann-Statistik} \tag{3.60}$$

Die Kombination der Gleichung (3.60) mit Gleichung (3.59) ergibt einen Ausdruck für die relative Besetzung N_i/N der insgesamt g_i entarteten Zustände bei einer Energie ε_i (Gültigkeit der Maxwell-Boltzmann-Statistik vorausgesetzt):

$$\frac{N_i}{N} = \frac{g_i e^{-\varepsilon_i/kT}}{z} \tag{3.61}$$

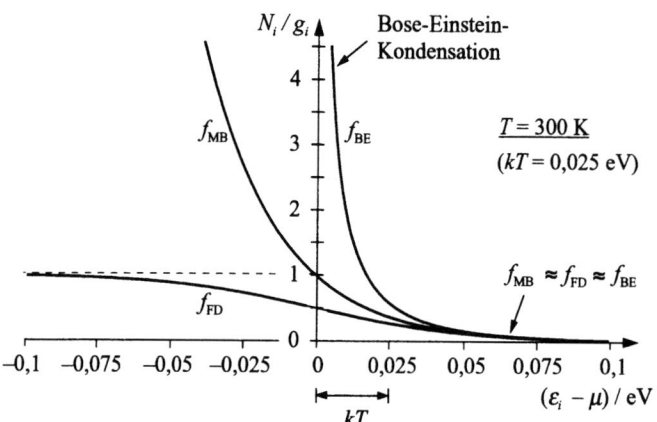

Abbildung 3.8 Mittlere Besetzungszahlen von Maxwell-Boltzmann-, Fermi-Dirac- und Bose-Einstein-Statistik als Funktion des Arguments $(\varepsilon_i - \mu)$ für T = 300 K. Für Bosonen kann das chemische Potential nie oberhalb des niedrigsten Einteilchenenergieniveaus liegen. Im Grenzfall, wenn der Grundzustand der Bosonen mit dem chemischen Potential zusammenfällt (= maximaler Wert des chemischen Potentials) geht die Verteilungsfunktion dort gegen Unendlich. Diese Situation ist allerdings nur für solche Bosonen möglich, die keiner Erhaltung der Teilchenzahl genügen müssen (also beispielsweise Photonen und Phononen). Für ^{4}He, kann deshalb das chemische Potential zwar nicht gleich der Energie des Grundzustands werden, aber ihm sehr nah kommen. Der steile Anstieg von f_{BE} bedeutet dann, daß bei sehr tiefen Temperaturen sich fast alle Teilchen im Grundzustand befinden (= **Bose-Einstein-Kondensation**). Man erklärt daraus im Fall von flüssigem ^{4}He das Verschwinden der Viskosität (Superfluidität) [siehe z.B. Kit 93].

Dividiert man (3.61) durch den Entartungsfaktor g_i, so erhält man die relative Besetzung eines einzelnen Quantenzustands bei der Energie ε_i:

$$\frac{N_i}{g_i N} = \frac{f_{MB}(\varepsilon_i)}{N} = \frac{e^{-\varepsilon_i/kT}}{z} \tag{3.62}$$

Dieses Ergebnis, auch kurz **Boltzmann-Verteilung** genannt, hat eine zentrale Bedeutung in der Chemie und Physik bei der Behandlung von Gasen und allgemein von Systemen mit vernachlässigbaren Wechselwirkungen.

Entsprechende Gleichungen für die Fermi-Dirac- beziehungsweise Bose-Einstein-Statistik sehen wesentlich komplizierter aus. So gilt beispielsweise für die Fermi-Dirac-Statistik:

$$\left(\frac{N_i}{N}\right)_{FD} = \frac{g_i \left[e^{(\varepsilon_i-\mu)/kT} + 1\right]^{-1}}{\sum_i g_i \left[e^{(\varepsilon_i-\mu)/kT} + 1\right]^{-1}} \tag{3.63}$$

Ein explizites Auflösen dieses Ausdrucks nach dem chemischen Potential ist hier wie auch im Fall der Bose-Einstein-Statistik nicht mehr möglich. Ebenso läßt sich für die Quantenstatistiken kein einfacher Ausdruck für die kanonische Zustandssumme wie im Fall der Maxwell-Boltzmann-Statistik (siehe Gleichung 3.8) ableiten.

3.6 Energie- und Geschwindigkeitsverteilung in idealen Gasen

Die Moleküle in Gasen oder in Flüssigkeiten führen eine sogenannte regellose Bewegung aus. Im thermodynamischen Gleichgewicht ergibt sich eine ganz charakteristische Geschwindigkeitsverteilung, die von der Temperatur abhängt. Diese Verteilung spielt eine große Rolle für alle Transportvorgänge (siehe Kapitel 12). Die Geschwindigkeitsverteilung als Zahl der Moleküle mit einer bestimmten Geschwindigkeit als Funktion der Geschwindigkeit läßt sich für ideale Gase aus der Verteilungsfunktion der Maxwell-Boltzmann-Statistik ableiten. Dabei geht man von der **Energieverteilungsfunktion** $F(\varepsilon)$ aus, die definiert ist als

$$F(\varepsilon)\,d\varepsilon = \frac{dN(\varepsilon)}{N_{\text{tot}}} = \frac{\text{Molekülzahl mit Energien zwischen } \varepsilon \text{ und } \varepsilon + d\varepsilon}{\text{Gesamtzahl der Moleküle}} \quad (3.64)$$

Für die Anzahl N_i der Teilchen mit der Energie ε_i ergibt sich nach Tabelle 3.2 mit der Maxwell-Boltzmann-Verteilungsfunktion $f_{\text{MB}}(\varepsilon_i)$

$$N_i = f_{\text{MB}}(\varepsilon_i) \cdot g_i \quad (3.65)$$

Wir gehen nun zu einer kontinuierlichen Energieverteilung über und ersetzen

$$N_i \longrightarrow dN(\varepsilon) \quad , \quad g_i \longrightarrow D(\varepsilon)\,d\varepsilon$$

$D(\varepsilon)$ ist die Zustandsdichte für ein Teilchen im dreidimensionalen Kasten. $D(\varepsilon)d\varepsilon$ bezeichnet dann die Zahl der Translationszustände eines Gasteilchens im Energieintervall $d\varepsilon$ um ε. Es gilt dann für die Anzahl $dN(\varepsilon)$ der Gasteilchen mit einer Translationsenergie im Intervall ε bis $\varepsilon + d\varepsilon$

$$dN(\varepsilon) = f_{\text{MB}}(\varepsilon) \cdot D(\varepsilon)\,d\varepsilon \quad (3.66)$$

Aus den Beziehungen (3.64) bis (3.66) folgt

$$F(\varepsilon) = \frac{f_{\text{MB}}(\varepsilon)D(\varepsilon)}{\int_0^\infty f_{\text{MB}}(\varepsilon)\,D(\varepsilon)\,d\varepsilon} \quad (3.67)$$

Für $f_{\text{MB}}(\varepsilon)$ [aus Tabelle 3.2] und $D(\varepsilon)$ [aus Gleichung (1.49b)] gilt

$$f_{\text{MB}}(\varepsilon) = e^{-(\varepsilon-\mu)/kT} \quad , \quad D(\varepsilon) = \text{const.} \cdot \varepsilon^{1/2} \quad (3.68)$$

In beiden Fällen spielt der Vorfaktor keine Rolle, da bei der Bildung des Quotienten in Gleichung (3.67) die Konstanten wegfallen. Mit (3.68) folgt aus Gleichung (3.67) für die Energieverteilung $F(\varepsilon)$ (zur Lösung des Integrals im Nenner siehe Gleichung (B.65) in Anhang B.3).

$$F(\varepsilon)\,d\varepsilon = \frac{\varepsilon^{1/2} e^{-(\varepsilon-\mu)/kT}}{\int_0^\infty \varepsilon^{1/2} e^{-(\varepsilon-\mu)/kT}\,d\varepsilon}\,d\varepsilon = \frac{\varepsilon^{1/2} e^{-\varepsilon/kT}}{\int_0^\infty \varepsilon^{1/2} e^{-\varepsilon/kT}\,d\varepsilon}\,d\varepsilon$$

$$= \frac{2}{\sqrt{\pi}} \left(\frac{1}{kT}\right)^{3/2} \varepsilon^{1/2}\,e^{-\varepsilon/kT}\,d\varepsilon \quad (3.69)$$

Die Verteilungsfunktion $F(\varepsilon)$ ist wie die in Kapitel 1.3 eingeführte Zustandsdichte $D(\varepsilon)$ für ein Teilchen im Kasten eine Dichtefunktion mit der Dimension einer reziproken Energie [Energie]$^{-1}$ (siehe Exkurs 3.8). Nach der obigen Definition ist $F(\varepsilon)$ auf Eins normiert:

$$\int_0^\infty F(\varepsilon)\mathrm{d}\varepsilon = \frac{1}{N_{\text{tot}}} \cdot \int_0^{N_{\text{tot}}} \mathrm{d}N(\varepsilon) = 1 \tag{3.70}$$

Ersetzt man nun die Translationsenergie in Gleichung (3.69) beziehungsweise ihr Differential durch den klassischen Ausdruck mit der Geschwindigkeit v der Gasteilchen gemäß $\varepsilon = mv^2/2$ und $\mathrm{d}\varepsilon = mv\,\mathrm{d}v$, so bekommt man aus $F(\varepsilon)$ die entsprechende Geschwindigkeitsverteilungsfunktion $F(v)$

$$\frac{\mathrm{d}N(v)}{N_{\text{tot}}} = F(v)\,\mathrm{d}v = \left(\frac{m}{2\pi kT}\right)^{3/2} \cdot e^{-mv^2/2kT} \cdot 4\pi v^2\,\mathrm{d}v \tag{3.71}$$

$\mathrm{d}N(v)$ ist die Zahl der Teilchen mit Geschwindigkeiten zwischen v und $v + \mathrm{d}v$. $F(v)$ wird auch als **Maxwellsche Geschwindigkeitsverteilung** bezeichnet. Die Funktion kann zur Berechnung verschiedener Mittelwerte benutzt werden. Für die **mittlere Geschwindigkeit** $\langle v \rangle$ erhält man (siehe Integraltabelle in Anhang B.3)

$$\langle v \rangle = \bar{v} = \int_0^\infty v\,F(v)\,\mathrm{d}v = 4\pi\left(\frac{m}{2\pi kT}\right)^{3/2}\int_0^\infty v^3\,e^{-mv^2/2kT}\,\mathrm{d}v = \sqrt{\frac{8kT}{\pi m}} \tag{3.72}$$

Für den **Mittelwert** $\langle v^2 \rangle$ **des Geschwindigkeitsquadrats** ergibt sich

$$\langle v^2 \rangle = \overline{v^2} = \int_0^\infty v^2\,F(v)\,\mathrm{d}v = 4\pi\left(\frac{m}{2\pi kT}\right)^{3/2}\int_0^\infty v^4\,e^{-mv^2/2kT}\,\mathrm{d}v = \frac{3kT}{m} \tag{3.73}$$

Die Funktion $F(v)$ beschreibt die Verteilung über die Geschwindigkeiten ungeachtet der Richtung (Exkurs 3.8 zeigt Beispiele). In manchen Anwendungen benötigt man die Verteilung der Geschwindigkeit unter Berücksichtigung der Raumrichtung, so zum Beispiel zur Berechnung der pro Fläche und Zeit auf eine Wand stoßenden Gasteilchen.

Die Geschwindigkeit eines Gasmoleküls und seine Bewegungsrichtung wird durch Angabe der drei Geschwindigkeitskomponenten v_x, v_y, v_z bestimmt. Setzt man für das Quadrat der Geschwindigkeit $v^2 = v_x^2 + v_y^2 + v_z^2$ an, so folgt für die Summe der Mittelwerte

$$\langle v^2 \rangle = \langle v_x^2 \rangle + \langle v_y^2 \rangle + \langle v_z^2 \rangle = \frac{3kT}{m} \tag{3.74}$$

Wegen der Isotropie des Gases müssen die drei Komponenten gleich sein und man erhält

$$\langle v_x^2 \rangle = \langle v_y^2 \rangle = \langle v_z^2 \rangle = \frac{1}{3}\langle v^2 \rangle = \frac{kT}{m} \tag{3.75}$$

3.6 Energie- und Geschwindigkeitsverteilung in idealen Gasen

Entsprechend kann man die **eindimensionalen Verteilungsfunktionen** $F(v_x)$, $F(v_y)$, $F(v_z)$ definieren. Wegen der Isotropie der Gase im Gleichgewicht sind alle drei Verteilungsfunktionen identisch. Die Geschwindigkeitsverteilung in x-Richtung ist definiert durch

$$\frac{dN(v_x)}{N_{\text{tot}}} = F(v_x)\, dv_x \tag{3.76}$$

$dN(v_x)$ ist die Anzahl Moleküle mit Werten für die x-Komponente der Geschwindigkeit zwischen v_x und $v_x + dv_x$. Mit Hilfe der eindimensionalen Verteilungsfunktionen kann man nun einen Ausdruck für den Bruchteil der Moleküle hinschreiben, deren Geschwindigkeit in eine bestimmte Raumrichtung mit den Komponenten v_x, v_y, v_z weist:

$$\frac{dN(v_x, v_y, v_z)}{N_{\text{tot}}} = F(v_x)\, dv_x \cdot F(v_y)\, dv_y \cdot F(v_z)\, dv_z \tag{3.77}$$

Durch Vergleich der Gleichungen (3.77) und (3.71) folgt (siehe ausführliche Herleitung in Exkurs 3.9)

$$F(v_x)\, F(v_y)\, F(v_z) = \left(\frac{m}{2\pi kT}\right)^{3/2} \cdot e^{-m(v_x^2 + v_y^2 + v_z^2)/2kT} \tag{3.78}$$

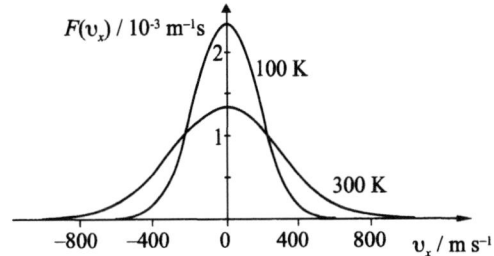

Abbildung 3.9 Eindimensionale Geschwindigkeitsverteilung für N_2 bei zwei verschiedenen Temperaturen.

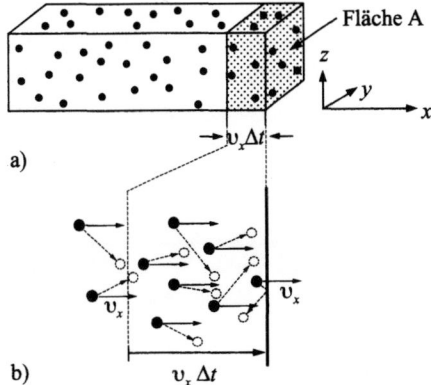

Abbildung 3.10 Illustration zur Ableitung der Stoßzahl und des Druckes eines Gases auf eine Wand: a) quaderförmiger Behälter mit Gas, b) Gasteilchen mit einer positiven Geschwindigkeitskomponente in x-Richtung zwischen v_x und $v_x + dv_x$. Von den Gasteilchen vor der Wand stoßen nur diejenigen in der Zeit Δt auf die Fläche A, die eine positive Geschwindigkeit $v_x > 0$ haben und sich in einem kleineren Abstand als $v_x \Delta t$ von der Wand befinden.

Da die drei eindimensionalen Verteilungsfunktionen wegen der Isotropie von Gasen gleich sein müssen, folgt aus Gleichung (3.78) für $F(v_x)$ (und entsprechend für $F(v_y)$, $F(v_z)$)

$$F(v_x) = \left(\frac{m}{2\pi kT}\right)^{1/2} e^{-mv_x^2/2kT} \tag{3.79}$$

Die eindimensionalen Geschwindigkeitsverteilungen sind symmetrisch um $v_x = 0$ (beziehungsweise $v_y, v_z = 0$), so daß der Mittelwert der einzelnen Geschwindigkeitskomponenten v_x, v_y und v_z Null ist (Abbildung 3.9).

Mit dem obigen Ergebnis für $F(v_x)$ können wir die Stoßrate der Gasteilchen auf eine Behälterwand im Gleichgewicht berechnen. Die Gefäßwand, auf die die Teilchen stoßen, soll sich in der y-z-Ebene eines Koordinatensystems befinden. Ein Gasmolekül mit einer Geschwindigkeit v_x in positiver x-Richtung wird die Wand in einem Zeitintervall Δt treffen, wenn es sich zu Beginn innerhalb einer Distanz $v_x \Delta t$ vor der Wand befindet. Im Mittel werden alle Moleküle mit der Geschwindigkeitskomponente v_x in dem Volumen $A v_x \Delta t$ (siehe Abbildung 3.10) die Wand treffen, wenn $v_x > 0$ ist. Sei $N_{(V)} = N/V$ die Teilchendichte, dann befinden sich in dem Volumen $N_{(V)} A v_x \Delta t$ Gasteilchen, von denen der Bruchteil $F(v_x) dv_x$ die betrachtete Geschwindigkeitskomponente zwischen v_x und $v_x + dv_x$ hat. Die Zahl der pro Zeit und Fläche auf die Wand treffenden Teilchen ist dann

$$Z_{(S)} = \frac{1}{A \cdot \Delta t} \int_{v_x=0}^{\infty} N_{(V)} A v_x \Delta t \cdot F(v_x) dv_x \tag{3.80}$$

$$= N_{(V)} \cdot \left(\frac{m}{2\pi kT}\right)^{1/2} \cdot \int_{v_x=0}^{\infty} v_x \, e^{-mv_x^2/2kT} dv_x = N_{(V)} \cdot \left(\frac{kT}{2\pi m}\right)^{1/2}$$

Ein Vergleich mit dem Ausdruck (3.72) für die mittlere Geschwindigkeit $\langle v \rangle$ ergibt

$$Z_{(S)} = \frac{1}{4} N_{(V)} \langle v \rangle \tag{3.81}$$

Exkurs 3.8 Vergleich von Energie- und Geschwindigkeitsverteilung

Die Temperaturabhängigkeit der Energieverteilungsfunktion $F(\varepsilon)$ wird in Abbildung 3.11 veranschaulicht. Im Gegensatz zur Energieverteilung $F(\varepsilon)$ hat die Geschwindigkeitsverteilung $F(v)$ bei kleinen Geschwindigkeiten wegen des Faktors v^2 einen parabolischen Verlauf, bei größeren Werten von v überwiegt die Exponentialabhängigkeit. Abbildung 3.12 zeigt ein Beispiel für Argon.

Mit zunehmender Temperatur nimmt der Wert von $F(v)$ am Maximum der Kurve wie bei der Energieverteilung ab. Die Gesamtfläche unter der Funktion verschiebt sich gleichzeitig zu höheren Geschwindigkeitswerten, und man findet mit zunehmender Temperatur immer mehr Moleküle bei höheren Geschwindigkeiten. Für die Lage des Maximums der Funktion $F(v)$ gilt

$$\left[\frac{dF(v)}{dv}\right]_{v=v_{\max}} = 0 \quad \rightarrow \quad v_{\max} = \sqrt{\frac{2kT}{m}} \tag{3.82}$$

Tabelle 3.3: Beispiele für Mittelwerte bei 273K

Gas	$\sqrt{\langle v^2 \rangle}$ / m s^{-1}	$\langle v \rangle$ / m s^{-1}	v_{max} / m s^{-1}
H$_2$	1838	1693	1501
O$_2$	461	425	377
I$_2$	164	151	134
N$_2$	493	454	403

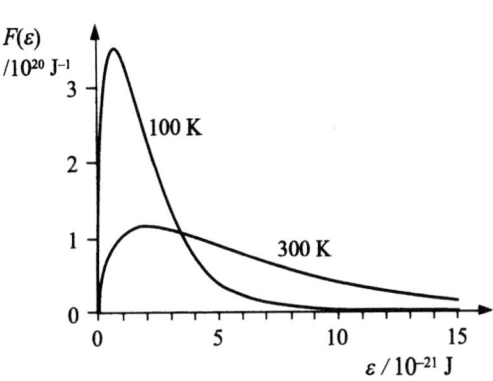

Abbildung 3.11 Verteilung der Translationsenergie („Energieverteilung") der Teilchen eines idealen Gases nach der Maxwell-Boltzmann-Statistik für verschiedene Temperaturen. Die Verteilungsfunktion ist unabhängig von der Art und Masse der Gasteilchen und hängt nur von der Temperatur ab.

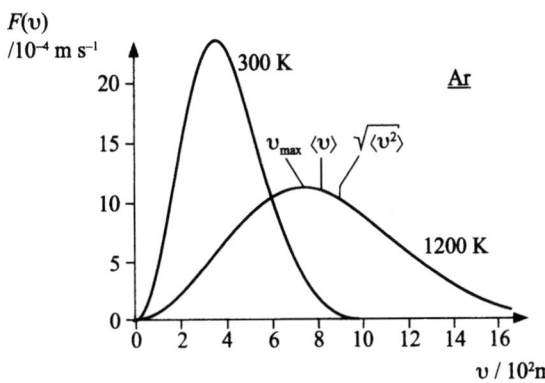

Abbildung 3.12 Geschwindigkeitsverteilung von Argon bei $T = 300$ K und $T = 1200$ K.

Vergleicht man die Wurzel aus dem mittleren Geschwindigkeitsquadrat $\langle v^2 \rangle^{1/2}$ mit $\langle v \rangle$ und v_{max}, so ergibt sich

$$v_{max} : \langle v \rangle : \sqrt{\langle v^2 \rangle} = 1 : \sqrt{\frac{4}{\pi}} : \sqrt{\frac{3}{2}} = 1 : 1{,}128 : 1{,}225 \tag{3.83}$$

Wegen des Faktors v^2 ist die Funktion $F(v)$ nicht symmetrisch in bezug auf die Lage des Maximums. Dies führt dazu, daß sich die *mittlere Geschwindigkeit* $\langle v \rangle$, die am Maximum der Geschwindigkeitsverteilung auftretende Geschwindigkeit v_{max} und die Wurzel aus $\langle v^2 \rangle$ unterscheiden. Abbildung 3.12 zeigt diese Verhältnisse für Argon. In der folgenden Tabelle sind Zahlenwerte für einige Gase aufgeführt.

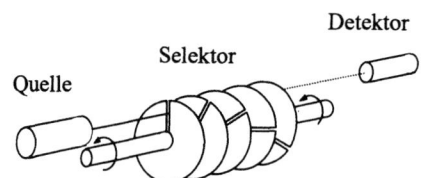

Abbildung 3.13 Experimentelle Prüfung der Maxwell-Verteilung mit einem Geschwindigkeitsselektor: Die Rotationsgeschwindigkeit des Selektors definiert ein Intervall für Geschwindigkeiten $[v-dv, v+dv]$ von Teilchen, die ungehindert von der Quelle zum Detektor gelangen können. Das Detektorsignal liefert also die Geschwindigkeitsverteilung.

Exkurs 3.9 Herleitung zu Gleichung (3.78)

Abbildung 3.14 veranschaulicht die Überlegung bei der folgenden Herleitung. Die Spitzen der möglichen mit Gleichung (3.77) beschriebenen Geschwindigkeitsvektoren $v = (v_x, v_y, v_z)$ liegen im Volumenelement mit dem Volumen $dv_x dv_y dv_z$. Für die Zahl $dN(v)$ der Moleküle mit einem bestimmten Betrag der Geschwindigkeit v (ungeachtet der Richtung) hatten wir andererseits erhalten:

$$\frac{dN(v)}{N_{\text{tot}}} = F(v)\,dv \tag{3.84}$$

Die Spitzen aller möglichen Vektoren v mit einer Länge zwischen v und $v + dv$ liegen gemäß Abbildung 3.14 innerhalb einer Kugelschale mit dem Volumen $4\pi v^2 dv$. Das Verhältnis von $dN(v_x, v_y, v_z)$ zu $dN(v)$ muß sich verhalten wie die beiden Volumina im „Geschwindigkeitsraum"

$$\frac{dN(v_x, v_y, v_z)}{dN(v)} = \frac{dv_x\,dv_y\,dv_z}{4\pi v^2 dv} \tag{3.85}$$

Multiplizieren von Gleichung (3.85) mit (3.84) ergibt:

$$\frac{dN(v_x, v_y, v_z)}{N_{\text{tot}}} = \frac{F(v)}{4\pi v^2}\,dv_x dv_y dv_z = \left(\frac{m}{2\pi kT}\right)^{3/2} e^{-mv^2/2kT}\,dv_x dv_y dv_z \tag{3.86}$$

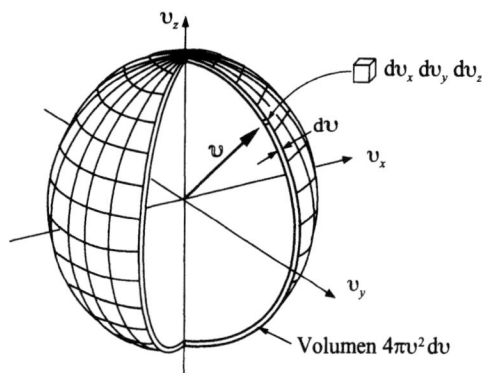

Abbildung 3.14 Geschwindigkeitsraum: die vom Ursprung ausgehenden Vektoren $v = (v_x, v_y, v_z)$ beschreiben die möglichen Geschwindigkeiten nach Betrag und Richtung. Die Spitzen der Geschwindigkeitsvektoren mit einem Betrag zwischen $|v|$ und $|v+dv|$ liegen im Volumen $4\pi v^2 dv$ zwischen den beiden Kugelschalen.

3.6 Energie- und Geschwindigkeitsverteilung in idealen Gasen   125

Setzt man für das Quadrat der Geschwindigkeit $v^2 = v_x^2 + v_y^2 + v_z^2$ und vergleicht Gleichung (3.86) mit Gleichung (3.77), so erhält man Gleichung (3.78) und daraus aufgrund der Isotropie Gleichung (3.79).

Exkurs 3.10 Druck eines Gases

Ähnlich kann man auch den Druck p des idealen Gases mit Mittelwerten der Geschwindigkeits- beziehungsweise Energieverteilung darstellen. Für den Druck auf die Behälterwand gilt mit F_x als Kraft (senkrecht zur Wand) und A als Fläche

$$p = \frac{F_x}{A} \tag{3.87}$$

Die Kraft ist gleich dem pro Zeit durch die Molekülstöße auf die Wand übertragenen Impuls:

$$F_x = \frac{d(\text{Impulsübertrag})}{dt} \tag{3.88}$$

Ein Gasteilchen, das mit der Geschwindigkeitskomponente $v_x > 0$ der Geschwindigkeit auf eine Wand in y-z-Ebene auftrifft, hat nach einem elastischen Stoß mit der starren Wand $-v_x$ als x-Komponente der Geschwindigkeit. Die Impulsänderung des Gasteilchens ist also

$$\Delta(mv_x) = m(-v_x - v_x) = -2mv_x \tag{3.89}$$

Aus dem Impulserhaltungssatz folgt dann, daß dabei der Impuls $+2mv_x$ auf die Wand übertragen wurde. Die Zahl der in der Zeit Δt auf eine Fläche A treffenden Teilchen mit Geschwindigkeiten zwischen v_x und $v_x + dv_x$ ist wie bereits bei der Ableitung der Wandstoßzahl in Gleichung (3.80) gezeigt

$$dN(v_x) = A\, N_{(V)}\, v_x\, \Delta t \cdot F(v_x) dv_x \tag{3.90}$$

Der dadurch verursachte Impulsübertrag auf die Wand ist $2mv_x \cdot dN(v_x)$. Die gesamte Impulsänderung ergibt sich aus der Integration über alle positiven Geschwindigkeiten $v_x > 0$. Für den Druck erhält man deshalb

$$p = \frac{1}{A\Delta t} \cdot \int_0^\infty 2mv_x \cdot AN_{(V)}v_x \Delta t \cdot F(v_x) dv_x = 2mN_{(V)} \cdot \int_0^\infty v_x^2 F(v_x)\, dv_x \tag{3.91}$$

Es gilt wegen der Symmetrie von $F(v_x)$ um $v_x = 0$

$$\int_0^\infty v_x^2\, F(v_x)\, dv_x = \frac{1}{2} \cdot \int_{-\infty}^{+\infty} v_x^2\, F(v_x)\, dv_x = \frac{1}{2} \langle v_x^2 \rangle = \frac{1}{2} \cdot \frac{1}{3} \langle v^2 \rangle \tag{3.92}$$

Wir erhalten somit für den Druck p

$$p = \frac{1}{3} m\, N_{(V)} \langle v^2 \rangle = \frac{1}{3} \varrho\, \langle v^2 \rangle \tag{3.93}$$

wobei ϱ die Massedichte des Gases ist. Substituiert man $\langle v^2 \rangle$ durch die rechte Seite von Gleichung (3.73), ergibt sich das ideale Gasgesetz

$$p = N_{(V)} kT$$

3.7 Fermi-Dirac-Statistik: Elektronengas

Im folgenden soll als Beispiel für die Anwendung der Fermi-Dirac-Statistik die Thermodynamik der **Leitungselektronen** in Metallen besprochen werden. Unser Modell geht davon aus, daß die Elektronen untereinander nicht wechselwirken und sich wie ein ideales Gas von Teilchen der Masse m_e verhalten, die sich im Volumen des Kristalls frei bewegen können. Die Elektronen werden dabei vom Coulomb-Feld der positiven Ladungen im Kristallvolumen eingeschlossen, so daß wir für das einzelne Elektron näherungsweise das Modell des Teilchens im Kasten anwenden können (siehe Abbildung 3.15). Die **Zustandsdichte der Elektronen** ist gemäß Gleichung (1.49b) nach dem Modell des Teilchens im Kasten gegeben durch

$$D_e(\varepsilon) = 2 \cdot D(\varepsilon) = 2 \cdot 2\pi V \left(\frac{2m_e}{h^2}\right)^{3/2} \varepsilon^{1/2} \qquad (3.94)$$

Der zusätzliche Faktor 2 vor der Zustandsdichte $D(\varepsilon)$ für ein Teilchen im Kasten berücksichtigt die Spinentartung der Elektronen, da ein Quantenzustand des Teilchens im Kasten von zwei Elektronen mit entgegengesetztem Spin besetzt werden kann. Diese Zustandsdichte ist für ein Metall natürlich eine Näherung, gibt aber bei der statistisch-thermodynamischen Behandlung die wesentlichen Gesichtspunkte des Verhaltens der Leitungselektronen bereits gut wieder. Die Besonderheit der metallischen Leiter ist, daß die Konzentration der Leitungselektronen in derselben Größenordnung liegt wie die Zahl der zur Verfügung stehenden Quantenzustände der Leitungselektronen im Kristall. So ist beispielsweise in einem Metallkristall wie dem festen Natrium die Zahl der Valenzelektronen pro Natriumatom 1; das Leitungsband im Natrium, das aus den 3s-Orbitalen entsteht, ist somit halbbesetzt.

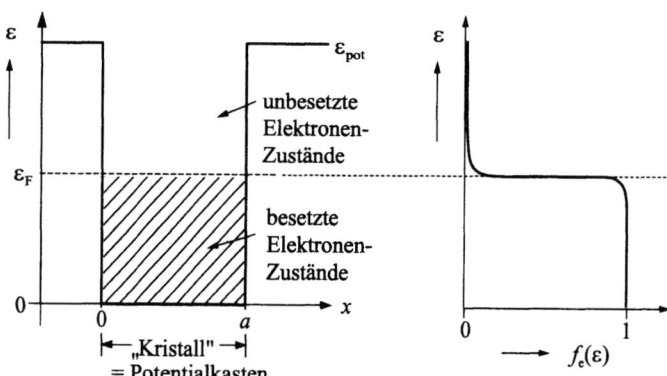

Abbildung 3.15 Einfaches Modell des Teilchens im Kasten für Leitungselektronen in festen Elektronenleitern, insbesondere in Metallen. Die Elektronen werden näherungsweise als ideales Elektronengas ohne Wechselwirkungen untereinander behandelt. Die mittlere Coulomb-Wechselwirkung der Leitungselektronen mit den positiv geladenen Atomrümpfen stellt das Kastenpotential dar, das die Elektronen im Volumen des Kristalls einschließt. Die Lage der Fermi-Energie $\varepsilon_F = \mu_e - e\varphi$ kennzeichnet die Energie, bei der die Besetzungswahrscheinlichkeit gerade $f_e(\varepsilon) = 1/2$ ist. Details sind im Text beschrieben.

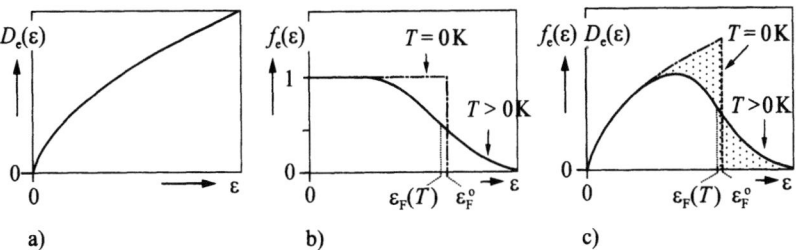

Abbildung 3.16 a) Zustandsdichte, b) Fermi-Dirac-Verteilungsfunktion und c) Produkt aus beiden bei 0 K und bei einer sehr hohen Temperatur $T > 0$ K (schematisch) für das System der Leitungselektronen in einem Metall: für steigende Temperaturen verschiebt sich ε_F zu niedrigeren Energien. Dies ist in c) übertrieben dargestellt. Die Temperaturabhängigkeit ist für Metalle so klein, daß $\varepsilon_F(T) \approx \varepsilon_F(0\,\text{K})$ im allgemeinen eine sehr gute Näherung darstellt.

Es liegt also eine Bedingung vor, die die Behandlung der Elektronen als ideales Gas nach der Maxwell-Boltzmann-Statistik unmöglich macht. Man muß das Pauli-Prinzip, das die Mehrfachbesetzung eines elektronischen Quantenzustandes verbietet, explizit berücksichtigen und die Fermi-Dirac-Statistik anwenden.

Der **mittlere Besetzungsgrad** (=Verteilungsfunktion) der zur Verfügung stehenden Quantenzustände für Leitungselektronen ergibt sich aus der **Fermi-Dirac-Verteilungsfunktion** nach Gleichung (3.56). Für geladene Teilchen enthält die Helmholtz-Energie auch einen elektrostatischen Beitrag mit dem elektrischen Potential φ. Für die Elektronen als geladene Teilchen entspricht deshalb die Ableitung der Helmholtz-Energie, die Grundlage bei der Herleitung der Verteilungsfunktionen war (siehe Gleichungen (3.42) und (3.43)), nicht dem chemischen sondern dem elektrochemischen Potential $\tilde{\mu}_e$. Das elektrochemische Potential der Elektronen wird in der Halbleiterphysik und Elektrochemie jedoch häufiger als **Fermi-Energie** oder **Fermi-Niveau** bezeichnet, wobei als Symbol ε_F verwendet wird. Deshalb benutzen wir in diesem Buch für das elektrochemische Potential der Elektronen durchweg die Fermi-Energie ε_F als Synonym für das elektrochemische Potential der Elektronen[2]:

$$\varepsilon_F = \tilde{\mu}_e = \mu_e - e\varphi \tag{3.95}$$

Es sei jedoch auf Exkurs 3.11 zu dem leichten Unterschied im Gebrauch des Begriffs Fermi-Energie in Metallphysik, Halbleiterphysik und Elektrochemie hingewiesen. Für die Fermi-Dirac-Verteilungsfunktion folgt aus (3.56), wenn statt des chemischen Potentials die Fermi-Energie benutzt wird:

$$f_{FD}(\varepsilon) = f_e(\varepsilon) = \left[\exp\left(\frac{\varepsilon - \varepsilon_F}{kT}\right) + 1\right]^{-1} \tag{3.96}$$

Für die Zahl der Elektronen im Bereich $d\varepsilon$ um eine Energie ε und für ihre Gesamtzahl ergeben sich (Nullpunkt der Energie im niedrigsten Energieniveau)

$$dN_e(\varepsilon) = f_e(\varepsilon)\,D_e(\varepsilon)\,d\varepsilon \quad \rightarrow \quad N_e = \int_0^\infty f_e(\varepsilon)D_e(\varepsilon)\,d\varepsilon \tag{3.97}$$

---

[2] Die Auftrennung in chemisches Potential μ_e und elektrostatischem Term ist allerdings für die weiteren Überlegungen im vorliegenden Abschnitt noch ohne Bedeutung.

> **Exkurs 3.11 Gebrauch des Begriffs Fermi-Energie in der Literatur**

Der Ausdruck elektrochemisches Potential wird in der Diskussion der Elektronen in Metallen und Halbleitern selten verwendet. In der *Elektronentheorie der Metalle* wurde stattdessen schon sehr früh der Begriff **Fermi-Energie** eingeführt. Er hatte allerdings in diesem Zusammenhang nicht die Bedeutung eines (allgemein temperaturabhängigen) elektrochemischen Potentials, sondern bezeichnete für $T = 0$ K diejenige Energie im Leitungsband eines Metalls, bis zu der bei Anwendung des Pauli-Prinzips alle Elektronenenergieniveaus gefüllt sind.

Im Vergleich dazu stellt das **elektrochemische Potential**, wie in Abschnitt 3.5 beschrieben, die Lage des Wendepunktes der Fermi-Dirac-Verteilungsfunktion im Energieschema der Elektronen dar und ist im allgemeinen temperaturabhängig. Der Grenzwert des elektrochemischen Potentials für $T \to 0$ K ist in Metallen allerdings identisch mit der Definition der Fermi-Energie in der Metallphysik, die in Publikationen und Lehrbüchern zur Elektronentheorie der Metalle auch heute noch in diesem Sinne benutzt wird. Allerdings ist für Metalle die Unterscheidung zwischen elektrochemischem Potential $\tilde{\mu}_e(T)$ und der Fermi-Energie als speziellem Wert bei $T = 0$ K meistens irrelevant und praktisch kaum meßbar. In guter Näherung kann man für Metalle beide Größen als gleich annehmen, wie in diesem Abschnitt gezeigt wird, so daß eine Unterscheidung des Grenzwertes für $T \to 0$ K über einen getrennten Begriff nicht unbedingt angemessen ist.

Im Gegensatz dazu benutzt man in der *Halbleiterphysik* und *Elektrochemie* den Begriff **Fermi-Niveau** oder **Fermi-Energie** heute generell als Synonym zum elektrochemischen Potential[3]. In einigen Lehrbüchern wird zwar versucht, den Begriff Fermi-Niveau für den Gebrauch bei Halbleitern und Fermi-Energie für den Gebrauch in der Metallphysik zu reservieren. Dies führt jedoch zu unnötiger Verwirrung, abgesehen davon, daß diese Begriffsunterscheidung eher historische Wurzeln hat. Bereits bei der Behandlung des Gleichgewichts von Elektronen zwischen Metallen und Halbleitern ist es sinnvoll, einen einheitlichen Begriff mit identischer Bedeutung zu nutzen. Darüber hinaus ist der Grenzwert des elektrochemischen Potentials für $T \to 0$ K bei Halbleitern kaum von Interesse, da er sich stark unterscheiden kann vom Wert bei Normaltemperatur und meist in der Energielücke liegt. Noch problematischer wird das Nebeneinander der zwei Begriffsdefinitionen, wenn man Verbindungshalbleiter wie Silbersulfid betrachtet (siehe dazu Kapitel 6), in denen die elektronische Leitfähigkeit sich um Größenordnungen von metallisch nach halbleitend ändert bei geringer Abnahme des Silbergehalts. Je nach Zusammensetzung hat man also ein Metall oder einen Halbleiter vor sich.

Das elektrochemische Potential und damit das Fermi-Niveau der Halbleiterphysik und Elektrochemie ist eine meßbare Gleichgewichtsgröße, während die Fermi-Energie der Metallphysik nur als Grenzwert des elektrochemischen Potentials für $T \to 0$ K experimentell greifbar ist. Es ist deshalb sinnvoll, in der statistischen Thermodynamik des Gleichgewichts das elektrochemische Potential als wesentliche Größe zu sehen und den Fermi-Energie-Begriff der Metallphysik als speziellen Grenzwert des elektrochemischen Potentials zu verstehen. Wir werden deshalb generell den Begriff Fermi-Energie in diesem Buch im Sinne von Halbleiterphysik und Elektrochemie als identisch zum elektrochemischen Potential betrachten und insbesondere auch auf Metalle anwenden. Ähnliches gilt in Kapitel 8.1 für die Austrittsarbeit in Metallen, die auf die Fermi-Energie bezogen wird.

---

[3] Siehe beispielsweise: A.S. Grove, *Physics and Technology of Semiconductor Devices*, Wiley, New York 1967, Seite 98ff; G. Falk, W. Ruppel, *Energie und Entropie*, Springer, Berlin 1976, Seite 176ff; W. Schmickler, *Grundlagen der Elektrochemie*, Vieweg, Braunschweig 1996, Seite 24ff.

3.7 Fermi-Dirac-Statistik: Elektronengas

Abbildung 3.16 zeigt den Verlauf des Integranden mit der Energie und den Verlauf der beiden Funktionen $f_e(\varepsilon)$ und $D_e(\varepsilon)$. Die untere Grenze ist die Energie $\varepsilon = 0$ der ruhenden Leitungselektronen. Sie wird hier als Nullpunkt der Energieskala festgelegt. Die obere Grenze können wir ohne Probleme als $\varepsilon = \infty$ einsetzen, da die Fermi-Dirac-Verteilungsfunktion für hohe Werte der Energie ε genügend schnell gegen Null geht. Der Wert von $f_e(\varepsilon)$ ist am Fermi-Niveau für $T > 0$ K immer 0,5.

Für Metalle ist typischerweise der Abstand der Fermi-Energie ε_F von der Unterkante des Leitungsbandes sehr groß gegen die thermische Energie kT. Über einen kleinen Energiebereich der Größenordnung kT um ε_F fällt $f_e(\varepsilon)$ rasch von 1 auf 0 ab. Der Verlauf von $f_e(\varepsilon)$ weicht also nur wenig von einer Stufenfunktion ab, wie sie exakt im Grenzfall $T \to 0$ K vorliegt (siehe Abbildung 3.15). Bezeichnet man mit ε_F° den Grenzwert der Fermi-Energie am absoluten Nullpunkt, so gilt:

$$f_e(\varepsilon - \varepsilon_F, T) \approx f_e(\varepsilon - \varepsilon_F, 0\,\text{K}) = \begin{cases} 1 & \text{für } \varepsilon \leq \varepsilon_F \\ 0 & \text{für } \varepsilon > \varepsilon_F \end{cases} \quad (3.98)$$

Übernimmt man dies als Näherung für $T > 0$ K, so läßt sich das Integral in Gleichung (3.97) sehr einfach auswerten. Man erhält

$$N_e = \int_0^{\varepsilon_F^\circ} D_e(\varepsilon)\,d\varepsilon = \frac{8\pi V}{3}\left(\frac{2m_e}{h^2}\right)^{3/2} \varepsilon_F^{\circ\,3/2} \quad (3.99)$$

Unsere Näherung beruhte auf der Annahme, daß ε_F° groß gegen kT ist. Tatsächlich erhält man durch Einsetzen von realistischen Werten, beispielsweise für $N_e/V = 10^{23}$ cm^{-3} und für m_e die Masse der freien Elektronen als **Fermi-Energie**

$$\varepsilon_F^\circ = \varepsilon_F(T \to 0\,\text{K}) = \frac{h^2}{2m_e}\cdot\left(\frac{3N_e}{8\pi V}\right)^{2/3} = 1{,}7 \text{ eV} \quad (3.100)$$

Interessant ist noch die mittlere Energie pro Leitungselektron. Sie soll mit dem Ergebnis für ein Maxwell-Boltzmann-Gas verglichen werden. Für die innere Energie des gesamten Leitungselektronensystems ergibt sich im Rahmen der verwendeten Näherung Gleichung (3.98)

$$U_e = \langle E(T \to 0\,\text{K})\rangle = \int_0^{\varepsilon_F^\circ} \varepsilon\, D_e(\varepsilon)\,d\varepsilon = \frac{8\pi V}{5}\left(\frac{2m_e}{h^2}\right)^{3/2} \varepsilon_F^{\circ\,5/2} \quad (3.101)$$

Auf der rechten Seite in Gleichung (3.101) wurde der Ausdruck für die Zahl der Elektronen nach Gleichung (3.99) benutzt. Aus Gleichung (3.101) läßt sich der Gleichgewichtsdruck des Elektronengases im Metall durch Ableiten nach dem Volumen berechnen. Es folgt aus (3.101), wenn die Volumenabhängigkeit der Fermi-Energie aus Gleichung (3.100) benutzt wird [4]

$$-\left(\frac{\partial U_e}{\partial V}\right)_{S, N_e} = p_e^\circ = \frac{2}{5}\cdot\frac{N_e \varepsilon_F^\circ}{V} = \frac{2}{3}\frac{U_e}{V} \quad (3.102)$$

---

[4] Gleichung (3.102) stellt in der Form $pV = 2U/3$ ein allgemeines Ergebnis dar, das für alle idealen Gase gilt ungeachtet, ob es sich um Fermionen, Bosonen oder Teilchen im Rahmen der Maxwell-Boltzmann-Näherung handelt. Lediglich für relativistische Teilchen wie Photonen ändert sich der Vorfaktor von 2/3 auf 1/3 (siehe Gleichung (3.121) in Abschnitt 3.8)

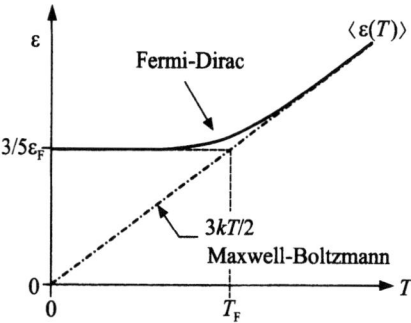

Abbildung 3.17 Mittlere kinetische Energie eines Leitungselektrons in einem Metall in der Näherung des entarteten Elektronengases: die mittlere Energie $\langle \varepsilon \rangle$ ist praktisch temperaturunabhängig für $T \ll T_F = \varepsilon_F^\circ/k$. Für typische metallische Leiter liegt T_F weit oberhalb des Schmelzpunktes.

p_e° steht hier für den Wert des Drucks bei 0 K. Auch der Druck der Metallelektronen hängt nur gering von der Temperatur ab. Setzt man für die Fermi-Energie 2 eV an und für die Konzentration der Metallelektronen eine Teilchendichte von 10^{23} cm^{-3}, so ergibt sich ein Druck von $2 \cdot 10^{10}$ Pa oder etwa $2 \cdot 10^5$ bar. Diesem enormen Druck steht im Kristall allerdings ein betragsmäßig praktisch gleich hoher negativer Kohäsionsdruck auf Grund der Anziehung der Atomkerne gegenüber.

Teilt man den Wert für die innere Energie des Elektronengases durch die Zahl der Elektronen aus Gleichung (3.99), so erhält man die mittlere Energie des einzelnen Elektrons

$$\langle \varepsilon \rangle = \frac{U}{N_e} = \frac{3}{5}\varepsilon_F^\circ = \frac{3h^2}{10\, m_e}\left(\frac{3N_e}{8\pi V}\right)^{2/3} \tag{3.103}$$

Der sich hier ergebende Wert ist wegen $\varepsilon_F^\circ \gg kT$ sehr viel größer als der Mittelwert $\langle \varepsilon_{\text{trans}} \rangle = 3kT/2$ für ein ideales Gas nach der **Maxwell-Boltzmann-Statistik**. Abbildung 3.17 zeigt die mittlere Energie eines Leitungselektrons als Funktion der Konzentration N_e/V (aus einer exakten Auswertung des Fermi-Dirac-Integrals Gleichung (3.97) ohne die Näherung $T \approx 0$ K, vergleiche dazu Kapitel 6.7). Die tatsächliche Temperaturabhängigkeit der Fermi-Energie ist für typische Metalle sehr gering und die Näherung $\varepsilon_F(T) \approx \varepsilon_F^\circ$ sehr gut.

Man erkennt in Abbildung 3.17, daß erst für extrem hohe Temperaturen $T_F \approx \varepsilon_F^\circ/k$ der Verlauf von $\langle \varepsilon(T) \rangle$ der Maxwell-Boltzmann-Statistik entsprechen würde. Setzt man realistische Werte für ε_F° in der Größenordnung von 1 eV ein, so ergeben sich dafür allerdings Temperaturen von etwa 10 000 K. Dies liegt oberhalb jeder bekannten Schmelztemperatur. Ein Übergang des entarteten Elektronengases in ein Verhalten nach der Maxwell-Boltzmann-Statistik wird deshalb für die meisten metallischen Leiter nicht beobachtet, es sei denn, daß eine Phasenumwandlung eine Kristallstruktur mit veränderten elektronischen Energieniveaus liefert.

3.8 Bose-Einstein-Statistik: Photonengas

Von erhitzten Körpern geht Wärmestrahlung aus. Es handelt sich um elektromagnetische Strahlung mit charakteristischer Verteilung der Strahlungsintensität über die Frequenz oder Wellenlänge (= spektrale Intensitätsverteilung). Experimentell kann man zeigen, daß alle erhitzten Körper, wenn man ihre Oberfläche geeignet schwärzt,

3.8 Bose-Einstein-Statistik: Photonengas

ein Spektrum der Wärmestrahlung zeigen, das in seiner Intensitätsverteilung nur von der Temperatur abhängt, nicht jedoch von der chemischen Natur oder anderen Eigenschaften des Körpers. Man spricht in diesem Zusammenhang auch von der charakteristischen Strahlung eines **schwarzen Strahlers** oder **schwarzen Körpers**. Da im Experiment häufig ein schwarz ausgekleideter Ofen mit kleiner Öffnung benutzt wird, findet man auch oft den Ausdruck **Hohlraumstrahlung** in diesem Zusammenhang.

Die Erklärung der temperaturabhängigen spektralen Intensitätsverteilung der Wärmestrahlung schwarzer Körper im Gleichgewicht gelang Planck im Jahre 1900. Seine wesentliche Annahme war, daß Schwingungen in einem elektromagnetischen Strahlungsfeld ihre Energie nicht kontinuierlich ändern, sondern nur in Form von definierten Energiequanten aufnehmen oder abgeben. Darüber hinaus kann man das von Planck abgeleitete Strahlungsgesetz als Beispiel für die Anwendung der Bose-Einstein-Statistik betrachten. Dies soll im folgenden diskutiert werden.

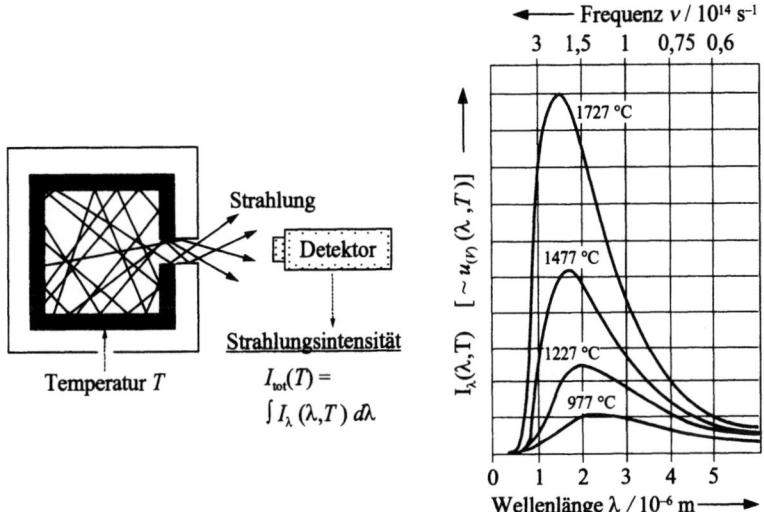

Abbildung 3.18 Elektromagnetische Strahlung in einem Hohlraum, dessen Wände auf einer Temperatur T gehalten werden, weist im thermodynamischen Gleichgewicht eine charakteristische Verteilung der Strahlungsenergie über die Frequenz beziehungsweise die Wellenlänge auf. Die Energiedichte der Strahlung hängt dabei nur von der Temperatur ab. Im Experiment kann man beispielsweise einen geschlossenen elektrisch beheizten Ofen verwenden, dessen Wände mit Platinmohr geschwärzt sind. Es wird eine kleine Öffnung angebracht, durch die Wärmestrahlung heraustreten kann. Die Photonen bewegen sich im Hohlraum mit der Lichtgeschwindigkeit c in alle Richtungen. Der Mittelwert der Geschwindigkeitskomponente in Richtung der Austrittsöffnung ist $c/4$, so daß pro Zeit und Fläche (der Öffnung) die Strahlungsenergie (= Strahlungsintensität) $I_{tot} = (1/4)cU_{(V)}$ aus der Öffnung heraustritt. $U_{(V)}$ ist dabei die gesamte innere Energiedichte der Wärmestrahlung. Mißt man die differentielle Intensität $dI/d\lambda$ als Funktion der Wellenlänge λ, so erhält man das Ergebnis im rechten Teil der Abbildung. Die gemessene spektrale Intensitätsverteilung ist proportional zur spektralen Energiedichteverteilung $u_V(\nu, T)$ im Inneren des Hohlraums, falls die Messung das Strahlungsgleichgewicht im Hohlraum nicht nennenswert stört.

Abbildung 3.18 zeigt das Prinzip einer experimentellen Bestimmung und Meßergebnisse zur spektralen Intensitätsverteilung. Das Strahlungsfeld in einem solchen beheizten Hohlraum ist in zweifacher Weise quantisiert: aus der Elektrodynamik ergibt sich zunächst, daß eine minimale Frequenz existiert und daß nur bestimmte diskrete Werte der Schwingungsfrequenzen des elektromagnetischen Feldes erlaubt sind (man spricht auch von Schwingungsmoden). Ihr Abstand auf der Frequenzskala hängt von der Größe des Hohlraums ab. Die Quantenelektrodynamik liefert darüber hinaus eine zweite Quantisierung: die Energie einer einzelnen Schwingungsmode bei einer der erlaubten Frequenzen ist in völliger Analogie zum Modell des harmonischen Oszillators gequantelt. Die Schwingungsmode, die zu einer erlaubten Frequenz v_i gehört, kann ihre Energie nur um den Betrag hv_i erhöhen oder erniedrigen. Für die Gesamtenergie E des elektromagnetischen Strahlungsfeldes im Hohlraum gilt demnach (wobei die Summe über die Frequenzen aller Schwingungsmoden vorzunehmen ist)

$$E_{\text{tot}} = \sum_i N_i h v_i \tag{3.104}$$

Dabei ist über alle möglichen diskreten Frequenzen v_i zu summieren. Gleichung (3.104) ist darüber hinaus auch in einem Teilchenbild zu interpretieren. Ein Schwingungsquant mit der Energie hv_i in der Schwingungsmode v_i entspricht einem Photon. Die Energie eines einzelnen Photons bei einer bestimmten Frequenz v_i ist also gegeben durch

$$\varepsilon_{\text{photon}} = h v_i \tag{3.105}$$

Das elektromagnetische Feld läßt sich dann als ideales Photonengas interpretieren, dessen Energie durch die Angabe der in jeder Schwingungsmode i vorhandenen Photonenzahlen N_i (= Besetzungszahlen) festgelegt ist.

Man kann jedoch in den meisten praktischen Fällen davon ausgehen, daß die möglichen Frequenzwerte der Schwingungsmoden entlang der Frequenzskala sehr dicht liegen (siehe Exkurs 3.12), so daß eine kontinuierliche Beschreibung vernünftig ist. Außerdem sind wir interessiert am thermischen Mittelwert der Gesamtenergie gleichbedeutend mit der inneren Energie U. Statt Gleichung (3.104) kann man dann schreiben

$$U = \langle E_{\text{tot}} \rangle = \int_{v_{\text{min}}}^{\infty} hv \, dN_{\text{photon}}(v) \tag{3.106}$$

Wir bestimmen zunächst die Anzahl der Photonen $dN_{\text{photon}}(v)$ mit Schwingungsfrequenzen in einem bestimmten Intervall dv um eine Frequenz v und setzen voraus, daß sich das Photonengas bei der Temperatur T im Gleichgewicht befindet. Photonen haben den Spin $S = 1$, sind also Bosonen. Für die Zahl der Photonen im Intervall dv um eine bestimmte Schwingungfrequenz v gilt mit $\varepsilon_{\text{photon}} = hv$ und $f_{\text{BE}}(hv, T)$ als Bose-Einstein-Verteilungsfunktion

$$dN_{\text{photon}}(v, T) = f_{\text{BE}}(hv, T) \cdot D_{\text{photon}}(v) dv \tag{3.107}$$

Die Frequenzdichte $D_{\text{photon}}(v)$ elektromagnetischer Strahlung in einem Volumen V ist gegeben durch (Herleitung siehe Exkurs 3.12)

$$D_{\text{photon}}(v) = \frac{8\pi V}{c^3} v^2 \tag{3.108}$$

3.8 Bose-Einstein-Statistik: Photonengas

Für den Besetzungsgrad einer Schwingungsmode der Frequenz ν gilt die folgende spezielle Verteilungsfunktion der Bosonen

$$f_{\mathrm{BE}}(\varepsilon_{\mathrm{photon}}) = \left[\exp\left(\frac{h\nu}{kT}\right) - 1\right]^{-1} \tag{3.109}$$

Gegenüber dem allgemeinen Ausdruck für f_{BE} in Gleichung (3.57) haben wir für das chemische Potential der Photonen $\mu_{\mathrm{photon}} = 0$ gesetzt. Dies ist eine Konsequenz aus der Tatsache, daß die Gesamtzahl der Photonen keine Erhaltungsgröße darstellt[5]. Schließt man nämlich den Hohlraum in Abbildung 3.18 hermetisch dicht ab, so ist die Zahl der darin enthaltenen Photonen eine Funktion der Temperatur, ohne daß ein Photonenaustausch mit der Umgebung stattfinden muß.

Für die elektromagnetische Strahlung im Hohlraum wird die Photonenzahl daher nur über die thermodynamische Gleichgewichtsbedingung festgelegt: bei konstanten Werten für T und V nimmt die Helmholtz-Energie A für ein geschlossenes System im Gleichgewicht einen Minimalwert an. Da die Helmholtz-Energie A des Photonengases eine Funktion der Photonenzahl N_{photon} ist, muß sich auch der Wert für N_{photon} im Gleichgewicht so einstellen, daß A minimal wird. Die Bedingung dafür ist

$$\left(\frac{\partial A}{\partial N_{\mathrm{photon}}}\right)_{T,V} = 0 = \mu_{\mathrm{photon}} \tag{3.110}$$

Gleichung (3.110) läßt sich in dieser Form auf alle Teilchensorten verallgemeinern, deren Anzahl in einem geschlossenen System keinem Erhaltungssatz gehorcht (wir werden in Kapitel 6.2 die gleiche Eigenschaft für Phononen (Schwingungsquanten) im Festkörper oder in 6.8 für Leerstellen in einem Metallkristall feststellen). Für solche Teilchensorten tritt also kein chemisches Potential im Ausdruck für die innere Energie oder die übrigen thermodynamischen Funktionen auf. Eine äquivalente Aussage ist, daß das chemische Potential des Photonengases im Nullpunkt der Energieskala der Photonen festgehalten wird. Abbildung 3.19 zeigt den Verlauf der Bose-Einstein-Verteilungsfunktion. f_{BE} geht gegen $+\infty$ für $\varepsilon_{\mathrm{photon}} \to 0$.[6]

Mit den Gleichungen (3.109), für die Verteilungsfunktion, (3.107) für die Photonenzahl bei einer gegebenen Frequenz und (3.108) für die Frequenzdichte können wir den Energiebeitrag $\mathrm{d}U(\nu)$ zur Gesamtenergie des Strahlungsfeldes bei der Frequenz ν ausdrücken

$$\mathrm{d}U(\nu) = h\nu \cdot \mathrm{d}N_{\mathrm{photon}}(\nu,T) = \frac{8\pi V}{c^3} \cdot \frac{h\nu^3}{\exp(h\nu/kT) - 1} \, \mathrm{d}\nu \tag{3.111}$$

---

[5] Für die bisher behandelten chemischen Systeme (insbesondere auch in der Herleitung der kanonischen Zustandssumme Z) war die Teilchenzahl N eine Erhaltungsgröße und damit das chemische Potential eine eindeutige Funktion der Teilchenzahl und der übrigen charakteristischen thermodynamischen Variablen.

[6] Hier liegt ein bekanntes Problem der Quantenelektrodynamik: an sich stellt der Nullpunkt der Energieskala die Energie des Nullpunktsschwingungsniveaus dar, das sich für alle zum harmonischen Oszillator analogen quantenmechanischen Modelle ergibt. Würde man dieses Niveau aber bei der Berechnung der Gesamtenergie des Strahlungsfeldes mit einbeziehen, so würde es einen unendlich hohen Beitrag zur Gesamtenergie liefern, da die Besetzungszahl N_{photon} in der Bose-Einstein-Statistik für $\varepsilon \to \mu$ gegen unendlich geht. Man muß also die Grundschwingungsniveaus aus der Betrachtung der Gesamtenergie heraushalten.

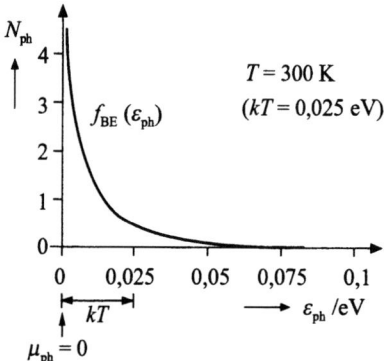

Abbildung 3.19 Bose-Einstein-Verteilungsfunktion $f_{BE}(\varepsilon_{photon})$ als Funktion der Photonenenergie. Das chemische Potential μ_{photon} des Photonengases muß im Nullpunkt der Energieskala liegen, da die Photonenzahl keine Erhaltungsgröße ist. Für $\varepsilon_{photon} \to 0$ geht $f_{BE}(\varepsilon_{photon}) \to \infty$.

Üblicherweise verwendet man allerdings zur Beschreibung der Energieverteilung über die Frequenzen die **spektrale Energiedichte** $u_{(V)}(\nu,T)$. Sie ergibt sich, indem man $dU(\nu)$ nach der Frequenz ableitet und durch das Volumen dividiert:

$$u_{(V)}(\nu,T) = \frac{1}{V}\frac{dU(\nu)}{d\nu} = \frac{8\pi}{c^3} \cdot \frac{h\nu^3}{\exp[h\nu/kT]-1} \qquad (3.112)$$

Diese Gleichung stellt eine häufig verwendete Form des **Planckschen Strahlungsgesetzes** dar. Abbildung (3.20) zeigt den Verlauf dieser Funktion. Mit steigender Temperatur verschiebt sich das Maximum von $u_{(V)}(\nu,T)$ zu kleineren Wellenlängen. Die Lage des Maximums ergibt sich durch Ableiten nach der Frequenz und Nullsetzen aus Gleichung (3.112). Die Frequenz am Maximum hängt linear von der Temperatur ab. Es gilt

$$\nu_{max} = \frac{2{,}822\,kT}{h} \qquad \left[\longrightarrow \lambda(\nu_{max}) = \frac{hc}{2{,}822\,kT} \right] \qquad (3.113)$$

In Abbildung 3.18 war allerdings die spektrale Energiedichte als Funktion der Wellenlänge aufgetragen. Auf Grund der nichtlinearen Beziehung zwischen Frequenz und Wellenlänge ist die Lage des Maximums verschieden, je nachdem ob die spektrale Energiedichte als Funktion der Frequenz oder der Wellenlänge aufgetragen wird. Zur Umrechnung kann man die folgende Gleichung benutzen [7]

$$u_{(V)}(\lambda,T)\,|d\lambda| = u_{(V)}(\nu,T)\,|d\nu| \qquad (3.114)$$

Als Funktion der Wellenlänge ausgedrückt ergibt sich dann für die spektrale Energiedichte mit Hilfe der Gleichungen (3.112) und der Dispersionsbeziehung $c = \nu\lambda$ der Photonen [Gleichung (1.42)]

$$u_{(V)}(\lambda,T) = u_{(V)}(\nu,T)\left|\frac{d\nu}{d\lambda}\right| = u_{(V)}(\nu,T)\frac{c}{\lambda^2} = \frac{8\pi hc}{\lambda^5\left[\exp\left(\frac{hc}{\lambda kT}\right)-1\right]} \qquad (3.115)$$

Für die Funktion in Gleichung (3.115) gilt am Maximum

$$\lambda_{max}T = \frac{hc}{4{,}965\,k} \qquad \left[\longrightarrow \nu(\lambda_{max}) = \frac{4{,}965\,kT}{h} \right] \qquad (3.116)$$

---

[7]Die Wellenlänge steigt mit sinkender Frequenz, so daß $d\lambda$ und $d\nu$ entgegengesetztes Vorzeichen haben: daher sind in Gleichung (3.114) Absolutwerte gewählt.

3.8 Bose-Einstein-Statistik: Photonengas

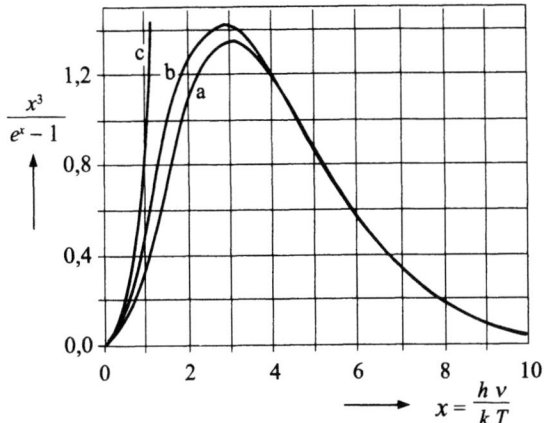

Abbildung 3.20 Plancksches Strahlungsgesetz und Grenzfälle für hohe und niedrige Temperaturen: a – Wiensches Strahlungsgesetz Gleichung (3.129) (niedrige Temperaturen), b – Plancksches Strahlungsgesetz Gleichung (3.112), c – Rayleigh-Jeanssches Strahlungsgesetz Gleichung (3.128) (hohe Temperaturen, kleine Frequenzen). Die aufgetragene Funktion mit $x = h\nu/kT$ entspricht $u_{(V)}(\nu,T)$ multipliziert mit $h^2c^3/8\pi(kT)^3$.

Sowohl Gleichung (3.113) als auch Gleichung (3.116) ergeben, daß das Produkt aus Temperatur und Wellenlänge am Maximum der spektralen Energiedichte eine Konstante ist. Diese Aussage wird als **Wiensches Verschiebungsgesetz** bezeichnet.

Die gesamte innere Energie des Strahlungsfeldes pro Volumen (**integrale Strahlungsenergiedichte**) ergibt sich hieraus leicht durch Integration über alle Frequenzen zwischen $\nu = 0$ und $\nu = \infty$:

$$U_{(V)} = \frac{U}{V} = \int_0^\infty u_{(V)}(\nu,T)\,d\nu = \frac{8\pi k^4 T^4}{c^3 h^3} \int_0^\infty \frac{x^3\,dx}{\exp(x)-1} = \frac{8\pi^5 k^4}{15 c^3 h^3} \cdot T^4 \quad (3.117)$$

Dabei haben wir die Substitution $x = h\nu/kT$ benutzt. Die spektrale Energiedichte $u_{(V)}(\nu,T)$ und die integrale Energiedichte $U_{(V)}$ sind nicht direkt meßbar. Die abgeleiteten Gleichungen können aber experimentell nachgeprüft werden, indem man die Intensität der heraustretenden Strahlung durch eine kleine Öffnung aus dem Hohlraum pro Zeit und Flächeneinheit mißt. I_{tot} sei die gesamte austretende Strahlungsenergie pro Zeit und Flächeneinheit. Für den Zusammenhang zwischen I_{tot} und der Strahlungsenergiedichte $U_{(V)}$ ergibt sich [8]

$$I_{\text{tot}} = \frac{1}{4} c\, U_{(V)} = \frac{2\pi^5 k^4}{15 c^2 h^3} \cdot T^4 = \sigma \cdot T^4 \quad (3.118)$$

Dieses Ergebnis bezeichnet man auch als **Stefan-Boltzmannsches Strahlungsgesetz**, und dementsprechend wird σ als **Stefan-Boltzmann-Konstante** bezeichnet. Neben

---

[8]Gleichung (3.118) ist völlig analog zu (3.86) für die Wandstoßzahl in einem verdünnten Gas. Wenn man in (3.86) für $\langle v \rangle$ die Lichtgeschwindigkeit c und für die Teilchendichte $N_{(V)}$ die Zahl der Photonen pro Volumen einsetzt. Letztere ist gegeben durch $U_{(V)}/h\nu$. Die Wandstoßzahl der Photonen (Photonenzahl pro Fläche und pro Zeit) ist also $Z_{(S)} = U_{(V)} c/4h\nu$. Rechnet man dies in die entsprechende Energie pro Fläche und Zeit um, so ergibt sich die Gleichung (3.118).

der integralen Intensität I_{tot} läßt sich noch die entsprechende differentielle Intensität $I_\nu(\nu)$ pro Frequenzintervall (spektrale Intensität) formulieren. Es gilt [9]

$$I_\nu(\nu) = \frac{dI_{tot}}{d\nu} = \frac{c}{4} \cdot u_{(V)}(\nu, T) \qquad (3.119)$$

Mit den abgeleiteten Beziehungen sind wir nun in der Lage, die thermodynamischen Größen des Photonengases zu berechnen. Für die Wärmekapazität, die Entropie und die Helmholtz-Energie erhält man aus Gleichung (3.117) unter Benutzung der thermodynamischen Beziehungen aus Anhang A.4

$$C_V = \left(\frac{\partial U}{\partial T}\right)_V = V\left(\frac{\partial U_{(V)}}{\partial T}\right)_V = \frac{32\pi^5 k^4}{15 h^3 c^3} \cdot V T^3 \qquad (3.120a)$$

$$S = \int_0^T \frac{C_V}{T} dT = \frac{32\pi^5 k^4}{45 h^3 c^3} \cdot V T^3 \qquad (3.120b)$$

$$A = U - TS = -\frac{8\pi^5 k^4}{45 h^3 c^3} \cdot V T^4 = -\frac{1}{3} U \qquad (3.120c)$$

Die Ableitung der Helmholtz-Energie aus Gleichung (3.120c) nach dem Volumen liefert den Strahlungsdruck p des Photonengases, der bis auf den Faktor 1/3 der inneren Energiedichte des Photonengases entspricht:

$$p = -\left(\frac{\partial A}{\partial V}\right)_T = \frac{8\pi^5 k^4}{45 h^3 c^3} \cdot T^4 = \frac{1}{3} U_{(V)} \rightarrow pV = \frac{1}{3} U = \text{const.} \cdot T^4 \qquad (3.121)$$

Das ideale Photonengas unterscheidet sich hier bezüglich des Zusammenhangs mit der inneren Energie über den Vorfaktor 1/3 von den anderen bisher behandelten idealen Gasen mit nicht-relativistischen Teilchen, bei denen stattdessen der Faktor 2/3 auftritt (vergleiche beispielsweise (3.102) für ein Elektronengas).

Exkurs 3.12 Frequenzdichte elektromagnetischer Strahlung im Hohlraum

Wie für jedes andere quantenmechanische System ist auch die Zahl der Schwingungsmoden eines elektromagnetischen Feldes, das auf ein Volumen V begrenzt wird, auf diskrete Werte beschränkt. Die Abstände benachbarter Frequenzen sind allerdings so klein, daß wir näherungsweise von einer kontinuierlich variablen Frequenz ausgehen können. Behandelt man das Photon als Teilchen im Kasten, so gilt das in Kapitel 1, Gleichung (1.35) oder (1.47), hergeleitete Ergebnis für den Impuls p als Funktion der drei Quantenzahlen n_x, n_y, n_z.

$$|p|^2 = \frac{h^2}{4V^{2/3}}\left(n_x^2 + n_y^2 + n_z^2\right) = \frac{h^2}{4V^{2/3}} \cdot n^2 \qquad (3.122)$$

Wir hatten für das Teilchen im Kasten die Zustandsdichte $D(n)$ als Funktion von n abgeleitet

$$D(n)\, dn = \frac{\pi}{2} n^2 dn \qquad (3.123)$$

---

[9] Für eine Intensitätsmessung als Funktion der Wellenlänge ergibt sich dieselbe Form, wenn die wellenlängenabhängige spektrale Energiedichte benutzt wird: $I_\lambda(\lambda) = (c/4)\, u_{(V)}(\lambda, T)$.

3.8 Bose-Einstein-Statistik: Photonengas

Um die Zustandsdichte $D_{\text{photon}}(n)$ der Photonen als Funktion der Frequenz ν abzuleiten, muß der Zusammenhang zwischen ν und n bekannt sein. Dazu benutzen wir die folgende Beziehung für Photonen aus Gleichung (1.43) und schreiben für den Impuls p der Photonen als Funktion der Frequenz:

$$|p| = \frac{h\nu}{c} \tag{3.124}$$

Vergleich von (3.124) mit Gleichung (3.122) ergibt

$$n^2 = \frac{4V^{2/3}}{c^2} \cdot \nu^2 \tag{3.125}$$

Somit können n und dn in Gleichung (3.123) als Funktion von ν und $d\nu$ ausgedrückt werden. Wir müssen allerdings den sich ergebenden Ausdruck noch mit dem Faktor 2 multiplizieren. Da nämlich elektromagnetische Wellen Transversalwellen mit zwei unabhängigen Polarisationsrichtungen sind (siehe Abbildung 3.21), gibt es zu jeder Frequenz ν zwei unabhängige (entartete) Schwingungsmoden. Als Endergebnis ergibt sich also

$$D_{\text{photon}}(\nu)\, d\nu = 2\, D_{\text{photon}}(n(\nu)) \cdot \frac{dn}{d\nu}\, d\nu = \frac{8\pi V}{c^3} \nu^2\, d\nu \tag{3.126}$$

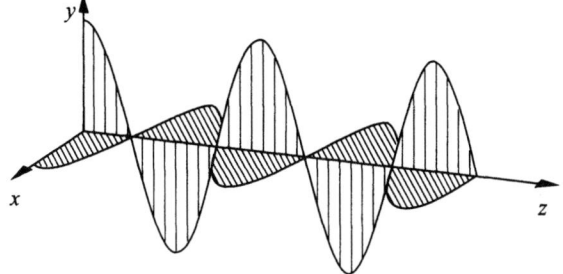

Abbildung 3.21 Unabhängige Polarisationsrichtungen elektromagnetischer Wellen. Dargestellt sind nur die Komponenten des elektrischen Feldes in x- bzw. y-Richtung.

Exkurs 3.13 Verhalten bei hohen und tiefen Temperaturen

Aus dem Planckschen Strahlungsgesetz lassen sich einige (schon vor der Herleitung nach Planck) bekannte Strahlungsgesetze begründen (siehe Abbildung 3.20). Für $h\nu \ll kT$, d.h. für hohe Temperaturen oder kleine Frequenzen, kann man im Planckschen Strahlungsgesetz (Gleichung 3.112) die Exponentialfunktion im Nenner entwickeln gemäß (vergleiche Anhang B.2, (B.50))

$$\frac{1}{e^x - 1} = \frac{1}{1 + x + \frac{x^2}{2!} + \ldots - 1} \simeq \frac{1}{x} \tag{3.127}$$

Einsetzen ergibt für $T \gg h\nu/k$

$$u_{(V)}(\nu, T) = \frac{8\pi h}{c^3} \cdot \frac{\nu^3}{\exp(h\nu/kT) - 1} \simeq \frac{8\pi}{c^3} \cdot kT \cdot \nu^2 \tag{3.128}$$

Dieser Ausdruck entspricht dem **Rayleigh-Jeansschen Strahlungsgesetz**. Andererseits kann man im Planckschen Ausdruck für $u_{(V)}(\nu,T)$ bei niedrigen Temperaturen oder hohen Frequenzen $h\nu \gg kT$ die Eins im Nenner gegenüber der Exponentialfunktion vernachlässigen. Auf diese Weise erhält man für $T \ll h\nu/k$ das **Wiensche Strahlungsgesetz**:

$$u_{(V)}(\nu,T) \simeq \frac{8\pi h}{c^3} \nu^3 \cdot \exp\left(-\frac{h\nu}{kT}\right) \qquad (3.129)$$

Exkurs 3.14 Anwendungsbeispiele

In der Praxis begegnet man der Intensitätsverteilung des schwarzen Strahlers bei der Charakteristik thermischer Strahlungsquellen wie sie beispielsweise in IR-Spektrometern Verwendung finden. Abbildung 3.22 zeigt ein Rohspektrum eines FTIR-Gerätes mit Globar-Lichtquelle, die bei einer Temperatur von circa 1500 K betrieben wird. Dargestellt ist hier das Signal des Halbleiterdetektors, der im wesentlichen die Anzahl der Photonen $N_{\text{Ph},\nu}$ als Funktion der Frequenz beziehungsweise Wellenzahl detektiert. Die Abbildung zeigt auch die berechnete Frequenzverteilung der Photonenzahl zum Vergleich. Sie ergibt sich aus den Gleichungen (3.107), (3.108) und (3.109) [beziehungsweise aus Gleichung (3.111) nach Division durch $h\nu$]:

Im Spektrum in Abbildung 3.22 sind der Charakteristik des schwarzen Strahlers noch charakteristische Absorptionen der Gasmoleküle im System und die Charakteristik des Detektors überlagert (= Detektortransmissionsfunktion). Letztere beschreibt den frequenzabhängigen Verlauf der Wahrscheinlichkeit, mit der ein Photon der Frequenz ν nachgewiesen wird. Abbildung 3.23 zeigt, daß die Änderung der Darstellung beim Übergang von der spektralen Energiedichte zur spektralen Photonendichte die Lage des Intensitätsmaximums verschiebt, ebenfalls eine Konsequenz der Nichtlinearität der Grundgleichungen.

$$N_{\text{Ph},\nu}(\nu,T) = \frac{dN_{\text{Ph}}(\nu,T)}{d\nu} = \frac{8\pi}{c^3} \cdot \frac{\nu^2}{\exp(h\nu/kT)-1} \qquad (3.130)$$

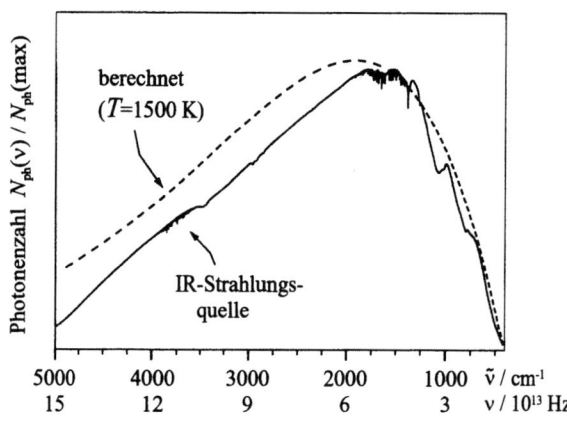

Abbildung 3.22 Gemessene und aus Gleichung (3.130) berechnete Verteilungsdichtefunktion der Photonen für eine in der Infrarot-Spektroskopie verwendete Strahlungsquelle (Globar, Bruker IFS48), die bei einer Temperatur von etwa 1500 K betrieben wird. Bei hohen Frequenzen ist die Detektor-Transmissionsfunktion für die Abweichung von der berechneten Intensitätsverteilung verantwortlich.

3.8 Bose-Einstein-Statistik: Photonengas

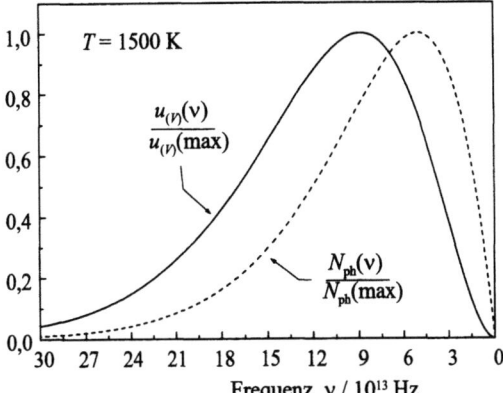

Abbildung 3.23 Vergleich der Energiedichtefunktion und der Photonenzahldichte als Funktion der Frequenz (beide Funktionen sind hier zur besseren Vergleichbarkeit auf den Maximalwert normiert): man erkennt deutlich, daß die Funktionen trotz der gleichen Variablen ihr Maximum an verschiedenen Stellen haben. Der Grund ist die Nichtlinearität bei der Umrechnung zwischen den beiden Funktionen.

Für eine Auftragung der Photonendichte als Funktion der Frequenz lautet die angepaßte Form für das Wiensche Verschiebungsgesetz

$$\lambda_{max} \cdot T = \frac{h\,c}{1{,}594 \cdot k} = \text{const.} \tag{3.131}$$

Nachfolgend seien noch einige Zahlenbeispiele für die thermodynamischen Größen eines Photonengases genannt: wir gehen aus von einem Hohlraum mit dem Volumen $V = 1000\,\text{m}^3$ und Wänden, die auf einer Temperatur von 1000 K gehalten werden. Aus den Gleichungen (3.117), (3.120b) und (3.120c) folgt dann für innere Energie, Helmholtz-Energie und Entropie des Photonengases

$$U = 0{,}756\,\text{J}\,,\quad A = -0{,}252\,\text{J}\,,\quad S = 1{,}01 \cdot 10^{-3}\,\text{J}\,\text{K}^{-1}$$

Mit (3.121) erhält man für den Strahlungsdruck

$$p = 2{,}52 \cdot 10^{-4}\,\text{Pa} = 2{,}55 \cdot 10^{-9}\,\text{bar}$$

Experimentelle Drücke im UHV-Bereich liegen bei 10^{-13} bar, so daß der Strahlungsdruck in evakuierten Volumina durchaus in die Größenordnung des Restgasdrucks kommen oder ihn sogar überwiegen kann.

4 Ideale Gase mit inneren Freiheitsgraden

Die statistische Thermodynamik idealer Gase aus Atomen oder Molekülen läßt sich bei üblichen Werten von Temperatur und Druck mit der klassischen (Maxwell-Boltzmann-)Statistik behandeln. Die verschiedenen inneren Energieformen der Atome bzw. Moleküle wie Elektronen- und Kernanregung, Schwingung und Rotation lassen sich näherungsweise separieren. Aus der Additivität der Beiträge verschiedener Energieformen zu den Einteilchenenergien folgt eine entsprechende Faktorisierbarkeit der Einteilchenzustandssumme in getrennt berechenbare Faktoren für Schwingung, Rotation, Translation, Kern- und Elektronenanregung. Aus experimentell gut zugänglichen spektroskopischen Daten einfacher Moleküle ergeben sich Energieeigenwerte für Schwingung, Rotation, Kernentartung und Elektronenanregung, die eine sehr genaue Berechnung aller thermodynamischen Funktionen dieser Moleküle in der Gasphase ermöglichen.

4.1 Innere Freiheitsgrade und Teilchenzustandssumme

Im vorhergehenden Kapitel haben wir nur die Translation von nichtwechselwirkenden Gasteilchen behandelt. In diesem Kapitel werden wir uns nun auf die inneren Freiheitsgrade von Atomen und Molekülen konzentrieren. In Atomen sind höchstens die elektronische Anregung der Valenzelektronen und die Entartung der Kernspins neben der Translation zu berücksichtigen. In Molekülen dagegen spielen innere Bewegungen in Form von Rotationen und Schwingungen eine überragende Rolle, die auch als **innere Freiheitsgrade** bezeichnet werden. Sie liefern mit zunehmender Molekülgröße und vor allem bei zunehmender Temperatur) einen immer größeren Anteil zur mittleren Energie der Moleküle und damit auch zur inneren Energie und Wärmekapazität molekularer Gase. Das vorliegende Kapitel geht auf die wichtigsten Grundlagen zur statistischen Behandlung von verdünnten molekularen Gasen ein, insbesondere die Beiträge innerer Freiheitsgrade zur Zustandssumme und die resultierenden thermodynamischen Funktionen.

Bei nicht zu hohen Temperaturen kann die Kopplung zwischen den verschiedenen inneren Energieformen vernachlässigt werden. Die unter dieser Näherung mit der statistischen Thermodynamik berechneten Zustandsfunktionen sind für einfache Gasmoleküle meist genauer als Ergebnisse thermischer Messungen. Bei größeren Molekülen sind allerdings die Kopplungseffekte zwischen Rotation und Schwingung nicht mehr vernachlässigbar (siehe dazu in Abschnitt 4.6 die behinderte innere Rotation des Ethans). Wir wollen jedoch zunächst von einer vollständigen Separierbarkeit der verschiedenen inneren Energieformen im Molekül ausgehen, so daß man für die Gesamtenergie eines Moleküls eine Summe unabhängiger Terme ansetzen kann (siehe auch Kapitel 1.4.1):

4.1 Innere Freiheitsgrade und Teilchenzustandssumme

$$\varepsilon_{\text{Molekül}} = \varepsilon_0 + \varepsilon_{\text{trans}} + \varepsilon_{\text{rot}} + \varepsilon_{\text{vib}} + \varepsilon_e + \varepsilon_n \qquad (4.1)$$

ε_0 ist die Energie des Moleküls, wenn es sich bezüglich aller Energieformen jeweils im Quantenzustand mit der niedrigsten Energie befindet. Diese additive Aufteilung der Energie eines Moleküls liefert eine entsprechende Faktorisierung der Teilchenzustandssumme (ganz analog zur Faktorisierbarkeit der Systemzustandssumme bei wechselwirkungsfreien Teilchen im vorhergehenden Kapitel):

$$z_{\text{Molekül}} = z_{\text{trans}} \cdot z_{\text{rot}} \cdot z_{\text{vib}} \cdot z_e \cdot z_n \cdot e^{-\varepsilon_0/kT} \qquad (4.2)$$

Gegebenenfalls sind noch zusätzliche Terme zu berücksichtigen, beispielsweise für die Wechselwirkung der Elektronen- und Kernspins mit äußeren Feldern. Alle aus den inneren Energieformen resultierenden Faktoren in der Teilchenzustandssumme sind im Gegensatz zum Translationsbeitrag volumenunabhängig. Wo es sinnvoll ist, fassen wir der Übersichtlichkeit halber die Beiträge der inneren Freiheitsgrade zu einem Faktor z_{int} zusammen:

$$\text{mehratomig:} \quad z_{\text{int}} = z_{\text{rot}} z_{\text{vib}} z_e z_n \qquad \text{einatomig:} \quad z_{\text{int}} = z_e z_n \qquad (4.3)$$

Eine analoge Aufteilung läßt sich dann auch für die Systemzustandssumme eines idealen Gases aus N Molekülen vornehmen

$$Z = \frac{1}{N!} z_{\text{trans}}^N \cdot z_{\text{int}}^N \cdot e^{-N\varepsilon_0/kT} = Z_{\text{trans}} Z_{\text{int}} e^{-N\varepsilon_0/kT} \qquad (4.4)$$

Diese Faktorisierung hat zur Folge, daß die in der Regel aus $\ln Z$ berechneten thermodynamischen Funktionen sich in additive Beiträge aus Translation und inneren Energieformen separieren lassen. Für die Helmholtz-Energie ergibt sich

$$A = -kT \ln Z = N\varepsilon_0 - kT \ln \frac{z_{\text{trans}}^N}{N!} - kT \ln z_{\text{int}}^N = A_0 + A_{\text{trans}} + A_{\text{int}} \qquad (4.5)$$

$A_0 = N\varepsilon_0$ entspricht der Nullpunktsenergie der Teilchen, ist also abhängig von der im Einzelfall gewählten Energieskala. Der Faktor $1/N!$ wurde in (4.5) zum Translationsanteil genommen[1]. Da z_{int} bei einem idealen Gas nicht vom Volumen abhängt, spielt auf Grund der thermodynamischen Definition des Druckes nur der Translationsbeitrag z_{trans} der Teilchen eine Rolle, ungeachtet, ob es sich um molekulare oder einatomige Gase handelt:

$$p = -\left(\frac{\partial A}{\partial V}\right)_{T,N} = -\left(\frac{\partial A_{\text{trans}}}{\partial V}\right)_{T,N} = NkT\left(\frac{\partial \ln z_{\text{trans}}}{\partial V}\right)_{T,N} = \frac{NkT}{V} \qquad (4.6)$$

Für die innere Energie U eines idealen Gases folgt aus Gleichung (4.4) mit dem allgemeinen Ausdruck für U aus Gleichung (2.54):

$$U = kT^2\left(\frac{\partial \ln Z}{\partial T}\right)_{N,V} = N\varepsilon_0 + NkT^2\left(\frac{\partial \ln z_{\text{trans}}}{\partial T}\right)_{N,V} + NkT^2\left(\frac{\partial \ln z_{\text{int}}}{\partial T}\right)_{N,V}$$

$$= U_0 + U_{\text{trans}} + \overbrace{U_{\text{int}}} \qquad (4.7)$$

$$= U_0 + U_{\text{trans}} + U_{\text{rot}} + U_{\text{vib}} + U_e$$

---
[1] Dies hat seine Berechtigung, da die große Zahl der Translationsniveaus im Vergleich zu N ja ausschlaggebend für die Gültigkeit der Maxwell-Boltzmann-Statistik ist - siehe auch Exkurs 3.1 und 3.2 im vorhergehenden Kapitel.

Der Beitrag der Kerne zur inneren Energie in Gleichung (4.7) ist gleich Null gesetzt worden, also $U_n = 0$, da eine Anregung von Kernniveaus bei chemischen Reaktionen und üblichen Temperaturen vernachlässigbar sind (dies bedeutet jedoch nicht, daß z_n in jedem Fall gleich Eins ist, siehe folgender Abschnitt). Jede thermodynamische Zustandsfunktion läßt sich also additiv aus den Beiträgen von Translation und den verschiedenen inneren Freiheitsgraden zusammensetzen, falls die Separierbarkeit in unabhängige Energiebeiträge gewährleistet ist.

4.2 Beiträge der Elektronen und Kerne zur Zustandssumme

Der Beitrag der Elektronen zur Zustandssumme idealer Gase ist

$$z_e = \sum_{i=0} g_{e,i} \cdot e^{-\varepsilon_{e,i}/kT} \tag{4.8}$$

$\varepsilon_{e,i}$ bezeichnet ein einzelnes Energieniveau der Elektronen und $g_{e,i}$ den jeweiligen Entartungsgrad. Legt man wie gewöhnlich den Nullpunkt der Energieskala in das niedrigste elektronische Niveau, das dem Grundzustand des Atoms oder Moleküls entspricht, so bleibt als erster Summand in Gleichung (4.8) nur der Entartungsgrad $g_{e,0}$ des Grundzustandes:

$$z_e = g_{e,0} + g_{e,1} \cdot e^{-\varepsilon_{e,1}/kT} + g_{e,2} \cdot e^{-\varepsilon_{e,2}/kT} + \ldots \tag{4.9}$$

Die Energiedifferenz der angeregten Elektronenzustände zum Grundzustand ist bei den meisten Molekülen sehr groß gegen kT (für übliche Temperaturen), so daß bereits der Beitrag des ersten angeregten Elektronenzustands in (4.9) und damit auch alle weiteren Terme höher angeregter Zustände gegenüber dem Beitrag des Grundzustands vernachlässigbar sind. Die elektronische Zustandssumme ist dann gleich der Entartung des Grundzustands:

$$z_e = g_{e,0} \quad \text{wenn} \quad \varepsilon_{e,i \geq 1} - \varepsilon_{e,0} \gg kT \tag{4.10}$$

In Übersicht 4.1 sind die Beiträge der Elektronen zu einigen thermodynamischen Funktionen angegeben, wenn nur der Grundzustand zu berücksichtigen ist. Für viele Moleküle ist sogar $g_{e,0} = 1$ und damit $z_e = 1$. Viele Atome haben allerdings Entartungsgrade größer als Eins im elektronischen Grundzustand. Bei Molekülen findet man weniger Beispiele mit Entartung im Grundzustand, genannt seien insbesondere O_2 und generell Moleküle mit ungerader Elektronenzahl wie NO und NO_2 (bei letzteren ist jedoch die Elektronenanregung nicht vernachlässigbar, zu O_2 und NO siehe Exkurs 4.1).

Analog wie die elektronische Zustandssumme z_e kann man auch die Kernzustandssumme z_n behandeln. Wie bereits erwähnt sind im Gegensatz zur elektronischen Anregung angeregte Kernzustände in z_n bei chemischen Betrachtungen in jedem Fall zu vernachlässigen. Für ein Einzelatom, dessen Kern die Kernspinquantenzahl I aufweist, ergeben sich $g_n = 2I + 1$ entartete Zustände des Kerns, so daß folgt

$$z_n = g_n = 2I + 1 \tag{4.11}$$

4.2 Beiträge der Elektronen und Kerne zur Zustandssumme

In einem Molekül können mehrere Kerne i mit von Null verschiedenem Kernspin vorhanden sein. Damit ergibt sich für ein Molekül als Anteil der Kernentartung zur Teilchenzustandssumme

$$z_n = \prod_i g_{n,i} = \prod_i (2I_i + 1) \qquad (4.12)$$

Es ergibt sich somit ein konstanter Beitrag zur Entropie, jedoch kein Beitrag zur inneren Energie. Hinzu kommt, daß es eine ganze Reihe von Isotopen mit dem Kernspin $I = 0$ (Entartung $g_n = 1$) gibt, was zu $z_n = 1$ führt. Im Fall symmetrischer Moleküle mit Kernen, deren Kernspins von Null verschieden sind ($I \neq 0$), gilt ein besonderes Verhalten bei tiefen Temperaturen: für solche Moleküle sind die Zustandssummen z_n und z_{rot} auf Grund von Quanteneffekten (Ununterscheidbarkeit der Kerne) nicht mehr unabhängig voneinander behandelbar. Gleichung (4.12) ist in diesen Fällen nicht anwendbar. Diese Problematik werden wir in Abschnitt 4.4 diskutieren.

Übersicht 4.1: **Beiträge des Elektronengrundzustands zu den thermodynamischen Funktionen**

$$A_{m,e} = -RT \ln z_e = -RT \ln g_{e,0} \qquad U_{m,e} = A_{m,e} + TS_{m,e} = 0$$

$$S_{m,e} = -\left(\frac{\partial A_{m,e}}{\partial T}\right)_{V,N} = R \ln g_{e,0} \qquad C_{V,m,e} = \left(\frac{\partial U_{m,e}}{\partial T}\right)_{V,N} = 0$$

Exkurs 4.1 Angeregte Elektronenzustände in Atomen und Molekülen

Man kann leicht abschätzen, daß der Anteil des ersten angeregten Zustands zur elektronischen Zustandssumme größer als ein Prozent wird, wenn die folgende Bedingung gilt:

$$\varepsilon_{e,1} - \varepsilon_{e,0} < 5kT \qquad (4.13)$$

Falls bereits der erste angeregte Zustand unter dieses Kriterium fällt, setzt man für z_e an

$$z_e \cong g_{e,0} + g_{e,1} e^{-\varepsilon_1/kT} \qquad (4.14)$$

In einigen Fällen müssen bei genaueren Rechnungen weitere angeregte Elektronenzustände berücksichtigt werden. Tabelle D.2 im Anhang zeigt elektronische Zustände für molekularen Sauerstoff und einige andere einfache Moleküle. Bei **Sauerstoffmolekülen** liegt der erste elektronisch angeregte Zustand $^1\Delta_g$ (ein Singulett-Zustand mit antiparallel orientiertem Spin der beiden ungepaarten Elektronen in den zwei antibindenden π^*-Orbitalen) mit 0,982 eV energetisch relativ weit vom Grundzustand entfernt, so daß man ihn erst bei hohen Temperaturen in der Berechnung der elektronischen Zustandssumme berücksichtigen muß. Bei 2000 K und $kT = 0,172$ ergibt sich mit Gleichung (4.14) für Sauerstoffmoleküle

$$z_{e,O_2}(2000\,\text{K}) = 3 + 1 \cdot e^{-0,982\,\text{eV}/0,172\,\text{eV}} = 3,0033$$

Stickstoffmonoxid stellt einen Sonderfall dar, da hier der Abstand zum ersten angeregten Niveau nur 0,015 eV beträgt (siehe Tabelle D.2). Unter Berücksichtigung der zweifachen Entartung von Grundzustand und angeregtem Zustand (siehe Tabelle D.2) ergibt sich bei 300 K für NO

$$z_{e,\text{NO}}(300\,\text{K}) = 2 + 2 \cdot e^{-0,015\,\text{eV}/0,026\,\text{eV}} = 3,120$$

Tabelle 4.1: **Zustandssummen und Besetzungsgrade für den elektronischen Grundzustand und den ersten angeregten Zustand in Halogenatomen** [$g_{e,0} = 4$, $g_{e,1} = 2$]

Atom	$\varepsilon_1 - \varepsilon_0$ [eV]	Temperatur [K]	z_e	$N_0/N_{\text{tot}}(\%)$ Grundzustand	$N_1/N_{\text{tot}}(\%)$ angeregter Zustand
F	0,050	300	4,29	93,2	6,8
		1000	5,12	78,1	21,9
Cl	0,109	300	4,03	99,3	0,7
		1000	4,56	87,7	12,3
Br	0,457	300	4,00	100,0	0,0
		1000	4,01	99,8	0,3
I	0,943	300	4,00	100,0	0,0
		1000	4,00	100,0	0,0

Der zweite angeregte Elektronenzustand des NO ist mit 5,45 eV wesentlich höher und deshalb vernachlässigbar. Die zwei eng benachbarten Niveaus bei 0 und 0,015 eV führen jedoch dazu, daß NO um 90 K ein Maximum der Wärmekapazität besitzt. Das Verhalten entspricht also dem Zweiniveausystem, das in Exkurs 3.3 beschrieben wurde.

Entartung und Anregung der Elektronen in freien Atomen spielen eine Rolle beispielsweise bei der Berechnung von Dissoziationsgleichgewichten, wo die Teilchenzustandssumme eingeht (siehe auch Kapitel 5). Tabelle D.1 im Anhang zeigt elektronische Zustände für einige freie Atome. Insbesondere Kohlenstoff-, Sauerstoff- und Halogenatome zeigen einen recht kleinen energetischen Abstand zwischen Grundzustand und angeregten elektronischen Zuständen, so daß in diesen Fällen auch angeregte Elektronenzustände in die Zustandssumme einzubeziehen sind.

Tabelle 4.1 zeigt die Besetzung der beiden untersten Elektronenzustände freier **Halogenatome** für Raumtemperatur und für 1000 K. Der Grundzustand ist ein $^2P_{3/2}$-Term, der erste angeregte jeweils ein $^2P_{1/2}$-Term. Man sieht, daß mit Ausnahme des Iods der angeregte Zustand in der elektronischen Zustandssumme berücksichtigt werden sollte.

Für isolierte **Sauerstoffatome** ist der Grundzustand fünffach entartet ($^3P_2 : J = 2 \rightarrow g_{e,0} = 2J + 1 = 5$; vgl. Kapitel 1.3.4). Im ersten angeregten Zustand liegt ein $^3P_1$-Term mit $\varepsilon_{e,1} = 0,02$ eV und $g_{e,1} = 3$ vor, der zweite angeregte Zustand ist ein $^3P_0$-Term mit $\varepsilon_{e,2} = 0,03$ eV und $g_{e,2} = 1$. Die Energien des ersten und zweiten angeregten Elektronenzustands der O-Atome liegen so dicht am Grundzustand, daß sie auf jeden Fall bereits für $T \geq 100$ K in der elektronischen Zustandssumme zu berücksichtigen sind.

4.3 Beitrag der Molekülschwingung zur Zustandssumme

Für die Energieeigenwerte der Schwingungen eines zweiatomigen Moleküls bezogen auf das Minimum der Potentialkurve haben wir in Gleichung (1.74) die Beziehung

$$\varepsilon_{\text{vib},v} = h\nu_0 \left(v + \frac{1}{2}\right) \tag{4.15}$$

mit $v = 0, 1, 2, \ldots$ angegeben. Die Energieeigenwerte des harmonischen Oszillators sind nicht entartet: $g_{\text{vib}} = 1$ für alle v. In Analogie zu den Beiträgen der Elektronen und Kerne wollen wir den Energienullpunkt in das Grundniveau der Schwingung legen ($\varepsilon_{\text{vib},v} = 0$ für $v = 0$). Für die Zustandssumme des harmonischen Oszillators ergibt sich dann

$$z_{\text{vib}} = \sum_{v=0}^{\infty} \exp\left[-\frac{\varepsilon_{\text{vib},v} - h\nu_0/2}{kT}\right] = \sum_{v=0}^{\infty} \exp\left[-\frac{v h\nu_0}{kT}\right] \tag{4.16}$$

Der im Exponenten von Gleichung (4.16) vorkommende Faktor $h\nu_0/k$ enthält außer den Konstanten nur die charakteristische Schwingungsfrequenz ν_0 des Oszillators und hat die Dimension einer Temperatur; dementsprechend bezeichnet man diese molekülspezifische Größe als **charakteristische Temperatur** Θ_{vib} der Schwingung:

$$\Theta_{\text{vib}} = h\nu_0/k \tag{4.17}$$

Die Schwingungsfrequenz ν_0 und somit Θ_{vib} kann aus dem Schwingungsspektrum des Moleküls ermittelt werden. Für die **Schwingungszustandssumme** des harmonischen Oszillators erhält man

$$z_{\text{vib}} = \frac{1}{1 - e^{-\Theta_{\text{vib}}/T}} \tag{4.18}$$

Die Zustandssumme des harmonischen Oszillators ist nach Gleichung (4.18) eine universelle Funktion der dimensionslosen Größe Θ_{vib}/T. Eine Auftragung von z_{vib} gegen die reduzierte Temperatur T/Θ_{vib} ergibt für Moleküle mit verschiedener charakteristischer Temperatur Θ_{vib} denselben analytischen Verlauf. Dies ist eine Aussage, die man auch als „Gesetz korrespondierender Zustände" bezeichnet.

Exkurs 4.2 Herleitung von Gleichung (4.18)

Mit der Abkürzung $e^{-\Theta_{\text{vib}}/T} = q$ und wegen $q < 1$ kann man die Summe in (4.16) als unendliche geometrische Reihe schreiben und es folgt mit Gleichung (B.56) aus Anhang B.2 schließlich die Beziehung (4.18)

$$\begin{aligned}
z_{\text{vib}} &= \sum_{v=0}^{\infty} e^{-v h\nu_0/kT} = \sum_{v=0}^{\infty} e^{-v\Theta_{\text{vib}}/T} \\
&= 1 + q + q^2 + \ldots + \ldots = \sum_{v=0}^{\infty} q^v = \frac{1}{1-q} \stackrel{\wedge}{=} \frac{1}{1 - e^{-\Theta_{\text{vib}}/T}}
\end{aligned}$$

Übersicht 4.2: Beiträge eines harmonischen Oszillators zu den molaren thermodynamischen Funktionen (Energienullpunkt im Grundniveau)

$$A_{m,\text{vib}} = -RT \ln z_{\text{vib}} \quad = RT \ln\left[1 - \exp(-\Theta_{\text{vib}}/T)\right]$$

$$S_{m,\text{vib}} = -\left(\frac{\partial A_{m,\text{vib}}}{\partial T}\right)_{V,N} = R\left(\frac{\Theta_{\text{vib}}/T}{\exp(\Theta_{\text{vib}}/T) - 1} - \ln\left[1 - \exp(-\Theta_{\text{vib}}/T)\right]\right)$$

$$U_{m,\text{vib}} = A_{m,\text{vib}} + TS_{m,\text{vib}} \quad = \frac{R\Theta_{\text{vib}}}{\exp(\Theta_{\text{vib}}/T) - 1}$$

$$C_{V,m,\text{vib}} = \left(\frac{\partial U_{m,\text{vib}}}{\partial T}\right)_{V,N} = R\left(\frac{\Theta_{\text{vib}}}{T}\right)^2 \frac{\exp(\Theta_{\text{vib}}/T)}{(\exp(\Theta_{\text{vib}}/T) - 1)^2}$$

Für den **Besetzungsgrad** der verschiedenen Schwingungsniveaus (auch: **Verteilungsfunktion**) folgt mit Gleichung (3.6) und (4.18)

$$\frac{N_v}{N} = \frac{e^{-\varepsilon_{\text{vib},v}/kT}}{z_{\text{vib}}} = e^{-v\Theta_{\text{vib}}/T}\left(1 - e^{-\Theta_{\text{vib}}/T}\right) \tag{4.19}$$

In Übersicht 4.2 sind die Beiträge des harmonischen Oszillators zu den thermodynamischen Funktionen U, S, A, C_V bezogen auf den Nullpunkt im Grundniveau der Schwingung zusammengestellt. Für die mittlere Schwingungsenergie eines einzelnen harmonischen Oszillators gilt mit der inneren Energie $U_{m,\text{vib}}$ aus Übersicht 4.2

$$\langle \varepsilon_{\text{vib}}\rangle = \frac{U_{m,\text{vib}}}{N_A} = \frac{h\nu_0}{e^{\Theta_{\text{vib}}/T} - 1} \tag{4.20}$$

Wir betrachten den Grenzfall hoher Temperaturen $T \gg \Theta_{\text{vib}}$, wenn $h\nu_0/kT$ klein gegen Eins wird. Entwickelt man für diesen Fall gemäß Anhang B.2 die Exponentialfunktion in Gleichung (4.20) in eine Reihe und bricht nach dem in T linearen Glied ab, so folgt

$$e^{\pm\Theta_{\text{vib}}/T} \approx 1 \pm \frac{\Theta_{\text{vib}}}{T}$$

Setzt man dies in Gleichung (4.20) ein, so folgt unter Berücksichtigung von (4.17)

$$\langle \varepsilon_{\text{vib}}\rangle \approx \frac{h\nu_0}{1 + (\Theta_{\text{vib}}/T) - 1} = \frac{h\nu_0}{\Theta_{\text{vib}}}\cdot T = kT \tag{4.21}$$

Analog erhält man als Hochtemperaturnäherung für die Schwingungszustandssumme aus (4.18)

$$z_{\text{vib}} = \frac{1}{1 - e^{-\Theta_{\text{vib}}/T}} \approx \frac{1}{1 - 1 + \Theta_{\text{vib}}/T} = \frac{T}{\Theta_{\text{vib}}} \tag{4.22}$$

Die Ergebnisse (4.21) und (4.22) entsprechen der Aussage des klassischen **Gleichverteilungssatzes**, der in Abschnitt 4.5 diskutiert wird. Für die molare Wärmekapazität des harmonischen Oszillators ergibt sich in der Hochtemperaturnäherung

$$C_{V,m,\text{vib}} = N_A \cdot \frac{\partial \langle \varepsilon_{\text{vib}}\rangle}{\partial T} = R \quad \text{für} \quad T \gg \theta_{\text{vib}}$$

4.3 Beitrag der Molekülschwingung zur Zustandssumme

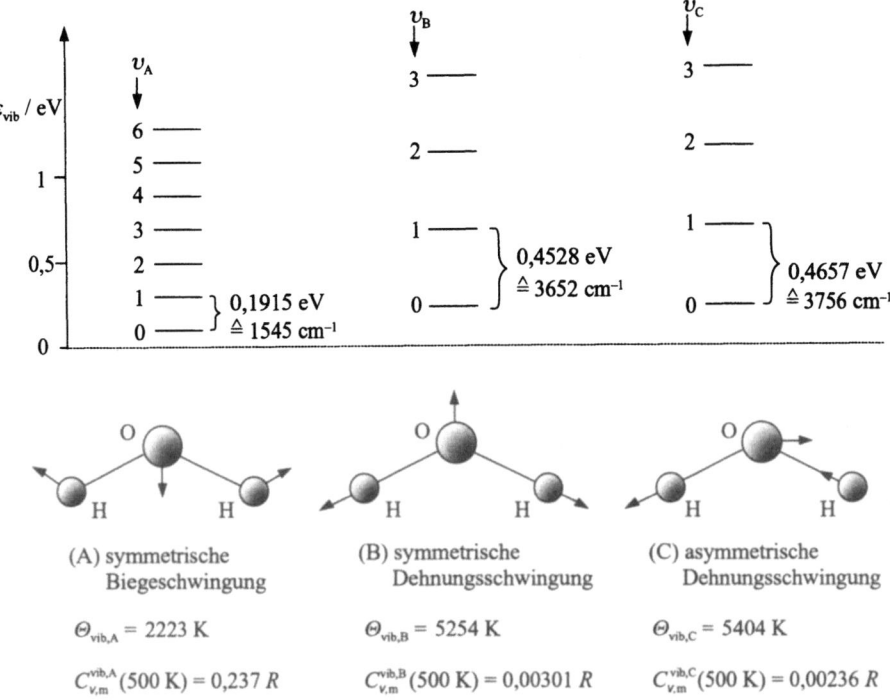

Abbildung 4.1 Die drei Normalschwingungen des H_2O-Moleküls (schematisch: alle Schwingungen in der Papierebene): zusätzlich sind oben die Schwingungsenergieniveaus ε_{vib} im Bereich von 0 bis etwa 1,5 eV angegeben (hier bezogen auf einen gemeinsamen Nullpunkt im Minimum der potentiellen Energie). Im unteren Teil sind die dazugehörigen Werte der charakteristischen Temperatur und der jeweilige Beitrag zur Wärmekapazität bei 500 K aufgeführt.

Die recht komplizierte Schwingungsbewegung in Molekülen mit mehr als zwei Atomen läßt sich in der harmonischen Näherung durch eine Überlagerung unabhängiger Normalschwingungen beschreiben, wenn man statt kartesischer Koordinaten an die Symmetrie des Moleküls angepaßte Normalkordinaten benutzt (siehe Anhang C).

Jede Normalschwingung läßt sich dann wie ein unabhängiger harmonischer Oszillator mit einer charakteristischen Grundschwingungsfrequenz beschreiben. Nichtlineare Moleküle mit N Atomen besitzen nach diesem Modell allgemein $3N - 6$ und lineare Moleküle $3N - 5$ Freiheitsgrade der Schwingung. Die gesamte Schwingungsenergie eines Moleküls läßt sich bei dieser Vorgehensweise sowohl klassisch wie auch quantenmechanisch als Summe unabhängiger Terme schreiben (siehe auch Gleichung (1.75)):

$$\varepsilon_{vib} = \sum_{i=1}^{3N-6(5)} \varepsilon_{vib}(\nu_{0,i}) = \sum_{i=1}^{3N-6(5)} h\nu_{0,i}\left(v_i + \frac{1}{2}\right) \qquad (4.23)$$

Wie schon in vorhergehenden Abschnitten ausgenutzt, bedeutet die Additivität unabhängiger Energiebeiträge, daß sich die Zustandssumme der Molekülschwingungen entsprechend faktorisieren läßt:

$$z_{\text{vib}} = \prod_{i=1}^{3N-6(5)} z_{\text{vib}}(\nu_{0,i}) \tag{4.24}$$

$z_{\text{vib}}(\nu_{0,i})$ für eine einzelne Normalschwingung ist durch Gleichung (4.18) für den harmonischen Oszillator mit der jeweiligen Normalschwingungsfrequenz $\nu_{0,i}$ gegeben. Bei kleineren Molekülen lassen sich die Werte für die meisten Normalschwingungsfrequenzen aus IR- und Raman-Spektren ermitteln, wobei für symmetrische Moleküle verschiedene Normalschwingungen dieselbe Grundfrequenz haben können (Entartung). Als Beispiel sind die Wellenzahlen und charakteristischen Temperaturen der drei Normalschwingungen von Wassermolekülen in der Gasphase in Abbildung 4.1 angegeben. Zusätzlich sind die Beiträge der drei Schwingungen zur molaren Wärmekapazität bei 500 K aufgeführt. Für größere Moleküle ist die hier vorgestellte Aufteilung in Rotations- und Schwingungsfreiheitsgrade nicht mehr ohne weiteres zu übernehmen. Solche Fälle sind in Abschnitt 4.6 beschrieben.

Exkurs 4.3 Energieskala und Nullpunktswahl

Die Wahl des Nullpunkts für die Einteilchenenergien ε_i und damit für die Energieskala ist beliebig. Dies ist gleichbedeutend damit, daß die thermodynamischen Funktionen U, H, A oder G nur bis auf eine Konstante bestimmbar sind. Nur Differenzen dieser Funktionen sind als Absolutwerte festgelegt.

Bei der Ableitung der Zustandssumme z_{vib} in Gleichung (4.18) haben wir als Nullpunkt unserer Energieskala den Grundzustand gewählt. Eine andere Möglichkeit ist, den Nullpunkt der Energieskala in das Minimum der Potentialkurve $\varepsilon_{\text{pot}}(x)$ des harmonischen Oszillators zu legen; dann ist die Energie des Grundschwingungsniveaus in der geänderten Energieskala $\varepsilon'_{\text{vib},0} = h\nu_0/2$. Die Beziehung zwischen beiden Energieskalen ist also (siehe Abbildung 4.2)

$$\varepsilon'_{\text{vib},v} = \varepsilon_{\text{vib},v} + \frac{h\nu_0}{2} \tag{4.25}$$

Wir wollen im folgenden auf diese unterschiedliche Nullpunktswahl bei der Zustandssumme des harmonischen Oszillators hinweisen, indem wir z'_{vib} schreiben, wenn als *Nullpunkt das Minimum der Potentialkurve* gewählt ist. Für die Beziehung zwischen den beiden Zustandssummen mit unterschiedlicher Nullpunktswahl gilt

$$z_{\text{vib}} = \sum_{v=0}^{\infty} e^{-v\Theta_{\text{vib}}/T} = e^{\Theta_{\text{vib}}/2T} \cdot z'_{\text{vib}} \tag{4.26}$$

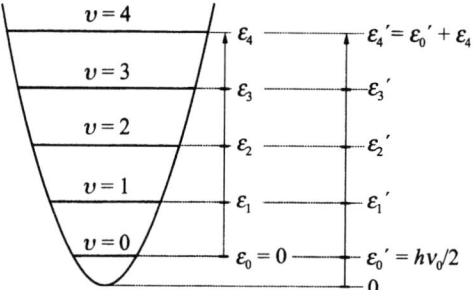

Abbildung 4.2 Verschiedene Energienullpunkte am Beispiel des harmonischen Oszillators.

4.3 Beitrag der Molekülschwingung zur Zustandssumme

Es sei daran erinnert, daß für beliebige Nullpunktswahl nach Gleichung (4.2) die Teilchenzustandssumme sich darstellen läßt als

$$z = z_{\text{trans}} z_{\text{int}} \cdot e^{-\varepsilon_0/kT} \tag{4.27}$$

ε_0 ist dabei der Abstand des niedrigsten Energieniveaus (Grundzustand) vom Nullpunkt der Energieskala. Verschiebt man also den Nullpunkt der Energieskala um $\Delta\varepsilon_0 = \varepsilon_0' - \varepsilon_0$, so erhält man die geänderte Zustandssumme z' aus der alten durch Multiplizieren mit dem Faktor $\exp(-\Delta\varepsilon_0/kT)$:

$$z' = z \cdot e^{-\Delta\varepsilon_0/kT} \tag{4.28}$$

Exkurs 4.4 Besetzung der Schwingungsniveaus von Iodmolekülen

Aus dem Ramanspektrum des Iods bei Raumtemperatur findet man für die Wellenzahl der Eigenschwingung $\tilde{\nu}_0 = 21460$ m^{-1}. Daraus ergibt sich für Frequenz, charakteristische Temperatur und den Quotient Θ_{vib}/T

$$\nu_0 = \frac{c}{\lambda_0} = c \cdot \tilde{\nu}_0 = 2{,}998 \cdot 10^8 \text{m s}^{-1} \cdot 21460 \text{ m}^{-1} = 6{,}434 \cdot 10^{12} \text{ s}^{-1}$$

$$\Theta_{\text{vib}} = \frac{h\nu_0}{k} = \frac{6{,}626 \cdot 10^{-36} \text{J s} \cdot 6{,}434 \cdot 10^{12} \text{s}^{-1}}{1{,}38 \cdot 10^{-23} \text{J K}^{-1}} = 309{,}0 \text{ K} \quad \rightarrow \quad \frac{\Theta_{\text{vib}}}{T} = \frac{309{,}0 \text{ K}}{298{,}0 \text{ K}} = 1{,}037$$

Mit diesem Wert für Θ_{vib}/T erhält man über Gleichung (4.18) für die Schwingungszustandssumme (vergleiche auch Daten in Tabellen D.3 und D.5 im Anhang)

$$z_{\text{vib}} = \frac{1}{1 - e^{-1{,}037}} = \frac{1}{1 - 0{,}355} = 1{,}549$$

Die Besetzungsgrade der vier untersten Schwingungsniveaus ($v = 0, 1, 2, 3$) sind dann gemäß Gleichung (4.19)

$$N_0/N = 0{,}645 \qquad N_2/N = 0{,}081$$
$$N_1/N = 0{,}229 \qquad N_3/N = 0{,}029$$

Man sieht, daß bei 298 K die Besetzungsgrade mit zunehmender Schwingungsquantenzahl v rasch abfallen. Mit der entsprechenden Gleichung aus Übersicht 4.2 erhält man für den Schwingungsbeitrag $C_{V,\text{m,vib}}$ zur Wärmekapazität von gasförmigem Iod bei 298 K den Wert $0{,}882\,R$. Das liegt schon recht nahe an dem klassischen Wert R. Grund ist die vergleichsweise niedrige charakteristische Schwingungstemperatur des I_2-Moleküls. Sie resultiert aus der hohen Masse der I-Atome und ihrer schwachen Bindung. Die Schwingung im I_2-Molekül ist also bereits bei Raumtemperatur merklich angeregt. Für Cl_2 berechnet man für 298 K mit Hilfe der Gleichung aus Übersicht 4.2 $C_{V,\text{m,vib}} = 0{,}204\,R$ (siehe auch Tabellen D.3 und D.5). Die Anwendung der Gleichungen in Übersicht 4.2 bedeutet, daß die Molekülschwingung sich wie die eines harmonischen Oszillators (parabolische Potentialkurve) beschreiben läßt. Wegen der Abweichung der realen Potentialkurven vom parabolischen Verlauf in den höheren Schwingungsniveaus, trifft die Beschreibung bei stärkerer Schwingungsanregung nicht mehr streng zu. Die Korrektur auf Grund der Anharmonizität der Schwingung ist jedoch für praktisch erreichbare Temperaturen im allgemeinen nicht vernachlässigbar.

4.4 Beitrag der Molekülrotation zur Zustandssumme

Bei zweiatomigen (und mehratomigen linearen) Molekülen gibt es nur zwei Rotationsfreiheitsgrade um die senkrecht aufeinander stehenden Hauptachsen; die dritte mögliche Rotation um die Atomverbindungslinie kann nicht angeregt werden, da hierfür das Trägheitsmoment der Atomkerne wegen ihres kleinen Durchmessers außerordentlich klein und damit die Energie zur Anregung der Rotationsquanten dieser Rotation (von $J = 0$ nach $J = 1$) gemäß Gleichung (1.68) für $I \to 0$ sehr groß wird.

Das quantenmechanische Modell des starren Rotators ergibt als Energieeigenwerte für die Rotation eines zweiatomigen und allgemein eines linearen Moleküls mit festem Abstand der Atome (Abschnitt 1.3.7)

$$\varepsilon_{\text{rot},J} = \frac{h^2}{8\pi^2 I} J(J+1) \tag{4.29}$$

Die Rotationsquantenzahl kann für unsymmetrische lineare Moleküle wie HCl, HD, CO die Werte $J = 0, 1, 2, 3, \ldots$ annehmen, wobei der Entartungsfaktor der Rotationsniveaus durch $g_{\text{rot},J} = 2J + 1$ gegeben ist. Im Fall symmetrischer linearer Moleküle wie beispielsweise N_2, O_2, CO_2 (mit jeweils gleichen Isotopen!) führen die Regeln der Fermi-Dirac- beziehungsweise Bose-Einstein-Statistik dazu, daß entweder die ungeraden oder die geraden Werte für J verboten sind (siehe Abschnitt 1.4.2 und nachfolgenden Exkurs 4.7). Die Zustandssumme der Rotation lautet dann für zweiatomige und allgemein für mehratomige lineare Moleküle

$$z_{\text{rot}} = \sum_{J}^{\infty} g_{\text{rot},J} \cdot e^{-\varepsilon_{\text{rot},J}/kT} \quad \begin{cases} \text{für unsymmetrische Moleküle:} \\ J = 0, 1, 2, 3, \ldots \\ \text{für symmetrische Moleküle:} \\ J = 0, 2, 4, \ldots \quad \text{oder} \quad J = 1, 3, 5, \ldots \end{cases} \tag{4.30}$$

Auch hier ist es nützlich, eine **charakteristische Temperatur der Rotation** (analog zu (4.17) bei Schwingungen) einzuführen mit

$$\Theta_{\text{rot}} = \frac{h^2}{8\pi^2 I k} \tag{4.31}$$

so daß die Rotationszustandssumme geschrieben werden kann als

$$z_{\text{rot}} = \sum_{J=0}^{\infty} (2J+1) \, e^{-J(J+1)\Theta_{\text{rot}}/T} \tag{4.32}$$

Abbildung 4.3a zeigt die Auswertung dieser Summe anhand einer Auftragung der einzelnen Summanden gegen die Quantenzahl J am Beispiel des CO-Moleküls. Der genaue Wert von z_{rot} ergibt sich als Summe der Flächen der eingezeichneten Rechtecke in Abbildung 4.3 a). Man erkennt darüberhinaus, daß bei genügender Anregung der Rotationsniveaus kein großer Fehler entsteht, wenn man stattdessen die Fläche unter der kontinuierlichen Funktion $z_{\text{rot}}(J,T)$ auswertet.

4.4 Beitrag der Molekülrotation zur Zustandssumme

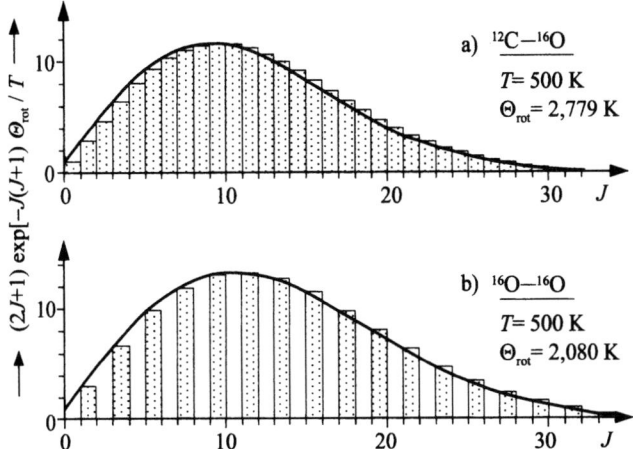

Abbildung 4.3 Die Rotationszustandssumme entspricht exakt der Fläche der eingezeichneten Rechtecke: a) Für CO ist jeder ganzzahlige Wert $J = 0, 1, 2, 3, \ldots$ erlaubt, b) für $^{16}O_2$ gibt es nur Rotationszustände mit ungeraden Werten $J = 1, 3, 5, \ldots$, so daß die Hälfte der Rechtecke gegenüber a wegfällt (zur genaueren Erklärung, siehe Exkurs 4.7 unten). Die Fläche unter der durchgezogenen Kurve stellt die Integralnäherung zur Rotationszustandssumme dar. Da in b) jeder zweite Rotationszustand ausfällt, entspricht die Fläche der punktierten Rechteckstreifen etwa der Hälfte der Fläche unter der entsprechenden Kurve in a).

Allgemein kann man diese Näherung für genügend hohe Temperaturen $T \gg \Theta_{\text{rot}}$ machen. Sie entspricht dem Ersatz der diskreten Summe in Gleichung (4.32) durch ein Integral. Man erhält

$$z_{\text{rot}} \approx \int_0^\infty (2J + 1) \exp\left[-\frac{\Theta_{\text{rot}} J(J+1)}{T}\right] dJ$$

$$= -\frac{T}{\Theta_{\text{rot}}} \exp\left[-\frac{\Theta_{\text{rot}} J(J+1)}{T}\right]\Bigg|_{J=0}^\infty = \frac{T}{\Theta_{\text{rot}}} \quad (4.33)$$

Die charakteristischen Rotationstemperaturen Θ_{rot} liegen für die meisten Moleküle unter 10 K, so daß die Integralnäherung der Rotationszustandssumme („Hochtemperaturnäherung") für diese Moleküle bei Raumtemperatur und darüber anwendbar ist (im Zahlenbeispiel weiter unten, Gleichungen (4.38) und (4.38), wird eine Möglichkeit angegeben, den Fehler dieser Näherung abzuschätzen). Lediglich für H_2, D_2, HF und analoge Moleküle mit Wasserstoffatomen ist die charakteristische Rotationstemperatur deutlich höher. Für H_2 findet man wegen der kleinen reduzierten Masse den höchsten Wert:

$$H_2 \ : \ \Theta_{\text{rot}} = 85{,}36 \, \text{K} \qquad H^{19}F \ : \ \Theta_{\text{rot}} = 60{,}875 \, \text{K}$$
$$HD \ : \ \Theta_{\text{rot}} = 64{,}26 \, \text{K} \qquad D_2 \ : \ \Theta_{\text{rot}} = 43{,}04 \, \text{K}$$

Bei genauen Rechnungen muß für niedrige Temperaturen $T < 30 \, \Theta_{\text{rot}}$ die Zustandssumme in der exakten Darstellung Gleichung (4.32) oder in der Nähe der Rotationstemperatur mit einer Korrekturformel (siehe dazu Exkurs 4.6 und Anhang B.3) ausgewertet werden.

Tabelle 4.2: Beispiele für Werte der Symmetriezahl

	HCl	H$_2$	NH$_3$	CH$_4$	Benzol
σ	1	2	3	12	12

Übersicht 4.3: Beitrag der Rotation zu den thermodynamischen Funktionen einfacher linearer und gewinkelter Moleküle

lineare Moleküle $(T \gg \Theta_{\text{rot}})$	gewinkelte Moleküle $(T \gg \Theta_{\text{rot,A}}, \Theta_{\text{rot,B}}, \Theta_{\text{rot,C}})$
$A_{m,\text{rot}} = -RT \ln \dfrac{T}{\sigma \Theta_{\text{rot}}}$	$A_{m,\text{rot}} = -RT \ln \left[\dfrac{\pi^{1/2}}{\sigma} \left(\dfrac{T^3}{\Theta_{\text{rot,A}} \Theta_{\text{rot,B}} \Theta_{\text{rot,C}}} \right)^{1/2} \right]$
$S_{m,\text{rot}} = R \left(\ln \dfrac{T}{\sigma \Theta_{\text{rot}}} + 1 \right)$	$S_{m,\text{rot}} = R \ln \left[\dfrac{\pi^{1/2}}{\sigma} \left(\dfrac{T^3 e^3}{\Theta_{\text{rot,A}} \Theta_{\text{rot,B}} \Theta_{\text{rot,C}}} \right)^{1/2} \right]$
$U_{m,\text{rot}} = RT$	$U_{m,\text{rot}} = \tfrac{3}{2} RT$
$C_{V,m,\text{rot}} = R$	$C_{V,m,\text{rot}} = \tfrac{3}{2} R$

Abbildung 4.3b zeigt ein entsprechendes Diagramm für ein $^{16}\text{O}^{16}\text{O}$-Molekül. Wegen des Symmetrieverbots fallen die symmetrischen Rotationszustände mit $J = 0, 2, 4$ ... weg. In der gleichen Näherung wie oben, $T \gg \Theta_{\text{rot}}$, wird nur die Hälfte der Fläche unter der kontinuierlichen Funktion zu z_{rot} beitragen. Für *symmetrische lineare Moleküle* gilt daher

$$z_{\text{rot}} = \frac{T}{2 \Theta_{\text{rot}}} \tag{4.34}$$

Das Ergebnis für lineare Moleküle kann man durch Einführung einer **Symmetriezahl** σ allgemein schreiben als

$$z_{\text{rot}} = \frac{T}{\sigma \Theta_{\text{rot}}} \quad \text{mit} \quad \begin{cases} \sigma = 1 & \text{für unsymmetrische lineare Moleküle} \\ \sigma = 2 & \text{für symmetrische lineare Moleküle} \end{cases} \tag{4.35}$$

Für den Besetzungsgrad eines Rotationsniveaus mit der Quantenzahl J erhält man mit N als Gesamtzahl der Moleküle

$$\frac{N_J}{N} = \frac{g_J \cdot e^{-J(J+1)\Theta_{\text{rot}}/T}}{z_{\text{rot}}} \tag{4.36}$$

Bisher haben wir uns auf lineare Moleküle beschränkt, die zwei Rotationshauptachsen A und B senkrecht zur Molekülachse mit dem gleichen Trägheitsmoment und damit der gleichen Rotationstemperatur $\Theta_{\text{rot}} = \Theta_{\text{rot,A}} = \Theta_{\text{rot,B}}$ haben. Mehratomige

4.4 Beitrag der Molekülrotation zur Zustandssumme

nichtlineare Moleküle haben drei Hauptachsen A,B,C bezüglich der Rotation. Dem entsprechen drei Trägheitsmomente I_A, I_B, I_C und damit auch drei charakteristische Temperaturen $\Theta_{rot,A}$, $\Theta_{rot,B}$, $\Theta_{rot,C}$. Erweitert man das Modell des starren Rotators auf solche Moleküle, so folgt in der Hochtemperaturnäherung ($T \gg \Theta_{rot,A}$, $\Theta_{rot,B}$, $\Theta_{rot,C}$)

$$z_{rot} = \frac{\pi^{1/2}}{\sigma} \left[\frac{T}{\Theta_{rot,A}} \cdot \frac{T}{\Theta_{rot,B}} \cdot \frac{T}{\Theta_{rot,C}} \right]^{1/2} = \left(\frac{8\pi^2 kT}{h^2} \right)^{3/2} \frac{(\pi I_A I_B I_C)^{1/2}}{\sigma} \quad (4.37)$$

Bei symmetrischen Molekülen tritt hier wie schon im Fall der zweiatomigen Moleküle die zusätzliche Symmetriezahl σ auf. Die Herkunft dieser Symmetriezahl ist ganz analog wie beim Faktor 1/2 in Gleichung (4.34) für lineare symmetrische Moleküle aus der quantenmechanischen Ununterscheidbarkeit gleicher Atomkerne zu erklären (siehe Beispiel in Exkurs 4.7). σ gibt die Anzahl unabhängiger paarweiser Kernvertauschungen oder gleichbedeutend die Anzahl unabhängiger Möglichkeiten an, eine gegebene ununterscheidbare Orientierung des Moleküls durch Rotation um seine Symmetrieachsen zu reproduzieren. H_2O hat eine zweizählige Drehachse und damit $\sigma = 2$. NH_3 besitzt eine dreizählige Achse, also $\sigma = 3$. Weitere Beispiele sind in Tabelle 4.2 angegeben. In Übersicht 4.3 sind die Beiträge des starren Rotators zu den thermodynamischen Funktionen U, S, A, C_V in der Hochtemperaturnäherung aufgeführt.

Exkurs 4.5 Besetzungsgrad der Rotationszustände von gasförmigem HCl

Wir berechnen zunächst die Rotationszustandssumme und die Verteilung von HCl-Molekülen bei 298 K auf die verschiedenen Rotationsniveaus. Für das Trägheitsmoment des $^1H^{35}Cl$ ergibt sich $I = 2{,}61 \cdot 10^{-47}$ kg m^2 und damit anhand der Gleichungen (4.31) und (4.33)

$$\Theta_{rot} = \frac{h^2}{8\pi^2 I k} = \frac{(6{,}626 \cdot 10^{-34})^2}{8\pi^2 \cdot 2{,}61 \cdot 10^{-47} \cdot 1{,}381 \cdot 10^{-23}} = 1{,}54 \text{ K}$$

$$\Theta_{rot}/T = 1/z_{rot} = 0{,}0518 \quad \longrightarrow \quad z_{rot} = T/\Theta_{rot} = 19{,}3$$

Mit diesem Wert für z_{rot} ergeben sich mit Gleichung (4.36) die Besetzungszahlen in Abbildung 4.4 und Tabelle 4.3. Abbildung 4.5b zeigt das Schwingungs-Rotations-Spektrum von gasförmigem HCl bei Raumtemperatur. Die beobachteten Peaks entsprechen Übergängen von den besetzten Rotationsniveaus des Schwingungsgrundzustands ($J = 0, 1, 2, \ldots$; $v = 0$) auf praktisch unbesetzte Rotationsniveaus des ersten angeregten Schwingungszustands ($J' = J \pm 1$; $v' = 1$). Die relativen Intensitäten spiegeln im wesentlichen die relative thermische Besetzung der Rotationszustände im Grundzustand wieder.

Die Übereinstimmung von Abbildung 4.5 mit dem in Abbildung 4.4 dargestellten berechneten Verlauf ist offensichtlich. Die Einzelpeaks haben eine Dublettstruktur. Sie resultiert aus der Anwesenheit der zwei Chlorisotope ^{35}Cl und ^{37}Cl. $^1H^{37}Cl$ hat eine gegenüber $^1H^{35}Cl$ um den Faktor 1,0075 erniedrigte Grundschwingungsfrequenz.

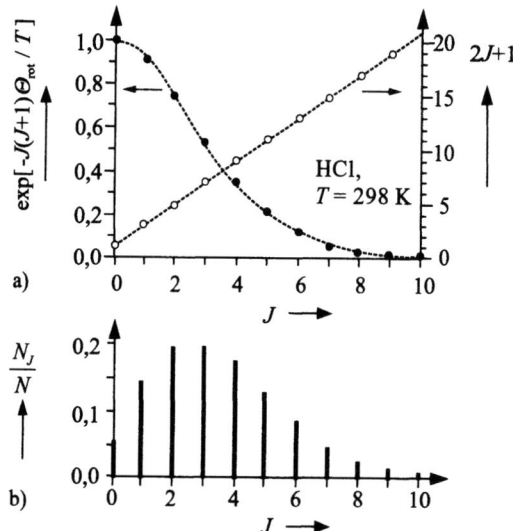

Abbildung 4.4 a) zeigt den Verlauf der Funktionen $2J+1$ und $e^{-J(J+1)\Theta_{rot}/T}$ bei T = 298 K. b) Besetzungszahlen der Rotationsniveaus von HCl bei 298 K mit $\Theta_{rot}(HCl)$ = 15,44 K: der Faktor $2J+1$ steigt proportional zu J, während die Exponentialfunktion steil abfällt. Dadurch kommt es zu einem Maximum der Besetzungszahl bei $J=2$.

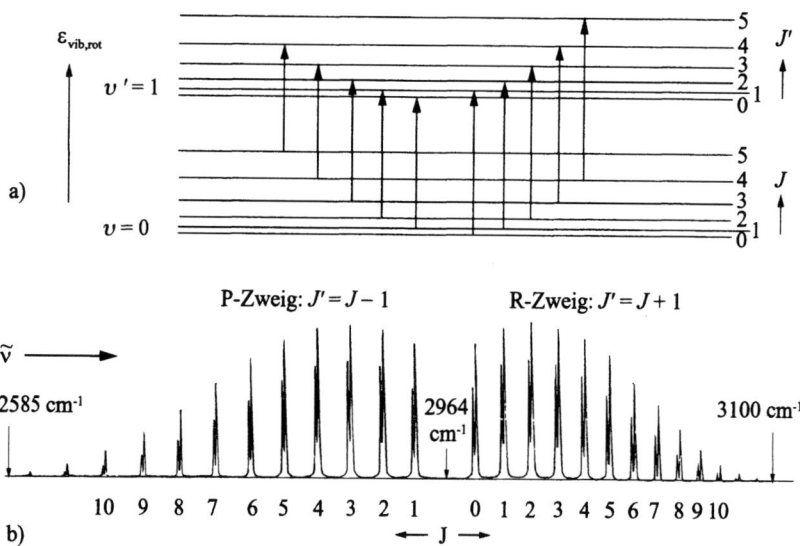

Abbildung 4.5 a) Spektroskopische Übergänge im Rotations-Schwingungs-Spektrum des gasförmigen Chlorwasserstoffs, b) Rotations-Schwingungs-Spektrum im Bereich des Übergangs vom Schwingungsgrundzustand zum ersten angeregten Schwingungszustand.

4.4 Beitrag der Molekülrotation zur Zustandssumme

Tabelle 4.3: Besetzung der ersten elf Rotationszustände von HCl-Molekülen bei 298,15 K (siehe auch Abbildung 4.4)

J	0	1	2	3	4	5	6	7	8	9	10
N_J/N	0,05	0,14	0,19	0,19	0,17	0,12	0,08	0,04	0,02	0,01	0,00

Darüber hinaus beobachtet man für die Übergänge in Abbildung 4.5 mit steigender Wellenzahl eine Verringerung des Abstands benachbarter Linien im Spektrum. Dies resultiert aus einem geringfügigen Unterschied der Rotationskonstanten B in den beiden Schwingungsniveaus, eine Konsequenz der leichten Anharmonizität der Schwingung und der damit verbundenen Erhöhung des Gleichgewichtsabstands der beiden Atomkerne im angeregten Schwingungszustand. Dies führt zu einer entsprechenden Veränderung des Trägheitsmoments der Rotation im angeregten Schwingungszustand. Da es sich um einen kleinen Effekt handelt, kann man in guter Näherung einen linearen Ansatz für die Differenz der beiden Rotationskonstanten machen ($\tilde{B}'$ ist hier die Rotationskonstante im schwingungsangeregten Zustand $v' > 1$) [2]:

$$\tilde{B}' = \tilde{B} - \alpha \left(v' + \frac{1}{2}\right)$$

Die Wellenzahl der Linien im Rotations-Schwingungs-Spektrum und der Abstand benachbarter Linien sind dann

$$\tilde{v} = \tilde{v}_0 - 2J\tilde{B} + J(J-1)\alpha v' \quad \longrightarrow \quad \Delta\tilde{v} = 2\tilde{B} - 2J\alpha v'$$

Exkurs 4.6 Genauere Auswertung der Rotationszustandssumme

Addiert man die Werte für N_j/N in der rechten Spalte von Tabelle 4.3, ergibt sich jedoch eine Zahl, die etwas größer als 1 ist. Das liegt an der Näherung, die bei Ersatz der Summe in Gleichung (4.33) durch ein Integral vorgenommen wurde. Wir wollen im folgenden den Fehler Δ abschätzen, den man bei Ersatz der Summe über die diskreten Glieder in (4.32) durch das Integral in (4.33) macht:

$$z_{\text{rot}} = \sum_{J=0}^{\infty} f(J) = \int_0^{\infty} f(J)\,dJ + \Delta$$

mit $f(J) = (2J+1)\,e^{-J(J+1)\Theta_{\text{rot}}/T}$. Mit Hilfe einer Reihenentwicklung nach Euler und MacLaurin kann der Fehler Δ der Integralnäherung abgeschätzt werden (näheres siehe Anhang B.3). Im vorliegenden Fall ergibt sich

$$\Delta = \frac{1}{3} + \frac{1}{15}\frac{\Theta_{\text{rot}}}{T}$$

Für die Rotationszustandssumme erhält man so statt der einfachen Hochtemperaturnäherung T/Θ_{rot} als verbesserte Näherung

$$z_{\text{rot}} \cong \frac{T}{\Theta_{\text{rot}}} + \frac{1}{3} + \frac{1}{15}\frac{\Theta_{\text{rot}}}{T} \tag{4.38}$$

---

[2] $\tilde{B}$ hat hier die Dimension cm^{-1}. Es gilt $\tilde{B} = B/hc$

Vergleicht man diesen Ausdruck mit dem aus Gleichung (4.33), so zeigt sich, daß der Fehler in z_{rot} bei Verwendung von Gleichung (4.33) erst dann kleiner als 1% wird, wenn $T > 30 \cdot \Theta_{\text{rot}}$ ist. Eine genauere Auswertung im Fall des HCl-Moleküls sollte deshalb von folgendem Wert für die Rotationszustandssumme ausgehen

$$z_{\text{rot}} = \frac{T}{\Theta_{\text{rot}}} + \frac{1}{3} + \frac{1}{15}\frac{\Theta_{\text{rot}}}{T} = 19{,}642$$

Für Moleküle mit schwereren Atomen wie Sauerstoff und Stickstoff, deren charakteristische Rotationstemperaturen unter 3 K liegen, reicht allerdings für die Berechnung bei Raumtemperatur bereits der einfache Ausdruck für z_{rot} in Gleichung (4.35).

Exkurs 4.7 Symmetriezahl und Ununterscheidbarkeit

Betrachten wir das O_2-Molekül als Beispiel. Natürlicher Sauerstoff enthält zu 99,76% ^{16}O-Kerne. Sauerstoffmoleküle bestehen also zum größten Teil aus $^{16}O_2$. ^{16}O-Kerne haben die Kernspinquantenzahl $I = 0$, sind also Bosonen (siehe Tabelle 1.3). Für $^{16}O_2$ gilt somit die Bose-Einstein-Statistik: die Molekülwellenfunktion $\psi(O_2)$ muß gegenüber Vertauschung der beiden ^{16}O-Kerne symmetrisch sein, also

$$+\psi(O_2) \xrightarrow{\text{Kernvertauschung}} +\psi(O_2) \qquad (4.39)$$

$\psi(O_2)$ läßt sich in die Anteile von Translation, Rotation, Schwingung sowie die Beiträge der Elektronen und Kerne auftrennen:

$$\psi(O_2) \approx \psi_{\text{trans}} \cdot \psi_{\text{rot}} \cdot \psi_{\text{vib}} \cdot \psi_e \cdot \psi_n \qquad (4.40)$$

Die Symmetrie von $\psi(O_2)$ ergibt sich aus dem Verhalten der einzelnen Faktoren. ψ_{trans} und ψ_{vib} hängen nur von den Schwerpunktskoordinaten beziehungsweise vom Relativabstand der Kerne ab, sind also symmetrisch gegenüber Kernvertauschung.

Die Kernwellenfunktion ψ_n ist ebenfalls symmetrisch, da für den Kernspin $I = 0$ nur ein symmetrischer Kernzustand vorliegt.

Die Elektronenwellenfunktion ψ_e des O_2, die ja von den Kernkoordinaten abhängt, ist im Grundzustand antisymmetrisch gegenüber Kernvertauschung (folgt aus den Indizes g und $-$ im Termsymbol $^3\Sigma_g^-$ des Grundzustands; siehe Tabelle D.2 im Anhang).

Da aber $\psi(O_2)$ insgesamt symmetrisch sein muß, darf der verbleibende Faktor ψ_{rot} nur antisymmetrisch gegen Vertauschen der ^{16}O-Kerne sein. Nur so ist das Produkt der beiden antisymmetrischen Faktoren ψ_e und ψ_{rot} in jedem Fall symmetrisch. Die Wellenfunktionen ψ_{rot} des starren Rotators sind aber für gerade Werte von J symmetrisch und für ungerade Werte unsymmetrisch.

Es folgt, daß im elektronischen Grundzustand für $^{16}O_2$ nur Rotationszustände mit ungeraden Werten $J = 1, 3, 5, \ldots$ vorkommen können und alle Rotationszustände mit geraden Rotationsquantenzahlen $J = 0, 2, 4, 6, \ldots$ symmetrieverboten sind. Im $^{16}O_2$ fehlt also die Hälfte der Rotationsenergieniveaus im Vergleich zu einem entsprechenden unsymmetrischen Molekül (siehe Abbildung 4.6).

Das unsymmetrische ^{16}O-^{17}O, in dem die Kerne unterscheidbar sind, zeigt dagegen ein vollständiges Spektrum von Rotationsniveaus. ^{17}O-Kerne sind dagegen Fermionen. Für $^{17}O_2$ muß $\psi(O_2)$ demnach antisymmetrisch sein. Wegen des antisymmetrischen Elektronengrundzustands ist das Produkt $\psi_{\text{rot}}\psi_n$ symmetrisch. Leider ist die Situation für die Kernzustände

4.4 Beitrag der Molekülrotation zur Zustandssumme

der symmetrischen $^{17}O_2$-Moleküle nicht mehr so einfach: ^{17}O-Kerne haben einen Kernspin $I = 5/2$, so daß insgesamt $g_n = (2I + 1)(2I + 1) = 36$ entartete Kernzustände vorliegen. Davon sind $I(2I + 1) = 15$ Zustände **antisymmetrisch** und $(I + 1)(2I + 1) = 21$ Zustände **symmetrisch**. Als Konsequenz gibt es zwei Molekülvarianten: Moleküle mit symmetrischer Kernwellenfunktion haben nur symmetrische Rotationszustände und solche mit antisymmetrischer Kernwellenfunktion nur antisymmetrische Rotationszustände. Beide Molekülvarianten haben jedoch nur die halbe Anzahl von Rotationsniveaus im Vergleich zu gemischt-isotopem Sauerstoff.

Da Sauerstoff jedoch eine sehr niedrige charakteristische Rotationstemperatur von 2,08 K besitzt, ist die Berücksichtigung dieser Verhältnisse nur für Temperaturen unter 60 K (ab etwa $20\,\theta_{rot}$) notwendig. Bei höheren Temperaturen wird wieder die Division der Rotationszustandssumme mit dem Symmetriefaktor 2 eine ausreichende Korrektur sein.

Ganz analog wie O_2 ist auch das lineare, symmetrische CO_2-Molekül zu behandeln, wenn gleiche Sauerstoffkerne vorliegen. Die Symmetrieanforderungen bei Vertauschung der beiden O-Atome führen auch hier zum Wegfall der Hälfte der Rotationsniveaus. Bei höheren Temperaturen, wenn genügend Rotationsniveaus angeregt sind und die Rotationszustandssumme durch die Integralnäherung berechenbar ist, kann man die Korrektur auf Grund der Quanteneffekte in symmetrischen gestreckten Molekülen vereinfacht durch den Faktor $\sigma = 2$ berücksichtigen.

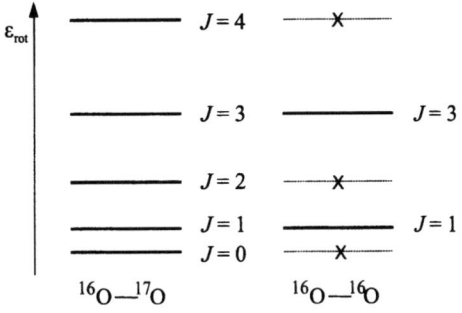

Abbildung 4.6 Rotationsenergieniveaus unsymmetrischer ^{16}O-^{17}O- und symmetrischer $^{16}O_2$-Moleküle. Die jeweils erlaubten Rotationsniveaus sind fett, die verbotenen gestrichelt und mit × gekennzeichnet.

Exkurs 4.8 Rotationszustandssumme für Wasserstoffmoleküle

Anders als im vorhergehenden Beispiel für Sauerstoff spielt die genaue Berücksichtigung der Quantenstatistik für die Rotationszustandssumme der erheblich leichteren Wasserstoffmoleküle noch bis zu Temperaturen von 2500 K eine Rolle, insbesondere wenn genaue Werte gefordert sind. Die charakteristische Rotationstemperatur ist $\Theta_{rot} = 85,36$ K, so daß nach der Fehlerabschätzung in Gleichung (4.38) der Fehler der Integralnäherung erst bei $T = 30\,\theta_{rot}$ unter ein Prozent sinkt. Für gemischt-isotope Moleküle wie HD (= $^1H\,^2H$) fallen solche Überlegungen weg.

Die beiden Wasserstoffkerne im $^1H_2$ sind wegen des Kernspins $I = 1/2$ Fermionen. Die Molekülwellenfunktion des H_2 muß deshalb antisymmetrisch gegenüber Vertauschen der Kerne sein. Aus dem Kernspin leitet man ab, daß der Kernzustand des $^1H_2$-Moleküls vierfach entartet ist [allgemein: $g_n = (2I+1)(2I+1) = 4$]. Von diesen vier Kernzuständen haben drei eine

Kernwellenfunktion, die symmetrisch gegenüber Kernvertauschung ist, die vierte Kernwellenfunktion ist antisymmetrisch. Der antisymmetrische Kernzustand des $^1H_2$ ist durch antiparallel ausgerichtete Kernspins der beiden H-Kerne gekennzeichnet (sogenannter **para-H_2**).

Die drei symmetrischen Kernzustände entsprechen dem sogenannten **ortho-H_2** mit parallel ausgerichteten Kernspins der beiden ^1H-Kerne. ortho- und para-H_2 können nur durch Dissoziation mit anschließender Rekombination oder an starken paramagnetischen Zentren unter Aufhebung der Spinentartung ineinander umgewandelt werden, da die Spinerhaltung ein isoliertes Umklappen eines einzelnen Kernspins im Molekül verbietet.

Die Gesamtwellenfunktion des Wasserstoffmoleküls läßt sich näherungsweise als Produkt unabhängiger Beiträge der Translation, Rotation, Schwingung, Elektronen- und Kernfreiheitsgrade darstellen:

$$\psi(H_2) = \psi_{trans}\, \psi_{rot}\, \psi_{vib}\, \psi_e\, \psi_n$$

Die Elektronenwellenfunktion des H_2 im Grundzustand (Termsymbol $^1\Sigma_g^+$) ist symmetrisch gegen Kernvertauschung. ψ_{trans} und ψ_{vib} sind immer symmetrisch gegen Kernvertauschung. Es folgt, daß das Produkt $\psi_{rot}\, \psi_n$ von Rotations- und Kernwellenfunktion antisymmetrisch sein muß. Das ist nur möglich, wenn eine der beiden Wellenfunktionen symmetrisch und die jeweils andere antisymmetrisch ist.

Demnach gibt es zwei Kombinationsmöglichkeiten. Für para-H_2 mit antisymmetrischer Kernwellenfunktion sind nur symmetrische Rotationszustände und für ortho-H_2 bei symmetrischer Kernwellenfunktion nur antisymmetrische Rotationszustände erlaubt, wie das folgende Schema zeigt (*sym* - symmetrisch, *anti* - antisymmetrisch):

ortho-H_2 ($\uparrow\uparrow$) (parallele Kernspins) $g_n^{ortho} = 3$		**para-H_2** ($\uparrow\downarrow$) (antiparallele Kernspins) $g_n^{para} = 1$	
ψ_n	sym	ψ_n	anti
$\psi_{rot}(J = 1, 3, 5, \ldots)$	anti	$\psi_{rot}(J = 0, 2, 4, \ldots)$	sym
$\psi_n \cdot \psi_{rot}$	anti	$\psi_n \cdot \psi_{rot}$	anti

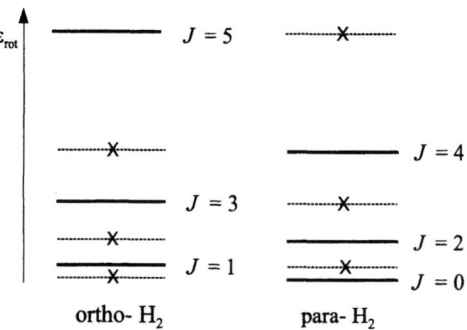

Abbildung 4.7 Erlaubte Rotationsniveaus für H_2-Moleküle mit parallelen beziehungsweise antiparallelen Kernspins. Die jeweils erlaubten Rotationsniveaus sind fett, die verbotenen gestrichelt und mit × gekennzeichnet.

4.4 Beitrag der Molekülrotation zur Zustandssumme

Für $T < \Theta_{\text{rot}}$ können Rotation und Kernentartung beim Aufstellen der Zustandssumme nicht mehr als getrennte Beiträge behandelt werden. Für ortho- und para-H_2 ergeben sich dann unterschiedliche Zustandssummen aus Rotation und Kernentartung:

$$z_{\text{rot/n}}(\text{o-}H_2) = g_{\text{n,ortho}} \cdot z_{\text{rot,u}} = 3 \cdot \sum_{J=1,3,5...} (2J+1)\, e^{-\varepsilon_{\text{rot}}/kT} \quad (4.41)$$

$$z_{\text{rot/n}}(\text{p-}H_2) = g_{\text{n,para}} \cdot z_{\text{rot,g}} = 1 \cdot \sum_{J=0,2,4...} (2J+1)\, e^{-\varepsilon_{\text{rot}}/kT} \quad (4.42)$$

Die beiden Anteile für ortho- und para-H_2 zusammengenommen stellen den Beitrag der Rotation und der Kernentartung zur Teilchenzustandssumme der gesamten H_2-Moleküle im Gas dar:

$$z_{\text{rot/n}}(H_2) = z_{\text{rot,g}} + 3 \cdot z_{\text{rot,u}} \quad (4.43)$$

Mit dem Ergebnis in (4.43) kann der Anteil der Kern- und Rotationsfreiheitsgrade zur Wärmekapazität des Wasserstoffs berechnet werden. Unter Verwendung der Gleichungen (4.7) und (4.43) ergibt sich

$$\begin{aligned} C_{V,\text{m,rot/n}} &= \left(\frac{\partial U_{V,\text{m,rot/n}}}{\partial T}\right)_{V,N} = \frac{\partial}{\partial T}\left(RT^2 \frac{\partial \ln z_{\text{rot/n}}}{\partial T}\right) \\ &= 2RT\left(\frac{\partial \ln z_{\text{rot/n}}}{\partial T}\right)_{V,N} + RT^2\left(\frac{\partial^2 \ln z_{\text{rot/n}}}{\partial T^2}\right)_{V,N} \end{aligned} \quad (4.44)$$

Für genügend hohe Temperaturen $T \gg 85{,}36$ K lassen sich die beiden Rotationszustandssummen $z_{\text{rot,u}}$ und $z_{\text{rot,g}}$ jeweils mit der Integralnäherung Gleichung (4.34) auswerten und ergeben beide den Wert $\Theta_{\text{rot}}/2T$, so daß folgt

$$z_{\text{rot/n}} \approx 3 \cdot \frac{T}{2\Theta_{\text{rot}}} + 1 \cdot \frac{T}{2\Theta_{\text{rot}}} = 4 \cdot \frac{T}{2\Theta_{\text{rot}}} = g_n \cdot z_{\text{rot}} \qquad T \gg \Theta_{\text{rot}} \quad (4.45)$$

Allgemein ist das Verhältnis der Teilchenzahlen von ortho-H_2 und para-H_2 im Gleichgewicht in gasförmigem H_2 temperaturabhängig und ableitbar aus

$$\frac{N_{(\text{ortho})}}{N_{(\text{para})}} = \frac{3 \cdot z_{\text{rot,u}}}{1 \cdot z_{\text{rot,g}}} \qquad \text{für } T \gg \Theta_{\text{rot}}: \quad \frac{N_{(\text{ortho})}}{N_{(\text{para})}} \cong \frac{3}{1} \quad (4.46)$$

Bei genügend hohen Temperaturen wird also das Verhältnis von ortho- und para-H_2 durch die Kernentartungsfaktoren bestimmt. Bei sehr niedrigen Temperaturen wird schließlich im Gleichgewicht der Anteil an para-H_2 immer stärker zunehmen, da para-H_2 mit $J = 0$ für $T \to 0$ die niedrigere Energie im Grundzustand ermöglicht.

Die Gleichgewichtseinstellung zwischen para- und ortho-H_2 über eine Dissoziation in der Gasphase ist jedoch bei niedrigen Temperaturen wegen der hohen Aktivierungsenergie ausgeschlossen. In der Regel wird also das Abkühlen von Wasserstoffgas zu einem metastabilen Zustand mit dem bei hohen Temperaturen eingestellten Verhältnis 3:1 von ortho- zu para-H_2 führen. Eine Möglichkeit zur Gleichgewichtseinstellung auch bei niedrigen Temperaturen ist der Einsatz von Metallen (beispielsweise Platin), die die Dissoziation von Wasserstoff heterogen katalysieren.

Abbildung 4.8 zeigt unter anderem den mit und ohne Gleichgewichtseinstellung berechneten beziehungsweise gemessenen Verlauf der Wärmekapazität im Bereich zwischen 0 K und

300 K. Das Maximum bei Messung unter Gleichgewichtsbedingungen kennzeichnet den Temperaturbereich, in dem sich nach höheren Temperaturen hin aus para-H_2 zunehmend ortho-H_2 bildet. Ebenso eingezeichnet ist der klassische Grenzwert $C_{V,m} = R$ (für zwei Freiheitsgrade der Rotation), der bei hohen Temperaturen erreicht wird.

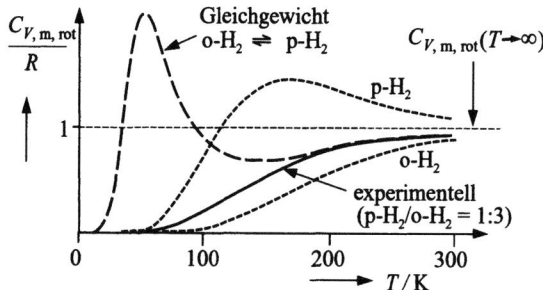

Abbildung 4.8 Beitrag von Rotation und Kernentartung zur Molwärme von H_2 bei tiefen Temperaturen: Ohne Katalysator wird das bei hohen Temperaturen eingestellte Verhältnis 3:1 von ortho- zu para-H_2 zu tiefen Temperaturen hin eingefroren. Zugabe eines Katalysators ermöglicht die Einstellung des ortho-H_2/para-H_2-Gleichgewichts. Für $T \to 0$ K wird aller Wasserstoff im Gleichgewicht aus p-H_2 bestehen (niedrigste Energie). Zum Vergleich sind gestrichelt auch die Wärmekapazitäten aufgetragen, die sich für reinen ortho- beziehungsweise para-H_2 ergeben. Die waagerechte Linie entspricht dem klassischen Grenzwert.

4.5 Gleichverteilungssatz

In den vorhergehenden Abschnitten haben wir die verschiedenen thermisch anregbaren Bewegungsformen eines Moleküls getrennt nach Translation, Rotation und Schwingung behandeln können. Aus der statistischen Behandlung haben wir für die Teilchenzustandssummen aller drei Bewegungsformen eine ähnliche Temperaturabhängigkeit bei hohen Temperaturen erhalten. In allen Fällen ist die Teilchenzustandssumme proportional zu einer Potenz von T. Für die innere Energie ergibt sich bei hohen Temperaturen eine lineare Abhängigkeit von der Temperatur T mit jeweils charakteristischen Vorfaktoren, die sich aus der Anzahl der Atome im Molekül ergeben (siehe Übersicht 4.4).

Die Ergebnisse in der Tabelle lassen sich auch auf der Grundlage der klassischen Mechanik ableiten und werden dort als **Gleichverteilungssatz** bezeichnet. Nach dem Korrespondenzprinzip ist die klassische Mechanik bei genügend hohen Energien gültig, was der Anregung von Zuständen mit hohen Quantenzahlen und damit genügend hohen Temperaturen entspricht. Wir wollen im folgenden diesen klassischen Grenzfall und seine Konsequenz für die Zustandssumme, die innere Energie und die Wärmekapazität molekularer Gase diskutieren.

4.5 Gleichverteilungssatz

Übersicht 4.4: Grenzwerte für Teilchenzustandssummen, innere Energie und Wärmekapazität bei hoher Temperatur sowie Zusammenhang zwischen der Zahl von (konjugierten) Orts- und Impulskoordinaten, der Anzahl Freiheitsgrade und der Zahl quadratischer Koordinaten eines N-atomigen nichtlinearen Moleküls im Rahmen der klassischen Mechanik: das Molekül wird dabei als System von Massepunkten behandelt.

Translation $T \gg \Theta_{\text{trans}} = h^2/8mV^{2/3}$
N-atomige Moleküle
3 quadratische Impulskoordinaten
$z_{\text{trans}} = \text{const.} \cdot T^{3/2}$
$U_{\text{m,trans}} = \frac{3}{2}RT$
$C_{V,\text{m,trans}} = \frac{3}{2}R$

3 Freiheitsgrade (Molekülschwerpunkt):
Ortskoordinaten $\quad x, y, z$
Impulskoordinaten $\quad p_x, p_y, p_z$

Rotation $T \gg \Theta_{\text{rot,A}}, \Theta_{\text{rot,B}}, \Theta_{\text{rot,C}}$
gestreckte N-atomige Moleküle
2 quadratische Drehimpulskoordinaten
$z_{\text{rot}} = \text{const.} \cdot T$
$U_{\text{m,rot}} = RT$
$C_{V,\text{rot,m}} = R$

2 Freiheitsgrade:
Winkelkoordinaten $\quad \theta, \phi$
Drehimpulskoordinaten $\quad L_\theta, L_\phi$

gewinkelte N-atomige Moleküle
3 quadratische Drehimpulskoordinaten
$z_{\text{rot}} = \text{const.} \cdot T^{3/2}$
$U_{\text{m,rot}} = \frac{3}{2}RT$
$C_{V,\text{rot,m}} = \frac{3}{2}R$

3 Freiheitsgrade:
Winkelkoordinaten $\quad \theta, \phi, \psi$
Drehimpulskoordinaten $\quad L_\theta, L_\phi, L_\psi$

Schwingungen $T \gg \Theta_{\text{vib},i}$
gestreckte N-atomige Moleküle
$2 \cdot (3N-5)$ quadrat. Koordinaten
$z_{\text{vib}} = \text{const.} \cdot T^{3N-5}$
$U_{\text{m,vib}} = (3N-5)RT$
$C_{V,\text{vib,m}} = (3N-5)R$

(je 2 quadrat. Koordinaten!)
$3N-5$ Freiheitsgrade:
Normalkoordinaten $\quad q_i\ (i=1,\ldots 3N-5)$
Impulskoordinaten $\quad p_i = \mu_i \dot{q}_i$

gewinkelte N-atomige Moleküle
$2 \cdot (3N-6)$ quadrat. Koordinaten
$z_{\text{vib}} = \text{const.} \cdot T^{3N-6}$
$U_{\text{m,vib}} = (3N-6)RT$
$C_{V,\text{vib,m}} = (3N-6)R$

$3N-6$ Freiheitsgrade:
Normalkoordinaten $\quad q_i\ (i=1,\ldots 3N-6)$
Impulskoordinaten $\quad p_i = \mu_i \dot{q}_i$

Wenn die Kerne in einem N-atomigen Molekül nach der klassischen Mechanik als System von Massepunkten beschrieben werden (Elektronen- und Kernbeiträge sind dabei nicht erfaßt!), sind $3N$ Ortskoordinaten zur vollständigen Beschreibung aller Kernpositionen im Molekül notwendig. Das Molekül hat klassisch-mechanisch gesehen $3N$ **Freiheitsgrade**. Drei davon kennzeichnen gewöhnlich die Translationsbewegung des Molekülschwerpunkts.

Wenn man das Molekül als annähernd starr annehmen darf, benötigt man darüber hinaus drei Winkelkoordinaten (Euler-Winkel) zur Beschreibung der Orientierung des Moleküls im Raum, womit gleichzeitig die Molekülrotation erfaßt wird. Die restlichen $3N-6$ Freiheitsgrade dienen zur Beschreibung der inneren Bewegungen der Kerne im Molekül relativ zueinander, die als Schwingungen, das heißt als lokale Bewegungen der Kerne um ihre Gleichgewichtspositionen im Molekül behandelt werden können. Für gestreckte (= lineare) Moleküle sind nur zwei Koordinaten zur Kennzeichnung der Orientierung im Raum notwendig, so daß in solchen Fällen $3N-5$ Schwingungsfreiheitsgrade existieren. Klassisch ist also den drei Bewegungsformen Translation, Rotation und Schwingung in Molekülen jeweils eine bestimmte Anzahl von Freiheitsgraden zugeordnet.

Die klassische Hamilton-Funktion (= Gesamtenergie) eines Moleküls ist unter Berücksichtigung von Translation, Rotation und Schwingung klassisch-mechanisch gegeben durch (vergleiche Anhang C)

$$H = \varepsilon_{\text{tot}} = \varepsilon_{\text{trans}}(p_x, p_y, p_z) + \varepsilon_{\text{rot}}(L_\theta, L_\phi, L_\psi) + \sum_{i=1}^{3N-6} \varepsilon_{\text{vib}}(q_i, p_i) \quad (4.47)$$

$$= \frac{p_x^2}{2m} + \frac{p_y^2}{2m} + \frac{p_z^2}{2m} + \frac{L_\theta^2}{2I_\theta} + \frac{L_\phi^2}{2I_\phi} + \frac{L_\psi^2}{2I_\psi} + \sum_{i=1}^{3N-6} \left(\frac{p_i^2}{2\mu_i} + \frac{k_i q_i^2}{2} \right)$$

Im klassischen Ausdruck (4.47) kommen Koordinaten nur in Form ihrer Quadrate vor. Man bezeichnet die Anzahl der quadratischen Variablen auch als Zahl der „**quadratischen Freiheitsgrade**" (ist nicht identisch mit den $3N$ Freiheitsgraden aus der Zahl der Ortskoordinaten !).

Von den quadratischen Koordinaten gibt es für ein N-atomiges gewinkeltes Molekül offensichtlich je drei für Translation und Rotation und je zwei weitere pro Normalschwingung, insgesamt also $2(3N-6)+6$. Mit dem Ausdruck in (4.47) folgt für die Molekülzustandssumme in der halbklassischen Formulierung

$$z_{\text{Molekül}} \approx \frac{1}{h^{3N}} \int \cdots \int e^{-H/kT} \, d^{3N-3}\boldsymbol{R} \, d^3\boldsymbol{\Omega} \, d^{3N-3}\boldsymbol{P} \, d^3\boldsymbol{L} \quad (4.48)$$

mit $\quad \begin{aligned} d^{3N-3}\boldsymbol{R} &= dx\,dy\,dz\,dq_1\ldots dq_{3N-6} & d^3\boldsymbol{\Omega} &= d\theta\,d\phi\,d\psi \\ d^{3N-3}\boldsymbol{P} &= dp_x\,dp_y\,dp_z\,dp_1\ldots dp_{3N-6} & d^3\boldsymbol{L} &= dL_\theta dL_\phi dL_\psi \end{aligned}$

Der Begriff halbklassisch meint hier, daß die Hamilton-Funktion der klassischen Mechanik und die entsprechenden Koordinaten des Phasenraums weiter benutzt werden, jedoch über den Faktor $1/h^{3N}$ die quantenmechanische Unschärferelation berücksichtigt wird (und damit die begrenzte Dichte der Mikrozustände). Für jedes Paar konjugierter Koordinaten der klassischen Mechanik gilt die Unschärferelation in der Form

$$dq_i\, dp_i = h \quad (4.49)$$

4.5 Gleichverteilungssatz

Tabelle 4.4: Molare Wärmekapazitäten von Gasen nach dem Gleichverteilungssatz (elektronische Anregung vernachlässigt!)

Anzahl der Atome im Molekül	Freiheitsgrade			Gesamtzahl der quadratischen Koordinaten	$C_{V,m}$
	Translation	Rotation	Schwingung		
1	3	—	—	3	$1,5\,R$
2	3	2	1	7	$3,5\,R$
3 (gestreckt)	3	2	4	13	$6,5\,R$
3 (gewinkelt)	3	3	3	12	$6,0\,R$
N (gestreckt)	3	2	$3N-5$	$6N-5$	$(3N-\frac{5}{2})\,R$
N (gewinkelt)	3	3	$3N-6$	$6N-6$	$(3N-3)\,R$

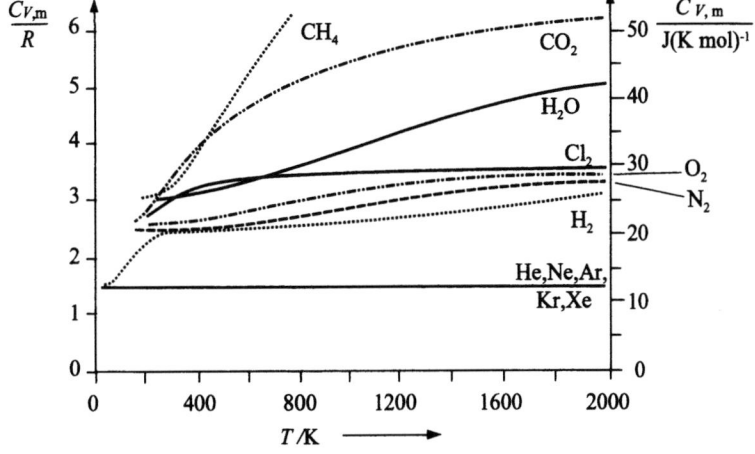

Abbildung 4.9 Gemessene Temperaturabhängigkeit der molaren Wärmekapazitäten verschiedener Gase: wie man sieht, erreichen die meisten Moleküle den klassisch nach dem Gleichverteilungsgesetz errechneten $C_{V,m}$-Wert allerdings erst bei sehr hohen Temperaturen. Dies liegt vor allem an der geringen Schwingungsanregung bei niedrigen Temperaturen ($T \ll \Theta_{\text{vib}}$). Der Kurvenverlauf für $T \to 0$ K ist hier nicht angegeben, kann aber aus dem Verhalten der Zustandssummen für kleine Temperaturen berechnet werden. Grenzwert der Wärmekapazität für $T \to 0$ K ist allen Fällen Null.

Insgesamt kommen im Molekül $3N$ Paare von konjugierten Variablen vor, wie Übersicht 4.4 zeigt. Pro konjugiertes Koordinatenpaar ergibt sich also jeweils ein Faktor h^{-1} in der Zustandssumme nach Gleichung (4.48), so daß insgesamt der Vorfaktor $1/h^{3N}$ resultiert.

Die Integration in Gleichung (4.48) darf für jede quadratische Variable u getrennt von allen anderen durchgeführt werden, denn die Exponentialfunktion und damit das Mehrfachintegral in Gleichung (4.48) lassen sich wegen der Unabhängigkeit der Energiebeiträge der einzelnen Koordinaten faktorisieren.

Es entsteht ein Produkt von Integralen, bei denen die Teilintegrale über die quadratischen Koordinaten alle die folgende Form haben

$$z_u \sim \int_{-\infty}^{\infty} e^{-cu^2/kT} du = \left(\frac{\pi kT}{c}\right)^{1/2} = \text{const.} \cdot T^{1/2} \tag{4.50}$$

Die Integrale über die restlichen Koordinaten, die in der Hamilton-Funktion nicht explizit vorkommen, ergeben lediglich einen konstanten Beitrag zur Zustandssumme. Jede vorkommende quadratische Koordinate in der Energie liefert also einen temperaturabhängigen Faktor in der Zustandssumme. Dementsprechend liefert jede quadratische Koordinate einen einheitlichen Beitrag zur inneren Energie und zur Molwärme unabhängig von den sonstigen Molekülparametern (Trägheitsmoment, Kraftkonstanten, Massen) gemäß

$$U_{m,u} = RT^2 \left(\frac{\partial \ln z_u}{\partial T}\right)_{V,N} = \frac{1}{2}RT \quad \rightarrow \quad C_{V,m,u} = \left(\frac{\partial U_{m,u}}{\partial T}\right)_{V,N} = \frac{1}{2}R \tag{4.51}$$

Pro Normalschwingung gibt es zwei quadratische Variablen, so daß der Beitrag einer Normalschwingung zur Wärmekapazität R und nicht $R/2$ ist. Die halbklassische Auswertung der Zustandssumme führt somit zu den gleichen Ergebnissen wie Übersicht 4.4. Jede quadratische Koordinate u liefert einen Beitrag von $RT/2$ zur inneren Energie oder $R/2$ zur Wärmekapazität (siehe Tabelle 4.4). Dies ist die zentrale Aussage des **Gleichverteilungssatzes** der klassischen Mechanik.

Exkurs 4.9 Klassische Behandlung der Rotationszustandssumme

Die Berechnung der klassischen Zustandssumme nach Gleichung 4.48 für den Beitrag der Molekülrotation ist nicht ganz einfach. Im folgenden wird die Integration für das Beispiel eines linearen Moleküls (= klassischer starrer Rotator) gezeigt. Zwei Winkelkoordinaten und zwei konjugierte Drehimpulskoordinaten sind in diesem Fall zur Beschreibung der Rotation notwendig. Zweckmäßigerweise wählt man zur Beschreibung der Rotation Polarkoordinaten mit den beiden Drehwinkeln θ und ϕ wie in Abbildung 4.10 gezeigt. Der starre Rotator läßt sich dabei auf die Rotation eines Massepunkts mit der reduzierten Masse μ um den Ursprung zurückführen. Für die Trägheitsmomente in Richtung der beiden Drehwinkel gilt:

$$I_\theta = \mu r^2 = I \quad , \quad I_\phi = \mu r'^2 = \mu r^2 \cdot \sin^2 \theta = I \cdot \sin^2 \theta$$

Für die Rotationsenergie ergibt sich

$$\varepsilon_{\text{rot}} = \frac{L_\theta^2}{2I} + \frac{L_\phi^2}{2I \sin^2 \theta}$$

Die Integration wird über die beiden Winkel in den Grenzen 0 bis 2π für ϕ und 0 bis π für θ durchgeführt. Entsprechend Gleichung (4.48) ergibt sich dann für die Rotationszustandssumme

4.5 Gleichverteilungssatz

$$
\begin{aligned}
z_{\text{rot}} &= \frac{1}{h^2} \cdot \int_0^{2\pi} \int_0^{\pi} \int_{-\infty}^{\infty} \int_{-\infty}^{\infty} \exp\left[-\frac{1}{2IkT}\left(L_\theta^2 + \frac{L_\phi^2}{\sin^2\theta}\right)\right] dL_\theta dL_\phi d\theta d\phi \\
&= \frac{1}{h^2} \int_0^{2\pi} d\phi \int_{-\infty}^{\infty} \exp\left(-\frac{L_\theta^2}{2IkT}\right) dL_\theta \int_0^{\pi} \int_{-\infty}^{\infty} \exp\left(-\frac{L_\phi^2}{2IkT\sin^2\theta}\right) dL_\phi d\theta \\
&= \frac{2\pi}{h^2} (2\pi IkT)^{1/2} \cdot \int_0^{\pi} (2\pi IkT \sin^2\theta)^{1/2} d\theta = \frac{8\pi^2 IkT}{h^2} = \frac{T}{\Theta_{\text{rot}}}
\end{aligned}
$$

Bei symmetrischen linearen Molekülen werden alle unterscheidbaren Orientierungen des Moleküls bereits erfaßt, wenn der Drehwinkel ϕ Werte zwischen 0 und π einnimmt, so daß sich der halbe Integralwert und sich damit gegenüber dem Ergebnis für unsymmetrische Moleküle der zusätzliche Symmetriefaktor 1/2 ergibt.

Für ein nichtlineares Molekül sei hier noch der entsprechende Ansatz für die kinetische Energie der Rotation mitgeteilt. Es seien I_A, I_B und I_C die bereits in Kapitel 1.3.7 eingeführten Hauptträgheitsmomente des Moleküls. Die Orientierung des starren Körpers wird durch die drei Eulerschen Winkel angegeben, die die Orientierung seiner drei Hauptträgheitsachsen relativ zu einem festen (kartesischen) Laborkoordinatensystem spezifizieren. Die drei Drehimpulse L_A, L_B und L_C werden als Funktion der Drehwinkel φ, ψ, θ und der dazu konjugierten Drehimpulskomponenten $L_\varphi, L_\psi, L_\theta$ ausgedrückt (entspricht einer Transformation in Kugelkoordinaten). Es ergibt sich

$$
\begin{aligned}
\varepsilon_{\text{rot}} &= \frac{\left[(L_\varphi - L_\psi \cos\theta)\sin\psi + L_\theta \sin\theta \cos\psi\right]^2}{2I_A \sin^2\theta} \\
&+ \frac{\left[(L_\varphi - L_\psi \cos\theta)\cos\psi - L_\theta \sin\theta \sin\psi\right]^2}{2I_B \sin^2\theta} + \frac{L_\psi^2}{2I_C}
\end{aligned}
$$

In diesem Fall sind die Integrationsgrenzen gegeben durch $0 \leq \theta \leq \pi$, $0 \leq \varphi \leq 2\pi$, $0 \leq \psi \leq 2\pi$ für die drei Winkel und $-\infty \leq L_\theta, L_\varphi, L_\psi \leq +\infty$ für die konjugierten Drehimpulse. Die analoge Integration der (halb-)klassischen Rotationszustandssumme mit diesem Ausdruck für ε_{rot} liefert schließlich die Gleichung (4.37).

Die entsprechende Berechnung der Zustandssummen von Translation und Schwingung ist deutlich einfacher, da die kartesischen beziehungsweise Normalkoordinaten direkt verwendet werden können. Die entsprechende Ableitung wird zur Übung empfohlen.

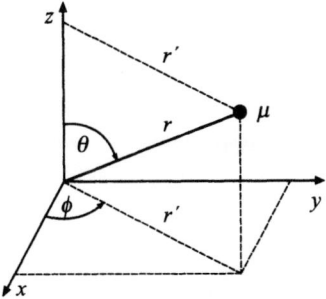

Abbildung 4.10 Polarkoordinaten zur Beschreibung der Rotation einer reduzierten Masse μ um den Koordinatenursprung.

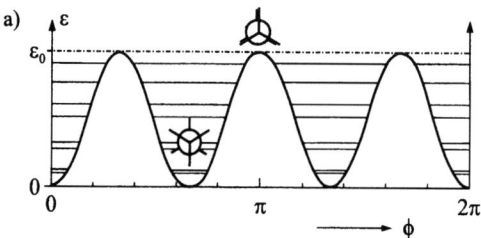

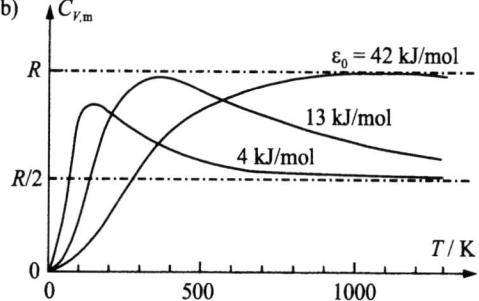

Abbildung 4.11 Innere Rotation in größeren Molekülen am Beispiel von Ethan (und davon abgeleiteten Molekülen): a) potentielle Energie als Funktion des Drehwinkels um die C-C-Achse im Ethan. Eingezeichnet sind (schematisch) die möglichen Schwingungsenergieniveaus, deren Aufspaltungsmuster aus der dreizähligen Symmetrie des Moleküls resultiert [eine ausführliche Darstellung dazu findet man beispielsweise in God 63]. b) zeigt die berechnete Temperaturabhängigkeit der Wärmekapazität auf Grund der behinderten inneren Rotation für verschiedene Werte der Potentialbarriere aus a). Eine freie innere Rotation um die C-C-Achse wird bei kleinen Potentialbarrieren und hohen Temperaturen erwartet. Die Wärmekapazität geht dann gegen den Wert R/2. Bei tiefen Temperaturen ($kT \ll \varepsilon_0$) ist keine Rotation mehr möglich. Die Bewegung um das Potentialminimum ist dann eine Torsionsschwingung.

4.6 Innere Rotation in großen Molekülen

Bisher sind wir davon ausgegangen, daß die inneren Bewegungsformen der Moleküle sich als Überlagerung der Rotation des starr angenommenen Moleküls als Ganzes und der Schwingungen, repräsentiert duch die Gesamtheit der Normalschwingungen, darstellen lassen. Große Moleküle passen jedoch nicht mehr in dieses vereinfachte Bild.

Mit der Größe der Moleküle wächst die Zahl möglicher geometrisch unterscheidbarer Konformationen, zwischen denen mit zunehmender Temperatur Umwandlungen möglich werden. Die verschiedenen Konformationen haben oft unterschiedliche Trägheitsmomente und bei unterschiedlicher Geometrie auch unterschiedliche Normalschwingungsspektren. Man kann diese Konformationsumwandlungen als Gleichgewichte unterschiedlicher Moleküle behandeln. Die Molekülzustandssummen sind dann für jede Konformation zu berechnen.

Zu erwarten ist, daß mit zunehmender Größe der Moleküle die Möglichkeiten für thermisch anregbare Veränderungen der Molekülgestalt wie Übergänge zwischen Konformationen und Rotation von Seitengruppen oder -ketten des Moleküls zunehmen und zu einem komplexen dynamischen Verhalten bei den Makromolekülen der Polymer- und Biochemie führen (Konformationen von Polymermolekülen werden beispielsweise in Kapitel 12 behandelt).

Cyclohexan kommt beispielsweise in zwei Konformationen vor, der Sessel- und Wannenkonformation, zwischen denen mit zunehmender Temperatur eine zunehmend raschere Umwandlung erfolgt. Sessel- und Wannenkonformation unterscheiden sich in der Geometrie und damit in den Trägheitsmomenten und Normalschwingungen, was in der statistisch-thermodynamischen Behandlung zu berücksichtigen ist. NH_3 und davon abgeleitete Moleküle mit drei Einfachbindungen am Stickstoff zeigen trigonal-pyramidale Konfiguration mit dem N-Atom als Spitze der Pyramide. Bei hohen Temperaturen beobachtet man eine Inversion, bei der das Stickstoffatom sich durch die Ebene seiner drei Liganden hindurchbewegen kann.

Einige innere Bewegungsformen großer Moleküle lassen sich als **innere Rotation** noch im Rahmen einer Erweiterung der bisherigen Konzepte zu Schwingung und Rotation beschreiben. Dies gilt für Atomgruppen, die über Einfachbindungen an den Rest des Moleküls gebunden sind. Als einfache Beispiele seien Ethan und davon abgeleitete Moleküle genannt, beispielsweise die Methylgruppe in Methanol, Methylbenzol oder Methylamin.

Als Konsequenz wird in solchen Molekülen ein Teil der $3N - 6$ inneren Freiheitsgrade nicht mehr als Schwingung, sondern als Rotationsfreiheitsgrade auf Grund der inneren Rotation zu beschreiben sein. Rotations- und Schwingungsfreiheitsgrade unterscheiden sich aber deutlich in der statistisch-thermodynamischen Behandlung und ihrem Ergebnis für die innere Energie, Entropie und Wärmekapazität, so daß eine Berücksichtigung der inneren Rotationsmöglichkeiten für die detaillierte Behandlung der thermodynamischen Daten großer Moleküle notwendig wird.

Aus dem Gleichverteilungssatz folgt beispielsweise, daß eine innere Rotation in der Wärmekapazität zum Beitrag $R/2$ führt statt dem Wert R, der für einen Schwingungsfreiheitsgrad erwartet wird. Die Situation wird noch schwieriger, wenn man bedenkt, daß eine innere Rotation von Atomgruppen im Molekül meist durch sterische Wechselwirkungen mit benachbarten Gruppen behindert wird. Bei tiefen Temperaturen kommt die innere Rotation meist zum Erliegen und geht in lokale Schwingungen um ein Energieminimum über.

Im Ethan beispielsweise resultiert ein Minimum der potentiellen Energie, wenn die gegenüberstehenden Methylgruppen auf Lücke stehen, sie erhöht sich um etwa 13 kJ/mol, wenn die Methylgruppen entlang der C-C-Achse deckungsgleich stehen. Die potentielle Energie läßt sich als Funktion des Drehwinkels ϕ in guter Näherung darstellen durch (siehe Abbildung 4.11)

$$\varepsilon(\phi) = \frac{1}{2}\varepsilon_0 (1 - \cos 3\phi) \qquad (4.52)$$

Falls die Temperatur sehr niedrig ist, so daß die Energiebarriere zwischen den insgesamt drei günstigen Positionen der Methylgruppe durch die thermische Anregung nicht überwunden werden kann, so findet lediglich eine Schwingung um ein Energieminimum statt (Minima bei $\phi = 0, 2\pi/3, 4\pi/3$ für $0 \leq \phi \leq 2\pi$), bei der der Drehwinkel der Methylgruppe um die C-C-Achse zwischen zwei eng benachbarten Werten um das Potentialminimum oszilliert. In der unmittelbaren Nähe eines Minimums läßt sich die potentielle Energie näherungsweise ansetzen als

$$\varepsilon(\phi) \approx \frac{1}{2} k \phi^2 \qquad (4.53)$$

Für diesen Bereich erwartet man also ein schwingungsähnliches Verhalten. Es handelt sich hierbei um eine **Torsionsschwingung** (auch Libration genannt). Die Wärmekapazität wird sich unter solchen Bedingungen verhalten wie beim harmonischen Oszillator (Grenzwert R bei hoher Temperatur). Falls die Potentialbarriere hoch genug ist und mindestens zwei oder mehr Schwingungsniveaus im Bereich zwischen dem Minimum und dem Maximum der potentiellen Energie vorliegen (Bedingung $(3/2)h\nu_0 < \varepsilon_0$), wird die Schwingunganregung zunächst zu einem Anstieg der Wärmekapazität auf den Grenzwert R führen. Wenn dann die mittlere Energie weiter zunimmt, weicht die potentielle Energie immer mehr von einer Parabel ab, bis schließlich bei $kT \approx \varepsilon_0$ die innere Rotation möglich wird. An diesem Punkt wird die Wärmekapazität mit steigender Temperatur wieder absinken bis auf den Endwert $R/2$, der nach dem Gleichverteilungssatz für einen Rotationsfreiheitsgrad erwartet wird. Die genaue Berechnung der Quantenzustände und Energieniveaus dieses gekoppelten Rotations-Schwingungsproblems ist numerisch möglich (Lösen der winkelabhängigen Schrödinger-Gleichung mit Gleichung (4.52) für die potentielle Energie). Abbildung 4.11 zeigt so berechnete temperaturabhängige Wärmekapazitäten für verschiedene Größen der Potentialbarriere ε_0.

Tabelle 4.5 zeigt Beispiele für Werte der Energiebarriere der inneren Rotation für einige Moleküle. Eine praktisch freie Rotation ohne Energiebarriere beobachtet man für Dimethylacetylen, da der Abstand der Methylgruppen gegenüber dem Ethan vergrößert ist. Weitere Beispiele für Moleküle mit innerer Rotation sind Distickstofftetroxid (N_2O_4) und Hydrazin (N_2H_4), bei denen nur zwei Energiemaxima gefunden werden. Hinweise auf Beiträge auf Grund der inneren Rotation zu den thermodynamischen Daten eines Moleküls ergeben sich meist aus einem Vergleich berechneter mit gemessenen Werten für Wärmekapazität und Entropie.

Tabelle 4.5: Energiebarriere ε_0 für die innere Rotation von Methylgruppen in Ethan und vom Ethan abgeleiteten Molekülen [Daten aus Moe 61]

	CH_3CH_3	CH_3OH	CH_3SH	$(CH_3)_2CO$	CH_3NH_2	$C(CH_3)_4$
ε_0 / kJ mol^{-1}	11,51	5,44	6,11	11,72	12,56	18,51

4.7 Nullpunktsentropie

Die statistisch-thermodynamischen Beziehungen, die in diesem Kapitel abgeleitet wurden, ergeben einen Absolutwert der Entropie, der nicht vom Nullpunkt der Energieskala abhängt. Bei der statistisch-thermodynamischen Ableitung der Entropie über die kanonische Gesamtheit in Kapitel 2.4 wurde gezeigt, daß die Entropie für $T \to 0K$ gegen den Grenzwert Null geht (dritter Hauptsatz). Es liegt also nahe, diese Aussage durch Vergleich berechneter mit gemessenen Entropien als Funktion der Temperatur zu überprüfen.

4.7 Nullpunktsentropie

Übersicht 4.5 zeigt einen solchen Vergleich für gasförmiges OCS bei Raumtemperatur. Die Übereinstimmung zwischen experimentell bestimmter Entropie und der mit Hilfe spektroskopischer Daten berechneten statistischen Entropie ist sehr gut. Die statistisch berechnete Entropie ist für einfache Moleküle in der Regel genauer als die kalorimetrisch gemessene.

Für manche Kristalle wird beim Abkühlen ein nicht völlig geordneter Zustand eingefroren. Dies findet man beispielsweise für Kristalle des festen CO. Der Grenzwert der Entropie am absoluten Nullpunkt ist für dieses System auf Grund einer nicht idealen Ordnung der Moleküle offensichtlich nicht Null. Die gemessene molare Standardentropie bei 298 K ist $(193{,}5 \pm 0{,}4)$ J $(\text{K mol})^{-1}$, der aus spektroskopischen Daten berechnete Wert dagegen 198,2 J $(\text{K mol})^{-1}$. Die Differenz von 4,6 J $(\text{K mol})^{-1}$ läßt sich durch eine statistische Verteilung von zwei möglichen Orientierungen der CO-Moleküle erklären.

Die niedrige Temperatur erlaubt in festem CO keine Einstellung des vollständig geordneten Grundzustands mit komplett parallel ausgerichteten CO-Molekülen, da die Rotation der CO-Moleküle eingefroren ist. Nimmt man zwei mögliche Orientierungen an, so ergeben sich $\Omega = 2^N$ energetisch gleichwertige Mikrozustände bei 0 K. Die Nullpunktsentropie pro Mol ist dann $S = R \ln 2 = 5{,}76$ J $(\text{K mol})^{-1}$, was die beobachtete Differenz bereits recht gut erklärt.

N_2, isoelektronisch zum CO, zeigt dagegen mit einer Differenz von 0,5 J $(\text{K mol})^{-1}$ zwischen kalorimetrischem und spektroskopischem Wert der molaren Standardentropie im Rahmen der Meßgenauigkeit keine Nullpunktsentropie. Abbildung 4.12 zeigt als Beispiel den experimentell erhältlichen Verlauf der Entropie des Stickstoffs zwischen 150 K und dem absoluten Nullpunkt. Eine Reihe weiterer Beispiele für Moleküle, bei denen auf Grund eines solchen Vergleichs eine Nullpunktsentropie gefunden und anhand der Molekülkonfigurationen im Kristall diskutierbar ist, zeigt Tabelle 4.6.

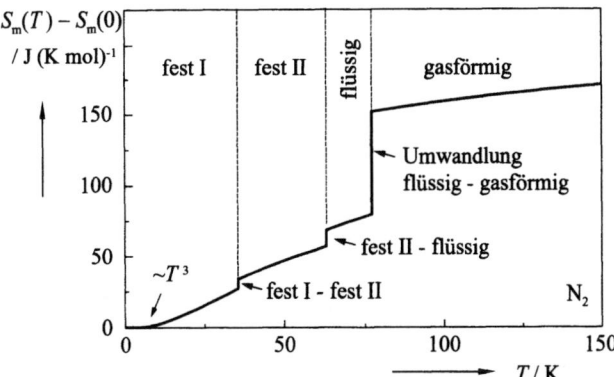

Abbildung 4.12 Das Bild zeigt den Verlauf der aus kalorimetrischen Messungen bestimmten Entropie von Stickstoff als Funktion der Temperatur. Im festen Zustand nahe dem absoluten Nullpunkt wird der Funktionsverlauf für $T \to 0$ K extrapoliert unter Annahme von $S(0\text{ K}) = 0$ (dritter Hauptsatz) und einer Temperaturabhängigkeit proportional zu T^3 (diese Abhängigkeit wird für Entropie und Wärmekapazität aller festen kristallinen Stoffe in der Nähe des absoluten Nulpunkts erwartet, näheres dazu in Kapitel 6.4).

Übersicht 4.5: Molare Standard-Entropie S_m von OCS bei 298,15 K

ΔS (JK^{-1} mol^{-1})

a) *Kalorimetrisch*
aus experimentellen Messungen der Wärmekapazität
(zur Debye-Extrapolation siehe Kapitel 6.4)

0–15 K	Debye-Extrapolation von C_p	2,30
15–134,31 K	Grafische Integration von $C_p \mathrm{d}\ln T$	62,59
134,31 K	Schmelzentropie	35,19
134,31–222,87 K	Grafische Integration von $C_p \mathrm{d}\ln T$	36,23
222,87 K	Verdampfungsentropie	83,05
	Realgaskorrektur	0,54
222,87–298,15 K	Integration von $C_p \mathrm{d}\ln T$	11,34

$$S_{m,\text{kal}} = 231,24$$

b) *Spektroskopisch*
mit Hilfe der Molekülstatistik aus spektroskopischen Daten
berechnete Beiträge der Translation, Rotation und Schwingung

S_{trans}		159,83
S_{rot}	$I = 13{,}8 \cdot 10^{-46}$ kg m^2	65,94
S_{vib}	$\tilde{\nu}_1 = \tilde{\nu}_2 = 521{,}5;\ \tilde{\nu}_3 = 859{,}2;\ \tilde{\nu}_4 = 2050$ cm^{-1}	5,77

$$S_{m,\text{spek}} = 231,54$$

Tabelle 4.6: Kalorimetrisch gemessene und statistisch berechnete Entropiewerte für einige einfache Moleküle, bei denen eine Nullpunktsentropie am absoluten Nullpunkt anzunehmen ist

Gas	T [K]	S°_{kal}	S°_{spek}	$S^\circ_{\text{spek}} - S^\circ_{\text{kal}}$	Nullpunktsentropie		
		[J (K mol)$^{-1}$]					
CO	298,15	193	198,1	4,6	$R \ln 2$	=	5,8
N$_2$O	298,15	215	220	5	$R \ln 2$	=	5,8
NO	298,15	208	211	3	$\frac{1}{2} R \ln 2$	=	3,0
H$_2$O	298,15	185,4	188,8	3,4	$R \ln \frac{6}{4}$	=	3,4
D$_2$O	298,15	192,1	195,3	3,2	$R \ln \frac{6}{4}$	=	3,4
H$_2$C=CH$_2$	169,40	203,0	208,6	5,7	$R \ln 2$	=	5,8
CH$_3$D	99,70	153,7	165,3	11,6	$R \ln 4$	=	11,5
H$_2$	298,15	125	131	6	$\frac{3}{4} R \ln 3$	=	6,8
D$_2$	298,15	142	145	3	$\frac{1}{4} R \ln 3$	=	3,0

Literatur zur Vertiefung

I.N. Godnew, *Berechnung thermodynamischer Funktionen aus Moleküldaten*, VEB, Berlin 1963.

5 Gleichgewichte und Reaktionen in idealen Gasen

Chemische Gleichgewichte und Geschwindigkeiten chemischer Reaktionen sind zwei zentrale Aspekte der Chemie. Eine statistisch-thermodynamische Absolutberechnung von Gleichgewichtskonstanten und Geschwindigkeitskonstanten aus atomistischen Eigenschaften ist deshalb für die Chemie von grundsätzlichem Interesse. Das folgende Kapitel beschränkt sich dabei auf Reaktionen in idealen Gasmischungen, die mit den Ergebnissen aus den Kapiteln 3 und 4 behandelt werden können. Statistisch-thermodynamisch aus spektroskopischen Daten berechnete Gleichgewichtskonstanten sind in vielen Fällen genauer als experimentell aus Messungen von Gleichgewichtskonzentrationen bestimmte Werte. Dies gilt insbesondere für einfache Moleküle oder Atome mit gut zugänglichen und exakten spektroskopischen Daten und damit Kernabständen, Kraftkonstanten, Massen, Entartungen und Energieniveaus.

5.1 Gleichgewichtskonstante für homogene Gasreaktionen

Wir zeigen zunächst anhand eines Beispiels, wie man mit Hilfe der statistisch-thermodynamischen Berechnung des chemischen Potentials (Gleichungen (3.34) und (3.36) aus dem vorhergehenden Kapitel 3.4) Gasgleichgewichte berechnen kann. Wir nehmen dazu die Dissoziation von gasförmigem Iod:

$$I_{2(g)} \rightleftharpoons 2\, I_{(g)} \qquad (5.1)$$

Da Reaktionen experimentell meistens unter konstantem Druck geführt werden, betrachten wir hier zur Formulierung der Gleichgewichtsbedingung die Reaktions-Gibbs-Energie $\Delta_r G$ für den Formelumsatz (hier wie die im folgenden benutzten chemischen Potentiale von der Dimension Energie pro Teilchen) Für Reaktionen, die unter konstantem Volumen ablaufen, muß dementsprechend die Reaktions-Helmholtz-Energie $\Delta_r A$ behandelt werden. Die Reaktions-Gibbs-Energie für das Gleichgewicht (5.1) bei Formelumsatz (ein Iodmolekül reagiert zu zwei Iodatomen) ist gegeben durch

$$\Delta_r G = 2\mu_I - \mu_{I_2} \qquad \text{für} \quad p, T = \text{const.} \qquad (5.2)$$

$$\text{im Gleichgewicht:} \quad \Delta_r G = 0 \qquad (5.3)$$

Für die beiden chemischen Potentiale setzen wir nun die Summe aus Standardwert und partialdruckabhängigem Term entsprechend Gleichung (3.34) ein. Es folgt damit aus (5.3) und (5.2)

$$0 = 2\mu_I^\circ - \mu_{I_2}^\circ + kT \ln \frac{(p_I/p^\circ)^2}{(p_{I_2}/p^\circ)} = \Delta_r G^\circ + kT \ln K_a \qquad (5.4a)$$

$$\Delta_r G^\circ = 2\mu_I^\circ - \mu_{I_2}^\circ \qquad (5.4b)$$

$\Delta_r G°$ ist der Standardwert der Reaktions-Gibbsenergie. K_a bezeichnet die Gleichgewichtskonstante der Ioddissoziation, a_I und a_{I_2} die Aktivität von Jodatomen und Jodmolekülen (zu den verschiedenen Möglichkeiten der Definition von Gleichgewichtskonstanten siehe Anhang A.5). Für K_a gilt hier [1]

$$K_a = \frac{(p_I/p°)^2}{(p_{I_2}/p°)} = \frac{a_I^2}{a_{I_2}} \qquad (5.5)$$

Hier wurde die übliche Definition der Aktivität benutzt. Für verdünnte Gase gilt, wobei φ_i die Fugazität bedeutet

$$a_i = \frac{\varphi_i}{p°} \approx \frac{p_i}{p°} \qquad (5.6)$$

Im Grenzfall idealer Gase, der hier behandelt wird, ist die rechte Seite von (5.6) exakt gültig. Mit Gleichung (3.36) erhält man die folgenden beiden Ausdrücke für die Standardwerte der chemischen Potentiale der Iodatome und Iodmoleküle

$$\mu_I^0 = \varepsilon_0(I) - kT \ln \frac{z_I kT}{p^0 V} \qquad (5.7)$$

$$\mu_{I_2}^0 = \varepsilon_0(I_2) - kT \ln \frac{z_{I_2} kT}{p^0 V} \qquad (5.8)$$

Wird der Standardzustand statt mit einem bestimmten Standardpartialdruck $p°$ über eine Standardkonzentration $c°$ (Stoffmengenkonzentration, meist $c° = 1$ mol l^{-1}) oder mit der Teilchenkonzentration $N_{(V)}^0$ definiert, so sind die folgenden alternativen Ausdrücke möglich (vergleiche auch Exkurs 3.6 in Kapitel 3.4)

$$\mu_I^0 = \varepsilon_0(I) - kT \ln \frac{z_I}{N_{(V)}^0 V} \quad , \quad \mu_{I_2}^0 = \varepsilon_0(I_2) - kT \ln \frac{z_{I_2}}{N_{(V)}^0 V} \qquad (5.9a)$$

$$\mu_I^0 = = \varepsilon_0(I) - kT \ln \frac{z_I}{N_A c^0 V} \quad , \quad \mu_{I_2}^0 = \varepsilon_0(I_2) - kT \ln \frac{z_{I_2}}{N_A c^0 V} \qquad (5.9b)$$

Aus (5.4b), (5.7) und (5.8) folgt für $\Delta_r G°$

$$\Delta_r G° = 2\mu_I^\circ - \mu_{I_2}^\circ = \Delta\varepsilon_0 - kT \ln \left[\frac{(z_I/V)^2}{(z_{I_2}/V)} \cdot \frac{kT}{p°}\right] \qquad (5.10)$$

wobei $\Delta\varepsilon_0$ als Abkürzung für die Differenz der Nullpunktsenergien steht:

$$\Delta\varepsilon_0 = 2\varepsilon_0(I) - \varepsilon_0(I_2) \qquad (5.11)$$

Abbildung 5.1 veranschaulicht die Bedeutung von $\Delta\varepsilon_0$ für das betrachtete Beispiel. $\Delta\varepsilon_0$ entspricht der Energie zur Dissoziation eines I_2-Moleküls im Grundzustand ($^1\Sigma_g^+, v = 0, J = 0$) zu zwei I-Atomen im Grundzustand ($^2P_{3/2}$).

$$\Delta\varepsilon_0 \text{ (Iod-Dissoziation)} = +D_0(I_2)$$

---

[1] Führt man die obige Ableitung mit konstantem Volumen statt konstantem Druck durch, so ergibt sich der gleiche Ausdruck wie in Gleichung (5.5). Allerdings unterscheidet sich der Zahlenwert der Gleichgewichtskonstanten K_a für diese beiden Fälle ($K_a(p,T) \neq K_a(V,T)$). Bei konstantem Volumen gilt $K_a(V,T) = \exp(-\Delta_r A_m°/RT)$. Die Umrechnung zwischen $K_a(p,T)$ und $K_a(V,T)$ ist leicht möglich, wenn man die Beziehung $\Delta_r G_m° = \Delta_r A_m° + \Delta_r (pV_m)°$ verwendet. Nach dem idealen Gasgesetz ergibt sich für den volumenabhängigen Term $\Delta_r (pV_m)° = \Delta_r \nu RT$.

5.1 Gleichgewichtskonstante für homogene Gasreaktionen

Aus den Gleichungen (5.4a), (5.5) und (5.10) erhält man schließlich das statistisch-thermodynamische Ergebnis für die Gleichgewichtskonstante K_a der Iod-Dissoziation

$$K_a = \frac{a_I^2}{a_{I_2}} = \frac{(p_I/p°)^2}{(p_{I_2}/p°)} = \frac{(z_I/V)^2}{(z_{I_2}/V)} \cdot \frac{kT}{p°} \cdot e^{-\Delta\varepsilon_0/kT} \qquad (5.12)$$

Falls die Standardzustände über eine Standardkonzentration $c° = 1$ mol l^{-1} definiert werden, ist die folgende Formulierung mit der Substitution $c° N_A = p°/kT$ sinnvoll:

$$K_a = = \frac{(z_I/V)^2}{(z_{I_2}/V)} \cdot \frac{1}{c° N_A} \cdot e^{-\Delta\varepsilon_0/kT} \qquad (5.13)$$

Der Wert der Gleichgewichtskonstanten K_a hängt, wie die Gleichungen (5.12) und (5.13) zeigen, von der jeweiligen Wahl des Standardzustandes ab (in Gleichung (5.12) wurde wie üblich der gleiche Standarddruck $p°$ für die Gase I_2 und I angenommen, analog in Gleichung (5.13) gleiche Werte der Standardkonzentration $c°$).

Übersicht 5.1 gibt die auf beliebige Reaktionen verallgemeinerten Ergebnisse der statistisch-thermodyamischen Berechnung von Gleichgewichtskonstanten in idealen Gasmischungen wieder. In dieser Form sind die Gleichungen für alle Reaktionen gültig, bei denen sich die Reaktanden und Produkte als unabhängige untereinander nicht wechselwirkende Teilchen beschreiben lassen. Unter dieser Randbedingung sind die Teilchenzustandssummen in den Ausdrücken der Übersicht 5.1 definiert. Es folgt also, daß sich auch Gleichgewichtskonstanten in verdünnten flüssigen und festen Lösungen auf diese Weise berechnen lassen. In solchen Fällen wird zweckmäßigerweise K_c aus Gleichung (5.15c) benutzt.

Mit den stöchiometrischen Koeffizienten v_i für die Reaktanden R_i und v_j für die Produkte P_j formulieren wir die Gleichgewichtsreaktion allgemein als

$$\sum_{\substack{\text{Reaktanden}\\i}} v_i R_i \rightleftharpoons \sum_{\substack{\text{Produkte}\\j}} v_j P_j$$

Wir definieren noch die folgenden Abkürzungen:

$$\Delta_r v = \sum_{\substack{\text{Produkte}\\j}} v_j - \sum_{\substack{\text{Reaktanden}\\i}} v_i \; , \quad \Delta\varepsilon_0 = \sum_{\substack{\text{Produkte}\\j}} v_j \varepsilon_{0,j} - \sum_{\substack{\text{Reaktanden}\\i}} v_i \varepsilon_{0,i} \qquad (5.14)$$

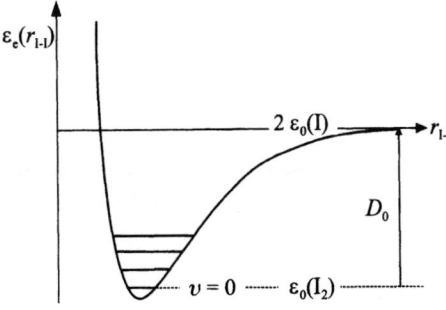

Abbildung 5.1 Potentialkurve des I_2-Moleküls mit dem Atomabstand r_{I-I} und Beziehung zwischen den Nullpunkten der Energieskalen von I_2-Molekül im Grundzustand und I-Atomen bei großem Abstand.

Übersicht 5.1: Gleichgewichtskonstanten für Reaktionen in idealen Gasmischungen

$$K_a = \frac{\prod_{\text{Produkte}} a_j^{\nu_j}}{\prod_{\text{Reaktanden}} a_i^{\nu_i}} = \frac{\prod_{\text{Produkte}} (z_j/V)^{\nu_j}}{\prod_{\text{Reaktanden}} (z_i/V)^{\nu_i}} \left(\frac{kT}{p^\circ}\right)^{\Delta_r \nu} e^{-\Delta\varepsilon_0/kT} \quad (5.15a)$$

$$K_p = \frac{\prod_{\text{Produkte}} p_j^{\nu_j}}{\prod_{\text{Reaktanden}} p_i^{\nu_i}} = \frac{\prod_{\text{Produkte}} (z_j/V)^{\nu_j}}{\prod_{\text{Reaktanden}} (z_i/V)^{\nu_i}} \cdot (kT)^{\Delta_r \nu} \cdot e^{-\Delta\varepsilon_0/kT}$$

$$= K_a \cdot (p^\circ)^{\Delta_r \nu} \quad (5.15b)$$

$$K_c = \frac{\prod_{\text{Produkte}} c_j^{\nu_j}}{\prod_{\text{Reaktanden}} c_i^{\nu_i}} = \frac{\prod_{\text{Produkte}} (z_j/V)^{\nu_j}}{\prod_{\text{Reaktanden}} (z_i/V)^{\nu_i}} \cdot \left(\frac{1}{N_A}\right)^{\Delta_r \nu} \cdot e^{-\Delta\varepsilon_0/kT}$$

$$= K_a \cdot \left(\frac{p^\circ}{RT}\right)^{\Delta_r \nu} = K_p \cdot \left(\frac{1}{RT}\right)^{\Delta_r \nu} \quad (5.15c)$$

$$K_x = \frac{\prod_{\text{Produkte}} x_j^{\nu_j}}{\prod_{\text{Reaktanden}} x_i^{\nu_i}} = \frac{\prod_{\text{Produkte}} (z_j/V)^{\nu_j}}{\prod_{\text{Reaktanden}} (z_i/V)^{\nu_i}} \cdot \left(\frac{kT}{p}\right)^{\Delta_r \nu} \cdot e^{-\Delta\varepsilon_0/kT}$$

$$= K_a \cdot \left(\frac{p^\circ}{p}\right)^{\Delta_r \nu} \quad (5.15d)$$

$$\text{für } \Delta_r \nu = 0 \quad \longrightarrow \quad K_a = K_p = K_c = K_x \quad (5.15e)$$

Für homogene Reaktionen in Gasmischungen sind K_p und K_x am gebräuchlichsten. Für flüssige Systeme (z..B. Gleichgewichte in idealen Lösungen) wird gewöhnlich K_c benutzt. In Gleichung (5.15c) sind für K_c Stoffmengenkonzentrationen vorausgesetzt, so daß im Umrechnungsfaktor R statt k vorkommt. Der Gleichung (5.15a) für K_a liegt die Definition $a_i = p_i/p^\circ$ zugrunde. In flüssigen Systemen ist eher $a_i = c_i/c^\circ$ üblich, in solchen Fällen substituiert man $c^\circ = p^\circ/RT$ und es gilt für die Umrechnung $K_a = K_c (c^\circ)^{\Delta_r \nu}$. Die statistischen Ausdrücke für K_c und K_a bleiben ansonsten unverändert.

Exkurs 5.1 Gleichgewichtskonstanten

Für das Beispiel der Iod-Dissoziation sollen hier die verschiedenen gebräuchlichen Formen der Gleichgewichtskonstanten aufgeführt werden (siehe auch Gleichungen (A.52)- (A.56) in Anhang A.6). K_p beispielsweise gibt die Gleichgewichtskonstante mit Hilfe der Partialdrücke an:

$$K_p = \frac{p_I^2}{p_{I_2}} = K_a \cdot p^\circ = \frac{(z_I/V)^2}{(z_{I_2}/V)} \cdot kT \cdot e^{-\Delta\varepsilon_0/kT} \quad (5.16)$$

Als weitere Möglichkeit kann man eine Gleichgewichtskonstante K_x mit den Stoffmengenanteilen x_I und x_{I_2} verwenden. Mit $p_{\text{tot}} = p_I + p_{I_2}$ als Gesamtdruck im Gleichgewicht folgt für K_x:

$$K_x = \frac{x_I^2}{x_{I_2}} = \frac{(p_I/p_{\text{tot}})^2}{(p_{I_2}/p_{\text{tot}})} = K_p \cdot \frac{1}{p_{\text{tot}}} = K_a \cdot \left(\frac{p^\circ}{p_{\text{tot}}}\right) \quad (5.17)$$

5.1 Gleichgewichtskonstante für homogene Gasreaktionen

Eine dritte Möglichkeit ist die Einführung einer Gleichgewichtskonstanten K_c. Wegen $c_i = p_i/RT$ folgt

$$K_c = \frac{c_I^2}{c_{I_2}} = K_p \cdot (RT)^{-1} = \frac{(z_I/V)^2}{(z_{I_2}/V)} (N_A)^{-1} e^{-\Delta\varepsilon_0/kT} \tag{5.18}$$

Exkurs 5.2 Berechnung der Gleichgewichtskonstanten für die Iod-Dissoziation.

Die relevanten Daten der I_2-Moleküle und I-Atome sind

I_2-Moleküle: $\Theta_{rot}(I_2)$ = 0,05385 K $\varepsilon_{e,1} - \varepsilon_{e,0} \gg kT$ $g_{e,0} = 1$
                  $\Theta_{vib}(I_2)$ = 309 K $D_0(I_2) = 1{,}542$ eV
                  $M(I_2)$ = 253,8 g/mol

I-Atome: $M(I)$ = 126,9 g/mol $\varepsilon_{e,1} - \varepsilon_{e,0} \gg kT$ $g_{e,0} = 4$

Die Gleichgewichtskonstanten sollen für eine Temperatur von 1000 K berechnet werden. Man erhält für die Quotienten aus Teilchenzustandssummen und Volumen

$$(z_I/V) = \left(\frac{2\pi m_I kT}{h^2}\right)^{3/2} \cdot g_{e,0} = 3{,}4 \cdot 10^{34} \text{ m}^{-3}$$

$$(z_{I_2}/V) = \left(\frac{2\pi m_{I_2} kT}{h^2}\right)^{3/2} \cdot \left(\frac{T}{2\Theta_{rot}}\right) \cdot \frac{1}{1 - e^{-\Theta_{vib}/T}} \cdot g_{e,0}$$

$$= 2{,}404 \cdot 10^{34} \cdot 9285 \cdot 3{,}762 \cdot 1 \cdot \text{m}^{-3} = 8{,}4 \cdot 10^{38} \text{m}^{-3}$$

Der Dissoziationsgrad α der I_2-Moleküle läßt sich aus den Werten für K_x oder K_p ableiten. Mit N_{tot} als Gesamtzahl der eingesetzten I_2-Moleküle sind im Gleichgewicht $2\alpha N_{tot}$ I-Atome und $(1-\alpha)N_{tot}$ I_2-Moleküle vorhanden. Für die Partialdrücke der beiden Spezies gilt dann

$$p_I = 2\alpha \cdot \frac{N_{tot}}{V} \cdot kT \quad ; \quad p_{I_2} = (1-\alpha) \cdot \frac{N_{tot}}{V} \cdot kT$$

N_{tot}/V läßt sich mit Hilfe des Gesamtdrucks p_{tot} im Gleichgewicht ausdrücken. Es gilt nämlich

$$p_{tot} = p_I + p_{I_2} = (1+\alpha) \cdot \frac{N_{tot}}{V} \cdot kT$$

Für K_p ergibt sich also

$$K_p = \frac{(2\alpha)^2}{(1-\alpha)} \cdot \frac{N_{tot}}{V} \cdot kT = \frac{(2\alpha)^2}{(1-\alpha)(1+\alpha)} \cdot p_{tot}$$

Beschreibt man das Gleichgewicht mit K_x, so gilt mit Gleichung (5.17)

$$K_x = K_p \cdot p_{tot}^{-1} = \frac{(2\alpha)^2}{1-\alpha^2}$$

Vernachlässigt man den geringen Dissoziationsgrad α im Nenner gegenüber Eins, erhält man

$$\alpha \cong \left[\frac{K_p}{4kT(N_{tot}/V)}\right]^{1/2} \cong \left[\frac{K_p}{4 \cdot p_{tot}}\right]^{1/2} = \frac{K_x^{1/2}}{2}$$

Somit ergibt sich (bei Wahl von $p° = 10^5$ Pa und dem Gesamtdruck $p_\text{tot} = 10^4$ Pa) bei 1000 K:

$K_a = 3{,}25 \cdot 10^{-3}$, $K_p = 325$ Pa , $K_x = 3{,}25 \cdot 10^{-2}$ → $\alpha = 9 \cdot 10^{-2}$

Exkurs 5.3 Nullpunktsenergiedifferenz aus thermodynamischen Daten

Zur Berechnung der Nullpunktsenergiedifferenzen $\Delta\varepsilon_0$ gibt es für reine Stoffe Tabellen, in denen die molare Gibbs-Energie und die molare Enthalpie relativ zum jeweiligen auf $T = 0$ K extrapolierten Wert angegeben sind. Tabelle D.6 in Anhang D zeigt Beispiele dazu. Tabelliert ist darin für reine Stoffe die molare Gibbs-Energie minus die Nullpunktsenergie pro mol gemäß dem folgenden Ausdruck (für das chemische Potential wird hier weiterhin die Dimension Energie/Teilchen angenommen)

$$G_\text{m}°(T) - N_A \varepsilon_0 = N_A \left(\mu°(T) - \varepsilon_0 \right) = -RT \ln \frac{z/V}{p°/kT} \quad (5.19)$$

Da bei Reaktionen nur die Differenzen $\Delta\varepsilon_0$ vorkommen, kann man den Bezugspunkt der Nullpunktsenergien von reinen Elementen ganz analog wie bei Standardenthalpien festlegen. Dementsprechend wird hier für Elemente in dem Aggregatzustand, in dem sie bei 25°C und $p = 1$ bar vorliegen, $\varepsilon_0 = 0$ gesetzt. Für Verbindungen entsprechen dann die tabellierten Werte von $G_\text{m}°(T) - N_A \varepsilon_0$ im Grenzfall $T \to 0$ K der jeweiligen Nullpunktsenergiedifferenz $N_A \Delta\varepsilon_0$ bei der Bildungsreaktion aus den Elementen. Für eine beliebige Reaktion kann man aus den Tabellenwerten (siehe Tabelle D.6 im Anhang) der beteiligten Stoffe die entsprechende Reaktionsgröße berechnen gemäß

$$\Delta_\text{r}\left[G_\text{m}°(T) - N_A \varepsilon_0\right] = \sum_{\text{Produkte } j} \nu_j \left[G_{\text{m},j}°(T) - N_A \varepsilon_{0,j}\right] - \sum_{\text{Reaktanden } i} \nu_i \left[G_{\text{m},i}°(T) - N_A \varepsilon_{0,i}\right]$$

$$= N_A \left[\sum_{\text{Produkte } j} \nu_j \mu_j°(T) - \sum_{\text{Reaktanden } i} \nu_i \mu_i°(T) - \Delta\varepsilon_0 \right] \quad (5.20)$$

Dabei wurde im letzten Schritt die Definition der Nullpunktsenergiedifferenz nach Gleichung (5.14) benutzt. Der erste Term auf der rechten Seite von (5.20) läßt sich aus den über andere Tabellen zugänglichen temperaturabhängigen Standardwerten der Enthalpien $H_\text{m}°(T)$ und Entropien $S_\text{m}°(T)$ reiner Stoffe berechnen. Es gilt

$$\Delta_\text{r} G_\text{m}°(T) = N_A \left[\sum_{\text{Produkte } j} \nu_j \mu_j°(T) - \sum_{\text{Reaktanden } i} \nu_i \mu_i°(T) \right] = \Delta_\text{r} H_\text{m}°(T) - T \Delta_\text{r} S_\text{m}°(T) \quad (5.21)$$

Die Nullpunktsenergiedifferenz der Reaktion ergibt sich also aus den über Tabellen mit Gleichung (5.20) und (5.21) ableitbaren Werten als

$$N_A \Delta\varepsilon_0 = \Delta_\text{r} G_\text{m}°(T) - \Delta_\text{r}\left[G_\text{m}°(T) - N_A \varepsilon_0\right] \quad (5.22)$$

In diesem Zusammenhang ist noch interessant, das Verhalten der thermodynamischen Reaktionsgrößen für $T \to 0$ K zu betrachten. Für die Standardreaktionsenergie gilt

$$\Delta_\text{r} U_{\text{m},(T \to 0\,\text{K})}° = N_A \Delta\varepsilon_0 \quad (5.23)$$

5.2 Weitere Beispiele für Gasgleichgewichte

Für eine homogene Gasreaktion gilt mit dem idealen Gasgesetz $\Delta_r(pV_m)^\circ = RT\Delta_r\nu$. Daraus und mit Gleichung (A.21) aus Anhang A.4 folgt

$$\Delta_r(pV_m)_{T\to 0K} = (RT\Delta_r\nu)_{T\to 0K} = 0$$

$$\Delta_r H^\circ_{m,(T\to 0K)} = \Delta_r U^\circ_{m,(T\to 0K)} + \Delta_r(pV_m)^\circ_{T\to 0K} = N_A \Delta\varepsilon_0$$

Aus dem dritten Haupsatz folgt für die Entropie der Reinstoffe und damit auch für die Standardreaktionsentropie

$$S^\circ_{m,(T\to 0K)} = 0 \quad \to \quad \Delta_r S^\circ_{m,(T\to 0K)} = 0$$

Aus den Gibbs-Helmholtz-Gleichungen (A.22) und (A.23) in Anhang A.4 folgt darüber hinaus, daß molare Reaktions-Gibbs-Energie und Reaktions-Helmholtz-Energie ebenfalls $N_A \Delta\varepsilon_0$ als Grenzwert für $T \to 0$ K haben:

$$\Delta_r A^\circ_{m,(T\to 0K)} = \Delta_r U^\circ_{m,(T\to 0K)} = N_A \Delta\varepsilon_0 \;, \quad \Delta_r G^\circ_{m,(T\to 0K)} = \Delta_r H^\circ_{m,(T\to 0K)} = N_A \Delta\varepsilon_0$$

Für molare die Gibbs-Energie der Reaktion ergibt sich aus den oben abgeleiteten Gleichungen bei konstantem Volumen und konstanter Temperatur:

$$\Delta_r G^\circ_m = -RT\ln K_a = N_A \Delta\varepsilon_0 - RT\left[\ln\frac{\prod_{\text{Produkte}}(z_j/V)^{\nu_j}}{\prod_{\text{Reaktanden}}(z_i/V)^{\nu_i}} + \Delta_r\nu \cdot \ln\frac{kT}{p^\circ}\right] \quad (5.24)$$

Bildet man den Grenzwert von $\Delta_r G^\circ_m$ für $T \to 0$ K, so bleibt nur der Nullpunktsterm $\Delta\varepsilon_0$ übrig, da der Vorfaktor vor der eckigen Klammer in Gleichung (5.24) viel schneller gegen Null geht als die Logarithmen:

$$\Delta_r G^\circ_{m,(T\to 0K)} = N_A \Delta\varepsilon_0 \quad (5.25)$$

5.2 Weitere Beispiele für Gasgleichgewichte

Ein einfaches Anwendungsbeispiel des im letzten Abschnitt hergeleiteten Formalismus sind Ionisationsgleichgewichte von einatomigen Gasen bei hohen Temperaturen, die für die Plasmaphysik von Bedeutung sind. Betrachten wir als Beispiel die Ionisation von Xenonatomen in der Gasphase:

$$\text{Xe} \rightleftharpoons \text{Xe}^+ + e^- \quad (5.26)$$

Wie für das Beispiel der I_2-Dissoziation im vorhergehenden Abschnitt können wir den Dissoziationsgrad α definieren. Für die Gleichgewichtskonstante K_x gilt also

$$K_x = \frac{\alpha^2}{1-\alpha^2} = K_p \cdot p_{\text{tot}}^{-1} \quad (5.27)$$

wobei der statistisch-thermodynamische Ausdruck für K_x mit (5.17) gegeben ist als

$$K_x = \frac{(z_{\text{Xe}^+}/V)\cdot(z_{e^-}/V)}{(z_{\text{Xe}}/V)}\cdot\left(\frac{kT}{p_{\text{tot}}}\right)\cdot e^{-\Delta\varepsilon_0/kT} \quad (5.28)$$

$\Delta\varepsilon_0$ entspricht der Ionisierungsenergie $I(\text{Xe})$ der Xenonatome (= Dissoziation in Xe^+ und e^-). Wegen der geringen Masse des Elektrons kann man die Masse der Xe-Atome und der Xe^+-Ionen als gleich annehmen, so daß sich die Translationszustandssummen von Xe und Xe^+ in Zähler und Nenner von K_x kürzen lassen. Bei beiden Teilchen kann man angeregte Elektronenzustände vernachlässigen, so daß nur die Entartung $g_{e,0}$ des jeweiligen Grundzustands zu berücksichtigen ist. Es folgt so der vereinfachte Ausdruck

$$K_x = \frac{g_{e,0}(\text{Xe}^+) \cdot g_{e,0}(e^-)}{g_{e,0}(\text{Xe})} \cdot \left(\frac{2\pi m_e kT}{h^2}\right)^{3/2} \cdot \left(\frac{kT}{p_{\text{tot}}}\right) \cdot e^{-I(\text{Xe})/kT} \quad (5.29)$$

Diese Gleichung, die für Ionisationsgleichgewichte in Edelgasplasmen eine Rolle spielt, wird auch als **Saha-Gleichung** bezeichnet.

Eine weitere einfache Anwendung der statistischen Thermodynamik ist im Fall einer Isotopenaustauschreaktion möglich. Wir betrachten als Beispiel das Austauschgleichgewicht

$$H_2 + D_2 \rightleftharpoons 2HD \quad (5.30)$$

Für die Teilchenzustandssummen ist der Unterschied der Isotopenmassen wesentlich. Abbildung 5.2 zeigt die Potentialkurve für die drei Molekülsorten H_2, D_2 und HD. Sie gilt für alle drei Molekülsorten, da die Kraftkonstanten gleich sind.

Ein Unterschied ergibt sich aber bei den Dissoziationsenergien $D_0(\text{HH})$, $D_0(\text{HD})$ und $D_0(\text{DD})$. Er resultiert aus dem Unterschied der Grundschwingungsfrequenzen durch die verschiedenen reduzierten Massen. Für die Differenz $\Delta\varepsilon_0$ der Nullpunktsenergien der obigen Austauschreaktion ergibt sich anhand von Abbildung 5.2

$$\Delta\varepsilon_0 = 2\varepsilon_0(\text{HD}) - \varepsilon_0(H_2) - \varepsilon_0(D_2) = -2D_0(\text{HD}) + D_0(H_2) + D_0(D_2) \quad (5.31)$$

$$= \frac{1}{2}h\left[2\nu_{0,\text{HD}} - \nu_{0,H_2} - \nu_{0,D_2}\right] = \frac{k}{2}\left[2\Theta_{\text{vib}}(\text{HD}) - \Theta_{\text{vib}}(H_2) - \Theta_{\text{vib}}(D_2)\right]$$

Mit den bekannten Ausdrücken für z_{trans}, z_{vib} und z_{rot} erhält man als Gleichgewichtskonstante K_p (z_{rot} in der Hochtemperaturnäherung)

$$K_p = \frac{(z_{\text{HD}}/V)^2}{(z_{H_2}/V)(z_{D_2}/V)} \cdot e^{-\Delta\varepsilon_0/kT}$$

$$= \frac{(m_H + m_D)^3}{(2m_H)^{3/2}(2m_D)^{3/2}} \cdot \frac{4 \cdot \Theta_{\text{rot}}(H_2) \cdot \Theta_{\text{rot}}(D_2)}{[\Theta_{\text{rot}}(\text{HD})]^2}$$

$$\frac{[z_{\text{vib}}(\text{HD})]^2}{z_{\text{vib}}(H_2) \cdot z_{\text{vib}}(D_2)} \cdot e^{-(2\Theta_{\text{vib}}(\text{HD}) - \Theta_{\text{vib}}(H_2) - \Theta_{\text{vib}}(D_2))/2T} \quad (5.32)$$

Als letztes Beispiel betrachten wir das Wassergasgleichgewicht:

$$H_2O + CO \rightleftharpoons H_2 + CO_2 \quad (5.33)$$

Da die Molekülzahl von Reaktanden und Produkten gleich groß ist, ist $\Delta_r \nu = 0$, und es folgt

$$K_a = K_x = K_p = K_c = \frac{(z_{H_2}/V)(z_{CO_2}/V)}{(z_{H_2O}/V)(z_{CO}/V)} \cdot e^{-\Delta\varepsilon_0/kT} \quad (5.34)$$

5.2 Weitere Beispiele für Gasgleichgewichte

Die Berechnung der Molekülzustandssummen ist für dreiatomige Moleküle schon etwas aufwendiger, wie das Zahlenbeispiel in Exkurs 5.6 zeigt. Die Nullpunktsenergiedifferenz erhält man bequem aus tabellierten Werten für die beteiligten Gase, wie im Abschnitt 5.1 bereits erwähnt wurde. Tabelle D.6 in Anhang D ergibt für das Wassergasgleichgewicht (5.33) den Wert

$$N_A \Delta\varepsilon_0 = -40{,}420 \text{ kJ/mol} \quad \rightarrow \quad \Delta\varepsilon_0 = -0{,}4189 \text{ eV} \tag{5.35}$$

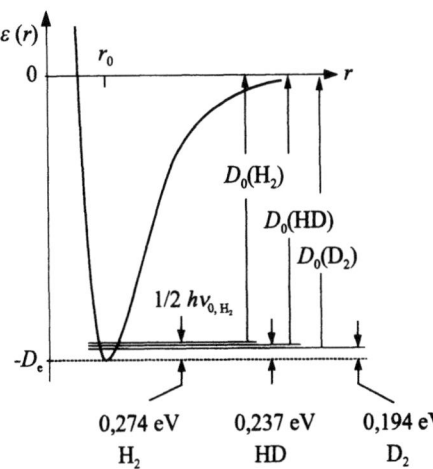

Abbildung 5.2 Potentialkurve des Wasserstoff-Moleküls mit Gleichgewichtsabstand r_0 und spektroskopischer Dissoziationsenergie D_e. Die Dissoziationsenergien D_0 der Moleküle H_2, HD, D_2 unterscheiden sich geringfügig aufgrund der unterschiedlichen Nullpunktsenergien.

Exkurs 5.4 Ionisation des Xenons

Wegen der Spinentartung ist für ein einzelnes freies Elektron $g_{e,0} = 2$. Xe^+ hat einen $^2S_{1/2}$-Term als elektronischen Grundzustand mit der Entartung $g_{e,0}(Xe^+) = 2$. Der Grundzustand von Xe-Atomen ist ein nichtentarteter $^1S_0$-Zustand, also $g_{e,0}(Xe) = 1$. Die Ionisierungsenergie des Xenons ist $I(Xe) = 12{,}13$ eV. Für eine Temperatur von 10000 K und einem Druck von 10^4 Pa ergibt sich für K_x und den Ionisationsgrad des Xenons mit Hilfe von (5.34)

$$K_x(10000\,\text{K}) = 0{,}1031 \quad \rightarrow \quad \alpha(10000\,\text{K}) = 0{,}321$$

Exkurs 5.5 H_2-D_2-Isotopenaustauch-Gleichgewicht

Der Anteil der Translationszustandssummen in K_p ergibt

$$\left(\frac{m_H + m_D}{(2m_H)^{1/2}(2m_D)^{1/2}}\right)^3 = 1{,}19$$

Der Rotationsanteil enthält die reduzierten Massen und ergibt bei Vernachlässigung von Quanteneffekten den Faktor ($T \gg \Theta_{\text{rot}}$)

$$\frac{4 \cdot \Theta_{\text{rot}}(H_2) \cdot \Theta_{\text{rot}}(D_2)}{[\Theta_{\text{rot}}(HD)]^2} = \frac{4\mu_{HD}^2}{\mu_{H_2}\mu_{D_2}} = \frac{16 m_H m_D}{(m_H + m_D)^2} = 3{,}56$$

Die charakteristischen Temperaturen der Schwingungen sind $\Theta_{\text{vib}}(\text{H}_2) = 6334,4\,\text{K}$, $\Theta_{\text{vib}}(\text{D}_2) = 4485,1\,\text{K}$ und $\Theta_{\text{vib}}(\text{HD}) = 5488,1\,\text{K}$. Für den Schwingungsanteil erhält man bei 298 K den Zahlenwert

$$\frac{[z_{\text{vib}}(\text{HD})]^2}{z_{\text{vib}}(\text{H}_2) \cdot z_{\text{vib}}(\text{D}_2)} = 1,00$$

Gleichung (5.31) liefert $\Delta\varepsilon_0 = (k/2)\,156,7\,\text{K}$ als Differenz der Nullpunktsenergien. Für Raumtemperatur gilt dann $K_a(298\,\text{K}) = K_p = K_x = K_c = 3,26$.

Exkurs 5.6 Wassergasgleichgewicht

Wegen der gleichen Molekülzahl auf Reaktanden- und Produktseite für das Wassergasgleichgewicht sind die verschiedenen Gleichgewichtskonstanten unabhängig von der Wahl des Standardzustands (falls wie üblich für alle vier Gassorten der gleiche Standardzustand gewählt wird). Wir logarithmieren K_p und erhalten

$$\ln K_p = \frac{-\Delta\varepsilon_0}{kT} + \ln \frac{(z_{\text{CO}_2}/V)(z_{\text{H}_2}/V)}{(z_{\text{CO}}/V)(z_{\text{H}_2\text{O}}/V)} \tag{5.36}$$

Den logarithmischen Beitrag der Molekülzustandssummen kann man als Summe über Translations-, Rotations- und Schwingungsanteil schreiben. Für alle vier Moleküle liegt ein nichtentarteter elektronischer Grundzustand vor. Elektronenanregung ist vernachlässigbar. Der Translationsbeitrag zu $\ln K_p$ ist

$$\left(\ln K_p\right)_{\text{trans}} = \frac{3}{2}\ln\left(\frac{m_{\text{CO}_2}\, m_{\text{H}_2}}{m_{\text{CO}}\, m_{\text{H}_2\text{O}}}\right) = -2,618$$

Der Rotationsbeitrag läßt sich mit den folgenden Werten für die charakteristischen Temperaturen berechnen. Dabei müssen für H_2O als nichtlineares Molekül drei Werte entsprechend den drei Hauptträgheitsmomenten benutzt werden [Werte aus Luc 86]:

$\Theta_{\text{rot}}(\text{H}_2) = 85,29\,\text{K}$ $\qquad$ $\Theta_{\text{rot,A}}(\text{H}_2\text{O}) = 39,4\,\text{K}$ $\qquad$ $\sigma_{\text{CO}} = 1$
$\Theta_{\text{rot}}(\text{CO}) = 2,815\,\text{K}$ $\qquad$ $\Theta_{\text{rot,B}}(\text{H}_2\text{O}) = 21,0\,\text{K}$ $\qquad$ $\sigma_{\text{CO}_2} = \sigma_{\text{H}_2} = 2$
$\Theta_{\text{rot}}(\text{CO}_2) = 0,57\,\text{K}$ $\qquad$ $\Theta_{\text{rot,C}}(\text{H}_2\text{O}) = 13,7\,\text{K}$ $\qquad$ $\sigma_{\text{H}_2\text{O}} = 2$

Es ergibt sich daraus

$$\left(\ln K_p\right)_{\text{rot}} = \ln\left[\frac{\sigma_{\text{CO}}\sigma_{\text{H}_2\text{O}}}{\sigma_{\text{CO}_2}\sigma_{\text{H}_2}} \cdot \frac{(\pi T)^{1/2}\,\Theta_{\text{rot}}(\text{CO})\,[\Theta_{\text{rot,A}}(\text{H}_2\text{O})\,\Theta_{\text{rot,B}}(\text{H}_2\text{O})\,\Theta_{\text{rot,C}}(\text{H}_2\text{O})]^{1/2}}{\Theta_{\text{rot}}(\text{CO}_2)\,\Theta_{\text{rot}}(\text{H}_2)}\right]$$

$$= 0,5534 - \frac{1}{2}\ln T$$

Der übrigbleibende Beitrag ist der Schwingungsanteil. Die charakteristischen Temperaturen sind [Werte aus Luc 86]:

$\Theta_{\text{vib},1}(\text{CO}_2) = 961\,\text{K}$ $\qquad$ $\Theta_{\text{vib},1}(\text{H}_2\text{O}) = 5258,8\,\text{K}$ $\qquad$ $\Theta_{\text{vib}}(\text{H}_2) = 5995\,\text{K}$
$\Theta_{\text{vib},2}(\text{CO}_2) = 961\,\text{K}$ $\qquad$ $\Theta_{\text{vib},2}(\text{H}_2\text{O}) = 2293,0\,\text{K}$ $\qquad$ $\Theta_{\text{vib}}(\text{CO}) = 3080,7\,\text{K}$
$\Theta_{\text{vib},3}(\text{CO}_2) = 1924\,\text{K}$ $\qquad$ $\Theta_{\text{vib},3}(\text{H}_2\text{O}) = 5400,8\,\text{K}$
$\Theta_{\text{vib},4}(\text{CO}_2) = 3379\,\text{K}$

Man erhält als Beitrag der Molekülschwingungen bei 1000 K: $(\ln K_p)_{\text{vib}} = 0{,}9960$, und bei 2000 K: $(\ln K_p)_{\text{vib}} = 1{,}896$. Insgesamt ergibt sich dann mit Gleichung (5.36) für K_p aus den hier abgeleiteten drei Einzelbeiträgen der Translation, Rotation und Schwingung sowie dem Nullpunktsterm unter Verwendung von (5.35) für $\Delta\varepsilon_0$

für $T = 1000$ K: $K_p = 1{,}541$ für $T = 2000$ K: $K_p = 0{,}226$

5.3 Geschwindigkeit von Gasreaktionen

Auf der Basis der Diskussion von Gleichgewichtskonstanten wollen wir nun die Geschwindigkeit chemischer Reaktionen im Rahmen der sogenannten **Theorie des Übergangszustands** behandeln. Insbesondere geht es dabei um die zeitliche Ableitung dc_i/dt der Konzentrationen von Reaktanden und Produkten als Funktion aller beteiligten Konzentrationen sowie der Temperatur. Die zugrundeliegenden Modellvorstellungen wurden 1935 parallel sowohl von Eyring als auch von Evans und Polanyi entwickelt. Obwohl es sich bei einer chemischen Reaktion um ein Nichtgleichgewichtsphänomen handelt, spielen in der Theorie des Übergangszustands Gleichgewichtskonstanten eine wesentliche Rolle. Es werden in den Modellvorstellungen Gleichgewichte zwischen den getrennten Reaktanden und ihrer speziellen Konfiguration im Übergangszustand der Reaktion betrachtet. Nehmen wir als Beispiel die Gasphasenreaktion von Fluoratomen mit Wasserstoffmolekülen[2]:

$$F + H_2 \longrightarrow HF + H \tag{5.37}$$

Für die bimolekulare Reaktion (5.37) kann man eine Geschwindigkeitsgleichung zweiter Ordnung (erster Ordnung bezüglich c_F, daher proportional zu c_F und erster Ordnung bezüglich c_{H_2}, daher proportional zu c_{H_2} und daher insgesamt zweiter Ordnung) ansetzen mit der Geschwindigkeitskonstanten k_2

$$\frac{dc_{HF}}{dt} = k_2\, c_F\, c_{H_2} \tag{5.38}$$

c_{HF}, c_F und c_{H_2} sind Stoffmengenkonzentrationen. Häufig wird eine exponentielle Zunahme von k_2 mit der Temperatur gefunden (vergl. Gleichung (5.51)), die im folgenden statistisch thermodynamisch erklärt wird. Die einfache Reaktion (5.37) verläuft über einen aktivierten Komplex $FH_2^{\neq}$, bei dem die drei Atome eine ganz bestimmte Geometrie einnehmen. In der **Theorie des Übergangszustands** nimmt man an, daß der **aktivierte Komplex**, auch **Übergangszustand** genannt, in einem Quasigleichgewicht mit den Ausgangsstoffen steht. Dies bedeutet, daß seine Konzentration sich aus einer entsprechenden Gleichgewichtskonstanten und den beiden Reaktandenkonzentrationen berechnen läßt. Die nachgeschaltete irreversible Reaktion des aktivierten

---

[2]Solche und ähnliche einfache Reaktionen unter Beteiligung von Atomen spielen eine wichtige Rolle in der Atmosphärenchemie.

Komplexes zu den Produkten soll der Annahme zufolge die Gleichgewichtskonzentration des aktivierten Komplexes nicht nennenswert stören:

$$F + H_2 \rightleftharpoons FH_2^{\neq} \tag{5.39a}$$

$$FH_2^{\neq} \longrightarrow HF + H \tag{5.39b}$$

Betrachten wir also den ersten Teilschritt (5.39a) als Gleichgewicht des aktivierten Komplexes $FH_2^{\neq}$ mit den Reaktanden F und H_2, so gilt für die zugehörige Gleichgewichtskonstante K_c bei konstantem Druck und konstanter Temperatur (unter Annahme verdünnter Gase; $c^{\neq}$ ist die Konzentration des aktivierten Komplexes $FH_2^{\neq}$.)

$$K_c = \frac{c^{\neq}}{c_F \, c_{H_2}} \tag{5.40}$$

Da der erste Schritt als Gleichgewicht angenommen wurde, ist der zweite Schritt, die unimolekulare Reaktion von F-$H_2^{\neq}$ zu den Produkten HF und H in Gleichung (5.39b), der langsamere und damit geschwindigkeitsbestimmende Schritt. Die Geschwindigkeit dieses zweiten Teilschritts wird proportional zur Konzentration des aktivierten Komplexes angesetzt, und man kann unter Benutzung von Gleichung (5.40) schreiben

$$\frac{dc^{\neq}}{dt} = -k^{\neq} c^{\neq} = -k^{\neq} K_c \, c_F \, c_{H_2} \tag{5.41}$$

Wegen des schnellen ersten Schritts gilt

$$\frac{dc^{\neq}}{dt} = -\frac{dc_{HF}}{dt} \tag{5.42}$$

Der Vergleich von (5.41) mit (5.38) zeigt also, daß sich in diesem Modell die effektive Geschwindigkeitskonstante k_2 der Reaktion aus den beiden Konstanten $k^{\neq}$ und K_c zusammensetzt:

$$k_2 = k^{\neq} \cdot K_c \tag{5.43}$$

Die beiden Faktoren der rechten Seite werden im Modell aus einer Betrachtung der Zerfallsrate des aktivierten Komplexes und seiner Teilchenzustandssumme (und damit seiner inneren Freiheitsgrade) abgeleitet. Die unimolekulare Geschwindigkeitskonstante $k^{\neq}$ beschreibt die Geschwindigkeit, mit der der Übergangszustand zu den Produkten zerfällt (Gleichung (5.41)). $k^{\neq}$ hat die Einheit s^{-1} und kann daher auch als Zerfallsfrequenz des aktivierten Komplexes aufgefaßt werden. $\tau^{\neq} = 1/k^{\neq}$ ist demnach die mittlere Lebensdauer des aktivierten Komplexes. Die Reaktion des aktivierten Komplexes zu den Produkten ist mit dem Aufbrechen einer Bindung verknüpft. Diese Bindung muß daher sehr schwach und ihre Kraftkonstante sehr klein sein. Man kann also erwarten, daß eine Schwingung des aktivierten Komplexes entlang dieser Bindung zu einer Trennung und damit zur Reaktion zu den Produkten führt. Die Zerfallsfrequenz des aktivierten Komplexes ist also mit der Schwingungsfrequenz der Bindung identifizierbar, die bei der Reaktion gespalten wird. Wir bezeichnen diese Frequenz mit $\nu^{\neq}$. Statt Gleichung (5.43) kann man also schreiben

$$k_2 = k^{\neq} \cdot K_c = \nu^{\neq} \cdot K_c \tag{5.44}$$

5.3 Geschwindigkeit von Gasreaktionen

Der zweite Faktor in Gleichung (5.44) ist als Gleichgewichtskonstante definiert und kann mit Hilfe der statistisch-thermodynamischen Ansätze behandelt werden, die wir in den vorhergehenden Abschnitten abgeleitet haben (siehe Übersicht 5.1). Dabei wird sich zeigen, daß die Zerfallsfrequenz $\nu^{\neq}$ über die Zustandssumme des aktivierten Komplexes auch in K_c enthalten ist und sich dadurch aus dem Endergebnis herauskürzt. Zur Betrachtung von K_c ist es nützlich, die Reaktion entlang des Reaktionsweges in einem Energiediagramm zu veranschaulichen und die Reaktionskoordinate $q^{\neq}$ einzuführen. Dies ist in dem folgenden Exkurs 5.7 erläutert.

Exkurs 5.7 Übergangszustand und Reaktionskoordinate

Um ein reagierendes Paar von Atomen oder Molekülen quantitativ zu behandeln, muß ihre potentielle Energie als Funktion der Koordinaten aller Atome bekannt sein. Zur eindeutigen Angabe der Geometrie während der Reaktion (5.37) eines F-Atoms mit einem H_2-Molekül sind bei planarer Stoßgeometrie in einer Ebene drei Koordinaten notwendig, entweder alle drei Atom-Atom-Abstände oder nur zwei der Abstände und der von ihnen eingeschlossene Winkel (Abbildung 5.3).

Eine graphische Darstellung der potentiellen Energie als Funktion der drei Koordinaten ist demnach schon für dieses einfache System nicht mehr möglich. Allerdings ist die wahrscheinlichste Geometrie, die zur Reaktion führt, die kollineare Anordnung der drei Atome.

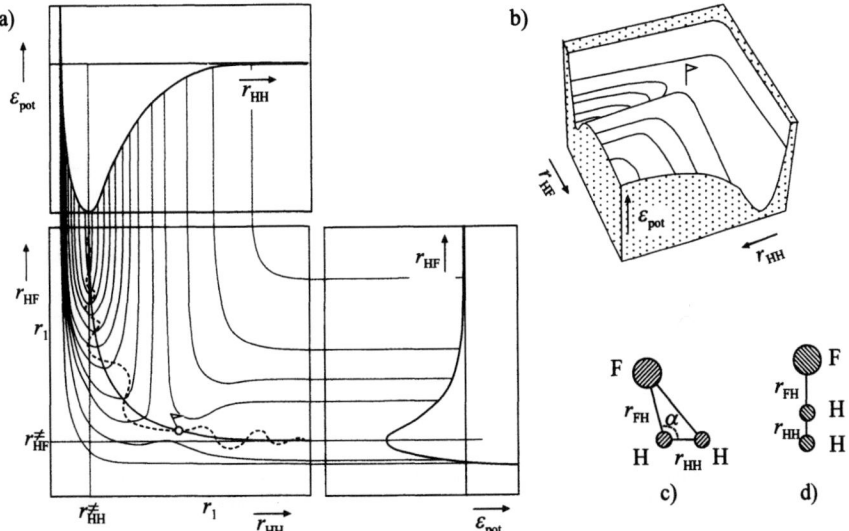

Abbildung 5.3 a) Potentialfläche für die Reaktion $H_2 + F \rightleftharpoons H + HF$ als Beispiel bei zentralem kollinearen Stoß: gepunktete Linie = möglicher Reaktionspfad der drei Teilchen-Reaktion, durchgezogene Linie = Reaktionskoordinate (vergleiche Abbildung 5.4. Der Übergangszustand ist ebenfalls markiert. b) Potentialfläche in dreidimensionaler Darstellung, c) Koordinaten zur vollständigen Angabe der geometrischen Anordnung des Dreiteilchensystems (allgemein: drei Abstandskoordinaten oder alternativ ein Winkel und zwei Abstandskoordinaten, d) kollineare Annäherung ($\alpha = 180° = $ const. $\longrightarrow$ zwei Abstandskoordinaten reichen zur Beschreibung des geometrischen Zustands aus) [nach Wed 97].

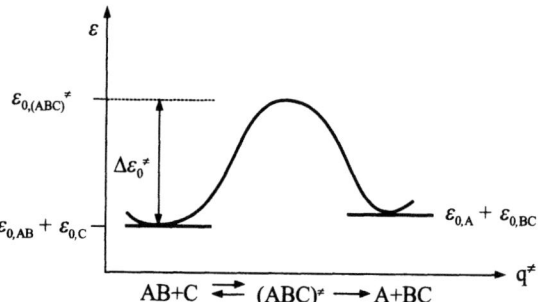

Abbildung 5.4 Verlauf der potentiellen Energie entlang der Reaktionskoordinate einer Reaktion AB + C → Produkte (schematisch): die Aktivierungsenergie $\Delta\varepsilon_0^{\neq}$ ist die Differenz der Nullpunktsenergien des aktivierten Komplexes (ABC)$^{\neq}$ und der Reaktanden (AB + C); zur Vereinfachung ist der Beitrag der Schwingungs-Nullpunktsenergien nicht berücksichtigt.

Man erhält also bereits eine brauchbare Beschreibung, wenn man sich auf eine kollineare Annäherung des F-Atoms beschränkt (siehe Abbildung 5.3d). Die potentielle Energie läßt sich dann in einem dreidimensionalen Diagramm als Funktion der Abstände r_{FH} und r_{HH} darstellen. Abbildung 5.3 zeigt schematisch die resultierende Potentialfläche für eine solche Reaktion. Ein Schnitt mit r_{FH} = const. ergibt für große F–H-Abstände die Potentialkurve des H$_2$-Moleküls. Ein analoger Schnitt mit r_{HH} = const. führt für große r_{HH}-Werte zur Potentialkurve des HF-Moleküls.

Allgemein gilt, daß für eine Reaktion, an der N Atome beteiligt sind, $3N - 6$ Koordinaten anzugeben sind, wenn man die drei Schwerpunktskoordinaten und die drei Rotationskoordinaten des gesamten N-Teilchensystems abzieht. Die entsprechende Potentialfläche erfordert also eine $(3N - 5)$-dimensionale Darstellung von ε_{pot} als Funktion der $3N - 6$ Koordinaten (man spricht auch von Potentialhyperflächen). Stabile Molekülkonfigurationen sind durch Minima der Potentialfläche gekennzeichnet.

Zur Berechnung dieser Potentialflächen ist prinzipiell die entsprechende Schrödinger-Gleichung zu lösen. Für kleine Moleküle sind dazu Näherungsverfahren verfügbar, die in der Regel auf der Born-Oppenheimer-Näherung basieren und sich auf die elektronischen Grundzustände der beteiligten Moleküle beschränken. Neben ab-initio-Methoden sind eine Reihe semiempirischer Rechenverfahren entwickelt worden, in denen experimentelle Werte wie beispielsweise bekannte Potentialkurven der Einzelmoleküle und Dissoziationsenergien einbezogen werden und zur Verkürzung der Rechnungen führen [zur weiteren Information siehe beispielsweise Atk 97, Com 95, Göp 94, Kut 92]. Jeder Punkt auf der Energiehyperfläche des reagierenden Systems ergibt sich als Energie aus der Schrödinger-Gleichung für diese spezielle Atomanordnung. Alle so berechneten Punkte bilden eine Potentialfläche. Der Weg, den das System während der Reaktion einschlägt, wird als Trajektorie oder Reaktionsweg auf der Potentialfläche bezeichnet.

In Abbildung 5.3 ist einer von vielen möglichen Reaktionswegen punktiert eingezeichnet. Er zeigt zusätzlich die Schwingungen des 3-Teilchensystems um die Potentialminima während der Reaktion. Im allgemeinen gibt es viele mögliche Reaktionswege auf der Potentialfläche mit unterschiedlichen Gesamtenergien der Reaktionspartner, die mehr oder weniger wahrscheinlich zur Reaktion beitragen können. Der wahrscheinlichste Reaktionsverlauf ist ein statistischer Mittelwert über diese möglichen Wege und führt in etwa entlang der „Täler" (entlang dem relativen Minimum) der Potentialfläche über den in Abbildung 5.3 erkennbaren

5.3 Geschwindigkeit von Gasreaktionen

Sattelpunkt. Die durchgezogene Linie in Abbildung 5.3 zeigt diesen Weg entlang der Linie minimaler potentieller Energie.

Die Lage der Punkte auf diesem Reaktionsweg (oder Reaktionspfad) wird durch eine Reaktionskoordinate $q^{\neq}$ beschrieben. Zeichnet man für diesen Weg, also für die Reaktionskoordinate, die potentielle Energie ε_{pot} des Reaktionssystems auf, so erhält man das Diagramm in Abbildung 5.4. Das Maximum von ε_{pot} entspricht dem Sattelpunkt der Potentialfläche (siehe Abbildung 5.3). Die spezielle Konfiguration der Reaktanden an diesem Sattelpunkt bezeichnet man als **Übergangszustand** oder **aktivierten Komplex**. Die Differenz zwischen den Nullpunktsenergien des Übergangszustands und den Nullpunktsenergien der getrennten Reaktanden bezeichnet man **Aktivierungsenergie** $\Delta\varepsilon_0^{\neq}$. Das hochgestellte Doppelkreuz dient als Symbol für Größen, die dem Übergangszustand zugeordnet werden.

Zur Berechnung von K_c müssen die Teilchenzustandssummen der Reaktanden und des aktivierten Komplexes bekannt sein. Dazu sind die Ergebnisse des Kapitels 4 für die einzelnen Energieformen der Moleküle zu benutzen. Lediglich die Normalschwingung des aktivierten Komplexes entlang der Reaktionskoordinate (= Normalkoordinate $q^{\neq}$) bedarf einer getrennten Betrachtung. Da - wie schon oben argumentiert - diese Bindung sehr schwach und damit $\nu^{\neq}$ klein ist (quantitativ: $\nu^{\neq} \ll kT/h$), ist die zugehörige Schwingung thermisch vollständig angeregt. Für diesen speziellen Schwingungsfreiheitsgrad des aktivierten Komplexes kann man also die Hochtemperaturnäherung der Schwingungszustandssumme ansetzen:

$$z_{\text{vib}}(q^{\neq}) \approx \frac{kT}{h\nu^{\neq}} \tag{5.45}$$

Für die restlichen $3N-6$ Freiheitsgrade, die neben den übrigen Normalschwingungen, die Translation und gegebenenfalls noch elektronische Anregung umfassen, gelten die in Kapitel 4 abgeleiteten Zusammenhänge. Wir bezeichnen im folgenden die Teilchenzustandssumme des aktivierten Komplexes ohne den Anteil der Schwingung entlang der Reaktionskoordinate als $z_{\text{FH}_2}^{\neq}$:

$$\frac{kT}{h\nu^{\neq}} \cdot z_{\text{FH}_2}^{\neq} = \text{Zustandssumme des aktivierten Komplexes} \tag{5.46}$$

Mit diesem Ergebnis für den aktivierten Komplex ergibt die Anwendung von Gleichung (5.15c) auf die Gleichgewichtskonstante in Gleichung (5.40)

$$K_c = \frac{kT}{h\nu^{\neq}} \frac{(z_{\text{FH}_2}^{\neq}/V)}{(z_{\text{F}}/V)(z_{\text{H}_2}/V)} \cdot \left(\frac{1}{N_A}\right)^{\Delta_r \nu} e^{-\Delta\varepsilon_0^{\neq}/kT} = \frac{kT}{h\nu^{\neq}} \cdot K_c^{\neq} \tag{5.47}$$

Dabei haben wir nach der gängigen Konvention die effektive Gleichgewichtskonstante $K_c^{\neq}$ eingeführt. $\Delta\varepsilon_0^{\neq}$ stellt die Energiedifferenz zwischen den Energienullpunkten von Reaktanden und aktiviertem Komplex dar. Wenn man die geometrische Anordnung der Atome im Übergangszustand kennt, sind die Beiträge von Translation, Rotation, Schwingung, Elektronen- und Kernentartung zur Teilchenzustandssumme $z_{\text{FH}_2}^{\neq}$ des aktivierten Komplexes wie für stabile Moleküle in Kapitel 4 herleitbar. K_c läßt sich dann nach der Gleichung (5.15c) berechnen. Aus den Gleichungen (5.44) und (5.47) erhält man also den folgenden Ausdruck für die bimolekulare Geschwindigkeitskonstante k_2 der Reaktion (5.37)

$$k_2 = k^{\neq} K_c = \nu^{\neq} \cdot \frac{kT}{h\nu^{\neq}} \cdot K_c^{\neq} = \frac{kT}{h} \cdot \frac{(z_{FH_2}^{\neq}/V)}{(z_F/V)(z_{H_2}/V)} \cdot \left(\frac{1}{N_A}\right)^{\Delta_r \nu} e^{-\Delta \varepsilon_0^{\neq}/kT} \quad (5.48)$$

Auch bei genauer Kenntnis der Daten des aktivierten Komplexes können die experimentellen Werte für k_2 von den nach Gleichung (5.48) berechneten abweichen. Ein wichtiger Grund kann der nicht berücksichtigte Einfluß quantenmechanischer Effekte sein.

Die Berechnung ging davon aus, daß die Reaktion immer dann (und nur dann) abläuft, wenn die Energie ε der Reaktanden gleich oder größer als die Nullpunktsenergie $\Delta \varepsilon_0^{\neq}$ des aktivierten Komplexes ist. Aus der Quantenmechanik folgt jedoch, daß einerseits die Reaktion auf Grund des Tunneleffekts auch für $\varepsilon < \Delta \varepsilon_0^{\neq}$ mit einer gewissen Wahrscheinlichkeit ablaufen kann und daß andererseits für ausreichende Energien $\varepsilon > \Delta \varepsilon_0^{\neq}$ die Wahrscheinlichkeit für eine Reaktion zu den Produkten kleiner als Eins ist.

Tunnelwahrscheinlichkeit und die durch Reflektion der Reaktanden erniedrigte Reaktionswahrscheinlichkeit werden deshalb gewöhnlich durch einen **Transmissionskoeffizienten** κ in Gleichung (5.48) berücksichtigt. Im allgemeinen kann κ noch weitere Effekte enthalten, beispielsweise kann die tatsächliche Reaktion im Gegensatz zur Annahme auch über andere Geometrien des aktivierten Komplexes ablaufen (verschiedene Reaktionspfade auf der vierdimensionalen Energiehyperfläche eines Dreiteilchensystems).

Die effektive Gleichgewichtskonstante $K_c^{\neq}$ kann nach dem Formalismus der Thermodynamik mit $\Delta G^{\circ \neq}$, dem entsprechenden Standardwert der Reaktions-Gibbs-Energie, ausgedrückt werden. Über die Gibbs-Helmholtz-Gleichung lassen sich dann auch Standardreaktionsenthalpie und Standardreaktionsentropie angeben. Formal ist von der dimensionslosen Gleichgewichtskonstanten $K_a^{\neq}$ auszugehen. Es gilt unter Berücksichtigung von Gleichung (5.15c) mit der Substitution $c^{\circ} = p^{\circ}/RT$

$$\Delta G_m^{\circ \neq} = -RT \ln K_a^{\neq} = -RT \ln \left[K_c^{\neq} (c^{\circ})^{-\Delta_r \nu} \right] \quad (5.49)$$

In der Regel wird als Standardkonzentration die Einheit der Stoffmengenkonzentration, beispielsweise 1 mol l^{-1}, verwendet. Unter solchen Umständen sind die Zahlenwerte von $K_a^{\neq}$ und $K_c^{\neq}$ in Gleichung (5.49) identisch. Es ist aber zu beachten, daß wie allgemein in der Thermodynamik die Zahlenwerte der thermodynamischen Standard-Reaktionsgrößen von der Wahl des Standardzustands abhängig sind. Im vorliegenden Fall folgt unter Berücksichtigung des Transmissionskoeffizienten κ

$$k_2 = \kappa \frac{kT}{h} \cdot K_c^{\neq} = \kappa \frac{kT}{h} \cdot (c^{\circ})^{\Delta_r \nu} K_a^{\neq}$$

$$= \kappa \frac{kT}{h} (c^{\circ})^{\Delta_r \nu} e^{-\Delta G_m^{\circ \neq}/RT} = \kappa \frac{kT}{h} (c^{\circ})^{\Delta_r \nu} e^{\Delta S_m^{\circ \neq}/R} e^{-\Delta H_m^{\circ \neq}/RT} \quad (5.50)$$

5.3 Geschwindigkeit von Gasreaktionen

Exkurs 5.8 Beziehung zum empirischen Arrheniusansatz der Reaktionskinetik

Wir vergleichen den Ausdruck (5.50) für die Geschwindigkeitskonstante k_2 mit dem empirischen Arrheniusansatz

$$k_2 = A \cdot e^{-E_A/RT} \tag{5.51}$$

A wird meist **Häufigkeitsfaktor** bezeichnet, E_A als (empirische) molare **Aktivierungsenergie**. Wenn beide Parameter als temperaturunabhängig angenommen werden, folgt für die Temperaturabhängigkeit der Geschwindigkeitskonstanten bei konstantem Druck

$$\left(\frac{\partial \ln k_2}{\partial T}\right)_p = \frac{E_A}{RT^2} \tag{5.52}$$

Führt man dieselbe Temperaturableitung mit k_2 aus Gleichung (5.52) durch, so ist zu beachten, daß nicht das Volumen, sondern der Druck konstant gehalten wird. Aus diesem Grund ist $c°$ nicht konstant. Wir benutzen deshalb bei der Ableitung nach der Temperatur die Identität $c° = p/(RT)$. Man erhält

$$\left(\frac{\partial \ln k_2}{\partial T}\right)_p = \frac{1}{T} - \frac{\Delta_r \nu}{T} + \left(\frac{\partial \ln K_a^{\neq}}{\partial T}\right)_p = \frac{1-\Delta_r \nu}{T} + \frac{\Delta H_m^{°\neq}}{RT^2} \tag{5.53}$$

Die Standard-Aktivierungsenthalpie hängt mit der Standard-Aktivierungsenergie $\Delta U_m^{°\neq}$ zusammen gemäß

$$\Delta H_m^{°\neq} = \Delta U_m^{°\neq} + \Delta(pV_m)^{°\neq} \tag{5.54}$$

Für eine Reaktion in kondensierter Phase ist der volumenabhängige Term auf der rechten Seite vernachlässigbar, so daß die Änderung von Enthalpie und innerer Energie in guter Näherung gleich groß sind. Für homogene Gasreaktionen läßt sich die Beziehung $\Delta(pV_m)^{°\neq} = \Delta_r \nu RT$ anwenden, so daß gilt

$$\Delta H_m^{°\neq} = \Delta U_m^{°\neq} + \Delta_r \nu RT \tag{5.55}$$

Vergleich von (5.55) und (5.53) mit (5.52) liefert für die empirische Aktivierungsenergie und den Häufigkeitsfaktor

$$E_A = \Delta H_m^{°\neq} + (1-\Delta_r \nu)RT = \Delta U_m^{°\neq} + RT \tag{5.56a}$$

$$A = \kappa \cdot \frac{kT}{h} (c°)^{\Delta_r \nu} e^{\Delta S_m^{°\neq}/R} e^{(1-\Delta_r \nu)} \tag{5.56b}$$

Andererseits interessiert noch der Zusammenhang zwischen der empirischen Aktivierungsenergie E_A und der im atomistischen Sinne tatsächlichen Aktivierungsenergie $\Delta \varepsilon_o^{\neq}$. Aus der Thermodynamik folgt

$$\Delta U_m^{°\neq} = -\left[\frac{\partial \left(\Delta A_m^{°\neq}/T\right)}{\partial (1/T)}\right]_V = T^2 \frac{\partial}{\partial T}\left(\frac{\Delta G_m^{°\neq} - \Delta(pV_m)^{°\neq}}{T}\right)$$

$$= T^2 \left[\frac{\partial \left(\Delta G_m^{°\neq}/T\right)}{\partial T}\right]_V = RT^2 \left(\frac{\partial \ln K_a^{\neq}}{\partial T}\right)_V = RT^2 \left(\frac{\partial \ln K_c^{\neq}}{\partial T}\right)_V \tag{5.57}$$

Die zweite Zeile folgt aus der ersten, weil $\Delta(pV_m)/T = \Delta_r \nu R$ für eine homogene Gasreaktion konstant ist. $K_a^{\neq}$ kann in der dritten Zeile direkt durch $K_c^{\neq}$ ersetzt werden, weil der Faktor mit der Standardkonzentration $c°$ zur Umrechnung von $K_c^{\neq}$ nach $K_a^{\neq}$ hier keine Rolle spielt. Die Differentiale lassen sich nämlich als Quotienten schreiben, wobei sich der Umrechnungsfaktor herauskürzt:

$$\mathrm{d}\ln K_a^{\neq} = \frac{\mathrm{d} K_a^{\neq}}{K_a^{\neq}} = \frac{\mathrm{d} K_c^{\neq}}{K_c^{\neq}} = \mathrm{d}\ln K_c^{\neq}$$

Für den Standardwert der inneren Aktivierungsenergie $\Delta U_m^{\circ \neq}$ gilt dann nach Einsetzen des Ausdrucks für $K_c^{\neq}$ aus Gleichung (5.47) in die Gleichung (5.57), wobei die partielle Temperaturableitung bei konstantem Volumen zu nehmen ist,

$$\Delta U_m^{\circ \neq} = RT^2 \frac{\partial}{\partial T}\left[\ln \frac{(z_{FH_2}^{\neq}/V)}{(z_F/V)(z_{H_2}/V)}\right] + N_A \Delta \varepsilon_o^{\neq} \tag{5.58}$$

Man erkennt an Gleichung (5.58), daß nur für $T \to 0$ K die eigentliche Aktivierungsenergie $N_A \Delta \varepsilon_o^{\neq}$ mit $\Delta U_m^{\circ \neq}$ übereinstimmt. Der erste Term auf der rechten Seite von Gleichung (5.58) ist allerdings für viele Reaktionen klein gegen die Aktivierungsenergie $N_A \Delta \varepsilon_o^{\neq}$. Eine vereinfachte Abschätzung ist bei genügend hohen Temperaturen möglich. Die Zustandssummen können dann nämlich durch die Hochtemperaturnäherung ersetzt werden. Für jeden Freiheitsgrad ergibt sich dabei ein zu $T^{1/2}$ proportionaler Faktor (bei Schwingungen Faktor T pro Freiheitsgrad)

$$E_A = RT + \frac{\Delta f}{2} RT + N_A \Delta \varepsilon_o^{\neq} \tag{5.59}$$

wobei Δf eine ganze Zahl ist. Sie ergibt sich aus der Betrachtung der klassischen Freiheitsgrade in den Teilchenzustandssummen von Übergangszustand und Reaktanden nach dem Gleichverteilungssatz (siehe Kapitel 4.5). Für das Beispiel $F + H_2 \rightleftharpoons FH_2^{\neq}$ liefert die Anwendung des Gleichverteilungssatzes für das Fluoratom den Beitrag $3RT/2$, für das Wasserstoffmolekül $7RT/2$ und für den Übergangszustand $FH_2^{\neq}$ bei linearer Geometrie den Beitrag $13RT/2$, so daß in diesem Fall $\Delta f = 3$ folgt.

Exkurs 5.9 Geschwindigkeit einer einfachen bimolekularen Gasreaktion [MCl 73]

Es sei die folgende Isotopenaustauschreaktion betrachtet:

$$D + H_2 \rightarrow DH + H \tag{5.60}$$

Es wird eine lineare Anordnung der drei Atome im aktivierten Komplex wie in Abbildung 5.4 vorausgesetzt. Dementsprechend hat der aktivierte Komplex mit $N = 3$ Atomen insgesamt $3N - 5 = 4$ Normalschwingungen, wovon eine der Reaktionskoordinate $q^{\neq}$ zuzuordnen ist. Letztere entspricht bei einem stabilen Molekül der asymmetrischen Streckschwingung. Die drei restlichen Schwingungen sind die symmetrische Streckschwingung (ν_s) und die zweifach

5.3 Geschwindigkeit von Gasreaktionen

entartete Biegeschwingung (ν_δ). Die charakteristischen Daten der beteiligten Teilchen sind (Daten zu (DHH)$^{\neq}$ aus spektroskopischen Messungen)

H_2 : $(g_{e,0})_{H_2} = 1$ DHH$^{\neq}$: $\Theta^{\neq}_{vib}(s) = 2508$ K [$\tilde{\nu}_s = 1740\,\text{cm}^{-1}$]

$\Theta_{rot,H_2} = 85,29$ K $\Theta^{\neq}_{vib}(\delta) = 1339$ K [$\tilde{\nu}_\delta = 930\,\text{cm}^{-1}$]

$\Theta_{vib,H_2} = 5995$ K $\Theta^{\neq}_{rot} = 9,799$ K , $g^{\neq}_{e,0} = 2$

D : $(g_{e,0})_D = 2$

$\Delta\varepsilon^{\neq}_0 = 41$ kJ/mol

Es folgt für k_2 bei 500 K, wenn der Transmissionskoeffizient gleich Eins gesetzt wird

$$k_2 = \frac{kT}{h} \cdot K^{\neq}_c = \frac{kT}{h}\left(\frac{1}{N_A}\right)^{\Delta_r\nu} \frac{z^{\neq}_{trans}V}{z_{trans,D} \cdot z_{trans,H_2}} \frac{z^{\neq}_{rot}z^{\neq}_{vib}}{z_{rot,H_2} \cdot z_{vib,H_2}} \frac{g^{\neq}_{e,0}}{(g_{e,0})_D \cdot (g_{e,0})_{H_2}} \cdot e^{-\Delta\varepsilon^{\neq}_0/kT}$$

$$= \frac{N_A kT}{h}\left(\frac{h^2}{2\pi kT}\frac{m^{\neq}}{m_D m_{H_2}}\right)^{3/2}\left(\frac{\Theta_{rot,H_2}\sigma_{H_2}}{\Theta^{\neq}_{rot}}\right)\frac{\left(1 - e^{-\Theta_{vib,H_2}/T}\right) e^{-\Delta\varepsilon^{\neq}_0/kT}}{\left(1 - e^{-\Theta^{\neq}_{vib}(s)/T}\right)\left(1 - e^{-\Theta^{\neq}_{vib}(\delta)/T}\right)^2}$$

$$= 3,14 \cdot 10^3 \, \text{m}^3\,\text{mol}^{-1}\,\text{s}^{-1} \tag{5.61}$$

Für die molare Aktivierungsenergie in einer Arrheniusauftragung von $\ln k_2$ gegen $1/T$ gilt nach Gleichung (5.56a) und (5.57)

$$E_A = RT + RT^2\left(\frac{\partial \ln K^{\neq}_c}{\partial T}\right)_V \tag{5.62}$$

Wir werten die Ableitung nach der Temperatur mit einem vereinfachten Ausdruck für $K^{\neq}_c$ aus, indem wir die Schwingungszustandssummen durch ihre Hochtemperaturnäherung ersetzen. Für z_{vib,H_2} gilt dann beispielsweise:

$$z_{vib,H_2} = \left[1 - \exp(-\Theta_{vib,H_2}/T)\right]^{-1} \approx \frac{T}{\Theta_{vib,H_2}}$$

Für $K^{\neq}_c$ ergibt sich dann

$$K^{\neq}_c = N_A\left(\frac{h^2}{2\pi kT}\right)^{3/2}\left(\frac{m^{\neq}}{m_D m_{H_2}}\right)^{3/2} \cdot \left(\frac{\Theta_{rot,H_2} \cdot \sigma_{H_2}}{\Theta^{\neq}_{rot}}\right) \cdot \frac{\Theta_{vib,H_2} \cdot T^2}{\Theta^{\neq}_{vib}(s) \cdot [\Theta^{\neq}_{vib}(\delta)]^2} \cdot e^{-\Delta\varepsilon^{\neq}_0/kT}$$

so daß man die folgende Temperaturabhängigkeit erhält

$$\ln K^{\neq}_c = \text{const.} + \frac{1}{2}\ln T - \Delta\varepsilon^{\neq}_0/kT$$

Führt man mit dieser Gleichung die Ableitung gemäß Gleichung (5.62) aus, so folgt

$$E_A = \frac{3}{2}RT + N_A\,\Delta\varepsilon^{\neq}_0 = 47,2 \text{ kJ/mol} \stackrel{\wedge}{=} 0,49 \text{ eV} \tag{5.63}$$

Im vorliegenden Beispiel bei 500 K gilt $N_A\,\Delta\varepsilon^{\neq}_0 \gg RT$, so daß man in guter Näherung ansetzen darf: $E_A \approx N_A\,\Delta\varepsilon^{\neq}_0$. Mit dem in (5.61) berechneten Wert für k_2 ergibt sich der folgende Wert des Häufigkeitsfaktors der Arrhenius-Gleichung

$$A = k_2 \cdot \exp\left(\frac{\Delta\varepsilon^{\neq}_0}{kT}\right) = 6,02 \cdot 10^7 \, \text{m}^3\,\text{mol}^{-1}\,\text{s}^{-1}$$

Der berechnete Wert ist etwa doppelt so groß wie der experimentelle. Der Transmissionskoeffizient liegt also für diese Reaktion bei etwa $\kappa \approx 2$. Die Abweichung kann darauf zurückgeführt werden, daß nur der kollineare Stoß betrachtet wurde und die Tunnelwahrscheinlichkeit durch die Aktivierungsbarriere vernachlässigt wird. Letztere führt gerade für den leichten Wasserstoffkern zu einer merklichen Korrektur [siehe beispielsweise MCl 73].

Literaturzitate

[Atk 97] P.W. Atkins, R.S. Friedman, *Molecular Quantum Mechanics*, Oxford University Press, 3. Aufl. 1997.

[Com 95] P. Comba, T.W. Hambley, *Molecular Modeling of Inorganic Compounds*, VCH, Weinheim 1995.

[Göp 94] W. Göpel, Ch. Ziegler, *Struktur der Materie: Grundlagen, Mikroskopie und Spektroskopie*, Teubner, Leipzig 1994.

[Kut 92] W. Kutzelnigg, *Einführung in die theoretische Chemie*, Bände 1 (2. Aufl.) und 2, VCH, Weinheim 1992 bzw. 1978.

[Luc 86] K. Lucas, *Angewandte Statistische Thermodynamik*, Springer, Berlin 1986.

[MCl 73] B.J. McClelland, *Statistical Thermodynamics*, Chapman & Hall, London 1973.

[Wed 97] G. Wedler, *Lehrbuch der physikalischen Chemie*, Wiley-VCH, Weinheim 4. Aufl. 1997.

Weiterführende Literatur zur chemischen Kinetik

R.S. Berry, S.A. Rice, J. Ross, *Physical Chemistry*, Wiley, New York 1980.

S. Glasstone, K.J. Laidler, H. Eyring, *The Theory of Rate Processes*, McGraw-Hill, New York 1941.

J. Keizer, *Statistical Thermodynamics of Nonequilibrium Processes*, Springer, New York 1987.

K.J. Laidler, *Chemical Kinetics*, Harper & Row, New York 1987.

R.D. Levine, R.B. Bernstein, *Molekulare Reaktionsdynamik*, Teubner Verlag, Stuttgart 1991.

6 Kristalline Festkörper

Festkörper wie kondensierte Phasen allgemein zeichnen sich durch die dominierende Rolle der Wechselwirkungen zwischen Atomen, Ionen oder Molekülen aus. Auf den ersten Blick erscheint es daher nicht möglich, einfache statistisch-thermodynamische Betrachtungen mit Einteilchenenergien und -zuständen wie bei den idealen Gasen durchzuführen. Während dies für ungeordnete und vor allem fluide Systeme sicher schwierig wird, läßt die geordnete Struktur kristalliner Feststoffe durchaus Vereinfachungen bei der Berechnung thermodynamischer Eigenschaften zu. Man kann den idealen Kristall als Referenzzustand betrachten und kleine Abweichungen von der geordneten Struktur und darauf basierende Beiträge zur Energie eines Kristalls getrennt behandeln. In diesem Kapitel werden als wichtigste Energiebeiträge Kristallschwingungen, Elektronen und Punktdefekte behandelt. Für die Gitterschwingungen wird im Teilchenbild (analog zum Photonengas) das ideale Phononengas eingeführt. Analoges gilt für thermische Elektronen in Halbleitern. In vielen Fällen lassen sich die hier möglichen Phänomene (Schwingungen, Elektronenbeiträge, ...) näherungsweise getrennt behandeln. Dem entspricht, daß man über geeignete quantenmechanische Näherungsansätze die Gesamtenergie eines Kristalls in eine Summe verschiedener unabhängiger Energiebeiträge separieren kann.

6.1 Energieeigenwerte des Festkörpers

In den Gleichungen (1.81) und (1.82) von Kapitel 1.4.3 war bereits ein Ansatz besprochen worden, der die Energie eines kristallinen Festkörpers näherungsweise als Summe der Energien der Valenz- und Leitungselektronen (E_e) und der Schwingungsbeiträge (E_{vib}) der Atomrümpfe darstellt. Wir wollen den Ansatz hier erweitern. Im allgemeinen Fall werden noch die Nullpunktsenergie E_0 des Kristalls und weitere Korrekturterme berücksichtigt.

$$E_{tot}(\text{krist}) = E_0 + E_{vib} + E_e + \text{„Korrekturterme"} \quad (6.1)$$

Korrekturterme berücksichtigen beispielsweise Plasmonen als Schwingungen der Elektronendichte über den Gesamtkristall, die Bildung angeregter oder gebundener Elektron-Loch-Paare (Excitonen), Spinwellen in magnetischen Substanzen (Magnonen) oder auch gekoppelte Wechselwirkungen zwischen derartigen „Quasiteilchen" wie zum Beispiel die Elektron-Phononkopplung (= kollektive Anregungen des Elektronengases in elektronenleitenden Kristallen)[1]. Wir wollen solche Korrekturterme im folgenden mit einer Ausnahme vernachlässigen, da ihre Beiträge zu den thermodynamischen Funktionen des Festkörpers in der Regel klein sind und da deren gegebenenfalls theoretisch erforderliche Behandlung in formaler Analogie zu den folgenden einfachen Fällen erfolgen kann.

---

[1] Zu Details sei auf Zitate zu diesem Kapitel verwiesen, beispielsweise [Chr 95, Göp 94, Iba 90, Kit 93, Kop 89]

Als wichtige Beiträge berücksichtigen wir die der Schwingungen und der Elektronen, darüber hinaus noch Beiträge durch Gitterfehler (= Punktdefekte), die für $T > 0$ K im Gleichgewicht in jedem Kristall vorhanden sind. Damit folgt aus Gleichung (6.1)

$$E_{\text{tot}} \text{ (krist)} = E_0 + E_{\text{vib}}^{\text{ideal}} + E_e + \Delta E_{\text{def}} = E_{\text{tot}}^{\text{ideal}} + \Delta E_{\text{def}} \tag{6.2}$$

Üblicherweise definiert man die Energie zur Erzeugung von Punktdefekten ΔE_{def} relativ zum ideal-geordneten Kristall. Das Symbol ΔE_{def} stellt daher eine Exzeßenergie dar. Da die Punktdefekte und ihre Umgebung eine eigene Schwingungsstruktur haben, wird der Schwingungsanteil nur auf das ideale Gitter bezogen ($E_{\text{vib}}^{\text{ideal}}$). Dabei wird angenommen, daß die Zahl der Defekte relativ klein ist gegenüber der Zahl der idealen Gitterplätze. Dies ist in Kristallen in der Regel immer erfüllt.

Aus Gleichung (6.2) folgt sofort, daß die kanonische Zustandssumme des Kristalls analog faktorisiert werden kann zu

$$Z_{\text{krist}} = Z_{\text{vib}}^{\text{ideal}} \cdot Z_e \cdot Z_{\text{def}} \cdot e^{-E_0/kT} \tag{6.3}$$

In den folgenden Abschnitten dieses Kapitels werden der Reihe nach die obigen drei Faktoren der Zustandssumme behandelt. Weitere Vereinfachungen zur Berechnung der einzelnen Beiträge zur Zustandssumme sind möglich:

Aus der Faktorisierung der Zustandssumme in Gleichung (6.3) ergibt sich, daß alle daraus ableitbaren thermodynamischen Funktionen wie beispielsweise die innere Energie, die Helmholtz-Energie, die Gibbs-Energie, die Entropie und die Wärmekapazität sich ebenfalls aus entsprechenden Einzelbeiträgen zusammensetzen. Speziell für die Wärmekapazität eines Kristalls kann man also in der Näherung von Gleichung (6.3) schreiben

$$C_{V,\text{m}} = C_{V,\text{vib},\text{m}} + C_{V,e,\text{m}} + C_{V,\text{def},\text{m}}$$

Abbildung 6.1 zeigt typische Beispiele für die Temperaturabhängigkeit der molaren Wärmekapazität (bei konstantem Druck) einiger kristalliner Festkörper. Quantitative Auswertungen zeigen, daß der wesentliche Beitrag zur Wärmekapazität in der Regel von den Gitterschwingungen kommt. Der Beitrag der Elektronen ist nur bei Metallen in der Nähe von $T = 0$ K wesentlich. Der Beitrag der Punktdefekte zur Wärmekapazität spielt vor allem in der Nähe von Phasenumwandlungstemperaturen eine Rolle. Ein Beispiel ist die Wärmekapazität des Silberiodids in Abbildung 6.1.

Nach dem Gleichverteilungssatz (vergleiche Kapitel 4.5) erwartet man für die molare Wärmekapazität $C_{V,\text{m}}$ bei höheren Temperaturen entsprechend der Zahl der Schwingungsfreiheitsgrade einen konstanten Wert von $3zR$, wobei z die Anzahl der Atome pro Formeleinheit ist (bei AgI beispielsweise $z = 2$). Dieses Ergebnis wird auch als **Dulong-Petit-** beziehungsweise **Neumann-Kopp-Regel** bezeichnet. Bei tieferen Temperaturen muß die Wärmekapazität des Kristalls abnehmen, da nicht mehr alle Normalfrequenzen anregbar sind. Für $T \to 0$ K wird die molare Wärmekapazität in jedem Fall gegen Null gehen. Experimentell wird bei Feststoffen in der Regel $C_{p,\text{m}}$, also die Molwärme bei konstantem Druck, bestimmt. Sie ist geringfügig größer als $C_{V,\text{m}}$. Für die Differenz gilt (siehe Übersicht A.2 im Anhang)

$$C_{p,\text{m}} - C_{V,\text{m}} = T\,V_\text{m}\,\frac{\alpha_p^2}{\kappa_T} \tag{6.4}$$

6.1 Energieeigenwerte des Festkörpers

In vielen Fällen läßt sich für diese Differenz eine lineare Temperaturabhängigkeit ansetzen gemäß [vergleiche Wei 83, Seiten 246ff]

$$C_{p,m} - C_{V,m} = c_1 + c_2 \cdot T$$

Die Konstante c_1 ist dabei in der Regel sehr klein. Der geringfügige Unterschied zwischen $C_{p,m}$ und $C_{V,m}$ ist verantwortlich dafür, daß die experimentellen Werte in Abbildung 6.1 für Temperaturen von der Vorhersage des Gleichverteilungssatzes abweichen. Im Bereich nahe $T = 0$ K zeigt speziell die bei Metallen gemessene molare Wärmekapazität näherungsweise folgende Temperaturabhängigkeit

$$C_{p,m} \approx C_{V,m} = aT^3 + bT \tag{6.5}$$

Wir werden in den nächsten Abschnitten sehen, daß sich der T^3-Term auf die Gitterschwingungen (Phononenbeitrag) zurückführen läßt, während der lineare Term den Beitrag der Leitungselektronen von Metallen darstellt und bei Isolatoren und Halbleitern fehlt.

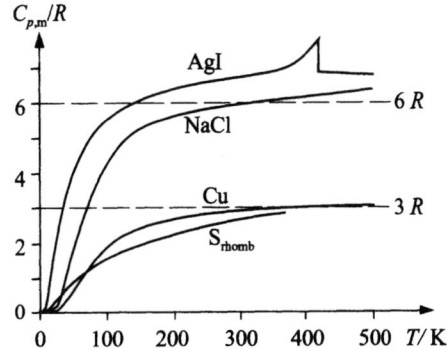

Abbildung 6.1 Experimentell bestimmte molare Wärmekapazitäten $C_{p,m}$ einiger Elemente und binärer Verbindungen als Funktion der Temperatur [Daten aus Wei 83, Hel 88 sowie aus Bar 89]: nach dem Gleichverteilungssatz wird für die molare Wärmekapazität $C_{V,m}$ bei konstantem Volumen bei Elementen der Wert $3R$ und bei binären Verbindungen mit zweiatomiger Summenformel $6R$ erwartet. Aus den experimentellen Werten für $C_{p,m}$ sind nach Gleichung (6.4) Werte für $C_{V,m}$ berechenbar. Für Natriumchlorid liegen die so erhältlichen Zahlenwerte für $C_{V,m}$ bei 200 K um etwa 3% und bei 400 K um etwa 8% unter dem experimentellen Wert für $C_{p,m}$, so daß sich bereits bei 500 K eine sehr gute Übereinstimmung mit dem Gleichverteilungssatz ergibt. Für Silberiodid tritt in der Nähe der Phasenumwandlung $\alpha \to \beta$ (bei etwa 420 K) eine erhöhte Wärmekapazität auf, aufgrund der drastisch zunehmenden Defektkonzentration (Fehlordnung) des Silberuntergitters: in der Hochtemperaturphase kann man das Silberuntergitter als quasi-geschmolzen betrachten. Der Verlauf für Schwefel weicht beträchtlich ab von dem für einfache Elementkristalle wie Kupfer. Hier macht sich die molekulare Struktur der Schwefelringe bemerkbar, deren intramolekulare Schwingungen lokalisiert und gegenüber typischen Kristallschwingungen erst bei höheren Temperaturen anregbar sind.

6.2 Gitterschwingungen und Frequenzverteilung in geordneten Kristallen

Einen ideal geordneten Kristall kann man hinsichtlich der Schwingungen der Atome analog wie ein Molekül behandeln. Durch Übergang zu Normalkoordinaten erhält man in der harmonischen Näherung (vergleiche Kapitel 1.4.3 und Anhang C) die Schwingungsenergie E_{vib} aus der Summe über die Energieeigenwerte der einzelnen Oszillatoren:

$$E_{vib} = \sum_{i=1}^{3N-6} h\nu_i \left(v_i + \frac{1}{2}\right) \tag{6.6}$$

Somit kann auch die Schwingungszustandssumme eines kristallinen Festkörpers faktorisiert werden. Bei Wahl der Energie des Schwingungsgrundzustands als Energienullpunkt ergibt sich

$$Z_{vib} = \prod_{i=1}^{3N-6} z_{vib}(\nu_i, T) = \prod_{i=1}^{3N-6} \frac{1}{1 - \exp(-\Theta_{vib,i}/T)} \tag{6.7}$$

Ganz analog wie bei den Molekülschwingungen besteht die Schwingungszustandssumme eines idealen Kristalls aus den Faktoren $z_{vib}(\nu_i, T)$ für Zustandssummen einzelner Oszillatoren. Das Problem der Bestimmung von Z_{vib} ist aber damit noch nicht gelöst. Zunächst ist zu bemerken, daß die Zahl $3N-6$ ($\approx 3N$) der Normalschwingungen für übliche Teilchenzahlen in makroskopischen Festkörpern (typisch $N \approx 10^{20}$–10^{23}) extrem groß ist. Man wird also die an sich diskrete Frequenzverteilung besser durch eine kontinuierliche Frequenzdichte $D(\nu)$ beschreiben. Solche Frequenzdichtefunktionen lassen sich aus Messungen der Neutronenstreuung an Einkristallen ermitteln [siehe z.B. Ash 81, Wei 83, Kit 93].

Abbildung 6.2 zeigt als Beispiel die experimentell bestimmte Frequenzdichte der Gitterschwingungen von Aluminium. Wie ersichtlich ist der Verlauf keine einfache Funktion der Frequenz. Die Schwingungszustandssumme Z_{vib} kann mit der experimentellen Frequenzdichte $D(\nu)$ numerisch ausgewertet werden. Um dies plausibel zu machen, gehen wir zum Logarithmus von Z_{vib} über, in dem die Beiträge einzelner Normalschwingungen sich addieren. Wenn $D(\nu)d\nu$ die Zahl der Normalschwingungen im Frequenzintervall $[\nu, \nu + d\nu]$ ist, gilt mit z_{vib} als Teilchenzustandssumme eines einzelnen harmonischen Oszillators (siehe Gleichung (4.18)) für die Helmholtz-Energie

$$\frac{A_{vib}}{kT} = -\ln Z_{vib} = -\sum_{i=1}^{3N-6} \ln[z_{vib}(\nu_i)] \approx -\int_0^\infty \ln[z_{vib}(\nu)] D(\nu) \, d\nu \tag{6.8}$$

Die Gesamtzahl der Normalfrequenzen ist $3N-6 \approx 3N$. Die Frequenzdichtefunktion ist also normiert, wenn die folgende Beziehung gilt

$$3N = \int_0^\infty D(\nu) d\nu \tag{6.9}$$

6.2 Gitterschwingungen und Frequenzverteilung in geordneten Kristallen 195

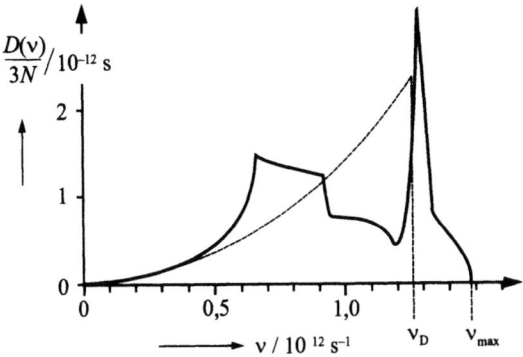

Abbildung 6.2 Frequenzdichte $D(\nu)$ der Normalschwingungen für festes Aluminium [nach Wal 56]: die gestrichelte Kurve gibt den berechneten Verlauf nach der Debye-Näherung wieder, die in Abschnitt 6.4 behandelt wird.

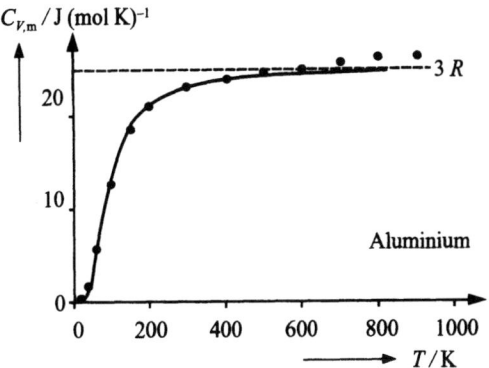

Abbildung 6.3 Wärmekapazität von Aluminium als Funktion der Temperatur: • experimentelle Werte für $C_{p,m}$; — Verlauf für $C_{V,m}$ ermittelt aus dem experimentellen Ergebnis für $D(\nu)$ (siehe Abbildung 6.2).

Für die Wärmekapazität des Aluminiums ergibt sich über die entsprechende Auswertung der Zustandssumme nach Gleichung (6.8) die in Abbildung 6.3 dargestellte Temperaturabhängigkeit. Der Verlauf der Funktion $C_{V,m}(T)$ in Abbildung 6.3 ist dem Ergebnis für einen einzelnen harmonischen Oszillator sehr ähnlich (vergleiche $C_{V,m}(T)$ in Übersicht 4.2). Dies läßt bereits vermuten, daß trotz der komplexen Form von $D(\nu)$ eine vereinfachte Betrachtung möglich sein muß[2].

Eine theoretische Berechnung der Frequenzverteilung $D(\nu)$ (Schwingungsspektrum) ist für einen gegebenen Kristall tatsächlich näherungsweise möglich, wenn man vereinfachende Annahmen zu den Wechselwirkungen der Atome einführt. Wünschenswert ist ein analytischer Ausdruck mit wenigen materialspezifischen Parametern für die Frequenzdichte $D(\nu)$, so daß die Auswertung der Schwingungszustandssumme vereinfacht wird. Entsprechende Modelle behandeln wir in den nächsten bei-

---

[2]Tatsächlich ergibt ein Vergleich der Frequenzdichtefunktionen verschiedener kristalliner Materialien im Bereich niedriger Frequenzen in guter Näherung immer eine Zunahme der Frequenzdichte mit dem Quadrat der Frequenz. Niedrige Frequenzen entsprechen großen Wellenlängen, bei denen die atomistische Struktur nicht mehr die wesentliche Rolle spielt und sich der Kristall wie ein strukturloses Kontinuum verhält. Da vor allem bei mäßigen Temperaturen nur die niedrigen Schwingungsfrequenzen nennenswert angeregt werden, ist eine sehr ähnliche Temperaturabhängigkeit der Wärmekapazitäten verschiedener Feststoffe zu erwarten, die sich mit wenigen Parametern beschreiben läßt.

den Abschnitten. Exkurs 6.1 illustriert Modelle, Eigenschaften und Begriffe im Zusammenhang mit der Frequenzdichtefunktionen kristalliner Stoffe.

Exkurs 6.1 Einfache Modelle für Frequenzspektrum und Frequenzdichte

Für eine lineare periodische Anordnung von Atomen (eindimensionaler Kristall, Abbildung 6.4) kann man die Frequenzdichtefunktion mit vereinfachenden Annahmen berechnen. Bereits an diesem einfachen Beispiel lassen sich wichtige Eigenschaften der Gitterschwingungen diskutieren. Im Modell wird die Wechselwirkung auf nächste Nachbarn beschränkt, und es sollen zunächst nur die longitudinalen Schwingungsmoden betrachtet werden (Abbildung 6.4). Die Wechselwirkungsenergie wird proportional zum Quadrat des Abstands benachbarter Atome angesetzt (Hooke'sches Gesetz). Die Atome seien mit Indizes s bezeichnet. Ihre Gleichgewichtsposition x_s^{eq} in der linearen Kette ist ein Vielfaches des Atomabstands a: $x_s^{eq} = sa$. Mit $x_s = x_s^{eq} + \Delta x_s$ sei die tatsächliche Position eines einzelnen Atoms s bezeichnet (siehe Abbildung 6.4). Als Wechselwirkung eines einzelnen Atoms s mit seinen nächsten Nachbarn $s+1$ und $s-1$ wird eine abstandsabhängige Abstoßungskraft angenommen. Für die Wechselwirkungsenergie des betrachteten Atoms s folgt dann mit f als Kraftkonstante[3].

$$\varepsilon_{\text{vib},s} = \frac{f}{2} \cdot (x_{s-1} - x_s)^2 + \frac{f}{2} \cdot (x_{s+1} - x_s)^2 \tag{6.10}$$

Als Bewegungsgleichung für ein Atom s ergibt sich daraus

$$m \frac{d^2 x_s}{dt^2} = -f \cdot (2x_s - x_{s+1} - x_{s-1}) \tag{6.11}$$

mit der Lösung

$$x_s = x_s^{eq} + \Delta x_s^\circ \exp(i 2\pi \nu t) \exp(i k s a) \qquad s = 1, 2, 3, \ldots N \tag{6.12}$$

oder für die Verschiebung relativ zu den Gleichgewichtspositionen

$$\Delta x_s = x_s - x_s^{eq} = \Delta x_s^\circ \exp(i 2\pi \nu t) \exp(i k s a) \tag{6.13}$$

Einsetzen von (6.12) oder (6.13) in Gleichung (6.11) ergibt

$$\nu^2 = \frac{f}{4\pi^2 m} \left[2 - \left(e^{ika} + e^{-ika} \right) \right] = \frac{f}{4\pi^2 m} [2 - 2\cos ka] \tag{6.14}$$

Mit $1 - \cos ka = 2\sin^2(ka/2)$ folgt dann die Dispersionsrelation der Gitterschwingungen des eindimensionalen Kristalls, die die Abhängigkeit der Frequenz ν von der Wellenlänge λ beziehungsweise der Wellenzahl $k = 2\pi/\lambda$ beschreibt:

$$\nu = \frac{1}{\pi} \left(\frac{f}{m} \right)^{1/2} \sin\left(\frac{\pi a}{\lambda} \right) = \frac{1}{\pi} \left(\frac{f}{m} \right)^{1/2} \sin\left(\frac{ka}{2} \right) \tag{6.15}$$

---

[3]In diesem Abschnitt wird das Symbol f für die Kraftkonstanten verwendet, um Verwechslungen mit der Wellenzahl zu vermeiden.

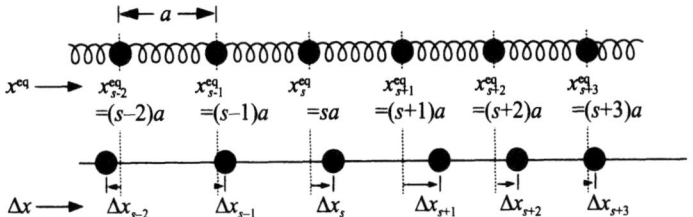

Abbildung 6.4 Modell für die longitudinalen Schwingungen eines eindimensionalen Kristalls: a) Atomkette mit äquidistanten Gleichgewichtspositionen und abstandsabhängigen Rückstellkräften, b) longitudinale Auslenkungen Δx_s.

Dieses Ergebnis ist zunächst unabhängig von der Länge der Atomkette und würde beliebig große Wellenlängen zulassen. Wir müssen aber von einer endlichen Atomzahl N in realen Kristallen ausgehen. In einem solchen Fall gibt es eine größte sinnvolle Wellenlänge, wenn die Länge $L = (N-1)a \approx Na$ ($N \gg 1$) des eindimensionalen Kristalls genau eine Wellenlänge darstellt:

$$\lambda_{\max} = L = Na \tag{6.16}$$

Auf der anderen Seite ist die kleinste sinnvolle Wellenlänge gegeben, wenn die direkt benachbarten Atome jeweils gegenphasig schwingen. Mit a als Abstand benachbarter Atome gilt

$$\lambda_{\min} = 2a \tag{6.17}$$

Wellenlängen kleiner als $2a$ sind sinnlos, da dieselben Atomschwingungen sich jeweils auch mit einer größeren Wellenlänge $\lambda > 2a$ beschreiben lassen (Beispiel: $\lambda = a/2$ ergibt die gleichen Atombewegungen wie $\lambda = 2a$). Darüber hinaus ist die Zahl der Schwingungsmoden und damit die Zahl möglicher Werte der Wellenzahlen durch Randbedingungen beschränkt. Die Atomkette als Ganzes muß bei der Schwingung einen festen Schwerpunkt aufweisen (andernfalls sind Anteile der Translation beziehungsweise Rotation des Kristalls enthalten). Daraus folgt, daß die beiden endständigen Atome gegenphasig schwingen müssen. Abbildung 6.5a zeigt, daß die durchgezogenen Wellenzüge auf Grund dieser Bedingung an den Enden der Atomkette einen Nulldurchgang zeigen. Für eine genügend große Atomzahl, kann man diese Randbedingung formal auch durch die zyklische Randbedingung der kreisförmigen Kristallkette in Abbildung 6.5b ersetzen, bei der die beiden Enden der Atomkette verbunden sind. In diesem kreisförmigen Kristall sind nur stehende Wellen möglich, so daß die möglichen Lösungen aus Gleichung periodisch über Vielfache der Länge Na des Kristalls sein müssen. Für die ortsabhängigen Phasenfaktoren in Gleichung (6.13) muß gelten[4]

$$e^{ika} = e^{ika(N+1)} \longrightarrow 1 = e^{ikaN} \longrightarrow kaN = 2\pi n$$

$$\text{mit} \quad n = \pm 1, \pm 2, \ldots, \pm N/2 \tag{6.18}$$

Es folgt daraus, daß k insgesamt N äquidistante Werte annehmen kann. Dies entspricht N möglichen longitudinalen Normalschwingungen. Die Steigung $d\nu/dk$ der Dispersionskurve in Abbildung 6.6 ist proportional zur Fortpflanzungsgeschwindigkeit c_s (= Schallgeschwindigkeit) der longitudinalen Schwingungsmode. Für diese Geschwindigkeit folgt aus Gleichung (6.15)

$$c_s = \frac{d\nu}{d(1/\lambda)} = 2\pi \frac{d\nu}{dk} = a \cdot \left[\frac{f}{m}\right]^{1/2} \cdot \cos(ka/2) \tag{6.19}$$

---

[4] $e^{ix} = \cos x + i \sin x \rightarrow e^{i(x+2\pi n)} = e^{ix}$ für ganzzahliges n

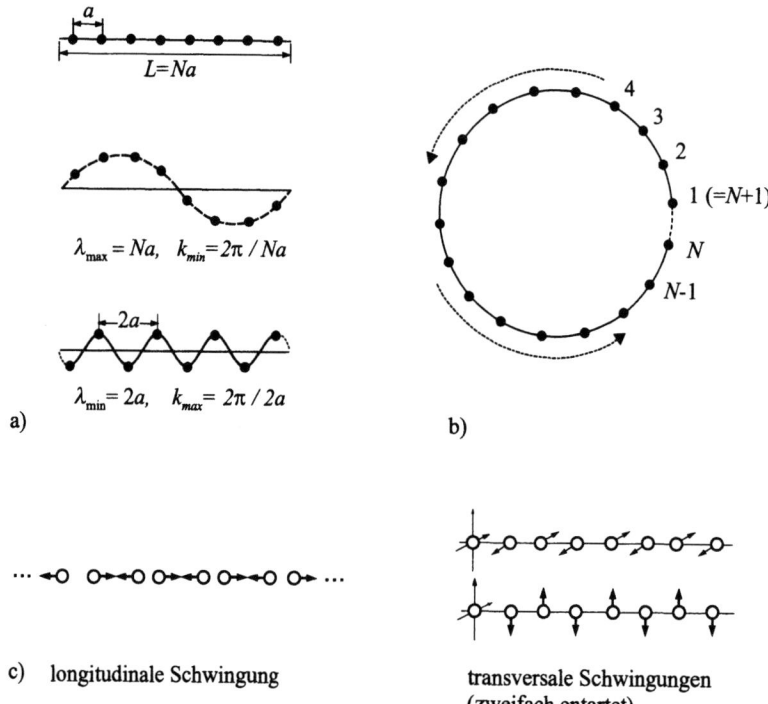

Abbildung 6.5 a) Kleinste und größte Wellenlänge in einer endlichen linearen Atomkette (hier für transversale Schwingungen), b) Anwendung periodischer Randbedingungen bei der Lösung der Schwingungsgleichungen einer endlichen Atomkette, c) longitudinale und zweifach entartete transversale Schwingungsformen der linearen Atomkette.

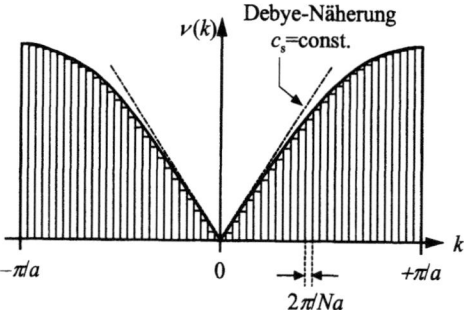

Abbildung 6.6 Dispersionskurve $\nu(k)$ für die longitudinalen Schallschwingungen einer linearen Atomkette mit $N = 56$ Atomen, die über Federkräfte miteinander wechselwirken. a ist der Gleichgewichtsabstand zweier benachbarter Atome. Bei niedrigen Frequenzen sind die beiden Äste der Dispersionskurve praktisch linear, was einer konstanten Schallgeschwindigkeit entspricht.

6.2 Gitterschwingungen und Frequenzverteilung in geordneten Kristallen

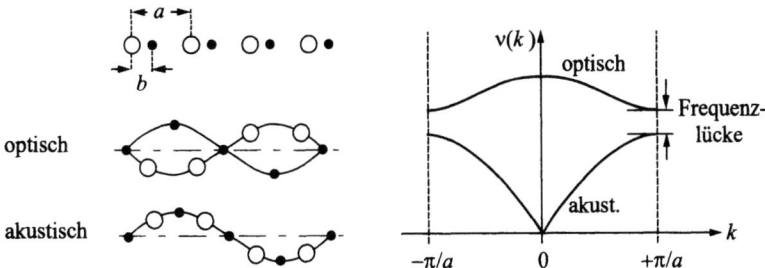

Abbildung 6.7 Lineare Atomkette mit zwei Atomsorten: es lassen sich optische und akustische Schwingungsmoden unterscheiden je nachdem, ob die beiden Atomsorten in Phase (akustische Schwingungsmoden) oder gegenphasig (optische Schwingungsmoden) schwingen. In der Dispersionsbeziehung findet man einen akustischen und einen optischen Zweig mit deutlich anderem Verlauf. Die akustischen Schwingungen liegen im Bereich kleiner Frequenzen, die für die thermische Anregung und damit Energie und Wärmekapazität des Festkörpers wesentlich sind. Zwischen optischen und akustischen Dispersionskurven liegt eine Frequenzlücke, die umso größer ist, je mehr sich die beiden Atommassen unterscheiden.

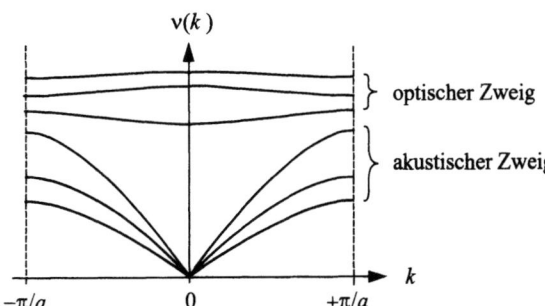

Abbildung 6.8 Dispersionskurve $\nu(k)$ für Schwingungen in einem dreidimensionalen Kristallgitter mit zweiatomiger Basis entlang einer Raumrichtung.

Gleichung (6.19) zeigt zwei charakteristische Grenzfälle: für sehr kleine Wellenzahlen (entspricht großen Wellenlängen), ist die Cosinusfunktion praktisch gleich Eins und man erhält eine konstante Schallgeschwindigkeit $c_s(ka \ll 1) = a(f/m)^{1/2}$. Dies ist die in Abbildung 6.6 als Debye-Näherung bezeichnete Gerade. Auf der anderen Seite wird der Wert der Cosinusfunktion für $k = \pi/a$ gleich Null, so daß für diesen Wert keine Schallausbreitung mehr erfolgen kann. Die zugehörige Wellenzahl entspricht der kleinsten sinnvollen Wellenlänge $\lambda = 2a$ aus Gleichung (6.17). Benachbarte Atome schwingen dabei gegenphasig (siehe Abbildung 6.5a).

Neben der longitudinalen Schwingung können die Atome in der linearen Kette auch transversale Schwingungen in y- und z-Richtung senkrecht zur Atomkette ausführen (Vergleich Abbildung 6.5). Zwei unabhängige transversale Schwingungsrichtungen sind möglich. Für die lineare Atomkette sind sie miteinander entartet. Für sie gibt die quantitative Behandlung zu den Gleichungen (6.15) und (6.19) analoge Ausdrücke, der sich allerdings in der Kraftkonstanten unterscheidet. Es gibt also für die lineare Atomkette eine Aufspaltung der Dispersionsbeziehung in insgesamt drei Kurven.

In ähnlicher Weise kann man für eine Kette mit zwei verschiedenen Atomsorten eine Dispersionsrelation ableiten. Abbildung 6.7 zeigt das Ergebnis für eine der beiden transversalen Schwingungsrichtungen. Es existieren N mögliche Wellenzahlen, wobei N hier die Anzahl der Atompaare ist. Zu jeder Wellenzahl gibt es zwei Normalschwingungsfrequenzen. Die eine gehört zum sogenannten optischen, die andere zum akustischen Zweig.

Für einen dreidimensionalen Elementkristall erhält man das gleiche Ergebnis, wenn man die Ausbreitung ebener Schallwellen in einer bestimmten Raumrichtung betrachtet (Abbildung 6.8). Eine genauere Analyse muß die Richtungsabhängigkeit der Dispersionsrelation bei dreidimensionalen Kristallen berücksichtigen und kann daher recht komplex werden. Abbildung 6.9 zeigt das Ergebnis einer Auswertung für festes Blei. Gezeigt sind die (alle Raumrichtungen zusammenfassenden) Frequenzdichtefunktionen $D(\nu)$ aufgetrennt nach transversalen (T_1, T_2) und longitudinalen (L) Schwingungen und die resultierende Gesamtfrequenzdichte.

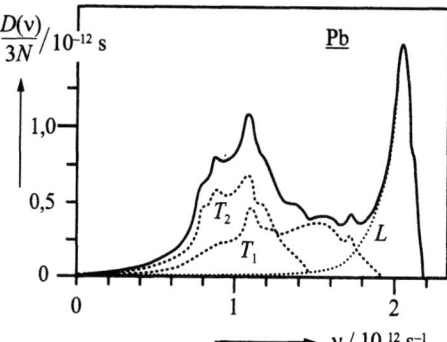

Abbildung 6.9 Frequenzdichteverteilung der Schallschwingungen in festem Blei: gezeigt sind die Beiträge der beiden transversalen (T_1, T_2) und der longitudinalen (L) Schwingungen sowie die gesamte Frequenzdichte $D(\nu)$.

6.3 Einstein-Modell der Gitterschwingungen

Das einfachstmögliche Modell für Festkörperschwingungen ergibt sich, wenn man annimmt, daß jedes Atom in einem parabolischen Potential $\varepsilon_{\text{pot}} = \frac{1}{2} f \cdot (x - x_{\text{eq}})^2$ um seine Gleichgewichtsposition x_{eq} schwingt. Dieses Modell für Festkörperschwingungen wurde von Einstein 1907 erstmals zur Herleitung der Schwingungszustandssumme verwendet (vergleiche Abbildung 6.10). Alle Atome haben in diesem Modell die gleiche Grundschwingungsfrequenz ν_E. Gleichbedeutend ist, daß man die Frequenzdichtefunktion $D(\nu)$ als δ-Funktion ansetzt[5]

$$D_E(\nu) = 3N \cdot \delta(\nu - \nu_E)$$

Für den dreidimensionalen Fall hat jedes Atom demnach drei gleiche Grundschwingungsfrequenzen. Im **Einstein-Modell** wird also ein Kristall mit N Atomen als ein System von $3N$ unabhängigen harmonischen Oszillatoren behandelt. Mit der charakteristischen Temperatur

$$\Theta_E = \frac{h\nu_E}{k} \tag{6.20}$$

---
[5]Eigenschaften der δ-Funktion: $\int_{-\infty}^{+\infty} \delta(x)\,dx = 1$, $\delta(|x|\neq 0) = 0$

6.3 Einstein-Modell der Gitterschwingungen

ergibt sich für die Schwingungszustandssumme (der Nullpunkt der Energieskala ist auf die Energie des Grundschwingungsniveaus bezogen)

$$Z_{\text{vib}}(N,T) = [z_{\text{vib}}(\nu_E)]^{3N} = \left[\frac{1}{1 - e^{-\Theta_E/T}}\right]^{3N} \tag{6.21}$$

wobei Z_{vib} explizit eine Funktion von Temperatur und Teilchenzahl ist. Für hohe Temperaturen kann man die Hochtemperaturnäherung aus Gleichung (4.22) anwenden und erhält den einfachen Ausdruck

$$Z_{\text{vib}}(N,T) = \left[\frac{T}{\Theta_E}\right]^{3N} \qquad \text{für } T \gg \Theta_E \tag{6.22}$$

Einsetzen von Gleichung (6.21) in die Ausdrücke für die thermodynamischen Funktionen Gleichung (2.58) und Gleichung (2.54) ergibt

$$A = 3NkT \ln(1 - e^{-\Theta_E/T}) \tag{6.23}$$

$$U = 3Nk\Theta_E (e^{\Theta_E/T} - 1)^{-1} \tag{6.24}$$

$$C_V = \left(\frac{\partial U}{\partial T}\right)_{V,N} = 3Nk \left(\frac{\Theta_E}{T}\right)^2 \cdot \frac{e^{\Theta_E/T}}{(e^{\Theta_E/T} - 1)^2} \tag{6.25}$$

Diese Ausdrücke enthalten mit Θ_E nur einen einzigen materialspezifischen Parameter. Die Temperatur T kommt in (6.25) nur als Quotient Θ_E/T vor, so daß im Einstein-Modell die Wärmekapazität eine universelle Funktion der reduzierten Temperatur T/Θ_E darstellt. Das Volumen V geht indirekt nur über die Schwingungsfrequenz ν_E und deren Dichteabhängigkeit ein.

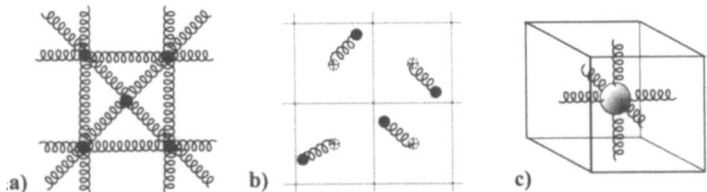

Abbildung 6.10 Vereinfachte Modelle zur Betrachtung der Normalschwingungen im kristallinen Festkörper mit einer Atomsorte: a) Die Schwingungen der einzelnen Atome sind stark gekoppelt. Eine genaue Herleitung wird eine Frequenzdichteverteilung $D(\nu)$ ergeben, die von den Massen der Atome, ihren Wechselwirkungen und der Struktur des Kristalls abhängt. b) Die einfachst mögliche Näherung ist, daß man die Kopplung zwischen den Atomen vernachlässigt. Jedes Atom schwingt dann in seiner Zelle unabhängig von den anderen Atomen um seine Gleichgewichtsposition (Einstein-Näherung). c) Das Ergebnis ist, daß alle Atome die gleiche Grundschwingungsfrequenz haben. Pro Atom gibt es drei entartete Normalschwingungen entsprechend den drei Raumrichtungen. Diese grobe Näherung ist nur für kubische Kristallsymmetrien sinnvoll.

Die Dichteabhängigkeit resultiert aus der geringfügigen Anharmonizität der realen Wechselwirkung zwischen nächsten Nachbarn. Mit höherer Temperatur werden zunehmend höhere Schwingungsniveaus angeregt. Da die tatsächliche Wechselwirkungskurve von einer quadratischen Abstandsabhängigkeit mit höherer Energie zunehmend abweicht, ändern sich sowohl der mittlere Abstand benachbarter Atome als auch die Kraftkonstante und damit die Schwingungsfrequenz. Die Vergrößerung des Teilchenabstands bewirkt die thermische Ausdehnung des Kristalls, die parallele Änderung der Kraftkonstanten führt dabei zu einer Verringerung der Einstein-Temperatur mit steigender Temperatur.

Betrachtet man das Verhalten der Wärmekapazität C_V nach dem Einstein-Modell für *hohe Temperaturen* ($T \to \infty$), so kann man wegen $T \gg \Theta_E$ beziehungsweise $x = \Theta_E/T \ll 1$ die Exponentialfunktionen in Gleichung (6.25) gemäß Anhang B.2 in eine Taylor-Reihe und vernachlässigt man quadratische und höhere Glieder der Reihe, so ergibt sich für **hohe Temperaturen** das **Dulong-Petitsche Gesetz**:

$$C_{V,\text{vib},m}(T \gg \Theta_E) = 3N_A k \frac{x^2 e^x}{(e^x - 1)^2}$$

$$\approx 3N_A k \frac{x^2(1 + x + \ldots)}{(1 + x + \ldots - 1)^2} \approx 3N_A k = 3R \quad (6.26)$$

Im anderen Grenzfall für **tiefe Temperaturen** ($T \to 0$) gilt $T \ll \Theta_E$ beziehungsweise $x \gg 1$. Man kann im Nenner der Gleichung (6.25) „-1" vernachlässigen:

$$C_{V,\text{vib},m}(T \to 0) \approx \frac{3N_A k x^2}{e^x} = \frac{3N_A k (\Theta_E/T)^2}{e^{\Theta_E/T}} \longrightarrow 0 \quad (6.27)$$

Für große x wird die Exponentialfunktion im Nenner wesentlich schneller zunehmen als der Faktor x^2 im Zähler. Für $T \to 0$ geht C_V somit gegen Null im Einklang mit der Erfahrung aus Experimenten. Allerdings sagt Gleichung (6.27) für $T \to 0$ einen exponentiellen Abfall von $C_{V,\text{vib}}$ proportional zu $\exp(-\Theta_E/T)$ vorher, während experimentell jedoch ein Potenzgesetz proportional zu T^3 gefunden wird.

Exkurs 6.2 Dampfdruck eines festen Metalls nach dem Einstein-Modell

Das einfache Einstein-Modell des Festkörpers erlaubt eine näherungsweise Berechnung des Dampfdrucks eines festen Metalls (Sublimationsdruckkurve). Wir gehen dazu vom Gleichgewicht zwischen dem festen Metall Me$_{(s)}$ und seinem aus Me-Einzelatomen bestehenden Gas aus:

$$\text{Me}_{(s)} \rightleftharpoons \text{Me}_{(g)} \quad (6.28)$$

Im Gleichgewicht müssen die beiden chemischen Potentiale in Gasphase und festem Metall gleich sein:

$$\mu_{\text{Me}}^{g} = \mu_{\text{Me}}^{s} \quad (6.29)$$

6.3 Einstein-Modell der Gitterschwingungen

Für das chemische Potential des Gases gilt nach den Gleichungen (3.34) und (3.36) mit ε_0^g als Energie eines ruhenden Gasatoms

$$\mu_{Me}^g = \mu_{Me}^{\circ,g} + kT \ln \frac{p_{Me}}{p^\circ} = \varepsilon_0^g - kT \ln \frac{z_{Me}^g/V}{p^\circ/kT} + kT \ln \frac{p_{Me}}{p^\circ} \tag{6.30}$$

Für das chemische Potential des festen Metalls ergibt sich unter Benutzung von $A = -kT \ln Z$ und Gleichung (6.21) für Z_{vib} im Einstein-Modell

$$\mu_{Me}^s = \left(\frac{\partial A}{\partial N_s}\right)_{T,V} = -3kT \ln z_{vib}(\nu_E, T) + \varepsilon_0^s \tag{6.31}$$

ε_0^s ist die Nullpunktsenergie eines Atoms[6]. Setzt man (6.30) und (6.31) in (6.29) ein und löst nach dem Logarithmus des Dampfdrucks auf, so folgt

$$\begin{aligned}
\ln p_{Me} &= -\frac{\varepsilon_0^g - \varepsilon_0^s}{kT} + \ln \frac{kT\, z_{Me}^g}{V} - \ln z_{vib}^3 \\
&= -\frac{\varepsilon_0^g - \varepsilon_0^s}{kT} + \ln \left[g_e \left(\frac{2\pi m_{Me}}{h^2}\right)^{3/2} \cdot (kT)^{5/2} \left(1 - e^{-\theta_E/T}\right)^3 \right] \\
&= -\frac{\varepsilon_0^g - \varepsilon_0^s}{kT} - \frac{1}{2} \ln T + \ln \left[g_e \frac{(2\pi m_{Me} \nu_E^2)^{3/2}}{k^{1/2}} \right]
\end{aligned} \tag{6.32}$$

Dabei wurden im zweiten Schritt die expliziten Ausdrücke für die Teilchenzustandssummen aus den Gleichungen (6.21) und (3.12) eingesetzt (letztere unter Berücksichtigung des elektronischen Entartungsfaktors g_e). Die dritte Zeile resultiert aus der Anwendung der Hochtemperaturnäherung für die Schwingungszustandssumme nach Gleichung (6.22). Die Differenz $\varepsilon_0^g - \varepsilon_0^s$ der beiden Nullpunktsenergien ist gleich der Sublimationsenergie extrapoliert auf 0 K. Empirische Beziehungen für den Dampfdruck von festen Elementen als Funktion der Temperatur zeigen nahezu dieselbe Temperaturabhängigkeit wie die hier hergeleitete Gleichung (6.32). Eine häufige Form der Tabellierung experimentell erhaltener Werte ist die Angabe der Konstanten A, B und C des folgenden empirischen Ausdrucks für die Temperaturabhängigkeit:

$$\log \frac{p_{Me}}{1\text{ bar}} = A + \frac{B}{T} + C \log T \tag{6.33}$$

In manchen Fällen muß noch ein Term mit T^3 hinzugenommen werden. Für festes Cadmium ergeben sich beispielsweise die folgenden Werte für die Konstanten: $A = 6{,}018$ bar, $B = -5799$ bar K und $C = 0$ bar [Hud 96]. Bei 550 K ist der Dampfdruck des festen Cadmiums demnach $p_{Cd} = 2{,}98 \cdot 10^{-5}$ bar. Mit der Sublimationsenergie 113 kJ mol^{-1} bei 0 K, der Molmasse 112,4 g mol^{-1} und der Einstein-Temperatur $\theta_E(Cd) = 128$ K führt die statistische Berechnung mit Gleichung (6.32) auf den Wert $7{,}14 \cdot 10^{-5}$ bar (der elektronische Entartungsfaktor für Cd-Atome in der Gasphase ist $g_e = 1$). Dies ist in Anbetracht des stark vereinfachten Modells schon eine recht gute Übereinstimmung.

---

[6] ε_0^s enthält allerdings nicht nur die Nullpunktsenergie der Oszillatoren nach dem Einstein-Modell, sondern auch die Energie der Leitungselektronen des Metalls. Wie in Abschnitt 6.7 gezeigt wird, ist die Energie der Elektronen in einem Metall auf Grund ihrer Entartung praktisch temperaturunabhängig (vergleiche auch Kapitel 3.7).

6.4 Debye-Modell der Gitterschwingungen

Debye hat eine gegenüber dem Einstein-Modell verbesserte Näherung für die Frequenzdichte $D(\nu)$ eines kristallinen Feststoffs hergeleitet. Dabei wird berücksichtigt, daß die einzelnen Atome nicht unabhängig voneinander schwingen, sondern gekoppelte Schwingungen zeigen. Dadurch entsteht ein charakteristisches Frequenzspektrum von unabhängigen Normalschwingungsmoden (falls die potentielle Energie sich durch einen Ansatz beschreiben läßt, der nur die Quadrate der Atomabstände enthält → **harmonische Schwingungen**). Bei den Normalschwingungen in Kristallen gibt es im Gegensatz zu Molekülen Normalschwingungsfrequenzen bis nahezu Null (siehe Exkurs 6.1). Schwingungen mit geringen Frequenzen nahe Null entsprechen nach Gleichung (1.74) harmonischen Oszillatoren mit geringem Abstand der aufeinanderfolgenden Energieniveaus. Nach dem Boltzmannschen Verteilungssatz können bei solchen niederfrequenten Oszillatoren angeregte Schwingungszustände schon bei sehr tiefen Temperaturen besetzt werden und zur Wärmekapazität beitragen.

Insbesondere bei niedrigen Frequenzen findet man experimentell für die meisten kristallinen Stoffe eine quadratische Abhängigkeit der Frequenzdichte von der Frequenz: $D(\nu) \approx \text{const.} \cdot \nu^2$. Bei höheren Frequenzen gibt es aber in der Regel eine ganz andere Frequenzabhängigkeit mit Maxima und Minima der Frequenzdichte (siehe Abbildung 6.11). Da die Normalschwingungen mit höheren Frequenzen jedoch erst bei recht hohen Temperaturen anregbar sind, werden die Schwingungen mit kleinen Frequenzen bei niedrigen Temperaturen die Wärmekapazität dominieren und damit ein recht einheitliches Verhalten in Bezug auf die Temperaturabhängigkeit der Wärmekapazität ergeben. Dies ist der Kern des Debye-Modells. Insbesondere wird wegen der Berücksichtigung sehr niedriger Schwingungsfrequenzen die Wärmekapazität bei Temperaturen nahe 0 K größer sein, als nach dem Einstein-Modell zu erwarten wäre.

Zur Ableitung gehen wir zum Teilchenbild der Gitterschwingungen über. Wir betrachten dazu den Ausdruck für die Schwingungsenergie eines Festkörpers, wie er sich aus der quantenmechanischen Behandlung ergibt (Gleichung (6.6), Energienullpunkt im Grundschwingungsniveau):

$$E_\text{vib} = \sum_{i=1}^{3N} h\nu_i\, v_i = \sum_{i=1}^{3N} h\nu_i\, N_{\text{phonon},i}$$

Dieser Ausdruck ist analog zur Beschreibung der Gesamtenergie elektromagnetischer Schwingungen im Teilchenbild der Photonen (Kapitel 3.8). Wir können auch hier die gequantelte Energie $h\nu_i$ bei den einzelnen Normalschwingungen ν_i mit einem Teilchenbild für die Festkörperschwingungen verknüpfen. Die entsprechenden Schwingungsquanten (auch Quasiteilchen) nennt man **Phononen**. Die Zahl v_i der Schwingungsquanten bei einer bestimmten Frequenz ist also als Zahl der Phononen dieser Schwingungsmode zu interpretieren.

Die Gesamtheit der angeregten Normalschwingungsquanten im Festkörper entspricht im Teilchenbild einem **Phononengas**. Wenn zu einer Normalfrequenz ν_i gerade das v_i-te Schwingungsniveau angeregt ist (Energiebeitrag $v_i h\nu_i$, entspricht dies im Phononenbild der Feststellung, daß $N_{\text{phonon},i} = v_i$ Phononen bei dieser Normalschwingung vorliegen). Die Zahl der Phononen bei einer Frequenz ν_i ist also durch die Quantenzahl v_i des angeregten Schwingungsniveaus gegeben. Ist also eine Normal-

6.4 Debye-Modell der Gitterschwingungen

schwingung auf $v_i = 3$ angeregt, so liegen drei Phononen in dieser Schwingungsmode vor. Wie bei den Photonen ist die Zahl der Phononen im geschlossenen System keine Erhaltungsgröße. Es folgt deshalb für das chemische Potential der Phononen (analoge Herleitung siehe Kapitel 3.8 für Photonen)

$$\mu_{\text{phonon}} = 0 \tag{6.34}$$

Damit ergibt sich die Phononenzahl im Gleichgewicht (bei konstantem Volumen) aus dem Minimum der Helmholtz-Energie A, da μ_{phonon} in Gleichung (6.34) über die Ableitung der Helmholtz-Energie nach der Phononenzahl berechnet werden kann (Vergleich dazu Gleichung (3.110) für Photonen). Die mittlere Phononenzahl $N_{\text{phonon},i}$ zu einer Schwingungsmode v_i ist identisch mit dem Mittelwert $\langle v_i \rangle$ der Schwingungsquantenzahl und läßt sich einfach berechnen. Es gilt, wenn $\varepsilon_{\text{vib}}(v_i) = \langle v_i \rangle h v_i$ die gesamte Energie bei dieser Frequenz bedeutet,

$$\langle N_{\text{phonon},i} \rangle = \langle v_i \rangle \frac{\varepsilon_{\text{vib}}(v_i)}{h v_i} = \frac{1}{h v_i} \frac{\sum_{v=0}^{\infty} v h v_i \cdot \exp(-v h v_i / kT)}{\sum_{v=0}^{\infty} \exp(-v h v_i / kT)}$$

$$= -\frac{1}{h v_i} \frac{\partial \ln z_{vib}(v_i)}{\partial (1/kT)} = \frac{1}{\exp(h v_i / kT) - 1} \tag{6.35}$$

Wenn die Phononen keine Wechselwirkung untereinander haben, können wir die Quantenzustände des einzelnen Phonons aus denen für das Teilchen im Kasten ableiten. Für die Zustandsdichte als Funktion des Impulses gilt dann (siehe Abschnitt 1.3.3)

$$D(p) = 3 \cdot \frac{4\pi V}{h^3} \cdot p^2 \tag{6.36}$$

Der zusätzliche Faktor 3 berücksichtigt die dreifache Entartung eines Phononenzustands mit dem Impulsbetrag p. Im Wellenbild entsprechen diesen drei Zuständen eine longitudinale und zwei transversale Schwingungsmoden (siehe Exkurs 6.1).

Aus $D(p)$ läßt sich die entsprechende Frequenzdichte $D(v)$ der Phononen berechnen. Dazu wird Gleichung (1.30) für den Impuls eines Phonons benutzt:

$$|p| = \hbar k = \frac{h v}{c_s} \tag{6.37}$$

Damit läßt sich $D(v)$ ableiten:

$$D(p) \, dp = D(v) \, dv \quad \rightarrow \quad D(v) = D(p) \cdot \frac{dp}{dv} = D(p) \cdot \frac{h}{c_s} \tag{6.38}$$

Im Bereich niedriger Frequenzen ist die Schallgeschwindigkeit praktisch konstant (siehe dazu auch Exkurs 6.1), so daß der Phononenimpuls dort proportional zur Frequenz ist. Bei hohen Frequenzen nimmt die Schallgeschwindigkeit ab. Wie schon oben erläutert, sind die niedrigen Frequenzen aber entscheidend für den Beitrag der Schwingungen zu den thermodynamischen Größen des Kristalls. Es liegt also nahe, die Konstanz der Phasengeschwindigkeit über den gesamten Frequenzbereich als Näherung zu benutzen, da die Abweichungen von der realen Frequenzdichte bei hohen Frequenzen sich wenig auswirken. Aus Gleichung (6.37) folgt also als Dispersionsbeziehung in der Debye-Näherung

$$c_s = 2\pi \frac{v}{k} = \text{const.} \tag{6.39}$$

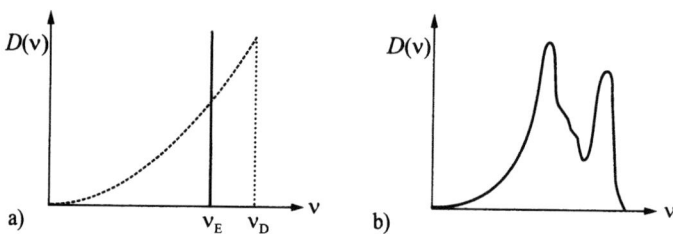

Abbildung 6.11 a) Zustandsdichtefunktion $D(\nu)$ von Kristallschwingungen als Funktion der Frequenz ν nach der Debye-Theorie: ν_D ist die Grenzfrequenz (Debye-Frequenz), ν_E die entsprechende Einstein-Frequenz des gleichen Festkörpers, b) reales Spektrum für Wolfram.

Das Debye-Modell geht also von einer konstanten Schallgeschwindigkeit aus. Aus (6.38) folgt mit Gleichung (6.37) für die Frequenzdichte

$$D(\nu) = \frac{12\pi V}{c_s^3} \cdot \nu^2 \tag{6.40}$$

Insgesamt darf ein N-atomiger Festkörper mit dieser Frequenzdichte nur $3N$ Normalfrequenzen haben ($3N$-$6 \approx 3N$). Da $D(\nu)$ proportional zu ν^2 wächst, muß es eine obere Grenzfrequenz ν_D geben, ab der die Frequenzdichte Null wird. Diese Grenze ist demnach festgelegt durch die Normierungsbedingung (6.9) und mit von (6.41) folgt

$$\int_0^{\nu_D} D(\nu)\,d\nu = 3N \quad \longrightarrow \quad \nu_D = \left(\frac{3N}{4\pi V}\right)^{1/3} c_s \tag{6.41}$$

Mit der Debye-Frequenz ν_D kann man die Frequenzdichte auch anders schreiben:

$$D(\nu) = \frac{9N}{\nu_D^3} \cdot \nu^2 \tag{6.42}$$

Mit dem Ergebnis für die Frequenzdichte $D(\nu)$ nach dem Debye-Modell kann man über Gleichung (6.8) die Schwingungszustandssumme des Festkörpers berechnen. Die Integration ist dabei von 0 bis zur Debye-Frequenz ν_D vorzunehmen. Für die Helmholtz-Energie A folgt dann

$$\begin{aligned}\frac{A}{kT} &= -\int_0^{\nu_D} \ln[z_{\text{vib}}(\nu,T)]\,D(\nu)\,d\nu \\ &= 3N\ln\left[1 - e^{-\Theta_D/T}\right] - 3N\left(\frac{T}{\Theta_D}\right)^3 \int_0^{\Theta_D/T} \frac{x^3}{e^x - 1}\,dx\end{aligned} \tag{6.43}$$

Dabei wurde in der zweiten Zeile von (6.43) die Frequenzdichte mit Hilfe von Gleichung (6.42) substituiert und die **Debye-Temperatur** $\Theta_D = h\nu_D/k$ sowie die Abkürzung $x = h\nu/kT$ eingeführt. Innere Energie und Wärmekapazität lassen sich aus diesem Ausdruck ableiten:

$$U_{\text{vib}} = 9Nk\Theta_D \cdot \left(\frac{T}{\Theta_D}\right)^4 \cdot \int_0^{\Theta_D/T} \frac{x^3\,dx}{e^x - 1} \tag{6.44}$$

6.4 Debye-Modell der Gitterschwingungen

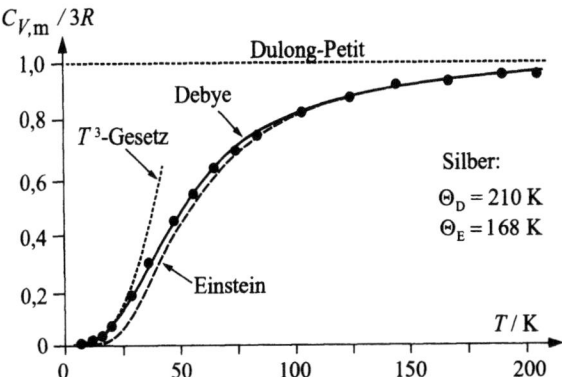

Abbildung 6.12 Molare Wärmekapazität von Silber: Experimentelle Werte (•), Ergebnisse aus der Debye-Theorie mit $\Theta_D = 210\,\text{K}$ (ausgezogene Kurve) und Einstein-Theorie mit $\Theta_E = 168\,\text{K}$ (gestrichelte Kurve). Der Verlauf des T^3-Grenzgesetzes ($T \ll \Theta_D$) und des Dulong-Petit-Grenzgesetzes ($T \gg \Theta_D$) ist punktiert eingezeichnet.

$$C_{V,\text{vib}} = \left(\frac{\partial U}{\partial T}\right)_{V,N} = 9Nk \left(\frac{T}{\Theta_D}\right)^3 \int_0^{\Theta_D/T} \frac{x^4 e^x \, dx}{(e^x - 1)^2} = 3Nk \cdot D\left(\frac{\Theta_D}{T}\right) \quad (6.45)$$

$D(\Theta_D/T)$ wird als Debye-Funktion bezeichnet[7]. Das zugrundeliegende Integral in Gleichung (6.45) ist eine Funktion der oberen Grenze des Integrationsbereiches und kann für beliebige Werte von Θ_D/T nur numerisch berechnet werden. Tabelle D.7 im Anhang gibt tabellierte Werte der Debye-Funktion.

$$D\left(\frac{\Theta_D}{T}\right) = 3\left(\frac{T}{\Theta_D}\right)^3 \cdot \int_0^{\Theta_D/T} \frac{x^4 e^x}{(e^x - 1)^2} dx \quad (6.46)$$

$D(\Theta_D/T)$ gibt die Abweichung der Wärmekapazität C_V vom Wert $3Nk$ an. Bei einer Temperatur T, die gerade der Debye-Temperatur eines Elementkristalls entspricht ($T = \Theta_D$), hat die Debye-Funktion ungefähr den Wert 0,95. Bei höheren Temperaturen weicht der Schwingungsbeitrag zur molaren Wärmekapazität C_V also um weniger als 5 % vom Grenzgesetz von Dulong und Petit ab.

Abbildung 6.12 demonstriert, wie gut die Debye-Theorie die Wärmekapazität eines Metalls über den gesamten Temperaturbereich beschreibt. Das T^3-Gesetz ist bei Temperaturen $T < 0{,}1 \cdot \Theta_D$ anwendbar, bei Silber also unter 20 K. Eine weitere Anwendung findet die Debye-Theorie bei der kalorimetrischen Bestimmung der Standardentropien, wo eine korrekte Extrapolation von experimentell gemessenen Wärmekapazitäten gegen $T = 0$ wichtig ist.

Die Debye-Temperatur Θ_D kann durch Anpassen der Funktion an experimentelle C_V-Daten (im steil ansteigenden Kurvenbereich) bestimmt werden. Wie man in Tabelle 6.1 erkennt, haben weiche (leicht verformbare) Metalle wie Blei oder Natrium

---
[7] Das Symbol D, das sonst in diesem Buch für Dichtefunktionen der Energie, Frequenz usw. benutzt wird, hat also hier eine andere Bedeutung.

eine niedrige Debye-Temperatur, harte Festkörper wie Diamant hingegen eine hohe. Aufgrund von Gleichung (1.73) ist eine hohe Debye-Frequenz ν_D beziehungsweise eine hohe Debye-Temperatur $\Theta_D = h\nu_D/k$ für leichte Elemente mit starken Bindungskräften (kleine Masse und hohe Kraftkonstante) zu erwarten, was nach Tabelle 6.1 besonders für Diamant zutrifft.

Tabelle 6.1: Debye-Temperaturen einiger Elementkristalle [Daten: Grei 93]

Element	Pb	Zn	Ag	Cu	Al	Diamant	NaCl	MgO
Θ_D/K	88	308	215	345	398	1850	308	850

Exkurs 6.3 Eine andere Möglichkeit der Herleitung von U_{vib} und $C_{V,vib}$

Die Zahl dN_{phonon} der Phononen oder angeregten Schwingungsquanten mit ($\nu \geq 1$) im Frequenzintervall $\nu, \nu + d\nu$ ergibt sich in Analogie zur entsprechenden Herleitung für Photonen in Kapitel 3.8 aus dem Produkt der Bose-Einstein-Verteilungsfunktion (mit $\mu_{phonon} = 0$) und $D(\nu)d\nu$ mit der Zustandsdichte aus Gleichung (6.42). Die innere Energie U_{vib} der Festkörperschwingungen erhält man dann durch Multiplikation des Ergebnisses für die Phononenzahl dN_{phonon} mit der Phononenenergie $h\nu$ und anschließende Integration

$$dN_{phonon} = f_{BE}(h\nu) \cdot D(\nu)d\nu = \frac{9N}{\nu_D^3} \cdot \frac{\nu^2}{\exp(h\nu/kT) - 1} d\nu \qquad (6.47)$$

$$U_{vib} = \int_0^{\nu_D} h\nu \cdot dN_{phonon}(\nu) = \frac{9Nh}{\nu_D^3} \int_0^{\nu_D} \frac{\nu^3}{\exp(h\nu/kT) - 1} d\nu \qquad (6.48)$$

Gleichung (6.45)) für den Beitrag der Festkörperschwingungen zur Wärmekapazität ergibt sich durch Ableiten des Integranden in Gleichung (6.48) nach der Temperatur (mit ν_D = const.).

Exkurs 6.4 Grenzfrequenzen am Beispiel einer linearen Atomkette

Der kleinste Wert der Schallwellenlänge ergibt sich nach dem Debye-Modell aus Gleichung (6.41) mit der dort definierten Debye-Frequenz ν_D:

$$\lambda_D = \frac{c_s}{\nu_D} = \left(\frac{4\pi V}{3N}\right)^{1/3} \qquad (6.49)$$

λ_D hängt also im Debye-Modell nur von der Dichte des Festkörpers ab. Für einen kubischen Elementkristall mit einem Atom pro Elementarzelle (Volumen a^3 mit a als Atom-Atom-Abstand) gilt für die Teilchendichte

$$\frac{N}{V} = \frac{1}{a^3}$$

6.4 Debye-Modell der Gitterschwingungen

Setzt man dies in Gleichung (6.49) ein, so erhält man für die Debye-Frequenz und die zugehörige Debye-Wellenlänge

$$\nu_D = \frac{c_s}{1{,}61 \cdot a} \quad \longrightarrow \quad \lambda_D = 1{,}61 \cdot a$$

Dies entspricht nahezu dem obigen Ergebnis $\lambda_{min} = 2a$ für eine lineare Atomkette, das in Exkurs 6.1 auf andere Weise hergeleitet wurde (vergleiche Abbildung 6.5). Das hier behandelte Modell für das Frequenzspektrum von Festkörperschwingungen wurde von Debye ursprünglich auf der Basis eines Kontinuummodells des Festkörpers abgeleitet. Die atomistische Struktur des Festkörpers wird dabei vernachlässigt und durch eine kontinuierliche Massedichte ersetzt. Die Schallgeschwindigkeit wird als konstant angenommen.

Für longitudinale und transversale Schwingungsmoden ergeben sich allerdings gewöhnlich unterschiedliche Schallgeschwindigkeiten c_s^L und c_s^T. Wenn dies berücksichtigt wird, lautet die Frequenzdichte des Debye-Modells

$$D(\nu) = 4\pi V \nu^2 \left(\frac{1}{(c_s^L)^3} + \frac{2}{(c_s^T)^3} \right) \tag{6.50}$$

c_s in Gleichung (6.40) entspricht also einer gewichteten mittleren Fortpflanzungsgeschwindigkeit beider Schwingungstypen.

Exkurs 6.5 Grenzverhalten der Debye-Funktion $D(\Theta_D/T)$

a) *Hohe Temperaturen* ($T \gg \Theta_D$ beziehungsweise $x_D = \Theta_D/T \ll 1$):

Hier ist x im gesamten Integrationsbereich sehr klein, so daß der Integrand in einer Reihe entwickelt werden kann:

$$\int_0^{x_D} \frac{x^4 e^x \, dx}{(e^x - 1)^2} = \int_0^{x_D} \frac{x^4(1 + x + \ldots)\, dx}{(1 + x + \ldots - 1)^2} = \int_0^{x_D} x^2 \, dx = \frac{1}{3}\left(\frac{\Theta_D}{T}\right)^3 \tag{6.51}$$

Daher wird in diesem Fall $D(\Theta_D/T) \cong 1$ und $C_V = 3Nk$. Dies entspricht der Dulong-Petit-Vorhersage.

b) *Tiefe Temperaturen*:

Bei sehr tiefen Temperaturen $T \ll \Theta_D$ wird x_D sehr groß, und man kann als obere Grenze der Integrale ∞ schreiben. Damit findet man (siehe mathematischer Anhang B):

$$\int_0^\infty \frac{e^x}{(e^x - 1)^2} x^4 \, dx = 4 \int_0^\infty \frac{x^3}{(e^x - 1)} \, dx = \frac{4\pi^4}{15}$$

Mit U_0 als Nullpunktsenergie des Kristalls folgt für U_{vib} und $C_{V,vib}$ nahe $T = 0\,K$

$$U_{vib} = U_0 + \frac{3\pi^4}{5} Nk \cdot \frac{T^4}{\Theta_D^3} \quad , \quad C_{V,vib} = \frac{12\pi^4}{5} Nk \cdot \left(\frac{T}{\Theta_D}\right)^3 \tag{6.52}$$

Exkurs 6.6 Vergleich von Einstein- und Debye-Temperatur

Debye- und Einstein-Modell stellen Näherungen dar. Man kann zeigen, daß in verschiedenen Modellansätzen für das Frequenzspektrum der Mittelwert der Quadrate der Frequenzen invariant sein muß. Zwischen dem Frequenzspektrum der Debye-Theorie und der Einstein-Frequenz muß also folgende Beziehung bestehen:

$$\langle v^2 \rangle = \frac{\int_0^{v_D} v^2 D(v) dv}{\int_0^{v_D} D(v) dv} = \frac{1}{3N} \cdot \int_0^{v_D} v^2 D(v) dv = v_E^2 \tag{6.53}$$

wobei wir die Bilanzgleichung (6.41) benutzt haben. Einsetzen des Frequenzspektrums aus Gleichung (6.40) ergibt:

$$\frac{3}{5} v_D^2 = v_E^2 \quad \text{beziehungsweise} \quad \Theta_D = \sqrt{\frac{5}{3}} \cdot \Theta_E \tag{6.54}$$

In Abbildung 6.11 war diese Beziehung zwischen Debye-Frequenz v_D und Einstein-Frequenz v_E bereits berücksichtigt worden. Aus den Daten zu Abbildung 6.12 ist zu entnehmen, daß sie im Rahmen der Meßgenauigkeit der Parameter Θ_D und Θ_E bestätigt werden kann.

6.5 Zustandsgleichung eines kristallinen Festkörpers

Den Zusammenhang zwischen Druck, Temperatur und Volumen einer festen Phase bezeichnet man als Zustandsgleichung eines Festkörpers. Für feste kristalline Phasen besonders typisch ist die geringe Abhängigkeit des Volumens vom Druck beziehungsweise von der Temperatur, mit anderen Worten: isotherme Kompressibilität κ_T und isobarer Ausdehnungskoeffizient α_p haben recht niedrige Werte. Bei den bisherigen Ableitungen haben wir allerdings die Volumenabhängigkeit der charakteristischen Größen des Feststoffs, insbesondere der Normalschwingungsfrequenzen nicht behandelt. Dies soll im folgenden unabhängig von einem speziellen Modell für die Festkörperschwingungen diskutiert werden. Der Gleichgewichtsdruck in einer festen Phase läßt sich aus der Volumenableitung der Helmholtz-Energie berechnen gemäß

$$p = -\left(\frac{\partial A}{\partial V}\right)_{T,N} \tag{6.55}$$

Der wesentliche temperaturabhängige Beitrag zum Gleichgewichtsdruck resultiert für die meisten Feststoffe aus dem Beitrag der Festkörperschwingungen A_{vib} zur Helmholtz-Energie des Festkörpers. Im realen Kristall zeigt nämlich auch der Schwingungsbeitrag A_{vib} eine - wenn auch kleine - Volumenabhängigkeit, die sich in der thermischen Ausdehnung des Festkörpers äußert. In einer allgemeineren Behandlung muß man gegebenenfalls noch weitere Beiträge berücksichtigen, beispielsweise von Elektronen und Punktdefekten. Mit der harmonischen Näherung aus Gleichung (6.8) für A_{vib} gilt

$$\begin{aligned} A(T,V,N) &= E_0(V,N) + A_{\text{vib}}(T,V,N) \\ &= E_0(V,N) + kT \cdot \sum_{i=1}^{3N} \ln\left[1 - \exp(-hv_i/kT)\right] \end{aligned} \tag{6.56}$$

6.5 Zustandsgleichung eines kristallinen Festkörpers

$E_0(V,N)$ stellt die **Gitterenergie** des Festkörpers dar, die wegen der Abstandsabhängigkeit der Teilchenwechselwirkungen immer eine Funktion des Volumens ist. Sie repräsentiert gleichzeitig die Nullpunktsenergie für die Behandlung der Gitterschwingungen. Der Ausdruck Nullpunktsenergie bezieht sich jedoch nicht auf die Energie der Nullpunktsschwingungen allein (die auch enthalten sind!), sondern auf die gesamte potentielle Energie des festen Kristalls am absoluten Nullpunkt. Läßt man ihn aus der Betrachtung heraus, so würde die Volumenabhängigkeit der thermodynamischen Größen nicht mehr korrekt beschrieben. Für den Druck folgt dann aus (6.55) und (6.56)

$$
\begin{aligned}
p &= -\left(\frac{\partial E_0}{\partial V}\right)_{T,N} - \sum_{i=1}^{3N} h\left(\frac{\partial \nu_i}{\partial V}\right)_{T,N} \cdot \frac{1}{e^{h\nu_i/kT}-1} \\
&= -\left(\frac{\partial E_0}{\partial V}\right)_{T,N} - \sum_{i=1}^{3N} \frac{\langle N_{\text{phonon},i}\rangle}{V} h\nu_i \left(\frac{\partial \ln \nu_i}{\partial \ln V}\right)_{T,N}
\end{aligned}
\qquad (6.57)
$$

Dabei wurde in der zweiten Zeile Gleichung (6.35) für die mittlere Phononenzahl $\langle N_{\text{phonon},i}\rangle$ und die Umformung $dx = x\,d\ln x$ für die Differentiale von Frequenz und Volumen benutzt. Der erste Term in Gleichung (6.57) ergibt einen negativen Beitrag zum Druck, da die potentielle Energie des Festkörpers mit Vergrößerung des Volumens (also Vergrößerung der Teilchenabstände steigt. Man spricht auch vom Kohäsionsdruck. Der zweite Term, der kinetische Beitrag des Phononengases zum Druck, ist dagegen für reale Kristalle positiv.

Innerhalb eines streng harmonischen Ansatzes für die potentielle Energie sind die Schwingungsfrequenzen unabhängig vom Volumen des Festkörpers. Ein solches Modell ergibt, daß auf Grund von Gleichung (6.57) für $\partial \nu_i/\partial V = 0$ im Druck nur ein temperaturunabhängiger Beitrag durch die volumenabhängige Nullpunktsenergie E_0 auftritt. Das Volumen des Festkörpers wäre dann unabhängig von der Temperatur und würde nur vom Druck bestimmt, demnach ein unrealistisches Modell. Tatsächlich wird mit zunehmender Temperatur und zunehmender Schwingungsanregung die Anharmonizität der Teilchenwechselwirkungen merklich. Die Auswirkungen waren bereits in Kapitel 1.3.8 an zweiatomigen Molekülen diskutiert worden (siehe auch Abbildung 1.22). Im Gegensatz zum Modell des harmonischen Oszillators nimmt jedoch in den höheren Schwingungsniveaus der mittlere Teilchenabstand zu und der Abstand der Schwingungsniveaus wird kleiner.

Eine Temperaturerhöhung wird deshalb zwangsläufig zu einer Volumenänderung des Kristalls führen, da die Anregung höherer Schwingungsniveaus die mittleren Teilchenabstände ändert. Will man die Form von Gleichung (6.56) beibehalten, so muß man eine Volumenabhängigkeit der Schwingungsfrequenzen annehmen. Über den zweiten Term auf der rechten Seite von Gleichung (6.57) liefern die Festkörperschwingungen dann im Realkristall einen von Null verschiedenen Beitrag zum Gleichgewichtsdruck. Man findet für kristalline Feststoffe in der Regel die folgende empirische Beziehung für die Druckabhängigkeit der Schwingungsfrequenzen

$$
\left(\frac{\partial \ln \nu_i}{\partial \ln V}\right)_{T,N} = -\gamma \approx \text{const. für alle } i \qquad (6.58)
$$

Die für einen gegebenen Feststoff charakteristische Größe γ wird als **Grüneisen-Zahl** oder **Grüneisen-Konstante** bezeichnet. Sie ist von der Größenordnung Eins und hat für viele Festkörper Werte zwischen 1 und 2. Mit der Definition (6.58) läßt sich Gleichung (6.57) umschreiben zu

$$p = -\left(\frac{\partial E_0}{\partial V}\right)_{T,N} + \gamma \sum_{i=1}^{3N} \frac{\langle N_{\text{phonon},i}\rangle}{V} h\nu_i = -\left(\frac{\partial E_0}{\partial V}\right)_{T,N} + \frac{\gamma\, U_{\text{vib}}}{V} \quad (6.59)$$

Man erkennt, daß der Beitrag des Phononengases zum Druck proportional zur Gesamtenergiedichte der Festkörperschwingungen ist. Gleichung (6.59) zeigt hier eine Analogie zu Gleichung (3.121) für den Strahlungsdruck eines Photonengases. Im Gegensatz dazu taucht hier jedoch noch zusätzlich der Beitrag der Nullpunktsenergie auf[8]. Er setzt sich aus der Gitterenergie und der Nullpunktsenergie der Gitterschwingungen zusammen. E_0 kann mit geeigneten Modellen für die Abhängigkeit der Wechselwirkungen und der Normalfrequenzen vom Teilchenabstand berechnet werden.

Mit Gleichung (6.59) läßt sich der isobare Ausdehnungskoeffizient α_p eines Festkörpers berechnen. Mit der Definition für α_p aus Übersicht A.2 und der zyklischen Differentiationsregel (A.7) folgt zunächst

$$\alpha_p = \frac{1}{V}\left(\frac{\partial V}{\partial T}\right)_{p,N} = -\frac{1}{V}\frac{(\partial p/\partial T)_{V,N}}{(\partial p/\partial V)_{T,N}} \quad (6.60)$$

Aus (6.59) ergibt sich für die partielle Ableitung des Drucks nach der Temperatur

$$\left(\frac{\partial p}{\partial T}\right)_{V,N} = \frac{\gamma\, C_{V,\text{vib}}}{V} \quad (6.61)$$

Aus (6.60) und (6.61) folgt schließlich (wobei die Definition der isothermen Kompressibilität aus Übersicht A.2 benutzt wurde)

$$\alpha_p = \frac{\gamma\, C_{V,\text{vib}}\, \kappa_T}{V} \quad (6.62)$$

6.6 Elektronen in Halbleitern

Im folgenden kommen wir nun zum elektronischen Beitrag in der Zustandssumme eines elektronenleitenden Kristalls. Bei Isolatoren erübrigt sich die getrennte Berücksichtigung der Valenzelektronen, da ihre Beiträge zu den thermodynamischen Funktionen des Kristalls temperaturunabhängig sind und daher lediglich in der Nullpunktsenergie des Kristalls Berücksichtigung finden. In der Diskussion werden wir Halbleiter und Metalle getrennt behandeln, da sich die Vorgehensweise in den beiden Fällen erheblich unterscheidet.

In Kapitel 3.7 sind bereits die Leitungselektronen eines Metalls im Rahmen der Fermi-Dirac-Statistik mit einem stark vereinfachten Modell behandelt worden. Im folgenden soll eine vereinfachte Darstellung des Bändermodells benutzt werden (siehe

---

[8]Der Vergleich von Gleichung (6.59) mit (3.121) zeigt, daß sich für ein Photonengas als Grüneisenzahl $\gamma = -\partial \ln \nu_i / \partial \ln V = 1/3$ ergibt.

6.6 Elektronen in Halbleitern

Kapitel 1.3.6). In erster Näherung hängt die Lage der möglichen elektronischen Energieniveaus in den Bändern kristalliner Verbindungen nicht von der Konzentration der Elektronen ab. Ihr Spektrum ist für den jeweiligen Kristall also charakteristisch.

Wenn die Zustände in den Bändern nach dem Pauli-Prinzip aufgefüllt werden, kennzeichnet die Lage der *Fermi-Energie* bei $T \to 0$ K den Übergang zwischen besetzten und unbesetzten Elektronenniveaus. Die Fermi-Energie kann je nach Material und Elektronenkonzentration zwischen zwei Bändern in einer Energielücke, in der Nähe einer Bandkante oder innerhalb eines Bandes (=Leitungsband) liegen. Abbildung 6.13 veranschaulicht diese Fälle. Das Valenzbandmaximum, also die Oberkante des obersten vollständig besetzten Bandes, wird im folgenden mit ε_V bezeichnet, die Unterkante des nächsthöheren Bandes, das sogenannte Leitungsbandminimum, mit ε_C[9]. Der Abstand zwischen beiden wird **Energie-** oder **Bandlücke** ε_g genannt.

Bei Temperaturen $T > 0$ K wird die Fermi-Dirac-Verteilungsfunktion und damit der Besetzungsgrad nicht abrupt, sondern in einem gewissen Energiebereich um die Fermi-Energie ε_F von 1 auf 0 fallen. Die Breite dieses Bereiches wächst mit der Temperatur und liegt in der Größenordnung von kT. Bei Raumtemperatur erstreckt sich diese Zone also über weniger als 0,1 eV. Für die Wärme- und Elektronenleitfähigkeit von Metallen ist ausschlaggebend, daß in einem Bereich von einigen „kT" um ε_F besetzbare Elektronenzustände beziehungsweise anregbare Elektronen eines Bandes liegen. Durch den geringen Abstand zwischen besetzten und unbesetzten Energieniveaus ist eine thermische Anregung von Elektronen in unbesetzte Zustände jederzeit möglich. Dadurch können die Elektronen Energien in der Größenordnung von kT aufnehmen und wieder abgeben, eine Voraussetzung für Wärmetransport.

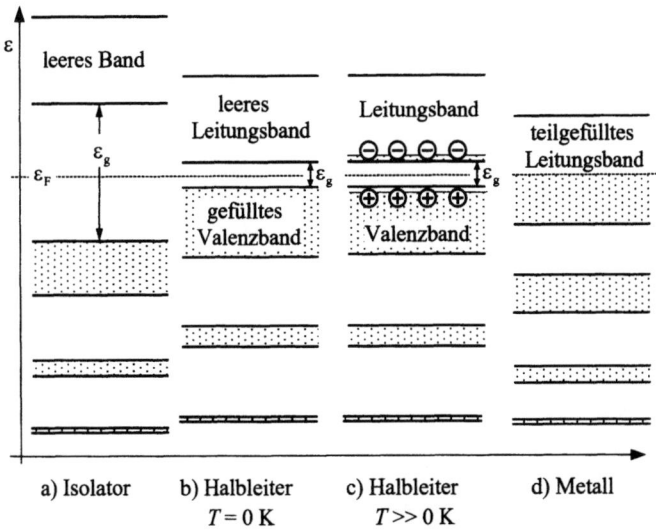

Abbildung 6.13 Bandschema: a) Isolator, b), c) Halbleiter bei 0 K und bei genügend hoher Temperatur, bei der Erzeugung von Elektron-Loch-Paaren und Eigenhalbleitung einsetzt, d) Metall.

---

[9] Die Indices V und C stehen für *valence band* und *conduction band*.

Tabelle 6.2: Spezifische Leitfähigkeit verschiedener Substanzen bei 18°C

Metalle	Leitfähigkeit (Sm^{-1})	Halbleiter	Leitfähigkeit (Sm^{-1})	Isolatoren	Leitfähigkeit (Sm^{-1})
Silber	$6{,}25 \cdot 10^7$	Germanium	$1{,}9 \cdot 10^0$	Porzellan	$\approx 1 \cdot 10^{-12}$
Kupfer	$5{,}88 \cdot 10^7$	Silizium	$4{,}3 \cdot 10^{-4}$	Hartgummi	$5 \cdot 10^{-14}$
Konstantan	$2{,}0 \cdot 10^6$	Galliumarsenid	$< 10^{-6}$	Quarzglas	$2 \cdot 10^{-16}$
Eisen	$1{,}02 \cdot 10^6$			Schwefel	$5 \cdot 10^{-16}$

Entsprechendes gilt für Impulsaufnahme und -abgabe und die Möglichkeit des Ladungstransports. Dies ist am besten erreichbar, wenn die Fermi-Energie innerhalb eines Bandes liegt, das heißt, wenn Teilbesetzung des Bandes vorliegt. *Metalle* erfüllen diese Bedingung, was zu metallischer Leitfähigkeit und guter Wärmeleitung durch die Leitungselektronen im betreffenden Band führt.

Elektronische Isolatoren sind das andere Extrem: die Fermi-Energie liegt in der Bandlücke weitab von den Bandkanten (typische Abstände $\varepsilon_C - \varepsilon_F$ und $\varepsilon_F - \varepsilon_V$ mehr als 25 bis $30\,kT$). Es liegen entweder voll besetzte oder gänzlich leere Bänder vor. Eine thermische Anregung von Elektronen in unbesetzte höhere Bänder ist bei üblichen Temperaturen nicht möglich und damit auch keine Elektronenleitung und kein Wärmetransport durch Elektronen.

Wenn die Fermi-Energie zwar in der Bandlücke, aber in der Nähe von Valenz- oder Leitungsbandkante liegt, gibt dies Anlaß zu geringen Konzentrationen besetzter Zustände im Leitungsband beziehungsweise unbesetzter im Valenzband und damit einer geringen elektronischen Leitfähigkeit. Sie ist um Größenordnungen geringer als die der Metalle. Daher spricht man in solchen Fällen von **Halbleitung**.

Tabelle 6.2 zeigt typische Leitfähigkeiten einiger Metalle, Halbleiter und Isolatoren. Die statistische Thermodynamik von Elektronen in Halbleitern ist recht übersichtlich zu behandeln, da in der Regel die Maxwell-Boltzmann-Näherung verwendet werden kann. Für $T \to 0\,K$ besitzt ein Halbleiter ein voll besetztes Valenzband und ein leeres Leitungsband. Bei Erhöhung der Temperatur werden zunehmend Elektronen aus dem Valenz- in das Leitungsband angeregt. Abbildung 6.13 veranschaulicht dies. Im Valenzband bleibt eine äquivalente Zahl unbesetzter Elektronenzustände, die Löcher zurück (Symbol h˙). Temperaturabhängig stellt sich jeweils eine bestimmte Gleichgewichtskonzentration an Elektronen e' und Löchern h˙ ein (Elektron-Loch-Paare), die durch das folgende Bildungsgleichgewicht und das zugehörige Massenwirkungsgesetz beschrieben werden:

$$0 = \text{idealer Kristall} \rightleftharpoons e' + h^{\cdot} \qquad (6.63)$$

Die Null auf der linken Seite steht eigentlich für den idealen Kristall mit vollständig besetztem Valenzband und vollständig leerem Leitungsband. Letzteres entspricht der Elektronenverteilung bei $T \to 0\,K$. Diese Behandlungsweise bedeutet, daß man mit den betrachteten Elektronen im Leitungsband und Löchern im Valenzband eigentlich nur die Unterschiede in der Besetzung der Niveaus in Leitungs- und Valenzband gegenüber dem Kristall bei $T \to 0\,K$ beschreibt. Wenn in diesem Abschnitt also von den Leitungselektronen oder kurz den Elektronen eines Halbleiters die Rede ist, liegt

6.6 Elektronen in Halbleitern

eine solche Vorstellung zugrunde. In diesem Sinne bezeichnet man die (Leitungs-)-Elektronen und Löcher auch oft als **elektronische Defekte** (relativ zum Idealkristall). Eine analoge Definition für Punktdefekte, das heißt fehlende oder überschüssige Gitterteilchen gegenüber dem Idealkristall, werden wir in Abschnitt 6.8 kennenlernen.

Im Gleichgewicht muß bei konstanten Werten für Volumen und Temperatur die Helmholtz-Energie (oder bei konstanten Werten für Druck und Temperatur die Gibbs-Energie) der Elektron-Loch-Paarbildung in (6.63) gleich Null sein. Elektronen und Löcher sind geladene Teilchen. Es ist also das jeweilige elektrochemische Potential zu benutzen. Für die Elektronen entspricht das elektrochemische Potential der in Kapitel 3.7 bereits eingeführten Fermi-Energie ε_F, für die Löcher führen wir hier zunächst die analoge Größe **Fermi-Energie der Löcher** $\varepsilon_{F,h}$ ein. Als Gleichgewichtsbedingung folgt der Ausdruck

$$\Delta G_{eh} = \varepsilon_F + \varepsilon_{F,h} = 0 \tag{6.64}$$

Die Fermi-Energie der Löcher ist demnach im Gleichgewicht gleich der negativen Fermi-Energie der Elektronen. Aus diesem Grund wird bei Gleichgewichtsbetrachtungen in Halbleitern für Elektronen wie für Löcher nur die Fermi-Energie der Elektronen benutzt.

Die temperaturabhängige Erzeugung von Elektron-Loch-Paaren ist in einem reinen undotierten Halbleiter für die Elektronenleitfähigkeit verantwortlich. Sie setzt sich additiv aus den Beiträgen der Elektronen und Löcher zusammen. Die Teilchendichten $c_e = N_e/V$ und $c_h = N_h/V$ der Elektronen und Löcher sind im reinen Halbleiter gleich groß. Man spricht in diesem Fall von **Eigenhalbleitung** (in letzter Zeit in Anlehnung an den englischen Ausdruck oft auch **intrinsischer Halbleiter**). Die Bildung von Elektron-Loch-Paaren wird vor allem dann zunehmen, wenn die thermische Energie in die Größenordnung der Bandlücke ε_g kommt. Ist kT sehr klein gegen ε_g, wird sich das Material eher als Isolator verhalten.

Exkurs 6.7 Fermi-Energie der Elektronen und Löcher

Die Beziehung zwischen den beiden Fermi-Energien läßt sich auch von einer anderen Seite her betrachten: die Zahl der im thermischen Gleichgewicht erzeugten Elektron-Loch-Paare ist in einem reinen Halbleiter bei gegebener Temperatur keine Erhaltungsgröße, sondern nur durch die Forderung nach einem Minimalwert der Helmholtz- beziehungsweise Gibbs-Energie bestimmt. Die Ableitung der Helmholtz-Energie (wenn V, T = const., oder der Gibbs-Energie für p, T = const.) nach der Teilchenzahl der Elektron-Loch-Paare ist dann Null. Daher muß das chemische Potential μ_{eh} der Elektron-Loch-Paare, wenn man es als Ableitung von G bzw. A nach der Teilchenzahl definiert und ein Elektron-Loch-Paar als Komponente betrachtet, gleich Null sein. Die Situation ist analog zur Zahl der Photonen in einem Photonengas (Kapitel 3.8). Andererseits setzt sich sich μ_{eh} additiv aus den beiden oben diskutierten Fermi-Energien der Elektronen und Löcher zusammen: $\mu_{eh} = \varepsilon_F + \varepsilon_{F,h} = 0$. Auch daraus folgt also $\varepsilon_F = -\varepsilon_{F,h}$.

Darüber hinaus muß für (6.63) wie für jede andere chemische Reaktion die Masse erhalten bleiben: die Masse der Löcher in Reaktion (6.63) muß also gleich der negativen Masse der Elektronen sein (diese Aussage bezieht sich auf die tatsächliche Elektronenmasse, nicht auf die in Kapitel 1.3.6 eingeführte effektive Masse, die dort ein Parameter zur Beschreibung der Zustandsdichte ist!).

Für Nichtgleichgewichtszustände in Halbleitern oder an Halbleitergrenzflächen ist die Gibbs-Energie der Reaktion (6.64) allerdings nicht mehr Null, so daß dann die Fermi-Energie der Elektronen und die entsprechende negative Fermi-Energie der Löcher verschieden werden. In stromdurchflossenen Dioden und Transistoren beispielsweise findet orts- und zeitabhängig eine ständige Neuerzeugung beziehungsweise Rekombination von Elektronen-Loch-Paaren statt. In Modellen zur Funktionsweise dieser Bauelemente benutzt man deshalb oft eine Beschreibung mit unterschiedlichen Werten für die Fermi-Energien der Elektronen und Löcher [Ash 81, Kit 93, Chr 95]. Dies setzt allerdings voraus, daß auch im Nichtgleichgewicht noch eine lokale Definition der Gleichgewichtsgröße Fermi-Energie näherungsweise möglich ist (siehe dazu Kapitel 14).

Wir wollen im folgenden die **Gleichgewichtskonstante der Elektron-Loch-Paarbildung** ableiten. Für Halbleiter ist typisch, daß die Konzentration der Elektronen und Löcher gering ist im Vergleich zu den besetzbaren Elektronenniveaus in der Nähe der Valenz- und Leitungsbandkanten. Abbildung 6.14 zeigt den typischen Verlauf der Zustandsdichten, der Fermi-Dirac-Verteilungsfunktion und – stark vergrößert – der Besetzung mit Elektronen nahe der Leitungsbandkante und mit Löchern nahe der Valenzbandkante. Die Fermi-Energie liegt in der Bandlücke mehr oder weniger weit von den Bandkanten entfernt. Für die Energien der Leitungselektronen gilt beispielsweise

$$\varepsilon - \varepsilon_F \geq \varepsilon_C - \varepsilon_F \gg kT \tag{6.65}$$

Die Bedingung für die Anwendung der Maxwell-Boltzmann-Statistik ist demnach erfüllt. Die Leitungselektronen im Leitungsband eines Halbleiters wie auch die Löcher im Valenzband lassen sich jeweils als ideales Gas von Elektronen beziehungsweise Löchern im Volumen des Kristalls behandeln. Für die Teilchenzustandssumme eines quasifreien Elektrons im Leitungsband gilt in diesem Modell (wobei die Energie ε_C der Leitungsbandkante der Nullpunktsenergie eines ruhenden Leitungselektrons entspricht).

$$z_e = g_e \cdot z_{\text{trans},e} \, e^{-\varepsilon_C/kT} = 2 \cdot \left(\frac{2\pi m_e^* kT}{h^2}\right)^{3/2} V \, e^{-\varepsilon_C/kT} \tag{6.66}$$

Statt der Elektronenmasse eines freien Elektrons ist hier die effektive Elektronenmasse m_e^* zu verwenden (siehe Erläuterung in Kapitel 1.3.6). In der Halbleiterphysik wird in diesem Zusammenhang gewöhnlich statt der Zustandssumme die **effektive Zustandsdichte** c_{CB}° der Elektronen im Leitungsband benutzt, die definiert ist als (der Index CB steht für Leitungsband)

$$c_{\text{CB}}^\circ = g_e \cdot \frac{z_{\text{trans},e}}{V} = 2 \cdot \left(\frac{2\pi m_e^* kT}{h^2}\right)^{3/2} \tag{6.67}$$

Mit dem in Kapitel 3 hergeleiteten Ausdruck für das chemische Potential eines idealen Gases nach der Maxwell-Boltzmann-Statistik folgt für die Fermi-Energie der Elektronen im Leitungsband beziehungsweise die Elektronenkonzentration $c_e = N_e/V$

$$\varepsilon_F = \tilde{\mu}_e = \varepsilon_C + kT \ln \frac{c_e}{c_{\text{CB}}^\circ} \quad \rightarrow \quad \frac{c_e}{c_{\text{CB}}^\circ} = \exp\left[-\frac{\varepsilon_C - \varepsilon_F}{kT}\right] \tag{6.68}$$

6.6 Elektronen in Halbleitern

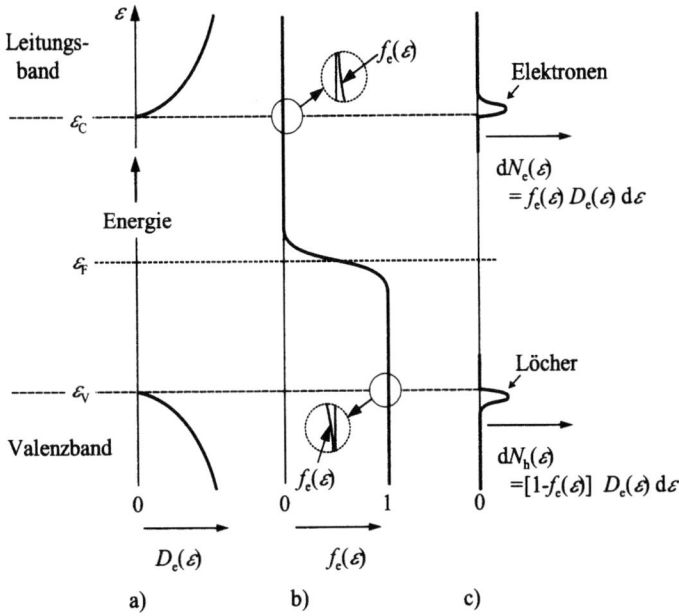

Abbildung 6.14 Zahl der Elektronen im Leitungsband und der Löcher im Valenzband eines Eigenhalbleiters (intrinsischer Halbleiter): a) Zustandsdichten nahe den Bandkanten, b) Fermi-Dirac-Verteilungsfunktion, an den Bandkanten stark vergrößert, c) Zahl der Elektronen beziehungsweise Löcher.

Der Ausdruck auf der rechten Seite in Gleichung (6.68) kann als Besetzungsgrad von insgesamt c_{CB}° Elektronenzuständen pro Volumen bei der Energie ε_C interpretiert werden.

Wenn andererseits die Fermi-Energie nicht zu weit von der Valenzbandoberkante entfernt ist, wird eine bestimmte Zahl von Energieniveaus im Valenzband nahe der Valenzbandkante unbesetzt sein. Analog zu Gleichung (6.68) gilt für die Konzentration der Löcher der folgende Zusammenhang mit der Fermi-Energie, wobei c_{VB}° die **effektive Zustandsdichte der Löcher** im Valenzband ist:

$$\varepsilon_{F,h} = -\varepsilon_F = -\varepsilon_V + kT \ln \frac{c_h}{c_{VB}^\circ} \tag{6.69}$$

$$c_{VB}^\circ = g_e \cdot \frac{z_{trans,h}}{V} = 2 \cdot \left(\frac{2\pi m_h^* kT}{h^2}\right)^{3/2} \tag{6.70}$$

Man beachte, daß ein ruhendes Loch an der Valenzbandkante im Vergleich zu einem entsprechenden Valenzbandelektron die negative Energie $-\varepsilon_V$ hat. Die Energie der Löcher nimmt ja im Bandschema der Elektronen, in dem die Elektronenenergie aufgetragen ist, in negativer Richtung zu. Addiert man die Gleichungen (6.68) und (6.69), so folgt nach Umformen

$$c_e \cdot c_h = c_{CB}^\circ \cdot c_{VB}^\circ \cdot \exp\left[-\frac{\varepsilon_C - \varepsilon_V}{kT}\right] = \text{const.} \tag{6.71}$$

Dies ist das Massenwirkungsgesetz für die Elektron-Loch-Paarbildung nach Reaktion (6.63). Mit der Bandlückenenergie $\varepsilon_g = \varepsilon_C - \varepsilon_V$ kann man für die Gleichgewichtskonstante $K_e(T)$ schreiben

$$K_e(T) = c_{CB}^\circ \, c_{VB}^\circ \exp\left[-\frac{\varepsilon_g}{kT}\right] = 4\left(\frac{2\pi kT}{h^2}\right)^3 (m_e^* m_h^*)^{3/2} \exp\left[-\frac{\varepsilon_g}{kT}\right] \quad (6.72)$$

Für Silizium und Germanium sind die Werte für Bandlücke und Gleichgewichtskonstante der Elektron-Loch-Paarbildung bei 300 K

Silizium: $\varepsilon_g = 1{,}12$ eV, $K_{eh} = 2{,}10 \cdot 10^{19}$ cm^{-6}

Germanium: $\varepsilon_g = 0{,}67$ eV, $K_{eh} = 2{,}89 \cdot 10^{26}$ cm^{-6}

Subtraktion der beiden Gleichungen (6.68) und (6.69) ergibt eine Gleichung für die Lage der Fermi-Energie im Bandschema eines reinen Halbleiters ($c_h = N_h/V$ wegen paarweiser Erzeugung der Elektronen und Löcher!):

$$\varepsilon_F = \frac{\varepsilon_C + \varepsilon_V}{2} + \frac{kT}{2} \ln\left[\frac{c_e}{c_h} \cdot \frac{c_{VB}^\circ}{c_{CB}^\circ}\right] = \frac{\varepsilon_C + \varepsilon_V}{2} + \frac{3}{4} kT \ln\left[\frac{m_h^*}{m_e^*}\right] \quad (6.73)$$

Die Fermi-Energie liegt nahezu in der Mitte der Bandlücke. Die Unsymmetrie resultiert aus den unterschiedlichen effektiven Massen der Elektronen und Löcher. Da das Verhältnis der effektiven Massen jedoch nur logarithmisch eingeht und der zweite Term auf der rechten Seite von Gleichung (6.73) klein ist, ist die Lage der Fermi-Energie nur wenig verschieden von der Mitte der Bandlücke.

Für Anwendungen wichtiger ist allerdings die Situation in dotierten, das heißt gezielt verunreinigten Halbleitern. Verunreinigt man Silizium oder Germanium gezielt mit Elementen der fünften Hauptgruppe, so führen diese zu zusätzlichen lokalisierten Energieniveaus ε_D in unmittelbarer Nähe der Leitungsbandkante (siehe Abbildung 6.15, bei niedrigen Temperaturen einfach besetzte **Donator-** oder **Donorniveaus**). Die damit verbundenen überschüssigen Elektronen sind ins Leitungsband anregbar und treten bei ausreichend hoher Temperatur als zusätzliche Leitungselektronen auf. Da das Produkt der Konzentrationen von Elektronen und Löchern weiterhin eine Konstante sein muß, erniedrigt sich die Konzentration der Löcher in gleichem Maße.

Bei tiefen Temperaturen, das heißt für $\varepsilon_C - \varepsilon_D \gg kT$, werden die überschüssigen Elektronen auf den lokalisierten Donorniveaus eingefangen. Die Fermi-Energie muß dann dementsprechend oberhalb von ε_D liegen. Bei genügend hohen Temperaturen, wenn $\varepsilon_C - \varepsilon_D \ll kT$ ist, reicht die thermische Energie zur vollständigen Ionisierung der Donatoratome aus. Die Fermi-Energie wird dann im Bandschema unterhalb von ε_D liegen, jedoch im Gegensatz zu einem undotierten Halbleiter immer noch im oberen Drittel der Bandlücke.

Man kann also für neutrale Fremdatome mit überschüssigen Elektronen wie Phosphor oder Arsen in Silizium ein Ionisationsgleichgewicht ansetzen gemäß

$$D \rightleftharpoons D^+ + e^- \quad (6.74)$$

Hier wie generell bei der Behandlung von Defekten in Kristallen geht man oft zu einer Beschreibung über, bei der die verschiedenen Teilchensorten und ihre Ladungen

6.6 Elektronen in Halbleitern

relativ zum Idealkristall bezeichnet werden (Kröger-Vink-Symbolik, ausführlicher behandelt in Abschnitt 6.8): ein Phosphoratom auf Siliziumplatz wird mit dem zusätzlichen tiefgestellten Index Si gekennzeichnet, also P_{Si}, eine überschüssige positive Ladung relativ zum Idealkristall durch hochgestellten Punkt, eine negative Ladung durch hochgestellten Schrägstrich, gleiche Ladung wie die entsprechende Position im Idealkristall durch ein hochgestelltes schräges Kreuz gekennzeichnet. Für den Fall von Phosphoratomen im Silizium kann das entsprechende Gleichgewicht dann auch geschrieben werden als

$$P'_{Si} \rightleftharpoons P^{\times}_{Si} + e' \tag{6.75}$$

Diese Formulierung hat den Vorteil, daß das überschüssige Elektron eines neutralen Phosphoratoms auf Siliziumplatz sofort in der Schreibweise zu erkennen ist.

Die Temperaturabhängigkeit des Ionisationsgleichgewichts (6.74) oder (6.75) läßt sich aus der Fermi-Dirac-Statistik ableiten (unter Berücksichtigung der Spinmultiplizität des einfach besetzten Donatorterms, Herleitung siehe Exkurs 6.8). Nimmt man beispielsweise einfach besetzbare Donatorniveaus an, so gilt für das Verhältnis der Konzentration unbesetzter Donatorniveaus $c_{D^+} = N_{D^+}/V$ zu der Gesamtkonzentration $c_D^o = (N_D + N_{D^+})/V$ an Donatoratomen

$$\frac{c_{D^+}}{c_D^o} = \frac{e^{(\varepsilon_D - \varepsilon_F)/kT}}{2 + e^{(\varepsilon_D - \varepsilon_F)/kT}} \tag{6.76}$$

Für die Gleichgewichtskonstante des Ionisationsgleichgewichts (6.74) oder (6.75) gilt, wenn man die Gleichungen (6.68) für die Elektronenkonzentration im Leitungsband und (6.76) für die Konzentration ionisierter Donatoren benutzt,

$$K_D(T) = \frac{c_{D^+} \cdot c_e}{[c_D^o - c_{D^+}]} = \frac{1}{2} c_{CB}^o \, e^{-(\varepsilon_C - \varepsilon_D)/kT} \tag{6.77}$$

Exkurs 6.8 Donatoren und Akzeptoren im Silizium

Hier soll noch kurz die Form der Gleichung (6.76) begründet werden. Das mit einem Elektron besetzte Niveau ist zweifach entartet. Der unbesetzte Donatorzustand ist natürlich nicht entartet. Das statistische Gewicht des einfach besetzten zum unbesetzten Zustand ist also 2:1. Wenn die Fermi-Energie gleich der Energie ε_D des Donatorniveaus wird, muß das Verhältnis einfach besetzter zu unbesetzten Donatorniveaus 2:1 sein: zwei Drittel der Donatorniveaus sind dann besetzt[10]. Mit dem Korrekturfaktor 2:1 gilt dann für das Verhältnis besetzter zu unbesetzten Donatorniveaus bei beliebiger Lage der Fermi-Energie ($f_e(\varepsilon_D - \varepsilon_F)$ = Fermi-Dirac-Verteilungsfunktion)

$$\frac{\text{besetzt}}{\text{unbesetzt}} = \frac{c_D^o - c_{D^+}}{c_{D^+}} = \frac{2}{1} \cdot \frac{f_e(\varepsilon_D - \varepsilon_F)}{1 - f_e(\varepsilon_D - \varepsilon_F)} = 2 \cdot e^{(\varepsilon_F - \varepsilon_D)/kT} \tag{6.78}$$

Löst man Gleichung (6.78) nach der Konzentration c_{D^+} der ionisierten Donatoren auf, so folgt Gleichung (6.76).

---

[10]Zum Vergleich: wäre der besetzte Zustand nicht entartet, würde die Fermi-Dirac-Statistik für $\varepsilon_F = \varepsilon_D$ eine Halbbesetzung vorhersagen!

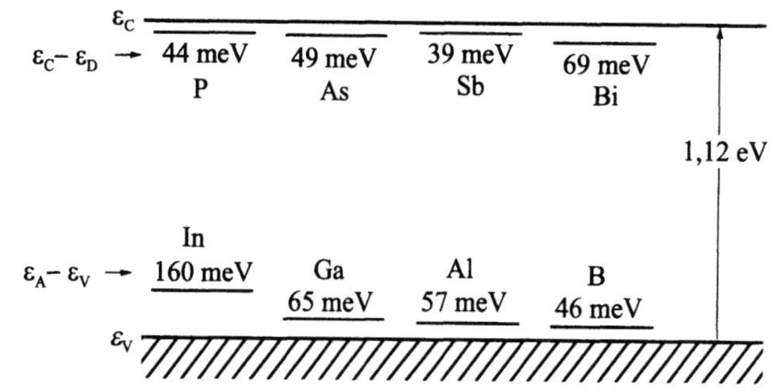

```
                    ε_C  ─────────────────────────────────────
ε_C − ε_D  →    44 meV    49 meV    39 meV    69 meV
                  P          As        Sb        Bi
                                                              ↑
                                                              │
                                                           1,12 eV
                                                              │
                In                                            │
ε_A − ε_V  →   160 meV    Ga        Al         B              │
                         65 meV    57 meV    46 meV           ↓
                    ε_V ////////////////////////////////////
```

Abbildung 6.15 Lage von Donator- und Akzeptorniveaus gebräuchlicher Dotierungen im Bandschema des Siliziums.

Das unbesetzte Donatorniveau entspricht zwar einem mit zwei Elektronen besetzbaren Orbital, jedoch ist davon auszugehen, daß die Besetzung mit einem zweiten Elektron eine zusätzliche Energie erfordert, da die beiden Elektronen sich abstoßen. Im Bandschema sind deshalb den beiden Elektronen zwei verschiedene Lagen von Einelektronen-Energieniveaus zuzuordnen. Das zweite Elektron besetzt effektiv ein deutlich höheres Energieniveau, das sogar innerhalb des Leitungsbandes liegen kann. Abbildung 6.15 zeigt die Lage der wichtigsten Donator- und Akzeptorniveaus im Silizium. Die entsprechenden Energien im Germanium sind etwa um den Faktor vier bis fünf niedriger.

Für Akzeptordotierung können entsprechende Beziehungen hergeleitet werden. So gilt folgendes Ionisationsgleichgewicht für Boratome im Silizium

$$B_{Si}^{\cdot} \rightleftharpoons B_{Si}^{x} + h^{\cdot} \quad \text{oder allgemein:} \quad A \rightleftharpoons A^{-} + h^{+} \tag{6.79}$$

$B_{Si}^{\cdot}$ steht hierbei für ein neutrales Boratom auf Siliziumplatz. Die positive Ladung relativ zum idealen Siliziumgitter entspricht einem eingefangenen Loch, das (analog zu einem eingefangenen Elektron auf einem Phosphoratom) zwei Spinzustände einnehmen kann. Ein Boratom ergibt also im Bandschema des Siliziums ein Akzeptorniveau bei der Energie ε_A, das bei Einfang eines Lochs aus dem Valenzband zweifach entartet ist. Im ionisierten Zustand B_{Si}^{x}, der auch als eingefangenes Elektron aus dem Valenzband verstanden werden kann, sind die bindenden Orbitale um das Boratom vollbesetzt, so daß keine Entartung vorliegt. Für das Verhältnis besetzter und unbesetzter Akzeptoren folgt dann[11]

$$\frac{\text{besetzt}}{\text{unbesetzt}} = \frac{c_A^\circ - c_{A^-}}{c_{A^-}} = \frac{2}{1} \cdot \frac{f_h(\varepsilon_A - \varepsilon_F)}{1 - f_h(\varepsilon_A - \varepsilon_F)}$$

$$= 2 \cdot \frac{1 - f_e(\varepsilon_A - \varepsilon_F)}{f_e(\varepsilon_A - \varepsilon_F)} = 2 \cdot e^{(\varepsilon_A - \varepsilon_F)/kT} \tag{6.80}$$

Als Gleichgewichtskonstante K_A für das Ionisationsgleichgewicht der Akzeptoren erhält man aus den Gleichungen (6.80) und Gleichung (6.69)

$$K_A(T) = \frac{c_{A^-} \cdot c_h}{[c_A^\circ - c_{A^-}]} = 2 c_{VB}^\circ e^{-(\varepsilon_A - \varepsilon_V)/kT} \tag{6.81}$$

---

[11] Besetzt und unbesetzt bezieht sich hier auf die Besetzung mit einem Loch, natürlich könnte man auch die inverse Beschreibung mit Elektronen heranziehen.

Exkurs 6.9 Verbindungshalbleiter

Zwischen der Eigenhalbleitung und metallischer Leitung als anderem Extrem gibt es bei festen mehrkomponentigen Verbindungen fließende Übergänge. So befindet sich bei einigen Verbindungshalbleitern die Fermi-Energie sehr nahe an der Leitungsband- beziehungsweise der Valenzbandkante oder sogar leicht darüber. In letzterem Fall spricht man von einem Halbleiter mit beginnender Entartung beziehungsweise einem entarteten Halbleiter.

Der Grund dafür, daß die Fermi-Energie in reinen Verbindungshalbleitern nicht mehr in der Mitte zwischen Leitungs- und Valenzband liegen muß, ist in den möglichen Abweichungen der Zusammensetzung von einer idealen Stöchiometrie zu suchen. In einphasigen Verbindungshalbleitern kann die Stöchiometrie innerhalb gewisser Grenzen variieren, was mit der Phasenregel zu erklären ist. Gegenüber einem Elementkristall hat ja bereits eine binäre Verbindung bei konstanten Werten von Druck und Temperatur noch einen zusätzlichen thermodynamischen Freiheitsgrad.

Man spricht in diesem Zusammenhang auch von Stöchiometrieabweichung (gemeint ist: gegenüber einer idealen Stöchiometrie) und stöchiometrischem Existenzbereich einer Verbindung. Für die meisten ionischen Verbindungen ist der stöchiometrische Existenzbereich zwar sehr klein, kann aber in seinen Auswirkungen auf die elektrischen Eigenschaften und die thermodynamische Aktivität der enthaltenen Komponenten sehr großen Einfluß haben. Die Lage der Fermi-Energie variiert oft sehr stark mit den kleinen Stöchiometrieänderungen. Einphasiges Silbersulfid (nominal Ag_2S) kann bei 200°C je nach Vorbehandlung Zusammensetzungen zwischen $Ag_{2,0000}S$ und $Ag_{2,0025}S$ aufweisen, wobei sich die Elektronenleitfähigkeit beträchtlich ändert.

So ist zum Beispiel $Ag_{2,0000}S$ noch ein typischer Halbleiter (ε_F liegt dann etwa 0,05 eV unterhalb der Leitungsbandkante), während silberreiches $Ag_{2,0025}S$ metallische Leitfähigkeit zeigt (ε_F liegt dann um 0,2 eV oberhalb der Bandkante und damit bereits im Leitungsband). Das überschüssige Silber wird dabei auf Zwischengitterplätze des Kristalls eingebaut und gibt seine Elektronen praktisch vollständig an das Leitungsband ab. Silber auf Zwischengitterplatz wirkt hier als Donator.

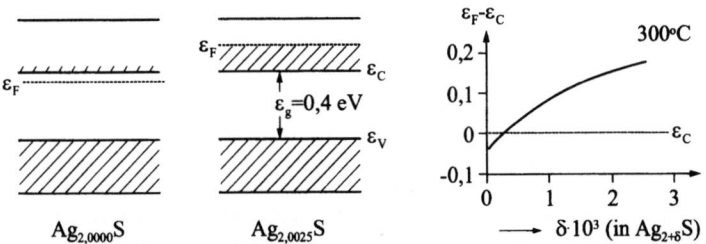

Abbildung 6.16 Bandschema der nichtstöchiometrischen Verbindung $Ag_{2+\delta}S$: für Verbindungshalbleiter kann die Konzentration der Elektronen und Löcher sehr empfindlich von einem geringen und variablen Metalldefizit oder Metallüberschuß abhängen, die sich in Abhängigkeit von den Umgebungsbedingungen oder der Vorbehandlung ändern können (Nichtstöchiometrie). Die beiden Teilbilder links zeigen das Bandschema des $Ag_{2+\delta}S$ für ideale Stöchiometrie $\delta = 0$ (Gleichgewicht mit elementarem Schwefel) und für maximalen Silberüberschuß $\delta = 0,0025$ (Gleichgewicht mit Silber). Das rechte Bild zeigt die Verschiebung der Fermi-Energie mit steigendem Silberüberschuß [Daten aus Ric 82].

Stöchiometrieänderungen in festen Verbindungshalbleitern haben also dieselben Auswirkungen wie eine Dotierung mit Fremdatomen in Elementhalbleitern. Viele oxidische Systeme, die für Anwendungen in Elektrochemie, Elektronik oder Sensorik interessant sind, ändern bei hohen Temperaturen ihre stöchiometrische Zusammensetzung als Funktion der äußeren Bedingungen (Temperatur, Sauerstoffpartialdruck). Dementsprechend spielt die Vorbehandlung für die elektrischen Eigenschaften eine besondere Rolle.

Exkurs 6.10 Ionisierungsgleichgewichte im $SnO_{2-\delta}$

Zinndioxid ist ebenfalls ein für Anwendungen wichtiger Verbindungshalbleiter. Das Oxid zeigt als Funktion der Vorbehandlung bei hohen Temperaturen ein mehr oder weniger großes Sauerstoffdefizit gegenüber der idealen Stöchiometrie SnO_2, was man häufig durch die Formel $SnO_{2-\delta}$ ausdrückt. Den leeren Sauerstoffplätzen steht ein entsprechender Metallüberschuß mit einer äquivalenten Zahl von Elektronen gegenüber. Bei erhöhter Temperatur befinden sich diese Elektronen im Leitungsband, so daß die Elektronenleitfähigkeit sich bei zunehmendem Sauerstoffdefizit erhöht. Bei tiefen Temperaturen werden diese Elektronen allerdings teilweise in der Umgebung der Leerstellen eingefangen. Dies zeigt, daß die durch Nichtstöchiometrie entstehenden Leerstellen (wie auch andere Eigendefekte) als Donatoren wirken.

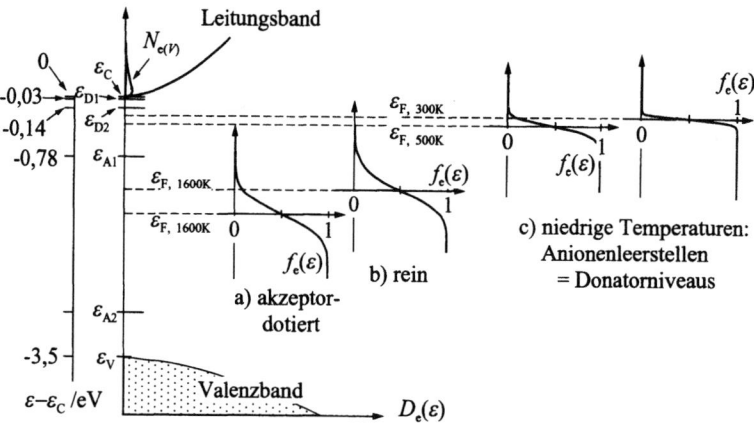

Abbildung 6.17 Temperaturabhängige Ionisierungsgleichgewichte von Donatoren und Akzeptoren im halbleitenden SnO_2: gezeigt ist das Ergebnis einer Anpassung an experimentelle Daten [K.D. Schierbaum, Dissertation, Universität Tübingen 1987]. Die beiden Donatorniveaus ε_{D1} und ε_{D2} werden auf verschiedene Ladungszustände von Sauerstoffleerstellen zurückgeführt (ε_{D1}: $V_O^{\cdot\cdot}/V_O^{\cdot}$, ε_{D2}: $V_O^{\cdot}/V_O^{x}$). Die Akzeptorniveaus sind Verunreinigungen zuzuordnen.

Im Bandschema des $SnO_{2-\delta}$ sind den Sauerstoffleerstellen lokalisierte Elektronenniveaus zuzuordnen (sie resultieren aus lokalisierten Orbitalen der umgebenden Zinn-Kationen). Abbildung 6.17 zeigt ein Modell, das aus Ergebnissen von Leitfähigkeitsmessungen an Zinndioxid abgeleitet wurde. Neben den Leerstellen sind weitere Störstellen in der Bandlücke nachweisbar.

6.7 Leitungselektronen in Metallen

Die Elektronen in Metallen hatten wir bereits mit dem Modell des Teilchens im Kasten in Kapitel 3 behandelt. Das Modell war allerdings stark vereinfacht, da die Temperaturabhängigkeit der Besetzung der Elektronenniveaus vernachlässigt wurde. Im folgenden soll dieser Aspekt nachgetragen werden. Das wesentliche Ergebnis der Behandlung der Elektronen im Metall mit der Fermi-Dirac-Statistik in Kapitel 3 war die folgende Gleichung für die Zahl der Elektronen als Funktion der Fermi-Energie ($D_e(\varepsilon) = 2D(\varepsilon)$ mit $D(\varepsilon)$ als Zustandsdichte des Teilchens im Kasten)

$$N_e = \int_0^{\varepsilon_{max}} D_e(\varepsilon) \cdot f_e\left(\frac{\varepsilon - \varepsilon_F}{kT}\right) d\varepsilon \qquad (6.82)$$

Eine für die meisten Erfordernisse ausreichende Beschreibung der Temperaturabhängigkeit von ε_F für Metalle erhält man, wenn man das Fermi-Dirac-Integral aus Gleichung (6.82) als Reihenentwicklung in Potenzen von kT/ε_F° darstellt (ε_F° steht hier als Abkürzung für ε_F bei 0 K). kT/ε_F° ist bei Raumtemperatur sehr klein (Größenordnung 10^{-2}), so daß die Reihen sehr gut konvergieren und meist der erste temperaturabhängige Term ausreicht[12]. Wir wollen hier nur die Ergebnisse für die ersten zwei Glieder der Reihen für N_e/V und die daraus ableitbaren Größen Fermi-Energie $\varepsilon_F(T)$ und innere Energie $U = E_{kin}$ berücksichtigen:

$$\frac{N_e}{V} = c_e \cong \frac{8\pi}{3}\left(\frac{2m_e^*}{h^2}\right)^{3/2} \varepsilon_F^{3/2} \left[1 + \frac{\pi^2}{8}\left(\frac{kT}{\varepsilon_F}\right)^2 + \ldots\right] \qquad (6.83)$$

$$\varepsilon_F(T) \cong \varepsilon_F^\circ \cdot \left[1 - \frac{\pi^2}{12}\left(\frac{kT}{\varepsilon_F^\circ}\right)^2 - \ldots\right] \qquad (6.84)$$

$$U = \frac{3}{5} N_e \, \varepsilon_F^\circ \cdot \left[1 + \frac{5\pi^2}{12}\left(\frac{kT}{\varepsilon_F^\circ}\right)^2 - \ldots\right] \qquad (6.85)$$

Aus Gleichung (6.85) für die innere Energie U des entarteten Elektronengases erhält man für die Wärmekapazität:

$$C_{V,e} = \left(\frac{\partial U}{\partial T}\right)_V = \frac{N_e \pi^2 k}{2} \cdot \left[\frac{T}{T_F}\right] \quad \text{mit } T_F = \varepsilon_F^\circ/k \qquad (6.86)$$

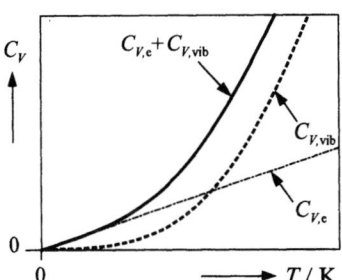

Abbildung 6.18 Kombination der spezifischen Wärme der Leitungselektronen $C_{V,e}$ und der spezifischen Wärme aufgrund der Gitterschwingungen nach dem Debye-Modell. Nach dem Debye-Modell ist C_V proportional T^3, während der Beitrag eines entarteten Elektronengases zu C_V proportional T ist.

---

[12]Zur Herleitung der Reihenentwicklung siehe beispielsweise [MQu 85] oder [May 77]

Dabei haben wir die übliche Definition einer Fermi-Temperatur eingeführt. Für ein Gas nach der Maxwell-Boltzmann-Statistik würde man den Wert $C_{V,e}^{MB} = 3N_e k/2$ erwarten. Der tatsächliche Wert ist wesentlich kleiner und es gilt

$$\frac{C_{V,e}}{C_{V,e}^{MB}} = \frac{\pi^2 T}{3 T_F} \ll 1 \tag{6.87}$$

Der klassische Grenzwert würde erst dann erreicht, wenn $T \gg T_F$ ist. Die dazu nötigen Temperaturen liegen aber immer weit oberhalb der Schmelzpunkte der Metalle. Nur bei Temperaturen nahe 0 K überwiegt der Anteil der Leitungselektronen an der Wärmekapazität eines Metalls, so daß sich eine lineare Temperaturabhängigkeit für $T \to 0$ K ergibt (siehe Gleichung 6.86). Allerdings wird bereits bei leichter Temperaturerhöhung der Anteil der Gitterschwingungen an der Wärmekapazität wegen der viel größeren Temperaturabhängigkeit (proportional T^3, siehe Exkurs 6.5 in Abschnitt 6.4) überproportional zunehmen. Abbildung 6.18 veranschaulicht diese Verhältnisse. Bei tiefen Temperaturen gilt für die Wärmekapazität von Metallen näherungsweise

$$C_{V,m} = aT^3 + bT \tag{6.88}$$

Werte für den Beitrag der Elektronen einiger Metalle sind in Anhang D aufgeführt.

Exkurs 6.11 Fermi-Dirac-Integral

In der Literatur findet man Tabellenwerte zum Integral in Gleichung (6.82), wobei gewöhnlich ein dimensionsloses Integral mit der Variablensubstitution $x = \varepsilon/kT$ definiert wird:

$$\begin{aligned} N_e &= 2 \cdot \int_0^{\varepsilon_{max}} D_e(\varepsilon) \cdot f_e(\varepsilon) d\varepsilon \\ &= \left(\frac{2\pi m_e^* kT}{h^2}\right)^{3/2} \cdot \frac{4V}{\pi^{1/2}} \cdot \int_0^{\infty} \frac{x^{1/2}}{\exp[(x - \varepsilon_F)/kT] + 1} dx \end{aligned} \tag{6.89}$$

Das Integral in Gleichung (6.89) mit dem Vorfaktor $\pi/\sqrt{2}$ wird als *Fermi-Dirac-Integral* $F_{1/2}$ bezeichnet und ist für einen großen Bereich der Variablen ε_F/kT tabelliert [Kit 93]:

$$F_{1/2}\left(\frac{\varepsilon_F}{kT}\right) = \frac{\pi}{\sqrt{2}} \int_0^{\infty} \frac{x^{1/2}}{\exp[(x - \varepsilon_F)/kT] + 1} dx \tag{6.90}$$

Manchmal ist der Nullpunkt der Energieskala nicht bei der Leitungsbandunterkante gewählt. In solchen Fällen enthält das Argument des Fermi-Dirac-Integrals noch die Energie der Leitungsbandunterkante ε_C:

$$F_{1/2}\left(\frac{\varepsilon_F - \varepsilon_C}{kT}\right) = \frac{\pi}{\sqrt{2}} \int_0^{\infty} \frac{x^{1/2}}{\exp[x - (\varepsilon_F - \varepsilon_C)/kT] + 1} dx \tag{6.91}$$

6.8 Punktdefekte in Kristallen

In den bisherigen Abschnitten dieses Kapitels wurden ideale Kristalle mit vollständig geordneten Atom- oder Ionengittern angenommen. Die Existenz von Gitterfehlern, das heißt Abweichungen von einer dreidimensional-periodischen Anordnung der Teilchen, wurden vernachlässigt. In Realkristallen spielen jedoch Gitterfehler eine entscheidende Rolle bei Transportvorgängen wie Ionenleitung und Diffusion, bei chemischen Reaktionen zweier fester Stoffe und Korrosionsvorgängen und bei der Bildung von Mischkristallen und nichtstöchiometrischen Verbindungen [Gir 73, Krö 78, Sch 75, Sch 95]. Die mechanischen Eigenschaften von Werkstoffen beispielsweise werden sehr wesentlich durch die Anwesenheit von Versetzungen und Korngrenzen bestimmt, die man als ein- oder zweidimensionale Kristalldefekte klassifiziert. Poren oder Hohlräume in einem Kristall, die bei Festkörperreaktionen, beispielsweise bei Ausscheidungsvorgängen eine wichtige Rolle spielen, lassen sich als dreidimensionale Defekte verstehen.

Für die thermodynamischen und kinetischen Eigenschaften kristalliner Feststoffe spielen aber vor allem die **nulldimensionalen Defekte**, kurz **Punktdefekte** oder **Punktfehlstellen** eine Rolle. Hierbei kann man sich als einfachste Möglichkeiten einerseits unbesetzte Gitterplätze, die im Idealkristall normalerweise besetzt sind, oder überschüssige Teilchen an Stellen im Kristallgitter, die im Idealkristall nicht besetzt sind, vorstellen.

Abbildung 6.19 veranschaulicht diese beiden Fälle. Bei der ersten Möglichkeit spricht man von **Leerstellen**, bei der zweiten von **Zwischengitterteilchen**. Dabei können die Zwischengitterteilchen auch durch Verunreinigungen wie Fremdatome repräsentiert sein. Neben Leerstellen und Zwischengitterteilchen unterscheidet man noch die **Substitutionsdefekte**. Es kann sich dabei um ein partielles Tauschen der Plätze zweier Atomsorten beispielsweise in einer festen binären Verbindung handeln oder um Fremdteilchen, die normale Gitteratome ersetzen (Dotierungen, Verunreinigungen).

Die Entropie eines idealen Kristalls stellt wegen seiner perfekten Ordnung ein Minimum der Entropie dar[13]. Dies würde bereits der thermodynamischen Gleichgewichtsbedingung bei konstanten Werten von Volumen, Energie und Teilchenzahl für einen isolierten Kristall widersprechen. In der Regel sind jedoch die Randbedingungen an ein reales System konstante Werte für Druck, Temperatur und Teilchenzahl.

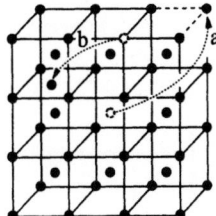

Abbildung 6.19 Fehlstellen im Kristall mit nur einer Atomsorte Me: a) Bildung einer Leerstelle V_{Me}, b) Bildung eines Zwischengitterplatzes Me_i.

---

[13]Lediglich der Beitrag der Gitterschwingungen trägt noch zu einer – meist geringen – Entropieerhöhung mit der Temperatur des Kristalls bei.

Das thermodynamische Gleichgewicht ist dann nicht durch ein Entropiemaximum, sondern durch ein Minimum der Gibbs-Energie G charakterisiert:

$$G = H - TS \stackrel{!}{=} \text{Minimum} \qquad (6.92)$$

Die folgenden Überlegungen zeigen, daß auf Grund dieser Forderung jeder reine Kristall bei von 0 K verschiedenen Temperaturen im thermodynamischen Gleichgewicht eine wohldefinierte Konzentration von Punktdefekten besitzen muß. Die im Gleichgewicht in einem reinen Kristall entstehenden Punktdefekte bezeichnet man auch als **Eigendefekte** oder **intrinsische Defekte**[14]. Um die Konzentration von Punktdefekten bei einer gegebenen Temperatur berechnen zu können, müssen die Bildungsenthalpie und die Bildungsentropie von Punktdefekten als Funktion ihrer Konzentration bekannt sein. Im folgenden setzen wir dazu ein einfaches Modell an, das die Verhältnisse in einem Elementkristall, beispielsweise einem Metall wie Silber, für sehr kleine Punktdefektkonzentrationen gut beschreibt.

Die Änderung der **Gibbs-Energie eines Kristalls** aufgrund der Bildung von Leerstellen (Symbol V von engl. *vacancy*) wird im folgenden mit ΔG_V bezeichnet, entsprechend die Bildungsenthalpie und -entropie mit ΔH_V und ΔS_V. Es gilt

$$G_{\text{realer Krist.}} - G_{\text{idealer Krist.}} = \Delta G_V = \Delta H_V - T \Delta S_V \qquad (6.93)$$

Ausgehend von einem Idealkristall ist die Bildung von Punktdefekten zunächst immer endotherm: ΔH_V ist also positiv. Die Bildung von Punktdefekten im Gleichgewicht erfordert einen negativen Wert für ΔG_V und muß demnach ganz auf den Entropieterm $-T \Delta S_V$ und dessen anfängliche kräftige Abnahme mit der Leerstellenkonzentration zurückgeführt werden.

Die Bildungsentropie der Punktdefekte ΔS_V enthält zwei Beiträge. Zum einen ändert sich in Anwesenheit von Punktdefekten die Entropie der Gitterschwingungen des Kristalls, weil sich die Bindungsstärken und damit die Schwingungsfrequenzen der Atome in der Nachbarschaft eines Punktdefekts ändern. Diesen Beitrag bezeichnen wir im folgenden mit $\Delta S_{V,\text{vib}}$. Er kann sowohl negativ als auch positiv sein.

Entscheidend ist der zweite Beitrag zur Entropieänderung ΔS_V. Er resultiert aus der großen Zahl von Möglichkeiten, die Punktdefekte auf die verschiedenen Gitterplätze zu verteilen. Man bezeichnet diesen Entropiebeitrag als **Konfigurationsentropie** oder auch als **lagenstatistischen Beitrag zur Entropie**. Im folgenden soll dafür das Symbol $\Delta S_{V,\text{konfig}}$ verwendet werden.

In einem Kristall mit N_{Me} Atomen der Sorte Me, in dem sich noch N_V Leerstellen befinden, gibt es insgesamt $N_{\text{Me}} + N_V$ Gitterplätze. Alle Leerstellen und alle Me-Atome sind jeweils für sich genommen ununterscheidbar. Bezeichnet man mit Ω_{konfig} die Anzahl der Möglichkeiten (= Mikrozustände gleicher Energie), N_V Leerstellen auf $N_{\text{Me}} + N_V$ Gitterplätze zu verteilen, so ergibt sich mit Gleichung (2.72)[15]:

$$\Delta S_{V,\text{konfig}} = k \ln \Omega_{\text{konfig}} = k \ln \left[\frac{(N_{\text{Me}} + N_V)!}{N_{\text{Me}}! N_V!} \right] \qquad (6.94)$$

---

[14]in Anlehnung an den englischen Ausdruck *intrinsic defects*
[15]Hier ist der Ausdruck für die Entropie eines Systems konstanter Energie in einer mikrokanonischen Gesamtheit anwendbar, da alle Mikrozustände (= Defektverteilungen) die gleiche Energie haben. Wechselwirkungen zwischen den Defekten sind dabei vernachlässigt.

6.8 Punktdefekte in Kristallen

Die Herleitung dieses Ausdrucks ist völlig analog zu der Ableitung von Gleichung (3.48) beziehungsweise (3.4) in der Fermi-Dirac-Statistik (Besetzung von Energieniveaus mit Fermionen). Tatsächlich gilt für die Besetzung von Gitterplätzen in Kristallen in der Regel die Fermi-Dirac-Statistik, da der Platzbedarf der Teilchen eine Mehrfachbesetzung praktisch ausschließt (Ausnahmen bei Kristalldefekten möglich, Beispiel: Besetzung eines Cl^--Platzes in KCl durch Cl_2^-).

Im zweiten Schritt geht es nur noch um die Abhängigkeit von ΔH_V und ΔS_V von N_V. Es sei angenommen, daß N_V sehr klein gegen die Anzahl N_{Me} von besetzten Gitterplätzen ist. Der Abstand der Punktdefekte ist dann so groß, daß eine Wechselwirkung der Punktdefekte untereinander vernachlässigbar ist. Unter dieser Voraussetzung ist die Enthalpie zur Erzeugung einer einzelnen Leerstelle unabhängig von der Konzentration der Leerstellen. Das gleiche gilt dann auch für den entsprechenden Schwingungsentropiebeitrag $\Delta S_{V,vib}$. Beide Größen sind dann proportional zur Anzahl an Leerstellen. Wenn die Symbole ΔH_V° und $\Delta S_{V,vib}^\circ$ die Bildungsenthalpie und Schwingungsentropieänderung pro eingebrachter Leerstelle bezeichnen und zusätzlich die Abkürzung $\Delta G_V^\circ = \Delta H_V^\circ - T \Delta S_{V,vib}^\circ$ eingeführt wird, erhält man

$$\Delta G_V = N_V(\Delta H_V^\circ - T \Delta S_{V,vib}^\circ) - T \Delta S_{V,konfig}$$

$$= N_V \Delta G_V^\circ - kT \ln \left[\frac{(N_{Me} + N_V)!}{N_{Me}! N_V!} \right] \qquad (6.95)$$

Abbildung 6.20 zeigt die Abhängigkeit der Bildungs-Gibbs-Energie der Leerstellen von der Leerstellenkonzentration im Bereich des Minimums von ΔG_V (berechnet nach Gleichung (6.95) für realistische Werte der Konstanten). Das Minimum von ΔG_V findet man durch Nullsetzen der Ableitung nach der Leerstellenzahl N_V, also:

$$\left(\frac{\partial \Delta G_V}{\partial N_V} \right)_{p,T} = 0 = \Delta G_V^\circ - kT \cdot \frac{\partial}{\partial N_V} \ln \left[\frac{(N_{Me} + N_V)!}{N_{Me}! N_V!} \right]$$

$$= \Delta G_V^\circ + kT \ln \left[\frac{N_V}{N_{Me} + N_V} \right] \qquad (6.96)$$

Dabei wurde im letzten Schritt die Stirling-Näherung benutzt (siehe Gleichung (B.44) im Anhang). Der Ausdruck in der Klammer in Gleichung (6.96) entspricht dem Stoffmengenanteil x_V der Leerstellen. Er ist auf die insgesamt zur Verfügung stehenden Gitterplätze bezogen gemäß

$$x_V = \frac{N_V}{N_{Me} + N_V} \qquad (6.97)$$

Damit ergibt sich schließlich für den Stoffmengenanteil der Leerstellen im Kristall bei den vorgegebenen Werten von Druck und Temperatur

$$x_V = \exp\left(-\frac{\Delta G_V^\circ}{kT}\right) = \exp\left(\frac{\Delta S_{V,vib}^\circ}{k}\right) \exp\left(-\frac{\Delta H_V^\circ}{kT}\right) \qquad (6.98)$$

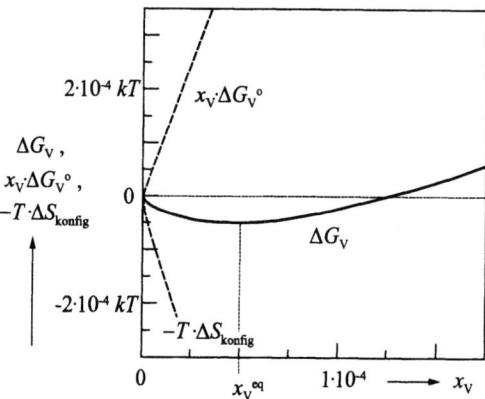

Abbildung 6.20 Bildungs-Gibbs-Energie von Leerstellen in einem Atomkristall als Funktion des Stoffmengenanteils x_V der Leerstellen: für ΔG_V° wurde der Wert $10\,kT$ angenommen. Das Minimum resultiert aus dem sehr steilen Abfall des $-T S_{\text{konfig}}$-Terms für $x_V \to 0$ und der rasch abnehmenden Steigung für größere Werte des Stoffmengenanteils x_V. Die Teilbeiträge $x_V \Delta G_V^\circ$ und $-T \Delta S_{\text{konfig}}$ sind zum Vergleich ebenfalls dargestellt.

In diesem Zusammenhang ist zu beachten, daß wir zwar in der Symbolik Leerstellen wie Teilchen behandeln, daß diese aber thermodynamisch gesehen keine Bedeutung als unabhängige Teilchen haben können und auch nicht als thermodynamische Komponenten diskutiert werden dürfen. Anschaulich ist es sowieso klar, daß ein leerer Platz kein Teilchen ist, sondern hier nur eine Bedeutung als Störung im Vergleich zum idealen Kristall hat. Insbesondere existiert kein chemisches Potential der Leerstellen: die Ableitung der Gibbs-Energie nach der Zahl der Leerstellen war ja gleich Null gesetzt worden (die entscheidende Bedingung bei der obigen Herleitung!). Der Versuch, ein chemisches Potential der Leerstellen thermodynamisch als Ableitung nach der Teilchenzahl zu definieren, führt auf den Wert $\mu_V = 0$. Darin äußert sich aber darüber hinaus wie schon in den zuvor behandelten Fällen der Photonen und der Phononen, daß die Zahl der Leerstellen keine Erhaltungsgröße ist.

Wir werden jedoch weiter unten sehen, daß es in Ionenkristallen und Verbindungen mit mehr als einer Atom- oder Ionensorte sinnvoll wird, auch Leerstellen in die Definition chemischer Potentiale mit einzubeziehen, und zwar in Fällen, bei denen die Konzentration der Leerstellen nicht nur durch das Minimum der Gibbs-Energie, sondern daneben noch durch Gleichgewichte mit weiteren Defektsorten und Erhaltungsgleichungen (beispielsweise konstantes Platzverhältnis Kationen zu Anionen, Elektroneutralität) festgelegt wird.

Die obige Ableitung läßt sich ohne weiteres auf die Bildung von **Zwischengitterteilchen** Me_i übertragen. Mit den entsprechenden Bildungsgrößen (Index i für *interstitial* = Zwischengitter) kann man analog zu Gleichung (6.95) ansetzen

$$\Delta G_i = N_i \Delta G_i^{\circ\prime} - kT \ln\left[\frac{(N_{i,\text{unbes}} + N_i)!}{N_{i,\text{unbes}}! N_i!}\right] \tag{6.99}$$

N_i ist die Anzahl der Zwischengitterteilchen, und $N_{i,\text{unbes}}$ ist die Anzahl der unbesetzten Zwischengitterplätze. Über die Minimalbedingung an ΔG_i erhält man mit derselben Vorgehensweise wie im Fall der Leerstellen nach Umformen (Stirling-Näherung)

6.8 Punktdefekte in Kristallen

aus Gleichung (6.99)[16]:

$$x_i = \frac{N_i}{N_{Me}} = \frac{N_{i,\text{unbes}} + N_i}{N_{Me}} \cdot \exp\left(-\frac{\Delta G_i^{\circ\prime}}{kT}\right)$$

$$= \exp\left(-\frac{\Delta G_i^\circ}{kT}\right) = \exp\left(\frac{\Delta S_{i,\text{vib}}^\circ}{k}\right) \exp\left(-\frac{\Delta H_i^\circ}{kT}\right) \quad (6.100)$$

Die Überlegungen zeigen, daß ein ideal geordneter Kristall nur bei $T = 0$ K stabil ist. Jeder Kristall wird bei Temperaturen oberhalb des absoluten Nullpunkts in Abhängigkeit von der Temperatur eine zunehmende Konzentration von Gitterfehlern aufweisen, falls die Bildung von Gitterdefekten nicht kinetisch gehemmt ist.

Für kleine Konzentrationen von Punktdefekten läßt sich die Form der Zustandssumme eines entsprechenden Elementkristalls mit Leerstellen aus einfachen Überlegungen ableiten. Für die Zustandssumme eines Kristalls mit einer einzelnen Leerstelle gilt

$$Z_{\text{vib}}^{\text{real}}(N_{Me}, N_V = 1) = Z_{\text{vib}}^{\text{ideal}} \cdot (N_{Me} + 1) \cdot z_V \quad (6.101)$$

Der Faktor ($N_{Me}+1$) gibt die Anzahl der Möglichkeiten an, die Leerstelle im Kristall zu plazieren. Der Faktor z_V enthält die Änderungen der Schwingungszustandssumme des Kristalls relativ zum defektfreien Idealkristall bei Bildung einer Leerstelle (N_{Me} = const., der Kristall dehnt sich also aus!). Die Auftrennung in zwei Faktoren in der Gleichung (6.101) bedeutet gleichzeitig, daß man die Energie des realen Kristalls als Summe aus der des Idealkristalls und der Energie zur Erzeugung der Leerstelle schreiben kann. Man kann z_V als Teilchenzustandssumme der Leerstelle bezeichnen, muß sich aber dabei im klaren sein, daß hier eine Exzeßgröße gemeint ist, die lediglich Änderungen relativ zum Idealkristall beschreibt.

Die wesentlichen Änderungen in der Zustandssumme des Kristalls bei Anwesenheit eines Punktdefekts sind zurückzuführen sowohl auf die Änderung des Schwingungsspektrums $D(\nu)$ des Kristalls als auch auf die Änderung der Nullpunktsenergie des Kristalls (veränderte Wechselwirkungsenergien in der unmittelbaren Umgebung der Defekte). Wenn die Zahl N_V der Leerstellen klein gegen N_{Me} ist, sind Wechselwirkungen verschiedener Leerstellen miteinander vernachlässigbar. Es ergibt sich

$$Z_{\text{vib}}^{\text{real}} = Z_{\text{vib}}^{\text{ideal}} \cdot \Omega_{\text{konfig}} \cdot (z_V)^{N_V} = Z_{\text{vib}}^{\text{ideal}} \cdot \frac{(N_{Me} + N_V)!}{N_{Me}! N_V!} \cdot (z_V)^{N_V} \quad (6.102)$$

Zur theoretischen Berechnung thermodynamischer Daten der Punktdefekte müssen also sowohl die Wechselwirkungen der einzelnen Defekte mit ihrer unmittelbaren Umgebung als auch die Veränderungen im Schwingungsspektrum (Phononenspektrum) des Kristalls und ihre Auswirkung auf die Schwingungsentropie bekannt sein. In den vergangenen Jahren sind dazu vor allem Methoden der Molekulardynamik, das heißt computergestützte Modellrechnungen mit geeigneten Potentialmodellen eingesetzt worden [z.B. Gal 96, Har 90; siehe auch Kapitel 10].

---

[16]Der Vorfaktor vor dem Exponentialterm in der ersten Zeile von (6.100) ist von der Größenordnung Eins und konstant. In der Regel wird diese Konstante nicht spezifiziert, sondern bei Auswertungen in die Gibbs-Energie im Exponenten mit einbezogen: $\Delta G_i^\circ = \Delta G_i^{\circ\prime} - kT \ln \frac{N_{i,\text{unbes}} + N_i}{N_{Me}}$.

Exkurs 6.12 Zustandssumme eines Atomkristalls mit Punktdefekten

Die Zustandssumme in Gleichung (6.102) soll hier im Rahmen des einfachen Einstein-Modell des Festkörpers ausgewertet werden. Im Idealkristall ohne Leerstellen hat jedes Atom die gleiche Grundschwingungsfrequenz ν_0.

Es sei nun angenommen, daß insgesamt α lokalisierte Oszillatoren in der Umgebung einer Leerstelle verschobene Grundschwingungsfrequenzen ν_1 aufweisen. Es werden also insgesamt α Normalschwingungsfrequenzen in der Nähe des Punktdefekts verändert (siehe Abbildung 6.21). Parallel dazu verschieben sich auch die Potentialminima der Oszillatoren. Faßt man diese Nullpunktsverschiebungen der Oszillatoren um eine einzelne Leerstelle zu einer Energie $\Delta\varepsilon_0$ zusammen, so erhält man als Teilchenzustandssumme einer Leerstelle

$$z_V = \left[\frac{z_{\text{vib}}(\nu_1)}{z_{\text{vib}}(\nu_0)}\right]^\alpha \exp\left[-\frac{\Delta\varepsilon_0}{kT}\right] \tag{6.103}$$

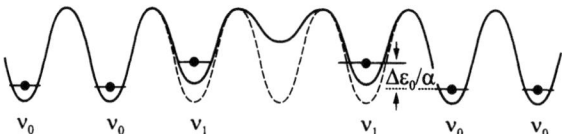

Abbildung 6.21 Einstein-Modell übertragen auf einen realen Festkörper mit Punktdefekten (ν_0, ν_1 = Schwingungsfrequenzen).

Für einen Elementkristall mit N_V Leerstellen erhält man dann im Einstein-Modell

$$\begin{aligned}Z_{\text{vib}}^{\text{real}} &= \frac{(N_{\text{Me}}+N_V)!}{N_{\text{Me}}!N_V!}[z_{\text{vib}}(\nu_0)]^{3N_{\text{Me}}}\left[\frac{z_{\text{vib}}(\nu_1)}{z_{\text{vib}}(\nu_0)}\right]^{\alpha N_V}\exp\left[-\frac{N_V\Delta\varepsilon_0}{kT}\right]\\ &= \frac{(N_{\text{Me}}+N_V)!}{N_{\text{Me}}!N_V!}\cdot Z_{\text{vib}}^{\text{ideal}}\cdot (z_V)^{N_V}\end{aligned} \tag{6.104}$$

Daraus kann man leicht die Helmholtz-Energie ΔA_V° der Bildung einer Leerstelle im Kristall herleiten. Es gilt für die Helmholtz-Energie der Leerstellenbildung ΔA_V

$$\Delta A_V = [A_{\text{real}} - A_{\text{ideal}}] = -kT\cdot \ln\left(\frac{Z_{\text{real}}}{Z_{\text{ideal}}}\right) \tag{6.105}$$

Mit $Z_{\text{vib}}^{\text{ideal}} = [z_{\text{vib}}(\nu_0)]^{3N}$ und $Z_{\text{vib}}^{\text{real}}$ aus Gleichung (6.104) erhält man

$$\Delta A_V = -kT\ln\frac{(N_{\text{Me}}+N_V)!}{N_{\text{Me}}!N_V!} - N_V kT\ln z_V = N_V\cdot\Delta A_V^\circ - kT\ln\frac{(N_{\text{Me}}+N_V)!}{N_{\text{Me}}!N_V!} \tag{6.106}$$

Für die Helmholtz-Energie ΔA_V° der Bildung einer Leerstelle ergibt sich damit:

$$\Delta A_V^\circ = -kT\ln z_V = \Delta\varepsilon_0 - kT\ln\left[\frac{z_{\text{vib}}(\nu_1)}{z_{\text{vib}}(\nu_0)}\right]^\alpha \tag{6.107}$$

Mit den thermodynamischen Beziehungen $\Delta G_V^\circ = \Delta A_V^\circ + \Delta(pV)^\circ$ beziehungsweise $\Delta H_V^\circ = \Delta\varepsilon_0 + \Delta(pV)^\circ$ kann man auch schreiben

$$\Delta G_V^\circ = \Delta H_V^\circ - kT\ln\left[\frac{z_{\text{vib}}(\nu_1)}{z_{\text{vib}}(\nu_0)}\right]^\alpha \tag{6.108}$$

6.8 Punktdefekte in Kristallen

Nach dem Einstein-Modell entsprechen die Schwingungszustandssummen $z_{\text{vib}}(\nu_0)$ und $z_{\text{vib}}(\nu_1)$ denen eines harmonischen Oszillators. Wendet man hier die Hochtemperaturnäherung $z_{\text{vib}}(\nu) \approx kT/h\nu$ an, so ergibt sich aus Gleichung (6.108) der einfache Ausdruck

$$\Delta G_{\text{V}} = \Delta H_{\text{V}}^{\circ} - kT \ln\left(\frac{\nu_0}{\nu_1}\right)^{\alpha} \tag{6.109}$$

Aus dem zweiten Term erhält man durch Vergleich mit $\Delta G_{\text{V}}^{\circ} = \Delta H_{\text{V}}^{\circ} - T\Delta S_{\text{V,vib}}^{\circ}$ die Bildungsentropie einer Leerstelle ohne den Konfigurationsanteil

$$\Delta S_{\text{V,vib}}^{\circ} = k \ln\left(\frac{\nu_0}{\nu_1}\right)^{\alpha} = \alpha k \ln\left(\frac{\nu_0}{\nu_1}\right) \tag{6.110}$$

Die verschobenen Schwingungsfrequenzen ν_1 können sowohl größer als auch kleiner als die Frequenz ν_0 im Idealkristall sein. In der Umgebung von Leerstellen sollte ν_1 tendenziell kleiner als ν_0 sein, in der Umgebung von Zwischengitterteilchen eher größer. Dementsprechend läßt sich erklären, daß $\Delta S_{\text{V,vib}}^{\circ}$ positiv als auch negativ sein kann.

Das dieser Ableitung zugrundeliegende Einstein-Modell des kristallinen Zustands ist natürlich zu stark vereinfacht, als daß wir damit realistische thermodynamische Daten zu den Punktdefekten erwarten könnten. Das Modell gibt aber einen Einblick in die wesentlichen Beiträge, die die Punktdefektkonzentrationen beeinflussen, solange es sich um kleine Konzentrationen handelt.

Die thermodynamische Behandlung von Punktdefekten läßt sich mit denselben Methoden auf feste Verbindungen mit mehr als einer Atomsorte übertragen. Für binäre Verbindungen sind zwei Typen von Punktdefekten, oder genauer Punktdefektpaaren wesentlich, die nach ihren Entdeckern als Schottky- beziehungsweise Frenkel-Defekte bezeichnet werden.

Schottky-Fehlordnung [Scho 58] liegt bei höheren Temperaturen im reinen NaCl und vielen anderen Alkalihalogeniden vor. Dabei tritt eine gleich große Anzahl von Leerstellen im Kationen- und im Anionenteilgitter auf (siehe Abbildung 6.22). Hinter der Einschränkung auf höhere Temperaturen und auf reines NaCl steckt die Tatsache, daß jeder reale Kristall, auch der „sauberste" Kristall noch Verunreinigungen in Form gelöster Fremdionen enthält (beispielsweise O^{2-}, Mg^{2+}, ... im NaCl). Diese Fremdteilchen wirken als zusätzliche Punktdefekte neben den sogenannten **Eigendefekten** der Kristalle. Da ihre Konzentration in der Regel konstant ist, die Konzentration der Eigendefekte aber exponentiell mit sinkender Temperatur abnimmt, stellen bei tieferen Temperaturen Fremddefekte aufgrund von Verunreinigungen die wesentlichen Punktdefekte dar.

Ein Beispiel für den zweiten wichtigen Fehlordnungstyp binärer Verbindungen, die sogenannte **Frenkel-Fehlordnung** [Fre 26], stellen Silber- und Kupferhalogenide dar, insbesondere AgCl, AgBr, CuCl und CuBr. So findet man bei höheren Temperaturen in reinem AgBr, daß ein kleiner Teil der Silberionen (weniger als 0,01 %) sich auf Zwischengitterplätzen befindet. Entsprechend gibt es eine gleich große Anzahl von Silberionenleerstellen im Ag^+-Teilgitter. Abbildung 6.22 veranschaulicht die beiden erwähnten Fehlordnungstypen. Mit der Kröger-Vink-Symbolik (zu Einzelheiten siehe Exkurs 6.13) kann man die Bildung eines Paares von Schottky- beziehungsweise

Frenkel-Fehlstellen in Form eines chemischen Gleichgewichts schreiben. Für NaCl und AgBr gelten dann die folgenden Bildungsgleichungen für Defektpaare:

$$\mathrm{Na}_{\mathrm{Na}}^{\times} + \mathrm{Cl}_{\mathrm{Cl}}^{\times} \rightleftharpoons V_{\mathrm{Na}}' + V_{\mathrm{Cl}}^{\cdot} + \mathrm{NaCl}_{\mathrm{Oberfläche}} \quad [\text{Schottky}] \quad (6.111)$$

$$\mathrm{Ag}_{\mathrm{Ag}}^{\times} + V_{\mathrm{i}}^{\times} \rightleftharpoons V_{\mathrm{Ag}}' + \mathrm{Ag}_{\mathrm{i}}^{\cdot} \quad [\text{Frenkel}] \quad (6.112)$$

Die jeweilige Reaktions-Gibbs-Energie dieser Reaktionen ist identisch mit der Gibbs-Energie der Bildung der Schottky- beziehungsweise Frenkel-Fehlstellen. Wir bezeichnen die Bildungs-Gibbs-Energie eines Paars von Schottky-Fehlstellen mit $\Delta G_{\mathrm{S}}^{\circ}$ und eines Paars von Frenkel-Fehlstellen mit $\Delta G_{\mathrm{F}}^{\circ}$.

Man kann für diese beiden Fehlordnungstypen genauso wie im zuvor behandelten Fall von Leerstellen im Atomkristall die Stoffmengenanteile (Molenbrüche) der Fehlstellen im Gleichgewicht ableiten. Dabei ergeben sich zwei Beiträge zur Konfigurationsentropie, da bei Frenkel- oder Schottky-Fehlordnung jeweils zwei Fehlstellensorten unabhängig im Kristall verteilt werden können. Wir verzichten hier auf die ganz analoge Ableitung und geben das Endergebnis für die beiden Fehlordnungstypen an.

Im Fall der Schottky-Fehlordnung ist das Produkt aus den Stoffmengenanteile der Anionen- und Kationenleerstellen eine temperaturabhängige Gleichgewichtskonstante K_{S} und gegeben durch:

$$x_{V_{\mathrm{Na}}'} \cdot x_{V_{\mathrm{Cl}}^{\cdot}} = K_{\mathrm{S}} = \exp\left(-\frac{\Delta G_{\mathrm{S}}^{\circ}}{kT}\right) \quad (6.113)$$

Die Stoffmengenanteile (Molenbrüche) sind wie bereits erwähnt immer auf die Gesamtzahl der regulären Natrium- beziehungsweise Chlorplätze im Kristall bezogen. Im reinen NaCl entstehen gemäß Gleichung (6.111) Anionen- und Kationenleerstellen immer paarweise, so daß beide Stoffmengenanteile gleich groß sein müssen:

$$x_{V_{\mathrm{Na}}'} = x_{V_{\mathrm{Cl}}^{\cdot}} \quad (\text{für reines NaCl}) \quad (6.114)$$

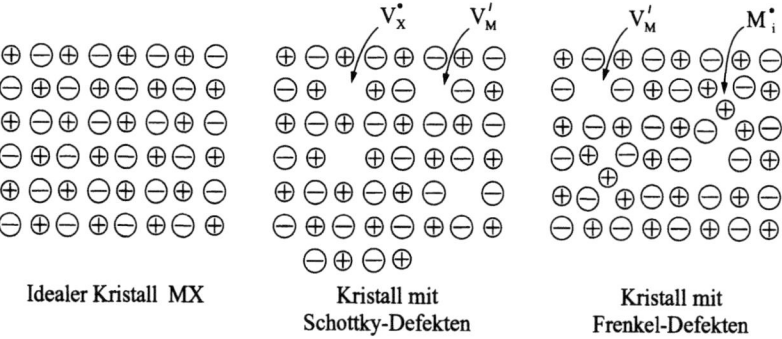

Idealer Kristall MX   Kristall mit Schottky-Defekten   Kristall mit Frenkel-Defekten

Abbildung 6.22 Schottky- und Frenkeldefekte als wichtigste (Eigen-)Fehlordnungstypen in binären Verbindungen. In stärker kovalenten Verbindungen treten die entsprechenden Defektpaare auch als ungeladene Defekte auf. In Verbindungen mit einer vom Kation-Anion-Verhältnis 1:1 abweichenden Stöchiometrie würde eine Schottky-Fehlordnung ein entsprechendes Zahlenverhältnis der beiden Leerstellensorten implizieren.

6.8 Punktdefekte in Kristallen

Mit Gleichung (6.114) erhält man aus Gleichung (6.113) schließlich:

$$x_{V'_{Na}} = x_{V^{\cdot}_{Cl}} = \sqrt{K_S} = \exp\left(-\frac{\Delta G^{\circ}_S}{2kT}\right) = \exp\left(\frac{\Delta S^{\circ}_S}{2k}\right)\exp\left(-\frac{\Delta H^{\circ}_S}{2kT}\right) \quad (6.115)$$

Auf der rechten Seite der Gleichung wurden die Entropie ΔS°_S und die Enthalpie ΔH°_S der Bildung eines Paares von Schottky-Fehlstellen über die Gibbs-Helmholtz-Gleichung $\Delta G^{\circ}_S = \Delta H^{\circ}_S - T\Delta S^{\circ}_S$ eingeführt. Die Stoffmengenanteile sind direkt proportional zu Diffusionskoeffizienten und Teilleitfähigkeiten der Natrium- beziehungsweise Chlorionen. Deshalb kann man aus temperaturabhängigen Messungen der Ionenleitfähigkeit oder der Diffusionskoeffizienten solcher Kristalle ΔH°_S experimentell bestimmen. Für NaCl ergibt sich für ΔH°_S etwa 2 eV pro Leerstellenpaar. Der Stoffmengenanteil der Natrium- und Chlorionenleerstellen beträgt bei 600°C $x(V'_{Na}) = x(V^{\cdot}_{Cl}) = 3 \cdot 10^{-6}$. Dies entspricht einer Konzentration von $4 \cdot 10^{16}$ Leerstellen pro cm^3.

Für eine Verbindung mit Frenkel-Fehlordnung wie AgBr gilt analog mit der Gleichgewichtskonstante K_F für die Frenkel-Defektpaarbildung:

$$x_{Ag^{\cdot}_i} \cdot x_{V'_{Ag}} = K_F = \exp\left(-\frac{\Delta G^{\circ}_F}{kT}\right) \quad (6.116)$$

Ebenso gilt speziell für reines AgBr, daß die Stoffmengenanteile der Leerstellen und Zwischengitterteilchen gleich groß sind. Es folgt dann aus Gleichung (6.116)[17]:

$$x_{Ag^{\cdot}_i} = x_{V'_{Ag}} = \sqrt{K_F} = \exp\left(-\frac{\Delta G^{\circ}_F}{2kT}\right) = \exp\left(\frac{\Delta S^{\circ}_F}{2k}\right)\exp\left(-\frac{\Delta H^{\circ}_F}{2kT}\right) \quad (6.117)$$

Die Bildungsenthalpie ΔH°_F für Frenkeldefekte im AgBr beträgt 1,2 eV pro Frenkeldefektpaar. Zum Schluß sei noch erwähnt, daß es eine ganze Reihe fester Verbindungen gibt, die bei höheren Temperaturen, in manchen Fällen bereits bei Raumtemperatur sehr hohe Ionenleitfähigkeiten haben („Festelektrolyte"). Beispiele sind AgI, RbAg$_4$I$_5$, β-Alumina, ZrO$_2$ und CeO$_2$ [Gre 73, Ric 82, Sch 75]. In diesen Verbindungen liegen sehr hohe Konzentrationen von Punktdefekten im Gleichgewicht vor. Zum Teil wird das über eine „Dotierung", das heißt den Einbau von Fremdionen in das Kristallgitter erreicht, zum Teil kann dies aber auch durch vergleichsweise kleine Werte der Bildungs-Gibbs-Energien der Punktdefekte erklärt werden.

Besonders gut untersucht ist das AgI, das oberhalb 145°C ein vollkommen fehlgeordnetes Silberionenteilgitter aufweist. Die Silberionen sind statistisch über eine große Zahl von Plätzen verteilt, und man kann nicht mehr zwischen regulären und Zwischengitterplätzen unterscheiden. Man spricht auch von quasi-geschmolzenem Silberionenteilgitter. In dieser Verbindung wie auch in anderen Festelektrolyten werden zum Teil höhere Ionenleitfähigkeiten als in guten wässrigen Elektrolyten erreicht [Ric 82].

---

[17] Die genaue Herleitung von Gleichung (6.116) liefert ganz analog zur Herleitung von Gleichung (6.100) noch eine Konstante als Vorfaktor vor dem Exponentialterm auf der rechten Seite. Sie ist allerdings nicht wesentlich von Eins verschieden und entspricht dem Verhältnis der Anzahl verfügbarer Zwischengitterplätze zur Anzahl der regulären Gitterplätze der Silberionen. Sie wird bei praktischen Berechnungen und Angaben mit in die Standard-Gibbs-Energie der Defektbildung einbezogen.

Tabelle 6.3: Kröger-Vink-Symbolik für Punktdefekte [Krö 78]

Defekttyp	Beispiele: Verbindung	Defekt	Bedeutung
Leerstellen	CdS	V_S^x	fehlendes S-Atom
	LaF$_3$	$V_F^{\cdot}$	fehlendes F$^-$-Ion
	TiO$_2$	$V_O^{\cdot\cdot}$	fehlendes O^{2-}-Ion
	AgBr	V_{Ag}'	fehlendes Ag$^+$-Ion
Teilchen im Zwischengitter		V_i^x	unbesetzter Platz im Zwischengitter
	CaF$_2$	F_i'	zusätzliches F$^-$-Ion
	Ag$_2$Se	$Ag_i^{\cdot}$	zusätzliches Ag$^+$-Ion
	H in Pd	H_i^x	eingelagertes H-Atom
	CeO$_{2-x}$(OH)$_x$	$H_i^{\cdot}$	eingelagertes H$^+$-Ion (H$_2$O gelöst)
Substitutions- teilchen, Fremd- dotierung	ZrO$_2$	Ce_{Zr}^x	Ce^{4+} auf normalem Zr^{4+}-Platz
	AgBr	$Cd_{Ag}^{\cdot}$	Cd^{2+} auf Ag$^+$-Gitterplatz
	LaF$_3$	O_F'	O^{2-} auf F$^-$-Platz

Exkurs 6.13 Kröger-Vink-Symbolik

Für Punktfehlstellen benutzt man in der Literatur hauptsächlich eine von Kröger und Vink entwickelte Symbolik. **Leerstellen** werden mit dem Grundsymbol V (für englisch: vacancy) bezeichnet. Die Teilchensorte, die normalerweise an der Position der Leerstelle sitzt, wird als tiefgestellter Index angegeben. Erzeugt man eine Natrium-Leerstelle durch Entfernen eines Natriumions Na$^+$ von seinem Gitterplatz, so bleibt eine negative Ladung aufgrund der umgebenden Cl$^-$-Ionen an dieser Stelle zurück, wenn der Idealkristall vorher elektroneutral ist. Deshalb gibt man solche **Relativladungen** gegenüber dem Idealkristall zusätzlich mit einem hochgestellten Index im Symbol für die Leerstelle an (˙ als Symbol für positive Überschußladung, ′ für eine negative Überschußladung und × für gleiche Ladung wie im Idealkristall). Eine Natriumionen-Leerstelle im NaCl wird mit V_{Na}', eine Chlorid-Ionenleerstelle mit $V_{Cl}^{\cdot}$ bezeichnet.

Für **Zwischengitterteilchen** wird das Symbol der entsprechenden Teilchensorte mit tiefgestelltem Index i (für englisch: interstitial) und Angabe der Ladung relativ zum Idealkristall genommen. Die Ladung entspricht dabei der Ladung des Teilchens, da der Idealkristall im Bereich zwischen den normalen Gitterplätzen keine Ladungen hat. Silberionen im Ag$_2$S auf Zwischengitterplätzen werden deshalb mit $Ag_i^{\cdot}$ bezeichnet, Fluoridionen im Zwischengitter des CaF$_2$ mit F_i'.

6.8 Punktdefekte in Kristallen 235

Exkurs 6.14 Elektrochemische und chemische Potentiale von Punktdefekten

In Verbindungen treten in der Regel viele verschiedene Defektsorten nebeneinander auf, deren Konzentrationen durch chemische Gleichgewichte miteinander gekoppelt sind. Um diese Gleichgewichte thermodynamisch konsistent zu behandeln, muß die Defnition chemischer beziehungsweise elektrochemischer Potentiale für Punktdefekte geklärt sein.

Der Gebrauch von **Strukturelementen** nach Kröger und Vink (siehe Exkurs 6.13) ist für die Diskussion chemischer Gleichgewichte mit Kristalldefekten recht praktisch und wird daher von den meisten Autoren bei chemischen Fragestellungen bevorzugt. Ihr großer Vorteil ist, daß Sie eine anschauliche Darstellung der Reaktionen zwischen unterschiedlichen Defektsorten erlauben. Allerdings erfüllen die so als chemische Teilchen behandelten Strukturelemente ein wichtiges Kriterium der Thermodynamik nicht: es handelt sich nämlich nicht um unabhängige Teilchen oder Komponenten im Sinne der Thermodynamik. Dies sei an einer einfachen Überlegung veranschaulicht: kristallines Lithiumfluorid weist Schottky-Fehlordnung auf. Fügt man ein Fluoridion zum LiF-Kristall hinzu, so muß es einen regulären Fluorid-Gitterplatz unter Vernichtung einer Fluorid-Ionenleerstelle besetzen[18]. Das bedeutet, daß die Zahl der Leerstellen und die Zahl der besetzten Gitterplätze gekoppelte Größen sind, deren Änderungen zwangsläufig entgegengesetzt gleichgroß mit unterschiedlichem Vorzeichen sein müssen: $dN_{F_F^\times} = -dN_{V_F^\cdot}$. Teilchen auf normalen Gitterplätzen und Leerstellen an normalen Gitterplätzen sind also komplementär zueinander und auf keinen Fall unabhängige Teilchensorten.

Aus Gründen der Anschaulichkeit sind trotzdem bei Defektgleichgewichten überwiegend Strukturelemente und darauf basierende chemische beziehungsweise elektrochemische Potentiale im Gebrauch[19]. So findet man beispielsweise in der Diskussion der Defektgleichgewichte von Fluorid-Ionenleitern die elektrochemischen Potentiale für Fluorid-Leerstellen $\tilde{\mu}_{V_F^\cdot}$ und der Fluorid-Ionen im Zwischengitter $\tilde{\mu}_{F_i'}$. Jedoch unterliegt der Gebrauch solcher virtuellen elektrochemischen Potentiale für Strukturelemente wichtigen Einschränkungen. Glücklicherweise lassen sich diese über vollständig formulierte Defektgleichgewichte als zusätzliche Bedingungen meist stillschweigend erfüllen. Trotzdem ist zu berücksichtigen, daß elektrochemische Potentiale für Strukturelemente, die im strengen Sinn von Kröger als **virtuelle elektrochemische Potentiale** bezeichnet und eingeführt wurden, eine gewisse Vorsicht im Gebrauch bei Gleichgewichten erfordern.

Wir wollen deshalb mit der folgenden Betrachtung die quantitative Beziehung zwischen virtuellen elektrochemischen Potentialen für Strukturelemente und den realen elektrochemischen Potentialen (real hier im Sinne einer strengen thermodynamischen Darstellung) an einem Bei-

---

[18]Die Gesamtzahl der Fluorid-Gitterplätze (= Summe aus besetzten und unbesetzten) ist konstant, wenn sich der Kristall nicht ausdehnt. Der Erhalt der Kristallstruktur macht nämlich den Erhalt des *Zahlenverhältnisses* der Lithium-Plätze zu den Fluor-Plätzen zwingend notwendig. Allerdings wird sich der Kristall bei Einbau eines Fluoridions normalerweise etwas ausdehnen, da das Schottky-Gleichgewicht bei Verringern der Fluorid-Leerstellenkonzentration eine Erhöhung der Lithium-Leerstellenkonzentration erfordert. Der Kristall wird dies durch den Einbau von *Leerstellenpaaren* (ausgehend von der Kristalloberfläche) erreichen, so daß dabei das 1:1-Platzverhältnis der Lithium und Fluor-Plätze erhalten bleibt. Man kann jedoch den Einbau eines Fluoridions unter Anpassung des Kristallvolumens (bei konstantem Druck zu erwarten) gedanklich immer als zwei nacheinander erfolgende Prozesse darstellen, nämlich einen Einbau des Fluorids bei konstantem Volumen und damit konstanter Platzzahl und eine nachfolgende Ausdehnung des Kristalls.

[19]Wir werden im folgenden nur den Ausdruck elektrochemisches Potential benutzen. Es sei daran erinnert, daß die Ableitung der Gibbs-Energie nach der Teilchenzahl bei geladenen Teilchen das elektrochemische Potential ergibt. Bei ungeladenen Teilchen ist es identisch mit dem chemischen Potential, da die Ladungszahl $z_i = 0$ ist und somit der elektrostatische Term $z_i e \varphi$ verschwindet.

spiel plausibel machen. Betrachtet sei wieder ein LiF-Einkristall mit Schottky-Fehlordnung. Als wesentliche Strukturelemente sind also neben Li$^+$- und F$^-$-Ionen auf ihren regulären Plätzen noch Leerstellen in beiden Teilgittern zu berücksichtigen. Mit virtuellen elektrochemischen Potentialen für die insgesamt vier Strukturelemente ergibt sich der folgende Ausdruck für die Änderung der Gibbs-Energie des Kristalls bei konstanten Werten von Druck und Temperatur:

$$dG = \tilde{\mu}_{Li_{Li}^x} dN_{Li_{Li}^x} + \tilde{\mu}_{V_{Li}'} dN_{V_{Li}'} + \tilde{\mu}_{F_F^x} dN_{F_F^x} + \tilde{\mu}_{V_F^\cdot} dN_{V_F^\cdot} \qquad (6.118)$$

Wir führen nun mit $N_{[Li]}$ und $N_{[F]}$ die jeweilige Gesamtzahl besetzter und unbesetzter Plätze im Lithium- und Fluor-Teilgitter ein. Für die Änderung der Gesamtplatzzahlen gilt

$$dN_{[Li]} = dN_{Li_{Li}^x} + dN_{V_{Li}'} \quad , \qquad dN_{[F]} = dN_{F_F^x} + dN_{V_F^\cdot} \qquad (6.119)$$

Entscheidend ist nun als Randbedingung der **Erhalt der Kristallstruktur**: dies erfordert für LiF, daß das **Platzverhältnis** von Lithium- zu Fluor-Plätzen immer konstant gleich 1:1 bleibt (dies ist zu unterscheiden von möglichen Stöchiometrieabweichungen, die ja das Verhältnis der tatsächlichen Anzahl beider Ionensorten, das heißt nur die besetzten Gitterplätze betreffen!):

$$\frac{N_{[Li]}}{N_{[F]}} = \frac{1}{1} \quad \rightarrow \quad \frac{dN_{[Li]}}{dN_{[F]}} = \frac{1}{1} \quad \rightarrow \quad dN_{[LiF]} = dN_{[Li]} = dN_{[F]} \qquad (6.120)$$

$dN_{[LiF]}$ kennzeichnet hier also die Änderung der Platzzahl an Kristallbaueinheiten [LiF] im Sinne einer Änderung des Kristallvolumens bei konstanter Teilchenzahl der beiden Ionensorten. Substitution von $dN_{V_{Li}'}$ und $dN_{V_F^\cdot}$ in (6.118) mit Hilfe von (6.119) und (6.120) ergibt

$$dG = \left[\tilde{\mu}_{Li_{Li}^x} - \tilde{\mu}_{V_{Li}'}\right] dN_{Li_{Li}^x} + \left[\tilde{\mu}_{F_F^x} - \tilde{\mu}_{V_F^\cdot}\right] dN_{F_F^x} + \left[\tilde{\mu}_{V_{Li}'} + \tilde{\mu}_{V_F^\cdot}\right] dN_{[LiF]} \quad (6.121)$$

Drei Teilchenzahlvariablen sind übriggeblieben, da offensichtlich nur drei unabhängige Komponenten im thermodynamischen Sinn unterscheidbar sind[20]. Dementsprechend sind auch nur drei reale elektrochemische Potentiale im strengen Sinn der Thermodynamik als Ableitungen nach der jeweiligen Teilchenzahl ($N_{Li_{Li}^x}$, $N_{F_F^x}$ bzw. $N_{[LiF]}$) herleitbar.

Als entscheidendes Ergebnis folgt, daß die drei Ausdrücke in Klammern auf der rechten Seite von Gleichung (6.121) aus den elektrochemischen Potentialen von jeweils zwei Strukturelementen eine neue Einheit bilden. Sie stellen die **realen elektrochemischen Potentiale** der Komponenten des Kristalls im strengen Sinn dar. Die zugrunde liegenden Einheiten aus Paaren von Strukturelementen werden nach Schottky und Wagner auch als **Bauelemente** (des Kristalls) bezeichnet. Die Bauelemente sind die eigentlichen **Komponenten** (unabhängige Teilchensorten) im Sinne der Thermodynamik. Es zeigt sich dabei, daß reale elektrochemische Potentiale für Bauelemente ganz zwangsläufig immer durch ein Paar zweier komplementärer virtueller Potentiale darstellbar sind.

Im vorliegenden Beispiel sind drei Bauelemente definiert: $[Li_{Li}^x - V_{Li}']$, $[F_F^x - V_F^\cdot]$ und $[V_{Li}' + V_F^\cdot]$. Fügt man eine der ersten beiden Bauelementsorten zum LiF-Kristall hinzu, so ändert sich lediglich die Zahl der besetzten Gitterplätze auf Kosten der unbesetzten, die Gesamtzahl der Gitterplätze im Kristall bleibt jedoch konstant. Hinzufügen der dritten Sorte von

---

[20]Unabhängig heißt hier nicht, daß es keine weiteren einschränkenden Bedingungen geben könnte. Zusätzliche Bedingungen an Konzentrationen und elektrochemische Potentiale der Bauelemente sind auf jeden Fall durch Defektgleichgewichte und die Gibbs-Duhem-Gleichung vorhanden

6.8 Punktdefekte in Kristallen

Bauelementen, $[V'_{Li} + V^\cdot_F]$, führt jedoch zu einer Ausdehnung des Kristalls durch Einbau zusätzlicher Lithium- und Fluor-Leerstellen im Verhältnis 1:1, wobei die Zahl der vorhandenen Lithium- und Fluorid-Ionen konstant bleibt.

Zur Vereinfachung der Symbolik sollen im folgenden Bauelemente, die die Gesamtplatzzahl im Kristall unverändert lassen, mit dem ersten der beiden vorkommenden Strukturelemente in geschweiften Klammern symbolisiert werden (in Anlehnung an einen Vorschlag von Lankhorst et al.[Lan 97]):

$$\{Li^x_{Li}\}^+ \triangleq [Li^x_{Li} - V'_{Li}] \quad , \quad \{F^x_F\}^- \triangleq [F^x_F - V^\cdot_F] \tag{6.122}$$

Zusätzlich geben wir außerhalb der rechten Klammer die reale physikalische Ladung des Bauelements im Kristall an, da die reale Ladung nicht unmittelbar aus dem verkürzten Symbol des Bauelements erkennbar ist, siehe auch die Beispiele in Tabelle 6.4). Für das Bauelement $[V'_{Li} + V^\cdot_F]$, das ein neutrales Leerstellenpaar als stöchiometrische Platzeinheit des Kristalls darstellt, benutzen wir

$$\{V'_{Li} V^\cdot_F\} \triangleq [V'_{Li} + V^\cdot_F] \tag{6.123}$$

Die realen elektrochemischen Potentiale der beiden Gitterteilchen ergeben sich aus (6.121) über die jeweilige Ableitung nach der Teilchenzahl bei Konstanthalten der übrigen Teilchenzahlvariablen. Der letzte Term auf der rechten Seite von (6.121) beschreibt die Änderung der Gibbs-Energie des Kristalls, wenn er sich bei konstanter Anzahl an Lithium- und Fluorid-Ionen ausdehnt. Man erhält

$$\left(\frac{\partial G}{\partial N_{Li^x_{Li}}}\right)_{N_{F^x_F}, N_{[LiF]}} = \left[\tilde{\mu}_{Li^x_{Li}} - \tilde{\mu}_{V'_{Li}}\right] = \tilde{\mu}_{\{Li^x_{Li}\}^+} \tag{6.124a}$$

$$\left(\frac{\partial G}{\partial N_{F^x_F}}\right)_{N_{Li^x_{Li}}, N_{[LiF]}} = \left[\tilde{\mu}_{F^x_F} - \tilde{\mu}_{V^\cdot_F}\right] = \tilde{\mu}_{\{F^x_F\}^-} \tag{6.124b}$$

$$\left(\frac{\partial G}{\partial N_{[LiF]}}\right)_{N_{Li^x_{Li}}, N_{F^x_F}} = \left[\tilde{\mu}_{V'_{Li}} + \tilde{\mu}_{V^\cdot_F}\right] = \tilde{\mu}_{\{V^\cdot_F V'_{Li}\}} \tag{6.124c}$$

Die Gibbs-Duhem-Geichung läßt sich mit den obigen Ergebnissen nun ebenfalls durch Bauelemente ausdrücken. Man erhält bei konstanten Werten von Druck und Temperatur[21]

$$N_{Li^x_{Li}} d\tilde{\mu}_{\{Li^x_{Li}\}^+} + N_{F^x_F} d\tilde{\mu}_{\{F^x_F\}^-} + N_{[LiF]} d\tilde{\mu}_{\{V^\cdot_F V'_{Li}\}} = 0 \tag{6.125}$$

Tabelle 6.4: Beschreibung von Defekten mit Bauelementen [Scho 58, Ric 82, Lan 97]

Gitterplätze	Beispiele: Verbindung	Bauelement	Abkürzung
O^{2-} auf Gitterplatz	TiO_2	$[O^x_O - V^{\cdot\cdot}_O]$	$\{O^x_O\}^{2-}$
O^{2-}–Leerstelle		$[V^{\cdot\cdot}_O - O^x_O]$	$\{V^{\cdot\cdot}_O\}^{2+} = -\{O^x_O\}^{2-}$
F^- auf Gitterplatz	LaF_3	$[F^x_F - V^\cdot_F]$	$\{F^x_F\}^-$
F^- im Zwischengitter	CaF_2	$[F'_i - V^x_i]$	$\{F'_i\}^-$
Substitutionsteilchen	$Zr_{1-x}Ce_xO_2$	$[Ce^x_{Zr} - Zr^x_{Zr}]$	$\{Ce^x_{Zr}\}$

---

[21]Vereinzelt findet man in der Literatur die Gibbs-Duhem-Gleichung (6.125) ohne den dritten Term auf der rechten Seite, was nicht korrekt ist.

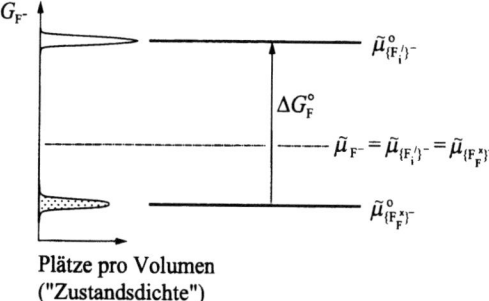

Abbildung 6.23 Energieschema der Fluoridionen in einem festen Metallfluorid mit Frenkel-Fehlordnung im Anionenteilgitter: aufgetragen ist die Standard-Gibbs-Energie pro Fluorid-Ion (also ohne den Konfigurationsanteil der Entropie). Für einen geordneten Kristall mit geringer Konzentration an Punktdefekten sind die Standard-Gibbs-Energien der Gitter- und der Zwischengitterplätze scharf definierte Niveaus. Eine hohe Fehlordnung impliziert einen kleinen Abstand der Standard-Gibbs-Energien von Zwischengitterplätzen und normalen Gitterplätzen. Eine hohe Punktdefektkonzentration wird wegen der unterschiedlichen Wechselwirkungen in der Umgebung der Defekte auch zu einer Verbreiterung der Niveaus führen (Verbreiterung der ionischen Zustandsdichte).

Betrachtet man vor allem Konzentrationsänderungen von Fluorid-Leerstellen, so ist das folgende Bauelement sinnvoll

$$\{V_F^\cdot\}^+ = [V_F^\cdot - F_F^\times]$$

Die Definition des obigen Bauelements $\{V_F^\cdot\}^+$ beinhaltet darüber hinaus, daß ihm die Masse des Fluoridions mit negativem Vorzeichen zuzuordnen ist (Analogie zu Löchern im Halbleiter, vgl. Exkurs 6.7). Ebenso ergibt sich die positive Ladung des Bauelements als Konsequenz aus der Wegnahme des negativ geladenen Fluoridions. Es wird klar, daß ein Bauelement $\{F_F^\times\}^-$ wegen seiner positiven Masse (= Masse des Fluoridions) und negativen Ladung dazu komplementär ist:

$$\{F_F^\times\}^- = [F_F^\times - V_F^\cdot] \stackrel{\triangle}{=} -[V_F^\cdot - F_F^\times] = -\{V_F^\cdot\}^+$$

In vielen Fluorid-Ionenleitern spielen Zwischengitterteilchen eine wichtige Rolle. Das Bauelement, das einem Fluoridion auf Zwischengitterplatz entspricht, ist gegeben durch

$$\{F_i'\}^- = [F_i' - V_i^\times]$$

Als Anwendungsbeispiel für die Behandlung von Gleichgewichten mit Bauelementen sei die Frenkel-Fehlordnung im Anionenteilgitter des CaF_2 betrachtet

mit Strukturelementen: $\quad F_F^\times + V_i^\times \rightleftharpoons V_F^\cdot + F_i'$

mit Bauelementen: $\quad 0 \rightleftharpoons \{V_F^\cdot\}^+ + \{F_i'\}^-$ \hfill (6.126a)

Benutzt man $\tilde{\mu}_{\{V_F^\cdot\}^+}$ und $\tilde{\mu}_{\{F_i'\}^-}$ für die elektrochemischen Potentiale der Bauelemente, die den Leerstellen beziehungsweise Zwischengitterteilchen zugeordnet sind, folgt als Gleichgewichtsbedingung für Gleichgewicht (6.126a) (beachte wiederum die Analogie zu Gleichung (6.64) für die Fermi-Energie der Elektronen und Löcher, siehe auch Exkurs 6.14)

$$0 = \tilde{\mu}_{\{V_F^\cdot\}^+} + \tilde{\mu}_{\{F_i'\}^-} \qquad (6.127)$$

6.8 Punktdefekte in Kristallen

Im Gleichgewicht ist darüber hinaus zu fordern, daß das elektrochemische Potential der Fluoridionen ungeachtet der Art der besetzten Plätze überall im Kristall gleich ist. Das elektrochemische Potential der Fluoridionen wird wie üblich mit $\tilde{\mu}_{F^-}$ bezeichnet (also ohne Bezug auf eine spezielle Defekt- und Platzsorte im Kristallgitter). Im Gleichgewicht kann man also $\tilde{\mu}_{\{F_i'\}^-}$ und $\tilde{\mu}_{F^-}$ als ein und dieselbe Größe identifizieren. Aus (6.127) folgt somit[22]

$$\tilde{\mu}_{F^-} = \tilde{\mu}_{\{F_i'\}^-} = -\tilde{\mu}_{\{V_F^\bullet\}^+} \tag{6.128}$$

Die elektrochemischen Potentiale lassen sich in der üblichen Vorgehensweise der Thermodynamik aufspalten in einen Standardterm und einen konzentrationsabhängigen Beitrag (oder allgemeiner: aktivitätsabhängigen Beitrag). Der Standardterm kann wiederum bei Bedarf weiter aufgeteilt werden in den Standardwert des chemischen Potentials und den elektrostatischen Term mit der Ladung $z_i e$ des Bauelements i. Für ein Fluorid mit kleiner Konzentration an Fluoridleerstellen und Zwischengitterteilchen folgt dann (ideal verdünnte Lösung von Defekten im Kristall)

$$\tilde{\mu}_{\{V_F^\bullet\}^+} = \tilde{\mu}^\circ_{\{V_F^\bullet\}^+} + kT \ln x_{V_F^\bullet} = \mu^\circ_{\{V_F^\bullet\}^+} + e\varphi + kT \ln x_{V_F^\bullet} \tag{6.129a}$$

$$\tilde{\mu}_{\{F_i'\}^-} = \tilde{\mu}^\circ_{\{F_i'\}^-} + kT \ln x_{F_i'} = \mu^\circ_{\{F_i'\}^-} - e\varphi + kT \ln x_{F_i'} \tag{6.129b}$$

Die Gibbs-Energien der Atome oder Ionen im Kristall unterscheiden sich, je nachdem ob normale Gitterplätze oder Zwischengitterplätze besetzt werden. Die Standardwerte der Gibbs-Energien, hier $\tilde{\mu}^\circ_{\{V_F^\bullet\}^+}$ und $\tilde{\mu}^\circ_{\{F_i'\}^-}$, stehen für diese von Platzsorten abhängigen Werte. Die Standardterme enthalten nicht nur die Energie bzw. Enthalpie des Teilchens an seinem jeweiligen Platz, sondern auch einen platzabhängigen Entropiebeitrag (= Schwingungsentropieänderung bei Plazieren des Bauelements im Kristall) und einen elektrostatischen Term. Letzterer führt bei geladenen Bauelementen dazu, daß elektrische Potentialgradienten in einem Kristall (ganz analog zur Fermi-Energie der Elektronen) eine ortsabhängige Standard-Gibbs-Energie liefern.

Abbildung 6.23 veranschaulicht die energetischen Verhältnisse bei Frenkel-Fehlordnung in einem entsprechenden (Gibbs-)Energieschema. Die Differenz der Standard-Gibbs-Energien auf normalen Gitterplätzen und Zwischengitterplätzen entspricht dann dem oben eingeführten Standardwert der Bildungs-Gibbs-Energie $\Delta G_F^\circ = \mu^\circ_{\{F_i'\}^-} + \mu^\circ_{\{V_F^\bullet\}^+}$ von Frenkel-Defekten. Das Diagramm läßt eine gewisse Analogie zum Bandschema der Elektronen erkennen. Ein wichtiger Unterschied ist allerdings, daß die Zustände der Ionen im Gegensatz zu denen der Elektronen in Bändern streng lokalisiert sind. Da Plätze im Gitter immer nur durch ein Atom oder Ion besetzbar sind, wird die Verteilung der Ionen über die Gitterplätze unterschiedlicher Gibbs-Energie ebenfalls über die Beziehungen der Fermi-Dirac-Statistik beschrieben.

---

[22]Gleichung (6.128) läßt sich noch auf eine andere Art plausibel machen. Zunächst zeigt die vorhergehende Ableitung für reine binäre Verbindungen in diesem Abschnitt, daß die Gleichgewichtskonzentrationen der Schottky- oder Frenkel-Defektpaare durch ein Minimum der Gibbs-Energie des Kristalls festgelegt werden. Ganz analog zum Fall der Elektron-Loch-Paare im Halbleiter (siehe Exkurs 6.7) ist damit die Zahl der thermisch erzeugten Defektpaare keine Erhaltungsgröße. Konsequenz ist wie auch im Fall der Photonen und Phononen: Das chemische Potential eines Frenkel-Defektpaars im reinen AgBr muß gleich Null sein, da die formale Definition des chemischen Potentials eines Defektpaars (= Ableitung der Gibbs-Energie nach der Zahl der Defektpaare) gleichzeitig die Bedingung für ein Minimum der Gibbs-Energie erfüllen muß (= Null). Addiert man deshalb die elektrochemischen Potentiale von Zwischengitterteilchen und zugehörigen Leerstellen auf normalen Gitterplätzen, so erhält man das elektrochemische Potential eines Frenkel-Defektpaares, das aber aus den geschilderten Gründen Null sein muß.

Die Lage des elektrochemischen Potentials der Fluoridionen in Abbildung 6.23 legt demnach die Konzentration der Leerstellen und Zwischengitterteilchen im Gleichgewicht eindeutig fest. Es wurde deshalb für das elektrochemische Potential der Ionen in kristallinen Verbindungen der Begriff Fermi-Potential der Ionen vorgeschlagen [Kle 91]. Je näher dieses an der (Standard-)Gibbs-Energie der Gitterionen liegt, umso höher wird die Konzentration der Leerstellen sein. Umgekehrt bedeutet in Abbildung 6.23 eine Lage von $\tilde{\mu}_{F^-}$ in der Nähe von $\mu^\circ_{\{F_i'\}}$, daß Zwischengitterteilchen überwiegen. Beide Abweichungen von einem 1:1-Verhältnis der beiden Defektsorten machen allerdings eine Fremddotierung erforderlich. Fluorid-Leerstellen lassen sich beispielsweise über die Dotierung mit Oxid-Ionen (Substitution eines Teils der Fluorid-Ionen) erzeugen. Aspekte der Fehlordnung in Ionenleitern und Ionenleiterrandschichten sind ausführlich dargestellt in [Mai 93, Mai 99]. Gibbs-Energie-Schemata für Atome oder Ionen werden auch für Einlagerungsreaktionen von Wasserstoff in Metallen [Kir 88], und für Säure-Base-Reaktionen von Protonen in festen und flüssigen Systemen [Gur 53] benutzt.

Exkurs 6.15 Defektgleichgewichte in nichtstöchiometrischen Oxiden

Im folgenden wollen wir als Beispiel ein Defektgleichgewicht in einer kristallinen Verbindung mit Abweichung von der idealen Stöchiometrie behandeln. Der Sauerstoffgehalt (oft: Sauerstoffnichtstöchiometrie) von Oxiden ändert sich vor allem bei erhöhten Temperaturen mit dem Sauerstoffpartialdruck in der Gasphase [Krö 78]. Die Änderungen der Sauerstoffkonzentration werden im Kristall in der Regel über die Erzeugung oder Vernichtung von Sauerstoffleerstellen, seltener über Sauerstoff im Zwischengitter realisiert (denkbar wäre aber auch eine Sauerstoffkonzentrationsänderung über die Änderung der Konzentrationen von Leerstellen- oder Zwischengitterteilchen im Metallionenteilgitter des Oxids!).

Neutraler Sauerstoff aus der Gasphase wird als zweifach geladenes O^{2-}-Ion in ein Metalloxid eingebaut, so daß sich dabei die Konzentration der Elektronen und Löcher im Oxid ändern muß. Dies führt bereits bei nur kleinen Stöchiometrieänderungen in halbleitenden Oxiden zu Änderungen der Elektronenleitfähigkeit um oft viele Größenordnungen.

Ein Beispiel ist die zunehmende Bildung von Sauerstoffleerstellen in $TiO_{2-\delta}$ bei abnehmenden Partialdrücken des Sauerstoffs in der Gasphase. Experimentell beobachtet man eine Zunahme der Elektronenleitfähigkeit (und des Diffusionskoeffizienten des Sauerstoffs). δ gibt dabei die Abweichung von der exakten Stöchiometrie (Nichtstöchiometrie) an. Im $TiO_{2-\delta}$ überwiegen die Sauerstoffleerstellen die Konzentration aller anderen Eigendefekte, so daß δ proportional zur Konzentration der Sauerstoffleerstellen ist (δ entspricht dem Stoffmengenanteil der Sauerstoffleerstellen, wenn man den Stoffmengenanteil wie bei Defekten üblich, auf die Gesamtzahl der betreffenden Sorte Gitterplätze setzt, hier der Oxidionen). Der Einbau von Sauerstoff auf Leerstellen kann unter Verwendung der Kröger-Vink-Notation geschrieben werden als

$$\frac{1}{2}O_{2,g} + V_O^{\cdot\cdot} + 2e' \rightleftharpoons O_O^x \tag{6.130}$$

Die Elektronen werden im $TiO_{2-\delta}$ vorwiegend aus dem Leitungsband verbraucht. Bei sehr hohen Sauerstoffaktivitäten allerdings, wenn das Leitungsband vollständig geleert ist, werden die Elektronen aus dem Valenzband stammen, so daß man für sehr hohe Sauerstoffpartialdrücke eine wieder zunehmende Elektronenleitfähigkeit auf Grund der Löcherleitung (p-Leitung) vorhersagen kann.

6.8 Punktdefekte in Kristallen

Es soll nun die **Gleichgewichtskonstante der Einbaureaktion** (6.130) betrachtet werden. Um die Gleichgewichtsbedingung mit chemischen und elektrochemischen Potentialen zu formulieren, fassen wir zunächst Leerstellen und Gittersauerstoff als Bauelement $V_O^{\cdot\cdot} - O_O^\times$ zusammen. Es folgt für das Einbaugleichgewicht

$$\frac{1}{2}O_{2,g} + V_O^{\cdot\cdot} - O_O^\times + 2e' \rightleftharpoons 0 \quad \rightarrow \quad 0 = \frac{1}{2}\mu_{O_2} + \tilde{\mu}_{\{V_O^{\cdot\cdot}\}^{2+}} + 2\,\varepsilon_F \qquad (6.131)$$

Das elektrochemische Potential der Leerstellen ist dabei nach Gleichung (6.128) identisch mit dem negativen elektrochemischen Potential der Sauerstoffionen.

Für das chemische Potential des Sauerstoffs in der Gasphase und das elektrochemische Potential der Elektronen (= Fermi-Energie) können die bereits an anderer Stelle hergeleiteten Gleichungen (3.34), (3.37) und (6.68) verwendet werden.

$$\tilde{\mu}_e = \varepsilon_F = \varepsilon_C + kT \ln \frac{c_e}{c_{CB}^\circ} \qquad (6.132)$$

$$\mu_{O_2} = \varepsilon_{0,O_2} - kT \ln \frac{z_{O_2} kT}{p^\circ V} + kT \ln \frac{p_{O_2}}{p^\circ} \qquad (6.133)$$

Das elektrochemische Potential der Leerstellen erhält man als Ableitung der Gibbs-Energie des Kristalls nach der Zahl der Leerstellen.

$$\tilde{\mu}_{\{V_O^{\cdot\cdot}\}^{2+}} = \left(\frac{\partial A_{\text{krist}}}{\partial N_{V_O^{\cdot\cdot}}}\right)_{T,V,N_{Ti},N_e} = -kT\left(\frac{\partial \ln Z_{\text{krist}}}{\partial N_{V_O^{\cdot\cdot}}}\right)_{T,V,N_{Ti},N_e} \qquad (6.134)$$

Die Zustandssumme des $TiO_{2-\delta}$-Kristalls ist in der bisher diskutierten Näherung faktorisierbar in die Anteile von Schwingung, Elektronen und Defekten. Als Defekte werden hier nur die Sauerstoffleerstellen berücksichtigt, da unter den diskutierten Bedingungen andere Defekttypen vernachlässigbar sind:

$$Z_{\text{krist}} = Z_{\text{vib}}^{\text{ideal}} \cdot Z_{\{V_O^{\cdot\cdot}\}^{2+}} \cdot Z_e \qquad (6.135)$$

Der Beitrag der Leerstellen zur Zustandssumme kann für geringe Leerstellenkonzentrationen (keine Wechselwirkung der Leerstellen untereinander) angesetzt werden als

$$\begin{aligned}
Z_{\{V_O^{\cdot\cdot}\}^{2+}} &= \frac{N_O!}{(N_O - N_{V_O^{\cdot\cdot}})!N_{V_O^{\cdot\cdot}}!} \cdot \left(z_{\{V_O^{\cdot\cdot}\}^{2+}}\right)^{N_{V_O^{\cdot\cdot}}} \\
&= \frac{N_O!}{(N_O - N_{V_O^{\cdot\cdot}})!N_{V_O^{\cdot\cdot}}!} \cdot \left(z'_{\{V_O^{\cdot\cdot}\}^{2+}}\right)^{N_{V_O^{\cdot\cdot}}} \cdot e^{-N_{V_O^{\cdot\cdot}} \Delta\varepsilon_{0,V}/kT}
\end{aligned} \qquad (6.136)$$

Im letzten Schritt ist der Term mit der Energie zur Bildung einer Leerstelle aus der Zustandssumme der Leerstelle herausgezogen worden. Da nur $Z_{\{V_O^{\cdot\cdot}\}^{2+}}$ von der Zahl der Leerstellen abhängt, folgt für das elektrochemische Potential der Leerstellen:

$$\frac{\tilde{\mu}_{\{V_O^{\cdot\cdot}\}^{2+}}}{kT} = -\left(\frac{\partial \ln Z_{\{V_O^{\cdot\cdot}\}^{2+}}}{\partial N_{V_O^{\cdot\cdot}}}\right)_{T,V,N_{Ti},N_e} = -\frac{\Delta\varepsilon_{0,V}}{kT} - \ln z'_{\{V_O^{\cdot\cdot}\}^{2+}} + \ln \frac{N_{V_O^{\cdot\cdot}}}{N_O - N_{V_O^{\cdot\cdot}}} \qquad (6.137)$$

$N_O - N_{V_O^{\cdot\cdot}}$ gibt dabei die Zahl der besetzten Sauerstoffplätze und $N_{V_O^{\cdot\cdot}}$ die Zahl der Sauerstoffleerstellen an. In der Regel ist es aber bei der Behandlung von Defektgleichgewichten in Verbindungen nicht üblich, Teilchenzahlen oder volumenbezogene Teilchenkonzentrationen zu benutzen. Stattdessen werden Stoffmengenanteile verwendet, die auf die vorhandene Zahl der Formel- oder besser Baueinheiten des Kristalls bezogen werden. Im $TiO_{2-\delta}$ beispielsweise ist das Platzverhältnis der Titan- und Sauerstoffplätze immer 1:2. Mit $N^\circ_{TiO_2}$ sei die Zahl der vorliegenden (besetzten bzw. partiell besetzten) Platzeinheiten im realen Kristall der Zusammensetzung $TiO_{2-\delta}$ bezeichnet. Bei vernachlässigbarer Fehlordnung im Titanuntergitter ist diese Zahl gleich der Anzahl der Titanatome. Definiert man Stoffmengenanteile x_i der verschiedenen Strukturelemente in Bezug auf $N^\circ_{TiO_2}$, so folgt für die besetzten Sauerstoffplätze, die Sauerstoffleerstellen und die Leitungselektronen

$$x_{O_O^x} = \frac{N_{O_O^x}}{N^\circ_{TiO_2}} = \frac{N_{O_O^x}}{N_{Ti}} = 2-\delta \;, \quad x_{V_O^{\cdot\cdot}} = \frac{2N^\circ_{TiO_2} - N_{O_O^x}}{N^\circ_{TiO_2}} = \delta \quad (6.138a)$$

$$x_e = \frac{N_e}{N^\circ_{TiO_2}} \quad (6.138b)$$

Für einen sehr weiten Bereich von Sauerstoffaktivitäten (gewöhnlich durch die Partialdrücke angegeben), sind die wesentlichen geladenen Defekte im reinen TiO_2 die zweifach positiv geladenen Sauerstoffleerstellen und die Elektronen im Leitungsband (gegenüber dem Idealkristall bei 0 K auch als elektronische Defekte bezeichenbar). Da der Gesamtkristall neutral sein muß[23], müssen sich die negativen Ladungen der Leitungselektronen und die positiven der Leerstellen kompensieren. Daraus folgt für das reine TiO_2

$$x_e = 2x_{V_O^{\cdot\cdot}} \quad (6.139)$$

In vielen Fällen ist - auf Grund von Verunreinigungen oder durch bewußte Dotierung - ein Teil der Titan- oder Sauerstoffplätze durch Fremdionen substituiert. Wenn diese Fremdionen eine andere Wertigkeit im Vergleich zu Titan beziehungsweise Sauerstoff besitzen, müssen diese vom Idealkristall abweichenden Ladungen in der Elektroneutralitätsbeziehung (6.139) mitberücksichtigt werden (Beispiel: $x_e + x_{Fe'_{Ti}} = x_h + 2x_{V_O^{\cdot\cdot}}$, falls dreiwertiges Eisen auf Ti^{4+}-Plätzen vorliegt und Löcher im Valenzband zu berücksichtigen sind). Ebenso werden bei hohen Sauerstoffaktivitäten die Löcher im Valenzband mit ihrer positiven Ladung einen weiteren Beitrag liefern. Unter sehr reduzierenden Bedingungen, beispielsweise nach Wasserstoffbehandlung, tritt darüber hinaus auch dreiwertiges Titan auf Zwischengitterplätzen auf ($Ti_i^{\cdot\cdot\cdot}$).

Die elektrochemischen Potentiale von Leerstellen und Elektronen als Funktion der oben definierten Stoffmengenanteile lauten dann, wobei die Abkürzungen $\tilde{\mu}^\circ_e$ und $\tilde{\mu}^\circ_{\{V_O^{\cdot\cdot}\}^{2+}}$ als Standardgrößen eingeführt werden:

$$\tilde{\mu}_e = \varepsilon_F = \varepsilon_C + kT \ln \frac{1}{c^\circ_{CB}} + kT \ln x_e = \tilde{\mu}^\circ_e + kT \ln x_e \quad (6.140)$$

$$\tilde{\mu}_{\{V_O^{\cdot\cdot}\}^{2+}} = -\Delta\varepsilon_{0,V} - kT \ln z'_{\{V_O^{\cdot\cdot}\}^{2+}} + kT \ln \frac{x_{V_O^{\cdot\cdot}}}{1 - x_{V_O^{\cdot\cdot}}}$$

$$= \tilde{\mu}^\circ_{\{V_O^{\cdot\cdot}\}^{2+}} + kT \ln \frac{x_{V_O^{\cdot\cdot}}}{1 - x_{V_O^{\cdot\cdot}}} \approx \tilde{\mu}^\circ_{\{V_O^{\cdot\cdot}\}^{2+}} + kT \ln x_{V_O^{\cdot\cdot}} \quad (6.141)$$

Setzt man die hier abgeleiteten Ausdrücke für μ_{O_2} (6.133), ε_F (6.140) und $\tilde{\mu}_{\{V_O^{\cdot\cdot}\}^{2+}}$ (6.141) in die Gleichgewichtsbedingung (6.131) ein, ergibt sich nach Umstellen und Zusammenfassen

---

[23]Ladungen können in Randschichten der Kristalle auftreten, sind aber bei üblichen Stoffmengen und nicht zu kleiner Kristallitgröße vernachlässigbar. Diese Thematik wird in Kapitel 8 behandelt.

6.8 Punktdefekte in Kristallen

aller konzentrationsunabhängigen Terme zu einer Gleichgewichtskonstanten K_δ

$$K_\delta = \frac{1}{p_{O_2}^{1/2} x_e^2 x_{V_O^{\cdot\cdot}}} \tag{6.142}$$

Mit der Elektroneutralitätsbedingung (6.139) folgt für die Abhängigkeit der Elektronen- und Löcherkonzentration vom Partialdruck des Sauerstoffs

$$x_{V_O^{\cdot\cdot}} = \delta = \frac{1}{2} x_e = 4^{-1/3} \cdot K_\delta^{-1/3} \cdot p_{O_2}^{-1/6} \tag{6.143}$$

Diese Abhängigkeit ist experimentell über Messungen der Elektronenleitfähigkeit und unabhängig auch der Sauerstoffdiffusion als Funktion des Sauerstoffpartialdrucks über einen weiten Druckbereich bestätigt worden. Die Elektronenleitfähigkeit ist leicht meßbar und direkt proportional zur Konzentration der Leitungselektronen und damit zu x_e. Allerdings hängt sie auch von der Beweglichkeit der Elektronen ab, die sich als Funktion von Sauerstoffpartialdruck und Temperatur geringfügig ändert. Die Sauerstoffdiffusion ist schwieriger meßbar, der Sauerstoffdiffusionskoeffizient ist proportional zur Konzentration der Sauerstoffleerstellen und zeigt daher auch die obige Partialdruckabhängigkeit. Eine weitere Möglichkeit ist die Messung von Änderungen des Sauerstoffgehalts über Wägung.

Die Gleichgewichtskonstante in Gleichung (6.142) lautet nach der obigen Herleitung

$$K_\delta = \frac{(p^\circ V/kT)^{1/2}}{(c_{CB}^\circ)^2 z_{O_2}^{1/2} z'_{\{V_O^{\cdot\cdot}\}^{2+}}} \cdot \exp\left[-\frac{\Delta\varepsilon_{tot}}{kT}\right] \tag{6.144}$$

$$\text{mit} \quad \Delta\varepsilon_{tot} = \frac{1}{2}\varepsilon_{0,O_2} + \Delta\varepsilon_{0,V} + 2\varepsilon_C$$

$z_{O_2}^{1/2}$ läßt sich nach den in Kapitel 4 diskutierten Zusammenhängen auswerten. Die sorgfältige Auswertung von $z'_{\{V_O^{\cdot\cdot}\}}$ ist an detaillierte Kenntnisse der Wechselwirkungen und Veränderungen um eine Leerstelle geknüpft. Wenn man in der gleichen Weise wie in Exkurs 6.12 das stark vereinfachte Einstein-Modell verwendet, würde das folgende Ergebnis resultieren

$$z'_{\{V_O^{\cdot\cdot}\}} = \left[\frac{1}{z_{vib}(\nu_O)}\right]^3 \cdot \left[\frac{z_{vib}(\nu_{Ti,1})}{z_{vib}(\nu_{Ti,0})}\right]^\alpha \tag{6.145}$$

Der erste Faktor entspricht den drei Schwingungsfreiheitsgraden des bei Bildung der Leerstelle entfernten Sauerstoffions. Der zweite Faktor berücksichtigt die Verschiebungen der Schwingungsfrequenzen der Titanionen in der Nachbarschaft der Leerstelle.

Literaturzitate

[Ash 81] N.W. Ashcroft, N.D. Mermin, *Solid State Physics*, Holt Saunders, New York 1981.
[Bar 89] I. Barin, *Thermochemical Data of Pure Substances*, Part I & II, Verlag Chemie, Weinheim 1989.
[Chr 95] J.R. Christman, *Festkörperphysik*, Oldenbourg, München 1995.
[Fre 26] J. Frenkel, Z. Physik 35 (1926) 652.
[Gal 96] J.D. Gale, Philosophical Magazine B 73 (1996) 3-19.
[Gir 73] L.A. Girifalco, *Statistical Physics of Materials*, J. Wiley, New York 1973.

[Göp 94]   W. Göpel, Ch. Ziegler, *Struktur der Materie: Grundlagen, Mikroskopie und Spektroskopie*, Teubner, Leipzig 1994.
[Gre 73]   N.N. Greenwood, *Ionenkristalle, Gitterdefekte und Nichtstöchiometrische Verbindungen*, Verlag Chemie, Weinheim 1973.
[Gre 93]   W. Greiner, L. Neise, H. Stöcker, *Thermodynamik und Statistische Mechanik*, Verlag H. Deutsch, 2. überarb. u. erw. Auflage 1993.
[Gur 53]   R.W. Gurney, Ionic Processes in Solution, McGraw-Hill, New York 1953, 133ff.
[Har 90]   J.H. Harding, Rep. Progr. Phys. 53 (1990) 1403.
[Hel 88]   K.-H. Hellwege, *Einführung in die Festkörperphysik*, Springer, Berlin 1988.
[Hud 96]   J.B. Hudson, *Thermodynamics of Materials*, Wiley, New York 1996.
[Iba 90]   H. Ibach, H. Lüth, *Festkörperphysik*, Springer, Berlin 3. Aufl. 1990.
[Kir 88]   R. Kirchheim, Progress in Materials Science 32 (1988) 261.
[Kit 93]   C. Kittel, *Einführung in die Festkörperphysik*, Oldenbourg, München 1993.
[Kle 91]   M. Kleitz, E. Siebert, P. Fabry, J. Fouletier, in: W. Göpel et al., *Sensors*, Vol. 2, Chemical and Biochemical Sensors, Part I, VCH, Weinheim 1991, Seiten 341ff.
[Kop 89]   K. Kopitzki, *Einführung in die Festkörperphysik*, Teubner, Stuttgart 2. Aufl. 1989.
[Krö 78]   F.A. Kröger, H.J. Vink, *The Chemistry of Imperfect Crystals*, Elsevier, New York 2nd ed. 1974.
[Lan 97]   M.H.R. Lankhorst, H.J.M. Bouwmeester, H. Verweij, J. Am. Ceram. Soc. 80 (1997) 2175.
[Mai 93]   J. Maier, Angew. Chem. 105 (1993) 333.
[Mai 99]   J. Maier, Solid State Ionics (1999), im Druck.
[May 77]   J.E. Mayer, M.G. Mayer, *Statistical Mechanics*, Wiley, New York 1977.
[MQu 85]   D.A. MacQuarrie, *Statistical Thermodynamics*, Univ. Science Books, Mill Valley (Calif.) 1973 (erschienen 1985).
[Ric 82]   H. Rickert, *Electrochemistry of Solids - An Introduction*, Springer, Berlin 1982.
[Sch 75]   H. Schmalzried, *Festkörperthermodynamik: Chemie des festen Zustands*, VCH, Weinheim 1975.
[Sch 95]   H. Schmalzried, *Chemical Kinetics of Solids*, VCH, Weinheim 1995.
[Scho 58] W. Schottky, in: *Halbleiterprobleme*, W. Schottky (Hrsg.), Band IV, Vieweg, Braunschweig 1958, Seiten 235ff.
[Wal 56]   C.B. Walter, Phys. Rev. 103 (1956) 547.
[Wei 83]   Al. Weiss, H. Witte, *Kristallstruktur und chemische Bindung*, VCH, Weinheim 1983.

7 Oberflächen und Grenzflächen

Obwohl der Einfluß von Grenzflächen für die thermodynamischen Daten ausgedehnter Phasen oft vernachlässigbar ist, spielen Struktur, Zusammensetzung und Stabilität von Oberflächen und Grenzflächen eine zentrale Rolle bei vielen chemischen und biochemischen Systemen und Prozessen. Als Beispiele seien genannt Trenn- und Reinigungsmethoden, heterogene Reaktionen, Adsorption, Reibung, heterogene Katalyse, Photosynthese, Nervensignale... sowie Aufbau und Eigenschaften mikro- und nanostrukturierter Systeme.

In diesem Kapitel soll eine kurze Einführung in thermodynamische Behandlungsweise, Modellvorstellungen und statistisch-thermodynamische Ansätze zu Oberflächen und Grenzflächen gegeben werden. Die Gleichgewichtszusammensetzung von Grenzflächen und Phasengrenzen fester und flüssiger Phasen und ihre Beschreibung durch Adsorptionsisothermen steht im Vordergrund.

7.1 Berücksichtigung der Oberflächenenergie

Die Oberflächenatome einer kondensierten Phase haben eine geringere Bindungsenergie verglichen mit Atomen im Inneren des Kristalls. Deshalb wird die Vergrößerung der Oberfläche die Zufuhr von Energie erfordern. Die Änderung der Größe der freien Oberfläche einer Phase erfordert deshalb eine **Oberflächenarbeit**

$$dW_S = \gamma \, dA_\square \tag{7.1}$$

Hier wie im folgenden verwenden wir $A_\square$ als Symbol für die Größe der Oberfläche, der Index $\square$ dient zur Unterscheidung von der Helmholtz-Energie. γ entspricht also der überschüssigen **Oberflächenenergie** bezogen auf die Einheitsfläche (siehe Abbildung 7.1) und wird meist als **Oberflächenspannung** der betrachteten Phase oder bei Grenzflächen zweier Phasen allgemein als **Grenzflächenspannung** bezeichnet.

Für die innere Energie und ihr Differential sind deshalb die Gleichungen (A.19) und (A.16) um die Oberflächenarbeit zu erweitern. Für ein

$$dU = T\,dS - p\,dV + \sum_i \mu_i \, dN_i + \gamma \, dA_\square \tag{7.2}$$

$$U = TS - pV + \sum_i \mu_i N_i + \gamma A_\square \tag{7.3}$$

Für die Gibbs-Energie folgt dann aus der Definitionsgleichung (A.23) im Anhang

$$G = U + pV - TS = \sum_i \mu_i N_i + \gamma A_\square \tag{7.4}$$

Der zusätzliche Oberflächenterm kann hier als Überschuß der Gibbs-Energie verstanden werden, wenn man mit einer (hypothetischen) homogenen Phase gleicher Größe, aber ohne Berücksichtigung der veränderten Wechselwirkungen und Teilchenumgebung an der Oberfläche vergleicht.

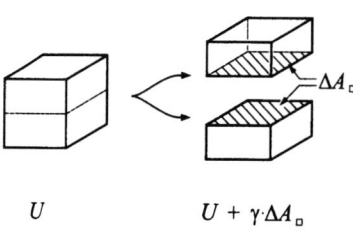

Abbildung 7.1 Die innere Energie wie auch die übrigen thermodynamischen Funktionen einer festen Phase hängen von der Größe der Oberfläche ab. Bei Erzeugung neuer Oberflächen ändert sich die Zahl der nächsten Nachbarn der oberflächennahen Atome, so daß diese schwächer gebunden sind als Teilchen im Volumen. Dies führt zu einem Überschußbeitrag (Exzeßgröße) zur inneren Energie, der proportional zur Größe der Oberfläche zunimmt.

γ wird deshalb auch als **Oberflächenexzeß-** oder **Oberflächenüberschußgröße** $G^E_{(S)}$ der Gibbs-Energie bezeichnet. Der Index (S) bezeichnet auf die Flächeneinheit bezogene Größen. Aus (7.3) und (7.4) folgt

$$\gamma = G^E_{(S)} = \frac{1}{A_\square}\left[U - TS + pV - \sum_i \mu_i N_i\right] = \frac{1}{A_\square}\left[G - \sum_i \mu_i N_i\right] \quad (7.5)$$

In vielen praktischen Fällen ist der Oberflächenüberschußbeitrag $\gamma A_\square$ gegenüber den anderen Beiträgen zur inneren Energie zu vernachlässigen. Für sehr fein verteilte beziehungsweise dispergierte feste und flüssige Materialien wird er allerdings mit abnehmender Partikelgröße zunehmend an Bedeutung gewinnen. Mit abnehmender Teilchengröße nimmt das Verhältnis der Oberflächenatome zur Zahl der Volumenatome zu. Tabelle 7.1 veranschaulicht dies für verschiedene Kantenlängen eines würfelförmigen Elementkristalls. Für Partikelvolumina unterhalb von 10^{-21} m^3 (entsprechend einem Partikeldurchmesser von etwa 0,1 μm) erhält man einen merklichen Beitrag der Oberfläche zur Gesamtenergie der festen oder flüssigen Phase.

An der Bildung einer Grenzfläche ist immer mindestens eine kondensierte Phase beteiligt. Abbildung 7.2 zeigt eine mögliche Fallunterscheidung nach den vorkommenden Aggregatzuständen. Oberflächen von einkomponentigen fluiden oder kristallinen Phasen im Gleichgewicht mit ihrem Dampf stellen einen Grenzfall dar. Bei extrem kleinem Partialdruck ist der Gleichgewichtszustand solcher Oberflächen auch im Vakuum beziehungsweise Ultrahochvakuum ($p \leq 10^{-10}$ bar) ohne den Einfluß einer zweiten Phase beobachtbar.

Tabelle 7.1: Verhältnis Oberflächenatome zur Gesamtzahl an Atomen eines würfelförmigen einfach kubischen Atomkristalls [nach Hen 94]

Kantenlänge (Atomabstand: $a = 0,5$ nm)		1 nm $= 2a$	1 μm $= 2000\,a$	1 mm $= 2 \cdot 10^6\,a$
Gesamtzahl der Atome	$N_V + N_S$	27	$8{,}012 \cdot 10^9$	$8{,}000 \cdot 10^{18}$
Volumenatome	N_V	1	$7{,}988 \cdot 10^9$	$8{,}000 \cdot 10^{18}$
Oberflächenatome	N_S	26	$2{,}400 \cdot 10^7$	$2{,}400 \cdot 10^{13}$
Verhältnis	$N_S/(N_V + N_S)$	0,963	$2{,}987 \cdot 10^{-3}$	$3{,}000 \cdot 10^{-6}$

Für die Praxis wichtiger sind aber Mehrkomponentensysteme, beispielsweise die Stoffverteilung an Grenzflächen nicht mischbarer fluider Lösungen oder an Grenzflächen zwischen Lösungen und ihrer Gleichgewichtsgasphase, die Adsorption von gelösten Stoffen an der Grenzfläche einer flüssigen Phase mit einem Feststoff oder die Adsorption von Gasen an festen Oberflächen. Weitere wichtige Anwendungen betreffen die Grenzflächen mit elektrisch leitenden Phasen und Gleichgewichte geladener Teilchen. Sie werden im Kapitel 8 behandelt.

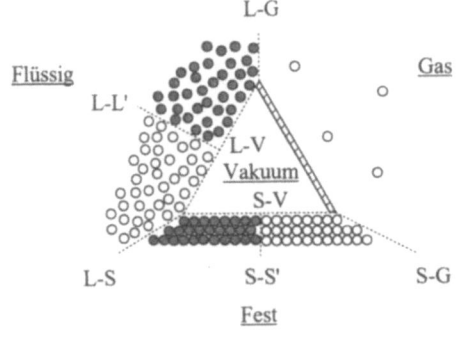

Abbildung 7.2 Mögliche Fälle von Grenzflächen mit festen, flüssigen und gasförmigen Phasen (S=fest, L=flüssig, G=gasförmig, V=Vakuum).

Exkurs 7.1 Oberflächenbeitrag in den Fundamentalgleichungen

Gemäß den Relationen zwischen den verschiedenen Zustandsfunktionen (Gleichungen (A.21) - (A.24) im Anhang) tritt der Oberflächenterm $\gamma dA_\square$ in derselben Form wie bei der inneren Energie, Gleichungen (7.2) und (7.3) auch in den Funktionen H, G und A, sowie den entsprechenden totalen Differentialen dH, dG, dA auf. Nach den entsprechenden Regeln für totale Differentiale (Anhang Gleichung (A.18)) erhält man deshalb die Oberflächenspannung auch aus den folgenden partiellen Ableitungen nach der Fläche $A_\square$:

$$\gamma = \left(\frac{\partial U}{\partial A_\square}\right)_{S,V,n_i} = \left(\frac{\partial H}{\partial A_\square}\right)_{S,p,n_i} = \left(\frac{\partial A}{\partial A_\square}\right)_{T,V,n_i} = \left(\frac{\partial G}{\partial A_\square}\right)_{T,p,n_i} \qquad (7.6)$$

7.2 Druck und Grenzflächenspannung

Die Volumenarbeit wird in den Fundamentalgleichungen der Thermodynamik meist in der für Gase und fluide Phasen gültigen Form $-p\,dV$ benutzt, in der der Druck p wie eine skalare und damit richtungsunabhängige Größe behandelt wird. Dies ist für Gase und fluide isotrope Phasen gerechtfertigt, solange man sich auf die homogenen Bereiche im Innern beschränkt und äußere Kräfte vernachlässigen kann.

Der Gleichgewichtsdruck p innerhalb von Gasen und homogenen fluiden Systemen läßt sich in molekularen Modellvorstellungen im wesentlichen auf zwei additive Beiträge zurückführen: den **kinetischen Druck** p_{kin} und den **Kohäsionsdruck** p_{attr}. Der kinetische Druck resultiert ganz allgemein aus dem Translationsbeitrag der beweglichen Teilchen. Da der Beitrag zur Translationsenergie für nicht wechselwirkende und wechselwirkende Teilchen gleich ist, ist der kinetische Druckbeitrag für alle fluiden Systeme (gasförmig und flüssig) gegeben durch[1]

$$p_{\text{kin}} = \frac{2}{3} \frac{U_{\text{trans}}}{V} = \frac{2}{3} \cdot \frac{3}{2} NkT \cdot \frac{1}{V} = \frac{NkT}{V} \tag{7.7}$$

Dabei wurde der Gleichverteilungssatz für U_{trans} benutzt (vgl. Kapitel 4.5). Der Kohäsionsdruck andererseits ist auf die anziehenden intermolekularen Wechselwirkungen zurückzuführen und daher eine negative Größe. Lediglich für verdünnte nahezu ideale Gase ist der Kohäsionsdruck vernachlässigbar, so daß der Gesamtdruck dann durch (7.7) gegeben ist. Im allgemeinen sind in Fluiden sowohl der Kohäsionsdruck als auch der kinetische Druck recht groß, letzterer auf Grund der viel höheren Konzentration nach Gleichung (7.7).

Im Gleichgewicht einer flüssigen Phase mit ihrem Dampf muß der Gesamtdruck $p = p_{\text{kin}} + p_{\text{attr}}$ in der Flüssigkeit gleich dem niedrigen Druck in der Gasphase sein. Dementsprechend wird der hohe kinetische Druck in Flüssigkeiten fast vollständig durch den nahezu gleich großen negativen Kohäsionsdruck kompensiert. Eine ganz analoge Situation lag bei den in Kapitel 6.7 diskutierten Metallelektronen vor. Dem Elektronengas in Metallen ist wegen der hohen Entartung ein sehr hoher kinetischer Druck zuzuordnen, der aber praktisch vollständig durch einen Kohäsionsdruck auf Grund der elektrostatischen Anziehung zwischen Elektronen und Atomrümpfen kompensiert wird.

An den Grenzflächen isotroper Phasen liegt eine Inhomogenität und damit eine Anisotropie der Eigenschaften vor. Die Dichte und bei Mischungen die Zusammensetzung ändern sich senkrecht zur Grenzfläche. Der Druck in der Grenzfläche muß deshalb physikalisch korrekt als richtungsabhängiger Tensor behandelt werden.[2] Der Drucktensor ist in diesem Fall durch insgesamt zwei unabhängige Komponenten charakterisiert [Adm 90, Dav 96, Fin 96]. Sie lassen sich ausdrücken durch die **Normalkomponente** p_N des Drucktensors senkrecht zur Grenzfläche und die **Tangentialkomponente** p_T in der Ebene der Grenzfläche (innerhalb dieser Ebene isotrop!). Die Normalkomponente ist bei Gleichgewicht zwischen den beiden isotropen Phasen überall gleich einschließlich des Bereichs der Grenzfläche (= mechanisches Gleichgewicht). Die Tangentialkomponente allerdings, die im Inneren der beiden beteiligten Phasen wegen der Isotropie gleich der Normalkomponente sein muß, ändert sich beim Durchgang durch die Grenzfläche in charakteristischer Weise und nimmt im Bereich der Grenzfläche meist negative Werte an. Man spricht in solchen Fällen von einer

---

[1]Für relativistische Teilchen ändert sich der Vorfaktor, da ein anderer Ausdruck für die Translationsenergie zu benutzen ist. Für ein Photonengas gilt deshalb statt (7.7) $p_{\text{kin}} = (1/3) U_{\text{trans}}/V$.

[2]Der Druck ist allgemein kein Vektor (Tensor erster Stufe), sondern ein Tensor zweiter Stufe und kann durch eine quadratische dreireihige Matrix dargestellt werden. Die Zahl der unabhängigen Komponenten innerhalb der neun Matrixglieder wird durch die Symmetrie des Systems festgelegt. Im Inneren isotroper Phasen sind nur die drei Diagonalelemente des Drucktensors von Null verschieden und für diesen Fall auch gleich groß. Allgemein ergibt die Multiplikation mit dem Einheitsvektor in einer bestimmten Raumrichtung den in dieser Richtung vorliegenden Druckvektor. Dies führt bei den mechanischen Eigenschaften anisotroper Kristalle zu sehr komplexen Beziehungen [siehe zum Beispiel Gro 84]

Zugspannung. Das erklärt die Tendenz solcher Systeme, im Gleichgewicht die Größe der Grenzfläche minimal zu machen. Aus dem Verlauf der Tangentialkomponente des Drucktensors im Bereich der Grenzfläche ergibt sich die Oberflächenspannung γ durch Integration über die Differenz $p_N - p_T(z)$, wobei z die Koordinate senkrecht zur Grenzfläche bezeichnet:

$$\gamma = \int_{-\infty}^{+\infty} [p_N - p_T(z)]\, dz \tag{7.8}$$

Da der Integrand außerhalb des Grenzflächenbereichs Null wird, kann hier $\pm\infty$ für die Integrationsgrenzen verwendet werden. Als Dimension der Grenzflächenspannung ergibt sich also Energie pro Fläche oder Kraft pro Länge.

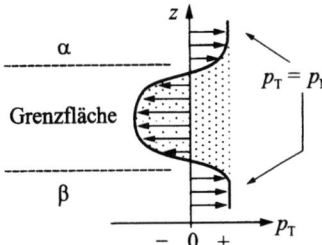

Abbildung 7.3 Qualitativer Verlauf der Tangentialkomponente des Drucktensors senkrecht zur Grenzfläche fluider Phasen (flüssig-flüssig, gas-flüssig): die punktierte Fläche entspricht dem Integral in Gleichung (7.8) und ergibt somit die Grenzflächenspannung [siehe z.B. Adm 90, Dav 96, Fin 96].

Exkurs 7.2 Zahlenbeispiele [Fin 96]

Für reine Flüssigkeiten im Gleichgewicht mit ihrer Gasphase liegt die Oberflächenspannung γ meist im Bereich zwischen 100 und 10 mN m^{-1}. Nimmt man an, daß sich der Grenzflächenbereich über $d = 1$ nm erstreckt und daß nach einem vereinfachten Rechteckmodell über diesen Bereich $p_N - p_T$ konstant ist (und außerhalb gleich Null), so ergibt sich nach Gleichung (7.8) $\gamma = (p_N - p_T)\,d$ und daraus mit $\gamma = 0.1$ N m^{-1} schließlich $p_N - p_T = 10^8$ N m^{-2}. Nimmt man für p_N Normaldruck von 10^5 N m^{-2} an, so ist dieser innerhalb der Differenz vernachlässigbar. Die Tangentialkomponente entspricht also einem sehr großen negativen Druck von -10^8 N m^{-2} = 10^3 bar (Zugspannung).

Hierin äußert sich die Abweichung vom Kräftegleichgewicht gegenüber dem Flüssigkeitsinneren. Für Wasser unter seinem eigenen Dampfdruck von $p = 10^{-2}$ bar bei Raumtemperatur erhält man beispielsweise mit $c = 5,6 \cdot 10^3$ mol m^{-3} den kinetischen Druck $p_{kin} = 1,4 \cdot 10^8$ N m^{-2} = 1400 bar. Unter diesen Bedingungen kompensieren also die anziehenden Kräfte im Inneren des Wassers den kinetischen Druck durch einen nahezu gleich großen negativen Kohäsionsdruck. Im Bereich der Grenzfläche sinkt die Anzahl nächster Nachbarn und führt so zu einem starken Anstieg der Tangentialkomponente p_T. Senkrecht zur Grenzfläche bleibt der niedrige Druck p_N erhalten. Dies geschieht bei abnehmenden anziehenden Kräften über eine Dichteerniedrigung, die den kinetischen Druck dementsprechend an den verringerten Kohäsionsdruck angleicht.

> **Exkurs 7.3 Mechanisches Gleichgewicht an gekrümmten Grenzflächen**

Für deutlich gekrümmte Grenzflächen, die vor allem für fein verteilte Phasen mit kleiner Teilchengröße eine Rolle spielen, sind die Normalkomponenten p_N des Drucktensors im Inneren der beiden zur Grenzfläche beitragenden Phasen auch im mechanischen Gleichgewicht nicht mehr gleich groß. Die Differenz hängt vom Grad der Krümmung der gemeinsamen Grenzfläche ab. Für kleine kugelförmige Teilchen einer Phase α, die in einer zweiten Phase β eingebettet sind, läßt sich die Druckdifferenz übersichtlich ableiten. Wir gehen von der Summe aus Volumen- und Oberflächenarbeit aus:

$$dW = -p^\alpha\, dV^\alpha - p^\beta\, dV^\beta + \gamma\, dA_\square \tag{7.9}$$

Es sei nun angenommen, daß die Phase β im Überschuß vorliegt, so daß ihre äußere Oberfläche sich bei Volumenänderung kaum verändert. Die Phase α sei in kleiner Menge vorhanden. Sie wird bei Fehlen äußerer Kräfte in Kugelform vorliegen, da dann ihre Oberflächenenergie minimal wird. Wir substituieren zunächst $dV^\beta = dV^{\text{tot}} - dV^\alpha$:

$$dW = -(p^\alpha - p^\beta)dV^\alpha - p^\beta\, dV^{\text{tot}} + \gamma\, dA_\square \tag{7.10}$$

Die Flächenänderung $dA_\square^\alpha$ der Phase α (Kugeloberfläche) ist immer mit einer entsprechenden Volumenänderung dV^α verknüpft. Mit r als Radius der kugelförmigen α-Partikel ergibt sich

$$\begin{aligned} A_\square^\alpha &= 4\pi r^2 \quad\to\quad dA_\square^\alpha = 8\pi r\, dr \\ V^\alpha &= \frac{4}{3}\pi r^3 \quad\to\quad dV^\alpha = 4\pi r^2\, dr \quad\text{und daraus:}\quad dA_\square^\alpha = \frac{2}{r}dV^\alpha \end{aligned} \tag{7.11}$$

und eingesetzt in Gleichung (7.10)

$$dW = -\left[p^\alpha - p^\beta - \frac{2\gamma}{r}\right]dV^\alpha - p^\beta\, dV^{\text{tot}} \tag{7.12}$$

Im mechanischen Gleichgewicht muß die kombinierte Volumen- und Oberflächenarbeit bei konstantem Gesamtvolumen ($dV^{\text{tot}} = 0$) verschwinden.

$$\left(\frac{\partial W}{\partial V^\alpha}\right)_{V^{\text{tot}}} = 0 \quad\to\quad p^\alpha = p^\beta + \frac{2\gamma}{r} \tag{7.13}$$

Gleichung (7.13) wird als **Young-Laplace-Gleichung** bezeichnet. Sehr kleine Teilchen weisen also im Gleichgewicht einen erhöhten Dampfdruck auf. Ebenfalls auf gekrümmte Grenzflächen zurückzuführen sind analoge Druckdifferenzen bei der Benetzung von Kapillaren mit Flüssigkeiten und ganz analog auch in porösen Feststoffen. Solche Phänomene bezeichnet man deshalb auch als **Kapillarphänomene** und die entsprechende Druckdifferenz $p^\alpha - p^\beta$ als **Kapillardruck**. Für nahezu planare Grenzflächen gilt $r \to \infty$, so daß der zweite Term auf der rechten Seite in Gleichung (7.13) verschwindet. Er ist nur für sehr kleine Teilchengrößen signifikant. Darüber hinaus erkennt man an Gleichung (7.11), daß für große Werte des Krümmungsradius die Änderung der Oberfläche bei Änderung des Volumens vernachlässigbar wird. Insbesondere ist für ausgedehnte Phasen die Vernachlässigung der Oberflächenarbeit $A_\square\, d\gamma$ meist gerechtfertigt.

7.3 Thermodynamik ebener Grenzflächen

Zu einer thermodynamischen Beschreibung einer Grenzfläche muß eine eindeutige Definition der Oberflächengrößen zugrundegelegt werden. Eines der am häufigsten verwendeten Konzepte stammt von Gibbs. Die Grundidee ist, daß das betrachtete zweiphasige System mit dem inhomogenen Grenzflächenbereich verglichen wird mit einem **hypothetischen Bezugssystem** gleichen Volumens, dem allerdings die Inhomogenität im Bereich der Grenzfläche fehlt. Die Abweichungen im realen System gegenüber dem Bezugssystem werden als oberflächenspezifische Eigenschaften definiert. Es sind also ihrer Definition nach relative **Überschuß-** oder **Exzeßgrößen**. Der entscheidende Schritt ist dabei, daß das betrachtete Gesamtvolumen beider Phasen durch eine anfangs willkürlich wählbare und später durch eine weitere Bedingung eindeutig festzulegende Trennebene in zwei Teilvolumina V^α und V^β aufgeteilt wird. Es gilt also für das Gesamtvolumen V

$$V = V^\alpha + V^\beta \tag{7.14}$$

Das hypothetische Bezugssystem wird letztlich durch die Wahl der Trennebene in die zwei Volumina V^α und V^β aufgeteilt. Für das hypothetische Bezugssystem wird innerhalb der so festgelegten beiden Volumina von einer jeweils homogenen Phase α beziehungsweise β ausgegangen, in der die Konzentrationen und übrigen volumenbezogenen thermodynamischen Größen überall die gleichen Werte haben (innere Energie, Enthalpie, Entropie ... pro Volumen). Letztere entsprechen dabei den Werten im Inneren der Phasen des realen Systems. Dem Grenzflächenbereich wird also in diesem Fall kein eigenes Volumen zugeordnet.

Für die **Überschuß-** oder **Exzeßkonzentration** Γ_i^σ einer Komponente i an der Oberfläche gilt dann mit der gewählten Lage der Trennfläche zwischen den beiden Phasen (siehe Abbildung 7.4) [3]:

$$\Gamma_i^\sigma = \int_{z_0}^{-\infty} \left(c_i - c_i^\alpha\right) dz + \int_{z_0}^{\infty} \left(c_i - c_i^\beta\right) dz \tag{7.15}$$

Als Dimension der Konzentrationen c_i sei hier Teilchen/Volumen angenommen, also $c_i = N_i/V$. Die Oberflächen-Exzeßkonzentrationen werden deshalb im folgenden mit der Dimension Teilchen/Fläche verwendet. Nach dieser Gleichung ist allerdings die Oberflächen-Exzeßkonzentration noch nicht eindeutig festgelegt, da die Zahlenwerte von der Lage z_0 der Trennfläche abhängen. Für den Bezug zu experimentellen Werten ist insbesondere eine invariante Formulierung als Funktion zugänglicher Meßgrößen notwendig. Dazu führt man (wiederum nach Gibbs) zusätzlich zu Gleichung (7.14) eine weitere Bedingung ein. Es wird eine der Exzeßgrößen gleich Null setzt, in der Regel die Oberflächen-Exzeßkonzentration für eine der Komponenten. Dadurch ist, wie Abbildung 7.4 veranschaulicht, die Lage der Trennfläche eindeutig festgelegt.

---
[3]Der hochgestellte Index σ wird hier wie in anderen Lehrbüchern nach der IUPAC-Empfehlung für Exzeßgrößen verwendet, die nach der Gibbs'schen Konvention bei der Wahl des Bezugssystems definiert sind, also auf der Basis von Gleichung (7.14) mit Wahl einer speziellen Trennebene. Daneben sind in der Thermodynamik auch andere Formalismen im Gebrauch [siehe beispielsweise Fin 96].

Im Sonderfall eines **Einkomponentensystems** führt diese Vorgehensweise dazu, daß keine Oberflächenkonzentration in den thermodynamischen Größen mehr vorkommt. Diese spezielle Festlegung wird bei den Überschußkonzentrationen nach IUPAC-Empfehlung durch einen weiteren hochgestellten Index angegeben. Wenn beispielsweise durch die Festlegung $\Gamma_1^\sigma = 0$ auf die Komponente 1 bezogen wird, so werden die mit dieser Festlegung berechneten **relativen Überschußkonzentrationen** der Komponenten $i > 1$ mit $\Gamma_i^{(1)}$ bezeichnet. Man bezeichnet diese Größen als **relative Adsorption der Komponente i** bezüglich der Komponente 1 oder **relative Oberflächenexzeßkonzentration**.

Auf der Basis des Gibbs'schen Formalismus können nun die thermodynamischen Funktionen einer Grenzfläche als Exzeßgrößen behandelt werden. Die thermodynamischen Größen der beiden Phasen seien mit den hochgestellten Indizes α und β markiert. Mit dem hochgestellten Index σ bezeichnen wir gemäß der IUPAC-Konvention die Oberflächenexzeßgrößen im Rahmen des Gibbs'schen Konzepts. Ein tiefgestellter Index (S) zeigt an, daß die betreffende Größe auf die Flächeneinheit bezogen ist (Division durch $A_\square$).

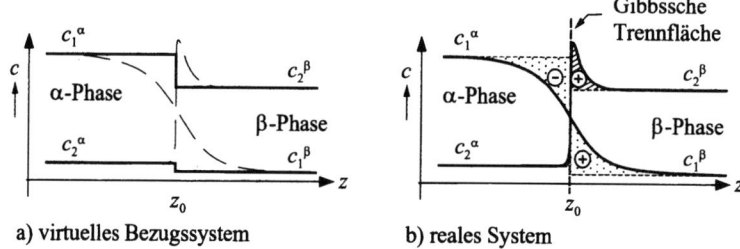

Abbildung 7.4 Zur Definition von Oberflächenexzeßgrößen nach Gibbs am Beispiel der Oberflächenexzeßkonzentrationen: hier ist die Gibbs'sche Trennfläche so gewählt, daß sich für Γ_1^σ bei der Integration nach Gleichung (7.15) Null ergibt. Dies legt die relativen Oberflächenüberschußkonzentrationen $\Gamma_i^{(1)}$ aller anderen Komponenten fest. Die relative Oberflächenexzeßkonzentration $\Gamma_2^{(1)}$ ist im Bild positiv (Anreicherung von 2).

Exkurs 7.4 Reduzierte Adsorptionsgrößen

Es sei daneben erwähnt, daß bei der Adsorption aus flüssigen Mischungen an Feststoffoberflächen noch die **reduzierte Adsorption** oder **reduzierte Exzeßkonzentration** gebräuchlich ist, die in diesem Zusammenhang experimentell leichter zugänglich ist. Statt einer einzelnen Exzeßkonzentration wird dabei die Summe $\Gamma^{(n)}$ aller Exzeßkonzentrationen gleich Null gesetzt:

$$\Gamma_{tot}^\sigma = \sum_i \Gamma_i^\sigma = 0 \quad \rightarrow \quad \Gamma_i^{(n)} \tag{7.16}$$

Der hochgestellte Index (N) bei der reduzierten Adsorption weist dabei auf die Gesamtteilchenzahl N als Grundlage der Definition. Das Referenzsystem ist hierbei also auf ein Bezugssystem mit gleichem Volumen und gleicher Gesamtteilchenzahl N bezogen (statt auf die gleiche Teilchenzahl einer herausgegriffenen Komponente 1).

7.3 Thermodynamik ebener Grenzflächen

Die extensiven Größen eines solchen Zweiphasensystems werden im Vergleich zum erwähnten Bezugssystem aufgetrennt in die Anteile der beiden Phasen und die oberflächenspezifischen Beiträge, die von der Größe der Grenzfläche abhängig sind:

$$U = U^\alpha + U^\beta + U^\sigma, \quad S = S^\alpha + S^\beta + S^\sigma$$
$$N_i = N_i^\alpha + N_i^\beta + N_i^\sigma \quad \text{(für alle Komponenten } i\text{)}$$
$$V = V^\alpha + V^\beta \quad \rightarrow \quad V^\sigma = 0 \quad (7.17)$$

Analog sind Oberflächenexzeßgrößen H^σ, G^σ, A^σ definiert. Mit dieser Aufteilung lauten die Fundamentalgleichungen für die innere Energie jetzt

$$dU^\alpha = TdS^\alpha - pdV^\alpha + \sum_i \mu_i dN_i^\alpha \quad (7.18a)$$

$$dU^\beta = TdS^\beta - pdV^\beta + \sum_i \mu_i dN_i^\beta \quad (7.18b)$$

$$dU^\sigma = TdS^\sigma + \sum_i \mu_i dN_i^\sigma + \gamma dA_\square \quad (7.18c)$$

Für die Oberflächenexzeßgröße der inneren Energie gilt

$$U^\sigma = TS^\sigma + \sum_i \mu_i N_i^\sigma + \gamma A_\square \quad (7.19)$$

Wegen $H^\sigma = U^\sigma + pV^\sigma$ und $V^\sigma = 0$ sind die Oberflächenexzeßgrößen von innerer Energie und Enthalpie sowie von Helmholtz-Energie und Gibbs-Energie gleich. Als Gibbs-Duhem-Gleichung ergibt sich speziell für die Exzeßgrößen (vergleiche (A.34))

$$S^\sigma dT + \sum_i N_i^\sigma d\mu_i + A_\square d\gamma = 0 \quad (7.20)$$

Es ist sinnvoll, zu den flächenbezogenen Größen überzugehen, für die gilt

$$S_{(S)}^\sigma = \frac{S^\sigma}{A_\square}, \quad V_{(S)}^\sigma = \frac{V^\sigma}{A_\square}, \quad N_{i(S)}^\sigma = \frac{N_i^\sigma}{A_\square} = \Gamma_i^\sigma \quad (7.21)$$

Gleichung (7.20) nach Division durch die Fläche und Auflösen nach $d\gamma$ liefert

$$d\gamma = -S_{(S)}^\sigma dT - \sum_i \Gamma_i^\sigma d\mu_i \quad (7.22)$$

Wendet man nun die zweite Gibbs'sche Bedingung an, um die Lage der Grenzfläche eindeutig zu machen, also beispielsweise $\Gamma_1^\sigma = 0$, so sind alle anderen Exzeßgrößen festgelegt. Der Term mit dem chemischen Potential der Komponente 1 in Gleichung (7.22) fällt dann weg und man erhält:

$$d\gamma = -S_{(S)}^{\sigma(1)} dT - \sum_{i \neq 1} \Gamma_i^{(1)} d\mu_i \quad (7.23)$$

Meist ist man an der Temperaturabhängigkeit der Überschußkonzentrationen an der Oberfläche interessiert (Adsorptionsisothermen). Aus Gleichung (7.23) erhält man dann die für experimentelle Anwendungen wichtige **Gibbs'sche Adsorptionsisotherme** ($j, i \neq 1$!)

$$\left(\frac{\partial \gamma}{\partial \mu_i}\right)_{T, \mu_{j \neq i, 1}} = -\Gamma_i^{(1)} \qquad (7.24)$$

Dieser Ausdruck erlaubt, die Oberflächenexzeßkonzentration einer Komponente $i \neq 1$ aus der Abhängigkeit der Oberflächenspannung vom chemischen Potential dieser Komponente zu ermitteln (bei konstanter Temperatur und konstanten chemischen Potentialen der $n-2$ weiteren Komponenten, d.h. ohne Komponenten i und 1).

Der einfachste Fall einer Grenzfläche liegt für ein Einkomponentensystem vor, beispielsweise die Oberfläche eines kristallinen Feststoffs im Vakuum bei sehr kleinem Dampfdruck) oder die Grenzfläche einer Flüssigkeit unter ihrem Gleichgewichtsdampfdruck. Für ein Einkomponentensystem verschwindet mit der Gibbs'schen Festlegung $\Gamma_1^\sigma = 0$ der Term mit dem chemischen Potential in der Gibbs-Duhem-Gleichung (7.20). Es folgt dann für die Grenzflächenentropie pro Flächeneinheit

$$S_{(S)}^\sigma = \frac{S^\sigma}{A_\square} = -\frac{\partial \gamma}{\partial T} \qquad (7.25)$$

Für die innere Energie ergibt sich aus Gleichung (7.25) unter Berücksichtigung von (7.19)

$$U_{(S)}^\sigma = \gamma - T \cdot \frac{\partial \gamma}{\partial T} \qquad (7.26)$$

Zur Oberflächenüberschußgröße (oder -exzeßgröße) A^σ der Helmholtz-Energie ist das statistisch-thermodynamische Analogon die entsprechende Zustandssumme Z^σ

$$A^\sigma = -kT \ln Z^\sigma \qquad (7.27)$$

Für die Exzeß-Helmholtz-Energie A^σ einer Oberfläche gilt

$$A^\sigma = U^\sigma - TS^\sigma = \sum_{i \neq 1} \mu_i N_i^\sigma + \gamma A_\square \qquad (7.28)$$

Die Oberflächenenergie γ ergibt sich aus den Gleichungen (7.28) und (7.27)

$$\gamma = \left(\frac{\partial A}{\partial A_\square}\right)_{T,V} = \left(\frac{\partial A^\sigma}{\partial A_\square}\right)_{T,V} = -kT \left(\frac{\partial \ln Z^\sigma}{\partial A_\square}\right)_{T,V} \qquad (7.29)$$

Die Herleitung der Zustandssumme Z^σ für eine Oberfläche ist also die Grundaufgabe der statistischen Thermodynamik bei der Behandlung von Oberflächen und Grenzflächen. Nach der Gibbs'schen Betrachtung entspricht die oben definierte Zustandssumme einem Quotienten aus der Zustandssumme des realen inhomogenen Systems und der Zustandssumme des hypothetischen Bezugssystems (getrennte homogene Phasen). Meist ist es aber zweckmäßiger, nur die Veränderungen an der Grenzfläche über ein geeignetes Modell zu behandeln. Die genaue Vorgehensweise beim Ansatz für die kanonische Zustandssumme wird man in der Regel an den möglichen Näherungen und Vereinfachungen für das jeweilige Problem orientieren.

7.3 Thermodynamik ebener Grenzflächen

Wir betrachten als Beispiel ein stark vereinfachtes statistisches Modell eines kristallinen Festkörpers mit sehr kleinem Dampfdruck im Vakuum. Für die Zustandssumme eines Kristalls gilt mit dem in Kapitel 6.1 erläuterten Ansatz unter Erweiterung um einen Oberflächenterm Z^σ

$$Z_{\text{krist}} = Z_{\text{vib}}^{\text{ideal}} \cdot Z_{\text{def}} \cdot Z_e \cdot Z^\sigma \cdot e^{-E_0/kT} \tag{7.30}$$

Z^σ enthält die oberflächenspezifischen Beiträge zur Zustandssumme, beispielsweise veränderte Bindungsenergien, Schwingungsfrequenzen und Anordnungsmöglichkeiten der Atome an der Oberfläche und im oberflächennahen Bereich. Für eine defektfreie glatte Kristalloberfläche kann man für die Anordnungsmöglichkeiten der Oberflächenatome $\Omega^\sigma = 1$ ansetzen. Für den Schwingungsbeitrag der Oberflächenatome benutzen wir das Einsteinmodell des Festkörpers und nehmen weiter an, daß nur die erste Atomlage geänderte Nullpunktsenergien und Schwingungsfrequenzen hat. Mit der Zahl N_S der Oberflächenatome gilt dann

$$Z^\sigma = \left[\frac{z_{\text{vib}}(\nu_S)}{z_{\text{vib}}(\nu_0)}\right]^{3N_S} \exp\left[-\frac{\Delta\varepsilon^\sigma N_S}{kT}\right] \tag{7.31}$$

$\Delta\varepsilon^\sigma$ ist die Verschiebung der Nullpunktsenergie der Oberflächenatome und ν_S ist die veränderte Frequenz der zugehörigen Oszillatorschwingungen (der Einfachheit halber wurde die Schwingung senkrecht zur Oberfläche nicht von den beiden parallel zur Oberfläche unterschieden). Berücksichtigt man noch, daß die Anzahl der Oberflächenatome über $N_S = A_\square/a_\square$ ($a_\square$ = Flächenbedarf eines einzelnen Oberflächenatoms) mit der Gesamtfläche zusammenhängt, so erhält man für die Oberflächenenergie

$$\frac{\gamma}{kT} = -\left(\frac{\partial \ln Z^\sigma}{\partial A_\square}\right)_{T,V} = -\frac{1}{a_\square}\left(\frac{\partial \ln Z^\sigma}{\partial N_S}\right)_{T,V} = -\frac{3}{a_\square}\ln\left[\frac{z_{\text{vib}}(\nu_S)}{z_{\text{vib}}(\nu_0)}\right] + \frac{\Delta\varepsilon^\sigma}{a_\square kT} \tag{7.32}$$

Oft dominiert der Nullpunktsenergieterm auf der rechten Seite von (7.32).

Exkurs 7.5 Oberflächenspannung reiner Flüssigkeiten [Dav 96, Rol 82]

Bei positiver Überschußentropie der Grenzfläche wird nach Gleichung (7.25) die Oberflächenspannung mit steigender Temperatur abnehmen. Dies trifft für Flüssigkeiten in der Regel zu, insbesondere in der Nähe der kritischen Temperatur, an der die Oberflächenspannung verschwinden muß, da Gas- und Flüssigphase ununterscheidbar werden. Bei vielen einfachen Flüssigkeiten findet man für die Oberflächenspannung eine Temperaturabhängigkeit der Form

$$\gamma = \gamma_0 \cdot \left(1 - \frac{T}{T_{\text{krit}}}\right)^m \tag{7.33}$$

wobei m in der Nähe der kritischen Temperatur einen universellen Wert annimmt ($m \approx 11/9$). Unter diesen Bedingungen zeigt die Überschußentropie der Flüssigkeitsoberfläche die folgende Temperaturabhängigkeit

$$S_{(S)}^\sigma = \frac{m\gamma_0}{T_{\text{krit}}} \cdot \left(1 - \frac{T}{T_{\text{krit}}}\right)^{m-1} \approx S_0 \cdot \left(1 - \frac{T}{T_{\text{krit}}}\right)^{2/9} \tag{7.34}$$

Der positive Wert der Entropie ist molekular auf die geringere Zahl von Bindungen und die stärker aufgelockerte Struktur im Oberflächenbereich zurückzuführen. Dies führt zu einer Zunahme des freien Volumens, das den Flüssigkeitsteilchen zur Verfügung steht und erhöht im wesentlichen den Translationsbeitrag zur Entropie (bei Gasen $S_{trans} \sim \ln V_{frei}$). Es wurden allerdings auch Flüssigkeiten gefunden, die in der Nähe der Schmelztemperatur auf Grund von Ordnungsphänomenen in der Oberflächenschicht eine negative Überschußentropie zeigen. Als Beispiel seien flüssigkristalline Systeme genannt.

Exkurs 7.6 Orientierungsabhängige Oberflächenenergien von Ionenkristallen

Für Ionenkristalle ist eine vereinfachte Abschätzung des Nullpunktsterms $\Delta\varepsilon^\sigma$ möglich. Er ergibt sich aus der Differenz der Gitterenergie eines endlichen Kristalls mit Oberfläche und der Gitterenergie eines unendlich ausgedehnten Kristalls (jeweils bezogen auf ein Mol oder eine Formeleinheit des Ionenkristalls). Die Gitterenergie E_G ist definiert als Energie, die benötigt wird, um den Kristall in seine isolierten Einzelionen zu zerlegen. Anregung von Gitterschwingungen oder andere innere Freiheitsgrade werden nicht berücksichtigt. Die Gitterenergie entspricht also der inneren Energie des Kristalls bei $T = 0$ K. Eine Berechnung der Gitterenergie und die Berücksichtigung der Beiträge der Oberflächenionen erfordert die Kenntnis der Wechselwirkungskräfte zwischen den Teilchen und ihrer Gleichgewichtsanordnung im Kristall.

Die Gitterenergie E_G pro Ionenpaar für einen unendlich großen Kristall setzt sich zusammen aus Coulombkräften zwischen den Ionen (Berücksichtigung der Nettoladung) und einem Abstoßungsterm, der die Abstoßung der Elektronenhüllen benachbarter Ionen berücksichtigt. Es gilt nach Born, Landé und Madelung für die molare Gitterenergie (siehe beispielsweise [Wei 83, Kit 93])

$$E_G = N_A \frac{\alpha_M z_1 z_2 e^2}{4\pi\varepsilon_0 r_0} \cdot \left(1 - \frac{1}{n}\right) \tag{7.35}$$

r_0 ist der Gleichgewichtsabstand der entgegengesetzt geladenen Ionen. α_M ist der Madelung-Faktor, der aus der Summation über die Coulomb-Wechselwirkungsenergien der Ionen resultiert. Sein Wert hängt nur vom Strukturtyp des Ionenkristalls ab (NaCl: $\alpha_M = 1{,}7476$, CaF$_2$: $\alpha_M = 5{,}0387$, TiO$_2$(Rutil): $\alpha_M = 4{,}82$). n hat für die Mehrzahl der Alkalihalogenide den Wert 9, so daß der Korrekturfaktor $(1 - 1/n)$ (der die kurzreichweitigen Abstoßungskräfte berücksichtigt) ungefähr den Wert 0,889 annimmt. Modifiziert man den Ansatz (7.35) für den Fall von Ionen an der Oberfläche und im oberflächennahen Bereich, so fällt gegenüber den Ionen im Kristallinneren etwa die Hälfte der Coulombterme weg. Das genaue Ergebnis hängt deutlich von der geometrischen Anordnung der Ionen an der Oberfläche und damit von der kristallographischen Orientierung der Kristalloberfläche ab. Die Berücksichtigung der Gitterunterbrechung an einer Kristalloberfläche (Spalten des Kristalls) liefert also über das obige Modell der Gitterenergie eine erhöhte Energie der oberflächennahen Ionen. Die Differenz zwischen diesem erhöhten Wert und dem Wert aus Gleichung (7.35) ergibt die Oberflächenenergie pro Ionenpaar, die leicht auf die Oberflächenenergie pro Flächeneinheit umgerechnet werden kann.

Für einige Flächenorientierungen von NaCl-Kristallen erhält man beispielsweise die folgenden Werte

$$\gamma_{(100)} = 0{,}15\,\text{J/m}^2, \quad \gamma_{(110)} = 2{,}5\,\gamma_{(100)}, \quad \gamma_{(111)} = 5{,}81\,\gamma_{(100)}$$

7.3 Thermodynamik ebener Grenzflächen

Die Oberflächenenergien spielen eine große Rolle für die relative Stabilität verschiedener kristallographischer Flächen und damit für die Gestalt von Kristallen. So ist es bei NaCl auf Grund der geringen spezifischen Oberflächenenergie der (100)-Fläche kaum verwunderlich, daß die Kristalle meist Würfelform haben. In vielen Fällen ist die Übereinstimmung von Rechnung und experimentellen Daten aber ausgesprochen schlecht. Dies liegt an Relaxationseffekten und der Ausbildung spezifischer Bindungen an der Oberfläche, die die Oberflächenenergie reduzieren.

Exkurs 7.7 Oberflächendefekte

Legt man Schnitte durch einen Kristall, so ist die Struktur und die Atomanordnung auf den resultierenden Oberflächen von ihrer Orientierung relativ zum Kristallgitter abhängig. Abbildung 7.5b zeigt dies am Beispiel eines einfachen kubisch flächenzentrierten Kristalls. Die unterschiedliche Flächendichte und Koordination der Atome bei Vergleich verschieden orientierter Kristallflächen führt zu merklichen Unterschieden in der Oberflächenenergie. Dies hat wiederum Auswirkungen auf das Kristallwachstum. Natürlich spielt dabei nicht die Oberflächenenergie allein, sondern die Gibbs-Energie der Oberfläche die entscheidende Rolle (bei konstantem Druck und konstanter Temperatur). Bei Feststoffen, insbesondere bei geringeren Temperaturen ist allerdings der Entropiebeitrag aufgrund der Exzeßentropie $-TS^\sigma$ einer Oberfläche oft wesentlich kleiner als der Energiebeitrag.

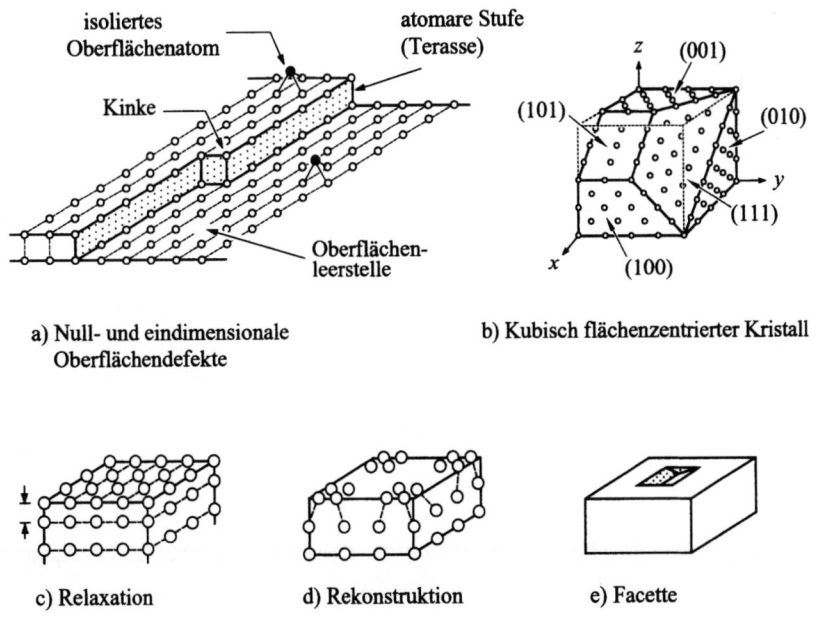

Abbildung 7.5 Strukturelle Eigenschaften und Defekte kristalliner Oberflächen [Hen 94, Göp 96].

An freien Oberflächen eines Kristalls beobachtet man daher in Abhängigkeit von der Flächenorientierung Veränderungen der Gitterparameter wie auch der Symmetrie und Anordnung der Atome, die zu einer energetisch günstigeren Oberflächenstruktur führen. Abbildung 7.5c-e zeigt schematisch verschiedene Beispiele für die Bildung zweidimensionaler Oberflächenstrukturen an Kristalloberflächen.

Neben diesen zweidimensionalen Oberflächenstrukturen gibt es aber auch die Bildung von nulldimensionalen Oberflächendefekten analog den Punktdefekten im Kristallinneren (siehe Kapitel 6.8). Man kann beispielsweise atomare Stufen, Kinken (englisch: kinks oder kink sites), isolierte Oberflächenatome und unbesetzte Plätze an einer freien Oberfläche als Punktdefekte behandeln (siehe Abbildung 7.5a).

Orientierung, Teilchendichte, Polarität, Art der Oberflächendefekte und gegebenenfalls Ladungsdichte der Kristallflächen spielen eine wesentliche Rolle für Stofftransport und Reaktionen an Oberflächen. Ebenso sind Art und Ausmaß der Wechselwirkung von Gasen mit Festkörperoberflächen von diesen Faktoren bestimmt. Eine reale Oberfläche hat in der Regel viele unterschiedliche Oberflächenplätze (Adsorptionsplätze) mit einer Verteilung von Adsorptionsenergien. Oberflächendefekte sind in der Regel die bei kleiner Bedeckung zunächst bevorzugten Adsorptionsplätze auf Grund verringerter Adsorptionsenergie. Art und Konzentration der Oberflächendefekte werden häufig – besonders bei tiefen Temperaturen – von der Vorbehandlung des Feststoffs wesentlich bestimmt.

7.4 Adsorptionsisothermen

Nehmen wir als einfachen Fall ein Zweikomponenten-Zweiphasen-System, das aus einer festen und einer fluiden Phase besteht (Fluid = Gas oder Flüssigkeit). Betrachtet wird die Adsorption an der Feststoffoberfläche mit der folgenden Bezeichnung der Komponenten: $1 \stackrel{\triangle}{=}$ Feststoff (=**Adsorbens**), $2 \stackrel{\triangle}{=}$ Gas oder Flüssigkeit (=**Adsorptiv**). Die Gesamtheit der adsorbierten Teilchen wird **Adsorbat** genannt. Der Festkörper soll inert und unlöslich beziehungsweise sein Dampfdruck vernachlässigbar sein und das Adsorptiv unlöslich im Festkörper. Mit $\Gamma_1^\sigma = 0$ wird die Lage der Gibbs'schen Trennfläche der beiden Phasen definiert (vergleiche Abbildung 7.4). In diesem Fall ist auf Grund der Annahmen die geometrische Oberfläche des Festkörpers mit der Gibbs'schen Trennebene (bei z_0) identifizierbar. In den meisten Fällen ist für diesen vereinfachten Fall statt $\Gamma_2^{(1)}$ als Symbol für die Oberflächenüberschußkonzentration Γ_2^σ üblich, wobei die oben genannte Wahl der Trennebene vorausgesetzt wird. Gleichung (7.15) läßt sich dann vereinfachen zu (c = Teilchenkonzentration)

$$\Gamma_2^{(1)} = \Gamma_2^\sigma = \int_{z>z_0} \left[c_2(z) - c_2^{\text{fluid}} \right] dz \tag{7.36}$$

Im speziellen Fall, wenn das Adsorptiv ein Gas bei kleinem Druck und entsprechend kleiner Dichte ist, kann man weiter vereinfachen zu

$$\Gamma_2^{(1)} = \Gamma_2^\sigma = \int_{z>z_0} \left[c_2(z) - c_2^{\text{gas}} \right] dz = \int_{z=z_0}^{z_0+d} c_2(z) \, dz \tag{7.37}$$

7.4 Adsorptionsisothermen

d ist dabei die Dicke der Adsorbatschicht. Im Zusammenhang mit der Adsorption von Gasen an Feststoffen benutzt man statt der flächenbezogenen Stoffmengen in der Regel Bedeckungsgrade Θ_i. Sie lassen sich bei Adsorptionsexperimenten über Volumenmessungen bestimmen. Kann man beispielsweise davon ausgehen, daß eine Monolage des Adsorbens die maximale Bedeckung darstellt und ist V^{ad} das adsorbierte Gasvolumen und V^{ad}_{max} dessen Maximalwert, so gilt

$$\Theta_2 = \frac{V^{ad}}{V^{ad}_{max}} \tag{7.38}$$

Für die Adsorption an Kristallflächen mit definierten Oberflächenplätzen kann Θ_2 auch auf die Maximalzahl M der Adsorbatplätze für eine Monolage der betrachteten Adsorbatteilchen bezogen werden oder alternativ auf die Maximalzahl $M_{(S)}$ der verfügbaren Adsorptionsplätze pro Fläche (M hängt bei gegebener Oberfläche des Adsorbens im allgemeinen von der Größe der adsorbierten Teilchen ab). Mit N_2^σ als Zahl der Adsorbatteilchen läßt sich für den Bedeckungsgrad schreiben

$$\Theta_2 = \frac{N_2^\sigma}{M} = \frac{\Gamma_2^\sigma}{M_{(S)}} \quad \text{mit} \quad \Gamma_2^\sigma \triangleq \Gamma_2^{(1)} = \frac{N_2^\sigma}{A_\alpha} \tag{7.39}$$

Für das betrachtete Zweikomponentensystem lautet die **Gibbs'sche Adsorptionsisotherme** allgemein

$$-\left(\frac{\partial \gamma}{\partial \mu_2}\right)_T = \Gamma_2^\sigma \tag{7.40}$$

Falls das Gas sich ideal verhält, gilt $d\mu_2 = kT d\ln p_2$. Substituiert man dies in Gleichung (7.40), erhält man (mit Gleichung (7.39) im zweiten Schritt)

$$-\left(\frac{\partial \gamma}{\partial \ln p_2}\right)_T = \Gamma_2^\sigma kT = \Theta_2 M_{(S)} kT \tag{7.41}$$

Dieser Ausdruck kann integriert werden, wenn die Überschußkonzentration an der Feststoffoberfläche als Funktion des Gaspartialdrucks bekannt ist. Die Abhängigkeit der Überschußkonzentration vom chemischen Potential oder Partialdruck des adsorbierten Gases, also $\Gamma_2^\sigma(\mu_2)$, $\Gamma_2^\sigma(p_2)$ beziehungsweise $\Theta_2(p_2)$, wird allgemein als **Adsorptionsisotherme** bezeichnet. Sie ist temperaturabhängig und eine Eigenschaft des betrachteten Systems aus Adsorbens und Adsorptiv. Adsorptionsisothermen an festen Stoffen sind experimentell gut zugänglich. Bei bekannter Adsorptionsisotherme kann man mit Hilfe der Gibbs'schen Adsorptionsisotherme (7.41) die Änderung der Oberflächenenergie des Festkörpers berechnen:

$$\pi = -(\gamma - \gamma_0) = \int_0^p \Gamma_2^\sigma kT d\ln p_2 \tag{7.42}$$

Die Änderung der Oberflächenspannung wird als **Oberflächendruck**, **Spreitungsdruck** oder **Filmdruck** π bezeichnet. Bei sehr kleinen Partialdrücken ist die Oberflächenbedeckung klein in der Regel linear vom Partialdruck p_2 abhängig, so daß dann empirisch die folgende Adsorptionsisotherme zu erwarten ist

$$\Theta_2 = \frac{\Gamma_2^\sigma}{M_{(S)}} = K_{ad} \cdot p_2 \quad \textbf{Henry-Isotherme} \tag{7.43}$$

K_{ad} ist die Gleichgewichtskonstante des Adsorptionsgleichgewichtes. Ihre statistische Berechnung wird im folgenden Abschnitt diskutiert. Einsetzen des Ausdrucks (7.43) in die Gibbs'sche Adsorptionsisotherme (7.40) liefert nach Integration von 0 bis p_2 (mit γ_0 für die Oberflächenspannung der unbedeckten Oberfläche bei verschwindendem Gasdruck)

$$\pi = \gamma_0 - \gamma = \Theta_2 M_{(S)} kT = \Gamma_2^\sigma kT \qquad (7.44)$$

Gleichung (7.44) ist das zweidimensionale Analogon zum idealen Gasgesetz $p = NkT/V = cRT$ und kann als **Zustandsgleichung** des Adsorbats bezeichnet werden. Die Analogie zum idealen Gasgesetz ist bei kleinen Partialdrücken auf die vernachlässigbaren Wechselwirkungen der Adsorbatteilchen untereinander zurückzuführen. Den wenigen Adsorbatteilchen stehen entlang der Oberfläche viele äquivalente Gleichgewichtspositionen zur Verfügung, die durch Energiemaxima getrennt sind. Ist die Höhe dieser Maxima in der Größenordnung von kT oder kleiner, so sind die Adsorbatteilchen **beweglich**, so daß man von einem zweidimensionalen Gas sprechen kann, dessen Translationsfreiheitsgrade auf zwei begrenzt sind. Falls die lateralen Energiebarrieren groß gegen kT sind, liegen die Adsorbatteilchen eher **lokalisiert** vor.

Für zunehmende Bedeckungsgrade machen sich einerseits die Wechselwirkungen der Adsorbatteilchen untereinander und – für reale Oberflächen – die Differenzen in den Adsorptionsenergien unterschiedlicher Adsorptionsplätze bemerkbar (siehe Exkurs 7.7). Darüber hinaus stellt die Bedeckung mit einer Monolage ($\Theta_2 = 1$) nicht in jedem Fall die Obergrenze bei der Adsorption von Gasen dar. Bei genügend hohem Druck sind größere Bedeckungsgrade $\Theta_2 > 1$ möglich, die dann einer **Mehrschichtadsorption** entsprechen. Entsprechend nimmt das Adsorbat die Eigenschaften eines Kondensats des Gases an. Für überkritische Gase ist allerdings die klare Unterscheidung zwischen Oberflächenadsorbat und Adsorptiv wegen der vergleichbaren Dichte nicht mehr möglich. In solchen Fällen ist die Definiton eines Bedeckungsgrades nicht mehr sinnvoll, sondern nur die relative Oberflächenüberschußkonzentration.

In Analogie zur Behandlung realer Gase lassen sich für zunehmende Bedeckung anziehende und abstoßende Wechselwirkungen der Adsorbatteilchen untereinander durch einen **van-der-Waals-Ansatz** berücksichtigen (siehe dazu Kapitel 9.3). Es folgt dann als **Zustandsgleichung** des Adsorbats

$$\left(\pi + a(\Gamma_2^\sigma)^2\right) \cdot \left(1 - b\Gamma_2^\sigma\right) = \Gamma_2^\sigma \cdot kT \qquad (7.45)$$

b ist von der Größenordnung 10^{-15} cm^2 pro Teilchen und ist als Ausschlußvolumen der Adsorbatteilchen zu interpretieren. $1 - b\Gamma_2^\sigma$ ist der Bruchteil der für das Adsorbat verfügbaren freien Oberfläche. Mit b wird also die Abstoßung der Adsorbatteilchen im Modell harter Kugeln berücksichtigt. a steht wie in der van-der-Waals-Gleichung für den Einfluß langreichweitiger Anziehungskräfte. Analog zur Behandlung der realen Gase ist daneben auch eine **Virialentwicklung** in Potenzen der Oberflächenkonzentration möglich (siehe Kapitel 9.4). Abbruch der Reihe nach dem zweiten Glied liefert

$$\pi = kT \cdot \left[\Gamma_2^\sigma + B \cdot (\Gamma_2^\sigma)^2\right] \qquad (7.46)$$

Übersicht 7.1: Beispiele für Adsorptionsisothermen [Göp 96, Rud 91]

1. Henry-Isotherme — (verdünntes) zweidimensionales ideales Gas, frei auf der Oberfläche bewegliche Adsorbatteilchen

$$\Theta = K \cdot p$$

2. Freundlich-Isotherme — logarithmische Abnahme der Adsorptionsenthalpie mit Θ

$$\Theta = K \cdot p^\alpha \quad (\alpha \neq 1)$$

3. Langmuir-Isotherme — lokalisierte Adsorption bis maximal eine Monolage, keine Wechselwirkung der Teilchen untereinander,

a) ohne Dissoziation:

$$\Theta = \frac{K_{ad} \cdot p}{1 + K_{ad} \cdot p}$$

b) mit Dissoziation ($X_2 \rightarrow 2X_{ad}$):

$$\Theta = \frac{\sqrt{K_{ad} \cdot p}}{1 + \sqrt{K_{ad} \cdot p}}$$

für Adsorption aus Lösungen an Fest-Flüssig-Grenzflächen:

$$\frac{\Theta}{\Theta_{max}} = \frac{\Gamma_i^\sigma}{\Gamma_{i,max}^\sigma} = \frac{K_{ad} \cdot c}{1 + K_{ad} \cdot c}$$

4. BET - Isotherme (Brunauer-Emmett-Teller) — Mehrschichtadsorption, zweidimensionales reales Gas, Kondensation des Adsorptivs beim Sättigungsdampfdruck $p = p^*$

$$\Theta = \frac{K \cdot (p/p^*)}{[1 - (p/p^*)][1 - (1 - K) \cdot p/p^*]}$$

5. Fowler-Isotherme — lokalisierte Adsorption mit Wechselwirkung der Teilchen untereinander, maximal eine Monolage, lineare Abhängigkeit der Adsorptionsenthalpie vom Bedeckungsgrad

$$K_{ad}^\circ \cdot p = \frac{\Theta}{1 - \Theta} \cdot \exp(-k \cdot \Theta)$$

analog: Frumkin-Isotherme für Fest-Flüssig-Grenzflächen:

$$K_{ad}^\circ \cdot c = \frac{\Theta}{1 - \Theta} \cdot \exp(-k \cdot \Theta)$$

6. Hill-de Boer-Isotherme — zweidimensionales reales Gas, bewegliche Adsorbatteilchen, Molekülgröße und Wechselwirkung berücksichtigt

$$K_{ad}^\circ \cdot p = \frac{\Theta}{1 - \Theta} \cdot \exp\left[\frac{\Theta}{1 - \Theta} - k \cdot \Theta\right]$$

Die verschiedenen Formen der Zustandsgleichungen für Adsorbate lassen sich in die entsprechenden Adsorptionsisothermen umrechnen[4]. Es sind zahlreiche empirische Adsorptionsisothermen bekannt und im Gebrauch. Viele davon sind aus Modellvorstellungen zu Oberflächenstruktur, Energie und Bindung des Adsorbats herleitbar. Übersicht 7.1 zeigt eine Auswahl gebräuchlicher Adsorptionsisothermen. In Abbildung 7.6 sind Beispiele für den charakteristischen Verlauf einiger häufig verwendeter Adsorptionsisothermen skizziert.

Die BET-Isotherme erlaubt die zusammenhängende Beschreibung der Adsorption bis hin zur Mehrschichtadsorption. Die Langmuir-Isotherme setzt als Grenzfall $\Theta_{max} = 1$ bei hohen Drücken an, das heißt, die Adsorption erfolgt nur, bis eine geschlossene Monolage des Adsorbats entstanden ist. Bei kleinen Drücken nimmt die BET-Isotherme die Form der Langmuir-Isothermen an. Die Henry-Isotherme ergibt sich unter anderem als Grenzfall der beiden gerade erwähnten Isothermen bei niedrigen Drücken. Die Bedeckung ist dann in jedem Fall proportional zum Druck. Dies gilt allerdings nicht für dissoziative Adsorption (beispielsweise $X_{2(g)} \to 2 X_{(ad)}$). Die empirisch gefundenen Adsorptionsisothermen lassen sich in einigen Fällen mit einfachen statistisch-thermodynamischen Modellen herleiten, wie in den folgenden Abschnitten gezeigt wird.

Aus Adsorptionsisothermen bei verschiedenen Temperaturen lassen sich die **Adsorptionsenthalpien** oder **Adsorptionswärmen** bestimmen. Sie beschreiben die Enthalpieänderung bei Übergang von einem Mol gasförmigem Adsorptiv in den adsorbierten Zustand bei konstanten Werten von Druck und Temperatur. Man unterscheidet die **integrale Adsorptionsenthalpie** $\Delta_{ad}H$ (Oberflächen- oder Spreitungsdruck π wird konstant gehalten) und die **differentielle** oder **isostere Adsorptionsenthalpie** $\Delta_{ad}H_i$ (bei konstanter Oberflächenüberschußkonzentration Γ_i^σ, i steht für die adsorbierte Komponente). Die thermodynamische Herleitung ergibt [5]

$$\left(\frac{\partial \ln(p_2/p^\circ)}{\partial T}\right)_\pi = -\frac{\Delta_{ad}H}{kT^2} = -\frac{H^\sigma - H^{gas}}{kT^2} \quad (7.47)$$

$$\left(\frac{\partial \ln(p_2/p^\circ)}{\partial T}\right)_{\Gamma_2^\sigma} = -\frac{\Delta_{ad}H_i}{kT^2} = -\frac{1}{kT^2}\left[\Delta_{ad}H + \frac{T}{\Gamma_2^\sigma}\left(\frac{\partial \gamma}{\partial T}\right)_{\Gamma_2^\sigma}\right] \quad (7.48)$$

Interessant ist unter anderem die Abhängigkeit der isosteren Adsorptionsenthalpien vom Bedeckungsgrad. An realen Festkörperoberflächen zeigen die Adsorptionsplätze eine mehr oder weniger breite Verteilung von Energien. Da zunächst die energetisch günstigeren Plätze besetzt werden, ist die Adsorptionsenthalpie für kleine Bedeckungsgrade am höchsten und sinkt mit zunehmender Bedeckung. Nach Erreichen einer Monoschichtbedeckung fällt die isostere Adsorptionsenthalpie noch einmal ab und erreicht bei Mehrschichtadsorption einen konstanten Wert. Letzterer liegt in der Regel im Bereich der Kondensationsenthalpie des Adsorptivs. Für die Adsorption an

---

[4]Man substituiert zunächst in der jeweiligen Zustandsgleichung den Oberflächendruck mit $\pi = \gamma_0 - \gamma$. Das Resultat wird benutzt, um dγ in der Gibbs'schen Gleichung (7.41) durch einen Ausdruck mit dem Faktor dΓ_2^σ zu ersetzen. Dieser kann dann integriert werden und liefert die zugehörige Adsorptionsisotherme $\Gamma_2^\sigma(p_2)$.
[5]siehe z.B. [Fin 96]

homogenen Oberflächen von Einkristallen oder an Flüssigkeitsgrenzflächen (Anreicherung oberflächenaktiver Stoffe) sind die Energien der Oberflächenplätze konstant. In solchen Fällen macht sich eher die Wechselwirkung der Adsorbatteilchen untereinander mit zunehmender Bedeckung bemerkbar. In solchen Fällen können die Adsorptionsenthalpie im Monolagenbereich mit steigender Bedeckung auch zunehmen, was auf anziehende Wechselwirkungen der Adsorbatteilchen zurückzuführen ist.

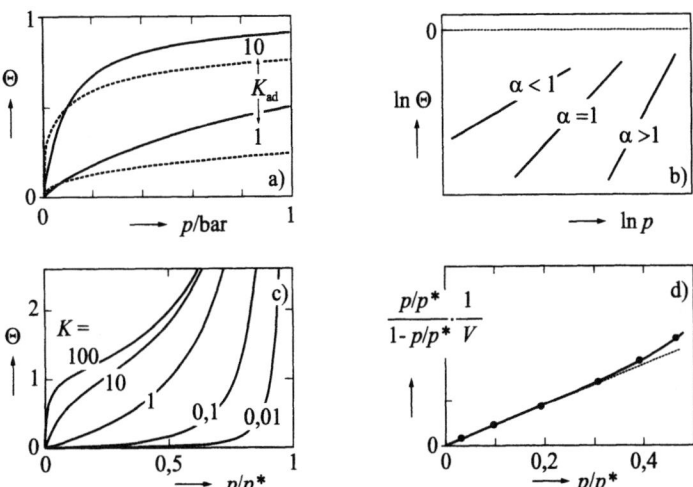

Abbildung 7.6 Beispiele für Adsorptionsisothermen: a) Langmuir-Isotherme für verschiedene Werte der Gleichgewichtskonstanten K_{ad} (durchgezogene Linien - direkte Adsorption, gestrichelt - dissoziative Adsorption gemäß $X_2 \rightarrow 2X_{ad}$) b) Henry-Isotherme, Freundlich-Isotherme, c) BET-Isotherme für verschiedene Werte der Konstanten K (zu K siehe Übersicht 7.1 unter 4. und Exkurs 7.13), d) übliche Form der Auftragung zur experimentellen Auswertung der BET-Isothermen.

Exkurs 7.8 Begriffe und Größen bei der Beschreibung der Adsorption

Adsorption stellt den primären Schritt der Wechselwirkung von Atomen und Molekülen einer benachbarten Phase (Adsorptiv) mit einer Festkörperoberfläche (Adsorbens) dar. Die an der Oberfläche adsorbierten Teilchen werden als **Adsorbat** bezeichnet. Sowohl die Adsorption aus der Gasphase als auch die Adsorption gelöster Teilchen aus an den Feststoff grenzenden flüssigen Lösungen sind wichtige Anwendungsfälle in diesem Zusammenhang. Sowohl die heterogene Katalyse als auch zahlreiche chromatographische Trennverfahren der analytischen Chemie basieren darauf.

Man unterscheidet qualitativ nach der Größe der Wechselwirkungsenergie die **Physisorption** und die **Chemisorption**, bei weitergehender Reaktion noch die **Segregation** und als weiteres Stadium der Wechselwirkung die **Verbindungsbildung** oder das **Lösen** des Adsorbats im Volumen des Festkörpers (siehe Abbildung 7.7a-d.

Physisorption (Abbildung 7.7a) tritt bei schwacher Wechselwirkung infolge elektrostatischer Kräfte, Induktionskräfte oder van-der-Waals-Kräfte zwischen Adsorbatteilchen und Oberflächenatomen des Festkörpers auf. Physisorption findet man bevorzugt bei tiefen Temperaturen und für inerte Moleküle und Atome (beispielsweise Edelgase).

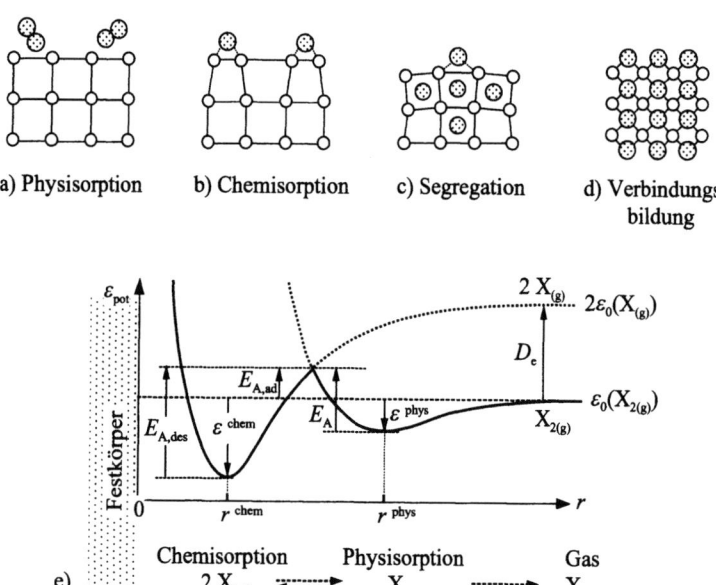

Abbildung 7.7 a) - d) Stadien der Wechselwirkung zwischen Gasteilchen und Festkörperoberflächen [nach Hen 94], e) Energiediagramm zur Adsorption und Unterscheidung von Physi- und Chemisorption (hier dissoziative Chemisorption): Aufgetragen ist die potentielle Energie von X_2 und $2X$ als Funktion des senkrechten Abstands r von der Oberfläche ($r = 0$). E_A kennzeichnet **Aktivierungsenergien**: $E_{A,ad}$ für die Chemisorption von gasförmigem X_2 und $E_{A,des}$ für die Desorption chemisorbierter X-Atome. ε^{chem} und ε^{phys} sind die Bindungsenergien für den physi- und chemisorbierten Zustand (annähernd gleich den entsprechenden experimentellen Physi- und Chemisorptionsenthalpien). ε_0 kennzeichnet die Nullpunktsenergien für $X_{2,(g)}$- beziehungsweise $X_{(g)}$. D_e ist die Dissoziationsenergie von X_2 in der Gasphase. Die Beteiligung der Oberflächenatome an der Chemisorption ist hier nicht berücksichtigt worden. Man müßte dazu die Abstandskoordinate r durch eine Reaktionskoordinate ersetzen. Eine entsprechend korrigierte graphische Darstellung läßt sich allerdings nur noch für sehr einfache Adsorptionsvorgänge verwirklichen.

Bei **Chemisorption** (Abbildung 7.7b) tritt eine stärkere lokale Wechselwirkung durch Bildung kovalenter oder ionischer Bindungen auf. Chemisorption kann auch unter Dissoziation der Moleküle an der Oberfläche ablaufen. Mit Oberflächen von Elektronen- oder Ionenleitern beobachtet man häufig Ladungsaustausch zwischen Adsorbat und Festkörper (Austausch von Elektronen oder Ionen, siehe dazu Kapitel 8). Insgesamt können bei der Chemisorption deutliche Änderungen der geometrischen, elektronischen und magnetischen Eigenschaften von Oberflächen und Adsorbatteilchen auftreten. Während

Physisorptionsenergien in der Größenordnung der Kondensationsenthalpien der Gase liegen, sind die Chemisorptionsenergien mit Reaktionsenthalpien chemischer Reaktionen vergleichbar. Abbildung 7.7e zeigt ein schematisches Energiediagramm für zweiatomige Moleküle $X_{2(g)}$, die dissoziativ als $2X_{ad}$ chemisorbieren. Die Gleichgewichtsabstände für Physisorption und Chemisorption (r^{chem} und r^{phys} in Abbildung 7.7e) sind durch ein Energiemaximum getrennt. Physisorption ist deshalb für tiefe Temperaturen wahrscheinlich, das heißt wenn $E_{A,ad} \gg kT$ gilt.

Segregation und **Lösen** im Festkörper (Abbildung 7.7c) treten auf, wenn die Teilchen nicht an der unmittelbaren Oberfläche lokalisiert bleiben, sondern unter elastischer Verzerrung des

7.4 Adsorptionsisothermen

Gitters auch in das Volumen des Festkörpers eindringen. Beispiele sind das Lösen von Sauerstoff oder Wasserstoff in vielen Metallen. Voraussetzung ist ein genügend hoher Diffusionskoeffizient der adsorbierten Teilchen im Festkörper. Bei deutlich negativen Reaktions-Gibbs-Energien der adsorbierten Teilchen mit den Volumenatomen wird Verbindungsbildung begünstigt (Abbildung 7.7d). Dabei entstehen Reaktions- oder Deckschichten mit neuen Kristallstrukturen und veränderten chemischen, elektronischen und magnetischen Eigenschaften. Ein einfaches Beispiel ist die Oxidation von Metallen.

Exkurs 7.9 Kinetische Herleitung der Langmuir-Isothermen

Im folgenden ist eine kinetische Herleitung der Langmuir-Isothermen angegeben. Bei der kinetischen Betrachtung werden zur Beschreibung des Adsorptionsgleichgewichts die Reaktionsgeschwindigkeiten der Adsorption und der Desorption gleichgesetzt. Für die Adsorptionsgeschwindigkeit erwartet man eine Proportionalität zum Partialdruck p des gasförmigen Adsorptivs sowie zur Anzahl unbesetzter Adsorbatplätze, hier ausgedrückt durch $1 - \Theta$. Mit der Geschwindigkeitskonstanten k_{ad} und der Zahl N_{ad} der Adsorbatteilchen erhält man (v_{ad} = Adsorptionsgeschwindigkeit)

$$v_{ad} = \left(\frac{dN_{ad}}{dt}\right)_{ad} = k_{ad}\, p\, (1 - \Theta) \tag{7.49}$$

Die Desorptionsgeschwindigkeit v_{des} ist demgegenüber proportional zum Bedeckungsgrad Θ anzusetzen:

$$v_{des} = -\left(\frac{dN_{ad}}{dt}\right)_{des} = k_{des} \cdot \Theta \tag{7.50}$$

Im Gleichgewicht ändert sich die Anzahl N_{ad} adsorbierter Teilchen nicht und es gilt

$$\frac{dN_{ad}}{dt} = 0 = \left(\frac{dN_{ad}}{dt}\right)_{ad} + \left(\frac{dN_{ad}}{dt}\right)_{des} \tag{7.51}$$

so daß folgt

$$k_{des} \cdot \Theta = k_{ad}\, p\, (1 - \Theta) \quad \rightarrow \quad \Theta = \frac{k_{ad}\, p}{k_{des} + k_{ad}\, p} \tag{7.52}$$

Die Geschwindigkeitskonstanten k_{des} und k_{ad} lassen sich prinzipiell über die Theorie des Übergangszustands behandeln (siehe Kapitel 5.3).

Ein anderer Zugang ist über das Adsorptionsgleichgewicht möglich. Das Gleichgewicht zwischen Adsorbat und Gas läßt sich schreiben als (V_S = unbesetzter Oberflächenplatz)

$$X_{gas} + V_S \rightleftharpoons X_{ad} \tag{7.53}$$

V_{ad} bezeichnet dabei einen unbesetzten Adsorptionsplatz an der Oberfläche. Die Konzentration unbesetzter Oberflächenplätze ist proportional zu $1 - \Theta$. Für die Gleichgewichtskonstante K_{ad} der Reaktion (7.53) gilt

$$K_{ad} = \frac{\Theta}{(1 - \Theta) \cdot p} \quad \rightarrow \quad \Theta = \frac{K_{ad}\, p}{1 + K_{ad}\, p} \tag{7.54}$$

Zwischen der Gleichgewichtskonstanten und den beiden kinetischen Konstanten gilt die Beziehung $K_{ad} = k_{ad}/k_{des}$. Die beiden Gleichungen (7.52) und (7.54) stellen die übliche Form der **Langmuir-Isothermen** dar.

In der Langmuir-Isothermen kann leicht der Fall einer **dissoziativen Adsorption** berücksichtigt werden. Nehmen wir an, daß ein Gasmolekül in zwei identische Adsorbatteilchen dissoziiert, so sind pro Adsorptivteilchen zwei Oberflächenplätze beteiligt. In den Gleichungen (7.49), (7.50), (7.52) und (7.54) sind dann statt Θ und $1-\Theta$ die Quadrate Θ^2 und $(1-\Theta)^2$ einzusetzen. Es folgt dann statt Gleichung (7.54)

$$\Theta = \frac{\sqrt{K_{ad}\,p}}{1+\sqrt{K_{ad}\,p}} \tag{7.55}$$

Im Grenzfall sehr kleiner Partialdrücke ergibt die dissoziative Adsorption eine Proportionalität des Bedeckungsgrades zu $p_2^{1/2}$, so daß statt (7.43) und (7.44) die folgenden Beziehungen gelten

$$\Theta_2 = \Gamma_2^\sigma \cdot M_{(S)} = K_{ad} \cdot (p_2)^{1/n} \quad \text{für} \quad \Theta_2 \ll 1$$

$$\pi = n\,\Theta_2 M_{(S)} kT = n\,\Gamma_2^\sigma\, kT$$

Auch eine gleichzeitige Adsorption (**Koadsorption**) zweier verschiedener Teilchensorten auf denselben Oberflächenplätzen läßt sich leicht durch eine Erweiterung der Langmuir-Isothermen beschreiben. Da angenommen war, daß die Adsorbatteilchen untereinander nicht wechselwirken, ist die Konkurrenz um die vorhandenen Adsorbatplätze eine Überlagerung der beiden Einzelisothermen. Die Zahl der unbesetzten Oberflächenplätze ist dabei in den Einzelgleichungen jeweils um die durch Konkurrenzteilchen besetzten Plätze zu vermindern. Für die Adsorption zweier Teilchen A und B gelten die folgenden Adsorptionsgleichgewichte (V_S = leerer Oberflächenplatz)

$$A_{gas} + V_S \rightleftharpoons A_{ad} \quad , \quad B_{gas} + V_S \rightleftharpoons B_{ad} \tag{7.56}$$

Gleichgewichtskonstante und Bedeckungsgrad für die Teilchensorte A sind gegeben durch (analoge Beziehungen ergeben sich für Θ_B)

$$K_A = \frac{\Theta_A}{p_A(1-\Theta_A-\Theta_B)} \quad , \quad \Theta_A = \frac{K_A\,p_A}{1+K_A\,p_A+K_B\,p_B} \tag{7.57}$$

Exkurs 7.10 Adsorption aus Lösungen

Adsorptionsisothermen oder ihnen analoge Ausdrücke lassen sich auch für die Adsorption aus verdünnten flüssigen Lösungen oder die Anreicherung oberflächenaktiver Substanzen an Flüssig-Gas-Grenzflächen angeben. Unter anderem läßt sich die Langmuir-Isotherme leicht auf solche Fälle erweitern. Die Teilchenkonzentration des in einer verdünnten Lösung vorliegenden Adsorptivs sei c_i. Statt des Partialdrucks ist für eine solche Lösung die Konzentration c_i zu verwenden (hier Teilchenkonzentration $c_i = N_i/V$). Die Langmuir-Isotherme lautet dann

$$\Gamma_i^\sigma = \Gamma_{i,\max}^\sigma \cdot \frac{K_{ad}c_i}{1+K_{ad}c_i} \tag{7.58}$$

7.4 Adsorptionsisothermen

Für flüssige Grenzflächen gibt es im Unterschied zu Festkörperoberflächen keine unterschiedlichen Platzenergien, was die Behandlung der Konzentrationsabhängigkeit vereinfacht.

Aus Gleichung (7.58) läßt sich zusammen mit der Gibbs'schen Adsorptionsisotherme ein Ausdruck für den Spreitungsdruck beziehungsweise für die Oberflächenspannung ableiten. Für das chemische Potential des Adsorptivs in der als verdünnt angenommenen Lösung gilt

$$d\mu_i = kT\, d\ln c_i \tag{7.59}$$

Setzt man dies in die Gibbs'sche Adsorptionsisotherme (7.40) ein, ergibt sich

$$\frac{\partial \gamma}{\partial \ln c_i} = -kT\, \Gamma_i^\sigma \quad \rightarrow \quad d\gamma = -d\pi = -\frac{kT\, \Gamma_i^\sigma}{c_i}\, dc_i \tag{7.60}$$

Diese Beziehung läßt sich integrieren, wenn die Konzentrationsabhängigkeit der Überschußkonzentration aus Gleichung (7.58) benutzt wird. Man erhält (mit $\pi = 0$ für $c_i = 0$ als untere Integrationsgrenzen)

$$\pi = \gamma_0 - \gamma = cT\, \Gamma_{i,\text{max}}^\sigma \ln[K_{\text{ad}} c_i + 1] \tag{7.61}$$

$\Gamma_{i,\text{max}}^\sigma$ steht für den Maximalwert der Überschußkonzentration. Dies läßt sich mit der Monoschichtbedeckung bei der Adsorption an Festkörpern vergleichen. Im Fall der Flüssiggrenzflächen entscheidet der Platzbedarf der angereicherten Moleküle über den Wert der maximalen Grenzflächenüberschußkonzentration.

Diese für verdünnte Lösungen brauchbare Gleichung, als **Szyszkowski-Gleichung** bezeichnet, wurde vor Kenntnis der theoretischen Beziehungen bereits empirisch gefunden und benutzt. Sie wird allgemein zur Beschreibung des Einflusses oberflächenaktiver gelöster Stoffe auf die Grenzflächenspannung eines Lösungsmittels verwendet.

Für sehr kleine Konzentrationen kann der Logarithmus in (7.61) um $c_i = 0$ in eine Reihe entwickelt werden (siehe Gleichung (B.51) im Anhang). Abbruch nach dem ersten Glied führt für $c_i \ll (1/K_{\text{ad}})$ zu einer linearen Konzentrationsabhängigkeit:

$$\pi = \gamma_0 - \gamma = kT\, \Gamma_{i,\text{max}}^\sigma K_{\text{ad}} c_i \tag{7.62}$$

Unter der gleichen Bedingung folgt aus der Langmuir-Gleichung (7.58)

$$\Gamma_i^\sigma = \Gamma_{i,\text{max}}^\sigma K_{\text{ad}} c_i \tag{7.63}$$

Die beiden letzten Gleichungen zusammengenommen ergeben wieder die ideale Gasgleichung für den zweidimensionalen Fall. $\Gamma_{i,\text{max}}^\sigma$ und damit auch der Flächenbedarf eines Tensidmoleküls läßt sich aus der konzentrationsabhängigen Messung des Spreitungsdrucks bestimmen.

7.5 Adsorptionsisothermen aus der kanonischen Zustandssumme

Die statistisch-thermodynamische Herleitung im folgenden zeigt eine Möglichkeit zur Absolutberechnung der Gleichgewichtskonstanten K_{ad} der Langmuir-Isothermen in Gleichung (7.54). Ausgangspunkt sind die Zustandssummen von Adsorbat und Gasphase, aus denen die chemischen Potentiale μ_{gas} und μ_{ad} berechnet werden. Der letzte Schritt ist die Anwendung der thermodynamischen Gleichgewichtsbedingung zwischen Gas und Adsorbat, aus der sich weiter unten der statistische Ausdruck für die Adsorptionsisotherme ergibt:

$$\mu_{gas} = \mu_{ad} \tag{7.64}$$

Als Modell für die Teilchenzustandssumme der Adsorbatteilchen wird hier zunächst die lokalisierte Adsorption von Gasmolekülen eines Gases auf einer idealen Kristalloberfläche mit energetisch gleichwertigen Adsorptionsplätzen betrachtet. Die Wechselwirkung zwischen den Adsorbatteilchen soll vernachlässigt werden. Dies ist für kleine Bedeckungsgrade Θ sicher vernünftig. Für höhere Bedeckungsgrade ist allerdings mit Abweichungen zu rechnen. Zum einen werden die Wechselwirkungen zwischen den Adsorbatteilchen merklich, zum anderen ist bei realen Oberflächen davon auszugehen, daß die Adsorptionsplätze energetisch nicht alle gleichwertig sind. Wenn wir solche Abweichungen vernachlässigen, dann verfügt ein einzelnes adsorbiertes Teilchen an seinem lokalen Adsorptionsplatz über drei Schwingungsfreiheitsgrade (zwei Schwingungen parallel und eine senkrecht zur Kristalloberfläche) neben zusätzlichen inneren Freiheitsgraden, falls es sich um ein Molekül handelt. Gegebenenfalls sind dabei auch Änderungen der Geometrie und Bindungsstärke in den inneren Freiheitsgraden gegenüber freien Molekülen zu berücksichtigen.

Wählt man als Energienullpunkt die Energie des Grundzustands eines ruhenden Gasmoleküls, so tritt in der Zustandssumme des adsorbierten Moleküls noch der Faktor $\exp(-\Delta\varepsilon_0/kT)$ auf. $\Delta\varepsilon_0$ ist die Differenz zwischen der Energie des elektronischen Grundzustandes des Adsorbatteilchens und der Energie des Grundzustandes in der Gasphase. Für die Teilchenzustandssumme eines Adsorbatmoleküls erhält man dann

$$z_{ad} = z_{vib,x}\, z_{vib,y}\, z_{vib,z}\, z_{ad,int}\, e^{-\Delta\varepsilon_0/kT} \tag{7.65}$$

Das Produkt $z_{vib,x} z_{vib,y} z_{vib,z}$ beschreibt die drei durch Adsorption entstandenen Schwingungsfreiheitsgrade. Wegen der vernachlässigten Wechselwirkung der Adsorbatteilchen untereinander wird die Systemzustandssumme den Faktor für die Teilchenzustandssumme in der Form $z_{ad}^{N^\sigma}$ enthalten. Darüber hinaus muß die Anzahl der energetisch gleichwertigen Anordnungsmöglichkeiten der N^σ Adsorbatteilchen auf den M Oberflächenplätzen mit einem zusätzlichen Faktor Ω_{konfig} berücksichtigt werden. Der Faktor ist völlig analog zum Problem der Verteilung von N_V Leerstellen auf M Gitterplätzen eines Kristalls. Somit lautet die Zustandssumme Z^σ des Adsorbats:

$$Z^\sigma = \Omega_{konfig} \cdot z_{ad}^{N^\sigma} = \frac{M!}{N^\sigma!(M-N^\sigma)!} \cdot z_{ad}^{N^\sigma} \tag{7.66}$$

7.5 Adsorptionsisothermen aus der kanonischen Zustandssumme

Das chemische Potential pro Teilchen des Adsorbats erhält man durch Differenzieren der Helmholtz-Energie A beziehungsweise des äquivalenten Ausdrucks mit der Zustandssumme nach der Teilchenzahl:

$$\mu_{ad} = \left(\frac{\partial A^\sigma}{\partial N^\sigma}\right)_{M,T} = -kT \left(\frac{\partial \ln Z^\sigma}{\partial N^\sigma}\right)_{M,T} \tag{7.67}$$

Unter Benutzung der Stirling-Näherung kann man aus den Gleichungen (7.67) und (7.66) ableiten:

$$\mu_{ad} = -kT \ln z_{ad} + kT \ln \frac{N^\sigma}{M - N^\sigma} = -kT \ln z_{ad} + kT \ln \frac{\Theta}{1-\Theta}$$

$$\text{mit} \quad \mu_{ad}^\circ = -kT \ln z_{ad} \tag{7.68}$$

Dabei ist der **Bedeckungsgrad** Θ mit der Definition $\Theta = N^\sigma/M$ und der Standardwert μ_{ad}° des chemischen Potentials des Adsorbats eingeführt worden. Für das chemische Potential μ_{gas} pro Teilchen kann man mit Gleichung (3.36) aus Kapitel 3 schreiben (Nullpunktswahl $\varepsilon_{0,gas} = 0$)

$$\mu_{gas} = -kT \ln \frac{z_{gas} kT}{V} + kT \ln p \tag{7.69}$$

Setzt man die statistischen Ausdrücke aus den Gleichungen (7.69) und (7.68) für die beiden chemischen Potentiale in die Gleichgewichtsbedingung (7.64) ein und löst nach dem Bedeckungsgrad auf, so folgt

$$\Theta = \frac{\left[\left(\frac{V}{kT}\frac{z_{ad}}{z_{gas}}\right)p\right]}{\left[1 + \left(\frac{V}{kT}\frac{z_{ad}}{z_{gas}}\right)p\right]} \tag{7.70}$$

Vergleicht man diese Beziehung mit der Definition der **Langmuir-Isothermen** Übersicht 7.1 oder Gleichung (7.54), so ergibt sich für die Gleichgewichtskonstante K_{ad}

$$K_{ad} = \frac{V}{kT}\frac{z_{ad}}{z_{gas}} = \frac{1}{kT}\left(\frac{2\pi mkT}{h^2}\right)^{-3/2} \frac{z_{ad,int}}{z_{gas,int}} z_{vib,x}\, z_{vib,y}\, z_{vib,z}\, e^{-\Delta\varepsilon_0/kT} \tag{7.71}$$

Dabei ist Gleichung (7.65) für z_{ad} eingesetzt worden. Für z_{gas} wurde der folgende Ausdruck benutzt (siehe Gleichungen (4.2), (4.3) und (3.12))

$$z_{gas} = \left(\frac{2\pi mkT}{h^2}\right)^{3/2} V\, z_{gas,int} \tag{7.72}$$

Exkurs 7.11 Henry-Isotherme

Für niedrige Bedeckungsgrade kann man wegen $K_{ad}\, p \ll 1$ den Nenner in Gleichung (7.70) vernachlässigen und erhält die Form der **Henry-Isothermen**:

$$\Theta = \left(\frac{V}{kT}\cdot\frac{z_{ad}}{z_{gas}}\right)\cdot p = K_{ad}\, p \quad \text{für} \quad p \to 0 \tag{7.73}$$

Allerdings ist für nicht zu tiefe Temperaturen bei niedrigen Bedeckungsgraden mit einer lateralen Beweglichkeit der Adsorbatteilchen zu rechnen. Unter solchen Bedingungen ist der Ansatz für z_{ad} in Gleichung (7.65) nicht korrekt. Im Grenzfall, daß freie Beweglichkeit der Adsorbatteilchen entlang der Oberfläche herrscht, liegen zwei Translationsfreiheitsgrade (Translation in der x-y-Ebene parallel zur Kristalloberfläche) und ein Schwingungsfreiheitsgrad (Schwingung in z-Richtung) statt der angenommenen drei Schwingungsfreiheitsgrade vor. Es gibt dann auch keine wohl definierten Adsorptionsplätze mehr, sondern jedem Teilchen steht die gesamte Oberfläche zur Verfügung. Unter solchen Bedingungen verhält sich das Adsorbat wie ein zweidimensionales ideales Gas (keine Wechselwirkung der Adsorbat-Teilchen untereinander). Für die Teilchenzustandssumme z'_{ad} eines Adsorbatteilchens, die wir zur Unterscheidung von dem Ergebnis in (7.65) mit einem Strich kennzeichnen, gilt dann

$$z'_{ad} = \underbrace{\left(\frac{2\pi m kT}{h^2}\right) A_\square}_{\text{2 Translationsfreiheitsgrade}} \cdot z_{\text{vib},z}\, z_{ad,\text{int}}\, e^{-\Delta\varepsilon_0/kT} \tag{7.74}$$

Die Zustandssumme Z^σ des Adsorbats als ideales 2-dimensionales Gas lautet dann

$$Z^\sigma = \frac{1}{N^\sigma !} \cdot {z'_{ad}}^{N^\sigma} \tag{7.75}$$

Für das chemische Potential der Adsorbatteilchen ergibt sich

$$\mu_{ad} = kT \ln \frac{N_\sigma}{z'_{ad}} \tag{7.76}$$

Um hier den Bedeckungsgrad einzuführen, gehen wir von der Definition (7.39) aus und nehmen an, daß ein einzelnes Adsorbatteilchen eine Fläche $a_\square$ beansprucht. Die maximale Zahl M der Adsorbatteilchen entspricht dann $M = A_\square / a_\square$ mit $A_\square$ für die gesamte zur Verfügung stehende Oberfläche. Somit gilt für Θ

$$\Theta = \frac{N^\sigma}{M} = \frac{N^\sigma \cdot a_{\square,ad}}{A_\square} \tag{7.77}$$

Mit (7.76) und (7.77) folgt für das chemische Potential des Adsorbats

$$\mu_{ad} = kT \ln \frac{M}{z'_{ad}} + kT \ln \Theta = kT \ln \frac{A_\square}{a_\square z'_{ad}} + kT \ln \Theta \tag{7.78}$$

Mit der Gleichgewichtsbedingung $\mu_{ad} = \mu_{gas}$ und (7.69) für μ_{gas} erhält man den statistischen Ausdruck für die Henry-Isotherme und die entsprechende Gleichgewichtskonstante K_{ad}, wenn ein 2-dimensionales ideales Gas von Adsorbatteilchen angenommen wird:

$$\Theta = \frac{z'_{ad}\, V a_\square}{z_{gas}\, kT\, A_\square} \cdot p = K_{ad} \cdot p \tag{7.79}$$

$$K_{ad} = \left(\frac{h^2}{2\pi m kT}\right)^{1/2} a_\square \cdot \frac{z_{\text{vib},z}\, z_{ad,\text{int}}\, e^{-\Delta\varepsilon_0/kT}}{z_{gas,\text{int}}\, kT} \tag{7.80}$$

7.6 Langmuir-Isotherme über die große Zustandssumme

Die Adsorptionsisothermen, insbesondere auch die in der Praxis wichtige BET-Isotherme (siehe Übersicht 7.1), lassen sich mit Hilfe der makrokanonischen Zustandssumme besonders übersichtlich ableiten. Gegenüber Gleichung (2.98) in Kapitel 2.5 ist jetzt der Grenzflächenbeitrag $\gamma A_\square$ hinzuzunehmen, so daß statt Gleichung (2.98) der folgende Ausdruck gilt:

$$\Xi = \exp\left[\frac{-U + TS + \sum_i N_i \mu_i}{kT}\right] = \exp\left[\frac{pV - \gamma A_\square}{kT}\right] \quad (7.81)$$

Für Grenzflächen sind die extensiven Größen U, S, V und N_i durch die entsprechenden Exzeßgrößen zu ersetzen. Wegen $V^\sigma = 0$ (Gibbs-Formalismus) fällt dabei der Volumenterm weg. Die Oberflächenexzeßenergie U^σ ist durch Gleichung (7.19) gegeben:

$$U^\sigma = TS^\sigma + \sum_i \mu_i N_i^\sigma + \gamma A_\square \quad (7.82)$$

Im folgenden behalten wir den Gebrauch des chemischen Potentials als molare Größe bei wie in den vorhergehenden Abschnitten dieses Kapitels, so daß bei den statistischen Ausdrücken die Gaskonstante R statt der Boltzmann-Konstante auftritt. Für die makrokanonische Zustandssumme Ξ^σ der Grenzfläche erhält man so einen übersichtlichen Ausdruck, der nun statt pV das Produkt aus Oberflächenspannung und Fläche enthält.

$$\Xi^\sigma = \exp\left[-\frac{\gamma A_\square}{kT}\right] \quad (7.83)$$

Wenn die große Zustandssumme zugänglich ist, kann also direkt die Grenzflächenspannung γ berechnet werden gemäß

$$\gamma = -kT\frac{\ln \Xi^\sigma}{A_\square} = -kT\left(\frac{\partial \ln \Xi^\sigma}{\partial A_\square}\right)_{T, N_i^\sigma} \quad (7.84)$$

Der Weg über die große Zustandssumme ist unter anderem besonders nützlich, wenn Mehrschichtadsorption und Wechselwirkungen der Adsorbatteilchen untereinander zu berücksichtigen sind. Im folgenden werden als Beispiele die alternative Herleitung der Langmuir-Isothermen und die Herleitung der BET-Isothermen aus der großen Zustandssumme besprochen. In beiden Fällen wird die Wechselwirkung zwischen einzelnen benachbarten Adsorbatteilchen vernachlässigt. Da die Gesamtenergie sich dann additiv aus den Beiträgen der einzelnen Adsorbatteilchen zusammensetzt, gilt auch für die große Zustandssumme, daß sie faktorisierbar ist. Allerdings sind die Einzelfaktoren hier auf den einzelnen Adsorptionsplatz zu beziehen. In der großen Zustandssumme des einzelnen Adsorptionsplatzes, die wir in folgenden mit Ξ_1 bezeichnen, ist die Teilchenzahl zunächst nicht festgelegt. Mit s sei im folgenden die Zahl der Adsorbatteilchen bezeichnet, die einen Oberflächenplatz besetzen.

Es ergibt sich als große Zustandssumme Ξ_1 für den einzelnen Oberflächenplatz gemäß Gleichung (2.97) mit a_{ad} als Aktivität der Adsorbatteilchen

$$\Xi_1 = \sum_s z_{\text{ad}}(s,T) \cdot \exp\left[\frac{s\,\mu_{\text{ad}}}{kT}\right] = \sum_s z_{\text{ad}}(s,T) \cdot \exp\left[\frac{s\,\mu_{\text{gas}}}{kT}\right]$$
$$= \sum_s z_{\text{ad}}(s,T) \cdot a_{\text{gas}}^s \qquad (7.85)$$

Dabei wurde die Gleichgewichtsbedingung $\mu_{\text{ad}} = \mu_{\text{gas}}$ und der folgende statistische Ausdruck für die absolute Aktivität a_{gas} benutzt[6]

$$a_{\text{gas}} = \exp\left[\frac{\mu_{\text{gas}}}{kT}\right] = \frac{N_{\text{gas}}/V}{z_{\text{gas}}/V} = \frac{V}{kT\,z_{\text{gas}}} \cdot p \qquad (7.86)$$

$z_{\text{ad}}(s,T)$ steht dabei für die kanonische Zustandssumme eines Adsorptionsplatzes, der mit s Teilchen besetzt ist. Die Zustandssumme der gesamten Oberfläche mit insgesamt M Oberflächenplätzen ergibt sich aus dem Produkt der unabhängigen Zustandssummen Ξ_1 gemäß

$$\Xi^\sigma = \Xi_1^M \qquad (7.87)$$

Unter diesen Voraussetzungen muß nur noch die makrokanonische Zustandssumme Ξ_1 eines einzelnen Adsorbatplatzes berechnet werden. Aus Ξ_1 in Gleichung (7.85) erhält man die mittlere Teilchenzahl auf einem Oberflächenplatz, wenn man die Grundgleichung (2.100) für die Berechnung der mittleren Teilchenzahl aus der großen Zustandssumme benutzt:

$$\langle s \rangle = \Theta = a_{\text{gas}} \cdot \left(\frac{\partial \ln \Xi_1}{\partial a_{\text{gas}}}\right)_{A_\alpha,T} \qquad (7.88)$$

Die Herleitung einer Adsorptionsisothermen mit der großen Zustandssumme benötigt also eine Angabe beziehungsweise Annahmen zur Auswertung der kanonischen Zustandssummen als Funktion der Adsorbatteilchenzahl in Gleichung (7.85). Im folgenden soll die Ableitung für die Langmuir-Isotherme und die BET-Isotherme gezeigt werden. Für das **Langmuir-Modell** fordert man, daß die Besetzung eines einzelnen Adsorptionsplatzes nur mit $s = 0$ und $s = 1$ Teilchen möglich ist, also $0 \leq \Theta \leq 1$. Es ist also eine Analogie zur Fermi-Dirac-Statistik zu erwarten. Bei der BET-Isothermen werden wir dagegen keine Obergrenze für die Besetzungszahl s eines Adsorptionsplatzes ansetzen (Analogie zur Bose-Einstein-Statistik!). Im Langmuir-Modell besteht Ξ_1 demnach nur aus zwei Summanden:

$$\Xi_1 = 1 + z_{\text{ad}}(1,T) \cdot a_{\text{gas}} \qquad (7.89)$$

$z_{\text{ad}}(1,T)$ ist dabei identisch mit dem Ergebnis für z_{ad} in Gleichung (7.65) im vorhergehenden Abschnitt. Mit (7.88) folgt aus (7.89) direkt die im vorhergehenden Abschnitt,

---

[6]Dies entspricht der Wahl eines Standardzustands mit $c^\circ = (N/V)^\circ = z_{\text{gas}}/V$ als der Standardteilchenkonzentration beziehungsweise dem Standarddruck $p^\circ = (kT/V)z_{\text{gas}}$, so daß der Standardwert $\mu_{\text{gas}}^\circ = 0$ ist. Nach Gleichung (3.33) ist damit der Nullpunkt der Energieskala in den Grundzustand der Gasteilchen gelegt.

7.6 Langmuir-Isotherme über die große Zustandssumme

Gleichung (7.70), bereits abgeleitete **Langmuir-Isotherme**

$$\Theta = \frac{z_{\text{ad}} \cdot a_{\text{gas}}}{1 + z_{\text{ad}} \cdot a_{\text{gas}}} = \frac{\left[\left(\dfrac{V}{kT} \cdot \dfrac{z_{\text{ad}}}{z_{\text{gas}}}\right) \cdot p\right]}{\left[1 + \left(\dfrac{V}{kT} \cdot \dfrac{z_{\text{ad}}}{z_{\text{gas}}}\right) \cdot p\right]} \tag{7.90}$$

In der zweiten Zeile wurde Gleichung (7.86) für die Aktivität a_{gas} benutzt. Das Ergebnis ist identisch mit Gleichung (7.70).

Exkurs 7.12 Gittergas-Modelle

Die hier dargestellte Ableitung der Langmuir-Isothermen über die große Zustandssumme und das zugrunde liegende Modell läßt sich in der statistischen Thermodynamik nicht nur auf Adsorptionsvorgänge anwenden, sondern ist übertragbar auf alle Fälle, bei denen nicht wechselwirkende Teilchen eine begrenzte Anzahl von Plätzen (=Gitterplätze) oder Energiezuständen besetzen können. Man kann das verallgemeinerte Modell, das am Fall der Langmuir-Isotherme eingeführt wurde, als ein Zweizustands-Modell bezeichnen: Jeder Platz (beziehungsweise Energiezustand) kann einen der beiden Zustände **besetzt** oder **unbesetzt** annehmen. Die Zahl der Teilchen ist kleiner oder maximal gleich der Zahl besetzbarer Plätze oder Zustände. Diese Bedingungen entsprechen exakt denen, die für die Fermi-Dirac-Statistik in Kapitel 3.5 eingeführt wurden, so daß man das Modell zur Langmuir-Isothermen auch als Spezialfall der Fermi-Dirac-Statistik bezeichnen könnte. Allerdings ist bei der Adsorption nicht das Pauli-Prinzip sondern der Platzbedarf eines Adsorbatteilchens ausschlaggebend dafür, daß nur ein Teilchen pro Platz erlaubt ist. Man spricht in diesem Zusammenhang allgemein von einem **Gittergas-Modell**. Die unabhängigen inneren Freiheitsgrade der Teilchen (individuelle Eigenschaften) auf den besetzten Gitterplätzen können über einen Zusatzfaktor berücksichtigt werden, bei der Adsorptionsisotherme ist das speziell der Faktor z_{ad}.

Vergleicht man die Beziehungen (7.87) bis (7.90) mit den Ergebnissen der Fermi-Dirac-Statistik für delokalisierte Elektronen (in Metallen und Halbleitern, siehe z.B. Gleichung (3.96) in Kapitel 3.7), so sind dort für ein Elektron auf einem Energieniveau ε_i die (Platz-) Zustandssumme z_{ad} und die Aktivität a_{gas} in Gleichung (7.90) zu ersetzen gemäß[7]

$$z_{\text{ad}} \rightarrow \exp[-\varepsilon_i/kT] \tag{7.91a}$$

$$a_{\text{gas}} = \exp[\mu_{\text{gas}}/kT] \rightarrow \exp[\varepsilon_F/kT] \tag{7.91b}$$

(7.91a) bedeutet, daß innere Freiheitsgrade der Elektronen wegfallen (der Elektronenspin wird ja in der Zustandsdichte der Elektronenzustände berücksichtigt). (7.91b), das heißt der Ersatz des chemischen Potentials durch das elektrochemische Potential ist eine allgemeine Konse-

---

[7] Wie der Vergleich mit den nachfolgenden Beziehungen zeigt, ist es ohne weiteres möglich, die Wechselwirkung eines Elektrons mit seiner Umgebung durch einen zu z_{ad} analogen Faktor zu berücksichtigen. Ein solches Vorgehen ist notwendig, wenn beispielsweise lokalisierte Elektronen auf Donator- oder Akzeptorniveaus im Halbleiter oder Elektronen in amorphen Elektronenleitern betrachtet werden. Es bedeutet, daß man nicht mehr das einzelne (lokalisierte) Elektron, sondern das Elektron mitsamt der umgebenden Gitterverzerrung (=Polarisation) als Teilchen definiert (in der Festkörperphysik als **Polaron** bezeichnet).

quenz für geladene Teilchen. Mit den beiden Substitutionen erhält man aus Gleichung (7.90) für die mittlere Besetzungszahl eines Energieniveaus die Fermi-Dirac-Verteilungsfunktion:

$$\langle N_e(\varepsilon_i) \rangle = f_{FD}(\varepsilon_i) = \frac{\exp\left[(\varepsilon_F - \varepsilon_i)/kT\right]}{1 + \exp\left[(\varepsilon_F - \varepsilon_i)/kT\right]} = \frac{1}{1 + \exp\left[(\varepsilon_i - \varepsilon_F)/kT\right]}$$

Gleichung (7.90) läßt sich unter Verwendung der Gleichung (7.86) für a_{gas} und mit $\mu_{ad}^\circ = -kT \ln z_{ad}$ aus Gleichung (7.68) in eine zur Fermi-Dirac-Verteilungsfunktion analoge Form bringen, wobei auch die Gleichgewichtsbedingung $\mu_{gas} = \mu_{ad}$ benutzt wird:

$$\begin{aligned} \Theta &= \frac{\exp\left[(\mu_{gas} - \mu_{ad}^\circ)/kT\right]}{1 + \exp\left[(\mu_{gas} - \mu_{ad}^\circ)/kT\right]} = \frac{\exp\left[(\mu_{ad} - \mu_{ad}^\circ)/kT\right]}{1 + \exp\left[(\mu_{ad} - \mu_{ad}^\circ)/kT\right]} \\ &= \frac{1}{1 + \exp\left[(\mu_{ad}^\circ - \mu_{ad})/kT\right]} \end{aligned} \quad (7.92)$$

Der Standardwert des chemischen Potentials des Adsorbats in der hier verwendeten Definition tritt also an die Stelle der Energieniveaus ε_i in der FD-Statistik quasi-freier Elektronen. Für die Fermi-Energie ist das chemische Potential μ_{ad} der Adsorbatteilchen zu verwenden. Im Gegensatz zur Fermi-Dirac-Verteilung der Elektronen in Metallen tritt jedoch hier in μ_{ad}° im allgemeinen eine zusätzliche Temperaturabhängigkeit und ein Entropieanteil auf.

An dieser Stelle wird es leicht, die Beziehung (7.92) auf den Fall der Verteilung über verschiedene nicht äquivalente Adsorbatplätze zu verallgemeinern. Wegen der angenommenen Unabhängigkeit der besetzten Plätze untereinander, gilt für jede Platzsorte (s) eine Gleichung der Form (7.92) mit dem jeweiligen individuellen Wert für $\mu_{ad(s)}^\circ$. Die Addition entsprechender Besetzungsgrade $\Theta_{(s)}$ (die auf die Anzahl Plätze der jeweiligen Platzsorte bezogen sind) ergibt dann eine verallgemeinerte Langmuir-Isotherme:

$$\Theta_{tot} = \sum_s y_{(s)} \cdot \frac{1}{1 + \exp\left[(\mu_{ad(s)}^\circ - \mu_{gas})/kT\right]} \quad (7.93)$$

$y_{(s)}$ ist dabei der Anteil der Platzsorte (s) an der Gesamtzahl der Oberflächenplätze. Wenn die Verteilung der Standardwerte $\mu_{ad(s)}^\circ$ der verschiedenen Plätze entlang einer Energieskala bekannt ist, kann die entsprechende Adsorptionsisotherme ausgewertet werden. Oft wird in diesem Zusammenhang die Temperaturabhängigkeit von $\mu_{ad(s)}^\circ$ und der enthaltene Entropiebeitrag vernachlässigt und man setzt näherungsweise die reinen Energiewerte der Adsorbatteilchen ein gemäß $\mu_{ad(s)}^\circ \approx \varepsilon_{ad(s)}$.

Gleichung (7.92) ist übrigens auch identisch mit Ergebnissen aus Kapitel 6.8, wo die Verteilung von Punktdefekten in Kristallen diskutiert wurde. $\mu_{ad(s)}^\circ$ ist dann durch die entsprechenden Standardwerte $\mu_{i(s)}^\circ$ der chemischen Potentiale für die jeweils betrachtete Gitterplatzsorte (s) und Teilchensorte i zu ersetzen. Hieraus resultiert die Analogie der Verteilung von Defekten in Kristallgittern mit der Fermi-Dirac-Statistik der Elektronen in Metallen und Halbleitern. Bei geladenen Punktdefekten beziehungsweise der Verteilung von Ionen über Gitterplätze sind stattdessen die Standardwerte der elektrochemischen Potentiale $\tilde{\mu}_{i(s)}^\circ$ zu benutzen. Sie enthalten gegenüber den chemischen Potentialen jeweils noch einen elektrischen Potentialterm $+z_i e\varphi$ ($z_i e$ = Ladung eines Defekts oder Ions der Sorte i) gemäß

$$\tilde{\mu}_{i(s)}^\circ = \mu_{i(s)}^\circ + z_i e\varphi \quad (7.94)$$

In Analogie zu Gleichung (7.68) läßt sich dann das chemische beziehungsweise elektrochemische Potential als Funktion der Besetzung eines Gitterplatzes der Sorte (s) ausdrücken:

$$\mu_i = \mu_{i(s)}^\circ + kT \ln \frac{x_{i(s)}}{1 - x_{i(s)}} \longrightarrow x_{i(s)} = \frac{1}{1 + \exp\left[(\mu_{i(s)}^\circ - \mu_i)/kT\right]} \quad (7.95)$$

$$\tilde{\mu}_i = \tilde{\mu}_{i(s)}^\circ + kT \ln \frac{x_{i(s)}}{1 - x_{i(s)}} \longrightarrow x_{i(s)} = \frac{1}{1 + \exp\left[(\tilde{\mu}_{i(s)}^\circ - \tilde{\mu}_i)/kT\right]} \quad (7.96)$$

$x_{i(s)}$ ist dabei der Stoffmengenanteil der durch Teilchen i besetzten Plätze (s) und kann auch als Besetzungsgrad dieser Plätze bezeichnet werden. μ_i beziehungsweise für geladene Teilchen $\tilde{\mu}_i$ ist im Gleichgewicht für die Teilchen auf allen Platzsorten (s) identisch, analog wie die Fermi-Energie für Elektronenleiter im Gleichgewicht für alle Elektronen gleich ist. Bei bekannter Verteilung der Standardwerte $\mu_{i(s)}^\circ$ beziehungsweise $\tilde{\mu}_{i(s)}^\circ$ der verschiedenen Gitterplätze lassen sich dann Änderungen des chemischen oder elektrochemischen Potentials als Funktion der Teilchenzahl oder umgekehrt berechnen.

Eine weitere Anwendung des Gittergas-Modells wird in Kapitel (11.6) diskutiert. Dort wird die Gittergasstatistik erweitert auf Mischungen ohne und mit Wechselwirkungen zwischen den Teilchen. An die Stelle der zwei Zustände besetzt/unbesetzt tritt dort die Besetzung eines Platzes durch eines von zwei möglichen Teilchen. Gittergas-Modelle werden wegen ihrer Übersichtlichkeit auch gern auf die statistische Theorie von Phasenumwandlungen und kritischen Punkten angewandt, insbesondere am Beispiel von Spinsystemen (zwei Spinzustände).

7.7 BET-Isotherme aus der kanonischen Zustandssumme

Im Fall der **BET-Isotherme** wird nun die Beschränkung der Bedeckung auf eine Monolage aufgehoben und Mehrschichtadsorption zugelassen. Für Ξ_1 ergibt Gleichung (7.85) ausgeschrieben den Ausdruck

$$\Xi_1 = 1 + z_{\text{ad}}(1,T) \cdot a_{\text{gas}} + z_{\text{ad}}(2,T) \cdot a_{\text{gas}}^2 + \ldots \quad (7.97)$$

Diese Summe wird vereinfacht, indem die Teilchenzustandssummen für die Mehrfachadsorption mit $s = 2,3,4,\ldots$ Adsorbatteilchen durch folgenden Ansatz dargestellt werden

$$z_{\text{ad}}(s,T) = z_{\text{ad},1} \cdot z_{\text{ad},2}^{s-1} \quad (7.98)$$

Hierbei wird also die veränderte Wechselwirkung zwischen den direkt adsorbierten Teilchen und den Teilchen in höheren Adsorbatschichten nur insofern berücksichtigt, als das unterste Teilchen eine andere (kanonische) Zustandssumme ($z_{\text{ad},1}$) gegenüber allen weiteren Teilchen in höheren Adsorbatschichten bekommt ($z_{\text{ad},2}$). Die Mehrfachadsorption entspricht für große Besetzungszahlen s einer Kondensation auf der Oberfläche. Die BET-Theorie versucht also, die Adsorption bis zu sehr hohen

Adsorbat-Partialdrücken zu beschreiben einschließlich des Druckbereichs in der Nähe der Gas-Flüssig-Kondensation. Mit der obigen Vereinfachung (7.98) folgt aus (7.97)

$$\Xi_1 = 1 + z_{ad,1} \cdot a_{gas} + z_{ad,1} \cdot z_{ad,2}\, a_{gas}^2 + z_{ad,1} \cdot z_{ad,2}^2\, a_{gas}^3 + \ldots$$

$$= 1 + z_{ad,1}\, a_{gas} \cdot \left(1 + z_{ad,2}\, a_{gas} + z_{ad,2}^2\, a_{gas}^2 + \ldots\right) \quad (7.99)$$

Der Ausdruck in Klammern ist eine unendliche geometrische Reihe. Weiter unten wird gezeigt, daß $z_{ad,2}\, a_{gas} = p/p^*$ ist, wobei p^* der Sättigungsdampfdruck des verflüssigten Adsorptivs ist. p/p^* ist also immer kleiner als Eins, so daß die geometrische Reihe auf jeden Fall konvergiert. Mit der Summenformel für die geometrische Reihe (B.56) aus dem Anhang ergibt sich

$$\Xi_1 = 1 + \frac{z_{ad,1} \cdot a_{gas}}{1 - z_{ad,2} \cdot a_{gas}} = \frac{1 + (z_{ad,1} - z_{ad,2}) \cdot a_{gas}}{1 - z_{ad,2} \cdot a_{gas}} \quad (7.100)$$

Aus der allgemeinen Gleichung für den Bedeckungsgrad (7.88) als Funktion der großen Zustandssumme des einzelnen Adsorbatplatzes folgt für die BET-Isotherme

$$\Theta = \langle s \rangle = a_{gas} \left(\frac{\partial \ln \Xi_1}{\partial a_{gas}}\right)_{T, A_a} = \frac{z_{ad,1}\, a_{gas}}{[1 + (z_{ad,1} - z_{ad,2})\, a_{gas}] \cdot (1 - z_{ad,2}\, a_{gas})}$$

$$= \frac{\left[\frac{z_{ad,1}}{z_{ad,2}}\right] \cdot z_{ad,2}\, a_{gas}}{\left[1 - \left(1 - \frac{z_{ad,1}}{z_{ad,2}}\right) \cdot z_{ad,2}\, a_{gas}\right] \cdot (1 - z_{ad,2}\, a_{gas})}$$

$$= \frac{K\,(p/p^*)}{[1 - (1 - K) \cdot (p/p^*)] \cdot (1 - (p/p^*))} \quad (7.101)$$

Im letzten Schritt wurde die Beziehung in eine Form gebracht, die sich mit der empirischen BET-Isothermen aus Übersicht 7.1 vergleichen läßt. Dies liefert die folgenden statistischen Ausdrücke für die Konstanten K und p^*:

$$\frac{p}{p^*} = z_{ad,2}\, a_{gas}\,, \qquad K = \frac{z_{ad,1}}{z_{ad,2}} \quad (7.102)$$

Für $K \gg 1$ und niedrige Partialdrücke $p \ll p^*$ folgt aus der BET-Isothermen in guter Näherung ein Ausdruck, der die Form der Langmuir-Isothermen hat:

$$\Theta \approx \frac{K\,(p/p^*)}{1 + K\,(p/p^*)}$$

Exkurs 7.13 Konstanten der BET-Isothermen [Hil 62, Saf 94]

Die Bedeutung des Produkts $z_{ad,2}\, a_{gas}$ ergibt sich aus der Betrachtung des Gleichgewichts zwischen Gas und flüssigem Zustand des Adsorptivs. Die Grundannahme bei der BET-Isothermen ist, daß die zweite und alle höheren Adsorptionsschichten in ihren Eigenschaften dem flüssigen Zustand des Adsorptivs entsprechen. p^* ist also der Gleichgewichtsdruck bei Koexistenz der

7.7 BET-Isotherme aus der kanonischen Zustandssumme

flüssigen und gasförmigen Phase des Adsorptivs. Die Gleichgewichtsbedingung lautet dann mit den chemischen Potentialen

$$\mu_{\text{gas}} = \mu_{\text{liq}} = \mu_{\text{ad},2} \tag{7.103}$$

wobei $\mu_{\text{ad},2}$ das chemische Potential in den Adsorptionsschichten ab der zweiten Monolage bedeutet. Um das chemische Potential μ_{liq} zu berechnen, wird hier für das verflüssigte Adsorptiv bei Mehrschichtadsorption das Einstein-Modell des Festkörpers übernommen, was natürlich eine sehr grobe Vereinfachung darstellt:

$$\mu_{\text{liq}} = \mu_{\text{ad},2} = \varepsilon_{\text{ad},2} - kT \ln \left[z_{\text{vib},2} \right]^3 = -kT \ln z_{\text{ad},2} \tag{7.104}$$

Auflösen nach $z_{\text{ad},2}$ und Gleichsetzen von μ_{gas} und $\mu_{\text{ad},2}$ ergibt dann mit μ_{gas}^* für das chemische Potential des Gases beim Sättigungsdampfdruck

$$z_{\text{ad},2} = \exp\left[-\frac{\mu_{\text{ad},2}}{kT}\right] = \exp\left[-\frac{\mu_{\text{gas}}^*}{kT}\right] \tag{7.105}$$

Aus Gleichung (7.86) folgt für die Aktivität des Gases

$$a_{\text{gas}} = \exp\left[\frac{\mu_{\text{gas}}}{kT}\right] = \frac{V}{kT\, z_{\text{gas}}} p \quad \text{allgemein für} \quad p \leq p^* \tag{7.106}$$

$$a_{\text{gas}}^* = \exp\left[\frac{\mu_{\text{gas}}^*}{kT}\right] = \frac{V}{kT\, z_{\text{gas}}} p^* \quad \text{am Kondensationspunkt} \tag{7.107}$$

Aus den vorhergehenden drei Gleichungen folgt schließlich die Gleichung (7.102). K läßt sich in unserem stark vereinfachten statistischen Modell ebenfalls übersichtlich interpretieren. Übernimmt man das Einstein-Modell auch für die erste Monolage, so gilt entsprechend

$$z_{\text{ad},1} = \left(z_{\text{vib},1}\right)^3 \cdot e^{-\varepsilon_{\text{ad},1}/kT} = \exp\left[-\frac{\mu_{\text{ad},1}}{kT}\right] = \exp\left[-\frac{\mu_{\text{gas}}}{kT}\right] \tag{7.108}$$

Es folgt also für die Konstante K in der BET-Isothermen

$$K = \frac{z_{\text{ad},1}}{z_{\text{ad},2}} = \left(\frac{z_{\text{vib},1}}{z_{\text{vib},2}}\right)^3 \cdot \exp\left[\frac{\varepsilon_{\text{ad},2} - \varepsilon_{\text{ad},1}}{kT}\right] \tag{7.109}$$

Vernachlässigt man die Unterschiede in den Schwingungszustandssummen, so ist die Konstante K im wesentlichen durch die Differenz von Kondensationsenthalpie und Adsorptionsenthalpie (erste Monolage) bestimmt, also $\varepsilon_{\text{ad},2} - \varepsilon_{\text{ad},1} \approx \Delta H_{\text{ad}}^\circ - \Delta H^{\text{LG}\circ}$.

Literaturzitate

[Adm 90] A.W. Adamson, *Physical Chemistry of Surfaces*, Wiley, New York 1990.

[Dav 96] H. Ted. Davis, *Statistical Mechanics of Phases, Interfaces and Thin Films*, VCH, New York, Weinheim, Cambridge 1996.

[Göp 96] W. Göpel, Ch. Ziegler, *Einführung in die Materialwissenschaften: physikalisch-chemische Grundlagen und Anwendungen*, Teubner, Stuttgart 1996.

[Gro 84] S.R. de Groot, P. Mazur, *Non-equilibrium Thermodynamics*, Dover, New York 1984.

[Hil 62] T.L. Hill, *An Introduction to Statistical Thermodynamics*, Addison-Wesley, London 1962.

[Fin 96] G.H. Findenegg, *Thermodynamik von Grenzflächenerscheinungen*, in Zitat [Swu 96], Seiten 1-44.

[Hen 94] M. Henzler, W. Göpel, *Oberflächenphysik des Festkörpers*, Teubner, Stuttgart 2. Aufl. 1994.

[Kit 93] C. Kittel, H. Krömer, *Physik der Wärme*, Oldenbourg, München 4. Aufl. 1993.

[Rol 82] J.S. Rowlinson, B. Widom, *Molecular Theory of Capillarity*, Clarendon, Oxford 1982.

[Saf 94] S.A. Safran, *Statistical Thermodynamics of Surfaces, Interfaces and Membranes*, Addison Wesley, Reading (Massachussetts) 1994.

[Swu 96] M.J. Schwuger, *Lehrbuch der Grenzflächenchemie*, Thieme, Stuttgart 1996.

[Rud 91] W. Rudzinski, D.H. Everett, *Adsorption of Gases on Heterogeneous Surfaces*, Academic Press, London 1991.

[Wei 83] Al. Weiss, H. Witte, *Kristallstruktur und chemische Bindung*, VCH, Weinheim 1983.

8 Grenzflächen von Elektronen- und Ionenleitern

In diesem Kapitel werden die Grenzflächen elektrisch leitender Phasen behandelt. Ausgangspunkt ist zunächst die Oberfläche von Metallen und Halbleitern mit vernachlässigbarem Dampfdruck im Vakuum. Oberflächenpotential, Austrittsarbeit und thermische Elektronenemission werden behandelt. Im nächsten Schritt gehen wir zu den Grenzflächen zweier Elektronenleiter über und behandeln Schottky-Kontakte und Kontakte zwischen zwei Halbleitern. Eine besondere Rolle spielen dabei Modelle, die die Potentialverteilung und ihren Zusammenhang mit Oberflächen- und Raumladungen betreffen. Im letzten Teil des Kapitels wird auf Elektrodengrenzflächen eingegangen, die den gemischten Fall einer Grenzfläche zwischen einem Elektronen- und einem Ionenleiter darstellen.

8.1 Oberflächen elektrisch leitender Feststoffe

Eine besondere Rolle in Anwendungen der Elektronik, Elektrochemie, Sensorik und Katalyse spielen die Oberflächeneigenschaften elektrisch leitender fester Stoffe. Sie können sehr detailliert durch elektrische und spektroskopische Meßmethoden untersucht werden. Wir wollen im folgenden zunächst Metalloberflächen und die statistisch-thermodynamische Behandlung der Austrittsarbeit über das Modell des freien Elektronengases betrachten. An einer freien Metalloberfläche fällt die Elektronendichte zum Vakuum hin nicht abrupt auf Null ab, sondern reicht etwas weiter in das Vakuum hinaus. Abbildung 8.1a zeigt diesen Effekt. Es handelt sich dabei um einen Bereich von Bruchteilen der Gitterkonstanten beziehungsweise des Atomdurchmessers im Metall. Die positiven Atomrümpfe bilden dabei das ortsfeste Gitter. Es stellt im einfachen Elektronengasmodell den Potentialkasten dar, in dem das Elektronengas festgehalten wird („Jellium-Modell").

Auf der Kristallseite der Oberfläche bildet sich dabei eine positive Flächenladung, während auf der Vakuumseite der Oberfläche eine negative Ladung vorliegt. Diese Ladungstrennung erzeugt ein Oberflächendipolmoment auf einer Metalloberfläche. Durch Adsorption von Gasen kann das Oberflächendipolmoment darüber hinaus noch sehr stark beeinflußt werden. Durch eine solche Oberflächendipolschicht entsteht an der Oberfläche ein elektrischer Potentialsprung, den man auch als Kontaktpotential oder Oberflächenpotential bezeichnet (siehe Abbildung 8.1). Bezeichnet man das mittlere elektrische Potential im Innern des Metalls als Galvani-Potential φ_b, so herrscht direkt vor der Oberfläche außerhalb des überstehenden negativ geladenen Elektronengases ein dazu unterschiedliches elektrisches Potential φ_{vac}. Eine weitere Änderung des elektrischen Potentials mit dem Abstand von der Metalloberfläche kommt durch eine mögliche Nettoladung des Metalls zustande. Diese Oberflächenpotentialdifferenz an Metalloberflächen bestimmt die Austrittsarbeit der Elektronen. Abbildung 8.2 zeigt schematisch die Definition der Austrittsarbeit im Bändermodell eines Metalls.

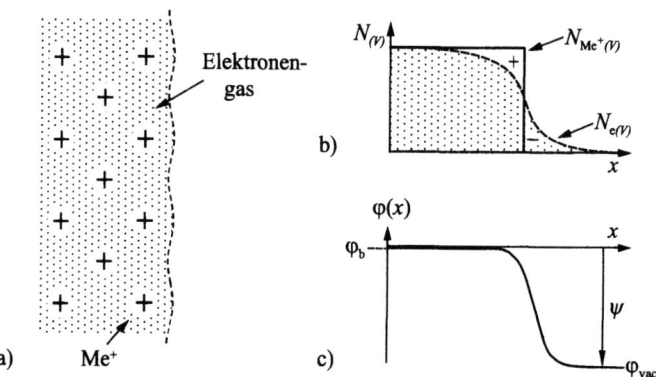

Abbildung 8.1 a) Elektronengas an der Oberfläche eines Metalls. b) Im **Jellium-Modell** werden die punktförmigen positiven Ladungen der Metallatomrümpfe durch eine gleichmäßig verschmierte positive Hintergrundladung mit scharfem Abfall auf Null an der Oberfläche ersetzt. Die negative Ladungsdichte des beweglichen Elektronengases reicht im Gleichgewicht über die Oberfläche hinaus (Größenordnung etwa ein Atomdurchmesser). c) Mit den charakteristischen Daten eines Metalls (Bandstruktur, Elektronendichte in der Nähe der Fermi-Energie) ist im Jellium-Modell der Oberflächenpotentialsprung $\psi = \varphi_{vac} - \varphi_b$ im Bereich der Grenzfläche Metall/Vakuum berechenbar. Er stellt gleichzeitig den Beitrag der Oberfläche des Metalls zur Austrittsarbeit dar. Falls das Metall geladen ist, ergibt sich eine weitere elektrische Potentialdifferenz im äußeren Bereich vor der Oberfläche (in Teilbild c nicht eingezeichnet) [Boc 70, Smi 86, Smi 96, Del 65].

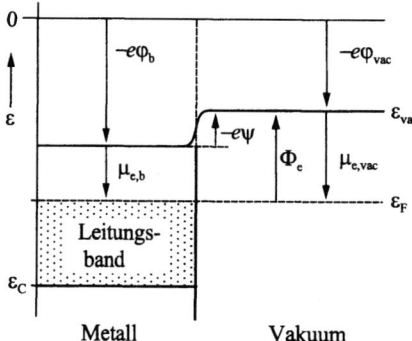

Abbildung 8.2 Metalloberfläche im Vakuum (ε_F – Fermi-Energie, ε_C – Unterkante des Leitungsbandes, $\mu_{e,b}$ – chemisches Potential der Elektronen im Metall, $\mu_{e,vac}$ – chemisches Potential im Vakuum, φ_b, φ_{vac} – elektrisches Potential im Metall bzw. Vakuum, ψ – Oberflächenpotentialsprung) [Ash 81, Zan 88].

Für die Austrittsarbeit benutzen wir im folgenden das Symbol Φ_e. Wie Abbildung 8.2 zeigt, ist die Austrittsarbeit gleich dem negativen chemischen Potential der Elektronen direkt vor der Metalloberfläche im Vakuum. Die Differenz zwischen dem chemischen Potential der Elektronen im Inneren des Metalls und im Vakuum ergibt direkt die Größe des Oberflächenpotentials beziehungsweise genauer der Oberflächenpotentialdifferenz. Die minimale Energie, die man dem Metall zuführen muß, damit es ein Elektron emittieren kann, ist die Austrittsarbeit. Das entsprechende emittierte Elektron hätte dann im Vakuum gerade die Ruheenergie $\varepsilon_{vac} = -e\varphi_{vac}$. Wie aus Abbildung 8.2

folgt, gilt für die Austrittsarbeit der Elektronen mit den dort festgelegten Bezugspunkten (insbesondere: ε_{vac} = Nullpunkt für das chemische Potential im Vakuum)

$$\Phi_e = \varepsilon_{vac} - \varepsilon_F = -\mu_{e,vac} = -\mu_{e,b} - e\psi \qquad (8.1)$$

$-e\psi$ steht für die Energiedifferenz der Elektronen auf Grund der Oberflächenpotentialdifferenz, μ_b und $\mu_{e,vac}$ sind die chemischen Potentiale der Elektronen im Volumen (b = bulk) sowie im Vakuum.

Exkurs 8.1 Bestimmung der Austrittsarbeit

Austrittsarbeitsmessungen sind mit einer Reihe von Meßmethoden möglich, insbesondere: Messung der im Vakuum durch thermische Anregung aus der Festkörperoberfläche herausgelösten Elektronen als Funktion der Temperatur (**thermoelektrische Messung**), Messung der elektrischen Potentialdifferenz (Volta-Potentialdifferenz) zwischen zwei gegenüberstehenden Festkörperoberflächen mit unterschiedlicher Austrittsarbeit (**Kelvin-Methode**), Messung der Anzahl und Energie von Photoelektronen, die durch elektromagnetische Strahlung aus einer Oberfläche herausgelöst werden (**photoelektrische Messung** oder **Photoemission von Elektronen**).

Innerhalb der Photoelektronenspektroskopie unterscheidet man abhängig von der Anregungsenergie die Röntgen-Photoelektronen-Spektroskopie (abgekürzt XPS oder ESCA) und die UV-Photoelektronen-Spektroskopie (abgekürzt UPS). Insbesondere UPS eignet sich zur genauen Messung der Austrittsarbeit freier Oberflächen. Für Messungen unter Gasdruck kommt jedoch nur die Kelvin-Methode in Frage, da die freie Weglänge der emittierten Photoelektronen nur bei sehr niedrigem Druck für eine Detektion ausreicht.

Es muß allerdings beachtet werden, daß die detektierten Elektronen beziehungsweise Potentialdifferenzen nur bei den thermoelektrischen Methoden und bei der Kelvin-Methode einem thermodynamischen Gleichgewicht entsprechen. Es besteht also ein grundsätzlicher Unterschied zwischen oberflächenspektroskopisch (oder optisch) bestimmten Austrittsarbeiten und thermischen Austrittsarbeiten. Da die Elektronenübergänge bei optischer Anregung in extrem kurzen Zeiten erfolgen, können die betroffenen Atome oder Ionen in dieser Zeit nicht relaxieren (Franck-Condon-Prinzip). Für Übergänge lokalisierter Elektronen, bei denen die Polarisation der Umgebung eine große Rolle spielt, werden deshalb meist höhere Energiedifferenzen gemessen. Thermodynamische Aussagen auf der Basis spektroskopisch gemessener Austrittsarbeiten sind also mit Vorsicht zu beurteilen. Abbildung 8.3 zeigt das Zustandekommen eines Photoelektronenspektrums im Vergleich zum Bandschema des Festkörpers. Für die kinetische Energie der Elektronen gilt:

$$\varepsilon_{kin} = \varepsilon_b + h\nu - \Phi_e$$

Dabei ist ε_b der Wert der potentiellen Energie des Elektrons im Festkörper gemessen relativ zum Fermi-Niveau und wird als („Bindungsenergie" $\varepsilon_b(\varepsilon_F=0)$) bezeichnet. Da Φ_e häufig von der Probenvorbehandlung abhängt und ε_F für elektronenleitende Materialien eine wohldefinierte Bezugsgröße darstellt und gut meßbar ist, ist in den Spektren der UV-Photoelektronenspektroskopie die Angabe der Bindungsenergien von Elektronenniveaus relativ zur Lage der Fermi-Energie $\varepsilon_b(\varepsilon_F=0)$ üblich. Für rein ionenleitende oder nichtleitende Materialien ist allerdings die Valenzbandoberkante ein sinnvollerer Bezugspunkt für Bindungsenergien. Abbildung 8.3 zeigt schematisch das Zustandekommen eines Photoelektronenspektrums.

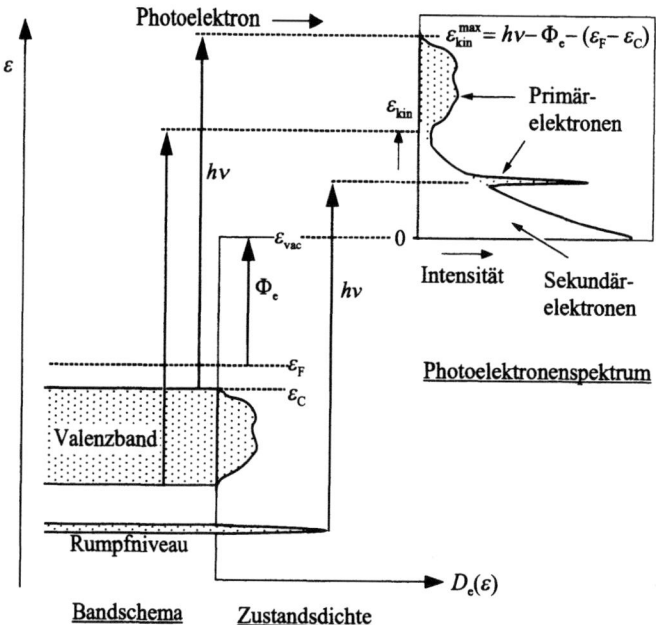

Abbildung 8.3 Beziehung zwischen einem Photoelektronenspektrums und der Energieskala der Elektronen im Festkörper (schematisch): die Austrittsarbeit Φ_e der Elektronen ist absolut meßbar, wenn die Lage der Fermi-Energie im Spektrum eindeutig zuzuordnen ist. Die Intensitätsverteilung im Photoelektronenspektrum liefert auch Informationen zur Zustandsdichte der Elektronen als Funktion ihrer Energie im Festkörper (siehe [Hen 94]).

Beim Erhitzen eines Metalls im Vakuum wird mit zunehmender Temperatur eine abhängig vom Metall mehr oder weniger große Elektronenemission einsetzen (**=thermoelektrischer Effekt**). Bei Metallen mit niedriger Austrittsarbeit, wie insbesondere bei Alkalimetallen, wird diese Stromdichte sehr große Werte annehmen, während sie bei sehr edlen Metallen mit hoher Austrittsarbeit recht niedrig bleibt. Da die emittierten Elektronen in ihrer Zahl sehr klein gegen die Gesamtzahl der Elektronen im Metall bleiben, bleibt das Elektronengas im Innern des Metalls im thermodynamischen Gleichgewicht (die Metalle sind während der Messung geerdet!). Der thermoelektrische Effekt läßt sich deshalb statistisch-thermodynamisch behandeln. Im folgenden soll dazu die Stromdichte der thermisch emittierten Elektronen für ein Metall als Funktion der Austrittsarbeit und der Temperatur berechnet werden.

Abbildung 8.4 zeigt den Ansatz. Das Elektronengas im Metall besitzt eine Energieverteilung, die durch die Fermi-Dirac-Verteilungsfunktion $f_e(\varepsilon)$ und die Zustandsdichte des Leitungsbandes gegeben ist. Nur ein verschwindender Bruchteil der Elektronen hat eine Energie gleich oder größer als die Ruheenergie des Elektrons im Vakuum ε_{vac}. Ein Weg zur Herleitung der Stromdichte der thermisch emittierten Elektronen geht über eine einfache gaskinetische Überlegung. Dabei wird zunächst die Stoßzahl des Elektronengases im Metall auf die Grenzfläche des Metalls multipliziert mit dem Bruchteil der Elektronen, die eine ausreichende Energie haben.

8.1 Oberflächen elektrisch leitender Feststoffe

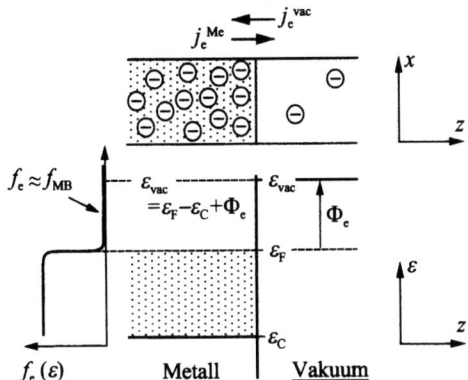

Abbildung 8.4 Zur Herleitung der Stromdichte der Elektronenemission beim thermoelektrischen Effekt.

Die folgende einfachere Herleitung geht von der Gleichgewichtsbedingung der Elektronen zwischen Vakuum und Metall an der Grenzfläche aus. Im Gleichgewicht muß die Stromdichte von Elektronen aus dem Vakuum ins Metall genauso groß wie die Stromdichte der Elektronen aus dem Metall ins Vakuum sein. Man kann also die Stoßzahl des Elektronengases im Vakuum auf die Grenzfläche zum Metall hin berechnen. Sie muß gleich der Stromdichte der vom Metall emittierten Elektronen sein. Da die Elektronen im Vakuum nur Energien von ε_{vac} und größer haben, werden sie im Idealfall bei Auftreffen auf die Grenzfläche auch ins Metall gelangen (Vernachlässigung möglicher Reflektion an der Grenzfläche aufgrund der Wellennatur der Elektronen). Diese Überlegung ergibt dann direkt mit Hilfe der in Kapitel 3.6 abgeleiteten Stoßzahl eines Gases nach der Boltzmann-Statistik das folgende Ergebnis für die Teilchenstromdichte der Elektronen, die die Grenzfläche nach beiden Seiten hin passieren.

$$j_e^{vac} = \frac{1}{4} \frac{N_e^{vac}}{V} \cdot \langle v_e^{vac} \rangle = \frac{1}{4} c_e^{vac} \langle v_e^{vac} \rangle = +j_e^{Me} \tag{8.2}$$

Die mittlere Geschwindigkeit der Elektronen kann nach dem Ergebnis aus Kapitel 3.6 angesetzt werden als (m_e = Masse des freien Elektrons im Vakuum)

$$\langle v_e^{vac} \rangle = \sqrt{\frac{8kT}{\pi m_e}} \tag{8.3}$$

Die Konzentration $c_e = N_e/V$ der Elektronen kann gemäß Gleichung (3.33) in Analogie zu (6.67) mit Hilfe der Fermi-Energie der Elektronen im Vakuum ausgedrückt werden (zur Definition des Begriffs Fermi-Energie und zu seinem Gebrauch in diesem Text sei auf die Erläuterungen in Kapitel 3.7 und Exkurs 3.11 verwiesen):

$$\varepsilon_F^{vac} = \varepsilon_{vac} + kT \ln \frac{c_e^{vac}}{2 \cdot (2\pi m_e kT/h^2)^{3/2}} \tag{8.4}$$

Als Nullpunkt für das chemische Potential wird ε_{vac} gewählt. Für das elektrische und das chemische Potential sowie die Elektronenkonzentration im Vakuum gilt dann

$$\varepsilon_{vac} = -e\,\varphi_{vac} \quad , \quad \mu_{e,vac} = kT \ln \frac{c_e^{vac}}{2 \cdot (2\pi m_e kT/h^2)^{3/2}} \tag{8.5}$$

$$c_e^{vac} = \frac{z_e^{vac}}{V} \cdot \exp\left(\frac{\mu_e^{vac}}{kT}\right) = 2 \cdot \left(\frac{2\pi m_e kT}{h^2}\right)^{3/2} \cdot \exp\left(-\frac{\Phi_e}{kT}\right) \tag{8.6}$$

Im zweiten Schritt wurde das chemische Potential der Elektronen im Vakuum durch die Austrittsarbeit gemäß Gleichung (8.1) ersetzt. Man erhält also mit Hilfe der Gleichungen (8.2), (8.3) und (8.6) als Stromdichte der thermisch emittierten Elektronen

$$j_e^{Me} = \frac{4\pi m_e (kT)^2}{h^3} \cdot \exp\left(-\frac{\Phi_e}{kT}\right) \tag{8.7}$$

Exkurs 8.2 Orientierungsabhängigkeit der Austrittsarbeit der Elektronen

In den meisten Fällen wird in die Gleichung (8.7) noch ein zusätzlicher Faktor aufgeführt, der die quantenmechanisch begründete Reflektion eines Teils der Elektronen an der Grenzfläche beschreibt. Diese Reflektion tritt nach der klassischen Mechanik nicht auf, da die Elektronen genügend Energie haben um die Grenzfläche zu durchqueren.

Weitergehende Analysen ergeben noch einen weiteren Beitrag im exponentiellen Term neben der Austrittsarbeit. Die Energiebarriere für die Elektronen wird beeinflußt durch die Wechselwirkung des heraustretenden Elektrons durch die zurückbleibende positive Ladung im Metall (Bildladung). Diese Wechselwirkung entsteht durch die aus der Elektrostatik bekannte Bildkraft (Coulomb-Anziehung zwischen Elektron und seiner Bildladung) und führt zu einer Erhöhung der effektiv wirksamen Barriere für die Emission der Elektronen.

Die gemessene Austrittsarbeit hängt generell von der Orientierung der untersuchten Oberfläche ab. Da aber die Metallelektronen in jedem Fall die gleiche Fermi-Energie haben unabhängig von der Orientierung der jeweiligen Oberfläche, muß die Vakuumenergie (in der vorliegenden Definition: direkt über der Oberfläche außerhalb der kurzreichweitigen Kräfte) sich für verschiedene Oberflächen unterscheiden. Hinter dieser zunächst verblüffenden Feststellung steckt, daß sich sonst ein Perpetuum mobile erster Art bei Kreisprozessen des Elektronentransports über unterschiedliche Oberflächen ergeben würde.

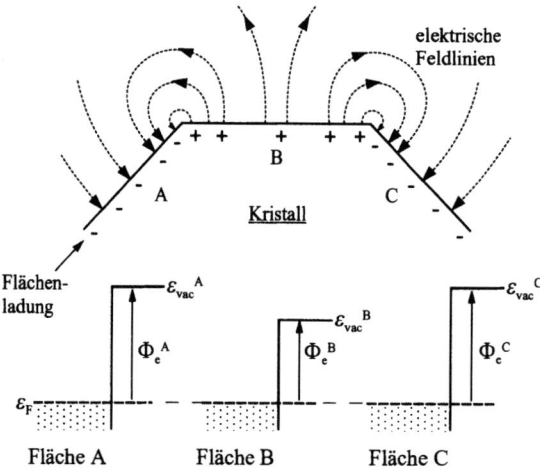

Abbildung 8.5 Zwischen Kristallflächen mit unterschiedlicher lokaler Austrittsarbeit entsteht eine Potentialdifferenz durch unterschiedliche Werte für ε_{vac} als Energie des ruhenden Elektrons im Vakuum direkt vor dieser Oberfläche. Die Abbildung zeigt schematisch das entstehende elektrische Feld (Feldlinien). Bei größeren Abständen außerhalb des gezeigten Coulomb-Feldes sind alle Werte von ε_{vac} gleich.

Dies sei hier kurz erläutert: nach den Abbildungen 8.1b und 8.2 wird die Energie ε_{vac} des ruhenden Elektrons direkt vor der Oberfläche außerhalb des Wirkungsbereiches der kurzreichweitigen Kräfte des Festkörpers gemessen. Über diesen Bereich hinaus wirken aber noch langreichweitige Coulomb-Kräfte (bei Aufladung des Metallkristalls beziehungsweise Vorhandensein einer Netto-Oberflächenladung der Festkörperoberfläche). Eine unterschiedlich hohe Energie ε_{vac} des Elektrons zwischen zwei verschieden orientierten Oberflächen im Vakuum bedeutet jedoch die Existenz einer elektrischen Potentialdifferenz. Sie ist experimentell nachweisbar, denn an den Kanten eines Kristalls, an dem sich zwei Oberflächen unterschiedlicher Austrittsarbeit berühren, tritt eine bevorzugte Adsorption von polaren Molekülen auf, da dort das elektrische Feld auf Grund der Potentialdifferenz zwischen den direkt benachbarten Oberflächen am größten wird (geringer Abstand!). Abbildung 8.5 veranschaulicht diese Verhältnisse schematisch.

8.2 Halbleiteroberflächen

Nachdem wir ausführlich die Austrittsarbeit an Metalloberflächen diskutiert haben, wollen wir nun zu den Halbleiteroberflächen übergehen. Die Definition der Austrittsarbeit für ein Metall können wir unmittelbar auf einen Halbleiter übertragen. Abbildung 8.6 zeigt ein entsprechendes Bänderschema. Die Energieänderung aufgrund des Oberflächenpotentialsprungs entspricht im Halbleiter genau der Differenz zwischen der Vakuumenergie des Elektrons direkt vor der Oberfläche ε_{vac} und der Energie des Elektrons an der Leitungsbandunterkante ε_C. Sie ist definiert als Elektronenaffinität χ_e des Halbleiters. Zwischen χ_e und dem bereits bei den Metallen eingeführtem Oberflächenpotentialsprung ψ besteht die einfache Beziehung $\chi_e = -e\psi$. Das gezeigte Bänderschema gilt für einen Eigenhalbleiter mit gleicher Konzentration für Elektronen und Löcher in Leitungs- und Valenzband. Die Fermi-Energie liegt dann in der Mitte der Bandlücke. Anders als im Metall ist die Fermi-Energie im Halbleiter über eine Dotierung, das heißt über die Konzentration von Elektronenakzeptoren oder -donatoren (Beispiele: P^{5+} bzw. B^{3+} im Silizium) innerhalb der Bandlücke leicht verschiebbar. Eine Größe, die diese Verschiebungen durch Konzentrationsänderungen an quasifreien Elektronen und Löchern nicht erfährt, ist die Elektronenaffinität χ_e.

Die Abbildung 8.6 zeigt darüberhinaus eine mögliche thermodynamische Definition von elektrischen und chemischen Potentialen im Bändermodell eines Halbleiters. Grundsätzlich sind chemisches Potential und elektrisches Potential in der Thermodynamik nur bis auf eine willkürliche Konstante festlegbar. In der Abbildung 8.6 ist allerdings eine häufig verwendete Konvention der Nullpunkte beziehungsweise der willkürlichen Konstanten vorgenommen, die in besonderer Weise an das Energieschema eines Halbleiters angepaßt ist. Im Gleichgewicht muß die Fermi-Energie im Halbleiter den gleichen Wert im Vakuum wie direkt vor der Oberfläche haben.

Im Gleichgewicht liegt bei erhöhten Temperaturen vor der Halbleiteroberfläche ein Elektronengas mit sehr geringer, aber definierter Konzentration vor. Deshalb ergibt sich für die thermische Emission von Elektronen aus dem Halbleiter ein identischer Ausdruck wie bei Metallen. Das Gleichgewicht zwischen den Elektronen im Halbleiter (HL) und Elektronen im Vakuum (vac) ergibt die folgende Bedingung:

$$\varepsilon_{F,HL} = \varepsilon_{F,vac} \longrightarrow \mu_{e,HL} - e\varphi_{HL} = \mu_{e,vac} - e\varphi_{vac} \qquad (8.8)$$

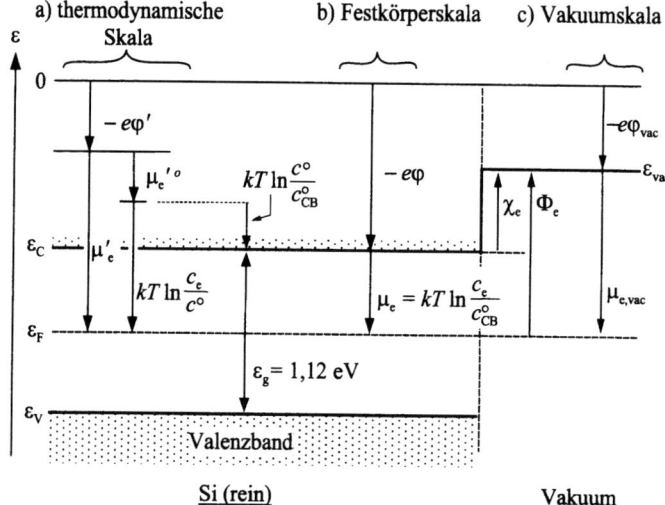

Abbildung 8.6 Definition der thermischen Austrittsarbeit Φ_e der Elektronen, der Elektronenaffinität χ_e an einer Halbleiteroberfläche und mögliche Bezugspunkte für die Definition von elektrischem Potential und Standardwerten des chemischen Potentials der Elektronen. Im Gleichgewicht ist wie beim Metall die thermische Austrittsarbeit gleich dem negativen chemischen Potential der Elektronen direkt vor der Halbleiteroberfläche. a) stellt eine allgemeine Skala für die thermodynamischen Größen der Elektronen dar, bei denen kein Bezug auf Bandkanten oder Vakuumenergie genommen wird. In b) sind der Standardzustand und die Aufteilung der Fermi-Energie in chemisches Potential und elektrostatischen Term so gewählt, daß das chemische Potential im Halbleiter zu Null wird, wenn $\varepsilon_F = \varepsilon_C$ ist. c) Im Vakuum entspricht die hier getroffene Festlegung $\varepsilon_{vac} = -e\varphi_{vac}$. In rein thermodynamischen Überlegungen werden häufig andere Festlegungen benutzt, die aus der freien Wahl der Nullpunkte für chemisches und elektrisches Potential resultieren.

Die zweite Zeile ergibt sich dabei aus der Definition der Fermi-Energie für Elektronen, die sich in chemischen und elektrostatischen Anteil auftrennen läßt. Eine günstige Wahl des Nullpunkts für das chemische und elektrische Potential bieten die beiden folgenden Festlegungen

$$\varepsilon_{vac} = -e\,\varphi_{vac}\,, \qquad \varepsilon_C = -e\,\varphi_{HL} \tag{8.9}$$

Daraus folgt für das chemische Potential der Elektronen im Halbleiter

$$\mu_{e,HL} = \varepsilon_F - \varepsilon_C = kT \ln \frac{c_e^{HL}}{z_e^{HL}/V} = kT \ln \frac{c_e^{HL}}{c_{CB}^o} \tag{8.10}$$

Dabei haben wir die Grunddefinition des chemischen Potentials nach der Boltzmann-Statistik aus Kapitel 3, Gleichung (3.33), übernommen. Analog ergibt sich für das chemische Potential der Elektronen im Vakuum

$$\mu_{e,vac} = \varepsilon_F - \varepsilon_{vac} = kT \ln \frac{c_e^{vac}}{z_e^{vac}/V} = -\Phi_e \tag{8.11}$$

8.2 Halbleiteroberflächen

Aus den beiden letzten Gleichungen (8.10) und (8.11) läßt sich das Verhältnis der Elektronenkonzentration im Vakuum und im Halbleiter ableiten:

$$\frac{c_e^{vac}}{c_e^{HL}} = \left(\frac{m_e^{vac}}{m_e^{HL}}\right)^{3/2} \exp\left[-\frac{\varepsilon_{vac} - \varepsilon_C}{kT}\right] = \left(\frac{m_e^{vac}}{m_e^{HL}}\right)^{3/2} \exp\left[-\frac{\chi_e}{kT}\right] \quad (8.12)$$

Ebenso ergibt sich anhand der Abbildung 8.6 folgender Ausdruck für die elektronische Austrittsarbeit eines Halbleiters

$$\Phi_e = \chi_e + (\varepsilon_C - \varepsilon_F) \quad (8.13)$$

Während die Elektronenaffinität χ_e eine reine Oberflächeneigenschaft ist, hängt der zweite Term $\varepsilon_C - \varepsilon_F$ auf der rechten Seite von Gleichung (8.13) dagegen deutlich von der Konzentration freier Elektronen und Löcher im Halbleiter ab (siehe Gleichung (8.10) für die Elektronen).

Exkurs 8.3 Chemisches Potential der Elektronen im Halbleiter [Ric 82]

Anhand von Abbildung 8.6 soll der Zusammenhang zwischen der thermodynamischen Definition eines chemischen Potentials der Elektronen und der Energieskala im Bändermodell eines Halbleiters erläutert werden. Bezeichnet man mit μ'_e ein allgemein definiertes chemisches Potential der Elektronen und mit μ'°_e dessen Standartwert, so gilt mit der ebenfalls noch allgemein definierten Standardkonzentration $N^{\circ}_{e(V)}$ und der Aktivität a_e der Elektronen

$$\mu'_e = \mu'^{\circ}_e + kT \ln\left[c_e/c_e^{\circ}\right] = \mu'^{\circ}_e + kT \ln a_e \quad (8.14)$$

Eine besonders günstige Wahl der Standardkonzentration und des Standardwertes des chemischen Potentials ist gegeben durch

$$c_e^{\circ} = c_{CB}^{\circ}, \quad \mu_e^{\circ} = 0 \quad \text{so daß folgt} \quad \mu_e = kT \ln \frac{c_e}{c_{CB}^{\circ}} \quad (8.15)$$

Abbildung 8.6 zeigt diesen speziellen Fall im Vergleich zu einer allgemeinen Wahl der Nullpunkte und Konstanten für chemisches und elektrisches Potential.

Der Zusammenhang zwischen einer allgemein definierten thermodynamischen Aktivität der Elektronen im Halbleiter und dem üblichen Festkörperenergieschema kann mit (8.14) ebenfalls hergeleitet werden. Für die Fermi-Energie und die Energie der Leitungsbandunterkante ε_C gilt gemäß Abbildung 8.6

$$\varepsilon_F = \mu'_e - e\varphi', \quad \varepsilon_C = \mu'^{\circ}_e - e\varphi' + kT \ln \frac{c_e^{\circ}}{c_{CB}^{\circ}} \quad (8.16)$$

Die Differenz dieser beiden Gleichungen ergibt unter Verwendung von (8.14)

$$\begin{aligned}\varepsilon_F - \varepsilon_C &= \mu'_e - \mu'^{\circ}_e - kT \ln \frac{c_e^{\circ}}{c_{CB}^{\circ}} \\ &= kT \ln a_e - kT \ln \frac{c_e^{\circ}}{c_{CB}^{\circ}} = kT \ln \frac{c_e}{c_{CB}^{\circ}}\end{aligned} \quad (8.17)$$

In den bisher gezeigten Fällen wurde eine neutrale Halbleiteroberfläche betrachtet. In einem solchen Fall ist das elektrische Potential im Halbleiter überall gleich. In vielen Fällen weist jedoch eine Halbleiteroberfläche im thermodynamischen Gleichgewicht bereits im Vakuum eine Ladungstrennung innerhalb einer Oberflächenschicht auf.

Insbesondere für Silizium sind diese **Oberflächenladungsdichten** sehr gut untersucht. Abbildung 8.7c veranschaulicht die Bindungsverhältnisse an der Oberfläche eines Siliziumkristalls. Im Innern des Siliziums sind aufgrund der sp^3-Hybridisierung und der vierfachen Koordination der Siliziumatome alle vier bindenden Orbitale mit je zwei Elektronen besetzt und damit gesättigt. Dem entspricht, daß das Valenzband in einem reinen Siliziumkristall bei niedriger Temperatur vollkommen besetzt ist. An der Oberfläche des Silizumkristalls bleiben allerdings wegen der fehlenden Bindungspartner halbbesetzte bindende sp^3-Hybridorbitale übrig, sogenannte **dangling bonds**. Falls es zu keiner Reorientierung der Siliziumatome an der Oberfläche und einer teilweisen Überlappung dieser teilbesetzten Orbitale kommt, entspricht die Dichte dieser ungesättigten sp^3-Hybridorbitale der Dichte der Siliziumatome an der Oberfläche und liegt in der Größenordnung von 10^{15} pro cm². Wegen der schwachen Überlappung zwischen den einzelnen Oberflächenorbitalen bilden diese vergleichsweise scharfe Energieniveaus relativ zu den breiten Bändern im Volumen aus. Sie liegen energetisch beim Silizium ungefähr in der Mitte der Bandlücke.

Abbildung 8.7a zeigt diese Situation für einen p-Halbleiter. Gezeigt sind auch die Zustandsdichten von Valenz- und Leitungsband und zusätzlich die Dichte der Oberflächenzustände. Die **Oberflächenzustände** sind für eine elektroneutrale Oberfläche halb besetzt. Wegen der tiefer liegenden Fermi-Energie wird es bei Gleichgewichtseinstellung zu einem Übergang von Elektronen aus den Oberflächenzuständen in das Valenzband kommen. Dabei lädt sich die Oberfläche positiv auf und es bildet sich eine Oberflächenpotentialdifferenz $\Delta \varphi_S$ zwischen Oberfläche und Halbleiterinnerem aus.

Das elektrische Potential der Oberfläche liegt höher als im Halbleiterinneren. Somit wird die Energie der Elektronenzustände in Oberflächennähe gegenüber dem Halbleiterinneren abgesenkt (siehe Abbildung 8.7b und d). Die Elektronen, die aus Oberflächenzuständen in den Halbleiter übergehen, rekombinieren bei der Gleichgewichtseinstellung mit Löchern in der Nähe der Oberfläche. Dadurch verarmt der Halbleiter im oberflächenahen Bereich (Ausdehnung L_{SC}) an beweglichen Ladungsträgern.

Wir wollen diese Situation nun quantitativ beschreiben. Mit $Q_{(S)}^{SS}$ bezeichnen wir die entstandene Oberflächenladungsdichte in den Oberflächenzuständen. Der hochgestellte Index SS steht dabei für „Surface States". Der tiefgestellte Index (S) deutet eine Größe pro Fläche an.

$$Q_{(S)}^{SS} > 0$$

Da der Halbleiter vorher neutral war, muß dieser Oberflächenladungsdichte eine entgegengesetzte gleich große Ladungsdichte im Halbleiter unterhalb der Oberfläche entsprechen. Man bezeichnet diese über die oberflächennahe Region verteilte Ladung als Raumladung mit dem Symbol $Q_{(S)}^{SC}$ (SC = Space Charge) und es gilt

$$-Q_{(S)}^{SC} = -\int_0^{x \gg L_{SC}} \varrho_{el}(x) \cdot dx = Q_{(S)}^{SS} \qquad (8.18)$$

8.2 Halbleiteroberflächen

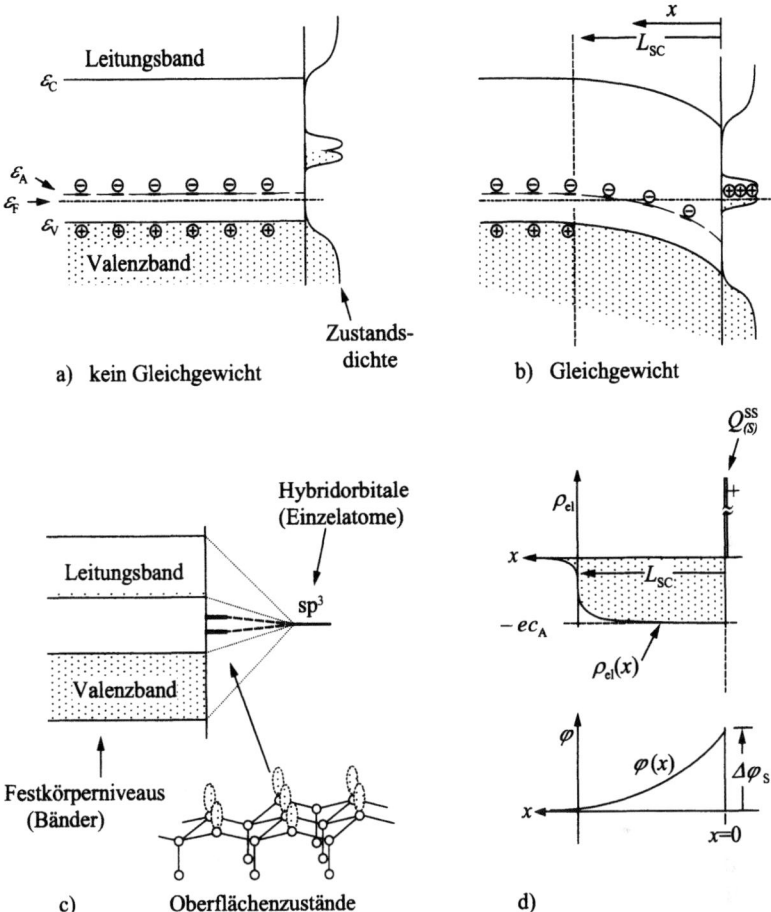

Abbildung 8.7 a) Gedankenexperiment: Neutrale Oberfläche von p-dotiertem Silizium mit Oberflächenzuständen (halbbesetzt), b) Realität: Bildung einer Oberflächenladung $Q_{(S)}^{SS}$ durch Gleichgewichtseinstellung beim Übergang von Elektronen aus Oberflächenzuständen in das Valenzband, c) elektronische Oberflächenzustände für einen Elementhalbleiter mit Diamantstruktur (beispielsweise Si, Ge): an der (111) Oberfläche findet man ungesättigte sp^3-Hybridorbitale vor („dangling bonds"), wegen der geringen Wechselwirkung der freien sp^3-Orbitale an der Oberfläche im Vergleich zum Volumen liegen die entsprechenden bindenden und antibindenden Energieniveaus nahe der Mitte der Bandlücke bei nur geringer Aufspaltung, d) schematische Darstellung der Ladungs- und Potentialverhältnisse in b: Raumladungszone der Länge L_{SC} mit der elektrischen Ladungsdichte $\varrho_{el}(x)$ und dem ortsabhängigen elektrischen Potential φ.

Für die Raumladungsdichte verantwortlich ist eine elektrische Ladungsdichte ρ_{el} pro Volumen in der oberflächennahen Region, die sich aus der Differenz der erniedrigten Dichte der Löcher und der Dichte der übrigbleibenden negativ geladenen Akzeptoren im p-Halbleiter ergibt gemäß

$$\varrho_{el}(x) = e \cdot [c_h(x) - c_A] \tag{8.19}$$

Die Akzeptoren werden als unbeweglich vorausgesetzt, daher ist ihre Konzentration ortsunabhängig und konstant. Bei gegebener Ladungsverteilung kann man den Verlauf des elektrischen Potentials mit Hilfe der **Poisson-Gleichung** berechnen:

$$\frac{d^2\varphi}{dx^2} = -\frac{\varrho_{el}}{\epsilon_{rel}\epsilon_0} = -\frac{e}{\epsilon\epsilon_0}[c_h(x) - c_A] \tag{8.20}$$

Wir wollen annehmen, daß außerhalb des Raumladungsbereiches ein konstanter Potentialwert im Halbleiter vorliegt. Deshalb muß dort die elektrische Feldstärke und damit der elektrische Potentialgradient Null sein. Es gilt also außerhalb eines Bereiches der Länge L_{SC}

$$x \gg L_{SC}: \quad \frac{d\varphi}{dx} = 0 \tag{8.21}$$

Die Konzentration der Elektronenlöcher ist eine Funktion des Ortes und muß damit auch eine eindeutige Funktion des elektrischen Potentials sein. Wir können hier die Maxwell-Boltzmann-Statistik anwenden. Der variable Term in der potentiellen Energie ist aber der elektrostatische Term. Es gilt also für Elektronenlöcher eine Boltzmann-Verteilung gemäß

$$\frac{N_h(x)}{N_h(x \gg L_{SC})} = \exp\left[-\frac{e\left(\varphi(x) - \varphi(x \gg L_{SC})\right)}{kT}\right] \tag{8.22}$$

Außerhalb des Raumladungsbereiches ist die Konzentration der Löcher gleich der Konzentration der Akzeptoren, da der Halbleiter dort elektroneutral ist.

$$c_h(x \gg L_{SC}) = c_A \tag{8.23}$$

Wir definieren im folgenden noch die Abkürzung $\Delta\varphi(x)$ als Potentialdifferenz zwischen oberflächennahem Bereich an der Stelle x und dem konstanten Potential im Halbleiterinnern.

$$\Delta\varphi(x) = \varphi(x) - \varphi(x \gg L_{SC}) \quad \text{mit} \quad \varphi(x \gg L_{SC}) = \text{const.} \tag{8.24}$$

Mit den letzten drei Beziehungen erhält man aus der Poisson-Gleichung (8.20)

$$\frac{d^2\varphi}{dx^2} = \frac{d^2\Delta\varphi}{dx^2} = -\frac{ec_A}{\epsilon_{rel}\epsilon_0}\left[\exp\left\{-\frac{e\Delta\varphi}{kT}\right\} - 1\right] \tag{8.25}$$

Diese Gleichung, die unter Berücksichtigung sowohl der Poisson-Gleichung als auch der Boltzmann-Verteilung hergeleitet wurde, wird auch als **Poisson-Boltzmann-Gleichung** bezeichnet. Sie folgt ganz allgemein für Systeme mit Raumladungen im thermodynamischen Gleichgewicht. Gleichung (8.25) kann im allgemeinen nur numerisch gelöst werden. Für zwei Grenzfälle läßt sich eine sehr einfache Näherung finden. Wir diskutieren diese beiden Fälle im folgenden. Eine erste Vereinfachung läßt sich vornehmen, wenn die Potentialdifferenzen an der Oberfläche gegenüber dem Halbleiterinneren klein sind. Es folgt dann als vereinfachte Poisson-Boltzmann-Gleichung durch Reihenentwicklung der Exponentialfunktion

$$\frac{e\Delta\varphi}{kT} \ll 1: \quad \frac{d^2\Delta\varphi}{dx^2} \approx -\frac{ec_A}{\epsilon_{rel}\epsilon_0}\left[1 - \frac{e\Delta\varphi}{kT} + \ldots - 1\right] = \frac{1}{L_D^2} \cdot \Delta\varphi \tag{8.26}$$

8.2 Halbleiteroberflächen

Dabei wurde die **Debye-Länge** L_D eingeführt, für die gilt

$$L_D = \sqrt{\frac{\epsilon_{rel}\epsilon_0 kT}{e^2 c_A}} \tag{8.27}$$

Als Lösung der Gleichung (8.26) ergibt sich mit der **Oberflächenpotentialdifferenz** $\Delta\varphi_S$ eingeführt

$$\Delta\varphi(x) = \Delta\varphi_S \cdot \exp\left[-\frac{x}{L_D}\right] \quad \text{mit} \quad \Delta\varphi_S = \varphi(x=0) - \varphi(x \gg L_{SC}) \tag{8.28}$$

In vielen Fällen ist allerdings die Oberflächenpotentialdifferenz $\Delta\varphi_S$ deutlich größer als kT/e. Daher wird sehr viel häufiger die folgende Näherung anwendbar sein:

$$\frac{e\Delta\varphi}{kT} \gg 1 : \quad \frac{d^2\Delta\varphi}{dx^2} \approx \frac{ec_A}{\epsilon_{rel}\epsilon_0} \tag{8.29}$$

Diese Näherung entspricht praktisch einer Vernachlässigung der Konzentration der Elektronenlöcher in der Raumladungszone gemäß

$$\varrho_{el}(x) \approx -ec_A \quad \text{für} \quad 0 \leq x \leq L_{SC} \tag{8.30}$$

In diesem Fall erhält man für $\Delta\varphi$ eine quadratisch von x abhängige Funktion

$$\Delta\varphi = \Delta\varphi_S + \frac{ec_A}{2\epsilon_{rel}\epsilon_0} \cdot x \cdot (x - 2L_{SC}) \quad \text{für} \quad 0 \leq x \leq L_{SC} \tag{8.31}$$

Die Oberflächenpotentialdifferenz oder kurz auch Oberflächenpotential ist direkt proportional zur Oberflächenladungsdichte und hängt vom Quadrat der Ausdehnung der Raumladungsrandschicht ab. Es gilt

$$\Delta\varphi_S = \frac{ec_A}{2\epsilon_{rel}\epsilon_0} \cdot L_{SC}^2 = \frac{\left|Q_{(S)}^{SS}\right|}{2\epsilon_{rel}\epsilon_0} \cdot L_{SC} \tag{8.32}$$

Für die elektrische Feldstärke E_S an der Oberfläche ($x = 0$) ergibt sich

$$E_S = -\left(\frac{d\Delta\varphi}{dx}\right)_{x=0} = \frac{Q_{(S)}^{SS}}{\epsilon_{rel}\epsilon_0} \tag{8.33}$$

Interessant ist auch noch der Zusammenhang zwischen der tatsächlichen Ausdehnung der Raumladungsrandschicht und der Debye-Länge L_D, die oben definiert wurde. Die Debye-Länge L_D beschreibt die Ausdehnung der Raumladungsrandschicht nur dann, wenn $\Delta\varphi_S \leq kT/e$ angenommen werden darf. Man erhält aus den Gleichungen (8.27) und (8.32)

$$\frac{L_{SC}}{L_D} = \sqrt{\frac{2e\Delta\varphi_S}{kT}} \quad \text{für} \quad \Delta\varphi_S \gg kT/e \tag{8.34}$$

Die Ausdehnung der Raumladungsrandschicht hängt also von der Wurzel aus der Oberflächenpotentialdifferenz $\Delta\varphi_S$ ab. Die hier diskutierten Raumladungseffekte an Halbleiteroberflächen im Vakuum sind nur eines von vielen Beispielen für die Anwendung statistisch-thermodynamischer Überlegungen auf Grenzflächenprobleme elektrischer Leiter. Wir werden in den folgenden Abschnitten weitere Beispiele kennenlernen. Zunächst wollen wir allerdings im folgenden Abschnitt die Beschränkung auf Oberflächen im Vakuum fallenlassen und die Adsorptionsgleichgewichte von Gasen mit Festkörperoberflächen diskutieren.

8.3 Chemisorption und Ladungsaustausch an Elektronenleitern

Adsorptionsisothermen wie die Langmuir-Isotherme beschreiben die Adsorption neutraler Gasteilchen an Festkörperoberflächen. An elektronenleitenden Festkörperoberflächen ist aber die Adsorption von Gasmolekülen häufig von einem Elektronenübergang begleitet. Dies trifft insbesondere für die Adsorption von Sauerstoff an vielen n-Halbleitern zu. Sauerstoff wie auch Kohlendioxid adsorbieren unter teilweisem Elektronenübergang aus dem Halbleiter auf die Adsorbatmoleküle. Vor der Gleichgewichtseinstellung mit dem Adsorbatmolekül liegen bei elektronegativen Adsorbatmolekülen unbesetzte Orbitale unterhalb der Fermi-Energie des Halbleiters vor. Gleichgewichtseinstellung erfordert dann den Übergang von Elektronen aus dem Halbleiter auf das Adsorbatmolekül. Analog geben elektropositive Adsorbate, die besetzte Orbitale oberhalb der Fermi-Energie besitzen, Elektronen an den Halbleiter ab. Wenn verschiedene Moleküle an einer Halbleiteroberfläche zu gleicher Zeit adsorbieren, kann der Halbleiter auch einen Elektronenübergang zwischen den beiden Adsorbatmolekülen vermitteln („katalysieren").

Der Elektronenaustausch mit den Adsorbatmolekülen führt zu einer Oberflächenladung, die im Randbereich des Halbleiters von einer gleich großen, aber entgegengesetzten Raumladung kompensiert wird. Abbildung 8.8a,b zeigt dieselbe Situation für die Adsorption eines Gasmoleküls an einer Metalloberfläche. Anders als beim Halbleiter ist durch die große Konzentration der Elektronen im Metall die Ausbildung einer Raumladung nicht erforderlich. An der Gleichgewichtseinstellung sind lediglich Elektronen direkt an der Metalloberfläche beteiligt. Bei der Chemisorption eines Gasmoleküls an einer Metalloberfläche wird sich daher nur das Oberflächendipolmoment der Metalloberfläche ändern.

Abbildung 8.8c,d zeigt die eben geäußerten Vorstellungen zum Elektronentransfer bei der Chemisorption am Beispiel der Sauerstoffadsorption an n-TiO_2. TiO_2 ist fast immer n-leitend und wird daher durch den Verlust von Elektronen an der Oberfläche eine positiv geladene Raumladungszone aufbauen mit einer entsprechenden positiven Bandverbiegung $-e\Delta\varphi_S$. Im folgenden soll die Chemisorption mit Ladungstransfer quantitativ behandelt werden und die Unterschiede zur Adsorption ohne Ladungstransfer aufgezeigt werden. Die entsprechenden Gleichgewichte für diesen Fall lauten (LB = Leitungsband)

$$X_{(g)} + \square \rightleftharpoons X_{(ad)} \, , \qquad X_{(ad)} + e^-_{LB} \rightleftharpoons X^-_{(ad)} \tag{8.35}$$

Für die Gleichgewichtskonstanten folgt dann

$$K_{ad} = \frac{\Theta_X}{(1 - \Theta_X - \Theta_{X^-}) \cdot p_X} \approx \frac{\Theta_X}{(1 - \Theta_X) \cdot p_X} \tag{8.36}$$

$$K_{ion} = \frac{\Theta_{X^-}}{\Theta_X \cdot c_e^S} \tag{8.37}$$

8.3 Chemisorption und Ladungsaustausch an Elektronenleitern   293

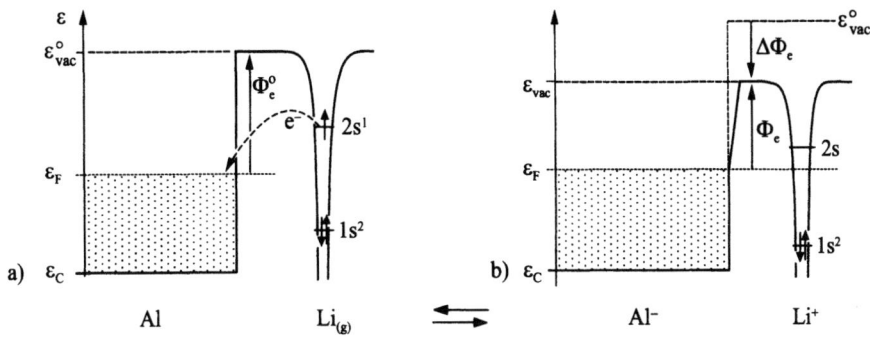

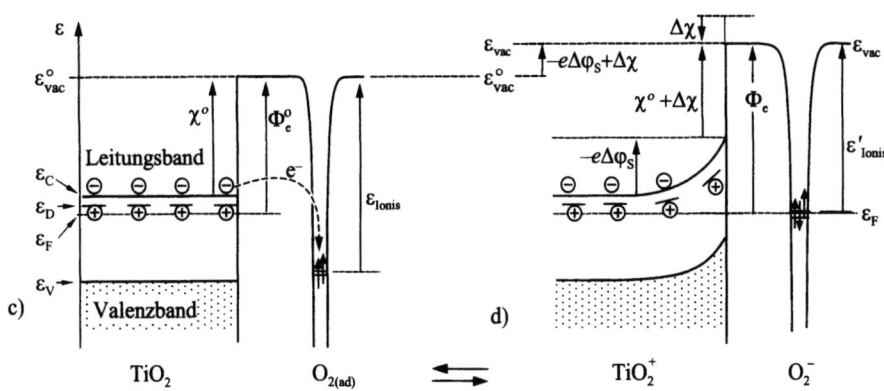

Abbildung 8.8 a)-b) Chemisorption von Lithium an einer Aluminiumoberfläche [Göp 94, Hen 94]: a) vor Gleichgewichtseinstellung liegt das 2s-Elektronenniveau oberhalb der Fermi-Energie (die Ionisierungsenergie des physisorbierten Lithiums ist niedriger als die Austrittsarbeit des Aluminiums), b) nach Gleichgewichtseinstellung zwischen Adsorbat und Metall geht das 2s-Elektron auf das Metall über. Die Wechselwirkung führt zu einer Verbreiterung des 2s-Niveaus und zu einer Änderung der Austrittsarbeit aufgrund der entstehenden Li^+-e^- Dipolschicht; c)-d) Chemisorption eines elektrophilen Gases an einer Halbleiteroberfläche am Beispiel der Sauerstoffadsorption an n-TiO$_2$: c) vor Gleichgewichtseinstellung ist die Elektronenaffinität des Sauerstoffs ($\varepsilon_A > 0$) größer als die Austrittsarbeit der TiO$_2$-Oberfläche, es treten deshalb Elektronen aus dem Leitungsband über in die tiefer liegenden freien Zustände des Adsorbatmoleküls, d) nach Gleichgewichtseinstellung entsteht eine negative Oberflächenladungsdichte $Q^{SS}_{(S)} = -eN_{(S)}(O_2^-)$ und eine gleich große Raumladung mit entgegengesetztem Vorzeichen im Halbleiter. Die dabei entstehende Oberflächenpotentialdifferenz $\Delta\varphi_S < 0$ führt zu einer Verschiebung der Fermi-Energie an der Oberfläche und damit zu einer Austrittsarbeitserhöhung $\Delta\Phi_e = -e\Delta\varphi_S$. Daneben wird sich im allgemeinen auch die Elektronenaffinität des Halbleiters ändern und einen weiteren Beitrag $\Delta\chi_e$ zur Änderung der Austrittsarbeit liefern. Bei größeren Bedeckungsgraden wird die Aufladung der Oberfläche begrenzt, weil sich der Abstand $\varepsilon_F - \varepsilon_X$ bei Ladungstransfer an der Oberfläche schnell verringert.

An Halbleitern ist der Absolutwert des Bedeckungsgrades Θ_{X^-} an geladenen Adsorbatteilchen klein gegen eins und kann daher in Gleichung (8.36) im Nenner vernachlässigt werden. Für den gesamten Bedeckungsgrad an geladenen und neutralen Adsorbatmolekülen ergibt sich aus den beiden vorhergehenden Gleichungen

$$\Theta_{X,\text{ges}} = \Theta_X + \Theta_{X^-} = (1 + K_{\text{ion}} c_e^S) \cdot \Theta_X \qquad (8.38)$$

Bei der nachfolgenden Herleitung wird klar werden, daß für sehr kleine Bedeckungsgrade die Bildung negativ geladener Adsorbatmoleküle zu einer Erhöhung des Bedeckungsgrades verglichen zur Adsorption rein neutraler Moleküle führt. Die Gleichgewichtskonstante von Gleichung (8.37), K_{ion}, muß dann sehr groß sein. Für einen n-Halbleiter ist die Konzentration der Elektronen an der Oberfläche c_e^S zunächst relativ hoch. Durch den Ladungstransfer wird diese Konzentration der Elektronen an der Oberfläche allerdings drastisch erniedrigt, so daß sich der Ladungstransfer dadurch selbst begrenzt. Für die Elektronenkonzentration direkt an der Oberfläche des n-Halbleiters gilt

$$c_e^S = c_{\text{CB}}^\circ \exp\left[-\frac{(\varepsilon_C - \varepsilon_F)_S}{kT}\right] \qquad (8.39)$$

Durch die Bandverbiegung wird die Differenz $\varepsilon_C - \varepsilon_F$ an der Oberfläche größer. Das Verhältnis von negativ geladenen X^- zu neutralem X kann mit Hilfe der Fermi-Dirac-Statistik angegeben werden. Die Anzahl der Elektronenzustände der Adsorbatteilchen ist proportional zum Bedeckungsgrad Θ_X. Dann ergeben sich die folgenden beiden Gleichungen

$$\Theta_{X^-} = \Theta_{X,\text{ges}} \cdot \frac{1}{\exp[\varepsilon_X - \varepsilon_F / kT] + 1} \qquad (8.40)$$

$$\Theta_X = \Theta_{X,\text{ges}} - \Theta_{X^-} = \Theta_{X,\text{ges}} \cdot [1 - f_e(\varepsilon_X - \varepsilon_F)]$$

$$= \Theta_{X,\text{ges}} \cdot \frac{\exp[\varepsilon_X - \varepsilon_F / kT]}{\exp[\varepsilon_X - \varepsilon_F / kT] + 1} \qquad (8.41)$$

Für das Bedeckungsverhältnis der geladenen zu den neutralen Teilchen gilt dann

$$\frac{\Theta_{X^-}}{\Theta_X} = \exp\left[-\frac{\varepsilon_X - \varepsilon_F}{kT}\right] = \exp\left[\frac{\varepsilon_A - \Phi_e}{kT}\right] \qquad (8.42)$$

Wie Abbildung 8.8c,d zeigt, kann dabei die Differenz zwischen dem Elektronenenergieniveau der Adsorbatteilchen ε_X und der Fermi-Energie ersetzt werden durch die Differenz der Elektronenaffinität des Adsorbatteilchens und der Austrittsarbeit der Halbleiteroberfläche. Die Austrittsarbeit der Halbleiteroberfläche ist hierbei die entscheidende veränderliche Größe. Sie ändert sich dadurch, daß sich die Bandverbiegung $-e\Delta\varphi_S$ bei der Adsorption und anschließendem Ladungstransfer erhöht und sich die Elektronenaffinität um $\Delta\chi_e$ ändert. Wir benutzen daher im folgenden für die Austrittsarbeit die Auftrennung in konstanten und variablen Term:

$$\Phi_e = \chi_e + (\varepsilon_C - \varepsilon_F)_b - e\Delta\varphi_S = \Phi_e^\circ - e\Delta\varphi_S + \Delta\chi_e \qquad (8.43)$$

8.3 Chemisorption und Ladungsaustausch an Elektronenleitern

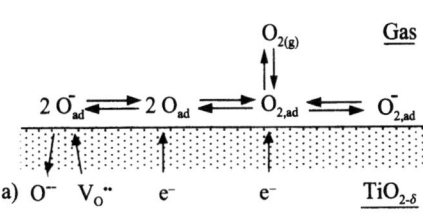

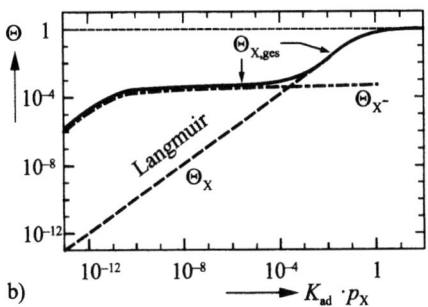

Abbildung 8.9 a) Gleichgewichte verschiedener Sauerstoffspezies an n-leitendem Titandioxid. Die Gegenwart von Wasser würde noch zahlreiche weitere protonierte Sauerstoffspezies ins Spiel bringen. b) Auswirkung des Elektronentransfers auf die Adsorptionsisotherme von adsorbiertem X_{ad}: der gesamte Bedeckungsgrad $\Theta_{X,ges} = \Theta_X + \Theta_{X^-}$ ist für kleine Bedeckungsgrade beziehungsweise kleine Drucke p_X deutlich erhöht. Darüberhinaus tritt wegen der Sättigung an geladenem X_{ad}^- gegenüber der einfachen Langmuir-Isothermen ein neues Plateau auf. Die hier gezeigten Zahlenwerte gelten für die Adsorption von X an einem n-Halbleiter mit den Parametern $c_D = 10^{17}\,\text{cm}^{-3}$, $\varepsilon_A - \Phi_e^\circ = 0{,}5\,\text{eV}$, $T = 298\,\text{K}$, $\epsilon_{rel} = 1{,}19$, $M_{(S)} = 10^{15}\,\text{cm}^{-2}$.

Der konstante Term Φ° entspricht der Austrittsarbeit für $\Delta\varphi_S = 0$ (Flachband). Im folgenden wird angenommen, daß das Adsorbat kein Oberflächendipolmoment erzeugt ($\Delta\chi_e = 0$). Für das Verhältnis der geladenen zu den neutralen Teilchen folgt dann

$$\frac{\Theta_{X^-}}{\Theta_X} = \exp\left[\frac{\varepsilon_A - \Phi_e^\circ}{kT}\right] \cdot \exp\left[\frac{e\Delta\varphi_S}{kT}\right] \tag{8.44}$$

Es ist interessant, den gesamten Bedeckungsgrad ins Verhältnis zu setzen zum Bedeckungsgrad der neutralen Adsorbatteilchen, die am direkten Adsorptionsgleichgewicht nach Gleichung (8.35) maßgeblich beteiligt sind.

$$\Theta_{X,ges} = \left(1 + \exp\left[\frac{\varepsilon_A - \Phi_e^\circ + e\Delta\varphi_S}{kT}\right]\right) \cdot \Theta_X \tag{8.45}$$

Die Differenz $\varepsilon_A - \Phi_e^\circ$ kann man für ein typisches elektronegatives Adsorbatteilchen als groß gegen kT und positiv voraussetzen. Bei sehr kleinen Drucken ist die Adsorbatkonzentration klein und damit die Bandverbiegung klein. Es folgt dann, daß der Gesamtbedeckunggrad $\Theta_{X,ges}$ sehr groß gegen Θ_X sein muß. Wir schließen daraus, daß das Gleichgewicht (8.35), das zu einem Elektronenübergang auf die Adsorbatteilchen führt, den Bedeckungsgrad bei niedrigen Drucken drastisch erhöht.

Die folgenden Bereiche lassen sich unterscheiden

$$\Theta_{X^-} \gg \Theta_X \quad \text{für} \quad \varepsilon_A - \Phi_e^\circ \gg |e\Delta\varphi_S|, kT \tag{8.46a}$$
$$\Theta_{X^-} = \Theta_X \quad \text{für} \quad \varepsilon_A - \Phi_e^\circ = |e\Delta\varphi_S| \tag{8.46b}$$
$$\Theta_{X^-} \ll \Theta_X \quad \text{für} \quad \varepsilon_A - \Phi_e^\circ \ll |e\Delta\varphi_S| \tag{8.46c}$$

Wenn die Bandverbiegung bei steigendem Adsorptionsgrad zu einem Ausgleich der

Differenz zwischen Elektronenaffinität ε_A und Austrittsarbeit Φ_e° geführt hat, wird der Bedeckungsgrad an geladenen Adsorbatteilchen nicht mehr weiter steigen. Mit zunehmendem Druck wird dann der Gesamtbedeckungsgrad nahezu vollständig dem Bedeckungsgrad neutraler Adsorbatteilchen entsprechen (Gleichung (8.46c)) und man beobachtet nur noch die übliche Adsorptionsisotherme.

Es ist interessant, die Wechselwirkung zwischen Bandverbiegung und Bedeckungsgrad Θ_{X^-} der geladenen Adsorbatteilchen näher zu untersuchen. Bei einer genügend großen Bandverbiegung können wir für den Zusammenhang zwischen Θ_{X^-} und der Bandverbiegung das Ergebnis von Gleichung (8.32) für Halbleiter mit Oberflächenladung übernehmen. Es folgt dann, wenn die Oberflächenladungsdichte aus Gleichung (8.32) durch die Oberflächenkonzentration der negativ geladenen Adsorbatteilchen ersetzt wird

$$\Delta\varphi_S = -\frac{ec_D L_{SC}^2}{2\varepsilon\varepsilon_0} = -\frac{eM_{(S)}^2}{2\varepsilon\varepsilon_0 c_D} \cdot \Theta_{X^-}^2 \quad \text{für} \quad \Delta\varphi_S \gg kT/e \qquad (8.47)$$

Da wir Adsorption an einem n-Halbleiter angenommen haben, tritt hier die Volumenkonzentration c_D der Donatoren auf. Darüber hinaus wurde die Elektroneutralitätsbedingung zwischen Raumladung und Oberflächenladung benutzt:

$$Q_{(S)}^{SS} = -ec_D L_{SC} = -eM_{(S)}\Theta_{X^-} \qquad (8.48)$$

Abbildung 8.9b zeigt ein Zahlenbeispiel mit typischen Werten. Über einen weiten Bereich bei kleinen Bedeckungsgraden ist der Adsorptionsgrad signifikant erhöht gegenüber dem Fall der Adsorption rein neutraler Teilchen. Erst bei relativ hohen Bedeckungsgraden fällt dieser Einfluß weg. Der Effekt wirkt umso stärker, je höher die Dotierung des Halbleiters ist, das heißt je mehr Elektronen für den Ladungstransfer zur Verfügung stehen. Reale Fälle der Adsorption von Gasen an Halbleiteroberflächen können allerdings recht komplex werden, weil in vielen Fällen zahlreiche sekundäre Gleichgewichte, die Reaktionsfähigkeit der Adsorbatteilchen als auch verschiedene Typen von Oberflächenorientierungen und Oberflächendefekten zu berücksichtigen sind. Abbildung 8.9a zeigt eine solche Situation schematisch für Titandioxid. Sie ist typisch für die Katalyse wie auch für die Elektrochemie und chemische Sensorik an diesen Materialien.

8.4 Grenzflächen zweier Elektronenleiter

Die bisher diskutierten Zusammenhänge für Oberflächen von Metallen und Halbleitern im Vakuum lassen sich leicht erweitern auf die Beschreibung der Grenzflächen zweier elektronenleitender Phasen. Abbildung 8.10 zeigt dies am Beispiel zweier Metalloberflächen. In 8.10a sind zwei ungeladene Metalloberflächen mit unterschiedlicher Austrittsarbeit gegenübergestellt. Es herrscht kein elektronisches Gleichgewicht.

Die Fermi-Energie ist wegen der unterschiedlichen Austrittsarbeit und der konstanten Ruheenergie der Elektronen im Vakuum unterschiedlich. Schließt man die beiden Metalle über einen elektronischen Leiter kurz, kommt es zu einer Gleichgewichtseinstellung und Angleichung der Fermi-Energien. Die Konsequenz ist in Abbildung 8.10b gezeigt.

8.4 Grenzflächen zweier Elektronenleiter

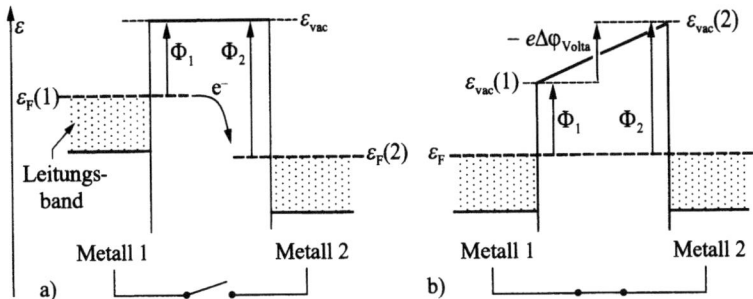

Abbildung 8.10 Zwei Metalloberflächen: a) kein Gleichgewicht der Elektronen, neutrale Metalloberflächen (ε_{vac} = const.), b) nach elektrischem Kurzschließen beider Metalle sind die Elektronen im Gleichgewicht (ε_F = const.). Zwischen den beiden Metalloberflächen ist durch Elektronenaustausch eine elektrische Potentialdifferenz $\Delta\varphi_{Volta}$ (Volta-Potentialdifferenz) entstanden, die sich aus der Differenz der Austrittsarbeiten ergibt: $-e\Delta\varphi_{Volta} = \Phi_2 - \Phi_1$.

Da die Austrittsarbeiten sich bei diesem Vorgang wegen der fehlenden direkten Wechselwirkung der beiden Oberflächen nicht ändern können, muß im Vakuum zwischen den beiden Metalloberflächen ein elektrisches Feld und damit eine elektrische Potentialdifferenz entstehen. Diese Potentialdifferenz wird als **Volta-Potentialdifferenz** $\Delta\varphi_{Volta}$ bezeichnet. Die Gleichgewichtseinstellung findet über den Austausch einer sehr geringen Menge an Elektronen zwischen den beiden Metallen statt. Es kommt zur Bildung gleich großer, aber entgegengesetzt polarisierter Oberflächenladungen auf beiden Metalloberflächen. Wegen der hohen Elektronenkonzentration kann in Metallen keine Raumladung auftreten. Anders ist dies in Abbildung 8.11, wenn die Gleichgewichtseinstellung zwischen einem Metall und einem Halbleiter diskutiert wird.

Wegen der geringen Elektronendichte reichen die Leitungselektronen im Halbleiter direkt an der Oberfläche nicht aus, um den nötigen Ladungstransfer während der Gleichgewichtseinstellung zu gewährleisten. Es entsteht deshalb eine **Raumladungszone** mit einer entsprechenden **Bandverbiegung** $-e\Delta\varphi_S$ analog der Gleichgewichtseinstellung an der Halbleiteroberfläche bei Vorhandensein von Oberflächenzuständen oder bei Vorhandensein von elektronegativen Adsorbatmolekülen. Abbildung 8.11c zeigt die Situation, wenn die beiden Oberflächen noch nicht im direkten Kontakt sind, aber bereits im Gleichgewicht sind.

Die Differenz der Austrittsarbeiten teilt sich auf in eine Volta-Potentialdifferenz $-e\Delta\varphi_{Volta}$ und eine entsprechende Bandverbiegung $-e\Delta\varphi_S$. Bringt man die beiden Oberflächen in direkten Kontakt, so kann nur noch eine Potentialdifferenz in Form einer Bandverbiegung vorliegen. Wenn Oberflächenzustände am Halbleiter vorliegen, muß daneben noch die Änderung der Elektronenaffinität des Halbleiters berücksichtigt werden. Kann man dies vernachlässigen, so entspricht die Differenz der Austrittsarbeiten zwischen Metall und Halbleiter direkt der entstehenden Bandverbiegung. Unter diesen Bedingungen kann man nach Schottky bei bekannten Austrittsarbeiten der beiden Materialien die entstehende Bandverbiegung vorausberechnen. Die Anwesenheit von Oberflächenladungen wird aber in der Regel zu mehr oder weniger großen Abweichungen von den so berechneten Werten führen.

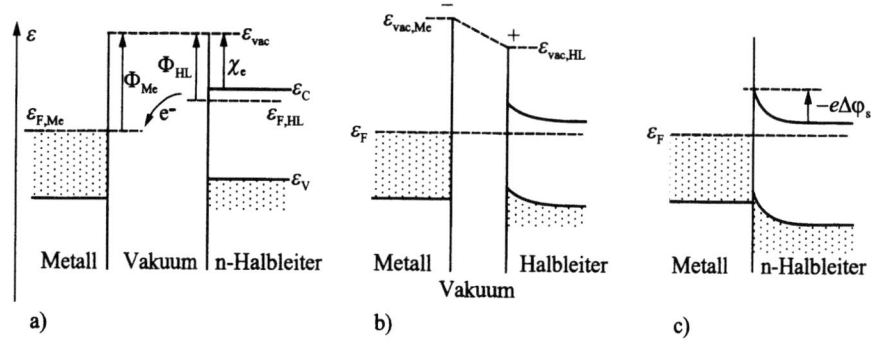

Abbildung 8.11 Schottky-Kontakt zwischen Metall und n-Halbleiter: a) Kein direkter Oberflächenkontakt, kein Gleichgewicht. b) Kein direkter Oberflächenkontakt, aber Gleichgewicht (z.B. durch elektronenleitende Verbindung): die Differenz der Austrittsarbeiten $\Phi_{Me} - \Phi_{HL}$ teilt sich auf in eine beginnende Bandverbiegung $-e\Delta\varphi_S$ und eine Volta-Potentialdifferenz $-e\Delta\varphi_{Volta}$ im Vakuum. c) Elektronisches Gleichgewicht bei direktem Kontakt: falls die Austrittsarbeit des Metalls größer als die des Halbleiters ist, gehen bei der Gleichgewichtseinstellung Elektronen aus dem Leitungsband des n-Halbleiters auf Zustände an der Metalloberfläche bei ε_F über. Es entsteht eine Oberflächenladung an der Grenzfläche, der eine gleich große Raumladung im Halbleiter vor der Grenzfläche entspricht. Bei unveränderter Bindung und Oberflächenstruktur ergibt sich ein einfacher Zusammenhang zwischen der Bandverbiegung $-e\Delta\varphi_S$ und der Differenz der Austrittsarbeiten Φ_{Me} und Φ_{HL} (siehe Text).

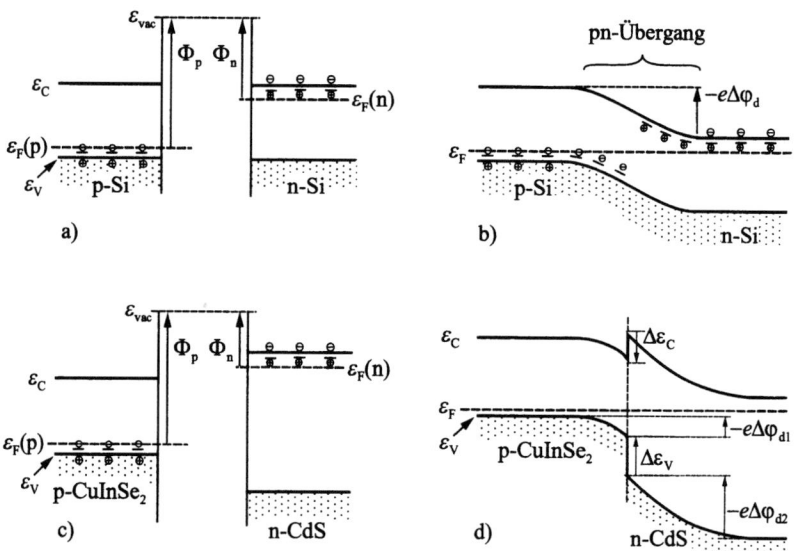

Abbildung 8.12 a)-b) pn-Übergang im Silizium als Beispiel für den Kontakt zweier unterschiedlich dotierter Bereiche eines Halbleiters: a) kein Gleichgewicht, freie Oberflächen, b) pn-Übergang im Gleichgewicht: es entsteht ein Diffusionspotential $\Delta\varphi_d$ im Bereich des pn-Übergangs (= Galvani-Potentialdifferenz. c)-d) pn-Heterokontakt zweier verschiedener Halbleiter, c) vor der Gleichgewichtseinstellung, d) nach Gleichgewichtseinstellung. Wegen der unterschiedlichen Werte für Bandlücke und Elektronenaffinität findet man am Heterokontakt Banddiskontinuitäten. An der Grenzfläche treten deshalb Dipolschichten auf.

8.4 Grenzflächen zweier Elektronenleiter

Bei sehr großen Oberflächenzustandsdichten der Halbleiter wird nur noch ein Ladungsaustausch zwischen diesen Oberflächenzuständen und der Metalloberfläche stattfinden. Eine eventuelle Bandverbiegung im Halbleiterinneren wird dann unverändert bleiben. Dieser andere Extremfall wurde erstmals von Bardeen diskutiert. Metall-Halbleiterkontakte mit Verarmungsrandschichten spielen für die Praxis eine große Rolle in Dioden. Sie zeigen ein unsymmetrisches Stromspannungsverhalten.

Abbildung 8.12a,b zeigt einen pn-Übergang, wie er durch unterschiedliche Dotierung innerhalb eines Halbleiters erzeugt werden kann. Abbildung 8.12c,d zeigt einen entsprechenden Kontakt zweier unterschiedlicher Halbleiter, bei dem sich Diskontinuitäten im Verlauf der Bandkanten an der Grenzfläche durch die unterschiedlichen Werte von Bandlücke und Elektronenaffinität ergeben. Man spricht im ersten Beispiel (Abbildung 8.12b) von einem **pn-Homokontakt**, während Abbildung 8.12d einen **pn-Heterokontakt** beschreibt.

Wir wollen im folgenden einen pn-Homokontakt im Gleichgewicht diskutieren. Für das Elektronengleichgewicht an der Grenzfläche zweier Elektronenleiter gilt allgemein

$$\varepsilon_{F,n} = \varepsilon_{F,p} \tag{8.49}$$

Im Energiediagramm, Abbildung 8.13, liegt dementsprechend die Fermi-Energie dann in beiden Phasen auf gleicher Höhe. Die Fermi-Energie läßt sich auftrennen in das chemische Potential der Elektronen und den elektrostatistischen Term $-e\varphi$, so daß aus Gleichung (8.49) folgt:

$$\mu_{e,n} - e\varphi_n = \mu_{e,p} - e\varphi_p \tag{8.50}$$

Zwischen p- und n-leitendem Bereich ergibt sich demnach eine elektrische Potentialdifferenz $\Delta\varphi_d$

$$\Delta\varphi_d = \varphi_n - \varphi_p = -\frac{1}{e} \cdot (\mu_{e,p} - \mu_{e,n}) \tag{8.51}$$

Für die beiden chemischen Potentiale ist die Maxwell-Boltzmann-Näherung anwendbar, da es sich um verdünnte Elektronengase handelt. Unter Benutzung der einfachen Festkörperenergieskala, wie sie in Abbildung 8.6 erläutert war, erhält man für das chemische Potential $\mu_{e,n}$ der Elektronen im n-leitenden Bereich

$$\mu_{e,n} = kT \ln \frac{c_e}{z_e/V} = kT \ln \frac{c_D}{c_{CB}^\circ} \tag{8.52}$$

Für das chemische Potential der Elektronen im p-leitenden Bereich ergibt sich bei einer entsprechenden Normierung und Definition des Standardwertes ebenfalls mit der Maxwell-Boltzmann-Näherung

$$\mu_{e,p} = -\mu_{h,p} = -(\varepsilon_C - \varepsilon_V) - kT \ln \frac{c_h}{z_h/V} = -\varepsilon_g - kT \ln \frac{c_A}{c_{VB}^\circ} \tag{8.53}$$

Der Term $\varepsilon_C - \varepsilon_V = \varepsilon_g$ tritt auf, weil $\mu_{e,p}$ und $\mu_{h,p}$ auf den gleichen Nullpunkt (ε_C) bezogen werden müssen.

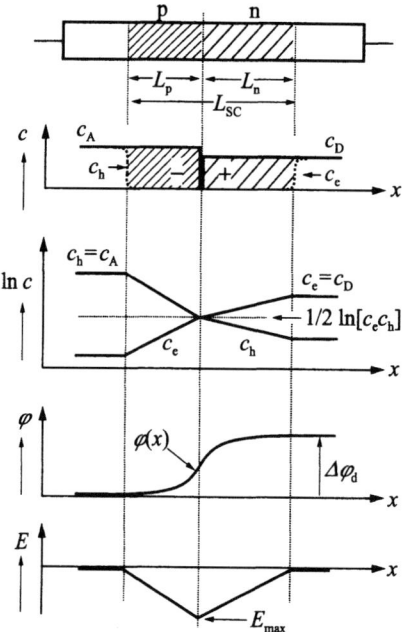

Abbildung 8.13 Homokontakt zweier unterschiedlicher dotierter Bereiche: Teilchenkonzentrationen der Elektronen und Löcher (c_e, c_h), Verlauf des elektrischen Potentials φ und der elektrischen Feldstärke E am pn-Übergang eines Halbleiters. Für Heterokontakte tritt an der Berührungsfläche der beiden Halbleiter ein zusätzlicher Sprung des elektrischen Potentials auf.

Setzt man die beiden letzteren Gleichungen in Gleichung (8.51) ein, erhält man den folgenden Ausdruck für die elektrische Potentialdifferenz zwischen n- und p-leitendem Bereich

$$\Delta\varphi_d = \frac{\varepsilon_g}{e} + \frac{kT}{e} \cdot \ln\left[\frac{c_A c_D}{c_{VB}^\circ c_{CB}^\circ}\right] \tag{8.54}$$

$\Delta\varphi_d$ ist im Prinzip eine Galvani-Potentialdifferenz zwischen verschiedenen Bereichen des Halbleitermaterials, das für sich gesehen eine inhomogene Phase darstellt. Man spricht bei $\Delta\varphi_d$ auch von dem sogenannten **Diffusionspotential**. Es ist wie aus Gleichung (8.54) zu ersehen logarithmisch abhängig von den Dotierungskonzentrationen im p- und n-leitenden Bereich sowie vom Produkt der beiden Zustandsdichten und der Größe der Bandlücke. Bei hoher Dotierung liegen die Fermi-Energien im p-leitenden und n-leitenden Bereich nahe den jeweiligen Bandkanten, so daß das Diffusionspotential $\Delta\varphi_d$ nahezu der Bandlückenenergie ε_g entspricht. Zwei weitere für den p-n-Kontakt herleitbare Ergebnisse sind die Ausdehnung L_{SC} der Raumladungszone und die Kapazität C pro Flächeneinheit des p-n-Übergangs, für die sich die folgenden beiden Gleichungen ergeben

$$L_{SC} = \left[\frac{2\varepsilon\varepsilon_0 \Delta\varphi_d}{e} \cdot \left(\frac{1}{c_A} + \frac{1}{c_D}\right)\right]^{1/2}, \quad \frac{C}{A} = \frac{\varepsilon\varepsilon_0}{L_{SC}} \tag{8.55}$$

Exkurs 8.4 Herleitung zu Gleichung (8.55)

Das gesamte Diffusionspotential, das heißt die Potentialdifferenz über der Raumladungszone des p-n-Übergangs, ist gegeben durch

$$\Delta\varphi_d = \Delta\varphi_p + \Delta\varphi_n \tag{8.56}$$

Wenn die Potentialdifferenzen genügend groß sind, kann man für jede von ihnen die Gleichung (8.32), die für einen Halbleiter mit Oberflächenzuständen hergeleitet wurde, direkt anwenden. Die Raumladung im jeweils gegenüberliegenden, verschieden dotierten Halbleiter übernimmt dabei die Rolle der Oberflächenladung. Es folgt dann

$$\Delta\varphi_p = \frac{ec_A}{2\varepsilon\varepsilon_0}L_p^2, \qquad \Delta\varphi_n = \frac{ec_D}{2\varepsilon\varepsilon_0}L_n^2 \tag{8.57}$$

Die Ladungen auf beiden Seiten des abrupten p-n-Übergangs müssen entgegengesetzt gleich groß sein. Die jeweilige Flächenladungsdichte ergibt sich aus der Ausdehnung L_n beziehungsweise L_p der Raumladungsrandschicht multipliziert mit der Dotierungskonzentration c_D oder c_A. Der p-n-Übergang muß nacußen neutral sein, so daß gilt

$$c_A L_p = c_D L_n \tag{8.58}$$

Substituiert man damit die beiden Teilgleichungen von (8.57) in (8.56), so erhält man

$$\Delta\varphi_p = \frac{ec_D}{2\varepsilon\varepsilon_0}L_n L_p, \qquad \Delta\varphi_n = \frac{ec_A}{2\varepsilon\varepsilon_0}L_p L_n \tag{8.59}$$

Bildet man nun das Verhältnis der beiden Potentialdifferenzen aus Gleichung (8.57) und substituiert das Verhältnis der beiden Längen L_p/L_n über Gleichung (8.58) durch das Verhältnis der Konzentrationen, erhält man

$$\frac{\Delta\varphi_p}{\Delta\varphi_n} = \frac{c_D}{c_A} \tag{8.60}$$

Zur Ableitung von Gleichung (8.55) bildet man

$$L_{SC}^2 = (L_n + L_p)^2 = L_n^2 + 2L_n L_p + L_p^2 \tag{8.61}$$

Substitution der drei quadratischen Terme mit Hilfe von (8.57) und (8.59) liefert die folgende Gleichung, aus der dann mit $\Delta\varphi_d = \Delta\varphi_n + \Delta\varphi_p$ Gleichung (8.55) folgt

$$\begin{aligned} L_{SC}^2 &= \frac{2\varepsilon\varepsilon_0}{ec_D}\Delta\varphi_n + \frac{2\varepsilon\varepsilon_0}{ec_D}\Delta\varphi_p + \frac{2\varepsilon\varepsilon_0}{ec_A}\Delta\varphi_n + \frac{2\varepsilon\varepsilon_0}{ec_A}\Delta\varphi_p \\ &= \frac{2\varepsilon\varepsilon_0}{e}\left(\frac{1}{c_D} + \frac{1}{c_A}\right)(\Delta\varphi_n + \Delta\varphi_p) \end{aligned} \tag{8.62}$$

Exkurs 8.5 Grenzfläche zwischen zwei Ionenleitern

Bisher hatten wir in diesem Kapitel nur Grenzflächen elektronenleitender Materialien diskutiert. Die grundlegende Voraussetzung war die Gleichgewichtsbedingung für die Elektronen: die Fermi-Energie der Elektronen muß im gesamten Bereich, über den die Elektronen sich bewegen können, konstant und gleich groß sein.

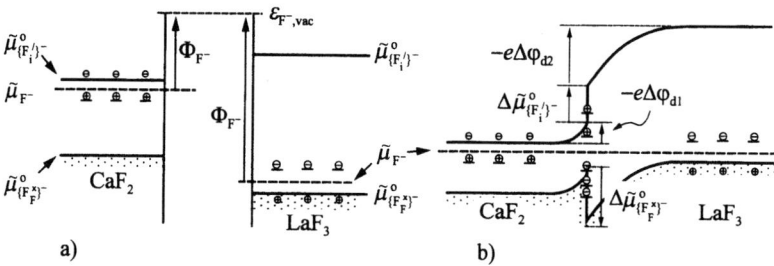

Abbildung 8.14 Grenzfläche zweier Fluoridionenleiter im ionischen Energieschema (Auftragung der Gibbs-Energien verschiedener Gitterplätze). An der Grenzfläche treten zusätzliche Oberflächenplätze mit unterschiedlichen Energien auf. In Analogie zu Elektronenleitern sind ionische Austrittsarbeiten definierbar [Wie 91].

Feste und flüssige Ionenleiter (auch **flüssige Elektrolyte** und **Festelektrolyte**) sind ganz analog zu behandeln [siehe z.B. Mai 93 und dort zitierte Literatur]. Grundlage ist die entsprechende Bedingung für ein Gleichgewicht der beweglichen Ionen: ihr elektrochemisches Potential muß im gesamten den Ionen zugänglichen Bereich konstant und gleich groß sein. Wie bereits in Kapitel 6.8 diskutiert, gehorcht die Verteilung der Ionen über die möglichen Gitterplätze (normale und Zwischengitterpositionen) einer Verteilungsfunktion, die mit der Fermi-Dirac-Verteilungsfunktion identisch ist. (von einigen Autoren wurde folgerichtig auch die Bezeichnung Fermi-Energie der Ionen für deren elektrochemisches Potential vorgeschlagen). Zu beachten ist allerdings, daß nicht die Energien, sondern die partiellen (Standard-) Gibbs-Energien der Ionen auf den verschiedenen Gitterplätzen zu verwenden sind (siehe dazu auch Exkurs 7.12 im vorhergehenden Kapitel). Entropieeffekte sind also mit zu berücksichtigen[1]. Außerdem gilt wie bei elektronischen Ladungsdichten für das mittlere elektrische Potential die Poisson-Gleichung. Daraus folgt sofort, daß für Konzentrations-, Ladungsdichte- und Potentialverlauf an Grenzflächen ionenleitender Phasen ganz analoge Fälle wie bei den Elektronenleitern zu finden sind. Diese partiellen Gibbs-Energien der verschiedenen Gitterplätze einer Ionensorte enthalten in jedem Fall einen elektrischen Potentialterm, werden also durch elektrische Potentialdifferenzen beeinflußt und sind deshalb im Bereich von Randschichten ortsabhängig.

In Analogie zu den bisher behandelten Bandschemata für Grenzflächen von Elektronenleitern ergibt sich die Möglichkeit, für Grenzflächen von Ionenleitern Auftragungen der partiellen (Gibbs-)Energie der verschiedenen ionischen Plätze (ionische Zustände) einschließlich der Lage des elektrochemischen Potentials der Ionen zu verwenden.

Allerdings hat die Analogie zwischen Elektronen- und Ionenleitern ihre Grenze an dem Punkt, wo es um die Beweglichkeit und freie Weglänge, also um Transportgrößen geht. Valenzelektronenzustände in idealen defektfreien Kristallen sind delokalisiert, während ionische Zustände in jedem Fall lokale Bedeutung haben. Die Bewegung von Ionen durch eine Grenzfläche zweier fester Phasen erfordert deshalb in jedem Fall benachbarte Ionenplätze, deren Abstand eine Atomlänge nicht überschreitet. Bei Elektronenleitern sorgt der Tunneleffekt und die zum Teil große freie Weglänge der Elektronen für eine geringere Behinderung beim Durch-

---

[1]Dies ist aber kein grundsätzlicher Unterschied gegenüber den Elektronen. Für lokalisierte Elektronenniveaus in Halbleitern muß ebenfalls die freie Enthalpie in der Fermi-Dirac-Verteilungsfunktion benutzt werden.

queren einer Grenzfläche (und damit für die Gleichgewichtseinstellung). Für die Beschreibung der Gleichgewichtseigenschaften einer Grenzfläche stehen jedoch zunächst nur thermodynamische Größen im Vordergrund.

Abbildung 8.14 zeigt schematisch ein Energieschema für eine Grenzfläche zweier Fluoridionenleiter (**ionischer Heterokontakt**). CaF_2 zeigt Frenkel-Fehlordnung mit Überwiegen der Fluoridionen im Zwischengitter. Im LaF_3 bewegen sich die Fluoridionen über Leerstellen auf normalen Gitterplätzen, in der Praxis begünstigt durch eine Dotierung mit zweiwertigen Kationen auf Lanthanplätzen. In der Nachbarschaft der Dotierungsionen haben die Ionen eine veränderte Gibbs-Energie. Solche Zustände weisen im Energieschema der Ionen eine Analogie zu Donator und Akzeptorzuständen der Elektronenleiter auf. Es ist leicht einsehbar, daß die veränderte Umgebung von Ionen an Oberflächen und Grenzflächen ebenfalls unterschiedliche Gibbs-Energien solcher Plätze gegenüber dem Kristallinneren nach sich zieht.

Als Beispiele für Anwendungen der Grenzflächen zweier Ionenleiter seien genannt, elektrochemische Sensoren und Biosensoren mit Polymermembranen, darunter die für pH-Messungen in breitem Umfang verwendeten pH-Glaselektroden, ionensensitive Elektroden in der Analytik und Trennoperationen unter Verwendung nicht mischbarer Lösungsmittel. Es sei auf die umfangreiche Literatur dazu verwiesen [siehe z.B. Beiträge in Göp 91].

8.5 Elektrodengrenzflächen

Wegen der großen Bedeutung der Elektrochemie beispielsweise für Energieumwandlung, Zellphysiologie, Trennvorgänge und Analytik werden im folgenden Abschnitt Elektrodengrenzflächen behandelt. Sie erfordern eine unterschiedliche Vorgehensweise im Vergleich zu den bisher behandelten Grenzflächen.

Das wesentliche Charakteristikum einer **Elektrode** ist, daß eine Grenzfläche zwischen einem **Elektronenleiter** und einem **Ionenleiter** (= **Elektrolyt**) vorliegt. In der Regel ist davon auszugehen, daß der Ionenleiter oder Elektrolyt eine vernachlässigbare Elektronenleitfähigkeit besitzt. Ein **Elektrodengleichgewicht**, an dem unter anderem die Elektronen des Elektronenleiters und die Ionen des Elektrolyten beteiligt sind, legt die Eigenschaften der Grenzfläche weitgehend fest. Für die folgende Diskussion sei deshalb vorausgesetzt, daß an den betrachteten Elektroden ein solches **heterogenes Gleichgewicht** zwischen den beweglichen Ionen des Elektrolyten und den Elektronen des Elektronenleiters vorliegt (=**Elektrodenreaktion**).

Eine Anordnung aus flüssigem oder festem Elektrolyt und zwei Elektroden im Kontakt mit dem Elektrolyt wird als **elektrochemische Zelle** oder **galvanische Zelle** bezeichnet (statt Zelle wird oft auch der Ausdruck **Kette** benutzt). Wenn die beiden Elektroden sich unterscheiden, so ist bereits im stromlosen Zustand eine elektrische Spannung meßbar (**Zellspannung**, ältere Bezeichnung **EMK** = elektromotorische Kraft).

Abbildung 8.15 zeigt als Beispiel den Aufbau einer Brennstoffzelle in zwei Varianten mit flüssigem und mit festem Elektrolyten. Zellen der gezeigten Art wandeln bei Stromfluß die chemische Gibbs-Energie der Wasserbildung aus Sauerstoff und Wasserstoff in elektrische Arbeit um. Im stromlosen Zustand liefern sie eine elektrische Spannung von etwas über einem Volt zwischen den Elektroden. Die genauere Analyse im folgenden wird zeigen, daß die primäre Meßgröße daher als Differenz der Fermi-Energien zwischen den elektronenleitenden Phasen der beiden Elektroden zu beschreiben ist. Das Zustandekommen dieser Differenz soll im folgenden auf der Basis der Gleichgewichtseigenschaften einzelner Elektrodengrenzflächen und der Eigenschaften des Elektrolyten behandelt werden.

Die Elektrodenreaktion, die die Grenzflächenbedingungen einer Elektrode im Gleichgewicht entscheidend prägt, stellt chemisch gesehen eine Redoxreaktion dar, bei der die Elektronen des Elektronenleiters als Reduktionsmittel fungieren. Für eine Sauerstoffelektrode in wäßrigen Elektrolyten (siehe Abbildung 8.15a, rechte Elektrode: im sauren Elektrolyt eingetauchtes Platinblech oder -netz, das von O_2 umspült wird) ist beispielsweise das Elektrodengleichgewicht gegeben durch

$$\frac{1}{2} O_{2(g)} + 2 H^+_{aq} + 2 e^-_{Pt} \rightleftharpoons H_2O \tag{8.63}$$

Wegen der Beteiligung der Ionen im Elektrolyten und der Elektronen im Elektronenleiter führt die Gleichgewichtsbedingung angewandt auf die Elektrodenreaktion zu einer Beziehung zwischen der Fermi-Energie des Elektronenleiters und dem elektrochemischen Potential der Ionen im Ionenleiter[2]. Die zugehörige thermodynamische Gleichgewichtsbedingung ist (mit den hochgestellten Doppelstrichen wird hier die Fermi-Energie ε''_F im rechten Pt''-Kontakt der Zelle von Abbildung 8.15a von der Fermi-Energie der zweiten Elektrode unterschieden)

$$\frac{1}{2} \mu_{O_2} + 2 \tilde{\mu}_{H^+} + 2 \varepsilon''_F = \mu^\circ_{H_2O} \tag{8.64}$$

Auflösen nach der Fermi-Energie und Auftrennen der restlichen chemischen beziehungsweise elektrochemischen Potentiale in Standardwerte und aktivitäts- beziehungsweise partialdruckabhängige Terme gibt (die Aktivität des Wassers wird wie üblich für eine verdünnte wäßrige Lösung gleich Eins gesetzt)

$$\varepsilon''_F = \frac{1}{2} \mu^\circ_{H_2O} - \frac{1}{4} \mu^\circ_{O_2} - \tilde{\mu}^\circ_{H^+} - \frac{kT}{2} \ln \left[a^2_{H^+} (p_{O_2}/p^\circ)^{1/2} \right] \tag{8.65}$$

Analog erhält man für die Wasserstoffelektrode (linke Elektrode in der Kette von Abbildung 8.15a)

$$2 H^+_{aq} + 2 e^-_{Pt} \rightleftharpoons H_{2(g)} \longrightarrow 2 \tilde{\mu}_{H^+} + 2 \varepsilon'_F = \mu_{H_2} \tag{8.66}$$

so daß man für die Differenz $\varepsilon''_F - \varepsilon'_F$ der Fermi-Energien beider Elektroden der Brennstoffzelle aus Abbildung 8.15a erhält

$$\varepsilon''_F - \varepsilon'_F = \varepsilon_F(H_2O/O_2, H^+) - \varepsilon_F(H_2/H^+)$$
$$= \frac{1}{2} \mu^\circ_{H_2O} - \frac{1}{4} \mu^\circ_{O_2} - \frac{1}{2} \mu^\circ_{H_2} - \frac{kT}{2} \ln \left[\frac{p_{H_2}}{p^\circ} \cdot \left(\frac{p_{O_2}}{p^\circ}\right)^{1/2} \right] \tag{8.67}$$

---

[2]Vom allgemeinen Standpunkt aus gesehen verbindet das Elektrodengleichgewicht an einer Elektrodengrenzfläche chemische und elektrochemische Potentiale und damit Aktivitäten und Partialdrücke chemischer Komponenten mit der elektronischen Meßgröße Fermi-Energie. Eine Elektrode ist also Bindeglied zwischen Chemie und Elektronik. Hieraus wird verständlich, daß die Elektrochemie eine wesentliche Basis für die Umwandlung chemischer in elektrische Energie und für die elektronische Erfassung chemischer Meßgrößen in der chemischen Sensorik ist. Anders als bei den Grenzflächen zweier Ionenleiter oder zweier Elektronenleiter haben wir also eine Beziehung zwischen mindestens zwei unterschiedlichen elektrochemischen Potentialen (nämlich der Ionen und der Elektronen) zu betrachten. Dies macht die Behandlung von Elektrodengrenzflächen etwas schwieriger.

8.5 Elektrodengrenzflächen

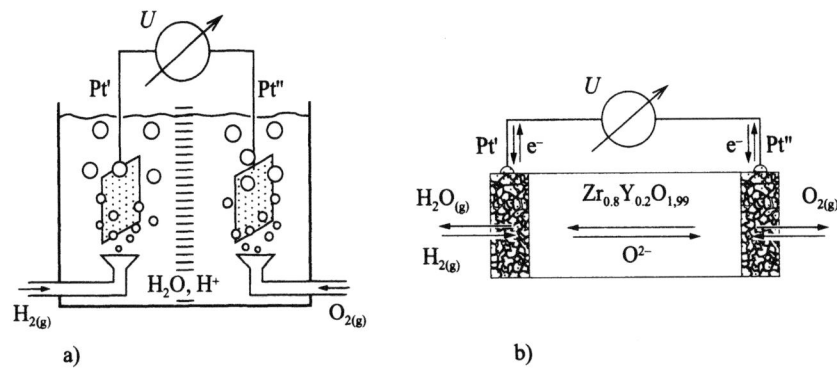

Abbildung 8.15 Elektrochemische Zelle (= galvanische Kette) mit einer Sauerstoffelektrode als Kathode und einer Wasserstoffelektrode als Anode: a) das links gezeigte Beispiel ist der Grundaufbau einer Brennstoffzelle mit wäßrigem Elektrolyt, beispielsweise Schwefelsäure. b) Analoger Aufbau mit dem sauerstoffionenleitenden Festelektrolyt $Zr_{1-x}Y_xO_{2-(x/2)}$, der gleichzeitig die beiden Gasräume von Anode und Kathode trennt: auf beiden Seiten sind poröse Platinelektroden aufgesintert, die den gleichzeitigen Kontakt zwischen Gas, Platin und Festelektrolyt ermöglichen. Weitere für Brennstoffzellen der gezeigten Art verwendbare Elektrolyte können beispielsweise protonenleitende Polymerelektrolyte, Salzschmelzen oder protonenleitende Festelektrolyte sein.

Für die Kette mit yttrium-stabilisiertem $Zr_{1-x}Y_xO_{2-(x/2)}$ ($0{,}1 \leq x \leq 0{,}2$) als sauerstoffionenleitendem keramischen Festelektrolyt in Abbildung 8.15b sind die Elektrodenreaktionen mit O^{2-}–Ionen zu formulieren. Für die Sauerstoffelektrode auf der rechten Seite von Abbildung 8.15b ergeben sich aus den entsprechenden Gleichgewichtsbedingungen für die beiden Elektrodenreaktionen (siehe Exkurs 8.6)

$$\varepsilon_F''(O^{2-}/O_2) = \frac{1}{2}\tilde{\mu}^\circ_{O^{2-}} - \frac{1}{4}\mu^\circ_{O_2} - \frac{kT}{4}\ln\left[\frac{p_{O_2}}{p^\circ}\right] \qquad (8.68)$$

$$\varepsilon_F'(H_2/H_2O,O^{2-}) = \frac{1}{2}\tilde{\mu}^\circ_{O^{2-}} + \frac{1}{2}\mu^\circ_{H_2} - \frac{1}{2}\mu^\circ_{H_2O} - \frac{kT}{2}\ln\left[\frac{p_{H_2}}{p_{H_2O}}\right] \qquad (8.69)$$

Dabei ist berücksichtigt, daß bei den hohen Betriebstemperaturen von Brennstoffzellen mit Zirkondioxid (900 bis 1000°C, daher oft als **Hochtemperaturbrennstoffzellen** bezeichnet) das Wasser in der Gasphase vorliegt. Insgesamt erhält man bei Differenzbildung aus den beiden Ausdrücken (8.68) und (8.69) – bis auf den vorkommenden Wasserpartialdruck – wieder den gleichen Ausdruck wie in Gleichung (8.67).

Die Messung mit einem Voltmeter liefert die Zellspannung. Sie ist aber nur dann gleich der elektrischen Potentialdifferenz in den beiden Elektronenleitern der Elektroden, wenn diese aus dem gleichen Material bestehen. In den beiden Beispielen von Abbildung 8.15 ist dies der Fall. Da das chemische Potential der Elektronen im Platin bei gegebener Temperatur eine Konstante ist, folgt für die Beziehung zwischen Zellspannung und Differenz der Fermi-Energien

$$\varepsilon_F'' - \varepsilon_F' = (\mu_e'' - e\varphi'') - (\mu_e' - e\varphi')$$
$$= -e(\varphi'' - \varphi') = -eU \quad \text{wenn:} \quad \mu_e' = \mu_e'' \qquad (8.70)$$

Die elektrische Potentialdifferenz ist aber nur dann eine eindeutig definierte und damit meßbare Größe, wenn sie zwischen zwei Punkten im gleichen Material gemessen wird (= innere elektrische Potentialdifferenz oder Galvani-Potentialdifferenz).

Sobald aber die Elektrodenmaterialien verschieden sind – was in der Elektrochemie häufig vorkommt[3] –, ist eine elektrische Potentialdifferenz zwischen den beiden Elektroden also keine meßbare Größe mehr, sondern nur noch die Differenz der Fermi-Energien.

Letztendlich werden die Elektroden über elektronenleitende Zuleitungen mit den Anschlüssen eines Voltmeters verbunden. Am Übergang zwischen einer Zuleitung einer Elektrode und der Kontaktbuchse eines Spannungsmeßgeräts herrscht im stromlosen Zustand elektronisches Gleichgewicht, also eine konstante Fermi-Energie. Dabei spielt die Art der Materialien keine Rolle. Im Gerät selber wird beim Meßvorgang die elektrische Potentialdifferenz zwischen Zuleitungen gemessen, die aus dem gleichen Material bestehen (beispielsweise Kupfer oder Silber).

Im Meßgerät gilt demnach Gleichung (8.70) analog für den Zusammenhang zwischen der Differenz der Fermi-Energien und der Differenz der elektrischen Potentiale der inneren Meßzuleitungen gleichen Materials. Für die galvanische Zelle selbst hat also zunächst die gemessene Zellspannung U nur eine Bedeutung im Zusammenhang mit der Differenz der beiden Fermi-Energien. Speziell liefert die Zellspannung keine direkten Aussagen über die tatsächlichen elektrischen Potentialdifferenzen in den einzelnen Phasen der galvanischen Zelle.

In der Elektrochemie ist es allerdings üblich, nicht die Energiedifferenzen der Fermi-Energien, sondern die nach Gleichung (8.70) gegebenen Zellspannungen anzugeben. Darüberhinaus werden für die möglichen Elektrode/Elektrolyt-Systeme Elektrodenpotentiale eingeführt. Hierzu muß ein Bezugswert für die nur relativ zueinander meßbaren Fermi-Energien gewählt werden, auf den man absolute Angaben beziehen kann. In der Elektrochemie mit wäßrigen Elektrolyten basiert die konventionelle Skala auf der Angabe der Fermi-Energie einer beliebigen Elektrodenreaktion im Vergleich zu der der Wasserstoffelektrodenreaktion. Alle Reaktionsteilnehmer der Wasserstoffelektrodenreaktion sind dabei im Standardzustand einzusetzen (NHE = Normalwasserstoffelektrode; Aktivität der gelösten H^+–Ionen $a_{H^+} = 1$ und Fugazität des gasförmigen Wasserstoffs $\varphi_{H_2} = 1$). Für eine solche Elektrode gilt

$$H_{aq}^+ + e^- \rightleftharpoons \frac{1}{2} H_{2(g)} \quad \longrightarrow \quad \varepsilon_F^\circ(H_2/H^+) = \frac{1}{2}\mu_{H_2}^\circ - \tilde{\mu}_{H^+}^\circ \quad (8.71)$$

Die Zahlenwerte des **Elektrodenpotentials** $\varphi(\text{red/ox})$ für eine beliebige Elektrodenreaktion red $\rightleftharpoons$ ox^{z+} + $z\,e^-$ entspricht dann der Zellspannung, die man gegen eine Normalwasserstoffelektrode messen würde:

$$\varphi(\text{red/ox}) = -\frac{1}{e}\left[\varepsilon_F(\text{red/ox}) - \varepsilon_F^\circ(H_2/H^+)\right] \quad (8.72)$$

Dies legt den Nullpunkt der Elektrodenpotentialskala fest gemäß

$$\varphi^\circ(H_2/H^+) = 0 \quad \text{oder} \quad \varepsilon_F^\circ(H_2/H^+) = 0 \quad (8.73)$$

---

[3]Ein Standardbeispiel der Elektrochemie ist das Daniell-Element, bei dem eine Elektrode aus Zink und die zweite aus Kupfer besteht.

Statt Elektrodenpotential ist auch der Ausdruck **Redoxpotential** in der Chemie gebräuchlich. Im speziellen Fall, wenn alle Reaktanden und Produkte der betrachteten einzelnen Elektrodenreaktion im Standardzustand vorliegen, spricht man von **Standardelektrodenpotential**, **Standardpotential** oder **Normalpotential**. Zu den Normalpotentiale vieler Elektrodenreaktionen liegen umfangreiche Tabellenwerke vor [z.B. Bar 85]. Die ausführlichsten Daten findet man für wäßrige Elektrolyte.

Für sauerstoffionenleitendes Zirkondioxid als einen der wichtigsten Festelektrolyte wird gewöhnlich die Sauerstoffelektrodenreaktion (unter Standardbedingungen, manchmal auch auf den Sauerstoffpartialdruck in trockener Luft bezogen) als Bezug für die Elektrodenpotentiale benutzt. Diese Elektrode läßt sich experimentell leicht realisieren und wird daher auch oft als Bezugselektrode bei potentiometrischen Messungen eingesetzt. Eine solche Wahl mit der Normalsauerstoffelektrode ($p_{O_2} = 1{,}013$ bar= 1 atm) als Bezugspunkt für eine Elektrodenpotentialskala ist gleichbedeutend mit der folgenden Nullpunktsfestlegung

$$\varphi^\circ(O^{2-}/O_2) = 0 \quad \text{oder} \quad \varepsilon_F^\circ(O^{2-}/O_2) = 0 \tag{8.74}$$

Die so resultierenden konventionellen Elektrodenpotentiale sind eindeutig und meßbar. Es gibt jedoch noch einen andere Möglichkeit für die Wahl eines Bezugspunktes, die vor allem für Modellbetrachtungen und statistisch-thermodynamische Berechnungen Bedeutung hat. Im Unterschied zu den obigen Definitionen bezieht man dabei die Fermi-Energie einer Elektrodenreaktion auf die interne Energieskala (genauer: Gibbs-Energie-Skala) der Elektronen im Elektrolyt. Eine solche Skala ist genauso wie die oben erwähnten konventionellen Skalen von der Art des Elektrolyten abhängig, nimmt aber keinen Bezug auf eine bestimmte Elektrodenreaktion. Man spricht deshalb auch von absoluten Elektrodenpotentialen, obwohl auch hier der Kern der Definition die Wahl eines festen Bezugs- oder Nullpunkts für die Angabe der Fermi-Energie beliebiger Elektrodenreaktionen ist. Eine solche Skala ist eine Materialeigenschaft des Elektrolyten und stellt daher einen guten Ausgangspunkt für den Vergleich verschiedener Elektroden an ein und demselben Elektrolyten dar.

Abbildung 8.16 veranschaulicht diese Möglichkeit im Bandschema einer Brennstoffzelle mit Zirkondioxid. Für galvanische Zellen mit Zirkondioxid ist entscheidend, daß die Beziehung zwischen der Fermi-Energie der Elektronen, den Bandkanten des Festelektrolyten und dem Sauerstoffpartialdruck (oder allgemein besser: der Sauerstoffaktivität) eindeutig angebbar und – was noch wichtiger ist – meßbar ist. Im stromlosen Fall ist wegen der guten Leitfähigkeit im Festelektrolyt keine innere elektrische Potentialdifferenz vorhanden. Randschichten sind ebenfalls wegen der hohen Ladungsträgerkonzentration vernachlässigbar. Somit kann man davon ausgehen, daß die Bandkanten im Elektrolyt konstant und ortsunabhängig sind und sich so als Referenzenergie eignen. Ein besonders gut geeigneter Bezugspunkt ist die Energie ε_V der Valenzbandoberkante im Zirkondioxid. $\varepsilon_F - \varepsilon_V$ läßt sich beispielsweise für bestimmte Elektrodenreaktionen mit Hilfe der UV-Photoelektronenspektroskopie messen. Mit diesen Meßwerten kann man die Fermi-Energien beziehungsweise Elektrodenpotentiale beliebiger Elektrodenreaktionen (mit Zirkondioxid als Elektrolyt) relativ zur Energie der Valenzbandkante als Bezugspunkt angeben. Abbildung 8.16 gibt eine Elektrodenpotentialskala auf der Basis photoelektronenspektroskopischer Messungen relativ im Bandschema des Zirkondioxids an.

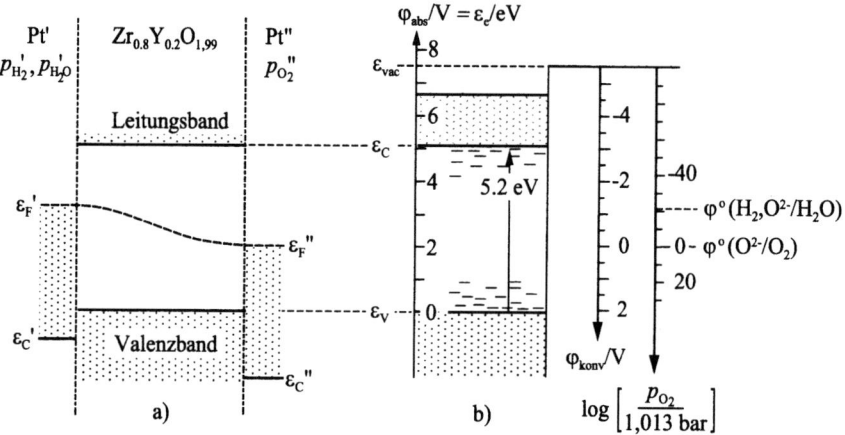

Abbildung 8.16 Absolute Elektrodenpotentialskala relativ zum Bandschema der Elektronen im Zirkondioxid [Wie 92]: a) Verlauf der Fermi-Energie in einer Brennstoffzelle auf der Basis des Zirkondioxids. Die S-Form des Verlaufs ist experimentell nachgewiesen worden. Sie resultiert daraus, daß die Elektronenleitfähigkeit sehr klein wird, wenn die Fermi-Energie etwa in der Mitte der Bandlücke liegt. Tatsächlich beobachtet man im Zirkondioxid immer einer sehr kleinen Kurzschlußstrom auf Grund eines Elektronenstroms im Gradienten der Fermi-Energie. b) Fermi-Energie beziehungsweise Elektrodenpotential im Bandschema des Festelektrolyten. Durch die hohe Konzentration von Punktdefekten (Leerstellen im Sauerstoffuntergitter) entstehen zahlreiche lokalisierte Elektronenzustände nahe den Bandkanten, die unter reduzierenden oder oxidierenden Bedingungen einen Anstieg der Elektronen- oder Löcherleitung verursachen, Dem Diagramm ist zu entnehmen, daß der elektrochemische Arbeitsbereich, in dem Zirkondioxid als Festelektrolyt ohne nennenswerte Elektronenleitfähigkeit verwendbar ist, etwa 2 Volt im mittleren Bereich der Bandlücke umfaßt.

Für die Fermi-Energie kann man wegen der sehr kleinen Elektronenkonzentration den Ansatz für Halbleiter übernehmen. Mit den Energien ε_C und ε_V der Leitungsband- und Valenzbandkanten und der Bandlücke ε_g folgt mit Gleichung (6.68)

$$\varepsilon_F - \varepsilon_V = \varepsilon_C - \varepsilon_V + kT \ln \frac{c_e}{c_{CB}^o} = \varepsilon_g + kT \ln \frac{c_e}{c_{CB}^o} \tag{8.75}$$

Andererseits gilt für Änderungen der Fermi-Energie wegen Gleichung (8.68) mit ε_F^o als Fermi-Energie beim Standarddruck des Sauerstoffs von 1,013 bar

$$\varepsilon_F - \varepsilon_F^o = -\frac{kT}{4} \ln \frac{p_{O_2}}{1{,}013 \text{ bar}} \tag{8.76}$$

Aus den beiden Gleichungen (8.75) und (8.76) leitet man die beiden folgenden Zusammenhänge ab

$$\varepsilon_F - \varepsilon_V = (\varepsilon_F^o - \varepsilon_V) - \frac{kT}{4} \ln \frac{p_{O_2}}{1{,}013 \text{ bar}} \tag{8.77}$$

$$c_e = c_{CB}^o \exp\left[\frac{\varepsilon_F^o - \varepsilon_V - \varepsilon_g}{kT}\right] \left(\frac{p_{O_2}}{1{,}013 \text{ bar}}\right)^{-1/4} \tag{8.78}$$

8.5 Elektrodengrenzflächen 309

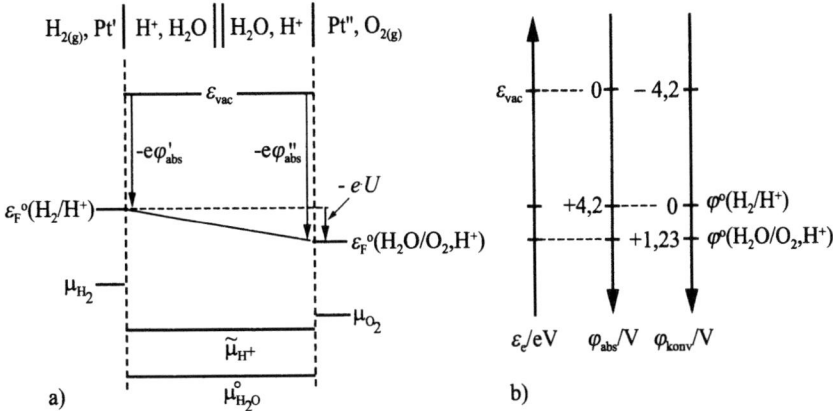

Abbildung 8.17 Absolute Elektrodenpotentialskala für wäßrige Elektrolyte [Tra 77, Smi 96]: a) Brennstoffzelle mit Skizze zum Verlauf der Fermi-Energie (schematisch) und der chemischen und elektrochemischen Potentiale beteiligter Spezies. Angedeutet ist darüber hinaus die Definition des absoluten Elektrodenpotentials und die daraus resultierende Zellspannung. b) Vergleich der verschiedenen Elektrodenpotentialskalen. Für das absolute Elektrodenpotential wird die Fermi-Energie einer betrachteten Elektrode auf die Vakuumenergie der Elektronen an der Elektrolytoberfläche bezogen (Volta-Potential des Elektrolyten). Die Genauigkeit der Umrechnung zwischen beiden Skalen wird durch die Bestimmung der Austrittsarbeit des Elektrolyten begrenzt.

Die konventionelle Skala der Elektrodenpotentiale am Zirkondioxid ist auf die Fermi-Energie ε_F° der Normalsauerstoffelektrode bezogen. Für eine beliebige Elektrodenreaktion mit der Fermi-Energie ε_F ist das konventionelle Elektrodenpotential φ_{konv} gegeben durch

$$\varphi_{konv} = -\frac{1}{e}\left[\varepsilon_F - \varepsilon_F^\circ\right] \tag{8.79}$$

Für das absolute Elektrodenpotential nach Abbildung 8.16 gilt dagegen

$$\varphi_{abs} = -\frac{1}{e}\left[\varepsilon_F - \varepsilon_V\right] = \varphi_{konv} - \frac{1}{e}\left[\varepsilon_F^\circ - \varepsilon_V\right] \tag{8.80}$$

Bei 800°C ergibt sich für $\left(\varepsilon_F^\circ - \varepsilon_V\right)$ ein Wert von 2,2 eV, mit dem man die konventionelle und die absolute Skala ineinander umrechnen kann. Statt der Valenzbandoberkante hätte man auch den Abstand der Fermi-Energie zur Vakuumenergie ε_{vac} direkt vor der Oberfläche des Festelektrolyts als Grundlage der Potentialskala wählen können. Dies erfordert die Bestimmung der Austrittsarbeit $\Phi = \varepsilon_{vac} - \varepsilon_F$. Austrittsarbeitsmessungen an Festelektrolyten sind allerdings sehr stark von Oberflächenverunreinigungen beeinflußt und zudem bei Einkristallen orientierungsabhängig, so daß ε_V als interne Referenzenergie in diesem Fall praktikabler ist.

In wäßrigen Elektrolyten ist allerdings eine Valenzbandkante schlecht definiert (da es sich um nicht-kristalline molekulare Systeme im Gegensatz zu dem ionisch aufgebauten kristallinen Zirkondioxid handelt). Deshalb wählt man hier die Energie des ruhenden Elektrons im Vakuum direkt vor der Elektrolytoberfläche als Bezugsniveau für die Definition absoluter Elektrodenpotentiale. Für die Normalwasserstoffelektrode in wäßrigen Elektrolyten wurde aus Austrittsarbeitsmessungen an sorgfältig präparierten Elektrodengrenzflächen (beziehungsweise über Berechnungen anhand von Kreisprozessen wie in Exkurs 8.7 beschrieben) der folgende Wert ermittelt:

$$\varepsilon_F^\circ(H_2/H^+) - \varepsilon_{vac} = 4{,}5 \pm 0{,}2 \text{ eV} \tag{8.81}$$

In Analogie zum oben diskutierten Zirkondioxid eignet sich jedoch auch die Fermi-Energie gelöster Redoxsysteme wie Fe^{2+}/Fe^{3+} unter definierten Konzentrationsverhältnissen als Bezugspunkt (siehe Exkurs 8.7). Man würde dabei die Lage der Fermi-Energie einer Elektrodenreaktion relativ zu der des gewählten Redoxbezugssystems in dessen Standardzustand angeben.

Exkurs 8.6 Sauerstoffsensoren mit Festelektrolyten

Für die Sauerstoffmessung in Abgasen und bei Verbrennungsvorgängen sind weltweit Sauerstoffkonzentrationsketten mit yttrium-stabilisiertem Zirkondioxid als festem Sauerstoffionenleiter (Festelektrolyt) in Gebrauch. Der Ausdruck yttrium-stabilisiert bezieht sich auf die Stabilisierung der kubischen (beziehungsweise bei geringen Y-Gehalten: tetragonalen) Hochtemperaturphase durch Substitution eines Teils des Zirkoniums. Ohne Y-Zusatz kristallisiert ZrO_2 bei den in Frage kommenden Anwendungstemperaturen unter 1000°C monoklin. Darüber hinaus entsteht wegen der geringeren Kationenladung des Yttriums (Y^{3+} gegenüber Zr^{4+}) pro zwei eingebauten Yttrium-Ionen eine zweiwertig positive Sauerstoffleerstelle $V_O^{\bullet\bullet}$. Da 10 bis 20 Mol-% des Zirkoniums ersetzt werden, bleiben etwa 5 bis 10 Mol-% der Sauerstoffionenplätze unbesetzt.

Wegen der hohen Konzentration der Sauerstoffleerstellen spielt eine Änderung ihrer Konzentration über den Ein- und Ausbau von Sauerstoff aus der Gasphase praktisch keine Rolle. Über etwa 30 Dekaden der Sauerstoffaktivität bleibt die Leerstellenkonzentration konstant. Dies hat eine wichtige Konsequenz: das chemische Potential der Sauerstoffionen muß ebenfalls konstant sein und hängt insbesondere nicht vom Sauerstoffpartialdruck ab (und damit auch nicht vom Elektrodenpotential). Aus diesem Grund taucht in Gleichung (8.68) keine Aktivität oder Konzentration der Sauerstoffionen auf. Der dort definierte Standardzustand der Sauerstoffionen ist also auf die aktuelle Konzentration der Sauerstoffionen und Sauerstoffleerstellen bezogen. Letztere sind üblicherweise durch eine Yttrium-Dotierung festgelegt und praktisch konstant. Die Sauerstoffelektrodenreaktion ist in Kröger-Vink-Symbolik gegeben durch

$$\frac{1}{2} O_{2,g} + V_O^{\bullet\bullet} + 2e' \rightleftharpoons O_O^x \tag{8.82}$$

Wie in Kapitel 6.8 gezeigt kann ein chemisches Potential der Sauerstoffionen in einem Oxid nur für das Bauelement $O_O^x - V_O^{\bullet\bullet} = \{O_O^x\}$ definiert werden, das einem Sauerstoffion O^{2-} entspricht. Aus Gleichung (8.82) folgt deshalb mit $\tilde{\mu}_{\{O_O^x\}} = \tilde{\mu}_{O^{2-}}$ die Gleichgewichtsbedingung (8.68).

Das übliche Aufbauprinzip eines Sauerstoffsensors auf Basis des Zirkondioxids ist

$$p'_{O_2}, \quad Pt' \mid Zr_{1-x}Y_xO_{2-(x/2)} \mid Pt'', \quad p''_{O_2} \tag{8.83}$$

Wenn die Sauerstoffpartialdrücke auf beiden Seiten der Kette (8.83) verschieden sind, liegt im Gleichgewicht zwischen den beiden Platinelektroden eine Differenz der Fermi-Energien

8.5 Elektrodengrenzflächen

vor, die bei Verwendung von Gleichung (8.68) für beide Elektroden (unterschiedliche Partialdrücke!) gegeben ist durch

$$\varepsilon_F'' - \varepsilon_F' = \frac{1}{2}\left(\tilde{\mu}_{O^{2-}}'' - \tilde{\mu}_{O^{2-}}'\right) - \frac{1}{4}\left(\mu_{O_2}'' - \mu_{O_2}'\right) = -\frac{kT}{4}\ln\left[\frac{p_{O_2}''}{p_{O_2}'}\right] \quad (8.84)$$

Dabei wurde benutzt, daß $\tilde{\mu}_{O^{2-}}''$ und $\tilde{\mu}_{O^{2-}}'$ gleich sind (Gleichgewicht der Ionen im stromlosen Zustand). Für die Zellspannung ergibt sich aus (8.84) und (8.70) die **Nernst-Gleichung**

$$U = -\frac{1}{e}\left[\varepsilon_F'' - \varepsilon_F'\right] = \frac{kT}{4e}\ln\frac{p_{O_2}''}{p_{O_2}'} = \frac{RT}{4F}\ln\frac{p_{O_2}''}{p_{O_2}'} \quad (8.85)$$

Exkurs 8.7 Austrittarbeit und Fermi-Energie eines Elektrolyten

Die Austrittsarbeit der Elektronen eines Elektrolyten ist wegen der sehr geringen Elektronenleitfähigkeit (oft durch Verunreinigungen verursacht) nur unter großem Aufwand meßbar. Eine andere Möglichkeit bietet jedoch die Herleitung aus leichter zugänglichen meßbaren Größen der Ionen über einen geeigneten Kreisprozeß. Die folgende Vorgehensweise ist für flüssige wie für feste Elektrolyte möglich. Wir betrachten dazu das folgende Redoxsystem

$$\text{Fe}_{aq}^{2+} \rightleftharpoons \text{Fe}_{aq}^{3+} + e_{aq}^- \quad (8.86)$$

Hier sind im Unterschied zu einer Elektrodenreaktion die Elektronen im Elektrolyt gemeint. Im Gleichgewicht ist die Fermi-Energie durch die folgende thermodynamische Gleichgewichtsbedingung gegeben:

$$\varepsilon_F = \tilde{\mu}_{\text{Fe}^{2+}} - \tilde{\mu}_{\text{Fe}^{3+}} = \tilde{\mu}_{\text{Fe}^{2+}}^\circ - \tilde{\mu}_{\text{Fe}^{3+}}^\circ + kT\ln\frac{c_{\text{Fe}^{2+}}}{c_{\text{Fe}^{3+}}} = \varepsilon_F^\circ + kT\ln\frac{c_{\text{Fe}^{2+}}}{c_{\text{Fe}^{3+}}} \quad (8.87)$$

Die Fermi-Energie des Redoxsystems $\text{Fe}^{2+}/\text{Fe}^{3+}$ in Gleichung (8.87) wird in der Chemie auch als **Redoxpotential** bezeichnet, wenn der Nullpunkt auf die Normal-Wasserstoffelektrode bezogen wird. ε_F° ist die Fermi-Energie des betrachteten Redoxsystems unter Standardbedingungen. Diese Größe soll relativ zur Vakuumenergie der Elektronen ausgedrückt werden, das heißt, die Differenz $\varepsilon_{vac} - \varepsilon_F^\circ$, die der Austrittsarbeit der Elektronen unter Standardbedingungen entspricht, ist zu berechnen. Der folgende Kreisprozeß liefert diese Größe:

$$-\Delta G_{sol,r}^\circ(\text{Fe}_{aq}^{2+}) \quad : \quad \text{Fe}_{aq}^{2+} \longrightarrow \text{Fe}_{vac}^{2+} \quad (8.88)$$

$$I_3 \quad : \quad \text{Fe}_{vac}^{2+} \longrightarrow \text{Fe}_{vac}^{3+} + e^- \quad (8.89)$$

$$\Delta G_{sol,r}^\circ(\text{Fe}_{aq}^{3+}) \quad : \quad \text{Fe}_{vac}^{3+} \longrightarrow \text{Fe}_{aq}^{3+} \quad (8.90)$$

Der erste Schritt liefert die Arbeit $-\Delta G_{sol,r}^\circ(\text{Fe}_{aq}^{2+})$ für die Überführung eines Fe^{2+}-Ions aus dem solvatisierten Zustand im Elektrolyt in den Zustand eines freien ruhenden Ions im Vakuum[4]. Im zweiten Schritt ist die (dritte) Ionisierungsenergie des Eisens aufzubringen, um das Elektron freizusetzen. Das entstandene Fe^{3+}-Ion liefert beim Lösen im Elektrolyten die reale Standard-Gibbs-Energie der Solvatation $\Delta G_{sol,r}^\circ(\text{Fe}_{aq}^{3+})$. Der Gesamtprozeß entspricht der

---

[4] $\Delta G_{sol,r}^\circ(\text{Fe}_{aq}^{2+})$ entspricht der realen Standard-Gibbs-Energie für die Solvatation des Ions, die unter bestimmten Annahmen aus experimentellen Daten errechenbar ist [siehe dazu Smi 96].

Überführung eines Elektrons vom Elektrolyt (der sich bezüglich der Fe^{3+}- und Fe^{2+}-Ionen im Standardzustand befindet) ins Vakuum, die benötigte Arbeit ist also gleich der (Standard-) Austrittsarbeit, so daß folgt

$$\Phi^\circ = \varepsilon_{\text{vac}} - \varepsilon_F^\circ = \Delta G_{\text{sol,r}}^\circ(\text{Fe}_{\text{aq}}^{3+}) - \Delta G_{\text{sol,r}}^\circ(\text{Fe}_{\text{aq}}^{2+}) + I_3 \quad (8.91)$$

Die Fermi-Energie in einem Ionenleiter hängt demnach sehr empfindlich von kleinsten Verunreinigungen ab, die reduzierend oder oxidierend wirken, das heißt Elektronen oder Löcher freisetzen können. Im Elektrolyt direkt vor den elektronenleitenden Elektrodengrenzflächen wird allerdings die Fermi-Energie sehr effektiv durch den Elektronenaustausch innerhalb des Elektrodengleichgewichts mit der Elektrode konstant gehalten. Letztendlich wird die Fermi-Energie also durch Redoxreaktionen an der Elektrolytgrenzfläche und im Inneren zusätzlich durch gelöste Redoxsysteme oder entsprechende Verunreinigungen beeinflußt. Daraus resultiert eine von Null verschiedene Elektronenleitfähigkeit. Sie ist die Ursache für Kurzschlußströme und Entladung entsprechender Batterien.

Manche kristalline Festelektrolyte enthalten jedoch darüber hinaus meßbare Konzentrationen beweglicher Elektronen, sei es durch die erwähnten Verunreinigungen, sei es durch Zustände nahe den Bandkanten.

Deshalb ist in Festelektrolyten unter bestimmten Verhältnissen die Messung der Elektronenkonzentration als Funktion des Elektrodenpotentials und damit als Funktion der Lage der Fermi-Energie möglich. Gelöste Eisen, Titan- oder Cerionen, die ihre Wertigkeit durch Elektronenaustausch ändern können, agieren dabei wie gelöste Redoxsysteme in wäßrigen Elektrolyten. Die Änderung des Elektrodenpotentials führt zu einer Änderung des Verhältnisses von oxidierter und reduzierter Form. Manche Ionen ändern dabei ihre Farbe und machen so diese elektrochemisch im Elektrolyten induzierte Verschiebung der Fermi-Energie sichtbar. Gradienten der Fermi-Energie in entsprechenden elektrochemischen Ketten mit unterschiedlichen Elektrodenpotentialen sind auf diese Weise nachweisbar.

Die Abhängigkeit des Verhältnisses reduzierter zu oxidierter Form von der Fermi-Energie läßt sich grundsätzlich mit den für Donator- oder Akzeptorniveaus in Halbleitern abgeleiteten Beziehungen beschreiben (siehe Exkurs 6.8 in Kapitel 6.6), da die Lage der Elektronenniveaus relativ zu den Bandkanten des Zirkondioxids festgelegt ist.

Die Fermi-Energie ist im stromlosen Zustand in Gegenwart eines Elektrodengleichgewichts auf beiden Seiten einer Elektrodengrenzfläche, im Elektronen- und im Ionenleiter, gleich. Diese Feststellung ist zu unterscheiden von dem im stromlosen Zustand im Elektrolyt selbst vorhandenen Gradienten der Fermi-Energie, der ja mit der Zellspannung zusammenhängt und nur dann erhalten bleibt, wenn die Elektronenleitfähigkeit vernachlässigbar ist.

Trotz der zwischen den Elektroden meßbaren elektrischen Potentialdifferenz ist übrigens in einem stromlosen Elektrolyten keine elektrische Potentialdifferenz vorhanden (ansonsten müßte ein Ionenstrom fließen, da eine hohe Ionenleitfähigkeit vorliegt). Dies ist ein weiterer Grund, daß elektrochemische Gleichgewichte nur mit elektrochemischen Potentialen befriedigend zu beschreiben sind.

Wird jedoch an einer elektrochemischen Kette von außen eine **Überspannung** gegenüber der Zellspannung im stromlosen Zustand aufgezwungen, so fließt ein Strom und die Fermi-Energie wird abhängig von den kinetischen Eigenschaften der Elektrodenreaktion an der Elektrodengrenzfläche eine Differenz zeigen.

8.6 Potentialverlauf an Elektrodengrenzflächen

Bisher haben wir bei der Diskussion von Elektroden und Elektrodenpotentialen eine Auftrennung der Fermi-Energie wie auch der elektrochemischen Potentiale in chemischen und elektrischen Potentialterm allgemein vermieden. Elektrische Potentialdifferenzen zwischen zwei Phasen an einer Grenzfläche sind nämlich grundsätzlich nicht absolut meßbar, da die Aufteilung eines elektrochemischen Potentials in chemischen und elektrischen Potentialterm nicht eindeutig ist. Die Beschränkung auf die Diskussion elektrochemischer Potentiale läßt sich aber nicht in allen Fällen durchhalten. Beispielsweise sind elektrische Ladungen und elektrische Potentialdifferenzen zu diskutieren, wenn experimentelle Kapazitäten und Verschiebungsströme an Elektroden erklärt werden sollen.

Als Beispiel für die elektrische Potentialdifferenz über eine Elektrodengrenzfläche sei die Sauerstoffelektrodenreaktion, Gleichungen (8.63) bis (8.65), aus dem letzten Abschnitt betrachtet (Platin im Kontakt mit einem wäßrigen Elektrolyten und gasförmigem Sauerstoff). Die elektrochemischen Potentiale einschließlich der Fermi-Energie teilen wir nun in chemischen und elektrischen Term auf gemäß (φ_{ely} = elektrisches Potential im Elektrolyt)

$$\varepsilon_F = \mu_e - e\varphi_{Pt} \, , \qquad \tilde{\mu}_{H^+} = \mu_{H^+} + e\varphi_{ely} \tag{8.92}$$

Setzt man dies in die Gleichgewichtsbedingung (8.64) beziehungsweise (8.65) für die Sauerstoffelektrode ein, berücksichtigt, daß das chemische Potential der Elektronen im Platin konstant ist ($\mu_e = \mu_e^\circ$), und löst nach der elektrischen Potentialdifferenz φ_{ely} auf, so erhält man

$$\Delta\varphi = \varphi_{Pt} - \varphi_{ely} \tag{8.93}$$
$$= \frac{1}{2e} \left\{ \frac{1}{2}\mu_{O_2}^\circ + 2\mu_{H^+}^\circ + 2\mu_e^\circ - \mu_{H_2O}^\circ + kT \ln\left[a_{H^+}^2 \left(\frac{p_{O_2}}{p^\circ}\right)^{1/2}\right] \right\}$$

Gleichung (8.93) besagt, daß die elektrische Potentialdifferenz an der Elektrodengrenzfläche (genauer: zwischen den neutralen Bereichen im Inneren von Elektrolyt und Elektrode) im Gleichgewicht völlig festgelegt ist. Wir sehen aber auch anhand von Gleichung (8.93), daß die Potentialdifferenz offensichtlich von der Wahl der Standardzustände abhängt (es sind mindestens zwei verschiedene Phasen beteiligt!)[5].

Elektroden, an denen die elektrische Potentialdifferenz durch ein Elektrodengleichgewicht analog zu Gleichung (8.93) kontrolliert wird, bezeichnet man als **unpolarisierbare** oder **reversible Elektroden**. Auf eine von außen aufgezwungene positive oder negative Überspannung reagiert eine solche Elektrode mit Konzentrationsänderungen durch eine Nettoreaktion (Oxidation oder Reduktion je nach Richtung der

---

[5] $\mu_{H^+}^\circ$ und μ_e° beziehen sich auf zwei verschiedene Phasen (Platin bzw. Elektrolyt). Die Wahl der beiden Standardzustände setzt eine vorherige Aufteilung der elektrochemischen Potentiale in chemischen und elektrischen Anteil voraus und ist in den beiden Phasen völlig unabhängig voneinander möglich. Deshalb macht Gleichung (8.93) nur über die Änderungen der elektrischen Potentialdifferenz eine signifikante und experimentell überprüfbare Aussage (daß nämlich nach Festlegung der Aufteilung und der Standardzustände die resultierende elektrische Potentialdifferenz konstant ist!), nicht aber über den Absolutwert von $\Delta\varphi$.

Elektrodenreaktion im Nichtgleichgewicht). Die meßbare Überspannung selbst entspricht allgemein einer Differenz der Fermi-Energie zwischen beiden Seiten der Elektrodengrenzfläche und wird im allgemeinen sowohl chemische Potentialdifferenzen als auch elektrische Potentialdifferenzen an der Elektrodengrenzfläche hervorrufen (zu den möglichen Überspannungsarten sei auf die umfangreiche Literatur zur Elektrochemie verwiesen, z.B. [Bar 80, Boc 70, Ham 98, Kor 72, Smi 96]). Nach Abschalten der äußeren Überspannung wird das System erneut den Gleichgewichtszustand mit der entsprechenden elektrischen Potentialdifferenz einstellen.

Polarisierbare Elektroden sind dagegen Grenzflächen, an denen im Idealfall kein Elektrodengleichgewicht eingestellt ist und damit auch kein Ladungsdurchtritt stattfindet. An solchen Grenzflächen ist die elektrische Potentialdifferenz nicht mehr festgelegt. Umgekehrt ist der elektrochemische Zustand, genauer Potentialdifferenz und Ladungsverteilung, erst durch eine von außen vorgegebene Potentialdifferenz definiert (experimentell: in einer elektrochemischen Zelle relativ zu einer reversiblen Referenzelektrode).

Die Beziehung zwischen dem elektrischen Potential und der lokalen elektrischen Ladungsdichte wird durch die **Poisson-Gleichung** beschrieben.

$$\frac{\partial^2 \varphi}{\partial x^2} = -\frac{\varrho_{el}}{\epsilon_{rel}\epsilon_0} \tag{8.94}$$

Sie gilt für jede Elektrodengrenzfläche im Rahmen der oben genannten Annahmen. Die lokale Ladungsdichte ergibt sich aus der Differenz der Konzentration negativer und positiver Ladungen (Elektronen, Ionen).

Bei der Aufstellung und Anwendung der Poisson-Gleichung (8.94) sind allerdings im strengen Sinne wesentliche Einschränkungen zu machen. Das elektrische Potential, wie es bei einer Aufteilung des elektrochemischen Potentials in elektrochemischen Betrachtungen benutzt wird, ist nicht identisch mit dem tatsächlichen lokalen mikroskopischen Potential, das beispielsweise im Inneren der Atome orts- und zeitabhängig (letzteres durch die Bewegungen der Elektronen und Kerne) stark variiert. Man versteht das elektrische Potential in der Elektrochemie als langsam veränderlichen **lokalen Mittelwert**, wobei die Mittelung über Längen vorzunehmen ist, die groß gegen den Atom- beziehungsweise Moleküldurchmesser sind. Eine genauere Diskussion zeigt, daß das hier verwendete mittlere elektrische Potential eher analog zu einem Potentials der mittleren Kraft ist, wie es in Modellen der lokalen Flüssigkeitsstruktur verwendet wird (siehe dazu Kapitel 10.3; eine ausführliche Diskussion findet man in [Fow 65, Smi 96]).

Elektrische Potentialdifferenzen und Potentialgradienten können nach dieser Vorstellung für nicht zu hohe elektrische Felder diskutiert werden, wenn der Potentialgradient über typische Atomabstände klein ist. Die Nettoladungen der Ionen oder lokale Dipolmomente können dann durch kontinuierliche Ladungsdichten und Dipolverteilungen angenähert werden, wobei die lokale Struktur der Atome und Moleküle vernachlässigt wird.

Bei der Diskussion von molekularen Modellen für Elektrodengrenzflächen ist dieser Ansatz sinnvoll. Er ermöglicht, direkte Zusammenhänge zwischen Änderungen des Elektrodenpotentials und Änderungen der Grenzflächenbelegung mit geladenen Teilchen wie Ionen, Elektronen oder mit polaren Molekülen quantitativ herleiten zu kön-

8.6 Potentialverlauf an Elektrodengrenzflächen

nen. So kann die Auswirkung elektrischer Ladungsdichten und Dipolschichten an der Elektrode auf die elektrische Potentialdifferenz getrennt von rein chemischen Veränderungen (chemische Potentiale, Konzentrationen) beschrieben werden. Im folgenden wird dazu als Beispiel die Potentialverteilung im Elektrolyt an einer polarisierbaren Elektrode diskutiert (Beispiel: Quecksilberelektrode in einer Natriumsulfatlösung).

Im Ruhezustand werden an der Oberfläche des Elektronenleiters Ionen und Lösungsmittelmoleküle des Elektrolyten adsorbieren und eine Oberflächenladung erzeugen, der eine gleich große Raumladung im Inneren des Elektrolyten beziehungsweise anteilig eine Oberflächenladung im Elektronenleiter gegenübersteht. Die Oberfläche des Elektronenleiters wird darüber hinaus auch ein Oberflächendipolmoment aufweisen (siehe Jellium-Modell in Abschnitt 8.1). Abbildung 8.18 zeigt schematisch die Bedingungen an einer typischen **Elektrode-Elektrolyt-Grenzfläche**.

Die elektrische Potentialdifferenz zwischen Oberfläche und Elektrolytinnerem kann in zwei wesentliche Beiträge aufgetrennt werden: der erste Beitrag, im folgenden mit $\Delta\varphi_a$ bezeichnet, beschreibt den Anteil der **starren Doppelschicht**, die aus den Ladungen der spezifisch adsorbierten Kationen und Anionen direkt an der Elektrodengrenzfläche (und den Gegenladungen an der Elektrodenoberfläche) gebildet wird. Die Ausdehnung a dieser Schicht entspricht dem Durchmesser der adsorbierten Teilchen (einschließlich einer Solvathülle). Innerhalb dieser Zone ist der Verlauf des mittleren elektrischen Potentials nahezu linear und durch die Oberflächenladungen auf beiden Seiten der Grenzfläche definiert.

$$\varphi(x) = \varphi_{Me} - \frac{\Delta\varphi_a}{a} \cdot x \qquad \text{für} \quad 0 \leq x \leq a \tag{8.95}$$

φ_{Me} ist das elektrische Potential im Metall (= Galvani-Potential des Metalls). Eine andere Bezeichnung für die starre Doppelschicht ist **Helmholtz-Schicht**. Sie ist meist für einen wesentlichen Teil der an solchen polarisierbaren Elektrodengrenzflächen meßbaren Kapazität verantwortlich.

Neben dem starren Teil der Doppelschicht wird sich im allgemeinen bei Polarisation der Grenzfläche ein Teil der Gegenladung über eine bestimmte Entfernung in den Elektrolyten hinein erstrecken. Die Raumladung entspricht einer Differenz der lokalen Konzentrationen von kationischen und anionischen Ladungen, die Ursache für eine weitere elektrische Potentialdifferenz $\Delta\varphi_d$ (gemäß Gleichung (8.94)) im Bereich der Raumladung ist. Die Ausdehnung des Raumladungsbereichs ist um so größer, je kleiner die Ionenkonzentration im Elektrolyten ist. Dies ist analog zur Ausdehnung der Randschichten an Halbleitergrenzflächen. Man bezeichnet diesen Teil der Doppelschicht als **diffuse Doppelschicht** oder Gouy-Chapman-Schicht [Cha 13, Gou 10], da der Potentialverlauf vom Konzentrationsverlauf der beweglichen kationischen und anionischen Ladungen abhängt.

Für den diffusen Teil der Doppelschicht muß die **Poisson-Gleichung** (8.94) gelöst werden, wobei die Konzentrationsverteilung der Kationen und Anionen als Funktion des elektrischen Potentials im Raumladungsbereich einer Boltzmann-Verteilung gehorchen muß. Für die Poisson-Gleichung gilt, wenn der Elektrolyt gleichgeladene Kationen und Anionen der Ladungen $+ze$ und $-ze$ enthält

$$\frac{\partial^2 \varphi}{\partial x^2} = -\frac{\varrho_{el}}{\epsilon_{rel}\epsilon_0} = -\frac{ze}{\epsilon_{rel}\epsilon_0}(c_+ - c_-) \tag{8.96}$$

Die Konzentrationen der Anionen und Kationen sind mit c_- und c_+ bezeichnet. Im Gleichgewicht muß die Verteilung der Kationen und Anionen als Funktion des lokalen elektrischen Potentials einer Boltzmann-Verteilung entsprechen und es gilt dann

$$c_+(x) = c_\infty \exp\left[-\frac{ze\varphi(x)}{kT}\right] \quad , \quad c_-(x) = c_\infty \exp\left[+\frac{ze\varphi(x)}{kT}\right] \quad (8.97)$$

Dabei ist das elektrische Potential im neutralen Teil des Elektrolyten gleich Null gesetzt worden ($\varphi_\infty = \varphi(x \to \infty) = 0$). Substituiert man diese Ausdrücke in Gleichung (8.96), so ergibt sich die **Poisson-Boltzmann-Gleichung** in der folgenden Form:

$$\frac{\partial^2 \varphi}{\partial x^2} = \frac{zec_\infty}{\epsilon_{rel}\epsilon_0}\left\{-\exp\left[-\frac{ze\varphi}{kT}\right] + \exp\left[+\frac{ze\varphi}{kT}\right]\right\} = \frac{2zec_\infty}{\epsilon_{rel}\epsilon_0}\sinh\left(\frac{ze\varphi}{kT}\right) \quad (8.98)$$

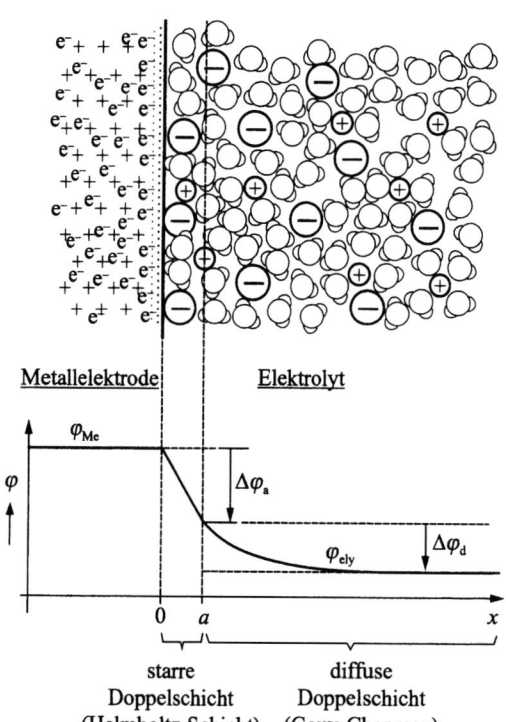

Abbildung 8.18 Verlauf des elektrischen Potentials an einer Metallelektrode im Kontakt mit einem flüssigen Elektrolyt.

Exkurs 8.8 Potentialverlauf in der diffusen Doppelschicht

Im Unterschied zu den Halbleitern (bewegliche Elektronen und ortsfeste Störstellen) sind im Fall der flüssigen Elektrolyte beide Ladungssorten beweglich. Infolgedessen ergibt sich mit

Gleichung (8.98) ein anderer Zusammenhang. Wir können wieder zwei Grenzfälle unterscheiden je nach Größe der elektrischen Potentialdifferenz in der diffusen Doppelschicht. Für kleine Potentialdifferenzen ergibt sich als Lösung

$$\frac{ze\varphi}{kT} \ll 1: \qquad \varphi(x) = \varphi(a) \cdot \exp\left(-\frac{x-a}{L_\mathrm{D}}\right) \tag{8.99}$$

für $x \geq a$. Man beobachtet also in diesen Fällen einen exponentiellen Verlauf des elektrischen Potentials als Funktion des Ortes. Die Abkürzung im Nenner des Exponenten wird wiederum als **Debye-Länge** bezeichnet und ergibt sich ganz analog wie bei Halbleitern in Abhängigkeit von der Gesamtkonzentration beweglicher Ladungen als

$$L_\mathrm{D} = \sqrt{\frac{\epsilon_\mathrm{rel}\epsilon_0 kT}{e^2 \left(\sum z_i^2 c_i\right)}} \tag{8.100}$$

Für den allgemeinen Fall beliebiger elektrischer Potentialwerte ohne die Einschränkung (8.99) auf Werte kann man eine allgemeine Lösung finden. Es gilt

$$\ln \frac{(e^{\tilde{\varphi}(x)}+1)(e^{\tilde{\varphi}(a)}-1)}{(e^{\tilde{\varphi}(x)}-1)(e^{\tilde{\varphi}(a)}+1)} = \frac{x-a}{L_\mathrm{D}} \tag{8.101}$$

mit den Abkürzungen $\tilde{\varphi}(x) = ze\varphi(x)/kT$, $\tilde{\varphi}(a) = ze\varphi(a)/kT$.

Literaturzitate

[Ash 81] N.W. Ashcroft, N.D. Mermin, *Solid State Physics*, Holt Saunders, New York 1981.

[Bar 80] A.J. Bard, L.R. Faulkner, *Electrochemical Methods*, Wiley, New York 1980.

[Bar 85] A.J. Bard, R. Parsons, J. Jordan (Ed.), Standard Potentials in Aqueous Solutions, Dekker, New York, 1985

[Boc 70] J.O'M Bockris, A.K.N. Reddy, *Modern Electrochemistry*, Vol. 1 + 2, Plenum Press, New York 1970.

[Cha 13] D.L. Chapman, Phil. Mag. 25 (1913) 475.

[Del 65] P. Delahay, *Double Layer and Electrode Kinetics*, Wiley, New York 1965.

[Ert 85] G. Ertl, J. Küppers, *Low Energy Electrons and Surface Chemistry*, VCH, Weinheim 1985.

[Fow 65] R.H. Fowler, E.H. Guggenheim, *Statistical Thermodynamics*, Cambridge Univ. Press, Reprint 1965.

[Göp 91] W. Göpel, J. Hesse, J.N. Zemel (Hrsg.), *Sensors*, Vol. 2: *Chemical and Biochemical Sensors* Part I, VCH, Weinheim 1991.

[Göp 94] W. Göpel, Ch. Ziegler, *Struktur der Materie: Grundlagen, Mikroskopie und Spektroskopie*, Teubner, Leipzig 1994.

[Gou 10] G. Gouy, J. Phys. 9 (1010) 457.

[Ham 98] C.H. Hamann, W. Vielstich, *Elektrochemie*, Wiley-VCH, Weinheim 3. Aufl. 1998.

[Hen 94] M. Henzler, W. Göpel, *Oberflächenphysik des Festkörpers*, Teubner, Stuttgart 2. Aufl. 1994.

[Kor 72] G. Kortüm, *Lehrbuch der Elektrochemie*, VCH, Weinheim 5. Aufl. 1972.

[Mai 93] J. Maier, Angew. Chem. 105 (1993) 333.

[Ric 82] H. Rickert, *Electrochemistry of Solids - An Introduction*, Springer, Berlin 1982.
[Smi 96] W. Schmickler, *Grundlagen der Elektrochemie*, Vieweg, Braunschweig 1996.
[Smi 86] W. Schmickler, D. Henderson, *New Models for the Electrochemical Interface*, in: Progress in Surface Science Vol. 22 (1986) 323.
[Tra 77] S. Trasatti, *The Work Function in Electrochemistry*, in: Advances in Electrochemistry and Electrochemical Engineering, Vol. 10, Hrsg. H. Gerischer und C.W. Tobias, Wiley, New York 1977.
[Wie 91] H.-D. Wiemhöfer, K. Cammann, in Zitat [Göp 91], Seite 159.
[Wie 92] H.-D. Wiemhöfer, U. Vohrer, Ber. Bunsenges. Physikal. Chem. 96 (1992) 1646.
[Zan 88] A. Zangwill, *Physics at Surfaces*, Cambridge Univ. Press, Cambridge 1988.

9 Reale Gase

Wesentliche Eigenschaften chemischer Systeme mit höherer Dichte, insbesondere des kondensierten Zustands, sind nur unter Berücksichtigung der Teilchenwechselwirkungen zu beschreiben. Als erster Schritt zur Einführung derartiger Wechselwirkungen werden reale Gase behandelt. Bei realen Gasen sind Abweichungen der empirisch ermittelbaren thermodynamischen Größen von den Beziehungen für ein ideales Gas klein, solange die Dichte klein ist gegen die typischen Dichtewerte kondensierter Systeme.

Bei kleinen Dichten sind die intermolekularen Wechselwirkungen schwach. Ihre Berücksichtigung stellt dann eine kleine Korrektur gegenüber dem Verhalten des idealen Gases dar. Unter dieser Voraussetzung sind die Zustandsgleichung und die thermodynamischen Funktionen eines realen Gases als Reihenentwicklung in Potenzen der Dichte darstellbar. Der erste Term, gleichzeitig der überwiegende, ist jeweils identisch mit dem für das ideale Gas. Die Terme zweiter Ordnung in der Dichte resultieren aus der Wechselwirkung einzelner Teilchenpaare. Höhere Terme, beispielsweise Wechselwirkungsbeiträge durch Teilchencluster aus drei oder mehr Molekülen, die die Terme dritter und höherer Ordnung in der Dichte bestimmen, sind für verdünnte reale Gase vernachlässigbar, für Flüssigkeiten jedoch entscheidend. Für reale Gase steht daher die Berücksichtigung der Paarwechselwirkungen im Vordergrund.

9.1 Kanonische Zustandssumme in der klassischen Näherung

Die eigentliche Herausforderung an die statistische Thermodynamik stellt die Berücksichtigung von Wechselwirkungen in Vielteilchensystemen dar. Insbesondere ein Verständnis ungeordneter kondensierter Systeme wie Flüssigkeiten und Lösungen ist von großem praktischen Interesse. Die kanonische Zustandssumme in ihrer exakten Form erfordert die Berechnung der Energiewerte des Vielteilchensystems. Das Vorhandensein von Wechselwirkungen schließt aber eine Darstellung als Summe über Einteilchenenergien aus. Wie bereits in Kapitel 1 erwähnt, bringt eine quantenmechanische Behandlung von wechselwirkenden Systemen enorme Schwierigkeiten mit sich. Hier bleibt nur der Weg über Vereinfachungen und geeignete Näherungen. Glücklicherweise lassen sich für Gase und fluide Systeme die Wechselwirkungen in den meisten Fällen über eine klassisch-mechanische Berechnung der Gesamtenergie in guter Näherung behandeln.

Im folgenden wollen wir uns zunächst auf verdünnte reale Gase bei mäßigem Druck beschränken. Der Beitrag der Teilchenwechselwirkungen ist dann klein im Vergleich zur Gesamtenergie des Gases. Zunächst sei ein einatomiges Gas betrachtet. Praktisch im gesamten Temperaturbereich (genauer: im Geltungsbereich der Boltzmann-Näherung für die Translationszustandssumme, siehe Exkurs 3.4) kann man die Summation über diskrete Energieniveaus der Zustandssumme ersetzen durch ein entsprechendes Integral mit dem klassischen Ausdruck für die Gesamtenergie

(Hamiltonfunktion, siehe auch Kapitel 1.2 und 1.3.3, sowie Exkurs 1.5). Mit $\mathbf{R} = (\mathbf{r}_1, \mathbf{r}_2, \ldots \mathbf{r}_N)$ und $\mathbf{P} = (\mathbf{p}_1, \mathbf{p}_2, \ldots \mathbf{p}_N)$ als Abkürzung für alle Orts- und Impulskoordinaten eines Gases aus N Atomen (als Massepunkte behandelt) läßt sich die Gesamtenergie als Summe aus Translationsenergie und potentieller Energie schreiben, wenn man Orts- und Impulskoordinaten als kontinuierliche Variablen auffaßt (i = Index für einen bestimmten Quanten- bzw. Mikrozustand).

$$E_i(\mathbf{P}_i, \mathbf{R}_i) \approx E_{\text{tot}}(\mathbf{P}, \mathbf{R}) = E_{\text{trans}}(\mathbf{P}) + E_{\text{pot}}(\mathbf{R}) \tag{9.1}$$

Entsprechend wird die diskrete Zustandssumme durch ein Integral ersetzt:

$$\sum_i \exp\left(-\frac{E_i}{kT}\right) \approx \frac{1}{N! h^{3N}} \int_R \int_P \exp\left(-\frac{E_{\text{tot}}(\mathbf{P}, \mathbf{R})}{kT}\right) d\mathbf{P} \, d\mathbf{R}$$

Mit (9.1) für die Gesamtenergie erhält man daraus die **semi-** oder **halbklassische Zustandssumme**: Der Faktor $1/N!$ berücksichtigt wie bisher die Ununterscheidbarkeit der Teilchen (im Rahmen der Gültigkeit der Maxwell-Boltzmann-Statistik), der Faktor h^{3N} im Nenner ist das Volumen einer Phasenraumzelle und sorgt für die quantenmechanisch korrekte Abzählweise der Mikrozustände. Der Ausdruck (9.2) ergibt sich auch direkt aus dem im ersten Kapitel eingeführten Phasenraumintegral, Gleichung (1.54), erweitert um den Gibbs-Boltzmann-Faktor $\exp(-E_{\text{tot}}/kT)$.

$$\begin{aligned}
Z &= \frac{1}{N! h^{3N}} \int_R \int_P \exp\left[-\frac{E_{\text{trans}}(\mathbf{P}) + E_{\text{pot}}(\mathbf{R})}{kT}\right] d\mathbf{P} \, d\mathbf{R} \tag{9.2} \\
&= \frac{1}{N! h^{3N}} \int_P \exp\left[-\frac{E_{\text{trans}}(\mathbf{P})}{kT}\right] d\mathbf{P} \cdot \int_R \exp\left[-\frac{E_{\text{pot}}(\mathbf{R})}{kT}\right] d\mathbf{R}
\end{aligned}$$

Der Translationsbeitrag in (9.2) läßt sich in jedem Fall auswerten. Die Auswertung entspricht in Vorgehensweise und Ergebnis der Ableitung der Translationszustandssumme in Kapitel 3.3 und liefert mit $E_{\text{trans}} = \sum_{i=1}^{N} \mathbf{p}_i^2/(2m)$

$$\begin{aligned}
Z_{\text{trans}} &= \frac{1}{N! h^{3N}} \int_P \exp\left[-\frac{E_{\text{trans}}(\mathbf{P})}{kT}\right] d\mathbf{P} \\
&= \frac{1}{N! h^{3N}} \int_{\mathbf{p}_1} \cdots \int_{\mathbf{p}_N} \exp\left[-\frac{\sum_{i=1}^{N} \mathbf{p}_i^2}{2mkT}\right] d\mathbf{p}_1 \cdots d\mathbf{p}_N = \frac{1}{N!}\left(\frac{2\pi mkT}{h^2}\right)^{\frac{3N}{2}}
\end{aligned}$$

Für ein ideales Gas ist die potentielle Energie $E_{\text{pot}} = 0$ und die Auswertung des Integrals über die $3N$ Ortskoordinaten ist ein N-faches Volumenintegral, das den Wert V^N ergibt. Zusammen mit dem ersten Teil der Zustandssumme, dem Integral über die $3N$ Impulskoordinaten, führt die Auswertung für ein ideales Gas **einatomiger Moleküle** zum bereits bekannten Ergebnis aus Kapitel 3.3, Gleichungen (3.12) und (3.13):

$$Z_{\text{ideal}} = Z_{\text{trans}} \int \cdots \int d\mathbf{r}_1 \cdots d\mathbf{r}_N = \frac{V^N}{N!}\left(\frac{2\pi mkT}{h^2}\right)^{3N/2} \tag{9.3}$$

9.1 Kanonische Zustandssumme in der klassischen Näherung

Wir definieren nun einen Korrekturfaktor Q_{konfig}, der die Abweichung von der Zustandssumme für ein ideales Gas angibt.

$$Z = \frac{1}{N!}\left(\frac{2\pi mkT}{h^2}\right)^{3N/2} V^N \cdot Q_{\text{konfig}} = Z_{\text{ideal}} \cdot Q_{\text{konfig}} \quad (9.4)$$

Q_{konfig} wird als **Konfigurationsintegral** bezeichnet, da dieser Faktor ein Integral des Wechselwirkungsterms über alle Ortskoordinaten darstellt und damit über alle Konfigurationen der Gasteilchen[1]

$$Q_{\text{konfig}} = \frac{1}{V^N}\int\cdots\int \exp\left(-\frac{E_{\text{pot}}(r_1,\cdots r_N)}{kT}\right) dr_1 \cdots dr_N \quad (9.5)$$

Entscheidend bei der Auswertung ist der Ansatz für die potentielle Energie $E_{\text{pot}}(R)$ auf Grund der intermolekularen Wechselwirkungen und die Auswertung des Konfigurationsintegrals Q_{konfig} durch Integration über die Ortskoordinaten $R = (r_1, r_2, \ldots r_N)$,. Bevor diese Problematik behandelt wird, sollen im folgenden Abschnitt zunächst die gängigen empirischen Ansätze für intermolekulare Wechselwirkungen diskutiert werden.

Intermolekulare Paarwechselwirkungen hängen in der Regel nicht nur vom Abstand der Molekülschwerpunkte, sondern auch von der relativen Orientierung der Moleküle ab. Da jedoch in verdünnten Gasen eine praktisch freie Rotation der Moleküle im Raum vorliegt, beschränkt man sich häufig auf gemittelte Wechselwirkungsenergien über die möglichen relativen Orientierungen, die nur vom Abstand der Molekülschwerpunkte abhängen.

Die Gleichungen (9.2), (9.4) und (9.5) sind jedoch auch erweiterbar, um die Beschreibung molekularer Gase zu verbessern. Eine Möglichkeit ist, die intramolekularen Freiheitsgrade näherungsweise von den intermolekularen Wechselwirkungen zu separieren (Annahme: Additivität der entsprechenden Energiebeiträge) und die Energiebeiträge innerer Freiheitsgrade wie Rotation und Schwingung über die Näherungen aus Kapitel 4.1 zu berücksichtigen:

$$E_{\text{tot}} = E_{\text{trans}}(P) + E_{\text{pot}}(R) + E_{\text{int}} \quad (9.6)$$

Zur Konfiguration R in $E_{\text{pot}}(R)$ tragen bei dieser Vorgehensweise nur die Koordinaten der Molekülschwerpunkte bei. Die verwendeten Potentialansätze müssen gegebenenfalls die Orientierungsabhängigkeit der Wechselwirkungen berücksichtigen. Für dichte fluide Systeme ist allerdings wegen des geringen Teilchenabstands mit starken Einflüssen der benachbarten Teilchen auf die inneren Bewegungen und die inneren Energiebeiträge der Moleküle zu rechnen, so daß der Separationsansatz in solchen Fällen keine brauchbare Näherung mehr darstellt.

In solchen Fällen ist ein anderer - besonders in Computerberechnungen - häufig eingeschlagener Weg, daß die Paarwechselwirkungen nicht für Molekülpaare sondern für

---

[1] Hier ist das Konfigurationsintegral als Abweichung von der Zustandssumme eines idealen Gases definiert, daher der Vorfaktor $1/V^N$. In einigen Lehrbüchern wird das Konfigurationsintegral dagegen ohne diesen Vorfaktor eingeführt, siehe z.B. [MQu 85]. Leider ist der Gebrauch der Formelsymbole Z und Q ebenfalls nicht einheitlich. Manche Lehrbücher nehmen Q für die kanonische Zustandssumme. In [MQu 85] wird darüber hinaus Z für das Konfigurationintegral (ohne den Faktor $1/V^N$) benutzt.

Paare von Atomen oder Gruppen in den Molekülen formuliert werden. Mit R werden dann nicht die Molekülschwerpunkte, sondern die Ortsvektoren der in den Molekülen als Kraftzentren angesetzten Atome oder Gruppen bezeichnet. $E_{\text{pot}}(R)$ enthält dann sowohl die inter- als auch die intramolekularen Wechselwirkungen (Schwingungen, innere Rotation). Die Auswertung des Konfigurationsintegrals in Gleichung (9.5) wird dann entsprechend aufwendiger. Die intermolekularen Kräfte werden dabei als Summe über Wechselwirkungen zwischen jeweils zwei Atomen oder Gruppen verschiedener Moleküle dargestellt (vergleiche Abbildung 9.4). In Modellrechnungen werden die Atomkoordinaten bei der Behandlung intramolekularer Freiheitsgrade in der Regel über Koordinatentransformationen durch geeignete Abstands- und Winkelkoordinaten ersetzt ([Com 95], siehe auch Exkurs 10.11 im folgenden Kapitel).

9.2 Intermolekulare Kräfte und Paarpotentiale

Für die hier behandelten realen Gase setzen wir voraus, daß die Dichte klein gegen die typischen Dichten in Flüssigkeiten und Festkörpern ist. Der mittlere Abstand der Teilchen ist dann groß gegen die mittlere Reichweite der intermolekularen Kräfte. Die Wahrscheinlichkeit, in unmittelbarer Nachbarschaft eines herausgegriffenen Teilchens ein zweites zu finden, ist in erster Näherung proportional zum Quadrat der Teilchendichte. Die Wahrscheinlichkeiten, Cluster aus drei oder mehr Teilchen zu finden, sind entsprechend proportional zur dritten beziehungsweise höheren Potenzen der Dichte und damit sehr klein. Cluster aus drei oder mehr nah benachbarten Teilchen tragen also kaum zur Wechselwirkungsenergie bei.

Unter solchen Voraussetzungen kann die gesamte Wechselwirkungsenergie E_{pot} in sehr guter Näherung als Superposition unabhängiger Paarwechselwirkungen ε_{ij} zwischen jeweils zwei Teilchen i und j dargestellt werden. Für flüssige und allgemein fluide Systeme entsprechend hoher Dichte wird diese Annahme nicht mehr zu halten sein (siehe Kapitel 10).

Insgesamt erhält man für ein N-Teilchensystem $N(N-1)/2$ unabhängige Paarwechselwirkungsterme ε_{ij}.[2] Für große Teilchenzahlen gilt $N(N-1)/2 \approx N^2/2$. Es folgt:

$$E_{\text{pot}}(R) = E_{\text{pot}}(r_1, \ldots r_N) \approx \sum_{i=1}^{N-1} \sum_{j>i}^{N} \varepsilon(r_i, r_j) = \sum_{i=1}^{N-1} \sum_{j>i}^{N} \varepsilon_{ij} \quad (9.7)$$

$$= \varepsilon_{12} + \varepsilon_{13} + \ldots + \varepsilon_{1N}$$
$$+ \varepsilon_{23} + \ldots + \varepsilon_{2N}$$
$$\ddots \quad \vdots$$
$$+ \varepsilon_{N-1,N}$$

---
[2] Dies läßt sich leicht herleiten, wenn man wie in Gleichung (9.7) die Einzelterme in Matrixform auflistet. Eine quadratische Matrix mit N Spalten hat N^2 Elemente, davon N entlang der Diagonalen. Demnach gibt es N^2-N Nichtdiagonalelemente. Die Notation in Gleichung (9.7) entspricht der Hälfte der Nichtdiagonalelemente, also $(N^2 - N)/2 = N(N-1)/2$, was der Anzahl Paarwechselwirkungen eines N-Teilchensystems entspricht.

9.2 Intermolekulare Kräfte und Paarpotentiale

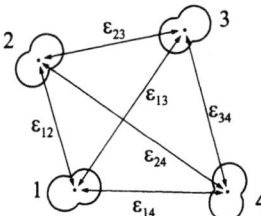

Abbildung 9.1 Paarwechselwirkungen eines Systems aus vier Teilchen.

Übersicht 9.1: Einfache empirische Ansätze für Paarpotentiale

	Abstoßung ε_{rep}	Anziehung $\varepsilon_{\text{attr}}$
Hartkugelpotential (starre Kugeln)	$0 \; (r > \sigma)$ $\infty \; (r \leq \sigma)$	—
Kastenpotential (square well)	$0 \; (r > \sigma)$ $\infty \; (r \leq \sigma)$	$-\varepsilon_0 \; (\sigma < r < d_{\text{max}})$ $0 \; (r > d_{\text{max}})$
Sutherland	$0 \; (r > \sigma)$ $\infty \; (r \leq \sigma)$	$-C_{\text{attr}} \left(\dfrac{\sigma}{r}\right)^n$
Lennard-Jones-(6,12)	$\varepsilon_0 \left(\dfrac{r_{\text{eq}}}{r}\right)^{12}$	$-2\varepsilon_0 \left(\dfrac{r_{\text{eq}}}{r}\right)^{6}$
Buckingham-(exp-6)	$\varepsilon_0 \, f(\alpha) \dfrac{6}{\alpha} e^{-\alpha[1-(r/r_{\text{eq}})]}$ $(r > r_{\text{m}})$ $\infty \quad (r \leq r_{\text{m}})$	$-\varepsilon_0 \, f(\alpha) \left(\dfrac{r_{\text{eq}}}{r}\right)^6$ mit: $f(\alpha) = \dfrac{1}{1-(6/\alpha)}$ —
parabolisches Potential (harm. Oszillator)	—	$\dfrac{1}{2} k (r - r_{\text{eq}})^2$
Morse-Potential	$D_{\text{e}} \left[1 - e^{-\beta(r - r_{\text{eq}})}\right]^2$	$\longrightarrow$ Anziehung + Abstoßung
Coulomb-Energie	$\dfrac{1}{4\pi \epsilon_0 \epsilon_{\text{rel}}} \dfrac{q_1 q_2}{r}$	$\longrightarrow$ Anziehung oder Abstoßung

Symbole: r – Teilchenabstand, σ – Teilchendurchmesser (im Hartkugelansatz), ε_0 – potentielle Energie am Minimum der Potentialkurve, r_{eq} – Teilchenabstand am Minimum der Potentialkurve, d_{max} – Reichweite der Anziehung beim Kastenpotential, r_{m} – erstes Maximum des Buckingham-Potentials unterhalb von r_{eq}, C_{attr}, α – Stärke der Wechselwirkung; vergleiche auch alternative Darstellung des Lennard-Jones-Potentials in Gleichung (9.9), D_{e} – Dissoziationsenergie (bezogen auf die Energie am Potentialminimum), $\beta = 2\pi \nu_0 \, (\mu/2D_{\text{e}})^{1/2}$, μ – reduzierte Masse, ν_0 – Grundschwingungsfrequenz, k – Kraftkonstante, q_1, q_2 – Ladungen, ϵ_{rel} – relative Dielektrizitätskonstante.

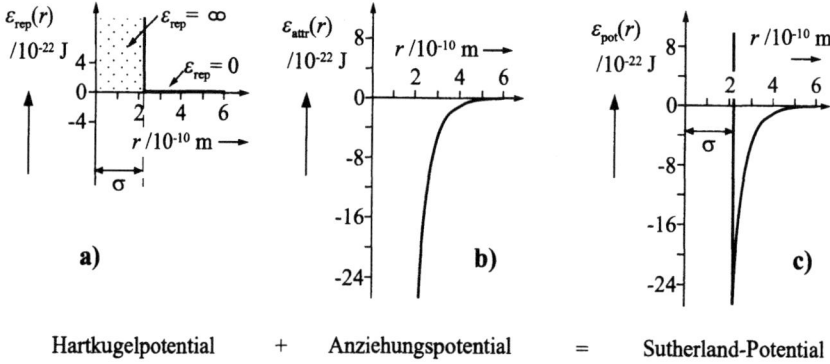

Hartkugelpotential   +   Anziehungspotential   =   Sutherland-Potential

Abbildung 9.2 Sutherland-Näherung für die Wechselwirkungsenergie (Paarpotential) zweier Neon-Atome: a) als abstoßender Anteil wird das Verhalten harter Kugeln (Hartkugelpotential) benutzt, b) als Anziehungsterm wird eine abstandsabhängige Wechselwirkungsenergie proportional zu $-r^{-n}$ angesetzt, c) Addition beider Anteile ergibt das Sutherland-Potential. Die Kurven geben typische Zahlenwerte für Abstand und Energie pro Teilchenpaar bei einfachen Molekülen wieder.

Abbildung 9.1 veranschaulicht die Zahl der Paarwechselwirkungsbeiträge für ein System aus vier Gasteilchen, für das sich sechs unabhängige Terme ergeben. Der Ansatz (9.7) stellt eine beträchtliche Vereinfachung zur Auswertung des Konfigurationsintegrals dar, weil man so die gesamte Wechselwirkungsenergie auf die abstandsabhängige intermolekulare Wechselwirkung von nur zwei Gasteilchen zurückführen kann. Solche Paarwechselwirkungen lassen sich zwar prinzipiell – wiederum auf der Basis der Born-Oppenheimer-Näherung – aus den elektrostatischen Wechselwirkungen der Kerne und Elektronen über die Schrödinger-Gleichung herleiten. Jedoch ist dieser Weg der Herleitung bereits für einfache zweiatomige Moleküle zu aufwendig. Deshalb arbeitet man auch hier mit geeigneten Näherungen.

Die Paarwechselwirkung zwischen Molekülen kann näherungsweise als Summe aus Abstoßungs- und Anziehungsanteil angesetzt werden.

$$\varepsilon_{ij}(r) = \varepsilon_{\text{rep}}(r) + \varepsilon_{\text{attr}}(r) \qquad (9.8)$$

Diese Näherung ist ein Ausgangspunkt vieler Potentialmodelle. Ihre Anwendbarkeit beruht auf dem großen Unterschied in der Reichweite der anziehenden und abstoßenden Kräfte. Einige der einfachsten und gebräuchlichsten **empirischen Modellpotentiale** für statistisch-thermodynamische Berechnungen einfacher Gase sind in Übersicht 9.1 aufgeführt.

Die abstoßenden Kräfte resultieren bei genügend kleinem Molekülabstand aus der Überlappung der Elektronenhüllen im Zusammenwirken mit Coulomb-Abstoßung und Pauli-Prinzip. Ihre exakte Berechnung aus den Moleküleigenschaften erfordert prinzipiell eine quantenmechanische Behandlung. Die intermolekulare Abstoßung wirkt nur für sehr kleine Abstände, wenn die Valenzorbitale signifikant überlappen, dominiert dann aber die gesamte Wechselwirkung und steigt für kleiner werdende Abstände sehr steil an. Anziehende Kräfte haben dagegen eine viel größere Reichweite, da sie langsamer mit dem Abstand abklingen als die sehr kurzreichweitigen Abstoßungskräfte. Die Summe aus anziehendem und abstoßendem Potential führt dann zu

9.2 Intermolekulare Kräfte und Paarpotentiale

einem Potentialminimum, das die Stärke der intermolekularen Wechselwirkung charakterisiert. Abbildung 9.2 zeigt ein Beispiel.

Der einfachste Ansatz für die abstoßende Wechselwirkung ist das **Potential harter Kugeln**, auch kurz **Hartkugelpotential** genannt. Eine recht grobe Berücksichtigung der Anziehung ist das Kastenpotential in Übersicht 9.1. Aus elektrostatischen Überlegungen ist jedoch für die anziehende Wechselwirkung ein Ansatz proportional zu r^{-6} mit r als Teilchenabstand sinnvoll (zur Begründung siehe Exkurs 9.1). Die weiteren in Übersicht 9.1 gezeigten Ansätze bestehen aus einer Kombination einer r^{-6}-Anziehung und einer geeigneten stärker r-abhängigen Abstoßungsfunktion. Abbildung 9.3 veranschaulicht einige dieser Potentialansätze.

Das Lennard-Jones-(6,12)-Potential ist sicherlich eines der bekanntesten empirischen Potentiale. Es ist definiert durch

$$\varepsilon_{\text{pot}}(r) = 4\varepsilon_0 \left[\left(\frac{\sigma}{r}\right)^{12} - \left(\frac{\sigma}{r}\right)^{6} \right] \tag{9.9}$$

oder alternativ, wenn statt des Moleküldurchmessers σ der Gleichgewichtsabstand r_{eq} der beiden Moleküle beim Energieminimum ε_0 als Parameter benutzt wird

$$\varepsilon_{\text{pot}}(r) = \varepsilon_0 \left[\left(\frac{r_{\text{eq}}}{r}\right)^{12} - 2\left(\frac{r_{\text{eq}}}{r}\right)^{6} \right] \tag{9.10}$$

Der erste Term mit der r^{-12}-Abhängigkeit vom Molekülabstand r ist ein empirischer Abstoßungsterm („weiche" Abstoßung im Gegensatz zum „Hartkugelpotential", siehe auch Abbildung 9.3). Der zweite Term stellt die Anziehung aufgrund der Dispersionswechselwirkung dar.

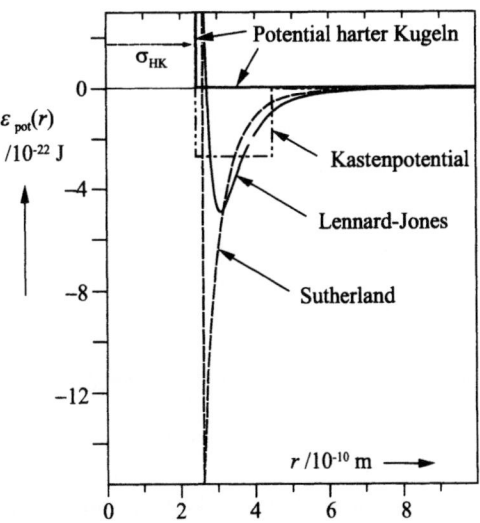

Abbildung 9.3 Einfache Ansätze für die Wechselwirkungsenergien („Modellpotentiale") zur Behandlung der Paarwechselwirkungen in realen Gasen. Die gezeigten Potentiale sind unter Verwendung entsprechender Parameter für Neon aufgetragen [Daten aus Hir 64]. Alle gezeigten Kurven liefern annähernd den richtigen Wert für den zweiten Virialkoeffizienten B_2 des Neons (zum Zusammenhang zwischen dem Virialkoeffizienten und der Zweiteilchenwechselwirkung siehe Abschnitt 9.4).

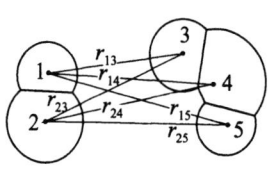

Abbildung 9.4 Die Abbildung illustriert den Ansatz einer Summe von fünf kugelsymmetrischen Zweizentren-Potentialen, die von verschiedenen Punkten („sites") im Molekül ausgehen (auch als „site-site"-Potential bezeichnet), zur näherungsweisen Beschreibung der Wechselwirkung unsymmetrischer Moleküle. Im gezeigten Beispiel würde die Wechselwirkungsenergie der zwei Moleküle sechs einzelne site-site-Wechselwirkungsterme umfassen [nach Luc 86].

Für eine sehr genaue Berechnung thermodynamischer Funktionen realer Gase ist das **Lennard-Jones-6,12-Potential** nur bedingt einsetzbar. Die aus der Anpassung an experimentelle Daten ermittelten Anziehungsenergien sind für das Lennard-Jones-Potential meist nur halb so groß wie aus den Polarisierbarkeiten der Moleküle berechneten elektrostatischen Anziehungskräfte (siehe dazu Exkurs 9.1). Neben dem (6-12)-Potential werden in manchen Berechnungen auch Lennard-Jones-Potentiale mit anderen Exponenten benutzt (kurz als (n,m)-**Potentiale** bezeichnet, mit Termen proportional zu r^{-n} und r^{-m}).

Darüber hinaus werden aber insbesondere die Abstoßungskräfte deutlich besser durch eine Exponentialfunktion als durch eine einfache Potenzfunktion modelliert. Eine entsprechende empirische Potentialfunktion ist das **Buckingham-Potential** in Übersicht 9.1 (in einer von Rice und Hirschfelder modifizierten Form, auch exp-6-Potential genannt). Es wird durch die drei Parameter ε_0, r_{eq} und α festgelegt. Allerdings zeigt die aus dem Exponentialterm und dem anziehenden r^{-6}-Term bestehende Funktion neben dem Minimum beim Gleichgewichtsabstand $r = r_{eq}$ für kleiner werdende Werte des Abstands r weitere Extremwerte. Deshalb schneidet man die Funktionswerte für $0 \leq r \leq r_m$ mit r_m = Lage des ersten Maximums von r_{eq} aus zu kleineren Abständen heraus und ersetzt sie für diesen Bereich durch die Hartkugelabstoßung, wie in Übersicht 9.1 dargestellt. Das Buckingham-Potential in dieser Form oder leicht abgeändert als Hill-Potential wird neben dem Lennard-Jones-Ansatz häufig in den Computerberechnungen der Molekülmechanik und Molekulardynamik benutzt. In einigen Fällen greift man auch auf das **Morse-Potential** zurück (siehe Übersicht 9.1), das ebenfalls eine exponentielle Abstoßung beinhaltet. Zahlreiche weiter verfeinerte empirische Potentialansätze sind in der Literatur zu finden (siehe beispielsweise [Hir 64, Luc 86]).

Schwieriger werden Berechnungen, wenn die Orientierungsabhängigkeit der Paarwechselwirkungen bei größeren Molekülen und die Ausdehnung der Moleküle signifikant und deshalb stärker im Modell berücksichtigt werden müssen (siehe beispielsweise [Luc 86]). In diesem Zusammenhang werden bei semiempirischen Rechnungen **Mehrzentrenpotentiale** eingesetzt (auch **Site-Site-Paarpotentiale** genannt). Abbildung 9.4 veranschaulicht diesen Ansatz. Die intermolekulare Wechselwirkung wird als Summe über Potentialterme dargestellt, die von verschiedenen ausgewählten Zentren („sites" oder Abstoßungszentren) im Molekül ausgehen. Man kann diese Potentialzentren auf Atome oder funktionelle Gruppen im Molekül beziehen. So erreicht man, daß man einfache, nur vom Abstand abhängige Potentialfunktionen nutzen kann, die die Rechnungen vereinfachen und trotzdem die Abhängigkeit von der Molekülorientierung berücksichtigen lassen.

9.2 Intermolekulare Kräfte und Paarpotentiale

Exkurs 9.1 Intermolekulare Anziehungskräfte

Die langreichweitigen intermolekularen Anziehungskräfte lassen sich näherungsweise als Wechselwirkung zwischen permanenten und induzierten Dipolmomenten und permanenten Quadrupolmomenten der Einzelmoleküle beschreiben. Bei großem Molekülabstand kann die Wechselwirkung nämlich als überlagerte Störung betrachtet werden und in erster Näherung mit den Eigenschaften der getrennten Moleküle berechnet werden, das heißt als elektrostatische Wechselwirkung zwischen ihren permanenten und induzierten Dipol- und Quadrupolmomenten. Im Sinne der Elektrostatik gehören solche Wechselwirkungen zwischen Dipol- und Quadrupolmomenten zu den sogenannten **Multipolkräften**. Jede von einer lokalen Ladungsverteilung ausgehende elektrostatische Kraft läßt sich als Überlagerung von Multipolkräften darstellen. Eine Absolutberechnung solcher Multipolkräfte aus Moleküleigenschaften muß auf quantenmechanischen Methoden basieren. Polarisierbarkeitstensoren, Dipolmomente und Quadrupolmomente werden dabei von der Ladungsverteilung im Grundzustand und in angeregten Zuständen abhängen. Solche Berechnungen erfordern deshalb einen recht großen Aufwand, sind aber mindestens für einfache Moleküle möglich. Allerdings sind darüber hinaus noch weitere Korrekturen notwendig, insbesondere die Berücksichtigung der Deformation der Molekülorbitale im Feld eines Nachbarmoleküls und die Auswirkung der Molekülbewegung. Letztere macht die Berechnung von Mittelwerten der orientierungsabhängigen Wechselwirkungsenergien notwendig (Ausnahme: einatomige Gase).

Man kann die anziehenden intermolekularen Kräfte innerhalb der elektrostatischen Beschreibung in drei Klassen aufteilen:

- **rein elektrostatische Kräfte**: Wechselwirkungen zwischen Molekülen mit permanenten Dipol- und Quadrupolmomenten,

- **Induktionskräfte**: Wechselwirkungen zwischen einem permanenten und einem induzierten Dipol,

- **Dispersionskräfte** (auch **London-Kräfte**): Wechselwirkungen zweier Moleküle durch die in beiden wechselseitig induzierten (fluktuierenden) Dipolmomente.

Für ein gegebenes Molekülpaar addieren sich diese verschiedenen Beiträge zu einer Gesamtwechselwirkungsenergie Bei polaren Molekülen summiert sich also zur Wechselwirkung der induzierten Dipole die der permanenten Dipolmomente und möglicherweise eine Quadrupolwechselwirkung. Alle drei genannten Wechselwirkungstypen werden auch unter dem Begriff **van-der-Waals-Kräfte** zusammengefaßt.

Intermolekulare Kräfte sind bis auf den Sonderfall einatomiger Teilchen orientierungsabhängig. Allerdings führt die thermische Bewegung in Gasen und fluiden Systemen zu einer raschen Molekülrotation und damit zu einer effektiven Mittelung der Wechselwirkung über die verschiedenen relativen Orientierungen. Die resultierenden Mittelwerte sind nur noch abstandsabhängig. In der Regel führt die Mittelwertbildung über die möglichen Orientierungen zu einer Änderung der Abstandsabhängigkeit. Das sei am Beispiel der Wechselwirkung zweier permanenter Dipolmomente μ_1 und μ_2 erläutert. Für eine gegebene Anordnung gilt (zur Definition der Winkel siehe Abbildung 9.5; μ_1, μ_2 = Betrag von μ_1, μ_2)

$$\varepsilon_{\text{attr}}(\boldsymbol{\mu}_1, \boldsymbol{\mu}_2) = \varepsilon_{\text{attr}}(r, \theta_1, \theta_2, \varphi_1 - \varphi_2) = -K \cdot \frac{\mu_1 \mu_2}{4\pi \epsilon_0 r^3} \quad (9.11)$$

$$\text{mit} \quad K = \left[2\cos\theta_1 \cos\theta_2 - \sin\theta_1 \sin\theta_2 \cos(\varphi_1 - \varphi_2)\right]$$

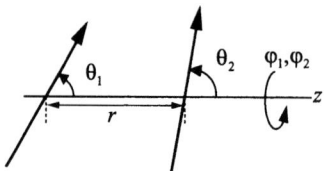

Abbildung 9.5 Angaben zur relativen Orientierung zweier Dipolvektoren [zu Gleichung (9.11)]: θ_1 und θ_2 sind die Winkel der Dipolachsen mit der Verbindungslinie ihrer Mittelpunkte (z-Achse). Die Winkel φ_1 und φ_2 geben den Drehwinkel der Dipolvektoren um die z-Achse an.

Die Wahrscheinlichkeitsverteilung der verschiedenen relativen Orientierungen entspricht einer Boltzmannverteilung. Der thermische Mittelwert $\langle \varepsilon_{\text{attr}}(r) \rangle$ bei festem Molekülabstand r ergibt sich aus der Lösung des folgenden Integrals

$$\langle \varepsilon_{\text{attr}}(\mu_1, \mu_2, r, T) \rangle = \frac{\int\int\int \varepsilon_{\text{attr}} \exp\left(-\varepsilon_{\text{attr}}/kT\right) \sin\theta_1 \sin\theta_2 \, d\theta_1 \, d\theta_2 \, d(\varphi_1-\varphi_2)}{\int\int\int \exp\left(-\varepsilon_{\text{attr}}/kT\right) \sin\theta_1 \sin\theta_2 \, d\theta_1 \, d\theta_2 \, d(\varphi_1-\varphi_2)} \quad (9.12)$$

Für $\varepsilon_{\text{attr}}(r) \ll kT$ kann man die Exponentialfunktion in eine Reihe mit Potenzen von $\varepsilon_{\text{attr}}(r)/kT$ entwickeln. Das Integral über den ersten Term der Reihe ist dann eine Näherung für $\langle \varepsilon_{\text{attr}} \rangle$ und ergibt eine anziehende Wechselwirkung proportional zu r^{-6}:

$$\langle \varepsilon_{\text{attr}}(\mu_1, \mu_2, r, T) \rangle = -\frac{2}{3kT} \cdot \frac{\mu_1^2 \mu_2^2}{r^6} \cdot \left(\frac{1}{4\pi\epsilon_0}\right)^2 \quad (9.13)$$

Die thermische Mittelwertbildung liefert also eine Temperaturabhängigkeit der mittleren Wechselwirkung zweier permanenter Dipole und führt andererseits zu einer stärkeren Abstandsabhängigkeit als bei festgehaltener Orientierung. Im Gegensatz dazu sind induzierte Dipolmomente immer in Richtung des induzierenden Feldes ausgerichtet, so daß hier nicht über die Eigenrotation des Moleküls zu mitteln ist und somit keine Temperaturabhängigkeit resultiert.

Die analog dem gezeigten Beispiel ableitbaren Abstandsabhängigkeiten für die verschiedenen Fälle elektrostatischer Wechselwirkungen, liefern Funktionen, wie sie auch bei empirischen Potentialmodellen seit langem benutzt werden (also eine direkte Begründung für die empirischen Ansätze). Übersicht 9.2 zeigt gemittelte Wechselwirkungsenergien für die verschiedenen Fälle. Für polare und unpolare Atome und Moleküle findet man in jedem Fall eine anziehende Wechselwirkung proportional zu r^{-6}, über deren genaue Größe das jeweilige Dipolmoment und bei allen Atom- und Molekülsorten die Polarisierbarkeit eingeht. Quadrupolwechselwirkungen wirken im Vergleich zu Dipolkräften nur über wesentlich kürzere Abstände[3]. Insgesamt ergibt sich die anziehende Wechselwirkung zwischen zwei Molekülen mit permanentem Dipolmoment als Summe über drei Terme (perm.-perm. + induz.-perm. + induz.-induz.). Gegebenenfalls sind noch Quadrupoleffekte hinzuzunehmen.

---

[3] Analog, wie ein Dipolmoment durch zwei entgegengesetzt gleiche Punktladungen im Abstand r dargestellt werden kann, läßt sich ein Quadrupolmoment durch zwei antiparallele gleich große Dipolmomentvektoren im Abstand r oder durch eine lokale inversionssymmetrische Verteilung von zwei positiven und zwei betragsgleichen negativen Punktladungen darstellen. Das Gesamtdipolmoment einer solchen Ladungsverteilung ist Null, ebenso die Gesamtladung, so daß nur kurzreichweitige Quadrupolkräfte wirken. Die nächsthöheren Multipolkräfte, die noch schneller mit dem Abstand abklingen, resultieren aus Oktopolkräften, die aber für intermolekulare Wechselwirkungen bedeutungslos sind.

9.2 Intermolekulare Kräfte und Paarpotentiale

Übersicht 9.2: Intermolekulare Wechselwirkungsenergien aus elektrostatischen Anziehungskräften zwischen Ladungen, Dipol- und Quadrupolmomenten

perman. Dipol – perman. Dipol		$-\left(\dfrac{1}{4\pi\epsilon_0}\right)^2 \cdot \dfrac{2}{3kT} \cdot \dfrac{\mu_1^2 \mu_2^2}{r^6}$
perman. Dipol – induzierter Dipol		$-\left(\dfrac{1}{4\pi\epsilon_0}\right)^2 \cdot \dfrac{\mu_1^2 \alpha_2}{r^6}$
induzierter Dipol – induzierter Dipol		$-\left(\dfrac{1}{4\pi\epsilon_0}\right)^2 \dfrac{3}{2} \dfrac{I_1 I_2}{I_1 + I_2} \cdot \dfrac{\alpha_1 \alpha_2}{r^6}$
perman. Dipol – perman. Quadrupol		$-\left(\dfrac{1}{4\pi\epsilon_0}\right)^2 \cdot \dfrac{1}{kT} \cdot \dfrac{\mu_1^2 Q_2^2}{r^8}$
perman. Quadrupol – perman. Quadrupol		$-\left(\dfrac{1}{4\pi\epsilon_0}\right)^2 \cdot \dfrac{7}{40kT} \cdot \dfrac{Q_1^2 Q_2^2}{r^{10}}$

Aufgeführt sind die thermischen Mittelwerte $\langle\varepsilon_{\text{attr}}\rangle$ der Wechselwirkungsenergien als Funktion des Abstands r aufgrund von Multipolkräften zwischen zwei Molekülen 1 und 2: μ_1 und μ_2 sind die Beträge der permanenten Dipolmomente, Q_1 und Q_2 die Beträge der permanenten Quadrupolmomente (zylindersymmetrische Moleküle), α_1 und α_2 sind die Polarisierbarkeiten, I_1 und I_2 die Ionisierungsenergien der Moleküle.

Intermolekulare Dispersionskräfte treten bei allen Molekülen und Atomen auf, bilden also insbesondere die Basis für anziehende Wechselwirkungen zwischen Edelgasatomen. Man bezeichnet sie auch als **London-Kräfte**. Der in Übersicht 9.2 aufgeführte Ausdruck für die Wechselwirkung induzierter Dipolmomente ist eine semi-empirische Gleichung, deren Ableitung quantenmechanische Überlegungen benutzt. Eine rein quantenmechanische Betrachtung der Dispersionskräfte analysiert die periodische Oszillation der Elektronendichte entlang der Kernverbindungslinie in einem zweiatomigen Molekül im Modell des gequantelten harmonischen Oszillators (bei festgehaltenen Kernpositionen, also keine Molekülschwingung!). Die Wechselwirkung resultiert dann aus der Kopplung der beiden (elektronischen) Oszillatoren benachbarter Moleküle. Die charakteristischen Schwingungsfrequenzen der periodischen Elektronenbewegung seien mit ν_1 und ν_2 bezeichnet. Für ein einzelnes Elektron liefert die Annahme eines parabolischen Potentials $\varepsilon(x) = (1/2)kx^2$ mit k als Kraftkonstante und x als Abstand des Elektrons vom Energieminimum zwischen den Kernen:

$$\nu = \frac{1}{2\pi}\sqrt{\frac{k}{m_e}} = \frac{1}{2\pi}\sqrt{\frac{e^2}{m_e \alpha}} \tag{9.14}$$

wobei α die Polarisierbarkeit, e die Elementarladung und m_e die Masse des Elektrons ist. Als Wechselwirkungsenergie erhält man in diesem Modell den Ausdruck[4]

$$\varepsilon(r) = -\frac{3}{2}\frac{h}{(4\pi\epsilon_0)^2}\frac{\nu_1 \nu_2}{\nu_1 + \nu_2}\frac{\alpha_1 \alpha_2}{r^6} \tag{9.15}$$

---
[4][Lon 30, Sla 31], siehe auch [Moe 70].

Für zwei identische Moleküle ergibt sich

$$\varepsilon(r) = -\frac{3}{4} \frac{h\nu\alpha^2}{(4\pi\epsilon_0)^2 r^6} \tag{9.16}$$

Die Polarisierbarkeiten α hängen vom Molekülvolumen ab, so daß für größere Moleküle die Wechselwirkung aufgrund der Dispersionskräfte dominieren kann. Die Frequenzen ν liegen im Bereich optischer Frequenzen. Die Ladungsdichtefluktuationen, die die Ursache für die induzierten Dipolmomente und damit die Dispersionskräfte sind, sind also sehr schnell.

9.3 Molekularfeldnäherung und van-der-Waals-Gleichung

In diesem Abschnitt sollen anziehende und abstoßende Wechselwirkungen zwischen den Molekülen eines realen Gases zunächst mit sehr einfachen Annahmen behandelt werden. Aus der vereinfachten Zustandssumme wird dann die bekannte **van-der-Waals-Gleichung** als Zustandsgleichung eines realen Gases abgeleitet. Die potentielle Energie eines verdünnten realen Gases läßt sich mit richtungsunabhängigen Wechselwirkungen darstellen als ($r_{ij} = |\mathbf{r}_j - \mathbf{r}_i|$)

$$E_{\text{pot}}(\mathbf{r}_1, \mathbf{r}_2, \ldots \mathbf{r}_N) = \sum_{i=1}^{N-1} \sum_{j>i}^{N} \varepsilon(r_{ij}) = \sum_{i=1}^{N-1} \sum_{j>i}^{N} \left[\varepsilon_{\text{rep}}(r_{ij}) + \varepsilon_{\text{attr}}(r_{ij}) \right] \tag{9.17}$$

Der abstoßende Anteil ε_{rep} ist in der Regel sehr kurzreichweitig, so daß das **Modell der harten Kugeln** eine brauchbare Näherung ist (siehe Übersicht 9.1).

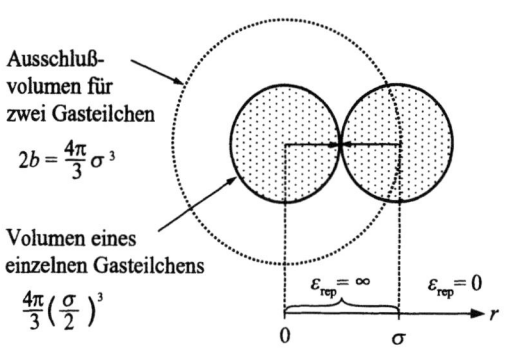

Abbildung 9.6 Kürzeste Entfernung zweier starrer Kugeln mit dem Durchmesser σ: gestrichelt abgegrenzte Fläche = Querschnitt des Ausschlußvolumens um ein herausgegriffenes Teilchen. Durchmesser nicht eindringen kann. Dieses Ausschlußvolumen ist einem Teilchenpaar zuzuordnen, daher der Faktor 2 in der Definition von b (b = Ausschlußvolumen pro Teilchen).

9.3 Molekularfeldnäherung und van-der-Waals-Gleichung

Die langreichweitige anziehende Wechselwirkung $\varepsilon_{\text{attr}}$ wollen wir mit Hilfe der sogenannten **Molekularfeld-Näherung** berücksichtigen. Die anziehende Wechselwirkung eines herausgegriffenen Gasteilchens 1 mit den $N-1$ restlichen Gasteilchen soll dabei durch eine **mittlere Wechselwirkungsenergie** $\langle \varepsilon_{\text{attr}} \rangle$ dargestellt werden, die vom Abstand der Teilchen und deshalb von der Gasdichte abhängen wird. Diese Definition bedeutet

$$\langle \varepsilon_{\text{attr}} \rangle = \left\langle \sum_{2}^{N} \varepsilon_{\text{attr}}(r_{1j}) \right\rangle \quad \rightarrow \quad N-1 \text{ Einzelterme} \tag{9.18}$$

Da insgesamt $N(N-1)/2$ Paarwechselwirkungsterme auftreten müssen, ergibt sich mit dem Ansatz in (9.18) für die gesamte anziehende Wechselwirkung eines N-Teilchensystems

$$E_{\text{attr}} = \frac{N}{2} \langle \varepsilon_{\text{attr}} \rangle \tag{9.19}$$

Für die potentielle Energie und das **Konfigurationsintegral** gilt dann

$$E_{\text{pot}} \cong \frac{N}{2} \langle \varepsilon_{\text{attr}} \rangle + \sum_{i=1}^{N-1} \sum_{j>i}^{N} \varepsilon_{\text{rep}}(r_{ij}) \tag{9.20}$$

$$Q_{\text{konfig}} = \frac{e^{-N \langle \varepsilon_{\text{attr}} \rangle / 2kT}}{V^N} \int \cdots \int \exp\left[-\sum_{i=1}^{N-1}\sum_{j>i}^{N} \varepsilon_{\text{rep}}(r_{ij})/kT\right] d\boldsymbol{r}_1 \cdots d\boldsymbol{r}_N$$

$$= \frac{(V-Nb)^N}{V^N} \cdot e^{-N \langle \varepsilon_{\text{attr}} \rangle / 2kT} \tag{9.21}$$

Mit $2b$ ist dabei das durch die „Hartkugel"-Abstoßung **ausgeschlossene Volumen** um den Schwerpunkt eines einzelnen Teilchens angesetzt worden (siehe Abbildung 9.6). Da zwei Teilchen beteiligt sind, ist b das Ausschlußvolumen pro Teilchen und Nb das gesamte Ausschlußvolumen des N-Teilchensystems. Die Integration über die Ortskoordinaten eines einzelnen Teilchens in dem Konfigurationsintegral von Gleichung (9.21) ist einfach auswertbar. Der Exponentialterm in (9.21) mit der abstoßenden Wechselwirkung hat dabei für die ausgeschlossenen Volumenbereiche den Wert Null, für den Rest des Volumens und damit für den größten Teil des Integrationsbereiches den Wert Eins. Die Auswertung des Konfigurationsintegrals ist also eine N-fache Integration über das freie Volumen, woraus das Ergebnis in Gleichung (9.21) resultiert.

Um den Mittelwert $\langle \varepsilon_{\text{attr}} \rangle$ zu berechnen, beschreiben wir mit $N(r)$ die Verteilung der Gasteilchen um eine herausgegriffenes erstes Teilchen. Mit $d\langle N(r) \rangle$ sei die mittlere Anzahl von Gasteilchen bezeichnet, die sich in Abständen zwischen r und $r + dr$ um das herausgegriffene Teilchen befinden. Die mittlere Wechselwirkungsenergie des Zentralteilchens mit allen restlichen Gasteilchen ist dann gegeben durch

$$\langle \varepsilon_{\text{attr}} \rangle = \int_{r=\sigma}^{\infty} \varepsilon_{\text{attr}}(r) \cdot d\langle N(r) \rangle \quad \textbf{Molekularfeld-Näherung} \tag{9.22}$$

Die untere Integrationsgrenze ist der minimale Abstand σ der Schwerpunkte zweier Teilchen und ist gleich dem Durchmesser eines Gasteilchens. Die obere Integrationsgrenze ist eigentlich durch das Volumen des Systems zu beschränken, kann aber bei genügend großem Gasvolumen gleich unendlich gesetzt werden, da die Reichweite der Anziehungskräfte normalerweise klein gegen die betrachteten Volumina ist.

Es sei eine konstante Teilchendichte angenommen. Dann läßt sich $d\langle N(r)\rangle$ mit der mittleren Teilchendichte $c = N/V$ und dem Volumen $4\pi r^2 dr$ zwischen zwei Kugelschalen um das Ausgangsteilchen mit den Radien r und $r + dr$ darstellen:

$$d\langle N(r)\rangle = \frac{N}{V} \cdot 4\pi r^2 dr \tag{9.23}$$

Aus (9.22) und (9.23) folgt

$$\langle \varepsilon_{\text{attr}}\rangle = \frac{N}{V} \cdot \int_{r=\sigma}^{\infty} \varepsilon_{\text{attr}}(r) \cdot 4\pi r^2 dr = -\frac{2Na}{V} = -2a\,c \tag{9.24}$$

Für den resultierenden Integralwert ist dabei die Abkürzung $-2a$ eingeführt worden. Es kann nun gezeigt werden, daß a mit der entsprechenden Konstanten in der van-der-Waals-Gleichung identisch ist. Mit dem so abgeleiteten Beitrag der anziehenden Wechselwirkung ergibt sich für die Helmholtz-Energie unter Verwendung der Gleichungen (9.4), (9.21) und (9.24)

$$\begin{aligned} A &= -kT \ln Z = -kT \ln \left[Z_{\text{ideal}} Q_{\text{konfig}}\right] \\ &= -NkT \cdot \left[\frac{3}{2}\ln\left(\frac{2\pi mkT}{h^3}\right) + \frac{Na}{VkT} + \ln\frac{V-Nb}{N} + 1\right] \end{aligned} \tag{9.25}$$

Ableiten dieses Ausdrucks nach dem Volumen ergibt den negativen Wert des Druckes im Gas. Das Ergebnis stellt die Zustandsgleichung des realen Gases in der Molekularfeldnäherung dar und ist identisch mit der bekannten **van-der-Waals-Gleichung**:

$$p = -\left(\frac{\partial A}{\partial V}\right)_{T,N} = -\frac{N^2 a}{V^2} + \frac{NkT}{V-Nb} = -a\,c^2 + ckT\frac{V}{V-Nb} \tag{9.26}$$

Die Gleichung läßt sich umschreiben zu der häufiger benutzten Form

$$\left(p + ac^2\right)(V - Nb) = NkT \tag{9.27}$$

In praktischen Anwendungen benutzt man eher die auf 1 Mol bezogenen Größen $V_m = N_A \frac{V}{N}$, $a' = N_A^2 a$, $b_m = b N_A$, entsprechend folgt dann statt (9.27)

$$\left(p + \frac{a'}{V_m^2}\right)(V_m - b_m) = RT \tag{9.28}$$

Exkurs 9.2 Parameter des van-der-Waals-Modells

Das einfache van-der-Waals-Modell gibt im Grunde genommen mit nur zwei Parametern die Verhältnisse im realen Gas erstaunlich gut wieder: a für den Beitrag der **langreichweitigen**

9.3 Molekularfeldnäherung und van-der-Waals-Gleichung

anziehenden Wechselwirkungen und b für den Einfluß der **kurzreichweitigen abstoßenden Wechselwirkungen**.

Wenn man im zweiten Term auf der rechten Seite von Gleichung (9.26) den Nenner als $V(1 - Nb/V)$ schreibt und in eine Taylorreihe entwickelt (für ein Gas ist $Nb/V \ll 1$), lassen sich drei verschiedene Beiträge zum Druck unterscheiden:

$$\begin{aligned}
p &= -\frac{N^2 a}{V^2} + \frac{NkT}{V} \cdot \left(1 + \frac{Nb}{V} - \left(\frac{Nb}{V}\right)^2 + \ldots\right) \\
&= -\frac{N^2 a}{V^2} + \frac{NkT}{V} + \frac{NkT}{V}\left(\frac{Nb}{V} - \left(\frac{Nb}{V}\right)^2 + \ldots\right) \\
&= \underbrace{p_{\text{attr}}}_{} + \underbrace{p_{\text{kin}}}_{} + \underbrace{p_{\text{rep}}}_{}
\end{aligned} \quad (9.29)$$

Der negative Anziehungsbeitrag $-ac^2$ wirkt erniedrigend auf den Gesamtdruck und kann deshalb als negativer Druck oder **Kohäsionsdruck** p_{attr} aufgefaßt werden. Der zweite, rein kinetische Term p_{kin} (er resultiert aus der Translationsenergie der Gasteilchen) entspricht dem Beitrag, der auch bei idealen Gasen vorliegt. Der positive Abstoßungsanteil p_{rep}, der durch eine Reihe dargestellt wird, führt zu einer effektiven Druckerhöhung.

Typisch für die im van-der-Waals-Modell verwendete Molekularfeld-Näherung ist, daß Detaileigenschaften des Paarpotentials nicht berücksichtigt werden. Die verwendeten Parameter werden also im Normalfall nicht wirklich konstant sein, sondern mindestens schwach von Dichte und Temperatur abhängig sein. Beispielsweise wird der Abstoßungsterm b temperaturabhängig sein, da der wirksame Durchmesser der Moleküle bei höherer thermischer Energie kleiner wird (siehe Verlauf der potentiellen Energie in Abbildung 9.3).

Exkurs 9.3 Prinzip der korrespondierenden Zustände

Ein wesentliches Merkmal der van-der-Waals-Gleichung ist, daß die spezifischen Eigenschaften der Gasteilchen nur über die zwei Parameter a und b eingehen. Die Gesamtkurve (=Zustandsgleichung) wie auch sämtliche Maxima und Wendepunkte sind vollständig durch diese beiden Parameter definiert. Die van-der-Waals-Gleichung enthält auch eine Vorhersage der p-V-T-Daten des kritischen Punktes. Am kritischen Punkt eines realen Gases verschwinden die erste und die zweite Ableitung des Drucks nach dem Volumen:

$$\left(\frac{\partial p}{\partial V}\right)_{T_{\text{krit}}} = 0 \quad , \quad \left(\frac{\partial^2 p}{\partial V^2}\right)_{T_{\text{krit}}} = 0 \quad (9.30)$$

Wendet man diese Bedingungen auf die van-der-Waals-Gleichung (9.26) an, so erhält man als p-V-T-Daten des kritischen Punktes

$$p_{\text{krit}} = \frac{a}{27 b^2} \quad , \quad T_{\text{krit}} = \frac{8 a}{27 b R} \quad , \quad V_{\text{krit}} = 3b \quad (9.31)$$

Der Kompressibilitätsfaktor hat demnach am kritischen Punkt einen universellen Wert:

$$\frac{p_{\text{krit}} V_{\text{krit}}}{R T_{\text{krit}}} = 0{,}375 \quad (9.32)$$

Zwar liegen experimentelle Werte meist niedriger. Jedoch findet man für chemisch sehr ähnliche Gase, wenn man die jeweiligen kritischen Daten aus Experimenten in Gleichung (9.32) einsetzt, sehr nah beieinander liegende Werte für die rechte Seite: für Edelgase etwa 0,29 bis 0,30, für Alkane zwischen 0,267 für Ethan und 0,258 für n-Oktan [Daten aus Hir 64].

Man kann noch einen Schritt weitergehen: aus der van-der-Waals-Gleichung läßt sich eine dimensionslose Gleichung machen, mit der (zumindest im Rahmen der Annahmen des zugrundeliegenden Modells) alle realen Gase beschreibbar sein sollten einschließlich aller thermodynamischen Größen, die aus der Zustandsgleichung folgen. Dazu werden dimensionslose **reduzierte Variablen** p^*, T^*, V^*) definiert, die sich durch Division von p, V und T durch die entprechenden kritischen Werte ergeben:

$$p^* = \frac{p}{p_{\text{krit}}} \ , \quad T^* = \frac{T}{T_{\text{krit}}} \ , \quad V^* = \frac{V}{V_{\text{krit}}} \tag{9.33}$$

Ersetzt man mit dieser Substitution die ursprünglichen Variablen, so erhält man eine universelle Zustandsgleichung $p^* = p^*(V^*, T^*)$, aus der man leicht für ein spezielles Gas mit dessen kritischen Daten jeweils die spezifische Zustandsgleichung erhält.

Dies ist ein sehr allgemein auf Zustandsgleichungen vieler chemischer Systeme anwendbares Prinzip (siehe auch Wärmekapazität von kristallinen Feststoffen im Rahmen der Einstein- oder Debye-Theorie, Kapitel 6.3 und 6.4). Es wird als **Prinzip der korrespondierenden Zustände** bezeichnet. Es erleichtert die Untersuchung und Tabellierung von Eigenschaften chemisch ähnlicher oder vergleichbarer Systeme und ist andererseits eine wichtige Grundlage für die Abschätzung thermodynamischer Größen. Im vorliegenden Beispiel läßt es sich am van-der-Waals-Modell begründen.

9.4 Virialgleichung für reale Gase

Die van-der-Waals-Gleichung ist auf Grund der verwendeten Näherungen ein recht spezieller Ansatz für eine Zustandsgleichung. Die im folgenden diskutierte Reihenentwicklung in Potenzen der Dichte stellt einen wesentlich allgemeineren Ansatz dar, der die van-der-Waals-Gleichung als Spezialfall einschließt, wie weiter unten gezeigt wird. Man geht vom Ausdruck pV/NkT aus. Im Zusammenhang mit Experimenten nennt man diesen Ausdruck auch Kompressibilitätsfaktor oder Realgasfaktor. Für ein ideales Gas hat er den Wert Eins. Die dimensionslose Zahl $pV/NkT - 1$ stellt also den Grad der Abweichung vom idealen Verhalten eines Gases dar. Abbildung 9.7 zeigt den Kompressibilitätsfaktor einiger Gase als Funktion des reduzierten Drucks p/p_{krit} für verschiedene reduzierte Temperaturen T/T_{krit}.

Für kleine Teilchendichten $c = N/V$ kann man die Abweichung des Kompressibilitätsfaktors $pV/NkT = p/ckT$ von Eins als Reihe in Potenzen der Dichte darstellen und es resultiert die sogenannte **Virialgleichung** oder **Virialentwicklung**:

$$\frac{pV}{NkT} = B_1 + B_2 c + B_3 c^2 + B_4 c^3 + \ldots \tag{9.34a}$$

$$\text{oder:} \quad \frac{p}{kT} = B_1 c + B_2 c^2 + B_3 c^3 + B_4 c^4 + \ldots \tag{9.34b}$$

9.4 Virialgleichung für reale Gase

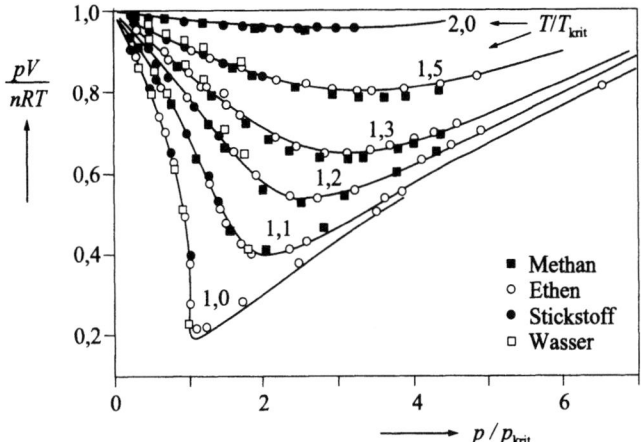

Abbildung 9.7 Der experimentell bestimmte Kompressibilitätsfaktor pV/nRT ($= pV/NkT$) für einige Gase als Funktion des reduzierten Drucks p/p_{krit} für verschiedene reduzierte Temperaturen T/T_{krit} [aus Ber 80, Meßdaten von G.J. Su, Ind. Eng. Chem. 38, 803 (1946)].

Häufig bezieht man die Größen auch auf die Stoffmenge 1 Mol und schreibt mit dem molaren Volumen $V_m = N_A V/N = N_A/c$ und den Virialkoeffizienten $B_i' = N_A^{i-1} B_i$ (N_A = Avogadro-Zahl; $B_1 = B_1'$)

$$\frac{pV_m}{RT} = B_1 + \frac{B_2'}{V_m} + \frac{B_3'}{V_m^2} + \frac{B_4'}{V_m^3} + \ldots \tag{9.35}$$

Der erste Virialkoeffizient muß den Wert $B_1 = 1$ haben, da im Grenzfall $c \to 0$ das ideale Gasgesetz gelten muß. $B_2, B_3, \ldots$ sind zweiter, dritter, ... Virialkoeffizient. Abbildung 9.8 zeigt ein Beispiel für den Verlauf von B_2 und B_3 als Funktion der Temperatur. Tabelle 9.1 listet Zahlenwerte von B_2 für einige gängige Gase auf.

Bei nicht zu hohen Dichten reicht es, in der Virialgleichung den zweiten und höchstens noch den dritten Virialkoeffizienten zu berücksichtigen. Wir wollen nun für den zweiten Virialkoeffizienten einen allgemeineren statistisch-thermodynamischen Ansatz ableiten, der den Zusammenhang zur Paarwechselwirkung der Teilchen liefert. Dazu stellen wir zunächst den Zusammenhang zwischen der Virialentwicklung (9.34b) und der kanonischen Zustandssumme her. Mit den bereits weiter oben benutzten Gleichungen (9.25) und (9.26) folgt nach Ersatz des Drucks durch die Virialentwicklung (9.34b) und mit der Abkürzung $c = N/V$ für die Teilchenkonzentration

$$\frac{p}{kT} = \left(\frac{\partial \ln Z_{\text{ideal}}}{\partial V}\right)_{T,N} + \left(\frac{\partial \ln Q_{\text{konfig}}}{\partial V}\right)_{T,N} = c + \left(\frac{\partial \ln Q_{\text{konfig}}}{\partial V}\right)_{T,N}$$

$$= c \cdot \left[1 + B_2 c + B_3 c^2 + \ldots\right] \tag{9.36}$$

Der Vergleich der beiden letzten Zeilen in (9.36) liefert

$$\left(\frac{\partial \ln Q_{\text{konfig}}}{\partial V}\right)_{T,N} = c \cdot \left[B_2 c + B_3 c^2 + \ldots\right]$$

Mit der Variablensubstitution $dV = -(N/c^2)\, dc$ wird der Ausdruck weiter vereinfacht zu

$$\left(\frac{\partial \ln Q_{\text{konfig}}}{\partial c}\right)_{T,N} = -N \cdot [B_2 + B_3 c + \ldots]$$

Das Ergebnis der Integration über die Teilchendichte von 0 bis c ist dann, wobei wir eine kleine Dichte annehmen und nur den ersten in der Dichte linearen Term berücksichtigen:

$$\ln Q_{\text{konfig}} = -N\left(B_2 c + \frac{1}{2} B_3 c^2 + \ldots\right) \approx -N B_2 c \qquad (9.37)$$

Es bleibt im letzten Schritt die Aufgabe, das Konfigurationsintegral mit einer für niedrige Teilchendichten vernünftigen Näherung auszuwerten. Zunächst kann man annehmen, daß für ein verdünntes Gas die gleichzeitige Annäherung von mehr als zwei Molekülen sehr unwahrscheinlich ist. Die Paarwechselwirkungsenergien $\varepsilon(r)$ sind aber nur für kleine Werte des Abstands r nennenswert von Null verschieden.

Betrachtet man im Konfigurationsintegral Q_{konfig} die Integration über die Ortskoordinaten r_1, r_2 eines Molekülpaares bei festgehaltener Konfiguration $r_3, r_4, \ldots r_N$ aller übrigen Moleküle, so wird für die überwiegende Zahl möglicher Anordnungen r_1, r_2 die Position der übrigen Moleküle keine Rolle spielen, so als ob das herausgegriffene Molekülpaar allein im betrachteten Volumen wäre. Das Ausschlußvolumen der $N-2$ übrigen Moleküle wird dazu führen, daß jeweils ein Teilvolumen $(N-2)\,b$ über die möglichen Koordinatenwerte r_1, r_2 bei der Integration den Beitrag Null liefert. Wegen der geringen Dichte ist aber $Nb \ll V$ und zunächst vernachlässigbar. Wir nehmen deshalb an, daß das Konfigurationsintegral sich näherungsweise faktorisieren läßt in ein Produkt unabhängiger Zweiteilchen-Konfigurationsintegrale gemäß

$$Q_{\text{konfig}} \approx Q_2(12)\, Q_2(13)\ldots Q_2(23)\ldots Q_2(N-1,N) \approx Q_2(12)^{N(N-1)/2} \qquad (9.38)$$

$$\text{mit} \quad Q_2(12) = \frac{1}{V^2} \int_V \int_V \exp\left[-\frac{\varepsilon_{12}(r_1 - r_2)}{kT}\right] dr_1\, dr_2$$

Die Zweiteilchen-Konfigurationsintegrale sind alle von identischer Form. Die Näherung bedeutet, daß man sich auf die Lösung des Konfigurationsintegrals für ein Zweiteilchensystem beschränkt.

Tabelle 9.1: Zweiter Virialkoeffizient $B_2' = N_A B_2$ ausgewählter Gase für $T = 373\,\text{K}$ [siehe Gleichung (9.35); Werte aus Atk 90]

Gas	O_2	N_2	H_2	CO_2	CH_4	Ar	Xe
$B_2'/\text{cm}^3\text{mol}^{-1}$	−3,7	6,2	15,6	−72,2	−21,2	−4,2	−81,7

9.4 Virialgleichung für reale Gase

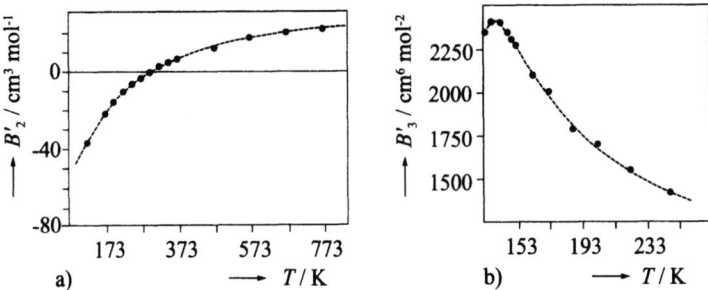

Abbildung 9.8 Zweiter und dritter Virialkoeffizient von Argon als Funktion der Temperatur [entnommen aus Ber 80].

Der Ansatz drückt also die angenommene Unabhängigkeit der Beiträge verschiedener Paarwechselwirkungen im Konfigurationsintegral aus. Alle $N(N-1)/2$ Faktoren auf der rechten Seite von Gleichung (9.38) sind gleich und es folgt

$$\ln Q_{\text{konfig}} \approx \frac{N(N-1)}{2} \ln Q_2 \approx \frac{N^2}{2} \ln Q_2 \qquad (9.39)$$

Eine weitere Umformung der rechten Seite ergibt schließlich (siehe Herleitung in Exkurs 9.4)

$$\ln Q_{\text{konfig}} \approx \frac{N^2}{2} \cdot [Q_2 - 1] = \frac{N^2}{2} \cdot \frac{1}{V} \int_0^\infty \left[\exp\left(-\frac{\varepsilon_{12}(r)}{kT}\right) - 1\right] 4\pi r^2 dr \qquad (9.40)$$

Der resultierende Ausdruck für $\ln Q_{\text{konfig}}$ ist wie zu erwarten linear von der Teilchendichte abhängig. Der Vergleich mit Gleichung (9.37) zeigt, daß unsere Näherung der Berücksichtigung des zweiten Virialkoeffizienten und Nullsetzen aller übrigen ($B_3 = B_4 = \ldots = 0$) entspricht. Für den zweiten Virialkoeffizienten ergibt der Vergleich von (9.37) und (9.40)

$$\begin{aligned} B_2(T) &= -\frac{V}{N^2} \ln Q_{\text{konfig}} = \frac{V}{2} [1 - Q_2] \\ &= -\frac{1}{2} \int_0^\infty \left[\exp\left(-\frac{\varepsilon_{12}(r)}{kT}\right) - 1\right] 4\pi r^2 dr \end{aligned} \qquad (9.41)$$

Üblicherweise werden Werte für $B_2(T)$ in der Literatur auf die Stoffmenge 1 Mol bezogen. Zur Umrechnung in molare Größen muß Gleichung (9.41) mit der Avogadrozahl multipliziert werden.

Mit dem so hergeleiteten Ausdruck für $B_2(T)$ kann man für beliebige Modellpotentiale $\varepsilon_{12}(r)$ den jeweils ersten Korrekturterm in den thermodynamischen Funktionen realer Gase berechnen. Die aus dem Virialansatz resultierenden Ausdrücke für das chemische Potential und die innere Energie eines realen Gases sind über die Helmholtz-Energie $A = -kT \ln \left[Z_{\text{ideal}} Q_{\text{konfig}}\right]$ ableitbar. Mit (9.37) erhält man bei

Vernachlässigung der höheren Virialkoeffizienten ($B_3 = B_4 = \ldots = 0$)

$$\mu = -kT\left(\frac{\partial \ln Z}{\partial N}\right)_{T,V} = \mu_{\text{ideal}} + 2kT \cdot B_2\, c \qquad (9.42)$$

$$U = kT^2\left(\frac{\partial \ln Z}{\partial T}\right)_{N,V} = U_{\text{ideal}} - NkT^2 c\left(\frac{dB_2}{dT}\right) \qquad (9.43)$$

Exkurs 9.4   Herleitung von Gleichung (9.40) [Fin 85]

Wir betrachten das Konfigurationsintegral $Q_2(12)$ für ein Gas, das nur aus den zwei Teilchen 1 und 2 ($N = 2$) im betrachteten Volumen besteht, wobei die Paarwechselwirkung nur vom Abstand der beiden Teilchen abhängt:

$$Q_2 = \frac{1}{V^2} \int_V \int_V \exp\left[-\frac{\varepsilon_{12}(|r_1 - r_2|)}{kT}\right] dr_1\, dr_2$$

Abbildung 9.9b veranschaulicht die Abhängigkeit vom Teilchenabstand r des Integranden $\exp(-\varepsilon_{12}/kT)$ von Gleichung (9.38). Für Werte r, die kleiner als der Moleküldurchmesser sind, nimmt der Integrand den Wert Null an, für Werte von r außerhalb des Anziehungsbereichs dagegen den Wert Eins. Im Bereich des Potentialminimums besitzt der Integrand ein Maximum. Der Übersichtlichkeit halber definieren wir für die Herleitung die Funktion $f_{12}(r)$ als Abkürzung

$$f_{12}(r) = \exp\left(-\frac{\varepsilon_{12}(r)}{kT}\right) - 1 \qquad (9.44)$$

Diese Funktion ist im größten Bereich des zur Verfügung stehenden Volumens gleich Null. Nur für Werte von r in Reichweite der Anziehungskräfte und kleiner, ist $f_{12}(r)$ von Null verschieden. Der Verlauf ist in Abbildung 9.9c gezeigt. $f_{12}(r)$ wird auch als **Mayer-Funktion** bezeichnet, $\exp(-\varepsilon_{12}/kT)$ als **Boltzmann-Funktion**. Damit folgt für Q_2

$$Q_2 = \frac{1}{V^2} \int_V \int_V (1 + f_{12})\, dr_1\, dr_2 = 1 + \frac{1}{V^2} \int_V \int_V f_{12}\, dr_1\, dr_2 \qquad (9.45)$$

Die Wechselwirkungsenergie ε_{12} und damit auch f_{12} hängen nur vom Relativabstand r der beiden Gasteilchen ab. Mit Hilfe einer Variablentransformation kann man das Koordinatenpaar r_1, r_2 durch die Schwerpunktskoordinaten $R = (1/2)(r_1 + r_2)$ und die Relativkoordinaten $r = r_1 - r_2$ ausdrücken. Die Ableitung ist in Anhang B.4 gezeigt und liefert

$$dr_1\, dr_2 = dr\, dR$$

Der Integrand hängt nur vom Relativabstand der beiden Teilchen ab. Die Lage des gemeinsamen Schwerpunkts ist beliebig. Somit kann die Integration über R ($dR = dX\, dY\, dZ$) unabhängig vorgenommen werden und liefert das Volumen V als Faktor. Wir haben weiterhin eine rein abstandsabhängige Wechselwirkung vorausgesetzt, so daß bei der Integration über r die Winkel keine Rolle spielen. dr wird deshalb vorteilhaft in Kugelkoordinaten r, ϑ, φ

9.4 Virialgleichung für reale Gase

ausgedrückt (siehe Anhang B.4), so daß die Integration über die Winkel ebenfalls getrennt ausgeführt werden kann:

$$\int_V \int_V f_{12}\,\mathrm{d}r_1\,\mathrm{d}r_2 = \iiint \mathrm{d}X\,\mathrm{d}Y\,\mathrm{d}Z \cdot \iint \sin\vartheta\,\mathrm{d}\vartheta\,\mathrm{d}\varphi \cdot \int f_{12}(r)\,r^2\mathrm{d}r$$

$$= V \cdot 4\pi \cdot \int_0^\infty f_{12}(r)\,r^2\mathrm{d}r = V \cdot I \quad (9.46)$$

Dabei haben wir die obere Integrationsgrenze für r gleich unendlich gesetzt, da der Integrand $f_{12}(r)$ nur für kleine r von Null verschieden ist. Eingesetzt in Gleichung (9.45) erhält man

$$Q_2 = 1 + \frac{I}{V} \quad \text{mit der Abkürzung:} \quad I = 4\pi \int_0^\infty f_{12}(r)\,r^2\mathrm{d}r \quad (9.47)$$

Für das Konfigurationsintegral Q_{konfig} eines N-Teilchensystems gilt dann mit $N(N-1)/2 \approx N^2/2$

$$\ln Q_{\text{konfig}} \cong \frac{N^2}{2} \ln Q_2 = \frac{N^2}{2} \ln\left[1 + \frac{I}{V}\right] \quad (9.48)$$

Für Gase mit geringer Dichte ist das Konfigurationsintegral $Q_2(12)$ nur wenig von Eins verschieden (die ideale Gasgleichung, die den ersten Term in der Virialentwicklung ausmacht, liefert noch immer den größten Beitrag). Deshalb ist der Quotient I/V in Gleichung (9.47) klein gegen Eins. Falls man das annehmen kann, läßt sich der Logarithmus in Gleichung (9.48) um $I/V = 0$ in eine Taylor-Reihe entwickeln. Gemäß Gleichung (B.51) in Anhang B.2 ergibt sich

$$\ln\left[1 + \frac{I}{V}\right] = \frac{I}{V} - \frac{1}{2}\left(\frac{I}{V}\right)^2 + \frac{1}{3}\left(\frac{I}{V}\right)^3 - \ldots \approx \frac{I}{V} = Q_2 - 1 \quad \text{für} \quad \frac{I}{V} \ll 1 \quad (9.49)$$

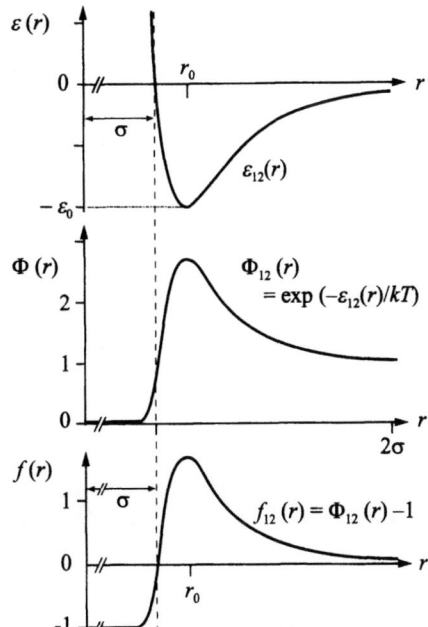

Abbildung 9.9 Paarwechselwirkung („Paarpotential") $\varepsilon_{12}(r)$, Boltzmann-Funktion $\Phi(r)$ und Mayer-Funktion $f(r)$ [nach Fin 85]. Das skizzierte Paarpotential entspricht dem Lennard-Jones-Potential (zur Bedeutung von $f(r)$, siehe Gleichung (9.40)).

Mit der Näherung (9.49) erhält man aus den Gleichungen (9.48) und (9.47) schließlich den Ausdruck (9.40)

$$\ln Q_{\text{konfig}} \cong \frac{N^2}{2} [Q_2 - 1] = \frac{N^2}{2} \frac{I}{V}$$

Exkurs 9.5 Zweiter Virialkoeffizient und van-der-Waals-Gleichung

Die Konstanten der van-der-Waals-Gleichung haben eine eindeutige Beziehung zu den Virialkoeffizienten. Formt man nämlich die van-der-Waals-Gleichung so um, daß der Kompressibilitätsfaktor pV/NkT links steht, erhält man

$$\frac{pV}{NkT} = \frac{1}{1-cb} - \frac{a}{kT} \cdot c \tag{9.50}$$

cb im Nenner des ersten Terms der rechten Seite ist das von den Molekülen pro Volumeneinheit beanspruchte Eigenvolumen und ist wegen der geringen Dichte klein gegen Eins. Man kann daher eine Reihenentwicklung ansetzen:

$$(1-cb)^{-1} = 1 + cb + c^2 b^2 + \ldots$$

Eingesetzt in (9.50) erhält man

$$\frac{pV}{NkT} = 1 + \left(b - \frac{a}{kT}\right) \cdot c + b^2 \cdot N^2_{(V)} + \ldots$$

Die van-der-Waals-Gleichung ist gleichbedeutend einer Virialentwicklung mit den folgenden Virialkoeffizienten

$$B_2^{\text{vdW}} = b - \frac{a}{kT}, \quad B_3^{\text{vdW}} = b^2, \quad \ldots \quad B_i^{\text{vdW}} = b^i \tag{9.51}$$

B_2 enthält also den Einfluß des abstoßenden und anziehenden Anteils des Paarpotentials, B_3 und alle höheren Virialkoeffizienten werden in diesem Modell nur vom abstoßenden Potentialanteil bestimmt. Mit den im vorhergehenden Abschnitt 9.3 für das van-der-Waals-Modell abgeleiteten Beziehungen kann man B_2 also aus einfachen Modellpotentialen berechnen.

Gleichung (9.41) schließlich stellt einen allgemeineren Ansatz für den zweiten Virialkoeffizienten dar. Im folgenden sollen Ergebnisse der Auswertung des Integrals für einige einfache Potentialmodelle ohne ausführliche Ableitung angegeben werden. Ein besonders einfaches Modellpotential stellt das reine **Hartkugelpotential** dar. Die anziehende Wechselwirkung wird dabei vernachlässigt. Der Integrand in (9.41) enthält dann eine Stufenfunktion, und die Integration liefert insgesamt das halbe (negative) Volumen einer Kugel mit dem Radius σ um ein Gasteilchen (beziehungsweise das entsprechende Volumen für ein Mol Gasteilchen):

$$B_2^{\text{HK}} = b = \frac{2\pi}{3} \sigma^3 \tag{9.52}$$

Das Ergebnis entspricht damit auch dem Wert der Konstanten b des van-der-Waals-Modells. Eine sehr vereinfachte Berücksichtigung der anziehenden Wechselwirkungen wird im **Kastenpotential** (hochgestellter Index KP) vorgenommen (siehe Übersicht 9.1). Für diesen Potentialansatz folgt aus Gleichung (9.41)

$$B_2^{\text{KP}}(T) = -2\pi \int_0^\sigma [e^{-\infty} - 1] r^2 dr - 2\pi \int_\sigma^{d_{\max}} [e^{\varepsilon_0/kT} - 1] r^2 dr$$

9.4 Virialgleichung für reale Gase

$$= B_2^{HK} \left\{ 1 - \left[\left(\frac{d_{max}}{\sigma} \right)^3 - 1 \right] \cdot \left[e^{\varepsilon_0/kT} - 1 \right] \right\} \tag{9.53}$$

Dabei ist $B_2^{HK} = \frac{2}{3}\pi\sigma^3$ das Ergebnis für ein reines Hartkugelpotential aus Gleichung (9.52). Analysiert man die Gleichung (9.53) genauer, so sieht man, daß für $\varepsilon_0 \gg kT$ der zweite Virialkoeffizient B_2^{KP} für das Kastenpotential kleiner als B_2^{HK} wird, unter Umständen sogar negativ, und mit der Temperatur zunimmt. Für $\varepsilon_0 \ll kT$, also hohe Temperaturen strebt $B_2^{KP}(T)$ gegen B_2^{HK} als Grenzwert. Die Temperatur beim Nulldurchgang von $B_2^{KP}(T)$ wird auch als **Boyle-Temperatur** bezeichnet. Die Boyle-Temperatur kennzeichnet die Temperatur, bei der sich anziehende und abstoßende Wechselwirkungen im Zweiteilchen-Konfigurationsintegral gerade kompensieren. Im allgemeinen sind aber die höheren Virialkoeffizienten an dieser Stelle nicht gleich Null. Sie bewirken vor allem bei höheren Drücken, daß die Boyle-Temperatur sich mit dem Druck verschiebt. Mit dem Kastenpotential folgt für die entsprechende Boyle-Temperatur

$$T_B^{KP} = \frac{\varepsilon_0}{k} \cdot \left[\ln \frac{(d_{max}/\sigma)^3}{(d_{max}/\sigma)^3 - 1} \right]^{-1} \tag{9.54}$$

Bei der Auswertung von Gleichung (9.41) mit dem Sutherland-Potential (anziehender Teil für $r > \sigma$: $-C_{attr}(\sigma/r)^n$, siehe Übersicht 9.1) ergibt sich beispielsweise annähernd[5]

$$B_2^{Suth.}(T) = \frac{2\pi\sigma^3}{3} - 2\pi \int_\sigma^\infty \left[\exp\left(\frac{C_{attr}(\sigma/r)^n}{kT} \right) - 1 \right] r^2 \, dr$$

$$= -\frac{2\pi\sigma^3}{3} \sum_{j=0}^\infty \frac{1}{j!} \left(\frac{3}{jn-3} \right) \left(\frac{C_{attr}}{kT} \right)^j \approx B_2^{HK} \left[1 - \frac{C_{attr}}{kT} \right] \tag{9.55}$$

Die Reihenentwicklung kann dabei nach dem Glied mit $i = 1$ abgebrochen werden, wenn $C_{attr} \ll kT$ ist.

Das Lennard-Jones-Potential führt bereits zu einem Integral, das nicht mehr geschlossen darstellbar ist. Hier wie im Fall von verfeinerten Potentialansätzen sind computergestützte numerische Auswertemethoden üblich. Die Anpassung an die Meßdaten erfordert die Optimierung des Potentialansatzes, was bei größeren Gasmolekülen sehr aufwendig wird [siehe beispielsweise Luc 86]. Abbildung 9.10 zeigt den Verlauf von $B_2(T)$ für Stickstoff mit experimentellen und über geeignete Potentialansätze angepaßten Werten im Vergleich.

---

[5] zur Ableitung siehe beispielsweise [MQu 85]

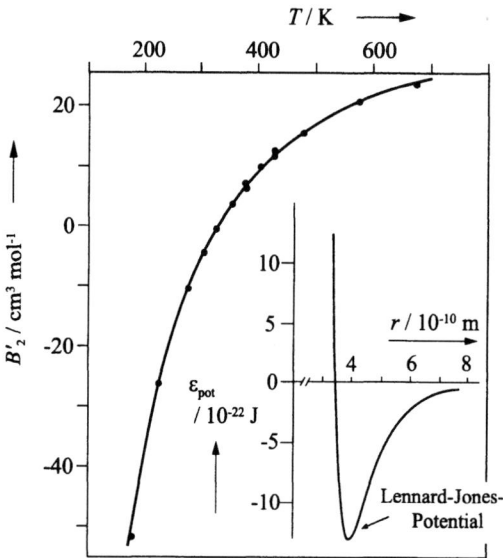

Abbildung 9.10 Zweiter Virialkoeffizient von Stickstoff berechnet für einen Ansatz mit dem Lennard-Jones-Potential [aus Hir 64: die Punkte repräsentieren Meßwerte für den zweiten Virialkoeffizienten aus L. Holborn und J. Otto, Z. Physik 33, 1 (1925) sowie aus A. Michels, H. Wouters und J. de Boer, Physica 1, 587 (1934)].

Exkurs 9.6 Universelle Zustandsgleichung

Auf die Ergebnisse dieses Abschnitts läßt sich das Prinzip der korrespondierenden Zustände sehr schön demonstrieren (vergleiche Exkurs 9.3). Zunächst nehmen wir an, daß die Teilchenwechselwirkungen sich aus Paarwechselwirkungen zusammensetzen, die nur durch zwei Parameter, insbesondere durch einen Abstand σ und eine Wechselwirkungsstärke ε_0, beschreibbar sind. Für das Lennard-Jones-Potential sind dies beispielsweise direkt die in Gleichung (9.9) definierten Parameter. Analoge Beziehungen sind aber auch auf die Potentiale in Übersicht 9.1 anwendbar. Die Paarwechselwirkung $\varepsilon_{12}(r)$ läßt sich so durch die dimensionslose reduzierte Wechselwirkung $\varepsilon_{12}^*(r)$ darstellen:

$$\varepsilon_{12}(r) = \varepsilon_0 \, \varepsilon_{12}^*(r/\sigma) = \varepsilon_0 \, \varepsilon_{12}^*(r^*) \quad \rightarrow \quad E_{pot} = \varepsilon_0 \, E_{pot}^* \tag{9.56}$$

Da sich die gesamte potentielle Energie aus Paarwechselwirkungen zusammensetzt, folgt für das allgemeine Konfigurationsintegral, Gleichung (9.5), ausgedrückt durch die hier eingeführten reduzierten Variablen

$$\begin{aligned} Q_{konfig} &= \frac{\sigma^{3N}}{V^N} \int \cdots \int \exp\left[-\frac{\varepsilon_0 E_{pot}^*}{kT}\right] \mathrm{d}\left(\frac{\boldsymbol{r}_1}{\sigma}\right) \cdots \mathrm{d}\left(\frac{\boldsymbol{r}_N}{\sigma}\right) \\ &= Q_{konfig}^* \end{aligned} \tag{9.57}$$

Wir führen nun das reduzierte Volumen V^*, die reduzierte Temperatur T^* und den reduzierten Druck p^* ein:

$$V^* = \frac{V}{N\sigma^3} \;, \quad T^* = \frac{kT}{\varepsilon_0} \;, \quad p^* = p\frac{\sigma^3}{\varepsilon_0} \tag{9.58}$$

9.4 Virialgleichung für reale Gase

Die Definition für den reduzierten Druck folgt aus den Definitionen für V^* und T^*, wie weiter unten gezeigt wird. Das reduzierte Konfigurationsintegral ist dann

$$Q^*_{\text{konfig}} = \frac{1}{(N\,V^*)^N} \int \cdots \int \exp\left[-\frac{E^*_{\text{pot}}}{T^*}\right] d r^*_1 \cdots d r^*_N \tag{9.59}$$

Der reduzierte Druck läßt sich über den Zusammenhang mit der kanonischen Zustandssumme ableiten (vergleiche (3.28 in Kapitel 3):

$$p = -\left(\frac{\partial A}{\partial V}\right)_{T,N} = kT\left(\frac{\partial \ln Z}{\partial V}\right)_{T,N} = kT\left[\left(\frac{\partial \ln Z_{\text{ideal}}}{\partial V}\right)_{T,N} + \left(\frac{\partial \ln Q_{\text{konfig}}}{\partial V}\right)_{T,N}\right]$$

$$= kT\left[N\left(\frac{\partial \ln V}{\partial V}\right)_{T,N} + \left(\frac{\partial \ln Q_{\text{konfig}}}{\partial V}\right)_{T,N}\right]$$

$$= \frac{\varepsilon_0}{\sigma^3}\frac{T^*}{N}\left[N\left(\frac{\partial \ln V^*}{\partial V^*}\right)_{T^*,N} + \left(\frac{\partial \ln Q^*_{\text{konfig}}}{\partial V^*}\right)_{T^*,N}\right] \tag{9.60}$$

In der vierten Zeile wurde neben der Defnition (9.58) benutzt, daß $d\ln V = d\ln V^*$ und $d\ln Q_{\text{konfig}} = d\ln Q^*_{\text{konfig}}$ ist. Mit $p^* = p\sigma^3/\varepsilon_0$ für den entsprechenden reduzierten Druck ergibt sich die allgemeine dimensionslose Zustandsgleichung eines realen Gases:

$$p^* = \frac{T^*}{N}\left[N\left(\frac{\partial \ln V^*}{\partial V^*}\right)_{T^*,N} + \left(\frac{\partial \ln Q^*_{\text{konfig}}}{\partial V^*}\right)_{T^*,N}\right] \tag{9.61}$$

Ganz analog kann man die reduzierte Form der Gleichungen (9.40) und (9.41) ableiten. Es ergibt sich unter den dort gemachten Annahmen

$$\ln Q^*_{\text{konfig}}(N,T^*,V^*) \approx \frac{1}{2}\cdot\frac{N}{V^*}\int_0^\infty \left[\exp\left(-\frac{\varepsilon^*_{12}(r^*)}{T^*}\right) - 1\right] 4\pi r^{*2} dr^* \tag{9.62}$$

$$B^*_2(T^*) = -\frac{3}{4\pi}\int_0^\infty \left[\exp\left(-\frac{\varepsilon^*_{12}(r^*)}{T^*}\right) - 1\right] 4\pi r^{*2} dr^* \tag{9.63}$$

$$\text{mit}\quad B_2 = \frac{2\pi}{3}\sigma^3 B^*_2 = b\,B^*_2$$

Für den reduzierten zweiten Virialkoeffizienten wird dabei gewöhnlich das Eigenvolumen b eines Gasteilchens als Normierungsfaktor gewählt. Die reduzierte Form der Virialgleichung lautet, wenn man nach dem zweiten Glied abbricht:

$$\frac{p^*V^*}{T^*} = 1 + \frac{2\pi}{3}\frac{B^*}{V^*} \tag{9.64}$$

Abbildung 9.7 zeigt eine Auftragung des Kompressibilitätsfaktors als Funktion des reduzierten Druckes[6]. Man beachte, daß der experimentelle Kompressibilitätsfaktor mit den Definitionen in (9.58) identisch ist mit dem entsprechenden Ausdruck in reduzierten Größen: $pV/(NkT) = p^*V^*/T^*$. In der Abbildung 9.7 ist gut erkennbar, daß das Prinzip der korrespondierenden Zustände für die gezeigten Gase recht gut gültig ist.

---

[6]In Abbildung 9.7 ist p^* auf den kritischen Druck bezogen: der Unterschied zur Definition in Gleichung (9.59) ist allerdings nur ein konstanter Faktor.

9.5 Reale Gase bei höherer Dichte

Für zunehmende Dichte eines realen Gases wird die Berücksichtigung höherer Virialkoeffizienten notwendig. Es ist zwar nicht zu erwarten, daß die Entwicklung in Potenzen der Dichte für Flüssigkeiten und überkritische Fluide mit ihren hohen Dichten gleichermaßen brauchbar bleibt, trotzdem läßt sich die Zustandsgleichung realer Gase noch bis zu Drücken von einigen hundert Bar mit einer Virialgleichung bis zur dritten oder vierten Potenz beschreiben.

Im folgenden soll deshalb auf die statistisch-thermodynamische Berechnung von Virialkoeffizienten noch etwas genauer eingegangen werden. Ziel ist, einen allgemeinen Weg von Zustandssummen zu den Virialkoeffizienten zu skizzieren. Als Ausgangspunkt eignet sich besonders gut die große Zustandssumme, die ja in ihrer Grunddefinition als **Reihenentwicklung** in Potenzen der Aktivität verstanden werden kann. Mit Gleichung (2.97) aus Kapitel 2.5 gilt für die **große Zustandssumme** Ξ [7]

$$pV = kT \ln \Xi \quad \to \quad \exp\left[\frac{pV}{kT}\right] = \Xi = 1 + Z_1 a + Z_2 a^2 + \ldots \quad (9.65)$$

Für ein ideales Gas gilt übrigens $\Xi_{\text{ideal}} = e^N$, da ja nach dem idealen Gasgesetz $pV/kT = N$ ist. Die Entwicklungskoeffizienten der Reihe in (9.65) ergeben sich also direkt aus der kanonischen Zustandssumme des Systems für verschiedene Teilchenzahlen N, wobei wir hier die Abkürzung $Z(N, V, T) = Z_N$ benutzen. Die ersten drei Terme betreffen die kanonische Zustandssumme für Systeme mit bis 1, 2 und 3 Teilchen. Mit der thermischen de-Broglie-Wellenlänge λ und den entsprechenden Konfigurationsintegralen gilt (mit Q_N bezeichnen wir hier das Konfigurationsintegral Q_{konfig} für ein N–Teilchensystem; siehe allgemeine Definition (9.5))

$$Z_1 = \left(\frac{2\pi mkT}{h^2}\right)^{3/2} V = \frac{V}{\lambda^3} \quad (9.66a)$$

$$Z_2 = \frac{1}{2!}\left(\frac{V}{\lambda^3}\right)^2 \cdot Q_2 = \frac{1}{2!} (Z_1)^2 \cdot Q_2 \quad (9.66b)$$

$$Z_3 = \frac{1}{3!}\left(\frac{V}{\lambda^3}\right)^3 \cdot Q_3 = \frac{1}{3!} (Z_1)^3 \cdot Q_3 \quad (9.66c)$$

Leider liefert Gleichung (9.65) nicht direkt eine Reihenentwicklung von pV/kT, die wir mit der Virialgleichung (9.34a) oder (9.34b) vergleichen könnten, sondern zunächst eine Entwicklung der Exponentialfunktion $\exp(pV/kT)$. Ein Zusammenhang mit der Virialentwicklung läßt sich jedoch herleiten, wenn die Exponentialfunktion $\exp(pV/kT)$ zunächst ebenfalls in eine Taylor-Reihe um $pV/kT = 0$ entwickelt wird:

$$\exp\left[\frac{pV}{kT}\right] = 1 + \left(\frac{pV}{kT}\right) + \frac{1}{2!}\left(\frac{pV}{kT}\right)^2 + \frac{1}{3!}\left(\frac{pV}{kT}\right)^3 + \ldots \quad (9.67)$$

---
[7]Der Standardwert des chemischen Potentials ist hier zur Vereinfachung gleich Null gesetzt (absolute Aktivität). Dies entspricht der Wahl von z_{trans}/V als Standardkonzentration.
$\mu^\circ = 0 \quad \to \quad \mu = kT \ln a = kT \ln \frac{c}{z_{\text{trans}}/V}$.

9.5 Reale Gase bei höherer Dichte

Die Funktion pV/kT und damit auch ihre höheren Potenzen sind in der Virialgleichung als Reihe in Potenzen der Dichte dargestellt. Um die Virialkoeffizienten $B_1, B_2, \ldots$ aber als Funktion der Zustandssummen $Z_1, Z_2, \ldots$ zu berechnen, benötigt man zunächst eine Umformung der Reihe für p/kT aus Potenzen der Dichte in eine mit Potenzen der Aktivität [8]. Danach liefert ein Koeffizientenvergleich die gewünschten Beziehungen. Da die Aktivität im Grenzfall sehr kleiner Dichte proportional zur Dichte werden muß, muß eine solche Entwicklung für nicht zu große Dichten existieren. Wir machen deshalb den allgemeinen Ansatz:

$$\frac{p}{kT} = b_1 a + b_2 a^2 + b_3 a^3 + \ldots \tag{9.68}$$

Die einzelnen Potenzen $(pV/kT)^i$ in (9.67) werden nun jeweils durch die Reihe in (9.68) ausgedrückt. Nach Ausmultiplizieren und Zusammenfassen der Terme mit gleichen Potenzen a^i findet man durch Koeffizientenvergleich mit (9.65) beispielsweise die folgenden Ergebnisse für die ersten drei Koeffizienten in (9.68) [9]

$$b_1 = \frac{1}{V} Z_1 = \frac{1}{\lambda^3} = \left(\frac{2\pi mkT}{h^2}\right)^{3/2} \tag{9.69a}$$

$$b_2 = \frac{1}{V}\left[Z_2 - \frac{1}{2} Z_1^2\right] = \frac{V}{2\lambda^6} [Q_2 - 1] \tag{9.69b}$$

$$b_3 = \frac{1}{V}\left[Z_3 - Z_1 Z_2 + \frac{1}{3} Z_1^3\right] = \frac{V^2}{3\lambda^9}\left[1 - \frac{3}{2} Q_2 + \frac{1}{2} Q_3\right] \tag{9.69c}$$

Für den letzten Schritt, der Herleitung des Zusammenhangs mit den eigentlichen Virialkoeffizienten $B_1, B_2, \ldots$ muß nunmehr die Aktivität durch eine Reihe in Potenzen der Dichte ausgedrückt werden. Wie in Exkurs 9.7 gezeigt, lassen sich die dabei auftretenden Entwicklungskoeffizienten durch die Koeffizienten $b_1, b_2, \ldots$ der Reihe (9.68) ausdrücken. Die Herleitung in Exkurs 9.7 liefert für die ersten drei Virialkoeffizienten

$$B_1(T) = 1 \tag{9.70a}$$

$$B_2(T) = -\frac{b_2}{b_1^2} = -\frac{V}{Z_1^2}\left[Z_2 - \frac{1}{2} Z_1^2\right] \tag{9.70b}$$

---

[8]Für die praktische Anwendung kann eine Reihenentwicklung in der Aktivität durchaus sinnvoll sein, wenn die Aktivität als Meßgröße verfügbar ist. Aktivitäten eines Gases sind beispielsweise mit elektrochemischen Sensoren direkt meßbar, wenn geeignete Elektroden und Elektrolyte verfügbar sind (für Sauerstoff- und Wasserstoffaktivitäten häufig verwendet). In den meisten Fällen wird man aber eine Reihenentwicklung in Potenzen der Dichte des Gases und nicht in der Aktivität bevorzugen, also eine Virialentwicklung, wie in Gleichung (9.36) definiert.

[9]Von manchen Autoren wird die Aktivität in der Reihenentwicklung (9.68) anders definiert, so daß die sich ergebenden Koeffizienten b_i sich von den hier abgeleiteten um einen Skalenfaktor unterscheiden. Die hier gewählte Definition der Aktivität benutzt als Standardkonzentration Z_1/V (mit $\mu^\circ = 0$), bei idealem Verhalten des Gases ist also in dieser Definition $a_{\text{ideal}} = c/(Z_1/V)$. In [MQu 85] wird beispielsweise bei der Reihenentwicklung nach (9.68) stattdessen die Aktivität a' benutzt mit $a' = a \cdot (Z_1/V)$, so daß a' die Dimension einer Dichte bekommt. Für den entsprechenden Koeffizienten b_2' gilt dann $b_2' = b_2/(Z_1/V)^2$.

$$B_3(T) = -\frac{1}{b_1^3}\left[2b_3 - \frac{4b_2^2}{b_1}\right] = -\frac{2V^2}{Z_1^3}\left[Z_3 + Z_1 Z_2 - \frac{1}{6}Z_1^3 - 2\frac{Z_2^2}{Z_1}\right] \quad (9.70c)$$

Die gezeigte Vorgehensweise stellt insgesamt eine eindeutige Rechenvorschrift für die Ableitung aller Virialkoeffizienten $B_2, B_3, B_4 \ldots$ dar. Die im vorhergehenden Abschnitt verwendete Näherung zur Berechnung von B_2, die unter Annahme von reinen Paarwechselwirkungen auf dem einfachen Zweiteilchen-Konfigurationsintegral basierte, ist, wie Gleichung (9.70b) zeigt, streng gültig (solange die Entwicklung in Potenzen der Dichte möglich ist). Allgemein gilt, daß für die Berechnung von B_2 nur ein Cluster aus zwei Gasteilchen, für B_3 Cluster aus maximal drei Teilchen (Dreiteilchenwechselwirkungen), für B_4 Cluster aus maximal vier Teilchen (Vierteilchenwechselwirkungen) ... usw. zu berücksichtigen sind.

Dies ist zunächst eine beträchtliche Vereinfachung und tatsächlich reichen die ersten drei bis vier Virialkoeffizienten aus, um bei ausreichend korrekten Wechselwirkungspotentialen Gaseigenschaften bis zu einigen hundert Bar zu beschreiben. Allerdings nimmt der Berechnungsaufwand ab der vierten Potenz stark zu, während die sich ergebenden Beiträge in der Virialentwicklung schnell kleiner werden. Darüber hinaus muß berücksichtigt werden, daß die zugrundeliegende Virialentwicklung bei hohen Dichten, speziell in der Nähe des kritischen Punktes nicht mehr anwendbar ist.

Exkurs 9.7 Beziehung zwischen Entwicklungskoeffizienten und Virialkoeffizienten

In der folgenden Herleitung benutzen wir eine Reihenentwicklung der Dichte in Potenzen der Aktivität, mit der die Potenzen der Dichte in der Virialgleichung (9.34b) substituiert werden können. Mit Gleichung (2.100) läßt sich die Dichte zunächst über eine Ableitung der großen Zustandssumme nach der Aktivität herleiten:

$$\frac{N}{V} = \frac{1}{V}\left(\frac{\partial \ln \Xi}{\partial \ln a}\right)_{T,V} = a\left(\frac{\partial (p/kT)}{\partial a}\right)_{T,V}$$

Im zweiten Schritt wurde die Definitionsgleichung $pV = kT \ln \Xi$ der großen Zustandssumme benutzt. Setzt man nun für p/kT die Reihenentwicklung (9.68) ein, so folgt

$$\frac{N}{V} = c = b_1 a + 2b_2 a^2 + 3b_3 a^3 + 4b_4 a^4 + \ldots \quad (9.71)$$

Mit dieser Reihe werden die Potenzen der Dichte in Gleichung (9.34b) substituiert und der entstehende Ausdruck nach Potenzen der Aktivität geordnet. Der resultierende Vorfaktor einer Potenz a^i muß dem Koeffizienten b_i der Reihe in Gleichung (9.34b) entsprechen. Die ersten vier Bestimmungsgleichungen sind beispielsweise

$$b_1 = B_1 b_1 \quad (9.72a)$$

$$b_2 = 2B_1 b_2 + B_2 b_1^2 \quad (9.72b)$$

$$b_3 = 3B_1 b_3 + 4B_2 b_1 b_2 + B_3 b_1^3 \quad (9.72c)$$

$$b_4 = 4B_1 b_4 + 6B_2 b_1 b_3 + 4B_2 b_2^2 + 6B_3 b_1^2 b_2 + B_4 b_1^4 \quad (9.72d)$$

Auflösen nach den Virialkoeffizienten B_i ergibt die Gleichungen (9.70a–c).

9.5 Reale Gase bei höherer Dichte

Exkurs 9.8 Mayersche Clusterentwicklung

Die im vorhergehenden abgeleiteten Beziehungen zeigen eine Hierarchie von zunehmend komplizierter werdenden Bestimmungsgleichungen für höhere Virialkoeffizienten. Eine gewisse Vereinfachung läßt sich erzielen, wenn man die potentielle Energie, die in den Konfigurationsintegralen der Zustandssummen $Z_3, Z_4, \ldots$ vorkommt, in jedem Fall durch Summen aus Paarpotentialen annähert. Dieses auf Arbeiten von Ursell, Mayer, Kahn, Uhlenbeck, Born und Fuchs zurückgehende Verfahren, das sehr wesentlich von Mayer ausgebaut wurde [May 77, Hir 64, MQu 85], führt zu zu einer Systematik von Integraltypen, die nach der Zahl der beteiligten Teilchenkoordinaten klassifiziert werden können und direkt den einzelnen Virialkoeffizienten zuzuordnen sind. Man spricht in diesem Zusammenhang von Teilchenclustern, daher wird die Vorgehensweise bei der Auswertung der Virialkoeffizienten aus dem Konfigurationsintegral auch als **Clusterentwicklung** bezeichnet. Sie wurde nicht nur für reale Gase, sondern auch für Mischungseigenschaften, beispielsweise zur Berechnung von Aktivitätskoeffizienten in Lösungen angewandt (siehe Kapitel 11.2).

Die Ansätze sind im folgenden kurz skizziert. Für den Integrand des Konfigurationsintegrals Q_N eines N-Teilchensystems (Cluster mit N Teilchen) gilt unter der genannten Annahme, daß nur Paarwechselwirkungen zu berücksichtigen sind:

$$\exp\left[-\frac{E_{\text{pot}}}{kT}\right] = \exp\left[-\sum_{1\le j<i\le N} \varepsilon_{ij}/kT\right] = \prod_{1\le j<i\le N} \exp\left[-\frac{\varepsilon_{ij}}{kT}\right] = \prod_{1\le j<i\le N} (1+f_{ij})$$

$$\text{mit der \textbf{Mayer-Funktion}} \quad f_{ij} = \exp\left[-\frac{\varepsilon_{ij}}{kT}\right] - 1$$

Die verwendete Abkürzung f_{ij} (Mayer-Funktion) war bereits im Zusammenhang mit dem Zweiteilchen-Konfigurationsintegral in Gleichung (9.44) eingeführt worden. Für das N-Teilchen-Konfigurationsintegral resultiert die folgende Darstellung

$$\begin{aligned} Q_{\text{konfig}} = Q_N(123\ldots N) &= \frac{1}{V^N}\int\ldots\int \exp\left[-\frac{E_{\text{pot}}}{kT}\right] d\mathbf{r}_1 \cdots d\mathbf{r}_N \\ &= \frac{1}{V^N}\int\ldots\int \prod_{1\le j<i\le N}(1+f_{ij})\, d\mathbf{r}_1 \cdots d\mathbf{r}_N \end{aligned}$$

Der Integrand läßt sich ausmultiplizieren und die resultierenden Summanden können nach der Anzahl und Form der beteiligten Zweiteilchen-Faktoren f_{ij} klassifiziert und als Beiträge unterschiedlicher Varianten und Größen von Teilchenclustern interpretiert werden. Für die Konfigurationsintegrale zweiter und dritter Ordnung, die für den zweiten und dritten Virialkoeffizienten zu berechnen sind, ergeben sich beispielsweise die folgenden Integranden

$$\text{für } N=2: \quad \exp\left[-\frac{E_{\text{pot}}(\mathbf{r}_1,\mathbf{r}_2)}{kT}\right] = (1+f_{12})$$

$$\text{für } N=3: \quad \exp\left[-\frac{E_{\text{pot}}(\mathbf{r}_1,\mathbf{r}_2,\mathbf{r}_3)}{kT}\right] = (1+f_{12})(1+f_{13})(1+f_{23})$$

$$= 1 + f_{12} + f_{13} + f_{23} + f_{12}f_{23} + f_{13}f_{23} + f_{12}f_{13} + f_{12}f_{13}f_{23}$$

Zu weiteren Details sei auf die spezielle Literatur verwiesen [z.B. May 77, Hir 64, MQu 85].

Für reale Gase reicht meist die Berücksichtigung der Virialkoeffizienten (und entsprechenden Clusterintegrale) zweiter und dritter Ordnung für präzise Berechnungen von Zustandsgleichungen bis zu recht hohen Drucken. Es sei hier als Beispiel nur das Ergebnis für $B_3(T)$ angegeben:

$$B_3(T) = -\frac{1}{3V} \int \int \int f_{12} f_{13} f_{23} \, dr_1 \, dr_2 \, dr_3 = -\frac{1}{3} \int \int f_{12} f_{13} f_{23} \, dr_{12} \, dr_{13} \qquad (9.73)$$

wobei f_{12}, f_{13} und f_{23} die entsprechenden Mayer-Funktionen für die drei möglichen Paarwechselwirkungen der Teilchen 1, 2 und 3 sind. Das Produkt der drei Mayer-Funktionen ist nur dann von Null verschieden, wenn alle drei Teilchen in unmittelbarer Nachbarschaft, das heißt innerhalb der Reichweite ihrer Wechselwirkungen, sind (Dreiteilchencluster). Im Fall des Modells starrer Kugeln ergibt sich [siehe MQu 85]

$$B_3(T) = \frac{5}{18}\pi^2 \sigma^6 \qquad (9.74)$$

Sowohl die Berechnung des dritten Virialkoeffizienten aus realistischen Potentialansätzen wie auch seine experimentelle Bestimmung ist schwierig, so daß sein Wert zur Bestimmung von Moleküleigenschaften begrenzt ist. Für die Anpassung von Molekülparametern und Paarpotentialansätzen ist deshalb der zweite Virialkoeffizient wichtiger.

Literaturzitate

[Atk 90]   P.W. Atkins, *Physical Chemistry*, Oxford Univ. Press, 4th Ed. 1990, Seite 934.
[Ber 80]   R.S. Berry, S.A. Rice, J. Ross, *Physical Chemistry*, Wiley, New York 1980.
[Com 95]   P. Comba, T.W. Hambley, *Molecular Modeling of Inorganic Compounds*, VCH, Weinheim 1995.
[Fin 85]   G.H. Findenegg, *Statistische Thermodynamik*, Steinkopff, Darmstadt 1985.
[Hir 64]   J. Hirschfelder, Ch. Curtis, B. Bird, *Molecular Theory of Gases and Liquids*, J. Wiley, New York 1964.
[May 77]   J.E. Mayer, M.G. Mayer, *Statistical Mechanics*, Wiley, New York 1977.
[Lon 30]   F. London, Z. Phys. 63 (1930) 245.
[Luc 86]   K. Lucas, *Angewandte Statistische Thermodynamik*, Springer Verlag, Berlin 1986.
[Moe 70]   E.A. Moelwynn-Hughes, *Physikalische Chemie*, Thieme, Stuttgart 1970.
[MQu 85]   D.A. MacQuarrie, *Statistical Thermodynamics*, Univ. Science Books, Mill Valley (Calif.) 1973 (erschienen 1985).
[Sla 31]   J.C. Slater, J.G. Kirkwood, Phys.Rev. 37 (1931) 682.

10 Dichte Fluide

Unter dem Begriff Fluide faßt man Flüssigkeiten und Gase, darunter vor allem solche mit hoher Dichte zusammen, da beide Aggregatzustände oberhalb des kritischen Punktes ein zusammenhängendes Phasengebiet bilden. Die statistisch-thermodynamische Behandlung von Fluiden höherer Dichte ist deutlich komplizierter als die von verdünnten realen Gasen oder kristallinen Festkörpern. Die hohe Dichte und damit dominierende Rolle der Vielteilchenwechselwirkungen macht die näherungsweise Beschreibung über eine Summe von unabhängigen Paarpotentialen unbefriedigend. In einer Flüssigkeit hängt die Wechselwirkung eines einzelnen Molekülpaares von der Anordnung aller Moleküle in der näheren Umgebung und der Wechselwirkung mit ihnen ab. Darüber hinaus fehlt eine definierte zeitunabhängige räumliche Struktur wie im Festkörper, die dort eine übersichtliche statistische Behandlung der Schwingungen, Elektronenanregung und Punktdefekte ermöglicht.

Für Flüssigkeiten ist deshalb eine statistische Beschreibung der gemittelten zeitlich-räumlichen Struktur über Verteilungs- und Korrelationsfunktionen sinnvoll. Sie erlauben es schließlich, einen quantitativen Bezug zwischen den Strukturmerkmalen und den thermodynamischen Zustandsfunktionen herzustellen. Darüber hinaus erlauben Computersimulationen wie Monte-Carlo- oder Molekulardynamik-Verfahren die Berechnung von Verteilungs- und Korrelationsfunktionen für einfache Flüssigkeiten aus Modellansätzen für die Teilchenwechselwirkungen. Computermethoden haben mittlerweile eine sehr große Bedeutung für die Fortschritte im Verständnis der Struktur und statistischen Thermodynamik von Fluiden erlangt.

10.1 Einfache Zustandsgleichungen für Fluide

Im Unterschied zu verdünnten Gasen ist der mittlere Abstand zweier Moleküle in typischen Flüssigkeiten oder dichten fluiden Phasen (wie auch in kristallinen Feststoffen) in der Größenordnung des Moleküldurchmessers, also für Atome und einfache Moleküle in der Größenordnung von 0,1 nm. Dies entspricht Teilchendichten von etwa 10^{30} m^{-3} (gegenüber etwa 10^{26} m^{-3} in Gasen). Zum Vergleich: für ein verdünntes Gas bei 1 bar und 298 K ist beispielsweise der mittlere Abstand r zweier Teilchen

$$r = \left(\frac{V}{N}\right)^{1/3} = \left(\frac{kT}{p}\right)^{1/3} = 3{,}5 \text{ nm}$$

und damit um etwa einen Faktor 10 bis 100 größer als in Flüssigkeiten. Die Wechselwirkungen und strukturellen Merkmale von fluiden Phasen werden also stark vom Eigenvolumen der Teilchen und damit von den Abstoßungskräften bestimmt. Dementsprechend wird die isotherme Kompressibilität $\kappa_T \sim -\partial V/\partial p$ sehr klein. Abbildung 10.1 zeigt verschiedene Schnitte im Phasendiagramm des Kohlendioxids, 10.1c demonstriert den starken Anstieg der Isothermen $p(V)$ im Bereich kleiner Volumina und hoher Dichte.

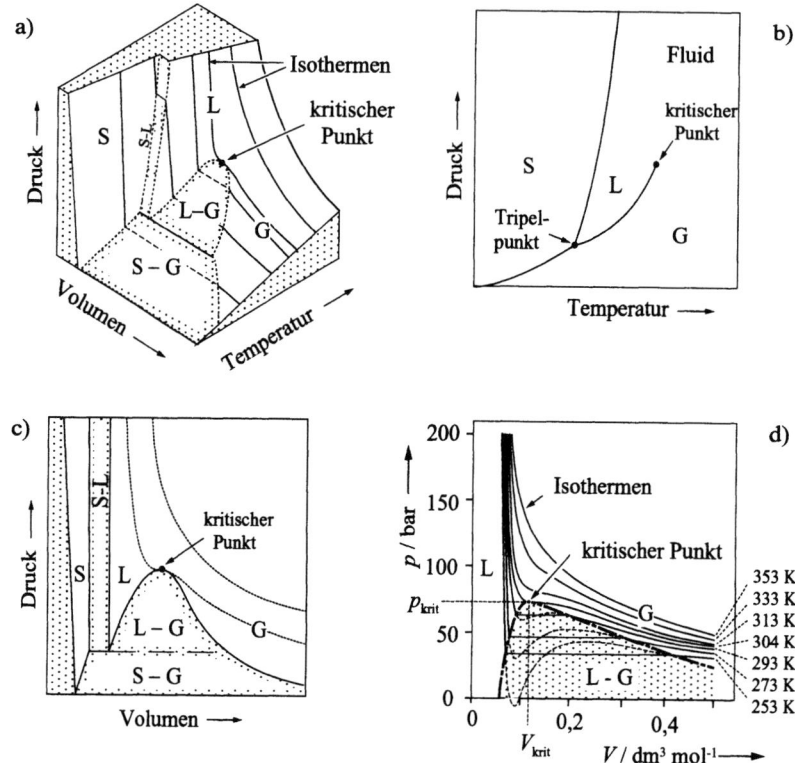

Abbildung 10.1 a) pVT-Diagramm von CO_2: die möglichen durch p, V, T-Tripel gekennzeichneten Zustände ergeben im Dreidimensionalen eine Zustandsfläche . Flüssig- und Gaszustand bilden ein zusammenhängendes Gebiet, während der feste Zustand durch Zweiphasenbereiche davon getrennt ist (S = fest, L = flüssig, G = gasförmig). b) Projektion der Zustandsfläche auf die pT-Ebene, c) Projektion auf die pV-Ebene, d) vergrößerter Ausschnitt von c) im Bereich des Gas-Flüssig-Übergangs um den kritischen Punkt: eingezeichnet sind die nach der van-der-Waals-Gleichung (9.27) berechneten Isothermen. Zu niedrigen Drücken und großen Volumina hin geht der Verlauf der Isothermen in den der idealen Gase mit $pV =$ const. über.

Bei den realen Gasen konnten die gesamten Wechselwirkungen zwischen den Teilchen noch als Störung gegenüber der Idealgasbeschreibung betrachtet werden. Dies war die Basis für Näherungen und die Virialentwicklung in Potenzen der Dichte, bei denen die für ein ideales Gas charakteristischen Terme die wesentlichen Beiträge darstellten. Bei hohen Dichten ist allerdings eine Reihenentwicklung in Potenzen der Dichte nicht mehr sinnvoll. Für dichte fluide Phasen sind daher grundsätzliche Änderungen der statistisch-thermodynamischen Ansätze vorzunehmen. Zwar sind prinzipiell die für reale Gase diskutierten Paarpotentialansätze weiterhin als Ausgangspunkt sinnvoll, allerdings ist in zunehmendem Maße die Berücksichtigung von Mehrzentren-Wechselwirkungen für Cluster aus drei und mehr Teilchen notwendig. Generell ist bei allen Modellen dichter Fluide zu berücksichtigen, daß die abstoßenden Wechselwirkungen dominieren und die anziehenden Kräfte einen deutlich geringeren Einfluß bekommen.

10.1 Einfache Zustandsgleichungen für Fluide

Schon die einfache van-der-Waals-Theorie, die anziehende und abstoßende Kräfte zwischen den Molekülen angenähert berücksichtigt, kann qualitativ Charakteristika des gasförmigen aber auch des flüssigen Zustandes innerhalb eines einzigen Ansatzes beschreiben, wie die nach der van-der-Waals-Gleichung berechneten Isothermen in Abbildung 10.1d zeigen. Insofern ist eine scharfe Trennung der statistischen Thermodynamik der dichten Fluide und der verdünnten realen Gase nicht möglich. Abbildung 10.1d veranschaulicht dies anhand der Isothermen der van-der-Waals-Gleichung im p-V-Diagramm. Je näher man bei Temperaturerhöhung entlang der Dampfdruckkurve dem kritischen Punkt kommt, um so weniger unterscheiden sich Flüssigkeit und Gasphase in ihren Dichten. Oberhalb der kritischen Temperatur T_{krit} lassen sich flüssiger und gasförmiger Zustand nicht mehr unterscheiden. Es tritt ein einheitliches zusammenhängendes Zustandsgebiet auf mit kontinuierlich veränderlicher Dichte. Man benutzt deshalb für reale Gase und Flüssigkeiten den einheitlichen Begriff **fluide Phase** oder **Fluid**.

Wegen des dominierenden Einflusses der Abstoßungskräfte bietet zunächst das Hartkugel-Potential (siehe vorhergehendes Kapitel) den einfachsten Ansatz zur Beschreibung von Flüssigkeiten. Es wurde deshalb oft als Ausgangspunkt (Referenzsystem) für Zustandsgleichungen einfacher Flüssigkeiten benutzt, beispielsweise im Fall flüssiger Edelgase oder molekularer Flüssigkeiten aus kleinen inerten Molekülen wie N_2. Man hat ausgehend von der Virialgleichung und dem van-der-Waals-Konzept der Auftrennung in abstoßende und anziehende Wechselwirkungen zahlreiche weitere verbesserte Ansätze für Zustandsgleichungen fluider Systeme entwickelt, die vor allem die abstoßende Wechselwirkung modellieren (und die zusätzlichen Anziehungskräfte als Korrekturen ansetzen).

Zwei Beispiele für häufig verwendete Ansätze zur empirischen Beschreibung dichter Fluide sind die Carnahan-Starling-van-der-Waals-Gleichung (kurz CSvdW-Gleichung) und die Carnahan-Starling-Redlich-Kwong-Gleichung-Gleichung (CSRK-Gleichung). In beiden wird die Abstoßung über die vollständige Virialentwicklung (9.35) im Modell harter Kugeln berechnet. Der resultierende Abstoßungsterm wird nach den Autoren Carnahan und Starling CS-Abstoßungsterm genannt [Car 72, Fin 85, MQu 85]. Im folgenden ist eine kurze Herleitung dazu gezeigt.

Aus der Virialentwicklung (9.35) folgt für den Druck p_{HK} (HK = harte Kugeln), wenn alle Virialkoeffizienten nach dem Modell harter Kugeln berechnet werden (vergleiche auch (9.52) für B_2 und (9.74) für B_3),

$$\frac{p_{\text{HK}} V_{\text{m}}}{RT} = 1 + \frac{B'_2}{V_{\text{m}}} + \frac{B'_3}{V_{\text{m}}^2} + \frac{B'_4}{V_{\text{m}}^3} + \cdots \qquad (10.1)$$

$$= 1 + \frac{b_{\text{m}}}{V_{\text{m}}} + \frac{5\,b_{\text{m}}^2}{8\,V_{\text{m}}^2} + 0{,}28695\,\frac{b_{\text{m}}^3}{V_{\text{m}}^3} + 0{,}1103\,\frac{b_{\text{m}}^4}{V_{\text{m}}^4} + 0{,}0386\,\frac{b_{\text{m}}^5}{V_{\text{m}}^5} + \cdots$$

Der Strich bei B'_2 und B'_3 kennzeichnet hier die entsprechenden molaren Größen, $b_{\text{m}} = N_A b$ entspricht dem Ausschlußvolumen pro Teilchen in der van-der-Waals-Gleichung (9.28) bezogen auf die Stoffmenge 1 Mol (vergleiche Abbildung 9.6). Zur übersichtlichen Darstellung führt man für das Packungsverhältnis η ein. Es ist definiert als Eigenvolumen der Moleküle im Modell starrer Kugeln dividiert durch das gesamte zur Verfügung stehende Volumen. Für ein Mol Einzelteilchen ist das Eigenvolumen $N_A \frac{4}{3}\pi(\sigma/2)^3 = b_m/4$ (siehe Abbildung 9.6 in Kapitel 9.3), so daß für das Packungsverhältnis folgt

$$\eta = \frac{b_m}{4V_m} = \frac{1}{6}\pi\sigma^3\frac{N}{V} = \frac{1}{6}\pi\sigma^3 c \qquad (10.2)$$

Die rechte Seite folgt dabei mit $V_m = N_A V/N = N_A/c$ und $b_m = N_A b$. Substituiert man mit (10.2) die Quotienten b_m/V_m in (10.1) und rundet die Vorfaktoren, so erhält man eine geschlossen darstellbare unendliche Reihe gemäß

$$\begin{aligned}\frac{p_{HK} V_m}{RT} &= 1 + 4\eta + 10\eta^2 + 18{,}364\,\eta^3 + 28{,}2368\,\eta^4 + 39{,}5264\,\eta^5 + \ldots \\ &\approx 1 + 4\eta + 10\eta^2 + 18\,\eta^3 + 28\,\eta^4 + 40\,\eta^5 + \ldots \\ &= 1 + \sum_{k=0}^{\infty}(k^2 + 3k)\,\eta^k = 1 + \frac{4\eta - 2\eta^2}{(1-\eta)^3}\end{aligned} \qquad (10.3)$$

Die CSvdW-Gleichung wird aus der CS-Gleichung (10.3) erhalten, wenn man den Anziehungsterm $p_{attr} = -a'/V_m^2$ aus der van-der-Waals-Gleichung hinzunimmt (vergleiche (9.28)):

$$p = p_{HK} + p_{attr} = \frac{RT}{V_m}\left[1 + \frac{4\eta - 2\eta^2}{(1-\eta)^3}\right] - \frac{a'}{V_m^2} \qquad (10.4)$$

Von Redlich und Kwong wurde der Anziehungsterm in der van-der-Waals-Gleichung modifiziert durch eine temperaturabhängige Funktion, die den Einfluß der Anziehungskräfte mit zunehmender Temperatur abschwächt [Red 49]. Die Kombination dieses RK-Terms mit dem CS-Abstoßungsterm aus Gleichung (10.3) liefert die Carnahan-Starling-Redlich-Kwong-Gleichung (CSRK-Gleichung):

$$p = p_{HK} + p_{attr} = \frac{RT}{V_m}\left[1 + \frac{4\eta - 2\eta^2}{(1-\eta)^3}\right] - \frac{a'}{\sqrt{T}\,(V_m + b_m)\,V_m} \qquad (10.5)$$

Zahlreiche modifizierte Ansätze dieser Art sind publiziert worden. So sind beispielsweise weitere Verbesserungen bei der Beschreibung realer Flüssigkeiten möglich, wenn explizit die Temperaturabhängigkeit der Abstoßung stärker berücksichtigt wird (weiche Kugeln statt harte!) [siehe z.B. Ran 95]. Semiempirische Zustandsgleichungen dieser Art sind nützlich zur Modellierung von Phasendiagrammen einfacher Fluide und fluider Mischungen. Für einfache Fluide mit hoher Dichte liefern sie bereits eine recht gute Beschreibung des realen Verhaltens.

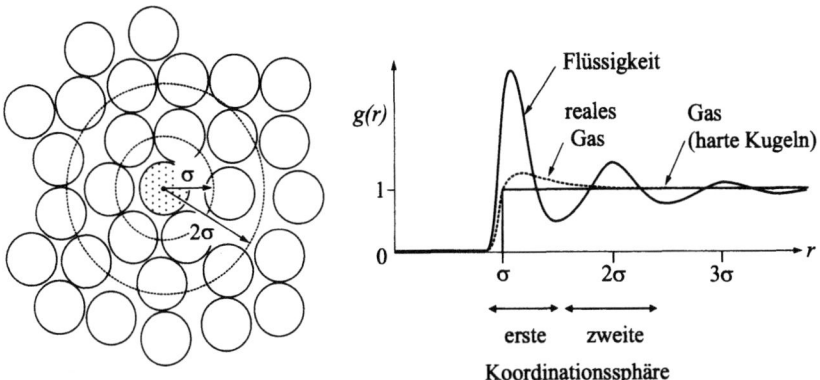

Abbildung 10.2 Radiale Paarverteilungsfunktion für eine einfache Flüssigkeit aus kugelförmigen Teilchen (σ = Teilchendurchmesser).

10.2 Radiale Paarverteilungsfunktion

Eine zufriedenstellende statistisch-thermodynamische Behandlung von Flüssigkeiten sollte nicht nur die richtige Beschreibung der Teilchenwechselwirkungen im Auge haben, sondern vor allem versuchen, die zeitlich gemittelte Struktur der Flüssigkeiten quantitativ zu beschreiben. Wir wollen uns deshalb zunächst mit der Beschreibung der Flüssigkeitsstruktur über Verteilungs- und Korrelationsfunktionen beschäftigen.

Die deutlich höheren Abstoßungsenergien auf Grund des geringen mittleren Abstands im Vergleich zu verdünnten Gasen führen dazu, daß die Anordnung der Nachbarteilchen im Nahbereich um ein Flüssigkeitsteilchen im zeitlichen Mittel allein schon aus Platzgründen nicht mehr rein statistisch ist, wie Abbildung 10.2 für kugelförmige Teilchen demonstriert. Für ein gegebenes Flüssigkeitsteilchen ist vor allem die mittlere Zahl und Entfernung der Nachbarteilchen bei der Berechnung der mittleren Wechselwirkungsenergie entscheidend. Zur quantitativen Beschreibung der zeitlich gemittelten Struktur einfacher Flüssigkeiten (mit kugelförmigen Teilchen) wird die **radiale Paarverteilungsfunktion** $g(r)$ eingeführt.

Wie Abbildung 10.2 veranschaulicht, beschreibt $g(r)$ die relative Abweichung der lokalen Teilchendichte um ein herausgegriffenes Teilchen von der mittleren Dichte der Flüssigkeit. r ist hierbei der Abstand zwischen den Schwerpunkten zweier Flüssigkeitsteilchen, die jeweils den Durchmesser σ haben. Durch das endliche Volumen der Teilchen und die Wirkung ihrer Abstoßungskräfte hat $g(r)$ zwischen 0 und $r = \sigma$ den Wert 0, da sich zwei Teilchen nur bis auf den Abstand σ annähern können (vergleiche die Beispiele in Abbildung 10.3). Für realistische Abstoßungskräfte ist σ allerdings keine scharfe Grenze (es ist insbesondere temperaturabhängig), so daß $g(r)$ an dieser Stelle nicht abrupt Null wird.

> Die **radiale Paarverteilungsfunktion** $g(r)$ ist proportional zur **bedingten Wahrscheinlichkeit**, im Abstand r von einem Flüssigkeitsteilchen irgendein zweites Teilchen zu finden.
>
> Das Produkt aus $g(r)$ und der mittleren Teilchendichte $c = N/V$ entspricht einer **lokalen Teilchendichte** $c(r) = c\, g(r)$ im Abstand r um ein Teilchen am Bezugspunkt $r = 0$.
>
> Für große Abstände r wird die Verteilung der Flüssigkeitsteilchen in Bezug auf das Teilchen bei $r = 0$ unkorreliert und rein statistisch, es gilt also
>
> $$g(r \to \infty) = 1$$

Die Integration der lokalen Teilchendichte $c\, g(r)$ über das gesamte Volumen V muß dann die Gesamtteilchenzahl N_{tot} ergeben:

$$N_{\text{tot}} = \int_V c\, g(r) \cdot \mathrm{d}V \tag{10.6}$$

Die Anzahl $\mathrm{d}N(r)$ der Moleküle mit Abständen r bis $r + \mathrm{d}r$ von dem betrachteten Molekül bei $r = 0$ ergibt sich aus einer Integration über die Winkelkoordinaten ϑ, φ, wenn man zuvor das Volumenelement durch Kugelkoordinaten gemäß $\mathrm{d}V = r^2 \sin\vartheta\, \mathrm{d}\vartheta\, \mathrm{d}\varphi\, \mathrm{d}r$ ausdrückt:

$$\mathrm{d}N(r) = c \int_0^\pi \int_0^{2\pi} g(r)\, r^2 \mathrm{d}r\, \sin\vartheta\, \mathrm{d}\vartheta\, \mathrm{d}\varphi = c\, g(r) \cdot 4\pi r^2 \mathrm{d}r \tag{10.7}$$

Neben $g(r)$ ist in der Theorie der Fluide alternativ auch die **Paarkorrelationsfunktion** $h(r)$ gebräuchlich. Der Zusammenhang mit der radialen Paarverteilung ist einfach:

$$h(r) = g(r) - 1 \tag{10.8}$$

Leider ist die Nomenklatur in der Literatur bei diesen beiden Funktionen noch nicht einheitlich. So findet man für $g(r)$ in manchen Texten ebenfalls den Begriff Paarkorrelationsfunktion. Wir wollen in diesem Buch allerdings nur bei $h(r)$ von Paarkorrelationsfunktion sprechen.

Der Begriff Korrelationsfunktion wird in Kapitel 15 noch ausführlicher diskutiert. Um diesen Begriff hier zu begründen, geben wir noch eine alternative Darstellung der Paarkorrelationsfunktion $h(r)$ an. Wenn wir die lokale Teilchendichte an einem Ausgangspunkt $r = 0$ mit $c(0)$ bezeichnen und eine entsprechende Teilchendichte an einem Punkt im Abstand r davon mit $c(r)$, so ist der Mittelwert $\langle c(0)\, c(r) \rangle$ des Produkts dieser beiden Größen gleich dem Quadrat $\langle c \rangle^2$ der mittleren Teilchendichte, falls die Teilchen im Mittel rein statistisch verteilt sind. Es bestehen dann keine Korrelationen in dem Sinn, daß um ein herausgegriffenes Teilchen in einem bevorzugten Abstand sich andere Teilchen aufhalten. Bei hoher Dichte ist dies aber auf Grund des endlichen Teilchendurchmessers mindestens in der nächsten Umgebung eines Teilchens zu

10.2 Radiale Paarverteilungsfunktion

erwarten. Bezogen auf ein Teilchen bei $r = 0$ wird die mittlere lokale Dichte $c(r)$ in der Nachbarschaft für ein dichtes Fluid ein Maximum zeigen, wenn r gleich dem doppelten Teilchenradius wird.

Solche in dichten Fluiden vor allem durch Abstoßung hervorgerufene Dichtekorrelationen äußern sich in Oszillationen des Produkts $\langle c(0)\,c(r)\rangle$ als Funktion von r. Für große Abstände r ist das Produkt gleich dem konstanten Wert $\langle c\rangle^2$. Als **Dichtekorrelationsfunktion** bezeichnet man die Differenz zwischen der Funktion $\langle c(0)\,c(r)\rangle$ und ihrem Grenzwert. Sie kann durch die Korrelationsfunktion der Differenzen $\Delta c(r) = c(r) - \langle c\rangle$ dargestellt werden. Es gilt nämlich

$$\begin{aligned}\langle \Delta c(0)\,\Delta c(r)\rangle &= \langle (c(0) - \langle c\rangle)(c(r) - \langle c\rangle)\rangle \\ &= \langle c(0)\,c(r)\rangle - \langle c\rangle^2\end{aligned} \qquad (10.9)$$

Beim Übergang von der ersten zur zweiten Zeile haben wir benutzt, daß $\langle c(r)\rangle = \langle c(r')\rangle = \langle c\rangle$ und $\langle c(r)\langle c\rangle\rangle = \langle c\rangle^2$ ist. Die mit (10.8) eingeführte Paarkorrelationsfunktion entspricht der Dichtekorrelationsfunktion (10.9) dividiert durch das Quadrat der mittleren Dichte:

$$\begin{aligned}h(r) &= \frac{\langle \Delta c(0)\,\Delta c(r)\rangle}{\langle c\rangle^2} \\ &= \frac{\langle c(0)\,c(r)\rangle - \langle c\rangle^2}{\langle c\rangle^2} = \frac{\langle c(0)\,c(r)\rangle}{\langle c\rangle^2} - 1\end{aligned} \qquad (10.10)$$

Diese Form der Darstellung werden wir weiter unten in Exkurs (10.5) zur Herleitung der Kompressibilitätsgleichung (10.26) noch einmal verwenden. Der Vergleich von (10.8) und (10.10) zeigt, daß die radiale Paarverteilungsfunktion $g(r)$ ausgedrückt werden kann durch

$$g(r) = \frac{\langle c(0)\,c(r)\rangle}{\langle c\rangle^2} \qquad (10.11)$$

Bei rein statistischer Verteilung ist also $h(r) = 0$ beziehungsweise $g(r) = 1$. Mit Hilfe von $g(r)$, natürlich auch mit $h(r)$, lassen sich die thermodynamischen Funktionen einfacher Flüssigkeiten und realer Gase ausdrücken. Wir kommen darauf im nächsten Abschnitt zurück. Abbildung 10.3 zeigt schematisch die Ortsabhängigkeit der Paarverteilungsfunktion $g(r)$ für ideale und reale Gase, Flüssigkeiten, amorphe und kristalline Festkörper.

Mit $g(r)$ ergibt sich eine einheitliche, quantitative Beschreibung der Unterschiede in den Dichten und Ordnungseigenschaften der verschiedenen Aggregatzustände. Für Systeme mit komplexeren Molekülen beziehungsweise Ionen und für anisotrope Strukturen wird es nötig, Korrelationsfunktionen auch als Funktion der relativen Molekülorientierungen und damit als Funktion der entsprechenden Winkelkoordinaten einzuführen. Benutzt man eine isotrope Paarverteilungsfunktion $g(r)$ für solche Systeme, so entspricht dies einer Mittelung über verschiedene relative Orientierungen der Moleküle.

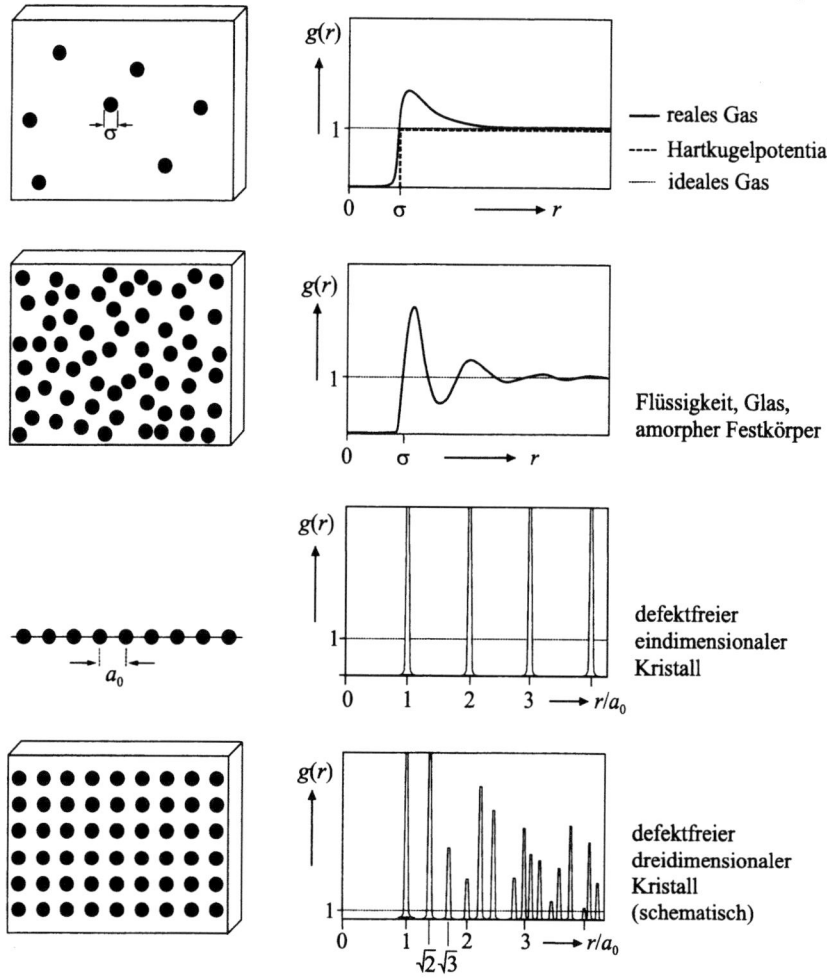

Abbildung 10.3 Strukturmerkmale von Gasen, Flüssigkeiten und Festkörpern und ihre Beschreibung über die radiale Paarverteilungsfunktion.

Exkurs 10.1 Experimentelle Bestimmung der radialen Paarverteilungsfunktion

Experimentell kann man die Paarverteilungsfunktion $g(r)$ beziehungsweise die Paarkorrelationsfunktion $h(r)$ beispielsweise aus elastischen Streuexperimenten mit Neutronen oder Röntgenstrahlung ermitteln. Abbildung 10.4 zeigt das Prinzip der Meßanordnung. Streuung an einem einzelnen Atom einer Flüssigkeit, das sich im Ursprung des Koordinatensystems befindet, führt zu einer Kugelwelle mit der winkelabhängigen Amplitude (R – Abstand des Atoms bzw. Koordinatenursprungs vom Detektor, $k = |k_0| = |k_1|$; siehe auch Abbildung 10.4)[1]

$$\psi \sim \frac{f(\Theta)}{R} e^{ikR} \tag{10.12}$$

---

[1] Zu den Grundlagen von Streuexperimenten siehe z.B. Göp 94, Seite 320ff.

10.2 Radiale Paarverteilungsfunktion

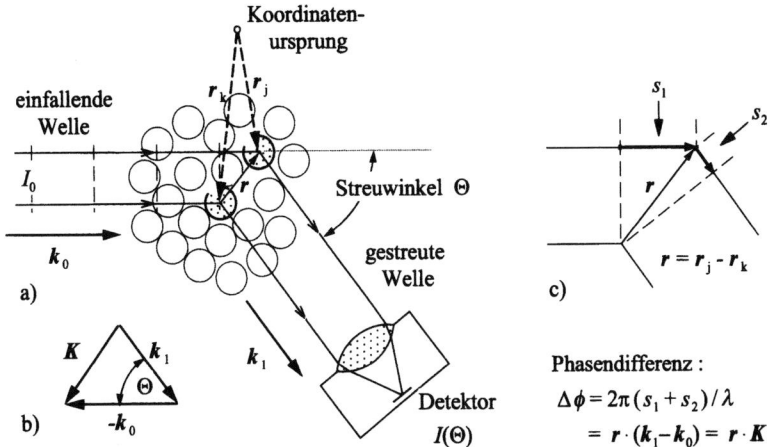

Abbildung 10.4 a) Schema eines Streuexperiments zur Untersuchung von Flüssigkeiten mit Röntgenstrahlen beziehungsweise Neutronen, b) Definition des Streuvektors K, c) Phasendifferenz der Streuwellen, die von zwei Flüssigkeitsteilchen an den Orten r_1 und r_2 ausgehen.

$f(\Theta)$ ist der streuwinkelabhängige Atomformfaktor (auch Streuamplitude genannt, Korrektur für endliche Ausdehnung des Atoms). Befinden sich die Atome nicht im Ursprung, sondern an einer Position r_j, so ergibt sich relativ zu einer Kugelwelle, die vom Ursprung $r = 0$ ausgeht, am Detektor eine zusätzliche Phasendifferenz $K \cdot r_j$ (K = Streuvektor, vergleiche Abbildung 10.4), so daß für die Amplitude der Streuwelle am Ort des Detektors dann allgemein gilt[2]

$$\psi(r_j) \sim \frac{f(\Theta)}{R} e^{ikR} e^{iK \cdot r_j} \quad \text{mit } |K| = |k_1 - k_0| = \frac{4\pi}{\lambda} \sin\left(\frac{\Theta}{2}\right) \quad (10.13)$$

Die Gesamtamplitude Ψ der Streustrahlung am Detektor ergibt sich aus der Superposition der Beiträge aller Atome:

$$\Psi = \sum_{j=1}^{N} \psi(r_j) \sim \frac{f(\Theta)}{R} e^{ikR} \sum_{j=1}^{N} e^{iK \cdot r_j} \quad (10.14)$$

Die Intensität der gestreuten Strahlung ist proportional zum Quadrat der Gesamtamplitude (wegen der Darstellung mit komplexen Funktionen tritt hier die komplex konjugierte Wellenfunktion Ψ^* auf). Für eine bestimmte Anordnung der Flüssigkeitsteilchen ergibt sich deshalb

$$I(\Theta) \sim \Psi \Psi^* \sim \frac{f^2(\Theta)}{R^2} \left\langle \left(\sum_{j=1}^{N} e^{iK \cdot r_j}\right) \left(\sum_{k=1}^{N} e^{-iK \cdot r_k}\right) \right\rangle$$

$$= I_A(\Theta) \cdot N \, S(K) \quad \text{mit } I_A(\Theta) = \frac{f^2(\Theta)}{R^2} \quad (10.15)$$

---

[2]Dabei wurde benutzt, daß der Abstand R des Ursprungs zum Detektor sehr groß gegen die typischen Abstände der streuenden Atome ist, so daß man in sehr guter Näherung für alle Atome als Abstand zum Detektor R ansetzen darf.

Auf der rechten Seite ist als Abkürzung für das Produkt der Phasenfaktoren der **Strukturfaktor** $S(K)$ (auch: **Streufunktion**) eingeführt worden. Dabei haben wir durch die Dreiecksklammern angedeutet, daß eine mittlere Verteilung der Ortsvektoren (Scharmittel!) bei der Auswertung zu Grunde gelegt wird. I_A ist die winkel- und abstandsabhängige Intensität der Streuwelle eines einzelnen Atoms, $N I_A$ also die gestreute Intensität der N Atome, wenn keine Interferenz der Streuwellen einzelner Atome vorliegen würde.

Für den Strukturfaktor gilt, wenn man die beiden Summenausdrücke in Gleichung (10.15) ausmultipliziert (Faktoren mit gleichen Ortsvektoren liefern als Ergebnis Eins) und die Teilchendichte wieder mit $c = N/V$ abkürzt:

$$S(K) = \left\langle 1 + \frac{1}{N} \sum_j \sum_{k \neq j} e^{i\boldsymbol{K}\cdot(\boldsymbol{r}_j - \boldsymbol{r}_k)} \right\rangle = \frac{1}{N} \int\int d\boldsymbol{r}_1 d\boldsymbol{r}_2 \, c^2 \, g(|\boldsymbol{r}_1 - \boldsymbol{r}_2|) \, e^{i\boldsymbol{K}\cdot(\boldsymbol{r}_1 - \boldsymbol{r}_2)}$$

$$= 1 + c \int d\boldsymbol{r} \, g(r) \, e^{-i\boldsymbol{K}\cdot\boldsymbol{r}} \tag{10.16}$$

mit $\quad \int\int d\boldsymbol{r}_1 d\boldsymbol{r}_2 = \int\int d\boldsymbol{R} \, d\boldsymbol{r} = V \int d\boldsymbol{r}, \quad \boldsymbol{R} = \frac{1}{2}(\boldsymbol{r}_1 + \boldsymbol{r}_2), \quad \boldsymbol{r} = \boldsymbol{r}_1 - \boldsymbol{r}_2$

In der zweiten Zeile wurde die Paarverteilungsfunktion $g(r) = g(|\boldsymbol{r}_1 - \boldsymbol{r}_2|)$ verwendet, um die mittlere Verteilung der Abstände $r = |\boldsymbol{r}_1 - \boldsymbol{r}_2|$ beliebiger Paare von Flüssigkeitsteilchen zu beschreiben[3]. Da die radiale Paarverteilungsfunktion nur vom Abstand der Teilchenpaare abhängig ist, wurde das Integral weiter vereinfacht, wobei dieselbe Umformung wie in Gleichung (9.46) im Zusammenhang mit dem Zweiteilchen-Konfigurationsintegrals angewandt wurde (siehe auch Anhang B.4). Es ist nützlich, die rechte Seite von (10.16) etwas anders aufzuteilen und die Paarverteilungsfunktion auf den Wert für große Teilchenabstände $r \to \infty$ zu beziehen. Man schreibt dazu um gemäß

$$S(K) = 1 + c \int [g(r) - 1] \, e^{-i\boldsymbol{K}\cdot\boldsymbol{r}} \, d\boldsymbol{r} + c \int e^{-i\boldsymbol{K}\cdot\boldsymbol{r}} \, d\boldsymbol{r}$$

$$= 1 + c \int \underbrace{[g(r) - 1]}_{= \, h(r)} e^{-i\boldsymbol{K}\cdot\boldsymbol{r}} \, d\boldsymbol{r} \qquad \text{falls} \quad |K| \neq 0 \tag{10.17}$$

Der letzte Term in der ersten Zeile von (10.17) beschreibt die Vorwärtsstreuung, die nur bei $K = 0$ einen Beitrag zur Intensität liefert und für $K > 0$ verschwindet[4]. Wie Gleichung (10.17) zeigt, geht der Strukturfaktor für große K-Werte gegen Eins, da der Integrand $g(r) - 1$ dann verschwindet. Für eine radiale Paarverteilungsfunktion läßt sich das Integral unter Verwendung von Kugelkoordinaten weiter vereinfachen[5]:

$$S(K) = 1 + c \int [g(r) - 1] \, \frac{\sin Kr}{Kr} \, 4\pi r^2 \, dr \tag{10.18}$$

---

[3]siehe dazu auch die Diskussion in Abschnitt 10.4, insbesondere zur dort definierten 2-Teilchen-Verteilungsfunktion $f^{(2)}(\boldsymbol{r}_1, \boldsymbol{r}_2)$, die $c^2 \, g(|\boldsymbol{r}_1 - \boldsymbol{r}_2|)$ entspricht.

[4]Das Integral im letzten Term von (10.17) ergibt für $K = 0$ das Volumen des Systems. Für zunehmende Werte von K oszilliert der Integrand immer stärker ($e^{-i\boldsymbol{K}\cdot\boldsymbol{r}} = \cos(K r) - i \sin(K r)$). Die positiven und negativen Beiträge des Integranden kompensieren einander dabei immer besser, je kleiner die Wellenlänge λ wird (= Anwachsen von $|K| = 2\pi/\lambda$). Deshalb ist das betrachtete Integral nur für sehr kleine Streuwinkel (= kleine Streuvektoren $\boldsymbol{K}$) nennenswert von Null verschieden.

[5]Man substituiert zunächst in Kugelkoordinaten $d\boldsymbol{r} = r^2 \sin\Theta \, d\Theta \, d\phi \, dr$. Die Integration über den Winkel ϕ (=Drehung um die Symmetrieachse Lichtquelle – Streuobjekt) ergibt den Faktor 2π. Mit $\boldsymbol{K} \cdot \boldsymbol{r} = Kr \cos\Theta$, der Substitution $x = \cos\Theta$, $dx = -\sin\Theta \, d\Theta$ und dem Eulerschen Satz für $e^{iKr\cos\Theta}$ läßt sich auch die Integration über den Streuwinkel Θ durchführen.

10.2 Radiale Paarverteilungsfunktion

Für die Intensität $I(\Theta)$ der in einem Winkel Θ elastisch gestreuten Photonen beziehungsweise Neutronen gilt also der folgende Zusammenhang mit der Paarverteilungsfunktion $g(r)$:

$$I(\Theta) \sim I_A N \cdot \left[1 + 4\pi c \cdot \int_0^\infty [g(r) - 1] \cdot \frac{\sin(Kr)}{Kr} r^2 dr \right] \quad (10.19)$$

Wenn die charakteristische Streulänge $1/K$ in der Größenordnung der Reichweite der intermolekularen Wechselwirkung liegt, wird die Streuintensität $I(\Theta)$ durch die Abweichung $[g(r)-1]$ der radialen Paarverteilungsfunktion von einer rein statistischen Verteilung bestimmt (für die $g(r) = 1$ wäre).

Die Gleichungen (10.16) und (10.18) zeigen, daß der Strukturfaktor $S(K)$ über eine Fouriertransformation eindeutig mit der radialen Paarverteilungsfunktion $g(r)$ verknüpft ist, so daß $g(r)$ sich aus den Meßdaten für $I(\Theta)$ formal durch eine Rücktransformation ermitteln läßt (vergleiche Anhang B.5, insbesondere Gleichung (B.86)). Ergebnisse der Röntgenbeugung an Flüssigkeiten erlauben also die Berechnung der radialen Paarverteilungsfunktion und umgekehrt. Allerdings begrenzen Schwierigkeiten der Auswertung und die Meßgenauigkeit die über Röntgenbeugung bestimmbaren Details der Paarverteilungsfunktion. Teilweise kann $g(r)$ für einfache Flüssigkeiten auf der Basis statistischer Modelle mit vergleichbarer oder höherer Genauigkeit berechnet werden.

Exkurs 10.2 Radiale Paarverteilungsfunktion für molekulare Fluide

Die bisherigen Beispiele für Paarverteilungsfunktionen bezogen sich auf einfache Flüssigkeiten mit kugelförmigen Teilchen, die sich in der Regel recht gut mit dem theoretischen Modell eines Fluids aus harten Kugeln vergleichen lassen. In erster Näherung gilt dies auch noch für nahezu kugelförmige unpolare Moleküle.

Die Beschreibung der Struktur molekularer Fluide wird jedoch erheblich komplizierter, da die Abweichung von der Kugelsymmetrie und die jeweilige Gestalt der Moleküle komplexere Packungsmuster im Bereich der Nahordnung erzeugt. Für Streuexperimente gilt, daß ein Molekül mehrere Streuzentren besitzt und damit die molekulare Struktur eine zusätzliche Winkelabhängigkeit der Teilchenwechselwirkungen hervorruft. Dies äußert sich zum einen in scharfen Peaks der aus der Streufunktion ableitbaren radialen Paarverteilung bei kleinen r–Werten entsprechend den Bindungslängen der intramolekular vorkommenden Atompaare. Entsprechend zeigt $g(r)$ sowohl zusätzliche Maxima auf Grund intramolekularer Teilchenkorrelationen als auch eine komplexere Struktur. Abbildung 10.5 zeigt die radiale Paarverteilungfunktion von flüssigem Stickstoff. Der erste Peak bei kleinen Abständen entspricht dem intramolekularen Abstand zwischen den zwei N-Atomen.

Die gesamte radiale Paarverteilungsfunktion $g(r)$ ist zunächst eine Überlagerung der intramolekularen und der intermolekularen Beiträge $g_{\text{intra},ij}(r)$ und $g_{ij}(r)$.

$$g(r) = \sum_{i,j} g_{\text{intra},ij}(r) + \sum_{i,j} g_{ij}(r) \quad (10.20)$$

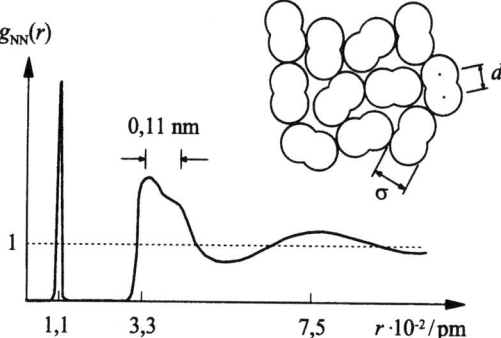

Abbildung 10.5 Radiale Paarverteilungsfunktion für flüssigen Stickstoff [aus Cha 87].

Beide Beiträge sind im nächsten Schritt als gewichtete Summe über die verschiedenen möglichen Atom-Atom-Paarkorrelationen darstellbar. Es ist aber zu bedenken, daß experimentelle Resultate aus Streuexperimenten nur die Gesamtfunktion $g(r)$ liefern. Durch Messungen nach Isotopenaustausch können allerdings Beiträge einzelner Atomsorten oder Atomgruppen im Molekül identifiziert werden.

Für Wasser setzt sich die intermolekulare Paarverteilungsfunktion mit den drei Funktionen $g_{OO}(r)$, $g_{OH}(r)$ und $g_{HH}(r)$ zusammen. Für Chloroform, $CHCl_3$, hat man zu einer vollständigen Beschreibung der Flüssigkeitsstruktur bereits sechs verschiedene Paarverteilungsfunktionen zu diskutieren [z.B. Ber 95]. Der Vergleich der verschiedenen Atom-Atom-Korrelationsfunktionen untereinander läßt erkennen, in welchem Ausmaß bei einer molekularen Flüssigkeit Vorzugsorientierungen und anisotrope Wechselwirkungen benachbarter Moleküle auftreten.

Abbildung 10.6 zeigt eine Auftragung der drei intermolekularen Atom-Atom-Paarkorrelationsfunktionen für Wasser bei Raumtemperatur. Es ist daraus ableitbar, daß in der ersten Koordinationssphäre keine völlig statistische Anordnung der verschiedenen Atomsorten vorliegt. Wasser weist offensichtlich eine räumliche Vorzugsorientierung der benachbarten Wassermoleküle auf Grund der Wasserstoffbrückenbindung auf. Aus der Fläche der Teilfunktion $g_{OO}(r)$ unter dem ersten Maximum folgt, daß in der ersten Koordinationssphäre im Mittel nur vier Sauerstoffatome und damit vier Wassermoleküle zu finden sind. Die Struktur des flüssigen Wassers ist deutlich verschieden von einer dichten Molekülpackung. Ähnliche Beobachtungen sind an vielen polaren Fluiden festzustellen. Ihre Paarverteilungsfunktionen unterscheiden sich deutlich von der Gestalt, die für harte Kugeln typisch ist.

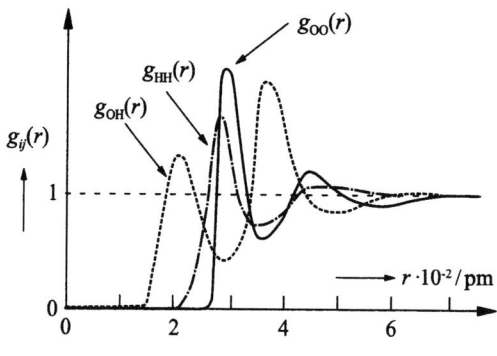

Abbildung 10.6 Radiale Atom-Atom-Paarverteilungsfunktionen für flüssiges Wasser [aus Cha 87].

10.2 Radiale Paarverteilungsfunktion

Exkurs 10.3 Radiale Paarverteilungsfunktionen in einem festen Ionenleiter

Die Hochtemperaturphasen der Silberchalkogenide Ag_2X (mit X = S, Se, Te) sind sehr gute Silberionenleiter. Die Ionenleitfähigkeit erreicht beispielsweise im Silbersulfid bei 200°C einen Wert von 3,8 $(\Omega\,cm)^{-1}$. Diese hohe Ionenleitfähigkeit ist bei den Silberchalkogeniden mit einer strukturellen Besonderheit verknüpft, die von Strock mit Röntgenbeugung untersucht und erklärt wurde [Str 34].

Abbildung 10.8 zeigt die Elementarzelle der Hochtemperaturphase des Silbersulfids. Die ortsfesten Chalkogen-Anionen bilden ein starres Untergitter, in dessen Zwischenräumen sich die Silberionen völlig statistisch über eine größere Zahl von Tetraeder und Oktaederplätzen verteilen und einen quasi-flüssigen Zustand mit hoher Teilchenbeweglichkeit darstellen.

Sowohl aus Röntgenbeugung wie auch mit Molekulardynamik-Rechnungen wurden die drei radialen Paarverteilungsfunktionen g_{AgAg}, g_{SS} und g_{SAg} im Silbersulfid ermittelt. Abbildung 10.7 zeigt die Ergebnisse. Die Verteilung der Ag–Ag- und der S–Ag-Abstände zeigt ganz offensichtlich völlig analog zu einer Flüssigkeit nur eine Nahordnung über die ersten zwei Koordinationssphären. Die Schwefel-Anionen dagegen zeigen eine gut ausgeprägte Fernordnung.

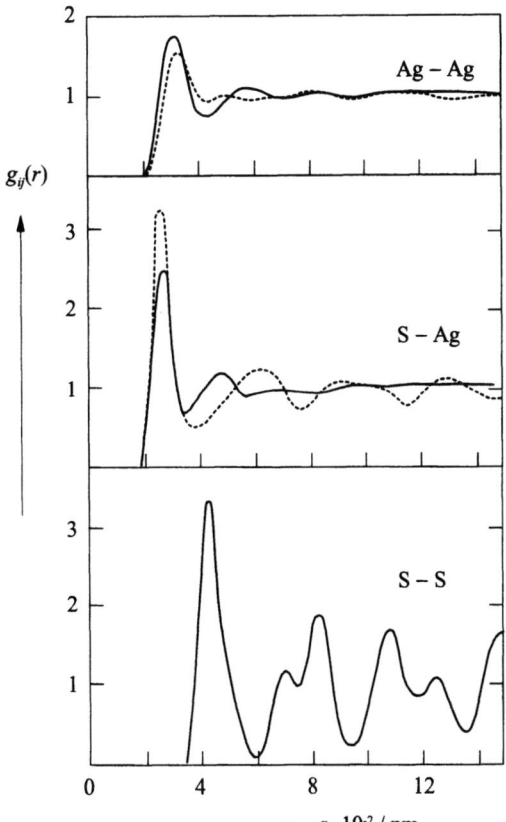

Abbildung 10.7 Radiale Paarverteilungsfunktionen für die Hochtemperaturphase des festen Silbersulfids: - - - Ergebnisse einer Molekulardynamik-Berechnung, —— aus experimentellen Ergebnissen abgeleitet [entnommen aus Kob 90].

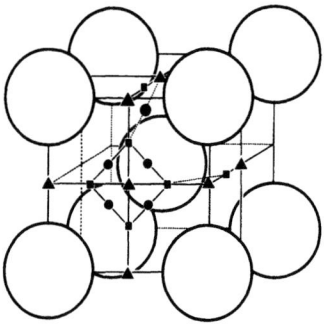

Abbildung 10.8 Elementarzelle der Hochtemperaturphase des Silbersulfids (Ag_2S, $T > 177°C$) nach Strock: die großen Kugeln markieren die Sulfid-Ionen. Die Silberionen verteilen sich statistisch über die mit schwarzen Symbolen markierten Gitterplätze (lokale Energieminima).

10.3 Thermodynamische Größen aus der Paarverteilungsfunktion

Wir nehmen zunächst für eine vereinfachte Betrachtung an, daß sich die gesamten Wechselwirkungen zwischen den Teilchen einer Flüssigkeit als Summe über Paarwechselwirkungen darstellen lassen. Innere Koordinaten und damit innere Freiheitsgrade seien zunächst vernachlässigt[6] (Beschränkung auf einatomige oder kugelförmige Flüssigkeitsteilchen). Die Paarwechselwirkung $\varepsilon(r)$ soll weiterhin nur vom Teilchenabstand abhängen. Man kann nun die mittlere Wechselwirkungsenergie eines herausgegriffenen Teilchens 1 mit allen anderen Teilchen mit Hilfe der radialen Paarverteilungsfunktion darstellen:

$$\langle \varepsilon_{\text{pot}(1)} \rangle = \left\langle \int \varepsilon(r) \cdot dN(r) \right\rangle = \int \varepsilon(r) \, c \, g(r,T) \cdot 4\pi r^2 \, dr \tag{10.21}$$

Multiplikation mit $N/2$ gibt die gesamte Wechselwirkungsenergie $\langle E_{\text{pot}} \rangle$ aller Teilchenpaare untereinander. Die innere Energie U ergibt sich dann als

$$U = \langle E_{\text{trans}} \rangle + \langle E_{\text{pot}} \rangle = \frac{3}{2}NkT + \frac{N}{2} c \int_0^\infty \varepsilon(r) \, g(r,T) \, 4\pi r^2 \, dr \tag{10.22}$$

Der erste Term in der zweiten Zeile stellt die mittlere Energie aufgrund der Translation der Flüssigkeitsteilchen dar. Aus Gleichung (10.22) erhält man die Wärmekapazität C_V durch Ableiten nach der Temperatur:

$$C_V = \frac{3}{2}Nk + \frac{N}{2} c \int_0^\infty \varepsilon(r) \left(\frac{\partial g(r,T)}{\partial T} \right)_{V,N} 4\pi r^2 \, dr \tag{10.23}$$

Zwei für die Behandlung fluider Systeme sehr wichtige Gleichungen ergeben sich, wenn man den Druck beziehungsweise die Kompressibilität des Fluids jeweils durch

---

[6]Siehe auch Bemerkungen zur Berücksichtigung innerer Koordinaten in Kapitel 9.1 und in Exkurs 10.11.

ein Integral unter Verwendung der radialen Paarverteilungsfunktion ausdrückt. Die Gleichung für den Druck ist als **Druckgleichung** bekannt und lautet (siehe Exkurs 10.6)

$$p = \underbrace{ckT}_{p_{\text{kin}}} \underbrace{- \frac{c^2}{6} \int_0^\infty g(r,T) \left(\frac{\partial \varepsilon(r)}{\partial r}\right) 4\pi r^3 \, dr}_{p_{\text{rep}} + p_{\text{attr}}} \quad (10.24)$$

Die Druckgleichung kann durch Ableiten von Gleichung (10.22) nach dem Volumen oder auch aus dem **Virialsatz** der klassischen Mechanik hergeleitet werden (vergleiche Exkurs 10.6). Sie ist ein möglicher Ausgangspunkt für die Formulierung der Zustandsgleichung eines Fluids. Die Anwendung der Druckgleichung (10.24) setzt allerdings voraus, daß die potentielle Energie als Summe von Paarwechselwirkungen angesetzt werden darf. Das schränkt ihre Verwendbarkeit bei dichten fluiden Systemen ein.

Der Wechselwirkungsbeitrag $p_{\text{rep}} + p_{\text{attr}}$ zum Druck auf der rechten Seite von Gleichung (10.24) enthält die Ableitung der Paarwechselwirkungsenergie $\varepsilon(r)$. Diese nimmt für kleine Abstände im Bereich der Abstoßung sehr hohe negative Werte an. Dieser Bereich liefert den positiven Abstoßungsbeitrag p_{rep} zum Gesamtdruck. Für größere Abstände geht die Ableitung am Potentialminimum durch Null und nimmt dann im Bereich, wo die Anziehungskräfte dominieren, positive Werte an. Letzteres liefert einen negativen Beitrag $p_{\text{attr}} < 0$ zum Gesamtdruck. Die Tatsache, daß der Beitrag des Integrals in (10.24) sich aus einer Differenz zweier großer Beiträge ergibt, führt dazu, daß bereits geringe Ungenauigkeiten der benutzten Paarverteilungsfunktion zu großen Fehlern im berechneten Gesamtdruck führen. Darüber hinaus wird der Druck in dichten Fluiden erheblich von Dreiteilchenwechselwirkungen bestimmt, die in (10.22) und (10.24) vernachlässigt sind.

Für ein Fluid aus harten Kugeln läßt sich die Druckgleichung einfach lösen. Die Ableitung $\partial \varepsilon / \partial r$ ist dann durch eine δ-Funktion darstellbar, da sie nur an der Stelle $r = \sigma$ (mit σ als Durchmesser der Kugeln) von Null verschieden ist. $g(r)$ ist dann eine Stufenfunktion mit dem Wert $g(r) = 0$ für $r \leq \sigma$ und $g(r) = 1$ für $r > \sigma$. Bezeichnet man mit $g_+(\sigma)$ den Grenzwert für $r \to \sigma$, wenn man sich von höheren r-Werten aus nähert, so lautet die Lösung von (10.24) für harte Kugeln

$$\frac{p}{ckT} = 1 + \frac{2\pi\sigma^3}{3} c\, g_+(\sigma) \quad (10.25)$$

Ein weiterer häufig verwendeter Ausgangspunkt für Zustandsgleichungen von Fluiden ist die isotherme Kompressibilität κ_T (zur Definition: Übersicht A.1 im Anhang). Im Vergleich zur Druckgleichung ist die als **Kompressibilitätsgleichung** bekannte Beziehung allgemeiner anwendbar, da in ihrer Herleitung die potentielle Energie nicht als Summe über reine Paarwechselwirkungen vorausgesetzt wird. Die Kompressibilitätsgleichung stellt einen Zusammenhang zwischen Paarverteilungs- beziehungsweise Paarkorrelationsfunktion und isothermer Kompressibilität her. Sie kann über den Zusammenhang von κ_T und $h(r)$ (oder $g(r)$) mit den Fluktuationen von Teilchenzahl und lokaler Dichte in einer makrokanonischen Gesamtheit abgeleitet werden (siehe dazu Exkurs 10.5)

$$kT c \kappa_T = kT \left(\frac{\partial c}{\partial p}\right)_{T,N} = 1 + c \int_0^\infty \underbrace{[g(r,T) - 1]}_{h(r)} 4\pi r^2 \, dr \qquad (10.26)$$

Die entscheidende Klippe bei der Behandlung der Fluide hoher Dichte ist die Berechnung von $g(r)$ (bzw. $h(r)$) und die Wahl der „richtigen" Ansätze für die Wechselwirkungen, die im allgemeinen nicht mehr ohne weiteres als Summe über Paarwechselwirkungen darstellbar sind. Sehr hilfreich ist in diesem Zusammenhang, daß die Paarverteilungsfunktion selbst wiederum eine Funktion der Teilchenwechselwirkungen ist. Ein besonders einfacher Zusammenhang ergibt sich für verdünnte reale Gase, für die die Wahrscheinlichkeit, im geringen Abstand von zwei nah benachbarten Teilchen ein drittes zu finden, sehr klein ist.

$g(r)$ ist entsprechend seiner Definition proportional zur Wahrscheinlichkeit, ein Teilchen 2 im Abstand r von einem Teilchen 1 zu finden. $g(r)$ ist deshalb bei entsprechend niedriger Dichte äquivalent zum Boltzmann-Faktor mit der Paarwechselwirkungsenergie $\varepsilon(r)$, da unter solchen Bedingungen die Wechselwirkung mit weiteren Teilchen vernachlässigbar ist.

$$\lim_{c \to 0} g(r,T) = \exp\left[-\frac{\varepsilon(r)}{kT}\right] \qquad (10.27)$$

Für dichte fluide Systeme ist der einfache Zusammenhang (10.27) zwischen $g(r)$ und dem Paarpotential $\varepsilon(r)$ keine brauchbare Näherung mehr, da es innerhalb der typischen Reichweite der Paarwechselwirkung um ein herausgegriffenes Teilchen viele weitere Teilchen geben wird. Bereits durch deren Abstoßungskräfte wird die lokale Umgebung des betrachteten Teilchenpaares sehr wesentlich strukturiert (und damit auch $g(r)$ durch die Teilchenanordnung in der Umgebung des Teilchenpaares stark beeinflußt!).

Will man die Form von Gleichung (10.27) trotzdem beibehalten, ist die Paarwechselwirkung $\varepsilon(r)$ durch eine korrigierte effektive Paarwechselwirkung $w(r)$ zu ersetzen. Dies führt zu folgender Definition:

> Die mittlere potentielle Energie $w(r)$ (effektive Wechselwirkung eines Teilchenpaares im Fluid) ist in Analogie zu Gleichung (10.27) definiert über
>
> $$g(r) = \exp\left[\frac{-w(r)}{kT}\right] \qquad (10.28)$$
>
> Für die mittlere Kraft zwischen dem betrachteten Teilchenpaar im Fluid gilt dann
>
> $$F(r) = -\frac{d\,w(r)}{d\,r} \qquad (10.29)$$
>
> Aus diesem Grund wird $w(r)$ in der Literatur auch als **Potential der mittleren Kraft** bezeichnet.

10.3 Thermodynamische Größen aus der Paarverteilungsfunktion

Im Vergleich zur direkten Paarwechselwirkung $\varepsilon(r)$ eines isolierten Teilchenpaares enthält $w(r)$ einen näherungsweise additiven Term $\Delta w(r)$, der die Einflüsse der Wechselwirkungen mit den weiteren Teilchen des Fluids in der unmittelbaren Nachbarschaft des Teilchenpaares enthält:

$$w(r) = \varepsilon(r) + \Delta w(r) \tag{10.30}$$

$\Delta w(r)$ ist die zusätzlich notwendige Arbeit (Helmholtz-Energie), wenn in einem dichten Fluid ein Teilchen 2 von $r = \infty$ auf den Abstand r zu einem Teilchen 1 gebracht werden soll verglichen mit einem isolierten Teilchenpaar im verdünnten Gas. Rein geometrisch ist diese Arbeit in einem dichten Fluid allein schon dazu notwendig, um dem herangeführten Teilchen Platz durch Verschieben anderer Teilchen in der Umgebung zu schaffen. Zwischen der eigentlichen Paarwechselwirkung $\varepsilon(r)$ und $\Delta w(r)$ besteht allerdings ein wichtiger Unterschied: $\Delta w(r)$ im Gegensatz zum rein abstandsabhängigen $\varepsilon(r)$ ein thermischer Mittelwert über die möglichen Konfigurationen der umgebenden Flüssigkeitsteilchen und somit zusätzlich zur Abstandsabhängigkeit auch temperatur- und dichteabhängig.

Abbildung 10.9 zeigt $w(r)$, $\varepsilon(r)$ und die radiale Paarverteilungsfunktion $g(r)$ schematisch für ein einfaches dichtes Fluid. $w(r)$ besitzt eine höhere Reichweite als $\varepsilon(r)$. Darüberhinaus oszilliert $w(r)$ zwischen positiven und negativen Werten. Beides sind Konsequenzen der recht dichten Packung der Flüssigkeitsteilchen in der Umgebung eines Zentralteilchens.

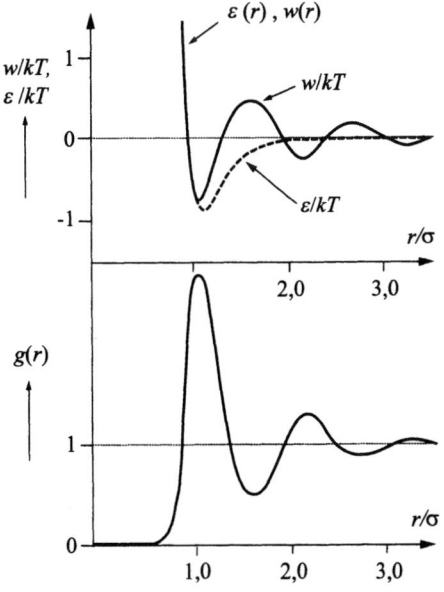

Abbildung 10.9 Effektive potentielle Energie $w(r)$ eines Teilchenpaares (=Potential der mittleren Kraft), Anteil $\varepsilon(r)$ der direkten Paarwechselwirkung und Paarkorrelationsfunktion $g(r)$ für eine einfache Flüssigkeit [nach Ber 80]: die Reichweite von $g(r)$ und $w(r)$ ist in dichten Fluiden größer als die der Paarwechselwirkung. $g(r)$ hat Minima, wo $w(r)$ Maxima zeigt.

Exkurs 10.4 Paarverteilungsfunktion und Druckgleichung für verdünnte Gase

Mit Gleichung (10.27) für die radiale Paarverteilungsfunktion eines verdünnten Gases läßt sich die Druckgleichung (10.24) umformen zu

$$p = ckT - c^2 \cdot \frac{1}{6kT} \int_0^\infty \exp\left[-\frac{\varepsilon(r)}{kT}\right] \left(\frac{\partial \varepsilon(r)}{\partial r}\right) 4\pi r^3 \, dr \qquad (10.31)$$

Ein Vergleich mit der Virialentwicklung (9.34b) zeigt, daß der zweite Term in (10.31) einen Ausdruck für den den zweiten Virialkoeffizienten B_2 ergibt

$$B_2(T) = -\frac{1}{6kT} \int_0^\infty g(r,T) \left(\frac{\partial \varepsilon(r)}{\partial r}\right) 4\pi r^3 \, dr = -\frac{1}{6kT} \int_0^\infty \exp\left[-\frac{\varepsilon(r)}{kT}\right] \left(\frac{\partial \varepsilon(r)}{\partial r}\right) 4\pi r^3 \, dr$$

Dieses Ergebnis ist mit dem in Gleichung (9.41) hergeleiteten identisch, was sich durch eine partielle Integration des Integrals in (9.41) zeigen läßt[7].

Exkurs 10.5 Ableitung der Kompressibilitätsgleichung (10.26)

Die isotherme Kompressibilität ist nach Gleichung (2.122) aus Kapitel (2.6) mit den Fluktuationen der Teilchenzahl eines offenen Systems (makrokanonische Gesamtheit) verknüpft (siehe auch Exkurs 2.14). Eine ausführliche Ableitung der Kompressibilitätsgleichung (10.5) geht deshalb von einer makrokanonischen Gesamtheit und entsprechenden Verteilungsfunktionen der Energie und Teilchenzahl aus (entsprechende Herleitungen finden sich beispielsweise bei [Luc 86, MQu 85]. Wir verwenden hier zur Herleitung eine verkürzte Überlegung.

Löst man die Beziehung (2.122) nach κ_T auf und drückt die mittlere Teilchenzahl $\langle N \rangle$ durch die Teilchendichte $\langle c \rangle$ aus, so ergibt sich der folgende Zusammenhang zwischen Kompressibilität und mittlerer quadratischer Teilchenzahlschwankung $\langle \Delta N^2 \rangle$ um den Mittelwert $\langle N \rangle$

$$\kappa_T = \frac{V}{kT} \frac{[\langle N^2 \rangle - \langle N \rangle^2]}{\langle N \rangle^2} = \frac{V}{kT} \frac{\langle \Delta N^2 \rangle}{\langle N \rangle^2} \qquad (10.32)$$

$$\text{mit} \quad \langle \Delta N^2 \rangle = \langle (N - \langle N \rangle)^2 \rangle = \langle N^2 \rangle - \langle N \rangle^2$$

Für κ_T^{ideal}, die Kompressibilität eines idealen Gases aus nicht-wechselwirkenden punktförmigen Teilchen, gilt auf Grund des idealen Gasgesetzes und der thermodynamischen Definition von κ_T

$$\kappa_T^{\text{ideal}} = -\frac{1}{V} \left(\frac{\partial V}{\partial p}\right)_T = \frac{1}{p} = \frac{V}{\langle N \rangle kT} \qquad (10.33)$$

Setzt man das Ergebnis für κ_T^{ideal} aus (10.33) in (10.32) für die Kompressibilität ein, so folgt

$$\langle \Delta N^2 \rangle_{\text{ideal}} = \left[\langle N^2 \rangle - \langle N \rangle^2\right]_{\text{ideal}} = \langle N \rangle \qquad (10.34)$$

---

[7] $\int_0^\infty u \, dv = [u\,v]_0^\infty - \int_0^\infty v \, du$ mit $dv \triangleq 4\pi r^2 dr$ und $u \triangleq \left[\exp\left(-\frac{\varepsilon(r)}{kT}\right) - 1\right]$ in Gl. (9.41).

10.3 Thermodynamische Größen aus der Paarverteilungsfunktion 367

Aus der Fluktuationsdarstellung (10.10) für die Paarkorrelationsfunktion $h(r)$ erhält man durch eine zweifache Volumenintegration einen weiteren Beitrag zu den Teilchenzahlfluktuationen, der aus Korrelationen der Teilchenzahlschwankungen an verschiedenen Orten resultiert.

$$\iint h(|\mathbf{r}-\mathbf{r}'|)\,\mathrm{d}\mathbf{r}\,\mathrm{d}\mathbf{r}' = \iint \frac{\langle \Delta c(\mathbf{r})\,\Delta c(\mathbf{r}')\rangle}{\langle c\rangle^2}\,\mathrm{d}\mathbf{r}\,\mathrm{d}\mathbf{r}'$$

$$= V\int h(r)\,4\pi r^2\,\mathrm{d}r = V^2\,\frac{\langle \Delta N^2\rangle_{\mathrm{korr}}}{\langle N\rangle^2} \quad \text{mit } r=|\mathbf{r}-\mathbf{r}'| \quad (10.35)$$

In der ersten Zeile ist die Fluktuationsdarstellung (10.10) der Paarkorrelationsfunktion verwendet worden. In der zweiten Zeile wurde zur Vereinfachung des Doppelintegrals dieselbe Variablensubstitution verwendet wie in (Exkurs 9.4) im Zusammenhang mit dem Zweiteilchen-Konfigurationsintegral. Es ist klar, daß der Beitrag $\langle \Delta N^2\rangle_{\mathrm{korr}}/\langle N\rangle^2$ für ein ideales Gas mit punktförmigen Teilchen wegen der fehlenden Wechselwirkungen verschwindet. Für ein ideales Gas gilt nämlich $g(r)=1$ für alle Abstände r und deshalb nach Gleichung (10.8) $h(r)=0$, so daß das Integral in (10.35) unter diesen Bedingungen Null wird. Dementsprechend gilt die folgende Beziehung für die Teilchenzahlfluktuationen im realen Fluid

$$\langle \Delta N^2\rangle = \langle \Delta N^2\rangle_{\mathrm{ideal}} + \langle \Delta N^2\rangle_{\mathrm{korr}}$$

Es folgt aus dieser Überlegung, daß das Volumenintegral über $h(r)$ mit der Differenz $\kappa_T - \kappa_T^{\mathrm{ideal}}$ zusammenhängt gemäß

$$\kappa_T - \kappa_T^{\mathrm{ideal}} = \frac{V}{kT}\left[\frac{\langle \Delta N^2\rangle - \langle \Delta N^2\rangle_{\mathrm{ideal}}}{\langle N\rangle^2}\right] = \frac{V}{kT}\left[\frac{\langle \Delta N^2\rangle_{\mathrm{korr}}}{\langle N\rangle^2}\right]$$

$$= \frac{1}{kT}\int h(r)\,4\pi r^2\,\mathrm{d}r = \int (g(r)-1)\,4\pi r^2\,\mathrm{d}r \quad (10.36)$$

Division durch $\kappa_T^{\mathrm{ideal}}$, Einsetzen des Ausdrucks $\kappa_T^{\mathrm{ideal}} = 1/p = V/(\langle N\rangle kT)$ aus (10.33) und Auflösen nach $-NkT\kappa_T/V$ liefert schließlich die Kompressibilitätsgleichung (10.26).

Exkurs 10.6 Druckgleichung und Virialsatz der Mechanik

Der erste Term auf der rechten Seite der Druckgleichung (10.24) ist der kinetische Druck $p_{\mathrm{kin}} = ckT$, den auch ein ideales Gas aufweist, während der zweite Anteil der Beitrag der Wechselwirkungen zum Druck ist. Mit p_{pot} als Abkürzung für den zweiten Anteil gilt also

$$p = p_{\mathrm{kin}} + p_{\mathrm{pot}} \quad (10.37)$$

p_{pot} läßt sich durch eine Ableitung der mittleren potentiellen Energie nach dem Volumen ausdrücken, da gelten muß

$$p = -\left(\frac{\partial U}{\partial V}\right)_{N,T} = -\left(\frac{\partial U_{\mathrm{ideal}}}{\partial V}\right)_{N,T} - \left(\frac{\partial \langle E_{\mathrm{pot}}\rangle}{\partial V}\right)_{N,T} \quad (10.38)$$

Setzt man die potentielle Energie als Summe über Paarwechselwirkungen an, so folgt

$$p_{\mathrm{pot}} = -\frac{\partial}{\partial V}\left\langle \sum_{i,j}\varepsilon(r_{ij})\right\rangle = -\left\langle \sum_{i,j}\frac{\partial \varepsilon(r_{ij})}{\partial V}\right\rangle = -\left\langle \sum_{i,j}\frac{\partial \varepsilon(r_{ij})}{\partial r_{ij}}\frac{\partial r_{ij}}{\partial V}\right\rangle \quad (10.39)$$

Wenn das Volumen verändert wird und das System isotrop ist, verändern sich alle Teilchenabstände $|r_{ij}|$ proportional zu $V^{1/3}$. Man kann also für die Volumenabhängigkeit der Abstände ansetzen: $\boldsymbol{r}_{ij} = \boldsymbol{r}'_{ij} V^{1/3}$. Es folgt also aus (10.39)

$$p_{\text{pot}} = -\left\langle \sum_{i,j} \frac{\partial \varepsilon(\boldsymbol{r}_{ij})}{\partial \boldsymbol{r}_{ij}} \frac{\boldsymbol{r}_{ij}}{3V} \right\rangle = \frac{1}{3V}\left\langle \sum_{i,j} \boldsymbol{r}_{ij}\, \boldsymbol{F}_{ij} \right\rangle \quad \text{mit } \boldsymbol{F}_{ij} = -\frac{\partial \varepsilon(\boldsymbol{r}_{ij})}{\partial \boldsymbol{r}_{ij}} \tag{10.40}$$

Der Mittelwert läßt sich nun wieder durch ein Integral mit der radialen Paarverteilungsfunktion ausdrücken und man erhält (wobei der Faktor $N^2/2$ für die Zahl der Teilchenpaare hinzukommt)

$$p_{\text{pot}} = \frac{N^2}{2} \frac{1}{3V} \int \left(\frac{\partial \varepsilon}{\partial r}\right) g(r)\, 4\pi r^3\, \mathrm{d}r \tag{10.41}$$

Die rechte Seite von Gleichung (10.40) kann noch in eine andere Form gebracht werden, die den direkten Bezug zum **Virialsatz** der klassischen Mechanik zeigt. Die partielle Ableitung der Energie nach dem Abstand ist gleich der negativen Kraft $\boldsymbol{F}_{ij}$ zwischen den Teilchen i und j. Man erhält das sogenannte (Clausiussche) **Virial** Υ_{int} der inneren Kräfte, das direkt proportional zum Druckbeitrag der Wechselwirkungen ist:

$$p_{\text{pot}} = \frac{1}{3V}\left\langle \sum_{i,j} \boldsymbol{r}_{ij}\, \boldsymbol{F}_{ij} \right\rangle = \frac{1}{3V} \Upsilon_{\text{int}} \tag{10.42}$$

Der Virialsatz der klassischen Mechanik resultiert aus einer statistischen Betrachtung der Summe über die Produkte von Orts- und Impulsvektoren aller Teilchen eines Systems

$$G(t) = \sum_i \boldsymbol{r}_i\, \boldsymbol{p}_i \tag{10.43}$$

Die Summe $G(t)$ stellt im allgemeinen Fall eine zeitabhängige Funktion dar. Für ein System, das in Bezug auf Volumen und Gesamtimpuls begrenzt ist, bleiben die Orts- und Impulskoordinaten aller Teilchen ebenfalls endlich und begrenzt. Für genügend lange Zeiten kann man deshalb die Aussage des 1. Postulats (Ergoden-Hypothese, Kapitel 2.1) heranziehen: die Funktion $G(t)$ variiert statistisch über einen endlichen Bereich von Funktionswerten und wird deshalb nach sehr langen Zeiten fast alle Koordinatenkombinationen überstrichen haben. Es wird dann zu ständigen Wiederholungen von Orts- und Impulsverteilungen und damit auch von Funktionswerten der Funktion $G(t)$ kommen. Die entscheidende Konsequenz ist, daß der statistische Mittelwert der Funktion $G(t)$ sich dann nicht mehr ändert und als Konstante betrachtet werden darf. Dies entspricht der folgenden Aussage

$$\frac{\mathrm{d}}{\mathrm{d}t}\overline{\sum_i \boldsymbol{r}_i\, \boldsymbol{p}_i} = \overline{\frac{\mathrm{d}}{\mathrm{d}t}\sum_i \boldsymbol{r}_i\, \boldsymbol{p}_i} = 0 \tag{10.44}$$

Die folgende Umformung führt direkt zum **Virialsatz** als Aussage über die Mittelwerte von kinetischer und potentieller Energie in einem Vielteilchensystem.

$$\overline{\frac{\mathrm{d}}{\mathrm{d}t}\sum_i \boldsymbol{r}_i\, \boldsymbol{p}_i} = \overline{\sum_i \frac{\mathrm{d}\boldsymbol{r}_i}{\mathrm{d}t}\cdot \boldsymbol{p}_i} + \overline{\sum_i \boldsymbol{r}_i \cdot \frac{\mathrm{d}\boldsymbol{p}_i}{\mathrm{d}t}} = 2\overline{E}_{\text{trans}} + \overline{\sum_i \boldsymbol{r}_i\, \boldsymbol{F}_i} = 0$$

$$\rightarrow \quad 2\overline{E_{\text{trans}}} = -\overline{\sum_i \boldsymbol{r}_i\, \boldsymbol{F}_i} \quad \text{mit } 2E_{\text{trans}} = \sum_i \frac{\mathrm{d}\boldsymbol{r}_i}{\mathrm{d}t}\boldsymbol{p}_i \; , \quad \boldsymbol{F}_i = \frac{\mathrm{d}\boldsymbol{p}_i}{\mathrm{d}t} \tag{10.45}$$

Im Endresultat kann man nach dem ersten Postulat in Kapitel 2.1 die Zeitmittelwerte auch durch die Scharmittelwerte ersetzen:

$$\langle 2 E_{\text{trans}} \rangle = -\left\langle \sum_i \boldsymbol{r}_i \boldsymbol{F}_i \right\rangle \tag{10.46}$$

Auf der rechten Seite von (10.46) steht $\boldsymbol{F}_i$ jeweils für die Summe aller auf das Teilchen i wirkenden Kräfte. Sie setzt sich zusammen aus den vorhandenen äußeren Kräften $\boldsymbol{F}_{\text{ext}}$ (elektrische, magnetische Felder, Behälterwand, ...) und den Kräften $\boldsymbol{F}_{ij}$ der anderen Teilchen $j \neq i$ auf das Teilchen i (= innere Kräfte). Das Virial $\langle \sum_i \boldsymbol{r}_i \boldsymbol{F}_i \rangle$ läßt sich also in zwei Terme auftrennen:

$$\left\langle \sum_i \boldsymbol{r}_i \boldsymbol{F}_i \right\rangle = \left\langle \sum_i \sum_{j \neq i} (\boldsymbol{r}_i - \boldsymbol{r}_j) \boldsymbol{F}_{ij} \right\rangle + \left\langle \sum_i \boldsymbol{r}_i \boldsymbol{F}_{\text{ext}} \right\rangle = \Upsilon_{\text{int}} + \Upsilon_{\text{ext}} \tag{10.47}$$

Υ_{int} war oben in Gleichung (10.42) definiert worden. Für Υ_{ext} ergibt eine ausführliche Ableitung[8] unter der Annahme, daß die äußeren Kräfte durch die Kraftwirkung der Behälterwand auf die Teilchen entstehen:

$$\Upsilon_{\text{ext}} = -3 pV \tag{10.48}$$

Setzt man (10.48) unter Berücksichtigung von (10.47) in (10.46) ein und setzt für die mittlere Translationsenergie $\langle E_{\text{trans}} \rangle = 3kT/2$, so liefert die Auflösung nach p die Druckgleichung (10.24). Mit Υ_{int} als Virial der inneren Kräfte läßt sich die folgende allgemeine Form der Druckgleichung schreiben:

$$pV = \frac{2}{3} \langle E_{\text{trans}} \rangle + \frac{1}{3} \Upsilon_{\text{int}} \tag{10.49}$$

Für die innere Energie U des Systems gilt:

$$U = \langle E_{\text{trans}} \rangle + \Upsilon_{\text{int}} = \langle E_{\text{trans}} \rangle + \langle E_{\text{pot}} \rangle \tag{10.50}$$

10.4 Verallgemeinerte Verteilungsfunktionen

In den vorhergehenden Abschnitten spielte die Paarverteilungsfunktion $g(r)$ beziehungsweise der Paarkorrelationsfunktion $h(r)$ eine zentrale Rolle. Jedoch erfordern detailliertere statistische Modelle der Fluide die Behandlung höherer Korrelationen, insbesondere von 3- und 4-Teilchen-Korrelationsfunktionen. Wir wollen im folgenden deshalb die Überlegungen zur Einführung entsprechender Vielteilchen-Verteilungs- und Korrelationsfunktionen kurz diskutieren. Ausgangspunkt ist ein System mit gegebenen Werten für Volumen, Temperatur und chemisches Potential im Rahmen der kanonischen Gesamtheit.

Zunächst wird eine allgemeine Definition der **Verteilungsfunktionen** von N-Teilchen-Clustern in der semiklassischen Näherung eingeführt. Insbesondere geht es

---
[8]siehe z.B. [Bre 96, MQu 85]

dabei um die Wahrscheinlichkeit von Konfigurationen mit drei, vier und mehr Teilchen innerhalb eines N-Teilchensystems mit sehr großer Teilchenzahl N. Betrachten wir zunächst alle N Teilchen: die Wahrscheinlichkeit, daß ein klassisch über die Koordinatensätze $\boldsymbol{R}, \boldsymbol{P}$ beschreibbares Vielteilchensystem irgendeinen Mikrozustand mit Ortskoordinaten zwischen $\boldsymbol{R}$ und $\boldsymbol{R}+\mathrm{d}\boldsymbol{R}$ sowie Impulsen zwischen $\boldsymbol{P}$ und $\boldsymbol{P}+\mathrm{d}\boldsymbol{P}$ aufweist, ist proportional zu dem entsprechenden Boltzmann-Faktor $\exp[-E(\boldsymbol{P},\boldsymbol{R})/kT]$ (vergleiche Ableitung der kanonischen Zustandssumme im Kapitel 2.2.1, insbesondere Gleichung (2.32)). Darauf aufbauend kann man eine normierte N-Teilchen-Verteilungsfunktion $F(\boldsymbol{P},\boldsymbol{R})$ definieren mit der kanonischen Zustandssumme als Normierungsfaktor[9]:

$$F(\boldsymbol{P},\boldsymbol{R}) = \frac{\exp[-E(\boldsymbol{P},\boldsymbol{R})/kT]}{N! h^{3N} Z}$$

$$= \frac{1}{N! h^{3N} Z} \exp\left[-\frac{E_{\text{trans}}(\boldsymbol{P})}{kT}\right] \exp\left[-\frac{E_{\text{pot}}(\boldsymbol{R})}{kT}\right] \quad (10.51)$$

$F(\boldsymbol{P},\boldsymbol{R})$ ist genau genommen eine Wahrscheinlichkeitsdichtefunktion und hat die Dimension (Ort·Impuls)$^{-3N}$. $F(\boldsymbol{P},\boldsymbol{R})\,\mathrm{d}\boldsymbol{P}\,\mathrm{d}\boldsymbol{R}$ ist gleich der Wahrscheinlichkeit für einen Systemzustand im Bereich $\mathrm{d}\boldsymbol{P}\,\mathrm{d}\boldsymbol{R}$ um den Mikrozustand $\boldsymbol{P}, \boldsymbol{R}$ (= Phasenraumpunkt). Integriert man in Gleichung (10.51) über die Impulskoordinaten, so kürzen sich wegen der Separierbarkeit von Translationsenergie und potentieller Energie alle impulsabhängigen Terme und die Faktoren $N! h^{3N}$ (die auch in Z vorkommen) heraus. Als Ergebnis erhält man die N-Teilchen-Ortsverteilungsfunktion $f(\boldsymbol{R})$, die den statistisch-thermodynamischen Zugang zur Wechselwirkungsenergie und anderen mittleren Systemgrößen öffnet, die von der räumlichen Verteilung der Teilchen eines fluiden Systems abhängen. Es gilt:

$$f(\boldsymbol{R}) = \frac{\exp[-E_{\text{pot}}(\boldsymbol{R})/kT]}{\int \exp[-E_{\text{pot}}(\boldsymbol{R})/kT]\,\mathrm{d}\boldsymbol{R}} = \frac{\exp[-E_{\text{pot}}(\boldsymbol{R})/kT]}{V^N Q_{\text{konfig}}} \quad (10.52)$$

$f(\boldsymbol{R})$ multipliziert mit $\mathrm{d}\boldsymbol{R}$ entspricht der **Wahrscheinlichkeit** für eine ganz bestimmte räumliche Anordnung der Teilchen, bei der sich das erste Teilchen zwischen r_1 und $r_1 + \mathrm{d}r_1$ befindet, das zweite Teilchen zwischen r_2 und $r_2 + \mathrm{d}r_2$, ..., Teilchen N zwischen r_N und $r_N + \mathrm{d}r_N$ [10]. Mit $f(\boldsymbol{R})$ läßt sich eine allgemeine Formulierung von (Schar-)Mittelwerten über ortsabhängige Systemgrößen $A(\boldsymbol{R})$ aufstellen:

$$\langle A \rangle = \int A(\boldsymbol{R})\, f(\boldsymbol{R})\, \mathrm{d}\boldsymbol{R} \quad (10.53)$$

---

[9]Die beiden Faktoren $N! h^{3N}$ korrigieren den Zähler des Ausdrucks in Gleichung (10.51) in derselben Art und Weise, wie sie in Gleichung (9.2) in der semiklassischen Zustandssumme eingeführt wurden. Schreibt man den expliziten Ausdruck für die Zustandssumme Z, so kürzen sich diese Faktoren heraus. Insgesamt ist die Verteilungsfunktion in der Definition (10.51) auf Eins normiert.

[10]Die Formulierung der Ortsverteilungsfunktion sollte bei Abwesenheit äußerer Felder unabhängig von der Lage des System-Schwerpunkts sein. Man wird also gewöhnlich nur $N-1$ unabhängige Ortskoordinaten in der Verteilungsfunktion haben. Für den Spezialfall der Paarverteilungsfunktion von 2 Teilchen heißt das beispielsweise, daß nur die Differenz der beiden Ortsvektoren als unabhängige Variable eingeht.

10.4 Verallgemeinerte Verteilungsfunktionen

Integriert man die allgemeine Ortsverteilungsfunktion $f(\mathbf{R})$ über $N-n$ der insgesamt N Ortsvektoren, so erhält man die entsprechenden Verteilungsfunktion für kleinere n-Teilchencluster mit $n < N$. Wir leiten auf diese Weise zunächst aus $f(\mathbf{R})$ die in den vorhergehenden Abschnitten benutzte radiale Paarverteilungsfunktion ab. Zunächst leiten wir aus $f(\mathbf{R})$ eine 2-Teilchen-Verteilungsfunktion (= Paarverteilungsfunktion) ab, die wir mit $f^{(2)}(\mathbf{r}_1, \mathbf{r}_2)$ bezeichnen. Dazu wird $f(\mathbf{R})$ über die Koordinaten von $N-2$ der N Teilchen integriert. Diese Definition benötigt jedoch noch eine Korrektur: da die Teilchen im System ununterscheidbar sind, müssen die entsprechenden ununterscheidbaren Auswahlmöglichkeiten von Teilchenpaaren in $f^{(2)}$ zusammengefaßt werden. Dies führt zu einem zusätzlichen Faktor $N(N-1)$, weil es N Möglichkeiten gibt, ein erstes Teilchen aus insgesamt N Teilchen auszuwählen, und für das zweite Teilchen $N-1$ weitere Auswahlmöglichkeiten. Es ergibt sich also

$$f^{(2)}(\mathbf{r}_1, \mathbf{r}_2) = N(N-1) \int \cdots \int f(\mathbf{R}) \, d\mathbf{r}_3 \, d\mathbf{r}_4 \ldots d\mathbf{r}_N \tag{10.54}$$

$f^{(2)}(\mathbf{r}_1, \mathbf{r}_2) \, d\mathbf{r}_1 \, d\mathbf{r}_2$ ist die bedingte Wahrscheinlichkeit, daß sich in einem N-Teilchen-System ein (beliebiges) erstes Teilchen zwischen $\mathbf{r}_1$ und $\mathbf{r}_1 + d\mathbf{r}_1$ und ein zweites Teilchen zwischen $\mathbf{r}_2$ und $\mathbf{r}_2 + d\mathbf{r}_2$ befindet bei ansonsten beliebigen Positionen aller anderen Teilchen (3, 4, 5, ..., N). Die Integration von $f^{(2)}(\mathbf{r}_1, \mathbf{r}_2)$ über alle $\mathbf{r}_1, \mathbf{r}_2$ ergibt $N(N-1)$, da $f(\mathbf{R})$ in Gleichung (10.52) bezüglich der Integration über die Ortsvektoren aller Teilchen auf Eins normiert ist.

Analog kann man für beliebige größere Cluster aus $n = 3, 4, 5 \ldots$ Molekülen entsprechende bedingte Verteilungsfunktionen $f^{(n)}(\mathbf{r}_1, \mathbf{r}_2, \ldots \mathbf{r}_n)$ mit $n < N$ formulieren. Sie werden in verschiedenen theoretischen Modellen zur Herleitung von Zustandsgleichungen für fluide Systeme benutzt. Insbesondere die Berücksichtigung von 3-Teilchen- und 4-Teilchen-Clustern neben den 2-Teilchen-Clustern spielt dabei eine wichtige Rolle.

Allgemein gilt für einen Cluster aus n Teilchen, wobei hier zur Verdeutlichung der Zahl der Integrationsvariablen $d\mathbf{R}$ durch $d\mathbf{r}^N$ ersetzt wird und $d\mathbf{r}^{N-n}$ als Abkürzung für $d\mathbf{r}_{n+1} \, d\mathbf{r}_{n+2} \cdots d\mathbf{r}_N$ steht:

$$f^{(n)}(\mathbf{r}_1, \mathbf{r}_2, \ldots \mathbf{r}_n) = \frac{N!}{(N-n)!} \cdot \frac{\int d\mathbf{r}^{N-n} \exp\left[-E_{\text{pot}}/kT\right]}{\int d\mathbf{r}^N \exp\left[-E_{\text{pot}}/kT\right]} \tag{10.55}$$

Speziell ist $f^{(1)}(\mathbf{r}_1) d\mathbf{r}_1$ die Wahrscheinlichkeit, daß sich irgendein Teilchen an der Position $\mathbf{r}_1$ befindet ungeachtet der Positionen aller übrigen $N-1$ Teilchen. Für ein isotropes fluides System ist diese Wahrscheinlichkeit überall gleich, so daß $f^{(1)}(\mathbf{r}_1)$ identisch mit der mittleren Teilchendichte N/V ist:

$$f^{(1)}(\mathbf{r}_1) \, d\mathbf{r}_1 = \frac{N}{V} d\mathbf{r}_1 \tag{10.56}$$

Betrachtet man desweiteren $f^{(2)}(\mathbf{r}_1, \mathbf{r}_2)$ für den Sonderfall eines idealen Gases aus punktförmigen wechselwirkungsfreien Teilchen, so sind die Positionen $\mathbf{r}_1$ und $\mathbf{r}_2$ unkorreliert. Es muß also ebenfalls ein einfacher Zusammenhang mit der Teilchendichte N/V gelten:

$$f^{(2)}_{\text{ideal}}(\mathbf{r}_1, \mathbf{r}_2) = f^{(1)}(\mathbf{r}_1) \cdot f^{(1)}(\mathbf{r}_2) = \frac{N}{V} \cdot \frac{N-1}{V} \approx \left(\frac{N}{V}\right)^2 \tag{10.57}$$

Nun läßt sich die allgemeine Definition für die im vorhergehenden Abschnitt bereits benutzte radiale Paarverteilungsfunktion $g(r_1, r_2)$ angeben. Sie entspricht dem Verhältnis der realen Zweiteilchen-Verteilungsfunktion $f^{(2)}$ zu der eines idealen Systems mit völlig unkorrelierten Teilchen. Es folgt mit den Gleichungen (10.54) und (10.57):

$$g(r_1, r_2) = \frac{f^{(2)}(r_1, r_2)}{f^{(2)}_{\text{ideal}}(r_1, r_2)} = V^2 \frac{f^{(2)}(r_1, r_2)}{N(N-1)} = V^2 \int \cdots \int f(R) \, dr_3 \, dr_4 \cdots dr_N$$

$$= \frac{1}{V^{N-2} Q_{\text{konfig}}} \int \cdots \int \exp\left[-\frac{E_{\text{pot}}(R)}{kT}\right] dr_3 \, dr_4 \cdots dr_N \qquad (10.58)$$

Im letzten Schritt von Gleichung (10.58) ist Gleichung (10.52) benutzt worden. Der resultierende Ausdruck zeigt, daß man die radiale Paarverteilungsfunktion prinzipiell ab-initio aus einer bekannten Abhängigkeit der potentiellen Energie von allen Teilchenpositionen ableiten kann. Eine praktische Auswertung der entsprechenden vieldimensionalen Integrale über diesen Weg ist allerdings für reale Systeme nicht exakt möglich. Man ist also auf geeignete Näherungen angewiesen. Verschiedene Ansätze sind zur Berechnung von $g(r_1, r_2)$ für dichte Fluide entwickelt worden. In Exkurs 10.7 sind Beispiele dazu angegeben. Es handelt sich in der Regel um Integralgleichungen, deren eingehende Behandlung über den Rahmen dieses Lehrbuches hinausgeht. Eine kurze Skizze dazu ist in Exkurs 10.7 gegeben.

Gleichung (10.58) ist ohne weiteres auf die Definition von Verteilungsfunktionen für 3, 4 und mehr Teilchen erweiterbar. Allgemein gilt für eine n–Teilchen-Verteilungsfunktion $g^{(n)}(r_1, \ldots, r_n)$[11]

$$g^{(n)}(r_1, \ldots, r_n) = \frac{f^{(n)}}{f^{(n)}_{\text{ideal}}} = \frac{(N-n)!}{N!} V^n f^{(n)} \qquad (10.59)$$

$$= \frac{1}{V^{N-n} Q_{\text{konfig}}} \int \cdots \int \exp\left[-\frac{E_{\text{pot}}(R)}{kT}\right] dr_{(N-n)} \cdots dr_N$$

Exkurs 10.7 Integraltheorien für fluide Systeme [MQu 85, Cha 87, Koh 78]

Bereits in den Jahren von 1930 bis 1950 wurden von Kirkwood und von Born, Green und Yvon zwei Modelle zur näherungsweisen statistisch-thermodynamischen Berechnung der Zustandsgleichungen einfacher Fluide entwickelt. Es handelt sich um Integralgleichungen für die oben diskutierten Verteilungsfunktionen geschlossener Systeme, die auf dem Theorem der mittleren Kraft, Gleichung (10.29), basieren. Neben der Paarverteilungsfunktion $g(r)$ werden in diesen Ansätzen auch die 3-Teilchenkorrelationen mit geeigneten Näherungen erfaßt. Hier soll lediglich der Ausgangspunkt der beiden Modelle diskutiert werden.

Die Teilchenpositionen in einem 3-Teilchencluster seien durch die drei Vektoren r_1, r_2, r_3 gegeben. Wir betrachten eine spezielle Konfiguration. Die Wechselwirkung des Teilchens 1 mit den beiden anderen ist dann bei rein abstandsabhängigen Paarwechselwirkungen gegeben durch

$$\varepsilon_{1(23)} = \varepsilon_{12}(r_{12}) + \varepsilon_{13}(r_{13}) \quad \text{mit} \quad r_{12} = |r_1 - r_2|, \quad r_{13} = |r_1 - r_3| \qquad (10.60)$$

---

[11] Für ein System nicht-wechselwirkender Massenpunkte gilt in Analogie zu Gleichung (10.57): $f^{(n)}_{\text{ideal}} = \left(\frac{N}{V}\right) \cdot \left(\frac{N-1}{V}\right) \cdots \left(\frac{N-n+1}{V}\right) = \frac{N!}{(N-n)! V^n}$.

10.4 Verallgemeinerte Verteilungsfunktionen

Aus $\varepsilon_{1(23)}$ wird das Potential der mittleren Kraft, wenn der Beitrag $\varepsilon_{13}(r_{13})$ durch seinen Mittelwert über die thermische Verteilung des Teilchens 3 bei festen Positionen r_1 und r_2 der beiden anderen Teilchen ersetzt wird.

Dazu wird mit dem folgenden Ausdruck die Wahrscheinlichkeitsverteilung $P_{3(12)}$ mit Hilfe der Triplett-Verteilungsfunktion $g^{(3)}$ definiert. Zur besseren Unterscheidung davon kennzeichnen wir hier die Paarverteilungsfunktion durch eine hochgestellte 2 als $g^{(2)}$. $dP_{3(12)}$ gibt die Wahrscheinlichkeit an, daß ein drittes Teilchen sich in einem Bereich dr_3 um r_3 befindet, wenn 1 und 2 die Ortsvektoren r_1 und r_2 haben:

$$dP_{3(12)} = \frac{(N/V)^3 g^{(3)}(r_1, r_2, r_3)}{(N/V)^2 g^{(2)}(r_{12})} dr_3 \tag{10.61}$$

Für das Potential $w(r_{12})$ der mittleren Kraft, das nur noch von r_{12} abhängt, gilt dann mit (10.62)

$$w(r_{12}) = -kT \ln g^{(2)}(r_{12}) = \varepsilon_{12}(r_{12}) + \frac{N}{V} \int_V \varepsilon_{13} \frac{g^{(3)}(r_1, r_2, r_3)}{g^{(2)}(r_{12})} dr_3 \tag{10.62}$$

Wegen der Integration über r_3 ist die resultierende Summe nicht mehr vom Winkel zwischen den beiden Abstandsvektoren $r_1 - r_2$ und $r_1 - r_3$ abhängig. Die mittlere Kraft wird also nur noch vom Abstand r_{12} abhängen. Ohne Beschränkung der Gültigkeit kann man die Position r_2 von Teilchen 2 festhalten und die Position von Teilchen 1 als Variable betrachten. Es gilt dann für die mittlere Kraft auf das Teilchen 1 als Funktion des Abstands r_{12}

$$\langle F_1 \rangle = kT \left(\frac{\partial \ln g^{(2)}(r_{12})}{\partial r_1} \right) = -\left(\frac{\partial \varepsilon_{12}}{\partial r_1} \right) - \frac{N}{V} \int_V \left(\frac{\partial \varepsilon_{13}}{\partial r_1} \right) \frac{g^{(3)}(r_1, r_2, r_3)}{g^{(2)}(r_{12})} dr_3 \tag{10.63}$$

Gleichung (10.63) ist eine Integralgleichung für ein Fluid, die $g^{(2)}(r)$ als Funktion der 3-Teilchen-Verteilungsfunktion rekursiv angibt. Der Lösungsweg von Kirkwood geht von einer näherungsweisen Darstellung der Funktion $g^{(3)}$ durch den folgenden **Superpositionsansatz** von Paarverteilungsfunktionen aus:

$$g^{(3)}(r_1, r_2, r_3) = g^{(2)}(r_1, r_2) g^{(2)}(r_1, r_3) g^{(2)}(r_2, r_3) \tag{10.64}$$

Mit diesem Ansatz wird aus (10.63) eine Integralgleichung für die Paarverteilungsfunktion. Sie wurde von Kirkwood und von Born, Green und Yvon nach verschiedenen Vorgehensweisen umgeformt und numerisch gelöst (in der Literatur bekannt als **Kirkwood-** beziehungsweise als **Born-Green-Yvon-Gleichung**, letztere auch kurz als **BGY-Gleichung**). Interessant ist noch, daß für höhere Verteilungsfunktionen $g^{(n)}$ formal zu (10.63) analoge Gleichungen gelten, in denen eine Verteilungsfunktion $g^{(n)}$ sich jeweils mit einem Integral über die nächsthöhere Funktion $g^{(n+1)}$ berechnen läßt. Man spricht in diesem Zusammenhang auch von einer gekoppelten **Hierarchie von Integralgleichungen**.

Eine Reihe anderer erfolgreicher Modelle zur Berechnung der Zustandsgleichung einfacher Fluide nutzt einen von Ornstein und Zernicke entwickelten Ansatz für die Paarkorrelationsfunktion $h(r)$. Die folgende **Ornstein-Zernicke-Gleichung** (OZ-Gleichung) teilt die Paarkorrelationsfunktion $h(r)$ additiv in die direkte Korrelationsfunktion $c(r)$ und einen indirekten Anteil auf.

$$h(r_{12}) = c(r_{12}) + \frac{N}{V} \int_V c(r_{13}) h(r_{13}) dr_3 \tag{10.65}$$

Die Beziehung stellt eine Definition für $c(r)$ dar, die erst mit geeigneten Ansätzen für $c(r)$ interpretiert werden kann. Die direkte (12)-Paarkorrelationsfunktion $c(r)$ soll dabei den Beitrag der direkten Paarwechselwirkung zwischen zwei Teilchen 1 und 2 beschreiben, während der zweite Term den Einfluß der Umgebung im Fluid darstellt und somit die über dritte Teilchen vermittelten Korrelationen beschreibt.

Die Lösung der OZ-Gleichung ist möglich, wenn $c(r)$ als Funktion von $h(r)$ bzw. $g(r)$ angegeben wird. Zwei der am meisten genutzten Ansätze seien hier kurz plausibel gemacht. Beide lassen sich anhand der Aufteilung des Potentials $w(r)$ der mittleren Kraft in Gleichung (10.30) und der daraus folgenden Möglichkeit zur Faktorisierung von $g(r)$ einführen.

$$w(r) = \varepsilon(r) + \Delta w(r) \quad \longrightarrow \quad g(r) = e^{-\varepsilon/kT} \underbrace{e^{-\Delta w/kT}}_{y(r) = g(r)e^{\varepsilon/kT}} \tag{10.66}$$

In der Literatur ist für den Faktor auf Grund der indirekten Korrelationen die Abkürzung $y(r)$ üblich. Der **Percus-Yevick-Gleichung** (PY-Gleichung) liegt nun folgender Näherungsansatz für die direkte Paarkorrelationsfunktion $c(r)$ zugrunde

$$c(r) \approx g(r) - e^{-\Delta w/kT} = \left[e^{-\varepsilon/kT} - 1\right] e^{-\Delta w/kT} = \left[e^{-\varepsilon/kT} - 1\right] y(r) \tag{10.67}$$

Mit dieser Näherung folgt als PY-Gleichung

$$y(r_{12}) = 1 + \frac{N}{V} \int_V \left[e^{-\varepsilon(r_{13})/kT} - 1\right] y(r_{13}) h(r_{23}) dr_3 \quad \textbf{PY-Gleichung} \tag{10.68}$$

Ersetzt man mit $y(r) = g(r)e^{\varepsilon/kT}$ und $h(r) = g(r) - 1$, so erhält man eine nichtlineare Integralgleichung für $g(r)$, für die numerische Lösungsverfahren bekannt sind.

Ein zweites Modell, das auf Arbeiten von Rushbrooke und verschiedenen anderen Autoren beruht, geht gegenüber dem Näherungsansatz (10.67) noch einen Schritt weiter. Die Funktion $e^{-\Delta w/kT}$ wird in eine Reihe entwickelt und nach dem ersten Glied abgebrochen

$$c(r) \approx g(r) - 1 + \frac{\Delta w}{kT} = g(r) - 1 + \ln y(r) \tag{10.69}$$

Setzt man dies in die OZ-Gleichung ein, erhält man die als **HNC-Gleichung** (englisch für *hypernetted chain*) bekannte Integralgleichung

$$\ln y(r_{12}) = \frac{N}{V} \int_V \left[h(r_{13}) - \ln g(r_{13}) - \frac{\varepsilon_{13}}{kT}\right] [g(r_{23}) - 1] dr_3 \quad \textbf{HNC-Gleichung} \tag{10.70}$$

Insbesondere die PY-Gleichung läßt sich für ein Gas aus harten Kugeln analytisch lösen, liefert jedoch zwei unterschiedliche Zustandsgleichungen je nachdem, ob man die erhaltene Lösung für $g(r)$ in die Druckgleichung oder in die Kompressibilitätsgleichung einsetzt (das gleiche gilt übrigens für Lösungen der HNC-Gleichung). Mit dem bereits in Abschnitt 10.1 benutzten Packungsverhältnis $\eta = b_m/(4V_m)$ sind die beiden Ergebnisse aus der Druckgleichung (10.24) beziehungsweise der Kompressibilitätsgleichung (10.26)

$$\frac{pV}{NkT} = \frac{1 + 2\eta + 3\eta^2}{(1-\eta)^2} \quad \text{aus der Druckgleichung} \tag{10.71a}$$

$$\frac{pV}{NkT} = \frac{1 + \eta + \eta^2}{(1-\eta)^3} \quad \text{aus der Kompressibilitätsgleichung} \tag{10.71b}$$

Der Unterschied zwischen (10.71a) und (10.71b) ist allerdings nicht groß. Es stellt sich übrigens heraus, daß die in Abschnitt 10.1 angegebene CSvdW-Gleichung (10.4) in etwa einen mittleren Verlauf zwischen den beiden Ergebnissen (10.71a) und (10.71b) aus der PY-Gleichung liefert. Der Unterschied in den Ergebnissen, wenn man über die Druckgleichung oder die Kompressibilitätsgleichung geht, ist auf die verwendeten Näherungen bei der Herleitung der PY-Gleichung zurückzuführen. Er kann auch als Kriterium für die Güte dieser Näherungen genommen werden, die umso besser sind, je kleiner die Unterschiede aus den beiden Ansätzen werden. Eine ausführliche Darstellung zu den Integraltheorien ist unter anderem in [MQu 85] zu finden.

10.5 Thermodynamische Störungstheorie

In modernen statistischen Modellen fluider Systeme spielt die **thermodynamische Störungstheorie** eine sehr wichtige Rolle. Sie erlaubt eine Verfeinerung der Beschreibung realer Fluide, wenn ein einfaches Näherungsmodell als Referenzsystem zur Verfügung steht, für das die statistisch-thermodynamischen Funktionen bekannt sind. Sind die Abweichungen in den Eigenschaften des realen Systems von denen des Referenzsystems nicht zu groß, so liefert die thermodynamische Störungstheorie einen eindeutigen Weg zu den Korrekturtermen erster und höherer Ordnung, wobei die bekannte Zustandssumme beziehungsweise Verteilungsfunktion des Referenzsystems benutzt wird. Insbesondere bei kleinen Abweichungen reicht eine Störungstheorie erster Ordnung. Das folgende Schema zeigt den Grundansatz bei der Formulierung

$$
\begin{array}{ll}
\underline{\text{Referenzsystem}} \quad \longrightarrow & \underline{\text{reales System}} \\
Z_0 & Z \\
E_0(\boldsymbol{P},\boldsymbol{R}) & E = E_0(\boldsymbol{P},\boldsymbol{R}) + \Delta E(\boldsymbol{R}) \\
A_0 = -kT \ln Z_0 & A = A_0 + \Delta A = -kT \ln Z
\end{array}
\tag{10.72}
$$

Die kanonische Zustandssumme des Referenzsystems lautet

$$ Z_0 = \frac{1}{N!\,h^{3N}} \int\!\!\int \exp\left[-\frac{E_0}{kT}\right] d\boldsymbol{R}\,d\boldsymbol{P} \tag{10.73}$$

Z_0 muß bekannt sein. Für die Zustandssumme des eigentlichen Systems gilt dann

$$\begin{aligned}
Z &= \frac{1}{N!\,h^{3N}} \int\!\!\int \exp\left[-\frac{E}{kT}\right] d\boldsymbol{R}\,d\boldsymbol{P} \\
&= \frac{1}{N!\,h^{3N}} \int\!\!\int \exp\left[-\frac{E_0}{kT}\right] \exp\left[-\frac{\Delta E(\boldsymbol{R})}{kT}\right] d\boldsymbol{R}\,d\boldsymbol{P}
\end{aligned} \tag{10.74}$$

Wir bilden nun das Verhältnis der beiden Zustandssummen aus den Gleichungen (10.73) und (10.74). Es folgt ein Ausdruck, der nach geringer Umformung zeigt, daß der Quotient Z/Z_0 dem Scharmittelwert von $\exp[-E_0/kT]$ entspricht, wenn man die Zustandssumme des Referenzsystems zur Mittelwertbildung benutzt (dies ist durch den tiefgestellten Index $\langle\,\rangle_0$ angedeutet) und berücksichtigt, daß die Ergebnisse der Integration über die Impulse in Zähler und Nenner gleich sind und daher wegfallen.

$$\frac{Z}{Z_0} = \frac{\iint \exp\left[-\Delta E(\boldsymbol{R})/kT\right] \exp\left[-E_0/kT\right] \mathrm{d}\boldsymbol{R}\,\mathrm{d}\boldsymbol{P}}{\iint \exp\left[-E_0/kT\right] \mathrm{d}\boldsymbol{R}\,\mathrm{d}\boldsymbol{P}}$$

$$= \int \exp\left[-\frac{\Delta E(\boldsymbol{R})}{kT}\right] f_0(\boldsymbol{R})\,\mathrm{d}\boldsymbol{R} = \left\langle \exp\left[-\frac{\Delta E(\boldsymbol{R})}{kT}\right] \right\rangle_0 \quad (10.75)$$

$f_0(\boldsymbol{R})$ ist die Ortsverteilungsfunktion für das Referenzsystem gemäß der Definition in Gleichung (10.52). Es folgt dann für die Helmholtz-Energie des realen Fluids, wenn der Korrekturterm in eine Reihe entwickelt wird (siehe dazu Exkurs 10.9)

$$A - A_0 = -kT \ln \frac{Z}{Z_0} = -kT \ln \left\langle \exp\left[-\frac{\Delta E(\boldsymbol{R})}{kT}\right] \right\rangle_0 \quad (10.76)$$

$$\approx \langle \Delta E \rangle_0 - \frac{1}{2kT}\left[\langle \Delta E^2 \rangle_0 - \langle \Delta E \rangle_0^2\right] + .. = \langle \Delta E \rangle_0 - \frac{T}{2}\langle \Delta C_V \rangle_0 + ..$$

Der Korrekturterm erster Ordnung entspricht also dem Scharmittel der Störenergie, berechnet mit der bekannten Zustandssumme des Referenzsystems. Der Term zweiter Ordnung ist durch die Gleichgewichtsfluktuationen der Störenergie bestimmt.

Da gerade bei höheren Dichten die abstoßenden Wechselwirkungen eine dominierende Rolle bekommen, ist das **Hartkugelfluid**, das wir bereits mehrfach in den vorhergehenden Abschnitten gestreift haben, ein häufig gewähltes Referenzsystem für Fluide mit hoher Dichte. Die anziehenden Wechselwirkungen werden dann in der Regel als Störungsterm in der Energie angesetzt.

Exkurs 10.8 Anwendungen der Störungstheorie [Cha 87, MQu 85]

Die thermodynamische Störungstheorie wurde maßgeblich von Zwanzig 1954 in die statistische Behandlung von Vielteilchensystemen eingeführt. Im Grunde genommen stellt aber bereits die von van der Waals entwickelte Zustandsgleichung ein Ergebnis einer störungstheoretischen Behandlung dar, da die Auftrennung der Wechselwirkungen in einen Grundterm (Abstoßung durch Eigenvolumen im vdW-Modell) und einen Korrekturterm (Anziehungsterm in der Molekularfeld-Näherung) eine Grundidee der Störungstheorie darstellt.

Barker und Henderson zeigten dann Ende der sechziger Jahre, daß Zustandsgleichungen für einfache Fluide über die Störungsansätze in hervorragender Übereinstimmung mit Monte-Carlo- oder Molekulardynamik-Ergebnissen (zu diesen Techniken siehe folgender Abschnitt 10.6) erhalten werden können. Als Referenzsysteme wurden im wesentlichen die PY-Zustandsgleichung eines Hartkugelfluids oder entsprechende Ergebnisse von Monte-Carlo-Simulationen benutzt. Die Störungsterme betrafen deshalb sowohl Korrekturterme zum Abstoßungspotential (für weiche Abstoßung) als auch die Einbeziehung der anziehenden Wechselwirkungen. Allerdings müssen die Berechnungen in manchen Fällen Glieder zweiter und höherer Ordnung der Störungstheorie mit einbeziehen, was einen hohen Aufwand bedeutet.

Eine deutliche Verbesserung hinsichtlich der Konvergenz erreichten Chandler, Weeks und Anderson durch eine Weiterentwicklung der Barker-Henderson-Ansätze. Sie zeigten in ihrem Modell (nach den Autoren kurz: CWA-Modell), daß eine andere Aufteilung in Referenz- und Störterme vorteilhaft ist. Sie teilten die intermolekulare Wechselwirkung auf in einen Referenzterm, der die gesamte Abstoßung beschreibt, und einen Störterm, der die gesamte

10.5 Thermodynamische Störungstheorie

Anziehung umfaßt. Dies führte zu sehr guten Ergebnissen für Fluide hoher Dichte. Nachteil ist allerdings, daß man kein universelles Referenzsystem wie das reine Hartkugelfluid mehr benutzt, sondern für die meisten Probleme jeweils speziell anpassen muß.

Moderne weitergehende Entwicklungen in der Theorie der Fluide neben den im nächsten Abschnitt besprochenen Computersimulationen basieren auf Methoden der Dichtefunktionaltheorie sowie der Modenkopplungstheorie. Eine wesentliche Aufgabe weiterer Entwicklungen auf diesem Gebiet ist die Berücksichtigung der Besonderheiten von molekularen Fluiden mit nicht kugelförmigen Teilchen.

Exkurs 10.9 Herleitung zu Gleichung (10.76)

Unter der Voraussetzung, daß für den Störterm $\Delta E(R) < kT$ angenommen werden darf, kann die Exponentialfunktion in eine Taylor-Reihe entwickelt werden. Mit der Abkürzung $x = \Delta E/kT$ gilt

$$\ln\langle e^{-x}\rangle = \ln\left\langle 1 - x + \frac{1}{2!}x^2 - \frac{1}{3!}x^3 + \ldots\right\rangle = \ln\langle 1 - y\rangle \qquad (10.77)$$

y faßt die x-abhängigen Summanden zusammen. Da wegen $|x| < 1$ auch $|y| < 1$ ist, kann der Logarithmus ebenfalls in eine Reihe entwickelt werden:

$$\ln\langle 1-y\rangle = -\langle y\rangle + \frac{1}{2!}\langle y^2\rangle - \frac{1}{3!}\langle y^3\rangle + \ldots \qquad (10.78)$$

Setzt man für y und x die ursprünglichen Terme wieder ein und ordnet die vorkommenden Potenzen so erhält man

$$\ln\left\langle \exp\left[-\frac{\Delta E(R)}{kT}\right]\right\rangle_0 \approx \left[-\frac{\langle\Delta E\rangle_0}{kT} + \frac{1}{2!}\frac{\langle\Delta E^2\rangle_0}{(kT)^2} - \frac{1}{3!}\frac{\langle\Delta E^3\rangle_0}{(kT)^3} + \ldots\right]$$

$$-\frac{1}{2}\left[-\frac{\langle\Delta E\rangle_0}{kT} + \frac{1}{2!}\frac{\langle\Delta E^2\rangle_0}{(kT)^2} - \frac{1}{3!}\frac{\langle\Delta E^3\rangle_0}{(kT)^3} + \ldots\right]^2 + \ldots$$

$$= -\frac{\langle\Delta E\rangle_0}{kT} + \frac{1}{2(kT)^2}\left[\langle\Delta E^2\rangle_0 - \langle\Delta E\rangle_0^2\right] - \ldots$$

$\langle\Delta E\rangle_0$ und $\langle\Delta E\rangle_0^2$ ergeben sich aus

$$\langle\Delta E\rangle_0 = \int \Delta E(R)\, f_0(R)\, dR \quad , \quad \langle\Delta E^2\rangle_0 = \int \Delta E^2(R)\, f_0(R)\, dR$$

Man kann darüber hinaus noch die folgende Abkürzung für das Glied zweiter Ordnung einführen:

$$\langle\Delta C_V\rangle_0 = \frac{\langle\Delta E^2\rangle_0 - \langle\Delta E\rangle_0^2}{kT^2}$$

10.6 Computersimulationen an fluiden Systemen

Die zunehmende Leistungsfähigkeit und breite Verfügbarkeit von Computern hat dazu geführt, daß numerische Rechenverfahren (**Computersimulationen**) zu Struktur-, Gleichgewichts- und Nichtgleichgewichtseigenschaften von Vielteilchensystemen ein attraktiver Weg zur statistischen Behandlung wechselwirkender Systeme geworden sind. Insbesondere für Flüssigkeiten und allgemein fluide Systeme sind dadurch wesentliche Fortschritte der statistischen Thermodynamik erzielt worden. Das Gebiet befindet sich zur Zeit in einer schnellen Entwicklung und es ist absehbar, daß die Bedeutung solcher Methoden in nächster Zukunft weiter stark zunehmen wird. Die Attraktivität resultiert vor allem aus der Möglichkeit, explizit nicht mehr geschlossen lösbare Probleme bei starker Wechselwirkung zwischen den Teilchen systematisch zu erforschen. Die Methoden bieten sich vor allem für fluide Systeme an, für die geschlossene, übersichtliche theoretische Ansätze nicht verfügbar sind (wie auch bei vielen kristallinen Feststoffen) oder entsprechende Berechnungen nur unter unrealistischen Näherungen möglich sind.

Die Grundidee der Computerberechnungen von Gleichgewichtssystemen geht davon aus, die Mittelwerte thermodynamischer Funktionen durch Mittelwerte aus einer ausreichenden Zahl simulierter **Mikrozustände** (**Konfigurationen**) eines Vielteilchensystems anzunähern. Aufgabe des Computers ist es, eine ausreichende Zahl repräsentativer Konfigurationen nach bestimmten Regeln und im Einklang mit den gewünschten Randbedingungen und Erhaltungsgrößen (z.B. Energie, Temperatur oder Druck konstant) zu erzeugen beziehungsweise auszuwählen.

Man unterscheidet grundsätzlich zwei Klassen von Computersimulationsmethoden, die verschiedene Wege zur Erzeugung der Systemkonfigurationen beschreiten. Eine aus der klassischen Mechanik naheliegende Vorgehensweise ist, die mechanischen Bewegungsgleichungen des Vielteilchensystems in aufeinanderfolgenden kleinen Zeitintervallen numerisch zu lösen und damit eine realistische zeitliche Abfolge von Mikrozuständen $R(t_i), P(t_i)$ zu erzeugen[12]. Man spricht daher von **Molekulardynamik-Methoden**. Die chronologische Abfolge der verschiedenen Mikrozustände stellt dabei eine zusammenhängende **Trajektorie** (oder: **Pfad**) des Systems im **Phasenraum** dar. Ein spezieller Mikrozustand eines N-Teilchensystems im Phasenraum ist dabei durch die Werte der $3N$ Impulse und der $3N$ Ortskoordinaten gekennzeichnet. Die Lösung der Newtonschen Bewegungsgleichungen liefert dann die Trajektorie als eine geschlossene Linie aufeinanderfolgender Mikrozustände im Phasenraum.

Wenn die Gesamtzahl der Zeitschritte genügend großen Systemzeiten entspricht, können thermodynamische Mittelwerte durch zeitliche Mittelwerte entsprechender Größen aus einer solchen Simulation angenähert werden, beispielsweise die innere Energie eines N-Teilchensystems für n Zeitschritte ($t_{\text{gesamt}} = n\,\Delta t_0$):

$$U = \overline{E}_{\text{kin}} + \overline{E}_{\text{pot}} \approx \frac{1}{n} \sum_{i=1}^{n} \left[\sum_{k=1}^{N} \frac{p_k^2(t_i)}{2m} + E_{\text{pot}}(R(t_i)) \right] \qquad (10.79)$$

Es ist klar, daß sich die Molekulardynamik nicht nur zur Berechnung von Gleichgewichtsgrößen, sondern auch zur Untersuchung der Kinetik im System, beispielsweise der Fluktuationen und Transportvorgänge eignet.

---
[12] $R(t_i) = [r_1(t_i), r_2(t_i), \ldots, r_N(t_i)]$, $P(t_i) = [p_1(t_i), p_2(t_i), \ldots, p_N(t_i)]$

10.6 Computersimulationen an fluiden Systemen

Eine andere Vorgehensweise wird von den **Monte-Carlo-Methoden** genutzt: die Abfolge von Mikrozuständen wird über geeignete Algorithmen als Zufallsauswahl im Phasenraum getroffen. Der Begriff Monte-Carlo als Synonym für Glücksspiel weist natürlich auf die Verwendung von Zufallszahlen bei der Auswahl der Konfigurationen hin. Gleichgewichtseigenschaften der Vielteilchensysteme, insbesondere thermodynamische Größen werden durch Mittelwerte über die ausgewählten Mikrozustände angenähert. Monte-Carlo-Verfahren sind also im Prinzip Näherungsverfahren zur Berechnung von **Scharmittelwerten**. Die Simulation zeitabhängiger dynamischer Vorgänge mit Monte-Carlo-Methoden unterliegt also gewissen Einschränkungen, da die Zeit zunächst nicht explizit enthalten ist. In der Praxis ist es allerdings möglich, aus geeignet angesetzten Monte-Carlo-Simulationen lokaler Prozesse dieselbe Langzeitdynamik zu erhalten wie aus Molekulardynamik-Rechnungen.

Die Auswertung von Systemgrößen aus einer Monte-Carlo-Simulation sei anhand des statistisch-thermodynamischen Ausdrucks für den Beitrag der Teilchenwechselwirkungen zur inneren Energie betrachtet:

$$\langle E_{\text{pot}} \rangle = \int E_{\text{pot}}(\boldsymbol{R}) f(\boldsymbol{R}) \, \mathrm{d}\boldsymbol{R} = \frac{\int E_{\text{pot}}(\boldsymbol{R}) \exp\left[-E_{\text{pot}}(\boldsymbol{R})/kT\right] \mathrm{d}\boldsymbol{R}}{\int \exp\left[-E_{\text{pot}}(\boldsymbol{R})/kT\right] \mathrm{d}\boldsymbol{R}}$$

$$\approx \frac{\sum_{i=1}^{n} E_{\text{pot}}(\boldsymbol{R}_i) \exp\left[-E_{\text{pot}}(\boldsymbol{R}_i)/kT\right]}{\sum_{i=1}^{n} \exp\left[-E_{\text{pot}}(\boldsymbol{R}_i)/kT\right]} \tag{10.80}$$

In der ersten Zeile ist der exakte Scharmittelwert über **alle Konfigurationen** $\boldsymbol{R}$ der Teilchen unter Zuhilfenahme der Ortsverteilungsfunktion $f(\boldsymbol{R})$ aus Gleichung (10.52) angegeben, während die zweite Zeile den Näherungsausdruck einer Monte-Carlo-Simulation wiedergibt.

Allerdings wäre eine rein statistische Auswahl der n Mikrozustände in (10.80) extrem ineffektiv, da man viele Konfigurationen bearbeiten würde, die kaum einen Beitrag zum Mittelwert der thermodynamischen Funktionen liefern[13]. Für die praktische Durchführung war daher die Entwicklung von sehr wirksamen Auswahlverfahren notwendig, die eine Vorauswahl der signifikanten Mikrozustände treffen. Solche Verfahren sind eine wesentliche Voraussetzung für die erfolgreiche Anwendung von Monte-Carlo-Methoden („importance-sampling": siehe dazu Exkurs 10.12 und 10.13)

---

[13]Eine Begründung dafür ergibt sich aus den Beispielen in Kapitel 2.1 und 2.2, insbesondere Exkurs 2.4 und 2.5. Abbildung 2.4 zeigte, daß die zum Mittelwert beitragenden Mikrozustände für sehr große Teilchenzahlen einem immer kleineren Bruchteil der Gesamtskala von Mikrozuständen (allgemein: des Phasenraums) entsprechen. Würde man in den Beispielen von Abbildung 2.4 eine reine Zufallszahl-Auswahl der Mikrozustände treffen, so würde der größte Teil der Mikrozustände keine signifikanten Beiträge zu den thermodynamischen Größen des Systems beitragen. Für Berechnungen an großen Systemen testet man also, ob die über Zufallszahlen simulierten Mikrozustände im signifikanten Bereich des Phasenraums liegen. Man wählt im wesentlichen nur solche Mikrozustände für die weitere Berechnung aus, die dieses Kriterium erfüllen.

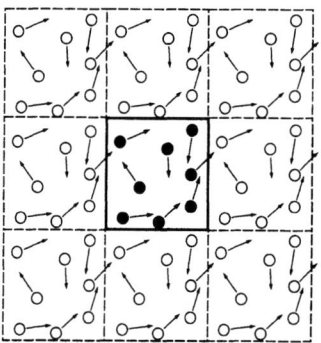

Abbildung 10.10 Periodische Randbedingungen werden bei Computersimulationen von Vielteilchensystemen eingesetzt, um Oberflächeneffekte auszuschließen und reine Volumeneigenschaften zu erhalten. Statt des einzelnen Systems wird ein dreidimensionales Gitter von Systemkopien benutzt. Verläßt ein Teilchen das Systemvolumen am Rand, so wird es am gegenüberliegenden Rand wieder zugeführt.

Falls man sich in den Gleichungen (10.79) (Molekulardynamik) oder (10.80) (Monte-Carlo) bei der Auswertung von $E_{\text{pot}}(\boldsymbol{R})$ nur auf die Summe aller Paarwechselwirkungen beschränkt, steigt die Anzahl der zu berechnenden Einzelterme bereits quadratisch mit der Teilchenzahl an. Für kurzreichweitige Wechselwirkungen ist jedoch ein Großteil dieser Terme vernachlässigbar, so daß größere Teilchenzahlen verwendbar sind. In den Simulationen berücksichtigt man in solchen Fällen nur direkt benachbarte Teilchen oder solche, die innerhalb eines bestimmten Abstands vorliegen (Verwendung von „Nachbarlisten" in den Programmen).

Für langreichweitige Wechselwirkungen (beispielsweise Coulomb-Kräfte) stellt dagegen der quadratische Anstieg der Zahl der Wechselwirkungsterme mit der Teilchenzahl wegen des begrenzten Speicherplatzes eine wesentliche Einschränkung dar: die möglichen Teilchenzahlen sind gewöhnlich auf die Größenordnung von 10^2-10^4 Teilchen begrenzt. Dies sind jedoch noch recht kleine Zahlen und ohne besondere Vorkehrungen würden die Ergebnisse sehr deutlich von Oberflächeneigenschaften der Modellsysteme geprägt sein, das bei diesen geringen Teilchenzahlen eher ein winziges Flüssigkeitströpfchen darstellt, in dem sich ein großer Prozentsatz der Teilchen im Oberflächenbereich befindet (mit entsprechend verringerten Wechselwirkungen und stark erhöhtem Dampfdruck).

Diese Probleme bei kleinen Teilchenzahlen werden in der Regel durch die Anwendung **periodischer Randbedingungen** umgangen. Abbildung 10.10 veranschaulicht dies. Um das eigentliche System (mit würfelförmigem Volumen) herum werden identische Systemkopien plaziert, so daß nun auch die Teilchen auf den Rändern im Mittel die gleiche Umgebung und die gleichen Wechselwirkungen wie Teilchen im Inneren des Systemvolumens zeigen. Die Größe der gewählten Zellen muß allerdings sorgfältig bedacht sein. Wünschenswert sind Zellen, deren Ausdehnung groß gegen die Reichweite der Wechselwirkungen ist. Kritisch ist, wenn bei zu kleinen Zellen die Teilchen der zentralen Zelle vorwiegend mit ihren Bildteilchen in Nachbarzellen wechselwirken. Es treten dann Artefakte auf durch die resultierenden Periodizitätseffekte. Beide Klassen von Simulationsmethoden, Monte-Carlo und Molekulardynamik, sind in den letzten Jahrzehnten verstärkt weiterentwickelt worden. Auf der Grundlage von Computersimulationen kennt man zum Beispiel die thermodynamischen Funktionen des reinen Hartkugelsystems sehr genau. Diese Ergebnisse aus Computermethoden stellen mittlerweile eine wichtige Referenz für andere Modellansätze bei realen

Gasen und Flüssigkeiten dar. Für Systeme mit anisotropen Wechselwirkungen und solche mit größeren, nicht kugelförmigen Molekülen steigt naturgemäß der Rechenaufwand, aber auch für solche Systeme liegen bereits Anwendungsbeispiele vor. Zu weitergehenden Informationen sei auf die umfangreiche Literatur verwiesen [All 87, Ber 77, Bin 88, Gra 95, Gou 95, Hab 95, Hey 98, Raa 98, Rap 97].

Exkurs 10.10 Molekulardynamik-Rechnungen an einfachen Flüssigkeiten

Molekulardynamikrechnungen mit einfachen Flüssigkeiten einatomiger kugelförmiger Teilchen gehören mittlerweile zu den Standardproblemen. Für Edelgase verwendet man als Modellpotentiale abstoßende Hartkugelpotentiale erweitert um Anziehungskräfte nach den in Kapitel 9 beschriebenen Ansätzen oder Lennard-Jones-Potentiale, beispielsweise:

$$E_{\text{pot}}(r_1, r_2, \ldots r_N) = \sum_{i=1}^{N} \sum_{j=i+1}^{N} \varepsilon(r_i - r_j) = \sum_{i=1}^{N} \sum_{j=i+1}^{N} \varepsilon_{ij}(r)$$

$$\text{mit} \quad \varepsilon_{ij}(r) = 4\varepsilon_0 \left[\left(\frac{\sigma}{r}\right)^{12} - \left(\frac{\sigma}{r}\right)^{6} \right] \quad , \quad r = |r_i - r_j|$$

Auf jedes Teilchen i der Flüssigkeit wirkt dann eine Kraft F_i, die sich aus den Beiträgen der Paarwechselwirkungen zusammensetzt:

$$F_i(r_1, r_2, \ldots r_N) = -\left(\frac{\partial E_{\text{pot}}}{\partial r_i}\right) \quad \text{für} \quad i = 1, 2, 3 \ldots N \tag{10.81}$$

Ein üblicher Einstieg ist, die Teilchen auf die Gitterpositionen eines meist kubischen Gitters zum Zeitpunkt $t = 0$ zu setzen und eine Zufallsverteilung von Geschwindigkeiten vorzugeben (Maxwell-Boltzmann-Geschwindigkeitsverteilung, vergleiche Kapitel 3.6). Falls man die klassische Mechanik als ausreichende Näherung betrachten darf, liefern die entsprechenden Newtonschen Gleichungen für N Teilchen der Masse m insgesamt $3N$ gekoppelte Differentialgleichungen zweiter Ordnung für die zeitlichen Änderungen von Ort und Geschwindigkeit:

$$\frac{d^2 r_i}{dt^2} = \frac{F_i}{m} \tag{10.82}$$

Gleichung (10.82) faßt dabei drei Differentialgleichungen für die drei kartesischen Koordinaten des Teilchens i zusammen. Führt man die Geschwindigkeiten v_i als zusätzliche Variable ein, so ergeben sich $6N$ Differentialgleichungen (3 für jedes Teilchen i) erster Ordnung gemäß

$$\frac{dr_i}{dt} = v_i \quad , \quad \frac{dv_i}{dt} = \frac{F_i}{m} \quad i = 1, 2, \ldots N \tag{10.83}$$

Um diese Gleichungen zu lösen, benutzt man numerische Verfahren, die die zeitliche Entwicklung in kleine Zeitschritte Δt aufteilen und innerhalb eines Zeitschrittes die Änderung von $r_i(t), v_i(t)$ nach $r_i(t + \Delta t), v_i(t + \Delta t)$ jeweils mit konstanten Kräften $F_i(t)$ ($\rightarrow$ konstante Beschleunigung auf ein Teilchen) näherungsweise berechnen. Grundlage ist die Taylor-Reihenentwicklung von Orts- und Geschwindigkeitsvektor eines Teilchens i. Entwicklung um die Zeit t liefert beispielsweise (vergleiche (B.49) im mathematischen Anhang):

$$r_i(t + \Delta t) = r_i(t) + \left(\frac{dr_i(t)}{dt}\right)_t \Delta t + \frac{1}{2!}\left(\frac{d^2 r_i(t)}{dt^2}\right)_t (\Delta t)^2 + \ldots \quad (10.84a)$$

$$= r_i(t) + v_i(t)\,\Delta t + \frac{1}{2!}\frac{F_i(t)}{m}(\Delta t)^2 + \ldots \approx r_i(t) + v_i(t)\,\Delta t$$

$$v_i(t + \Delta t) = v_i(t) + \frac{F_i(t)}{m}\Delta t \quad (10.84b)$$

In diesem Zusammenhang gibt es verschiedene Algorithmen zur Auswertung der Bewegungsgleichungen (10.83) bei der Berechnung der Zeitschritte [siehe u.a. Hab 95, All 87, Gou 95]. Im **Verlet-Algorithmus** beispielsweise wird zunächst die Differenz von $r_i(t + \Delta t)$ und $r_i(t - \Delta t)$ gebildet und nach $r_i(t + \Delta t)$ aufgelöst, wobei für beide Werte ein entsprechender Ausdruck nach (10.84a) benutzt wird. Alle ungeraden Potenzen in Δt fallen weg. Benutzt man für die Änderung der Ortskoordinate nur das Glied zweiter Ordnung in Δt, so ist der Fehler von vierter Ordnung in Δt, also sehr klein. Die Teilchengeschwindigkeit taucht in dem Ausdruck nicht auf und muß nachträglich berechnet werden:

$$r_i(t+\Delta t) = 2\,r_i(t) - r_i(t - \Delta t) + \frac{F_i(t)}{m}(\Delta t)^2 \quad (10.85a)$$

$$v_i(t+\Delta t) = \frac{r_i(t+\Delta t) - r_i(t-\Delta t)}{2\Delta t} \quad (10.85b)$$

Die Zeitintervalle müssen so klein gewählt werden, daß sich die Kräfte und Geschwindigkeiten dabei nur unwesentlich ändern. Dies ist immer möglich, begrenzt aber die der Simulation zugänglichen makroskopischen Zeitäquivalente. Beispielsweise sind Zeitschritte von $\Delta t = 10^{-14}$ s für einfache Flüssigkeiten üblich. Reale Gesamtzeiten von etwa 1 ns entsprechend 10^5 Zeitschritten lassen sich so simulieren. Für molekulare Flüssigkeiten sind jedoch kleinere Zeitintervalle von der Größenordnung $\Delta t = 10^{-15}$ s notwendig, wenn die schnellen intramolekularen Bewegungen der Atome zu berücksichtigen sind.

Entsprechend den unterschiedlichen möglichen Randbbedingungen (abgeschlossen, offen, isotherm, isobar, konstantes chemisches Potential ...), die an ein System in der Thermodynamik gestellt werden können, müssen allerdings in einer Molekulardynamik-Rechnung weitere Schritte eingeführt werden, mit denen die jeweiligen Randbedingungen sichergestellt werden. Relativ übersichtlich zu bearbeiten ist ein System mit konstanten Werten von Teilchenzahl, Volumen und Energie ($N, V, E = $ const. $\rightarrow$ mikrokanonische Gesamtheit). Die Gesamtenergie wird bei der Simulation eines abgeschlossenen NVE–Systems bis auf Rundungsfehler immer konstant bleiben.

Viel häufiger fordert man jedoch eine konstante Temperatur statt der konstanten Energie (entsprechend einem isothermen System mit Kopplung an ein Wärmebad). Setzt man zu Beginn für die Anfangsgeschwindigkeiten eine Maxwell-Boltzmann-Verteilung nach Gleichung (3.78) aus Kapitel 3.6 an, so bedeutet dies gleichzeitig eine Festlegung der Temperatur T_0 über den vorgegebenen Mittelwert der Translationsenergie:

$$E_{\text{trans}}(0) = \frac{1}{2}\sum_{i=1}^{N} m\,v_i^2(0) = \frac{3}{2}NkT_0 \quad (10.86)$$

Führt man nun die Molekulardynamik-Rechnung ohne besondere Zusatzmaßnahmen durch, so wird zwar die Gesamtenergie im Laufe der Simulation konstant bleiben, jedoch wird die

Aufteilung der Gesamtenergie auf kinetische und potentielle Energie eine mehr oder weniger große Änderung zeigen, insbesondere wenn die Anfangskonfiguration sich deutlich von der Gleichgewichtskonfiguration des Systems unterscheidet. Das würde einer Temperaturänderung entsprechen. Man muß also dem System kinetische Energie entziehen oder zuführen und so für eine konstante Temperatur sorgen (was im realen Fall Umgebung oder Wärmebad sicherstellen). Würde man allerdings die mittlere kinetische Energie dabei streng konstant halten, schießt man über das Ziel hinaus, da keine Fluktuationen mehr zugelassen werden.

Eines von verschiedenen bekannten Verfahren, um solche Korrekturen einzubringen, ist das folgende Reskalierungsverfahren, das auf die Geschwindigkeiten nach jedem Δt-Rechenschritt (oder jeweils nach einer Anzahl von Schritten) angewandt wird. Man benutzt dabei einen Kopplungsfaktor τ_T, der die Stärke der Kopplung an ein Wärmebad simuliert. Er hat die Bedeutung einer Relaxationszeit für die Temperaturschwankungen im System. Nach einem Δt-Schritt werden die erhaltenen neuen Geschwindigkeitswerte $v_i(t + \Delta t)$ vor Ausführung des nächsten Schrittes korrigiert gemäß

$$|v_{i,\text{korr}}(t + \Delta t)| = \left[1 + \frac{\Delta t}{\tau_T}\left(\frac{T_0}{T(t+\Delta t)} - 1\right)\right]^{1/2} \cdot |v_i(t+\Delta t)| \quad (10.87)$$

Daneben sind allerdings noch andere Reskalierungsverfahren gebräuchlich.

Analoge Korrekturen sind notwendig, wenn mit isobaren Systemen gearbeitet wird, bei denen nicht das Volumen, sondern der Druck auf dem konstanten Wert p_0 gehalten wird. Für solche Systeme korrigiert man nach einer bestimmten Zahl von Rechenschritten jeweils die Ortskoordinaten und die Größe des Systemvolumens. Entsprechend werden offene Systeme mit konstantem chemischen Potential durch Korrekturen an der Teilchenzahl angepaßt.

Ein wichtiges Kriterium für die Güte einer Molekulardynamik-Rechnung ist, daß die resultierenden thermodynamischen Größen sich den Gleichgewichtswerten nähern beziehungsweise nach einer Startphase nur noch Fluktuationen um Gleichgewichtswerte zeigen. Die verbleibenden Fluktuationen können allerdings entsprechend den in Kapitel 2.2.4 und Kapitel 2.6 angegebenen Beziehungen wegen der geringen Teilchenzahl recht groß werden.

Exkurs 10.11 Molekulardynamik an molekularen Systemen

Molekulardynamik-Rechnungen sind mittlerweile auch für viele komplexe Fluidsysteme durchgeführt worden, beispielsweise molekulare Flüssigkeiten, Polymere, Lösungen, poröse Systeme. Bei molekularen Systemen muß die potentielle Energie um intramolekulare Wechselwirkungen erweitert werden. Hier gibt es mittlerweile – nicht zuletzt aus dem Bereich der Molekularmechanik-Rechnungen an Molekülen (molecular modelling) – gut entwickelte Ansätze für empirische Potentiale und ihre Parametrisierung[14]. Für ein komplexes Molekül besteht ein entsprechender Potentialansatz aus verschiedenen Beiträgen, beispielsweise

$$E_{\text{pot}} = \sum_{\text{Bindungslängen}} \varepsilon(l_i) + \sum_{\text{Bindungswinkel}} \varepsilon(\theta_j)$$

$$+ \sum_{\text{Diederwinkel}} \varepsilon(\delta_k) + \sum_{\text{Coulomb}} \varepsilon(d_i) + \sum_{\text{Lennard-Jones}} \varepsilon(r_i) \quad (10.88)$$

Die einzelnen Potentialbeiträge für die intramolekularen Beiträge enthalten meist harmonische Potentialansätze mit quadratischer Abhängigkeit von den entsprechenden inneren Molekül-

---

[14]siehe beispielsweise [Com 95, Hab 95, Hee 90, Hoo 86, Hoo 91]

Koordinaten (Winkel-, Längen- oder Abstandsänderungen). Diederwinkel δ_k beschreiben dabei innere Rotationen von Teilen des Moleküls relativ zueinander (vergleiche Kapitel 4.6). Torsionswinkel θ_j kennzeichnen elastische Verformungen des Molekülgerüsts (z.B. Biegeschwingungen). Die Lennard-Jones- und die Coulomb-Terme in Gleichung (10.88) beinhalten sowohl intermolekulare als auch intramolekulare Wechselwirkungen (zwischen Ladungen oder Atomgruppen in verschiedenen Bereichen des Moleküls). Darüber hinaus sind die intermolekularen Wechselwirkungen gewöhnlich durch entsprechende Summen mehrerer Lennard-Jones-, Coulomb- oder ähnlicher Terme aus Zentralpotentialansätzen dargestellt. Diese sogenannten Mehrzentren- oder Site-Site-Potentialansätze erlauben die Modellierung orientierungsabhängiger Wechselwirkungen (siehe Abbildung 9.4).

Exkurs 10.12 Monte-Carlo-Methoden

Die diskrete Näherung für das Konfigurationsintegral in Gleichung (10.80) reicht allein noch nicht für eine effiziente Computerauswertung aus. Mit rein zufällig ausgewählten Konfigurationen würde man die meiste Zeit mit der Berechnung von vernachlässigbaren Beiträgen zubringen (aus den zu Beginn dieses Abschnitts geschilderten Gründen). Man hat daher wirksamere Methoden entwickelt, die von den zufällig ausgewählten Konfigurationen im wesentlichen nur solche für die weitere Berechnung berücksichtigen, deren Boltzmann-Faktor $\exp\left[-E_{\text{pot}}(R_k)/kT\right]$ signifikante Werte hat. Bei dieser Vorgehensweise wird die zur genauen Berechnung thermodynamischer Mittelwerte nach (10.80) notwendige Anzahl von Konfigurationen drastisch reduziert. Für dieses als **importance sampling** bezeichnete Verfahren gibt es verschiedene Varianten, die mit Überlegungen aus der mathematischen Statistik begründbar sind.

Wenn man die Konfigurationen nicht mehr rein statistisch auswählt, muß allerdings Gleichung (10.80) geändert werden. Die gewählten Konfigurationsvektoren R_i müssen mit entsprechenden Gewichtsfaktoren P_i (die durch den Auswahlmodus bestimmt sind) gewichtet werden. Es ergibt sich dann allgemein

$$\langle E_{\text{pot}} \rangle = \frac{\int E_{\text{pot}}(R) \exp\left[-E_{\text{pot}}(R)/kT\right] dR}{\int \exp\left[-E_{\text{pot}}(R)/kT\right] dR}$$

$$\approx \frac{\sum_{i=1}^{n} P_i^{-1} E_{\text{pot}}(R_i) \exp\left[-E_{\text{pot}}(R_i)/kT\right]}{\sum_{i=1}^{n} P_i^{-1} \exp\left[-E_{\text{pot}}(R_i)/kT\right]} \tag{10.89}$$

Wenn der verwendete Algorithmus insbesondere erreichen kann, daß die Auswahlwahrscheinlichkeiten gleich den Boltzmann-Faktoren werden – also $P_i = \exp\left[-E_{\text{pot}}(R_i)/kT\right]$ –, dann folgt aus Gleichung (10.89) die wesentlich einfachere Form

$$\langle E_{\text{pot}} \rangle \approx \frac{1}{n} \cdot \sum_{i=1}^{n} E_{\text{pot}}(R_i) \tag{10.90}$$

Ein dazu sehr gut geeigneter und für kanonische Systeme häufig verwendeter Algorithmus wurde von **Metropolis** maßgeblich entwickelt und nach ihm benannt ([Met 53], vergleiche auch nachfolgenden Exkurs 10.13). Weitere bekannte Algorithmen sind beispielsweise das „**umbrella sampling**" oder für mikrokanonische Systeme der sogenannte „**Dämon-Algorithmus**" [siehe dazu beispielsweise All 87, Bin 88, Gra 95, Gou 95, Hab 95].

10.6 Computersimulationen an fluiden Systemen

Als innere Energie ergibt sich für ein atomares Fluid mit dem Ergebnis aus Gleichung (10.90) und unter Verwendung des Gleichverteilungssatzes (siehe dazu Kapitel 4.5) für die Translationsenergie

$$U = \langle E_{\text{trans}}(T) \rangle + \langle E_{\text{pot}}(T) \rangle = \frac{3}{2} NkT + \langle E_{\text{pot}}(T) \rangle$$

Die radiale Paarverteilungsfunktion $g(r)$ läßt sich ebenfalls durch eine Mittelwertbildung aus den erzeugten Konfigurationen berechnen, wenn jeweils die Zahl der Teilchenpaare als Funktion ihres Abstands ausgewertet wird:

$$g(r) = \frac{V}{N} \left\langle \frac{1}{4\pi r^2} \frac{dN(r)}{dr} \right\rangle \approx \frac{V}{N} \left\langle \frac{\Delta N(r)}{4\pi r^2 \, \Delta r} \right\rangle$$

Der Druck wird gewöhnlich über die Druckgleichung (10.24) aus den Ergebnissen für $g(r)$ und den für E_{pot} zugrundeliegenden Zweiteilchenwechselwirkungen $\varepsilon(r)$ bestimmt. Die Wärmekapazität C_V kann mit Hilfe der Beziehung zu den Energiefluktuationen, Gleichung (2.70) bestimmen gemäß

$$C_V = \frac{3}{2} Nk + \frac{N}{kT^2} \left[\langle E_{\text{pot}}^2 \rangle - \langle E_{\text{pot}} \rangle^2 \right]$$

Der erste Term ist der Beitrag der Translationsenergie nach dem Gleichverteilungssatz. Monte-Carlo-Methoden eignen sich sehr gut, um Gleichgewichtswerte thermodynamischer Funktionen für wechselwirkende Vielteilchensysteme zu ermitteln, beispielsweise Flüssigkeiten, flüssige und feste Mischungen, Festkörper, Spinsysteme, ... Die Monte-Carlo-Methoden sind generell auf Probleme anwendbar, bei denen Potentialfunktionen für die vorhandenen Wechselwirkungen formuliert werden können. Darüber hinaus sind Erweiterungen bekannt auf Systeme, bei denen Quanteneffekte zu berücksichtigen sind. Monte-Carlo-Verfahren haben so zu einer beträchtlichen Erweiterung der Möglichkeiten zur statistisch-thermodynamischen Beschreibung von Vielteilchensystemen geführt.

Exkurs 10.13 Metropolis-Algorithmus für eine einfache Flüssigkeit

Als Beispiel für die Anwendung des Metropolis-Algorithmus sei ein kanonisches System mit N kugelförmigen wechselwirkenden Teilchen und konstanten Werten für Volumen und Temperatur angenommen, für das ein thermischer Mittelwert der Konfiguration und der potentiellen Energie ermittelt werden soll. Die typische Vorgehensweise einer Monte-Carlo-Simulation nach dem Metropolis-Algorithmus wird im folgenden stichwortartig dargestellt.

Eine Anfangskonfiguration $R_0 = r_1, r_2 \ldots r_i, \ldots r_N$ wird gewählt (beispielsweise eine kubische Anordnung der Teilchen). Dann werden n Konfigurationen $R_1, \ldots R_l, \ldots R_n$ (typisch: $n = 10^4 - 10^6$) sukzessiv nach den folgenden Regeln erzeugt und nach Beendigung der Rechnung zur Mittelwertbildung verwendet.

a) Ausgehend von $R_l = r_1, \ldots r_i, \ldots r_N$ wird eine neue Konfiguration $R_{l+1} = r_1, \ldots r_i', \ldots r_N$ erzeugt, indem ein Teilchen i zufällig ausgewählt wird und seine Position r_i nach r_i' verändert wird gemäß der folgenden Formel mit den für jeden Monte-Carlo-Schritt neu erzeugten Zufallszahlen $-1 \leq z_1, z_2, z_3 \leq +1$ und der festen maximalen Schrittweite h:

$$r_i = \begin{pmatrix} x \\ y \\ z \end{pmatrix} \rightarrow r_i' = \begin{pmatrix} x' \\ y' \\ z' \end{pmatrix} = \begin{pmatrix} x + z_1 \cdot h \\ y + z_2 \cdot h \\ z + z_3 \cdot h \end{pmatrix}$$

b) $\Delta E_{\text{pot}} = E_{\text{pot}}(R_{l+1}) - E_{\text{pot}}(R_l)$ wird berechnet:
— falls $\Delta E_{\text{pot}} < 0$: R_{l+1} wird als neue Konfiguration akzeptiert $\rightarrow$ weiter mit a).
— falls $\Delta E_{\text{pot}} > 0$: $\rightarrow$ weiter mit c).

c) $\exp\left(-\Delta E_{\text{pot}}/kT\right)$ wird berechnet und eine neue Zufallszahl $0 < z < 1$ wird erzeugt:
— falls $\exp\left(-\Delta E_{\text{pot}}/kT\right) > z$: R_{l+1} wird akzeptiert $\rightarrow$ weiter mit a).
— falls $\exp\left(-\Delta E_{\text{pot}}/kT\right) < z$: die Koordinaten des verschobenen Teilchens werden wieder zurückgestellt auf die vorhergehenden Werte, als neue Konfiguration wird also $R_{l+1} = R_l$ gesetzt (und bei der Mittelwertbildung somit ein zweites Mal berücksichtigt!) $\rightarrow$ weiter mit a).

Wenn schließlich n Konfigurationen erzeugt wurden, ergibt sich der Mittelwert $\langle E_{\text{pot}} \rangle$ aus:

$$\langle E_{\text{pot}} \rangle = \frac{1}{n} \sum_{l=1}^{n} E_{\text{pot}}(R_l)$$

Meistens wird man zu Beginn eine gewisse Anzahl Konfigurationen (z.B. die ersten 10^5 Konfigurationen) für die spätere Mittelwertbildung unberücksichtigt lassen, da die Anfangswerte gewöhnlich weiter von der mittleren Gleichgewichtskonfiguration entfernt sind (insbesondere wenn eine kubische Anordnung als Anfangsverteilung gewählt wurde).

Es ist mathematisch nachweisbar, daß der Metropolis-Algorithmus eine Abfolge von Konfigurationen erzeugt, die dem Prinzip der mikroskopischen Reversibilität entsprechen und für den Gleichgewichtszustand charakteristisch und signifikant sind. Das gezeigte gewichtete Auswahlverfahren sorgt nämlich dafür, daß im Mittel die Wahrscheinlichkeiten für einen Übergang $R_l \rightarrow R_{l+1}$ und den umgekehrten Übergang $R_{l+1} \rightarrow R_l$ sich verhalten wie

$$\frac{P_{l \rightarrow l+1}}{P_{l+1 \rightarrow l}} = \exp\left[-\frac{E_{\text{pot}}(R_{l+1}) - E_{\text{pot}}(R_l)}{kT}\right]$$

Dies ist genau die Aussage des Prinzips der mikroskopischen Reversibilität.

Jede einzelne Konfiguration innerhalb des Metropolis-Algorithmus hängt direkt von der jeweils vorhergehenden ab. Eine solche Abfolge nennt man in der mathematischen Statistik Markovsche Kette. Entscheidend ist, daß nach einer bestimmten Zahl von Schritten keine Korrelation des erreichten Zustands vom Anfangszustand mehr besteht (statistische Unabhängigkeit). Auf diese Weise ist gewährleistet, daß der gewählte Algorithmus prinzipiell jede Konfiguration des Systems erreichbar macht.

Literaturzitate

[All 87]   M.P. Allen, D.J. Tildesley, *Computer Simulations of Liquids*, Oxford Univ. Press, 1987.

[Ber 77]   B.J. Berne (Ed.), *Statistical Mechanics, Part A: Equilibrium Techniques, Part B: Time-Dependent Processes*, Modern Theoretical Chemistry, Vols. 5, 6, Plenum Press, New York 1977.

[Ber 80]   R.S. Berry, S.A. Rice, J. Ross, *Physical Chemistry*, Wiley, New York 1980.

[Ber 95]   H. Bertagnolli, K. Goller, H. Zweier, Ber. Bunsenges. Phys. Chem. 99 (1995) 1168.

[Bin 88]   K. Binder, D.W. Heermann, *The Monte Carlo Method in Statistical Physics*, Springer, New York 1988.

[Bre 96]   W. Brenig, *Statistische Theorie der Wärme*, Springer, 4. Aufl. Berlin 1996.

[Car 72]   N.F. Carnahan, K.E. Starling, AIChE Journal 18 (1972) 1184.

[Cha 87]   D. Chandler, *Introduction to Modern Statistical Mechanics*, Oxford University Press 1987.

[Com 95]   P. Comba, T.W. Hambley, *Molecular Modeling of Inorganic Compounds*, VCH, Weinheim 1995.

[Fin 85]   G.H. Findenegg, *Statistische Thermodynamik*, Steinkopff, Darmstadt 1985.

[Gra 95]   G.H. Grant, W.G. Richards, *Computational Chemistry*, Oxford Univ. Press, 1995.

[Göp 94]   W. Göpel, Ch. Ziegler, *Struktur der Materie: Grundlagen, Mikroskopie und Spektroskopie*, Teubner, Leipzig 1994.

[Gou 95]   H. Gould, L. Spornick, J. Tobochnik, *Thermal and Statistical Simulations: The Consortium for Upper Level Physics Software*, Wiley, New York 1995.

[Hab 95]   R. Haberlandt, S. Fritzsche, G. Peinel, K. Heinzinger, *Molekulardynamik*, Vieweg, Braunschweig 1995.

[Hee 90]   D.W. Heermann, *Computer Simulation Methods*, Springer, New York 2nd ed. 1990.

[Hey 98]   D.M. Heyes, *The Liquid State - Applications of Molecular Simulations*, Wiley VCH, New York 1998.

[Hoo 86]   W.G. Hoover, *Molecular Dynamics*, Springer, Berlin 1986.

[Hoo 91]   W.G. Hoover, *Computational statistical mechanics* (Studies in Modern Thermodynamics ; 11), Elsevier, Amsterdam 1991.

[Kob 90]   M. Kobayashi, Solid State Ionics 39 (1990) 121.

[Koh 78]   F. Kohler, *The Liquid State*, Verlag Chemie, Weinheim 1978.

[Luc 86]   K. Lucas, *Angewandte Statistische Thermodynamik*, Springer Verlag, Berlin 1986.

[Met 53]   N. Metropolis, A.W. Rosenbluth, A.H. Teller, E. Teller, *Equation of State Calculations by Fast Computing Machines*, J. Chem. Phys. 21 (1953) 1087.

[MQu 85]   D.A. MacQuarrie, *Statistical Thermodynamics*, Univ. Science Books, Mill Valley (Calif.) 1973 (erschienen 1985).

[Raa 98]   D. Raabe, *Computational Materials Science*, Wiley-VCH 1998.

[Rap 97]   D.C. Rapaport, *The Art of Molecular Dynamics Simulations*, Cambridge University Press 1997.

[Str 34]   L.W. Strock, Z. phys. Chem. B25 (1934) 441 und B31 (1935) 132.

[Red 49]   O. Redlich, J.N.S. Kwong, Chem. Rev. 44 (1949) 233.

[Ran 95]   S.L. Randzio, U.K. Deiters, Ber. Bunsenges. Phys. Chem. 99 (1995) 1179.

Weiterführende Literatur zur Statistischen Theorie der Flüssigkeiten

C.A. Croxton, *Liquid State Physics*, Cambridge Univ. Press, Cambridge 1974.

P.A. Egelstaff, *An Introduction to the Liquid State*, Oxford, Clarendon Press 2nd ed. 1992.

J.P. Hansen, I.R. McDonald, *Theory of Simple Liquids*, Academic Press, New York 1976.

J. Hirschfelder, Ch. Curtis, B. Bird, *Molecular Theory of Gases and Liquids*, J. Wiley, New York 1964. *Thermodynamics of Materials*, Wiley, New York 1996.

J. Kestin, J.R. Dorfman, *A Course in Statistical Thermodynamics*, Academic Press, New York 1971.

P. Kruus, *Liquids and Solutions - Structure and Dynamics*, M. Dekker, New York 1977.

J.E. Mayer, M.G. Mayer, *Statistical Mechanics*, Wiley, New York 1977. *Thermodynamics of Materials*, Wiley, New York 1995.

S.A. Rice, P. Gray, *The Statistical Mechanics of Simple Liquids*, Wiley, New York 1965.

J.S. Rowlinson, *Liquids and Liquid Mixtures*, Butterworths, London 1969.

R.O. Watts, I.J. McGee, *Liquid State Chemical Physics*, Wiley, New York 1976.

11 Mischungen und Lösungen

Ideale Mischungen sind oft ein günstiger Referenzzustand zur allgemeinen Behandlung von Mischungen und Lösungen. In solchen Fällen wird das Verhalten einer realen Mischung durch die Abweichungen von den Eigenschaften einer idealen Mischung über Exzeßgrößen beziehungsweise Reihenentwicklungen analog zur Virialentwicklung beschrieben. Dies ist besonders erfolgreich möglich, wenn die Abweichungen vom idealen Verhalten kleine Korrekturen sind. Letztendlich haben wir dann eine ähnliche Vorgehensweise vor uns wie beim Schritt von den idealen zu den realen Gasen. Ein weiterer Sonderfall ergibt sich, wenn eine Komponente in großem Überschuß vorliegt (Lösungsmittel) und alle anderen in sehr kleiner Konzentration. Diese Bedingung läßt sich als Grenzfall der ideal verdünnten Lösung ebenfalls vereinfacht behandeln.

Für konzentrierte reale Mischungen wird die Behandlung anspruchsvoller. Die Behandlung der Teilchenwechselwirkungen ist in solchen Systemen entscheidend für die Beschreibung der Zustandsfunktionen, insbesondere auch charakteristischer Eigenschaften wie Ordnungs-Unordnungs-Umwandlungen, Mischungslücken und kritischen Punkten. Wie bei den realen Gasen und Flüssigkeiten ist die Beschränkung auf Paarwechselwirkungen ein wichtiges Näherungsverfahren. Einige Modelle, insbesondere für kristalline Mischungen gehen noch einen Schritt weiter und beschränken die Wechselwirkungen auf die nächsten Nachbarn.

11.1 Ideale Mischungen als Ausgangspunkt

In Kapitel 3.4 haben wir bereits am Beispiel einer idealen Gasmischung einige Aspekte der statistischen Behandlung von **Mischungen** kennengelernt. Bei der Behandlung von Mischungen geht es uns in diesem Kapitel vor allem um die Änderungen der thermodynamischen Funktionen beim Mischen der reinen Komponenten. Die entsprechenden (extensiven) thermodynamischen **Mischungsgrößen** sind also - wie bereits in Kapitel 3.4 eingeführt - als Differenzen definiert und werden gewöhnlich auf die Gesamtstoffmenge 1 Mol bezogen. Man spricht allgemein von den **molaren** oder auch **integralen molaren Mischungsgrößen**, beispielsweise der integralen molaren Mischungsenergie ΔU_m oder Mischungsentropie ΔS_m (siehe auch Übersicht A.3 zu Mischungsgrößen in Anhang).

Speziell für eine binäre Mischung mit A_m als molarer Helmholtz-Energie der Mischung und den molaren Helmholtz-Energien $A^*_{m,1}$ und $A^*_{m,2}$ der beiden reinen Komponenten[1] im getrennten Zustand gilt für die integrale molare Mischungsgröße ΔA_m

$$\Delta A_m = A_m - (A^*_{m,1} + A^*_{m,2}) = -RT \ln \frac{Z_{12}}{Z^*_1 Z^*_2} \qquad (11.1)$$

---
[1]Die Größen der reinen Komponenten 1 und 2 sind hier mit einem hochgestellten * markiert, um sie von den ebenfalls für Mischungen gebräuchlichen partiellen molaren Größen A_1 und A_2 zu unterscheiden (siehe Definitionen im Anhang A.7).

Wenn die kanonischen Zustandssummen als Funktion der Temperatur, des Volumens und der Teilchenzahlen bekannt sind, kann nach diesem Ansatz jede andere thermodynamische Funktion der Mischung wie beispielsweise ΔG_m, ΔS_m, ΔV_m berechnet werden [2]. Allerdings ist es oft günstiger, die große Zustandssumme (siehe folgender Abschnitt 11.2) zu benutzen (vereinzelt ist auch eine Zustandssumme für ein isobares System verwendet worden, siehe [Hil 62]).

Angaben zu Abhängigkeiten thermodynamischer Größen von der Zusammensetzung, sowie von Zusammensetzungsbereichen und Bereichsgrenzen, bei denen in realen Systemen unter bestimmten Werten von Druck und Temperatur Entmischung auftritt oder vorliegt, zählen zu den wichtigsten Informationen in der Thermodynamik der Mischphasen (Phasendiagramme). Diese Angaben spielen bei vielen Anwendungen wie beispielsweise Destillation, Kristallisation, Herstellung von Werkstoffen eine zentrale Rolle. Statistisch-thermodynamische Berechnungen der Mischungsgrößen fluider und fester Stoffgemische und entsprechende statistische Modelle stoßen daher auf ein großes praktisches Interesse.

In diesem Kapitel sollen zunächst verdünnte Lösungen behandelt werden, deren thermodynamisches Verhalten nicht zu stark vom Verhalten idealer Mischungen abweicht. Es liegt dann nahe, die Thermodynamik der idealen Mischungen als Referenzzustand zu benutzen und das reale Verhalten über Reihenentwicklungen oder über Störungsansätze zu berücksichtigen. Im zweiten Teil des Kapitels kommen schließlich komplexere Modelle von realen Mischungen zum Zug, die sich für konzentrierte Lösungen und Mischungen mit großen Abweichungen vom idealen Mischungsverhalten eignen.

Die Grundgleichungen, die eine ideale Mischung definieren, sind zum großen Teil bereits in Kapitel 3.4 für eine Gasmischung hergeleitet worden. Die Grunddefinition der idealen Mischung fordert, daß keinerlei Volumen- oder Energieänderungen beim Mischen auftreten und daß die Mischungsentropie ΔV_m lediglich einen Beitrag auf Grund der Konfigurationsentropie enthält (Anordnungsmöglichkeiten der Komponenten; siehe auch Gleichung (3.27) in Kapitel 3.4 für ein 2-Komponentensystem). Mit K als Zahl der Komponenten gilt

$$\Delta U_m = 0, \qquad \Delta V_m = 0, \qquad \Delta S_m = -R \sum_{i=1..K} x_i \ln x_i \qquad (11.2)$$

Alle weiteren thermodynamischen Größen der idealen Mischung sind leicht aus (11.2) ableitbar. So folgt beispielsweise für die molare Mischungs-Gibbs-Energie und das chemische Potential einer Komponente der idealen Mischung mit den allgemeinen thermodynamischen Beziehungen (A.23) und (A.81) aus Anhang A

$$\Delta G_m = \Delta U_m - T\Delta S_m + p\Delta V_m = RT \sum_{i=1..K} x_i \ln x_i \qquad (11.3)$$

$$\mu_i - \mu_i^* = RT \ln x_i \qquad (11.4)$$

---

[2] mit den bekannten thermodynamischen Relationen zwischen der Helmholtz-Energie und den anderen thermodynamischen Funktionen, siehe Anhang A.

11.1 Ideale Mischungen als Ausgangspunkt

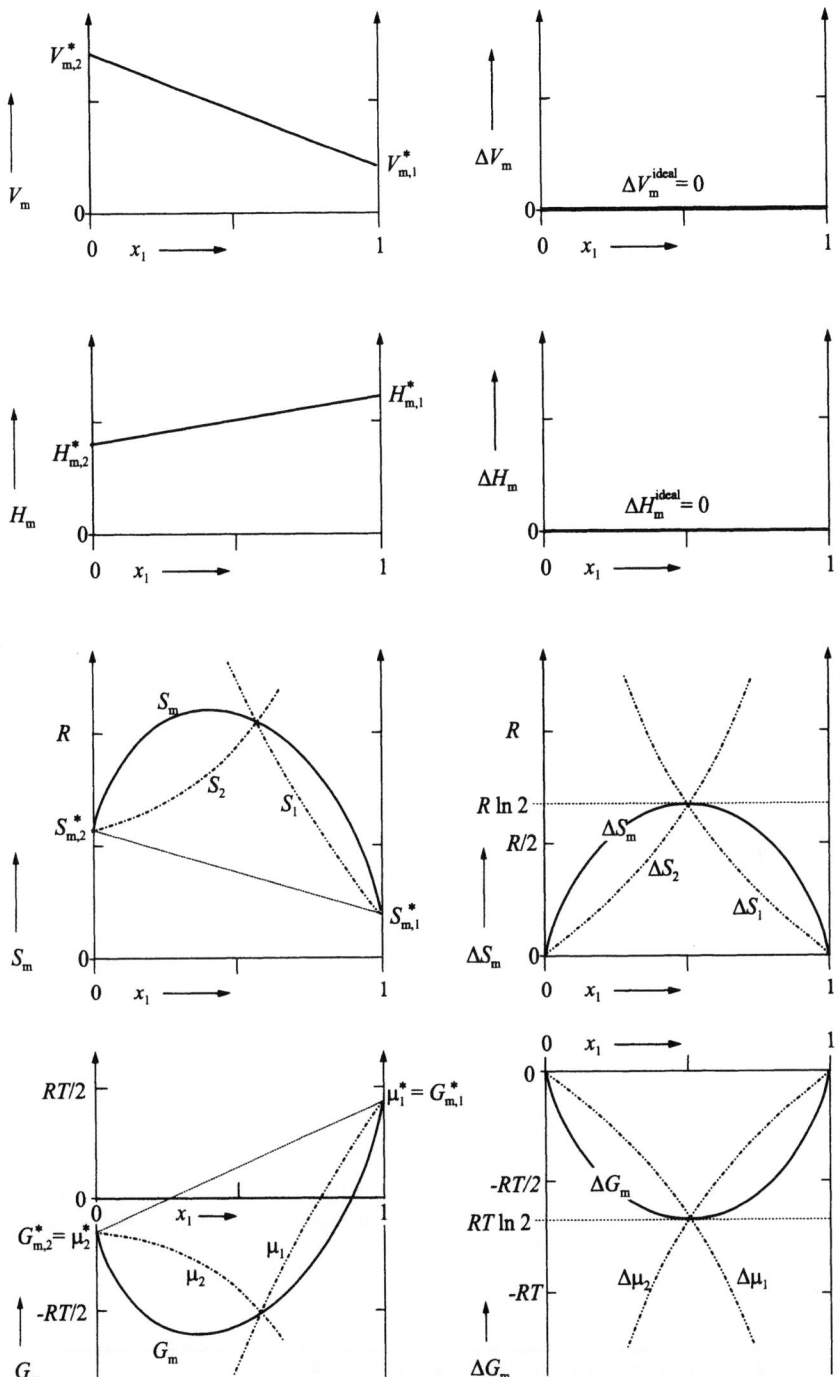

Abbildung 11.1 Volumen, Enthalpie, Entropie und Gibbs-Energie einer idealen binären Mischung und entsprechende Mischungsgrößen als Funktion des Stoffmengenanteils x_1. Für Entropie und Gibbs-Energie sind die partiellen molaren Größen ebenfalls angegeben.

Abbildung 11.1 zeigt exemplarisch die Abhängigkeiten verschiedener Mischungsgrößen und der entsprechenden partiellen molaren Größen einer idealen binären Mischung von der Zusammensetzung.

Mischungen verdünnter Gase bei kleinen Dichten und genügend hoher Temperatur sind praktisch immer in sehr guter Näherung als ideale Mischungen behandelbar. Bei flüssigen oder festen Mischungen gibt es jedoch vergleichsweise wenig Beispiele für ideales Verhalten. Selbst Enantiomerengemische zeigen häufig Azeotropie und Nichtidealität in der flüssigen Phase. Lediglich Isotopengemische sind vergleichsweise ideal. Exzeß-Gibbs-Energien sind aber selbst in Isotopengemischen meßbar.

Exkurs 11.1 Idealer Mischkristall

Ein idealer Mischkristall $A_x B_y$ stellt eine mögliche Realisierung einer idealen Mischung dar. Gemäß der Definiton (11.2) ergibt sich keinerlei Volumen- und Energieeffekt beim Mischen. Die beiden Teilchensorten müssen also den gleichen Volumenbedarf haben. Die Wechselwirkung zwischen den verschiedenen Teilchen A und B muß gleich dem geometrischen Mittel der entsprechenden Wechselwirkungen in einem reinen A-Kristall beziehungsweise einem reinen B-Kristall sein.

Gemäß Abbildung 3.5 aus Kapitel 3.4 ergibt sich die Mischungsentropie aus der Zahl geometrischer Anordnungsmöglichkeiten der Komponenten über die verfügbaren Gitterplätze des Kristalls, wobei die Ununterscheidbarkeit gleichartiger Teilchen zu berücksichtigen ist. Die resultierende Entropie wird auch als Konfigurationsentropie bezeichnet, da sie aus der Zahl der Konfigurationen im Kristall resultiert. Wegen der Unabhängigkeit der Energie des Kristalls von der speziellen Anordnung ergibt sich die Konfigurationsentropie aus der Formel für eine Binomialverteilung

$$\Delta S_m = \Delta S_{\text{konfig},m} = R \ln \Omega(N_A, N_B) = R \ln \frac{(N_A + N_B)!}{N_A! N_B!} \quad (11.5)$$

Wir hatten den gleichen Ausdruck für die Zahl der Mikrozustände bereits bei der Verteilung von Elektronen über entartete Energieniveaus, Gleichung (3.48), und für Leerstellen (bzw. Zwischengitterteilchen) und normale Gitterteilchen in einem realen Kristall, Gleichung (6.94), kennengelernt, Der Ausdruck (11.5) kann noch weiter umgeformt werden, wenn man die Stirling-Näherung und die Definition der Stoffmengenanteile x_A und x_B in der Mischung benutzt:

$$\Delta S_m = -R(x_A \ln x_A + x_B \ln x_B) = x_A S_A + x_B S_B \quad (11.6)$$

$S_A = -R \ln x_A$ und $S_B = -R \ln x_B$ stellen dabei die beiden partiellen molaren Entropien dar. Abbildung 11.1 zeigt unter anderem auch das Ergebnis für die Abhängigkeit der Mischungsentropie von der Zusammensetzung einer binären idealen Mischung.

Exkurs 11.2 Empirische Darstellung von Mischungsgrößen

Für die empirische Darstellung der Mischungsgrößen realer Mischungen und ihrer Abhängigkeit von der Zusammensetzung werden häufig Reihenentwicklungen der Exzeßgrößen in den Stoffmengenanteilen x_i verwendet (zu Exzeßgrößen, vergleiche Anhang A.7). Die Exzeßgrößen von chemischem Potential und molarer Mischungs-Gibbs-Energie sind relativ zur idealen

Mischung definiert durch (hier: molare Größen)

$$\mu_i^E = \mu_i - \mu_i^* - RT \ln x_i = RT \ln f_i \qquad (11.7a)$$

$$G_m^E = \sum_{i=1..K} x_i \mu_i^E = RT \sum_{i=1..K} x_i \ln f_i \qquad (11.7b)$$

Eine häufig verwendete Darstellung von G_m^E ist der folgende **Redlich-Kister-Ansatz**

$$\begin{aligned} G_m^E &= x_1 x_2 \left[A + B(x_1 - x_2) + C(x_1 - x_2)^2 + \ldots \right] \\ &= x_1(1 - x_1) \left[A + B(2x_1 - 1) + C(2x_1 - 1)^2 + \ldots \right] \end{aligned} \qquad (11.8)$$

Im allgemeinen sind die Koeffizienten $A, B, C, \ldots$ Funktionen von Temperatur und Druck. Für eine ideale Mischung gilt natürlich $A = B = C = \ldots = 0$. Man unterscheidet darüber hinaus noch **symmetrische Mischungen**, für die $B = C = D = \ldots = 0$ ist und der Koeffizient $A \neq 0$ ist, und **unsymmetrische Mischungen**, bei denen außer $A \neq 0$ noch mindestens ein weiterer Koeffizient aus $B, C, \ldots$ ungleich Null ist. Ein für Modellbetrachtungen interessanter Grenzfall einer symmetrischen Mischung ist die **reguläre Mischung**, für die $A = $ const. und darüber hinaus $V_m^E = 0$, $S_m^E = 0$ gilt. Allerdings kann man zeigen, daß eine solche Darstellung der Exzeß-Gibbs-Energie thermodynamisch zu Widersprüchen führt. Es ist daher ein fiktiver Grenzfall, der nur als vereinfachte Näherung sinnvoll ist (beispielsweise benutzt im Mischungsmodell nach Bragg und Williams mit $A \stackrel{\wedge}{=} N_A \Delta \varepsilon$; siehe Abschnitt 11.6).

11.2 Verdünnte Lösungen

In der Regel wird das Lösen von Fremdatomen, -ionen oder -molekülen in einem Kristall oder einer Flüssigkeit über die veränderte Wechselwirkung des Gelösten mit seiner unmittelbaren Umgebung eine von Null verschiedene Mischungsenergie verursachen. Ein ideales Mischungsverhalten ist in solchen Fällen auch bei hoher Verdünnung nicht gegeben. Trotzdem stellen verdünnte reale Mischungen oder Lösungen einen Sonderfall dar, der eine vereinfachte statistisch-thermodynamische Behandlung zuläßt. Die Vorgehensweise im folgenden ist sehr ähnlich zu der für reale Gase. Ähnlich wie die Dichte bei realen Gasen stellt die kleine Konzentration verdünnter Lösungen einen Parameter dar, den man für eine Reihenentwicklung um den Wert Null (= reines Lösungsmittel) verwenden kann. Ebenfalls wie bei den realen Gasen ist es vorteilhaft, von der großen Zustandssumme Ξ auszugehen. Die im folgenden benutzte Vorgehensweise wurde von McMillan und Mayer maßgeblich ausgearbeitet und wird daher auch als McMillan-Mayer-Theorie der Lösungen bezeichnet [Ber 77, May 77].

Als Modellfall betrachten wir eine binäre verdünnte Lösung. Die Größen der gelösten Komponente werden wie üblich mit dem Index 2 und die des Lösungsmittels mit dem Index 1 bezeichnet. Die große Zustandssumme ist für eine solche Lösung zunächst allgemein mit Gleichung (2.106) anzusetzen:

$$\Xi = \sum_{N_1} \sum_{N_2} \sum_i e^{-E_i(N_1, N_2, V)/kT} e^{\mu_1 N_1/kT} e^{\mu_2 N_2/kT} \qquad (11.9)$$

Für die beiden Exponentialterme mit den chemischen Potentialen kann man die jeweilige absolute Aktivität einsetzen gemäß[3]

$$a_1 = e^{\mu_1/kT} \quad , \quad a_2 = e^{\mu_2/kT} \tag{11.10}$$

Die Standardwerte der chemischen Potentiale sind hier gleich Null gewählt, das heißt die chemischen Potentiale und damit die Aktivitäten werden hier zunächst mit der üblichen statistischen Nullpunktskonvention benutzt (Nullpunkt im jeweiligen Grundzustand). Die Aktivität der gelösten Komponente 2 ist nach Voraussetzung sehr klein. Deshalb kann man die Reihe als Potenzreihenentwicklung in der Aktivität des gelösten Stoffes auffassen. Dies wird durch die folgende Schreibweise verdeutlicht

$$\Xi = \sum_{N_2} \left[\Xi_1(N_2) \cdot a_2^{N_2} \right] = \Xi_1 + \Xi_1(1)\, a_2 + \Xi_1(2)\, a_2^2 + \ldots \tag{11.11}$$

$$= \Xi_1 \cdot \left[1 + \frac{\Xi_1(1)}{\Xi_1} a_2 + \frac{\Xi_1(2)}{\Xi_1} a_2^2 + \ldots \right]$$

mit der Abkürzung: $\Xi_1(N_2) = \sum_{N_1} e^{-\beta E_i(N_1,N_2)}\, a_1^{N_1}\ ,\quad \Xi_1 \stackrel{\wedge}{=} \Xi_1(0)$

$\Xi_1(N_2)$ stellt also die große Zustandssumme für das Lösungsmittel mit dem chemischen Potential μ_1 dar, wenn genau N_2 Teilchen der Komponente 2 gelöst sind. Wir können erwarten, daß bei genügender Verdünnung die Kenntnis der ersten drei Terme für die Berechnung der Lösungseigenschaften aus Ξ ausreicht. $\Xi_1(0)$, $\Xi_1(1)$ und $\Xi_1(2)$ beschreiben das reine Lösungsmittel beziehungsweise eine Lösung mit einem oder zwei gelösten Teilchen.

Die Reihenentwicklungen in (11.15) und (11.11) sind völlig analog zu handhaben wie die Umformungen der entsprechenden Beziehungen bei realen Gasen (vergleiche beispielsweise der Weg von (9.65) zu den Virialkoeffizienten (9.70c)). Wir können also annehmen, daß eine analoge Virialentwicklung in der Teilchendichte des Gelösten möglich ist. Bevor wir dies ansetzen, betrachten wir noch den Zusammenhang mit dem Produkt pV, das ja die charakteristische thermodynamische Funktion (auch thermodynamisches Potential) zur großen Zustandssumme darstellt. Es gilt

$$pV = kT \ln \Xi = kT \ln \Xi_1 + kT \ln \left[1 + \frac{\Xi_1(1)}{\Xi_1} a_2 + \frac{\Xi_1(2)}{\Xi_1} a_2^2 + \ldots \right] \tag{11.12}$$

Der erste Term auf der rechten Seite beschreibt das reine Lösungsmittel mit dem gleichen Volumen, jedoch einem anderen Druck p_0, der sich aus der zu (11.12) entsprechenden Beziehung für das reine Lösungsmittel 1 ergibt

$$p_0 V = kT \ln \Xi_1 \tag{11.13}$$

---

[3]Wie an anderer Stelle ist dabei zur Vereinfachung der Rechnung die besondere Wahl $\mu_i^\circ = 0$ für den Standardwert des chemischen Potentials der Komponenten $i = 1,2$ vorgenommen worden. Zur Umrechnung und bei Vergleich mit experimentellen Daten kann das Endergebnis des Modells durch Addition eines entsprechenden konstanten Terms μ_i° und Verwendung einer entsprechenden Standardkonzentration c_i° gemäß $a_i = c_i/c_i^\circ$ angepaßt werden (z.B. häufige Wahl: $\mu_i^\circ = \mu_i^* \stackrel{\wedge}{=}$ chemisches Potential der reinen Komponente i).

11.2 Verdünnte Lösungen

Die Differenz $p - p_0$ ist gleich dem osmotischen Druck der Lösung. Wenn wir für den osmotischen Druck die Abkürzung $\pi = p - p_0$ setzen, erhält man schließlich eine Reihenentwicklung, die völlig analog zur entsprechenden Reihe in (9.65) für ein reales Gas ist, speziell ist nun der erste Term der Reihe gleich Eins:

$$\pi V = kT \ln \left[1 + \frac{\Xi_1(1)}{\Xi_1} a_2 + \frac{\Xi_1(2)}{\Xi_1} a_2^2 + \cdots \right] \tag{11.14}$$

Die weiteren Schritte sind nun völlig analog zur Behandlung realer Gase. Gegenüber den Gleichungen (9.65) bis (9.70c) ist also jeweils Z_1 durch $\Xi_1(1)/\Xi_1$, Z_2 durch $\Xi_1(2)/\Xi_1$ usw. zu ersetzen. Statt dem Gesamtdruck, der beim realen Gas benutzt wurde, ist für eine verdünnte Lösung der osmotische Druck die analoge Variable für eine Virialentwicklung. Wir können hier also in Analogie zu (11.15) für die verdünnte Lösung als Virialentwicklung ansetzen

$$\frac{\pi}{kT} = B_1 c_2 + B_2 c_2^2 + B_3 c_2^3 + B_4 c_2^4 + \cdots \tag{11.15}$$

Es folgt somit über den Analogieschluß aus (9.70c)

$$B_1(T) = 1 \tag{11.16a}$$

$$B_2(T) = -\frac{V \Xi_1^2}{[\Xi_1(1)]^2} \left[\frac{\Xi_1(2)}{\Xi_1} - \frac{1}{2} \left[\frac{\Xi_1(1)}{\Xi_1} \right]^2 \right] \tag{11.16b}$$

$$B_3(T) = -\frac{2V^2 \Xi_1^3}{[\Xi_1(1)]^3} \left[\frac{\Xi_1(3)}{\Xi_1} + \frac{\Xi_1(1)\Xi_1(2)}{\Xi_1^2} - \frac{1}{6}\left[\frac{\Xi_1(1)}{\Xi_1}\right]^3 - 2\frac{[\Xi_1(2)]^2}{\Xi_1(1)\Xi_1} \right] \tag{11.16c}$$

Es ist einleuchtend, daß auf Grund der Analogie sämtliche für verdünnte reale Gase diskutierten Beziehungen unter solchen Voraussetzungen auf die statistische Behandlung verdünnter Lösungen übertragbar sind. Speziell die Methode der Clusterentwicklung (siehe Exkurs 9.8) ist in diesem Rahmen ausgiebig verwendet worden [ausführlich z.B. in Ber 77].

Über die in Übersicht 2.2 aufgelisteten Beziehungen lassen sich aus der Virialdarstellung von pV alle anderen thermodynamischen Funktionen der Lösung berechnen. Die Konzentrationsabhängigkeit des chemischen Potentials (hier auf Teilchen und nicht auf 1 Mol bezogen) erhält man über die Ableitung von pV nach dem chemischen Potential. Mit dem Ergebnis in (11.15) und der Gleichung (2.100) folgt

$$\left(\frac{\partial pV}{\partial \mu_2}\right)_{T,V} = \frac{\partial}{\partial \ln a_2}\left(\frac{\pi V}{kT}\right) = N_2 = V \frac{\partial}{\partial \ln a_2}\left[c_2 + B_2 c_2^2 + \cdots\right] \tag{11.17}$$

Multiplikation von (11.17) mit $d \ln a_2$ und Einführen des Aktivitätskoeffizienten f_2 über die Definition $a_2 = f_2 c_2$ ergibt ($dc_2/c_2 = d \ln c_2$)

$$d \ln a_2 = d \ln f_2 + d \ln c_2 = d \ln c_2 + \underbrace{dc_2 \left[2B_2 + 3B_3 c_2 \cdots\right]}_{d \ln f_2}$$

Daraus erhält man schließlich durch Integration

$$\ln f_2 = \int_0^{c_2} \sum_{k=2}^{\infty} \left[k B_k c_2^{k-2} \right] dc_2 = \sum_{k=2}^{\infty} \frac{k}{k-1} B_k c_2^{k-1} \tag{11.18a}$$

$$\rightarrow \quad f_2 = e^{2B_2 c_2 + \cdots} \approx 1 + \sum_{k=2}^{\infty} \frac{k}{k-1} B_k c_2^{k-1} \tag{11.18b}$$

Der zweite Virialkoeffizient wird durch die Wechselwirkungen zwischen zwei gelösten Teilchen bestimmt. Es gilt in Analogie zu (9.41)

$$B_2(T) = -\frac{1}{2} \int_0^{\infty} \left[\exp\left(-\frac{w_{12}(r,T,\mu_1)}{kT}\right) - 1 \right] 4\pi r^2 dr \tag{11.19}$$

$w_{12}(r)$ ist hier das Potential der mittleren Kraft zwischen den beiden gelösten Teilchen. Es schließt die Mehrteilchenwechselwirkungen mit und unter den Lösungsmittelteilchen ein. Im Unterschied zum realen Gas ist also zu beachten, daß die Formulierung der Paarwechselwirkungen im Prinzip die Gegenwart und den Einfluß der umgebenden Lösungsmittelmoleküle berücksichtigen muß. Zu Details und Potentialmodellen dazu sei auf die zu diesem Kapitel zitierte Literatur verwiesen, beispielsweise [Hil 62, Hir 64, Row 69, May 77, MQu 85, Luc 86].

Die bei der Berechnung der Virialkoeffizienten vorkommenden Integrale sind allerdings nur für kurzreichweitige Wechselwirkungen definiert. Für Potentiale die langsamer mit dem Abstand $r \rightarrow \infty$ gegen Null gehen als r^{-4} sind die Integrale wegen der oberen Grenze ∞ keinen endlichen Grenzwert. Besonders die Coulomb-Wechselwirkung mit ihrer r^{-1}-Abhängigkeit macht hier Schwierigkeiten, so daß eine direkte Anwendung der Virialentwicklung auf Elektrolytlösungen verhindert wird.

Allerdings wurde von Mayer gezeigt, daß bei Anwendung spezieller Auswertemethoden die Divergenzen der Integrale beseitigt werden können bzw. sich kompensieren. Die Mayersche Theorie der Elektrolytlösungen erlaubt eine Anwendung der Virialentwicklung auf Elektrolytlösungen bis zu relativ hohen Konzentrationen (bis etwa 0,1 mol/l). Zu Einzelheiten dieser recht komplexen Behandlung sei auf die Literatur verwiesen [Ber 77, Fri 62, May 50, MQu 85]. Grundideen bei dieser Auswertung sind ein geeignetes Zusammenfassen von Integralausdrücken (Clusteranalyse) sowie die Verwendung einer Abschirmfunktion $\exp(-\gamma r)$ mit einer Konstanten $\gamma > 0$ als zusätzlicher Faktor in den - sonst divergenten - Integralen:

$$w'(r) = w_0(r) e^{-\gamma r} \tag{11.20}$$

Durch diesen Ansatz werden die Divergenzen bei der Auswertung der Integrale für $B_2, B_3 \ldots$ beseitigt. Am Ende der Berechnung wird dann das eigentliche Ergebnis durch die Bildung des Grenzwerts für $\gamma \rightarrow 0$ gebildet.

Eine andere näherungsweise Behandlung von (verdünnten) Elektrolytlösungen wurde von Debye und Hückel entwickelt. Sie wird im nächsten Abschnitt diskutiert. Ebenso wurden die für Fluide in Kapitel 10.4 und 10.5 diskutierten Modelle wie Integraltheorien (OZ, PY, HNC, ...) und störungstheoretische Ansätze auf fluide Mischungen

11.2 Verdünnte Lösungen

einschließlich konzentrierter Elektrolyte übertragen [Übersichten dazu: Cha 87, MQu 85, Luc 86].

> **Exkurs 11.3 Ideal verdünnte Lösung**

Für eine sehr verdünnte Lösung läßt sich der Zusammenhang zwischen den chemischen Potentialen und den Stoffmengenanteilen x_1 und x_2 aus Gleichung (11.9) ableiten. Dazu wird die große Zustandssumme $\Xi_1(N_2)$ durch einen vereinfachten Ausdruck angenähert.

Es sei mit Δw_2 die Änderung der Helmholtz-Energie bei Lösen des ersten Teilchens der Komponente 2 im Lösungsmittel 1 bezeichnet. Δw_2 hat eine vergleichbare Bedeutung wie das in Kapitel 10.3 eingeführte Potential der mittleren Kraft. Wie jenes enthält Δw_2 auch die Veränderungen der Wechselwirkung zwischen den Lösungsmittelteilchen in der unmittelbaren Umgebung des Gelösten. Insbesondere ist Δw_2 über die Abhängigkeit von der Struktur des Lösungsmittels in der Solvathülle auch von der Temperatur abhängig. Δw_2 ist keine reine Energie, sondern enthält auch einen Entropiebeitrag $-T\Delta S_2$ durch die veränderte Ordnung in der Umegebung des Gelösten.

Die Teilchen der gelösten Komponenten sind bei sehr kleiner Konzentration mit hoher Wahrscheinlichkeit nur von Teilchen des Lösungsmittels in ihrer unmittelbaren Umgebung umgeben (siehe Abbildung 11.2). Der Abstand zu einem benachbarten gelösten Teilchen ist im Mittel groß gegen die Reichweite der Wechselwirkungen und gegen die Ausdehnung der Veränderungen der Lösungsmittelstruktur um ein gelöstes Teilchen (z.B. Solvathülle).

In einem solchen Fall haben wir zwar in jedem Fall eine von Null verschiedene Mischungsenergie (also keine ideale Mischung), sie läßt sich allerdings als lineare Funktion des Stoffmengenanteils an Gelöstem ansetzen, solange eine hohe Verdünnung vorliegt.

Die gelösten Teilchen werden unter solchen Bedingungen voneinander unabhängig sein, sich nicht beeinflussen und im Mittel die gleiche Umgebung haben. Bei hoher Verdünnung führt also jedes weitere Teilchen zum selben Beitrag Δw_2 in der Helmholtz-Energie. Um dies zu berücksichtigen, kann die Gesamtenergie $E(N_1, N_2)$ der Mischung im Ausdruck (11.9) für die große Zustandssumme geschrieben werden als Summe aus der Energie $E_0(N_1)$ des reinen Lösungsmittels und dem Beitrag Δw_2 pro gelöstem Teilchen 2

$$E(N_1, N_2) = E_0(N_1) + N_2 \Delta w_2 \tag{11.21}$$

$E_0(N_1)$ steht für die Energie des reinen Lösungsmittels. Mit dieser Näherung können in der Reihenentwicklung (11.12) die Faktoren $\Xi_1(N_2)$ vereinfacht dargestellt werden. Für die große Zustandssumme $\Xi_1(1)$ der Lösung mit nur einem gelösten Teilchen kann man ansetzen

$$\Xi_1(1) = \Xi_1 \cdot \Omega(N_1, 1) \cdot \exp\left[-\frac{\Delta w_2}{kT}\right] = \Xi_1 \cdot N_1 \cdot \exp\left[-\frac{\Delta w_2}{kT}\right] \tag{11.22}$$

$\Omega(N_1, 1) \approx N_1$ steht für die Zahl möglicher Anordnungen des gelösten Teilchens 2, die hier unter Annahme gleichgroßer Teilchen von Komponente 1 und 2 durch die Zahl der Lösungsmittelteilchen angenähert wird, da dies in etwa die Zahl der unterschiedlichen Plätze ist, die dem gelösten Teilchen 2 zur Verfügung stehen. Für größere Zahlen N_2 läßt sich (11.22) verallgemeinern zu

$$\Xi_1(N_2) \approx \Xi_1 \cdot \Omega(N_1, N_2) \cdot \exp\left[-\frac{N_2 \Delta w_2}{kT}\right] \tag{11.23}$$

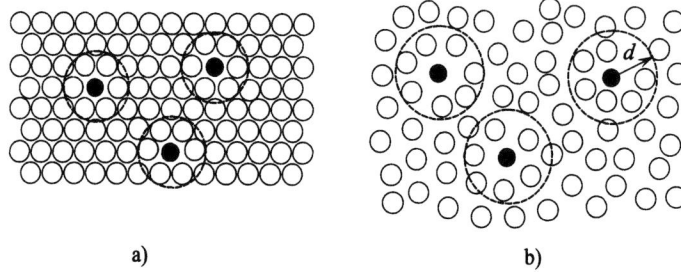

a) b)

Abbildung 11.2 In einer verdünnten Lösung ist der mittlere Abstand der gelösten Teilchen groß gegen die Reichweite d ihrer Wechselwirkungen mit der Umgebung. Die beiden Beispiele zeigen schematisch a) eine verdünnte Lösung in einem festen Kristall als Lösungsmittel (beispielsweise Fremdatome in einem Metall) und b) eine verdünnte Lösung im flüssigen Zustand (z.B. Salzionen im Wasser).

$\Omega(N_1, N_2)$ kann für sehr kleine Teilchenzahlen des Gelösten ($N_2 \ll N_1$) angenähert werden durch[4]

$$\Omega(N_1, N_2) \approx \frac{(N_1 + N_2)!}{N_1! N_2!} \approx \frac{N_1^{N_2}}{N_2!} \tag{11.24}$$

Dieser Faktor liefert in den aus Ξ ableitbaren thermodynamischen Funktionen eine Konfigurationsentropie. Sie ergibt im chemischen Potential der gelösten Komponente die gleiche Konzentrationsabhängigkeit, wie wir sie von einer idealen Lösung kennen.

Setzt man (11.23) und (11.24) in der Reihenentwicklung (11.12) für die Faktoren $\Xi_1(N_2)$ ein, so ergibt sich

$$\begin{aligned}\frac{pV}{kT} &= \ln \Xi_1 + \ln\left[1 + q + \frac{1}{2!}q^2 + \frac{1}{3!}q^3 + \ldots\right] \quad \text{mit} \quad q = N_1 a_2 e^{-\Delta w_2/kT} \\ &= \ln \Xi_1 + \ln\left[e^q\right] = \ln \Xi_1 + N_1 a_2 e^{-\Delta w_2/kT}\end{aligned} \tag{11.25}$$

Das chemische Potential der gelösten Komponente läßt sich nun durch Ableiten von Gleichung (11.12) nach dem chemischen Potential μ_2 unter Verwendung von (11.25) berechnen, nachdem man für die Aktivität den Ausdruck (11.10) mit dem chemischen Potential substituiert hat. Die allgemeine Relation (2.100) aus Übersicht 2.2 wird dabei benutzt. Es ergibt sich

$$\left(\frac{\partial pV}{\partial \mu_2}\right)_{T,V,\mu_1} = kT \left(\frac{\partial \ln \Xi}{\partial \mu_2}\right)_{T,V,\mu_1} = N_2 = N_1 e^{-\Delta w_2/kT} e^{\mu_2/kT} \tag{11.26}$$

Auflösen nach dem chemischen Potential liefert

$$\mu_2 = \Delta w_2 + kT \ln \frac{N_2}{N_1} = \Delta w_2 + kT \ln \frac{x_2}{x_1} \tag{11.27}$$

---

[4]Hier wird $(N_1 + N_2)! \approx N_1! N_1^{N_2}$ benutzt. Beispiel: mit $N_1 = 10^{22}$ und $N_2 = 2$ folgt
$(N_1 + N_2)! = (10^{22} + 2)! = 10^{22}!\,(10^{22} + 1)(10^{22} + 2) \approx 10^{22}!\left(10^{22}\right)^2$

11.2 Verdünnte Lösungen

Für eine stark verdünnte Lösung ist der Stoffmengenanteil des Lösungsmittels in erster Näherung $x_1 \approx 1$. Der Vergleich mit dem allgemeinen Ausdruck $\mu_2 = \mu_2^\circ + kT \ln x_2$ ergibt dann für den Standardwert des chemischen Potentials des Gelösten

$$\mu_2^\circ = \Delta w_2 - kT \ln x_1 \approx \Delta w_2 \tag{11.28}$$

Wir wollen mit diesem Ergebnis noch das chemische Potential des Lösungsmittels berechnen und benutzen dazu die im Anhang angegebene Gibbs-Duhem-Gleichung (A.62) in der Form

$$x_1 \left(\frac{\partial \mu_1}{\partial x_2}\right)_{T,p} + x_2 \left(\frac{\partial \mu_2}{\partial x_2}\right)_{T,p} = 0 \tag{11.29}$$

(11.29) angewandt auf (11.27) ergibt (unter Berücksichtigung von $x_2 \ll 1$ im letzten Schritt)

$$(1 - x_2)\left(\frac{\partial \mu_1}{\partial x_2}\right) = -kT \quad \rightarrow \quad \mu_1 = \mu_1^* - kT \frac{x_2}{1 - x_2} \approx \mu_1^* - kT x_2 \tag{11.30}$$

Das Ergebnis in (11.30) ist die Grundlage für die kolligativen Phänomene in verdünnten Lösungen wie beispielsweise für die Dampfdruckerniedrigung $\Delta p_1 \sim -x_2$ der Lösung oder den osmotischen Druck $\pi \sim x_2$ (letzterer wird weiter unten diskutiert).

Der Lösungsparameter Δw_2 ist bei der obigen Ableitung nicht im chemischen Potential des Lösungsmittels enthalten. Dies bedeutet, daß alle lösungsspezifischen Veränderungen in den Standardwert des chemischen Potentials des Gelösten einbezogen werden. Hier ist also im Unterschied zum Gelösten der Standardwert des chemischen Potentials gleich dem Wert μ_1^* des reinen Lösungsmittels und es ergibt sich im zweiten Term nur eine lineare Abhängigkeit vom Stoffmengenanteil des Gelösten.

Gleichung (11.27) zeigt die gleiche Abhängigkeit vom Stoffmengenanteil x_2 des Gelösten wie eine ideale Mischung. Im Unterschied zur idealen Mischung gilt dies jedoch nur für die in kleiner Konzentration gelöste Komponente, nicht jedoch für das Lösungsmittel (Komponente 1). Ein weiterer Unterschied steckt im Standardwert μ_2° des chemischen Potentials. Während für eine ideale Mischung dort der Wert der reinen Komponente 2 zu erwarten ist, ist der Standardwert in diesem Fall die Änderung Δw_2 der Helmholtz-Energie Δw_2 pro gelöstem Teilchen (ohne Konfigurationsanteil der Entropie).

Allerdings entspricht diese Festlegung nicht ganz der üblichen Konvention. In der phänomenologisch-thermodynamischen Behandlung von Mischphasen wird der Standardwert des chemischen Potentials gewöhnlich auf den hypothetischen Referenzzustand bezogen, bei dem das Gelöste rein vorliegt ($x_2 = 1$), jedoch dieselben lokalen Effekte und Wechselwirkungen wie in der verdünnten Lösung zeigt (Δw_2 pro Teilchen), so daß der konventionelle Ausdruck mit dem chemischen Potential μ_2^* der reinen Komponente 2 lautet

$$\mu_2 = \underbrace{\mu_2^* + \Delta w_2}_{\mu_{2,\infty}^\circ} + kT \ln a_2^{\text{konv}} \quad \text{mit} \quad a_2^{\text{konv}} \rightarrow x_2 \quad \text{für} \quad x_2 \rightarrow 0 \tag{11.31}$$

$\mu_{2,\infty}^\circ$ ist der in der Thermodynamik übliche Standardwert des chemischen Potentials bei Normierung auf unendliche Verdünnung. Abweichungen von dieser Beziehung definieren den Aktivitätskoeffizienten $f_{2,\infty}$, der dem in Gleichung (11.18b) berechneten entspricht. Diese Normierung kann leicht mit der anderen üblichen Darstellung verglichen werden, bei der man auf die tatsächliche reine Komponente 2 als Standardzustand bezieht. Hierbei tritt der Raoultsche Aktivitätskoeffizient $f_{2,R}$ auf:

$$\mu_2 = \mu_2^* + kT \ln f_{2,R} x_2 \tag{11.32}$$

Für die ideal verdünnte Lösung, das heißt für $x_2 \to 0$, wird nach (11.18b) $f_{2,\infty} = 1$, so daß der Raoultsche Aktivitätskoeffizient einen von Eins verschiedenen Grenzwert erreicht:

$$kT \ln f_{2,R}(x_2 \to 0) = \Delta w_2 \tag{11.33}$$

Wenn die gelöste Komponente 2 ein Gas mit hohem Dampfdruck ist, läßt sich das Henrysche Gesetz und ein Ausdruck für die Henry-Konstante k_H herleiten. Gleichgewicht bezüglich Komponente 2 zwischen Lösung und Gasphase liefert mit dem Ausdruck (11.31) die Bedingung

$$\underbrace{\mu_2^* + \Delta w_2 + kT \ln x_2}_{\mu_{2,\text{Lsg}}} = \underbrace{\mu_{2,\text{gas}}^\circ + kT \ln \frac{p_2}{p^\circ}}_{\mu_{2,\text{gas}}} \tag{11.34}$$

Drückt man x_2 durch die Teilchenkonzentration c_2 aus über $c_2 = x_2(N_1 + N_2)/V \approx x_2 c_1$, so ergibt sich nach Umstellen

$$c_2 = x_2 c_1 = p_2 \cdot \underbrace{\frac{c_1}{p^\circ} \exp\left[\frac{\mu_{2,\text{gas}}^\circ - \mu_2^* - \Delta w_2}{kT}\right]}_{\text{Henry-Konstante } k_H} \tag{11.35}$$

Die Differenz $\mu_{2,\text{gas}}^\circ - \mu_2^*$ im Exponenten entspricht der Änderung der Gibbs-Energie pro Teilchen beim Verdampfen der reinen Komponente 2.

Wendet man die näherungsweise Darstellung aus Gleichung (11.25) auch auf den Ausdruck (11.14) für den osmotischen Druck an, so folgt für eine stark verdünnte Lösung das bekannte Ergebnis (dabei wird Gleichung (11.26) für die Substitution mit N_2 verwendet)

$$-\pi V \approx kT \cdot \underbrace{N_1 e^{-\Delta w_2/kT} a_2}_{= N_2} = kT N_2 \longrightarrow \pi = \frac{N_2}{V} kT = c_2 RT \tag{11.36}$$

Auch hier zeigt sich die Analogie zum idealen Gas, die in diesem Fall auf die fehlende Wechselwirkung der gelösten Teilchen untereinander zurückzuführen ist. Die gelösten Teilchen verhalten sich wie ein ideales Gas, wobei das Lösungsmittel sich näherungsweise wie ein inertes, kontinuierliches Medium behandeln läßt (statt dem Vakuum beim verdünnten Gas).

11.3 Verdünnte Elektrolytlösungen

Im vorhergehenden Abschnitt war bereits auf die Schwierigkeiten hingewiesen worden, die bei langreichweitigen Wechselwirkungen wie der Coulomb-Anziehung auftreten. Von Debye und Hückel wurde ein recht übersichtliches Modell zur Berechnung der Exzeßgrößen von verdünnten Elektrolytlösungen entwickelt, daß einen wichtigen Schritt zum Verständnis der statistischen Behandlung von Elektrolytlösungen geliefert hat. Der Ansatz und die Grundannahmen dieses Modells sollen im folgenden im Vergleich zu den bisher behandelten Konzepten für Fluide diskutiert werden.

11.3 Verdünnte Elektrolytlösungen

Wir gehen zunächst davon aus, daß das Potential $w_{\alpha\beta}(r)$ der mittleren Kraft zwischen zwei Ionen α und β in einer Elektrolytlösung näherungsweise in kurz- und langreichweitige Beiträge aufteilbar ist gemäß $w_{\alpha\beta}(r) = w_{\alpha\beta,\text{kurz}}(r) + w_{\alpha\beta,\text{lang}}(r)$. Die kurzreichweitigen Wechselwirkungen resultieren beispielsweise aus der Abstoßung, den Dispersionskräften und den Ion-Dipol-Wechselwirkungen der Ionen mit der Lösungsmittelumgebung. Die langreichweitigen Coulomb-Kräfte bestimmen dagegen den Beitrag $w_{\alpha\beta,\text{lang}}(r)$. Nur bei extremer Verdünnung ist dieser durch ein einfaches Coulomb-Paarpotential beschreibbar. In der Regel sind innerhalb der Reichweite der Coulomb-Kräfte um ein betrachtetes Ionenpaar weitere Ionen vorhanden. Die Superposition der Potentialbeiträge aller Ionen um ein Zentralion 1 bewirkt ein abstandsabhängiges effektives Potential φ_α, das von der Temperatur, der Dichte und Struktur des Lösungsmittels und der Konzentration der Ionen abhängt.

Im Debye-Hückel-Modell wird nun der Beitrag der diskreten Lösungsmittelmoleküle und ihrer Verteilung vernachlässigt und das Lösungsmittel im Modell durch ein Kontinuum mit der relativen Dielektrizitätskonstante ϵ_{rel} ersetzt. Die Abstoßung der Elektronenhüllen der Ionen bei kleinem Abstand kann im einfachsten Fall durch ein Hartkugelpotential oder eine Abstoßungsfunktion mit exponentieller Abstandsabhängigkeit modelliert werden. Der Ansatz für die Wechselwirkung $w_{\alpha\beta}(r)$ zwischen dem Ion α und einem Ion β im Abstand r ist alsogegeben durch

$$w_{\alpha\beta}(r) = \begin{cases} \infty & \text{für } r < \sigma \\ z_\beta e\, \varphi_\alpha(r) & \text{für } r \geq \sigma \end{cases} \tag{11.37}$$

Für die radiale Paarverteilungsfunktion von Ionen der Sorten α und β gilt dann

$$g_{\alpha\beta}(r) = \exp\left[-\frac{w_{\alpha\beta}(r)}{kT}\right] = \begin{cases} 0 & \text{für } r < \sigma \\ \exp\left[-\frac{z_\beta e \varphi_\alpha(r)}{kT}\right] & \text{für } r \geq \sigma \end{cases} \tag{11.38}$$

Im Abstand zwischen r und $r+dr$ vom Zentralion α (mit $r > \sigma$) ist dann im Mittel eine Ladung dQ_β auf Grund von Ionen der Sorte β vorhanden, für die gilt

$$dQ_\beta(r) = z_\beta e\, dc_\beta = z_\beta e\, c_\beta\, g_{\alpha\beta}(r)\, 4\pi r^2\, dr \tag{11.39}$$

Ein entsprechender Ausdruck gilt für die Ladung $dQ_\alpha(r)$ auf Grund von Ionen der gleichen Sorte α wie das Zentralion. Für die gesamte elektrische Ladungsdichte $\varrho(r)$ im Abstand zwischen r und $r+dr$ ergibt sich dann

$$\varrho(r) = \frac{d(Q_\alpha + Q_\beta)}{4\pi r^2\, dr} = \sum_{i=\alpha,\beta} z_i e c_i \exp\left[-\frac{z_i e \varphi_\alpha}{kT}\right] \tag{11.40}$$

Auf der rechten Seite wird im allgemeinen Fall über alle Ionensorten aufsummiert (hier nur zwei Ionensorten angenommen). φ_α resultiert im Debye-Hückel-Modell nur aus den Coulomb-Wechselwirkungen. Demnach muß es die Poisson-Gleichung erfüllen, die lautet

$$\frac{1}{r^2}\frac{\partial}{\partial r}\left(r^2 \frac{\partial \varphi_\alpha}{\partial r}\right) = -\frac{\varrho}{\epsilon_0 \epsilon_{\text{rel}}} \tag{11.41}$$

Setzt man den Ausdruck für die elektrische Ladungsdichte aus (11.40) in (11.41) ein, so ergibt sich eine Bestimmungsgleichung für das effektive elektrische Potential φ_α. Allerdings ist φ_α nur ein Teil des tatsächlichen Potentials der mittleren Kraft, da die Lösungsmittelstruktur und entsprechende Beiträge zu $w_{\alpha\beta}$ völlig vernachlässigt wurden. Dies führt dazu, daß eine wichtige Forderung, die Selbstkonsistenz der Lösungen $\varphi_\alpha(r)$, die für ein Potential der mittleren Kraft zu verlangen ist, nicht gegeben ist. Im Debye-Hückel-Modell wird allerdings eine weitere Näherung eingeführt, die für ausreichende Verdünnung zu einer selbstkonsistenten Lösung führt. Dazu wird der Grenzfall geringer Ionenkonzentration betrachtet. In einem solchen Fall ist das effektive elektrische Potential φ_α klein und es gilt

$$z_\beta e \varphi_\alpha \ll kT \tag{11.42}$$

Unter diesen Bedingungen kann man den Exponentialterm in Gleichung (11.40) für die Ladungsdichte in eine Taylorreihe entwickeln und nach dem linearen Glied abbrechen. Es folgt, wenn man Elektroneutralität in der Gesamtlösung annimmt ($\sum_{i=\alpha,\beta} z_i e c_i = 0$)

$$\varrho(r) \approx \sum_{i=\alpha,\beta} z_i^2 e^2 c_i \kappa^2 \epsilon_0 \epsilon_{\text{rel}} \varphi_\alpha \quad \text{mit} \quad \kappa^2 = \frac{1}{\epsilon_0 \epsilon_{\text{rel}} kT} \sum_{i=\alpha,\beta} z_i^2 e^2 c_i \tag{11.43}$$

$1/\kappa$ hat die Dimension einer Länge und entspricht der in Kapitel 8.2, Gleichung (8.26), bereits eingeführten Debye-Länge. Ihre Größe ist charakteristisch für die Reichweite des mittleren Potentials der Ionenwolke um das Zentralion. Setzt man (11.43) in die Poisson-Gleichung (11.41) ein, so erhält man mit entsprechenden Randbedingungen[5] als explizite Lösung

$$\varphi_\alpha(r) = \frac{z_\alpha e \exp[-\kappa(r-\sigma)]}{4\pi \epsilon_0 \epsilon_{\text{rel}} r (1+\kappa\sigma)} \quad \text{für} \quad r \geq \sigma \tag{11.44}$$

Für den Exzeßbeitrag zur Helmholtz-Energie des Ions α ist die Energie des Ions α im mittleren Potential der umgebenden Ionen am Ort $r = \sigma$ abzüglich des Coulomb-Potentials des Zentralions selbst ausschlaggebend, also

$$\Delta\varphi_\alpha(\sigma) = \varphi_\alpha(\sigma) - \frac{z_\alpha e}{4\pi \epsilon_0 \epsilon_{\text{rel}} \sigma} = -\frac{z_\alpha e \kappa}{4\pi \epsilon_0 \epsilon_{\text{rel}}} (1+\kappa\sigma) \tag{11.45}$$

Somit ergibt sich als Beitrag zur Helmholtz-Energie auf Grund der Wechselwirkungen des einzelnen Ions α mit allen anderen Ionen der Sorten α und β in der gesamten Lösung

$$\Delta w_\alpha = z_\alpha e \, \Delta\varphi_\alpha(\sigma) = -\frac{z_\alpha^2 e^2 \kappa}{4\pi \epsilon_0 \epsilon_{\text{rel}}(1+\kappa\sigma)} \approx -\frac{z_\alpha^2 e^2 \kappa}{4\pi \epsilon_0 \epsilon_{\text{rel}}} \tag{11.46}$$

Die Näherung im letzten Schritt ist für verdünnte Elektrolytlösungen im Gültigkeitsbereich der Debye-Hückel-Theorie (Konzentrationen kleiner als 0,01 mol/l) möglich,

---

[5]Randbedingungen: für $r \to \infty$ wird das Potential $\varphi_\alpha = 0$. Ebenso muß φ_α und seine erste Ableitung an der Stelle $r = \sigma$ stetig sein. Die Herleitung der Lösung in Gleichung (11.44) ist in vielen physikalisch-chemischen Lehrbüchern beschrieben, z.B. [Ber 80, Wed 97], vergleiche auch [MQu 85, Hil 62]

da dort die Debye-Länge $1/\kappa$ klein gegen den Ionendurchmesser σ ist und deshalb $\kappa\sigma \ll 1$ gilt. Analog gilt für ein Zentralion der anderen Ionensorte

$$\Delta w_\beta = -\frac{z_\beta^2 e^2 \kappa}{4\pi \epsilon_0 \epsilon_{\text{rel}}} \tag{11.47}$$

Für die molare Exzeß-Gibbs-Energie der Elektrolytlösung, die die beiden entgegengesetzt geladenen Ionensorten α und β enthält, erhält man dann

$$G_m^E = x_\alpha \mu_\alpha^E + x_\beta \mu_\beta^E = \frac{1}{2} \frac{N_A \kappa}{4\pi \epsilon_0 \epsilon_{\text{rel}}} \left(x_\alpha z_\alpha^2 e^2 + x_\beta z_\beta^2 e^2 \right) \tag{11.48}$$

N_A ist die Avogadrozahl. Der Faktor 1/2 ist zu berücksichtigen, da Paarwechselwirkungen vorliegen, die nur je zur Hälfte einem der beiden Teilchen eines Ionenpaares zugerechnet werden dürfen. Für den mittleren Aktivitätskoeffizienten der neutralen Salzlösung aus α- und β-Ionen ergibt sich dann mit $G_m^E = RT \ln f_\pm$ (es ist nicht sinnvoll die chemischen Potentiale der Einzelionen zu betrachten, da experimentell nur die Summe zugänglich ist)

$$\ln f_\pm = -\frac{N_A e^2 \kappa}{4\pi \epsilon_0 \epsilon_{\text{rel}}} \left(x_\alpha z_\alpha^2 + x_\beta z_\beta^2 \right) = -|z_\alpha z_\beta| \frac{N_A e^2 \kappa}{4\pi \epsilon_0 \epsilon_{\text{rel}}} \tag{11.49}$$

Der letzte Schritt folgt aus der Elektroneutralität der Lösung ($x_\alpha z_\alpha = x_\beta z_\beta$).

11.4 Mischungsregeln für einfache Fluide

Für fluide Mischungen chemisch ähnlicher Komponenten sind eine Reihe empirischer Regeln aufgestellt worden, die sich zum Teil über das Prinzip der korrespondierenden Zustände begründen lassen. Als Beispiel sei eine Mischung zweier realer Gase betrachtet, deren Zustandsgleichung sich über die van-der-Waals-Gleichung mit den entsprechenden Parametern a und b beschreiben lassen. Der Parameter a ist innerhalb der Molekularfeldnäherung proportional zur mittleren anziehenden Wechselwirkung der Teilchen. b enthält die dritte Potenz des Teilchendurchmessers. Die mittlere Anziehungsenergie und der Ausschlußradius zwischen unterschiedlichen Teilchen 1 und 2 wird dann in erster Näherung durch das geometrische beziehungsweise arithmetische Mittel angesetzt gemäß

$$\varepsilon_{\text{attr}}^{(12)} = \left[\varepsilon_{\text{attr}}^{(11)} \varepsilon_{\text{attr}}^{(22)} \right] \tag{11.50a}$$

$$\sigma^{(12)} = \frac{1}{2} \left[\sigma^{(11)} + \sigma^{(22)} \right] \tag{11.50b}$$

Wenn man einen Lennard-Jones-Ansatz für die Paarwechselwirkung zugrunde legt, können die Beziehungen (11.50a) und (11.50b) auch auf die beiden Lennard-Jones-Parameter ε_0 und σ ganz analog angewandt werden. Entsprechend kann man mit diesen Ansätzen eine einheitliche Zustandsgleichung der Gasmischung ansetzen mit den zusammensetzungsabhängigen van-der-Waals-Parametern a und b definiert über

$$a = a_{11} x_1^2 + 2 a_{12} x_1 x_2 + a_{22} x_2^2 \tag{11.51a}$$

$$b = b_{11}x_1^2 + 2b_{12}x_1x_2 + b_{22}x_2^2 \tag{11.51b}$$

$$\sqrt[3]{b_{12}} = \frac{1}{2}\left[\sqrt[3]{b_{11}} + \sqrt[3]{b_{22}}\right] \tag{11.51c}$$

$$a_{12} = \sqrt{a_{11}a_{22}} \tag{11.51d}$$

Ebenso kann man nach dem gleichen Konzept für eine Mischung chemisch ähnlicher Gase die folgende Virialentwicklung ansetzen

$$\frac{p}{kT} = c_1 + c_2 + B_2^{(11)}c_1^2 + 2B_2^{(12)}c_1c_2 + B_2^{(22)}c_2^2 + B_3^{(111)}c_1^3 + ..$$

$$= c + c^2\left(B_2^{(11)}x_1^2 + 2B_2^{(12)}x_1x_2 + B_2^{(22)}x_2^2\right) + c^3\left(B_3^{(111)}x_1^3 + ..\right) .. \tag{11.52}$$

In der zweiten Zeile wurden die Gesamtteilchendichte $c = N/V = c_1 + c_2$ und die Stoffmengenanteile mit $c_i = x_i c$ eingeführt. Die Gleichung (11.52) kann noch kompakter geschrieben werden, wenn man die im folgenden definierten mittleren Virialkoeffizienten benutzt:

$$\frac{p}{kT} = c + B_2 c^2 + B_3 c^3 + \ldots \tag{11.53}$$

mit $\quad B_2 = x_1^2 B_2^{(11)} + 2x_1 x_2 B_2^{(12)} + x_2^2 B_2^{(22)}$

$$B_3 = x_1^3 B_3^{(111)} + 3x_1^2 x_2 B_3^{(112)} + 3x_1 x_2^2 B_3^{(122)} + x_2^3 B_3^{(222)}$$

Der gemischte zweite Virialkoeffizient B_2 läßt sich berechnen über ein geeignetes gemischtes Paarpotential. Im Fall des Lennard-Jones-Potentials kann man bei bekannten Potentialparametern der reinen Komponenten beispielsweise gemäß (11.50a) und (11.50b) den folgenden Ansatz machen:

$$B_2^{(12)} = -\int_0^\infty \left[e^{-\varepsilon^{(12)}/kT} - 1\right] 4\pi r^2 \, dr \tag{11.54}$$

Analoge Möglichkeiten bestehen bei der Anwendung der Energiegleichung oder Druckgleichung aus Kapitel auf fluide Mischungen (c steht wieder für die Summe der Teilchendichten aller Komponenten der Mischung):

$$\frac{p}{kT} = c - \frac{1}{6kT}\sum_{i,j} c_i c_j \int g^{(ij)}(r)\left(\frac{\partial \varepsilon^{(ij)}}{\partial r}\right) 4\pi r^2 \, dr \tag{11.55a}$$

$$\frac{U}{VkT} = \frac{3}{2}c + \frac{1}{2kT}\sum_{i,j} c_i c_j \int \varepsilon^{(ij)} g^{(ij)}(r) \, 4\pi r^2 \, dr \tag{11.55b}$$

Für die radiale Paarverteilungsfunktion verschiedener Teilchensorten in Mischungen wurden analoge Mischungsregeln vorgeschlagen [Ber 80, Luc 86, Row 69]. Das random-mixing-Modell benutzt den folgenden Ansatz

$$\bar{g}(r) = g^{(11)}(r) = g^{(22)}(r) = g^{(12)}(r) \tag{11.56a}$$

$$\bar{\varepsilon} = \sum_{i,j} x_i x_j \, \varepsilon^{(ij)} \tag{11.56b}$$

Eine bessere Anpassung ist möglich, wenn man das Prinzip der korrespondierenden Zustände strenger befolgt und ansetzt (van-der-Waals-one-fluid-Theorie)

$$\bar{g}(r) = g^{(11)}(r/\sigma^{(11)}) = g^{(22)}(r/\sigma_{22}) = g^{(12)}(r/\sigma^{(12)}) \quad (11.57a)$$

$$\bar{\varepsilon}\,\bar{\sigma}^3 = \sum_{i,j} x_i x_j \, \varepsilon^{(ij)} [\sigma^{(ij)}]^3 \quad (11.57b)$$

Alle erwähnten Ansätze (Mischungsregeln) sind mehr oder weniger brauchbar für chemisch ausreichend ähnliche Komponenten, deren Zustandsgrößen und Paarwechselwirkungen bekannt sind. Ein weiterer ähnlicher hier nicht diskutierter Ansatz ist die Theorie der konformen Lösungen, bei denen ebenfalls Ausgangsdaten reiner Komponenten und idealer Mischungen zur Interpolation der entsprechenden Parameter der Mischungen verwendet werden [z.B. Hil 62, Row 69, MQu 85]. Solche semiempirischen Beziehungen spielen eine Rolle bei der systematischen Darstellung von Phasengleichgewichten in der technischen Chemie und der Metallurgie. Ganz analoge Zusammenhänge sind für kristalline feste Mischungen entwickelt worden und werden ausgiebig benutzt, beispielsweise zur Berechnung der thermodynamiscen Daten von Legierungen [Kau 70, Mas 70, Katt 97, Rag 95].

11.5 Reale kristalline Mischungen

Die Beschreibung von Mischungen mit dem Modell der ideal verdünnten Lösungen ist beschränkt auf sehr kleine Konzentrationen. Bei größeren Konzentrationen des Gelösten muß schließlich auch die Wechselwirkung der gelösten Moleküle untereinander berücksichtigt werden, die für verdünnte Lösungen wegen des großen mittleren Abstands der gelösten Teilchen vernachlässigt wird.

Bereits bei den realen Gasen und Flüssigkeiten hat sich gezeigt, daß die Berücksichtigung der Wechselwirkungen zwischen den Molekülen zu einem recht komplizierten Ausdruck für die Zustandssumme führt. Der Beitrag der Wechselwirkungen zur Zustandssumme, das sogenannte Konfigurationsintegral, muß dann entweder über Reihenentwicklungen dargestellt oder mit Näherungen vereinfacht werden.

Eine für viele flüssige und feste Mischungen brauchbare erste Näherung ist, die gesamten Wechselwirkungen näherungsweise als Summe über **Paarwechselwirkungen** anzusetzen. Dies bedeutet allerdings noch immer einen hohen Rechenaufwand, da eine solche Summe $N(N - 1)/2 \approx N^2/2$ Terme enthält. Geht man noch einen Schritt weiter und berücksichtigt nur noch die **Paarwechselwirkungen zwischen den jeweils direkt benachbarten Teilchen**, kommt man zu recht übersichtlichen Ansätzen für die Zustandssumme der Mischung. Die Diskussion daraus folgender Ergebnisse liefert einen guten Einblick in das thermodynamische Verhalten der Mischungen: Mischungslücken, Ordnungs-Unordnungs-Umwandlungen, positive und negative Abweichungen vom „idealen" Verhalten lassen sich bereits mit wenigen Parametern diskutieren und simulieren.

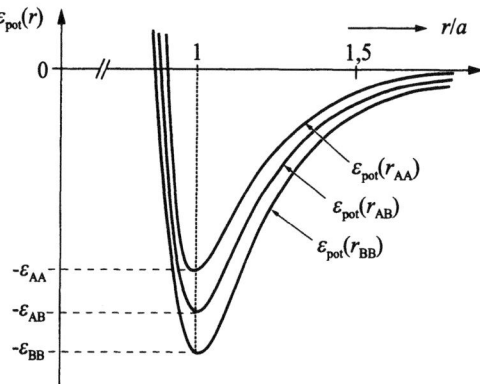

Abbildung 11.3 Paarwechselwirkungen $\varepsilon_{12}(r)$ der A-A, A-B, B-B Wechselwirkungen: die Parameter ε_{AA}, ε_{AB} und ε_{BB} stellen hier die Wechselwirkung der Paare im jeweiligen Gleichgewichtsabstand dar.

Die Behandlung der Paarwechselwirkungen zwischen nächsten Nachbarn in einer Mischung ist naturgemäß für kristalline feste Mischungen besonders gut möglich. Die nächste Umgebung eines Teilchens im Kristall ist wohldefiniert sowohl in bezug auf den Teilchenabstand wie auch auf die Zahl nächster Nachbarn. Deshalb wurde diese Vorgehensweise auch für feste kristalline Mischungen zuerst entwickelt. Trotzdem wird sie wegen ihrer einfachen Handhabbarkeit auch für flüssige Mischungen ausgiebig verwendet.

Abbildung 11.3 zeigt schematisch die abstandsabhängigen Paarwechselwirkungsenergien der verschiedenen möglichen Teilchenpaare in einem binären Mischkristall der Teilchen A und B. Der Abstand der Nachbarteilchen im Kristall ist allerdings eher durch die Kristallstruktur zusätzlich beeinflußt. Für ein einfaches kubisches Gitter ist nur ein Abstand r_0 möglich. Die Wechselwirkungsenergien ε_{AA}, ε_{BB} und ε_{AB} der verschiedenen möglichen Teilchenpaare entsprechen dann nicht unbedingt den Energien am Minimum der potentiellen Energie in Abbildung 11.3, sondern weichen davon ab.

Für die Energie E des Mischkristalls aufgrund dieser Wechselwirkungen ergibt sich, wenn eine bestimmte Verteilung der A- und B-Teilchen über die Kristallplätze betrachtet wird

$$E(N_{AB}, N_{AA}, N_{BB}) = N_{AB}\,\varepsilon_{AB} + N_{AA}\,\varepsilon_{AA} + N_{BB}\,\varepsilon_{BB} \tag{11.58}$$

Die Zahlen N_{AB}, N_{AA}, N_{BB} geben dabei die Anzahl der verschiedenen direkt benachbarten Paare A-B, A-A und B-B in der Mischung an. Die Summe über diese drei Zahlen ist gleichzeitig die Gesamtzahl der Paarwechselwirkungen (zwischen nächsten Nachbarn jeweils) in der Mischung.

N_{AA} und N_{BB} kann man durch N_{AB} und durch die Zahlen N_A, N_B der beiden Teilchensorten ausdrücken. Wenn c die Anzahl nächster Nachbarn eines Kristallplatzes ist, so ist cN_A die Gesamtzahl der von den A-Teilchen ausgehenden Bindungen. Unter diesen wird jede vorkommende A-B-Bindung einmal, jede A-A-Bindung aber zweimal gezählt. Dabei werden Oberflächen vernachlässigt, für die die Koordinationszahl c niedriger wäre. Analoges gilt für die Anzahl cN_B der Bindungen, die von B-Teilchen ausgehen. Es folgt also

$$cN_A = N_{AB} + 2N_{AA} \;,\qquad cN_B = N_{AB} + 2N_{BB} \tag{11.59}$$

11.5 Reale kristalline Mischungen

$c = 4$
$N_A = 5, N_B = 20$
$N_{AA} = 2, N_{BB} = 22$
$N_{AB} = 16$

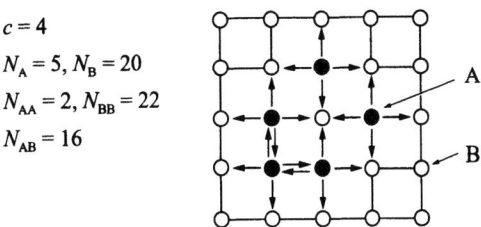

Abbildung 11.4 Beispiel für den Zusammenhang zwischen der Zahl N_A der A-Teilchen und der Anzahl an Paarbindungen A-A (N_{AA}) und A-B (N_{AB}). Hier ist $4N_A = N_{AB} + 2N_{AA} = 20$. Fälle, bei denen A Oberflächenpositionen besetzt, sind vernachlässigt.

Mit Hilfe dieser Gleichungen kann man N_{AA} und N_{BB} in Gleichung (11.58) substituieren und erhält für die Energie aufgrund aller Paarwechselwirkungen

$$E(N_{AB}, N_{AA}, N_{BB}) = N_{AB}\left(\varepsilon_{AB} - \frac{1}{2}\varepsilon_{AA} - \frac{1}{2}\varepsilon_{BB}\right) + \frac{c}{2}(N_A \varepsilon_{AA} + N_B \varepsilon_{BB})$$

$$= N_{AB} \cdot \Delta\varepsilon + \frac{c}{2} \cdot E_0 \tag{11.60}$$

Der Parameter $\Delta\varepsilon$ gibt an, um wieviel sich die Wechselwirkungsenergie zwischen ungleichen Partnern vom Mittelwert aus ε_{AA} und ε_{BB} unterscheidet:

$$\Delta\varepsilon = \varepsilon_{AB} - \frac{1}{2}(\varepsilon_{AA} + \varepsilon_{BB}) \tag{11.61}$$

Der zweite Summand $cE_0/2$ auf der rechten Seite von Gleichung (11.60) ist eine Konstante und entspricht der Wechselwirkungsenergie getrennter reiner Kristalle aus A- beziehungsweise B-Teilchen (mit den gleichen Gitterabständen wie im Mischkristall).

Der Ausdruck in Gleichung (11.60) für die Wechselwirkungsenergie E in der Mischung hängt über N_{AB} von der Verteilung der A- und B-Teilchen ab. Für die Zustandssumme greifen wir nun auf das einfache Einsteinmodell des kristallinen Festsoffs zurück. Es seien z_A und z_B die Teilchenzustandssummen von A- beziehungsweise B-Teilchen auf Kristallplätzen. In der Einstein-Näherung sind es Schwingungszustandssummen für die jeweils drei unabhängigen Schwingungsmoden pro Teilchen. Handelt es sich bei den Teilchen um Moleküle gehören noch weitere Anteile innerer Schwingungen, unter Umständen auch Rotationsfreiheitsgrade dazu.

Wir nehmen an, daß in nullter Näherung die Teilchenzustandssummen von der Wechselwirkung benachbarter Teilchen nur über den Nullpunktsenergieterm betroffen sind. Für die reinen Kristalle aus N_A Teilchen A und N_B Teilchen B folgt dann

$$Z_A(\text{reiner Kristall A}) = (z_A)^{N_A} \cdot \exp\left[-\frac{c}{2} N_A \varepsilon_{AA}/kT\right] \tag{11.62}$$

$$Z_B(\text{reiner Kristall B}) = (z_B)^{N_B} \cdot \exp\left[-\frac{c}{2} N_B \varepsilon_{BB}/kT\right] \tag{11.63}$$

Für den eigentlichen Mischkristall gilt dann (mit der Abkürzung $E(N_{AB}, N_{AA}, N_{BB})$)

$$Z(N_A, N_B, T, V) = (z_A)^{N_A}(z_B)^{N_B} \sum_{\substack{\text{alle} \\ \text{Konfigurationen}}} \Omega(N_{AB}) \cdot e^{-E_{AB}/kT} \tag{11.64}$$

Gleichung (11.64) enthält eine Summe über alle möglichen Konfigurationen mit jeweils unterschiedlicher Zahl N_{AB} gemischter Paare auf Nachbarplätzen. $\Omega(N_{AB})$ ist die Anzahl der Anordnungsmöglichkeiten bei einem festgehaltenen Wert des Parameters N_{AB}. Summiert man $\Omega(N_{AB})$ über alle möglichen Konfigurationen der Teilchen A und B in der Mischung, so muß die Gesamtzahl aller Anordnungsmöglichkeiten, also das Ergebnis für eine ideale Mischung herauskommen:

$$\sum_{\substack{\text{alle} \\ \text{Konfigurationen}}} \Omega(N_{AB}) = \frac{(N_A + N_B)!}{N_A! \, N_B!} \tag{11.65}$$

Bildet man nun das Verhältnis der Zustandssummen der Mischung und der getrennten reinen Stoffe, so folgt (der Energiebeitrag $cE_0/2$ aus Gleichung (11.60) fällt dabei weg)

$$Z = \frac{Z_{AB}}{Z_A Z_B} = \sum_{N_{AB}} \Omega(N_{AB}) \cdot \exp\left[-\frac{N_{AB}\Delta\varepsilon}{kT}\right] \tag{11.66}$$

Man erhält daraus die Mischungs-Helmholtz-Energie gemäß

$$\Delta A = -kT \ln Z \tag{11.67}$$

und daraus das chemische Potential der Komponente A

$$\Delta\mu_A = \left(\frac{\partial \Delta A}{\partial N_A}\right)_{T,V,N_B} = \mu_A - \mu_A^* = -kT \left(\frac{\partial \ln Z}{\partial N_A}\right)_{T,V,N_B} \tag{11.68}$$

Aus den letzten drei Gleichungen erkennt man, daß das eigentliche Problem der Behandlung von Mischungen nach dem vorliegenden Modell in der Auswertung des Ausdrucks $\Omega(N_{AB})$ besteht. Für gegebene Werte von N_A, N_B und N_{AB} läßt sich die Anzahl an Konfigurationen für die dreidimensionale Anordnung der Komponenten nicht allgemein lösen. Man verwendet daher Näherungsansätze, um die Summe auf der rechten Seite von Gleichung (11.66) trotzdem auswerten zu können. Exakte Lösungen sind dagegen verfügbar für eindimensionale beziehungsweise zweidimensionale Anordnungen der Teilchen A und B.

11.6 Quasichemische und Bragg-Williams-Näherung

Wie schon im letzten Abschnitt erwähnt, ist eine geschlossene Auswertung der Faktoren $\Omega(N_{AB}, N_A, N_B)$ nur für ein- und zweidimensionale Kristallmodelle möglich. Für dreidimensionale Anordnungen ist man entweder auf Computersimulationen oder auf weitere vereinfachende Annahmen angewiesen. Das eindimensionale Problem, das auch als Ising-Modell bekannt ist, geht von einer eindimensionalen Kette aus A- und B-Teilchen aus (Abbildung 11.5). Die Betrachtung ergibt mit $c = 2$ als Zahl nächster Nachbarn

$$\Omega(N_{AB}, N_A, N_B) = \frac{N_A!}{\left(N_A - \frac{N_{AB}}{2}\right)! \frac{N_{AB}}{2}!} \cdot \frac{N_B!}{\left(N_B - \frac{N_{AB}}{2}\right)! \frac{N_{AB}}{2}!} \tag{11.69}$$

11.6 Quasichemische und Bragg-Williams-Näherung

Abbildung 11.5 Eindimensionaler Mischkristall als Ausgangspunkt des Ising-Modells. Es geht um die $\Omega(N_{AB}, N_A, N_B)$ Anordnungsmöglichkeiten bei festgehaltener Zahl N_{AB} der Bindungen zwischen ungleichen Partnern.

Um die Summation über alle Anordnungsmöglichkeiten im Ausdruck (11.69) auszuwerten, wenden wir die **Näherung des maximalen Terms** an (siehe Kapitel 2):

$$\ln\left(\sum_{\text{Konfig.}} \Omega(N_{AB}, N_A, N_B) \exp\left[-\frac{N_{AB}\Delta\varepsilon}{kT}\right]\right)$$

$$\approx \ln\left(\Omega(N_{AB}^*) \exp\left[-\frac{N_{AB}^*\Delta\varepsilon}{kT}\right]\right)_{\max} \quad (11.70)$$

Dabei ist N_{AB}^* der Wert von N_{AB}, für den der Ausdruck in eckigen Klammern maximal wird. Die Maximumssuche wird am besten mit dem logarithmierten Ausdruck durchgeführt. Für das Maximum muß gelten

$$\frac{\partial \ln \Omega(N_{AB}, N_A, N_B)}{\partial N_{AB}} - \frac{\Delta\varepsilon}{kT} = 0 \quad \text{für} \quad N_{AB} = N_{AB}^* \quad (11.71)$$

Mit Hilfe der Stirling-Näherung erhält man dann

$$\frac{\left(N_A - \frac{N_{AB}^*}{2}\right)\left(N_B - \frac{N_{AB}^*}{2}\right)}{\left(\frac{N_{AB}^*}{2}\right)^2} = \exp\left(\frac{2\Delta\varepsilon}{kT}\right) \quad (11.72)$$

Diesen Ausdruck kann man umformen zu

$$\frac{N_{AA}^* N_{BB}^*}{N_{AB}^{*2}} = \frac{1}{4} \exp\left(\frac{2\Delta\varepsilon}{kT}\right) = K(T) \quad (11.73)$$

Dabei sind N_{AA}^* und N_{BB}^* mit Hilfe der Gleichungen (11.59) und (11.59) aus N_{AB}^*, N_A und N_B sowie mit $c = 2$ für die lineare Kette in Abbildung 11.5 abgeleitet. Die linke Seite der letzten Gleichung hat die Form einer Gleichgewichtskonstanten für ein virtuelles Austauschgleichgewicht zwischen verschiedenen Bindungspaaren der Art

$$2 \text{ A-B} \rightleftharpoons \text{A-A} + \text{B-B}$$

Man spricht bei dieser Vorgehensweise deshalb auch von der **quasichemischen Näherung**. Für $\Delta\varepsilon = 0$ wird die Mischungsenergie wie für eine ideale Mischung Null. Die virtuelle Gleichgewichtskonstante ist dann $K(T) = \frac{1}{4}$. Dies entspricht einer statistischen Verteilung der A- und B-Teilchen in der Mischung. Für $\Delta\varepsilon > 0$ folgt $K(T) > 1/4$ und es gibt eine zunehmende Tendenz zur Entmischung von A und B

Teilchen beziehungsweise zur Bildung zusammenhängender Bereiche, wo nur A oder B vorkommen. Im anderen Fall, $\Delta\varepsilon < 0$, wird $K(T) < 1/4$, und der Mischkristall tendiert zu einer geordneten Struktur ... ABABABA...

Wir wollen in diesem Zusammenhang noch eine andere Vorgehensweise, die sogenannte **Bragg-Williams-Näherung**, diskutieren. Als entscheidende Annahme wird dabei eingeführt, daß die verschiedenen Teilchensorten wie in der idealen Mischung statistisch verteilt sind. Diese Annahme legt einen Zahlenwert für die Zahl der Bindungen zwischen ungleichen Partnern A und B fest.

Die Zahl der Bindungen zu nächsten Nachbarn, die von allen A-Teilchen insgesamt ausgehen, ist wieder gegeben durch cN_A. Die Wahrscheinlichkeit, daß bei statistischer Verteilung eine dieser Bindungen zu einem Teilchen B hinführt, ist gleich dem Stoffmengenanteil $x_B = N_B/(N_A + N_B)$. Das Produkt aus cN_A und x_B ergibt deshalb die Zahl $\langle N_{AB}\rangle$ der gemischten Paare in der Bragg-Williams-Näherung.

$$\langle N_{AB}\rangle = cN_A x_B \qquad (11.74)$$

Umgekehrt kann man auch die von allen Teilchen B ausgehenden cN_B Bindungen betrachten und erhält

$$\langle N_{AB}\rangle = cN_B x_A \qquad (11.75)$$

Multipliziert man (11.74) mit dem Stoffmengenanteil x_A und (11.75) mit x_B und addiert beide Gleichungen, so ergibt sich wegen $x_A + x_B = 1$

$$\langle N_{AB}\rangle = c(N_A + N_B)x_A x_B \qquad (11.76)$$

Mit diesem Ergebnis erhält man für die Zustandssumme Z beim Mischen

$$Z = \sum_{\text{alle Konfigurationen}} \Omega(N_A, N_B, N_{AB}) \cdot \exp\left[-\frac{\langle N_{AB}\rangle \Delta\varepsilon}{kT}\right]$$

$$= \frac{(N_A + N_B)!}{N_A! N_B!} \cdot \exp\left[-\frac{\langle N_{AB}\rangle \Delta\varepsilon}{kT}\right] = Z^{\text{ideal}} \cdot \exp\left[-\frac{\langle N_{AB}\rangle \Delta\varepsilon}{kT}\right] \quad (11.77)$$

Dabei ist nun der Exponentialterm vor die Summe gezogen, so daß sich für die Summe über die Anordnungsmöglichkeiten das bekannte Ergebnis für ideale Mischungen ergibt. Der Unterschied zu einer idealen Mischung ist nur der zusätzliche Exponentialterm mit der Mischungsenergie $\langle N_{AB}\rangle \cdot \Delta\varepsilon$. Für die Helmholtz-Energie erhalten wir dann

$$\Delta A = -kT \ln Z^{\text{ideal}} + \langle N_{AB}\rangle \cdot \Delta\varepsilon \qquad (11.78)$$

Für die Exzeßgrößen A^E und U^E ergibt sich

$$A^E = U^E = \langle N_{AB}\rangle \cdot \Delta\varepsilon = c\,[N_A + N_B]\,\Delta\varepsilon \cdot x_A x_B \qquad (11.79)$$

Die Exzeßentropie ist entsprechend der benutzten Annahme gleich Null. Für die gesamte Änderung der Helmholtz-Energie gilt also

$$\frac{\Delta A}{N_A + N_B} = kT\,[x_A \ln x_A + x_B \ln x_B] + c\,\Delta\varepsilon \cdot x_A x_B \qquad (11.80)$$

11.6 Quasichemische und Bragg-Williams-Näherung

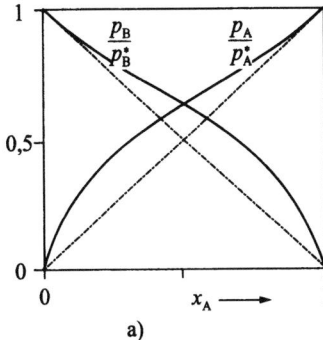
a)

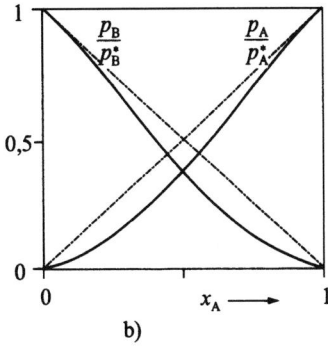
b)

Abbildung 11.6 Dampfdruckdiagramme für reale Mischungen im Modell der regulären Mischung: a) $\Delta\varepsilon > 0$: positive Abweichungen der Partialdrücke vom idealen Mischungsverhalten, b) $\Delta\varepsilon < 0$: negative Abweichungen.

Für das chemische Potential der Komponenten A und B leitet man ab

$$\left(\frac{\partial \Delta A}{\partial N_A}\right)_{N_B,T,V} = \mu_A - \mu_A^* = kT\left[\ln x_A + \alpha x_B^2\right] \quad \text{mit} \quad \alpha = \frac{c\Delta\varepsilon}{kT} \quad (11.81)$$

$$\mu_B = \mu_B^* + kT\left[\ln x_B + \alpha x_A^2\right] \quad (11.82)$$

Mit der Definition des Aktivitätskoeffizienten (siehe Gleichung (A.68)) folgt für die Aktivitätskoeffizienten der Mischung

$$\ln f_A = \alpha x_B^2 \quad , \quad \ln f_B = \alpha x_A^2 \quad (11.83)$$

Abbildung 11.6 zeigt Dampfdruckdiagramme für eine solche Mischung mit positiven ($\Delta\varepsilon > 0$) und negativen ($\Delta\varepsilon < 0$) Abweichungen von dem Verhalten der idealen Mischung. μ_B in der Mischung und das chemische Potential μ_B^g in der Gasphase sind im Gleichgewicht identisch

$$\mu_B = \mu_B^g$$

Gleichsetzen der beiden Ausdrücke für μ_B und μ_B^g ergibt mit p_B^* = Sättigungsdampfdruck des reinen Stoffes B

$$\mu_B^* + kT \ln \frac{p_B}{p_B^*} = \mu_B^* + kT \ln\left[x_B + \alpha x_A^2\right]$$

Aus diesem und dem analogen Ausdruck für $\mu_A = \mu_A^g$ folgen Beziehungen, die dem Raoultschen Gesetz mit einem zusätzlichen Korrekturfaktor entsprechen:

$$p_A = p_A^* x_A \exp\left[\alpha x_B^2\right] \quad , \quad p_B = p_B^* x_B \exp\left[\alpha x_A^2\right] \quad (11.84)$$

Literaturzitate

[Ber 77] B.J. Berne (Ed.), *Statistical Mechanics*, Part A: *Equilibrium Techniques*, Part B: *Time-Dependent Processes*, Modern Theoretical Chemistry, Vols. 5, 6, Plenum Press, New York 1977.

[Ber 80] R.S. Berry, S.A. Rice, J. Ross, *Physical Chemistry*, Wiley, New York 1980.

[Cha 87] D. Chandler, *Introduction to Modern Statistical Mechanics*, Oxford University Press 1987.

[Fri 62] H.L. Friedman, *Ionic Solution Theory*, Interscience, New York 1962.

[Hil 62] T.L. Hill, *An Introduction to Statistical Thermodynamics*, Addison-Wesley, London 1962.

[Hir 64] J. Hirschfelder, Ch. Curtis, B. Bird, *Molecular Theory of Gases and Liquids*, J. Wiley, New York 1964.

[Kat 97] U.R. Kattner, J. Mater. 12 (1997) 14.

[Kau 70] L. Kaufman, H. Bernstein, *Computer Calculations of Phase Diagrams*, Academic Press, New York 1970.

[Luc 86] K. Lucas, *Angewandte Statistische Thermodynamik*, Springer Verlag, Berlin 1986.

[Mas 70] T. Massalski, in: R.W. Cahn (Ed.), *Physical Metallurgy*, North-Holland Publ. 1970, p. 159ff.

[May 50] J.E. Mayer, J. Chem. Phys. 18 (1950) 1426;

[May 77] J.E. Mayer, M.G. Mayer, *Statistical Mechanics*, Wiley, New York 1977.

[MQu 85] D.A. MacQuarrie, *Statistical Thermodynamics*, Univ. Science Books, Mill Valley (Calif.) 1973 (erschienen 1985).

[Rag 95] D.V. Ragone, *Thermodynamics of Materials*, Wiley, New York 1995.

[Row 69] J.S. Rowlinson, *Liquids and Liquid Mixtures*, Butterworths, London 1969.

[Wed 97] G. Wedler, *Lehrbuch der physikalischen Chemie*, Wiley-VCH, Weinheim 4. Aufl. 1997.

12 Makromoleküle

Makromoleküle spielen in vielen Bereichen eine entscheidende Rolle. Polymermoleküle als Spezialfall aus der Klasse der makromolekularen Stoffe sind aus identischen Untereinheiten aufgebaut und mittlerweile unentbehrlich geworden als Grundlage vieler polymerer Werkstoffe, Membranen und Beschichtungen. Die wichtigsten Substanzen in lebenden Organismen sind ebenfalls Makromoleküle, beispielsweise Proteine, Nukleinsäuren, Stärke, Zellulose.

Ein Makromolekül ist für sich genommen bereits ein Vielteilchensystem mit einer hohen Zahl an inneren Freiheitsgraden. Anders als bei kleinen Molekülen wie Wasser, Ammoniak oder Benzol gibt es für ein einzelnes Makromolekül wie beispielsweise Polyethylen viele mögliche Anordnungen oder Konformationen. Im allgemeinen werden durch Wechselwirkung der Segmente eines Makromoleküls untereinander oder bei Lösungen mit Lösungsmittelmolekülen die verschiedenen Konformationen auch unterschiedliche Energien haben. Die Berechnung der wahrscheinlichsten Konformation isolierter Makromoleküle ist eine der typischen Fragestellungen einer statistisch-thermodynamischen Behandlung von Makromolekülen. Im einfachsten Fall interessiert vor allem die mittlere räumliche Ausdehnung eines Makromoleküls, die für Transportvorgänge in Polymerlösungen oder das Gefüge in polymeren Werkstoffen Bedeutung hat.

Neben einer statistischen Behandlung der mittleren Größe von Makromolekülen wird im folgenden auf die Berechnung der Elastizität von Polymeren und der Thermodynamik von Polymerlösungen eingegangen. Viele Betrachtungen werden hier an einfachen linearen Polymermolekülen als Modellsystemen durchgeführt.

12.1 Molekülstruktur und Konformation

Die besonderen Eigenschaften der Makromoleküle resultieren aus ihrer Größe und der Möglichkeit, auf Grund innerer Rotationsmöglichkeiten zahlreiche unterschiedliche Konformationen einnehmen zu können. Die Anzahl möglicher **Konformationen** ist jedoch auch von der Wechselwirkung zwischen den verschiedenen Molekülgruppen, der Verzweigung und Struktur von Seitenketten und von der räumlichen Vernetzung stark beeinflußt (siehe Abbildung 12.1c–h). Bei biologischen Makromolekülen wie Proteinen, Nukleinsäuren, Polysacchariden und anderen sind in den meisten Fällen durch Dipol-Wechselwirkungen, darunter insbesondere Wasserstoff-Brückenbindungen, bestimmte Konformationen energetisch begünstigt beziehungsweise erzwungen. Dies reduziert drastisch die Anzahl an Konformationen gegenüber frei beweglichen Polymerketten. So tritt in vielen Proteinen und Nukleinsäuren Auf Grund der Wasserstoffbrücken eine Helixstruktur auf. Wie zu erwarten sind durch diese Faktoren die thermodynamischen, strukturellen und mechanischen Eigenschaften wie Phasenübergänge, Kristallisationsgrad, Erweichungstemperatur, Elastizität in zum Teil recht komplexer Weise bestimmt.

Tabelle 12.1: Beispiele für synthetische Polymere

Polymer	Monomereinheit	Polymer	Monomereinheit
Polyethylen	$-CH_2-CH_2-$	Polyisopren	$-CH_2-CH=C(CH_3)-CH_2-$
Polypropylen	$-CH_2-CH(CH_3)-$	Polystyrol	$-CH_2-CH(C_6H_5)-$
Polyvinylchlorid	$-CH_2-CHCl-$	Polyester	$-OOCC_6H_4COO-(CH_2)_2-$
Polyamid-6	$-NH-(CH_2)_6-CO-$	Polyphosphazen	$-P(OR)_2=N-$, $-P(NR_2)_2=N-$
Polyethylenoxid	$-O-CH_2-CH_2-O-$	Polysiloxan	$-SiR_2-O-$, R= Alkyl-, Aryl-

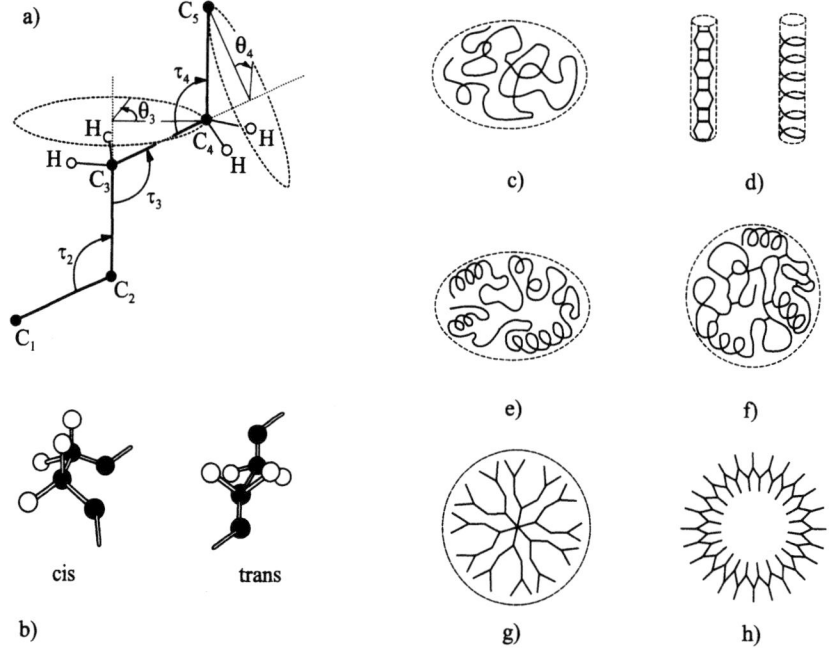

Abbildung 12.1 a) Konformationen benachbarter Segmente einer Kohlenwasserstoffkette durch freie Drehbarkeit um die einzelnen C–C-Einfachbindungen (die Wasserstoffatome sind zum Teil weggelassen). Die Winkel Θ können bei freier Drehbarkeit die Werte zwischen 0° und 360° annehmen. Die Winkel τ von aufeinanderfolgenden C–C-Bindungen sind dagegen konstant. b) cis– und trans–Konformationen der Seitengruppen eines C_2–Kettenglieds für ein lineares Polymermolekül. c) – h) Konformationen von Makromolekülen: c) statistisches Knäuel für ein lineares Fadenmolekül ohne intramolekulare Wechselwirkungen, d) stabförmige Konformation oder Helixform bei Molekülen aus identischen Untereinheiten (Monomere) aufgrund intramolekularer Wechselwirkungen, e) Konformation mit teilkristallinen oder helixartigen Bereichen, f) Stabilisierung einer Konformation durch kovalente Bindungen zwischen Untereinheiten des Makromoleküls (beispielsweise Tertiärstruktur eines Proteins), g) Sternpolymer (intramolekulare Abstoßung durch verzweigte Struktur bestimmt), h) zyklische Makromoleküle.

In diesem Kapitel sollen an einfachen Modellen einige charakteristische Eigenschaften von Polymeren besprochen werden. Besonders interessant für einfache statistische Modelle zu thermodynamischen Eigenschaften sind die kettenförmigen wenig verzweigten Makromoleküle, insbesondere die zumeist synthetischen Polymere, die aus gleichen Untereinheiten (Monomere) aufgebaut sind. Viele dieser Polymere basieren auf Kohlenstoffketten oder organischen Monomeren. Wie Tabelle 12.1 zeigt, gibt es aber in Anwendungen daneben auch Polymere mit rein anorganischem Grundgerüst wie die Polysiloxane und Polyphosphazene. Allen Polymeren in Tabelle 12.1 ist die Möglichkeit zu Konformationsänderungen durch die Drehbarkeit von Kettensegmenten gemeinsam.

Abbildung 12.1a,b zeigt die Drehbarkeit der verschiedenen Molekülsegmente in Kohlenstoffketten mit Einfachbindungen als Ursache für eine Vielzahl von Konformeren, zwischen denen bei ausreichender Temperatur ein Gleichgewicht herrscht. Im Grenzfall, wenn kT größer als die Barrieren-Energie für die Rotation benachbarter Molekülsegmente wird, ist der ständige Wechsel zwischen verschiedenen Konformationen sehr schnell. Die räumliche Gestalt und der mittlere Molekülradius eines linearen Polymermoleküls hängen dann nur noch von statistischen Gesichtspunkten ab: insbesondere wenn alle Konformationen annähernd die gleiche potentielle Energie haben, wird die Molekülgestalt von der Zahl der Realisierungsmöglichkeiten bestimmt. Dies gilt vor allem für unpolare und unverzweigte Makromoleküle.

Im folgenden wollen wir uns auf einfache statistische Modelle für die Molekülgestalt linearer unverzweigter Polymerketten aus identischen **Untereinheiten** oder **Polymersegmenten** beschränken. Wir setzen zunächst voraus, daß die Wechselwirkung zwischen den Polymersegmenten vernachlässigbar ist. Im ersten Schritt werden wir frei bewegliche Polymerketten als Modell annehmen. Dieser Fall läßt sich am besten in geeigneten verdünnten Polymerlösungen realisieren, obwohl auch Polymerschmelzen zum Teil ähnliche Eigenschaften zeigen. Wir werden im nächsten Abschnitt zunächst die Mischungsgrößen von Polymerlösungen diskutieren, wobei explizit die große Zahl von Konformationen eines Polymers berücksichtigt wird.

12.2 Flory-Huggins-Modell der Polymerlösungen

Im folgenden erweitern wir das Bragg-Williams-Modell auf Polymerlösungen. Das hier beschriebene Modell wurde unabhängig von Flory und Huggins basierend auf älteren Arbeiten von Hildebrand entwickelt. Wir nehmen konstantes Volumen an und behandeln Mischungsentropie und Mischungsenergie nacheinander. Die Mischungsentropie soll nur durch den Konfigurationsbeitrag angenähert werden, der aus der Zahl der Anordnungsmöglichkeiten der Polymer- und Lösungsmittelmoleküle resultiert. Man kann hier jedoch den Ansatz (11.2) für eine ideale Mischung nicht direkt übernehmen, da er für kondensierte Phasen auf der Annahme gleicher Teilchengrößen basierte (siehe dazu das Zellmodell in Abbildung 3.5, sowie Exkurs 11.1).

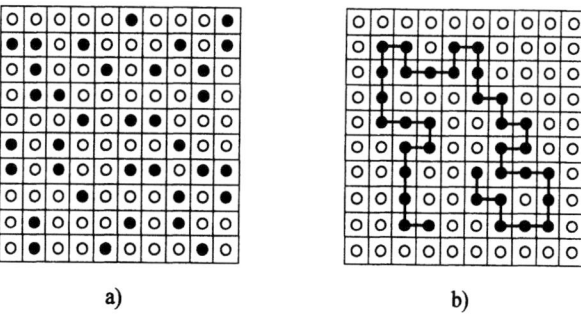

Abbildung 12.2 Veranschaulichung des Unterschieds in der Berechnung der Mischungsentropie (a) von gleichgroßen niedermolekularen Spezies und (b) der Lösung eines Polymers in einem niedermolekularen Lösungsmittel. Während in (a) für ein Einzelteilchen beider Teilchensorten jeweils $N = N_1 + N_2$ Gitterplätze und damit N Anordnungsmöglichkeiten zur Verfügung stehen, gibt es für eine Polymerkette in (b) eine wesentlich größere Zahl von Anordnungsmöglichkeiten: legt man nämlich ein Kettenende fest, so gibt es sehr viele mögliche Verteilungen der übrigen Polymersegmente des Polymermoleküls über die Gitterzellen der Lösung.

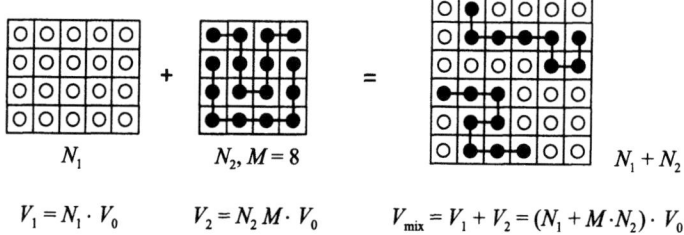

N_1 $N_2, M = 8$ $N_1 + N_2$

$V_1 = N_1 \cdot V_0$ $V_2 = N_2 M \cdot V_0$ $V_{mix} = V_1 + V_2 = (N_1 + M \cdot N_2) \cdot V_0$

Abbildung 12.3 Teilvolumen und Mischungsvolumen in einer Polymerlösung ausgedrückt über ein Gittermodell.

Der Ansatz nach Flory und Huggins soll im folgenden anhand eines Analogieschlusses plausibel gemacht werden. Die Abbildungen 12.2 und 12.3 veranschaulichen die Überlegungen zur Konfigurationsentropie der Lösung eines Polymers in einem niedermolekularen Lösungsmittel im Vergleich zu einer Mischung gleich großer Teilchen. Für eine ideale Mischung gleich großer Teilchen 1 und 2 liefert Gleichung (11.2) den folgenden Ausdruck mit den Stoffmengenanteilen x_1, x_2

$$\Delta S_{\text{konfig}} = -k\left[N_1 \ln x_1 + N_2 \ln x_2\right] \tag{12.1}$$

Die Stoffmengenanteile x_1 und x_2 entsprechen den Wahrscheinlichkeiten, in einem Volumenelement der Mischung ein Teilchen der Sorte 1 beziehungsweise 2 anzutreffen (siehe Abbildung 12.2). x_1 und x_2 sind bei gleicher Teilchengröße auch identisch mit den Volumenanteilen der beiden Teilchensorten.

Wenn dagegen eine Polymerlösung im Gittermodell gemäß Abbildung 12.3 behandelt wird, ist die Wahrscheinlichkeit, ein Polymermolekül oder ein Lösungsmittelmolekül in einem Volumenelement zu finden, nicht mehr durch den jeweiligen Stoffmengenanteil gegeben, sondern nur noch durch den Volumenanteil.

12.2 Flory-Huggins-Theorie für Polymerlösungen

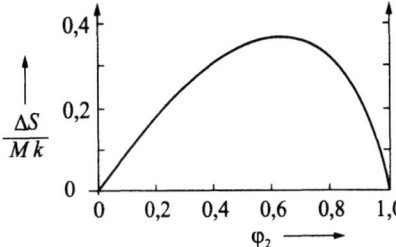

Abbildung 12.4 Mischungsentropie einer Polymerlösung als Funktion des Volumenanteils des Polymers für $M > 500$ bezogen auf die Zahl der Untereinheiten pro Polymermolekül [aus Hil 62].

Volumenanteile lassen sich über das Gittermodell in Abbildung 12.3 definieren. Ein Polymermolekül wird hier durch zusammenhängende Untereinheiten modelliert, die die gleiche Größe wie die Lösungsmittelmoleküle haben. Das Lösungsvolumen wird dementsprechend gedanklich in gleich große Parzellen mit dem Volumen V_1 unterteilt, die entweder durch ein Lösungsmittelmolekül oder durch eine gleich große Polymeruntereinheit besetzt sind. Es sei mit M die Anzahl der Untereinheiten pro Polymermolekül bezeichnet. Das von einem Polymermolekül beanspruchte Volumen ist dann $V_2 = M V_1$. Mit N_2 als Anzahl der Polymermoleküle und N_1 als Anzahl der Lösungsmittelmoleküle ergibt sich für die **Volumenanteile** oder **Volumenbrüche**

$$\varphi_1 = \frac{V_1}{V_1 + V_2} = \frac{N_1}{N_1 + M \cdot N_2} \, , \quad \varphi_2 = \frac{M \cdot N_2}{N_1 + M \cdot N_2} \tag{12.2}$$

Als Wahrscheinlichkeiten interpretiert treten die Volumenbrüche bei einer Polymerlösung an die Stelle der Stoffmengenanteile. Für die **Mischungsentropie** einer Polymerlösung gilt also im Flory-Huggins-Modell anstelle von Gleichung (12.1) [1]:

$$\Delta S = -k \cdot [N_1 \ln \varphi_1 + N_2 \ln \varphi_2] \tag{12.3}$$

Anders als im Fall der idealen Mischung gleich großer Moleküle ergibt die Auftragung der Mischungsentropie gegen den Volumenanteil eine unsymmetrische Kurve, wie Abbildung 12.4 zeigt. Die Auftragung wird für genügend große Polymermoleküle unabhängig von M. Für $M = 1$ bekommt man die bekannte symmetrische Kurve für Mischungen gleich großer Moleküle aus Abbildung 11.1.

Um nun die Mischungsenergie zu berücksichtigen, übernehmen wir die Bragg-Williams-Näherung unter Verwendung des für die Mischungsentropie benutzten Gittermodells (siehe Kapitel 11.6). Aus Gleichung (11.79) im letzten Kapitel resultiert der folgende Ausdruck für die Mischungsenergie (identisch mit der Exzeßenergie), wenn für die Gesamtteilchenzahl $N_1 + M N_2$ und statt der Stoffmengenanteile die Volumenanteile φ_1 und φ_2 verwendet werden

$$\Delta U = U^{\mathrm{E}} = c \cdot (N_1 + M N_2) \cdot \varphi_1 \varphi_2 \cdot \Delta \varepsilon \tag{12.4}$$

---

[1] Ausführlichere Herleitungen dieser Beziehung über eine kombinatorische Betrachtung der Konfigurationen des Polymermoleküls in der Lösung sind in den Literaturzitaten am Ende dieses Kapitels zu finden, beispielsweise in [Flo 53, Hil 62, Eli 90, Cow 97].

Tabelle 12.2: **Mischungsparameter** χ **für Naturkautschuk in verschiedenen Lösungsmitteln (Daten aus [Hil 62])**

Lösungsmittel	$T/°C$	χ	Lösungsmittel	$T/°C$	χ
CCl_4	15 - 20	0,28	Essigsäureethylester	25	0,78
Benzol	25	0,44	Methylethylketon	25	0,94
CS_2	27	0,49	Aceton	25	1,37

Der **Mischungsenergieparameter** $\Delta\varepsilon$ wird in Analogie zum vorherigen Kapitel angesetzt, wobei die Wechselwirkung einzelner Segmente des Polymermoleküls betrachtet wird[2]

$$\Delta\varepsilon = \varepsilon_{12} - \frac{1}{2}(\varepsilon_{11} + \varepsilon_{22}) \tag{12.5}$$

ε_{12} ist die Wechselwirkung einer Polymeruntereinheit mit einem benachbarten Lösungsmittelmolekül. ε_{11} und ε_{22} sind dann die Wechselwirkungen benachbarter Lösungsmittelmoleküle untereinander beziehungsweise entsprechender benachbarter Polymereinheiten. Es ist üblich, einen dimensionslosen **Mischungsparameter** χ zu definieren gemäß folgender Gleichung

$$\chi = \frac{c\,\Delta\varepsilon}{kT} \tag{12.6}$$

Mit dieser Definition ergibt sich schließlich für die Mischungsenergie

$$U^E = \chi kT \cdot (N_1 + M\,N_2) \cdot \varphi_1\,\varphi_2 \tag{12.7}$$

Tabelle 12.2 stellt die Werte der Mischungsparameter χ für Lösungen von Naturkautschuk in einigen Lösungsmitteln dar. Wenn der Mischungsparameter χ sehr groß wird gegen Null, und der Energieterm insgesamt den negativen Entropieterm $-T\,\Delta S$ in der Helmholtz-Energie übertrifft, steigt die Tendenz zur Entmischung der Polymerlösung. Man spricht dann vom Fall **schlechter Löslichkeit**. Eine **gute Löslichkeit** dagegen ist immer zu erwarten für den Fall, daß der Mischungsparameter χ kleiner oder gleich Null ist.

$$\chi \gg 0 \quad \rightarrow \quad \text{schlechte Löslichkeit, Tendenz zur Entmischung}$$

$$\chi \leq 0 \quad \rightarrow \quad \text{gute Löslichkeit} \tag{12.8}$$

Faßt man die Ergebnisse für die Mischungsentropie und die Mischungsenergie zusammen, so erhält man für die Helmholtz-Energie folgende Beziehung:

$$\frac{\Delta A}{kT} = N_1 \ln\varphi_1 + N_2 \ln\varphi_2 + \chi(N_1 + M\,N_2)\,\varphi_1\,\varphi_2 \tag{12.9}$$

---

[2]In einer allgemeineren Betrachtung würde man statt einer reinen Energie in Analogie zur Behandlung der Flüssigkeiten ein Potential der mittleren Kraft einführen. Statt der Energiedifferenz $\Delta\varepsilon$ tritt dann eine Differenz der Helmholtz-Energie Δw auf, die einen zusätzlichen Entropiebeitrag enthält und somit eine Temperaturabhängigkeit der empirisch erhaltenen Mischungsenergieparameter erwarten läßt. Dies wird auch experimentell beobachtet.

12.2 Flory-Huggins-Theorie für Polymerlösungen

Durch Ableiten nach der Teilchenzahl des Lösungsmittels ergibt sich das chemische Potential des Lösungsmittels bezogen auf den Fall des reinen Lösungsmittels (= Standardwert).

$$\frac{\partial}{\partial N_1}\left(\frac{\Delta A}{kT}\right) = \frac{\mu_1(\varphi_2) - \mu_1^\circ(\varphi_2 = 0)}{kT} = \ln\frac{p_1}{p_1^*} \tag{12.10}$$

p_1^* ist der Sättigungsdampfdruck des reinen Lösungsmittels. Dieses Ergebnis in Gleichung (12.10) stellt eine Form des Raoultschen Gesetzes für den Spezialfall einer Polymerlösung dar. Mit Gleichung (12.9) und (12.10) ergibt sich (mit $\varphi_1 = 1 - \varphi_2$)

$$\frac{\mu_1(\varphi_2) - \mu_1^\circ(\varphi_2 = 0)}{kT} = \ln(1 - \varphi_2) + \chi\,\varphi_2^2 \tag{12.11}$$

Die rechte Seite dieser Gleichung ist proportional dem osmotischen Druck π der Polymerlösung als Funktion des Volumenanteils φ_2 des Polymers. Die Ableitung ergibt (siehe unten) nämlich für die linke Seite von Gleichung (12.11)

$$\frac{\pi V_1}{N_1} = \mu_1(\varphi_2) - \mu_1^\circ(\varphi_2 = 0) \tag{12.12}$$

Das vorliegende Modell von Flory und Huggins benutzt zwar sehr weit gehende Näherungen, ist aber wegen seiner Übersichtlichkeit gut für qualitative Aussagen über thermodynamische Eigenschaften von Polymerlösungen nutzbar. Neben Dampfdruck und osmotischem Druck lassen sich auch kritische Konzentrationen für die Entmischung einer Polymerlösung behandeln.

Exkurs 12.1   Herleitung von Gleichung (12.12) für den osmotischen Druck

Falls das reine Lösungsmittel 1 mit der Polymerlösung, die den Volumenanteil φ_2 hat, über eine semipermeable Membran im osmotischen Gleichgewicht steht, herrscht in der Polymerlösung ein Überdruck π, der gleich dem osmotischen Druck ist. Für das chemische Potential des Lösungsmittels auf beiden Seiten der Membran gilt im osmotischen Gleichgewicht

$$\mu_1(p + \pi, \varphi_2) = \mu_1(p, \varphi_2 = 0) = \mu_1^\circ(\varphi_2 = 0)$$

Für $\mu_1(p + \pi, \varphi_2)$ gilt nach der Thermodynamik

$$\mu_1(p + \pi, \varphi_2) = \mu_1(p, \varphi_2) + \int_p^{p+\pi} \frac{V_1}{N_1} dp = \mu_1(p, \varphi_2) + \frac{\pi V_1}{N_1}$$

V_1/N_1 ist das konstante Eigenvolumen der Lösungsmittelmoleküle. Aus den beiden Gleichungen folgt direkt die Gleichung (12.12).

12.3 Modell des statistischen Knäuels

Das im vorhergehenden Abschnitt behandelte Flory-Huggins-Modell geht im Grunde von einem linearen Polymermolekül („Polymerfaden") aus, dessen Konformationen sich völlig statistisch verhalten, das heißt, es gibt keine energetische Bevorzugung bestimmter Konformationen. Energetisch gleichwertige Konformationen wandeln sich insbesondere in Lösungen rasch ineinander um und führen dazu, daß das Makromolekül nach außen hin eine mittlere Größe besitzt, die sich als zeitlicher Mittelwert über sehr viele Konformationen ergibt. Eine lineare Molekülkette mit $n = 10$ Bindungen (11 C–Atome) entlang der Kette und jeweils drei energetisch gleichwertigen Konformationen[3] pro Bindung liefert bereits $3^n = 3^{10}$ Konformationen. Für $n = 1000$ ist die Anzahl mit $3^{1000} \approx 10^{477}$ bereits astronomisch hoch. Die Gestalt des Polymermoleküls wird dann im Mittel einem lockeren Knäuel entsprechen. Man spricht auch vom Modell der **freibeweglichen Kette** oder des **statistischen Knäuels**. Da in diesem Modell alle Konformationen die gleiche Energie haben, liefert dieser Ansatz eine temperaturunabhängige mittlere Molekülausdehnung, was sicher nicht ganz realistisch ist. Wir wollen jedoch zunächst dieses stark vereinfachte Modell beibehalten und in seinen Konsequenzen besprechen. Im nachfolgenden Abschnitt werden wir auf Korrekturen an diesem Modell eingehen.

Abbildung 12.5 zeigt unser vereinfachtes Modell einer linearen Polymerkette mit frei orientierbaren Kettengliedern konstanter Länge l. Die räumliche Orientierung und Abfolge der einzelnen Kettensegmente ist durch die Segmentvektoren $l_1, l_2, \ldots l_N$ gegeben. Eine alternative Möglichkeit, das Molekül in seiner Konformation zu beschreiben, ist die Angabe der Schwerpunktsvektoren $s_0, s_1, \ldots, s_N$ (siehe Abbildung 12.5), die die Lage jedes Segments relativ zum Molekülschwerpunkt beschreiben. Durch Angabe dieser Vektoren (Richtung und Betrag) ist die Konformation des Moleküls weitgehend festgelegt:

$$\text{Konformation} \stackrel{\wedge}{=} \{l_1, l_2, .., l_i, .., l_N\} = \{s_0, s_1, s_2, .., s_i, .., s_N\} \quad (12.13)$$

Als Maß für die mittlere Ausdehnung der Polymerkette sind zwei charakteristische Größen im Gebrauch:

- Der **mittlere Kettenendenabstand** r_{0N} (auch: **Fadenendenabstand**) eines linearen Polymers mit N Segmenten ist definiert als Wurzel aus dem mittleren Quadrat des Abstandsvektors (vergleiche Abbildung 12.5)

$$r_{0N} = \left\langle (l_1 + l_2 + \ldots l_N)^2 \right\rangle^{1/2} = \left\langle [(s_1 - s_0) + (s_2 - s_1) + \ldots]^2 \right\rangle^{1/2} \quad (12.14)$$

- Der **Trägheitsradius** R ergibt sich als Wurzel aus dem massegewichteten Mittelwert der Abstandsquadrate s_i^2 (**Schwerpunktsvektoren**) der Molekülintereinheiten vom Molekülschwerpunkt. Die Definition ist (vergleiche Abbildung 12.5)

$$R^2 = \left\langle \frac{\sum_{i=0}^{N} m_i s_i^2}{\sum_{i=0}^{N} m_i} \right\rangle = \frac{1}{N+1} \left\langle \sum_{i=0}^{N} s_i^2 \right\rangle = \left\langle s_i^2 \right\rangle \quad (12.15)$$

---
[3] Drei mögliche trans-Konformationen, siehe Abbildung 12.1a,b.

12.3 Modell des statistischen Knäuels

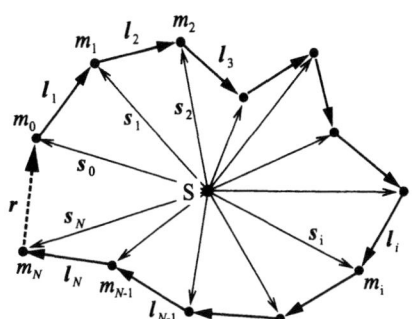

Abbildung 12.5 Schematische Darstellung eines linearen Makromoleküls aus identischen Untereinheiten (Monomere oder Segmente), die als frei beweglich angenommen werden: die Vektoren l_i beziehungsweise die vom Schwerpunkt ausgehenden Vektoren s_i kennzeichnen die räumliche Orientierung der einzelnen Kettensegmente und definieren so die spezielle Konformation des Makromoleküls. r ist der spezielle Wert des Kettenendenabstands für die gezeigte Konformation.

Für die Schwerpunktsvektoren s_i gilt die folgende Bedingung, die gleichzeitig den Schwerpunkt definiert,

$$\sum_{i=0}^{N} m_i s_i = 0 \quad \to \quad \sum_{i=0}^{N} s_i = 0 \quad \text{wenn} \quad m_0 = m_1 = \ldots = m_N \quad (12.16)$$

$m_0, m_1, \ldots m_N$ sind die Massen der einzelnen Segmente des Polymermoleküls (Anzahl: $N + 1$). Der Kettenendenabstand r_{0N} ist zwar geometrisch anschaulich darstellbar, jedoch experimentell nicht direkt zugänglich. Ein weiteres Problem ist, daß er für verzweigte Makromoleküle nicht definiert ist (siehe beispielsweise Abbildung 12.1h,g). Der Trägheitsradius R hingegen läßt für jede Molekülgestalt definieren und experimentell durch Messungen der Lichtstreuung bestimmen [Cow 97, Eli 90, Tab 91]. Ebenso ist die Viskosität einer Polymerlösung von der räumlichen Ausdehnung der Polymermoleküle und damit vom Trägheitsradius abhängig.

Beide Parameter, mittlerer Kettenendenabstand und Trägheitsradius, sind jedoch für ein gegebenes Polymer direkt voneinander abhängig. Für frei bewegliche Polymersegmente gilt, wie in Exkurs 12.2 gezeigt wird, der folgende einfache Zusammenhang

$$r_{0N}^2 = 6 R^2 \tag{12.17}$$

Trägheitsradius und Kettenendenabstand sollen im folgenden zunächst näher analysiert werden. Betrachten wir zunächst das mittlere Quadrat des Kettenendenabstands. Es gilt für eine bestimmte Konformation, die über Bindungsvektoren l_i gemäß Abbildung 12.5 dargestellt ist,

$$\begin{aligned} r_{0N}^2 &= \left\langle (l_1 + l_2 + \ldots l_N)^2 \right\rangle = \left\langle \sum_{i=1}^{N} l_i^2 + 2 \sum_{i=1}^{N} \sum_{j=i+1}^{N} l_i \cdot l_j \right\rangle \\ &= \sum_{i=1}^{N} \left\langle l_i^2 \right\rangle + 2 \sum_{i=1}^{N} \sum_{j=i+1}^{N} \left\langle l_i \cdot l_j \right\rangle \end{aligned} \tag{12.18}$$

Wegen der Vernachlässigung der Wechselwirkungen zwischen den Kettensegmenten sind alle Konformationen energetisch gleichwertig. Wir nehmen an, daß aufeinanderfolgende Segmente jeweils frei zueinander drehbar sind, das heißt, die aufeinanderfolgenden Vektoren l_i und l_{i+1} sollen beliebige Winkel τ zueinander einnehmen können.

Dies ist sicherlich keine realistische Annahme, da beispielsweise bei Kohlenstoffketten mit Einfachbindungen der Winkel τ aufeinanderfolgender Segmente auf den Tetraederwinkel beschränkt ist. Das Endergebnis ist allerdings für genügend lange Polymerketten kaum von der Gültigkeit dieser Annahme beeinflußt. Für die Einzelterme der letzten Zeile in Gleichung (12.18) folgt aus den Annahmen

$$\sum_{i=1}^{N}\langle l_i^2 \rangle = N l^2 , \quad \langle l_i \cdot l_{j \neq i} \rangle = l^2 \cdot \langle \cos \tau \rangle = 0 \tag{12.19}$$

Man erhält somit für eine **freie lineare Polymerkette** (auch **ideale Kette** genannt) als mittleres Abstandsquadrat der beiden Kettenenden

$$r_{0N}^2 = N l^2 \tag{12.20}$$

Die räumliche Ausdehnung eines Polymermoleküls in Lösung (wie auch in Schmelzen) ist nach dieser Relation eine Funktion seiner Kettenlänge. Da das Molekulargewicht sich eindeutig aus der Kettenlänge ergibt, existiert ebenso ein direkter Zusammenhang zwischen Trägheitsradius beziehungsweise Kettenendenabstand und Molekulargewicht.

Die hier betrachtete Konformationsstatistik der freien Polymerkette (oder: ideales Knäuel) ist formal analog zur dreidimensionalen Zufallsbewegung eines freien Teilchens, das Sprünge gleicher Länge mit statistisch verteilten Richtungen machen kann. Wie bei der Zufallsbewegung eines Einzelteilchens läßt sich die statistische Verteilung der möglichen Betragswerte $r = |r| = \left|\sum_{i=1}^{N} l_i\right|$ des fluktuierenden Endabstandsvektors r durch eine Gauß-Verteilung $F(r)$ darstellen, wobei der in diesem Abschnitt eingeführte Kettenendenabstand dem Mittelwert $r_{0N} = \langle r^2 \rangle^{1/2}$ entspricht. Die auf Eins normierte Verteilungsfunktion ist

$$F(r)\, dr = \left(\frac{3}{2\pi r_{0N}^2}\right)^{3/2} \cdot \exp\left[-\frac{3 r^2}{2 r_{0N}^2}\right] \cdot 4\pi r^2 \, dr \tag{12.21}$$

Die Abstandsverteilung $F(r)$ hat darüber hinaus die gleiche Form wie die Maxwell-Boltzmann-Geschwindigkeitsverteilung $F(v)$ verdünnter Gase (Gleichung (3.71) in Kapitel 3.6). Man kann deshalb wie in Kapitel 3.6 analoge Beziehungen zwischen dem Wert am Maximum r_{max}, dem quadratischen Mittelwert $r_{0N}^2 = \langle r^2 \rangle$ und dem einfachen Mittelwert $\langle r \rangle$ finden. Allerdings liegt in der Verteilungsfunktion des Kettenendenabstands und damit in r_{0N} keine Temperaturabhängigkeit vor.

Exkurs 12.2   Ableitung von Gleichung (12.17)

Vergleicht man die Beziehungen (12.15) und (12.17), so gilt offenbar der folgende Zusammenhang

$$\left\langle \sum_{i=0}^{N} s_i^2 \right\rangle = \frac{N(N+1)}{6} l^2 \tag{12.22}$$

Zur Herleitung formen wir die Summe über die Abstandsquadrate vom Molekülschwerpunkt zunächst so um, daß die Einzelterme nur noch Differenzen je zweier Schwerpunktsvektoren in

12.3 Modell des statistischen Knäuels

der Form $s_j - s_i$ enthalten, wobei i und j ganze Zahlen zwischen 0 und N sind. Wie Abbildung 12.5 veranschaulicht, lassen sich diese Differenzen durch Summen über die Segmentvektoren l_i ausdrücken gemäß

$$s_j - s_i = l_{i+1} + l_{i+2} + \ldots + l_j \tag{12.23}$$

Die thermische Mittelung über quadratische Ausdrücke der Segmentvektoren wird uns im letzten Schritt schließlich einen Zusammenhang mit l^2 liefern, der (12.22) begründet.

Die Doppelsumme über die Differenzquadrate $(s_j - s_i)^2$ ist bis auf eine Konstante äquivalent zur Summe über die Quadrate s_i^2 in Gleichung (12.22) bzw. (12.15)

$$\sum_{i=0}^{N}\sum_{j=0}^{N}\langle(s_j - s_i)^2\rangle = \sum_{i=0}^{N}\sum_{j=0}^{N}\langle s_j^2 + s_i^2 - 2s_j s_i\rangle \tag{12.24}$$

$$= \sum_{i=0}^{N}\left\langle \sum_{j=0}^{N} s_j^2 + \underbrace{\left(\sum_{j=0}^{N} 1\right)}_{=N+1} s_i^2 - 2 s_i \cdot \underbrace{\sum_{j=0}^{N} s_j}_{=0}\right\rangle = 2(N+1)\sum_{i=0}^{N}\langle s_i^2\rangle$$

Dabei wurde zunächst die Definition (12.16) des Molekülschwerpunktes, $\sum_{j=0}^{N} s_j = 0$, ausgenutzt. Desweiteren gilt $\sum_{j=0}^{N} s_i^2 = s_i^2 (\sum_{j=0}^{N} 1) = (N+1)s_i^2$.

Im nächsten Schritt wird die Doppelsumme auf der linken Seite von (12.24) durch die Segmentvektoren ausgedrückt. Wir nutzen aus, daß jeweils zwei Summanden mit gleichem Indexpaar j,i auftreten (zu jedem Summanden $(s_j - s_i)^2$ findet sich ein Summand $(s_i - s_j)^2$). Mit der Substitution $x = j - i$ formen wir die Summation um (Summation nur noch über die Hälfte der Terme mit $j > i$ unter Einführen des Faktors 2) und verwenden im zweiten Schritt die Gleichung (12.23):

$$\sum_{i=0}^{N}\sum_{j=0}^{N}\langle(s_j - s_i)^2\rangle = 2 \cdot \sum_{i=0}^{N-1}\sum_{x=1}^{N-i}\langle(s_j - s_i)^2\rangle = 2\sum_{i=0}^{N-1}\sum_{x=1}^{N-i}\langle(l_{i+1} + \ldots + l_{i+x} + \ldots l_N)^2\rangle$$

$$= 2l^2 \sum_{i=0}^{N-1}\sum_{x=1}^{N-i} x = 2l^2 \sum_{i=0}^{N-1}\sum_{x=1}^{N-i} x \tag{12.25}$$

Wie bereits in Gleichung (12.18) wurde auch hier benutzt, daß die Mittelwerte über die Skalarprodukte $\langle l_i l_{i+x}\rangle$ für die freie Polymerkette gleich Null sind. Die übrigbleibende Doppelsumme läßt sich geschlossen lösen. Zur Auswertung werden die im Anhang aufgeführten Summationsformeln für $\sum_{x=1}^{N} x$ aus Gleichung (B.59) und $\sum_{x=1}^{N} x^2$ aus Gleichung (B.60) benutzt. Es folgt dann

$$\sum_{i=0}^{N-1}\sum_{x=1}^{N-i} x = \sum_{i=0}^{N-1}\left[\frac{1}{2}N(N+1) - (N+\frac{1}{2})i + \frac{1}{2}i^2\right] = \frac{1}{6}N(N+1)(N+2) \tag{12.26}$$

Aus den Gleichungen (12.24) und (12.25) unter Berücksichtigung von (12.26) folgt somit

$$\sum_{i=0}^{N} s_i^2 = \frac{1}{N+1} \cdot \left[\frac{1}{6}N(N+1)(N+2) \cdot l^2\right] = \frac{1}{6}N(N+2)l^2 \tag{12.27}$$

Einsetzen von (12.27) in die Definition des Trägheitsradius (12.15) ergibt Gleichung (12.17):

$$\langle R^2\rangle = \frac{1}{6}\cdot\frac{N+2}{N+1}\cdot Nl^2 \approx \frac{1}{6}Nl^2 = \frac{1}{6}r_{0N}^2$$

12.4 Reale Polymermoleküle

Das Modell der idealen Kette vernachlässigt eine Reihe von Einschränkungen an die freie Orientierbarkeit der Kettensegmente, so daß die Beschreibung realer Polymermoleküle Korrekturen erforderlich macht. Eine dieser Korrekturen bezieht sich auf die Orientierungskorrelationen aufeinanderfolgender Segmente in der realen Polymerkette. Die Bindungswinkel zwischen benachbarten Kettensegmenten sind keinesfalls beliebig (hier sind vor allem Kohlenstoffketten zu nennen mit festem Tetraederwinkel am C-Atom, vgl. Abbildung 12.1a,b). Ein weiteres Hindernis für eine freie Beweglichkeit resultiert aus der sterischen Hinderung durch Abstoßung benachbarter Seitengruppen, die die Drehbarkeit um die C-C-Einfachbindungen einschränkt (vergleiche auch Kapitel 4.6). Für reale Ketten können diese beiden Faktoren in Gleichung (12.20) durch einen Korrekturfaktor c berücksichtigt werden gemäß (siehe [Eli 90])

$$\langle r_{0N}^2 \rangle = c N l^2 \qquad (12.28a)$$

$$\text{mit} \quad c = \frac{1 - \cos \tau}{1 + \cos \tau} \cdot \frac{1 + \langle \cos \theta \rangle}{1 - \langle \cos \theta \rangle} \qquad (12.28b)$$

Dabei ist τ der feste Bindungswinkel zwischen benachbarten Kettensegmenten. θ bezeichnet den Torsionswinkel bezüglich der relativen Drehung benachbarter identischer Seitengruppen (siehe Abbildung 12.1a,b). Konstante Bindungswinkel von $\tau > 90°$ führen demnach zu einer Vergrößerung des Kettenendenabstands. Für Kohlenstoffketten entspricht τ dem Tetraederwinkel mit $\cos \tau = \cos(109,5°) = -1/3$, so daß der erste Faktor in Gleichung (12.28b) den Wert 2 bekommt[4].

Ein weiteres wesentliches Problem bei der Korrektur des Modells der idealen Polymerkette ist aber bis jetzt noch nicht erwähnt worden. Sowohl für frei als auch für beschränkt drehbare Bindungsvektoren l_i ergibt die statistische Betrachtung nämlich automatisch auch Konformationen, bei denen die Polymerkette sich selbst überschneiden müßte und verschiedene Segmente das gleiche Volumenelement im Raum beanspruchen (Abbildung 12.6a).

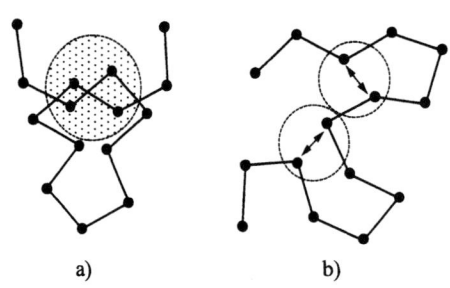

Abbildung 12.6 a) Bei der idealen Kette werden auch Konformationen wie die hier gezeigten mitgezählt, bei denen sich verschiedene Segmente überkreuzen. b) In der realen Polymerkette ist das nicht möglich. Der Ausschluß solcher Fälle wirkt wie eine zusätzliche langreichweitige Abstoßung zwischen weit voneinander entfernten Kettensegmenten. Effektiv wird dadurch der mittlere Durchmesser des Moleküls und der mittlere Abstand der Molekülenden im Vergleich zum Modell der idealen Kette größer ausfallen.

---
[4]Gleichung (12.28b) stellt allerdings eine Näherung dar. Der Faktor c divergiert für die Winkel $\tau = 180°$ und $\theta = 0°$ und ist daher in der Nähe dieser Randwerte nicht mehr anwendbar.

12.4 Reale Polymermoleküle

Das Verbot von Überschneidungen bei realen Polymerketten führt zu langreichweitigen Korrelationen der Orientierungen der Segmentvektoren. Dies erfordert also eine weitere Korrektur der Gleichung (12.28a). Die zugrunde liegende mathematische Fragestellung ist als Problem des **ausgeschlossenen Volumens** bekannt. Wendet man hier ein modifiziertes Modell mit Einschränkungen an die Orientierung aufeinanderfolgender Segmente an, bei dem Überkreuzungspunkte der Segmente ausgeschlossen werden, so erhält man das folgende Ergebnis mit dem geänderten Exponenten 3/5 [Eli 90]:

$$r_{0N} = \langle r^2 \rangle^{1/2} = \text{const.} \cdot N^{3/5} \tag{12.29}$$

Gleichung (12.29) stellt ein universelles **Skalengesetz** dar, das unabhängig ist von der speziellen Art des Polymermoleküls, vorausgesetzt es liegt eine verdünnte Lösung eines unverzweigten Polymermoleküls vor[5]. Der Unterschied zwischen den Gleichungen (12.20) und (12.29) bedeutet, daß die Polymerkette wegen des Überkreuzungsverbots im thermischen Mittel stärker entfaltet und größer erscheint, als es für eine ideale freie Kette der Fall wäre. Es zeigt sich also, daß die statistisch begründete gegenseitige Abstoßung der Polymersegmente (aufgrund ihres Platzbedarfs) einen merklichen Einfluß auf die mittlere Größe und Gestalt eines Polymermoleküls hat. Sie läßt sich nicht durch eine einfache Korrektur der Segment-Bindungslänge l durch einen konstanten Faktor in der Art $l_{\text{eff}}^2 = c\,l^2$ auffangen. Grundsätzlich ist aber der Exponent in der Skalenrelation (12.29) nicht sehr verschieden vom Ergebnis für eine ideale Kette (0,6 gegenüber dort 0,5).

Im folgenden wollen wir noch eine einfache Betrachtung zur Herleitung der Skalenrelation (12.29) diskutieren, die von Flory stammt. Die Betrachtung liefert im ersten Schritt Näherungen für die Abhängigkeit der Energie E und der Entropie S vom fluktuierenden Kettenendenabstand r. Der mittlere Wert $r_{0N} = \langle r \rangle$ des Kettenendenabstands ergibt sich dann im zweiten Schritt daraus, indem das Minimum der Helmholtzenergie $A(r)$ bestimmt wird. Ausgangspunkt ist die Helmholtz-Energie eines einzelnen Polymermoleküls in verdünnter Lösung als Funktion des konformationsabhängigen Kettenendenabstands r und der Zahl N der Kettensegmente

$$A(N,r) = E(N,r) - T \cdot \Delta S(N,r) \tag{12.30}$$

$\Delta S(r)$ sei die Entropie des Polymers, wenn der Kettenendenabstand einen Wert im Intervall zwischen r und $r + \Delta r$ hat. Sei $\Delta \Omega(r)$ die zugehörige Zahl von Mikrozuständen mit diesen Werten für den Kettenendenabstand, so folgt mit der Kettenendenabstands-Verteilung aus Gleichung (12.21) die folgende Proportionalität

$$\Delta\Omega(r) \sim F(r)\Delta r \sim r^2 \exp\left[-\frac{3r^2}{2\langle r^2 \rangle}\right]\Delta r \tag{12.31}$$

Somit folgt für die Entropie als Funktion des Kettenendenabstands

$$\Delta S(r) = k \ln \Delta\Omega(N,r) + \text{const.} \approx -\frac{3k}{2l^2} \cdot \frac{r^2}{N} + \text{const.} \tag{12.32}$$

---

[5]Eine verbesserte Herleitung nach einem Renormalisierungsverfahren, das die Selbstähnlichkeit bei Betrachtung immer kleinerer Polymerabschnitte ausnutzt, ergibt als genaueren Wert in Gleichung (12.29) für den Exponenten 0,588 (statt 3/5 = 0,600). Zur Anwendung von Konzepten der fraktalen Geometrie siehe beispielsweise [Pei 98].

Bei der Näherung im letzten Schritt wurde der langsam veränderliche Term $\ln r^2$ gegenüber dem direkt zu r^2 proportionalen weiteren Term aus dem Logarithmus der Verteilungsfunktion (12.31) vernachlässigt.

In der Energie $E(N,r)$ der jeweiligen Polymerkonformation berücksichtigen wir nur den Abstoßungs-Effekt, der sich ergibt, wenn zwei Molekülsegmente an der gleichen Stelle zu finden sind. Die Wahrscheinlichkeit, daß zwei Molekülsegmente sich bei freier Beweglichkeit am gleichen Ort innerhalb des effektiven Volumens $V_p = 4\pi r^3/3$ befinden, ist proportional zum Quadrat der lokalen Segmentkonzentration $(N/V_p)^2$. Wir nehmen an, daß diese Wahrscheinlichkeit im Volumen V_p überall konstant ist (analog zur Molekularfeld-Näherung). ε_{MM} sei die effektive Abstoßungsenergie zweier Segmente, die sich berühren. Die gesamte Abstoßungsenergie ist dann proportional zu ε_{MM} und proportional zum Wahrscheinlichkeitsfaktor $(N/V_p)^2$. Durch Summation dieser Wechselwirkungen über das gesamte effektive Molekülvolumen ergibt sich noch zusätzlich der Faktor $V_p \sim r^3$. Es folgt also

$$E(N, r) \sim \varepsilon_{MM} V_p \left(\frac{N}{V_p}\right)^2 \sim \varepsilon_{MM} \cdot \frac{N^2}{r^3} \tag{12.33}$$

Einsetzen der Beziehungen (12.32) und (12.33) für $S(N,r)$ und $E(N,r)$ in die Gleichung (12.30) ergibt mit den Konstanten C_1 und C_2, die hier nicht weiter spezifiziert werden,

$$A(N, r) = C_2 \cdot \frac{N^2}{r^3} + \frac{3}{2}\frac{kT r^2}{l^2 N} + C_1 \cdot T \tag{12.34}$$

Nullsetzen der ersten Ableitung von $A(N, r)$ ergibt

$$\left(\frac{\partial A}{\partial r}\right)_{N,T} = -3 C_2 \frac{N^2}{r^4} + \frac{3kT r}{l^2 N} = 0 \quad \text{für } r = \langle r \rangle = r_{0N} \tag{12.35}$$

Auflösen nach r_{0N} liefert dann die Skalenrelation (12.29). Wie das vorliegende einfache Beispiel bereits zeigt, sind gemittelte Konformation und Molekülgröße im Gegensatz zum Modell der idealen freien Polymerkette grundsätzlich temperaturabhängig.

Es läßt sich eine Vielzahl von phänomenologischen Polymereigenschaften nennen, die durch die mittlere Größe der Moleküle bestimmt werden. Mit dem Trägheitsradius hat man die Möglichkeit, das effektiv von einem frei beweglichen Polymermolekül in Lösung eingenommene Volumen abzuschätzen. Geht man von kugelförmigen Knäueln aus, so folgt für ein ideales Knäuel unter Benutzung der Gleichungen (12.17) und (12.20)

$$V_p = \frac{4\pi}{3} R^3 = = \frac{4\pi}{3}\left(\frac{1}{6}Nl^2\right)^{3/2} \approx 0{,}09\, N^{3/2}\, l^3 \tag{12.36}$$

Andererseits ist das Molekulargewicht eines einfachen Polymers proportional zur Zahl N der Monomereinheiten, so daß als Zusammenhang zwischen effektivem Molekülvolumen und Molekulargewicht für ein ideales Knäuel folgt

$$V_p \sim M^{3/2} \tag{12.37}$$

12.4 Reale Polymermoleküle

Dies Ergebnis kann verwendet werden, um die Abhängigkeit der Viskosität einer verdünnten Polymerlösung vom Molekulargewicht vorherzusagen, siehe dazu Exkurs 12.3.

In realen Polymerlösungen spielen die oben genannten Faktoren bei der effektiven Molekülgröße eines Polymers zwar eine wesentliche Rolle, jedoch führen die bisher nicht diskutierten Wechselwirkungskräfte zwischen den Polymersegmenten sowie zwischen Segmenten und Lösungsmittelmolekülen zu weiteren Veränderungen der Molekülgestalt und -größe. Neben dem rein geometrischen Überkreuzungsverbot bewirken die direkten Abstoßungskräfte zwischen den Polymersegmenten eine weitere Knäuelvergrößerung.

Somit resultiert aus der Wahl des Lösungsmittels ein sehr deutlicher Einfluß auf das effektive Molekülvolumen. In einem guten Lösungsmittel ist es energetisch ungünstig, die Lösungsmittelmoleküle aus dem inneren Volumen eines Knäuelmoleküls zu entfernen. Die Solvatation führt deshalb in einem guten Lösungsmittel zu einer Quellung und damit Volumenerhöhung und begünstigt so einen größeren Exponenten ν in der Skalenrelation $R \sim N^\nu$. In guten Lösungsmittel findet man häufig die in Gleichung (12.29) vorhergesagte Abhängigkeit. Ein schlechtes Lösungsmittel wird eine gegenteilige Wirkung ausüben. Das Polymerknäuel hat dann im Mittel eine geringere Ausdehnung. Es folgt, daß man offensichtlich bei geschickter Wahl des Lösungsmittels eine Balance zwischen diesen beiden Extrema erreichen kann, bei der sich das Polymermolekül wie ein ideales Knäuel verhält. Lösungsmittel, in denen sich ein Polymer bei einer bestimmten Temperatur Θ als ideales Knäuel beschreiben läßt (Exponent $\nu=1/2$ in der Skalenrelation), bezeichnet man als Θ-**Lösungsmittel**.

Exkurs 12.3

Die **relative Viskositätsänderung** einer Polymerlösung hängt vom Volumenanteil $\varphi = V_p/V$ des Polymers ab. Für die Viskosität der Polymerlösung kann man den folgenden Potenzreihenansatz machen (Analogie zur Virialentwicklung), wobei η_0 die Viskosität des reinen Lösungsmittels darstellt:

$$\eta = \eta_0 \left(1 + B_1\varphi + B_2\varphi^2 + \ldots\right) \tag{12.38}$$

In der Regel reicht es, nach dem quadratischen Glied abzubrechen. Für unsolvatisierte kugelförmige Teilchen ergeben sich für die Konstanten die Zahlenwerte: $B_1 = 5/2$, $B_2 = 14{,}1$. Für den linearen Term in (12.38) folgt dann $B_1\varphi = 5N_p V_p/(2V)$, wobei N_p die Zahl der gelösten Polymermoleküle ist. Für die relative Viskositätsänderung η_{sp}, auch als spezifische Viskosität bezeichnet, gilt

$$\eta_{sp} = \frac{\eta - \eta_0}{\eta_0} = B_1\varphi + B_2\varphi^2 + \ldots \tag{12.39}$$

Als charakteristische Größen definiert man in diesem Zusammenhang noch die **reduzierte Viskosität** (auch: **Viskositätszahl**) η_{red} und die **Grenzviskositätszahl** $[\eta]$. Für η_{red} gilt mit der Massedichte $\varrho = N_p M/(N_A V)$ des Polymeren in der Lösung (M – Molekulargewicht des Polymeren, N_A – Avogadro-Zahl)

$$\eta_{red} = \frac{\eta_{sp}}{\varrho} = \frac{\eta - \eta_0}{\varrho \eta_0} = [\eta] + k_h [\eta]^2 \varrho + \ldots \quad \text{mit } [\eta] = \frac{5}{2}\frac{N_A V_p}{M},\ k_h = \frac{B_2}{B_1^2} \tag{12.40}$$

Diese Beziehung ist auch als **Huggins-Gleichung** für Nichtelektrolyte bekannt. Die experimentellen Werte der Huggins-Konstante k_h liegen normalerweise zwischen 0,33 und 0,8. Mit Gleichung (12.36) und (12.37) für den Zusammenhang zwischen dem effektivem Volumen V_p der Polymermoleküle und ihrem Molekulargewicht läßt sich die Abhängigkeit der Grenzviskositätszahl vom Molekulargewicht vorhersagen (im Modell des idealen Knäuels). Man erhält mit m_{mono} als Masse einer Monomereinheit

$$[\eta] \approx \frac{0{,}23 N_A l^3}{m_{mono}^{3/2}} \cdot M^{1/2} \quad \text{allgemein:} \quad [\eta] = K_\eta M^a \tag{12.41}$$

Die allgemeine Beziehung auf der rechten Seite von (12.41) stellt die empirische **Kuhn-Mark-Houwink-Sakudara-Gleichung** (KMHS-Gleichung) dar. K_η und a sind Konstanten, die für eine Kombination von Lösungsmittel und gelöstem Polymer charakteristisch sind. Für Polymermoleküle, die sich wie ideale Knäuel verhalten (also in Θ-Lösungsmitteln), werden für a Werte nahe 1/2 gefunden. Stabförmige Polymermoleküle ergeben Werte bis zu $a = 1{,}7$.

12.5 Polymerelastizität und Entropie

Die Statistik der Konformationen linearer Polymere bietet eine einfache Grundlage für ein Modell der Elastizität schwach vernetzter Polymere. Gummi, das heißt vernetzter Kautschuk, ist ein klassisches Beispiel. Es weist gegenüber Naturkautschuk eine nachträglich vorgenommene räumliche Vernetzung der Makromoleküle durch Disulfidbrücken auf. Durch begrenzte Zahl der Vernetzungsstellen in den Polymerketten bleibt eine ausreichende Beweglichkeit der Molekülsegmente relativ zueinander möglich. Andererseits legt die schwache Vernetzung eine bestimme Verknüpfung der Moleküle im Polymer fest, so daß ein plastisches Fließen verhindert wird. Dehnt man solche Polymere, dann wird die Längenänderung in Richtung der angewandten Dehnungskraft durch eine Streckung der Einzelmoleküle zwischen den Vernetzungsstellen in derselben Richtung gewährleistet (Abbildung 12.7). Dabei wird die statistische Unordnung der unvernetzten Molekülteile teilweise aufgehoben. Die Entropie des Polymers verringert sich. Setzt man die äußere Kraft auf Null zurück, so wird das Polymer wieder in seine alte Form zurückkehren, die durch eine statistische Anordnung der unvernetzten Molekülsegmente gegeben ist. Die Entropie erreicht wieder den Maximalwert.

Wir wollen nun das im vorhergehenden Abschnitt eingeführte Modell der idealen Kette benutzen, um diese Entropieänderung eines Polymers bei Dehnung zu berechnen. Dazu ist im Ausdruck für das Differential der inneren Energie dU für ein elastisches Polymer die differentielle Dehnungsarbeit $F\,dL$ aufzunehmen, wobei F die Dehnungskraft und dL die Längenänderung in Richtung der Kraft F sein soll. Es folgt für dU

$$dU = T\,dS + F\,dL \qquad (dV = 0) \tag{12.42}$$

Speziell für gummielastische Materialien gilt, daß bei der elastischen Dehnung das Gesamtvolumen des Materials praktisch unverändert bleibt. Dies ist ganz analog zu den praktisch inkompressiblen Flüssigkeiten wie Wasser. Deshalb kann man in diesen

12.5 Polymerelastizität und Entropie

Fällen den volumenabhängigen Term $-p\,dV$ im Ausdruck für das Differential der inneren Energie dU gleich Null setzen. Damit ergibt sich für die Helmholtz-Energie

$$dA = d(U - TS) = -S\,dT + F\,dL \tag{12.43}$$

Für die Dehnungskraft F können wir aus diesen beiden Gleichungen die folgende allgemeine Beziehung ableiten:

$$F = \left(\frac{\partial A}{\partial L}\right)_T = \left(\frac{\partial U}{\partial L}\right)_T - T\left(\frac{\partial S}{\partial L}\right)_T = F_U + F_S \tag{12.44}$$

Man erkennt aus dieser Gleichung, daß die Dehnungskraft im allgemeinen aus zwei Anteilen bestehen kann. Dabei ergibt sich der erste aus einer möglichen Längenabhängigkeit der Energie des Festkörpers und der zweite aus der Entropieänderung bei Längenänderung. Für gummielastische Materialien gilt, daß die innere Energie des Materials in erster Näherung nicht von einer Längenänderung abhängig ist, da das Volumen insgesamt konstant bleibt. Eine Erklärung für dieses Verhalten elastischer Polymere ist, daß die intermolekularen Wechselwirkungen bei elastischer Dehnung des Polymers weitgehend konstant bleiben. Es folgt somit, daß die Dehnungskraft nur durch die Änderung der Entropie mit der Länge bestimmt wird:

$$F \approx -T\left(\frac{\partial S}{\partial L}\right)_T \qquad \text{für ein elastisches Polymer} \tag{12.45}$$

Im folgenden wird der Zusammenhang zwischen Dehnungskraft und Längenänderung des Polymers näher analysiert, um die Ableitung in Gleichung (12.45) explizit zu berechnen. Abbildung 12.7 zeigt schematisch den Ausgangspunkt der folgenden Überlegungen. Ein schwach vernetztes Polymer wird durch eine Zugspannung in x–Richtung belastet und dehnt sich in x–Richtung entsprechend aus, senkrecht dazu in y– und z–Richtung wird sich das Material dementsprechend kontrahieren, da das Volumen konstant bleibt. Die Kettensegmente zwischen den Vernetzungsstellen behandeln wir wieder mit dem Modell der idealen Kette. Ohne äußere Spannungen werden die Einzelketten zwischen den Vernetzungsstellen im Mittel die wahrscheinlichste Konformation mit der größten Zahl Ω an Mikrozuständen annehmen, das heißt der mittlere Abstand zwischen den Vernetzungsstellen wird durch ein Maximum der Entropie ($S = k \ln \Omega$) festgelegt.

Wir betrachten ein einzelnes Teilstück im Polymer zwischen zwei Vernetzungsstellen. Abbildung 12.8 zeigt die Definition der Komponenten eines Vektors, der Abstand und Richtung zwischen den beiden Vernetzungsstellen beschreibt. Die Vernetzungsstellen treten hier an die Stelle der freien Kettenenden im vorhergehenden Abschnitt.

Die normierte Gauß-Verteilung (12.21) aus dem vorhergehenden Abschnitt beschreibt die Wahrscheinlichkeit, mit der die möglichen Abstände r der Vernetzungsstellen einer linearen Polymerkette auftreten. Die Anzahl an Mikrozuständen, die zu einem speziellen Wert von Betrag und Richtung des Endabstandsvektors $r = (r_x, r_y, r_z)$ gehört (vergleiche Abbildung 12.5), ist proportional zum Wert der Verteilungsfunktion der Kettenendabstände für diesen Vektor. Wir müssen deshalb hier die richtungsabhängige Formulierung der Verteilungsfunktion der Kettenendabstände wählen. Wie im mathematischen Anhang allgemein angegeben (Gleichungen (B.33) und (B.35), ist die richtungsabhängige Form der Verteilung (12.21) der Endabstandsvektoren gegeben durch

$$F(r_x, r_y, r_z) = \left(\frac{\beta^2}{\pi}\right)^{3/2} \exp\left[-\beta^2(r_x^2 + r_y^2 + r_z^2)\right] \quad \text{mit } \beta = \frac{3}{2r_{0N}^2} \quad (12.46)$$

Durch die Dehnung des Polymers werden die mittleren Abstände der Vernetzungsstellen in x-Richtung erhöht und in y- und z-Richtung erniedrigt, so daß die Verteilungsfunktion ebenfalls geändert wird. Wenn wir mit $\alpha_x, \alpha_y, \alpha_z$ die relative Längenänderung der ursprünglichen Werte r_x, r_y, r_z bezeichnen, so ergibt sich aus Gleichung (12.46) die geänderte Verteilungsfunktion, indem r_x, r_y, r_z durch $\alpha_x r_x, \alpha_y r_y, \alpha_z r_z$ ersetzt werden. Normiert man die entstehende Verteilungsfunktion wieder auf Eins, so ergibt sich

$$F(\alpha_x r_x, \alpha_y r_y, \alpha_z r_z) = \left(\frac{\beta^2}{\pi}\right)^{3/2} \alpha_x \alpha_y \alpha_z \exp\left[-\beta^2(\alpha_x^2 r_x^2 + \alpha_y^2 r_y^2 + \alpha_z^2 r_z^2)\right] \quad (12.47)$$

Falls man das ungedehnte Polymer betrachtet, muß die Zahl der Mikrozustände in einem Bereich dr um einen Endabstandsvektor $r = (r_x, r_y, r_z)$ proportional sein zu $F(r_x, r_y, r_z)$

$$\Delta\Omega_0(r_x, r_y, r_z) \sim F(r_x, r_y, r_z) \Delta r_x \Delta r_y \Delta r_z \quad (12.48)$$

Der entsprechende Beitrag zur Entropie durch die Mikrozustände der ungedehnten und der gedehnten Polymerkette mit diesem Endabstandsvektor ergibt sich aus

$$S_{i,0} \text{ (Einzelkette)} = k \ln[\Delta\Omega_0(r_x, r_y, r_z)] = k \ln[F(r_x, r_y, r_z)] + \text{const.}$$
$$S_i \text{ (Einzelkette)} = k \ln[F(\alpha_x r_x, \alpha_y r_y, \alpha_z r_z)] + \text{const.} \quad (12.49)$$

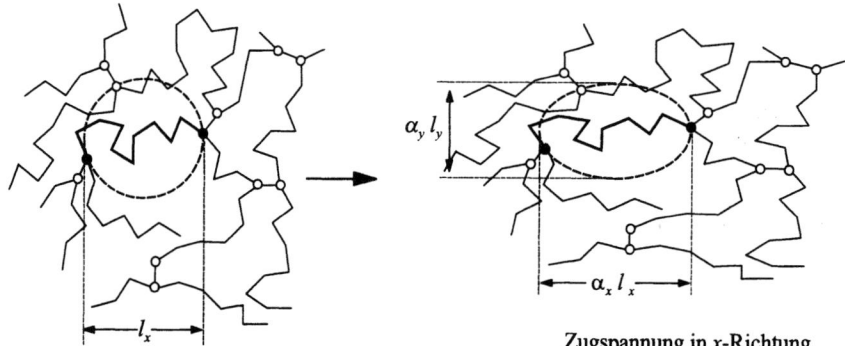

Zugspannung in x-Richtung

Abbildung 12.7 Auswirkung einer Zugspannung in x-Richtung auf ein schwach vernetztes elastisches Polymer: Während ohne äußere Kräfte das Material isotrop ist und die mittleren Kettenabstände beziehungsweise Abstände der Vernetzungsstellen in allen Richtungen gleich sind, wird die Spannung in x-Richtung zu einer Erhöhung der mittleren Kettenlänge l_x in x-Richtung führen, in y- und z-Richtung dagegen zu einer Verkürzung von l_y und l_z.

12.5 Polymerelastizität und Entropie

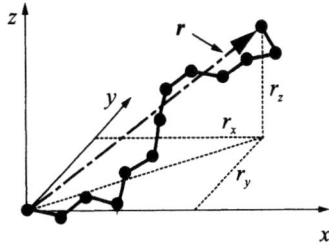

Abbildung 12.8 Zur Definition der Verteilungsfunktion $F(r_x, r_y, r_z)$ der Kettenendenabstände: $r = (r_x, r_y, r_z)$ kennzeichnet Richtung und Abstand zwischen zwei Vernetzungsstellen. Eine von beiden wird dabei in den Koordinatenursprung gelegt. $F(r_x, r_y, r_z)$ ist dann der Bruchteil der Polymerketten, deren Endabstandsvektor gerade r in Betrag und Richtung entspricht.

Die Entropiedifferenz beim Dehnen dieser Einzelkette ist demnach (die Konstanten in den Teilgleichungen von (12.49) sind gleich und fallen bei der Differenzbildung weg)

$$\Delta S_i = S_i - S_{i,0} = k \ln \frac{F(\alpha_x r_x, \alpha_y r_y, \alpha_z r_z)}{F(r_x, r_y, r_z)} \qquad (12.50)$$

$$= -\beta^2 k [(\alpha_x^2 - 1)r_x^2 + (\alpha_y^2 - 1)r_y^2 + (\alpha_z^2 - 1)r_z^2] + k \ln[\alpha_x \alpha_y \alpha_z]$$

Zur Berechnung der Gesamtentropie eines vernetzten Polymersystems muß über die Entropiebeiträge aller Einzelketten i summiert werden. Sei N_i die Gesamtzahl der Einzelketten (unter Einzelkette wird ein Polymermolekülteil verstanden, das sich zwischen jeweils zwei Vernetzungsstellen befindet), so ergibt sich folgende Gleichung:

$$\Delta S = \sum_{N_i \text{ Ketten}} \Delta S_i = N_i \cdot \langle \Delta S_i \rangle \qquad (12.51)$$

Dabei haben wir die Summation über die Einzelkettenbeiträge zur Entropie durch den Mittelwert $\langle \Delta S_i \rangle$ multipliziert mit der Anzahl N_i der Einzelketten ersetzt. Der Mittelwert $\langle \Delta S_i \rangle$ kann einfach ausgewertet werden. Es gilt

$$\left\langle \Delta S_i (r_x^2, r_y^2, r_z^2) \right\rangle = \Delta S_i \left(\langle r_x^2 \rangle, \langle r_y^2 \rangle, \langle r_z^2 \rangle \right) \qquad (12.52)$$

Außerdem können die Quadrate der Komponenten des Endabstandsvektors r ersetzt werden gemäß (isotrope Verteilung des ungedehnten Polymers):

$$\langle r_x^2 \rangle = \langle r_y^2 \rangle = \langle r_z^2 \rangle = \frac{1}{3} \langle r^2 \rangle \qquad (12.53)$$

Aus dieser Betrachtung folgt mit (12.50) bis (12.53) für die gesamte Entropieänderung des elastischen Polymers unter Berücksichtigung des Wertes für β^2

$$\Delta S = -\frac{1}{2} k N_i (\alpha_x^2 + \alpha_y^2 + \alpha_z^2 - 3) + k N_i \ln[\alpha_x \alpha_y \alpha_z] \qquad (12.54)$$

Aus der Annahme eines konstanten Volumens folgt $\alpha_x \alpha_y \alpha_z = 1$ (siehe Exkurs 12.4) und damit

$$\Delta S = -\frac{1}{2} k N_i \left(\alpha^2 + \frac{2}{\alpha} - 3 \right) \quad \text{mit} \quad \alpha = L/L_0 \qquad (12.55)$$

Gleichung (12.55) zeigt, daß wegen $\alpha > 0$ die Entropie bei Dehnung wie auch bei Stauchung eines Polymers abnimmt, da die Moleküle weniger wahrscheinliche Konformationen annehmen. Aus dem obigen Ergebnis läßt sich die Dehnungskraft F

in x-Richtung beziehungsweise die zugehörige Spannung berechnen. Aus Gleichung (12.45) folgt

$$F = -T\left(\frac{\partial S}{\partial L}\right)_T = -\frac{T}{L_0}\left(\frac{\partial S}{\partial \alpha}\right)_T = \frac{kTN_i}{L_0}(\alpha - \frac{1}{\alpha^2}) \quad (12.56)$$

Mit der Definition der **Zugspannung** σ als Kraft pro Fläche gilt dann

$$\sigma = \frac{F}{A_\square} = \frac{kTN_i}{V_0}\left(\alpha - \frac{1}{\alpha^2}\right) \quad (12.57)$$

Abbildung 12.9 zeigt einen Vergleich zwischen einer typischen experimentell ermittelten Kurve mit der theoretischen aus Gleichung (12.57) für die Abhängigkeit zwischen Spannung σ und **Dehnungsverhältnis** α eines Polymers. Die Experimente werden im Bereich nicht zu großer Dehnungen recht gut durch die Beziehung (12.57) beschrieben. Statt des Dehnungsverhältnisses α benutzt man jedoch meist die relative Dehnung ϵ, die definiert ist als

$$\epsilon = \frac{L - L_0}{L_0} = \alpha - 1 \quad (12.58)$$

Im Grenzfall sehr kleiner relativer Dehnung ($\epsilon \ll 1$) wird zwischen Zugspannung und relativer Dehnung ein linearer Zusammenhang beobachtet (elastisches Verhalten). linear von der Zugspannung abhängig betrachten. Mit dem **Elastizitätsmodul** E als Proportionalitätskonstante ist diese Beziehung auch als **Hooke'sches Gesetz** bekannt:

$$\sigma = E\epsilon = E \cdot \frac{L - L_0}{L_0} \quad (12.59)$$

Substituiert man in Gleichung (12.57) mit $\alpha = \epsilon + 1$ und betrachtet den Grenzfall sehr kleiner relativer Dehnung $\epsilon \ll 1$, so ergibt unser Modell des elastischen Polymers ebenfalls eine lineare Beziehung zwischen relativer Dehnung und Zugspannung, aus dem der Elastizitätsmodul ableitbar ist:

$$\sigma = \frac{kTN_i}{V_0}\left[(\epsilon + 1) - \frac{1}{(\epsilon + 1)^2}\right] = \frac{kTN_i}{V_0}\left[\frac{(\epsilon + 1)^3 - 1}{(\epsilon + 1)^2}\right] \approx \frac{kTN_i}{V_0} \cdot 3\epsilon \quad (12.60a)$$

$$\text{mit } \left[\frac{(\epsilon + 1)^3 - 1}{(\epsilon + 1)^2}\right] \approx \left[(\epsilon^3 + 3\epsilon^2 + 3\epsilon + 1) - 1\right] \cdot (1 - 2\epsilon) \approx 3\epsilon$$

$$E = \frac{3kTN_i}{V_0} \quad (12.60b)$$

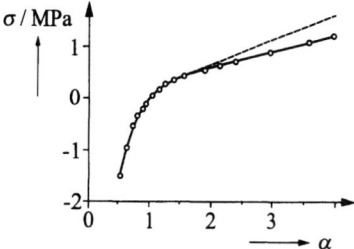

Abbildung 12.9 Beziehung zwischen Spannung σ und dem Dehnungsverhältnis $\alpha = L/L_0$ bei vernetztem Naturkautschuk. ∘—∘ experimentell, -- berechnet nach Gleichung (12.57). Dehnung (bei $\alpha > 1$) oder Kompression (bei $\alpha < 1$) [aus Eli 90].

Tabelle 12.3: Elastizitätsmodule verschiedener Materialien bei 25°C [Eli 90]

Material	E/GPa	Material	E/GPa
vulkanisierter Kautschuk	0,001 - 0,01	Fasern, faserverstärkte Kunststoffe	10 - 100
kristallisierter Kautschuk	0,1		
unorientierte Polymere (partiell kristallin)	0,1 - 10	anorganische Gläser	100 - 1000
		Kristalle	1000 - 10000

Exkurs 12.4 Herleitung zu Gleichung (12.55)

Das Volumen bleibt beim Dehnen eines gummielastischen Polymers unverändert $V_1 = V_0$. Einer Streckung um den Faktor α_x in x-Richtung muß dann eine Stauchung um den Faktor $\alpha_y = \alpha_z < 1$ in y- und z-Richtung entsprechen. Mit den charakteristischen Längen r_x, r_y, r_z eines Polymerstrangs gilt

$$V_0 = r_x r_y r_z \quad , \quad V_1 = \alpha_x r_x \cdot \alpha_y r_y \cdot \alpha_z r_z$$

Mit $V_1 = V_0$ (Inkompressibilität) folgen die Beziehungen

$$\alpha_x \alpha_y \alpha_z = 1 \quad , \quad \alpha_x = \alpha = \frac{L}{L_0} \quad , \quad \alpha_y = \alpha_z = \frac{1}{\alpha_x^{1/2}}$$

Exkurs 12.5 Abweichungen von der Linearität bei starker Dehnung

Bei großen Dehnungen treten Abweichungen von einer reinen Gauß-Verteilung der Kettenkonformation auf. Diese Abweichungen sind direkt auf den Einfluß von intra- und intermolekularen Wechselwirkungen innerhalb des Materials und durch Relaxationseffekte bedingt. Die experimentell gefundenen Abweichungen werden meist empirisch durch die sogenannte Mooney-Rivlin-Saunders-Gleichung beschrieben:

$$K(\alpha) = \frac{(\sigma)_{\text{exp}}}{\alpha - \alpha^{-2}} = 2C_1 + 2C_2 \alpha^{-1} \tag{12.61}$$

Die Konstante $2C_1$ läßt sich dann mit dem statistisch-thermodynamischen Ausdruck in Gleichung (12.57) identifizieren, so daß man erhält

$$2C_1 = \frac{(\sigma)_{\text{statist}}}{\alpha - \alpha^{-2}} = \frac{N_i kT}{V_0} \tag{12.62}$$

Der Wert der zweiten Konstante C_2 wird durch Effekte wie beispielsweise die nichtstatistische Kettenorientierung aufgrund des Vernetzungsgrades, Anwesenheit von Lösungsmitteln und Quellungsgrad beeinflußt.

Literaturzitate

[Dau 93] M. Daune, *Molekulare Biophysik*, Vieweg, Braunschweig 1997.

[Cow 97] J.M.G. Cowie, *Chemie und Physik der synthetischen Polymeren*, Vieweg, Braunschweig 1997.

[Eli 90] H.-G., Elias, *Makromoleküle, Band 1: Grundlagen: Struktur - Synthese - Eigenschaften*, Hüthig & Wepf, Basel, 5. neubearb. Aufl., 1990.

[Eli 96] H.-G. Elias, *Polymere: von Monomeren und Makromolekülen zu Werkstoffen*, Hüthig und Wepf, Heidelberg 3. Aufl. 1996.

[Flo 53] P.J. Flory, *Principles of Polymer Chemistry*, Cornell Univ. Press, Ithaca NY 1953.

[Hil 62] T.L. Hill, *An Introduction to Statistical Thermodynamics*, Addison-Wesley, London 1962.

[Pei 98] H.-O. Peitgen, H. Jürgens, D. Saupe, *Bausteine des Chaos - Fraktale*, Rowohlt, Hamburg 1998, S. 444ff.

[Sun 94] S.F. Sun, *Physical Chemistry of Macromolecules*, Wiley, New York 1994.

[Tab 91] D. Tabor, *Gases, Liquids and Solids and Other States of Matter*, Cambridge Univ. Press, 3rd ed. 1991.

[Tie 97] B. Tieke, *Makromolekulare Chemie - Eine Einführung*, VCH Weinheim 1997.

13 Transportvorgänge in Gasen

In diesem und den folgenden Kapiteln gehen wir zur Beschreibung von Systemen außerhalb des Gleichgewichts über. Da verdünnte Gase auch hier einfache Modellvorstellungen erlauben, wollen wir zunächst die molekularen Grundlagen für Transportkoeffizienten in Gasen im Rahmen der kinetischen Gastheorie diskutieren. Wir benutzen hier ein stark vereinfachtes Modell harter Kugeln für die Gasteilchen. Unsere wesentliche Annahme ist, daß die statistische Verteilung von Energien und Geschwindigkeiten über die Gasteilchen lokal noch in sehr guter Näherung der im Gleichgewicht entspricht, so daß lokale Werte von Temperatur, Druck und Konzentration weiter verwendbar bleiben.

13.1 Freie Weglänge und Stoßraten in Gasen

Transportvorgänge in Gasen lassen sich erstaunlich gut mit stark vereinfachten Modellen behandeln. Wir wollen dazu die Ergebnisse von Kapitel 3.6 für die Verteilungsfunktion und Mittelwerte der Energie und Geschwindigkeit benutzen. In Erweiterung des Konzepts der idealen Gase soll lediglich noch ein konstantes Eigenvolumen der Gasteilchen berücksichtigt werden. Dies entspricht einem **Modell harter Kugeln**, das nur die abstoßende Wechselwirkung zwischen den Teilchen berücksichtigt. Anziehungskräfte zwischen den Gasteilchen oder eine Temperaturabhängigkeit des effektiven Teilchenvolumens werden vernachlässigt. Der Energieaustausch zwischen den Molekülen erfolgt in diesem Modell nur über elastische Stöße. Es wird also ganz von der Beteiligung innerer Energieformen abgesehen (Schwingungsanregung, Elektronenanregung ...).

Die Effektivität und Geschwindigkeit von Transportvorgängen, beispielsweise der Wärmeleitung oder des Impulstransportes (Viskosität) in Gasen, hängen dann im wesentlichen von der mittleren Teilchengeschwindigkeit und der mittleren Zahl der Stöße pro Sekunde ab, die ein Teilchen im Gas erfährt. In der kinetischen Gastheorie führt man in diesem Zusammenhang die **mittlere freie Weglänge** Λ und die **Stoßfrequenz** Z eines Teilchens ein. Λ bezeichnet die mittlere Entfernung, die ein Teilchen zwischen zwei aufeinander folgenden Stößen mit anderen Gasteilchen zurücklegt. Im Hinblick auf Gasmischungen ist es notwendig, sowohl Stöße zwischen gleichartigen als auch mit unterschiedlichen Teilchen zu behandeln. Mit Λ_{AA} soll deshalb im folgenden die mittlere freie Weglänge zwischen Stößen des betrachteten Teilchens A mit anderen Teilchen der gleichen Sorte und mit Λ_{AB} die freie Weglänge zwischen aufeinanderfolgenden Stößen mit Teilchen der Sorte B bezeichnet werden. Entsprechend können wir in Gasmischungen die Stoßfrequenzen Z_{AA} und Z_{AB} unterscheiden.

Wir betrachten im folgenden zunächst Stöße eines A-Teilchens mit Teilchen der Sorte B. Für die Zeit τ_{AB} zwischen zwei Stößen gilt mit $\langle v_{AB} \rangle$ als mittlerer Relativgeschwindigkeit der Teilchen A und B

$$\tau_{AB} = \frac{\Lambda_{AB}}{\langle v_{AB} \rangle} = \frac{1}{Z_{AB}} \tag{13.1}$$

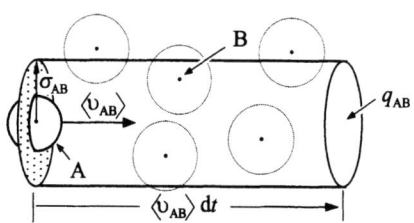

Abbildung 13.1 Zur Ableitung der Stoßrate Z_{AB} für die Zahl der Stöße eines Teilchens A mit Teilchen der Sorte B pro Sekunde: Teilchen A bewegt sich relativ zu den B-Teilchen mit der Relativgeschwindigkeit $\langle v_{AB}\rangle$. Mit q_{AB} und dem zurückgelegten Weg $\langle v_{AB}\rangle dt$ ergibt sich das in der Zeit dt durchquerte Volumen („Stoßzylinder") $dV = q_{AB}\langle v_{AB}\rangle dt$.

Der Kehrwert $1/\tau_{AB}$ entspricht der **Stoßfrequenz** Z_{AB} (= Zahl der Stöße des betrachteten Teilchens A pro Sekunde mit anderen Teilchen B im Gas).

Wie im folgenden gezeigt wird, hängt die Stoßfrequenz Z_{AB} von der mittleren Relativgeschwindigkeit $\langle v_{AB}\rangle$, der Teilchendichte $c_B = N_B/V$ der Stoßpartner und dem **Stoß-** oder **Streuquerschnitt** q_{AB} ab. Er ist definiert durch

$$q_{AB} = \pi \sigma_{AB}^2 \tag{13.2}$$

σ_{AB} bezeichnet dabei die kleinste Entfernung, auf die sich zwei starre Kugeln der Radien r_A und r_B beim elastischen Stoß annähern können und entspricht deshalb der Summe ihrer Radien $\sigma_{AB} = r_A + r_B$ (siehe Abbildung 9.6 in Kapitel 9). σ_{AA} für Stöße von gleichartigen Teilchen ist dann identisch mit dem Durchmesser eines Einzelteilchens. Der Stoßquerschnitt q_{AB} beschreibt also eine Kreisfläche um den Masseschwerpunkt eines Teilchens A, in die der Schwerpunkt eines zweiten Teilchens B nicht eindringen kann.

Abbildung 13.1 veranschaulicht die Ableitung der Stoßrate. Das betrachtete Teilchen bewegt sich während eines Zeitintervalls dt um die Strecke $\langle v_{AB}\rangle dt$ relativ zu Teilchen der Sorte B im Gas. Die mittlere Relativgeschwindigkeit ergibt sich aus Gleichung (3.72), indem man die Teilchenmasse m durch die reduzierte Masse $\mu = m_A m_B/(m_A + m_B)$ der beiden Stoßpartner ersetzt:

$$\langle v_{AB}\rangle = \left(\frac{8kT}{\pi\mu}\right)^{1/2} = \langle v_A\rangle \cdot \left(\frac{m_A}{\mu}\right)^{1/2} \tag{13.3}$$

Die Zahl der Stöße des Teilchens A in der Zeit dt ergibt sich als Produkt aus dem Volumen $dV = q_{AB}\langle v_{AB}\rangle dt$ des Stoßzylinders (Abbildung 13.1) und der Teilchendichte $c_B = N_B/V$ der Stoßpartner. Für die Stoßrate erhält man nach Division von $c_B dV$ durch die Zeit dt den Ausdruck

$$Z_{AB} = c_B q_{AB} \left(\frac{m_A + m_B}{m_B}\right)^{1/2} \langle v_A\rangle \quad \text{mit } q_{AB} = \pi \cdot (r_A + r_B)^2 \tag{13.4}$$

Der Vergleich mit Gleichung (13.1) ergibt dann für die freie Weglänge des Teilchens A bezüglich der Stöße mit Teilchen der Sorte B

$$\Lambda_{AB} = \left(\frac{m_B}{m_A + m_B}\right)^{1/2} \cdot \frac{1}{c_B q_{AB}} \tag{13.5}$$

13.1 Freie Weglänge und Stoßraten in Gasen

Wenn die Stoßpartner ebenfalls Teilchen der Sorte A sind, gilt für die reduzierte Masse $\mu = m_A/2$, so daß sich die Relativgeschwindigkeit $\langle v_{AA} \rangle$ der Teilchen eines einkomponentigen Gases um den Faktor $\sqrt{2}$ von der mittleren Teilchengeschwindigkeit $\langle v_A \rangle$ unterscheidet:

$$\langle v_{AA} \rangle = \sqrt{2} \langle v_A \rangle \tag{13.6}$$

Für ein Gas aus gleichen Teilchen A gilt dann (wir lassen hier zur Vereinfachung die Indizes A und AA bei $\langle v_A \rangle$, q_{AA} und c_A weg)

$$Z_{AA} = c\,q\,\sqrt{2}\,\langle v \rangle = \frac{\langle v \rangle}{\Lambda} \quad \text{mit} \quad q = \pi \sigma_A^2 = \pi \cdot (2 r_A)^2 \tag{13.7}$$

$$\Lambda = \frac{1}{\sqrt{2}\,c\,q} \tag{13.8}$$

Die Gesamtstoßrate Z_A von A-Teilchen in einer zweikomponentigen Gasmischung aus A- und B-Teilchen (also Stöße mit A als auch mit B) ergibt sich durch Addition der Ausdrücke (13.4) und (13.7)

$$Z_A = Z_{AA} + Z_{AB} = \left[\sqrt{2}\,c_A\,q_{AA} + \left(\frac{m_A + m_B}{m_B} \right)^{1/2} c_B\,q_{AB} \right] \langle v_A \rangle$$

$$= \left(\frac{1}{\Lambda_{AA}} + \frac{1}{\Lambda_{AB}} \right) \langle v_A \rangle \tag{13.9}$$

Für die Behandlung von Gasreaktionen ist darüber hinaus die Gesamtzahl der „**bimolekularen**" **Stöße** pro Volumen und Zeit zwischen Paaren aus A- und B-Teilchen interessant. Diese Zahl, die mit $Z_{AB(V)}$ bezeichnet sei, ist aus Z_{AB} durch Multiplikation mit der Teilchendichte c_A der Teilchen A erhältlich:

$$Z_{AB(V)} = c_A \cdot Z_{AB} = q_{AB} \langle v_{AB} \rangle c_A c_B \tag{13.10}$$

Wenn man die entsprechende Gesamtstoßzahl pro Volumen und Zeit für ein reines einkomponentiges Gas berechnet, so ist noch der Faktor $1/2$ hinzuzunehmen. Ansonsten würde man die Zweierstöße doppelt zählen. Es folgt für ein reines Gas A

$$Z_{AA(V)} = \frac{1}{2} c_A^2\,q_{AA} \langle v_{AA} \rangle = \frac{1}{\sqrt{2}} c^2\,q\,\langle v \rangle \tag{13.11}$$

Für Stickstoff bei einem Druck von 1 bar und der Temperatur 298 K erhält man beispielsweise $Z_{AA(V)} = 7{,}6 \cdot 10^{28}\,\text{s}^{-1}\,\text{cm}^{-3}$. $Z_{AA(V)}$ wächst gemäß Gleichung (13.11) proportional zum Quadrat des Drucks (bei konstanter Temperatur). Die folgende Abbildung 13.2 zeigt in einer Übersicht die Zusammenhänge zwischen Druck, mittlerer freier Weglänge Λ, Teilchendichte c und Wandstoßzahl $Z_{(S)}$ (siehe dazu Gleichung (3.81)) für ein ideales Gas mit einer Teilchensorte. Zusätzlich dargestellt ist $t_{mono} = 10^{15}\,\text{cm}^{-2} \cdot Z_{(S)}^{-1}$. Es beschreibt die Zeit, in der auf einer reinen Festkörperoberfläche eine neue Monolage von Gasmolekülen (hier N_2) entsteht, wenn jedes auftreffende Teilchen an der Oberfläche haften bleibt und nicht reflektiert wird („Haftkoeffizient"= 1). Eine Monolage entspricht etwa 10^{15} Teilchen pro cm^2.

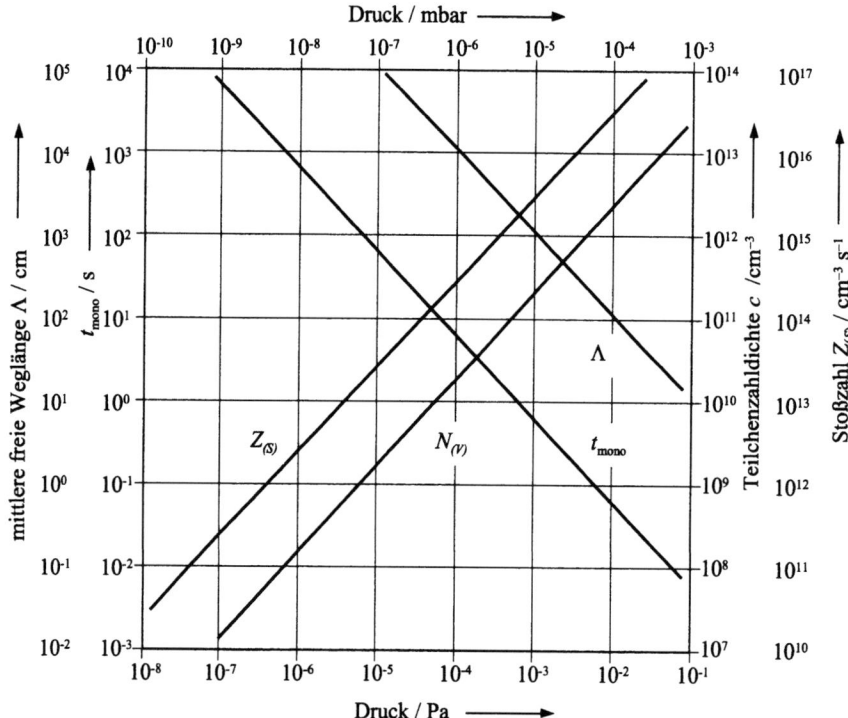

Abbildung 13.2 Zusammenhänge zwischen $Z_{(S)}$, Λ, t_{mono}, c und p für Stickstoff.

Exkurs 13.1 Stoßquerschnitt

Im Gas aus harten Kugeln bleibt der Stoßquerschnitt q eine rein geometrisch definierte Größe. Im realen Gas erfordert ein Verständnis des Stoßquerschnitts und seiner empirisch gefundenen Temperaturabhängigkeit weitere ergänzende Vorstellungen. Atome und Moleküle im Gas können nur im Idealfall als starre Kugeln betrachtet werden. Real hängt die abstoßende Wechselwirkung vom Abstand der Teilchen ab. Teilchen mit höherer kinetischer Energie können sich beim Stoß auf einen geringeren Abstand annähern. Der Stoßquerschnitt auf Grund der Abstoßung wird also im Gegensatz zum Hartkugelmodell mit steigender Temperatur abnehmen. Andererseits wirken bei größeren Abständen zwischen den Atomen und Molekülen schwache Anziehungskräfte (siehe Kapitel 9), die für sich genommen eine geringe Erhöhung des Stoßquerschnitt bewirken. Dieser Einfluß der Anziehungskräfte nimmt allerdings mit steigender Temperatur ab.

Darüber hinaus kann ein Stoß zwischen zwei Atomen oder Molekülen auch zu einer chemischen Reaktion mit der Bildung von Produkten führen. Will man auch solche Stöße in der Formulierung des Stoßquerschnitts berücksichtigen, so bekommt man den folgenden Ausdruck für beliebige Teilchen-Teilchen-Wechselwirkungen:

$$q = q_{\text{elast}} + q_{\text{inelast}} \tag{13.12}$$

Dabei berücksichtigt q_{elast}, daß Teilchen beim Zusammenstoß elastisch gestreut werden und

13.1 Freie Weglänge und Stoßraten in Gasen

q_{inelast}, daß Teilchen durch eine chemische Reaktion verbraucht werden können oder auf Grund der Wechselwirkung der beiden stoßenden Teilchen absorbiert werden können (beispielsweise Neutronen beim Stoß mit Atomkernen).

Exkurs 13.2 Stoßtheorie bimolekularer Gasreaktionen

Gleichung (13.10) für die Gesamtstoßrate der bimolekularen AB-Stöße pro Volumen ist die Grundlage für die einfache Stoßtheorie bimolekularer Gasreaktionen. Mit der Aktivierungsenergie E_A gilt, daß der Bruchteil $\exp(-E_A/kT)$ der bimolekularen AB-Stöße zu den Produkten führt. Die allgemeine Reaktionsgleichung ist

$$A + B \longrightarrow \text{Produkte} \tag{13.13}$$

und das zugehörige Geschwindigkeitsgesetz

$$\frac{dc_A}{dt} = -k_{AB} c_A c_B \tag{13.14}$$

Die Reaktionsgeschwindigkeit im Gas entspricht der Zahl erfolgreicher AB-Stöße pro Zeit und pro Volumen, bei denen die Reaktion zu den Produkten abläuft. Nach dem einfachen Arrhenius-Ansatz ist $\exp(-E_A/kT)$ der Bruchteil der bimolekularen Stöße, der zu den Produkten führt. Es folgt also

$$\begin{aligned}\frac{dc_A}{dt} &= -Z_{AB(V)} \cdot \exp\left(-\frac{E_A}{kT}\right) \\ &= -q_{AB} \langle v_{AB} \rangle \exp\left(-\frac{E_A}{kT}\right) \cdot c_A c_B\end{aligned} \tag{13.15}$$

Vergleich von (13.15) mit (13.14) ergibt für die bimolekulare Geschwindigkeitskonstante k_{AB}

$$k_{AB} = q_{AB} \langle v_{AB} \rangle \exp\left(-\frac{E_A}{kT}\right) = \pi \sigma_{AB}^2 \sqrt{\frac{8kT}{\pi \mu}} \exp\left(-\frac{E_A}{kT}\right) \tag{13.16}$$

Kritisch an diesem Modell ist, daß die inneren Freiheitsgrade (Schwingung, Elektronenanregung...) wie auch die Struktur des aktivierten Komplexes (siehe Kapitel 5) nicht berücksichtigt werden. Es ist deshalb zu erwarten, daß die Stoßtheorie für größere Moleküle keine befriedigende Beschreibung der Kinetik liefert. In der detaillierten Beschreibung der Mechanismen von Gasreaktionen muß die Verteilung der Teilchenenergien $f(\varepsilon_{AB})$ und die Abhängigkeit der Reaktionswahrscheinlichkeit von der Energie genauer berücksichtigt werden. Der Arrhenius-Ansatz ist dazu nicht geeignet. Man führt deshalb einen Reaktionsquerschnitt $q_{AB,r}$ als Funktion der Relativgeschwindigkeit v_{AB} oder alternativ der relativen kinetischen Energie ε_{AB} ein. Dazu wird die bimolekulare Reaktionsgeschwindigkeitskonstante für eine spezielle Relativgeschwindigkeit oder relative kinetische Energie ε_{AB} definiert als

$$k_{AB}(v_{AB}) = v_{AB}\, q_{AB,r}(v_{AB}) \quad \text{bzw.} \quad k_{AB}(\varepsilon_{AB}) = \sqrt{\frac{2\varepsilon_{AB}}{\mu}}\, q_{AB,r}(\varepsilon_{AB}) \tag{13.17}$$

Die Gleichungen (13.17) und (13.17) erlauben, die bimolekulare Geschwindigkeitskonstante für beliebige Energieverteilungen $f(\varepsilon_{AB})$ oder Geschwindigkeitsverteilungen $f(v_{AB})$ der Reaktanden auszudrücken. In einer weiteren Verfeinerung kann die Energieverteilung noch in

Verteilungsfunktionen über die verschiedenen Energieformen (Translation, Rotation, Schwingung, elektronische Anregung) faktorisiert werden, die über spezielle Molekularstrahlexperimente an einfachen Systemen auch experimentell untersucht werden können (zu Details siehe beispielsweise [Ber 80, Lev 91]). Für k_{AB} gilt

$$k_{AB} = \int_0^\infty f(v_{AB})\, q_{AB,r}(v_{AB})\, v_{AB}\, dv_{AB} = \frac{1}{\mu} \int_0^\infty f(\varepsilon_{AB})\, q_{AB,r}(\varepsilon_{AB})\, d\varepsilon_{AB} \quad (13.18)$$

Der einfache Arrhenius-Ansatz im Modell harter Kugeln würde bedeuten, daß für die Verteilungsfunktion die Maxwell-Boltzmann-Verteilung angenommen wird und daß für den Reaktionsquerschnitt gilt

$$q_{AB,r}(\varepsilon_{AB}) = \begin{cases} 0 & \text{wenn } \varepsilon_{AB} < E_a \\ \pi \sigma_{AB}^2 & \text{wenn } \varepsilon_{AB} > E_a \end{cases} \quad (13.19)$$

Exkurs 13.3 Mittlere freie Weglänge

Die mittlere freie Weglänge ist darüber hinaus auch der wesentliche Parameter bei der Beschreibung der Intensitätsabschwächung eines gerichteten Teilchenstrahls von A-Teilchen, der durch ein Medium mit der Teilchenzahldichte c_B von B-Teilchen geleitet wird. Als mögliche Beispiele seien genannt ein Elektronenstrahl in einem verdünnten Gas, ein Röntgenstrahl in kondensierter Materie.

Man nimmt nun an, daß jeder Stoß zu einer Ablenkung eines Primärteilchens A führt und damit die Primärteilchenzahl um Eins erniedrigt. Mit der zurückgelegten Strecke wird sich die Teilchenzahl im gerichteten Teilchenstrahl also erniedrigen. Wir können die Zahl der Stöße über eine Strecke $dx = \langle v_{AB} \rangle dt$ wieder anhand von Abbildung 13.1 ausdrücken. Sei dN die Zahl der durch Stöße abgelenkten Teilchen, so folgt für die relative Teilchenzahländerung im gerichteten Teilchenstrahl

$$-\frac{dN}{N} = -\frac{d[N(x+dx) - N(x)]}{N(x)}$$

$$= \frac{Z_{AB}\, dt}{N} = \frac{1}{N} \cdot \frac{Z_{AB}}{\langle v_A \rangle} \cdot \langle v_A dt \rangle = \frac{1}{N} \cdot \frac{1}{\Lambda_{AB}} \cdot dx \quad (13.20)$$

Integration von N_0 bei $x = 0$ bis $N(x)$ ergibt

$$N(x) = N_0 \cdot \exp\left(-\frac{x}{\Lambda_{AB}}\right) \quad (13.21)$$

Die mittlere freie Weglänge Λ_{AB} entspricht also der Distanz, über die die Zahl der ungestreuten Teilchen (der Sorte A) auf den Bruchteil 1/e abgesunken ist (vergleiche Abbildung 13.3). Bei spektroskopischen Problemen wird Λ_{AB} manchmal auch als Eindringtiefe bezeichnet. Zu berücksichtigen ist darüber hinaus, daß die in Λ_{AB} enthaltenen Stoßquerschnitte im allgemeinen Anteile durch elastische wie auch durch unelastische Streuung einschließen. Die Beschreibung der Art der Stöße oder der Teilchenabsorption kann also recht komplex sein und hängt in fast allen Fällen noch von der Energie der Primärteilchen und der Stoßpartner ab.

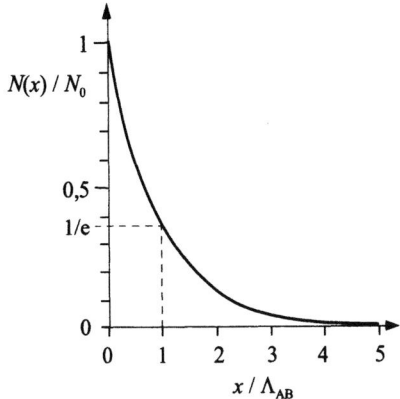

Abbildung 13.3 Abnahme des Teilchenstromes entlang der x-Richtung durch Stöße mit anderen Molekülen.

Der Stoßquerschnitt ist in der hier benutzten Näherung unabhängig von p und T, da wir das Modell starrer Kugeln benutzt haben (vergleiche Abbildung 9.6). Die mittlere freie Weglänge hängt nur von der Teilchendichte c ab, für die nach dem idealen Gasgesetz gilt

$$c = \frac{p}{kT} \tag{13.22}$$

Bei konstanter Temperatur ist Λ also dem Druck umgekehrt proportional:

$$\Lambda \sim \frac{1}{p} \tag{13.23}$$

Hält man die Dichte konstant, dann ist Λ im Modell harter Kugeln temperaturunabhängig. Ein mögliches Modell, das eine Temperaturabhängigkeit des Stoßquerschnitts und damit von Λ auch bei konstantem Druck erklärt, wurde von Sutherland diskutiert. Es berücksichtigt neben der Abstoßung nach dem Modell harter Kugeln auch die Anziehungskräfte zwischen den Teilchen. Mit dem **Sutherland-Potential** aus Abbildung 9.2 ergibt sich der Stoßquerschnitt $q = q_S$ als eine temperaturabhängige Größe

$$q_S = \pi \sigma^2 \cdot \left(1 + \frac{C}{T}\right) \tag{13.24}$$

wobei C die Sutherland-Konstante und σ der Durchmesser der bezüglich der Abstoßung als harte Kugeln behandelten Gasteilchen in Abbildung 9.2 ist. Aus Gleichung (13.24) folgt, daß für große Temperaturen der effektive Stoßquerschnitt kleiner wird. Man erhält demnach für die mittlere freie Weglänge

$$\Lambda_S = \frac{1}{\sqrt{2}\,c\pi\sigma^2 \left(1 + \frac{C}{T}\right)} \tag{13.25}$$

Die anziehenden Kräfte führen also zu einer effektiven Verringerung der freien Weglänge aufgrund eines erhöhten Stoßquerschnitts (größere Reichweite der Wechselwirkungen). Gleichung (13.25) gibt die experimentell gefundene Temperaturabhängigkeit der mittleren freien Weglänge im wesentlichen richtig wieder. Wir haben jedoch nur ein relativ einfaches Modell benutzt (unter anderem Vernachlässigung der Abstandsabhängigkeit von Abstoßungskräften und Feinheiten der Geschwindigkeitsverteilung), so daß im Rahmen detaillierter Modelle noch Verbesserungen erzielt werden können.

13.2 Transportkoeffizienten in Gasen

Für das Modell eines verdünnten Gases aus harten Kugeln können Transportkoeffizienten vereinfacht abgeleitet werden. Zunächst soll im folgenden der Transport einer beliebigen (extensiven) Transportgröße Γ behandelt werden. Dies kann zum Beispiel die Energie oder der Impuls der Teilchen sein. $\Gamma_{(N)}$ bezeichnet im folgenden den Mittelwert der transportierten (extensiven) Größe pro Teilchen, beispielsweise gilt für die Wärmeleitung $\Gamma_{(N)} = \langle \varepsilon \rangle$ (mittlere Energie pro Gasteilchen) oder für viskoses Strömen $\Gamma_{(N)} = \langle p_x \rangle$ (mit $\langle p_x \rangle$ als mittlerer Impulskomponente der Gasteilchen in Strömungsrichtung).

Betrachtet sei ein stationärer Nichtgleichgewichtszustand. Ein solcher Zustand läßt sich beispielsweise durch die Anordnung in Abbildung 13.4 realisieren, bei der sich das betrachtete Gas zwischen zwei sehr großen Vorratsbehältern befindet. Wenn die Teilchen in Vorratsbehälter α einen höheren Gehalt $\Gamma_{(N)}$ haben verglichen mit denen im Behälter β, dann werden die Teilchen über Stöße kontinuierlich eine bestimmte Menge an Γ pro Zeit und Fläche A (senkrecht zur z–Richtung) von α nach β transportieren entsprechend einer Stromdichte j_Γ in z-Richtung:

$$j_\Gamma = \frac{1}{A} \frac{\partial (N\,\Gamma_{(N)})}{\partial t} = \frac{1}{A} \frac{\partial \Gamma}{\partial t} \tag{13.26}$$

Bei kleinen Abweichungen vom Gleichgewicht kann der Gradient $\partial \Gamma_{(N)}/\partial z$ entlang der Strecke $0 < z < l$ als treibende Kraft für den Transportvorgang angenommen und der folgende lineare Ansatz für die Stromdichte j_Γ gemacht werden

$$j_\Gamma = -L \cdot \frac{\partial \Gamma_{(N)}}{\partial z} \tag{13.27}$$

Die Konstante L ist in diesem Modell ein verallgemeinerter Transportkoeffizient, der charakteristisch für das Gas und seinen thermodynamischen Zustand (Temperatur, Druck) ist. Er ist unabhängig von der Art der Transportgröße Γ und hängt in diesem Modell nur von Teilchenbewegungen und Stößen der Teilchen ab.

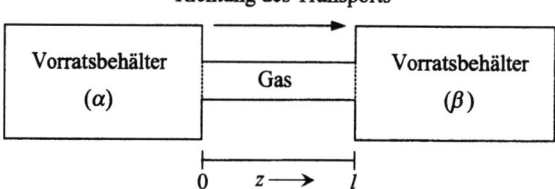

Abbildung 13.4 Stationärer Transportvorgang im Nichtgleichgewicht.

Er läßt sich auf die Geschwindigkeitsverteilung und Dichte der Gasteilchen im Gleichgewicht zurückführen. Eine einfache Ableitung, die in Exkurs 13.4 gezeigt ist, ergibt:

$$L = \frac{1}{3} c \langle v \rangle \Lambda \tag{13.28}$$

Setzt man nun für $\Gamma_{(N)}$ in den Gleichungen (13.46) und (13.27) konkrete Transportgrößen ein, erhält man die Darstellung der üblichen phänomenologischen Transportkoeffizienten im Rahmen der kinetischen Gastheorie. Bei der **Wärmeleitung** ist die

13.2 Transportkoeffizienten in Gasen

Transportgröße gleich der mittleren Energie $\langle\varepsilon\rangle$ pro Gasmolekül. Es gilt mit der molaren Wärmekapazität $C_{V,m}$

$$\Gamma_{(N)} \stackrel{\wedge}{=} \langle\varepsilon\rangle = \frac{C_{V,m} T}{N_A} \qquad \text{Wärmeleitung} \qquad (13.29)$$

Die Wärmestromdichte j_Q ist definiert durch

$$j_\Gamma \stackrel{\wedge}{=} \frac{1}{A} \cdot \frac{\partial (N\langle\varepsilon\rangle)}{\partial t} = j_Q = \frac{1}{A} \cdot \frac{\partial U}{\partial t} \qquad (13.30)$$

Einsetzen dieser Größen in Gleichung (13.27) ergibt

$$j_Q = -L \frac{C_{V,m}}{N_A} \cdot \frac{\partial T}{\partial z} \qquad (13.31)$$

Die phänomenologische Beziehung dazu ist das **Fouriersche Gesetz**. Es lautet

$$j_Q = -\lambda_Q \cdot \frac{\partial T}{\partial z} \qquad (13.32)$$

Vergleich von (13.31) und (13.28) unter Substitution von L mit (13.28) liefert für die Wärmeleitfähigkeit λ_Q (V_m = molares Gasvolumen)

$$\lambda_Q = \frac{1}{3} \frac{c}{N_A} C_{V,m} \langle v\rangle \Lambda = \frac{1}{3} \frac{C_{V,m} \langle v\rangle \Lambda}{V_m} \qquad (13.33)$$

Als nächstes sei die **innere Reibung** oder **Viskosität** betrachtet. Die Viskosität einer strömenden fluiden Phase resultiert aus einem **Impulstransport** zwischen benachbarten Schichten mit unterschiedlicher Strömungsgeschwindigkeit (Geschwindigkeitsgradient senkrecht zur Strömungsrichtung). Geht man beispielsweise von einer laminaren Strömung eines Gases in x-Richtung aus, so wird eine betrachtete strömende Schicht durch benachbarte Wände oder langsamer strömende Schichten abgebremst. Ursache ist der Verlust an Impulskomponente $\langle p_x\rangle = \langle mv_x\rangle$ (Komponente in Strömungsrichtung) an die benachbarte langsamere Schicht. Für die Transportgröße pro Teilchen gilt demnach

$$\Gamma_{(N)} = \langle p_x\rangle = m\langle v_x\rangle \qquad \text{innere Reibung (Impulstransport)} \qquad (13.34)$$

Abbildung 13.5 veranschaulicht die Behandlung der Viskosität bei laminarer Strömung in dem oben bereits verwendeten einfachen gaskinetischen Modell. Im einfachsten Fall liegt ein linearer Gradient des Teilchenimpulses entlang der z-Richtung vor ($\partial\langle mv_x\rangle/\partial z$ = const.).

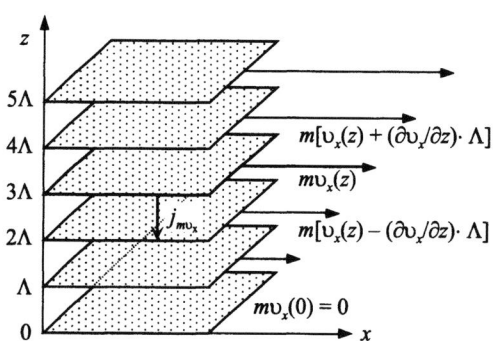

Abbildung 13.5 Modell zur Herleitung des Viskositätskoeffizienten von Gasen: man unterteilt das strömende Gas parallel zur ruhenden Wand in dünne Schichten der Dicke Λ. Die Schicht direkt an der Wand ist in Ruhe (mittlerer Teilchenimpuls $mv_x(z = 0)$ ist Null). Mit zunehmendem Abstand z von der Wand steigt die Strömungsgeschwindigkeit und entsprechend der mittlere Teilchenimpuls $mv_x(z)$ an.

Während des stationären Strömens wird ständig Impuls von den schnelleren Gasschichten auf die benachbarten langsameren Schichten übertragen. Für genügend kleine Gradienten ist die entsprechende Impulsstromdichte, also der Impulstransport in z-Richtung pro Zeit und Fläche proportional zum Impulsgradienten $\partial(mv_x)/\partial z$. Bezieht man die konstante Teilchenmasse m in die Proportionalitätskonstante mit ein, so ergibt sich das **Newtonsche Gesetz**. Es lautet

$$j_{z,mv_x} = \frac{1}{A} \cdot \left(\frac{\partial (Nm\langle v_x \rangle)}{\partial t} \right) = -\eta \cdot \frac{\partial \langle v_x \rangle}{\partial z} \tag{13.35}$$

η ist die **dynamische Viskosität**. Die Impulsstromdichte hat die Dimension einer Kraft pro Fläche und entspricht der Scherkraft pro Fläche, die notwendig ist, um die Strömung in x-Richtung aufrecht zu erhalten. Die transportierte Größe pro Teilchen $\Gamma_{(N)}$ ist in diesem Fall gleich der mittleren Impulskomponente $m\langle v_x \rangle$ der Teilchen in Strömungsrichtung. Somit erhält man aus dem gaskinetischen Modell Gleichung (13.27) für den Fall der viskosen Strömung

$$j_{z,mv_x} = -L \frac{\partial \langle p_x \rangle}{\partial z} = -\frac{1}{3} c m \langle v \rangle \Lambda \frac{\partial \langle v_x \rangle}{\partial z} \tag{13.36}$$

Dies liefert für die Viskosität eines Gases

$$\eta = \frac{1}{3} c m \langle v \rangle \Lambda = \frac{1}{3} \varrho \langle v \rangle \Lambda \tag{13.37}$$

Als drittes Beispiel für Transportvorgänge in Gasen sei die **Diffusion** behandelt. Prinzipiell ist die Masse die Transportgröße. Jedoch wählt man in den meisten Fällen eine Beschreibung über Teilchenzahlen beziehungsweise Konzentrationen. Die Behandlung von Diffusionsvorgängen ist zunächst durch zwei Faktoren gegenüber den beiden zuvor diskutierten Transportphänomenen erschwert: einerseits setzt Diffusion Gasmischungen voraus, so daß für eine detaillierte Betrachtung die genauen Ansätze für freie Weglänge und Stoßquerschnitt in Mehrkomponentensystemen geklärt werden müssen. Andererseits ist für die Formulierung von Teilchenstromdichten die Wahl des Koordinatensystems ein sehr wesentlicher Punkt [1].

---
[1] Detaillierte Behandlungen dazu sind beispielsweise zu finden in [Bir 60, Jos 69, Haa 73].

13.2 Transportkoeffizienten in Gasen

Ein einfacher Grenzfall, den wir zunächst betrachten wollen, ist die Diffusion von Isotopen in einem Isotopengemisch eines reinen Gases, wenn ein Gradient des Isotopenverhältnisses vorliegt (bei konstanter ortsunabhängiger Gesamtteilchendichte). Der Diffusionskoeffizient, der den Konzentrationsausgleich in diesem Fall beschreibt, wird als **Tracerdiffusionskoeffizient** oder **Selbstdiffusionskoeffizient** bezeichnet. Wir benutzen dafür im folgenden das Formelsymbol D_{AA^*}. Der phänomenologische Ansatz dazu, das erste Ficksche Gesetz lautet

$$j_A = -D_{AA^*} \frac{\partial c}{\partial z} \tag{13.38}$$

Die in Exkurs 13.4 gezeigte Herleitung liefert andererseits für den Selbstdiffusionskoeffizienten D des Gases

$$D_{AA^*} = \frac{1}{3} \langle v \rangle \Lambda = \frac{2}{3} \left(\frac{k^3 T^3}{m_A \pi^3} \right)^{1/2} \frac{1}{p \sigma_{AA}^2} \tag{13.39}$$

Die rechte Seite ergibt sich nach Einsetzen der entsprechenden Ausdrücke für $\langle v_A \rangle$ und Λ_{AA} sowie des idealen Gasgesetzes. Liegt jedoch ein Gemisch aus zwei verschiedenen Sorten von Gasmolekülen A und B vor, so wird die Durchmischung durch einen einzigen für diese Gasmischung charakteristischen Interdiffusionskoeffizienten D_{AB} beschrieben. Die Gesamtteilchendichte bleibt in der Regel konstant, wenn Kopplungsphänomene vernachlässigbar sind. Die Teilchenstromdichten der beiden Teilchensorten A und B sind deshalb entgegengesetzt, aber vom Betrag her gleich groß. In unserem einfachen gaskinetischen Modell werden die beiden Teilchensorten durch ihre Masse und ihren Stoßquerschnitt unterschieden. Das Ergebnis für den Selbstdiffusionskoeffizienten kann auf den Interdiffusionskoeffizienten übertragen werden, wenn der Stoßquerschnitt q_{AB} und die Relativgeschwindigkeit $\langle v_{AB} \rangle$ berücksichtigt werden. Eine entsprechende Herleitung mit dem Modell harter Kugeln, die hier nicht nachvollzogen werden soll, liefert für den Interdiffusionskoeffizienten [siehe Bir 60, Hir 64]

$$D_{AB} = \frac{2}{3} \left(\frac{kT}{\pi} \right)^{3/2} \left(\frac{1}{2m_A} + \frac{1}{2m_B} \right)^{1/2} \frac{1}{p \sigma_{AB}^2} \tag{13.40}$$

Unsere bisherigen Ableitungen für Gase betrafen Transportvorgänge auf Grund von Gradienten der Teilchengrößen innere Energie, Impuls oder Teilchendichte, man spricht deshalb auch von **inneren Kräften**. Für praktische Fälle sind aber auch Transportvorgänge in Gegenwart **äußerer Kräfte** wichtig, beispielsweise wenn sich das betrachtete System in elektrischen oder magnetischen Feldern befindet. Falls die Teilchen geladen sind, entstehen dadurch elektrische Ladungsströme.

Bei sehr hohen Temperaturen werden Gase zunehmend ionisiert und gehen in den Zustand eines Gasplasmas über, das neben neutralen Teilchen Ionen und Elektronen enthält. Ein elektrisches Feld beispielsweise verursacht im Gasplasma einen Ladungstransport. Die Gesamtstromdichten im elektrischen Feld ergeben sich dann aus der Summe über die **elektrischen Teilstromdichten** der positiven Ionen und der negativen Elektronen. Für nicht zu hohe Felder ist die mittlere Geschwindigkeit der geladenen Teilchen proportional zur **elektrischen Feldstärke** gemäß

$$\langle v \rangle_+ = u_+ \cdot E \quad , \quad \langle v \rangle_- = u_- \cdot E \tag{13.41}$$

$\langle v \rangle_+$ und $\langle v \rangle_-$ werden auch als **Driftgeschwindigkeit** der geladenen Teilchen bezeichnet. u_+ und u_- sind die **elektrischen Beweglichkeiten** von positiven und negativen Teilchen. u_- und $\langle v \rangle_-$ haben einen negativen Betrag (Bewegung in negativer Feldrichtung). Für die **elektrische Stromdichte** der Kationen (Wertigkeit z_+) und der Elektronen ($z_- = -1, u_- < 0$) in einem Gasplasma ergibt sich dann

$$j_+ = z_+ e \cdot c_+ \cdot \langle v \rangle_+ = z_+ e \cdot c_+ \cdot u_+ \cdot E \tag{13.42a}$$

$$j_- = z_- e \cdot c_- \cdot \langle v \rangle_- = z_- e \cdot c_- \cdot u_- \cdot E \tag{13.42b}$$

Der Vorfaktor vor der elektrischen Feldstärke ist jeweils die **elektrische Teilleitfähigkeit** der Kationen und Elektronen σ_+ beziehungsweise σ_-. Die **elektrische Gesamtstromdichte** ist die Summe über die beiden Teilstromdichten

$$j_q = (\sigma_+ + \sigma_-) \cdot E = \sigma_{\text{gesamt}} \cdot E = -\sigma_{\text{gesamt}} \cdot \frac{\partial \varphi}{\partial x} \tag{13.43}$$

Dieser Ausdruck ist die lokale Form des **Ohmschen Gesetzes**. Die Tabellen D.9 und D.10 im Anhang zeigen eine Übersicht über die allgemeinen Transportgleichungen und die abgeleiteten Beziehungen für die Transportkoeffizienten in verdünnten Gasen.

Exkurs 13.4 Ableitung des allgemeinen Transportkoeffizienten für verdünnte Gase

Abbildung 13.6 zeigt das Modell für die Herleitung. Der Gasraum wird gedanklich entlang der Transportrichtung z in senkrecht zu z stehende Schichten der Dicke Λ unterteilt. Da die mittlere freie Weglänge Λ die mittlere Entfernung zwischen zwei Molekülstößen ist, ist dies auch die kleinste sinnvolle Entfernung der betrachteten Schichtebenen, über die der Gradient von $\Gamma_{(N)}$ definiert werden kann und über die eine Weitergabe der Transportgröße zwischen verschiedenen Gasteilchen erfolgt. Entlang der z-Richtung wird ein konstanter Gradient $\partial \Gamma_{(N)}/\partial z$ angenommen. Es sei eine Ebene bei z mit dem mittleren Gehalt $\Gamma_{(N)}(z)$ pro Teilchen herausgegriffen. Die Teilchen in der darüber liegenden Schicht haben entsprechend dem Gradienten einen mittleren Gehalt von $\Gamma_{(N)}(z)+\Lambda\,(\partial \Gamma_{(N)}/\partial z)$. In der darunter liegenden Schicht haben die Teilchen den mittleren Gehalt $\Gamma_{(N)}(z)-\Lambda\,(\partial \Gamma_{(N)}/\partial z)$. Es sei dabei angenommen, daß die aus Nachbarebenen stammenden Teilchen bei ihren Zusammenstößen mit Teilchen in der Ebene z ihren mittleren Gehalt an Transportgröße jeweils sofort auf den neuen Wert $\Gamma_{(N)}(z)$ bringen.

Nun müssen wir nur noch eine Gesamtbilanz aufstellen. Dazu benötigen wir eine quantitative Angabe zur Zahl der Gasteilchen, die in einer Richtung pro Fläche und Zeiteinheit von einer Schicht zur benachbarten wechseln. Wir gehen von einer isotropen Verteilung der Geschwindigkeiten aus und setzen vereinfacht an, daß 1/6 der Gasteilchen jeweils mit der mittleren Geschwindigkeit $\langle v \rangle$ in eine bestimmte von sechs möglichen Koordinatenrichtungen fliegen, hier also die $+z$ oder die $-z$-Richtung. Das Produkt aus Teilchendichte des Gases, mittlerer Geschwindigkeit und Faktor 1/6 ergibt dann den Betrag der Teilchenstromdichte j_N der Gasteilchen von einer Ebene zu einer Nachbarebene in positiver oder negativer z-Richtung

$$j_N = \frac{1}{6} c \langle v \rangle \tag{13.44}$$

13.2 Transportkoeffizienten in Gasen

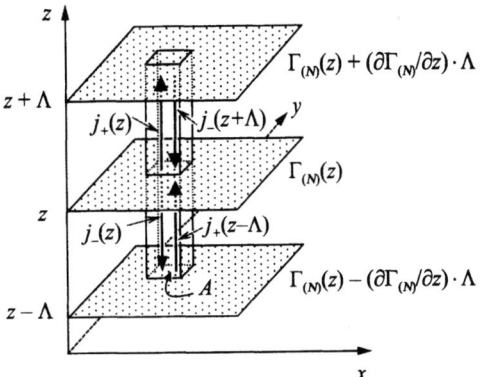

Abbildung 13.6 Modell zur Ableitung des allgemeinen Transportkoeffizienten in Gasen.

Je nach Herkunftsebene bringen die Teilchen einen unterschiedlichen Gehalt an Transportgröße mit sich. Die jeweilige Stromdichte $j_\Gamma(z)$ ergibt sich durch Multiplikation von j_N mit dem entsprechenden Wert für $\Gamma_{(N)}$ der Ausgangsebene. Für die Gesamtbilanz der senkrecht durch die Ebene bei z transportierten Größe Γ ergeben sich die folgenden vier Teilbeiträge (das Vorzeichen kennzeichnet die Richtung der jeweiligen Stromdichte durch die Ebene relativ zur $+z$-Richtung)

$$j_+(z) = +\frac{1}{6} c \langle v \rangle \cdot \Gamma_{(N)}(z)$$

$$j_-(z) = -\frac{1}{6} c \langle v \rangle \cdot \Gamma_{(N)}(z)$$

$$j_+(z - \Lambda) = +\frac{1}{6} c \langle v \rangle \cdot \left[\Gamma_{(N)}(z) - \Lambda \frac{\partial \Gamma_{(N)}}{\partial z}\right]$$

$$j_-(z + \Lambda) = -\frac{1}{6} c \langle v \rangle \cdot \left[\Gamma_{(N)}(z) + \Lambda \frac{\partial \Gamma_{(N)}}{\partial z}\right] \qquad (13.45)$$

Addiert man die insgesamt vier Beiträge in (13.45), so ergibt sich für die Nettostromdichte senkrecht zur Ebene an der Stelle z

$$j_\Gamma(z) = j_+(z - \Lambda) + j_-(z) + j_+(z) + j_-(z + \Lambda)$$
$$= \frac{1}{6} c \langle v \rangle \cdot \left(-2\Lambda \frac{\partial \Gamma_{(N)}}{\partial z}\right) = -\frac{1}{3} c \langle v \rangle \Lambda \frac{\partial \Gamma_{(N)}}{\partial z} \qquad (13.46)$$

Das Minuszeichen zeigt, daß der Fluß in Richtung des Gefälles von $\Gamma_{(N)}$ erfolgt. Vergleich von (13.46) mit der Definition (13.27) für den allgemeinen Transportkoeffizienten L liefert dann Gleichung (13.28).

Im Fall der Diffusion kann der Ansatz (13.44) nicht verwendet werden, da dort eine konstante Teilchendichte vorausgesetzt wird. Für die Diffusion muß eher eine zu Gleichung (13.46) analoge Bilanz für die Teilchenstromdichten $j_N(z)$ aufgestellt werden, da ein Gradient der Teilchendichte selbst vorliegt. Ansonsten bleiben wir bei den Grundannahmen des Modells, die bereits in Abbildung 13.6 veranschaulicht waren. Die Teilchenstromdichte $j_N(z)$ der betrachteten Gaskomponente in der Ebene z ergibt sich als Summe über die folgenden vier Einzelbeiträge (wie bei Gleichung (13.45) bezeichnet das Vorzeichen der Stromdichte die Richtung relativ zur positiven z-Richtung)

$$j_-(z+\Lambda) = -\frac{1}{6}\langle v\rangle \cdot \left[c(z) + \Lambda \cdot \frac{\partial c}{\partial z}\right]$$

$$j_+(z) = +\frac{1}{6}\langle v\rangle \cdot c(z)$$

$$j_-(z) = -\frac{1}{6}\langle v\rangle \cdot c(z)$$

$$j_+(z-\Lambda) = +\frac{1}{6}\langle v\rangle \cdot \left[c(z) - \Lambda \cdot \frac{\partial c}{\partial z}\right] \quad (13.47)$$

Addiert erhält man daraus für die Nettoteilchenstromdichte durch die Ebene bei z und durch Vergleich mit dem Fickschen Gesetz (13.38) den Diffusionskoeffizienten

$$j_N(z) = j_-(z+\Lambda) + j_+(z) + j_-(z) + j_+(z-\Lambda)$$

$$= -\frac{1}{3}\langle v\rangle \Lambda \frac{\partial c}{\partial z} \quad \rightarrow \quad D = \frac{1}{3}\langle v\rangle \Lambda \quad (13.48)$$

Exkurs 13.5 Druck- und Temperaturabhängigkeit der Transportkoeffizienten

Setzt man in Gleichung (13.39) den Wert für $\langle v\rangle$ aus Gleichung (3.72) und für Λ aus Gleichung (13.8) ein, so erhält man

$$D = \frac{1}{3}\left(\frac{8kT}{\pi m}\right)^{1/2} \frac{1}{\sqrt{2}cq} = \frac{2}{3}\frac{(kT)^{3/2}}{(\pi m)^{1/2}qp} \quad \text{mit } c = \frac{p}{kT} \quad (13.49)$$

Aus dem Selbstdiffusionskoeffizienten in Gasen kann man also den Stoßquerschnitt q und damit den Moleküldurchmesser bestimmen.

Den Diffusionskoeffizienten in Flüssigkeiten kann man für kugelförmige Teilchen mit Hilfe der Stokes'schen Gleichung näherungsweise bestimmen, da die Stokes'sche Reibung der Diffusion entgegenwirkt:

$$D = \frac{kT}{6\pi\eta r} \quad (13.50)$$

Bei Festkörpern ergibt sich für reine kristalline Verbindungen mit thermisch erzeugten beweglichen Punktdefekten (Leerstellen, Zwischengitterteilchen)

$$D = D_0 \exp\left[-\left(\frac{\Delta H_f}{2} + E_A\right)/RT\right] \quad (13.51)$$

ΔH_f ist dabei die Bildungsenthalpie von 1 mol Defektpaaren, E_A die Aktivierungsenergie pro mol für einen Sprung von Gitterplatz zu Gitterplatz im Kristall.

Ein wichtiges Resultat von Gleichung (13.33) ist, daß die Wärmeleitfähigkeit λ_Q eines Gases druckunabhängig ist.

$$\lambda_Q \neq f(p) \quad (13.52)$$

13.2 Transportkoeffizienten in Gasen

Die Druckabhängigkeit der freien Weglänge und des Molvolumens in Gleichung (13.33) kompensieren sich: beide sind proportional zu $1/p$. Auch für die Viskosität findet man nach Gleichung (13.37) Druckunabhängigkeit wie bereits für die Wärmeleitfähigkeit der Gase, da die freie Weglänge Λ umgekehrt proportional zum Druck und die Teilchen- beziehungsweise Massendichte ϱ proportional zum Druck ist.

$$\eta \neq f(p) \tag{13.53}$$

Abweichungen von dieser Vorhersage sind bei hohen Drücken durch die intermolekularen Wechselwirkungen zu erwarten und zu niedrigen Drücken, wenn die freie Weglänge durch die Behälterdimensionen begrenzt und druckunabhängig wird.

Wenn man in Gleichung (13.37) $\langle v \rangle$ durch Gleichung (3.72) und Λ durch Λ_S (Gleichung (13.25)) substituiert, erhält man für die Temperaturabhängigkeit von η (σ = Moleküldurchmesser)

$$\eta = \left(\frac{mk}{\pi}\right)^{1/2} \frac{T^{1/2}}{\pi \sigma^2 (1 + C/T)} \tag{13.54}$$

Die Viskosität nimmt also mit steigender Temperatur zu. Wenn man die Viskosität von Flüssigkeiten oder Festkörpern beschreiben möchte, so kann wegen der starken intermolekularen Wechselwirkungen weder die allgemeine Transportgleichung für Gase noch das Konzept für die mittlere freie Weglänge übernommen werden.

Man muß einem Molekül in einer Flüssigkeit die Aktivierungsenergie E_A pro mol zuführen, um es an den anderen Molekülen vorbeizubewegen. Der Bruchteil der Teilchen, die eine Mindestenergie $\varepsilon > E_A/N_A$ besitzen ist durch $\exp(-E_A/RT)$ gegeben. Das Fließvermögen einer Flüssigkeit, die Fluidität, ist deshalb ebenfalls proportional zu $\exp(-E_A/RT)$. Für die Viskosität einer Flüssigkeit als Kehrwert der Fluidität gilt also

$$\eta = \text{const.} \cdot e^{E_A/RT} \tag{13.55}$$

Die Viskosität von Flüssigkeiten oder allgemein fluiden Systemen nimmt demnach mit steigender Temperatur ab. Dies gilt allerdings nicht für unterkühlte Flüssigkeiten. Für ideal kristalline Festkörper ist eine Relativbewegung der Teilchen mit Ausnahme thermischer Schwingungen ausgeschlossen, so daß für die Viskosität folgt

$$\eta(\text{Kristall}) = \infty \tag{13.56}$$

Glas ist nach dieser Definition kein Festkörper, sondern eine Flüssigkeit mit sehr großer, aber meßbarer Viskosität.

Da bei den obigen Ableitungen in vielen Transportkoeffizienten der Faktor $\langle v \rangle \Lambda$ enthalten ist, ergeben sich zwischen den verschiedenen Transportkoeffizienten einfache Zusammenhänge (zugrundeliegende Werte siehe Tabelle D.10 im Anhang)

$$\frac{\eta}{D} = \varrho \quad \text{bzw. exakt:} \quad \frac{\eta}{D} = \frac{5}{6}\varrho \tag{13.57}$$

$$\frac{\lambda_Q}{D} = \frac{C_{V,m}}{V_m} \quad \text{bzw. exakt:} \quad \frac{\lambda_Q}{D} = \frac{25}{12} \frac{C_{V,m}}{V_m} \tag{13.58}$$

$$\frac{\lambda_Q}{\eta} = \frac{C_{V,m}}{M} \quad \text{bzw. exakt:} \quad \frac{\lambda_Q}{\eta} = \frac{5}{2} \frac{C_{V,m}}{M} \tag{13.59}$$

Die Zahlenfaktoren in der exakten Darstellung resultieren aus einer strengen Herleitung der Transportkoeffizienten unter Berücksichtigung der Geschwindigkeitsverteilung [Hir 64]. Eine genauere Auswertung macht allerdings die Berücksichtigung der Temperaturabhängigkeit des Stoßquerschnitts über ein entsprechendes Potentialmodell für die Teilchenwechselwirkung notwendig (z.B. das Sutherland-Potential, siehe Gleichung (13.25)).

Exkurs 13.6 Wärmeleitfähigkeit in kondensierten Phasen

Für Metalle ist die Wärmeleitfähigkeit durch die quasifreien Elektronen bestimmt und proportional zur absoluten Temperatur. Es gilt für das Verhältnis zwischen Wärmeleitfähigkeit und elektrischer Leitfähigkeit der Elektronen

$$\frac{\lambda_Q}{\sigma_e T} = \text{const.} \tag{13.60}$$

Die Konstante hat bei 0°C einen Wert von etwa $(25 \pm 3) \cdot 10^{-9} \, \text{V}^2 \, \text{K}^{-2}$.

Ein einfaches Modell des Wärmetransports in Flüssigkeiten wurde von Bridgman vorgeschlagen. Es handelt sich um eine Übertragung des Modells harter Kugeln von Gasen auf Flüssigkeiten. Die Anordnung der Teilchen in der Flüssigkeit wird als dichte Packung angenommen. Der Abstand benachbarter Teilchen ist dann $(V/N)^{1/3}$, wobei V/N das Volumen eines Teilchens ist. Als Geschwindigkeit, mit der die Wärme zwischen zwei Gitterebenen übertragen wird, setzte Bridgman die Schallgeschwindigkeit c_s der Flüssigkeit bei niedrigen Frequenzen an (statt $\langle v \rangle/3$ bei Gasen). In Analogie zur Gleichung (13.33) für ein Gas ergibt sich dann [Bir 60]

$$\lambda_Q = \frac{C_{V,\text{m}}}{V_\text{m}} c_s a = \frac{C_{V,\text{m}}}{V_\text{m}} c_s \left(\frac{V}{N}\right)^{1/3} \tag{13.61}$$

Die molare Wärmekapazität einer einatomigen Flüssigkeit ist vergleichbar mit der eines festen einatomigen Stoffes, also näherungsweise $C_{V,\text{m}} = 3R$. Dieser Wert würde sich auch ergeben, wenn man annimmt, daß die Flüssigkeitsteilchen im zur Verfügung stehenden kleinen Volumen gebunden sind und lokale Schwingungen ausführen (ganz analog dem Einstein-Modell der Festkörperschwingungen). Es gilt deshalb

$$\frac{C_{V,\text{m}}}{V_\text{m}} = \frac{3R}{V_\text{m}} = 3k\left(\frac{N}{V}\right) \tag{13.62}$$

Aus den beiden Gleichungen (13.61) und (13.62) ergibt sich

$$\lambda_Q = 3kc_s\left(\frac{N}{V}\right)^{2/3} \tag{13.63}$$

Sehr gute Übereinstimmung mit experimentellen Werten erhält man, wenn statt des Vorfaktors 3 der Wert 2,80 benutzt wird. Für die Schallgeschwindigkeit einer Flüssigkeit gilt bei tiefen Frequenzen

$$c_s = \sqrt{\frac{C_{p,\text{m}}}{C_{V,\text{m}}}\left(\frac{\partial p}{\partial \rho}\right)_T} \tag{13.64}$$

Literaturzitate

[Ber 80] R.S. Berry, S.A. Rice, J. Ross, *Physical Chemistry*, Wiley, New York 1980.
[Bir 60] R.B. Bird, W.E. Stewart, E.N. Lightfoot, *Transport Phenomena*, Wiley, New York 1960.
[Jos 69] W. Jost, *Diffusion in Solids, Liquids and Gases*, Academic Press, London 1969.
[Haa 73] R. Haase, *Transportvorgänge*, Reihe Grundzüge der Physikalischen Chemie, Steinkopff, Darmstadt 1973.
[Hir 64] J. Hirschfelder, Ch. Curtis, B. Bird, *Molecular Theory of Gases and Liquids*, J. Wiley, New York 1964.
[Lev 91] R.D. Levine, R.B. Bernstein, *Molekulare Reaktionsdynamik*, Teubner Verlag, Stuttgart 1991.
[MQu 85] D.A. MacQuarrie, *Statistical Thermodynamics*, Univ. Science Books, Mill Valley (Calif.) 1973 (erschienen 1985).

14 Entropieerzeugung und irreversible Prozesse

In diesem Kapitel geht es zunächst um eine allgemeine phänomenologische Beschreibung von irreversiblen Prozessen in Systemen nahe dem Gleichgewicht. Im Mittelpunkt stehen die Rolle des zweiten Hauptsatzes und der Entropie und die Anwendung auf Nichtgleichgewichte sowie die Regeln zur Formulierung von Flüssen und treibenden Kräften bei Transportvorgängen. Temperatur, chemisches Potential und andere intensive Größen sind in diesem Zusammenhang als lokale, aber ortsabhängige Größen weiterhin definiert, wenn ihre Gradienten klein gegen den Quotienten aus Amplitude und Reichweite lokaler Fluktuationen sind. Der quantitative Zusammenhang zwischen den mikroskopischen Fluktuationen und den phänomenologischen Transportkoeffizienten wird dann Thema des folgenden Kapitels sein.

14.1 Entropieerzeugung im Nichtgleichgewicht

Wir gehen nun über zur allgemeinen Beschreibung von Systemen im Nichtgleichgewicht, wollen uns aber wie im gesamten vorhergehenden Kapitel 13 auf Zustände beschränken, die nicht weit vom Gleichgewicht entfernt sind. Der Schwerpunkt dieses Kapitels liegt zunächst auf der phänomenologischen Beschreibung von Transportkoeffizienten, Stromdichten und ihrer Ursache. Dies ist der Bereich der irreversiblen Thermodynamik.

Für die praktische Anwendung denken wir vor allem an Nichtgleichgewichte, die durch äußere Randbedingungen (Temperaturdifferenz, Konzentrationsgradient, Druckgefälle oder andere Größen) hervorgerufen und aufrecht erhalten werden. Um die Ergebnisse der Thermodynamik (und in Kapitel 15 der statistischen Thermodynamik) des Gleichgewichts weiter nutzen zu können, ist allerdings eine sehr wesentliche Hypothese notwendig:

Hypothese des lokalen Gleichgewichts

Für räumlich und zeitlich inhomogene Systeme im Nichtgleichgewicht sind lokale Werte der thermodynamischen Zustandsfunktionen wie Temperatur, Druck, chemisches Potential, Entropie, innere Energie usw. weiterhin definiert, falls Gradienten, Stromdichten und Reaktionsgeschwindigkeiten so klein sind, daß das System in jedem Volumenelement noch nahe dem Gleichgewichtszustand ist. Lokale extensive Größen werden dann zweckmäßigerweise auf das Volumen, die Masse oder die Teilchenzahl bezogen. Statt der Entropie und der inneren Energie verwendet man beispielsweise die lokale Entropiedichte und Energiedichte.

14.1 Entropieerzeugung im Nichtgleichgewicht

Die lokale Gleichgewichtshypothese ist die Grundlage für die quantitative Behandlung von Transportvorgängen, beispielsweise in Anwesenheit von Temperatur-, Konzentrations- und Druckgradienten, im Rahmen der irreversiblen Thermodynamik. Im lokalen Gleichgewicht bleiben die Fundamentalgleichungen der Thermodynamik für die entsprechenden **lokalen Zustandsfunktionen** weiter gültig. Für das Differential der Entropie gilt gemäß Gleichung (A.16) in Anhang A für einen Ort im System

$$dS = \frac{1}{T} dU + \frac{p}{T} dV - \sum_i \frac{\mu_i}{T} dN_i \tag{14.1}$$

Wir wollen im folgenden zur Vereinfachung Systeme mit konstantem Volumen betrachten (vor allem für kondensierte Systeme geeignet). Der Term mit dV fällt dann weg (seine Berücksichtigung würde Phänomene wie viskose Strömung oder Konvektion mit einbeziehen).

Dividiert man in Gleichung (14.1) die extensiven Größen durch das Volumen dV, so erhält eine analoge Beziehung zwischen den entsprechenden lokalen Dichten und man erhält dann einen Ausdruck für das Differential der lokalen Entropiedichte (konstantes Volumen wird angenommen, so daß der Druckterm wegfällt)

$$dS_{(V)} = \frac{1}{T} dU_{(V)} - \sum_i \frac{\mu_i}{T} dc_i \tag{14.2}$$

Wir unterscheiden **stationäre Transportvorgänge** und Prozesse, bei denen die lokalen thermodynamischen Funktionen zeitunabhängig sind, und **instationäre Prozesse** mit zeitabhängigen lokalen Zustandsgrößen.

Wir betrachten nun die zeitliche Änderung der **Entropiedichte** an irgendeinem Ort im System. Für diese *zeitliche Änderung der lokalen Entropiedichte* soll im folgenden die Abkürzung $\dot{\sigma}$ verwendet werden. Der Punkt über dem Symbol steht als Abkürzung für die Ableitung nach der Zeit. Differentiation nach der Zeit in Gleichung (14.2) liefert dann für $\dot{\sigma}$

$$\dot{\sigma} = \frac{\partial^2 S}{\partial t\, \partial V} = \frac{\partial S_{(V)}}{\partial t} = \frac{1}{T} \frac{\partial U_{(V)}}{\partial t} - \sum_i \frac{\mu_i}{T} \frac{\partial c_i}{\partial t} \tag{14.3}$$

Alle vorkommenden Größen sind für ein Nichtgleichgewicht im allgemeinen ortsabhängig. Die partielle Ableitung ist hier bei konstant gehaltenen Ortskoordinaten durchzuführen (zur Bedeutung der lokalen partiellen Ableitung und einem Vergleich mit anderen Definitionen siehe Exkurs 14.2). Die Entropiedichteänderung $\dot{\sigma}$ in Gleichung (14.3) beschreibt dann die zeitliche Änderung der lokalen Systementropie (=lokal definierte Zustandsgröße) pro Volumeneinheit an einem bestimmten Ort des Systems. Gemäß dem zweiten Hauptsatz enthält die lokale Entropiedichteänderung sowohl einen externen Beitrag $\dot{\sigma}_{\text{ext}}$ durch Entropieaustausch mit der Umgebung als auch einen Beitrag durch die **innere Entropieerzeugung** $\dot{\sigma}_{\text{int}}$ aufgrund irreversibler Prozesse und Transportvorgänge im System selbst.

$$\dot{\sigma} = \dot{\sigma}_{\text{ext}} + \dot{\sigma}_{\text{int}} \tag{14.4}$$

Mit der inneren Entropieerzeugung $\dot{\sigma}_{\text{int}}$ liegt ein Term vor, der lokale Quellen oder Senken für die Entropie auf Grund von **irreversiblen Vorgängen** beschreibt. Im Einklang mit dem zweiten Hauptsatz ist die Entropie allerdings keine Erhaltungsgröße.

Im Unterschied dazu gehorchen die lokalen Änderungen der inneren Energie und der Konzentration dem Energie- beziehungsweise Massenerhaltungssatz. Abbildung 14.1 zeigt einen lokalen **Wärmetransport** in x-Richtung, der durch die lokale Wärmestromdichte $j_Q(x) = (1/A)\partial Q/\partial t$ gegeben ist. Die Energiedichte im Volumenelement $A dx$ kann sich nur durch einen Unterschied zwischen zu- und abgeführter Wärme ändern (lokale Wärmezufuhr auf Grund chemischer Reaktionen sei hier ausgeschlossen, könnte aber durch einen zusätzlichen Term in Gleichung (14.3) berücksichtigt werden). Es gilt für die lokale Änderung der inneren Energiedichte (siehe Schema in Abbildung 14.1)

$$\frac{\partial U_{(V)}}{\partial t} = \frac{1}{A\,dx}\left[\left(\frac{\partial Q}{\partial t}\right)_x - \left(\frac{\partial Q}{\partial t}\right)_{x+dx}\right] = \frac{j_Q(x) - j_Q(x+dx)}{dx} = -\frac{\partial j_Q}{\partial x} \quad (14.5)$$

Ganz analog gilt aufgrund des Masseerhalts (chemische Reaktionen seien zunächst ausgeschlossen) für die lokale Stoffmengenkonzentration c_i

$$\frac{\partial c_i}{\partial t} = \frac{1}{A\,dx}\left[\left(\frac{\partial n_i}{\partial t}\right)_x - \left(\frac{\partial n_i}{\partial t}\right)_{x+dx}\right] = \frac{j_i(x) - j_i(x+dx)}{dx} = -\frac{\partial j_i}{\partial x} \quad (14.6)$$

wobei j_i die Stromdichte der Teilchensorte i darstellt. Beide Ergebnisse in die Gleichung (14.3) für die lokale Entropieänderung eingesetzt ergeben

$$\dot\sigma = -\frac{1}{T}\frac{\partial j_Q}{\partial x} + \sum_i \frac{\mu_i}{T}\frac{\partial j_i}{\partial x} \quad (14.7)$$

Die vorkommenden Terme auf der rechten Seite lassen sich nach der Produktregel jeweils in eine Summe aus zwei Termen umformen. Es gilt nämlich

$$\frac{\partial}{\partial x}\frac{j_Q}{T} = \frac{1}{T}\frac{\partial j_Q}{\partial x} + j_Q \cdot \frac{\partial(1/T)}{\partial x}$$

$$\sum_i \frac{\partial}{\partial x}\frac{\mu_i j_i}{T} = \sum_i \frac{\mu_i}{T}\frac{\partial j_i}{\partial x} + \sum_i j_i \cdot \frac{\partial(\mu_i/T)}{\partial x}$$

Unter Benutzung dieser beiden Gleichungen läßt sich Gleichung (14.7) umformen zu

$$\dot\sigma = -\frac{\partial}{\partial x}\frac{j_Q}{T} + \sum_i \frac{\partial}{\partial x}\frac{\mu_i j_i}{T} + j_Q \cdot \frac{\partial(1/T)}{\partial x} - \sum_i j_i \cdot \frac{\partial(\mu_i/T)}{\partial x} \quad (14.8)$$

Die ersten beiden Terme auf der rechten Seite von Gleichung (14.8) entsprechen der Ortsableitung einer **Entropiestromdichte**, die aus den Beiträgen von Wärmetransport und Diffusion besteht (zum Wärmetransport vergleiche Abbildung 14.1). Für den aus dem Wärmetransport resultierenden Anteil der Entropiestromdichte gilt nämlich unter Benutzung des zweiten Hauptsatzes in der Form $dS = dQ/T$

$$\frac{j_Q}{T} = \frac{1}{T}\cdot\frac{1}{A}\frac{\partial Q}{\partial t} = \frac{1}{A}\frac{\partial}{\partial t}\left(\frac{Q}{T}\right) = \frac{1}{A}\frac{\partial S}{\partial t} = j_S(Q) \quad (14.9)$$

Den entsprechenden Beitrag der Diffusion zur Entropiestromdichte erhält man in analoger Weise aus Gleichung (14.2), wenn man dU gleich Null setzt:

$$\frac{\mu_i j_i}{T} = j_S(\text{Diffusion}) \quad (14.10)$$

14.1 Entropieerzeugung im Nichtgleichgewicht

Die beiden ersten Terme der rechten Seite von (14.8) kennzeichnen also den stationären Entropieaustausch mit der Umgebung des Systems und entsprechen daher dem Beitrag $\dot{\sigma}_{\text{ext}}$ aus Gleichung (14.4). Die restlichen beiden Terme müssen demnach der inneren Entropieerzeugung $\dot{\sigma}_{\text{int}}$, dem irreversiblen Anteil an der lokalen Änderung der Entropiedichte, zugeordnet werden. Es folgt

$$\dot{\sigma}_{\text{ext}} = -\frac{\partial j_S}{\partial x} = -\frac{\partial}{\partial x}\frac{j_Q}{T} + \sum_i \frac{\partial}{\partial x}\frac{\mu_i j_i}{T} \tag{14.11}$$

$$\dot{\sigma}_{\text{int}} = j_Q \cdot \frac{\partial(1/T)}{\partial x} - \sum_i j_i \cdot \frac{\partial(\mu_i/T)}{\partial x} \tag{14.12}$$

Exkurs 14.1 veranschaulicht die Zusammenhänge zwischen Entropiebilanz, Entropieerzeugung und Entropieaustausch an einem einfachen Beispiel.

Vor allem mit Gleichung (14.12) haben wir ein für die irreversible Thermodynamik zentrales Ergebnis vor uns. Die lokale Entropieerzeugung enthält für jeden unabhängigen irreversiblen Vorgang einen additiven Term. Jeder dieser Terme läßt sich darstellen als Produkt aus einer lokalen Stromdichte und dem konjugierten Gradienten, der diese Stromdichte verursacht („treibende Kraft"). Die gesamte **innere Entropieerzeugung** oder **Entropieproduktion** läßt sich als Summe aus solchen Produkten **konjugierter Flüsse** und **Kräfte** beziehungsweise konjugierter Stromdichten und Gradienten darstellen:

$$\dot{\sigma}_{\text{int}}(\text{Ort,Zeit}) = \sum_k [\text{Gradient} \cdot \text{Stromdichte}]_k = \sum_k j_k X_k \tag{14.13}$$

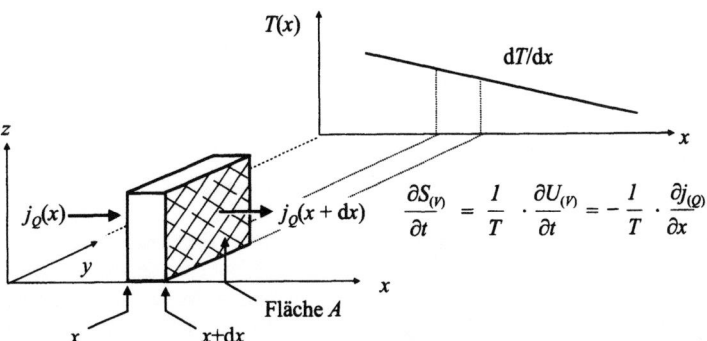

Abbildung 14.1 Volumenelement in einem System mit Temperaturgradient in x–Richtung (Volumen und Teilchenzahlen sind konstant): die Differenz der Wärmestromdichten durch die beiden Flächen bei x und $x+\mathrm{d}x$ erzeugt im betrachteten Volumenelement gemäß dem Energiesatz eine zeitliche Änderung der Energiedichte $U_{(V)}$. Im stationären Fall (konstanter Temperaturgradient) ist die Wärmestromdichte auf beiden Seiten gleich, so daß die die lokale Energiedichte $U_{(V)}$ zeitlich konstant wird. Allerdings unterscheiden sich die Entropiestromdichten $j_S(x)$ und $j_S(x+\mathrm{d}x)$ (allgemein $j_S = j_Q/T$) wegen des Temperaturunterschieds auch im stationären Zustand noch. Es fließt also ein Nettostrom an Entropie aus dem Volumenelement ab, der der inneren Entropieerzeugung entsprechen muß.

Die innere Entropieerzeugung in Gleichung (14.13) muß gemäß dem zweiten Hauptsatz in jedem Fall positiv sein. Im vorliegenden Beispiel sind die beiden konjugierten Kräfte zur Wärmestromdichte beziehungsweise zur Diffusionsstromdichte gegeben durch

$$X_Q = \frac{\partial(1/T)}{\partial x} = -\frac{1}{T^2}\frac{\partial T}{\partial x} \tag{14.14a}$$

$$X_i = -\frac{\partial(\mu_i/T)}{\partial x} \tag{14.14b}$$

Exkurs 14.1 Entropieerzeugung durch einen stationären Wärmetransport

Betrachten wir als Beispiel den Wärmetransport in einem System, das auf zwei Seiten im Kontakt mit zwei sehr großen Wärmebädern unterschiedlicher, aber konstanter Temperatur steht (Abbildung 14.2). Nach einiger Zeit wird sich eine zeitunabhängige **stationäre Temperaturverteilung** im System einstellen. Bei kleinen Temperaturdifferenzen und konstantem Querschnitt des Systems ist ein linearer Temperaturgradient zu erwarten. Im folgenden wird für dieses Beispiel die Entropieerzeugung analysiert.

Für das stationäre System in Abbildung 14.2 ist die Entropie S_{System} (= Zustandsfunktion!) zeitlich konstant und es folgt für die Entropiebilanz

$$\frac{dS_{\text{System}}}{dt} = \frac{dS_{\text{ext}}}{dt} + \frac{dS_{\text{int}}}{dt} = 0 \tag{14.15}$$

Dies bedeutet, daß die intern kontinuierlich **erzeugte Entropie** dS_{int}/dt (die ja wegen des irreversiblen Transportvorgangs positiv sein muß) durch einen gleich großen ständig an die Umgebung abgeführten **Entropiestrom** dS_{ext}/dt kompensiert wird. Der **Wärmestrom** dQ/dt durch das System ist wegen der Stationarität ebenfalls konstant. Der Energieerhaltungssatz (erster Hauptsatz) verlangt darüber hinaus, daß die an der Kontaktfläche bei $x = 0$ pro Zeit aufgenommene und die bei $x = L$ abgegebene Wärme entgegengesetzt gleich groß sein müssen.

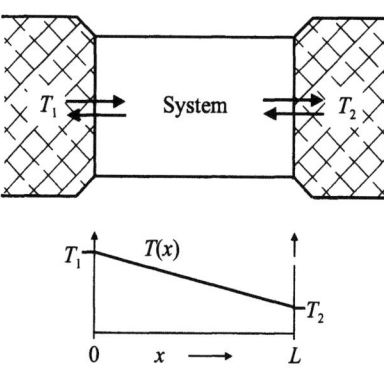

Abbildung 14.2 System mit stationärem Wärmetransport und linearem Temperaturgradienten: das System verbindet zwei Wärmebäder mit unterschiedlicher konstanter Temperatur. Bei konstantem Querschnitt senkrecht zur x-Achse wird die Wärmestromdichte im gesamten Bereich $0 < x < L$ konstant sein. Die lokale Entropiestromdichte ist allerdings ortsabhängig, da im entsprechenden Ausdruck die lokale Temperatur eingeht. Stationär fließt ständig ein Netto-Entropiestrom aus dem System heraus, der der inneren Entropieerzeugung entspricht.

Entropiestrom (stationär) $\dfrac{dS_{\text{ext}}}{dt} = \left(\dfrac{1}{T_1} - \dfrac{1}{T_2}\right)\dfrac{dQ}{dt} < 0$

14.1 Entropieerzeugung im Nichtgleichgewicht

Es sei $T_1 > T_2$. Dem konstanten Wärmestrom entspricht dann bei $x = 0$ ein stationär zugeführter Entropiestrom $(1/T_1)\,\mathrm{d}Q/\mathrm{d}t$ und bei $x = L$ ein kontinuierlich abfließender (höherer!) Entropiestrom $(1/T_2)\,\mathrm{d}Q/\mathrm{d}t$. Da die beide Entropieströme sich nicht kompensieren, ergibt sich netto ein in die Umgebung abfließender Entropiestrom $\mathrm{d}S_\text{ext}/\mathrm{d}t$ mit

$$\frac{\mathrm{d}S_\text{ext}}{\mathrm{d}t} = \frac{\mathrm{d}Q}{\mathrm{d}t} \cdot \left(\frac{1}{T_1} - \frac{1}{T_2}\right) = \frac{\mathrm{d}Q}{\mathrm{d}t} \cdot \left(\frac{T_2 - T_1}{T_1 T_2}\right) \tag{14.16}$$

Aus den Gleichungen (14.15) und (14.16) folgt dann für die innere Entropieerzeugung

$$\frac{\mathrm{d}S_\text{int}}{\mathrm{d}t} = -\frac{\mathrm{d}S_\text{ext}}{\mathrm{d}t} = \frac{\mathrm{d}Q}{\mathrm{d}t} \cdot \left(\frac{T_1 - T_2}{T_1 T_2}\right) \tag{14.17}$$

Wegen $T_1 > T_2$ ist die stationär im System pro Zeit erzeugte Entropie positiv, wie es der zweite Hauptsatz verlangt. Für sehr kleine Temperaturdifferenzen $\Delta T = T_2 - T_1$ ($\ll T_1, T_2$) kann man mit der mittleren Temperatur T schreiben

$$\frac{\mathrm{d}S_\text{int}}{\mathrm{d}t} = \frac{\mathrm{d}Q}{\mathrm{d}t} \cdot \Delta\left(\frac{1}{T}\right) = -\frac{\mathrm{d}Q}{\mathrm{d}t} \cdot \left(\frac{\Delta T}{T^2}\right) \quad \text{mit} \quad T = \frac{T_1 + T_2}{2} \tag{14.18}$$

Diese Gleichung zeigt auf der rechten Seite das Produkt aus dem Wärmestrom $\mathrm{d}Q/\mathrm{d}t$ und dem Quotienten $-\Delta T/T^2$, der als treibende Kraft des Wärmetransports wirkt.

Gleichung (14.18) stellt eine **integrale Formulierung** der Entropieerzeugung dar, da das System als Ganzes betrachtet wird. Sie läßt sich allerdings auch recht einfach in eine **lokale Form** (auch: **differentielle Form**) bringen. Man betrachtet dazu die lokale Entropieproduktion bezogen auf ein (differentielles) Volumenelement $\mathrm{d}V$ an einem bestimmten Ort im System. Wir dividieren Gleichung (14.18) dazu durch $\mathrm{d}V = A\,\mathrm{d}x$ (A entspricht dem Querschnitt des Systems in Abbildung 14.2 senkrecht zur x-Achse). Die endliche Temperaturdifferenz ΔT in Gleichung (14.18) ist für diesen Grenzfall durch das Differential $\mathrm{d}T$ zu ersetzen. Man erhält mit der Definition $j_Q = (1/A)\,\partial Q/\partial t$ für die Wärmestromdichte

$$\dot\sigma_\text{int} = \frac{\partial^2 S_\text{int}}{\partial t\,\partial V} = \frac{\partial S_{\text{int}(V)}}{\partial t} = -\frac{1}{A}\frac{\partial Q}{\partial t} \cdot \frac{1}{T^2}\frac{\partial T}{\partial x} = j_Q \cdot \frac{\partial}{\partial x}\left(\frac{1}{T}\right) \tag{14.19}$$

Für die Ableitung wurde der Einfachheit halber nur ein Temperaturgradient in x-Richtung angenommen. Eine allgemeine Formulierung unter Einbeziehen aller drei Raumrichtungen ergibt in vektorieller Formulierung für die lokale Entropieproduktion ein Skalarprodukt aus dem Vektor der Wärmestromdichte und dem Gradienten der reziproken Temperatur ergeben

$$\dot\sigma_\text{int} = j_Q \cdot \operatorname{grad}\left(\frac{1}{T}\right) = -j_Q \cdot \frac{1}{T^2}\operatorname{grad} T \tag{14.20}$$

Exkurs 14.2 Verwendung partieller Ableitungen lokaler Größen

Durch die Verwendung der partiellen Ableitungen (Differentiationssymbol ∂) in Gleichung (14.3) und den nachfolgenden Betrachtungen in diesem Abschnitt wird betont, daß alle anderen Variablen konstant gehalten werden: die Ableitung nach der Zeit in Gleichung (14.3) beispielsweise wird bei konstant gehaltenen Ortskoordinaten durchgeführt. Das Ergebnis ist die lokale Entropiedichteänderung an einem bestimmten Ort x,y,z im System:

$$\frac{\partial S_{(V)}}{\partial t} = \text{lokale Entropieänderung am festen Ort } x,y,z \tag{14.21}$$

Um die Bedeutung dieser partiellen Ableitungen zu veranschaulichen, stelle man sich als Analogie die Situation eines Beobachters auf einer Brücke über einem strömenden Fluß vor, der die Änderung der Anzahl Fische unter sich mit der Zeit registriert. Die Fische selbst bewegen sich sowohl mit dem strömenden Fluß als auch relativ dazu durch ihre eigenen Schwimmbewegungen. Der Beobachter auf der Brücke hält seinen Beobachtungsort konstant. Die Anzahl der von ihm beobachteten Fische pro Zeitintervall entspricht hier einer zeitlichen partiellen Ableitung (Ortskoordinaten konstant gehalten).

Ein anderes Ergebnis ist jedoch zu erwarten, wenn der betreffende Beobachter sich in einem Boot mit einer beliebigen Geschwindigkeit $v_x = \partial x/\partial t$ auf dem Fluß bewegt. Die pro Zeit vom Boot aus beobachtete Anzahl an Fischen entspricht wegen der Eigenbewegung des Beobachters nicht mehr der einfachen partiellen Ableitung. Es ist vielmehr die totale Ableitung (Differentiationssymbol d) zu benutzen. Übertragen auf die Entropieänderung im bewegten Bezugssystem würde man erhalten

$$\frac{dS_{(V)}}{dt} = \frac{\partial S_{(V)}}{\partial t} + \frac{\partial S_{(V)}}{\partial x} \cdot \frac{\partial x}{\partial t} = \frac{\partial S_{(V)}}{\partial t} + \frac{\partial S_{(V)}}{\partial x} \cdot v_x \qquad (14.22)$$

Darüber hinaus ergibt unser Beispiel einen Sonderfall, wenn sich das Boot des Beobachters genau mit der Strömungsgeschwindigkeit u_x des Flusses bewegt. Übertragen auf ein chemisches Vielteilchensystem würde das bedeuten, daß der Beobachtungspunkt sich mit der Schwerpunktsgeschwindigkeit des betreffenden Volumenelements mitbewegt. Bei diesem Sonderfall spricht man von der sogenannten substantiellen Zeitableitung (Differentiationssymbol D). Angewandt auf die Entropieänderung ergibt sich

$$\frac{DS_{(V)}}{Dt} = \frac{\partial S_{(V)}}{\partial t} + \frac{\partial S_{(V)}}{\partial x} \cdot u_x \qquad (14.23)$$

In der allgemeinen Darstellung von Erhaltungsgrößen und Transportvorgängen in strömenden oder bewegten Systemen spielen diese unterschiedlichen lokalen Ableitungen eine wichtige Rolle. Ganz generell kommt es also bei der lokalen Beschreibung von Transportvorgängen auf die Sichtweise des Beobachters an, und damit auf die Wahl des Bezugssystems.

14.2 Transportkoeffizienten und Kopplungseffekte

Die Stromdichten hängen in Gleichgewichtsnähe linear von den Kräften ab. Dies ist die zentrale Hypothese der Onsager-Theorie zur irreversiblen Thermodynamik. Die Proportionalitätskonstanten bezeichnet man als **Onsager-Koeffizienten** oder **Transportkoeffizienten** (allgemeines Symbol L). Dabei ist aber im allgemeinen von Kopplungseffekten zwischen verschiedenen irreversiblen Prozessen auszugehen. Beispielsweise führt ein Temperaturgradient auch zu einem Teilchentransport neben dem Wärmetransport. Ebenso kann ein Konzentrationsgradient einen Wärmetransport verursachen, da die diffundierenden Teilchen in jedem Fall zusätzlich Energie transportieren („Überführungswärme"). Es ist deshalb notwendig, neben den Transportkoeffizienten für reine Wämeleitung oder Diffusion zusätzliche Kopplungskoeffizienten einzuführen. Der **(Onsager–)Kopplungskoeffizient** (auch Kreuzkoeffizient genannt) L_{iQ} für die Kopplung zwischen Wärmeleitung und Diffusion beschreibt beispielsweise die

14.2 Transportkoeffizienten und Kopplungseffekte

Wirkung eines Temperaturgradienten auf die Teilchenstromdichten des Diffusionsvorgangs. Für den Fall, daß nur ein Temperaturgradient und ein Konzentrationsgradient der Teilchensorte i vorliegen, kann man mit den allgemeinen Transportkoeffizienten L_{QQ}, L_{ii}, L_{iQ} und L_{Qi} für die beiden Stromdichten den folgenden linearen Ansatz machen

$$j_Q = L_{QQ} \cdot \frac{d}{dx}\left(\frac{1}{T}\right) - L_{Qi} \cdot \frac{d}{dx}\left(\frac{\mu_i}{T}\right)$$
$$j_n = L_{iQ} \cdot \frac{d}{dx}\left(\frac{1}{T}\right) - L_{ii} \cdot \frac{d}{dx}\left(\frac{\mu_i}{T}\right) \qquad (14.24)$$

Als Konsequenz der Kopplung zwischen Diffusion und Wärmetransport wird beispielsweise bei Diffusion im Konzentrationsgradienten auch ein Temperaturgradient entstehen können und umgekehrt. Mit den in (14.14a) und (14.14b) definierten Abkürzungen X_Q und X_i für die Gradienten oder treibenden Kräfte folgt

$$j_Q = L_{QQ} \cdot X_Q + L_{Qi} \cdot X_i$$
$$j_n = L_{iQ} \cdot X_Q + L_{ii} \cdot X_i \qquad (14.25)$$

Onsager hat die allgemeinen Grundlagen der irreversiblen Thermodynamik und dabei insbesondere die Kopplungsphänomene untersucht. Er konnte über die Symmetrieeigenschaften mikroskopischer Fluktuationen nachweisen, daß die Kopplungskoeffizienten der folgenden Symmetriebedingung gehorchen müssen

$$L_{Qi} = L_{iQ} \qquad (14.26)$$

In der Ableitung Onsagers zu dieser Beziehung steckt als ganz wesentliche Annahme das Prinzip der **mikroskopischen Reversibilität**, das heißt, daß die mikroskopischen Fluktuationen im Gleichgewicht symmetrisch bezüglich der Zeitachse sind und keinerlei unterschiedliches Verhalten zeigen, wenn man die Zeitskala umkehrt und damit alle Teilchengeschwindigkeiten invertiert[1]. Man spricht daher auch von **Zeitumkehr-Invarianz**. Zur Begründung dieser Beziehung sind mikroskopische Korrelationsfunktionen einzuführen, die wir allerdings erst im nachfolgenden Kapitel 15 diskutieren werden.

Gleichungen der Art (14.26) bezeichnet man als **Onsager-Relationen** oder **Reziprozitätsbeziehungen**. Die Transportkoeffizienten L_{QQ}, L_{ii}, L_{Qi} und L_{iQ} werden auch als **Onsager-Koeffizienten** bezeichnet. Darüber hinaus gilt für die Kopplung

---

[1] In Anwesenheit magnetischer Felder oder in rotierenden Systemen ist allerdings eine Modifikation der Onsager-Beziehung notwendig. Beispielsweise folgt aus dem Ausdruck für die Lorentzkraft $F = q\,v \times B$ (q = Ladung), daß das Teilchen bei Umkehr seiner Geschwindigkeit v (= Umkehr der Zeitrichtung) sich nur dann entlang seiner ursprünglichen Bahn zurückbewegt, wenn auch das Vorzeichen des magnetischen Feldes ($B \to -B$) geändert wird. Wenn die ursprüngliche Bahnbewegung eines Elektrons im magnetischen Feld einer Rechtsschraube folgt, wird die Umkehr der Geschwindigkeitsrichtung allein aus der rechtshändigen Bahn eine linkshändige machen. Bei Beteiligung eines Magnetfelds ist also statt Gleichung (14.26) für entsprechende Kopplungskoeffizienten L_{iB} anzusetzen: $L_{iB}(B) = -L_{Bi}(B)$ oder $L_{iB}(B) = L_{Bi}(-B)$ (= Onsager-Casimir-Relationen). Entsprechendes gilt auf Grund des Ausdrucks für die Corioliskraft bei rotierenden Systemen, wo die Vorzeichen der Teilchen- und der Winkelgeschwindigkeit eingehen.

verschiedener Transportvorgänge das einschränkende **Curiesche Symmetrieprinzip**, das eine explizite Kopplung nur von Transportvorgängen mit gleichem Tensorcharakter zuläßt. So kann beispielsweise der vektorielle Wärmetransport nicht mit der skalaren Reaktionsgeschwindigkeit koppeln und entsprechende Kopplungskoeffizienten L_{Qr} müssen deshalb Null sein. Dies schließt aber nicht die Kopplung zwischen Wärmetransport und chemischen Reaktionen über die lokale Energiebilanzgleichung aus. Eine lokal ablaufende Reaktion wird Wärme freisetzen oder absorbieren, führt also zu zusätzlichen Quellen und Senken für den Wärmetransport. Analoges gilt für die Kopplung zwischen Diffusion und chemischen Reaktionen.

In den meisten Fällen werden im Experiment die treibenden Kräfte aus praktischen Gründen etwas anders gewählt: für den Wärmetransport benutzt man beispielsweise eher den **Temperaturgradienten** $\partial T/\partial x$. Bei Diffusionsvorgängen verwendet man normalerweise die **Konzentrationsgradienten** $\partial c_i/\partial x$ und nicht die Gradienten des chemischen Potentials (siehe auch Tabelle D.11 im Anhang). Eine Ausnahme bilden Anwendungen in der Elektrochemie oder Halbleiterelektronik (vgl. Kapitel 8). Potentiometrische Meßmethoden der Elektrochemie erlauben in vielen Fällen die direkte Messung von chemischen und elektrochemischen Potentialen.

Für geladene Teilchen sind Diffusion im Konzentrationsgradienten und Ladungstransport im elektrischen Potentialgradienten streng gekoppelt. Deshalb benutzt man in solchen Fällen häufig die Summe aus chemischem Potentialgradienten und dem Produkt von Ladung und elektrischem Potentialgradienten als treibende Kraft, die deshalb auch als **elektrochemischer Potentialgradient** bezeichnet wird. Er ist definiert über (e ist die Elementarladung und z_i die Wertigkeit des Ladungsträgers, die positives oder negatives Vorzeichen haben kann)

$$\frac{\partial \tilde{\mu}_i}{\partial x} = \frac{\partial \mu_i}{\partial x} + z_i e \frac{\partial \varphi}{\partial x} \tag{14.27}$$

Vergleicht man die Teilchenstromdichte mit dem **Diffusionskoeffizienten** D_i des ersten Fickschen Gesetzes, so folgt für den Zusammenhang zwischen L_{ii} und D_i im isothermen Fall (falls Kopplungskoeffizienten vernachlässigt werden können)

$$j_i = -D_i \cdot \frac{\partial c_i}{\partial x} = -L_{ii} \cdot \frac{\partial}{\partial x}\left(\frac{\mu_i}{T}\right) = -\frac{L_{ii}}{T}\left(\frac{\partial \mu_i}{\partial c_i}\right) \cdot \frac{\partial c_i}{\partial x} \tag{14.28}$$

$$D_i = \frac{L_{ii}}{T}\left(\frac{\partial \mu_i}{\partial c_i}\right) \tag{14.29}$$

Bei idealem Verhalten der diffundierenden Teilchen gilt $d\mu_i = RT\, d \ln c_i$, so daß bei Vernachlässigung der Kopplungseffekte folgt

$$D_i = \frac{R}{c_i} L_{ii} \tag{14.30}$$

Tabelle D.11 im Anhang zeigt eine Übersicht über die bisher behandelten und weitere Transportkoeffizienten für verschiedene Transportphänomene. Im Fall von vektoriellen Transportphänomenen in anisotropen Feststoffen müssen die entsprechenden Transportkoeffizienten als symmetrische Matrizen formuliert werden[2]. Tabelle D.12

---

[2]Beziehungsweise antisymmetrisch, falls die Onsager-Casimir-Relationen der Fußnote 1 anzuwenden sind.

14.2 Transportkoeffizienten und Kopplungseffekte

im Anhang zeigt einige mögliche Kopplungsphänomene für vektorielle Transportvorgänge. Im folgenden Exkurs wird auf das Beispiel chemischer Reaktionen und ihre Behandlung im Rahmen des Onsager-Ansatzes eingegangen.

Exkurs 14.3 Reaktionsgeschwindigkeit und chemische Affinität

Chemische Reaktionen sind ein bedeutsamer Anwendungsbereich für die Untersuchung des Nichtgleichgewichtszustands. In der Nähe des chemischen Gleichgewichts läßt sich die **chemische Affinität** A_r als Triebkraft einer chemischen Reaktion definieren (zur Herleitung vergleiche Anhang A.6). Die Reaktionsgeschwindigkeit $d\xi/dt$ stellt die korrespondierende Flußgröße im Sinne der irreversiblen Thermodynamik dar (ξ = Reaktionslaufzahl, siehe Gleichung (A.42a) im Anhang). Nahe dem Gleichgewicht sollte die Reaktionsgeschwindigkeit linear von der chemischen Affinität abhängen Für den entsprechenden Beitrag einer ablaufenden irreversiblen chemischen Reaktion zur inneren Entropieerzeugung muß dann gelten

$$\dot{\sigma}_{\text{int}} = -\left(\frac{A_r}{T}\right)\frac{d\xi}{dt} = L_{rr}\left(\frac{A_r}{T}\right)^2 \tag{14.31}$$

L_{rr} ist der entsprechende Onsager-Koeffizient, der die Proportionalität zwischen Umsatz $d\xi/dt$ und treibender Kraft $-A_r/T$ beschreibt. Eine Kopplung mit weiteren chemischen Reaktionen äußert sich über die Addition zusätzlicher Terme in (14.31) mit Kopplungskoeffizienten $L_{rr'}$ und entsprechenden Affinitäten.

Im folgenden soll für eine einfache chemische Reaktion in der Gasphase der Zusammenhang zwischen **Reaktionsgeschwindigkeit** und **chemischer Affinität** und der Übergang von linearem zu nichtlinearem Verhalten diskutiert werden. Kopplung mit anderen Reaktionen sei vernachlässigt. Es sei die Reaktion von Wasserstoff mit Iod zu Iodwasserstoff als Beispiel betrachtet (wobei die Geschwindigkeit der Produktbildung positiv gezählt wird)

$$H_{2(g)} + I_{2(g)} \rightleftharpoons 2HI_{(g)} \tag{14.32}$$

Die Reaktionsgeschwindigkeit v ist üblicherweise definiert durch die Ableitung der Konzentration eines der Reaktanden oder Produkte nach der Zeit (dividiert durch den entsprechenden stöchiometrischen Koeffizienten):

$$v = \frac{1}{2}\cdot\frac{dc_{HI}}{dt} = -\frac{dc_{I_2}}{dt} = -\frac{dc_{H_2}}{dt} \tag{14.33}$$

Wir benutzen in diesem Beispiel molare Größen (c – Konzentration in mol l^{-1}). Die Geschwindigkeit läßt sich formal aufteilen auf die Geschwindigkeit der Hinreaktion v_{hin} minus die der Rückreaktion $v_{\text{rück}}$. Im betrachteten Beispiel (14.32) findet man empirisch für Hin- und Rückreaktion bei erhöhter Temperatur jeweils eine Kinetik zweiter Ordnung. Für die Reaktionsgeschwindigkeit gilt deshalb der folgende empirische Ansatz mit den Geschwindigkeitskonstanten k_{hin} und $k_{\text{rück}}$

$$v = v_{\text{hin}} - v_{\text{rück}} = k_{\text{hin}} c_{H_2} c_{I_2} - k_{\text{rück}} c_{HI}^2 \tag{14.34}$$

Gleichung (14.34) ist auf jeden Fall nichtlinear wie die meisten entsprechenden Geschwindigkeitsansätze für chemische Reaktionen. Er wird deshalb auch zu keiner linearen Beziehung zwischen chemischer Affinität und Reaktionsgeschwindigkeit führen.

Der Geschwindigkeitsausdruck (14.34) könnte bei oberflächlichem Betrachten auf einfache bimolekulare Reaktionsschritte für Hin- und Rückreaktion schließen lassen. Eine Vierzentrenreaktion zwischen einem H_2- und einem I_2-Molekül beziehungsweise zwei HI-Molekülen ist aber sehr unwahrscheinlich. Ein plausibler Vorschlag für den Ablauf der Reaktion ist eine Abfolge von mindestens drei Einzelschritten

$$I_2 \longrightarrow 2I \tag{14.35a}$$
$$I + H_2 \longrightarrow IH_2 \tag{14.35b}$$
$$I + IH_2 \longrightarrow 2HI \tag{14.35c}$$

Die letzten beiden Schritte wirken in ihrer Abfolge zusammen wie eine trimolekulare Reaktion, für die gilt

$$2I + H_2 \longrightarrow 2HI \quad \text{Geschwindigkeit:} \quad \frac{1}{2}\frac{dc_{HI}}{dt} = k_3 c_{H_2} c_I^2 \tag{14.36}$$

Wenn die erste Teilreaktion (14.35a) schnell gegen die nachfolgenden Schritte ist, darf sie näherungsweise als Gleichgewicht mit der Gleichgewichtskonstante K behandelt werden:

$$K = \frac{c_I^2}{c_{I_2}} \tag{14.37}$$

Kombiniert man (14.37) und (14.36), so ergibt sich für die Hinreaktion der gleiche Ausdruck, der in Gleichung (14.34) als empirischer Ansatz verwendet wurde:

$$\frac{dc_{HI}}{dt} = 2k_3 c_{H_2} c_I^2 = k_{hin} c_{H_2} c_{I_2} \quad \text{mit } k_{hin} = 2k_3 K \tag{14.38}$$

Wenn allerdings die aktuellen Konzentrationen sich nur noch wenig von den Gleichgewichtskonzentrationen unterscheiden, kann die Geschwindigkeitsgleichung (14.34) linearisiert werden. Dies gilt übrigens für jede chemische Reaktion nahe dem Gleichgewicht. Um das am obigen Beispiel zu zeigen, werden die Konzentrationen in Gleichung (14.34) zunächst durch ihre Abweichung von den Gleichgewichtskonzentrationen c_i^{eq} ausgedrückt.

$$c_{H_2} = c_{H_2}^{eq} + x \, , \quad c_{I_2} = c_{I_2}^{eq} + x \, , \quad c_{HI} = c_{HI}^{eq} - 2x \tag{14.39}$$

Wenn die Abweichung vom Gleichgewicht klein ist, wird x sehr klein gegen jede der drei Gleichgewichtskonzentrationen, und man erhält durch Vernachlässigen der in x quadratischen Terme in guter Näherung einen linearisierten Ausdruck. Einsetzen der Ausdrücke aus Gleichung (14.39) in (14.34) führt zunächst auf

$$\begin{aligned} v &= \frac{1}{2}\frac{dc_{HI}}{dt} = v_{hin} - v_{rück} \\ &= k_{hin}(c_{H_2}^{eq} + x)(c_{I_2}^{eq} + x) - k_{rück}(c_{HI}^{eq} - 2x)^2 \\ &= \left[k_{hin}(c_{I_2}^{eq} + c_{H_2}^{eq}) + 4 k_{rück} c_{HI}^{eq}\right] \cdot x + [k_{hin} - k_{rück}] \cdot x^2 \end{aligned} \tag{14.40}$$

Dabei wurde benutzt, daß im Gleichgewicht $k_{hin} c_{I_2}^{eq} c_{H_2}^{eq} = k_{rück} c_{HI}^{eq\,2}$ gilt, so daß die ersten beiden Summanden der rechten Seite nach Ausmultiplizieren wegfallen. Vernachlässigen des in x quadratischen Terms ergibt dann

$$v = \frac{1}{2} \cdot \frac{dc_{HI}}{dt} = -\frac{dx}{dt} = \left[k_{hin}(c_{I_2}^{eq} + c_{H_2}^{eq}) + 4 k_{rück} c_{HI}^{eq}\right] \cdot x = k_1 x \tag{14.41}$$

14.2 Transportkoeffizienten und Kopplungseffekte

Dieser Ausdruck liefert nach Integration eine exponentielle Zeitabhängigkeit mit der charakteristischen Zeitkonstanten $\tau = 1/k_1$ gemäß

$$x = x_0 \cdot \exp(-k_1 t) = x_0 \cdot \exp(-t/\tau) \tag{14.42}$$

Wir wollen nun die chemische Affinität für die Iodwasserstoffbildung herleiten und untersuchen, wie der linearisierte Ansatz für die Reaktionsgeschwindigkeit im Sinne der irreversiblen Thermodynamik aussieht. Für das vorliegende Beispiel ergibt sich als chemische Affinität (siehe Gleichung (A.49) im Anhang)

$$\begin{aligned} A_r &= -(2\mu_{HI} - \mu_{H_2} - \mu_{I_2}) \\ &= -(2\mu_{HI}^\circ - \mu_{H_2}^\circ - \mu_{I_2}^\circ) - RT \cdot \ln\left[\frac{(c_{HI}^{eq} - 2x)^2}{(c_{H_2}^{eq} + x)(c_{I_2}^{eq} + x)}\right] \end{aligned} \tag{14.43}$$

Der Term mit den Standardwerten der chemischen Potentiale auf der rechten Seite entspricht dem Standardwert der freien Reaktionsenthalpie $\Delta_r G^\circ$ und kann durch die Gleichgewichtskonstante K_c gemäß $\Delta_r G^\circ = -RT \ln K_c$ ausgedrückt werden. Der zweite Term läßt sich nach Gleichung (14.40) durch die Reaktionsgeschwindigkeiten für Hin- und Rückreaktion beschreiben. Es gilt:

$$-(2\mu_{HI}^\circ - \mu_{H_2}^\circ - \mu_{I_2}^\circ) = -\Delta_r G^\circ = RT \ln K_c$$

$$\left[\frac{(c_{HI}^{eq} - 2x)^2}{(c_{H_2}^{eq} + x)(c_{I_2}^{eq} + x)}\right] = \frac{k_{hin}}{k_{rück}} \frac{v_{rück}}{v_{hin}} = K_c \cdot \frac{v_{rück}}{v_{hin}}$$

Für das Verhältnis der Geschwindigkeitskonstanten wurde $k_{hin}/k_{rück} = K_c$ benutzt. Mit $v = v_{hin} - v_{rück}$ ergibt sich

$$A_r = -RT \ln \frac{v_{rück}}{v_{hin}} \quad \to \quad \frac{v}{v_{rück}} = \exp\left[\frac{A_r}{RT}\right] + 1 \tag{14.44}$$

Im allgemeinen liegt also ein nichtlinearer Zusammenhang zwischen Affinität und Geschwindigkeit der Reaktion vor. Erst in der unmittelbaren Nähe der Gleichgewichtskonzentrationen (für $x \ll 1$) kann man eine lineare Beziehung mit einem konstanten Onsager-Transportkoeffizienten L_{rr} erwarten. Für sehr kleine Werte von x kann Gleichung (14.44) in eine Taylorreihe um $x = 0$ entwickelt werden (siehe Gleichung (B.49) im Anhang). Abbruch der Reihe nach dem linearen Glied ergibt (die Affinität wird für $x = 0$ ebenfalls Null)

$$A_r \approx x \left(\frac{\partial A_r}{\partial x}\right)_{x=0} = x\, RT \left(\frac{4}{c_{HI}^{eq}} + \frac{1}{c_{H_2}^{eq}} + \frac{1}{c_{I_2}^{eq}}\right) \tag{14.45}$$

Für die Zeitableitung der **Reaktionslaufzahl** ξ als dem zur chemischen Affinität konjugierten Fluß gilt folgender Zusammenhang mit der in Gleichung (14.33) definierten Reaktionsgeschwindigkeit

$$\left(\frac{d\xi}{dt}\right) = V \cdot v = V \cdot \frac{1}{2}\frac{dc_{HI}}{dt} = V k_1 x \tag{14.46}$$

Unter Einführen des Onsager-Koeffizienten L_{rr} (vgl. Tabelle D.11 im Anhang) erhält man aus den beiden letzten Gleichungen (14.45) und (14.46) für kleine Abweichungen vom Gleichgewicht die folgenden Beziehungen:

$$\left(\frac{d\xi}{dt}\right) = L_{rr} \cdot \frac{A_r}{T} \quad \text{mit} \quad L_{rr} = \frac{k_1 V}{R} \cdot \left(\frac{4}{c_{HI}^{eq}} + \frac{1}{c_{H_2}^{eq}} + \frac{1}{c_{I_2}^{eq}}\right)^{-1} \quad (14.47)$$

$$\dot{\sigma}_{int} = \frac{1}{V}\frac{dS}{dt} = \frac{A_r}{T} \cdot \frac{1}{V}\frac{d\xi}{dt} = \frac{A_r}{T} \cdot v$$

$$= \frac{L_{rr}}{V}\left(\frac{A_r}{T}\right)^2 = x^2 k_1 R \cdot \left(\frac{4}{c_{HI}^{eq}} + \frac{1}{c_{H_2}^{eq}} + \frac{1}{c_{I_2}^{eq}}\right) \quad (14.48)$$

Die Linearisierung der Geschwindigkeitsgleichungen wird ausgiebig bei Untersuchungen sehr schneller chemischer Reaktionen ausgenutzt. Zur experimentellen Messung der Kinetik solcher Reaktionen wie Protonenübertragungen in wäßrigen Lösungen verwendet man **Relaxationsmethoden**. Diese Methoden gehen davon aus, daß das im Gleichgewicht befindliche System durch äußere Störungen nur geringfügig aus dem Gleichgewicht gebracht wird und dann mit einer typischen Zeitkonstante nach einer Kinetik erster Ordnung zu dem neuen Gleichgewichtszustand relaxiert. Sprungrelaxationsmethoden nutzen beispielsweise schnelle stufenförmige Änderungen des hydrostatischen Drucks oder der Temperatur. Die Sprungantwort eines linearen Systems läßt sich grundsätzlich über eine Fouriertransformation in die entsprechende frequenzabhängige Antwort auf eine periodische Störung umrechnen. Man kann deshalb schnelle Reaktionen auch über frequenzabhängige Messungen untersuchen, beispielsweise mit Schallwellen.

14.3 Stationäre innere Entropieerzeugung

Ein stationärer Zustand ist dadurch definiert, daß alle lokalen Zustandsvariablen des betreffenden Systems zeitunabhängige Werte haben. Für die Entropieerzeugung im stationären Zustand läßt sich ein Minimalprinzip formulieren, wie Prigogine gezeigt hat. Substituiert man die Stromdichten in Gleichung (14.12) oder (14.13) durch lineare Ansätze entsprechend Gleichung (14.25), so folgt eine zweite einfache Darstellung der Entropieproduktion $\dot{\sigma}_{int}$ als Funktion der Kräfte X_i, X_k:

$$\dot{\sigma}_{int} = L_{QQ}X_Q^2 + 2 \cdot L_{Qi}X_i X_Q + L_{ii}X_i^2 \quad (14.49)$$

Die allgemeine Darstellung für beliebige Kombinationen von irreversiblen Prozessen mit jeweils konjugierten Paaren aus Stromdichte und Gradient ergibt für die innere Entropieerzeugung pro Volumen

$$\dot{\sigma}_{int} = \sum_i \sum_k L_{ik} X_i X_k \quad (14.50)$$

Gleichung (14.50) ermöglicht zunächst eine alternative Formulierung des zweiten Hauptsatzes. Wenn keine Gradienten und äußeren Kräfte dem System von außen aufgezwungen und ständig aufrecht erhalten werden, dann wird von einem beliebigen Nichtgleichgewichtszustand ausgehend die Entropieerzeugung mit der Zeit gegen

14.3 Stationäre innere Entropieerzeugung

Null gehen, wie es der zweite Hauptsatz verlangt. Gleichgewicht ist erreicht, wenn alle Kräfte X_i, X_k im System verschwunden sind. Im Gleichgewicht gilt deshalb für die innere Entropieproduktion

$$\dot{\sigma}_{\text{int}} = 0 \tag{14.51}$$

Ebenfalls aus dem zweiten Hauptsatz folgt, daß ein irreversibler Vorgang in jedem Fall durch eine positive Entropieproduktion gekennzeichnet ist:

$$\dot{\sigma}_{\text{int}} > 0 \tag{14.52}$$

Hieraus folgt zunächst eine wesentliche Einschränkung an die möglichen Werte der Onsager-Koeffizienten in Gleichung (14.50). Damit der allgemeine Ausdruck für $\dot{\sigma}_{\text{int}}$ immer positiv bleibt ungeachtet der Vorzeichen der einzelnen Kräfte, müssen die folgenden Bedingungen erfüllt sein

$$L_{ii} > 0 \quad , \quad L_{ik}^2 = L_{ki}^2 < L_{ii} \cdot L_{kk} \tag{14.53}$$

Insbesondere die Diagonalglieder L_{ii} der Onsager-Koeffizientenmatrix (siehe Exkurs 14.4) müssen immer positiv (oder Null) sein.

Geht man nun davon aus, daß in einem System von außen ein Teil der möglichen Kräfte $X_1, X_2, \ldots X_r$ konstant gehalten wird (man spricht von einem stationären Zustand der Ordnung r), so werden die zugehörigen konjugierten Stromdichten $j_1, j_2, \ldots j_r$ im stationären Zustand konstant und und von Null verschieden sein. Die zu den nicht von außen kontrollierten Kräften konjugierten Stromdichten werden im stationären Zustand verschwinden: $j_{r+1}, \ldots, j_n = 0$. Die zugehörigen Kräfte werden allerdings im allgemeinen nicht Null werden (es sei denn, die Kopplungskoeffizienten sind Null). Leitet man in Gleichung (14.50) nach einer Kraft X_i allgemein ab, so ergibt sich die zu dieser Kraft gehörende konjugierte Stromdichte. Für einen stationären Zustand, bei dem r Kräfte $X_1, \ldots X_r$ von außen kontrolliert werden, folgt deshalb wegen $j_{r+1}, \ldots, j_n = 0$

$$\left(\frac{\partial \dot{\sigma}_{\text{int}}}{\partial X_i}\right)_{X_{k \neq i}} = 2\left(L_{ii}X_i + \sum_{k \neq i} L_{ik}X_k\right) = \begin{cases} 2j_i & \text{für } 0 < i \leq r \\ 0 & \text{für } r+1 \leq i < n \end{cases} \tag{14.54}$$

Gleichung (14.54) bedeutet, daß die Entropieerzeugung im stationären Zustand bezüglich der nicht von außen kontrollierten Kräfte $X_{i>r}$ einen Extremwert erreicht. Die Art des Extremwerts ergibt sich aus den zweiten Ableitungen nach den Kräften (siehe Exkurs 14.5). Aus (14.52) beziehungsweise (14.53) läßt sich ableiten, daß hier der stationäre Zustand ein Minimum der Entropieproduktion darstellt:

$$\dot{\sigma}_{\text{int}} = \text{Minimum} \quad \text{(stationär)} \tag{14.55}$$

Dieses **Prinzip der minimalen Entropieproduktion** im stationären Nichtgleichgewichtszustand wurde erstmals von Prigogine formuliert. Das Prinzip ist allerdings nur dann streng gültig, wenn die Beziehungen zwischen Flüssen und Kräften linear und die Transportkoeffizienten konstant sind. Demnach ist es beschränkt auf Systeme nahe dem Gleichgewicht.

Das Minimalprinzip für die Entropieerzeugung (14.55) wird nach Prigogine auch als **Evolutionskriterium** bezeichnet, da es eine wichtige Rolle bei der zeitlichen Entwicklung von Transportvorgängen in Systemen der Chemie, Biologie und Physik spielt, die durch konstante äußere Bedingungen im Nichtgleichgewicht („Fließgleichgewicht") gehalten werden. Im Sinne der Thermodynamik ist ein lebender Organismus ein offenes System. Er ist im thermodynamischen Sinn mittleren konstanten äußeren Kräften und damit Flüssen ausgesetzt. Während seiner Entwicklung bewegt sich die Entropieerzeugung von anfänglich hohen Werten mit entsprechend hohem Metabolismus und Durchsatzraten auf ein Minimum zu, das durch die äußeren Bedingungen festgelegt wird. Das Minimum markiert gleichzeitig den Endzustand des Wachstums. Das Erwachsensein stellt nach diesem Verständnis einen Zustand minimaler Entropieproduktion dar. Gleichzeitig ist mit abnehmender Entropieproduktion eine zunehmende Organisation und Bildung von Ordnung (innere Komplizierung) festzustellen.

Exkurs 14.4 Verkürzte Schreibweise mit Vektoren und Matrizen

Die Gleichungen (14.13) und (14.25) können für den allgemeinen Fall sehr übersichtlich geschrieben werden, wenn man die Schreibweise mit Vektoren und Matrizen verwendet. Treten zum Beispiel N unterschiedliche Stromdichten j_k mit $k = 1,...,N$ auf, so kann man die Stromdichten zu einem Vektor J und die entsprechenden Kräfte X_k zu einem Vektor X zusammenfassen gemäß (die einzelnen Komponenten j_i und X_i können natürlich ihrerseits wieder Vektoren sein)

$$J = (j_1, j_2, ..., j_k, ..., j_N) \qquad (14.56)$$

$$X = (X_1, X_2, ..., X_k, ..., X_N) \qquad (14.57)$$

Für die Transportkoeffizienten ist die folgende Matrix definierbar

$$L = \begin{pmatrix} L_{11} & \cdots & L_{1N} \\ L_{21} & & \\ \vdots & \ddots & \vdots \\ L_{N1} & \cdots & L_{NN} \end{pmatrix} \qquad (14.58)$$

Die Koeffizientenmatrix ist auf Grund der Onsager-Relationen symmetrisch (beziehungsweise antisymmetrisch, wenn beispielsweise die Bewegung von Ladungen im Magnetfeld betroffen ist). Die linearen Ansätze für die Stromdichten lassen sich dann in einer Gleichung zusammenfassen

$$j = L \cdot X \qquad (14.59)$$

Ebenso erhält man für die lokale innere Entropieerzeugung einen kompakten Ausdruck (X^T bezeichnet den zu X durch Transponieren gebildeten Spaltenvektor (X soll hier ein Reihenvektor sein wie in Gleichung (14.57) definiert)

$$\dot{\sigma}_{\text{int}} = X^T \cdot j = X^T \cdot L \cdot X = \sum_i^N L_{ii} X_i^2 + \sum_i^N \sum_{j \neq i}^N L_{ij} X_i X_j \qquad (14.60)$$

14.3 Stationäre innere Entropieerzeugung

Grundsätzlich kann man die symmetrische Koeffizientenmatrix L diagonalisieren, indem man aus geeigneten Linearkombinationen der N Kräfte X_i insgesamt N neue transformierte Kräfte X'_i bildet. Unter solchen Bedingungen werden die Kopplungskoeffizienten Null.

Exkurs 14.5 Herleitung von (14.53) bei Anwesenheit zweier Kräfte

Für ein Problem mit nur zwei Kräften X_1 und X_2 ergibt Gleichung (14.52) die Bedingung

$$\dot{\sigma}_{\text{int}} = L_{11}X_1^2 + (L_{12} + L_{21})X_1X_2 + L_{22}X_2^2 > 0 \tag{14.61}$$

Da die Kräfte unabhängig und beliebig wählbar sind, können sie grundsätzlich auch negativ sein. Für $X_1 < 0, X_2 = 0$ folgt aus (14.61) die Bedingung $L_{11} > 0$, ebenso kann man analog $X_1 = 0, X_2 < 0$ wählen, woraus $L_{22} > 0$ folgt. Die Mathematik der Bilinearformen ergibt als zusätzliche Forderung die folgende Bedingung an die Kopplungskoeffizienten (sie stellt eine Einschränkung an den Wert der Onsager-Koeffizientenmatrix dar), damit der Ausdruck für die Entropieproduktion in Gleichung (14.61) positiv ist

$$\det(L) = L_{11}L_{22} - L_{12}L_{21} > 0 \tag{14.62}$$

Schreibt man Gleichung (14.61) mit der Koeffizientenmatrix L und dem Kräftevektor X (siehe dazu auch Exkurs 14.4), lauten die obigen Bedingungen (14.61) und (14.62) allgemein

$$\dot{\sigma}_{\text{int}} = X^T \cdot L \cdot X > 0 \quad \rightarrow \quad L_{ii} > 0 \, , \quad \det(L) > 0 \tag{14.63}$$

Die Bedingungen an die Koeffizienten stellen im mathematischen Sinne gleichzeitig Bedingungen an die zweiten Ableitungen der Entropieerzeugung nach den Kräften dar. Es gilt nämlich

$$\left(\frac{\partial^2 \dot{\sigma}_{\text{int}}}{\partial X_i^2}\right)_{X_{k \neq i}} = 2L_{ii} \, , \quad \left(\frac{\partial^2 \dot{\sigma}_{\text{int}}}{\partial X_i \partial X_k}\right) = 2L_{ik} \tag{14.64}$$

Mit der Interpretation der Onsager-Koeffizienten als zweite Ableitungen entsprechen die Bedingungen (14.63) den mathematischen Forderungen an ein Minimum der Entropieproduktion als multivariable Funktion der Kräfte X_i. Gleichung (14.50) kann in diesem Zusammenhang auch geschrieben werden als

$$\dot{\sigma}_{\text{int}} = \frac{1}{2} \sum_i \sum_k \left(\frac{\partial^2 \dot{\sigma}_{\text{int}}}{\partial X_i \partial X_k}\right) X_i X_k \tag{14.65}$$

15 Fluktuationen und Transportvorgänge

Im vorhergehenden Kapitel wurden Transportkoeffizienten als phänomenologische Größen eingeführt und die entsprechenden Transportvorgänge im Rahmen von thermodynamischen Überlegungen für Systeme nahe dem Gleichgewicht analysiert. In diesem und den folgenden Abschnitten gehen wir zu einer allgemeinen mikroskopischen Beschreibung der Transportkoeffizienten für Zustände nahe dem Gleichgewicht über.

Bei der Betrachtung von Gleichgewichtssystemen waren wir uns bereits bewußt, daß die thermodynamischen Systemgrößen wie beispielsweise die Energie als statistische Mittelwerte aus der Überlagerung zeitlich und örtlich fluktuierender mikroskopischer Größen zu verstehen sind. Für ausreichend große Systeme sind diese Mittelwerte sehr scharf und die mittleren Fluktuationen im Vergleich dazu sehr klein. Wird das System geringfügig aus dem Gleichgewicht gebracht, so bilden diese raum-zeitlichen Fluktuationen und ihre Eigenschaften die Grundlage für die Art und Weise, wie und wie schnell das System auf äußere Störungen antwortet, wie schnell lokale Nichtgleichgewichte beispielsweise Gradienten der Temperatur oder Konzentration abgebaut werden und wie schnell Energie, Teilchen und andere Größen im System transportiert werden. Diffusion, Wärmeleitung, Viskosität und Ladungstransport sind erst durch die mikroskopischen Fluktuationen in einem Vielteilchensystem möglich. Wenn das System nur wenig vom Gleichgewichtszustand entfernt ist, kann man die lokalen Fluktuationen in guter Näherung durch ihre Größe und Zeitabhängigkeit im Gleichgewicht beschreiben.

Es geht speziell um die für kondensierte Systeme wichtige Darstellung der Transportkoeffizienten über Korrelationsfunktionen und Fluktuationen mikroskopischer Teilchenbewegungen. Eine zentrale Rolle für die Verknüpfung mit den phänomenologischen Transportgrößen spielt dabei das Fluktuations-Dissipationstheorem. Es zeigt, daß die Transportkoeffizienten des vorhergehenden Kapitels in der Nähe des Gleichgewichts durch die Gleichgewichtseigenschaften mikroskopischer Fluktuationen bestimmt werden.

15.1 Fluktuationen im Gleichgewicht

Bereits in Kapitel 2.2.4 und 2.6 waren Fluktuationen der Energie und der Teilchenzahl eines offenen Systems im Gleichgewicht (bei konstantem Volumen) aus der Zustandssumme abgeleitet worden. Wir wollen im folgenden zunächst die Behandlung von **Schwankungen** oder **Fluktuationen** der thermodynamischen Größen im Gleichgewicht vertiefen. Sie sind nämlich im nachfolgenden Kapitel 13 der wesentliche Ausgangspunkt für die Beschreibung von Nichtgleichgewichten, wenn sich ein System nicht zu weit vom Gleichgewichtszustand entfernt.

15.1 Fluktuationen im Gleichgewicht

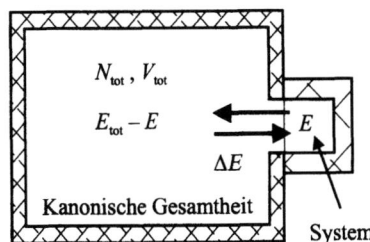

Abbildung 15.1 Einzelsystem im Kontakt mit einem Wärmebad (=kanonische Gesamtheit) : E_{tot} − konstante Gesamtenergie von Einzelsystem plus Gesamtheit. Ω_{tot} hängt von der gewählten Aufteilung der Energie ab. Die Wahrscheinlichkeit $P(E)$ für einen speziellen Energiewert E des Einzelsystems ist proportional zu $\Omega_{\text{tot}} = \Omega(E_{\text{tot}} - E) \cdot \Omega(E)$.

Unser Ziel ist in diesem Abschnitt zunächst, Beziehungen für die Größe der Fluktuationen im Gleichgewicht, ihre Wahrscheinlichkeitsverteilung und ihren Zusammenhang mit thermodynamischen Zustandsfunktionen herzuleiten. In den nachfolgenden Abschnitten behandeln wir dann ausgehend von einem erweiterten Entropiebegriff zeit- und ortsabhängige Nichtgleichgewichte bei kleinen Auslenkungen aus dem Gleichgewicht.

Abbildung 15.1 zeigt eine kanonische Gesamtheit. Das im Mittelpunkt stehende System, dessen Fluktuationen betrachtet werden sollen, sei im Wärmekontakt mit dieser Gesamtheit. Die kanonische Gesamtheit wirkt hier wie ein Wärmebad in der phänomenologischen Thermodynamik, das aufgrund seiner Größe für eine konstante Temperatur im Einzelsystem sorgt. Kanonische Gesamtheit und Einzelsystem sollen zusammen die konstante Gesamtenergie E_{tot} haben. Mit $\Omega(E_{\text{tot}} - E)$ bezeichnen wir die Zahl der Mikrozustände der Gesamtheit (ohne Einzelsystem) und mit $\Omega(E)$ die des Einzelsystems für die jeweils vorgegebene Energieaufteilung. Die Kombination aus Gesamtheit und zusätzlichem Einzelsystem hat insgesamt $\Omega_{\text{tot}} = \Omega(E_{\text{tot}} - E) \cdot \Omega(E)$ Mikrozustände.

Wir möchten nun den Mittelwert $\langle E \rangle$ und die Fluktuationen ΔE der Energie E des Einzelsystems beschreiben und fragen nach der Wahrscheinlichkeit $dP(E)$, daß das Einzelsystem einen Energiewert im Intervall dE um E hat[1]. Die Energie der kanonischen Gesamtheit liegt bei gegebenem E jeweils im Intervall dE um den Wert $E_{\text{tot}} - E$. Weil Gesamtheit plus Einzelsystem ein abgeschlossenes System bilden, ist nach dem zweiten Postulat jeder Mikrozustand des kombinierten Systems gleich wahrscheinlich, (siehe Kapitel 2.1). Die Wahrscheinlichkeit $dP(E)$, daß das Einzelsystem einen Energiewert zwischen E und $E+dE$ hat, ist demnach proportional zu $\Omega_{\text{tot}}(E_{\text{tot}}, E)\, dE$

$$dP(E) \sim \Omega_{\text{tot}}(E_{\text{tot}}, E)\, dE = \Omega(E_{\text{tot}} - E) \cdot \Omega(E)\, dE \tag{15.1}$$

Für die Entropie eines Systems mit konstanter Energie, also auch für unsere Gesamtheit mit Einzelsystem in Abbildung 15.1, gilt $S_{\text{tot}} = k \ln \Omega_{\text{tot}}$, wie in Kapitel 2.2.2 abgeleitet wurde (siehe Gleichungen (2.72) und (2.73)). Die Wahrscheinlichkeit $dP(E)$ in Gleichung (15.1) kann also durch die Entropie von Gesamtheit plus Einzelsystem ausgedrückt werden. Die Ableitung dP/dE entspricht der Wahrscheinlichkeitsdichte-

---

[1] Wie üblich können wir die sehr dicht liegenden diskreten Energien eines abgeschlossenen Vielteilchensystemes als kontinuierlich betrachten und durch eine Wahrscheinlichkeitsdichtefunktion dP/dE beschreiben.

funktion der Energiefluktuationen, im folgenden abgekürzt durch das Symbol $F(E)$. Es gilt also unter Anwendung von (2.73) auf (15.1)

$$\frac{\mathrm{d}P(E)}{\mathrm{d}E} = F(E) = \text{const.} \cdot \Omega_{\text{tot}}(E_{\text{tot}}, E) = \text{const.} \cdot \exp\left[\frac{S_{\text{tot}}(E_{\text{tot}}, E)}{k}\right] \quad (15.2)$$

Entscheidend an diesem Ansatz ist, daß nun Entropiewerte auch für Abweichungen von der wahrscheinlichsten Energieverteilung definiert werden, wie sie aufgrund der ständigen Energieschwankungen auftreten. Im Gegensatz zur thermodynamischen Zustandsfunktion S spezifiziert hier der aktuelle Wert der Entropie die Abweichung des Systems von seiner Gleichgewichtsverteilung. Die thermodynamische Zustandsfunktion ist demnach der Mittelwert der fluktuierenden Entropie. Wir haben also eine Erweiterung des Entropiebegriffs auf den Nichtgleichgewichtszustand vor uns (allerdings beschränkt auf Zustände nahe dem Gleichgewicht). Diese Vorgehensweise ist ursprünglich von Einstein in der statistischen Betrachtung der Brownschen Molekularbewegung eingeführt worden und ist die Grundlage für die thermodynamische Behandlung der Fluktuationen im Gleichgewicht und nahe dem Gleichgewicht.

Für das Gesamtsystem in Abbildung 15.1 hängt die so definierte Entropie von der Energieaufteilung zwischen Gesamtheit und zusätzlichem System ab. Für $E = \langle E \rangle$ werden Ω_{tot} und deshalb auch die Verteilungsfunktion $F(E)$ und die fluktuierende Entropie $S_{\text{tot}}(E_{\text{tot}}, E)$ ein Maximum haben. Für das Verhältnis eines beliebigen Funktionswertes $F(E)$ zum Maximalwert $F(\langle E \rangle)$ folgt aus Gleichung (15.2)

$$\frac{F(E)}{F(\langle E \rangle)} = \frac{\Omega_{\text{tot}}(E_{\text{tot}}, E)}{\Omega_{\text{tot}}(E_{\text{tot}}, \langle E \rangle)} = \exp\left[\frac{S_{\text{tot}}(E_{\text{tot}}, E) - S_{\text{tot}}(E_{\text{tot}}, \langle E \rangle)}{k}\right] \quad (15.3)$$

Die Energie E des zusätzlichen Systems, insbesondere der Mittelwert $\langle E \rangle$ wird sehr klein gegen die Energie E_{tot} sein, da die Gesamtheit als sehr groß angenommen wurde. Große Fluktuationen, bei denen E in die Größenordnung von E_{tot} kommt, sind extrem selten. Diese Tatsache, eine Konsequenz der großen Teilchenzahlen, hatten wir schon an Zahlenbeispielen in Kapitel 2.1 demonstriert. Sie spielte darüberhinaus die entscheidende Rolle bei der Ableitung der kanonischen Zustandssumme in Kapitel 2. Deshalb wird auch die Entropie $S_{\text{tot}}(E_{\text{tot}}, E)$ für die weitaus meisten Energieverteilungen nur wenig vom Maximalwert $S_{\text{tot}}(E_{\text{tot}}, \langle E \rangle)$ abweichen (anders dagegen die Entropie $S(E)$ des zusätzlichen Einzelsystems: sie ist klein gegen S_{tot} und kann – besonders für ein kleines Einzelsystem – durchaus deutlicher von E abhängen!).

Wir können deshalb die Entropiedifferenz in Gleichung (15.3) in eine Taylorreihe (siehe Gleichung (B.49) in Anhang B.2) um den Maximalwert von S_{tot} bei $E = \langle E \rangle$ entwickeln und nach dem ersten energieabhängigen und von Null verschiedenen Term abbrechen. Wegen des Maximums der Gesamtentropie bei $E = \langle E \rangle$ wird die erste Ableitung nach der Energie an dieser Stelle Null, so daß der erste von E abhängige Term eine quadratische Energieabhängigkeit ergibt:

$$S_{\text{tot}}(E_{\text{tot}}, E) \approx S_{\text{tot}}(E_{\text{tot}}, \langle E \rangle) + \frac{1}{2}\left(\frac{\partial^2 S_{\text{tot}}}{\partial E^2}\right)_{\langle E \rangle} \cdot (E - \langle E \rangle)^2 \quad (15.4)$$

Die Gesamtentropie S_{tot} setzt sich aus dem sehr großen (praktisch konstanten und nur wenig von $S_{\text{Ges}}(E_{\text{tot}})$ verschiedenen) Anteil $S_{\text{Ges}}(E_{\text{tot}} - E)$ der Gesamtheit [der Index

15.1 Fluktuationen im Gleichgewicht

Ges steht für „kanonische Gesamtheit" ohne das Einzelsystem in Abbildung 15.1] und dem kleinen Beitrag $S(E)$ zusammen gemäß

$$S_{tot}(E_{tot}, E) = S_{Ges}(E_{tot} - E) + S(E) \tag{15.5}$$

Die zweite Ableitung von S_{tot} nach der Energie in Gleichung (15.4) darf in sehr guter Näherung durch die entsprechende zweite Ableitung der Entropie $S(E)$ des Einzelsystems an der Stelle $E = \langle E \rangle$ ersetzt werden (Begründung siehe Exkurs 15.1):

$$\left(\frac{\partial^2 S_{tot}}{\partial E^2}\right)_{\langle E \rangle} = \left(\frac{\partial^2 S_{Ges}}{\partial E^2}\right)_{\langle E \rangle} + \left(\frac{\partial^2 S}{\partial E^2}\right)_{\langle E \rangle} \approx \left(\frac{\partial^2 S}{\partial E^2}\right)_{\langle E \rangle} \tag{15.6}$$

Hier ist zu beachten, daß der Index $\langle E \rangle$ die Berechnung der zweiten Ableitung an der Stelle $E = \langle E \rangle$ bedeutet und nicht ein Konstanthalten der Energie. Konstantgehalten werden in diesem Fall lediglich Gesamtenergie E_{tot}, Teilchenzahl N und Volumen V des Gesamtsystems. Der Mittelwert $\langle E \rangle$ entspricht der thermodynamischen Zustandsgröße „innere Energie U" des Einzelsystems. Die zweite Ableitung der Entropie des betrachteten Einzelsystems läßt sich deshalb nach der phänomenologischen Thermodynamik als Funktion der Temperatur und Wärmekapazität ausdrücken (siehe Gleichung (2.70) und die folgende Ableitung) und man erhält schließlich

$$\left(\frac{\partial^2 S}{\partial E^2}\right)_{\langle E \rangle} \equiv \left(\frac{\partial^2 S}{\partial U^2}\right)_{N,V} = -\frac{1}{T^2 C_V} \tag{15.7}$$

Aus den Gleichungen (15.6), (15.4) und (15.7) folgt nach Einsetzen in (15.3) für $F(E)$ die Form einer Gaußverteilung der Energie um ihren Mittelwert

$$F(E) = F(\langle E \rangle) \cdot \exp\left[-\frac{(E - \langle E \rangle)^2}{2kT^2 C_V}\right] \tag{15.8}$$

Mit der Verteilungsdichtefunktion $F(E)$ können Mittelwerte von Größen berechnet werden, die von der Energie abhängen und deshalb entsprechende Fluktuationen der Energie mitmachen. Wenn $F(E)$ normiert ist, erhält man durch Vergleich mit dem allgemeinen Ausdruck (B.29) für die Normalverteilung in Anhang B.1

$$F(\langle E \rangle) = \frac{1}{\sqrt{2\pi \, kT^2 C_V}} \tag{15.9}$$

Für die Standardabweichung gilt $\sigma_E^2 = kT^2 C_V$ und damit das gleiche Ergebnis, das über einen anderen Weg in Kapitel 2.6 bereits abgeleitet wurde. Für die mittlere relative Größe der Energiefluktuationen ergibt sich (Abkürzung: $\Delta E = E - \langle E \rangle$)

$$\frac{\sigma_E^2}{\langle E \rangle^2} = \frac{\langle \Delta E^2 \rangle}{\langle E \rangle^2} = \frac{1}{\langle E \rangle^2} \int_{-\infty}^{\infty} \Delta E^2 \, F(\Delta E) \, d\Delta E = \frac{kT^2 C_V}{\langle E \rangle^2} \tag{15.10}$$

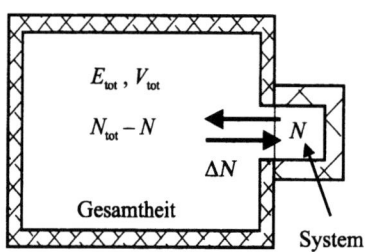

Abbildung 15.2 Einzelsystem im diffusiven Kontakt mit einer Gesamtheit: die Gesamtteilchenzahl verteilt sich auf Gesamtheit ($N_{tot}-N$) und Einzelsystem (N). Energie und Volumen von Gesamtheit und Einzelsystem sowie die Gesamtteilchenzahl N_{tot} sind konstant. Die Wahrscheinlichkeit $P(N)$ für einen speziellen Wert N der Teilchenzahl im Einzelsystem ist proportional zu $\Omega_{tot} = \Omega(N_{tot} - N) \cdot \Omega(N)$.

Die vorangehende Ableitung läßt sich ganz analog auch auf die Fluktuation der Teilchenzahl N eines offenen, isothermen Systems, des Volumens eines isobaren Systems und auf weitere extensive Größen übertragen und verallgemeinern. Abbildung 15.2 veranschaulicht ein System, das Teilchen mit einer Gesamtheit austauschen kann (= **diffusiver Kontakt**). Für die entsprechende Wahrscheinlichkeitsdichte $F(N)$ der Teilchenzahlfluktuationen des im diffusiven Kontakt mit der Gesamtheit stehenden Systems gilt dann mit der Abkürzung $\Delta N = N - \langle N \rangle$ (zur Herleitung siehe Exkurs 15.2)

$$\frac{F(N)}{F(\langle N \rangle)} = \exp\left[\left(\frac{\partial^2 S}{\partial N^2}\right)_{T,V} \frac{(N-\langle N \rangle)^2}{2k}\right] = \exp\left[-\frac{V}{2kT\kappa_T}\frac{\Delta N^2}{\langle N \rangle^2}\right] \quad (15.11)$$

Teilchenzahlfluktuationen sind in einem System mit konstantem Volumen gleichbedeutend mit Dichteschwankungen. Für ein ideales Gas ist die isotherme Kompressibilität $\kappa_T = 1/p$, so daß sich für die relativen Teilchenzahlschwankungen ergibt $\sigma_N^2/\langle N \rangle^2 = 1/N^{1/2}$. Für ein Mol Gas ist der entsprechende Zahlenwert etwa 10^{-12}. Somit sind Dichteschwankungen im idealen Gas bei üblichen Teilchenzahlen vernachlässigbar. Ein Gegenbeispiel mit nicht vernachlässigbaren Fluktuationen liefern fluide Systeme in unmittelbarer Nähe des kritischen Punktes. Dort lassen sich makroskopische Dichteschwankungen über die Lichtstreuung beobachten und quantitativ untersuchen (siehe dazu Exkurs 15.3).

Interessant ist noch die Frage, ob sich gleichzeitige Fluktuationen zweier verschiedener extensiver Größen beeinflussen können. Die Antwort ist wieder in analoger Weise wie für die einfachen Fälle über die zweite Ableitung der Entropie ableitbar. Für ein Einzelsystem, das mit einer Gesamtheit sowohl Energie als auch Teilchen austauschen kann, wird dann die Wahrscheinlichkeitsdichtefunktion $F(E,N)$ eingeführt. Sie beschreibt die Wahrscheinlichkeitsdichte, mit der bestimmte Wertepaare von Energie E und Teilchenzahl N während der Fluktuationen auftreten. Es gilt unter Einführung von Abkürzungen für die zweiten Ableitungen der Entropie (am Maximum, also durch Gleichgewichtsgrößen auszudrücken!)

$$\frac{F(E,N)}{F(\langle E \rangle, \langle N \rangle)} = \exp\left[\frac{\Delta S}{k}\right] = \exp\left[\frac{g_{EE}}{2k}\Delta E^2 + \frac{g_{EN}}{k}\Delta E \Delta N + \frac{g_{NN}}{2k}\Delta N^2\right] \quad (15.12)$$

$$\text{mit} \quad g_{EE} = \left(\frac{\partial^2 S}{\partial E^2}\right), \quad g_{EN} = \left(\frac{\partial^2 S}{\partial N \partial E}\right), \quad g_{NN} = \left(\frac{\partial^2 S}{\partial N^2}\right)$$

15.1 Fluktuationen im Gleichgewicht

Die zweiten Ableitungen sind analog zu Gleichung (15.4) bei den Mittelwerten $E = \langle E \rangle$ und $N = \langle N \rangle$ vorzunehmen. Die hier auftretende gemischte zweite Ableitung der Entropie nach Energie und Teilchenzahl beschreibt **Korrelationen** $\langle \Delta E \, \Delta N \rangle$ zwischen den Fluktuationen von Teilchenzahl und Energie. Solche Korrelationseffekte sind eine direkte Ursache für die Kopplung zwischen Diffusion und Wärmeleitung. Für Fluktuationen im Zusammenhang mit elektrostatischen Problemen, Ladungstransport und Randschichtphänomenen muß man die entsprechenden konjugierten Größenpaare Ladung und Potential, elektrische Feldstärke und Polarisation sowie magnetisches Feld und magnetisches Dipolmoment hinzunehmen. In all diesen Fällen spielt die jeweilige zweite Ableitung der Entropie nach der fluktuierenden extensiven Größe die entscheidende Rolle. Tabelle 15.1 zeigt eine Übersicht über einige mögliche Fälle.

Tabelle 15.1: Fluktuationen thermodynamischer Größen im Gleichgewicht (Korrelationen der verschiedenen extensiven Variablen untereinander hier nicht berücksichtigt)

fluktuierende Größe	Fluktuation $\langle \Delta A^2 \rangle$		$-k \cdot g_{AA}^{-1}$	
Energie	$\langle \Delta E^2 \rangle$	$= \langle (E - \langle E \rangle)^2 \rangle$	$= -k \cdot \left(\dfrac{\partial^2 S}{\partial E^2}\right)^{-1}$	$= kT^2 C_V$
Teilchenzahl	$\langle \Delta N^2 \rangle$	$= \langle (N - \langle N \rangle)^2 \rangle$	$= -k \cdot \left(\dfrac{\partial^2 S}{\partial N^2}\right)^{-1}$	$= kT \left(\dfrac{\partial N}{\partial \mu}\right)$
Volumen	$\langle \Delta V^2 \rangle$	$= \langle (V - \langle V \rangle)^2 \rangle$	$= -k \cdot \left(\dfrac{\partial^2 S}{\partial V^2}\right)^{-1}$	$= kT \left(\dfrac{\partial V}{\partial p}\right)$
Oberfläche	$\langle \Delta A_\square^2 \rangle$	$= \langle (A - \langle A_\square \rangle)^2 \rangle$	$= -k \cdot \left(\dfrac{\partial^2 S}{\partial A_\square^2}\right)^{-1}$	$= kT \left(\dfrac{\partial A_\square}{\partial \gamma}\right)$

Exkurs 15.1 Begründung der Näherung in Gleichung (15.6)

Wir betrachten zunächst die zweifache Ableitung des Entropieanteils S_{Ges} der Gesamtheit. Mit $E_{\text{Ges}} = E_{\text{tot}} - E$ folgt $dE_{\text{Ges}} = -dE$ und $dE_{\text{Ges}}^2 = dE^2$. Somit gilt

$$\frac{\partial^2 S_{\text{Ges}}}{\partial E^2} = \frac{\partial^2 S_{\text{Ges}}}{\partial E_{\text{Ges}}^2} = \frac{\partial (1/T_{\text{Ges}})}{\partial E_{\text{Ges}}} = \frac{\partial (1/T_{\text{Ges}})}{\partial T_{\text{Ges}}} \cdot \frac{\partial T_{\text{Ges}}}{\partial E_{\text{Ges}}} = -\frac{1}{T_{\text{Ges}}^2} \cdot \frac{1}{C_{V,\text{Ges}}} \quad (15.13)$$

Dabei wurden die folgenden thermodynamischen Beziehungen für die Temperatur und die Wärmekapazität ausgenutzt (siehe Übersicht A.1 in Anhang A.4)

$$\left(\frac{\partial S}{\partial U}\right)_{V,N} = \frac{1}{T} \quad , \quad \left(\frac{\partial U}{\partial T}\right)_{V,N} = C_V$$

wobei für die Gesamtheit $S = S_{\text{Ges}}$, $U = E_{\text{Ges}}$, $C_V = C_{V,\text{Ges}}$ und $T = T_{\text{Ges}}$ einzusetzen sind. Ganz analog gilt für das Einzelsystem, das die Temperatur T und die Wärmekapazität C_V hat,

$$\frac{\partial^2 S}{\partial E^2} = -\frac{1}{T^2} \cdot \frac{1}{C_V}$$

Gesamtheit und Einzelsystem sind im thermischen Gleichgewicht, so daß beide die gleiche Temperatur $T_{\text{Ges}} = T$ (Einzelsystem) haben. Man erhält also mit (15.13) und (15.14) für die linke Seite von Gleichung (15.6)

$$\frac{\partial^2 S_{\text{tot}}}{\partial E^2} = -\frac{1}{T^2}\left(\frac{1}{C_{V,\text{Ges}}} + \frac{1}{C_V}\right) \tag{15.14}$$

Da die Gesamtheit sehr groß gegen das Einzelsystem sein sollte und die Wärmekapazitäten von der Systemgröße abhängen, folgt

$$C_{V,\text{Ges}} \gg C_V \quad \text{und} \quad \frac{1}{C_{V,\text{Ges}}} \ll \frac{1}{C_V}$$

Dies ermöglicht die in Gleichung (15.6) gemachte Näherung

$$\frac{\partial^2 S_{\text{tot}}}{\partial E^2} \approx -\frac{1}{T^2} \cdot \frac{1}{C_V} = \frac{\partial^2 S}{\partial E^2}$$

Exkurs 15.2 Ableitung von Gleichung (15.11)

Für die erste und zweite Ableitung der Entropie nach der Teilchenzahl gilt (siehe Anhang A.4, Gleichung (A.24))

$$\left(\frac{\partial S}{\partial N}\right)_{V,T} = -\frac{\mu}{T} \quad \rightarrow \quad \left(\frac{\partial^2 S}{\partial N^2}\right)_{V,T} = -\frac{1}{T}\left(\frac{\partial \mu}{\partial N}\right)_{V,T} \tag{15.15}$$

Wir benutzen nun die Kettenregel und formen die Ableitung des chemischen Potentials um zu

$$\left(\frac{\partial \mu}{\partial N}\right)_{V,T} = \left(\frac{\partial \mu}{\partial p}\right)_{V,T} \cdot \left(\frac{\partial p}{\partial N}\right)_{V,T} \tag{15.16}$$

Für $d\mu$ gilt die Gibbs-Duhem-Gleichung (siehe Anhang A.4), so daß für den ersten Faktor der rechten Seite von Gleichung (15.16) folgt

$$d\mu = \frac{V}{N}dp - \frac{S}{N}dT \quad \rightarrow \quad \left(\frac{\partial \mu}{\partial p}\right)_{V,T} = \frac{V}{N} \tag{15.17}$$

Der zweite Faktor auf der rechten Seite von Gleichung (15.16) läßt sich umformen, wenn man die zyklische Differentiationsregel für totale Differentiale benutzt (siehe Anhang A.4). Faßt man den Druck als Funktion von N und V bei konstanter Temperatur T auf, so gilt

$$\left(\frac{\partial p}{\partial N}\right)_{V,T} \cdot \left(\frac{\partial N}{\partial V}\right)_{p,T} \cdot \left(\frac{\partial V}{\partial p}\right)_{N,T} = -1 \quad \rightarrow \quad \left(\frac{\partial p}{\partial N}\right)_{V,T} = -\left(\frac{\partial V}{\partial N}\right)_{p,T} \cdot \left(\frac{\partial p}{\partial V}\right)_{N,T} \tag{15.18}$$

Es folgt deshalb für Gleichung (15.16) nach Substitution mit (15.17) und (15.18)

$$\left(\frac{\partial \mu}{\partial N}\right)_{V,T} = -\frac{V}{N}\left(\frac{\partial V}{\partial N}\right)_{p,T} \cdot \left(\frac{\partial p}{\partial V}\right)_{N,T} = -\frac{V^2}{N^2}\left(\frac{\partial p}{\partial V}\right)_{N,T} \tag{15.19}$$

15.1 Fluktuationen im Gleichgewicht

Dabei haben wir benutzt, daß bei konstanten Werten für Druck und Temperatur das Volumen proportional zur Teilchenzahl ist und daher $\partial V/\partial N = V/N$ gesetzt werden kann. Substituiert man noch mit der isothermen Kompressibilität $\kappa_T = -\frac{1}{V}\left(\frac{\partial V}{\partial p}\right)_T$, so ergibt sich

$$\left(\frac{\partial^2 S}{\partial N^2}\right)_{V,T} = \frac{V^2}{N^2 T} \cdot \left(\frac{\partial p}{\partial V}\right)_{N,T} = -\frac{V}{N^2 T \kappa_T}$$

Wenn man diese Gleichung in Gleichung (15.11) einsetzt, ist zu bedenken, daß die zweite Ableitung der Entropie nach der Teilchenzahl an der Stelle $N = \langle N \rangle$ zu nehmen ist, da Gleichung (15.11) aus einer Taylor-Entwicklung der Entropie um diesen Wert hergeleitet wird.

Exkurs 15.3 Dichtefluktuationen und Lichtstreuung [MQu 85, Nol 98]

In der unmittelbaren Nähe des kritischen Punktes einer Flüssigkeit wachsen die üblicherweise vernachlässigbaren lokalen Dichtefluktuationen so stark an, daß makroskopische Bereiche in der Größe der Wellenlänge des sichtbaren Lichts große korrelierte Dichteschwankungen zeigen. Das sichtbare Licht wird an diesen Dichte-Inhomogenitäten deutlich gestreut, erkennbar an einer Eintrübung der Flüssigkeit mit Schlierenbildung bis hin zu einem milchig opaken Aussehen (**kritische Opaleszenz**).

Die Lichtstreuung wird primär durch die lokalen Schwankungen der relativen Dielektrizitätskonstanten ϵ_{rel} im Streumedium hervorgerufen. Die Intensität des gestreuten Lichtes ist proportional zum mittleren Schwankungsquadrat $\langle \Delta \epsilon_{\text{rel}}^2 \rangle$ (Definition: $\Delta \epsilon_{\text{rel}} = \epsilon_{\text{rel}}(r,t) - \langle \epsilon_{\text{rel}} \rangle$). Gegeben sei ein System mit dem Volumen V. Für die Intensität $I(\Theta)$ des Lichtes, das im Abstand R von diesem System unter einem Winkel Θ zur Richtung der Primärstrahlung gestreut wird, gilt die Rayleigh-Formel (I_0 – Intensität der Primärstrahlung am Probenort, λ – Wellenlänge)

$$\frac{I(\Theta)}{I_0} = \frac{\pi^2 V^2}{2\lambda^4} \frac{(1+\cos^2(\Theta))}{R^2} \cdot \langle \Delta \epsilon_{\text{rel}}^2 \rangle \tag{15.20}$$

Die Fluktuationen der Dielektrizitätskonstante lassen sich auf Fluktuationen der lokalen Werte von Temperatur T und Teilchendichte $c = N/V$, sowie bei Systemen mit $K > 1$ Komponenten auch auf Konzentrationsschwankungen der Einzelkomponenten zurückführen. Diese Einflüsse sind in erster Näherung additiv und es gilt

$$\langle \Delta \epsilon_{\text{rel}}^2 \rangle = \left(\frac{\partial \epsilon_{\text{rel}}}{\partial c}\right)^2 \langle \Delta c^2 \rangle + \left(\frac{\partial \epsilon_{\text{rel}}}{\partial T}\right)^2 \langle \Delta T^2 \rangle + \sum_{i=1}^{K-1}\left(\frac{\partial \epsilon_{\text{rel}}}{\partial c_i}\right)^2 \langle \Delta c_i^2 \rangle \tag{15.21}$$

Für den Zusammenhang zwischen der relativen Dielektrizitätskonstante und der Gesamtteilchendichte c gilt die Clausius-Mosotti-Gleichung (α = Polarisierbarkeit, n_r = Brechungsindex des sichtbaren Lichts)

$$\frac{\epsilon_{\text{rel}} - 1}{\epsilon_{\text{rel}} + 2} = \frac{n_r^2 - 1}{n_r^2 + 2} = \frac{\alpha}{3\epsilon_0} c \tag{15.22}$$

Verwendet man noch zusätzlich Gleichung (2.122) in der Form $\langle \Delta c^2 \rangle = kT\kappa_T \langle c \rangle^2 / V$ für den Zusammenhang zwischen isothermer Kompressibilität und Teilchendichteschwankungen, so ergibt sich aus (15.20), (15.21) und (15.22) bei Vernachlässigung von Temperaturschwankungen für ein einkomponentiges System

$$\frac{I(\Theta)}{I_0} = \frac{\pi^2 kTV}{18\lambda^4} \frac{(1+\cos^2(\Theta))}{r^2} \kappa_T (\epsilon_{\text{rel}} - 1)^2 (\epsilon_{\text{rel}} + 2)^2 \tag{15.23}$$

Am kritischen Punkt geht die isotherme Kompressibilität gegen ∞ (vergleiche die Isothermen $V(p)$ in Abbildung 10.1 von Kapitel 10.1). Nach Gleichung (15.23) führt dies zu einer stark zunehmenden Lichtstreuung.

Generell ist das Verhalten von Systemen in der Nähe der kritischen Punkte von Zweiphasensystemen (Übergang gas/flüssig, Entmischung von Mehrkomponentensystemen) durch Fluktuationen bestimmt. Bei Entmischungsvorgängen führen stark zunehmende Konzentrationsfluktuationen der Komponenten (dritter Term in Gleichung (15.21)) ebenfalls zu verstärkter Lichtstreuung.

Mikroskopisch entspricht den verstärkten Fluktuationen eine starke Zunahme der Korrelationslängen der lokalen Schwankungen. Die Paarkorrelationsfunktion $h(r)$ eines Fluids in der Darstellung von Gleichung (10.10) beispielsweise kann näherungsweise in der Nähe des kritischen Punkts beschrieben werden durch [vgl. Nol 98]

$$h(r) \approx \text{const.} \cdot \frac{1}{r} \exp\left[-\frac{r}{\xi(T)}\right] \quad \text{mit:} \quad \xi(T) \sim \left|\frac{T_{\text{krit}}}{T - T_{\text{krit}}}\right|^\beta$$

$\xi(T)$ ist dabei die temperaturabhängige typische Korrelationslänge der Fluktuationen, die in der Nähe des kritischen Punktes gegen Unendlich strebt (β – kritischer Exponent). Potenzgesetze wie hier für $\xi(T)$ sind typisch für die Änderung vieler thermodynamischer Größen bei Annäherung an einen kritischen Punkt. Die Exponenten sind dabei praktisch universell, das heißt für alle thermodynamischen Systeme gleicher Dimensionalität gleich groß.

15.2 Korrelationsfunktionen und Onsager-Relationen

In diesem Abschnitt wollen wir ausgehend von dem zuvor eingeführten erweiterten Entropiebegriff die statistische Beschreibung über Korrelationsfunktionen und die Begründung der Onsagerschen Reziprozitätsbeziehungen behandeln. Es ist zunächst aufschlußreich, den Exponentialausdruck in Gleichung (15.12) etwas umzuformen. Wir führen dazu in der folgenden Gleichung die Abkürzungen X_E und X_N ein

$$\begin{aligned} \Delta S &= S(E, N) - S(\langle E\rangle, \langle N\rangle) \\ &= \frac{1}{2} g_{EE} \Delta E^2 + g_{EN} \Delta E \, \Delta N + \frac{1}{2} g_{NN} \Delta N^2 \end{aligned} \tag{15.24}$$

Wir interessieren uns nun für die Ableitung der Nichtgleichgewichts-Entropie nach den Fluktuationsgrößen ΔE beziehungsweise ΔN. Diese Ableitungen stellen jeweils ein Maß für die rücktreibenden Kräfte X_E und X_N dar, die das System zu den Gleichgewichtswerten $\Delta E = 0$ und $\Delta N = 0$ zurücktreiben. Es folgt aus Gleichung (15.24)

$$\begin{aligned} X_E &= \left(\frac{\partial \Delta S}{\partial \Delta E}\right)_{\Delta N} = g_{EE} \Delta E + g_{EN} \Delta N \\ X_N &= \left(\frac{\partial \Delta S}{\partial \Delta N}\right)_{\Delta E} = g_{EN} \Delta E + g_{NN} \Delta N \end{aligned} \tag{15.25}$$

15.2 Korrelationsfunktionen und Onsager-Relationen

Allerdings dürfen diese beiden Ableitungen nach den Fluktuationsgrößen nicht mit einer Ableitung nach der betreffenden Gleichgewichtszustandsvariable E beziehungsweise N verwechselt werden. Die Ableitungen nach ΔN und ΔE verschwinden nur im Gleichgewicht[2], das heißt für $\Delta N = 0$, $\Delta E = 0$. Demgegenüber sind die Konstanten g_{EE}, g_{NN} und g_{EN} definitionsgemäß Ableitungen zweiter Ordnung der Entropie im Gleichgewichtszustand. Die thermodynamischen Kräfte sind ganz offensichtlich einerseits über die Größe der Fluktuationen bestimmt und andererseits über systemspezifische Eigenschaften in Form der zweiten Ableitungen g_{EE}, g_{EN}, g_{NN} der Entropie.

Ein anderer Weg zu den Kräften X_E und X_N ist in der folgenden Gleichung gegeben. Mit den thermodynamischen Beziehungen $\partial S / \partial E = 1/T$ ($= \partial S / \partial U$) und $\partial S / \partial N = \mu/T$ aus Gleichung (A.24) im Anhang (mit $dU = dE$) folgt nämlich

$$X_E = \frac{\partial \Delta S}{\partial \Delta E} = \frac{\partial S(\langle E \rangle + \Delta E)}{\partial E} - \frac{\partial S(\langle E \rangle)}{\partial E} = \frac{1}{T + \Delta T} - \frac{1}{T} = \Delta\left(\frac{1}{T}\right) \quad (15.26a)$$

$$X_N = \frac{\partial \Delta S}{\partial \Delta N} = -\frac{\mu + \Delta \mu}{T} + \frac{\mu}{T} = -\frac{\Delta \mu}{T} \quad (15.26b)$$

Hierbei haben wir allerdings als wesentliche Annahme benutzt, daß in einem System auch bei einer Fluktuation ΔE eine entsprechende fluktuierende Temperatur $T + \Delta T$ definiert ist, für die derselbe Zusammenhang mit Entropie und Energie gilt wie im Gleichgewichtszustand selbst. Dies ist nichts anderes als die in Kapitel 14.1 diskutierte Hypothese des lokalen Gleichgewichts. $\Delta\left(\frac{1}{T}\right)$ ist in (15.26a) als Abkürzung für die Differenz der beiden Kehrwerte der Temperatur eingeführt. Darüber hinaus wurde die Beziehung $d\Delta E = d(E - \langle E \rangle) = dE$ ausgenutzt.

Ein Vergleich von (15.26a) und (15.26b) mit den Ergebnissen des Kapitels 14 (siehe dazu Tabelle Tabelle D.11 im Anhang) zeigt, daß X_E und X_N identisch mit den im vorhergehenden Kapitel bereits eingeführten verallgemeinerten Kräften in der integralen Formulierung sind.

Die Ergebnisse (15.26a) und (15.26b) für die thermodynamischen Kräfte bestätigen, wie zu erwarten, die Darstellung im vorhergehenden Kapitel (vergleiche Tabelle D.11, integrale Formulierung der Flüsse und Kräfte). Für unser Beispiel mit zwei Variablen können wir nun die Ströme betrachten, das heißt die Zeitableitungen von ΔE und ΔN. Nahe dem Gleichgewicht setzen wir Linearität zwischen den Flüssen und den Kräften unter Berücksichtigung von Kopplungseffekten an. Der folgende Ansatz stellte in Kapitel 14 den zentralen Ausgangspunkt der Onsager-Beziehungen für irreversible Prozesse dar:

$$I_E = \frac{\partial \Delta E}{\partial t} = L_{EE} \Delta\left(\frac{1}{T}\right) + L_{EN} \frac{\Delta \mu}{T} = L_{EE} X_E + L_{EN} X_N \quad (15.27a)$$

$$I_N = \frac{\partial \Delta N}{\partial t} = L_{NE} \Delta\left(\frac{1}{T}\right) + L_{NN} \frac{\Delta \mu}{T} = L_{NE} X_E + L_{NN} X_N \quad (15.27b)$$

---

[2]Die in Gleichung (15.4) verwendete Reihenentwicklung zur Darstellung von ΔS wurde um den Gleichgewichtswert durchgeführt, das heißt, alle Ableitungen sind an der Stelle $\Delta N, \Delta E = 0$ genommen. Deshalb verschwindet in dem Ausdruck (15.4) die erste Ableitung, da die Entropie dort ein Maximum hat.

Wir wollen im folgenden zeigen, daß die beiden Kopplungskoeffizienten L_{NE} und L_{EN} gleich groß sind und somit die Onsager-Relationen bestätigen. Dazu ist die Einführung von Korrelationsfunktionen notwendig, die die Korrelation der fluktuierenden Größen zu verschiedenen Zeiten erfassen. Betrachten wir zunächst als Beispiel die Korrelation der Energiefluktuationen zur Zeit t mit einer späteren zur Zeit $t+\tau$ (τ steht hier also für die Differenz zweier Beobachtungszeiten). Die **Autokorrelationsfunktion** K_{EE} der Energiefluktuationen ist durch den Mittelwert über das Produkt $\Delta E(t)\,\Delta E(t+\tau)$ gegeben[3]. Man kann den zeitlichen Mittelwert (Werte dieses Produkts zu verschiedenen Zeiten t bei konstantem τ) oder den Scharmittelwert nehmen. Unter den Bedingungen des ersten Postulats (Kapitel 2.1) sind die beiden Mittelwerte gleich

$$K_{EE}(\tau) = \overline{\Delta E(t)\,\Delta E(t+\tau)} = \langle \Delta E(t)\,\Delta E(t+\tau)\rangle \tag{15.28}$$

Die so definierten Korrelationsfunktionen hängen im Gleichgewicht nur noch vom zeitlichen Abstand τ zweier Fluktuationswerte ab und nicht von der absoluten Zeit t. Man darf also in (15.28) speziell $t=0$ setzen. Neben K_{EE} lassen sich aus den zwei Variablen ΔE, ΔN zwei weitere Korrelationsfunktionen bilden: die Autokorrelationsfunktion der Teilchenzahlschwankungen $K_{NN}(\tau) = \langle \Delta N(0)\,\Delta N(\tau)\rangle$ und die Kreuzkorrelationsfunktion $K_{EN}(\tau) = \langle \Delta E(0)\,\Delta N(\tau)\rangle$. Die Eigenschaften der Kreuzkorrelationsfunktionen sind entscheidend für die Onsager-Beziehungen zwischen den Kreuzkoeffizienten, wie weiter unten gezeigt wird.

Im Gleichgewicht sind die Mittelwerte über alle Zustandsgrößen konstant: die zeitlichen Fluktuationen sind im Mittel genauso häufig vom Mittelwert weg wie zu ihm hin gerichtet. Dies bedeutet, daß man bei der Beschreibung der Fluktuationen die Zeitachse umkehren kann, ohne daß das statistische Bild der Fluktuationen sich ändert. Die Korrelationsfunktionen $K_{NN}(\tau)$, $K_{EE}(\tau)$ und $K_{EN}(\tau)$ sind demnach symmetrisch um $\tau = 0$, für die Teilchenzahlfluktuationen bedeutet das beispielsweise $K_{NN}(\tau) = K_{NN}(-\tau)$. Diese Aussage bezeichnet man auch als **Prinzip der mikroskopischen Reversibilität**.

Für die Bestätigung der Onsager-Relation zwischen L_{EN} und L_{NE} betrachten wir nun die Kreuzkorrelationsfunktion $K_{EN}(\tau)$. Aus der Symmetrie bezüglich $\tau = 0$ folgt insbesondere

$$\langle \Delta E(0)\,\Delta N(\tau)\rangle = \langle \Delta E(\tau)\,\Delta N(0)\rangle \tag{15.29}$$

Wir bilden nun auf beiden Seiten die Ableitung nach τ, so daß wir einen Zusammenhang mit den Flußgrößen herstellen können:

$$\left\langle \Delta N(0)\,\frac{\partial \Delta E(\tau)}{\partial \tau}\right\rangle = \left\langle \frac{\partial \Delta N(\tau)}{\partial \tau}\,\Delta E(0)\right\rangle \tag{15.30}$$

Die beiden Zeitableitungen entsprechen gemäß (15.27a) und (15.27b) den Flüssen I_E und I_N. Wir können sie deshalb jeweils mit der rechten Seite von (15.27a) beziehungsweise (15.27b) substituieren und erhalten

---
[3] Neben diesen zeitlichen Korrelationen sind natürlich auch Ortskorrelationsfunktionen definierbar, die bei der Beschreibung von Transportvorgängen und in der Theorie kritischer Phänomene eine Rolle spielen.

15.2 Korrelationsfunktionen und Onsager-Relationen

$$L_{EE} \langle \Delta N(0) X_E(\tau) \rangle + L_{EN} \langle \Delta N(0) X_N(\tau) \rangle$$
$$= L_{NE} \langle X_E(\tau) \Delta E(0) \rangle + L_{NN} \langle X_N(\tau) \Delta E(0) \rangle \qquad (15.31)$$

Eine statistische Analyse der verschiedenen Korrelationsfunktionen in diesem Ausdruck ergibt, daß die gemischten Funktionen $\langle \Delta N(0) X_E(\tau) \rangle$ und $\langle \Delta E(0) X_N(\tau) \rangle$ im Gleichgewicht verschwinden. Die Ableitung ist in Exkurs 15.4 gezeigt.

$$\langle X_N(\tau) \Delta E(0) \rangle = 0, \quad \langle X_E(\tau) \Delta N(0) \rangle = 0, \qquad (15.32)$$

Es gibt also keine Korrelation zwischen einer fluktuierenden Größe und Kräften, die nicht zu dieser Größe konjugiert sind. Die beiden anderen Korrelationsfunktionen betreffen dagegen Paare aus fluktuierender Größe und zugehöriger konjugierter Kraft. Hier besteht in jedem Fall eine Korrelation. Die statistische Behandlung liefert das einfache Ergebnis (siehe Exkurs 15.4)

$$\langle X_E \Delta E \rangle = -k, \quad \langle X_N \Delta N \rangle = -k \qquad (15.33)$$

Die Ergebnisse aus (15.33) und (15.32) in (15.31) eingesetzt ergeben die entsprechende Onsager-Relation für die Kopplungskoeffizienten:

$$L_{EN} = L_{NE} \qquad (15.34)$$

Eine wichtige Voraussetzung zu diesem Ergebnis ist die Gültigkeit des linearen Ansatzes Gleichung (15.27b) für die Beziehung zwischen Flüssen und Kräften.

Exkurs 15.4 Korrelationsfunktionen und Ableitung der Onsager-Relationen

Die in Gleichung (15.12) definierte Verteilungsfunktion $F(E,N)$ ist Ausgangspunkt für die Berechnung von Mittelwerten fluktuierender Größen, die von Teilchenzahl und Energie abhängen, in Gleichgewichtssystemen verwendet werden. Sie ist demnach auch auf die Berechnung von Korrelationsfunktionen anwendbar. Als Beispiel berechnen wir den Ausdruck $\langle X_E(\tau) \Delta E(0) \rangle$. Mit der in Gleichung (15.12) bereits eingeführten Verteilungsdichtefunktion $F(E,N) = F(\Delta E, \Delta N)$ (als normiert angenommen) läßt sich die Korrelationsfunktion ausdrücken als

$$\langle X_E(\tau) \Delta E(0) \rangle = \int_{-\infty}^{\infty} \int_{-\infty}^{\infty} X_E(\tau) \Delta E(0) \cdot F(E,N) \, d\Delta N \, d\Delta E \qquad (15.35)$$

Die Kraft $X_E = \Delta(1/T)$ läßt sich mit Hilfe der Gleichungen (15.12) und (15.26a) durch eine Ableitung der Verteilungsdichtefunktion $F(\Delta E, \Delta N)$ nach ΔE darstellen.

$$X_E = \frac{\partial \Delta S}{\partial \Delta E} = k \frac{\partial}{\partial \Delta E} [\ln F(\Delta E, \Delta N)] = k \frac{1}{F} \left(\frac{\partial F}{\partial \Delta E} \right) \qquad (15.36)$$

Setzt man dieses Ergebnis im Integral von Gleichung (15.35) ein, so erhält man

$$\langle X_E(\tau)\,\Delta E(0)\rangle = k\int_{-\infty}^{\infty}\int_{-\infty}^{\infty}\left(\frac{\partial F(\Delta E,\Delta N)}{\partial \Delta E}\right)\Delta E\,\mathrm{d}\Delta N\,\mathrm{d}\Delta E \tag{15.37}$$

$$= \underbrace{[\Delta E\cdot F(\Delta E,\Delta N)]_{-\infty}^{+\infty}}_{=\,0} - k\underbrace{\int_{-\infty}^{\infty}\int_{-\infty}^{\infty}F(\Delta E,\Delta N)\,\mathrm{d}\Delta N\,\mathrm{d}\Delta E}_{=\,1} = -k$$

In der zweiten Zeile wurde partiell über ΔE integriert. Der erste Summand ist dabei gleich Null, da die Verteilungsdichtefunktion an den Grenzen $-\infty$ und $+\infty$ verschwindet. Das übrigbleibende Integral ergibt den Wert Eins, da $F(\Delta E,\Delta N)$ als normiert angenommen war. Die analoge Ableitung liefert für die Korrelationsfunktion $\langle X_N(\tau)\,\Delta N(0)\rangle$ das gleiche Endergebnis, so daß Gleichung (15.33) damit bestätigt ist. Die zu (15.37) entsprechende Berechnung für $\langle X_E(\tau)\,\Delta N(0)\rangle$ und $\langle X_N(\tau)\,\Delta E(0)\rangle$ liefert als Ergebnis Null, da in diesem Fall beide Terme nach der partiellen Integration verschwinden[4].

Wir sind mit den abgeleiteten Ergebnissen in der Lage, die mittlere Größe $\langle \Delta S\rangle$ der Entropiefluktuationen durch Mittelwertbildung aus Gleichung (15.24) zu berechnen. Mit (15.33) ergibt sich dabei ein sehr einfaches Resultat, das eine Erweiterung des Gleichverteilungssatzes auf Gleichgewichtsfluktuationen darstellt. Es läßt sich leicht verallgemeinern: wenn r fluktuierende Variablen (und entsprechend r Summanden der Form $X_A\Delta A$ analog (15.24) vorliegen), gilt

$$\langle \Delta S\rangle = -\frac{k}{2}r \tag{15.38}$$

Wir haben uns in unserer Diskussion auf die zwei Variablen Energie und Teilchenzahl beschränkt. Für dieses Beispiel mit $r = 2$ erhält man $\langle \Delta S\rangle = -k$.

15.3 Von den Geschwindigkeitsfluktuationen zum Diffusionskoeffizient

Die Diskussion im vorhergehenden Abschnitt und im Kapitel 14 beschäftigte sich mit den mehr phänomenologischen Gesichtspunkten des Nichtgleichgewichts. In den folgenden Abschnitten gehen wir nun zur Beschreibung mit Korrelationsfunktionen auf molekularer Ebene über. Das hier zu entwickelnde Konzept stellt die Verbindung zwischen den mikroskopischen Fluktuationen und phänomenologischen Transportvorgängen her. Zunächst analysieren wir als Beispiel die statistische Beschreibung der Selbstdiffusion eines Einzelteilchens in einem beliebigen Medium.

---

[4]Der erste Term ist $[\Delta E\cdot F(\Delta E,\Delta N)]_{-\infty}^{\infty}$ und verschwindet aus dem gleichen Grund wie in (15.37). Der zweite Term nach der partiellen Integration (bezüglich ΔE) enthält die Ableitung $\partial\Delta N/\partial\Delta E$. Da beide fluktuierenden Variablen unabhängig voneinander sind, muß diese Ableitung verschwinden, so daß der Integrand gleich Null wird.

15.3 Geschwindigkeitsfluktuationen und Diffusionskoeffizient

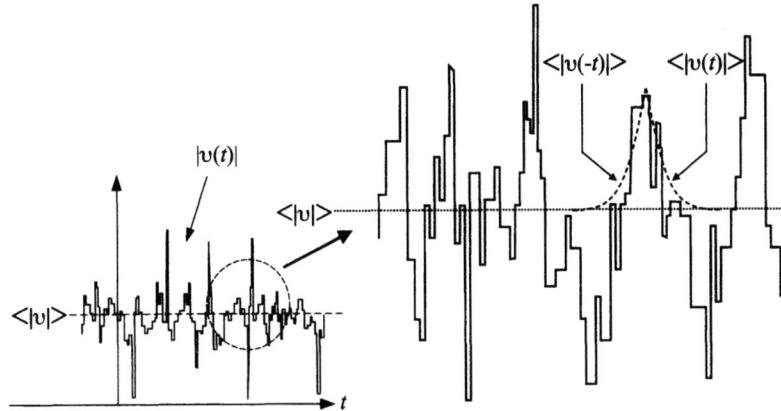

Abbildung 15.3 Zeitlich fluktuierende Geschwindigkeit eines diffundierenden Teilchens in einem Gleichgewichtssystem: der Mittelwert $\langle |v| \rangle$ ist zeitlich konstant. Der vergrößerte Ausschnitt hebt eine typische Gleichgewichtsfluktuation hervor. Im Gleichgewicht sind die mittleren Fluktuationen invariant gegenüber einer Umkehr der Zeitachse. Sowohl das Entstehen einer Abweichung der Geschwindigkeit vom Mittelwert als auch der Abbau einer solchen Fluktuation zeigen im Mittel dasselbe zeitliche Verhalten und treten gleich wahrscheinlich auf.

Man kann sich eine solche Situation beispielsweise für ein Tracerexperiment vorstellen, bei dem die Diffusion radioaktiv markierter Isotope in einem homogenen Festkörper oder einer Flüssigkeit verfolgt wird. Die mikroskopische Bewegung des Teilchens läßt sich durch die zeitabhängigen Werte für Position und Geschwindigkeit charakterisieren. Bei der Auswertung interessieren vor allem Mittelwerte wie beispielsweise das mittlere Verschiebungsquadrat $\langle \Delta r^2(t) \rangle$ oder die mittlere Geschwindigkeit eines Teilchens. Unser Hauptziel in diesem Abschnitt ist, den quantitativen Zusammenhang zwischen diesen mikroskopischen Größen und dem phänomenologischen Diffusionskoeffizienten D herzuleiten.

Wir betrachten Systeme im Gleichgewicht (oder bei Nichtgleichgewicht: einen Bereich, für den die lokale Gleichgewichtshypothese zutrifft). Dann wird der Betrag der Geschwindigkeit eines Teilchens über ausreichend lange Beobachtungszeiten statistische Fluktuationen um den konstanten Mittelwert $\langle |v| \rangle = (8kT/\pi m)^{1/2}$ zeigen[5] (siehe Abbildung 15.3). Der entsprechende Mittelwert des Quadrats der Geschwindigkeit ergibt sich wie bei Gasen aus der Forderung, daß die mittlere kinetische Energie der drei Translationsfreiheitsgrade nach dem Gleichverteilungssatz den Wert $m \langle v^2 \rangle / 2 = 3kT/2$ haben muß.

In der phänomenologischen Behandlung der Diffusion über das erste und zweite Ficksche Gesetz geht man von einem zeitlich konstanten (Selbst-)Diffusionskoeffizienten aus. Dies gilt für übliche Meßzeiten, die groß gegen die mittlere Abklingzeit τ_c typischer Fluktuationen sind. Aus den phänomenologischen Diffusionsgleichungen

---

[5] Die Aussage gilt für den zeitlichen Mittelwert wie auch für den Scharmittelwert. Letzterer ergibt sich zum Beispiel, wenn die gleichzeitige Diffusion vieler unabhängiger Teilchen der gleichen Sorte beobachtet wird.

folgt unter diesen Bedingungen, daß die mittlere quadratische Verschiebung[6] $\langle \Delta r^2(t) \rangle$ eines diffundierenden Teilchens proportional zur Zeit und zum phänomenologischen Diffusionskoeffizienten (genauer: Selbstdiffusionskoeffizienten) des Teilchens ist. Es gilt für dreidimensionale Diffusionsprozesse[7]

$$\langle \Delta r^2(t) \rangle = \langle (r(t) - r(0))^2 \rangle = 6Dt \quad \text{für } t \gg \tau_c \tag{15.39}$$

Gleichung (15.39) wird auch als **Einstein-Gleichung** bezeichnet. Sie bedeutet, daß eine Auftragung von $\langle \Delta r^2(t) \rangle$ gegen die Zeit t eine Gerade sein sollte. Die Steigung dividiert durch 6 liefert unter diesen Bedingungen den Diffusionskoeffizienten

$$\frac{1}{6}\frac{d}{dt}\langle \Delta r^2(t) \rangle = D \quad \text{für } t \gg \tau_c \tag{15.40}$$

Für sehr kleine Zeiten t kann dieser Zusammenhang mit konstantem D nicht mehr gelten. Man stelle sich beispielsweise die Selbstdiffusion von Gasteilchen in einem verdünnten Gas vor. Für Zeiten kleiner als die typische Zeit zwischen zwei Stößen ist die Bewegung eines einzelnen Teilchens im Mittel gleichförmig mit konstanter Teilchengeschwindigkeit. Für solche Zeiten sollte $\langle \Delta r^2(t) \rangle$ proportional zu t^2 sein und die Auftragung von $\langle \Delta r^2(t) \rangle$ gegen die Zeit t ergibt eine gekrümmte Kurve. Wenn wir trotzdem die Definition des Selbstdiffusionskoeffizienten über Gleichung (15.40) aufrecht erhalten, so müssen wir von einem zeitabhängigen Diffusionskoeffizienten ausgehen. Allgemein für beliebige Zeiten t gilt also

$$\frac{1}{6}\frac{d}{dt}\langle \Delta r^2(t) \rangle = D(t) \quad \text{mit } \lim_{t \to \infty} D(t) = D = \text{const.} \tag{15.41}$$

Für die mikroskopische Beschreibung der Teilchenbewegung ist es sinnvoll, das mittlere Verschiebungsquadrat (und damit den Diffusionskoeffizienten) als Funktion der fluktuierenden Teilchengeschwindigkeit $v(t)$ auszudrücken. Zu diesem Zweck bilden wir die zweite Ableitung des mittleren Verschiebungsquadrats nach der Zeit und erhalten nach Umformen zunächst

$$\frac{d^2}{dt^2}\langle \Delta r^2(t) \rangle = \frac{d^2}{dt^2}\langle (r(t) - r(0))^2 \rangle = \frac{d^2}{dt^2}\langle r^2(t) - 2r(0)r(t) + r^2(0) \rangle$$

$$= -2\frac{d^2}{dt^2}\langle r(0)r(t) \rangle \tag{15.42}$$

Im letzten Schritt haben wir benutzt, daß die Mittelwertbildung mit der Summe vertauschbar ist und daß die Mittelwerte $\langle r^2(t) \rangle$ und $\langle r^2(0) \rangle$ gleich groß und zeitunabhängig sind (mittlerer Aufenthaltsort des Teilchens). Die letzte Zeile in Gleichung (15.42) enthält die **Orts-Autokorrelationsfunktion** $\langle r(0)r(t) \rangle$ des diffundierenden Teilchens. Die Vorsilbe „auto" deutet an, daß sich die beiden Orte $r(0)$ und $r(t)$ auf

---

[6]$\langle \Delta r^2(t) \rangle$ entspricht einem Scharmittelwert (durch Dreiecksklammern $\langle \rangle$ gekennzeichnet). Der Begriff „mittleres Verschiebungsquadrat" bedeutet, daß der Mittelwert von $\Delta r^2(t)$ über viele unabhängige Experimente gebildet wird, in denen das Teilchen jeweils zwischen den Zeiten 0 und t eine Zufallsbewegung mit fluktuierender Geschwindigkeit $v(t)$ ausführt.

[7]Hier wird ein isotropes System angenommen. Für anisotrope Systeme wird D und damit $\langle \Delta r^2(t) \rangle$ richtungsabhängig.

15.3 Geschwindigkeitsfluktuationen und Diffusionskoeffizient

dasselbe Teilchen beziehen. Wir können jetzt die Annahme für lange Zeiten aus Gleichung (15.40) anhand der Orts-Autokorrelationsfunktion interpretieren. Für Zeiten, bei denen der Diffusionskoeffizient konstant wird, wird die zweite Ableitung von $\langle \Delta r^2(t) \rangle$ nach der Zeit und damit auch die Orts-Autokorrelationsfunktion gleich Null. Es folgt somit im Umkehrschluß auch: Für eine rein stochastische Bewegung, bei der die Teilchenorte gänzlich unkorreliert sind, kann man von der Gültigkeit der Einstein-Beziehung (15.39) mit konstantem D ausgehen.

Wir wenden im folgenden die Zeitableitung auf die Ortskorrelationsfunktion an und verwenden bei der weiteren Umformung das Prinzip der mikroskopischen Reversibilität, das bereits bei der Begründung der Onsager-Beziehungen in Abschnitt 15.2 auf Korrelationsfunktionen angewandt wurde. Es besagt unter anderem, daß die Korrelationsfunktionen eines Gleichgewichtssystems invariant bezüglich Zeitumkehr $t \to -t$ und Zeitverschiebung $t \to t + \tau$ sind.

$$
\begin{aligned}
-\frac{d^2}{dt^2} \langle r(0) r(t) \rangle &= -\frac{d}{dt} \langle r(0) v(t) \rangle = -\frac{d}{dt} \langle r(-t) v(0) \rangle \\
&= +\frac{d}{dt} \langle v(0) r(t) \rangle = \langle v(0) v(t) \rangle
\end{aligned}
\qquad (15.43)
$$

Die hierbei erhaltene Funktion $\langle v(0) v(t) \rangle$ wird als **Geschwindigkeits-Autokorrelationsfunktion** des diffundierenden Teilchens bezeichnet. Der Vergleich von (15.41), (15.42) und (15.43) liefert schließlich den folgenden wichtigen Zusammenhang zwischen der Geschwindigkeits-Autokorrelationsfunktion und dem allgemeinen **Selbstdiffusionskoeffizienten** $D(t)$

$$
D(t) = \frac{1}{3} \int_0^t \langle v(0) v(\tau) \rangle \, d\tau \qquad (15.44)
$$

Für ausreichend große Zeiten $t \gg \tau_c$ liefert das Integral als Grenzwert den phänomenologischen Selbstdiffusionskoeffizienten D, wie er bei Diffusionsmessungen benutzt wird. Der exakte Ausdruck in Form eines Grenzwerts ist

$$
D = \lim_{t \to \infty} D(t) = \frac{1}{3} \int_0^\infty \langle v(0) v(\tau) \rangle \, d\tau \qquad (15.45)
$$

Korrelationsfunktionen fluktuierender Größen spielen eine entscheidende Rolle bei der allgemeinen statistischen Beschreibung von thermodynamischen Größen und Transportkoeffizienten in Vielteilchensystemen. Gleichung (15.44) ist ein Beispiel für viele ähnliche Ausdrücke mit anderen Transportgrößen nahe dem Gleichgewicht, die als Konsequenz des sogenannten **Fluktuations-Dissipations-Theorem** anzusehen sind[8]. Letzteres liefert einen generellen Ansatz für die Beziehung zwischen phänomenologischen Transportkoeffizienten der irreversiblen Thermodynamik und den entsprechenden fluktuierenden mikroskopischen Größen in Vielteilchensystemen. Weitere Beispiele werden in den folgenden Abschnitten diskutiert. Wegen der Bedeutung der Korrelationsfunktionen seien im folgenden am Beispiel von $\langle v(0) v(\tau) \rangle$ die wesentlichen Symmetrieeigenschaften der Korrelationsfunktionen in Gleichgewichtssystemen bezüglich des zeitlichen Verhaltens zusammengefaßt.

---

[8] ausführliche Darstellungen beispielsweise in [Kei 87, Kub 66, Zwa 61].

Aus der zeitlichen Konstanz aller Mittelwerte eines Systems im Gleichgewicht folgt, daß auch die Autokorrelationsfunktion wie alle anderen Korrelationsfunktionen nicht explizit von der Zeit abhängig sein kann. Sie ist nur vom zeitlichen Abstand τ der beiden Geschwindigkeitswerte abhängig. Somit ist die **Korrelationszeit** τ als einzige Zeitvariable der Korrelationsfunktionen zu betrachten. Man darf deshalb den Nullpunkt entlang der Zeitskala beliebig verschieben, ohne daß die Autokorrelationsfunktion sich ändert:

$$\langle v(0)\,v(\tau)\rangle = \langle v(t')\,v(t'+\tau)\rangle \neq f(t') \tag{15.46}$$

Da es im Gleichgewicht keine Vorzugsrichtung in der Zeit gibt (Prinzip der mikroskopischen Reversibilität, vgl. Abschnitt 15.2), ist die Geschwindigkeits-Autokorrelationsfunktion symmetrisch bezüglich der Korrelationszeit $\tau = 0$. Sie hängt also nur vom Absolutwert $|\tau|$ ab:

$$\langle v(0)\,v(\tau)\rangle = \langle v(0)\,v(-\tau)\rangle = \langle v(0)\,v(|\tau|)\rangle \tag{15.47}$$

Zwei weitere Aussagen betreffen den Anfangswert der Geschwindigkeits-Autokorrelationsfunktion bei $\tau = 0$ und ihren Grenzwert für $\tau \to \infty$. Für ein Teilchen der Masse m folgt bei der Temperatur T mit dem Ergebnis (3.73) aus Kapitel 3.6

$$\langle v(0)\,v(0)\rangle = \langle v^2\rangle = \frac{3kT}{m} \tag{15.48}$$

Für sehr lange Zeiten ist keine Korrelation zwischen den Geschwindigkeiten $v(0)$ und $v(t)$ mehr zu erwarten. Die Geschwindigkeits-Autokorrelationsfunktion muß also für $t \to \infty$ den Wert Null annehmen.

$$\lim_{\tau \to \infty} \langle v(0)\,v(\tau)\rangle = 0 \tag{15.49}$$

Darüber hinaus muß sie ausreichend schnell gegen Null gehen, so daß das Integral in Gleichung (15.44) und damit der Diffusionskoeffizient im Einklang mit der Erfahrung einen endlichen Wert behalten: In realen Vielteilchensystemen ist die Autokorrelationsfunktion nur für sehr kleine Korrelationszeiten von Null verschieden. Beispiele sind in Abbildung 15.4 und in Exkurs 15.6 gezeigt. Der aus Gleichung (15.44) resultierende Diffusionskoeffizient ist deshalb nur für extrem kurze Meßzeiten zeitabhängig. Experimentelle Untersuchungen zu Elementarprozessen des Teilchentransports, die dieses Verhalten ausnutzen, müssen deshalb gerade solche kurzen Zeitintervalle erfassen und auflösen können. Das ist beispielsweise mit Leitfähigkeits-Spektroskopie im Radio- und Mikrowellenbereich, NMR sowie quasielastischer Neutronenstreuung möglich [zu Einzelheiten siehe Fun 93].

Typische Abklingzeiten der Geschwindigkeits-Autokorrelationsfunktion in Festkörpern sind durch die mittlere Zeit zwischen zwei aufeinanderfolgenden Sprüngen der diffundierenden Teilchen gegeben (entspricht in Kristallen in etwa der Aufenthaltszeit der Teilchen an einem Gitterplatz). In Flüssigkeiten findet man vergleichbare Zeiten, die von der Viskosität abhängen. In Gasen ist die Zeit zwischen zwei aufeinanderfolgenden Stößen eines Gasteilchens ausschlaggebend ($\tau_c = \Lambda/\langle v\rangle$).

Die numerische Lösung der klassisch-mechanischen Bewegungsgleichungen in Vielteilchensystemen mit Methoden der Molekulardynamik liefert einen direkten Zugang zu den Geschwindigkeits-Autokorrelationsfunktionen diffundierender Teilchen.

15.3 Geschwindigkeitsfluktuationen und Diffusionskoeffizient

Mit dem in Gleichung (15.45) vorliegenden Zusammenhang wird so die Berechnung von Diffusionskoeffizienten für Simulationen mit geeigneten, einfachen Modellen der Wechselwirkungskräfte in Flüssigkeiten möglich (zu Einzelheiten siehe die im Anhang zitierte Literatur).

Abbildung 15.4 zeigt die Geschwindigkeits-Autokorrelationsfunktion für flüssiges Argon als Ergebnis einer Computersimulation. Der Verlauf ist für kondensierte Phasen typisch. Im Bereich sehr kurzer Korrelationszeiten ($\tau < 2 \cdot 10^{-13}$ s), bei denen das Teilchen eine Strecke in der Größenordnung des Atom-Atom-Abstands zurücklegt, besteht eine merkliche Korrelation der aktuellen Geschwindigkeit mit dem Anfangswert. Nach einer doppelt so langen Zeit tritt im Mittel eine negative Korrelation auf. Das bedeutet, daß dort das diffundierende Teilchen seine Geschwindigkeit mit einer bestimmten Wahrscheinlichkeit umkehrt, da nach etwa $4 \cdot 10^{-13}$ s häufig ein Stoß mit einem Nachbarteilchen auftritt. Der Diffusionskoeffizient ergibt sich aus der Fläche unter der Kurve in Abbildung 15.4. Bereiche mit negativen Werten der Autokorrelationsfunktion führen dabei zu einer Verringerung des Diffusionskoeffizienten.

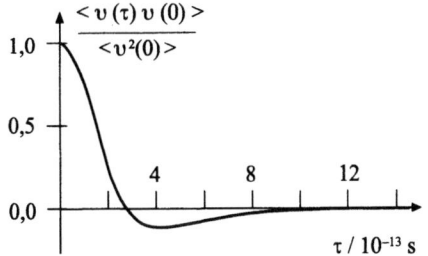

Abbildung 15.4 Geschwindigkeits-Autokorrelationsfunktion von flüssigem Argon nahe dem Tripelpunkt: aus Molekulardynamik-Rechnungen unter Annahme eines Lennard-Jones-Potentials [entnommen aus Lev 73].

Exkurs 15.5 Mittleres Verschiebungsquadrat der Atome in Ag$_2$Te

Die Hochtemperaturphase des Silbertellurids (Ag$_2$Te, Antifluoritstruktur) besitzt neben einer metallischen Elektronenleitfähigkeit eine sehr hohe Silberionenleitfähigkeit. Die Bewegung beider Ionensorten im Ag$_2$Te wurde für verschiedene Temperaturen mit Hilfe von Molekulardynamik-Simulationen untersucht [Kob 90]. Die Ergebnisse für daraus berechnete mittlere Verschiebungsquadrate als Funktion der Korrelationszeit sind in Abbildung 15.5 gezeigt.

Bei Zeiten unter 0,25 ps ist ein parabelförmiger Verlauf erkennbar. Dies sind typische Zeiten für den Sprung beziehungsweise eine einzelne Schwingungsperiode eines Ions an seinem Gitterplatz. Der weitere Verlauf bis etwa 1,5 ps ist noch deutlich nichtlinear (Teilchengeschwindigkeit noch korreliert), während für größere Zeiten konstante Steigungen zu erkennen sind, die dem für lange Zeiten erwarteten linearen Verlauf $\langle \Delta r^2(t) \rangle = 6Dt$ entsprechen. Aus der konstanten Steigung bei langen Zeiten ergibt sich der jeweilige Diffusionskoeffizient, der für Tellur-Ionen offensichtlich gleich Null ist. Für Silber-Ionen liegen recht hohe Werte in einer Größenordnung wie in Flüssigkeiten vor: bei 650 K beispielsweise entnimmt man der entsprechenden Kurve in Abbildung 15.5 den Wert $D_{Ag^+} \approx 2 \cdot 10^{-5}$ cm^{2}s^{-1}.

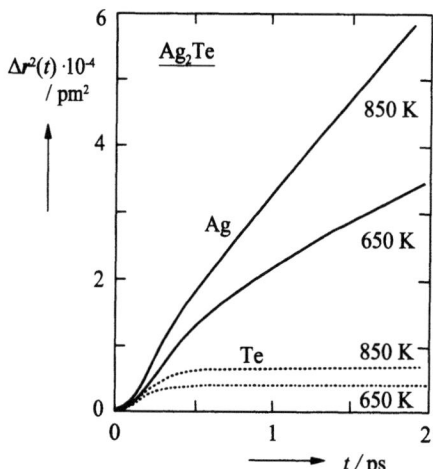

Abbildung 15.5 Mittleres Verschiebungsquadrat der Silber- und Tellur-Ionen in Ag$_2$Te aus Ergebnissen einer Molekulardynamik-Rechnung [entnommen mit freundlicher Genehmigung aus Kob 90].

Exkurs 15.6 Teilchenbewegung in verschiedenen Aggregatzuständen

Abbildung 15.6 zeigt Beispiele für die Geschwindigkeits-Autokorrelationsfunktion und ihre Spektraldichte, sowie die mittlere quadratische Verschiebung verschiedener Bewegungsprozesse. Die Spektraldichte ist die Fourier-Transformierte der Geschwindigkeits-Autokorrelationsfunktion und kennzeichnet die Beiträge der verschiedenen Frequenzen (im folgenden: Kreisfrequenz $\omega = 2\pi\nu$), die zu den Geschwindigkeitsfluktuationen beitragen:

$$S(\omega) = \frac{1}{2\pi}\int_{-\infty}^{+\infty}\langle v(0)v(\tau)\rangle e^{-i\omega\tau}d\tau \quad \rightarrow \quad \text{für } \omega = 0: \; S(0) = \frac{3D}{\pi} \qquad (15.50)$$

Sie enthält die gleiche Information über die Geschwindigkeitskorrelation wie die zeitabhängige Autokorrelationsfunktion. Darstellungen im Frequenzbereich sind in vielen Fällen sehr nützlich ganz analog wie eine Koordinatentransformation manche physikalischen Probleme übersichtlicher macht.

Das erste Beispiel in Abbildung 15.6 zeigt die Diffusion isolierter Gasteilchen, wenn Stöße zwischen den Molekülen vernachlässigt werden können. Die Teilchen führen dann eine gleichförmige Bewegung aus, für die $v(\tau) = v(0)$ gilt. Die Autokorrelationsfunktion ist eine Konstante und der Diffusionskoeffizient wird unendlich groß entsprechend der unbegrenzten Fläche unter der Funktion $\langle v(0)v(\tau)\rangle$. Das Frequenzspektrum ist eine δ-Funktion bei $\omega = 0$.

Entsprechende Beispiele für ein reales Gas mit Teilchenstößen und eine Flüssigkeit hoher Dichte sind in der zweiten Reihe von Abbildung 15.6 gezeigt. Die mittlere quadratische Verschiebung wächst für kurze Zeiten (kleiner als die typischen Stoßzeiten) zunächst proportional zu t^2 entsprechend einer gleichförmigen Bewegung und geht, nachdem die Teilchen ungefähr eine freie Weglänge zurückgelegt haben, in die lineare Abhängigkeit über. Die Autokorrelationsfunktion der Geschwindigkeit beginnt beim Wert $\langle v^2(0)\rangle = 3kT/m$ und geht umso schneller gegen Null, je kleiner der Diffusionskoeffizient ist. Das entsprechende Frequenzspektrum zeigt ein entgegengesetztes Verhalten: je schneller die Autokorrelationsfunktion abklingt, das heißt je kleiner der Diffusionskoeffizient, umso breiter wird das Frequenzspektrum. Dies entspricht einer Zunahme der Fluktuationen pro Zeit (= Verringerung der charakteristischen Abklingzeiten τ_c). Es besteht also eine inverse Beziehung zwischen der Breite des Frequenzspektrums und der Abklingzeit der Korrelationsfunktion. Die Fläche unter dem Frequenzspektrum

15.3 Geschwindigkeitsfluktuationen und Diffusionskoeffizient

bleibt dabei konstant gleich $3kT/m$. Zum Vergleich ist auch die lokalisierte Schwingung eines Festkörperatoms nach dem Einstein-Modell dargestellt. Wie zu erwarten ist der Diffusionskoeffizient Null, da sich wegen der Periodizität positive und negative Anteile der Fläche unter der Funktion $\langle v(0)v(\tau)\rangle$ aufheben.

Das vierte Beispiel in Abbildung 15.6 zeigt die Verhältnisse nach dem Debye-Modell. Auch hier heben sich die Flächen verschiedenen Vorzeichens unter der Autokorrelationsfunktion auf, so daß der Diffusionskoeffizient verschwindet. Allerdings klingt die Autokorrelationsfunktion mit der Zeit ab, da verschiedene Frequenzen des Debye-Spektrums sich überlagern und so mit der Zeit zu einem Verlust der Phasenbeziehung der periodischen Änderungen der Teilchengeschwindigkeit führen. Dies ist Ausdruck der Kopplung zwischen den verschiedenen Oszillatoren im Festkörper).

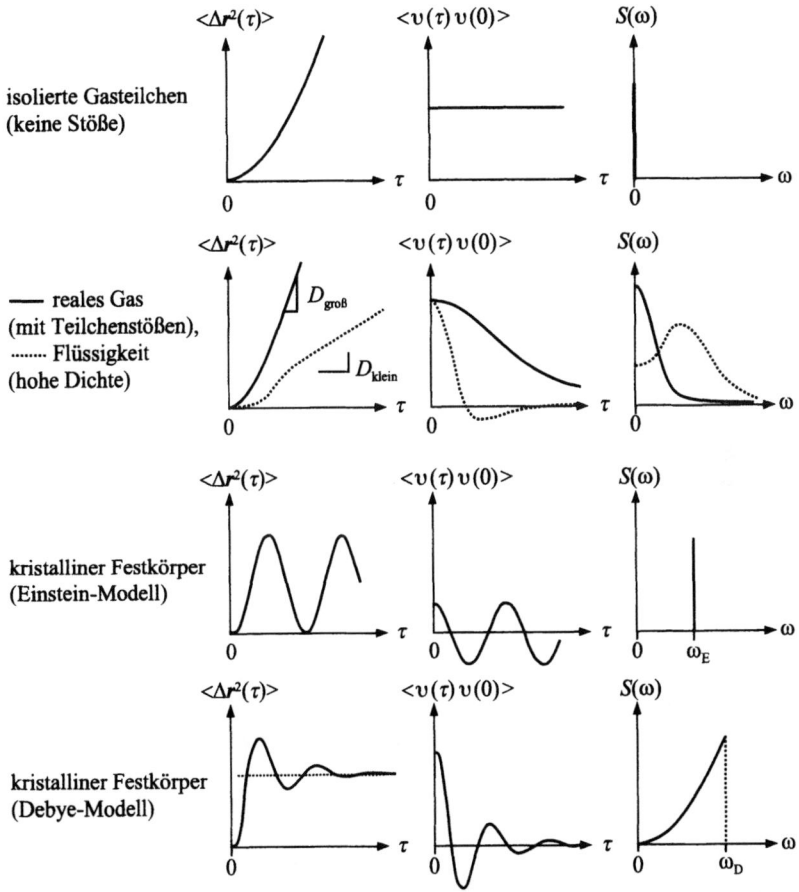

Abbildung 15.6 Statistische Funktionen zur Beschreibung molekularer Diffusionsprozesse: mittlere quadratische Verschiebung $\langle \Delta r^2(t)\rangle$, Geschwindigkeits-Autokorrelationsfunktion $\langle v(0)v(\tau)\rangle$ und deren Spektraldichte $S(\omega)$ für Gase und kondensierte Phasen, ausführliche Erläuterung im Text [entnommen mit freundlicher Genehmigung aus Koh 75].

15.4 Langevin-Gleichung und atomistische Beweglichkeit

Historisch lieferte die Behandlung der statistischen Grundlagen der Brownschen Molekularbewegung durch Langevin, Perrin und Einstein den Einstieg in die molekularstatistische Vorstellung von Diffusionsvorgängen [siehe z.B. Ein 05, Ein 06, Wax 54]. Beim klassischen Versuch zur Brownschen Molekularbewegung beobachtet man die Zufallsbewegung eines größeren Partikels (beispielsweise eines Staubteilchens oder Öltröpfchens) in einem Medium aus erheblich kleineren und leichteren Teilchen. Es besteht eine enge Analogie zur makroskopischen Bewegung von kleinen Kugeln in einer viskosen Flüssigkeit. Die mikroskopischen Fluktuationen der von den leichten Teilchen in der Umgebung ausgehenden Kräfte sind sehr viel schneller als die Geschwindigkeitsschwankungen des größeren Partikels. Die Wirkung der Umgebung auf das größere diffundierende Teilchen läßt sich dann auftrennen in eine mittlere Reibungskraft des Mediums, die mit der Geschwindigkeit des Testpartikels wächst und dessen Bewegung abbremst, und sehr schnell fluktuierende innere Kräfte $F_{\text{int}}(t)$. Letztere verursachen die statistischen Fluktuationen der Geschwindigkeit des Testpartikels, ihr zeitlicher Mittelwert ist jedoch Null.

Die Reibungskraft kann im einfachsten Fall proportional zur negativen Geschwindigkeit $v(t)$ des Brownschen Teilchens mit einem konstanten Reibungskoeffizienten α angesetzt werden. Für den allgemeinen Fall können zusätzlich noch äußere Kräfte F_{ext} berücksichtigt werden, beispielsweise auf Grund der Schwerkraft oder elektrischer und magnetischer Felder. Auf diese Weise gelangt man zur **Langevin-Gleichung**[9]:

$$m\frac{\mathrm{d}v(t)}{\mathrm{d}t} = -\alpha v(t) + F_{\text{int}}(t) + F_{\text{ext}} \tag{15.51}$$

Die allgemeine Lösung der Langevin-Gleichung (15.51) lautet (Ableitung siehe Exkurs 15.7)

$$v(t) = v(0)\,\mathrm{e}^{-\alpha t/m} + \mathrm{e}^{-\alpha t/m} \cdot \frac{1}{m}\int_0^t \mathrm{e}^{\alpha t'/m}\left[F_{\text{int}}(t) + F_{\text{ext}}(t)\right]\mathrm{d}t' \tag{15.52}$$

Für jede Einzelbeobachtung an einem Vielteilchensystem wird sich ein anderer Verlauf $v(t)$ ergeben. Wie in vielen anderen Fällen zuvor interessiert uns deshalb vor allem das Scharmittel $\langle v(t) \rangle$ über viele Einzelexperimente. $\langle v(t) \rangle$ muß mit zunehmender Zeit in jedem Fall gegen Null gehen (folgt aus der Richtungsunabhängigkeit der mittleren Geschwindigkeit).

$$\lim_{t \to \infty} \langle v(t) \rangle = \bar{v} = 0 \tag{15.53}$$

Unsere anfängliche Annahme, daß das diffundierende Teilchen groß gegen die Teilchen in der Umgebung sein soll, bedeutet anschaulich (auf Grund der größeren Masseträgheit), daß die Geschwindigkeitsfluktuationen des betrachteten Teilchens sehr viel

---
[9]Die Langevin-Gleichung spielt eine bedeutende Rolle in der Beschreibung von statistisch schwankenden Größen sowie in Methoden der stochastischen Molekulardynamik [siehe z.B. Kei 87]. An Anwendungsbeispielen seien genannt Rotation von Molekülgruppen in Makromolekülen, optische Übergänge und Spektrensimulation, Schwingungen in Molekülen.

15.4 Langevin-Gleichung und atomistische Beweglichkeit

langsamer abklingen als die Fluktuationen der inneren Kräfte. Deshalb wird über fast den gesamten Zeitbereich einer typischen Geschwindigkeitsfluktuation der Scharmittelwert der viel schneller fluktuierenden Kräfte $F_{int}(t)$ Null sein (siehe Exkurs 15.9):

$$\langle F_{int}(t) \rangle = 0 \tag{15.54}$$

(15.54) ermöglicht eine deutliche Vereinfachung bei der Lösung der Langevin-Gleichung für die mittlere Geschwindigkeit. Bildet man nämlich den Scharmittelwert über die allgemeine Lösung (15.52) der Langevin-Gleichung, so fällt der Beitrag der inneren Kräfte weg und es folgt (Scharmittelwert und Integration über die Zeit sind vertauschbar!)

$$\langle v(t) \rangle = v(0)\,e^{-\alpha t/m} + e^{-\alpha t/m} \cdot \frac{1}{m} \int_0^t e^{\alpha t'/m}\, F_{ext}(t')\,dt' \tag{15.55}$$

Bei konstantem Reibungskoeffizienten α und in Abwesenheit äußerer Kräfte ($F_{ext}(t) = 0$) ist das Endresultat für $\langle v(t) \rangle$ dann recht einfach:

$$\langle v(t) \rangle = v(0)\,e^{-\alpha t/m} \tag{15.56}$$

Es ergibt sich ein exponentielles Abklingen der Geschwindigkeitsfluktuation mit der charakteristischen Abklingzeit

$$\tau_c = \frac{m}{\alpha} \tag{15.57}$$

Die Langevin-Gleichung ergibt bei konstantem Reibungskoeffizienten einen einfachen Ausdruck für die Zeitabhängigkeit der Geschwindigkeits-Autokorrelationsfunktion. Multipliziert man Gleichung (15.56) mit der Anfangsgeschwindigkeit $v(0)$, so erhält man

$$v(0) \cdot \langle v(t) \rangle = v^2(0)\,e^{-\alpha t/m} \tag{15.58}$$

Die Bildung des Scharmittels auf beiden Seiten liefert

$$\langle v(0)\langle v(t) \rangle \rangle = \langle v^2(0) \rangle\,e^{-\alpha t/m} = \frac{3kT}{m}\,e^{-\alpha t/m} \tag{15.59}$$

Dabei wurde ausgenutzt, daß der Mittelwert des Quadrats der Geschwindigkeit eines diffundierenden Teilchens gegeben ist durch (vgl. Kapitel 3.6):

$$\langle v^2(0) \rangle = \langle v^2(t) \rangle = \overline{v^2} = \frac{3kT}{m}$$

Setzen wir das Ergebnis aus (15.59) in die Gleichung (15.45) für den Diffusionskoeffizienten ein, so läßt sich das Integral über die Autokorrelationsfunktion lösen und man erhält

$$D(t) = \frac{1}{3} \int_0^t \langle v(0)\,v(\tau) \rangle\,d\tau = \frac{kT}{m} \int_0^t e^{-\alpha \tau/m}\,d\tau = \frac{kT}{\alpha} \left[1 - e^{-\alpha t/m} \right] \tag{15.60a}$$

$$D = \lim_{t \to \infty} D(t) = \frac{kT}{\alpha} \tag{15.60b}$$

Die Vorstellungen zur Brownschen Molekularbewegung sind nicht auf die Bewegung schwerer Teilchen beschränkt, sondern können ohne weiteres auf die Beschreibung der Diffusion von Atomen und Molekülen in einem Vielteilchensystem mit gleichartigen Teilchen übertragen werden. Für kondensierte Phasen sind die typischen Zeiten für die Fluktuationen der inneren Kräfte um ihren Mittelwert auf jeden Fall erheblich kürzer als die Zeit einer typischen Fluktuation der Geschwindigkeit eines einzelnen herausgegriffenen Teilchens. Dies liegt daran, daß sich die Fluktuationen der inneren Kräfte aus der Überlagerung sehr vieler fluktuierender Geschwindigkeiten der umgebenden wechselwirkenden Teilchen ergeben. Zu ihrer Zeitabhängigkeit trägt also nicht so sehr die Eigenbewegung des betrachteten Teilchens relativ zu seiner Umgebung allein bei, sondern vielmehr noch die molekularen Bewegungen und Reorientierungen der Teilchen in der näheren Umgebung.

Demgegenüber gibt es für das diffundierende Einzelteilchen in kondensierten Systemen typische Mindestzeiten, über die eine Geschwindigkeitsfluktuation abgebaut wird. Unser sehr einfaches Modell liefert hier als Größenordnung $\tau_c = m/\alpha \approx$ Picosekunden.

Exkurs 15.7 Integration der Langevin-Gleichung

Wir benutzen zur Lösung der Langevin-Gleichung einen integrierenden Faktor. Dazu wird Gleichung (15.51) zunächst geschrieben als

$$\frac{d\boldsymbol{v}(t)}{dt} + \frac{\alpha}{m}\boldsymbol{v}(t) = \frac{1}{m}\left[\boldsymbol{F}_{\text{int}}(t) + \boldsymbol{F}_{\text{ext}}\right] \tag{15.61}$$

Nach Multiplizieren mit dem Exponentialterm $\exp(\alpha t/m)$ läßt sich die linke Seite der Gleichung (15.61) als einfache Zeitableitung schreiben:

$$\frac{d}{dt}\left[\boldsymbol{v}(t)\,e^{\alpha t/m}\right] = e^{\alpha t/m}\left[\frac{d\boldsymbol{v}(t)}{dt} + \frac{\alpha}{m}\boldsymbol{v}(t)\right] = \frac{1}{m}e^{\alpha t/m}\left[\boldsymbol{F}_{\text{int}}(t) + \boldsymbol{F}_{\text{ext}}\right] \tag{15.62}$$

Trennung der Variablen und Integration mit dem Anfangswert $\boldsymbol{v}(0)$ der Geschwindigkeit zur Zeit $t = 0$ liefert dann Gleichung (15.52).

Bei Anwesenheit einer zeitlich konstanten äußeren Kraft $\boldsymbol{F}_{\text{ext}}$ ergibt sich aus (15.55) für die mittlere Geschwindigkeit

$$\langle \boldsymbol{v}(t)\rangle = \boldsymbol{v}(0)\,e^{-\alpha t/m} + \frac{1}{\alpha}\boldsymbol{F}_{\text{ext}}\cdot\left(1 - e^{-\alpha t/m}\right) \tag{15.63}$$

Zusätzlich zum ersten Term, der gegen Null abklingt, taucht jetzt auf der rechten Seite ein zweiter Term auf, der für große Zeiten einen konstanten Wert $\boldsymbol{F}_{\text{ext}}/\alpha$ zur mittleren Geschwindigkeit beiträgt. Dieser Beitrag zur Geschwindigkeit durch eine äußere Kraft wird als **Driftgeschwindigkeit** bezeichnet. Für den konkreten Fall eines geladenen Teilchens (Ladung $z_i e$) in einem elektrischen Feld $\boldsymbol{E}$ gilt für die äußere Kraft $\boldsymbol{F}_{\text{ext}} = z_i e \boldsymbol{E}$. Die resultierende Driftgeschwindigkeit ist dann

$$\langle \boldsymbol{v}(t)\rangle = \boldsymbol{v}_{\text{drift}} = \frac{1}{\alpha}z_i e\boldsymbol{E} \qquad \text{für } t \gg m/\alpha \tag{15.64}$$

Im Fall des Ladungstransports werden in diesem Zusammenhang die **elektrische Beweglichkeit** u_i und die **Teilleitfähigkeit** σ_i definiert

$$u_i = \frac{z_i e}{\alpha}, \qquad \sigma_i = z_i e\, u_i\, c_i = \frac{(z_i e)^2 c_i}{\alpha} \tag{15.65}$$

15.4 Langevin-Gleichung und atomistische Beweglichkeit

Statt des Reibungskoeffizienten α wird manchmal auch die sogenannte **mechanische Beweglichkeit** b eingeführt gemäß

$$b = \frac{1}{\alpha} = \frac{u_i}{z_i e} \tag{15.66}$$

Aus den Gleichungen (15.60b) und (15.66) folgt darüber hinaus

$$D = bkT = \frac{kT u_i}{z_i e} \tag{15.67}$$

Gleichung (15.67) wird als **Nernst-Einstein-Gleichung** bezeichnet.

Mit dem Ergebnis für die Autokorrelationsfunktion in Gleichung (15.59) kann die Zeitabhängigkeit des mittleren Verschiebungsquadrats berechnet werden. Es folgt zusammen mit den Gleichungen (15.42) und (15.43)

$$\frac{d^2}{dt^2} \langle \Delta r^2(t) \rangle = 2 \cdot \langle \boldsymbol{v}(0)\boldsymbol{v}(t) \rangle = 2 \cdot \frac{3kT}{m} e^{-\alpha t/m} \tag{15.68}$$

und nach zweimaliger Integration

$$\langle \Delta r^2(t) \rangle = \frac{6kT}{\alpha}\left[t + \frac{m}{\alpha}\left(e^{-\alpha t/m} - 1\right)\right] = \frac{6kT}{\alpha}\left[t + \tau_c\left(e^{-t/\tau_c} - 1\right)\right] \tag{15.69}$$

Für lange Zeiten $t \gg \tau_c$ dominiert der in t lineare Term in Gleichung (15.69) und es folgt wieder die Einstein-Gleichung (15.39)

$$\langle \Delta r^2(t) \rangle = \frac{6kT}{\alpha} \cdot t = 6Dt$$

Für sehr kleine Zeiten $t \ll \tau_c$ kann man die Exponentialfunktion in Gleichung (15.69) in eine Reihe um $t = 0$ entwickeln:

$$e^{-t/\tau_c} = 1 - \frac{t}{\tau_c} + \frac{1}{2}\frac{t^2}{\tau_c^2} - \cdots$$

Setzt man dies in Gleichung (15.69) ein, fällt der in t lineare Term weg. Bei Beschränkung auf den übrigbleibenden quadratischen Term erhält man

$$\langle \Delta r^2(t) \rangle = \frac{6kT\tau_c}{\alpha} \cdot \frac{1}{2}\frac{t^2}{\tau_c^2} = \frac{3kT}{m} \cdot t^2$$

Dies bedeutet, daß sich das Teilchen für sehr kurze Zeiten gleichförmig mit der mittleren Geschwindigkeit $\langle v^2 \rangle^{1/2} = (3kT/m)^{1/2}$ bewegt.

Exkurs 15.8 Größenordnung von Reibungskoeffizient und Abklingzeit

In einer stark vereinfachten Beschreibung kann man die Bewegung eines in Wasser gelösten größeren Moleküls als Bewegung einer Kugel in einem viskosen Medium beschreiben. Für die Reibungskraft ist dann das Stoke'sche Gesetz anwendbar mit der Viskosität η_{H_2O} des Wassers, dem Radius r des diffundierenden Teilchens und seiner mittleren Geschwindigkeit $\langle v \rangle$:

$$F = -\alpha \langle \boldsymbol{v} \rangle = -6\pi \eta r \langle \boldsymbol{v} \rangle \tag{15.70}$$

Wir setzen nun als typische Werte für den Radius des Moleküls $r = 1$ nm und für die Viskosität des Wassers bei Normaltemperatur $\eta_{H_2O} = 10^{-3}$ kg(m s)$^{-1}$ ein. Es ergibt sich dann aus der obigen Gleichung für den Reibungskoeffizienten ein Wert von $\alpha = 6\pi \cdot 10^{-3} \cdot 10^{-9}$ kg/s $= 1{,}9 \cdot 10^{-11}$ kg/s. Mit Hilfe der Gleichungen in Tabelle D.10 erhält man dann als Diffusionskoeffizient des Teilchens den Wert $D = kT/\alpha = 2{,}2 \cdot 10^{-10}$ m^2/s. Typische Werte für die Abklingzeit $\tau_c = m/\alpha$ liegen bei einer Masse von $m = 2{,}5 \cdot 10^{-23}$ kg in der Größenordnung $\tau_c = 10^{-12}$ s. Diese Angabe bedeutet, daß die Einsteingleichung $\langle r^2(t)\rangle = 6Dt$ für das mittlere Verschiebungsquadrat bereits bei sehr kurzen Zeiten $t \geq 10^{-12}$ s in der flüssigen Phase verwendbar ist. Für ein verdünntes Gas ist die Abklingzeit allerdings größer (sie entspricht etwa der Zeit zwischen zwei aufeinanderfolgenden Stößen).

15.5 Fluktuations-Dissipations-Theorem

Der Zusammenhang zwischen dem Diffusionskoeffizienten und der Geschwindigkeits-Autokorrelationsfunktion ist ein Beispiel für das allgemeine **Fluktuations-Dissipations-Theorem** (auch **Schwankungs-Dissipations-Theorem**). Der Name weist darauf hin, daß die Fluktuationen in einem System eng mit der Energiedissipation zusammenhängen (Beispiele: Reibungswärme, Joulesche Wärme, ...). Die Langevin-Gleichung bietet einen Zugang zum Fluktuations-Dissipations-Theorem. Für eine allgemeine Darstellung sind allerdings aufwendigere mathematische Formalismen notwendig. Im folgenden wird als Beispiel der Zusammenhang zwischen dem Reibungskoeffizienten α und dem Integral über die **Autokorrelationsfunktion der inneren Kräfte** hergeleitet.

Mit dem Impuls $\boldsymbol{p}(t) = m\boldsymbol{v}(t)$ statt der Geschwindigkeit ergibt sich aus (15.51) die Langevin-Gleichung in der folgenden Form

$$\frac{d\boldsymbol{p}}{dt} = -\frac{\alpha}{m}\boldsymbol{p}(t) + \boldsymbol{F}_{\text{int}}(t) \tag{15.71}$$

Im weiteren wählen wir eine ähnliche Vorgehensweise wie im Fall der Herleitung von Gleichung (15.44) für den Zusammenhang zwischen Diffusionskoeffizient und Geschwindigkeits-Autokorrelation. Die mittlere quadratische Impulsänderung nach einer Zeit t ist definiert durch

$$\langle \Delta \boldsymbol{p}^2(t)\rangle = \left\langle (\boldsymbol{p}(t) - \boldsymbol{p}(0))^2\right\rangle \tag{15.72}$$

Unter Ausnutzen der Langevin-Gleichung (15.71) kann man die zeitliche Ableitung von $\langle \Delta \boldsymbol{p}^2(t)\rangle$ umformen gemäß

$$\begin{aligned}\frac{d}{dt}\langle \Delta \boldsymbol{p}^2(t)\rangle &= 2\left\langle \frac{d\boldsymbol{p}}{dt}\Delta \boldsymbol{p}(t)\right\rangle \\ &= -\frac{2\alpha}{m}\langle \boldsymbol{p}(t)\cdot \Delta \boldsymbol{p}(t)\rangle + 2\langle \boldsymbol{F}_{\text{int}}(t)\cdot \Delta \boldsymbol{p}(t)\rangle\end{aligned} \tag{15.73}$$

Im zweiten Summand auf der rechten Seite von (15.73), der $\boldsymbol{F}_{\text{int}}(t)$ enthält, ersetzen wir die Impulsdifferenz durch ein Zeitintegral über die innere Kraft und formen den

15.5 Fluktuations-Dissipations-Theorem

Term unter Ausnutzen der zeitlichen Symmetrie der Autokorrelationsfunktion weiter um gemäß

$$\langle F_{\text{int}}(t) \cdot \Delta p(t)\rangle = \left\langle F_{\text{int}}(t) \int_0^t F_{\text{int}}(\tau)\, d\tau \right\rangle = \left\langle F_{\text{int}}(0) \int_{-t}^0 F_{\text{int}}(\tau)\, d\tau \right\rangle$$

$$= \int_{-t}^0 d\tau \langle F_{\text{int}}(0) F_{\text{int}}(\tau)\rangle = \int_0^t d\tau \langle F_{\text{int}}(0) F_{\text{int}}(\tau)\rangle \qquad (15.74)$$

Man erhält auf diese Weise ein Integral über die Autokorrelationsfunktion der inneren Kräfte. Setzt man dies in Gleichung (15.73) ein und substituiert im ersten Summanden auf der rechten Seite von (15.73) noch mit $\Delta p(t) = p(t) - p(0)$, so ergibt sich

$$\underbrace{\frac{d}{dt}\langle \Delta p^2(t)\rangle}_{0} = -\frac{2\alpha}{m}\underbrace{\langle p^2(t)\rangle}_{6\alpha kT} - \frac{2\alpha}{m}\underbrace{\langle p(t)p(0)\rangle}_{0} + \underbrace{2\int_0^t d\tau\langle F_{\text{int}}(\tau) F_{\text{int}}(0)\rangle}_{\text{const.}} \qquad (15.75)$$

In der zweiten Zeile von (15.75) sind die Grenzwerte für $t \to \infty$ angegeben, da wir an der Auswertung dieses Ausdrucks für lange Zeiten interessiert sind. Unter dieser Voraussetzung wird die Autokorrelationsfunktion des Impulses Null, da für lange Zeitabstände τ keine Korrelation zwischen den Teilchenimpulsen besteht. Der Mittelwert $\langle \Delta p^2(t)\rangle$ ist eine Konstante, so daß die Zeitableitung auf der linken Seite ebenfalls Null wird. Das mittlere Quadrat des Impulses ist konstant und ergibt sich aus (3.73) gemäß $\langle p^2(t)\rangle = m^2\langle v^2(t)\rangle = 3mkT$.

Somit erhält man im Grenzfall ausreichend langer Zeiten eine Beziehung zwischen dem Reibungskoeffizienten und der Autokorrelationsfunktion der inneren Kräfte:

$$\alpha = \frac{1}{3kT}\int_0^\infty \langle F_{\text{int}}(0) F_{\text{int}}(\tau)\rangle d\tau = \frac{1}{6kT}\int_{-\infty}^\infty \langle F_{\text{int}}(0) F_{\text{int}}(\tau)\rangle d\tau \qquad (15.76)$$

Im zweiten Schritt von (15.76) wurde die Symmetrie des Integranden um $\tau = 0$ ausgenutzt. Die innere Kraft in dieser Gleichung ergibt sich aus der Überlagerung der fluktuierenden Kräfte aller Teilchen in der Umgebung auf das herausgegriffene Teilchen. In einem kondensierten fluiden System sind die Fluktuationen $F_{\text{int}}(t)$ deshalb extrem schnell.

Im Frequenzbild lassen sich die charakteristischen Kräftefluktuationen als Überlagerung von Oszillationen darstellen (Fourier-Transformation der Autokorrelationsfunktion). Das entsprechende Frequenzspektrum (analoge Definition zu Gleichung (15.50)) besitzt bis zu sehr hohen Frequenzen eine praktisch gleichmäßige Intensitätsverteilung. Zur Vereinfachung kann man annehmen, daß sich die konstante Intensität im Frequenzspektrum der inneren Kräfte über die gesamte Frequenzskala $0 < \omega < \infty$ erstreckt. Ein solches Frequenzspektrum bezeichnet man auch als **weißes Rauschen**. Dieser idealisierten Frequenzverteilung entspricht nach Fourier-Transformation in den Zeitbereich eine δ-Funktion. Faßt man also die Autokorrelationsfunktion der inneren Kräfte in diesem Bild als δ-Funktion auf, so bedeutet dies, daß keine Korrelation zwischen den fluktuierenden Kräften für alle Zeitabstände außer bei $t = 0$ besteht. Man spricht in diesem Modell von **stochastischen Kräften**. Für die Korrelationsfunktion der inneren Kräfte resultiert die folgende Darstellung

$$\langle F_{\text{int}}(0) F_{\text{int}}(t) \rangle = 6\alpha kT \, \delta(t) \tag{15.77}$$

Integriert man diesen Ausdruck in den Grenzen $-\infty$ und $+\infty$, ergibt sich[10]

$$\int_{-\infty}^{+\infty} \langle F_{\text{int}}(0) F_{\text{int}}(\tau) \rangle \mathrm{d}\tau = 6\alpha kT \int_{-\infty}^{+\infty} \delta(\tau) \mathrm{d}\tau = 6\alpha kT \tag{15.78}$$

Exkurs 15.9 Autokorrelationsfunktion der inneren Kräfte

Ein weiteres vereinfachtes Modell ergibt sich, wenn man das Abklingen der Autokorrelationsfunktion der inneren Kräfte durch eine Exponentialfunktion mit der charakteristischen Abklingzeit $\tau_F \ll \tau_c$ wiedergibt:

$$\langle F_{\text{int}}(0) F_{\text{int}}(\tau) \rangle \approx \langle F_{\text{int}}^2(0) \rangle \cdot e^{-\tau/\tau_F} \tag{15.79}$$

Setzt man dies in Gleichung (15.76) ein, so folgt ebenfalls ein recht einfaches Ergebnis, das den Reibungskoeffizienten mit dem mittleren Betragsquadrat der inneren Kräfte und der typischen Abklingzeit τ_F verknüpft:

$$\alpha = \frac{1}{3kT} \int_0^{\infty} \langle F_{\text{int}}^2(0) \rangle \cdot e^{-\tau/\tau_F} \mathrm{d}\tau = \frac{1}{3kT} \langle F_{\text{int}}^2(0) \rangle \, \tau_F \tag{15.80}$$

Interessant ist noch die Frage, wie die Autokorrelationsfunktionen der inneren Kräfte und der Teilchengeschwindigkeit zusammenhängen. Dies läßt sich mit den bisher abgeleiteten Beziehungen einfach beantworten. Der Diffusionskoeffizient ist ja über Gleichung (15.60b) mit dem Reibungskoeffizient verknüpft. Das Produkt aus Diffusionskoeffizient, $D = kT/\alpha$, und der Autokorrelationsfunktion der inneren Kräfte, Gleichung (15.76), ergibt den Wert kT. Setzt man für D die Geschwindigkeits-Autokorrelationsfunktion aus (15.60b) ein, so erhält man

$$(3kT)^2 = \int_0^{\infty} \langle F_{\text{int}}(0) F_{\text{int}}(\tau) \rangle \mathrm{d}\tau \cdot \int_0^{\infty} \langle v(0) v(\tau) \rangle \mathrm{d}\tau \tag{15.81}$$

Das Produkt der beiden Autokorrelationsfunktionen erfüllt also eine Beziehung ähnlich dem Gleichverteilungssatz in Kapitel 4.5.

Zusammenfassend ist zu sagen: Im Rahmen der linearen Näherung für Transportvorgänge besteht immer ein direkter Zusammenhang zwischen den phänomenologischen Transportgrößen (in denen die mikroskopischen Reibungskoeffizienten stecken) und den mikroskopischen Fluktuationen, die ein entsprechendes System im Gleichgewicht charakterisieren. Man kann also prinzipiell durch Messung der mikroskopischen Gleichgewichtsfluktuationen und Bildung der Autokorrelationsfunktionen die phänomenologischen Transportkoeffizienten wie Leitfähigkeiten bestimmen.

---

[10]Die Integrationsgrenzen $-\infty$ und $+\infty$ sind hier sinnvoll auf Grund der Definition der δ-Funktion.

15.5 Fluktuations-Dissipations-Theorem

Die hier angewandte Vorgehensweise läßt sich auf beliebige Transportphänomene nahe dem Gleichgewicht verallgemeinern. Tabelle 15.2 zeigt eine Reihe analoger Beziehungen für weitere Transportkoeffizienten, die sich über das **Fluktuations-Dissipations-Theorem** ergeben. Detaillierte Darstellungen dazu sind zu finden in [Jou 96, Kei 87, Kub 66, Zwa 61].

Diese Möglichkeit des Zugangs zu Transportkoeffizienten und Nichtgleichgewichtseigenschaften hat eine wachsende Bedeutung für die Materialforschung an komplexen Systemen. Durch die zunehmende Verfügbarkeit schneller Computer kann das mikroskopische Verhalten von Vielteilchensystemen immer besser in entsprechenden Modellrechnungen simuliert werden. Dies erlaubt beispielsweise, über die Simulation von Zufallsbewegungen Autokorrelationsfunktionen der Teilchengeschwindigkeit und somit auch phänomenologische Diffusionskoeffizienten zu erhalten.

Tabelle 15.2: Anwendungen des Fluktuations-Dissipations-Theorems auf Transportkoeffizienten (zu den Symbolen vgl. Tabelle D.11)

Transport- vorgang	fluktuierende Größe	Transportkoeffizient (statischer Wert für $t \to \infty$)
Reaktionen	$\frac{dN}{dt} = k_R \cdot A$ $A \,\hat{=}\, \text{Affinität}$	$k_R = \frac{1}{kT} \int_0^\infty \langle \dot{N}(t) \dot{N}(0) \rangle \, dt$ $\dot{N} = dN/dt$
Selbstdiffusion	$j_n = -D \cdot \text{grad } c$	$D = \frac{1}{3} \int_0^\infty \langle v(t) v(0) \rangle \, dt$
Wärmeleitung	$j_Q = -\lambda_Q \cdot \text{grad } T$	$\lambda_Q = \frac{V}{3kT^2} \int_0^\infty \langle j_Q(t) j_Q(0) \rangle \, dt$
Ladungstransport	$j_q = -\sigma \cdot \text{grad } \varphi$	$\sigma = \frac{V}{3kT} \int_0^\infty \langle j_q(t) j_q(0) \rangle \, dt$
allgemeiner Transportvorgang	$j_i = \sum_k L_{ik} X_k$	$L_{ik} = \frac{V}{3k} \int_0^\infty \langle j_i(t) j_k(0) \rangle \, dt$

Exkurs 15.10 Beziehung zwischen Diffusionskoeffizient und Leitfähigkeit

In ionenleitenden Systemen läßt sich der Ionentransport sowohl über die elektrische Leitfähigkeit wie auch über die Selbstdiffusion der Ionen (z.B. Messung mit radioaktiven Tracern) charakterisieren. Uns interessiert hier die Beziehung zwischen den beiden Transportkoeffizienten etwas genauer, da die elektrische Leitfähigkeit über die Autokorrelationsfunktion der Stromdichte und nicht wie der Diffusionskoeffizient über die Geschwindigkeits-Autokorrelationsfunktion gegeben ist.

Wir wollen die elektrische Stromdichte im Ausdruck für die elektrische Leitfähigkeit aus Tabelle 15.2 im mikroskopischen Teilchenbild betrachten. Wir gehen zur Vereinfachung von einem Ionenleiter mit nur einer beweglichen Ionensorte aus. Im Teilchenbild kann man dann die Ladungsstromdichte $j_q(t)$ (Dimension: Ladung/(Zeit×Fläche)) der beweglichen Ionen (Ladung pro Teilchen: ze) ersetzen durch eine Summe über Teilchenbeiträge mit den individuellen (fluktuierenden) Teilchengeschwindigkeiten $v_i(t)$ gemäß

$$j_q(t) = \frac{ze}{V} \sum_{i=1}^{N} v_i(t) \tag{15.82}$$

Setzt man dies für die Stromdichten in der Stromdichte-Korrelationsfunktion für die elektrische Leitfähigkeit aus Tabelle 15.2 ein, so folgt

$$\begin{aligned}\langle j_q(t) j_q(0)\rangle &= \frac{z^2 e^2}{V^2} \left\langle \sum_{i,j}^{1..N} v_i(t)\, v_j(0) \right\rangle = \frac{z^2 e^2}{V^2} \cdot \sum_{i,j}^{1..N} \langle v_i(t)\, v_j(0)\rangle \\ &= \frac{z^2 e^2}{V^2} \sum_{i=1}^{N} \langle v_i(t)\, v_i(0)\rangle + \frac{z^2 e^2}{V^2} \sum_{i=1}^{N} \sum_{j \neq i}^{1..N} \langle v_i(t)\, v_j(0)\rangle \end{aligned} \tag{15.83}$$

Die Korrelationsfunktion der Ladungsstromdichte setzt sich also im allgemeinen Fall aus zwei Beiträgen zusammen. Der erste beschreibt die Selbst- oder Autokorrelation der Bewegung eines einzelnen Teilchens und ist auch die Grundlage für den Selbstdiffusionskoeffizienten nach Gleichung (15.45). Der zweite Term enthält eine **Kreuzkorrelationsfunktion** zwischen den Geschwindigkeiten verschiedener Teilchen und zeigt, daß Ladungstransport und Selbstdiffusion sich an dieser Stelle im statistischen Bild unterscheiden. Die Kreuzkorrelationsfunktion ist allerdings in der Regel kleiner als der Beitrag der Autokorrelationsfunktion und in vielen Fällen vernachlässigbar. In kristallinen Ionenleitern wird der Kreuzkorrelationsterm vom Transportweg der Ionen bestimmt und hängt insbesondere von der Art und Umgebung der Gitterplätze ab, über die die Ionen sich bewegen. Deshalb wird für mechanistische Überlegungen zum Ionentransport in Kristallen gern der Vergleich zwischen Leitfähigkeit und Selbstdiffusion der beweglichen Ionen herangezogen. Man benutzt dazu das sogenannte **Haven-Verhältnis** H_R, das definiert ist als

$$H_R = \frac{D}{\sigma} \cdot \frac{cz^2 e^2}{kT} = \frac{N \int_0^\infty \langle v(t) v(0)\rangle\, dt}{\int_0^\infty \sum_{i,j}^{1..N} \langle v_i(t) v_j(0)\rangle\, dt} = \frac{\int_0^\infty \sum_{i=1}^{N} \langle v_i(t) v_i(0)\rangle\, dt}{\int_0^\infty \sum_{i,j}^{1..N} \langle v_i(t) v_j(0)\rangle\, dt} \tag{15.84}$$

Zur Umformung wurden dabei die Gleichung (15.45) und die Beziehung für die elektrische Leitfähigkeit aus Tabelle 15.2 verwendet. Wenn der Kreuzkorrelationsterm in Gleichung (15.83) vernachlässigbar klein ist, nimmt das Haven-Verhältnis den Wert Eins an. Drückt man die Ionenleitfähigkeit in (15.84) über Teilchenkonzentration c und elektrische Beweglichkeit u gemäß $\sigma = zeuc$ ein, so folgt

$$H_R = \frac{zeD}{ukT} \tag{15.85}$$

Vergleicht man dies mit der Nernst-Einstein-Gleichung (15.67), so zeigt sich, daß das Haven-Verhältnis die Abweichung der Beziehung zwischen Leitfähigkeit und Selbstdiffusionskoeffizient eines Teilchens von der Nernst-Einstein-Gleichung durch eine vorhandene Geschwindigkeits-Kreuzkorrelation beschreibt.

15.6 Theorie der linearen Antwort

In den vorhergehenden Abschnitten ist eine allgemeine Darstellung der Transportkoeffizienten eingeführt worden. Wir wollen uns im folgenden noch etwas mit dem Zusammenhang zwischen experimentell zugänglichen Meßgrößen und der Beschreibung der mikroskopischen Dynamik auf Teilchenebene beschäftigen, sowie mit der Darstellung der Transportkoeffizienten als Funktion der Zeit oder der Frequenz. Die Basis dazu liefert die **Theorie der linearen Antwort** (oft findet man auch nur den englischen Ausdruck: **Linear Response Theory**). Informationen über mikroskopische Transportprozesse lassen sich generell aus Experimenten erhalten, bei denen man ein System durch eine kleine Störung von außen aus dem Gleichgewicht bringt und in der Folge die Relaxationsvorgänge untersucht, die beim Abbau der Störung ablaufen. Die Reaktion des Systems auf die äußere Störung wird als **Antwort** des Systems bezeichnet. Bei genügend kleinen Störungen wird die System-Antwort linear von der Störung (in der Regel Kräfte oder Felder) abhängen. Dies ist der Ausgangspunkt der Theorie der linearen Antwort. Sie liefert einen Formalismus zur Behandlung von Nichtgleichgewichtsprozessen nahe dem Gleichgewicht. Im folgenden wird zunächst der allgemeine Ansatz kurz skizziert.

Es sei mit H die Hamilton-Funktion (Gesamtenergie) eines Systems und mit $F(t)$ eine äußere Störung bezeichnet. Dabei kann es sich beispielsweise um ein elektrisches Feld handeln. $A(t)$ sei nun die Variable des Systems, mit der die Störung koppelt und zu einem Störbeitrag in der Hamilton-Funktion führt (deshalb auch als **Effekt** bezeichnet). Es sei H_0 die Hamilton-Funktion des ungestörten Systems im Gleichgewicht. Als Auswirkung der Störung wird die folgende einfache Form der Hamilton-Funktion angenommen (V - Volumen):

$$H = H_0 - VA(t)F(t) \quad \text{mit} \quad |VA(t)F(t)| \ll |H_0| \tag{15.86}$$

Die Systemantwort sei nun durch die dynamische Variable $B(t)$ charakterisiert, die identisch mit $A(t)$ oder der entsprechenden Flußgröße $\dot{A}(t)$ sein kann, aber im allgemeinen Fall nicht muß. Sowohl $B(t)$ wie auch $A(t)$ zeigen im Gleichgewichtssystem Fluktuationen um ihre Mittelwerte.

Nun kommt als entscheidende Annahme hinzu, daß die Systemantwort $B(t)$ linear von der Störung $F(t)$ abhängen soll (was dem Onsager-Ansatz für die Transportkoeffizienten analog ist). Der allgemeine lineare Ansatz muß aber berücksichtigen, daß die Systemantwort zeitlich verzögert zur Störung auftreten kann. Die Systemantwort zu einer bestimmten Zeit t ergibt sich also aus der Vorgeschichte, das heißt dem Wert und zeitlichen Verlauf der Störung (Superposition) über alle zurückliegenden Zeiten $\tau < t$. Mit der zeitabhängigen Systemfunktion $\chi(t)$ als Proportionalitätsfaktor ergibt sich der allgemeine Ansatz

$$B(t) = \int_{-\infty}^{t} \chi_{BA}(t-\tau) \cdot F(\tau)\, d\tau \tag{15.87}$$

$\chi(t)$ bezeichnet man als **After-Effect-Funktion** oder **Memory-Funktion**, da die Integration in Gleichung (15.87) alle vorhergehenden Zeiten bis zur aktuellen Zeit t erfaßt[11].

---
[11] Die im allgemeinen zeitabhängige Suszeptibilität $\chi(t)$ ist in anisotropen Systemen darüber hinaus orientierungsabhängig und somit allgemein ein Tensor zweiter Stufe.

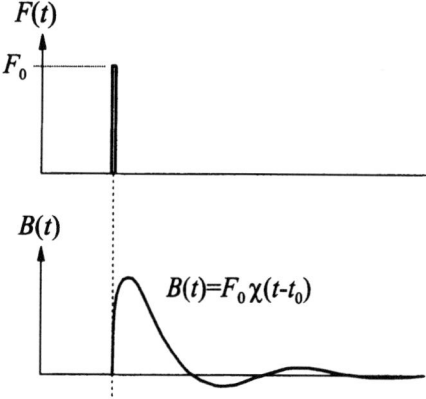

Abbildung 15.7 Impulsantwort eines linearen Systems [nach Cha 87].

Das Fluktuations-Dissipationstheorem liefert für die After-Effect-Funktion den folgenden Zusammenhang mit der Korrelationsfunktion der fluktuierenden Größen $B(t)$ und der Zeitableitung $\dot{A}(t)$ des Effekts:

$$\chi_{BA}(t) = \frac{V}{3kT} \left\langle B(t)\dot{A}(0) \right\rangle \tag{15.88}$$

Falls $B(t) = \dot{A}(t)$ ist, hat man speziell

$$\chi_{\dot{A}A}(t) = \frac{V}{3kT} \left\langle \dot{A}(t)\dot{A}(0) \right\rangle \tag{15.89}$$

Wir betrachten als Beispiel eine impulsartige Störung, die wir näherungsweise als δ-Funktion bezüglich der Zeitabhängigkeit beschreiben:

$$F(t) = F_0 \delta(t - t_0) \tag{15.90}$$

Die Auswertung des Integrals in (15.87) liefert in diesem Fall

$$B(t) = \int_{-\infty}^{t} \chi_{BA}(t-t_0)\, F_0\, \delta(\tau-t_0)\, d\tau = \begin{cases} 0 & \text{für } t \leq t_0 \\ \chi_{BA}(t-t_0)\, F_0 & \text{für } t > t_0 \end{cases} \tag{15.91}$$

Man erkennt aus (15.91), daß $\chi_{BA}(t - t_0)$ gleich der Antwort $B(t)$ des Systems ist, wenn ein Störimpuls vom Betrag Eins ($|F_0| = 1$) zur Zeit t_0 angewandt wird. Deshalb wird die Funktion $\chi_{BA}(t - t_0)$ auch manchmal **Impulsantwort** genannt. Abbildung 15.7 illustriert dies schematisch.

Mathematisch stellt das Integral in Gleichung (15.87) ein **Faltungsintegral** der Funktionen $\chi_{BA}(t)$ und $F(t)$ dar (siehe auch Anhang B.5). Der Übergang zur Fourier-Transformierten auf beiden Seiten der Gleichung (15.87) führt zu einer deutlichen Vereinfachung des Ansatzes im resultierenden Frequenzbild. Die Fourier-Transformation des Faltungsintegrals auf der rechten Seite liefert das einfache Produkt der entsprechenden frequenzabhängigen Fourier-Transformierten $\chi_{BA}(\omega)$ und $F(\omega)$ (mit der Kreisfrequenz $\omega = 2\pi\nu$, vgl. Anhang B.5):

$$B(t) = \int_{-\infty}^{t} \chi_{BA}(t - \tau)\, F(\tau)\, d\tau \xrightarrow{FT} B(\omega) = \chi_{BA}(\omega) \cdot F(\omega) \tag{15.92}$$

15.6 Theorie der linearen Antwort

mit dem folgenden Ausdruck für $\chi(\omega)$

$$\chi_{BA}(\omega) = \int_0^\infty \chi_{BA}(t)\,e^{-i\omega t}\,dt \tag{15.93}$$

Die in diesem Fall „einseitige" Fourier-Transformation in den Grenzen $0 < t < \infty$ statt der allgemeinen Definition der Fourier-Transformation) resultiert aus dem Kausalitätsprinzip: die Ursache muß der Wirkung vorausgehen. Die Impulsantwort verschwindet deshalb für negative Werte des Arguments: $\chi_{BA}(t) = 0$ für $t < 0$. Ansonsten würde sich eine Störung zu irgendeiner Zeit auf die Systemantwort vor dieser Zeit bereits auswirken.

Die Fourier-Transformierte, die frequenzabhängige Funktion $\chi_{BA}(\omega)$, wird als **verallgemeinerte** oder **allgemeine Suszeptibilität** bezeichnet. Aus Gleichung (15.89) folgt im Frequenzbild für das Fluktuations-Dissipations-Theorem

$$\chi_{BA}(\omega) = \frac{V}{3kT}\int_0^\infty \langle B(t)\dot{A}(0)\rangle\,e^{-i\omega t}\,dt \tag{15.94}$$

Die Impulsantwort $\chi_{BA}(t)$ ist reell. Hieraus und aus $\chi_{BA}(t<0) = 0$ folgt, daß die Fourier-Transformierte in Gleichung (15.94) eine komplexe Funktion mit den folgenden Eigenschaften ist:

$$\chi_{BA}(\omega) = \chi'_{BA}(\omega) + i\,\chi''_{BA}(\omega) \tag{15.95a}$$

$$\chi'_{BA}(\omega) = \chi'_{BA}(-\omega)\quad,\qquad \chi''_{BA}(\omega) = -\chi''_{BA}(-\omega) \tag{15.95b}$$

Der Realteil $\chi'_{BA}(\omega)$ ist also eine gerade Funktion der Frequenz, während der Imaginärteil ungerade ist. Letzteres hat zur Konsequenz, daß bei der Rücktransformation (Integration in den Grenzen $-\infty < \omega + \infty$) der imaginäre Anteil Null ergibt und $\chi_{BA}(t)$ reell bleibt. Es ist zu erwarten, daß Realteil und Imaginärteil der allgemeinen Suszeptibilität voneinander abhängen (siehe Exkurs 15.11).

Exkurs 15.11 Beziehung zwischen Real- und Imaginärteil

Für die Fourier-Transformierte einer zeitabhängigen Funktion $\chi_{BA}(t)$, für die die Kausalitätsforderung mit $\chi_{BA}(t<0) = 0$ erfüllt ist und die keine Singularität bei $t=0$ aufweist, gelten die folgenden Integralbeziehungen:

$$\chi'_{BA}(\omega) = \frac{1}{\pi}\int_{-\infty}^{+\infty}\frac{\chi''_{BA}(\omega_1)}{\omega - \omega_1}\,d\omega_1 \tag{15.96a}$$

$$\chi''_{BA}(\omega) = -\frac{1}{\pi}\int_{-\infty}^{+\infty}\frac{\chi'_{BA}(\omega_1)}{\omega - \omega_1}\,d\omega_1 \tag{15.96b}$$

Sie lassen prinzipiell eine Berechnung des Imaginärteils aus dem Realteil oder umgekehrt zu[12]. Nachteil ist, daß die Ausgangsfunktion, Real- oder Imaginärteil im gesamten Frequenzbereich $0 \leq \omega < \infty$ bekannt sein muß, da die Auswertung des Integrals sonst ungenau wird. Diese Beziehungen werden meist als **Kramers-Kronig-Relationen** bezeichnet (in anderem Zusammenhang auch Bode-Relationen und im mathematischen Bereich Hilbert-Transformierte).

---

[12] Die Auswertung erfordert jedoch Kenntnisse zur Integration im komplexen Zahlenbereich, da die Integrale in (15.96a) und (15.96b) Nullstellen auf der reellen Achse haben.

Zur Veranschaulichung der in diesem Abschnitt eingeführten Größen und Beziehungen an einem konkreten Beispiel sei im folgenden der elektrische Ladungstransport betrachtet. Für die bisher allgemein behandelten Parameter ergibt sich dann als spezielle Bedeutung:

Störung: $\quad\quad\quad\quad F(\omega) \;\hat{=}\; E(\omega) \quad\quad$ elektrisches Feld

Effekt: $\quad\quad\quad\quad A(\omega) \;\hat{=}\; P(\omega) \quad\quad$ Polarisation (pro Volumen)

Antwort: $\quad\quad B(\omega) = \dot{A}(\omega) \;\hat{=}\; \dot{P}(\omega) = j(\omega) \quad\quad$ elektrische Stromdichte

Suszeptibilität: $\quad\quad \chi_{\dot{A}\dot{A}}(\omega) \;\hat{=}\; \chi_{jP}(\omega)$

Mit diesen Beziehungen erhält man aus (15.92) das Ohmsche Gesetz mit der komplexen frequenzabhängigen Leitfähigkeit $\sigma(\omega)$

$$j(\omega) = \sigma(\omega) E(\omega) \quad \text{mit } \chi_{jP}(\omega) \hat{=} \sigma(\omega) = \sigma'(\omega) + i\sigma''(\omega) \quad\quad (15.97\text{a})$$

$$\sigma(\omega) = \frac{V}{3kT} \int_0^\infty \langle j(t) j(0) \rangle e^{-i\omega t} dt \quad\quad (15.97\text{b})$$

Der Realteil der komplexen Leitfähigkeit ist ausschlaggebend für die Dissipation der Energie beim Ladungstransport, während der Imaginärteil die Speicherung von Energie beschreibt (reaktiver Anteil).

Wenn statt der elektrischen Stromdichte $j(t)$ die elektrische Polarisation pro Volumen als Systemantwort analysiert wird, entspricht die dann vorliegende allgemeine Suszeptibilität $\chi_{PP}(\omega)$ dem Produkt aus der Dielektrizitätskonstante des Vakuums und dielektrischer Suszeptibilität $\epsilon_0 \chi_e(\omega)$. Die dielektrische Suszeptibilität läßt sich auch über die ebenfalls komplexe relative Dielektrizitätskonstante ausdrücken gemäß: $\chi_e(\omega) = \epsilon_{\text{rel}}(\omega) - 1$. Es ergeben sich für diesen Fall insgesamt die folgenden Beziehungen

$$P(\omega) = \chi_e(\omega) \epsilon_0 E(\omega) \quad \text{mit } \frac{\chi_{PP}(\omega)}{\epsilon_0} \hat{=} \chi_e(\omega) = \chi_e'(\omega) + i\chi_e''(\omega) \quad (15.98\text{a})$$

$$\chi_e(\omega) = \frac{V}{3\epsilon_0 kT} \int_0^\infty \langle P(t) P(0) \rangle e^{-i\omega t} dt \quad\quad (15.98\text{b})$$

Eines der Ergebnisse der Theorie der linearen Antwort ist offensichtlich, daß die bekannten einfachen linearen Onsager-Ansätze aus Kapitel 14.2 mit konstanten Transportkoeffizienten als Grenzfall für lange Zeiten oder langsam veränderliche Prozesse gelten. Produktansätze mit dieser einfachen Form sind nur im Frequenzbild exakt mit entsprechenden frequenzabhängigen Tranportkoeffizienten. Das Frequenzbild eignet sich wegen der vereinfachten Formulierung deshalb recht gut zur Beschreibung der allgemeinen Transportkoeffizienten, andererseits ist die experimentelle Bestimmung mit periodischen Störungen als Funktion der Frequenz vielfach gut durchführbar.

Zwar erfordert eine zeitabhängige Formulierung im strengen Sinne Integralansätze der Form von Gleichung (15.87). Jedoch ist man in vielen Experimenten eher an den Grenzwerten der zeitabhängigen Transportkoeffizienten für $t \to \infty$ bei konstanter Störung interessiert. In solchen Fällen spielt eine Zeitabhängigkeit durch ein Einschwingverhalten (als Reaktion auf eine zeitabhängige Kraft) keine Rolle. Die un-

15.6 Theorie der linearen Antwort

ter solchen Bedingungen gemessenen Transportkoeffizienten lassen sich mit den frequenzabhängigen Transportkoeffizienten für $\omega \to 0$ identifizieren, wie der folgende Exkurs zeigt.

Exkurs 15.12 Statische elektrische Leitfähigkeit

Wir nehmen an, daß ein äußeres elektrisches Feld in einem elektrischen Leiter zur Zeit $t = 0$ vom Wert Null auf den Wert E_0 gebracht wird (Einschaltexperiment: $E(t)$ = Stufenfunktion):

$$E(t) = \begin{cases} 0 & t < 0 \\ E_0 & t > 0 \end{cases} \tag{15.99}$$

In der zeitabhängigen Formulierung der Transportgleichung gemäß (15.87) gilt dann mit der zeitabhängigen elektrischen Leitfähigkeit $\sigma(t)$

$$j_q(t) = \left[\int_0^t \chi_{jP}(\tau) \, d\tau \right] \cdot E_0 = \sigma(t) \cdot E_0 \tag{15.100}$$

Leitet man auf beiden Seiten nach der Zeit ab, so folgt

$$\frac{dj}{dt} = \chi_{jP}(t) \cdot E_0 \tag{15.101}$$

Das heißt also, daß die Impulsantwort $\chi_{jP}(t)$ hier die zeitliche Änderung der Stromdichte bei Einschalten eines konstanten elektrischen Feldes beschreibt. Andererseits ergibt sich mit den Gleichungen (15.88) und (15.100) und der Substitution $B(t) = \dot{A}(t) = j(t)$ für die zeitabhängigen Werte von Impulsantwort und elektrischer Leitfähigkeit allgemein

$$\chi_{jP}(t) = \frac{V}{3kT} \langle j(t) j(0) \rangle \quad \to \quad \sigma(t) = \frac{V}{3kT} \int_0^t \langle j(\tau) j(0) \rangle \, d\tau \tag{15.102}$$

Der Ausdruck für $\sigma(t)$ ist analog zu Gleichung (15.44) für den Selbstdiffusionskoeffizienten $D(t)$ und stellt eine Verallgemeinerung der Beziehung für σ in Tabelle 15.2 auf beliebige Zeiten (nach einer Störung) dar. Die Erfahrung zeigt, daß mindestens in metallischen und guten elektrolytischen Leitern die Einschwingzeit bis zum Erreichen stationärer Werte der Stromdichte sehr kurz ist. Die für ausreichend lange Zeiten konstant werdende Leitfähigkeit $\sigma(t \to \infty)$ wird auch **statische Leitfähigkeit** oder **Gleichstromleitfähigkeit** genannt. Für diese Gleichstromleitfähigkeit folgt also aus (15.102)

$$\sigma_{\text{statisch}} = \lim_{t \to \infty} \sigma(t) = \int_0^\infty \chi_{jP}(t) \, dt \tag{15.103}$$

Setzt man im Integral von Gleichung (15.97b) für die frequenzabhängige, komplexe elektrische Leitfähigkeit $\sigma(\omega)$ den Frequenzwert $\omega = 0$, so erkennt man bei Vergleich mit (15.103) und (15.102), daß dieser Ausdruck identisch mit der statischen Leitfähigkeit wird (der Imaginärteil $\sigma''(\omega)$ wird Null für $\omega = 0$)

$$\sigma_{\text{statisch}} = \sigma(t \to \infty) = \sigma(\omega = 0) \tag{15.104}$$

Literaturzitate

[Ein 05]   A. Einstein, *Über die von der molekular-kinetischen Theorie der Wärme geforderte Bewegung von in ruhenden Flüssigkeiten suspendierten Teilchen*, Annalen der Physik 17 (1905) 549.

[Ein 06a] A. Einstein, *New Determination of Molecular Dimensions*, Annalen der Physik 19 (1906) 289.

[Ein 06b] A. Einstein, *Zur Theorie der Brownschen Bewegung*, Annalen der Physik 19 (1906) 371.

[Fun 93]   K. Funke, *Jump Relaxation in Solid Electrolytes*, Progress in Solid State Chemistry, 22 (1993) 111.

[Hab 95]   R. Haberlandt, S. Fritzsche, G. Peinel, K. Heinzinger, *Molekulardynamik*, Vieweg, Braunschweig 1995.

[Jou 96]   D. Jou, J. Casas-Vazquez, G. Lebon, *Extended Irreversible Thermodynamics*, Springer Verlag, Berlin 2. rev. and enl. ed. 1996.

[Kei 87]   J. Keizer, *Statistical Thermodynamics of Nonequilibrium Processes*, Springer, New York 1987.

[Kob 90]   M. Kobayashi, Solid State Ionics 39 (1990) 121.

[Koh 78]   F. Kohler, *The Liquid State*, Verlag Chemie, Weinheim 1978, S. 169.

[Kub 66]   R. Kubo, *The Fluctuation-Dissipation Theorem*, Rep. Progr. Phys. 29 (1966) 255.

[Lev 73]   D. Levesque, L. Verlet, J. Kürkijari, Phys. Rev. A7, 1690 (1973).

[MQu 85]   D.A. MacQuarrie, *Statistical Thermodynamics*, Univ. Science Books, Mill Valley (Calif.) 1973 (erschienen 1985).

[Nol 98]   W. Nolting, *Grundkurs Theoretische Physik 6, Statistische Physik*, Vieweg, Braunschweig 3. verb. Aufl. 1998.

[Wax 54]   A. Wax, *Selected Papers on Noise and Stochastic Processes*, Dover, New York 1954.

[Zwa 61]   R.W. Zwanzig, *Statistical Mechanics of Irreversibility*, in, Lectures in Theor. Phys. VIII, Eds. W.E. Brittin, B.W. and J. Downs, Wiley, London, 1961, S.106ff

Weitere Literatur zu den Grundlagen von Fluktuationstheorie und Transportgrößen

H.B.G. Casimir, *On Onsager's Principle of Microscopic Reversibility*, Reviews of Modern Physics 17 (1945) 343.

D. Chandler, *Introduction to Modern Statistical Mechanics*, Oxford University Press 1987.

S. Chandrasekhar, *Stochastic Problems in Physics and Astronomy*, Reviews of Modern Physics 31 (1959) 1017.

B. Diu, C. Guthmann, D. Lederer, B. Roulet, *Grundlagen der Statistischen Physik*, de Gruyter, Berlin 1994.

P. Glansdorff, I. Prigogine, *Thermodynamic Theory of Structure, Stability and Fluctuations*, Wiley, New York 1971.

S.R. de Groot, P. Mazur, *Non-equilibrium Thermodynamics*, Dover, New York 1984.

R. Haberlandt, S. Fritzsche, G. Peinel, K. Heinzinger, *Molekulardynamik*, Vieweg, Braunschweig 1995.

J. Keizer, *Statistical Thermodynamics of Nonequilibrium Processes*, Springer, New York 1987.

P. Kruus, *Liquids and Solutions - Structure and Dynamics*, M. Dekker, New York 1977.

R. Kubo, M. Toda, N. Hashitsume, *Statistical Physics II, Nonequilibrium Statistical Mechanics*, Springer, Berlin 1978.

J. Meixner, *Entropie im Nichtgleichgewicht*, Rheol. Acta 7 (1968) 8.

L. Onsager, Phys. Rev. 37 (1931) 405; 38 (1931) 2265.

G.E. Uhlenbeck, L.S. Ornstein, *On the Theory of Brownian Motion*, Phys. Rev. 36 (1930) 823.

R.W. Zwanzig, *Time Correlation Function and Transport Coefficients in Statistical Mechanics*, Annual Reviews of Physical Chemistry 16 (1965) 67.

16 Systeme fern vom Gleichgewicht

Die im letzten Kapitel behandelten Konzepte der statistischen und irreversiblen Thermodynamik sind zwar auf viele Nichtgleichgewichtsprozesse in Chemie, Physik und Biologie anwendbar, schließen aber andererseits sehr viele wichtige Phänomene aus, insbesondere Strukturbildung in komplexen orts- und zeitabhängigen chemischen und biologischen Systemen fern vom Gleichgewicht.

Zur Beschreibung solcher Phänomene müssen nichtlineare Zusammenhänge zwischen Flüssen und Kräften untersucht werden. Onsagers Hypothese, daß die Fluktuationen eines Nichtgleichgewichtszustands nahe dem Gleichgewicht in guter Näherung denen des Gleichgewichtszustands entsprechen und in jedem Fall eine rücktreibende Kraft zum stabilen Gleichgewichtszustand (oder Zustand minimaler Entropieproduktion) bewirken, muß fallengelassen werden. Ordnung und Unordnung in Systemen fernab dem Gleichgewicht hängen oft äußerst sensibel von kleinsten Änderungen der Rand- und Anfangsbedingungen ab. Geringste äußere Störungen oder Fluktuationen können zu einem abrupten Wechsel zwischen ganz unterschiedlichen Systemzuständen, zu Oszillationen, zu raum-zeitlichen Strukturen und zu typisch chaotischem Systemverhalten führen. Es tritt dabei eine Vielfalt grundsätzlich neuer Phänomene auf. Man kann in gewissem Maße Charakteristika nichtlinearer Vorgänge mit einfachen mathematisch-kinetischen Modellen beschreiben und klassifizieren.

16.1 Nichtlinearität und dissipative Strukturen

Die Behandlung der Transportvorgänge in Kapitel 14 setzte voraus, daß zwischen den treibenden Kräften der Transportvorgänge und den resultierenden Flüssen lineare Zusammenhänge bestehen. Die Transportkoeffizienten sind in diesem Konzept unabhängig von den treibenden Kräften. Viele für die Praxis wichtige physikalische Gesetze wie beispielsweise das ohmsche Gesetz beruhen auf dieser Annahme. Die Entropieproduktion ist dann eine quadratische Funktion der treibenden Kräfte und nimmt monoton mit diesen zu.

Bereits einfache Beispiele aus der täglichen Erfahrung zeigen aber, daß bei zunehmenden Gradienten und Strömen in einem System neuartige Phänomene auftreten, die nicht mehr durch lineare Ansätze vorhersagbar und beschreibbar sind (Abbildung 16.1). Die nichtlinearen Strom-Spannungsbeziehungen von Transistoren und Dioden machen beispielsweise in der modernen Elektronik Verstärkung, Speichern von digitaler Information sowie die zeitliche Strukturierung von elektrischen Signalen möglich.

Ein gründlich untersuchtes Experiment, bei dem die Bildung geordneter Strukturen weitab vom Gleichgewicht sehr schön beobachtet werden kann, ist das Auftreten von Strömungsmustern beim Wärmetransport in einer Flüssigkeitsschicht, die von unten durch eine Heizplatte erhitzt wird und die Wärme stationär an den Gasraum oberhalb der Flüssigkeit wieder abgibt. Bei Überschreiten einer **kritischen Temperaturdifferenz** entstehen spontan regelmäßige Schlierenmuster, die an eine Wabenstruktur

16.1 Nichtlinearität und dissipative Strukturen

erinnern (siehe Abbildung 16.2). Man spricht dabei von der sogenannten **Bénard-Instabilität**. Die genaue Analyse der beteiligten Kräfte ist kompliziert. Unter anderem spielt die lokal unterschiedliche Oberflächenspannung an der Grenzfläche zum Gas eine wichtige Rolle. Das Experiment funktioniert deshalb auch in der Schwerelosigkeit.

Die Funktion in Abbildung 16.3 beschreibt dieses Verhalten. In einem Diagramm ist die Konvektionsgeschwindigkeit in einem lokalen Flüssigkeitselement des Bénard-Experiments aufgetragen gegen die Temperaturdifferenz. Oberhalb einer kritischen Temperatur geht die eindeutige Abhängigkeit des Systemzustands von der Temperaturdifferenz verloren. Es tritt eine **Verzweigung** oder **Bifurkation** der Funktion $v = f(\Delta T)$ auf. Im betrachteten Flüssigkeitselement kann bei Überschreiten des kritischen Wertes entweder eine positive Konvektionsströmung (nach oben gerichtet) oder eine negative (nach unten gerichtet) einsetzen. Was tatsächlich eintritt, wird offensichtlich durch **Fluktuationen** bestimmt, die bei Erreichen der kritischen Temperaturdifferenz die momentane Strömung des Flüssigkeitselements zufällig geringfügig positiv oder negativ machen. Am Verzweigungspunkt werden also Fluktuationen verstärkt und bestimmen die makroskopisch in Erscheinung tretende Strömungsrichtung. Bezüglich der Ortsabhängigkeit bildet sich eine **Periodizität** der Strömungsgeschwindigkeit aus, die als Strömungsmuster beobachtbar ist.

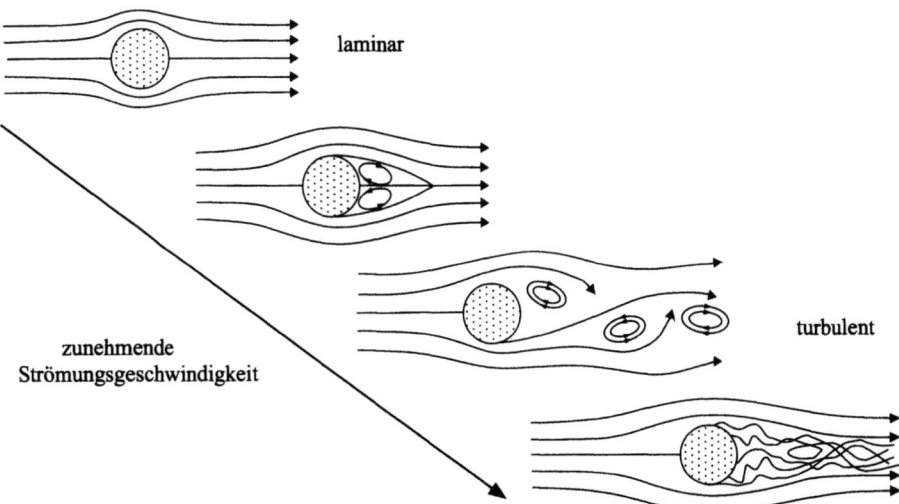

Abbildung 16.1 Gas- oder Flüssigkeitsströmung in der Nähe eines Hindernisses: bei geringer Strömungsgeschwindigkeit wird das Strömungshindernis laminar umströmt (viskoser Fluß). Bei Überschreiten kritischer Strömungsgeschwindigkeiten beobachtet man Turbulenzen mit charakteristischen Wirbelmustern. Der Übergang von laminarer zu turbulenter Strömung ist abrupt. Bei zunehmender Strömungsgeschwindigkeit nimmt die Vielfalt und Komplexität der Wirbelmuster zu und wird in der Regel von kleinsten Veränderungen der Strömungsgeschwindigkeit oder Oberflächenbeschaffenheit des Hindernisses sehr stark beeinflußt. Dies ist ein Beispiel für die Bildung orts- und zeitabhängiger Strukturen fern vom Gleichgewicht.

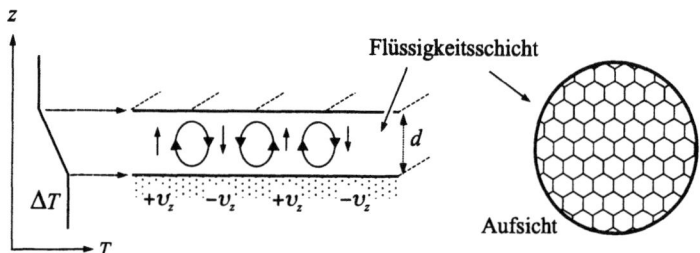

Abbildung 16.2 Bénard-Instabilität: In einer Flüssigkeit, die einem Temperaturgradienten ausgesetzt ist, beobachtet man oberhalb bestimmter kritischer Temperaturgradienten nach Einsetzen der Konvektion räumlich geordnete Schlieren- oder Strömungsmuster.

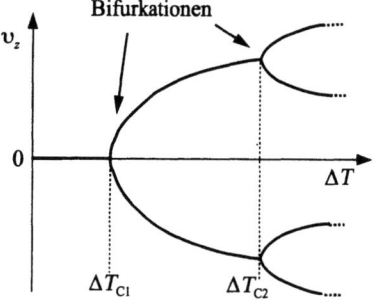

Abbildung 16.3 Lokale Strömungsgeschwindigkeit als Funktion der Temperaturdifferenz im Bénard-Experiment (schematisch): das Einsetzen der Konvektion entspricht dem Auftreten einer Bifurkation (=Verzweigung) bei der kritischen Temperaturdifferenz, die lokale Geschwindigkeit kann sowohl positiv als auch negativ sein (Aufsteigen oder Absinken der Flüssigkeit). Ein geordnetes Schlierenmuster entsteht durch die regelmäßige Anordnung von Flüssigkeitszellen, in deren Innerem heißere Flüssigkeit aufsteigt und an deren Rand abgekühlte Flüssigkeit wieder absinkt.

Das Auftreten von **Bifurkationen** oberhalb von kritischen Werten bestimmter Systemparameter ist eine typische Erscheinungsform für nichtlineares Verhalten von Systemen fern dem Gleichgewicht. Wenn man die in Abbildung 16.3 skizzierte Geschwindigkeit eines Flüssigkeitselements als Funktion der Temperaturdifferenz zu größeren Werten hin verfolgt, findet man in zunehmendem Maße weitere Verzweigungs- oder Bifurkationspunkte (Bifurkationskaskade). Die Strömungsmuster werden schnell sehr komplex.

Eine Variation des Bénard-Versuchs ist das Rayleigh-Bénard-Experiment, bei dem sich die Flüssigkeitsschicht zwischen zwei wärmeleitenden Platten mit unterschiedlicher Temperatur befindet. Ganz analog beobachtet man auch hier oberhalb einer kritischen Temperaturdifferenz ΔT_{c1} die Bildung von geordneten Konvektionszellen. Oberhalb einer weiteren kritischen Schwelle für ΔT_{c2} beginnt die lokale Konvektionsgeschwindigkeit in den Flüssigkeitszellen in transversaler Richtung als Funktion der Zeit zu oszillieren. Abbildung 16.4 zeigt schematisch typische Meßergebnisse für zunehmende Temperaturdifferenz.

16.1 Nichtlinearität und dissipative Strukturen

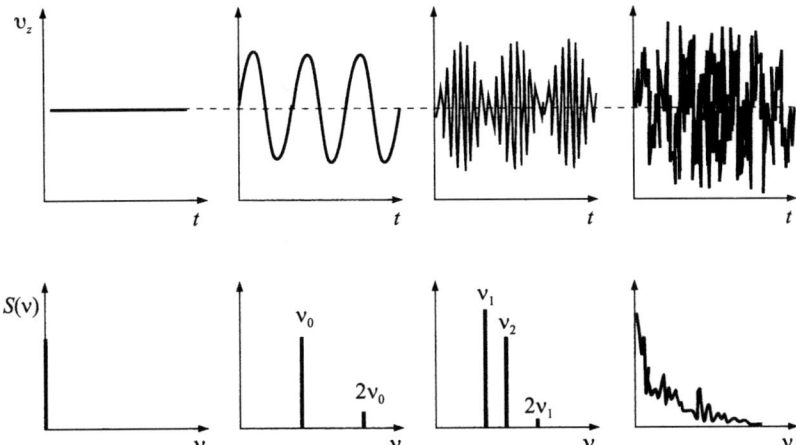

Abbildung 16.4 Die Bildfolge in der oberen Reihe zeigt das zeitliche Verhalten der lokalen Strömungsgeschwindigkeit in einem Flüssigkeitselement des Rayleigh-Bénard-Experiments für von links nach rechts zunehmende Temperaturdifferenz. Die untere Reihe stellt eine Fourieranalyse der beobachteten Zeitabhängigkeit in Form der Frequenzspektren $S(\nu)$ dar (zur Fourieranalyse vergleiche Anhang B.5). Man erkennt an den Frequenzspektren, daß für $T > T_{c1}$ eine einfache harmonische Schwingung auftritt (bis auf einen geringen Anteil an Oberschwingung bei $2\nu_0$). Für $T > T_{c2}$ tritt eine Bifurkation (Periodenverdopplung) auf, die sich im wesentlichen als Überlagerung zweier harmonischer Schwingungen der Frequenzen ν_1 und ν_2 verstehen läßt. Bei noch höheren Temperaturen tritt schließlich ein kontinuierliches Frequenzspektrum auf, das den Übergang in chaotisches Verhalten zeigt.

Ab einer Schwelle ΔT_{c3} findet man eine **Oszillation**, die zwei verschiedene Frequenzen enthält (**Periodenverdopplung**), auf die in immer kürzeren Abständen weitere Verdopplungen mit vier, acht ... Frequenzen folgen, bis das Systemverhalten an einer bestimmten Schwelle umschlägt in eine aperiodische Zeitabhängigkeit, bei der ein breites Frequenzspektrum beteiligt ist. In diesem letzteren Bereich ist die zeitliche Veränderung der lokalen Geschwindigkeit zwar noch vorhersagbar (chaotisches Verhalten), jedoch können kleinste Veränderungen der Anfangsbedingungen das Systemverhalten radikal ändern und das System auf ganz unterschiedliche Entwicklungswege treiben (deterministisches Chaos).

Fern vom Gleichgewicht bekommen also kleinste Störungen einen entscheidenden Einfluß darauf, welchen Weg das System entlang der Hierarchie der zunehmenden Bifurkations- oder Verzweigungspunkte nimmt (Evolution oder Entwicklung des Systems). Der Ausgang eines Experiments kann bei wiederholter Durchführung (und unvermeidbaren Abweichungen der Anfangsbedingungen) ganz unterschiedlich ausfallen. Trotzdem können makroskopisch gesehen die verschiedenen Systemzustände, die diesen Bifurkationen entsprechen, ähnlich sein. In manchen Fällen wird ein Beobachter ihre Unterschiede gar nicht erkennen können, da er nur räumliche und zeitliche Mittelwerte wahrnimmt.

Prigogine hat das Verhalten solcher und anderer Nichtgleichgewichtssysteme untersucht, insbesondere den Übergang vom linearen Verhalten nahe dem Gleichgewicht zum nichtlinearen weitab vom Gleichgewichtszustand [Nic 77]. Im Bereich nahe dem

Gleichgewicht, in dem die Entropieproduktion näherungsweise quadratisch von den treibenden Kräften abhängt, ist der stationäre Systemzustand immer eindeutig nach dem zweiten Hauptsatz beziehungsweise dem Evolutionskriterium vorhersagbar. Dieser Bereich wird als **thermodynamischer Zweig** bezeichnet. Hier sind die linearen Gleichungen der irreversiblen Thermodynamik in guter Näherung gültig. Im Fall der Bénard-Instabilität ist die treibende Kraft des Wärmetransports der Temperaturgradient zwischen Boden und Oberfläche der Flüssigkeitsschicht. Das System strebt nach „Einschalten der Störung" ΔT bei konstanten Gradienten unabhängig von seinen Anfangswerten einem eindeutig vorhersagbaren stationären Zustand mit minimaler Entropieproduktion zu.

Oberhalb eines kritischen Wertes des Temperaturgradienten wechselt das System im Bénard-Experiment abrupt vom thermodynamischen Zweig in den Bereich der **dissipativen Strukturen**. Diese Bezeichnung betont den entscheidenden Einfluß der **Energiedissipation** (und damit der Entropieerzeugung) auf das Systemverhalten und die Möglichkeit zur spontanen Bildung von **Nichtgleichgewichtsstrukturen**.

Eine Veranschaulichung des raum-zeitlichen Verhaltens eines Systems wird häufig in Phasenraumbildern gegeben. Der Phasenraum wird dabei von den unabhängigen thermodynamischen Variablen, beispielsweise bei isotherm-isobaren chemischen Reaktionen den Konzentrationen, gebildet (vgl. Beispiele in Abschnitt 16.3). Dem jeweiligen Systemzustand ist dann ein Punkt im Phasenraumbild zugeordnet. Der zeitlichen Entwicklung entspricht eine Bahn dieses Systempunktes im Phasenraum (auch: Trajektorie).

Übersicht 16.1: **Übergang vom thermodynamischen zum kinetischen Zweig**

	thermodynamischer Zweig		kinetischer Zweig
	Gleichgewicht	nahe dem Gleichgewicht	fern dem Gleichgewicht
Evolutions-kriterien:	*isoliert*: $dS \geq 0$ *offen isobar*: $dG \leq 0$ *offen isochor*: $dA \leq 0$	$d\dot{\sigma}_{int} \leq 0$	(kein einheitliches Kriterium)
Endzustand:	eindeutiger zeitunabhängiger Endzustand (Gleichgewichts-zustand)	(stationärer Zustand)	vielfältige Erscheinungsformen
Attraktortyp:	Punktattraktor	Punktattraktor	ein–, mehrfache Punkt-attraktoren, Grenzzyklen, Torus, seltsame / fraktale Attraktoren ... u.a.
Strukturen:	strukturlos	Strukturbildung nur durch äußere Kräfte aufgeprägt	spontane Bildung dissipativer Strukturen in Raum und Zeit

16.1 Nichtlinearität und dissipative Strukturen

Für den thermodynamischen Zweig mündet jede Bahn unabhängig vom Anfangszustand immer in einem eindeutigen Endpunkt, aus dem das System sich nicht mehr weiterentwickelt. Dieser Endzustand stellt einen **Fixpunkt** oder **Punktattraktor** im Phasenraumbild dar.

Mit Attraktor ist allgemein ein Endzustand der zeitlichen Entwicklung eines Systems gemeint. Der stationäre Zustand im thermodynamischen Zweig stellt einen attrahierenden („anziehenden") Punkt im Phasenraumbild dar. Der Gleichgewichtszustand kann als spezieller „Punktattraktor" auf dem thermodynamischen Zweig aufgefaßt werden, bei dem die stationäre Entropieproduktion Null wird.

Im kinetischen Zweig jedoch stellen Punktattraktoren nur eine Variante von vielen möglichen Erscheinungsbildern der Systementwicklung dar. Ein noch relativ überschaubarer Fall ist das Auftreten mehrfacher Punktattraktoren, deren Erreichen von den jeweiligen Anfangswerten des Systems abhängig wird. Zahlreiche kompliziertere Attraktortypen sind jedoch nicht mehr punktförmig, sondern beschreiben zeitabhängige Endzustände, denen bestimmte Bahnen im Phasenraumbild zugeordnet sind. Zu diesen gehören beispielsweise **Grenzzyklen** mit periodisch auf geschlossenen Kurven durchlaufenen Systemzuständen (nicht notwendig kreisförmig!) oder mehrfach periodische Bahnen im Phasenraum (z.B. in einem dreidimensionalen Phasenraum eine spiralige Bahn auf der Oberfläche eines Torus). Noch komplexer sind die sogenannten **seltsamen** oder **fraktalen Attraktoren**, bei denen die zeitliche Bahn des Systempunktes aperiodisch-chaotisch wird.

Der Übergang vom thermodynamischen Zweig zu den dissipativen Strukturen stellt eine Diskontinuität dar ganz analog zu Phasenübergängen. Man spricht deshalb auch von einem **kinetischen Phasenübergang**. Übersicht 16.1 zeigt einen Vergleich mit den wesentlichen Unterschieden zwischen dem thermodynamischen und dem kinetischen Zweig bei zunehmender Abweichung vom Gleichgewicht.

Ein wesentliches Charakteristikum des Bereichs der dissipativen Strukturen ist, daß die Entwicklung des Systems und sein Endzustand äußerst empfindlich auf kleinste Änderungen der Anfangs- und Randbedingungen reagieren. Im mikroskopischen Bereich ist die Bildung dissipativer Strukturen von wesentlichen Änderungen in der Charakteristik der Fluktuationen im System begleitet. Jenseits bestimmter Schwellen treiben die Fluktuationen das System in neue Zustände, die sehr sensibel von den Anfangs- und Randbedingungen abhängen und im Gegensatz zum thermodynamischen Zweig eine große Vielfalt von Erscheinungsbildern aufweisen. Nach Prigogine kann man dies als Enstehen von **Ordnung durch Fluktuationen** bezeichnen.

Exkurs 16.1 Mathematisches Modell für nichlineares Verhalten [Arg 95]

Die folgende einfache nichtlineare Abbildung ("logistische Abbildung") soll als mathematisches Modell für nichtlineares Systemverhalten betrachtet werden

$$x_{k+1} = rx_k(1 - x_k) \tag{16.1}$$

Diese einfache quadratische Abbildung zeigt bereits typische Eigenschaften für den Übergang zu **chaotischem Verhalten**, insbesondere zeigt es die bereits erwähnten Bifurkationen, die auch im Bénard-Experiment und vielen anderen nichtlinearen Phänomenen beobachtbar sind.

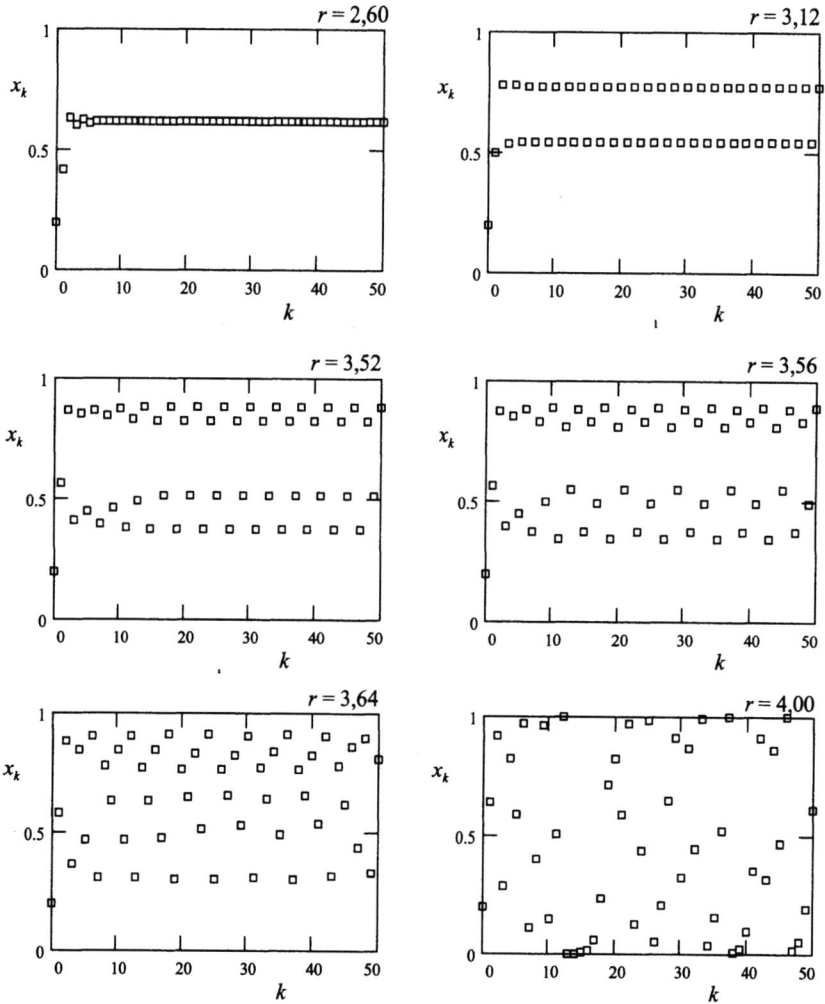

Abbildung 16.5 Zahlenfolgen x_k aus der logistischen Gleichung (16.1) für verschiedene Werte des Kontrollparameters r. Die Zahlenwerte sind durch Quadrate markiert.

Gleichung (16.1) liefert zunächst formal eine Vorschrift für die Berechnung einer Zahlenreihe x_k, wenn r und der Anfangswert x_0 (mit $0 \leq x_0 \leq 1$) gegeben sind. Das Ergebnis für diese Zahlenreihe hängt äußerst sensibel vom Parameter r ab. Die Zahlenreihe ist für Werte $r \leq 4$ definiert. r nimmt in dieser Betrachtung die Stelle des Nichtgleichgewichtsparameters (Grad der Nichtlinearität) ein, den beim Bénard-Experiment die Temperaturdifferenz innehatte. r wird deshalb auch als **Kontrollparameter** bezeichnet.

Wählt man $r = 2$ und beginnt mit irgendeinem Wert für $0 \leq x_0 \leq 1$, zum Beispiel $x_0 = 0{,}4$, so ergibt sich nach Einsetzen $x_1 = 0{,}48$. Die nächste Iteration liefert $x_2 = 0{,}4992$. Der nächste und alle weiteren Werte nähern sich beliebig nah dem Grenzwert $0{,}5$, der damit einen

16.1 Nichtlinearität und dissipative Strukturen

Fixpunkt oder **Punktattraktor** darstellt. Der Fixpunkt 0,5 hängt für $r = 2$ nicht von der Wahl des Anfangswertes für x_0 ab, sondern nur vom Kontrollparameter r selbst. Für einen wenig höheren Wert des Kontrollparameters von $r = 2,6$ erhält man einen anderen Fixpunkt, nämlich $x_\infty = 0,615$ (siehe Abbildung 16.5, linkes oberes Teilbild).

Bei Überschreiten des Wertes $r = 3$ findet man zunächst zwei Fixpunkte, zwischen denen die Reihe alterniert. Wir haben hier eine erste **Bifurkation** oder **Verzweigung** vor uns (Abbildung 16.5, zweites Teilbild). Für zunehmende Werte von r erkennt man in Abbildung 16.5 bei bestimmten Schwellwerten weitere Unterverzweigungen. Die Zahlenreihen x_k alternieren zunächst zwischen vier, acht und mehr Werten, bis die Fixpunkte schließlich bei $r \geq 3,5699...$ ein völlig unregelmäßiges Muster bilden.

Mit $r = 4$ und dem Anfangswert $x_0 = 0,4$ ergibt sich die folgende völlig unregelmäßige Reihe

$$x_1 = 0,96 \quad \rightarrow \quad x_2 = 0,1536 \quad \rightarrow \quad x_3 = 0,52003 \quad \rightarrow \quad x_4 = 0,99840 \quad \rightarrow \quad ...$$

Auch die weitere Berechnung ergibt keinerlei Regelmäßigkeit oder ein erkennbares Annähern an einen bevorzugten Fixpunkt. Abbildung 16.5 dokumentiert dies anschaulich. Die Werte schwanken aperiodisch über den ganzen Bereich zwischen 0 und 1. Eine minimale Änderung des Anfangswertes, zum Beispiel $x_0 = 0,40001$ liefert eine ganz andere Zahlenreihe und damit ein ganz anderes aber ebenso unregelmäßiges Punktmuster in Abbildung 16.5.

Bemerkenswert ist auch, daß die Verzweigungen zu größerem r hin sich bei $r > 3,5$ zusehends überlappen. Das bedeutet, daß hier ein nach außen regelloses und verschachteltes Nebeneinander von möglichen Punktzuständen auf verschiedenen Zweigen entsteht. Die Vorhersagemöglichkeit des Systemzustands wird zusehends schwieriger, da uns bereits kleinste Veränderungen der Anfangswerte oder des Wertes für r zu ganz anderen Werten verstreut über das gesamte Intervall zwischen 0 und 1 führen.

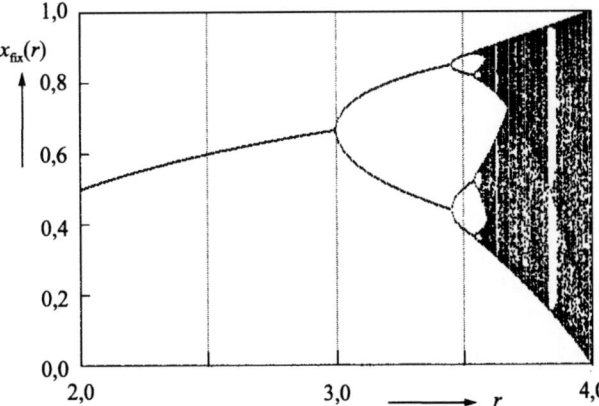

Abbildung 16.6 Fixpunkte $x_{\text{fix}}(r)$ der logistischen Abbildung, Gleichung (16.1), als Funktion des Kontrollparameters k und für den Startwert $x_0 = 0,5$: das Diagramm ist ein Beispiel für die Feigenbaum-Struktur, die typisch ist für das Auftreten von Bifurkationen und den Übergang zum chaotischen Verhalten. Weitere Details sind die Periodenverdopplung im Bereich oberhalb $r = 3$, insbesondere um $r = 3,5$. Bei etwa $r = 3,5699$ beginnt das chaotische Verhalten. Interessanterweise trifft man im chaotischen Bereich bei $r = 3,8$ auf ein schmales Fenster, wo lokal plötzlich nur noch drei Fixpunkte auftreten. Oberhalb $r = 4$ ist die Zahlenfolge nicht mehr endlich und daher nicht definiert.

Dieses Verhalten ist typisch für deterministisches Chaos. Die Lösung zeigt zwar bei scharf definiertem Anfangswert einen eindeutigen Weg, jedoch reichen kleinste Änderungen, um ganz andere Ergebnisse zu erhalten. Die Ergebnisse sind weiterhin eindeutig aus den Anfangswerten ableitbar, jedoch sind die Ergebnisse für sehr nah benachbarte Anfangswerte bereits sehr unterschiedlich. Man spricht in diesem Zusammenhang auch von schwacher Kausalität. Lineares Systemverhalten, wie wir es in den vorhergehenden Kapiteln für Systeme nahe dem Gleichgewicht behandelt haben, gehorcht der starken Kausalität: Je ähnlicher die Rand- und Anfangsbedingungen zweier Systeme sind, umso ähnlicher sind auch ihre zeitliche Entwicklung und die stationären Zustände.

Das Diagramm in Abbildung 16.6, auch Feigenbaum-Szenario genannt, faßt die möglichen Werte der Zahlenfolgen x_k als Funktion von r in einem Diagramm zusammen (**Bifurkationsdiagramm**). Viele nichtlineare Systeme zeigen solche charakteristischen Verzweigungen der möglichen Systemzustände fern vom Gleichgewicht. Eine weitere Analyse solcher Bifurkationsdiagramme würde uns im Bereich der Periodenverdopplungen mit dem Begriff der Selbstähnlichkeit konfrontieren. Der Abstand aufeinanderfolgender Bifurkationen entlang der r-Achse wird zwar immer kleiner, das Verhältnis der Abstände benachbarter Bifurkationen ist aber konstant. Der Bereich der Bifurkationen läßt sich prinzipiell aus diesem Abstandsverhältnis aufeinanderfolgender Bifurkationen rekonstruieren.

16.2 Autokatalyse und Rückkopplung bei chemischen Reaktionen

Die chemische Kinetik nimmt bereits innerhalb der irreversiblen Thermodynamik eine Sonderstellung ein, da eine Beschreibung mit linearen Ansätzen eher eine Ausnahme als die Regel ist. Die Geschwindigkeitsgleichungen der chemischen Kinetik sind in den meisten Fällen nichtlineare Differentialgleichungen. Lediglich unimolekulare Einschritt-Reaktionen sind immer linear behandelbar. Zwar läßt sich jede chemische Geschwindigkeitsgleichung linearisieren (siehe Beispiel zur Bildung von Iodwasserstoff in Exkurs 14.3), wenn das System genügend nahe dem Gleichgewicht ist, jedoch ist diese Voraussetzung für die Praxis selten erfüllbar.

Die weitaus meisten in der Chemie und Biochemie diskutierten chemischen Reaktionen bestehen aus einer Abfolge von Elementarschritten, wobei bimolekulare Reaktionen die häufigsten Elementarschritte darstellen. Die Reaktionsgeschwindigkeit solcher bimolekularer Reaktionen ist proportional zum Produkt der Konzentrationen beider Reaktionspartner und damit nichtlinear von den Konzentrationen abhängig. Durch die Kombination solcher Einzelreaktionen, die bereits für sich genommen nichtlinear sind, entstehen zum Teil äußerst komplexe **nichtlineare Differentialgleichungssysteme**, deren Lösungen sehr vielfältig sein können. Chemische Reaktionen sind daher prädestiniert, um das Beispiele für das Verhalten von Systemen fern dem Gleichgewicht zu studieren und entsprechende Modelle zu entwickeln.

In Kapitel 14.1, Exkurs 14.3, war bereits als Beispiel die homogene Reaktion von Wasserstoff mit Iod zu Iodwasserstoff betrachtet:

$$H_{2(g)} + I_{2(g)} \rightleftharpoons 2HI_{(g)} \tag{16.2}$$

16.2 Autokatalyse und Rückkopplung bei chemischen Reaktionen

Die Geschwindigkeitsgleichung ist zweiter Ordnung für Hin- und Rückreaktion (siehe Gleichung (14.33)) und damit nichtlinear. Trotzdem zeigen die Lösungen dieser Differentialgleichung noch keine Diskontinuitäten, wenn man von einer Mischung aus Wasserstoff und Iod ausgeht. Für beliebige Anfangskonzentrationen ergibt sich im geschlossenen System immer eine stetige Annäherung an den Gleichgewichtszustand, der in jedem Fall den Endzustand darstellt (= Fixpunkt). Führt man die Reaktion in einem Durchflußreaktor durch, so gibt es ebenfalls nur einfache stationäre Zustände, die von den aufgeprägten Geschwindigkeiten für Zu- und Abfluß und dem Volumen der Reaktionskammer abhängen. Es wird insbesondere keine spontane Bildung zeitlicher oder räumlicher „Strukturen" beobachtet.

Ganz anders verlaufen jedoch die analogen Reaktionen von H_2 mit den Halogenen Cl_2 und Br_2. Die Zeitgesetze sind wesentlich komplizierter. Innerhalb definierter Konzentrationsbereiche beobachtet man beispielsweise einen explosionsartigen Reaktionsverlauf. Für die Bildung von HBr gilt das folgende Zeitgesetz

$$\frac{d[HBr]}{dt} = \frac{k_a[H_2][Br_2]^{1/2}}{k_b + [HBr]/[Br_2]} \tag{16.3}$$

Neben dem gebrochen rationalen Exponent im Zähler, der in der Regel auf Dissoziationsschritte im Mechanismus hinweist, erkennt man, daß das Produkt HBr bei fortschreitender Reaktion hemmend wirkt. Diese und die analoge Reaktion mit Cl_2 laufen nach einem Mechanismus ab, der durch Radikalbildung und eine Kettenreaktion der beteiligten Radikale gekennzeichnet ist. Der folgende Mechanismus wurde für die Bildung des HBr vorgeschlagen

Kettenstart: $Br_2 \longrightarrow 2\,Br$

Kettenreaktion: $Br + H_2 \longrightarrow HBr + H$

$H + Br_2 \longrightarrow HBr + Br$

Kettenabbruch: $2\,H + Br \longrightarrow H_2 + Br$

$2\,Br + M \longrightarrow Br_2 + M$

In diesem Fall ist der explosionsartige Ablauf auch auf die produzierte Reaktionswärme zurückzuführen, die zur Temperaturerhöhung und damit zur exponentiellen Beschleunigung der Kettenreaktionsschritte führt (thermische Explosion). Der Kettenstart kann im Fall der Chlorknallgasreaktion beispielsweise durch Belichten mit kurzwelligem Licht erreicht werden.

Auch die Reaktion von Wasserstoff mit Sauerstoff (Knallgasreaktion) läuft für weite Konzentrationsbereiche explosionsartig ab. Ihr Mechanismus ist gründlich untersucht. Der explosionsartige Verlauf der Knallgasreaktion ist aber in diesem Fall nicht allein auf das thermische Beschleunigen der Reaktionsgeschwindigkeit zurückzuführen, sondern auf Elementarschritte, bei denen die Zahl der intermediären Radikale vervielfacht wird. Man spricht dabei von **Kettenverzweigung**, da die Reaktion eines Radikals mehrere weitere Radikale produziert und so neue Reaktionsketten initiiert. Auf diese Weise kommt es zu einem exponentiellen Beschleunigen der Reaktionsgeschwindigkeit, wenn Kettenabbruchreaktionen nicht überwiegen..

Das folgende Schema veranschaulicht die wesentliche Eigenschaft dieses Reaktionstyps (R˙ = Radikal, P = Produkt)

$$A \longrightarrow R^\cdot \qquad \text{(Kettenstart)}$$
$$R^\cdot + A \longrightarrow P + n\,R^\cdot \qquad \text{(Kettenverzweigung, Autokatalyse)}$$
$$R^\cdot \longrightarrow \ldots\ldots \qquad \text{(Radikaleinfang: Wand, Rekombination)}$$

Die Kettenverzweigungsschritte mit $n > 1$ bewirken im Reaktionsmechanismus eine **positive Rückkopplung**. Die entstehenden Produkte sind gleichzeitig wieder Reaktanden. Ihre Konzentrationserhöhung beschleunigt also die Reaktion.

Generell spricht man von **Autokatalyse**, wenn ein Ergebnis der Reaktion die Bildung von Ausgangsstoffen selbst ist, also ein Teil der entstehenden Teilchen mit den Reaktanden R identisch sind. Die Reaktanden katalysieren dann ihre eigene Bildung. Besonders stark wirkt sich dies aus, wenn aus einem Reaktandenmolekül mehr als ein Neues nachgebildet wird. In solchen Fällen bewirkt die verstärkte Neubildung von Reaktanden eine positive Rückkopplung auf die Reaktionsgeschwindigkeit (beschleunigende Wirkung). Ein einfacher autokatalytischer Reaktionsschritt wäre also

$$A + X \longrightarrow 2X + P \qquad (16.4)$$

Dieselbe autokatalytische Wirkung kann aber auch mit dem folgenden Mehrschrittmechanismus erreicht werden, bei dem ein Zwischenprodukt Y beteiligt ist

$$A + X \longrightarrow Y + P \qquad (16.5a)$$
$$B + Y \longrightarrow 2X + P \qquad (16.5b)$$

Im allgemeinen werden autokatalytische Teilreaktionen die Reaktionsgeschwindigkeit nur dann dominieren, wenn die Abbaureaktionen, die die Zwischenprodukte X beziehungsweise R verbrauchen, langsamer sind. In solchen Fällen wird sich die Reaktionsgeschwindigkeit zunächst langsam, dann immer schneller erhöhen, ein Maximum erreichen und schließlich wieder abklingen, wenn die Reaktanden A und B verbraucht ist. Ein solcher Reaktionsablauf gleicht einem Einschaltvorgang, der beispielsweise in der Elektronik über Schaltungen mit nichtlinearen Bauelementen wie Transistoren erzeugt werden kann. Auch dort werden Rückkopplungseffekte und Verstärkung angewandt. Für die einfache autokatalytische Reaktion (16.4) lautet die Geschwindigkeitsgleichung

$$\frac{d\,(2[X] - [X])}{dt} = \frac{d[X]}{dt} = k\,[A]\,[X] \qquad (16.6)$$

Bei einem Überschuß von A liefert die zeitabhängige Lösung dieser Geschwindigkeitsgleichung im Anfangsstadium eine exponentielle Zunahme der Konzentration von X mit der Zeit, wenn Abbauschritte für X vernachlässigbar sind (siehe Exkurs 16.3):

$$[X] = [X]_0 \cdot \exp\,(k\,[A]\,t) \qquad (16.7)$$

Für eine Standardreaktion der Form A+X→P ohne Autokatalyse ergibt sich mit der gleichen Annahme (Anfangskonzentration von A groß gegen die von X)

$$[X] = [X]_0 \cdot \exp\,(-k\,[A]\,t) \qquad (16.8)$$

16.2 Autokatalyse und Rückkopplung bei chemischen Reaktionen

Der Unterschied zwischen den Gleichungen (16.7) und (16.8) liegt auf der Hand: während im Standardfall die Reaktionsgeschwindigkeit mit der Zeit exponentiell sinkt, wächst sie im Fall der Autokatalyse mit der Zeit exponentiell an.

Exkurs 16.2   Kettenverzweigung bei der Knallgasreaktion

Die Bildung von Wasser bei der explosiv ablaufenden Reaktion von Wasserstoff mit Sauerstoff (Knallgasreaktion) ist ein Beispiel für einen Mechanismus mit Kettenverzweigungsschritten. Eine ganze Reihe verschiedener reaktiver Radikale sind als Zwischenprodukte beteiligt, beispielsweise H, O, OH und HO_2. Der folgende Mechanismus wurde für die Knallgasreaktion vorgeschlagen:

Gesamtreaktion: $2H_2 + O_2 \longrightarrow 2H_2O$

Elementarschritte:

Kettenstart	(1)	$H_2 + O_2$	$\longrightarrow$	$HO_2 + H$
Kettenreaktion	(2)	$H_2 + HO_2$	$\longrightarrow$	$OH + H_2O$
	(3)	$OH + H_2$	$\longrightarrow$	$H_2O + H$
Kettenverzweigung	(4)	$O_2 + H$	$\longrightarrow$	$OH + O$
	(5)	$H_2 + O$	$\longrightarrow$	$OH + H$
Kettenabbruch	(6)	$HO_2 + $ Wand	$\longrightarrow$	Radikaleinfang
	(7)	$H + $ Wand	$\longrightarrow$	Radikaleinfang
	(8)	$OH + $ Wand	$\longrightarrow$	Radikaleinfang

Die Schritte (4) und (5) liefern bei Beteiligung eines Radikals auf der Reaktandenseite jeweils zwei neue Radikale auf der Seite der Produkte, die dann in den Elementarschritten (3), (4) und (5) jeweils neue Reaktionsketten einleiten können.

Exkurs 16.3   Landoltsche Zeitreaktion als Beispiel zur Autokatalyse

Ein Beispiel für eine Reaktion mit autokatalytisch wirkenden Zwischenschritten ist die sogenannte Landoltsche Zeitreaktion, die zum Repertoir vieler chemischer Experimentalvorlesungen gehört. Es handelt sich dabei um die Oxidation von arseniger Säure (H_3AsO_3) durch Iodat (IO_3^-) nach der folgenden Bruttogleichung

$$IO_3^- + 3\,H_3AsO_3 \longrightarrow I^- + 3\,H_3AsO_4 \qquad (16.9)$$

Die Reaktion läuft nach einer Induktionsphase schlagartig und sehr schnell ab. Die Länge der Induktionsphase ist über die Konzentration von zugegebenem Iodid kontrollierbar. Der genaue Mechanismus ist recht komplex, aber in den Grundzügen verstanden. Ein direkter Elektronenaustausch des Iodats mit der arsenigen Säure ist nicht möglich. Die eigentliche Oxidation der arsenigen Säure läuft über intermediär entstehendes elementares Iod. Dieses kann sich nur in einer Komproportionierungsreaktion aus Iodat und Iodidionen bilden (siehe Reaktion (16.10a)). Zum Reaktionsstart müssen Iodidionen sind als Verunreinigung in Iodatlösungen vorhanden oder müssen bewußt zugegeben werden. Die folgenden Reaktionen charakterisieren die entscheidenden Teilstufen des Reaktionsmechanismus.

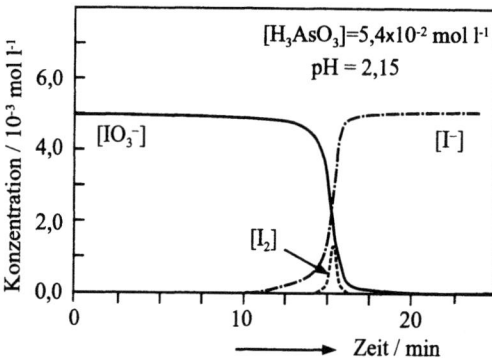

Abbildung 16.7 Zeitliche Änderung der Konzentrationen von Iodat, Iod und Iodid für das beschriebene Experiment mit Iodatüberschuß. Durch Zugabe von Stärke kann der Umschaltzeitpunkt über die Bildung des blauen Iod–Stärke-Komplexes sichtbar gemacht werden [aus Han 82].

$$IO_3^- + 5\,I^- + 6\,H^+ \longrightarrow 3\,I_2 + 3\,H_2O \tag{16.10a}$$

$$3\,H_3AsO_3 + 3\,I_2 + 3\,H_2O \longrightarrow 3\,H_3AsO_4 + 6\,I^- + 6\,H^+ \tag{16.10b}$$

Addiert man die beiden Teilreaktionen, so erkennt man, daß erstens Iodidionen vorhanden sein müssen, damit die Reaktion in Gang kommt und zweitens, daß die Iodidionenkonzentration sich während der Reaktion erhöht, da mehr Iodidionen produziert als verbraucht werden. Dies führt zum autokatalytischen Effekt und einer kaskadenartigen Beschleunigung der Iodid- und damit auch der Iod-Bildung. Über gleichfalls zugegebene Stärke ergibt sich bei Überschuß von arseniger Säure eine Blaufärbung der Reaktionslösung durch Bildung des Iod-Stärke-Komplexes in dem Moment, wo die Induktionszeit erreicht ist (und genügend freies Iod entstanden ist).

Bei Überschuß an arseniger Säure wird diese Blaufärbung nur kurz sichtbar, bei Überschuß an Iodat bleibt sie erhalten. Abbildung 16.7 zeigt die Konzentrations-Zeitabhängigkeit der beteiligten Spezies für ein typisches Experiment. In diesem Fall ist eine Ausgangslösung mit geringem Überschuß an arseniger Säure angenommen. Die Autokatalyse führt deshalb zwischendurch zu einem kurzzeitigen Peak der Iodkonzentration am Zeitpunkt, an dem die Reaktionsgeschwindigkeit ihr Maximum erreicht hat.

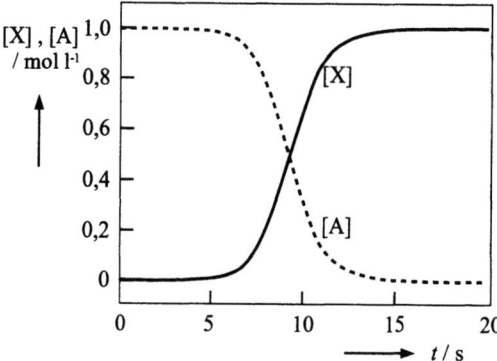

Abbildung 16.8 Konzentrations-Zeit-Diagramm für eine autokatalytische Reaktion, deren Kinetik durch die Gleichungen (16.11) und (16.14) beschrieben wird. Als Anfangskonzentrationen wurden $[X]_0 = 10^{-4}$ mol/l und $[A]_0 = 1$ mol/l eingesetzt. Für die Geschwindigkeitskonstante wurde $k=1$ l(mol s)$^{-1}$ benutzt. Die Reaktion wird nach einer Induktionsphase von etwa sieben Sekunden stark beschleunigt und ist nach 12 s bereits fast vollständig abgelaufen.

Für die Konzentration des Zwischenprodukts X in dem obigen autokatalytischen Reaktionsmodell Gleichung (16.4) gilt

$$\frac{d[X]}{dt} = k[A][X] \qquad (16.11)$$

Wenn $[A_0] \gg [X_0]$ gilt und die Anfangskonzentrationen mit $[A_0]$ und $[X_0]$ bezeichnet werden, so lassen sich die zeitabhängigen Konzentrationen während der Reaktion darstellen durch

$$[A] = [A_0] - y \;,\quad [X] = [X_0] + y \;,\quad \frac{d[X]}{dt} = \frac{dy}{dt} \qquad (16.12)$$

Damit erhält man für die Geschwindigkeitsgleichung (16.11)

$$\frac{dy}{dt} = k \cdot ([A_0] - y) \cdot ([X_0] + y) \qquad (16.13)$$

Die Integration dieser Differentialgleichung liefert als Lösung

$$y(t) = [X_0] \cdot \frac{e^{at} - 1}{1 + b\,e^{at}} \quad \text{mit} \quad a = k \cdot ([A_0] + [X_0])\;,\quad b = [X_0]/[A_0] \qquad (16.14)$$

Gleichung (16.14) beschreibt eine Funktion, die nach der Induktionszeit $\tau = -\ln(b/a)$ steil ansteigt und dabei schnell den Endwert $[X]=[A]_0$ erreicht (siehe Abbildung 16.8).

16.3 Strukturbildung bei chemischen Reaktionen

Das Auftreten von Autokatalyse in chemischen Reaktionen kann zahlreiche interessante Phänomene produzieren. Neben **Schalt-** oder **Triggereffekten** durch die exponentielle Beschleunigung der Reaktion können unter geeigneten Bedingungen **chemische Oszillationen** oder **bistabile Zustände** (zwei mögliche Zustände des reagierenden Systems unter ansonsten gleichen Randbedingungen) bis hin zu **aperiodischen** nicht mehr vorhersagbaren **chaotischen** Zeitabhängigkeiten auftreten. Darüber hinaus kann eine **Kopplung mit Diffusionsvorgängen** zu **chemischen Wellen** oder sogar stationären inhomogenen Konzentrationsverteilungen (**räumliche Strukturierung**) führen. Im folgenden sollen einige Beispiele für solche Phänomene genannt werden.

Die im vorhergehenden Abschnitt 16.2 behandelte Reaktion von Iodat mit arseniger Säure liefert auch ein gut untersuchtes Modell für die Kopplung einer nichtlinearen autokatalytischen Reaktion mit der Diffusion der Reaktanden, die zur Bildung und Ausbreitung chemischer Wellen führt. Ein einfaches Experiment geht beispielsweise von einer Iodid-freien Reaktionsmischung aus Iodat und Arsenit in einer flachen Schale aus. Taucht man zwei Platindrähte in die Lösung und polarisiert mit circa 2 V Spannung, so wird im lokalen Bereich um die Kathode punktuell etwas Iodat zu Iodid reduziert. An dieser Stelle kommt die autokatalytische Reaktion mit arseniger Säure schnell in Gang. Die Diffusion des erzeugten Iodids führt zu einer Ausbreitung einer scharf begrenzten Reaktionsfront in die benachbarten Flüssigkeitsbereiche (über zugegebene Stärke als Indikator gut sichtbar).

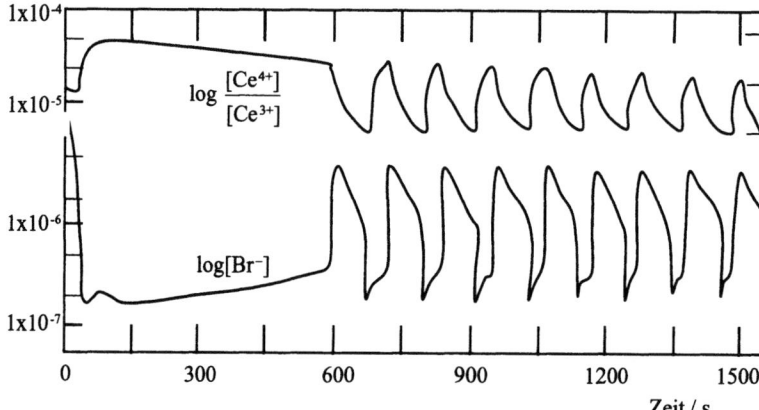

Abbildung 16.9 Chemische Oszillationen der wichtigsten Zwischenstufen in der Belousov-Zhabotinsky-Reaktion: gezeigt sind die Logarithmen der Bromidionenkonzentration und des Konzentrationsverhältnisses der Ce^{3+}- und Ce^{4+}-Ionen [aus Fie 72].

Man spricht hier auch von **chemischen Triggerwellen**. Die Ausbreitungsgeschwindigkeit wird durch das Verhältnis von Geschwindigkeitskonstante zu Diffusionskoeffizient der reaktiven Teilchen bestimmt (siehe Exkurs 16.4). Regt man das System mit zwei Kathoden an zwei Punkten an, so kann man beobachten, daß die chemischen Wellen sich beim Aufeinandertreffen auslöschen.

Das einfache Beispiel der Iodat-Arsenit-Reaktion in Exkurs 16.5 demonstriert eine charakteristische Eigenschaft chemischer Systeme weitab vom Gleichgewicht mit positiver Rückkopplung. Es können sich hier spontan durch Verstärkung lokaler Fluktuationen **zeitliche und räumliche Strukturen** (= **dissipative Strukturen**) ausbilden. Darüber hinaus können bei oszillationsfähigen Reaktionssystemen zwei oder mehr stabile gleichberechtigte **stationäre Zustände** (steady states) auftreten, zwischen denen das Reaktionssystem wie im diskutierten Beispiel durch Zugabe eines weiteren Reaktands unter bestimmten Randbedingungen oszilliert. Dies entspricht einer **Verzweigung** oder **Bifurkation** der möglichen stationären Zustände. Im Gegensatz dazu können Systeme nahe dem Gleichgewicht nur Strukturen ausbilden, die die von außen aufgeprägten Kräfte und Gradienten vorgeben.

Das mit Abstand bekannteste Modellbeispiel für chemische Oszillationen ist aber wohl immer noch die **Belousov-Zhabotinsky-Reaktion** (im folgenden: BZ-Reaktion), die wie die Landoltsche Reaktion sehr wesentlich von der großen Spanne möglicher Oxidationsstufen der Halogene profitiert. Die Gesamtreaktion besteht aus der Oxidation von Malonsäure durch Bromationen in saurer Lösung und in Gegenwart eines reversiblen Redoxsystems (beispielsweise Ce^{3+}/Ce^{4+}). Ein Vorteil der BZ-Reaktion ist, daß sie die Oszillationen sich nicht nur im Durchflußreaktor, sondern auch in einer gerührten Reaktionsmischung über eine längere Zeit beobachten lassen. Abbildung 16.9 zeigt zeitabhängige Oszillationen von Zwischenprodukten der BZ-Reaktion.

Chemische Wellen und Musterbildung sind mit der BZ-Reaktion leicht zu erzeugen. Auch bei der BZ-Reaktion ist eine autokatalytische Teilreaktion in Kombination mit

16.3 Strukturbildung bei chemischen Reaktionen

einem ambivalent reagierenden Redoxsystem für das periodische Wechseln zwischen zwei Zuständen des reagierenden Systems verantwortlich (zum Reaktionsmechanismus siehe Exkurs 16.6).

Man hat mittlerweile zahlreiche Beispiele für chemische und biochemische Reaktionen sowie physiologische Vorgänge und Stoffwechselvorgänge gefunden, die zu chemischen Oszillationen weitab vom Gleichgewicht und zur Ausbildung raum-zeitlicher Strukturen befähigt sind. So wurden unter bestimmten Bedingungen Oszillationen des Redoxpotentials (gemessen über das Konzentrationsverhältnis NADH/NAD von reduzierter und oxidierter Form des Cofaktors NAD) bei der Glucolyse in Hefezellen gefunden. Die chemische Selbstorganisation in Zeit und Raum hat naturgemäß eine entscheidende Bedeutung bei den Vorgängen des Wachstums und der Differenzierung aller Lebewesen. Beispielsweise ist die Strukturbildung bei der Entwicklung pflanzlicher und tierischer Organismen aus befruchteten Eizellen durch nichtlineare chemische Reaktionen, Transportvorgänge und Rückkopplungseffekte der beteiligten Gene und Enzyme bestimmt. Enzymatisch katalysierte Reaktionen in Organismen bilden Reaktionssequenzen, deren Kinetik an die Substrat- oder Produktkonzentration gekoppelt sind.

Exkurs 16.4 Kopplung zwischen lokaler chemischer Reaktion und Diffusion

In Kapitel 14.1 im Zusammenhang mit Gleichung (14.26) hatten wir das Curiesche Symmetrieprinzip erwähnt, das eine Kopplung zwischen der Reaktionsgeschwindigkeit und vektoriellen Transportphänomenen wie der Diffusion verbietet. Dies bedeutet aber lediglich, daß die entsprechenden Kopplungskoeffizienten L_{rn} zwischen Reaktion und Diffusion in den Ausdrücken für die Stromdichten verschwinden. Trotzdem kann eine lokal ablaufende Reaktion natürlich die lokale Diffusion beeinflussen und so zu einer skalaren Kopplung zwischen Diffusion und Reaktion führen. Wenn beispielsweise eine Komponente i lokal über eine Reaktion mit der Reaktionsgeschwindigkeit $v_{i,r} = (\partial c_i/\partial t)_r$ produziert wird, dann taucht $v_{i,r}$ als zusätzlicher Quellterm im zweiten Fickschen Gesetz auf (das ja eine lokale Massenbilanzgleichung darstellt, vergleiche Gleichung (14.6)):

$$\frac{\partial c_i}{\partial t} = -\frac{\partial j_i}{\partial x} + v_{i,r} \tag{16.15}$$

oder allgemein (nicht auf Diffusion in x-Richtung beschränkt)

$$\frac{\partial c_i}{\partial t} = -\operatorname{div} j_i + v_{i,r} \tag{16.16}$$

Wir wollen die Konzentrationswellen der Iodat-Arsenit-Reaktion als Beispiel behandeln [Han 82]. Für die Bildungsreaktion des Iods, die geschwindigkeitsbestimmend ist [Lie], gilt das folgende Geschwindigkeitsgesetz (Geschwindigkeit durch Iodatverbrauch ausgedrückt)

$$IO_3^- + 5I^- + 6H^+ \longrightarrow 3I_2 + 3H_2O$$

$$v_{IO_3^-} = -\frac{d[IO_3^-]}{dt} = (k_1 + k_2\,[I^-])\,[I^-]\,[IO_3^-]\,[H^+]^2 \tag{16.17}$$

Für die nachfolgenden Reaktionsschritte, die insgesamt schnell verlaufen [vergleiche Pen 97], gilt

$$H_3AsO_3 + I_2 + H_2O \longrightarrow H_3AsO_4 + 2I^- + 2H^+$$

$$-v_{H_3AsO_3} = -\frac{d[H_3AsO_3]}{dt} = \frac{k_3\,[I_2]\,[H_3AsO_3]}{[I^-]\,[H^+]} \tag{16.18}$$

Für die Änderungen der Iod- und Iodidkonzentrationen gilt dann

$$v_{I_2} = \frac{d[I_2]}{dt} = -3\,v_{IO_3^-} + v_{H_3AsO_3} \tag{16.19a}$$

$$v_{I^-} = \frac{d[I^-]}{dt} = 5\,v_{IO_3^-} - 2\,v_{H_3AsO_3} \tag{16.19b}$$

Damit ergibt sich für die wesentlichen Reaktanden und Zwischenprodukte I_2, I^-, H_3AsO_3 und IO_3^- insgesamt ein System aus vier gekoppelten Reaktions-Diffusions-Gleichungen der Form von Gleichung (16.15). Dieses Gleichungssystem kann mit geeigneten Randbedingungen und numerischen Lösungsverfahren gelöst werden. Für die Geschwindigkeit, mit der sich die Wellenfront in der Reaktionslösung (nach Initiieren der Reaktion beispielsweise durch lokale elektrochemische I_2-Bildung) fortbewegt, erhält man (für gepufferte Lösung) typische Ausdrücke der Form

$$v_{\text{Wellenfront}} = \frac{dx}{dt} = \left(\frac{Dk_2}{2}\right)^{1/2}[H^+]_0[IO_3^-]_0 + k_1\left(\frac{2D}{k_2}\right)^{1/2}[H^+]_0$$

D ist der Diffusionskoeffizient der beteiligten Reaktanden (vereinfachend für alle Reaktanden gleich groß angesetzt). k_1 und k_2 sind Reaktionsgeschwindigkeitskonstanten und $[X]_0$ kennzeichnet Anfangswerte der Konzentration. Man erkennt, daß sowohl die Diffusionskoeffizienten als auch die Geschwindigkeitskonstanten die Wellenausbreitung bestimmen. Dieses Ergebnis ist typisch für die skalare Kopplung von Diffusion und Reaktion über lokale Massenbilanzen.

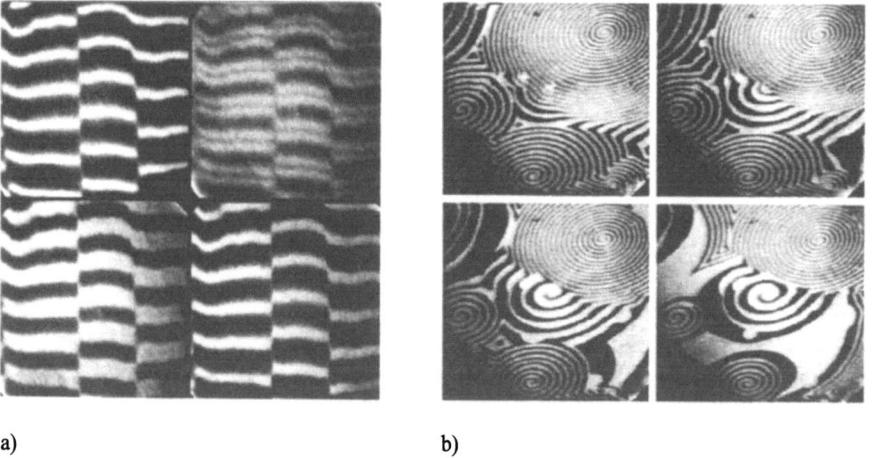

a) b)

Abbildung 16.10 Zwei Photosequenzen mit experimentellen Ergebnissen zu Raum-Zeit-Strukturen während der heterogen katalysierten CO-Oxidation auf Platin [Ert 91], zeitliche Abfolge jeweils von links oben nach rechts unten: a) stehende stationäre Muster mit überlagerter Oszillation, b) Spiralwellen bei gegenüber a) veränderten experimentellen Parametern [mit freundlicher Genehmigung von H.H. Rothermund, FHI Berlin].

16.3 Strukturbildung bei chemischen Reaktionen

Schon recht einfach aussehende Systeme gekoppelter Differentialgleichungen eignen sich, um eine Vielzahl von Phänomenen zur räumlichen und zeitlichen Strukturbildung zu untersuchen und zu simulieren[1]. Ein Beispiel mit zwei Variablen stellt das folgende Reaktions-Diffusionssystem dar [Bod 95]:

$$\frac{\partial v}{\partial t} = D_v \left(\frac{\partial^2 v}{\partial x^2} + \frac{\partial^2 v}{\partial y^2} + \frac{\partial^2 v}{\partial z^2} \right) + f(v,w)$$

$$\frac{\partial w}{\partial t} = D_w \left(\frac{\partial^2 w}{\partial x^2} + \frac{\partial^2 w}{\partial y^2} + \frac{\partial^2 w}{\partial z^2} \right) + g(v,w)$$

v und w kann man beispielsweise als lokale Konzentrationen chemischer Spezies auffassen. Der erste Term auf der rechten Seite beschreibt dann die Diffusion, der zweite Term Quellen und Senken durch Reaktionen (z.B. Erzeugung, Vernichtung, ...), die beide lokalen Konzentrationen koppeln. Gleichungssysteme dieser Art können je nach Form der Kopplungsterme Bistabilität, Bifurkationen und chaotisches Verhalten simulieren. Je nach relativer Größe der Diffusionskoeffizienten D_v und D_w findet man Variablenbereiche mit zeitlicher Strukturbildung (Pulse, laufende Wellen, ...), stationäre räumliche Muster der Konzentrationsverteilung (periodische Turingstrukturen, lokalisierte Filamente, ...) oder gleichzeitige raum-zeitliche Strukturbildung (atmende Filamente, oszillierende Bereiche, ...)

Neben chemischen Systemen sind diese Modelle auf eine Vielzahl komplexer physikalischer, biologischer, ökonomischer und soziologischer Prozesse anwendbar, deren Grundverhalten durch eine nichtlineare Kopplung von raum-zeit-abhängigen Variablen gekennzeichnet ist. Die Erweiterung der Zahl der gekoppelten Variablen führt in das interessante Gebiet des Verhaltens neuronaler Netzwerke.

Exkurs 16.5 Oszillationen im Iodat-Arsenit-Chlorit-System

Auch zeitliche **chemische Oszillationen** lassen sich mit dem Reaktionssystem aus Iodat und Arsenit beobachten, wenn man in einem stationären Strömungssystem arbeitet und neben Iodat und Arsenit noch Chlorit (ClO_2^-) als weiteren Reaktanden hinzugibt. Abbildung 16.11 zeigt experimentelle Ergebnisse für diese Oszillationen in einem Durchflußreaktor. Ohne die Zugabe von Chloritionen zeigt das Reaktionssystem bei bestimmten Konzentrationen und Flußraten zwei für sich jeweils stabile Zustände. Eine formale kinetische Behandlung ergibt eine Gleichung dritten Grades mit drei Lösungen für die Konzentration der Zwischenprodukte. Zwei dieser Lösungen bezeichnen stabile Zustände des Systems, die dritte Lösung kennzeichnet einen instabilen Zustand (Analogie zur van-der-Waals-Gleichung im Gebiet der Flüssig-Gas-Umwandlung).

Durch die Zugabe der Chloritionen entstehen zusätzliche Reaktionsmöglichkeiten von Iod und Iodid, die ausgehend von einem der beiden stabilen Zustände einen Wechsel in den jeweils anderen begünstigen. Das System zeigt dann Oszillationen zwischen den zwei ursprünglich gegen kleine Störungen stabilen Zuständen.

---

[1] siehe beispielsweise [Hak 83, Küp 91, Wor 93, Sne 96]

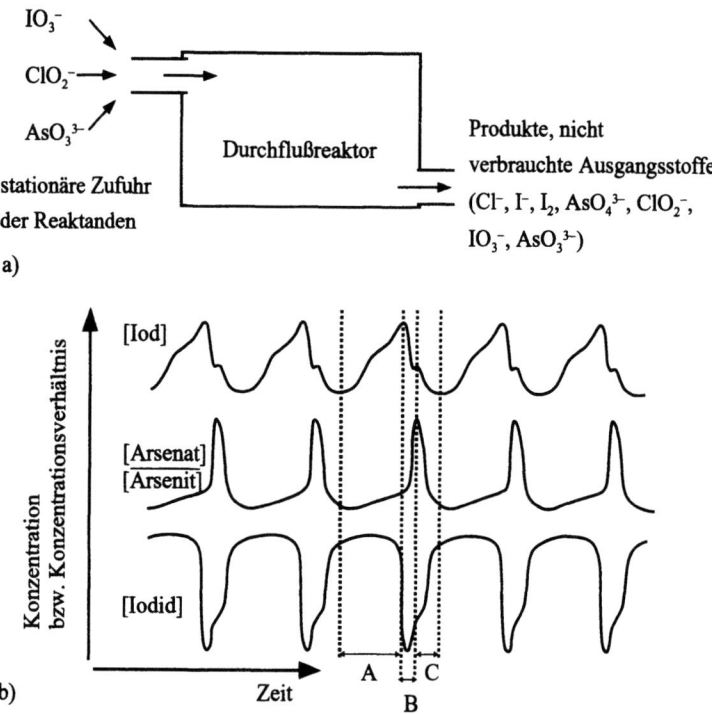

Abbildung 16.11 Chemische Oszillationen im System Iodat/Arsenit/Chlorit: a) Durchflußreaktor, b) zeitliche Oszillationen der wichtigsten Konzentrationen (A, B und C kennzeichnen wiederkehrende Stadien des Reaktionsablaufs, siehe dazu Exkurs 16.5) [aus Eps 83].

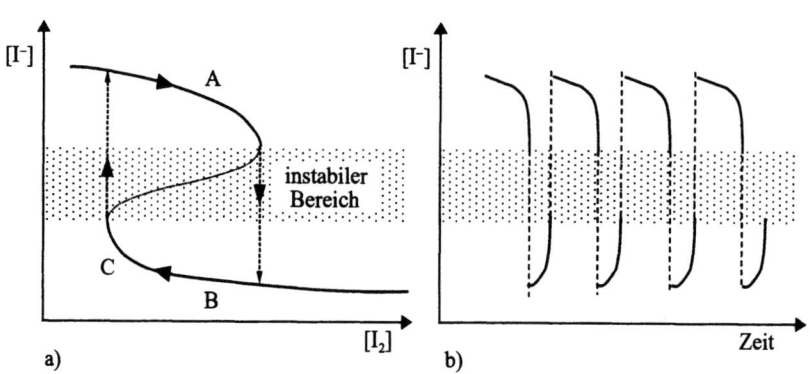

Abbildung 16.12 Chemische Oszillation in einem Reaktionssystem, das für bestimmte Konzentrationen Bistabilität zeigt. Die Zugabe eines geeigneten weiteren Reaktanden kann Oszillationen zwischen den beiden für sich stabilen Zuständen erzwingen. A, B und C beziehen sich auf die entsprechenden Markierungen in Abbildung 16.11. Bei Erreichen des instabilen Bereichs (gestrichelt) der Kurve in a) springt das System in den jeweils gegenüberliegenden stabilen Zustand. b) zeigt die resultierende Zeitabhängigkeit der Konzentrationen.

16.3 Strukturbildung bei chemischen Reaktionen

Die Wirkung der Chloritionen läßt sich qualitativ im wesentlichen über zwei Reaktionen erklären, von denen je nach Anfangswerten eine überwiegt: Chloritionen können einerseits elementares Iod zu Iodat oxidieren (was dann wiederum mit Iodid die Iodbildung beginnen kann) und andererseits Iodidionen zu Iod oxidieren (was die autokatalytische Wirkung beeinflußt). Anhand von Abbildung 16.11 kann man drei Stadien der chemischen Oszillation unterscheiden.

A Iodat + Iodid $\longrightarrow$ Iod
   Chlorit + Iodid $\longrightarrow$ Iod + Chlorid

B Arsenit + Iod $\longrightarrow$ Arsenat + Iodid
   Chlorit + Iod $\longrightarrow$ Iodat + Chlorid

C Arsenit ist verbraucht,
   Nachliefern der verbrauchten Reaktanden (kontinuierliche Zufuhr)

Im Stadium A werden hauptsächlich die im Überschuß vorhandenen Iodid-Ionen zu Iod oxidiert. Das anwesende Chlorit verstärkt hierbei den Effekt des Iodats: In Stadium B ist die Iodid-Konzentration stark abgesunken. Jetzt ist die Iod-Konzentration soweit angestiegen, daß der Iod-Verbrauch entscheidend wird. Wiederum verstärkt die Anwesenheit von Chlorit den Iod-Verbrauch, indem das Chlorit Iod zu Iodat oxidiert. In Stadium C ist das vorhandene Arsenit verbraucht, so daß die Reaktion zum Erliegen kommt. Die ständige Zufuhr frischer Reaktionslösungen und das Entfernen der Produktmischung führt zum Anstieg der Arsenit, Iodat und Chloritkonzentration und leitet so wieder zum Stadium A über.

Chlorit zeigt also eine ambivalente Wirkung, je nachdem ob die Lösung einen Überschuß an Iod oder an Iodid zeigt. Es kommt unter bestimmten Konzentrations- und Durchflußverhältnissen zu chemischen Oszillationen zwischen einer Iodid-reichen und einer Iodid-armen (aber Iod-reichen) Phase, die man sich als ein Hin- und Rückspringen des Reaktionssystems zwischen den zwei **Schaltzuständen** vorstellen kann (siehe Abbildungen 16.11 und 16.12). Diese Schaltzustände sind im Chlorit-freien System jeweils für sich stabil, werden aber bei Chloritzugabe für bestimmte Bereiche der Anfangskonzentrationen metastabil. Die beiden möglichen Reaktionen des Chlorits sowohl mit Iodid als auch mit Iod begünstigen in beiden Zuständen den Wechsel des Systems zum jeweils anderen Zustand. Erst durch die Zugabe von Chlorit werden diese Oszillationen als ständiger Wechsel zwischen zwei möglichen Zuständen ermöglicht.

Exkurs 16.6 Mechanismus der Belousov-Zhabotinsky-Reaktion [Eps 83]

Die ersten Beobachtungen an einer oszillierenden homogenen chemischen Reaktion im Labor wurden bereits 1921 von William Bray gemacht. Es handelte sich dabei um die durch Jodat katalysierte Zersetzung von H_2O_2. Belousov entdeckte 1958 Oszillationen an der durch Ce^{3+}/Ce^{4+} katalysierten Oxidation von Zitronensäure durch Bromat. Statt Cerionen kann man auch das Redoxsytem Fe^{2+}/Fe^{3+} verwenden. Von Zhabotinsky wurde diese Reaktion abgewandelt, indem er Malonsäure statt Citronensäure verwendete. Wesentliche Beiträge zur Aufklärung des Mechanismus der BZ-Reaktion stammen von Field, Körös und Noyes (FKN-Mechanismus [Fie 72, Eps 83]). Es sind mindestens 18 Elementarreaktionsschritte bekannt, an denen 21 Teilchensorten beteiligt sind.

Beschränkt man sich auf die wesentlichen Teilreaktionen, so läßt sich das Reaktionssystem im Bereich der chemischen Oszillationen in drei zeitlich aufeinander folgende Phasen aufteilen (BrMS steht für Brommalonsäure).

A $BrO_3^- + Br^- + 2H^+ \longrightarrow HBrO_2 + HOBr$
   $HBrO_2 + Br^- + H^+ \longrightarrow 2 HOBr$
   $HOBr + Br^- + H^+ \longrightarrow Br_2 + H_2O$

   netto :
   $BrO_3^- + 5 Br^- + 6H^+ \longrightarrow 3 Br_2 + 3 H_2O$

B $BrO_3^- + HBrO_2 + H^+ \longrightarrow 2 BrO_2^{\cdot} + H_2O$
   $2 BrO_2^{\cdot} + 2 Ce^{3+} + 2 H^+ \longrightarrow 2 HBrO_2 + 2 Ce^{4+}$
   $2 HBrO_2 \longrightarrow BrO_3^- + HOBr + H^+$

   netto :
   $BrO_3^- + 4 Ce^{3+} + 5 H^+ \longrightarrow HOBr + 4 Ce^{4+} + 2 H_2O$

C $Ce^{4+} + BrMS \longrightarrow Ce^{3+} + f\, Br^-$
   +Oxidationsprodukte der Malonsäure

Phase A liegt vor, wenn die Konzentration an Bromidionen hoch ist. Man erkennt, daß die Bromidionen hier eine ähnliche Rolle spielen wie im Fall der zuvor diskutierten Reaktion zwischen Iodat und Arsenit. Die Bromidionen sind notwendig um elementares Brom zu bilden. Das elementare Brom reagiert mit Malonsäure zu Brommalonsäure (BrMS). In Phase A wird die Konzentration an $HBrO_2$ klein bleiben, da dessen Reaktion mit Bromid schnell ist. Bei begrenzter Bromidmenge wird seine Konzentration bald sehr klein werden. Die Reaktionen unter B sind also in Gegenwart von Bromidionen vernachlässigbar. Nun setzt der Prozeß B ein, dessen erste zwei Reaktionen zusammen eine autokatalytisch beschleunigte Produktion von $HBrO_2$ bewirken (wahrscheinlich begrenzt durch die Disproportionierung in $HOBr + BrO_3^-$ unter B). Dabei werden gleichzeitig die Cerionen oxidiert. In der Zwischenzeit ist genügend BrMS entstanden, so daß Prozeß C deutliche Mengen an Bromid produziert bei gleichzeitiger Reduktion der Cerionen. Dies wird bei genügender Menge durch Abfangen des $HBrO_2$ den Prozeß B ausschalten. Das System wechselt auch hier zwischen zwei Zuständen, von denen einer Bromid-reich und der zweite Bromid-arm aber $HBrO_2$-reich ist.

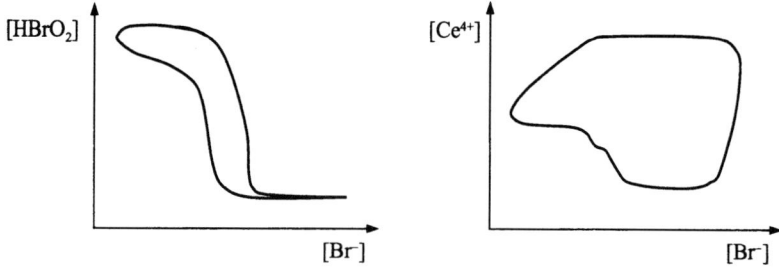

Abbildung 16.13 Schematische Beispiele von Phasenraumbildern für die wichtigsten Reaktanden der Belousov-Zhabotinsky-Reaktion im Bereich der chemischen Oszillationen.

Eine übersichtliche Darstellung der chemischen Oszillationen benutzt Auftragungen wie in Abbildung 16.13, die man als Phasenraumbilder bezeichnet. Dabei werden als Systemvariablen die oszillierenden Konzentrationen verschiedener Reaktanden oder Zwischenprodukte gegeneinander aufgetragen. Abbildung 16.13 zeigt zwei typische Phasenraumbilder für die Belousov-Zhabotinsky-Reaktion (natürlich handelt es sich hier nur um Ausschnitte aus dem vollständigen Phasenraum des Reaktionssystems, das die Konzentrationen aller beteiligten Stoffe beinhaltet). Die Systemvariablen bewegen sich entlang von geschlossenen Kurven. Man erkennt deutlich, daß es sich nicht um einfache harmonische Schwingungen handelt.

Literaturzitate

[Arg 95] J. Argyris, G. Faust, M. Haase, *Die Erforschung des Chaos*, Vieweg, Braunschweig 1995.

[Bod 95] M. Bode, H.-G. Purwins, Physica D 86 (1995) 53.

[Eps 83] I.R. Epstein, K. Kustin, P. De Kepper, M.Orban, *Oszillierende chemische Reaktionen*, in: Spektrum der Wissenschaft 5 (1983) 98.

[Ert 91] G. Ertl, Science 254 (1991) 1750.

[Fie 72] R.-J. Field, E. Körös, R.M. Noyes, J. Am. Chem. Soc. 94 (1972) 8649.

[Han 82] A. Hanna, A. Saul, K. Showalter, J. Am. Chem. Soc. 104 (1982) 3838.

[Hak 83] H. Haken, *Synergetics – An Introduction*, Springer, Berlin 3rd ed. 1983.

[Küp 91] B.-O. Küppers (Hrsg.), *Ordnung aus dem Chaos - Prinzipien der Selbstorganisation und Evolution des Lebens*, Piper, München 3. Aufl. 1991.

[Lie 79] H.A. Liebafsky, G.M. Rose, Int. J. Chem. Kinet. 11 (1979) 693.

[Nic 77] G. Nicolis, I. Prigogine, *Self Organization in Nonequilibrium Systems*, Wiley, New York 1977.

[Pen 97] J.N. Pendlebury, R.H. Smith, Int. J. Chem. Kinet. 6 (1997) 663.

[Sne 96] F.W. Schneider, A.F. Münster, *Nichtlineare Dynamik in der Chemie*, Spektrum, Heidelberg 1996.

[Wor 93] R. Worg, *Deterministisches Chaos - Wege in die nichtlineare Dynamik*, B-I Wissenschaftsverlag, Mannheim 1993.

Weitere Literatur zur chemischen Kinetik und zur Theorie nichtlinearer Prozesse

G.L. Baker, J.P. Gallup, *Chaotic Dynamics: an Introduction*, Cambridge Univ. Press, 2nd ed. 1996.

G. Baier, M. Klein, *A Chaotic Hierarchy*, World Scientific, Singapore 1991.

J.M. Bradley, *Fast Reactions*, Clarendon Press, Oxford 1974.

A. Bunde, Havlin (Hrsg.), *Fractals and Disordered Systems*, Springer, Berlin 2nd ed. 1996.

P. Glansdorff, I. Prigogine, *Thermodynamic Theory of Structure, Stability and Fluctuations*, Wiley, New York 1971.

J. Keizer, *Statistical Thermodynamics of Nonequilibrium Processes*, Springer, New York 1987.

K.J. Laidler, *Chemical Kinetics*, Harper & Row, New York 1987.

A.T. Winfree, *The Geometry of Biological Time*, Springer, New York 1980.

A Begriffe der phänomenologischen Thermodynamik

A.1 Definitionen

Im Rahmen der phänomenologischen Thermodynamik werden ausgehend von wenigen Grundaxiomen, als **Hauptsätze** bezeichnet, die Zusammenhänge zwischen Energie, Temperatur und anderen **Zustandsgrößen**, sowie die **Zustandsänderungen** beispielsweise durch Austausch von Wärme, Arbeit oder Materie für beliebige Vielteilchen-Systeme formal beschrieben.

- Der Begriff **System** steht für eine Gesamtheit von Teilchen, die über unterschiedliche Randbedingungen vom „Rest der Welt" (d.h. der **Umgebung**) abgegrenzt wird.[1]

Die meisten thermodynamischen Systeme lassen sich gemäß den jeweiligen Randbedingungen nach den folgenden Begriffen klassifizieren:

- **abgeschlossene** (oder **isolierte**) **Systeme**, die weder Materie noch Wärme oder Arbeit mit der Umgebung austauschen können,

- **geschlossene Systeme**, die zwar Arbeit und Wärme, aber keine Materie mit der Umgebung austauschen können,

- **adiabatische** (oder **thermisch isolierte**) **Systeme**, die keine Wärme mit der Umgebung austauschen können,

- **offene Systeme**, bei denen ein freier Austausch von Materie, Arbeit und Wärme mit der Umgebung möglich ist.

- Eine **Phase** beschreibt makroskopische, homogene Bereiche eines Systems, in deren Innerem verschiedene Parameter wie Temperatur T, Druck p, Konzentrationen c_i und die übrigen makroskopischen physikalischen Eigenschaften wie Kristallstruktur oder Brechungsindex vom Ort unabhängig und gleich sind. Die Definition erlaubt auch, daß eine Phase innerhalb eines heterogenen Systems fein verteilt vorkommt. Eine Phase muß also nicht unbedingt ein zusammenhängender Körper sein.

---

[1] Man kann auch Teilsysteme behandeln: so ist es in der NMR-Spektroskopie sinnvoll, die Gesamtheit der Kernspins einer Sorte von Atomkernen in einem Festkörper als thermodynamisches System zu definieren. Das Kristallgitter stellt dann die Umgebung dar, mit der das Kernspinsystem Wärme austauschen kann. Diese Unterscheidung wird beispielsweise dann bedeutsam, wenn dem Kernspinsystem direkt über äußere Magnetfelder Energie zugeführt wird. Im ersten Moment wird die Temperatur des Kernspinsystems zunächst höher als die Kristallgittertemperatur sein. Erst nach einer charakteristischen Zeit werden sich die beiden Temperaturen ausgleichen. Das thermodynamische System der Kernspins ist in diesem Fall nicht durch Eingrenzung eines räumlichen Bereiches definiert. Meistens werden allerdings thermodynamische Systeme durch Volumina oder räumliche Bereiche mit bestimmten homogenen Eigenschaften eingegrenzt.

Zur quantitativen Beschreibung von Systemen werden in der Thermodynamik Zustandsgrößen verwendet. Jede dieser Größen kann dabei als Zustandsfunktion anderer Zustandsgrößen ausgedrückt werden.

- **Zustandsgrößen** oder **Zustandsvariablen** sind meßbare Eigenschaften eines Systems, zum Beispiel das Volumen V, die Temperatur T, der Druck p, das chemische Potential μ_i der Komponente i usw.

- Man unterscheidet dabei **extensive Zustandsgrößen**, die von der Größe des Systems abhängen (beispielsweise die innere Energie U, Entropie S, Volumen V, Teilchenzahl N_i einer Komponente i, ...), und **intensive Zustandsgrößen**, die unabhängig von der Größe des Systems sind (beispielsweise Druck p, Temperatur T, chemisches Potential μ_i, elektrisches Potential φ ...). Intensive thermodynamische Zustandsgrößen spielen unter anderem eine wichtige Rolle beim Vergleich verschiedener thermodynamischer Systeme da sie nicht von der Systemgröße abhängen und für die Beschreibung von Gleichgewichten wesentlich sind. In diesem Buch benutzen wir – wie in der statistischen Thermodynamik aus Gründen der Zweckmäßigkeit üblich – Teilchenzahlen N_i zur Bezeichnung der Menge einer Komponente (sowie auf ein Teilchen bezogene Energiegrößen). In der phänomenologischen Thermodynamik bevorzugt man dagegen molare Größen und die Angabe der Stoffmengen in Mol.

- Der **thermodynamische Zustand** eines Systems ist festgelegt durch Angabe der Werte eines Mindestsatzes dieser Zustandsgrößen (beispielsweise V, T, N für ein einkomponentiges ideales Gas). Damit sind für ein solches System auch alle übrigen Zustandsgrößen als **Zustandsfunktionen** dieses Mindestsatzes von Variablen festgelegt (beispielsweise $S(V,T,N)$, $p(V,T,N)$, ...).

A.2 Zustandsfunktionen

Reversible Änderungen thermodynamischer Zustandsfunktionen beim Übergang von einem Gleichgewichtszustand in einen anderen zeigen keine Abhängigkeit vom Weg einer Zustandsänderung, sondern nur von deren Anfangs- und Endzustand (Abbildung A.1).

Eine Funktion $\phi(x,y,z,...)$ bezeichnet man als **Zustandsfunktion**, wenn bei Änderung der Zustandsvariablen x,y,z die Änderung des Wertes von ϕ nur vom Anfangszustand (x_1, y_1, z_1) und Endzustand (x_2, y_2, z_2) abhängt und unabhängig vom Weg ist, das heißt unabhängig von der Folge der durchlaufenen Zwischenzustände (x_i, y_i, z_i). Insbesondere muß dann gelten, daß für einen „geschlossenen" Weg (Anfangszustand = Endzustand) das Kurvenintegral verschwindet

$$\phi(x_2,y_2,z_2) - \phi(x_1,y_1,z_1) = \int_{\text{Zustand 1}}^{\text{Zustand 2}} d\phi \quad \rightarrow \quad \oint d\phi = 0 \qquad \text{(A.1)}$$

Die Differentiale von Zustandsfunktionen mit der obigen Eigenschaft werden als **vollständige** oder **totale Differentiale** bezeichnet. Totale Differentiale besitzen eine Reihe besonderer mathematischer Eigenschaften.

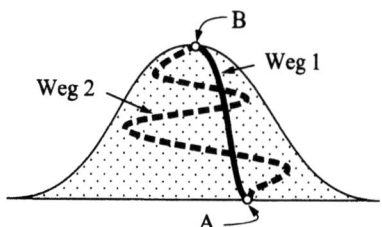

Abbildung A.1 Wegunabhängigkeit: thermodynamische Zustandsfunktionen oder Potentiale hängen nur von Ausgangs- und Endzustand ab, nicht jedoch vom zurückgelegten Weg bei einer Zustandsänderung. Dies ist hier schematisch für die Differenz der potentiellen Energie beim Bergsteigen dargestellt.

Zur Veranschaulichung betrachten wir eine allgemeine Zustandsfunktion $\phi(x,y,z,..)$, die durch die Werte von x, y und z bestimmt ist. Geht man von (x,y,z) zu einem Nachbarpunkt $(x + dx, y + dy, z + dz)$ über, so ändert sich der Wert von ϕ um den Betrag:

$$d\phi = \phi(x + dx, y + dy, z + dz) - \phi(x,y,z) \tag{A.2}$$

$d\phi$ ist dabei die infinitesimale Differenz zwischen zwei benachbarten Werten der Funktion ϕ. Dies kann auch in der folgenden Form beschrieben werden

$$d\phi = \left(\frac{\partial \phi}{\partial x}\right)_{y,z} dx + \left(\frac{\partial \phi}{\partial y}\right)_{x,z} dy + \left(\frac{\partial \phi}{\partial z}\right)_{x,y} dz \tag{A.3}$$

Die tiefgestellten Indizes geben die bei der Differentiation konstant gehaltenen Variablen an. Häufig wird zur Unterscheidung von vollständigen (totalen) Differentialen (für die das übliche Differentialzeichen „d" benutzt wird, beispielsweise dS, dU) für Differentiale ohne diese Eigenschaft „δ" als Differentialzeichen (beispielsweise δW, δQ) verwendet. Bezüglich der gemischten partiellen Ableitungen zweiter Ordnung gilt der **Schwartzsche Satz**

$$\frac{\partial}{\partial y}\left(\frac{\partial \phi}{\partial x}\right) = \frac{\partial}{\partial x}\left(\frac{\partial \phi}{\partial y}\right) \quad \text{z.B.} \quad \frac{\partial}{\partial V}\left(\frac{\partial U}{\partial S}\right) = \frac{\partial}{\partial S}\left(\frac{\partial U}{\partial V}\right) \tag{A.4}$$

Hieraus folgt, daß die Reihenfolge der Differentiation beliebig ist, wenn Gleichung (A.1) erfüllt ist. Formal läßt sich der Schwartzsche Satz ausnutzen als Kriterium zur Überprüfung, ob eine Zustandsfunktion vorliegt. Drei weitere Regeln seien noch erwähnt, die für Rechnungen mit Zustandsfunktionen nützlich sind: für einen einzelnen Differentialquotienten gilt die **Inversionsregel**:

$$\left(\frac{\partial \phi}{\partial x}\right)_{y,z} = \left(\frac{\partial x}{\partial \phi}\right)_{y,z}^{-1} = \frac{1}{(\partial x/\partial \phi)_{y,z}} \tag{A.5}$$

Desweiteren gilt die **Kettenregel** für die Differentiation nach einer Variablen t, die nicht zu den hier angenommenen drei charakteristischen Variablen x, y oder z gehört

$$\left(\frac{\partial \phi}{\partial x}\right)_{y,z} = \left(\frac{\partial \phi}{\partial t}\right)_{y,z} \cdot \left(\frac{\partial t}{\partial x}\right)_{y,z} = \frac{(\partial \phi/\partial t)_{y,z}}{(\partial x/\partial t)_{y,z}} \tag{A.6}$$

z.B. $\left(\dfrac{\partial U}{\partial V}\right)_{S,N_i} = \left(\dfrac{\partial U}{\partial p}\right)_{S,N_i} \left(\dfrac{\partial p}{\partial V}\right)_{S,N_i}$

Aber nicht in allen Fällen sind die Rechenregeln den einfachen Bruchrechenregeln ähnlich wie in den letzten beiden Fällen. Einen Sonderfall stellt die **zyklische Differentiationsregel** für ein totales Differential dar. Für eine Zustandsfunktion $\phi(x,y)$ von zwei Variablen gilt

$$\left(\dfrac{\partial \phi}{\partial x}\right)_y \cdot \left(\dfrac{\partial x}{\partial y}\right)_\phi \cdot \left(\dfrac{\partial y}{\partial \phi}\right)_x = -1 \quad \to \quad \left(\dfrac{\partial \phi}{\partial x}\right)_y = -\dfrac{(\partial y/\partial x)_\phi}{(\partial y/\partial \phi)_x} \tag{A.7}$$

A.3 Hauptsätze der Thermodynamik

Die im folgenden zusammengestellten **Hauptsätze der klassischen Thermodynamik** liefern unter anderem die Kriterien für Gleichgewichte thermodynamischer Systeme und für die Richtung von irreversiblen Zustandsänderungen.

Der zweite Hauptsatz zeigt insbesondere, daß Entropie in einem abgeschlossenen System erzeugt werden kann. Das gilt für nicht umkehrbare oder irreversible Zustandsänderungen des Systems. Man sieht, daß die Entropie S eines thermodynamischen Systems zwar eine Zustandsfunktion, aber nicht generell eine Erhaltungsgröße ist. Änderungen der Entropie S lassen sich aufteilen in einen externen Beitrag ΔS_{ext} durch **Wärmeaustausch** ΔQ des Systems mit der Umgebung und einen internen Beitrag ΔS_{int} durch **Entropieerzeugung** im System selbst (siehe Abbildung A.2):

$$\Delta S = \Delta S_{\text{ext}} + \Delta S_{\text{int}} \quad \text{mit} \quad \Delta S_{\text{ext}} = \dfrac{\Delta Q}{T} \tag{A.8}$$

ΔS_{ext} kann positiv oder negativ sein, während ΔS_f nur positiv oder Null sein ist (Vorzeichenkonvention: ΔQ wird positiv angesetzt, wenn dem System Wärme von der Umgebung zugeführt wird).

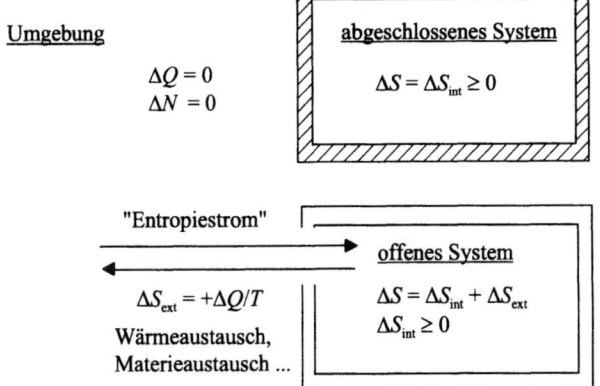

Abbildung A.2 Entropieerzeugung in abgeschlossenen und offenen Systemen: ΔS ist die Entropieänderung des Systems.

1. Hauptsatz
(Energieerhaltungssatz)

Die innere Energie U eines Systems ändert sich nur, wenn Wärme (Q) oder Arbeit (W) mit der Umgebung ausgetauscht werden:

$$dU = \delta Q + \delta W \tag{A.9}$$

Beispiele für δW sind Volumenarbeit $-p\,dV$, chemische Arbeit $\sum_i \mu_i\, dN_i$ (dN_i ist die mit der Umgebung ausgetauschte Teilchenzahl der Komponente i, die Summation geht über alle Komponenten), oder elektrische Arbeit $\varphi\,dq$ (φ ist das elektrische Potential, q die Ladung).

2. Hauptsatz
(Aussage über Richtung von Entropieänderungen)

Es existiert eine Zustandsfunktion S (Entropie) für ein thermodynamisches System, die für abgeschlossene und adiabatische Systeme nur zunehmen oder gleichbleiben kann:

$$dS \geq 0 \quad \text{für abgeschlossene Systeme} \tag{A.10}$$

Für offene und geschlossene Systeme gilt die folgende Ungleichung, wobei δQ die mit der Umgebung ausgetauschte Wärme bezeichnet.

$$dS \geq \frac{\delta Q}{T} \quad \text{für offene Systeme} \tag{A.11}$$

Zur Behandlung und Unterscheidung irreversibler von reversiblen Prozessen ist es zweckmäßig, dS aufzuteilen in den Anteil der im System irreversibel erzeugten Entropie dS_{int} und den durch Wärmeaustausch mit der Umgebung entstehenden Anteil $dS_{\text{ext}} = \delta Q/T$:

$$dS = dS_{\text{ext}} + dS_{\text{int}} = \frac{\delta Q}{T} + dS_{\text{int}} \tag{A.12}$$

Der zweite Hauptsatz läßt sich allgemein auch in der folgenden Form ausdrücken

$$dS_{\text{int}} \begin{cases} = 0 & \text{für reversible Prozesse} \\ > 0 & \text{für irreversible Prozesse} \end{cases} \tag{A.13}$$

3. Hauptsatz
(Aussage über Absolutwert der Entropie für $T \to 0$)

Die Entropie eines ideal geordneten, defektfreien Kristalls im Gleichgewicht strebt gegen Null für $T \to 0$:

$$\lim_{T \to 0} S = 0 \tag{A.14}$$

A.4 Gibbs'sche Fundamentalgleichungen

Für reversible Prozesse ohne Entropieerzeugung im System, das heißt $\Delta S_{\text{int}} = 0$, kann nach dem 2. Hauptsatz das Differential δQ_{rev} der mit der Umgebung ausgetauschten Wärme eines Systems ersetzt werden durch $\delta Q_{\text{rev}} = T\,dS$. Nimmt man zunächst nur Volumenarbeit $-p\,dV$ und chemische Arbeit $\sum_i \mu_i\,dN_i$ an, so gilt für δW_{rev}

$$\delta W_{\text{rev}} = -p\,dV + \sum_{i=1..K} \mu_i\,dN_i \tag{A.15}$$

Die Summe $\sum_i$ geht dabei über alle K Komponenten i des Systems. In dem gleichen Zusammenhang wollen wir bei Summationen über Teilchenzahlen und bei der Angabe konstantgehaltener Variablen die Teilchenzahlen $N_1, N_2, \ldots N_K$ der K Komponenten eines Systems abkürzend durch das Symbol i (am Summenzeichen) bzw. N_i (bei der Differentiation) kennzeichnen. $U(S,V,N_i)$ beispielsweise soll die Abkürzung sein für $U(S,V,N_1,N_2,\ldots,N_K)$. Diese Konvention verwenden wir im gesamten Buch. Mit den oben gegebenen Ausdrücken für δQ_{rev} und δW_{rev} folgt aus dem ersten Hauptsatz (Gleichung (A.9))

$$dU = T\,dS - p\,dV + \sum_{i=1..K} \mu_i\,dN_i \tag{A.16}$$

dU ist das totale Differential der Zustandsfunktion $U(S, V, N_i)$ mit den charakteristischen Zustandsvariablen S, V und N_i, so daß hier auch die folgende Schreibweise benutzt werden kann:

$$dU = \left(\frac{\partial U}{\partial S}\right)_{V,N_i} dS + \left(\frac{\partial U}{\partial V}\right)_{S,N_i} dV + \sum_{i=1..K} \left(\frac{\partial U}{\partial N_i}\right)_{S,V,N_{j\neq i}} dN_i \tag{A.17}$$

$U(S,V,N_i)$ ist darüber hinaus eine homogene Funktion ersten Grades in den Variablen S, V, N_i. Als homogene Funktion ersten Grades in den Variablen x,y,z bezeichnet man eine Funktion $\varphi(x,y,z)$, für die gilt

$$\varphi(\alpha x, \alpha y, \alpha z) = \alpha \cdot \varphi(x,y,z)$$

Eine solche homogene Funktion erfüllt auch die folgende Bedingung

$$\varphi(x,y,z) = \left(\frac{\partial \varphi}{\partial x}\right)_{y,z} \cdot x + \left(\frac{\partial \varphi}{\partial y}\right)_{z,x} \cdot y + \left(\frac{\partial \varphi}{\partial z}\right)_{x,y} \cdot z \tag{A.18}$$

Für die innere Energie $U(S,V,N_i)$ erhält man deshalb aus dem Vergleich von (A.16), (A.17) und (A.18):

$$U = TS - pV + \sum_{i=1..K} \mu_i N_i \tag{A.19}$$

Desweiteren ist die Möglichkeit, aus einer Zustandsfunktion $\phi(x,y,z)$ durch eine als **Legendre-Transformation** bezeichnete Variablentransformation neue Zustandsfunktionen mit verändertem Satz charakteristischer Variablen zu definieren, für die formale Behandlung der klassischen Thermodynamik von großer Bedeutung.

Die Funktion $U(S,V,N_i)$ ist eine Funktion von S, V und allen N_i. Eine als **Legendre-Transformation** bezeichnete Vorgehensweise erlaubt, aus U beispielsweise eine andere Zustandsfunktion $A(T,V,N_i)$ abzuleiten. $A(T,V,N_i)$ ist dabei als **Legendre-Transformierte** zu U bezüglich des konjugierten Variablenpaares T,S definiert:

$$A = U - TS$$

Bildet man davon das Differential, folgt:

$$dA = dU - d(TS) = dU - TdS - SdT$$

Setzt man nun den ursprünglichen Ausdruck (A.16) für dU hier ein, erhält man

$$\begin{aligned} dA &= TdS - pdV + \sum_{i=1..K} \mu_i\, dN_i - TdS - SdT \\ &= -SdT - pdV + \sum_{i=1..K} \mu_i dN_i \\ &= \left(\frac{\partial A}{\partial T}\right)_{V,N_i} dT + \left(\frac{\partial A}{\partial V}\right)_{T,N_i} dV + \sum_{i=1..K} \left(\frac{\partial A}{\partial N_i}\right)_{V,T,N_{j\neq i}} dN_i \end{aligned}$$

Die letzte Zeile folgt aus der Definition eines totalen Differentials (siehe Gleichung (A.18)).

Die für uns wichtigsten – ausgehend von der **inneren Energie** $U(S,V,N_i)$ – auf diese Weise ableitbaren Zustandsfunktionen sind die **Enthalpie** $H(S,p,N_i)$, die **Helmholtz-Energie** (auch: **freie Energie**) $A(T,V,N_i)$ und die **Gibbs-Energie** (auch: **freie Enthalpie**) $G(T,p,N_i)$ und die **Entropie** $S(U,V,N_i)$:

$$U = TS - pV + \sum_{i=1..K} \mu_i N_i \tag{A.20}$$

$$H = U + pV = TS + \sum_{i=1..K} \mu_i N_i \tag{A.21}$$

$$A = U - TS = -pV + \sum_{i=1..K} \mu_i N_i \tag{A.22}$$

$$G = U + pV - TS = H - TS = A + pV = \sum_{i=1..K} \mu_i N_i \tag{A.23}$$

$$S = \frac{1}{T}U + \frac{p}{T}V + \sum_{i=1..K} \frac{\mu_i}{T} N_i \tag{A.24}$$

Daraus ergeben sich die *totalen Differentiale* für Enthalpie, Helmholtz-Energie, Gibbs-Energie und Entropie:

$$dH = TdS + Vdp + \sum_{i=1..K} \mu_i\, dN_i \tag{A.25}$$

$$dA = -SdT - p\,dV + \sum_{i=1..K} \mu_i\, dN_i \tag{A.26}$$

$$dG = -SdT + Vdp + \sum_{i=1..K} \mu_i\, dN_i \tag{A.27}$$

$$dS = \frac{1}{T}dU + \frac{p}{T}dV - \sum_{i=1..K} \frac{\mu_i}{T} dN_i \tag{A.28}$$

A.4 Gibbs'sche Fundamentalgleichungen

Übersicht A.1: Partielle Ableitungen der Zustandsfunktionen U, H, A, G

$$\left(\frac{\partial U}{\partial S}\right)_{V,N_i} = T \qquad \left(\frac{\partial U}{\partial V}\right)_{S,N_i} = -p \qquad \left(\frac{\partial U}{\partial N_i}\right)_{V,S,N_{j\neq i}} = \mu_i$$

$$\left(\frac{\partial H}{\partial S}\right)_{p,N_i} = T \qquad \left(\frac{\partial H}{\partial p}\right)_{S,N_i} = V \qquad \left(\frac{\partial H}{\partial N_i}\right)_{p,S,N_{j\neq i}} = \mu_i$$

$$\left(\frac{\partial A}{\partial T}\right)_{V,N_i} = -S \qquad \left(\frac{\partial A}{\partial V}\right)_{T,N_i} = -p \qquad \left(\frac{\partial A}{\partial N_i}\right)_{V,T,N_{j\neq i}} = \mu_i$$

$$\left(\frac{\partial G}{\partial T}\right)_{p,N_i} = -S \qquad \left(\frac{\partial G}{\partial p}\right)_{T,N_i} = V \qquad \left(\frac{\partial G}{\partial N_i}\right)_{p,T,N_{j\neq i}} = \mu_i$$

Übersicht A.2: Partielle Ableitungen der Zustandsfunktionen U, H und S ausgedrückt in den Variablen p, V und T

$$\left(\frac{\partial U}{\partial T}\right)_{V,N_i} = T\left(\frac{\partial S}{\partial T}\right)_{V,N_i} = C_V \qquad \left(\frac{\partial U}{\partial V}\right)_{T,N_i} = -p + T\left(\frac{\partial p}{\partial T}\right)_{V,N_i}$$

$$\left(\frac{\partial H}{\partial T}\right)_{p,N_i} = T\left(\frac{\partial S}{\partial T}\right)_{p,N_i} = C_p \qquad \left(\frac{\partial H}{\partial p}\right)_{T,N_i} = V + T\left(\frac{\partial V}{\partial T}\right)_{p,N_i}$$

$$\alpha_p = \frac{1}{V}\left(\frac{\partial V}{\partial T}\right)_{p,N_i} \qquad \left(\frac{\partial S}{\partial V}\right)_{T,N_i} = \left(\frac{\partial p}{\partial T}\right)_{V,N_i}$$

$$\kappa_T = -\frac{1}{V}\left(\frac{\partial V}{\partial p}\right)_{T,N_i} \qquad \left(\frac{\partial S}{\partial p}\right)_{T,N_i} = \left(\frac{\partial V}{\partial T}\right)_{p,N_i}$$

$$C_p - C_V = TV\frac{\alpha_p^2}{\kappa_T}$$

C_V, C_p = Wärmekapazitäten bei konstantem Volumen bzw. konstantem Druck; α_p = isobarer thermischer Ausdehnungskoeffizient; κ_T = isotherme Kompressibilität

Diese Gleichungen zusammen mit der Gleichung (A.16) für dU bezeichnet man auch als **Gibbssche Fundamentalgleichungen**. Schreibt man dU, dH, dA, dG allgemein als totale Differentiale der jeweiligen **charakteristischen Variablen** und vergleicht die Ableitungen mit den Faktoren aus den Fundamentalgleichungen, so erhält man für die partiellen Ableitungen die in Übersicht A.1 gezeigten Ergebnisse.

Als experimentell gut meßbare Größen sind noch die **Wärmekapazitäten** C_V beziehungsweise C_p zu nennen, die als partielle Ableitung der inneren Energie U beziehungsweise der Enthalpie H nach der Temperatur definiert sind (siehe Übersicht A.2). Man spricht von **kalorischen Zustandsgleichungen** wenn die Wärmekapazitäten C_V, C_p als Funktion von T ausgedrückt werden.

Für den Vergleich mit experimentell einfach zugänglichen Größen, insbesondere p, V und T ist es zweckmäßig, die obigen Zustandsfunktionen und ihre Ableitungen auch als Funktion von p, T, V auszudrücken. Die entsprechenden Gleichungen bezeichnet man als **thermische Zustandsgleichungen**. Hierzu gehört insbesondere der Zusammenhang $V = f(p,T)$, der beim idealen Gas $V = NkT/p$ entspricht. Weitere in diesem Zusammenhang gebräuchliche Kenngrößen sind der isobare thermische Ausdehnungskoeffizient α_p und der isotherme Kompressibilitätskoeffizient κ_T.

Aus gemessenen p-V-T- oder $C_V(C_p) = f(T)$-Daten lassen sich leicht Werte für die Zustandsfunktionen berechnen, wenn man die Regeln zur Handhabung totaler Differentiale und ihrer Eigenschaften ausnutzt. Übersicht A.2 zeigt in dem Zusammenhang neben den Definitionen der Wärmekapazitäten einige weitere nützliche Beziehungen, die sich aus den Gibbs'schen Fundamentalgleichungen ableiten lassen.

Exkurs A.1 Merkschema zur Ableitung der Gibbs'schen Gleichungen

Die charakteristischen Funktionen (Gln. (A.16), (A.25), (A.26), (A.27)) sowie die partiellen Ableitungen die in Übersicht A.1 zusammengestellt sind, lassen sich in einem von Guggenheim aufgestellten Schema als Gedächtnisstütze zusammenfassen.

Beispiel: *Helmholtz-Energie A*

Zu beiden Seiten von A findet man die zugehörigen charakteristischen Variablen, die Temperatur T und das Volumen V. Daraus folgt, daß sich das totale Differential dA darstellen läßt als

$$dA = \left(\frac{\partial A}{\partial T}\right)_V dT + \left(\frac{\partial A}{\partial V}\right)_T dV$$

Die Terme $\sum_i \mu_i dN_i$ sind für alle vier Funktionen im Merkschema gleich und werden hier nicht betrachtet. Die beiden partiellen Ableitungen lassen sich aus dem Schema ermitteln, indem man von V und T entlang der Pfeile zur jeweils gegenüberliegenden Variablen geht. Für die Ableitung nach der Temperatur T ergibt sich so die „konjugierte" Variable $-S$.

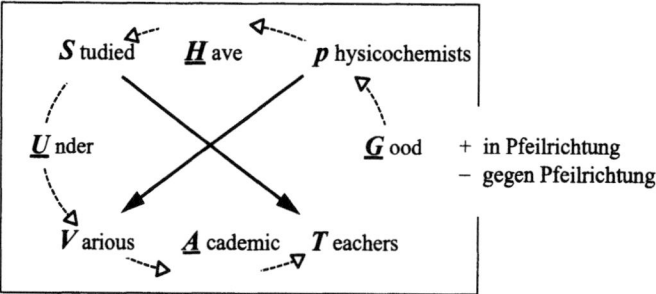

Abbildung A.3 Merkschema nach Guggenheim zur Ableitung der totalen Differentiale und der Gibbs'schen Fundamentalgleichungen. Jede der vier Zustandsfunktionen (U,H,A,G) ist von den beiden zugehörigen unabhängigen Variablen umgeben (siehe Beispiel zur Leseweise des Diagramms im folgenden Text).

A.5 Gleichgewichtsbedingungen

Da man hier entgegen der Pfeilrichtung von T nach S kommt, bekommt S ein negatives Vorzeichen. Man erhält

$$\left(\frac{\partial A}{\partial T}\right)_V = -S$$

Für das zweite Variablenpaar p, V geht man auf der Diagonalen entgegen der Pfeilrichtung von V aus zur charakteristischen Variablen p. Das Ergebnis der partiellen Ableitung erhält deshalb ebenfalls ein negatives Vorzeichen:

$$\left(\frac{\partial A}{\partial V}\right)_T = -p$$

Für das totale Differential dA ergibt sich damit

$$dA = -SdT - pdV$$

A.5 Gleichgewichtsbedingungen

Mit den verschiedenen thermodynamischen Zustandsfunktionen sind thermodynamische Gleichgewichtsbedingungen für Systeme mit unterschiedlichen Randbedingungen formulierbar.

- Für **abgeschlossene Systeme** ($dS_{\text{ext}} = \delta Q/T = 0$, $\delta W = 0$, $dN_i = 0$ für $i = 1..K$) stellt der zweite Hauptsatz eine Bedingung für die Richtung von Entropieänderungen bei spontan ablaufenden Prozessen:

    Nichtgleichgewicht: $dS \geq 0$ oder $dS_{\text{int}} \geq 0$, $dS_{\text{ext}} = 0$ (A.29a)

    Gleichgewicht: $dS = 0$ und $S = \text{Maximum}$ (A.29b)

- Für **geschlossene isotherm-isochore Systeme** ($dT = 0$, $dV = 0$, $dN_i = 0$ für $i = 1..K$) läßt sich die Gleichgewichtsbedingung mit der Helmholtz-Energie A am günstigsten formulieren. Wegen $dV = 0$ ist $\delta W = -pdV = 0$ und daher nach dem ersten Hauptsatz $dU = \delta Q$. Für dA folgt dann mit Gleichung (A.22) bei konstanter Temperatur

$$dA = dU - T\,dS = \delta Q - T\,dS$$

Mit dem zweiten Hauptsatz, $\delta Q \leq T\,dS$, folgt, daß die Helmholtz-Energie A bei irreversiblen Prozessen sinkt und im Gleichgewicht unter den genannten Randbedingungen ein Minimum erreicht:

    Nichtgleichgewicht: $dA < 0$ (A.30a)

    Gleichgewicht: $dA = 0$ und $A = \text{Minimum}$ (A.30b)

- Analog gilt für Zustandsänderungen in **geschlossenen isotherm-isobaren Systemen** ab

$$\text{Nichtgleichgewicht:} \quad dG < 0 \tag{A.31a}$$

$$\text{Gleichgewicht:} \quad dG = 0 \quad \underline{\text{und}} \quad A = \text{Minimum} \tag{A.31b}$$

- Das **Phasengleichgewicht zwischen zwei Phasen** bei konstantem Druck und Temperatur bezüglich einer chemischen Komponente i ist ein Spezialfall der Gleichgewichtsbedingung (A.31b), die über die Gibbs-Energie berechnet wird. Betrachtet man den freien Austausch der Komponente i zwischen zwei Phasen bei $p, T = $ const., so gilt für die Änderung der gesamten Gibbs-Energie bei Übergang von dN_i Teilchen der Teilchensorte i aus der Phase α in die Phase β ($T, p = $ const.):

$$\begin{aligned} dG &= dG^\alpha + dG^\beta = \mu_i^\alpha \, dN_i^\alpha + \mu_i^\beta \, dN_i^\beta \\ &= \mu_i^\alpha (-dN_i) + \mu_i^\beta \, dN_i = (\mu_i^\beta - \mu_i^\alpha) dN_i \end{aligned} \tag{A.32}$$

Die beiden Phasen zusammengenommen sollen ein geschlossenes System (isotherm-isobar) darstellen. Da bei freiwillig ablaufenden Prozessen in einem solchen Fall G nur kleiner werden kann, muß $dG \leq 0$ sein. Falls $dN_i > 0$ ist, muß damit auch $(\mu_i^\beta - \mu_i^\alpha) \leq 0$ gelten. Deshalb werden die Teilchen der Sorte i bei spontanen, irreversiblen Prozessen nur in Richtung auf das niedrigere chemische Potential der beiden Phasen übergehen. Im Gleichgewicht ist $dG = 0$ und deshalb

$$\mu_i^\alpha = \mu_i^\beta \quad \text{Phasengleichgewicht bezüglich der Komponente i} \tag{A.33}$$

Bei Phasen, die mehrere Teilchensorten austauschen können, gilt die Gleichheit der chemischen Potentiale entsprechend für jede einzelne Teilchensorte.

- Die $K + 2$ intensiven Größen $T, p, N_1, \ldots N_K$ eines Systems sind nicht unabhängig voneinander. Es gilt die **Gibbs-Duhem-Gleichung**

$$S dT - V dp + \sum_{i=1}^{K} N_i d\mu_i = 0 \tag{A.34}$$

Die Gibbs-Duhem-Gleichung ist leicht herzuleiten: Bildet man aus $U = TS - pV - \sum_{i=1..K} \mu_i N_i$ das Differential dU, so folgt

$$dU = S dT + T dS - p dV - V dp + \sum_{i=1}^{K} \mu_i dN_i + \sum_{i=1}^{K} N_i d\mu_i$$

Vergleich mit der Gibbs'schen Fundamentalgleichung für dU ergibt sofort die Gibbs-Duhem-Gleichung (A.34).

A.5 Gleichgewichtsbedingungen

- Die Zahl der **unabhängigen intensiven Variablen**, die man zur Charakterisierung eines thermodynamischen Systems zur Verfügung hat, wird als Zahl der (thermodynamischen) **Freiheitsgrade** des Systems bezeichnet. Die **Gibbs'sche Phasenregel** erlaubt es, die Zahl der Freiheitsgrade F aus der Zahl der unabhängigen Komponenten K und der Zahl der Phasen P im System zu berechnen:

$$F = K - P + 2 \tag{A.35}$$

Falls noch R unabhängige chemische Gleichgewichte zwischen den K Komponenten eingestellt sind, reduziert sich die Zahl der Freiheitsgrade auf

$$F = K - P + 2 - R \tag{A.36}$$

- Bei der Behandlung von Mischphasen wird die Abhängigkeit des **chemischen Potentials** μ_i einer Komponente i von der Zusammensetzung der Mischung allgemein über die **chemische Aktivität** a_i ausgedrückt:

$$\mu_i = \mu_i^\circ + kT \ln a_i \tag{A.37}$$

μ_i° wird als **Standardwert des chemischen Potentials** bezeichnet. Wie in der statistischen Thermodynamik allgemein üblich und zweckmäßig, ist in Gleichung (A.37) das chemische Potential als teilchenbezogene Größe definiert (Dimension: Energie pro Teilchen). Die Aktivität läßt sich bei Gasen als Funktion des Partialdrucks p_i, bei Mischungen und Lösungen als Funktion der Konzentration c_i oder des Molenbruchs x_i ausdrücken gemäß

$$a_i = \gamma_i \frac{p_i}{p^\circ} \quad \text{für Gase (hier: } \gamma_i p_i \text{ oft als Fugazität } \varphi_i \text{ zusammengefaßt)}$$

$$a_i = f_i \frac{c_i}{c^\circ} \quad \text{für Komponenten in Mischphasen}$$

γ_i ist der **Fugazitätskoeffizient**, f_i wird **Aktivitätskoeffizient** genannt. Für ideale Gase, ideale Mischungen und ideal verdünnte Lösungen werden diese Koeffizienten gleich eins beziehungsweise konstant. p° und c° sind die Standardwerte von Druck beziehungsweise Konzentration.

Für geladene Teilchen tritt an die Stelle des chemischen Potentials das **elektrochemische Potential**. Man benutzt für das elektrochemische Potential einer Ionensorte j als Formelsymbol $\tilde{\mu}_j$. Das elektrochemische Potential hängt im Gegensatz zum chemischen Potential noch zusätzlich vom elektrischen Potential φ ab. Es ist für elektrochemische Anwendungen manchmal zweckmäßig, das elektrochemische Potential $\tilde{\mu}_j$ in das chemische Potential μ_j und den elektrostatischen Anteil $z_j e\varphi$ mit dem elektrischen Potential φ aufzutrennen (z_j – Ladungszahl des Ions j; $z_j < 0$ für negative Teilchen; e – Elementarladung; F – Faraday-Konstante):

$$\tilde{\mu}_j = \mu_j + z_j e\varphi \, , \quad \text{pro Mol:} \quad \tilde{\mu}_j = \mu_j + z_j F\varphi \tag{A.38}$$

Dasselbe gilt auch für den Sonderfall der Elektronen, falls diese als thermodynamische Komponenten behandelt werden (beispielsweise bei Elektrodenreaktionen). Bei Elektronen ist allerdings viel häufiger (vor allem in der Halbleiterphysik und Elektronik) die Bezeichnung **Fermi-Energie**, **Fermi-Niveau** oder **Fermi-Potential** als Synonym für **elektrochemisches Potential der Elektronen** üblich (Formelsymbol ε_F). Es sei jedoch auf die Bemerkung in Exkurs 3.11 hingewiesen in Bezug auf den etwas abweichenden Gebrauch des Begriffs Fermi-Energie in der Metallphysik. In diesem Buch werden einheitlich und im Einklang mit dem Gebrauch in der Halbleiterphysik und Elektrochemie *Fermi-Energie* und *elektrochemisches Potential der Elektronen* als identische Größen benutzt:

$$\varepsilon_F = \tilde{\mu}_e = \mu_e - e\varphi \tag{A.39}$$

Dabei ist wie üblich der jeweilige Wert der Fermi-Energie ausschließlich auf Einzelteilchen bezogen. In Analogie dazu hat man vereinzelt auch für das elektrochemische Potential der Ionen den Ausdruck Fermi-Energie der Ionen vorgeschlagen[2], da in kristallinen Verbindungen die Besetzung der Gitterplätze durch die Ionen auf Grund ihres Platzbedarfs einer Fermi-Dirac-Verteilungsfunktion gehorcht (nur ein Ion pro Gitterplatz erlaubt).

A.6 Chemische Gleichgewichte

Ein beliebiges Reaktionsgleichgewicht zwischen Reaktanden A, B,... und Produkten C, D,... sei beschrieben durch die Reaktion

$$\nu_A A + \nu_B B \ldots \rightleftharpoons \nu_C C + \nu_D D + \ldots \tag{A.40}$$

$\nu_A, \nu_B, \ldots, \nu_C, \nu_D \ldots$ sind die **stöchiometrischen Koeffizienten** der beteiligten Komponenten. Die Gleichgewichtsbedingung für isotherm-isobare Bedingungen ist

$$dG = \mu_A dn_A + \mu_B dN_B + \ldots + \mu_C dN_C + \mu_D dN_D + \ldots \leq 0 \tag{A.41}$$

Die Änderungen dN_i der Teilchenzahlen der Reaktanden und Produkte sind voneinander abhängig (ihre Quotienten verhalten sich wie die Quotienten der stöchiometrischen Koeffizienten). Gleichung (A.41) läßt sich kompakter schreiben, wenn man diese Abhängigkeit ausdrückt durch Einführen der **Reaktionslaufzahl** ξ, die den relativen Umsatz der Reaktion (von links nach rechts) beschreibt:

$$d\xi = -\frac{dN_A}{\nu_A} = -\frac{dN_B}{\nu_B} = \ldots = \frac{dN_C}{\nu_C} = \frac{dN_D}{\nu_D} = \ldots \tag{A.42a}$$

$$dN_A = -\nu_A d\xi, \ldots \quad dN_C = +\nu_C d\xi, \ldots \tag{A.42b}$$

---

[2]siehe beispielsweise: M. Kleitz, E. Siebert, P. Fabry, J. Fouletier, Solid State Electrochemical Sensors, in: W. Göpel, J. Hesse, J.N. Zemel (Hrsg.), Sensors, Vol. 2: Chemical and Biochemical Sensors, VCH, Weinheim 1991, pp.341 - 428.

A.6 Chemische Gleichgewichte

Es folgt daraus mit Gleichung (A.41)

$$dG = [\nu_C \mu_C + \nu_D \mu_D + \ldots - \nu_A \mu_A - \nu_B \mu_B - \ldots] \cdot d\xi \tag{A.43}$$

Für Gleichgewichte unter isotherm-isobaren Bedingungen erreicht G ein Minimum bezüglich ξ. Aus (A.43) folgt dann

$$\frac{dG}{d\xi} = \nu_C \mu_C + \nu_D \mu_D + \ldots - \nu_A \mu_A - \nu_B \mu_B - \ldots = 0 \tag{A.44}$$

Die Summe auf der rechten Seite von (A.44) entspricht der **Reaktions-Gibbs-Energie** $\Delta_r G$ für den Formelumsatz, das heißt für den Umsatz von Teilchenzahlen, die den Zahlenwerten der stöchiometrischen Koeffizienten entsprechen:

$$\Delta_r G = \nu_C \mu_C + \nu_D \mu_D + \ldots - \nu_A \mu_A - \nu_B \mu_B - \ldots \tag{A.45}$$

so daß die Gleichgewichtsbedingung auch ausgedrückt wird durch

$$\Delta_r G = 0 \quad \text{im Gleichgewicht} \tag{A.46}$$

Häufig verwendet man in diesem Zusammenhang eine **verkürzte Schreibweise**, die sich aus folgender Überlegung ableitet: die Reaktandenterme werden in der Reaktionsgleichung (A.40) analog zum Vorgehen bei einer algebraischen Gleichung auf beiden Seiten subtrahiert und man erhält

$$\nu_A A + \nu_B B + \ldots - \nu_C C - \nu_D D - \ldots \rightleftharpoons 0 \tag{A.47}$$

Die resultierenden Reaktandenterme treten nun mit negativen Vorzeichen auf. In dieser Darstellung bekommen die stöchiometrischen Koeffizienten der Reaktanden also negative Werte, wenn man die linke Seite der Reaktionsgleichung allgemein als eine Summe $\sum_i \nu'_i X_i$ ($i =$A,B,C,D,...) versteht. Mit der Laufzahl i, die jetzt sowohl Reaktanden als auch Produkte durchnumeriert, erhält man dann die folgende kompakte Formulierung für die Gleichungen (A.42b), (A.43) und (A.44), wobei wir zur Unterscheidung von der vorhergehenden Behandlung die stöchiometrischen Koeffizienten mit $\nu'_A (= -\nu_A), \nu'_B (= -\nu_B), \ldots, \nu'_C (= -\nu_C), \ldots$ bezeichnen (der Summationsindex i geht über alle Reaktanden und Produkte und steht im folgenden abkürzend für $i = A, B, .., C, D, ..$)

$$dN_i = \nu'_i d\xi, \quad dG = \left[\sum_i \nu'_i \mu_i\right] d\xi = \Delta_r G \, d\xi \tag{A.48a}$$

$$\Delta_r G = \sum_i \nu'_i \mu_i = 0 \quad \text{im Gleichgewicht} \tag{A.48b}$$

Die Reaktionsrichtung einer freiwillig ablaufenden Reaktion ist durch die Bedingung $dG < 0$ gegeben. Ausschlaggebend ist also die Summe in eckigen Klammern von (A.48a): sie muß in diesem Fall negativ sein. Der negative Wert des Klammerausdrucks wird nach de Donder auch als **Affinität** A der Reaktion bezeichnet:

$$A = -\Delta_r G = -\sum_i \nu'_i \mu_i \tag{A.49}$$

Für freiwillig ablaufende Reaktionen muß die Affinität positiv sein. Im Gleichgewicht wird sie entsprechend Gleichung (A.48b) Null. Wenn geladene Teilchen j in der Reaktion vorkommen, muß deren elektrochemisches Potential $\tilde{\mu}_j$ benutzt werden. Ersetzt man jedes chemische Potential durch die Summe aus Standardwert und aktivitätsabhängigem Term ($\mu_i = \mu_i^\circ + kT \ln a_i$), so erhält man aus der Gleichgewichtsbedingung (A.44) beziehungsweise (A.48b):

$$-\underbrace{\left[\nu_C\mu_C^\circ + \nu_D\mu_D^\circ + \ldots - \nu_A\mu_A^\circ - \nu_B\mu_B^\circ - \ldots\right]}_{-\Delta_r G^\circ} = kT \ln \frac{a_C^{\nu_C} \cdot a_D^{\nu_D} \ldots}{a_A^{\nu_A} \cdot a_B^{\nu_B} \ldots} \qquad (A.50)$$

Dabei ist $\Delta_r G^\circ$ als **Standardwert der Reaktions-Gibbs-Energie** definiert, für den gilt, wobei auch der Zusammenhang mit den Standardwerten der Reaktionsenthalpie und Reaktionsentropie angegeben ist:

$$\Delta_r G^\circ = \sum_i \nu_i' \mu_i^\circ = \Delta_r H^\circ - T \Delta_r S^\circ \qquad (A.51)$$

Entprechen die umgesetzten Stoffmengen der Reaktanden und Produkte gerade den Zahlenwerten der stöchiometrischen Koeffizienten ν_i in mol, so spricht man von **molarem Umsatz** oder **Formelumsatz**. Die tabellierten Standardwerte der verschiedenen Reaktionsgrößen wie Reaktionsenthalpie, Reaktionsentropie, Reaktions-Gibbs-Energie sind gewöhnlich auf den Formelumsatz bezogen (hier teilchenbezogener Formelumsatz, in der phänomenologischen Thermodynamik gewöhnlich stoffmengenbezogen in Mol).

Die rechte Seite von Gleichung (A.50) ist bei konstanter Temperatur und konstantem Druck ebenfalls konstant. Man definiert den Ausdruck im Logarithmus als allgemeine Gleichgewichtskonstante K_a (der Index deutet an, daß hier Aktivitäten benutzt werden):

$$K_a = \frac{a_C^{\nu_C} \cdot a_D^{\nu_D} \ldots}{a_A^{\nu_A} \cdot a_B^{\nu_B} \ldots} = \prod_i a_i^{\nu_i'} = \exp\left(-\frac{\Delta_r G^\circ}{kT}\right) \qquad (A.52)$$

Daneben sind aus praktischen Gesichtspunkten für Gleichgewichte in Gasen beziehungsweise verdünnten Lösungen auch Gleichgewichtskonstanten gebräuchlich, bei denen Konzentrationen, Partialdrücke oder Stoffmengenanteile (=Molenbrüche) benutzt werden anstelle der Aktivitäten. Wir definieren noch die folgende Abkürzung für die Gesamtänderung der Stoffmengen (Molzahlen) bei der Reaktion:

$$\Delta_r \nu = \nu_C + \nu_D + \ldots - \nu_A - \nu_B - \ldots = \sum_i \nu_i' \qquad (A.53)$$

Im folgenden sind die in diesem Buch verwendeten Definitionen von K_c, K_p und K_x aufgelistet. Der Zusammenhang mit K_a ist ebenfalls angegeben (c° und $p^\circ \stackrel{\triangle}{=}$ Standardwerte von Konzentration c_i und Partialdruck p_i; $\varphi_i \stackrel{\triangle}{=}$ Fugazität, $a_i \stackrel{\triangle}{=}$ Aktivität, $\gamma_i \stackrel{\triangle}{=}$ Fugazitätskoeffizient, $f_i \stackrel{\triangle}{=}$ Aktivitätskoeffizient.).

$$K_p = \prod_i p_i^{\nu_i'} = K_a \cdot (p^\circ)^{\Delta_r \nu} \qquad \text{mit } a_i = \gamma_i \frac{p_i}{p^\circ} = \frac{\varphi_i}{p^\circ} \qquad (A.54)$$

$$K_c = \prod_i c_i^{v_i'} = K_a \cdot (c^\circ)^{\Delta_r v} \quad \text{mit } a_i = f_i \frac{c_i}{c^\circ} \tag{A.55}$$

$$K_x = \prod_i x_i^{v_i'} = K_c \cdot \left(\frac{1}{\sum_i c_i}\right)^{\Delta_r v} = K_p \cdot \left(\frac{1}{\sum_i p_i}\right)^{\Delta_r v} \tag{A.56}$$

A.7 Mischphasenthermodynamik

Die thermodynamischen Funktionen lassen sich generell und ungeachtet der jeweiligen charakteristischen Variablen auch mit anderen Variablensätzen ausdrücken. Besonders häufig werden experimentell ermittelte Abhängigkeiten als Funktion von Druck, Temperatur und Stoffmengen ermittelt. Da in der Mischphasenthermodynamik fast ausschließlich stoffmengenbezogene Größen üblich sind, benutzen wir in diesem Abschnitt statt der Teilchenzahlen die Stoffmengen n_i (Dimension: Mol). Das totale Differential der jeweiligen extensiven thermodynamischen Funktion, hier mit $Y(T, p, n_1, n_2, .., n_i, ..n_K)$ bezeichnet (Y kann z.B. stehen für $U, S, A, H, G, V, \ldots$), lautet dann

$$dY = \left(\frac{\partial Y}{\partial T}\right)_{p,n_i} dT + \left(\frac{\partial Y}{\partial p}\right)_{T,n_i} dp + \sum_{i=1..K} \left(\frac{\partial Y}{\partial n_i}\right)_{T,p,n_{j\neq i}} dn_i \tag{A.57}$$

Die in diesem Differential auftretenden partiellen Ableitungen nach der Stoffmenge der einzelnen Komponenten i bei konstanten Werten von Druck und Temperatur bezeichnet man als **partielle molare Größen**. Sie werden hier nach IUPAC durch das Symbol für die bezeichnete Komponente als tiefgestelltem Index bezeichnet (also z.B. $Y = U_i, S_i, A_i, H_i, G_i, V_i, \ldots$):

$$Y_i = \left(\frac{\partial Y}{\partial n_i}\right)_{T,p,n_{j\neq i}} \tag{A.58}$$

Die der Definition der partiellen molaren Größen (A.58) zugrunde liegenden thermodynamischen Funktionen $Y(T, p, n_1, .., n_i, ..)$ sind homogene Funktionen ersten Grades in den Stoffmengen n_i, für die der Eulersche Satz gilt (vergleiche Abschnitt A.4, insbesondere Gleichung (A.18)):

$$Y = \sum_{i=1..K} n_i Y_i \tag{A.59}$$

Bildet man aus (A.59) das totale Differential für dY und vergleicht den resultierenden Ausdruck mit der Definition (A.57), so folgt die **verallgemeinerte Gibbs-Duhem-Gleichung**

$$\sum_{i=1..K} n_i \, dY_i - \left(\frac{\partial Y}{\partial T}\right)_{p,n_i} dT - \left(\frac{\partial Y}{\partial p}\right)_{T,n_i} dp = 0 \tag{A.60}$$

Teilt man durch die Gesamtstoffmenge $\sum_i n_i (i = 1..K)$ und setzt die Stoffmengenanteile x_i ein, so erhält man bei konstanten Werten von Druck und Temperatur

$$\sum_{i=1..K} x_i \, dY_i = 0 \tag{A.61}$$

Übersicht A.3: Mischungsgrößen am Beispiel der Entropie (K – Zahl der Komponenten)

S	$= \sum_{i=1..K} n_i S_i$	Zustandsgröße $S(T,p,n_1,\ldots,n_K)$
$S^*_{m,i}$		molare Größe der reinen Komponente i
S_i	$= \left(\dfrac{\partial S}{\partial n_i}\right)_{T,p,n_{j\neq i}}$	partielle molare Größe der Komponente i
S_m	$= \dfrac{S}{\sum_{i=1..K} n_i} = \sum_{i=1..K} x_i S_i$	integrale (oder: mittlere) molare Größe
ΔS_i	$= S_i - S^*_{m,i}$	partielle molare Mischungsgröße
ΔS_m	$= \sum_{i=1..K} x_i \Delta S_i$	integrale molare Mischungsgröße
S_m^E	$= \Delta S_m - \Delta S_m^{ideal}$	molare Exzeß-Mischungsgröße
S_i^E	$= S_i - S_i^{ideal}$	partielle molare Exzeßgröße

Diese Beziehungen am Beispiel der Entropie sind generell übertragbar auf alle extensiven thermodynamischen Zustandsgrößen wie beispielsweise $U, H, A, G, \ldots$, wobei angenommen wird, daß die jeweils betrachtete Funktion in den Variablen Druck, Temperatur und Stoffmengen der K Komponenten dargestellt wird (also gegebenenfalls in diese Darstellung umgerechnet wird). Der hochgestellte Index „ideal" bezeichnet Größen für eine ideale Mischung (siehe Kapitel 11.1)

Eine für isobar-isotherme Mischungsprobleme häufig verwendete Form der Gibbs-Duhem-Gleichung entsteht aus (A.61) bei Division durch dx_k, wobei k eine der Komponenten sein soll:

$$\sum_{i=1..K} x_i \left(\frac{\partial Y_i}{\partial x_k}\right)_{T,p,x_{j\neq 1,k}} = 0 \tag{A.62}$$

Das Modell der idealen Mischung stellt für **reale Mischungen** einen wichtigen Ausgangspunkt dar, mit dem die tatsächlichen realen Mischungsgrößen verglichen werden können. Es gelten die folgenden Beziehungen

$$\Delta U_m^{ideal} = 0 \quad , \quad \Delta V_m = 0 \tag{A.63a}$$

$$\Delta S_m^{ideal} = -R \sum_{i=1..K} x_i \ln x_i \tag{A.63b}$$

$$\Delta A_m^{ideal} = = \Delta G_m^{ideal} = T\Delta S_m^{ideal} = \sum_{i=1..K} x_i (\mu_i - \mu_i^*) \tag{A.63c}$$

Die Abweichungen der Werte realer Mischungen von den für ideale Mischungen erwarteten Werten werden als **Exzeßgrößen** bezeichnet. Wir benutzen zur Kennzeichnung den für Exzeßgrößen üblichen hochgestellten Index ^{E}:

$$V_m^E = \Delta V_m - \Delta V_m^{ideal} = \Delta V_m \tag{A.64}$$

$$U_m^E = \Delta U_m \quad , \quad H_m^E = \Delta H_m \tag{A.65}$$

A.7 Mischphasenthermodynamik

$$S_m^E = \Delta S_m - \Delta S_m^{ideal} = \Delta S_m + R \sum_{i=1..K} x_i \ln x_i \quad (A.66)$$

$$A_m^E = G^E = -T S_m^E \quad (A.67)$$

$$\mu_i^E = \mu_i - \mu_i^{ideal} = RT \ln f_i \quad (A.68)$$

Dabei wird mit Gleichung (A.68) der (**Raoultsche**) **Aktivitätskoeffizient** f_i definiert. Für die **Aktivität** a_i einer Komponente in der realen Mischung gilt, wenn die reine Komponente i als Standardzustand genommen wird

$$\mu_i^{real} = \mu_i^* + RT \ln a_i = \mu_i^* + RT \ln f_i x_i \quad (A.69)$$

μ_i^* ist das chemische Potential der reinen Komponente i. Oft wählt man auch das allgemeine Symbol μ_i° für den Standardwert des chemischen Potentials.

Exkurs A.2 Partielle molare Größen

Im folgenden werden die obigen Beziehungen exemplarisch auf das Volumen einer Mehrkomponenten-Mischung angewandt. Für V und dV (die zweite Zeile folgt mit den Definitionen in Übersicht A.2) ergeben sich die folgenden Beziehungen

$$dV = \left(\frac{\partial V}{\partial T}\right)_{p,n_i} dT + \left(\frac{\partial V}{\partial p}\right)_{p,n_i} dp + \sum_{i=1..K} \left(\frac{\partial V}{\partial n_i}\right)_{T,p,n_{j\neq i}} dn_i$$

$$= \alpha_p V dT - \kappa_T V dp + \sum_{i=1..K} V_i dn_i \quad (A.70)$$

$$V = \sum_{i=1..K} n_i V_i \quad , \quad dV = \sum_{i=1..K} V_i dn_i \quad \text{für} \quad p, T = \text{const.} \quad (A.71)$$

Division durch die Gesamtstoffmenge $\sum_{i=1..K} n_i$ ergibt das (mittlere) **molare Volumen** V_m. Die Beziehung für dV_m bei $T, p = $ const. folgt aus (A.72a) unter Beachtung der Gibbs-Duhem-Gleichung (A.61)

$$V_m = \frac{V}{\sum_{i=1..K} n_i} = \sum_{i=1..K} x_i V_i \quad \text{mit:} \quad x_i = \frac{n_i}{\sum_{j=1..K} n_j} \quad (A.72a)$$

$$dV_m = \sum_{i=1..K} V_i dx_i = \sum_{i=1..K, i\neq 1} (V_i - V_1) dx_i \quad \text{mit} \quad x_1 = 1 - x_2 - x_3 - \ldots \quad (A.72b)$$

Ein weiterer für Auswertungen an Mischungen oft verwendeter Zusammenhang ist die partielle Differentiation des molaren Volumens nach dem Stoffmengenanteil einer Komponente. Dazu muß, da bei insgesamt K Komponenten nur $K-1$ unabhängige Stoffmengenanteile x_i vorliegen, zunächst einer der voneinander abhängigen Stoffmengenanteile eliminiert werden. Nach den übrigbleibenden Variablen x_i darf dann unabhängig differenziert werden. Für das molare Volumen einer Mischung ergibt sich beispielsweise, wenn x_1 eliminiert wird

$$\left(\frac{\partial V_m}{\partial x_i}\right)_{T,p,x_{j\neq i,1}} = V_i - V_1 \quad (A.73)$$

Löst man Gleichung (A.73) nach V_i auf, ersetzt dann mit dem Ergebnis bis auf V_1 alle partiellen molaren Volumina V_i in Gleichung (A.72a), so erhält man bei Auflösen nach V_1

$$V_1 = V_m - \sum_{i=1..K, i\neq 1} x_i \left(\frac{\partial V_m}{\partial x_i}\right)_{T,p,x_{j\neq i,1}} \quad (A.74)$$

Diese Beziehung kann zur Ermittlung der partiellen molaren Volumina aus Messungen des molaren Volumens der Mischung als Funktion der Zusammensetzung verwendet. Daneben wird oft das **integrale molare Mischungsvolument** ΔV_m betrachtet, das die Differenz des Volumens der Mischung relativ zu den Volumina der reinen, getrennten Komponenten ausdrückt:

$$\Delta V_m = \frac{\Delta V}{\sum_{i=1..K} n_i} = V_m - \left(V^*_{m,1} + V^*_{m,2} + \ldots\right) \tag{A.75}$$

$V^*_{m,1}$ ist das molare Volumen der reinen Komponente 1. Für die partiellen molaren Mischungsvolumina der einzelnen Komponenten i und ihren Zusammenhang mit dem integralen Mischungsvolumen gilt

$$\Delta V_1 = V_1 - V^*_{m,1} \tag{A.76}$$

$$\Delta V_m = \sum_{i=1..K} x_i \, \Delta V_i \quad , \quad d\Delta V_m = \sum_{i=1..K} \Delta V_i \, dx_i \tag{A.77}$$

Im folgenden sind noch einige weitere Beispiele mit der Entropie und der Gibbs-Energie eines Mehrkomponentensystems angegeben, von denen einige in Kapitel 11 benutzt werden:

$$S = \sum_{i=1..K} n_i \, S_i \quad \text{mit} \quad S_i = \left(\frac{\partial S}{\partial n_i}\right)_{T,p,n_{j \neq i}} \tag{A.78}$$

$$G = \sum_{i=1..K} n_i \, G_i = \sum_{i=1..K} n_i \, \mu_i \quad \text{mit} \quad G_i = \left(\frac{\partial G}{\partial n_i}\right)_{T,p,n_{j \neq i}} = \mu_i \tag{A.79}$$

$$\mu_1 = G_1 = G_m - \sum_{i=1..K, i \neq 1} x_i \left(\frac{\partial G_m}{\partial x_i}\right)_{T,p,x_{j \neq i,1}} \tag{A.80}$$

Für die entsprechenden Mischungsgrößen einer Zweikomponentenmischung gilt

$$\Delta G_m = x_1 \Delta G_1 + x_2 \Delta G_2 = x_1 (\mu_1 - \mu_1^*) + x_2 (\mu_2 - \mu_2^*)$$
$$= x_1 RT \ln a_1 + x_2 RT \ln a_2 \tag{A.81}$$

$$\Delta G_1 = \mu_1 - \mu_1^* = RT \ln a_1 \quad \text{(analog für Komponente 2)} \tag{A.82}$$

Die zweite Zeile in (A.81) bedeutet, daß die reinen Komponenten als Standardzustände gewählt werden, also $\mu_1^\circ = \mu_1^*$ und $\mu_2^\circ = \mu_2^*$.

Zwischen den partiellen molaren Mischungsgrößen bestehen analoge Beziehungen wie zwischen den zugrundeliegenden thermodynamischen Funktionen. Für die Behandlung von Lösungen werden beispielsweise häufig die folgenden Gleichungen benutzt:

$$\Delta S_i = -\left(\frac{\partial \Delta \mu_i}{\partial T}\right)_{p, n_{j \neq i}} \tag{A.83}$$

$$\Delta H_i = \left(\frac{\partial (\Delta \mu_i / T)}{\partial (1/T)}\right)_{p, n_{j \neq i}} = \Delta \mu_i + T \left(\frac{\partial \Delta \mu_i}{\partial T}\right)_{p, n_{j \neq i}} \tag{A.84}$$

Aus (A.57) lassen sich mit dem Schwartzschen Satz (A.4) viele zusätzliche Relationen zwischen den partiellen molaren Größen ableiten. So gilt beispielsweise

$$V_i = \left(\frac{\partial V}{\partial n_i}\right)_{p,T,n_{j \neq i}} = \frac{\partial}{\partial n_i} \left(\frac{\partial G}{\partial p}\right) = \frac{\partial}{\partial p} \left(\frac{\partial G}{\partial n_i}\right) = \left(\frac{\partial \mu_i}{\partial p}\right)_{T,n}$$

A.7 Mischphasenthermodynamik

$$S_i = \left(\frac{\partial S}{\partial n_i}\right)_{p,T,n_{j\neq i}} = -\frac{\partial}{\partial n_i}\left(\frac{\partial G}{\partial T}\right) = -\frac{\partial}{\partial T}\left(\frac{\partial G}{\partial n_i}\right) = \left(\frac{\partial \mu_i}{\partial T}\right)_{p,n}$$

Die allgemeinen thermodynamischen Beziehungen für partielle molare Größen werden auch von den partiellen molaren Exzeßgrößen allein erfüllt einschließlich der Gibbs-Duhem-Gleichung.

Für die partielle molare Exzeß-Mischungsentropie einer Komponente i in einer Mischung gilt, wenn ΔS_E die Exzeß-Mischungsentropie ist,

$$\left(\frac{\partial \Delta S^E}{\partial n_1}\right)_{p,T,n_2} = \Delta S_i^E = S_i - S_i^{\text{ideal}} \tag{A.85}$$

Die molare Exzeß-Mischungsentropie der Mischung, ΔS_m^E, läßt sich dann über den gesamten Konzentrationsbereich als Funktion der partiellen molaren Exzeß-Mischungsentropien und den entsprechenden Stoffmengenanteilen x_i zusammensetzen gemäß

$$\Delta S_m^E = \frac{\Delta S^E}{\sum_{i=1..K} n_i} = \sum_{i=1..K} x_i \, \Delta S_i^E \tag{A.86}$$

Die partielle molare Exzeß-Mischungsentropie einer Komponente ergibt sich in Analogie zu Gleichung (A.74) im Anhang A.7. Für ΔS_i^E gilt

$$\Delta S_i^E = \Delta S_m^E - \sum_{j=1..K, j\neq i} x_j \left(\frac{\partial \Delta S_m^E}{\partial x_j}\right)_{T,p,x_{i\neq j,1}} \tag{A.87}$$

Entsprechende Beziehungen lassen sich für alle anderen Exzeß-Mischungsgrößen, insbesondere also auch für ΔU_m^E, ΔA_m^E, ΔG_m^E u.a. aufstellen.

B Mathematischer Anhang

B.1 Mathematische Begriffe der Statistik

Kombinatorik

Auf Probleme der Kombinatorik stößt man in der statistischen Thermodynamik recht häufig. Fast immer handelt es sich darum, Verteilungen oder Anordnungsmöglichkeiten von ununterscheidbaren Teilchen (Atome, Moleküle, Elektronen, ...) auf gegebene Plätze (Kristallgitter, ...) oder gegebene Quantenzustände abzuzählen. Die wichtigsten Fälle beziehen sich auf die Berechnung von Permutationen und Kombinationen gleichartiger Elemente (beispielsweise Teilchen im idealen Gas und ihre Verteilungsmöglichkeiten über Quantenzustände. Sie bilden die Grundlage der Quantenstatistiken wechselwirkungsfreier Teilchen und damit der zentralen statistisch-thermodynamischen Funktionen solcher Systeme, insbesondere der Zustandssumme eines Systems.

Man unterscheidet in der Kombinatorik **Permutationen, Kombinationen** und **Variationen**. Übersicht B.1 zeigt die allgemeinen Ausdrücke für die jeweilige Zahl von Anordnungs- oder Auswahlmöglichkeiten.

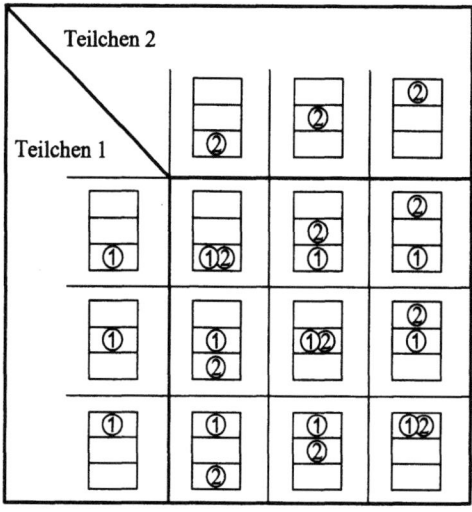

Abbildung B.1 Die Abbildung zeigt die möglichen Verteilungen von zwei durch Numerierung unterscheidbaren Teilchen auf drei (ebenfalls unterscheidbaren) Plätzen. Es ergeben sich insgesamt neun Möglichkeiten. Wenn die beiden Teilchen allerdings nicht mehr unterscheidbar sind (keine Numerierung), reduziert sich die Zahl der unterscheidbaren Anordnungsmöglichkeiten auf sechs. Läßt man darüberhinaus nur noch eine Einfachbesetzung der Kästchen zu, dann bleiben nur noch drei Möglichkeiten. Überlegungen dieser Art sind ausschlaggebend für die Unterscheidung der verschiedenen Quantenstatistiken in Kapitel 3.

Übersicht B.1: Begriffe der Kombinatorik

Permutationen

Anordnungsmöglichkeiten von N Teilchen in einer bestimmten Reihenfolge

unterscheidbare Teilchen	Gruppen von jeweils n_i nicht unterscheidbaren Teilchen ($\sum_i n_i = N$)
$\Omega(N) = N!$	$\Omega(N, n_0 \cdots n_i \cdots) = \dfrac{N!}{\prod_i n_i!}$
Beispiel: Korrekturfaktor $1/N!$ in der Zustandssumme für Gase mit nicht unterscheidbaren Teilchen (Kap. 3)	Beispiel: Anordnungsmöglichkeiten von Punktdefekten in Kristallen (Kap. 6)

Kombinationen

Anordnungsmöglichkeiten von k nicht unterscheidbaren Teilchen auf N unterscheidbaren Plätzen (Kristallgitterplätze, Quantenzustände) [oder: Auswahlmöglichkeiten von k Teilchen aus insgesamt N unterscheidbaren Teilchen ohne Berücksichtigung der Reihenfolge]

nur 1 Teilchen pro Platz ($k \leq N$)	Teilchenzahl pro Platz beliebig (k beliebig, auch $k > N$ möglich)
$\Omega(N,k) = \dbinom{N}{k} = \dfrac{N!}{(N-k)!\,k!}$	$\Omega(N,k) = \dbinom{N+k-1}{k} = \dfrac{(N+k-1)!}{(N-1)!\,k!}$
Beispiele: Fermi-Dirac-Statistik (Kap. 3), Lotto 6 aus 36 → $\Omega = \dfrac{36!}{30!\,6!} = 1942356$	Beispiel: Bose-Einstein- Statistik (Kap. 3)

Variationen

Anordnungsmöglichkeiten von k verschiedenen unterscheidbaren Teilchen auf $N > k$ unterscheidbaren Plätzen [oder: Auswahlmöglichkeiten von k Teilchen aus insgesamt N unterscheidbaren Teilchen unter Berücksichtigung der Reihenfolge]

nur unterscheidbare Teilchen (= ohne Wiederholung)	auch gleiche (ununterscheidbare) Teilchen auswählbar (= mit Wiederholung)
$\Omega(N,k) = \dfrac{N!}{(N-k)!}$	$\Omega(N,k) = N^k$
	Beispiele: Blindenschrift = 2 Punktsorten (vertieft oder erhaben) in einer 2 mal 3 Matrix → $\Omega = 2^6 = 64$, genetischer Code = Basentripletts mit 4 verschiedenen Basen → $\Omega = 4^3 = 64$

Wahrscheinlichkeit und Wahrscheinlichkeitsdichtefunktion

Die Wahrscheinlichkeitsrechnung behandelt die Häufigkeit oder Wahrscheinlichkeit von Ereignissen. Man unterscheidet zunächst Elementarereignisse von zusammengesetzten Ereignissen, die sich aus Elementarereignissen zusammensetzen. Die Ereignisse werden durch **Zufallsgrößen** oder **Zufallsvariablen** beschrieben. Bei Messungen können dies kontinuierliche Meßwerte sein, beim Würfeln sind es beispielsweise die diskreten Zahlen auf dem Würfel. Einem Ereignis ist eine **mathematische Wahrscheinlichkeit** zugeordnet, die sich aus der relativen Häufigkeit für das Auftreten von Elementarereignissen ableiten läßt. Sei n_i die Anzahl Stichproben, die dem speziellen Ereignis i und damit speziellem Wert der betrachteten Zufallsvariablen x_i entsprechen und $n = \sum_i n_i$ die Gesamtzahl aller Stichproben (Elementarereignisse), dann ist der Quotient n_i/n die relative Häufigkeit von x_i. Die mathematische Wahrscheinlichkeit P_i beziehungsweise $P(x_i)$ für das Auftreten des Ereignisses i mit dem Wert x_i ist der Grenzwert der relativen Häufigkeit für $n \to \infty$ gemäß

$$P_i = \lim_{n \to \infty} \frac{n_i}{n} \quad \text{mit} \quad 0 \leq P_i \leq 1, \quad \sum_i P_i = 1 \tag{B.1}$$

Die mathematische Wahrscheinlichkeit ist nach dieser Definition eine Zahl im Intervall 0 bis 1, und die Summe über die Wahrscheinlichkeiten aller möglichen Elementarereignisse i ist auf Eins normiert. Sind nur abzählbar viele unterschiedliche Elementarereignisse möglich, so daß diese mit ganzzahligen Indizes i numeriert werden können, spricht man von **diskreten Ereignissen** und und bei den Variablenwerten x_i von **diskreten Zufallsvariablen**. Ein Sonderfall ist, wenn alle möglichen unterschiedlichen Elementarereignisse gleichwahrscheinlich sind. Für die Wahrscheinlichkeit eines Elementarereignisses gilt dann, wenn es insgesamt N unterscheidbare Elementarereignisse gibt

$$P_i = \frac{1}{N} \tag{B.2}$$

Bei den meisten statistischen Betrachtungen in Physik und Chemie liegen jedoch kontinuierliche Wertebereiche der Meß- oder Systemgrößen vor und damit **kontinuierliche Zufallsvariablen** x. Auch die Wahrscheinlichkeit muß dann über eine kontinuierliche Funktion anstelle der diskreten Wahrscheinlichkeit P_i beschrieben werden. Allerdings macht es dann keinen Sinn, von der Wahrscheinlichkeit eines ganz bestimmten exakten Meßwerts x zu sprechen, da diese Null werden muß wegen der Normierung der Gesamtwahrscheinlichkeit auf Eins. Endliche Wahrscheinlichkeiten ΔP lassen sich nur für Intervalle von x-Werten angeben. Speziell ist dann $dP(x)$ die Wahrscheinlichkeit, daß der Wert der Zufallsvariablen im infinitesimalen Intervall zwischen x und $x + dx$ liegt. In diesem Zusammenhang benutzt man statt der dimensionslosen Wahrscheinlichkeit in der Regel die **Wahrscheinlichkeitsdichte** $F(x)$ (auch **Verteilungsfunktion** oder **Wahrscheinlichkeitsdichtefunktion** genannt). Sie hat die Dimension der reziproken Zufallsvariablen x^{-1} und ist als Ableitung der kontinuierlichen Wahrscheinlichkeit $P(x)$ nach der Zufallsvariablen definiert und wie die

B.1 Mathematische Begriffe der Statistik

Wahrscheinlichkeiten diskreter Ereignisse ebenfalls auf Eins normiert:

$$F(x) = \frac{dP(x)}{dx} \quad \text{und} \quad \int F(x)\,dx = \int \frac{dP(x)}{dx}\,dx = \int dP = 1 \quad \text{(B.3)}$$

Speziell gilt für die Wahrscheinlichkeit, daß der Wert von x im endlichen Intervall $[x_1, x_2]$ liegt,

$$\Delta P(x_1 \leq x \leq x_2) = \int_{x_1}^{x_2} F(x)\,dx \quad \text{(B.4)}$$

Daneben wird ab und zu auch eine kumulative Wahrscheinlichkeit oder Wahrscheinlichkeitsfunktion $G(x)$ benutzt, die die Wahrscheinlichkeit für das Auftreten von Werten zwischen $-\infty$ und einer oberen Grenze x beschreibt:

$$G(x) = \int_{-\infty}^{x} F(x)\,dx \quad \text{(B.5)}$$

Aus dieser Definition folgt

$$F(x) = \frac{dG(x)}{dx} \quad \text{und} \quad \Delta P(x_1 \leq x \leq x_2) = G(x_2) - G(x_1) \quad \text{(B.6)}$$

Gesetze der Wahrscheinlichkeit

In der Wahrscheinlichkeitsrechnung gibt es zwei grundlegende Gesetze, die die Wahrscheinlichkeit für kombinierte oder aufeinander folgende Ereignisse behandeln.

Für die Wahrscheinlichkeit $P(A \vee B)$, daß eines von zwei unabhängigen, sich gegenseitig ausschließenden Ereignissen, also *entweder A oder B*, auftritt, gilt das Additivgesetz

$$P(A \vee B) = P(A) + P(B) \quad \text{(B.7)}$$

Für die Wahrscheinlichkeit, daß zwei unabhängige Einzelereignisse gleichzeitig oder kombiniert auftreten $(A \wedge B)$ gilt das Multiplikativgesetz:

$$P(A \wedge B) = P(A) \cdot P(B) \quad \text{(B.8)}$$

Beide Gesetze gelten in der obigen Form nur, solange die Einzelereignisse A und B unabhängig sind. Falls dies nicht der Fall ist, so ist statt Gleichung (B.7) die folgende Gleichung anzusetzen

$$P(A \vee B) = P(A) + P(B) - P(A \wedge B) \quad \text{(B.9)}$$

Falls im Fall der kombinierten Ereignisse die Wahrscheinlichkeit für das zweite Ereignis B davon abhängt, ob Ereignis A stattgefunden hat oder nicht, so gilt

$$P(A \wedge B) = P(A) \cdot P(B|A) = P(B) \cdot P(A|B) \quad \text{(B.10)}$$

$P(B|A)$ ist dabei die bedingte Wahrscheinlichkeit, daß Ereignis B stattfindet, wenn zuvor Ereignis A beobachtet wurde.

Mittelwerte

Allgemein gilt für den Mittelwert oder Erwartungswert einer diskreten bzw. kontinuierlichen Zufallsgröße (P_i = diskrete Wahrscheinlichkeit für das Auftreten des Wertes x_i)

diskret: kontinuierlich:

$$\langle x \rangle = \sum_i P_i\, x_i \qquad \langle x \rangle = \int_{-\infty}^{\infty} x \cdot F(x)\, dx \qquad (B.11)$$

Kontinuierliche Zufallsgrößen sind beispielsweise die Teilchengeschwindigkeiten in idealen Gasen. Falls die Wahrscheinlichkeit für jeden diskreten Wert der Zufallsvariablen gleich groß ist, gilt mit n_{tot} als Gesamtzahl der möglichen x_i-Werte für alle Wahrscheinlichkeiten $P_i = 1/n_{tot}$ und es folgt

$$\langle x \rangle = \frac{1}{n_{tot}} \sum_i x_i \qquad (B.12)$$

In einigen Fällen kommen auch Verteilungsfunktionen $F(x)$ vor, die nicht normiert sind. Für die Mittelwertbildung gilt dann

$$\langle x \rangle = \frac{\int_{-\infty}^{\infty} x \cdot F(x)\, dx}{\int_{-\infty}^{\infty} F(x)\, dx} \qquad (B.13)$$

Das reziproke Integral im Nenner, $1/\int_{-\infty}^{\infty} F(x)\, dx$, stellt dabei den Normierungsfaktor zu $F(x)$ dar, mit dem aus $F(x)$ eine normierte Wahrscheinlichkeitsdichtefunktion erhalten werden kann.

Neben Mittelwerten $\langle x \rangle$ der Zufallsvariablen lassen sich mit den Wahrscheinlichkeiten $P(x_i)$ beziehungsweise den Wahrscheinlichkeitsdichten $F(x)$ Mittelwerte beliebiger Funktionen $g(x)$ der Zufallsgröße x berechnen. Es gilt allgemein für einen Mittelwert $\langle g(x) \rangle$

$$\langle g(x) \rangle = \sum_i P_i \cdot g(x_i) \qquad \text{(diskrete Verteilungen)} \qquad (B.14)$$

$$\langle g(x) \rangle = \int_{-\infty}^{\infty} g(x) \cdot F(x)\, dx \qquad \text{(kontinuierliche Verteilungen)} \qquad (B.15)$$

Falls die Funktion $g(x)$ speziell eine Potenz der Zufallsvariablen ist, also $g(x) = x^n$, so gilt

$$\langle x^n \rangle = \sum_i P_i \cdot x_i^n \qquad \text{(diskrete Verteilungen)} \qquad (B.16)$$

$$\langle x^n \rangle = \int_{-\infty}^{\infty} x^n \cdot F(x)\, dx \qquad \text{(kontinuierliche Verteilungen)} \qquad (B.17)$$

Die Mittelwerte $\langle x^n \rangle$ in den Gleichungen (B.16) und (B.17) werden als **n-tes Moment** der Zufallsgröße x_i beziehungsweise x bezeichnet. Das erste Moment entspricht den Mittelwerten aus den Gleichungen (B.11), (B.12) und (B.11). Das zweite Moment

B.1 Mathematische Begriffe der Statistik

entspricht dem Mittelwert über das Quadrat $\langle x^2 \rangle$. Letzteres wird recht häufig bei statistischen Verteilungen diskutiert, insbesondere wenn $F(x)$ symmetrisch zu $x = 0$ und damit $\langle x \rangle = 0$ ist. Darüber hinaus spielen noch die sogenannten zentralen Momente von Zufallsgrößen eine Rolle bei der Beschreibung statistischer Vorgänge. Das **zentrale Moment n-ter Ordnung** ist als Mittelwert über die Funktion $(x - \langle x \rangle)^n$ definiert:

$$\langle (x - \langle x \rangle)^n \rangle = \sum_i P_i \cdot (x_i - \langle x \rangle)^n \qquad \text{(diskret)} \qquad (B.18a)$$

$$\langle (x - \langle x \rangle)^n \rangle = \int_{-\infty}^{\infty} (x - \langle x \rangle)^n \cdot F(x)\,dx \qquad \text{(kontinuierlich)} \qquad (B.18b)$$

Eine besondere Bedeutung hat das zentrale Moment zweiter Ordnung. Es wird als **Dispersion, Varianz** oder **Streuungsquadrat** bezeichnet. Die Wurzel daraus, gewöhnlich mit dem Formelsymbol σ bezeichnet, nennt man **Streuung, mittlere quadratische Abweichung** oder **Standardabweichung**. 2σ ist ein Maß für die mittlere Breite einer Wahrscheinlichkeitsdichte $F(x)$. Die entsprechenden Gleichungen für diskrete und kontinuierliche Verteilungen sind

$$\sigma^2 = \langle (x_i - \langle x \rangle)^2 \rangle = \sum_i P_i \cdot (x_i - \langle x \rangle)^2 \qquad \text{(diskret)} \qquad (B.19a)$$

$$\sigma^2 = \int_{-\infty}^{\infty} (x - \langle x \rangle)^2 \cdot F(x)\,dx \qquad \text{(kontinuierlich)} \qquad (B.19b)$$

Die Varianz läßt sich darüber hinaus recht einfach durch die Mittelwerte $\langle x^2 \rangle$ und $\langle x \rangle$ ausdrücken, wie die folgende Umformung zeigt

$$\sigma^2 = \langle (x - \langle x \rangle)^2 \rangle$$
$$= \langle x^2 - 2 \cdot x \cdot \langle x \rangle + \langle x \rangle^2 \rangle = \langle x^2 \rangle - 2 \cdot \langle x \rangle \cdot \langle x \rangle + \langle x \rangle^2$$
$$= \langle x^2 \rangle - \langle x \rangle^2 \qquad (B.20)$$

Häufig bezieht man die Standardabweichung auf den Mittelwert der Zufallsgröße und definiert als relative Standardabweichung

$$\sigma_{\text{rel}} = \frac{\sigma}{\langle x \rangle} = \frac{[\langle x^2 \rangle - \langle x \rangle^2]^{1/2}}{\langle x \rangle} \qquad (B.21)$$

Für die mittlere quadratische Abweichung der Energie E eines Systems erhält man zum Beispiel:

$$\sigma_E^2 = \langle E^2 \rangle - \langle E \rangle^2 \quad , \qquad \sigma_{E,\text{rel}} = \frac{\sigma_E}{\langle E \rangle} = \frac{[\langle E^2 \rangle - \langle E \rangle^2]^{1/2}}{\langle E \rangle} \qquad (B.22)$$

Verteilungen mit mehreren Zufallsvariablen

Hat man zwei unabhängige Zufallsgrößen x_1 und x_2, die beispielsweise dieselbe Eigenschaft eines Systems in verschiedenen Teilvolumina betreffen, so läßt sich eine Wahrscheinlichkeitsdichtefunktion $F(y) = F(x_1 + x_2)$ formulieren, die die Wahrscheinlichkeit für das Auftreten der Summenwerte $y = x_1 + x_2$ beschreibt. Es seien die beiden einfachen Wahrscheinlichkeitsdichtefunktionen $F_a(x_1)$ und $F_b(x_2)$ gegeben. Für die kombinierte Wahrscheinlichkeitsdichtefunktion $F(y)$ gilt dann

$$F(y) = \int_{-\infty}^{+\infty} F_a(x_1) F_b(y - x_1) \, dx_1 \tag{B.23}$$

Die Form des Integrals in Gleichung (B.23) wird als **Faltungsintegral** der Funktionen F_a und F_b bezeichnet. Für die Varianz der resultierenden Wahrscheinlichkeitsdichte gilt

$$\sigma_y^2 = \sigma_a^2 + \sigma_b^2 \tag{B.24}$$

Neben Verteilungen einer einzigen Zufallsgröße, spielen in der statistischen Thermodynamik auch **mehrdimensionale Verteilungs-** oder **Wahrscheinlichkeitsdichtefunktionen** eine wichtige Rolle. Sie beschreiben Wahrscheinlichkeiten, die gleichzeitig von mehreren Zufallsgrößen abhängen. Man spricht auch von mehrdimensionalen Zufallsgrößen $\{x_1, x_2, \cdots, x_n\}$ (der Index unterscheidet hier unabhängige Zufallsgrößen und nicht wie in Gleichung (B.11) diskrete Werte einer einzigen Zufallsgröße!) oder Zufallsvektoren X. Der Mittelwert $\langle x_k \rangle$ einer der Zufallsvariablen beziehungsweise einer Komponente des Zufallsvektors ist durch das folgende Mehrfachintegral mit k aus $1, 2, \cdots, n$ definiert

$$\langle x_k \rangle = \int_{-\infty}^{\infty} \cdots \int_{-\infty}^{\infty} x_k \, F(x_1, x_2, \cdots, x_n) \, dx_1 \, dx_2 \cdots dx_n \tag{B.25}$$

Für die Dispersion oder Varianz gilt in Analogie zu Gleichung $(B.19b)$

$$\langle \sigma_{kk} \rangle = \int_{-\infty}^{\infty} \cdots \int_{-\infty}^{\infty} (x_k - \langle x_k \rangle)^2 \, F(x_1, x_2, \cdots, x_n) \, dx_1 \, dx_2 \cdots dx_n \tag{B.26}$$

Daneben ist für mehrdimensionale Verteilungen die Beurteilung der Korrelation zwischen den verschiedenen Zufallsvariablen oder Komponenten des Zustandsvektors für statistische Betrachtungen wichtig. Sie wird quantitativ beschrieben durch die gemischten Varianzen σ_{ik}, die definiert sind durch

$$\langle \sigma_{ik} \rangle = \int_{-\infty}^{\infty} \cdots \int_{-\infty}^{\infty} (x_i - \langle x_i \rangle)(x_k - \langle x_k \rangle) \cdot F(x_1, x_2, \cdots, x_n) \, dx_1 \, dx_2 \cdots dx_n \tag{B.27}$$

Insbesondere benutzt man in diesem Zusammenhang häufig die **Korrelationskoeffizienten** r_{ik}, für die gilt

$$r_{ik} = \frac{\sigma_{ik}}{\sqrt{\sigma_{ii} \, \sigma_{kk}}} \tag{B.28}$$

Beispiele für Verteilungsfunktionen

Die wichtigsten Verteilungs- oder Wahrscheinlichkeitsdichtefunktionen für statistische Betrachtungen chemischer Systeme sind die Binomialverteilung, die Normal- oder Gaußverteilung und - etwas weniger häufig - die Poisson-Verteilung. Diese drei Formen von Verteilungsfunktionen stehen in einem engen Zusammenhang. Eine besondere Stellung nimmt die Gaußverteilung ein, da sie eine sehr gute Näherung der übrigen Verteilungsfunktionen für sehr große Zahlen (z.B. Teilchenzahlen, Anzahl von Stichproben oder Messungen) darstellt.

Gaußverteilung

Die normierte Verteilungsfunktion für die allgemeine Gauß- oder Normalverteilung ist

$$F(x) = \frac{1}{\sqrt{2\pi\sigma^2}} \exp\left(-\frac{(x - \langle x \rangle)^2}{2\sigma^2}\right) \tag{B.29}$$

In Tabellenwerken findet man die sogenannte standardisierte Normalverteilung, die aus einer gegebenen allgemeinen Normalverteilung durch die Koordinatentransformation $x' = x - \langle x \rangle$ herleitbar ist. Dies entspricht einer Verschiebung des Koordinatennullpunkts in das Maximum der zum Mittelwert $\langle x \rangle$ symmetrischen Normalverteilung. Abbildung B.2 zeigt den Verlauf von $F(x)$ für verschiedene Werte der Standardabweichung σ, wobei als Mittelwert $\langle x \rangle = 0$ angenommen wurde. Dabei ist σ^2 die in Gleichung $(B.19b)$ definierte Varianz. 2σ entspricht der Halbwertsbreite der Normalverteilung (siehe Abbildung B.2). Je kleiner σ ist, desto schärfer wird die Spitze von $F(x)$ um den Mittelwert $\langle x \rangle$.

Wenn $F(x)$ die Wahrscheinlichkeit für das Auftreten von bestimmten Meßwerten x um den Mittelwert $\langle x \rangle$ bedeutet, kann man zeigen, daß mit zunehmender Zahl N der Messungen die Standardabweichung σ proportional mit $1/\sqrt{N}$ abnimmt. Ein analoges Verhalten werden wir zum Beispiel bei zeitlichen Fluktuationen der Energie eines thermodynamischen Systems konstanter Temperatur wiedertreffen, wobei für N dann die Teilchenzahl des Systems einzusetzen ist ($\sigma_E \sim 1/\sqrt{N}$). Da die Teilchenzahl üblicher chemischer Systeme von der Größenordnung 10^{22} ist, ist die Abweichung vom Mittelwert dann extrem klein. Dies sind typische Effekte der „Gesetze großer Zahlen". Der Vorfaktor vor der Exponentialfunktion normiert das Integral der Verteilungsfunktion auf Eins.

Das Integral über die Normalverteilung in Gleichung (B.29) zwischen $-\infty$ und x bezeichnet man als **Gaußsches Integral** oder **Fehlerintegral**. Tabelliert findet man allerdings die Werte für das Gaußsche Fehlerintegral über die **standardisierte Normalverteilung**, das definiert ist als

$$\Phi(x) = \frac{1}{\sqrt{2\pi}} \int_{-\infty}^{x} e^{-z^2/2} \, dz \tag{B.30}$$

Spezielle Werte sind: $\Phi(0) = 1/2$, $\Phi(-\infty) = 0$, $\Phi(+\infty) = 1$. Es handelt sich dabei um eine **kumulative Wahrscheinlichkeitsfunktion**. Nach Gleichung (B.6) gilt für die Wahrscheinlichkeit, daß der Wert der Zufallsvariablen x zwischen x_1 und x_2 liegt

$$P(x_1 \leq x \leq x_2) = \Phi(x_2) - \Phi(x_1) \tag{B.31}$$

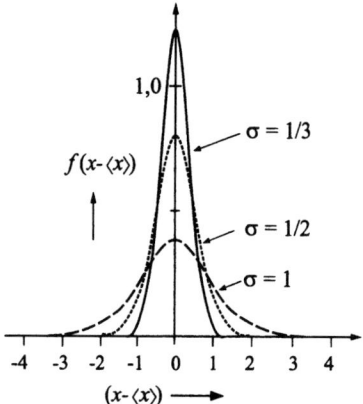

Abbildung B.2 Standardisierte Normal- oder Gaußverteilung für $\sigma = 1, \sigma = 1/2$ und $\sigma = 1/3$: die Fläche unter der Kurve hat den Wert Eins.

Im Zusammenhang mit Diffusionsvorgängen, insbesondere bei der Lösung des zweiten Fickschen Gesetzes, wird die sogenannte **Fehlerfunktion** erf(x) benutzt (auch oft mit dem englischen Ausdruck **error function** bezeichnet). Sie hängt eng mit dem Gaußschen Integral zusammen. Es gilt

$$\mathrm{erf}(x) = \sqrt{\frac{2}{\pi}} \int_0^x e^{-z^2}\,\mathrm{d}z \tag{B.32}$$

Spezielle Werte sind: erf(0) = 0, erf(∞) = 1. Daneben sei noch die Definition der komplementären Fehlerfunktion erwähnt: erfc(x) = 1 − erf(x).

Auch **mehrdimensionale Gaußverteilungen** werden in diesem Buch behandelt: Beispiele sind die Verteilung der drei Geschwindigkeitskomponenten von Teilchen eines idealen Gases (Kapitel 3.6) oder die dreidimensionale Verteilung der Bindungslängenvektoren eines Polymermoleküls („random-walk"-Modell in Kapitel 12). Für eine dreidimensionale Gaußverteilung erhält man beispielsweise, wenn die Standardabweichungen in allen drei Dimensionen gleich groß sind ($\sigma = \sigma_x = \sigma_y = \sigma_z$) und der Nullpunkt in das Maximum der Funktion $F(x,y,z)$ gelegt wird (durch geeignete Koordinatenverschiebung kann man immer erreichen, daß $\langle x \rangle = \langle y \rangle = \langle z \rangle = 0$ ist)

$$F(x,y,z) = F(x) \cdot F(y) \cdot F(z) = \left(\frac{1}{2\pi\sigma^2}\right)^{3/2} \exp\left[-\frac{x^2 + y^2 + z^2}{2\sigma^2}\right] \tag{B.33}$$

$$\text{mit } F(x) = \frac{1}{\sqrt{2\pi\sigma^2}} \exp\left[-\frac{x^2}{2\sigma^2}\right], \quad \text{analog } F(y), F(z)$$

Falls die Standardabweichungen und Mittelwerte solcher mehrdimensionaler Gaußverteilungen in allen Dimensionen gleich sind, ist die Verteilung isotrop und hängt nur von der Summe $r^2 = x^2 + y^2 + z^2$ der Komponentenquadrate ab. Es vereinfacht dann die Behandlung orientierungsunabhängiger Größen, wenn man zur **radialen Verteilung** $F(r)$ übergeht (sie wird auch als **Rayleigh-Verteilung** bezeichnet). Zur Ableitung der radialen Verteilung werden die Zufallsvariablen x,y,z durch Kugelkoordinaten r,θ,ϕ ausgedrückt gemäß Gleichung (B.73). Es ergibt sich

$$F(x,y,z)\,\mathrm{d}x\,\mathrm{d}y\,\mathrm{d}z = F(r,\theta,\phi)\,r^2\,\mathrm{d}r\,\sin\theta\,\mathrm{d}\theta\,\mathrm{d}\phi$$

B.1 Mathematische Begriffe der Statistik

$$= \left(\frac{1}{2\pi\sigma^2}\right)^{3/2} \exp\left(-\frac{r^2}{2\sigma^2}\right) r^2 \, dr \, \sin\theta \, d\theta \, d\phi \quad \text{(B.34)}$$

Durch Integration über die beiden Winkel erhält man die rein radiale Verteilungsfunktion $F(r)$. Die Integrationsgrenzen sind dabei für θ: 0 bis π, und für ϕ: 0 bis 2π.

$$\begin{aligned} F_{3D}(r) \, dr &= \int_0^{2\pi} \int_0^\pi F(r,\theta,\phi) r^2 \, dr \, \sin(\theta) \, d\theta \, d\phi \\ &= \left(\frac{1}{2\pi\sigma^2}\right)^{3/2} \exp\left(\frac{-r^2}{2\sigma^2}\right) r^2 \, dr \int_0^\pi \sin\theta \, d\theta \int_0^{2\pi} d\phi \\ &= \left(\frac{1}{2\pi\sigma^2}\right)^{3/2} 4\pi r^2 \exp\left(-\frac{r^2}{2\sigma^2}\right) dr \end{aligned} \quad \text{(B.35)}$$

Für eine zweidimensionale Gaußverteilung läßt sich die radiale Verteilung nach Transformation in Polarkoordinaten ableiten $(x,y \to r,\phi)$. Man erhält

$$\begin{aligned} F_{2D}(r) \, dr &= \int_0^{2\pi} F(r,\phi) r \, dr \, d\phi \\ &= \frac{r}{2\pi\sigma^2} \exp\left[-\frac{r^2}{2\sigma^2}\right] dr \int_0^{2\pi} d\phi = \frac{r}{\sigma^2} \exp\left[-\frac{r^2}{2\sigma^2}\right] dr \end{aligned} \quad \text{(B.36)}$$

Binomialverteilung

Die Binomialverteilung beschreibt die Wahrscheinlichkeit für diskrete Ereignisse, ist also eine diskrete Verteilung mit diskreten Wahrscheinlichkeiten P_i in unserer Nomenklatur. Für die betrachteten Ereignisse soll es nur zwei Möglichkeiten geben, wobei die Möglichkeit 1 mit der Einzelwahrscheinlichkeit p und Möglichkeit 2 mit der Einzelwahrscheinlichkeit $q = 1 - p$ auftreten kann. Werden nun die Ergebnisse von N Elementar- oder Einzelereignissen abgewartet, so beschreibt $P_N(m)$ die Wahrscheinlichkeit, daß m-Mal die Möglichkeit 1 und $(N-m)$-mal die Möglichkeit 2 während der N Versuche zutraf. m kann also Werte zwischen 0 und N annehmen. Es gilt:

$$P_N(m) = \binom{N}{m} p^m q^{N-m} \quad \text{mit} \quad \binom{N}{m} = \frac{N!}{(N-m)!m!} \quad \text{(B.37)}$$

Diese Formel entspricht dem Ergebnis für die Zahl der Anordnungsmöglichkeiten (Permutationen) von N_A Atomen A und N_B Atomen B auf $M = N_A + N_B$ Plätzen. Es gibt $N!$ mögliche Permutationen in der Reihenfolge der N Einzelereignisse, wobei durch $(N-m)!m!$ geteilt werden muß, da die identischen Einzelereignisse 1 und 2 für sich jeweils nicht unterscheidbar sind. Die Summation über alle möglichen Wahrscheinlichkeiten $P(N,m)$ ergibt Eins. Andererseits kann man die allgemeine binomische Formel anwenden und erhält:

$$1 = \sum_m P_N(m) = \sum_m \binom{N}{m} p^m q^{N-m} = \underbrace{(p+q)^N}_{=1^N} \quad \text{(B.38)}$$

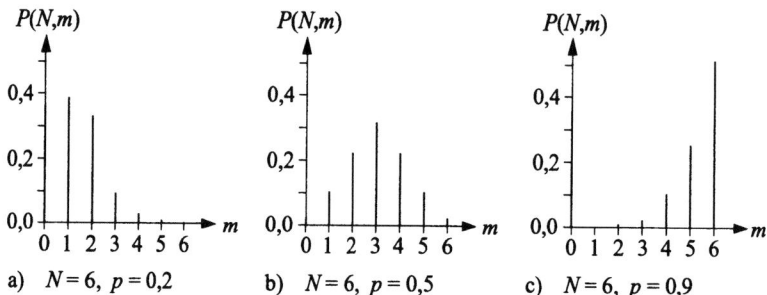

a) $N = 6$, $p = 0{,}2$ b) $N = 6$, $p = 0{,}5$ c) $N = 6$, $p = 0{,}9$

Abbildung B.3 Beispiele für die Binomialverteilung $P_N(m)$ bei konstantem N und verschiedenen Werten der Einzelwahrscheinlichkeit p. Eine einfache Anwendung ist die Betrachtung der Orientierungsmöglichkeiten von N Kern- oder Elektronenspins mit der Spinquantenzahl $S = 1/2$ bezüglich einer bestimmten Richtung.

Abbildung B.3 zeigt die Graphen der Binomialverteilung für $N = 6$ und verschiedene Werte von p. Je größer p ist, desto mehr verschiebt sich der Mittelwert nach rechts. Für $p = 0{,}5$ ist die Verteilung symmetrisch.

Für Mittelwert und Standardabweichung der Binomialverteilung gelten die folgenden Ergebnisse

$$\langle m \rangle = Np \tag{B.39a}$$

$$\sigma = \sqrt{Npq} = \sqrt{Np(1-p)} = \sqrt{\langle m \rangle (1-p)} \tag{B.39b}$$

Ist die Anzahl N der Einzelereignisse sehr groß, werden die möglichen Werte von m sehr dicht liegen. Unter dieser Bedingung kann die Binomialverteilung durch Näherungen einfacher dargestellt werden, die für $N \to \infty$ exakt werden. Zwei Fälle lassen sich unterscheiden: a) p und $q = 1 - p$ sind annähernd gleich groß ($p \approx 0{,}5$) oder b) p ist sehr klein gegen 0,5 (bei großen Werten von N reicht meist $p < 0{,}2$ für diese Näherung). Im ersten Fall kann die Binomialverteilung durch eine kontinuierliche Gaußverteilung angenähert werden. Es gilt dann

$$P_N(m) \approx \frac{1}{\sqrt{2\pi Np(1-p)}} \exp\left[-\frac{(m-Np)^2}{2Np(1-p)}\right] = \frac{1}{\sigma\sqrt{2\pi}} \exp\left[-\frac{x^2}{2\sigma^2}\right] \tag{B.40}$$

Dabei gelten für die Zufallsvariable x und die Standardabweichung σ die folgenden Zusammenhänge mit p, n und m (siehe auch $(B.39a)$ und $(B.39b)$)

$$x = m - Np \quad , \quad \sigma = \sqrt{Npq} = \sqrt{Np(1-p)} \tag{B.41}$$

Mit Gleichung $(B.39a)$ folgt aus Gleichung $(B.41)$ für den Mittelwert von x: $\langle x \rangle = 0$. Falls die Binomialverteilung genau symmetrisch um $m = N/2$ ist, ist $p = 0{,}5$ und $\sigma = N/2$. Man kann dann Gleichung $(B.40)$ noch vereinfachen, indem man mit der Substitution $\Delta m = m - N/2$ den Nullpunkt in das Maximum bei $m = N/2$ verschiebt. Man erhält

$$P_N(\Delta m) \approx \frac{2}{\sqrt{2\pi N}} \exp\left[-\frac{2(\Delta m)^2}{N}\right] \tag{B.42}$$

Tabelle B.1: Fehler bei Berechnung von $\ln x!$ nach der Stirling-Näherung

x	$\ln x!$	$x \ln x - x$	Fehler
10	15	13	13,3 %
50	148	146	1,4 %
500	2611	2607	0,2 %

In diesem Zusammenhang sei noch auf die näherungsweise Berechnung der Fakultäten großer Zahlen hingewiesen. Da die Werte von $N!$ mit steigendem N sehr schnell astronomische Größenordnungen erreichen, berechnet man in der Regel statt $N!$ selbst den Logarithmus $\ln(N!)$. Dazu ist die folgende sogenannte **Stirling-Näherung** brauchbar:

$$N! \cong \left(\frac{N}{e}\right)^N \cdot \sqrt{2\pi N} \tag{B.43}$$

Für sehr große N ist die verkürzte Form ausreichend, mit der in der Regel der Logarithmus von $N!$ berechnet wird

$$N! \cong \left(\frac{N}{e}\right)^N \quad \text{oder} \quad \ln N! = N \ln N - N \tag{B.44}$$

Tabelle B.1 verdeutlicht, daß für große Zahlen der prozentuale Fehler der Näherungsformel sehr klein wird. In der statistischen Thermodynamik treten Fakultäten großer Zahlen in logarithmierter Form auf, so daß die Näherung für chemische Systeme mit $N \approx 10^{10}$ bis 10^{23} praktisch immer sehr gut ist.

Im zweiten oben genannten Näherungsfall (N sehr groß, p klein gegen 0,5) läßt sich die Binomialverteilung zu einer **Poisson-Verteilung** vereinfachen. Es gilt dann

$$P_N(m) \approx \frac{(Np)^m}{m!} e^{-(-Np)} = \frac{\langle m \rangle^m}{m!} e^{-\langle m \rangle} \quad \text{mit} \quad \langle m \rangle = Np \tag{B.45}$$

Für Mittelwert und Standardabweichung der Poisson-Verteilung gilt

$$\langle m \rangle = Np, \quad \sigma^2 = Np = \langle m \rangle \tag{B.46}$$

Die Poisson-Verteilung ist nützlich zur Beschreibung sehr seltener Ereignisse (beispielsweise beim radioaktiven Zerfall, in der statistischen Qualitätskontrolle, in der Meteorologie). Sie erlaubt eine einfachere Auswertung der Binomialverteilung für $p \ll 0{,}5$.

Die Binomialverteilung läßt sich auf Fälle erweitern, bei denen mehr als zwei Elementarereignisse oder Zustände möglich sind. Man spricht dann von einer **Multinomialverteilung** (Anwendungsfälle beispielsweise: Energieverteilung über die Einzelsysteme in einer kanonischen Gesamtheit in Kapitel 2, Kernspins mit Spinquantenzahlen $I > 1/2$). k sei die Anzahl möglicher Elementarereignisse (z.B. Spinorientierungen). Die entsprechenden k Elementarwahrscheinlichkeiten seien bezeichnet als

$p_1, p_2, \cdots, p_k$. Wir nehmen wieder N als Gesamtzahl der Elementarereignisse an (z.B. Gesamtzahl der Spins). Mit $m_1, m_2, \cdots, m_k$ soll die Anzahl der unterschiedlichen zu den jeweiligen Einzelwahrscheinlichkeiten p_i zuzuordnenden Ereignisse bezeichnet werden. Es gilt dann

$$p_1 + p_2 + \cdots + p_k = 1 \quad , \quad m_1 + m_2 + \cdots + m_k = N \tag{B.47}$$

Für die Multinomialverteilung erhält man den folgenden Ausdruck

$$P_N(m_1, m_2, \cdots, m_k) = \frac{N!}{m_1! m_2! \cdots m_k!} \, p_1^{m_1} p_2^{m_2} \cdots p_k^{m_k} \tag{B.48}$$

B.2 Reihen und Reihenentwicklungen

Taylor-Reihe um $x = a$

$$f(x+a) = f(a) + \frac{1}{1!}\left(\frac{\partial f}{\partial x}\right)_{x=a} \cdot (x-a) + \frac{1}{2!}\left(\frac{\partial^2 f}{\partial x^2}\right)_{x=a} \cdot (x-a)^2 + \ldots \tag{B.49}$$

Beispiele

$$e^x = 1 + x + \frac{x^2}{2!} + \frac{x^3}{3!} + \ldots \qquad -\infty < x < +\infty \tag{B.50}$$

$$\ln(1+x) = x - \frac{x^2}{2} + \frac{x^3}{3} - \frac{x^4}{4} + \ldots \qquad -1 < x \leq 1 \tag{B.51}$$

$$\frac{1}{2}\ln\frac{1+x}{1-x} = x + \frac{x^3}{3} + \frac{x^5}{5} + \frac{x^7}{7} + \ldots \qquad -1 < x < 1 \tag{B.52}$$

$$\frac{1}{1+x} = 1 - x + x^2 - x^3 + \ldots \qquad -1 < x < 1 \tag{B.53}$$

$$\coth x = \frac{\cosh x}{\sinh x} = \frac{e^x + e^{-x}}{e^x - e^{-x}} = \frac{1}{x} + \frac{x}{3} - \frac{x^3}{45} + \ldots \qquad 0 < |x| < \pi \tag{B.54}$$

endliche geometrische Reihe

$$a + aq + aq^2 + aq^3 + \ldots aq^{n-1} = \frac{a(1-q^n)}{(1-q)} \qquad [q \neq 1] \tag{B.55}$$

unendliche geometrische Reihe (Anwendung: Schwingungszustandsumme)

$$a + aq + aq^2 + \ldots = \frac{a}{1-q} \qquad \text{falls} \quad -1 < q < 1 \tag{B.56}$$

binomische Formel

$$(1+x)^n = 1 + nx + \frac{n(n-1)}{2!}x^2 + \frac{n(n-1)(n-2)}{3!}x^3 \ldots \tag{B.57}$$

$$(1-x)^n = 1 - nx + \frac{n(n-1)}{2!}x^2 - \frac{n(n-1)(n-2)}{3!}x^3 \ldots \tag{B.58}$$

weitere Reihen (Anwendung in Kapitel 12, Exkurs 12.2)

$$1 + 2 + 3 + \ldots + n = \frac{n(n+1)}{2} \tag{B.59}$$

$$1^2 + 2^2 + 3^2 + \ldots + n^2 = \frac{n(n+1)(2n+1)}{6} \tag{B.60}$$

B.3 Integrale

Einige häufiger vorkommende Integrale

$$\int_0^\infty x^n e^{-ax} dx = \frac{n!}{a^{n+1}} \tag{B.61}$$

$$\int_0^\infty x^n e^{-ax^2} dx = \begin{cases} \dfrac{1 \cdot 3 \cdots (n-1)}{(2)^{(n+1)/2}} \cdot \left(\dfrac{\pi}{a^{n+1}}\right)^{1/2} & \text{für gerade } n \\[2ex] \dfrac{[\frac{1}{2}(n-1)]!}{2a^{(n+1)/2}} & \text{für ungerade } n \end{cases} \tag{B.62}$$

einige Integralwerte (I_n) zu (B.62):

n	1	2	3	4	5	6
I_n	$1/2a$	$\dfrac{1}{4} \cdot \left(\dfrac{\pi}{a^3}\right)^{1/2}$	$\dfrac{1}{2a^2}$	$\dfrac{3}{8} \cdot \left(\dfrac{\pi}{a^5}\right)^{1/2}$	$\dfrac{1}{a^3}$	$\dfrac{15}{16} \cdot \left(\dfrac{\pi}{a^7}\right)^{1/2}$

$$\int_0^\infty e^{-ax^2} dx = \frac{1}{2}\sqrt{\frac{\pi}{a}} \tag{B.63}$$

$$\int_{\varepsilon_0}^\infty \frac{e^{-\varepsilon/kT} \varepsilon^{n-1}}{(kT)^n (n-1)!} d\varepsilon = e^{-\varepsilon_0/kT} \cdot \sum_{k=0}^{n-1} \frac{1}{k!} \left(\frac{\varepsilon_0}{kT}\right)^k \tag{B.64}$$

$$\int_0^\infty \varepsilon^{1/2} e^{-a\varepsilon} d\varepsilon = \frac{\pi^{1/2}}{2a^{3/2}} \tag{B.65}$$

$$\int_0^\infty \frac{x^{1/2}}{e^x - 1} dx = \frac{2{,}612 \cdot \pi^{1/2}}{2} \tag{B.66}$$

$$\int_0^\infty \frac{x^3}{e^x - 1} dx = \frac{\pi^4}{15} \tag{B.67}$$

$$\int_0^\infty \frac{x^4 e^x}{(e^x - 1)^2} dx = \frac{4\pi^4}{15} \tag{B.68}$$

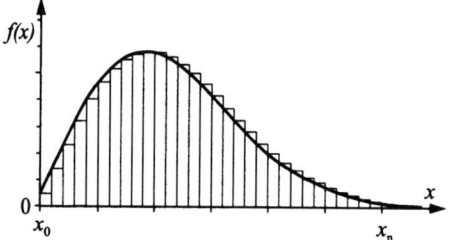

Abbildung B.4 Veranschaulichung des Fehlers, wenn eine Summe mit äquidistanten Stützstellen durch ein Integral ersetzt wird.

Ersatz einer Summe durch ein Integral

Bei der Berechnung der Translations- und Rotationszustandssummen in den Kapiteln 3.3 und 4.4 haben wir Gebrauch gemacht vom Ersatz einer diskreten Summe mit äquidistanten Stützstellen (gegeben durch die jeweiligen Quantenzahlen in Einerschritten) durch ein Integral. Die Quantenzahlen wurden dabei als kontinuierlich angenommen. Die Näherung bedeutet zunächst für eine Funktion $f(n)$:

$$\sum_{n=a}^{n=b} f(n) = f(a) + f(a+1) + f(a+2) + \ldots + f(b) \approx \int_a^b f(n)\,\mathrm{d}n \quad \text{(B.69)}$$

Abbildung B.4 zeigt die Bedeutung dieser Näherung. Die Gesamtfläche über die Rechtecke ist der Wert der Summe. Die Fläche unter der durchgezogenen Kurve stellt den Wert des Integrals dar. Beide Werte unterscheiden sich. Eine Analyse des Fehlers der einfachen Gleichsetzung von Integral und Summe in Gleichung (B.69) ist mit der Summationsformel nach Euler-MacLaurin möglich. Sie lautet ($f^{(2k-1)}(a)$ steht für die $(2k-1)$-te Ableitung der Funktion $f(n)$ an der Stelle $n = a$; B_k steht für die Reihe der Bernoulli-Zahlen)

$$\sum_{n=a}^{n=b} f(n) = \int_a^b f(n)\,\mathrm{d}n + \Delta$$

$$\Delta = \frac{1}{2}\left[f(a) + f(b)\right] + \sum_{k=1}^{\infty} (-1)^k \frac{B_k}{(2k)!}\left[f^{(2k-1)}(a) - f^{(2k-1)}(b)\right]$$

$$\text{mit } B_1 = \frac{1}{6},\quad B_2 = \frac{1}{30},\quad B_3 = \frac{1}{42}\ \ldots \quad \text{(B.70)}$$

Bei der Auswertung der Rotationszustandsumme des starren Rotators in Kapitel 4.4 ging es um die folgenden Beziehungen

$$z_{\text{rot}} = \sum_{J=0}^{\infty} f(J) = \int_0^{\infty} f(J)\,\mathrm{d}J + \Delta \quad \text{mit } f(J) = (2J+1)\,e^{-J(J+1)\Theta_{\text{rot}}/T}$$

Mit der Funktion $f(J)$ und den Grenzen $J = 0$ und $J = \infty$ ergibt sich hier

$$f(0) = 1$$

$$f'(0) = \left(\frac{df(J)}{dJ}\right)_{J=0} = 2 - \frac{\Theta_{\text{rot}}}{T}$$

$$f''(0) = \left(\frac{d^2 f(J)}{dJ^2}\right)_{J=0} = -12\frac{\Theta_{\text{rot}}}{T} + 12\left(\frac{\Theta_{\text{rot}}}{T}\right)^2 - \left(\frac{\Theta_{\text{rot}}}{T}\right)^3$$

$$f(\infty) = f'(\infty) = f''(\infty) = 0 \tag{B.71}$$

Somit ergibt sich als Fehler der Integralnäherung bei der Anwendung von Gleichung (B.70) auf die Rotationszustandssumme aus Kapitel 4.4, wenn in erster Näherung nur die linearen Glieder in (Θ_{rot}/T) berücksichtigt werden,

$$\Delta \cong \frac{1}{2} - \frac{1}{12}\left(2 - \frac{\Theta_{\text{rot}}}{T}\right) - \frac{12}{720}\left(\frac{\Theta_{\text{rot}}}{T}\right) = \frac{1}{3} + \frac{1}{15}\frac{\Theta_{\text{rot}}}{T} \tag{B.72}$$

Dieser Ausdruck ist zur Hochtemperaturnäherung der Rotationszustandssumme zu addieren, um ein verbessertes Ergebnis für z_{rot} bei Temperaturen zu erhalten, bei denen die Bedingung $T \gg \theta_{\text{rot}}$ noch nicht gut erfüllt ist. Falls beispielsweise die betrachtete Temperatur etwa das Zehnfache der Rotationstemperatur beträgt, ist der Fehler der Hochtemperaturnäherung im Vergleich zum korrigierten Ausdruck noch immer um drei Prozent.

B.4 Koordinatentransformationen

Kartesische Koordinaten → Kugelkoordinaten

$$\begin{pmatrix} x = r\cos\phi\sin\theta \\ y = r\sin\phi\sin\theta \\ z = r\cos\theta \end{pmatrix} \longrightarrow \begin{pmatrix} r^2 = x^2 + y^2 + z^2 \\ \phi = \arctan\left(\frac{y}{x}\right) \\ \theta = \arccos\left(z/\sqrt{x^2+y^2+z^2}\right) \end{pmatrix} \tag{B.73}$$

$$dx\, dy\, dz = r^2 dr\, d\theta\, d\phi \tag{B.74}$$

$$\text{grad} f(x,y,z) = e_x \frac{\partial f}{\partial x} + e_y \frac{\partial f}{\partial y} + e_z \frac{\partial f}{\partial z} \tag{B.75}$$

$$\text{grad} f(r,\theta,\phi) = e_r \frac{\partial f}{\partial r} + e_\theta \frac{1}{r}\frac{\partial f}{\partial \theta} + e_\phi \frac{1}{r\sin\theta}\frac{\partial f}{\partial \phi}$$

$$\text{div grad} f(x,y,z) = \Delta f(x,y,z) = \frac{\partial^2 f}{\partial x^2} + \frac{\partial^2 f}{\partial y^2} + \frac{\partial^2 f}{\partial z^2} \tag{B.76}$$

$$\text{div grad} f(r,\theta,\phi) = \frac{1}{r^2}\frac{\partial}{\partial r}\left(r^2 \frac{\partial f}{\partial r}\right) + \frac{1}{r^2 \sin\theta}\frac{\partial}{\partial \theta}\left(\sin\theta \frac{\partial f}{\partial \theta}\right) + \frac{1}{r^2 \sin^2\theta}\frac{\partial^2 f}{\partial \phi^2}$$

Kartesische Koordinaten → Zylinder-/Polarkoordinaten

$$\begin{pmatrix} x = r\cos\phi \\ y = r\sin\phi \\ z = z \end{pmatrix} \longrightarrow \begin{pmatrix} r^2 = x^2 + y^2 \\ \phi = \arctan\left(\frac{y}{x}\right) \\ z = z \end{pmatrix} \tag{B.77}$$

$$\mathrm{d}x\,\mathrm{d}y\,\mathrm{d}z = r\,\mathrm{d}r\,\mathrm{d}\phi\,\mathrm{d}z$$

$$\mathrm{grad}\,f(r,\phi,z) = e_r \frac{\partial f}{\partial r} + e_\phi \frac{1}{r}\frac{\partial f}{\partial \phi} + e_z \frac{\partial f}{\partial z} \tag{B.78}$$

$$\mathrm{div}\,\mathrm{grad}\,f(r,\phi,z) = \frac{\partial^2 f}{\partial r^2} + \frac{1}{r}\frac{\partial f}{\partial r} + \frac{1}{r^2}\frac{\partial^2 f}{\partial \phi^2} + \frac{\partial^2 f}{\partial z^2} \tag{B.79}$$

Variablentransformation in Mehrfachintegralen

Die Berechnung von Flächen- oder allgemein Doppelintegralen erfordert oft eine Vereinfachung durch Variablentransformation $(x,y \rightarrow u,v)$. Während die Variablen in der Integrandenfunktion über die Definitionsgleichungen der neuen Variablen ersetzt werden, tritt beim Ersatz des Produkts $\mathrm{d}x\,\mathrm{d}y$ der beiden Differentiale ein Skalierungsfaktor auf. Er kann aus der sogenannten Jacobi-Determinante berechnet werden:

$$\iint f(x,y)\,\mathrm{d}x\,\mathrm{d}y = \iint f[x(u,v),y(u,v)] \cdot \left|\frac{\partial(x,y)}{\partial(u,v)}\right| \cdot \mathrm{d}u\,\mathrm{d}v \tag{B.80}$$

Jakobi-Determinante:

$$\left|\frac{\partial(x,y)}{\partial(u,v)}\right| = \begin{vmatrix} \frac{\partial x}{\partial u} & \frac{\partial x}{\partial v} \\ \frac{\partial y}{\partial u} & \frac{\partial y}{\partial v} \end{vmatrix} = \left(\frac{\partial x}{\partial u} \cdot \frac{\partial y}{\partial v}\right) - \left(\frac{\partial x}{\partial v} \cdot \frac{\partial y}{\partial u}\right) \tag{B.81}$$

Beispiel:

$$u = y + x\,,\quad x = \frac{u-v}{2}$$
$$v = y - x\,,\quad y = \frac{u+v}{2} \quad \rightarrow \quad \left|\frac{\partial(x,y)}{\partial(u,v)}\right| = \left(\frac{1}{2}\cdot\frac{1}{2}\right) - \left(-\frac{1}{2}\cdot\frac{1}{2}\right) = \frac{1}{2}$$

B.5 Fourier-Transformation

Bei der Fourier-Transformation ordnet man einer Funktion $f(t)$ (die Variable t muß nicht nur für die Zeit stehen) umkehrbar eindeutig eine Funktion $F(\omega)$ mit der neuen Variablen ω zu. Falls t die Zeit ist, entspricht ω einer Kreisfrequenz. Man kann dies als Verallgemeinerung einer Koordinatentransformation sehen, die einem Vektor mit n Komponenten einen neuen Vektor mit ebenfalls n Komponenten zuordnet.

B.5 Fourier-Transformation

Die Variablen t und ω fungieren dabei als Laufzahlen (allerdings kontinuierlich!), mit denen die Komponenten oder besser Funktionswerte (zu)geordnet werden. Die Fourier-Transformierte $F(\omega)$ einer zeitabhängigen Funktion $f(t)$ ist definiert als

$$F(\omega) = \int_{-\infty}^{\infty} f(t) \cdot e^{-i\omega t} \, dt \tag{B.82}$$

Die neue Funktion $F(\omega)$ gibt das Frequenzspektrum zu der zeitabhängigen Funktion $f(t)$ wieder. Als Fourierrücktransformation wird das folgende Integral bezeichnet

$$f(t) = \frac{1}{2\pi} \int_{-\infty}^{\infty} F(\omega) \cdot e^{i\omega t} \, d\omega \tag{B.83}$$

Falls nicht die Kreisfrequenz sondern die Frequenz $\nu = \omega/2\pi$ als Transformationsvariable gewählt wird, fällt der Vorfaktor in Gleichung (B.83) weg. In manchen Lehrbüchern oder Definitionen wird ab und zu auch eine symmetrische Formulierung der Gleichungen (B.82) und (B.83) gewählt, bei der in beiden Gleichungen vor dem Integral jeweils der Faktor $1/\sqrt{2}$ steht.

Die Fourier-Transformation spielt bei vielen physikalischen Modellen eine wichtige Rolle und erlaubt eine übersichtliche Behandlung bei periodischen (zeit- oder ortsabhängigen) Funktionen. Bei Beugungsphänomenen wendet man beispielsweise die Fourier-Transformation auf die dreidimensionale ortsabhängige Dichtefunktionen (Röntgenbeugung→Elektronendichte) an. In diesem Fall hat man eine dreifache Transformation vor sich, die zu einer Darstellung der ortsabhängigen Funktion $f(x,y,z)$ im sogenannten k-Raum durch eine entsprechende Fourier-Transformierte $F(k_x,k_y,k_z)$ führt, für die gilt

$$F(\boldsymbol{k}) = F(k_x,k_y,k_z) = \int_{-\infty}^{\infty} \int_{-\infty}^{\infty} \int_{-\infty}^{\infty} f(\boldsymbol{r}) \, e^{-i\boldsymbol{k}\,\boldsymbol{r}} \, dx \, dy \, dz \tag{B.84}$$

$$f(\boldsymbol{r}) = \frac{1}{(2\pi)^3} \int_{-\infty}^{\infty} \int_{-\infty}^{\infty} \int_{-\infty}^{\infty} F(\boldsymbol{k}) \, e^{i\boldsymbol{k}\,\boldsymbol{r}} \, dk_x \, dk_y \, dk_z \tag{B.85}$$

Falls die Funktion $f(\boldsymbol{r})$ kugelsymmetrisch ist (zum Beispiel die Elektronendichte eines isolierten Atoms oder Ions), so kann das Fourierintegral aus Gleichung (B.84) in Kugelkoordinaten ausgedrückt und über die beiden Winkelkoordinaten integriert werden. Es folgt dann mit $r = |\boldsymbol{r}|$

$$F(\boldsymbol{k}) = \int_0^{\infty} f(r) \frac{\sin(\boldsymbol{k}\,r)}{\boldsymbol{k}\,r} \cdot 4\pi r^2 \, dr \tag{B.86}$$

Dieses Ergebnis wird beispielsweise bei der Beugung einer ebenen Welle an einem kugelförmigen Atom oder Molekül benutzt (siehe Kapitel 10, Exkurs 10.1).

Die Fourier-Transformation erlaubt bei Faltungsintegralen eine wesentliche Vereinfachung: die Integration im t-Raum (bzw. x,y,z-Raum) wird zu einem Produkt im ω-Raum (bzw. k_x, k_y, k_z-Raum). Ein Faltungsintegral hat die Form

$$i(t) = \int_{-\infty}^{\infty} f(\tau - t) g(\tau) \, d\tau \tag{B.87}$$

Für die zugeordneten Fourier-Transformierten (aller drei Funktionen in Gleichung (B.87)) gilt

$$I(\omega) = F(\omega) \cdot G(\omega) \tag{B.88}$$

Faltungsintegrale treten bei der allgemeinen zeitabhängigen Darstellung in der Linearen-Antwort-Theorie (Kapitel 15.6) auf. Die günstige Darstellung in der Frequenzdomäne gemäß Gleichung (B.88) ist ein wesentlicher Grund, daß man bei der detaillierten Behandlung der Transportkoeffizienten die frequenzabhängige Darstellung bevorzugt. Die bekannten linearen Transportgleichungen der irreversiblen Thermodynamik für Stromdichten in Form einfacher Produkte aus Transportkoeffizient und Gradient, beispielsweise das Ohmsche Gesetz $j = \sigma \, \text{grad} \, \varphi$, sind streng nur in der Frequenzdomäne gültig, wobei die Frequenzabhängigkeit der Transportkoeffizienten zu berücksichtigen ist. Im zeitabhängigen Bereich liegen Ausdrücke wie Gleichung (B.87) vor, die wesentlich unübersichtlicher zu handhaben sind.

Literatur zu den mathematischen Grundlagen

M. Abramowitz, I.A. Stegun, *Pocketbook of Mathematical Functions*, Verlag H. Deutsch, Frankfurt 1984.
I.N. Bronstein, K.A. Semendjajew, G. Musiol, H. Mühlig, *Taschenbuch der Mathematik*, Verlag H. Deutsch, Frankfurt 1993.
K. Jug, *Mathematik in der Chemie*, Springer Verlag, Berlin 2. Aufl. 1993.
M. Stockhausen, *Mathematische Behandlung naturwissenschaftlicher Probleme*, Steinkopf Verlag, Darmstadt 2. Aufl. 1987.
H.G. Zachmann, *Mathematik für Chemiker*, VCH, Weinheim 5. Aufl. 1994.

C Bewegungsgleichungen und Normalkoordinatenanalyse

Im folgenden sind die in diesem Buch erwähnten oder benutzten Beziehungen der klassischen Mechanik kurz zusammengestellt. Zunächst wird eine kurze Übersicht über Varianten der Bewegungsgleichungen gegeben, die in der klassischen Mechanik gebräuchlich sind. Da die Transformation auf Normalkoordinaten im vorliegenden Buch für viele Beispiele, bei denen Schwingungsenergien vorkommen (Moleküle in Kapitel 4, Kristallschwingungen in Kapitel 6), grundlegend ist, wird sie im folgenden ausführlicher behandelt. Zu weiteren Details und weiterführenden Aspekten sei auf die am Ende dieses Abschnitts angegebene Literatur verwiesen. Einige Beispiele sind auch in Kapitel 1.2 zu finden.

Bewegungsgleichungen der klassischen Mechanik

Als Modellsystem sei ein N-atomiges Molekül gewählt, dessen N Atome durch Massepunkte an den Kernpositionen angenähert beschrieben werden. Die Wechselwirkungen im Molekül oder mit äußeren Feldern seien durch eine potentielle Energie beschrieben, die nur von den $3N$ Koordinaten der Atompositionen abhängen.

Wir benutzen die in der Mechanik üblichen Kurzsymbole T für die Translationsenergie und V für die potentielle Energie. Das System ist durch $3N$ Ortskoordinaten $x_1, x_2, \ldots x_{3N}$ und ebensoviele Geschwindigkeitskoordinaten $\dot{x}_1, \dot{x}_2, \ldots \dot{x}_{3N}$ charakterisiert (vereinfachte Notation: $v_i = \dot{x}_i = dx_i/dt$).

Wenn wir uns auf isolierte Systeme mit konstanter Gesamtenergie (konservatives System) beschränken, hängt T nur von den Geschwindigkeiten und V nur von den Ortskoordinaten ab

$$T = \sum_{i=1}^{3N} \frac{m_i \dot{x}_i^2}{2} \tag{C.1}$$

$$V = V(x_1, x_2, \ldots x_{3N}) \tag{C.2}$$

Die Bewegungsgleichungen lassen sich in der allgemeinen klassischen Mechanik über ein Variationsprinzip aus der Lagrange-Funktion L ableiten, die definiert ist als

$$L = T - V \tag{C.3}$$

Das erwähnte Variationsprinzip liefert als Ergebnis $3N$ partielle Differentialgleichungen zweiter Ordnung der Form (sogenannte Lagrange-Gleichungen)

$$\frac{d}{dt}\frac{\partial L}{\partial \dot{x}_i} - \frac{\partial L}{\partial x_i} = 0 \quad \text{für} \quad i = 1, 2, \ldots, 3N \tag{C.4}$$

Mit (C.1), (C.2) und (C.3) folgt für ein System mit konstanter Energie (**konservatives System**)

$$m_i \ddot{x}_i = -\frac{\partial V(x_1, \ldots, x_{3N})}{\partial x_i} = F_i(x_1, \ldots x_{3N}) \qquad (C.5)$$

wobei mit F_i die Kraftkomponenten auf die Teilchen bezeichnet sind. Diese Gleichungen entsprechen den Newtonschen Bewegungsgleichungen. Ihre Lösung erfordert die Herleitung von $3N$ Ortskoordinaten und $3N$ Geschwindigkeitskoordinaten als Funktion der Zeit, weshalb man auch von $6N$ Freiheitsgraden spricht.

Eine verallgemeinerte Darstellung der Funktionen L, T, V oder davon abgeleiteter Ausdrücke im Koordinatensystem der $6N$ Orts- und Geschwindigkeitskoordinaten ist dann eine Kurve (**Trajektorie**) im Phasenraum (siehe Kapitel 1.2).

Koordinatentransformationen

Eine geeignete lineare Koordinatentransformation vereinfacht in vielen Fällen die Lösung der Bewegungsgleichungen eines Vielteilchensystems. Die folgende Gleichung beschreibt allgemein eine eindeutige und umkehrbare lineare Abbildung die $3N$ Ortskoordinaten x_i auf $3N$ neue Koordinaten q_i

$$q_i = a_{i1} x_1 + a_{i2} x_2 + \ldots + a_{i,3N} x_{3N} \qquad (C.6)$$

Da die Koeffizienten konstant sind, gilt die gleiche Transformation auch für die Berechnung der entsprechenden Geschwindigkeitskoordinaten $\dot{q}_i$, wobei der Punkt hier die Zeitableitung der betreffenden Größe bezeichnet:

$$\dot{q}_i = a_{i1} \dot{x}_1 + a_{i2} \dot{x}_2 + \ldots + a_{i,3N} \dot{x}_{3N} \qquad (C.7)$$

Als Kurznotation eignet sich sehr gut für solche linearen Gleichungssysteme die Schreibweise mit Vektoren und Matrizen. Die beiden Koordinatensätze seien dazu als Spaltenvektoren x und q zusammengefaßt:

$$x = \begin{pmatrix} x_1 \\ x_2 \\ \vdots \\ x_{3N} \end{pmatrix} \quad \longrightarrow \quad q = \begin{pmatrix} q_1 \\ q_2 \\ \vdots \\ q_{3N} \end{pmatrix} \qquad (C.8)$$

Analoges gilt für $\dot{x}$ und $\dot{q}$. Für die Koeffizientenmatrix A gilt dann

$$A = \begin{pmatrix} a_{11} & a_{12} & \cdots & a_{1,3N} \\ a_{21} & a_{22} & & \vdots \\ \vdots & & \ddots & \vdots \\ \vdots & \cdots & \cdots & a_{3N,3N} \end{pmatrix} \qquad (C.9)$$

so daß die Koordinatentransformation (sowie die Rücktransformation) geschrieben werden kann als

$$q = A \cdot x, \; \dot{q} = A \cdot \dot{x} \quad \longleftrightarrow \quad x = A^{-1} q \qquad , \; \dot{x} = A^{-1} \dot{q} \qquad (C.10)$$

Die oben angegebenen Bewegungsgleichungen wie auch die Lagrange-Funktion und ihre beiden Anteile T und V sind invariant gegenüber dieser Koordinatentransformation. Mit beliebigen verallgemeinerten Koordinaten erhält man entsprechend

$$L(q_1,\ldots q_{3N},\dot{q}_1,\ldots \dot{q}_{3N}) = \sum_{i=1}^{3N} \frac{m_i \dot{q}_i^2}{2} - V(q_1,\ldots q_{3N}) \tag{C.11}$$

$$\frac{d}{dt}\frac{dL}{\partial \dot{q}_i} - \frac{\partial L}{\partial q_i} = 0 \quad \text{oder} \quad m_i \ddot{q}_i = -\frac{\partial V(q_1,\ldots q_{3N})}{\partial q_i} \tag{C.12}$$

Wenn T nur von den Geschwindigkeiten $\dot{q}_i$ und V nur von den Ortskoordinaten q_i abhängt (wie in unseren Beispielen), kann man (C.12) auch schreiben als

$$\frac{d}{dt}\frac{\partial T}{\partial \dot{q}_i} + \frac{\partial V}{\partial q_i} = 0 \tag{C.13}$$

Kanonische Hamiltonsche Gleichungen

Weitere Vorteile liefert eine aus der obigen Lagrange-Formulierung ableitbare alternative Darstellung der Bewegungsgleichungen anhand der sogenannten Hamilton-Funktion H, die das klassische Analogon zum Hamilton-Operator der Quantenmechanik darstellt. Dazu werden durch folgende Definition $3N$ verallgemeinerte Impulse p_i zu den Koordinaten q_i gebildet (eine spezielle Wahl ist $q_i = x_i$, woraus $p_i = m_i \dot{x}_i$ folgt)

$$p_i = \frac{\partial L}{\partial \dot{q}_i} \quad \text{für} \quad i = 1,\ldots 3N \tag{C.14}$$

Dann wird durch eine Legendre-Transformation (in der Mechanik auch als Kontakttransformation bezeichnet) ganz analog zur Handhabung bei den Gibbs'schen Fundamentalgleichungen aus $L(q_i,\dot{q}_i)$ die Hamilton-Funktion $H(q_i,p_i)$ gebildet (vergleiche Anhang A.4)

$$\begin{aligned} H(q_1\cdots q_{3N},p_1\cdots p_{3N}) &= \sum_{i=1}^{3N} \dot{q}_i \cdot p_i - L(q_1\cdots q_{3N},\dot{q}_1\cdots \dot{q}_{3N}) \\ &= T(p_1\cdots p_{3N}) + V(q_1\cdots q_{3N}) \end{aligned} \tag{C.15}$$

Hier entspricht die Hamilton-Funktion gleichzeitig der Gesamtenergie. Die Bewegung des Systemmikrozustands im Phasenraum wird also durch $3N$ Ortskoordinaten $q_i(t)$ und $3N$ Impulse $p_i(t)$ als Funktion der Zeit beschrieben. $q_i(t)$ und $p_i(t)$ sind Lösungen der insgesamt $6N$ Gleichungen der folgenden Form (Hamilton-Gleichungen)

$$\dot{q}_i = \frac{\partial H}{\partial p_i}, \quad \dot{p}_i = -\frac{\partial H}{\partial q_i} \quad \text{für} \quad i = 1,2\ldots 3N \tag{C.16}$$

Der Vorteil der Hamiltonschen Formulierung liegt darin, daß Konstanten der Bewegung, insbesondere konstante Impulse und Drehimpulse über Gleichung (C.16), die Zahl der Variablen direkt reduzieren. Dies kann durch geeignete Koordinatenwahl optimal ausgenutzt werden.

Lokale Schwingungen und Normalkoordinatenanalyse

Betrachtet sei wiederum ein N-atomiges Molekül. In diesem Fall ist ein üblicher Ausgangspunkt, die $3N$ Ortskoordinaten der Einzelatome als Auslenkungen x_i aus den Gleichgewichtspositionen der Atome im Molekül zu definieren.[1] Jeweils drei Koordinaten x_i, x_{i+1}, x_{i+3} bezeichnen dann die Auslenkung eines Atoms in drei zueinander senkrechten Raumrichtungen (im allgemeinen brauchen die für die verschiedenen Atome gewählten Koordinatenachsen nicht alle senkrecht zueinander sein, sondern können an die Molekülsymmetrie angepaßt werden).

Wenn kleine Auslenkungen vorausgesetzt werden, so kann die potentielle Energie V in eine Taylorreihe um die Gleichgewichtslagen $x_i = 0$ entwickelt werden:

$$E_{\text{pot}} \stackrel{\wedge}{=} V = V_0 + \sum_{i=1}^{3N} \left(\frac{\partial V}{\partial x_i}\right) x_i + \frac{1}{2} \sum_{i=1}^{3N} \sum_{j=1}^{3N} \left(\frac{\partial^2 V}{\partial x_i \partial x_j}\right) x_i x_j + \ldots \quad \text{(C.17)}$$

Der Nullpunkt ist frei wählbar. Zweckmäßig ist hier die spezielle Wahl $V_0 = 0$. Im Gleichgewicht gilt darüberhinaus für das ruhende Molekül (alle $x_i = 0$), daß $V = V_0$ ein Minimum darstellt. Deshalb müssen alle ersten Ableitungen verschwinden

$$\left(\frac{\partial V}{\partial x_i}\right)_{x_i=0} = 0 \quad \text{für alle} \quad i = 1, 2, \ldots 3N \quad \text{(C.18)}$$

Es ist für die weitere Ableitung zweckmäßig (und üblich), zu massegewichteten Auslenkungskoordinaten überzugehen. Sie unterscheiden sich von den kartesischen Koordinaten um einen konstanten Faktor und sind definiert durch

$$q_i = \frac{x_i}{\sqrt{m_i}} \quad \text{und} \quad \dot{q}_i = \frac{\dot{x}_i}{\sqrt{m_i}} \quad \text{für} \quad i = 1, 2, \ldots 3N \quad \text{(C.19)}$$

Dies entspricht einer Koordinatentransformation mit der folgenden speziellen $3N$-reihigen quadratischen Matrix A

$$A = \begin{pmatrix} m_1^{-1/2} & 0 & \cdots & 0 \\ 0 & m_2^{-1/2} & & \vdots \\ \vdots & & \ddots & \vdots \\ \vdots & \cdots & \cdots & m_N^{-1/2} \end{pmatrix} \quad \text{(C.20)}$$

Abbruch der Reihe in (C.17) nach den quadratischen Gliedern ergibt die sogenannte **harmonische Näherung** für die potentielle Energie

$$V = \frac{1}{2} \sum_{i=1}^{3N} \sum_{j=1}^{3N} \left(\frac{\partial^2 V}{\partial x_i \partial x_j}\right) x_i x_j = \frac{1}{2} \sum_{i=1}^{3N} \sum_{j=1}^{3N} \left(\frac{\partial^2 V}{\partial q_i \partial q_j}\right) q_i q_j \quad \text{(C.21)}$$

---

[1] Diese Vorgehensweise ist für größere Moleküle mit Möglichkeiten zu innerer Rotation wie beispielsweise Ethan nicht mehr ganz zu halten. Die innere Rotation ist in Form eines geänderten Potentialansatzes zu berücksichtigen und wird die Zahl der Normalschwingungen entsprechend verringern (siehe dazu Kapitel 4.6).

Diese quadratische Form der potentiellen Energie hat natürlich eine entscheidende Bedeutung für schwingende Systeme, bei denen die Auslenkungen der Koordinaten um ihre Ruhepositionen klein bleiben. Desweiteren führt man zur Abkürzung noch entsprechende massegewichtete **Kraftkonstanten** f_{ij} ein:

$$f_{ij} = \frac{\partial^2 V}{\partial q_i \partial q_j} = \frac{\partial^2 V}{\partial q_j \partial q_i} = f_{ji} \tag{C.22}$$

Mit diesen lautet der Ausdruck (C.21) für die potentielle Energie, wobei im zweiten Schritt die Symmetrie der Koeffizienten nach Gleichung (C.22) benutzt wird

$$V = \frac{1}{2} \sum_{i=1}^{3N} \sum_{j=1}^{3N} f_{ij} q_i q_j = \frac{1}{2} \sum_{i=1}^{3N} f_{ii} q_i^2 + \sum_{i=1}^{3N} \sum_{j<i} f_{ij} q_i q_j \tag{C.23}$$

Auch hier führt die Matrizenschreibweise zu einer summarischen übersichtlichen Darstellung. Die Kraftkonstantenmatrix F, die nach (C.22) symmetrisch ist, lautet

$$F = \begin{pmatrix} f_{11} & f_{12} & \cdots & f_{1,3N} \\ f_{12} & f_{22} & & \vdots \\ \vdots & & \ddots & \vdots \\ f_{1,3N} & \cdots & \cdots & f_{3N,3N} \end{pmatrix} \tag{C.24}$$

Gleichung (C.21), auch als Bilinearform zu F bezeichnet, läßt sich dann schreiben als

$$V = \frac{1}{2} q^T F q \tag{C.25}$$

wobei q^T der zum Spaltenvektor q transponierte Reihenvektor $q = (q_1, q_2, \ldots q_{3N})$ ist. Für die kinetische Energie folgt übrigens mit der Einheitsmatrix E

$$T = \frac{1}{2} \dot{q}^T E \dot{q} = \frac{1}{2} \dot{q}^2 \tag{C.26}$$

Da die Matrix F symmetrisch und reell ist, kann man sie in jedem Fall durch eine Koordinatentransformation zu einer Diagonalmatrix Λ diagonalisieren. Sei L die Matrix, die diese Koordinatentransformation bewerkstelligt, so gilt

$$\Lambda = \begin{pmatrix} \lambda_1 & 0 & \cdots & 0 \\ 0 & \lambda_2 & & \vdots \\ \vdots & & \ddots & \vdots \\ 0 & \cdots & \cdots & \lambda_{3N} \end{pmatrix} = L^T F L \tag{C.27}$$

L transformiert gleichzeitig alle Koordinaten q_i, $\dot{q}_i$ (bzw. p_i) zu einem neuen Satz Q_i, $\dot{Q}_i$ (bzw. P_i) gemäß

$$Q = L \cdot q \,, \qquad \dot{Q} = L \cdot \dot{q} \tag{C.28}$$

In Exkurs C.1 ist gezeigt, wie die Matrix L zu einer gegebenen Matrix F gefunden wird. Für $T(\dot{Q}_1, \ldots \dot{Q}_{3N})$ und $V(Q_1, \ldots Q_{3N})$ folgt dann

$$T = \frac{1}{2} \sum_{i=1}^{3N} \dot{Q}_i^2 \quad , \quad V = \frac{1}{2} \sum_{i=1}^{3N} \lambda_i Q_i^2 \tag{C.29}$$

Mit der Lagrange-Formulierung, Gleichungen (C.3) und (C.13), folgen $3N$ unabhängige Bewegungsgleichungen, die jeweils nur eine Normalkoordinate Q_i betreffen

$$\frac{d}{dt} \frac{\partial T}{\partial \dot{Q}_i} + \frac{\partial V}{\partial Q_i} = 0 \quad \Rightarrow \quad \ddot{Q}_i + \lambda_i Q_i^2 = 0 \tag{C.30}$$

oder in Matrizenschreibweise

$$\ddot{Q} + Q^T \Lambda Q = 0 \tag{C.31}$$

Die Lösungen der Teilgleichungen (C.30) sind durch den folgenden Ansatz gegeben, wobei ΔQ_{i0} die Amplitude der jeweiligen schwingenden Koordinate $Q_i(t)$ und α_i ihre Phase darstellen

$$Q_i = \Delta Q_{i0} \cos(\lambda_i^{1/2} t + \alpha_i) \tag{C.32}$$

Man erkennt, daß die Elemente λ_i der Diagonalmatrix Λ (die aus den Eigenwerten der Kraftkonstantenmatrix F besteht, siehe dazu Exkurs C.1) gleichzeitig die Normalschwingungsfrequenzen ν_i (oder Kreisfrequenzen ω_i) ergeben gemäß

$$\lambda_i^{1/2} = \omega_i = 2\pi \nu_i \tag{C.33}$$

Betrachtet man die Koordinaten q_i im ursprünglichen Koordinatensystem, so gilt, wenn die Amplituden aller Normalschwingungen bis auf eine Null sind (d.h. $\Delta Q_{i0} \neq 0$, $\Delta Q_{j0} = 0$ für $j \neq i$; $l_{i1}, l_{i2} \ldots$ steht für die Elemente der Matrix L)

$$q = L^{-1} Q = L^T Q = \begin{pmatrix} l_{i1} \cdot Q_i \\ l_{i2} \cdot Q_i \\ \vdots \\ l_{i,3N} \cdot Q_i \end{pmatrix} \tag{C.34}$$

Dies bedeutet, daß bei Anregung der speziellen Normalschwingung i alle Atome in Phase schwingen mit charakteristischen durch die a_{ki} gegebenen Amplitudenverhältnissen (zwischen verschiedenen angeregten Normalschwingungen besteht allerdings keine feste Phasenbeziehung).

Exkurs C.1 Diagonalisieren, Eigenwerte, Eigenvektoren

Gegeben sei eine symmetrische, relle quadratische Matrix F der Ordnung $3N$. Gesucht ist die Transformationsmatrix L, die die Matrix F zur diagonalen Matrix Λ diagonalisiert. Ohne Begründung sei im folgenden nur die Vorgehensweise gezeigt (weitergehende Diskussion und Begründung: siehe Lehrbücher der Mathematik am Ende des mathematischen Anhangs).

Zunächst werden die Eigenwerte λ_i der Matrix F bestimmt. Es handelt sich um die Lösungen der sogenannten Säkulargleichung, die in Matrixschreibweise lautet (E ist die Einheitsmatrix)

$$F x = \lambda x \quad \text{oder} \quad (F - \lambda E)x = 0 \tag{C.35}$$

Dies ist ein lineares Gleichungssystem. Für die Lösungen λ_i gilt, daß die Determinante der Matrix $F - \lambda E$ Null werden muß, also

$$\det |F - \lambda E| = \det \begin{vmatrix} f_{11} - \lambda & f_{12} & \cdots & f_{1,3N} \\ f_{12} & f_{22} - \lambda & & \\ \vdots & & \ddots & \\ f_{1,3N} & \cdots & \cdots & f_{3N,3N,} - \lambda \end{vmatrix} \tag{C.36}$$

Dies ist ein Polynom der Ordnung $3N$, so daß es $3N$ Lösungen gibt, die die Eigenwerte $\lambda_1, \ldots \lambda_{3N}$ der Matrix F darstellen. In der diagonalisierten Form der Matrix F bilden die Eigenwerte die Diagonalelemente, so daß diese schon die gewünschte Diagonalmatrix darstellen:

$$\Lambda = \begin{pmatrix} \lambda_1 & 0 \cdots & 0 \\ 0 & \lambda_2 & & \vdots \\ \vdots & & \ddots & \vdots \\ 0 & \cdots & \cdots & \lambda_{3N} \end{pmatrix} \tag{C.37}$$

Zur vollständigen Lösung muß noch die diagonalisierende Matrix L ermittelt werden, um die Normalkoordinaten aus den anfangs angesetzten Auslenkungskoordinaten $q_i, \dot{q}_i$ zu berechnen. Dazu bestimmt man die zu den λ_k gehörenden Eigenvektoren x_k. Die insgesamt $3N$ Eigenvektoren bilden die Spalten der Matrix L

$$L = (\,(x)_1 (x)_2 \ldots (x)_{3N}\,) = \left(\begin{pmatrix} x_1 \\ x_2 \\ \vdots \\ x_{3N} \end{pmatrix}_1 \cdots \begin{pmatrix} x_1 \\ x_2 \\ \vdots \\ x_{3N} \end{pmatrix}_{3N} \right) \tag{C.38}$$

Zur Bestimmung der Eigenvektoren x_k sind für jeden Eigenvektor gemäß Gleichung (C.35) die Komponenten über das folgende System von linearen Gleichungen zu lösen

$$F x_k = \lambda_k E \quad \text{oder} \quad (F - \lambda_k E)\, x_k = 0 \tag{C.39}$$

Mit der so gewonnenen Matrix L sind die ursprünglichen Koordinaten q_i und $\dot{q}_i$ in Normalkoordinaten Q_i und die entsprechenden Geschwindigkeiten $\dot{Q}_i$ umzurechnen.

Die Transformationsmatrix L gehört übrigens zu einer Klasse von Matrizen, bei denen die transponierte Matrix L^T (durch Spiegeln der Elemente an der Diagonalen gebildet) gleich der inversen Matrix L^{-1} ist

$$L^T = L^{-1} \quad \text{und daraus} \quad L \cdot L^{-1} = L \cdot L^T = E \tag{C.40}$$

Es gelten also die folgenden Beziehungen

$$Q = L q \quad \rightarrow \quad q = L^{-1} Q = L^T \cdot Q \tag{C.41}$$

$$\Lambda = L^{-1} F L = L^T F L \tag{C.42}$$

Die gezeigte Vorgehensweise kann für kleine Matrizen F mit gängigen Taschenrechnern oder Computeralgebra-Programmen durchgeführt werden, dazu ein Zahlenbeispiel

$$F = \begin{pmatrix} 2 & 2 \\ 2 & 5 \end{pmatrix} \quad \Rightarrow \quad (F - \Lambda E) = \begin{pmatrix} 2-\lambda & 2 \\ 2 & 5-\lambda \end{pmatrix}$$

Als zugehörige Säkulargleichung erhält man

$$\det |F - \lambda E| = (2-\lambda)(5-\lambda) - 2 \cdot 2 = \lambda^2 - 7\lambda + 6 = 0$$

Als Eigenwerte und als diagonalisierte Matrix ergeben sich

$$\lambda_1 = 1, \quad \lambda_2 = 6, \quad \Lambda = \begin{pmatrix} 1 & 0 \\ 0 & 6 \end{pmatrix}$$

Die Eigenvektoren werden aus einer Vektorgleichung der Form (C.39) bestimmt. Die Vektorgleichung $(F - \lambda_1 \cdot E) \cdot x_1 = 0$ stellt im vorliegenden Beispiel ein lineares Gleichungssystem mit zwei Unbekannten dar (den Komponenten des Vektors x_1). Für die Eigenvektoren und daraus nach Gleichung (C.38) für die diagonalisierende Matrix L ergeben sich hier

$$x_1 = \frac{1}{\sqrt{5}} \cdot \begin{pmatrix} 2 \\ -1 \end{pmatrix}, \quad x_2 = \frac{1}{\sqrt{5}} \cdot \begin{pmatrix} 1 \\ 2 \end{pmatrix} \quad \Rightarrow \quad L = \frac{1}{\sqrt{5}} \cdot \begin{pmatrix} 2 & 1 \\ -1 & 2 \end{pmatrix}$$

Die Überprüfung der Relationen (C.40) bis (C.42) an diesem Zahlenbeispiel seien zur Übung empfohlen.

Wenn im Fall eines N-Teilchensystems alle $6N$ Orts- und Impulskoordinaten bei der Transformation berücksichtigt werden (also keine Abtrennung der Translations- und Rotationskoordinaten vorgenommen wird), erhält man für die entsprechenden sechs Normalkoodinaten jeweils den Wert Null für die Normalfrequenzen (eine gerichtete Bewegung ist demnach vergleichbar mit einer Schwingung der Frequenz Null). Im praktischen Fall wird man jedoch versuchen, vor der eigentlichen Berechnung (Diagonalisierung) durch Eliminieren der Translations- und Rotationsbewegung des Moleküls das Koordinatensystem von einem $3N$- auf ein $3N - 6$-dimensionales (beziehungsweise $3N - 5$ bei linear-gestreckten Systemen) zu reduzieren. Die Translationsbewegung und damit drei der $3N$ Koordinaten lassen sich formal eliminieren, indem der Gesamtimpuls des Moleküls Null gesetzt wird. Analog lassen sich drei (zwei bei linearen Molekülen) weitere Koordinaten, die die Rotation beschreiben, durch Nullsetzen des Gesamtdrehimpulses eliminieren.

Weitere sehr wirksame Vereinfachungen des Rechenweges ergeben sich, wenn die restlichen Koordinaten der Molekülsymmetrie weitgehend angepaßt werden. Die Kraftkonstantenmatrix wird dabei auf eine Minimalzahl von übrigbleibenden Nichtdiagonalelementen reduziert. In der Regel wird die Benutzung einfacher Potentialfunktionen für die intramolekularen Wechselwirkungen als Koordinaten Bindungslängen, Bindungswinkel und Torsionswinkel erforderlich machen. Solche inneren Koordinaten sind aber auch aus einem weiteren Grund besonders vorteilhaft: während nämlich die Kraftkonstanten in einem kartesischen Koordinatensystem für jede Verbindung unterschiedlich sind, lassen sich die Kraftkonstanten im System der inneren Koordinaten (allgemeines Valenzkraftfeld) für ähnliche Bindungstypen von einem Molekül auf ein ähnliches Molekül übertragen. Man findet diese Kraftkonstanten für spezielle Bindungstypen tabelliert (siehe Literaturhinweise am Ende dieses Abschnitts).

Der Nachteil dieser inneren Koordinaten besteht darin, daß die kinetische Energie sich nicht mehr wie im System kartesischer Koordinaten als Summe von Geschwindigkeitsquadraten darstellen läßt; wie für die potentielle Energie erhält man auch für die kinetische Energie gemischt-quadratische Ausdrücke.

Man kann die Bewegungsgleichungen dann über einen recht komplizierten Formalismus, den GF-Formalismus lösen, oder man transformiert die Matrix der Kraftkonstanten in das System der massegewichteten kartesischen Verschiebungskoordinaten und kann dann den bereits bekannten Lösungsweg einschlagen (siehe Literaturhinweise am Ende dieses Abschnitts).

Normalschwingungen und Hamiltonoperator

Die Beschreibung der klassischen Mechanik in bezug auf die Normalschwingungen ist auf die quantenmechanische Behandlung der Kernbewegung und Molekülschwingung übertragbar (im Rahmen der Born-Oppenheimer-Näherung). Mit der allgemeinen Definition (C.15) der Hamilton-Funktion sowie den Gleichungen (C.25) und (C.26) erhält man

$$H = T + V = \frac{1}{2}\left(\dot{q}^{\mathrm{T}} E \dot{q} + q^{\mathrm{T}} F q\right) \tag{C.43}$$

Nach Transformation auf Normalkoordinaten ergibt sich

$$H = \frac{1}{2}\left(\dot{Q}^{\mathrm{T}} E \dot{Q} + Q^{\mathrm{T}} \Lambda Q\right) = \frac{1}{2}\sum_{i=1}^{3N}\left(\dot{Q}_i^2 + \lambda_i Q_i^2\right) = E_{\mathrm{tot}} \tag{C.44}$$

Dabei umfaßt der Vektor P die Impulse $P_1, P_2, \ldots P_{3N}$, die definiert sind durch Gleichung (C.14). Hier folgt mit Gleichung (C.29)

$$P_i = \frac{\partial L}{\partial \dot{Q}_i} = \dot{Q}_i \tag{C.45}$$

Zu der Hamilton-Funktion in Gleichung (C.44) läßt sich sofort der Hamiltonoperator $\widehat{H}$ des quantenmechanischen Problems formulieren. Dabei werden die Impulse P_i zu den folgenden Impulsoperatoren (vergleiche Kapitel 1.3, Exkurs 1.4)

$$\widehat{P}_i = \frac{\hbar}{i}\frac{\partial}{\partial Q_i} \quad \text{und daraus} \quad \widehat{P}_i^2 = -\hbar^2 \frac{\partial^2}{\partial Q_i^2} \tag{C.46}$$

Der Hamiltonoperator lautet dann

$$\widehat{H} = \sum_i \left(-\frac{\hbar^2}{2} \frac{\partial^2}{\partial Q_i^2} + \lambda_i Q_i^2 \right) = \sum_i \hat{h}_i(Q_i) \tag{C.47}$$

und die entsprechende Schrödinger-Gleichung

$$\widehat{H}\Psi = E_{\text{tot}}\Psi \tag{C.48}$$

$\widehat{H}$ besteht aus einer Summe von Termen, die jeweils nur eine Koordinate Q_i enthalten. Die Wellenfunktion Ψ kann daher durch einen Separationsansatz als Produkt von einzelnen Wellenfunktionen dargestellt werden, die auch jeweils nur von einer Koordinate Q_i abhängen

$$\Psi = \psi_1(Q_1) \cdot \psi_2(Q_2) \cdot \cdots \cdot \psi_{3N}(Q_{3N}) \tag{C.49}$$

Mit diesem Ansatz reduziert sich das Problem auf die Lösung von $3N$ Gleichungen der Form

$$-\frac{\hbar^2}{2}\frac{\partial^2 \psi_i}{\partial Q_i^2} + \lambda_i Q_i^2 \psi_i = \varepsilon_{v_i} \psi_i \tag{C.50}$$

Für $3N - 6$ (bei linearen Molekülen: $3N - 5$) dieser Koordinaten ergeben sich von Null verschiedene Normalschwingungsfrequenzen $\lambda_i^{1/2} = 2\pi \nu_i$. Die Schrödinger-Gleichung (C.50) entspricht in diesen Fällen dem Problem des eindimensionalen harmonischen Oszillators mit

$$\varepsilon_{v_i} \stackrel{\wedge}{=} \varepsilon_{\text{vib}}(v_i) = h\nu_i \left(v_i + \frac{1}{2} \right) \;,\quad E_{\text{tot,vib}} = \sum_{i=1}^{3N-6} \varepsilon_{v_i} \tag{C.51}$$

Literaturhinweise zur Normalkoordinatenanalyse

F. Engelke, *Aufbau der Moleküle*, Teubner, Stuttgart 1996.
A. Fadini, Molekülkraftkonstanten, Steinkopff, Darmstadt 1976.
H.D. Försterling, H. Kuhn, Moleküle und Molekülanhäufungen, Springer Verlag, Berlin 1983.
P. Gans, Vibrating Molecules, Chapman and Hall, London 1971.
W. Göpel, Ch. Ziegler, *Struktur der Materie: Grundlagen, Mikroskopie und Spektroskopie*, Teubner, Leipzig 1994.
F. Kuypers, *Klassische Mechanik*, VCH, Weinheim 4. Aufl. 1993.
I.N. Levine, *Molecular Spectroscopy*, Wiley, New York 1975.
F. Scheck, *Mechanik*, Springer, Berlin 5. Aufl. 1996.
K.R. Symon, *Mechanics*, Addison-Wesley, Reading (Massachussetts) 1971.

D Tabellen

Tabelle D.1: Beispiele für elektronische Zustände isolierter Atome

Atom	Term	Energie / eV	I / eV	L	S	J	g_e
H	$^2S_{1/2}$	0	13,598	0	1/2	1/2	2
	$^2S_{1/2}$	10,20		0	1/2	1/2	2
C	$^3P_0$	0	11,259	1	1	0	1
	$^3P_1$	0,002		1	1	1	3
	$^3P_2$	0,005		1	1	2	5
	$^1D_2$	1,26		2	0	2	5
N	$^4S_{3/2}$	0	14,548	0	3/2	3/2	4
	$^2D_{3/2}$	2,38		2	1/2	3/2	4
	$^2D_{5/2}$	2,384		2	1/2	5/2	6
O	$^3P_2$	0	13,617	1	1	2	5
	$^3P_1$	0,02		1	1	1	3
	$^3P_0$	0,03		1	1	0	1
	$^1D_2$	1,97		2	0	2	5
Li	$^2S_{1/2}$	0	5,391	0	1/2	1/2	2
	$^2P_{1/2}$	1,848		1	1/2	1/2	2
	$^2P_{3/2}$	1,848		1	1/2	3/2	4
Na	$^2S_{1/2}$	0	5,139	0	1/2	1/2	2
	$^2P_{1/2}$	2,102		1	1/2	1/2	2
	$^2P_{3/2}$	2,104		1	1/2	3/2	4
F	$^2P_{3/2}$	0	17,422	1	1/2	3/2	4
	$^2P_{1/2}$	0,05		1	1/2	1/2	2
Cl	$^2P_{3/2}$	0	13,017	1	1/2	3/2	4
	$^2P_{1/2}$	0,11		1	1/2	1/2	2
Br	$^2P_{3/2}$	0	11,846	1	1/2	3/2	4
	$^2P_{1/2}$	0,457		1	1/2	1/2	2
I	$^2P_{3/2}$	0	10,451	1	1/2	3/2	4
	$^2P_{1/2}$	0,943		1	1/2	1/2	2

Energien bezogen auf den jeweiligen elektronischen Grundzustand, I = Ionisierungsenergie

Tabelle D.2: Elektronenzustände ausgewählter zwei- und dreiatomiger Moleküle

Molekül	Term	Energie / eV	Molekül	Term	Energie / eV
F_2	$^1\Sigma_g^+$	0	H_2	$^1\Sigma_g^+$	0
	$^1\Pi_u$	4,278		$^1\Sigma_u^+$	11,37
Cl_2	$^1\Sigma_g^+$	0		$^1\Pi_u$	12,405
	$^3\Pi_{0u}^+$	2,270	N_2	$^1\Sigma_g^+$	0
	$^3\Sigma_{1u}^+$	7,192		$^3\Sigma_u^+$	6,226
Br_2	$^1\Sigma_g^+$	0		$^1\Pi_g$	8,592
	$^3\Pi_{1u}$	1,712		$^1\Sigma_u^+$	12,317
	$^3\Pi_{0u}^+$	1,970	O_2	$^3\Sigma_g^-$	0
	$^3\Sigma_{1u}^+$	5,828		$^1\Delta_g$	0,982
I_2	$^1\Sigma_g^+$	0		$^1\Sigma_g^+$	1,636
	$^3\Pi_{1u}$	1,474		$^3\Sigma_u^+$	4,476
	$^3\Pi_{0u}^+$	1,939		$^3\Sigma_u^-$	6,175
	$^1\Sigma_u^+$	4,184	NO_2	$^2A_1$	0
	$^3\Sigma_{1u}^+$	5,575		$^2B_1$	1,86
NO	$^2\Pi_{1/2}$	0		$^2B_2$	4,98
	$^2\Pi_{3/2}$	0,015	CO_2	$^1\Sigma_g^+$	0
	$^2\Sigma^+$	5,45		$^1B_2$	5,704
CO	$^1\Sigma^+$	0		$^1A_1$	8,99
	$^1\Pi$	8,07	H_2O	$^1A_1$	0
	$^1\Sigma^+$	10,78		$^1B_1$	6,67

Energien bezogen auf den jeweiligen elektronischen Grundzustand. Bei gewinkelten symmetrischen Molekülen kennzeichnen die Termsymbole die Symmetrie der Elektronenwellenfunktion.

Tabelle D.3: Daten zu Rotation, Schwingung und chemischen Dissoziationsenergien zweiatomiger Moleküle

Molekül	μ [amu]	r_{eq} [pm]	θ_{rot} [K]	σ	θ_{vib} [K]	D_0 [eV]
$^1H_2$	0,50391	74,17	87,49	2	6324	4,4773
$^1H^2H$ (= HD)	0,67171	74,16	65,65	1	5492	4,5128
$^2H_2$ (= D_2)	1,00705	74,14	43,82	2	4487	4,5553
$^{14}N_2$	7,00154	109,4	2,894	2	3395	9,760
$^{12}C^{16}O$	6,85621	112,82	2,779	1	3122	11,09
$^{14}N^{16}O$	7,46676	115,08	2,440	1	2729	6,50
$^{16}O_2$	7,99745	120,74	2,080	2	2274	5,116
$^{19}F_2$	9,49910	143,5	1,240	2	1312	1,604
$^{35}Cl_2$	17,4822	198,78	0,3511	2	813	2,484
$^{79}Br^{81}Br$	39,9524	228,36	0,1165	1	464	1,971
$^{127}I_2$	63,4502	266,66	0,05376	2	309	1,544
$^1H^7Li$	0,88123	159,54	10,66	1	2006	2,429
$^1H^{19}F$	0,95705	91,71	60,875	1	5890	5,86
$^1H^{35}Cl$	0,97959	127,46	15,021	1	4265	4,436
$^1H^{81}Br$	0,99511	141,38	12,012	1	3779	3,755
$^1H^{127}I$	0,99988	160,41	9,246	1	3293	3,053
$^7Li_2$	3,50800	267,25	0,963	2	504	1,12
$^{23}Na_2$	11,4949	307,86	0,222	2	229	0,75
$^{39}K_2$	19,48185	392,3	0,0807	2	133	0,51

Daten überwiegend aus R.S. Berry, S.A. Rice, J. Ross, *Physical Chemistry*, John Wiley, New York 1980; 1 amu = $1,66056 \cdot 10^{-27}$ kg, 1 pm = 10^{-12} m

Tabelle D.4: Rotationszustandssummen einiger Moleküle

Molekül	Θ_{rot}/K	z_{rot} (300 K)	z_{rot} (1000 K)
H_2	87,49	1,89	5,88
HD	65,65	4,92	15,57
D_2	43,82	3,60	11,58
N_2	2,894	51,99	172,9
CO	2,779	108,3	360,1
O_2	2,080	72,27	240,5
$^{35}Cl_2$	0,3511	427,4	1424
I_2	0,0538	2791	9301

Die Werte wurden berechnet über die verbesserte Näherung Gleichung (4.38). Es ist zu bedenken, daß auch diese Näherung in der Nähe von $T = \Theta_{rot}$ oder darunter nicht mehr benutzt werden kann. Darüber hinaus müssen für symmetrische zweiatomige Moleküle in der Nähe der charakteristischen Rotationstemperatur die Einschränkungen der Quantenstatistik beachtet werden, so daß die einfache Korrektur über den Symmetriefaktor $\sigma = 2$ nicht mehr ausreicht.

Tabelle D.5: Schwingungszustandssummen einiger Moleküle

Molekül	Θ_{vib}/K	z_{vib} (300 K)	z_{vib} (1000 K)
H_2	6324	1,000	1,002
HD	5492	1,000	1,004
D_2	4487	1,000	1,011
N_2	3395	1,000	1,035
CO	3122	1,000	1,046
O_2	2274	1,000	1,115
Cl_2	813	1,071	1,797
I_2	309	1,555	3,762

Tabelle D.6: Thermodynamische Daten ausgewählter Substanzen ($E_0 = N_A \varepsilon_0$) relativ zum Wert am absoluten Nullpunkt

	$-(G^0 - E_0)/T$ [J/(K mol)]			$H^0_{298} - E_0$	E_0
	298,15 K	500 K	1000 K	kJ/mol	kJ/mol
H(g)	93,81	104,56	118,99	6,197	215,98
Cl(g)	144,06	155,06	170,25	6,272	119,41
Br(g)	154,14	164,89	179,28	6,197	112,55
I(g)	159,91	170,62	185,06	6,197	107,15
O(g)	138,41	149,95	165,10	6,724	246,77
H_2(g)	102,17	116,94	136,98	8,468	0
Cl_2(g)	192,17	208,57	231,92	9,180	0
Br_2(g)	212,76	230,08	254,39	9,728	35,02
I_2(g)	226,69	244,60	269,45	8,987	65,52
O_2(g)	175,98	191,13	212,13	8,661	0
N_2(g)	162,42	177,49	197,95	8,669	0
CO(g)	168,41	183,51	204,05	8,673	-113,81
NO(g)	179,83	195,64	216,98	9,180	89,87
HCl(g)	157,82	172,84	193,13	8,640	-92,13
HBr(g)	169,58	184,60	204,97	8,648	-33,89
HI(g)	177,40	192,42	212,97	8,657	28,03
CO_2(g)	182,26	199,45	226,40	9,364	-393,17
H_2O(g)	155,52	172,76	196,69	9,908	-238,94
NH_3(g)	158,95	176,90	203,47	9,916	-39,20
N_2O(g)	187,82	205,48	233,30	9,586	84,98
NO_2(g)	205,81	224,26	252,00	10,31	36,32
CH_4(g)	152,55	170,50	199,37	10,03	-66,90
CH_3Cl(g)	198,53	217,82	250,12	10,41	-74,06
$CHCl_3$(g)	248,07	275,35	321,25	14,18	-96,23
CCl_4(g)	251,67	285,01	340,62	17,20	-104,6
C_2H_6(g)	189,41	212,42	255,68	11,95	-69,12
C_2H_4(g)	184,01	203,93	239,70	10,56	60,75
CH_2O(g)	185,14	203,09	230,58	10,01	-112,13
Na_2(g)	195,18	213,55	239,07	10,39	

Daten aus: G.N. Lewis, M. Randall, K.S. Pitzer, L. Brewer, *Thermodynamics*, McGraw-Hill, New York 1961.

Die Energien der reinen Elemente am absoluten Nullpunkt werden gleich Null gesetzt.

Tabelle D.7: Wertetabelle der Debye-Funktion $D(\Theta_D/T)$ (siehe Gleichung (6.46))

Θ_D/T	+0,0	+0,2	+0,4	+0,6	+0,8
0	1,000 00	0,998 15	0,993 12	0,983 06	0,969 64
1	0,952 19	0,931 05	0,909 24	0,884 08	0,855 56
2	0,825 20	0,795 17	0,763 29	0,728 06	0,694 51
3	0,661 80	0,627 41	0,595 54	0,563 66	0,533 48
4	0,503 10	0,474 75	0,447 91	0,421 07	0,394 23
5	0,369 06	0,345 58	0,325 45	0,305 32	0,285 19
6	0,265 56	0,248 28	0,231 50	0,218 08	0,204 66
7	0,190 91	0,179 16	0,167 92	0,157 36	0,147 63
8	0,139 41	0,132 69	0,125 98	0,119 61	0,113 24
9	0,106 86	0,100 49	0,094 11	0,087 90	0,081 70
10	0,075 66	0,070 62	0,066 77	0,063 41	0,060 22
11	0,057 54	0,054 86	0,052 17	0,049 49	0,046 97
12	0,044 79	0,042 78	0,040 76	0,038 75	0,036 91
13	0,035 23	0,033 55	0,032 21	0,030 87	0,029 52
14	0,028 18	0,027 01	0,026 00	0,024 99	0,023 99
15	0,022 98	0,021 98	0,020 97	0,020 30	0,019 63

Θ_D/T		Θ_D/T		Θ_D/T	
16	0,018 96	19	0,011 24	24	0,005 62
17	0,015 77	20	0,009 73	26	0,004 40
18	0,013 25	22	0,007 26	28	0,003 54

Tabelle D.8: Fermi-Energie und Wärmekapazität freier Elektronen in Metallen

Metall	V_m [cm^3 mol^{-1}]	ε_F [10^{-18} J]	ε_F [eV]	γ_{ber} [10^{-3} J mol^{-1} K^{-2}]	γ_{exp} [10^{-3} J mol^{-1} K^{-2}]
Li	12,99	0,754	4,7	0,75	1,63
Na	23,68	0,506	3,2	1,12	1,38
K	45,4	0,328	2,0	1,72	2,08
Rb	55,79	0,286	1,8	1,97	2,41
Cs	70,95	0,243	1,5	2,33	3,20
Mg	13,96	1,14	7,1	0,50	1,32
Cu	7,09	1,13	7,0	0,50	0,70
Ag	10,27	0,882	5,5	0,64	0,65
Au	10,21	0,886	5,5	0,64	0,73

γ aus $C_{V,e} = \gamma T$, siehe Gleichung (6.86)

Tabelle D.9: Lineare Ansätze für verschiedene Transportphänomene (eindimensional)

Transport-vorgang	Transport-größe Γ	Gradient ("Treibende Kraft") $\frac{\partial \Gamma}{\partial z}$	Transport-koeffizient	Transport-gleichung $j_\Gamma = -L \frac{\partial \Gamma}{\partial z}$
Diffusion	Teilchen-zahl N, Masse m	Konzentrations-gradient $\frac{\partial c}{\partial z}$	Diffusions-koeffizient D	1. Ficksches Gesetz $j_n = -D \frac{\partial c}{\partial z}$
Innere Reibung	Teilchen-impuls mv_x	Impulsgradient $\frac{\partial (mv_x)}{\partial z} = m\frac{\partial v_x}{\partial z}$	Viskositäts-koeffizient η	Newtonsches Gesetz $j_{mv_x} = -\eta \frac{\partial v_x}{\partial z}$
Wärme-leitung	Wärme Q	Temperatur-gradient $\frac{\partial T}{\partial z}$	Wärmeleit-fähigkeit λ_Q	Fouriersches Gesetz $j_Q = -\lambda_Q \frac{\partial T}{\partial z}$
Ladungs-transport	Ladung q	Elektrischer Potentialgradient $\frac{\partial \varphi}{\partial z}$	Elektrische Leitfähigkeit σ	Ohmsches Gesetz $j_q = -\sigma \frac{\partial \varphi}{\partial z}$

Tabelle D.10: Transportkoeffizienten in festen Stoffen, Flüssigkeiten und Gasen (exakte Berechnung für Hartkugelgase siehe Hir 64, Ber 80)

Transport-koeffizient	Gase einfach	Gase exakt	Flüssigkeiten	Festkörper
D	$\frac{1}{3}\langle v \rangle \Lambda$	$\frac{3\pi}{16}\langle v \rangle \Lambda$	$\frac{kT}{6\pi \eta r}$	$D_0 e^{-E_A/RT}$
η	$\frac{1}{3}\rho \langle v \rangle \Lambda$	$\frac{5\pi}{32}\varrho \langle v \rangle \Lambda$	$A e^{E_A/RT}$	$\eta \to \infty$
λ_Q	$\frac{1}{3}\frac{C_V}{V}\langle v \rangle \Lambda$	$\frac{25\pi}{64}\frac{C_V}{V}\langle v \rangle \Lambda$	$2{,}8\left(\frac{N}{V}\right)^{2/3} c_S$	Metalle: $\lambda_Q = \text{const.} \cdot T$
σ_i	$\sum_i z_i e u_i c_i$		$\sum_i \sigma_i = \sum_i z_i e u_i c_i$	$\sum_i \sigma_i = \sum_i z_i e u_i c_i$

Tabelle D.11: Konjugierte Kräfte und Flüsse bei integraler und lokaler Formulierung der Entropieproduktion

Transportgröße	integral: Kraft	dS/dt Fluß	lokal: Gradient	$\dot{\sigma}_{int}$ Stromdichte	lineare Transportgleichungen (Kopplung vernachlässigt) Onsager-Ansatz	empirische Gesetze
Umsatz ξ	$\dfrac{A}{T}$	$\dfrac{d\xi}{dt}$	$-\left(\dfrac{A}{T}\right)$	$j_r = \dfrac{1}{V}\dfrac{d\xi}{dt}$	$\dfrac{d\xi}{dt} = -L_{rr} \cdot \left(\dfrac{A}{T}\right)$	$\dfrac{1}{V}\dfrac{d\xi}{dt} = \pm k \cdot [c_i(t) - c_{i,\mathrm{eq}}]$ Geschwindigkeitsgesetz
Wärme Q	$\Delta\left(\dfrac{1}{T}\right)$	$\dfrac{dQ}{dt}$	$\dfrac{\partial}{\partial x}\left(\dfrac{1}{T}\right)$	$j_Q = \dfrac{1}{A_\square}\dfrac{\partial Q}{\partial t}$	$j_Q = -\dfrac{L_{QQ}}{T^2}\cdot\dfrac{\partial T}{\partial x}$	$j_Q = -\lambda_Q \dfrac{\partial T}{\partial x}$ Fouriersches Gesetz
Stoffmenge n_i	$-\dfrac{\Delta\mu_i}{T}$	$\dfrac{dn_i}{dt}$	$-\dfrac{1}{T}\dfrac{\partial\mu_i}{\partial x}$	$j_i = \dfrac{1}{A_\square}\dfrac{\partial n_i}{\partial t}$	$j_i = -\dfrac{L_{ii}}{T}\cdot\dfrac{\partial\mu_i}{\partial x}$	$j_i = -D_i\dfrac{\partial c_i}{\partial x}$ 1. Ficksches Gesetz
Masse m	$-\dfrac{\Delta p}{T}$	$\dfrac{dm}{dt}$	$-\dfrac{1}{T}\dfrac{\partial p}{\partial x}$	$j_m = \dfrac{1}{A_\square}\dfrac{\partial m}{\partial t}$	$j_m = -\dfrac{L_{mm}}{T}\dfrac{\partial p}{\partial x}$	$u = \dfrac{1}{\varrho}j_m = \dfrac{\pi r^4}{8\eta}\dfrac{\partial p}{\partial x}$ (Strömung) Hagen-Poiseuille
Ladung q	$-\dfrac{\Delta\varphi}{T}$	$\dfrac{dq}{dt} = I_q$	$-\dfrac{1}{T}\dfrac{\partial\varphi}{\partial x}$	$j_q = \dfrac{1}{A_\square}\dfrac{\partial q}{\partial x}$	$j_q = -\dfrac{L_{qq}}{T}\dfrac{\partial\varphi}{\partial x}$	$j_q = \sigma E = -\sigma\dfrac{\partial\varphi}{\partial x}$ Ohmsches Gesetz

j_r und A/T sind richtungsunabhängige skalare Größen im Gegensatz zu den übrigen aufgeführten vektoriellen Transportphänomenen.
$L_{rr}, L_{QQ}, L_{ii}, L_{mm}, L_{qq}$ – Transportkoeffizienten (Indizes: r – chemische Reaktion, Q – Wärme, i – Teilchen, m – Masse, q – Ladung), k – Geschwindigkeitskonstante, λ_Q – Wärmeleitfähigkeit, D_i – Diffusionskoeffizient, η – Volumenviskosität, σ – elektrische Leitfähigkeit, A – chemische Affinität, u – Volumenstrom; E – elektrisches Feld, I_q – elektrische Stromstärke.

Tabelle D.12: Kopplungsphänomene der irreversiblen Thermodynamik bei Transportphänomenen mit Tensorcharakter

Stromdichte	grad T [K/m]	grad c [mol/m⁴]	grad p [kg/m²s²]	grad φ [V/m]
$\underline{j}_Q$ [J/m²s]	Wärmeleitung λ_Q	Diffusionsthermoeffekt, Dufour-Effekt	mechanokalorischer Effekt	Peltier-Effekt
$\underline{j}_i$ [mol/m²s]	Thermodiffusion, Soret-Effekt	Diffusion D_i	Druckdiffusion	Elektrophorese, Elektromigration
$\underline{j}_m$ [kg/m²s]	thermomolekulare Druckdifferenz, Knudseneffekt, Thermoosmose	Osmose, Diffusionsdruck	Strömung η	Elektroosmose, elektroosmotischer Druck
$\underline{j}_q$ [C/m²s]	Seebeck-Effekt (Thermostrom)	Konzentrations-, Diffusionspolarisation, Diffusionspotential	Strömungspotential	Ladungstransport σ

E Konstanten

Größe	Symbol	Wert
Atommasseneinheit	$u = 1 \text{ g}/N_A$	$1{,}6605655 \cdot 10^{-27}$ kg
Avogadro-Konstante	N_A	$6{,}022045 \cdot 10^{23}$ mol^{-1}
Bohrsches Magneton	$\mu_B = e\hbar/2m_e$	$9{,}274078 \cdot 10^{-24}$ A m^2
Bohrscher Radius	r_B, a_0	$5{,}2917706 \cdot 10^{-11}$ m
Boltzmannkonstante	k	$1{,}380662 \cdot 10^{-23}$ JK^{-1}
Ruhemasse des Elektrons (e)	m_e	$9{,}109534 \cdot 10^{-31}$ kg
Elektrische Feldkonstante	$\epsilon_0 = 1/\mu_0 c^2$	$8{,}85418782 \cdot 10^{-12}$ Fm^{-1}
Elementarladung	e	$1{,}6021892 \cdot 10^{-19}$ C
Faraday-Konstante	$F = N_A \cdot e$	$96484{,}56$ Cmol^{-1}
Gaskonstante	$R = N_A \cdot k$	$8{,}31441$ JK^{-1}mol^{-1}
		$0{,}0820571$ atm dm^{3}K^{-1}mol^{-1}
		$0{,}0831441$ bar dm^{3}K^{-1}mol^{-1}
Kern-Magneton	$\mu_N = e\hbar/2m_p$	$5{,}050824 \cdot 10^{-27}$ Am^2
Lichtgeschwindigkeit (Vakuum)	c	$2{,}99792458 \cdot 10^8$ ms^{-1}
Magnetische Feldkonstante	μ_0	$4\pi \cdot 10^{-7}$ m kg s^{-2}A^{-2} Js^{2}C^{-2}m^{-1}
Molares Volumen eines idealen Gases (Normalbedingungen)	$V_m = RT_0/p_0$	$22{,}413831$ dm^{3}mol^{-1}
Ruhemasse des Neutrons (n)	m_n	$1{,}6749543 \cdot 10^{-27}$ kg
Erdbeschleunigung	g	$9{,}80665$ ms^{-2}
Normaldruck	p_0	$1{,}01325 \cdot 10^5$ Pa = 1 atm
Normaltemperatur	T_0	25 °C = 290,15 K
Plancksches Wirkungsquantum	h	$6{,}62676 \cdot 10^{-34}$ Js
Ruhemasse des Protons (p)	m_p	$1{,}6726485 \cdot 10^{-27}$ kg
Rydberg-Konstante	R_∞	$1{,}097373177 \cdot 10^7$ m^{-1}
Ruhemasse des $_1^1$H-Atoms	m_H	$1{,}6735596 \cdot 10^{-27}$ kg
Ionisierungsenergie des $_1^1$H-Atoms	I_H	$13{,}595$ eV

Umrechnungsfaktoren

Druck:

$$1\,\text{Pa} = 10^{-5}\,\text{bar} = 0{,}986923\,\text{atm}$$

$$1\,\text{atm} = 1{,}0132504\,\text{bar} = 1{,}0132504 \cdot 10^5\,\text{Pa}$$

Energie:

$$1\,\text{eV} = 1{,}602189 \cdot 10^{-19}\,\text{J}$$

$$1\,\text{eV}\,(\text{Teilchen})^{-1} = 96{,}486\,\text{kJ}\,\text{mol}^{-1}$$

$$1000\,\text{cm}^{-1} = 2{,}9979 \cdot 10^7\,\text{MHz} \,\hat{=}\, 1{,}986 \cdot 10^{-20}\,\text{J} = 0{,}1240\,\text{eV}$$

$$1\,\text{cal}_{\text{therm}} = 4{,}184\,\text{J}$$

Ausdrücke mit Konstanten:

$$hc/k = 1{,}43878 \cdot 10^{-2}\,\text{mK}$$

$$(kT)_{298{,}15\,\text{K}} = 0{,}025692\,\text{eV} = 4{,}1164 \cdot 10^{-21}\,\text{J}$$

$$(RT)_{298{,}15\,\text{K}} = 2{,}4789\,\text{kJ}\,\text{mol}^{-1}$$

$$(RT/F)_{298{,}15\,\text{K}} = 0{,}025693\,\text{V}$$

$$(\ln 10\,RT/F)_{298{,}15\,\text{K}} = 0{,}059160\,\text{V}$$

F Literatur

Neuere Lehrbücher zur Statistischen Thermodynamik

A. Ben-Naim, *Statistical Thermodynamics for Chemists and Biochemists*, Plenum Press, New York 1992.

R.S. Berry, S.A. Rice, J. Ross, *Physical Chemistry*, Wiley, New York 1980.

W. Brenig, *Statistische Theorie der Wärme*, Springer, 4. Aufl. Berlin 1996.

R. Bowley, *Introductory Statistical Mechanics*, Clarendon Press, Oxford 1996.

A.I. Burshtein, *Introduction to Thermodynamics and Kinetic Theory of Matter*, Wiley, New York 1996.

D. Chandler, *Introduction to Modern Statistical Mechanics*, Oxford Univ. Press 1987.

H. Ted. Davis, *Statistical Mechanics of Phases, Interfaces and Thin Films*, VCH, New York, Weinheim, Cambridge 1996.

B. Diu, C. Guthmann, D. Lederer, B. Roulet, *Grundlagen der Statistischen Physik*, de Gruyter, Berlin 1994.

G.H. Findenegg, *Statistische Thermodynamik*, Steinkopff, Darmstadt 1985.

C.B. Finn, *Thermal Physics* (Physics and its applications; 5), Chapman & Hall, London 1993.

T. Fließbach, *Statistische Physik*, Spektrum Akademischer Verlag, Heidelberg 2. Aufl. 1995.

R.P.H. Gasser, W.G. Richards, *An Introduction to Statistical Thermodynamics*, World Scientific Publishing, Singapore, London 1995.

C. Garrod, *Statistical Mechanics and Thermodynamics*, Oxford Univ. Press, New York 1995.

W. Greiner, L. Neise, H. Stöcker, *Thermodynamik und Statistische Mechanik*, Verlag H. Deutsch, 2. überarb. u. erw. Auflage 1993.

H. Haug, *Statistische Physik*, Vieweg, Braunschweig 1997.

C.E. Hecht, *Statistical Thermodynamics and Kinetic Theory*, Freeman, New York 1990.

B. Hoeneisen, *Thermal Physics*, E. Mellen Press, San Francisco, Lewiston 1993.

K. Huang, *Statistische Mechanik I und II*, Hochschultaschenbuch 1975.

J. Kestin, J.R. Dorfman, *A Course in Statistical Thermodynamics*, Academic Press, New York 1971.

N.G. van Kampen, *Stochastic Processes in Physics and Chemistry*, North-Holland, Amsterdam; New York 1992.

J. Keizer, *Statistical Thermodynamics of Nonequilibrium Processes*, Springer, New York 1987.

C. Kittel, H. Krömer, *Physik der Wärme*, Oldenbourg, München 4. Aufl. 1993.

G. Kluge, G. Neugebauer, *Grundlagen der Thermodynamik*, Spektrum Akademischer Verlag, Heidelberg 1994.

P.T. Landsberg, *Thermodynamics and Statistical Mechanics*, Oxford Univ. Press 1978.

J.E. Lay, *Statistical Mechanics and Thermodynamics of Matter*, Harper & Row, New York 1990.

K. Lucas, *Angewandte Statistische Thermodynamik*, Springer, Berlin 1986.

D.A. MacQuarrie, *Statistical Thermodynamics*, Univ. Science Books, Mill Valley (Calif.) 1973 (erschienen 1985).

B.J. McClelland, *Statistical Thermodynamics*, Chapman & Hall, London 1973.

G.A. Martynov, *Classical Statistical Mechanics*, Kluwer, Dordrecht 1997.

J.E. Mayer, M.G. Mayer, *Statistical Mechanics*, Wiley, New York 1977.

W. Nolting, *Grundkurs Theoretische Physik 6, Statistische Physik*, Vieweg, Braunschweig 3. verb. Aufl. 1998.

R.K. Pathria, *Statistical Mechanics*, Butterworth, Oxford 1996.

M. Plischke, B. Bergersen, *Equilibrium Statistical Physics*, World Scientific, Singapore 1994.

L. Reichl, *A Modern Course in Statistical Physics*, Wiley, New York 2nd ed. 1998.

F. Reif (Hrsg. Wolfgang Muschnik), *Statistische Physik und Theorie der Wärme*, de Gruyter, Berlin 3. Aufl. 1987.

H.S. Robertson, *Statistical Thermophysics*, Prentice Hall, Englewood Cliffs, NJ 1993.

H. Römer, T. Filk, *Statistische Mechanik*, Wiley-VCH, Weinheim 1994.

R.L. Rowley, *Statistical Mechanics for Thermophysical Property Calculations*, Prentice Hall, Englewood Cliffs, NJ 1994.

B. N. Roy, *Principles of Modern Thermodynamics*, Inst. Phys. Publ., Bristol 1995.

G.S. Rushbrooke, *Introduction to Statistical Thermodynamics*, Clarendon Press, Oxford 1964.

F. Schloegl, *Probability and Heat: Fundamentals of Thermostatistics*, Vieweg, Braunschweig 1989.

E.B. Smith, *Basic Chemical Thermodynamics*, Oxford Univ. Press, 1990.

D. Trevena, *Statistische Mechanik, Eine Einführung*, Wiley-VCH, Weinheim 1995.

R. Wedler, *Lehrbuch der physikalischen Chemie*, VCH-Wiley, Weinheim 4. Aufl. 1997.

Auswahl klassischer Lehrbücher der statistischen Thermodynamik

R. Becker, *Theorie der Wärme*, Springer, Berlin 3. erg. Aufl 1985.

E. Fermi, *Notes on Thermodynamics and Statistics*, Univ. of Chicago Press, Chicago (Reprint d. Ausgabe v. 1966) 1988.

R.H. Fowler, E.H. Guggenheim, *Statistical Thermodynamics*, Cambridge Univ. Press, Reprint 1965.

J. Frenkel, *Statistische Physik*, Akademie Verlag, 2. Aufl. Berlin 1957.

J.W. Gibbs, *The Collected Works*, Yale Univ. Press, New Haven 1902, repr. Dover Press 1960.

T.L. Hill, *An Introduction to Statistical Thermodynamics*, Addison-Wesley, London 1962.

L.D. Landau, E.M. Lifschitz, *Lehrbuch der Theoretischen Physik*, Band 5 & 9: *Statistische Physik I und II*, Akademie Verlag, Berlin 3. Aufl. 1991.

R. Kubo, *Statistical Mechanics*, North Holland, Amsterdam 1965.

P.M. Morse, *Thermal Physics*, Benjamin, New York 3rd ed. 1978.

A. Münster, *Statistical Thermodynamics*, Vol. 1 + 2, Springer Verlag 1980.

W. Pauli, *Statistische Mechanik*, Boringhieri, Turin 1962.

M. Planck, *Vorlesungen über Thermodynamik*, de Gruyter, Berlin 1964.

W. Schottky, *Thermodynamik*, Springer, Berlin 1929; Reprint: 1973.

E. Schrödinger, *Statistical Thermodynamics*, Cambridge Univ. Press 1967.

R.C. Tolman, *The Principles of Statistical Mechanics*, Oxford Univ. Press, Oxford 1938.

Sachverzeichnis

Adsorption
    Adsorbat, Adsorbens, 258
    dissoziativ, 266
    relative, 252
Adsorptionsenthalpie, 262
Adsorptionsisotherme, 261
    Gibbs'sche, 254
Affinität, chemische, 461, 539, 582
After-Effect-Funktion, 497
aktivierter Komplex, 181
Aktivierungsenergie, 185, 439
Aktivität, 172, 272, 304, 537, 543
Aktivitätskoeffizient, 411, 537
Akzeptoren, 289
Anordnungsmöglichkeiten, 408
Arrheniusansatz, 187
Attraktor, 511
Aufenthaltswahrscheinlichkeit, 15
ausgeschlossenes Volumen, 425
Austrittsarbeit, 281, 284
    Elektron im Elektrolyt, 311
    Halbleiter, 287
Autokatalyse, 514
Autokorrelationsfunktion, 478, 491
    Geschwindigkeits-, 483
    innere Kräfte, 492
    Orts-, 482

Bénard-Instabilität, 505
Bändermodell, 32
Bandlücke, 33, 213
Bandverbiegung, 296, 297
Belousov-Zhabotinsky-Reaktion, 518
Besetzungsgrad, 113, 146
BET-Isotherme, 261, 275
Beweglichkeit, 491
Bewegungsgleichungen, 565
    Hamiltonsche, 6, 567
    Lagrangesche, 567
Bifurkation, 505, 509, 518
bimolekulare Gasreaktionen, 439
Binomialverteilung, 59, 555

bistabile Zustände, 517
Boltzmann-Verteilung, 65, 101
Born-Oppenheimer-Näherung, 30
Bose-Einstein-Statistik, 114, 130
Bosonen, 47, 100
Bragg-Williams-Näherung, 408, 415
Brennstoffzelle, 305
Brownsche Molekularbewegung, 488

Carnahan-Starling-Abstoßungsterm, 351
chaotisches Verhalten, 507, 509
chemische Wellen, 517
chemisches Potential, 108, 117, 537
    Elektronen im Halbleiter, 286
    Phononen, 205
    Photonengas, 133
    Punktdefekte in Kristallen, 235
Chemisorption, 264, 292
Clusterentwicklung, 347
Computersimulationen, 378
Curiesches Symmetrieprinzip, 460

Dampfdruckdiagramm, 411
de-Broglie-Wellenlänge, 17
Debye-Frequenz, 206
Debye-Funktion, 207
Debye-Länge, 291, 317
Defekte in Kristallen
    Bauelemente, 237
    chemisches Potential, 235
    Strukturelemente, 234
Defektelektronen, 34
Defektgleichgewicht, 232, 238, 240
Dehnung, Polymere, 428
delokalisiert, 33
Dichtekorrelationsfunktion, 355
Dielektrizitätskonstante
    Fluktuationen, 475
    komplexe relative, 500
Diffusion, 444, 454
Diffusionskoeffizient, 460, 489
    Selbst-, 445
Diffusionspotential, 300

diffusiver Kontakt, 472
Dispersionskräfte, 327
Dispersionsrelation
    elektromagnetische Strahlung, 20
    Elektron im Festkörper, 34
    Kristallschwingungen, 196, 198
dissipative Strukturen, 508
Dissoziationsgleichgewicht, 175
Donator, 218
Doppelschicht, diffuse, starre, 315
Drehimpulsquantenzahl, 38
Driftgeschwindigkeit, 446, 490
Druck eines Gases, 2, 125
Druckgleichung, fluide Systeme, 363
Drucktensor, 248
Dulong-Petit-Regel, 192, 202
Durchflußreaktor, 513, 522

effektive Masse eines Elektrons, 34
Eigendefekte, 231
Eigenfrequenz, 40
Einstein-Frequenz, 206
Einstein-Gleichung, 482
Einstein-Modell, 200
Einteilchenzustände, 100
Elastizität, 428
elektrische Teilleitfähigkeit, 446
elektrochemisches Potential, 460, 537
    Elektronen, 127, 538
Elektrode, 315
Elektrodenpotential, 306
    absolutes, 308, 309
Elektrolyt, 315
Elektronen
    in Halbleitern, 212
    quasifreie, 32
    thermisch emittierte, 282
Elektronenaffinität, 286
Elektronengas, 33
    entartet, 126
Elektronenlöcher, 34
Elektronenzustände
    im kristallinen Festkörper, 32
    in freien Atomen, 28
    in freien Molekülen, 30
Endabstandsvektor, 429
Energie
    elektronische, 30

freie, 78, 532
innere, 532
Energieeigenwert, 14
Energieniveau, 14, 72
Energienullpunkt, 145
Energieverteilung, 119
Ensemble, 53
    kanonisch, 62, 63, 469
    makro–, großkanonisch, 87
    mikrokanonisch, 81
Ensemblemittelwert, 63
Entartung, 14
Entartungsfaktor, 72
Entartungsfunktion, 52, 82
Enthalpie, 78, 532
Entmischung, 418
Entropie, 73, 108, 428, 430, 469
    kalorimetrische, 170
    spektroskopische, 170
    statistische, 76
Entropiedichte, 453
Entropieerzeugung, 452, 464
    innere, 455
    Minimalprinzip, 465
Entropiestromdichte, 454
Evolutionskriterium, 466
Exzeßentropie, 410
Exzeßgröße, 410, 542
    Oberfläche, Grenzfläche, 246, 253

Faltungsintegral, 498, 564
Fehlerfunktion, 554
Feigenbaum-Szenario, 512
Fermi-Dirac-Integral, 224
Fermi-Dirac-Statistik, 114
Fermi-Energie, 127, 213, 538
Fermionen, 47, 100
Festelektrolyt, 233
Festkörper, 48, 191
Filmdruck, 259
Fixpunkt, 511
Flory-Huggins-Theorie, 415
Flüssigkeiten, 349
fluide Phase, 48, 349, 364
Fluktuationen, 61, 94, 468, 473, 509
    innere Kräfte, 490
    Teilchenzahl, 472
Fluktuations-Dissipations-Theorem, 492, 495

Fourier-Transformation, 563
freie Polymerkette, 422
Freiheitsgrade, 161, 537
  innere, 140
Frenkel-Defekte, 231
Frequenzdichte
  Debye-Modell, 206
  realer Kristall, 200
Fugazität, 172, 537
Fugazitätskoeffizient, 537

Galvani-Potentialdifferenz, 300
Gauß-Verteilung, 422, 553
Gesamtheit, 53
  kanonisch, 63, 93, 469
  makro–, großkanonisch, 86, 93
  mikrokanonisch, 53, 81, 93
  weitere mögliche Definitionen, 95
Gesamtheitsmittel(wert), 63
Geschwindigkeitskonstante, 182, 439, 461
Geschwindigkeitsverteilung im Gas, 120
Gibbs-Duhem-Gleichung, 237, 253, 399,
    474, 536, 542
Gibbs-Energie, 78, 532
Gibbs'sche Fundamentalgleichungen, 533
Gibbs'sche Phasenregel, 537
Gibbs'sches Paradoxon, 108
Gitterdefekte, 229
Gittergas-Modell, 273
Gleichgewicht
  chemisches Gleichgewicht, 171, 538
  Chemisorption an Halbleitern, 292
  Elektrodengrenzflächen, 304
  Grenzflächen, 296
  Halbleitergrenzflächen, 299
  Halbleiteroberfläche, 285
  Phasengleichgewicht, 536
Gleichgewichtskonstante, 409
  Adsorption, 265, 266, 269, 270, 277
  Adsorptionsisothermen, 258
  aktivierter Komplex, 182
  Chemisorptionsgleichgewicht, 292
  Defektgleichgewicht, 240, 243
  Definition, 174, 540
  Elektron-Loch-Paarbildung, 216
  Frenkel-Gleichgewicht, 233
  homogene Gasreaktion, 174
  Iod-Dissoziation, 174

Ionisation der Akzeptoren, 219
Ionisation der Donatoren, 219
Ionisation von Gasatomen, 177
Isotopengleichgewicht, 178
Schottky-Gleichgewicht, 232
Wassergasgleichgewicht, 180
Gleichstromleitfähigkeit, 501
Gleichverteilungssatz, 146, 160
Grenzfläche, 279
  Elektrode, 303
  Elektronenleiter, 296
  Festlegung nach Gibbs, 251
Grenzflächenspannung, 245, 248
Grüneisen-Zahl, 212

Halbleiteroberflächen, 285
Hamilton-Funktion, 5, 567
Hamilton-Operator, 14
  Festkörper, 48
  freies Teilchen, 16
  ideales Gas, 44
harmonischer Oszillator, 8, 40, 145
Hartkugelpotential, 325
Hauptsätze, 530
  dritter Hauptsatz, 86, 168
Haven-Verhältnis, 496
Heisenbergsche Unschärferelation, 12
Helmholtz-Energie, 78, 429, 532
Helmholtz-Schicht, 315
Henry-Isotherme, 269
Heterokontakt
  Halbleiter, 300
  Ionenleiter, 303
HNC-Gleichung für einfache Fluide, 374
Hohlraumstrahlung, 131
Hooke'sches Gesetz, 196, 432
Huggins-Gleichung, 428

ideale Mischung, 108, 389
ideale Polymerkette, 422
ideales Gas, 44, 105
importance-sampling, 384
Induktionskräfte, 327
innere Entropieerzeugung, 453
innere Reibung, 443
Integrale, 559
Integralnäherung für diskrete Summe, 561
Integraltheorien für Fluide, 372

SACHVERZEICHNIS

intermolekulare Kräfte, 322
Ionenleitfähigkeit, 233
Ionisierungsenergie, 28
irreversible Vorgänge, 453
Ising-Modell, 408

Kausalität, 499, 512
Kettenreaktion, 513
kinetische Gastheorie, 435
kinetischer Phasenübergang, 509
Kirkwood-Näherung, 373
Kombinatorik, 546
Kompressibilität, isotherme, 96, 363, 533
Kompressibilitätsgleichung, 363, 366
Konfigurationen
    binäre Mischung, 407
    reales Gas, Fluid, 321
Konfigurationsentropie
    ideale Mischung, 392
    Punktdefekte, 226
Konfigurationsintegral, 321
Konformation, 166, 413
konjugierte Flüsse und Kräfte, 455
Kontrollparameter, 511
Koordinatentransformation, 561, 566
Koordinationszahl, 406
Kopplung
    bei Transportvorgängen, 473
    Reaktion und Diffusion, 517
Kopplungskoeffizient, 458, 582
Kopplungsphänomene, 583
Korrelationen von Fluktuationen, 473
Korrelationsfunktion, 49
    Atom-Atom-, 360
    Dichte-, 354, 355
    direkte, 373
    Kreuzkorrelation, 495
    Orts-, 482, 483
    Paar-, 354, 476
Korrelationslänge, 476
Korrespondenzprinzip, 12, 19
korrespondierende Zustände, 145, 333, 342
Kraftkonstante, 196
Kramers-Kronig-Relationen, 499
kritischer Punkt, 476
Kröger-Vink-Symbolik, 234

Ladungstransport, 446

Ladungszahl, 537
Lagrange-Funktion, 565
Lagrangesche Multiplikatoren, 70
Langevin-Gleichung, 488
Langmuir-Isotherme, 261
    statistischer Ausdruck, 269, 272
Leerstellen, 225
Legendre-Transformation, 531
Leitfähigkeit, 446
    komplexe elektrische, 500
    statische elektrische, 501
Leitungsband, 33
Leitungselektronen, 126
Lennard-Jones-Potential, 325
Lichtstreuung, 475
Lineare-Antwort-Theorie, 497
Lösungen, 389
logistische Abbildung, 509
lokales Gleichgewicht, 452

Makromoleküle, 413
Makrozustand, 51, 68
Maxwell-Boltzmann-Statistik, 116
    Korrekturfaktor, 103
Maxwell-Boltzmann-Verteilung, 116
Mayer-Funktion, 339
Memory-Funktion, 497
Metallelektronen, 126
Metalloberfläche, 280, 297
Metropolis-Algorithmus, 385
mikroskopische Reversibilität, 478, 484
Mikrozustand, 52, 469
Mischkristall, 406
Mischungen, 389
Mischungsentropie, 109, 417
Mischungsparameter, 418
Mischungsvolumen, 416
mittlere freie Weglänge, 435
Molekülrotation, 150
Molekülschwingungen, 145
Molekülzustandssumme, 141
    halbklassische Näherung, 162
Molekulardynamik, 378
Molekularfeld-Näherung, 330
Monte-Carlo-Methoden, 379
Multinomialverteilung, 69, 557
Multipolkräfte, 327

Nebenbedingungen, 68
Nernst-Einstein-Gleichung, 491, 496
Neumann-Kopp-Regel, 192
Newtonsches Gesetz, 444
Nichtgleichgewicht, 452
    Entropie, 470
Nichtgleichgewichtsstrukturen, 508
Nichtstöchiometrie, 240
Normalkoordinatenanalyse, 565
Normalpotential, 307
Normalschwingungsfrequenz, 148, 565
Normalverteilung, 553
Nullpunkt, Molekülzustandssumme, 148
Nullpunktsenergiedifferenz, 176
Nullpunktsentropie, 168

Oberflächenarbeit, 245
Oberflächendefekte, 257
Oberflächendipolschicht, 279
Oberflächendruck, 259
Oberflächenladungsdichte, 293
Oberflächenpotential, 279, 291
Oberflächenspannung, 245, 248
    Festkörper, 256
    Flüssigkeiten, 255
Oberflächenüberschußkonzentration
    reduzierte, 252
    relative, 252
Oberflächenzustände, 288
Ohmsches Gesetz, 446
Onsager-Koeffizient, 459
Onsager-Relationen, 459, 479
Operator, 14
Ornstein-Zernicke-Gleichung, 373
osmotischer Druck, 419
Oszillationen, chemische, 517

Paarkorrelationsfunktion, 354, 476
Paarverteilungsfunktion, radiale, 353, 372
Paarwechselwirkung, 322, 325, 405
    empirische Paarpotentiale, 323
partielle Ableitung, 457
Pauli-Prinzip, 47
Percus-Yevick-Gleichung, 374
Periodenverdopplung, 507, 511
Permutationen, 546
Phase, 526

Phasenraum, 5, 21, 25, 370, 378, 379, 509, 525
    Quantisierung, 22, 320
Phasenraumintegral, 25, 162, 320
Phasenregel, 537
Phononen(gas), 204
Photonen(gas), 130
Plancksches Strahlungsgesetz, 137
pn-Übergang
    Heterokontakt, 299
    Homokontakt, 299
Poisson-Boltzmann-Gleichung, 290, 316
Poisson-Gleichung, 290
Poisson-Verteilung, 557
Polymerkonformation, 426
Polymerlösungen, 415
Potentialfläche, 183
Punktattraktor, 509
Punktdefekte, 225
    Diffusionskoeffizient, 448
    Verteilung über Gitterplätze, 274

Quantenmechanik, 12
    Orts-,Impulsdarstellung, 15
Quantenstatistik, 112
Quantenzustand, 14
quasichemische Näherung, 408, 409

Raoultscher Aktivitätskoeffizient, 543
Raumladungsrandschicht, 290, 297
    Ausdehung, 291
Rayleigh-Jeanssches Strahlungsgesetz, 138
Reaktions-Gibbs-Energie, 540
Reaktionsgeschwindigkeit, 461
Reaktionskoordinate, 183
Reaktionsquerschnitt, 439
reales Gas, 319, 364
Redlich-Kister-Ansatz, 393
Redlich-Kwong-Anziehungsterm, 352
Redoxpotential, 311
reduzierte Masse, 28
reguläre Mischung, 411
Reibungskoeffizient
    verallgemeinerter, 488
Reihenentwicklungen, 558
Relativgeschwindigkeit, mittlere, 436
Reziprozitätsbeziehungen, 459
Röntgenstreuung in Fluiden, 356

SACHVERZEICHNIS

Rotation, 150
    innere, 166
Rotationsenergieniveaus, 157
Rotationsfreiheitsgrade, 150
Rotationsniveaus
    Besetzungsgrad, 152
    starre Moleküle, 36
    Wasserstoff, 158
Rotationsquantenzahl, 150
Rotationszustandssumme, 150
    Hochtemperaturnäherung, 153
    Integralnäherung, 561
    Wasserstoff, 157

Sackur-Tetrode-Gleichung, 107
Sättigungsdampfdruck, 419
Sauerstoffsensor, 310
Schallgeschwindigkeit, 197, 206
Scharmittel, 52
Schottky-Defekte, 231
Schottky-Kontakt, 298
Schrödinger-Gleichung, 13
    freies Teilchen, 16
Schwankungen, 61, 468, 473
Schwankungs-Dissipations-Theorem, 492
schwarzer Körper, 131
Schwingungsmode, 132
Schwingungsniveaus
    harmonischer Oszillator, 40, 145
    Moleküle, 42, 146, 574
Schwingungsquantenzahl, 41
Schwingungsspektrum, Kristall, 195
Schwingungszustandssumme
    kristalliner Feststoff, 194, 201
    mehratomiges Molekül, 147
    zweiatomiges Molekül, 145
Selbstdiffusionskoeffizient, 482
Spannung, 432
Spektraldichte, 486
Spreitungsdruck, 259
Standardabweichung, 551
Standardelektrodenpotential, 307
Standardwert, 537
    chemisches Potential, 111
Standardzustand
    Elektronen im Halbleiter, 286
    ideales Gas, Gasmischung, 111
    Reaktionsgleichgewichte, 173

starrer Rotator, 37, 150
stationärer Wärmetransport, 456
Stirling-Näherung, 557
Stoßfrequenz, 436
Stoßquerschnitt, 436
Störungstheorie, thermodynamische, 375
Stokes'sche Reibung, 448
Strahlungsgesetze, 134
Streuexperiment, 357
Streuung, 551
    Licht, 475
Strukturbildung
    bei chemischen Reaktionen, 517
    fern vom Gleichgewicht, 504
Suszeptibilität
    allgemeine, 499
    dielektrische, 500
Symmetriezahl, 152
System
    abgeschlossenes, 81, 526, 535
    adiabatisches, 526
    geschlossenes, 526, 535
    offenes, 526
    Vielteilchen-, 43
    wechselwirkungsfrei, 44, 97
Szyszkowski-Gleichung, 267

Teilchenzustandssumme, 101
Temperatur
    charakteristische der Rotation, 150
    charakteristische der Schwingung, 145
    Debye-, 208
    Einstein-, 200
Termsymbole, 29
thermodynamischer Zweig, 508
totales Differential, 532
Trägheitsmoment, 150
Trägheitsradius, 420
Trajektorie, 378
Translationszustandsumme, 106
Transportgrößen in Gasen, 448
Transportkoeffizient, 459, 495

Übergangszustand, 181
Überschußgröße, 246, 253
Unschärferelation, 12, 15
Ununterscheidbarkeit, 46, 97

Valenzband, 33

van-der-Waals-Gleichung, 332, 351
Variable
    charakteristische, 533
    konjugierte, 12
Varianz, 551
vektorielle Transportvorgänge, 461
verdünnte Lösungen, 393
Verteilung, 68, 406
Verteilungsfunktion, 112, 120, 550
    mehrdimensional, 552
    verallgemeinerte kanonische, 369
Verzweigung, 505, 518
Vielteilchensysteme, 43
Virialgleichung, 334
Virialsatz, 368
Viskosität, 443
    Polymerlösung, 427
Volta-Potentialdifferenz, 297

Wärmebad, 61
Wärmekapazität, 78, 533
    Elektronen, 224
    Gleichverteilungssatz, 164
    kristalliner Feststoff, 192
    Kristallschwingungen, 206
Wärmeleitung, 442, 454
Wahrscheinlichkeit, 548
    thermodynamische, 54, 71, 82, 469
Wahrscheinlichkeitsdichtefunktion, 549
Wandstoßzahl, 125, 437
Wassergasgleichgewicht, 178
Wasserstoff, ortho-para, 158
Wechselwirkung, intermolekulare, 327
Wellenfunktion, 14
Wiensches Strahlungsgesetz, 138

Zeitmittel, 52
Zugspannung, 432
Zustandsdichte, 113
    Elektronen, 126
    Phasenraum, 21, 22
    Photonen, 137
    Teilchen im Kasten, 21
Zustandsfunktion, 78, 90, 527
    lokale, 453
Zustandsgleichung
    fluide Systeme, 351, 363
    harte Kugeln, 351, 363, 374
    ideales Gas, 107
    kristalliner Feststoff, 211
    reales Gas, 332, 342, 344
    zweidimensionales Gas, 260
Zustandsgrößen
    extensive, intensive, 527
Zustandssumme, 78
    (halb)klassische Näherung, 162, 320
    Adsorption, 268, 271
    Beitrag der Elektronen, 142
    Beitrag der Kernentartung, 143
    Beitrag von Punktdefekten, 230
    große, 86
    halbklassische, 320
    harmonischer Oszillator, 145
    ideales Gas, 141
    kanonische, 71
    Konfigurationsanteil, 321
    makrokanonische, 87
    Mischung, 109, 408
Zweiniveausystem, 105
Zwischengitterteilchen, 225, 228

If you have any concerns about our products,
you can contact us on
ProductSafety@springernature.com

In case Publisher is established outside the EU,
the EU authorized representative is:
**Springer Nature Customer Service Center GmbH
Europaplatz 3, 69115 Heidelberg, Germany**

Printed by Libri Plureos GmbH
in Hamburg, Germany